DER SCHIFFSMASCHINENBAU

ZWEITER BAND

UMFASSEND:

THEORIE UND KONSTRUKTION DER DAMPFTURBINEN SOWIE EINEN AUSGEWÄHLTE KAPITEL ENTHALTENDEN ANHANG

VON

G. BAUER

DR. PHIL., DR.-ING. E. H., DIREKTOR DER VULCAN-WERKE,
HAMBURG UND STETTIN, AKTIENGESELLSCHAFT
HONORARPROFESSOR DER TECHNISCHEN HOCHSCHULE
BERLIN-CHARLOTTENBURG

MIT 500 ABBILDUNGEN UND 70 TABELLEN

MÜNCHEN UND BERLIN 1927

DRUCK UND VERLAG VON R. OLDENBOURG

VORWORT.

Dem Vorwort zum ersten Bande dieses Werkes habe ich bei Herausgabe des vorliegenden zweiten Bandes nichts wesentliches hinzuzufügen.

Bemerken möchte ich, daß dieser zweite Band lediglich die Turbinen nebst den heutzutage meist mit diesen vereinigten Übersetzungsgetrieben behandelt, während, entgegen meiner früheren Absicht, Kessel, Rohrleitungen und Hilfsmaschinen dem in nicht zu ferner Zeit erscheinenden dritten Bande über Schiffsölmaschinen angegliedert werden sollen.

Als Begründung dafür, daß ich einen kurzen Abschnitt über die Konstruktion der Landturbinen dem Buche beigefügt habe, führe ich an, daß erfahrungsgemäß viele Interessenten für Landmaschinenbau Erfahrungen des Schiffsmaschinenbaues berücksichtigen, sowie, daß die im Landturbinenbau und -betrieb gewonnenen Erkenntnisse auf den Schiffsturbinenbau vielfach befruchtend gewirkt haben.

Der Anhang des vorliegenden Bandes umfaßt außer solchen Kapiteln, welche zum näheren Verständnis des Schiffsturbinenbaues erforderlich sind, auch einige andere Kapitel, welche mit demselben nichts zu tun haben. Dies entspricht meiner Absicht, den Anhang der einzelnen Bände dazu zu benutzen, Gegenstände, welche sich entweder schwer in den Rahmen des Hauptstoffes einfügen lassen oder aber infolge des Fortschrittes der Technik bei der Herausgabe des einschlägigen Bandes nicht berücksichtigt werden konnten, dem Leser des Werkes zugänglich zu machen.

Auch die Fertigstellung dieses Bandes konnte nur durch die andauernde, wertvolle Unterstützung seitens vorzüglicher Mitarbeiter ermöglicht werden; es ist mir eine angenehme Pflicht, an dieser Stelle den Herren Oberingenieur Wälde, Diplom-Ingenieur Böhm, Diplom-Ingenieur Kreczy, Ingenieur Dräger und Ingenieur Wiebe hierfür auf das herzlichste zu danken.

Für die Hergabe wertvollen Materials spreche ich vor allen Dingen den Vulcan-Werken und der deutschen Marineleitung, sodann aber auch zahlreichen Freunden im In- und Auslande den aufrichtigsten Dank aus.

Hamburg.

Dr. G. Bauer.

Inhalts-Verzeichnis.

Erster Teil.

Theorie und Berechnung der Dampfturbinen.

Abschnitt I.

Theorie des Arbeitsprozesses in der Dampfturbine.

1. Einführung.

2 Der Wirkungsgrad der Beschaufelungen.

3. Die in der Dampfturbine auftretenden Verluste.

Abschnitt II.

Die Berechnung der Dampfturbine.

1. Allgemeine Gesichtspunkte und Erörterungen.

2. Über Formgebung und Berechnung der Schaufelprofile und Zwischenstücke.

3. Der Axialschub.

4. Über verschiedene Maßnahmen zur Erhöhung der Ökonomie von Turbinenanlagen.

5. Die Schaltung der Dampfwege bei Schiffsturbinenanlagen zwecks Erhöhung der Ökonomie bei Fahrt mit Teillast (Fahrt mit Marschgeschwindigkeit).

6. Allgemeines über Rückwärtsturbinen.

7. Die Aufteilung des Wärmegefälles auf die einzelnen Gehäuse, Gruppen und Stufen der Turbinen.

Zweiter Teil.

Die Konstruktion der Turbinen.

Abschnitt I.

Beschreibung ausgeführter Turbinen.

Abschnitt II.

Die Beschaufelung.

Abschnitt III.

Aufbau der Rotoren.

Abschnitt IV.

Düsen, Zwischenböden und Leitapparate.

Abschnitt V.

Gehäuse, Stopfbuchsen, Lager, Hebe- und Drehvorrichtungen.

Abschnitt VI.

Die Dampfverteilungsarmaturen und Rohrleitungen an den Turbinen.

Dritter Teil.

Die Übersetzungsgetriebe.

Abschnitt I.

Allgemeines.

Abschnitt II.

Zahnrädergetriebe.

Abschnitt III.

Der Föttinger-Transformator.

Vierter Teil.

Über Betriebserfahrungen mit Turbinenanlagen.

Abschnitt I.

Einige wichtige Regeln für den Betrieb von Schiffsturbinenanlagen.

Abschnitt II.

Über die Schaufelhavarien an Dampfturbinen und die Mittel zu deren Verhinderung.

Fünfter Teil.

Die Anordnung von Turbinenanlagen im Schiff.

Sechster Teil.

Landturbinen.

Abschnitt I.

Allgemeine Bemerkungen.

Abschnitt II.

Einige allgemeine Bemerkungen zur Konstruktion der Landturbinen.

Abschnitt III.

Die Drehzahlregulierung der Turbinen.

Abschnitt IV.

Beschreibung einiger ausgeführter Landturbinen.

Verzeichnis der Anhänge.

Anhang VIII.

Die Dampfströmung in den Düsen und Schaufelkanälen.

Anhang IX.

Die Grundlagen der Theorie der Schmierung.

Anhang X.

Allgemeine Bemerkungen über die im Schiffsmaschinenbau verwendeten Verzahnungen.

Anhang XI.

Über die Herstellung der Verzahnungen für Schiffsgetriebe.

Anhang XII.

Anhang XIII.

Der Frahmsche Schlingertank und der Schlicksche Schiffskreisel.

Anhang XIV.

Der Entwurf von Schaufelplänen mit Hilfe der konformen Abbildung.

Anhang XV.

Beispiel für die Berechnung der einem Dieselmotor nachgeschalteten Abgasturbine.

Anhang XVI.

Anhang XVII.

Anhang XVIII.

Druckfehlerverzeichnis.

Es muß heißen:

	Seite	Zeile	
	Seite 1	Zeile 8	„Dampfturbine“ statt „Dampfmaschine“.
	„ 32	„ 40 bzw. 41	„b“ bzw. „a“ statt „a“ bzw. „b“.
	„ 34	„ 2	„$[10(1-x)]^2$“ statt „$\left(\frac{1-x}{10}\right)^2$“.
	„ 34	„ 25	„0,005—0,008“ statt „0,5—0,8“.
	„ 34	„ 26	„0,004—0,005“ statt „0,4—0,5“.
	„ 34	„ 27	„Umlaufzahl“ statt „Umlaufzeit“.
	„ 65	„ 13	„(bei Leitschaufeln umgekehrt)“ statt „bei Schaufeln umgekehrt“.
	„ 94	„ 7	„Wärmegefälles“ statt „Wärmegefalles“.
Anhang	„ 14	„ 35	„$\frac{10^5 \cdot \varDelta}{1{,}1 \cdot R}$“ statt „$\frac{10^5 \cdot R}{1{,}1 \cdot R}$“.
	„ 15	„ 19	„$\frac{(m-1) \cdot \varDelta \cdot R_1}{(m-1) \cdot R_1^2 + (m+1) \cdot R_2^2}$“ statt „$\frac{(m+1) \cdot \varDelta \cdot R_1}{(m-1) \cdot R_1^2 + (m+1) \cdot R_2^2}$“.
	„ 15	„ 26	„ϱ“ statt „σ“.

Erster Teil.

Theorie und Berechnung der Dampfturbinen.

Abschnitt I.

Theorie des Arbeitsprozesses in der Dampfturbine.

1. Einführung.

§ 1. **Prinzipielle Wirkungsweise der Dampfturbine.** In Band I wurde bereits erläutert, daß, rein thermodynamisch betrachtet, der Arbeitsprozeß der Dampfmaschine nicht verschieden ist von dem der Kolbendampfmaschine. Statt den Dampf durch seinen Druck wirken zu lassen, setzt man beim Dampfturbinenprozeß die dem Dampf vermöge seiner Spannung innewohnende Energie in Strömungsenergie um, welche sodann durch Entlangströmen des Dampfes an gekrümmten Schaufeln dem Dampf entzogen und in mechanische Arbeit umgewandelt wird.

Die Umsetzung der Energie des gespannten Dampfes in Strömungsenergie erfolgt nach den Gesetzen, welche in Band I, Anhang I, Abschnitt V, „Strömung von Gasen und Dämpfen" näher erläutert sind. Detaillierte Angaben, welche speziell die in der Dampfturbine vorkommenden Strömungserscheinungen betreffen, finden sich in Anhang VIII dieses Bandes, welcher von den Vorgängen in den Ausströmungsdüsen der Dampfturbinen handelt.

§ 2. **Grundgleichung für die Berechnung der Turbinen.** Der Berechnung der Dampfturbine wird ebenso wie derjenigen der Wasserturbine der Flächensatz zugrunde gelegt, welcher lautet: Das Moment der Kraft ist gleich der Änderung des statischen Moments der Bewegungsgröße (oder, wie man sich kürzer ausdrückt, der Änderung des Dralles) mit der Zeit. Denken wir uns zunächst allgemein den Kanal einer Dampfturbine so verlaufend, daß das Eintrittsende den Abstand r_e, das Austrittsende den Abstand r_a von der Rotationsachse besitzt und bezeichnen wir mit G die Dampfmenge, welche pro Zeiteinheit in sämtliche Kanäle ein- bzw. aus den Kanälen austritt, dann ist die Masse des pro Zeiteinheit ein- bzw. austretenden Dampfquantums $\frac{G}{g}$ bzw. für das Zeitelement $\frac{G}{g}\,dt$. Wir bedenken nun, daß sämtliche Teilchen des Kanalinhalts hinsichtlich der Größe und Richtung ihrer Geschwindigkeit als mit der Zeit unveränderlich angenommen werden können, da bei stationärer Strömung — wie sie hier vorliegt — an die Stelle jedes seinen Platz ändernden Teilchens sofort ein neues von ganz gleicher Geschwindigkeit tritt und brauchen also nur die Gesamtheit der in den Kanal eintretenden bzw. aus dem Kanal austretenden Teilchen $\frac{G}{g}\,dt$ zu betrachten. Ferner berücksichtigen wir, daß für die Aufstellung obigen Ansatzes lediglich die Tangentialkomponenten sämtlicher Geschwindigkeiten und Kräfte in Frage kommen. Bezeichnen wir die Tangentialkomponente der Eintrittsgeschwindigkeit mit c_0', die der Austrittsgeschwindigkeit mit c_2', so erhalten wir als Änderung des Dralles während der Zeit dt

$$-dB = \frac{G}{g} dt\,(c_0' \cdot r_a - c_2' \cdot r_e)$$

und somit das auf die Welle ausgeübte Moment

$$M = -\frac{dB}{dt} = \frac{G}{g}(c_0' \cdot r_a - c_2' \cdot r_e).$$

Fast sämtliche Dampfturbinen sind reine Axialturbinen; bei diesen wird $r_a = r_e = r$, wobei r der nach der Mitte der Schaufellänge gezogene Radius, und es wird also

$$M = \frac{G}{g} \cdot r\,(c_0' - c_2').$$

Die in tangentialer Richtung ausgeübte Umfangskraft, auch „Ablenkungsdruck" genannt, ist somit

$$P = \frac{M}{r} = \frac{G}{g}(c_0' - c_2').$$

Die Arbeit L, welche in der Zeiteinheit verrichtet wird, d. h. also die Leistung der Dampfturbine, ist gleich dem Produkt aus dem Moment M und der Winkelgeschwindigkeit $\frac{u}{r}$. Wir erhalten also für die Leistung

$$L = \frac{u}{r} M = u \frac{G}{g}(c_0' - c_2').$$

§ 3. **Absolute und relative Geschwindigkeit.** Die absolute (d. h. auf den umgebenden festen Raum bezogene) Austrittsgeschwindigkeit aus einer feststehenden Düse oder einem Leitrad (auch als absolute Eintrittsgeschwindigkeit in das Laufrad zu bezeichnen) sei c_0, die Umfangsgeschwindigkeit des Laufrades (Mitte des Schaufelkreises) u. Dann ergibt sich die relative Eintrittsgeschwindigkeit in das Laufrad wie folgt:

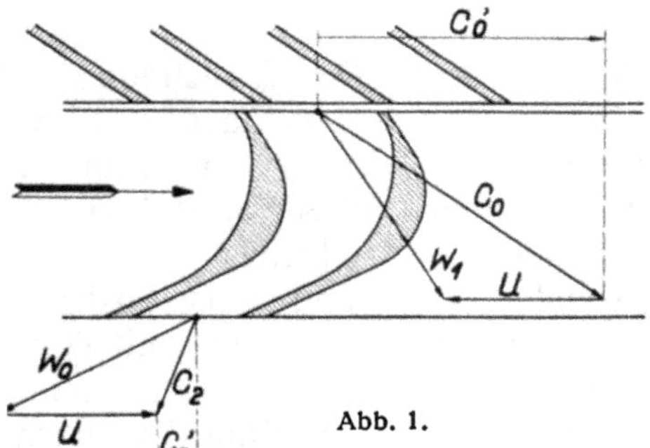

Abb. 1.

Wir denken uns — wodurch an der relativen Geschwindigkeit nichts geändert wird — dem Laufrad und dem Leitrad eine derjenigen des Laufrades gleiche, aber entgegengesetzt gerichtete Umfangsgeschwindigkeit hinzugefügt. Dann besitzt das Dampfteilchen, welches aus dem Leitrad austritt, außer der Geschwindigkeit c_0 noch die Geschwindigkeit $-u$, so daß also eine Geschwindigkeit relativ zum ruhend gedachten Laufrad durch die geometrische Summe $\mathfrak{w}_1$[1] $= \mathfrak{c}_0 - \mathfrak{u}$ dargestellt ist, d. h. die gesuchte relative Geschwindigkeit $\mathfrak{w}_1$ ist die Diagonale des aus c_0 und $-u$ gebildeten Parallelogrammes, vgl. Abb. 1. Wir tragen also von einem Punkt am Dampfeintritt $-u$ und c_0 ihrer Größe und Richtung nach auf; die Diagonale w_1 ist die gesuchte relative Geschwindigkeit. Ähnlich finden wir die absolute Austrittsgeschwindigkeit c_2 aus dem Laufrad (d. h. die Geschwindigkeit,

[1]) Mit deutschen Buchstaben bezeichnet sind die Geschwindigkeiten u, c_0 usw. als gerichtete Größen aufzufassen.

welche der Dampf beim Austritt aus dem Laufrad gegenüber dem festen Raum besitzt), und zwar als geometrische Summe aus $\mathfrak{w}_0$ und $\mathfrak{u}$. Es ist also $\mathfrak{c}_2 = \mathfrak{w}_0 + \mathfrak{u}$, d. h. gleich der Diagonale c_2 des aus w_0 und u gebildeten Parallelogrammes, wie Abb. 1 zeigt.

§ 4. **Stoßfreier Eintritt** in das Laufrad wird erreicht, wenn das erste Element der Laufschaufel in der Richtung der relativen Eintrittsgeschwindigkeit liegt. Die übrigen Elemente der Schaufel schließen sich mit kontinuierlicher Krümmung an dieses Element an, wodurch sich die Schaufelform als mathematische Linie ergibt. Die Materialstärke, welche der Schaufel die nötige Festigkeit verleiht, wird auf dem Rücken, also auf der in der Drehrichtung vorausschreitenden Seite aufgetragen. Die dadurch entstehende Kontur nennt man den Schaufelrücken, die andere Kontur der Schaufel die Bauchseite. Ist die Richtung der relativen Eintrittsgeschwindigkeit derartig, daß sie nicht mit dem ersten Element der Schaufelbauchseite zusammenfällt, sondern einen Stoß auf dieselbe ausübt, so arbeitet die Beschaufelung mit Bauchstoß, wenn $\beta < \gamma$, im anderen Falle $\beta > \gamma$ mit Rückenstoß, vgl. Abb. 2.

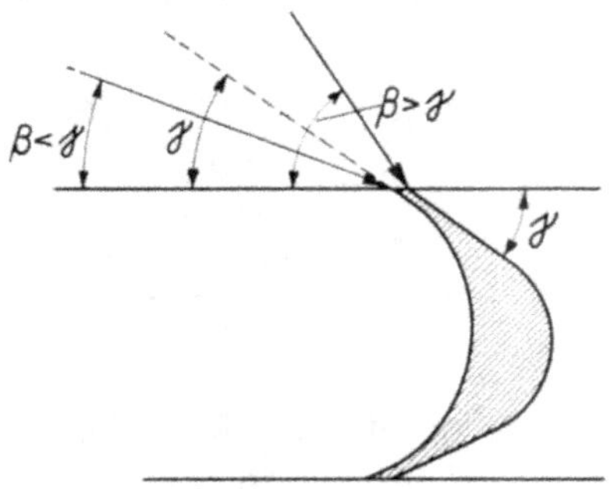

Abb. 2.

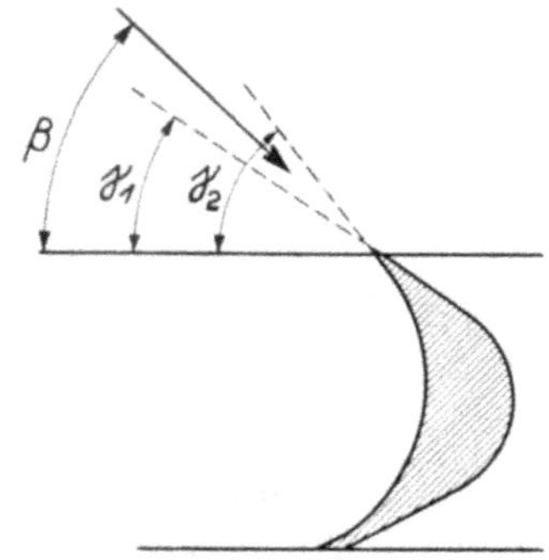

Abb. 3.

In der Abb. 2 ist angenommen, daß an der Eintrittskante der Schaufeln die Neigungen der Rücken- und Bauchfläche parallel verlaufen. Bei der abweichend hiervon in der Praxis meist üblichen Ausführung der Schaufeln weisen die Bauch- und Rückenseiten im allgemeinen verschiedene Neigungen γ_1 bzw. γ_2, vgl. Abb. 3, auf. Solange hierbei $\beta < \gamma_1$ ist, spricht man von einem reinen Bauchstoß; wenn $\beta > \gamma_2$ ist, von einem reinen Rückenstoß. Für Werte von β, welche zwischen γ_1 und γ_2 liegen, tritt sowohl Rücken- als auch Bauchstoß auf. In diesem Falle bezeichnet man den Eintritt als praktisch stoßfrei, wenn β ungefähr dem Mittelwert von γ_1 und γ_2 entspricht (Abb. 3).

Über die tatsächlich in den Turbinenschaufeln auftretenden Strömungserscheinungen siehe Anh. VIII.

§ 5. **Reaktion und Aktion.** Wie bei der Wasserturbine unterscheidet man zwei Hauptarten von Dampfturbinen:

1. Reaktions- oder Überdruckturbinen,
2. Aktions-, Gleichdruck- oder Freistrahlturbinen.

Definition der Reaktionsturbine. In der einfachsten Weise würde eine Reaktionsturbine hergestellt werden können dadurch, daß in einen um eine Achse drehbaren, Dampf führenden Hohlkörper Rohre radial eingesteckt werden, welche an ihren äußeren Enden tangential umgebogen sind und Düsen tragen, aus welchen der dem Hohlkörper durch die Drehachse zugeführte Dampf austreten kann. Es würde also in diesem Falle die gesamte Entspannung des Dampfes in den Ausströmungsdüsen des rotierenden Körpers stattfinden. Der Rückstoß des Dampfes würde die Vorrichtung um ihre Achse in Drehung versetzen.

Reine Reaktionsturbinen, bei denen die gesamte Expansion in den Laufschaufeln eintritt, sind praktisch noch kaum angewandt worden. Um einen Maßstab dafür zu haben, inwieweit man es mit ganz oder teilweise nach dem Prinzip der Reaktion arbeitenden Turbinen zu tun hat, wurde der Begriff des Reaktionsgrades eingeführt, worunter man das Verhältnis des im Laufrad umgesetzten Wärmegefälles zu dem im Leit- und Laufrad zu verarbeitenden Wärmegefälle versteht. Derselbe beträgt 100% bei absoluter Reaktionsbeschaufelung (Entspannung nur im Laufrad), etwa 50% bei der üblichen Reaktionsbeschaufelung, 0% bei der reinen Aktionsbeschaufelung (Entspannung nur im Leitrad). Die übliche Reaktionsbeschaufelung hat demnach etwa die in Abb. 4 und 11 dargestellte Form, aus welcher ersichtlich, daß sowohl im Leitrad wie im Laufrad die Austrittsquerschnitte kleiner als die Eintrittsquerschnitte bemessen sind.

Definition der Aktionsturbine. Die Aktionsturbine in einfachster Form entsteht, indem man Dampf aus einer feststehenden Düse austreten und in die am Umfang eines drehbaren Rades angebrachten Schaufeln einströmen läßt, so daß der Dampfstrahl diese Schaufeln stoßfrei trifft und in denselben lediglich aus seiner Rich-

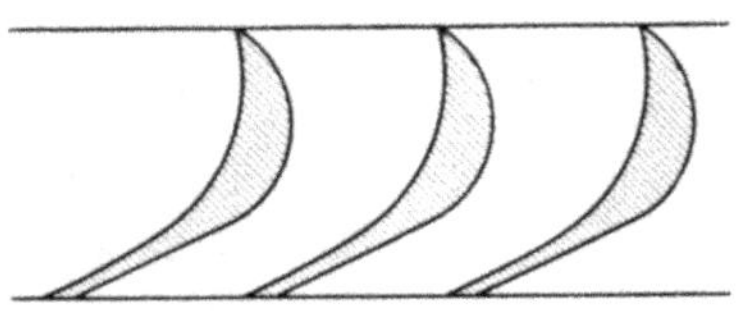

Abb. 4.

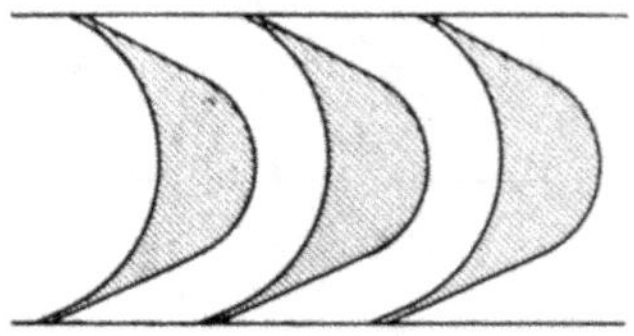

Abb. 5.

tung abgelenkt wird, ohne während des Durchtretens durch diese Schaufeln seine Relativgeschwindigkeit zu diesen zu ändern. Diese Schaufeln müßten, um letzterer Bedingung zu genügen, prinzipiell so gebaut sein, daß die Weite zwischen zwei Schaufeln an jeder Stelle dieselbe ist, da sonst Geschwindigkeitsveränderungen beim Durchtritt durch die Schaufeln eintreten würden. Die Aktionsschaufeln haben demnach etwa eine Form, wie in Abb. 5 dargestellt.

§ 6. **Feststellung des Wirkungsgrades einer Beschaufelung aus den Schaufelwinkeln.** Die Leistung, welche der Dampfstrahl auf die Schaufeln überträgt, ist, wie wir in § 2 gesehen haben, das Produkt aus dem Ablenkungsdruck multipliziert mit dem Weg, welchen diese pro Zeiteinheit zurücklegen, d. h. also mit der Umfangsgeschwindigkeit

$$L = u \cdot \frac{G}{g} (c_0' - c_2').$$

Das mechanische Wärmeäquivalent dieser Arbeit ist, bezogen auf die Gewichtseinheit

$$h_i = \frac{A u}{g} (c_0' - c_2').$$

Bei der Behandlung der Strömungsvorgänge von Gasen und Dämpfen, in Band I, Anhang I, haben wir gesehen, daß das gesamte, dem Dampf innewohnende Arbeitsvermögen gleich der Differenz der Erzeugungswärmen von Anfangs- und Endzustand bei adiabatischer Expansion ist. Diese Größe, bezogen auf 1 kg Dampf, wird als Wärmegefälle h bezeichnet. Der Wirkungsgrad der Energieumsetzung in der Beschaufelung ergibt sich somit zu

$$\eta = \frac{A L}{h} = \frac{h_i}{h} = \frac{A u}{g h} (c_0' - c_2').$$

Sind die Geschwindigkeiten c_0' und c_2', wie in Abb. 1, entgegengesetzt gerichtet, d. h. hat die eine derselben eine Geschwindigkeitskomponente in der Drehrichtung des Rades, die andere eine solche von entgegengesetzter Richtung, dann sind die Tangentialkomponenten zu a d d i e r e n, statt zu subtrahieren, d. h. es muß stets das Vorzeichen der betreffenden Komponente in Rücksicht gezogen werden.

§ 7. **Die ideale Turbine.** Unter der Bezeichnung „ideale Turbine" kann man sich zunächst eine Turbine vorstellen, welche bei einem bestimmten auszunutzenden Gefälle und einer gegebenen Umfangsgeschwindigkeit so gebaut ist, daß ein Minimum von Verlusten eintritt. Dies erfordert also eine Vermeidung jedes Schaufelstoßes sowie Verhinderung aller Reibungsverluste, Wirbelungsverluste usw.; vgl. hierzu § 13.

Eine solche Turbine wird indessen im allgemeinen nicht ohne Austrittsverlust sein und daher auch, selbst wenn es möglich wäre, alle anderen obigen Forderungen zu befriedigen, nie den Wirkungsgrad 1 haben können. Verlangt man also von der idealen Turbine, daß sie den Wirkungsgrad 1 haben soll, so würden nicht nur die vorstehend gestellten (praktisch natürlich unmöglichen) Forderungen zu erfüllen sein, sondern auch der Austritt rein tangential zu erfolgen haben und mit einer Relativgeschwindigkeit, welche gleich der Umfangsgeschwindigkeit, aber entgegengesetzt gerichtet ist.

Um einen Einblick in diese Verhältnisse zu gewinnen, soll im nachstehenden betrachtet werden, welche Geschwindigkeitsverhältnisse sowohl bei der reinen Freistrahlturbine als auch bei einer Reaktionsturbine von 50% Reaktionsgrad für die ideale Turbine gefordert werden müssen. Um für diese idealen Turbinen gleichzeitig mit der kleinstmöglichen Umfangsgeschwindigkeit auszukommen, ist dabei eine Ablenkung des Strahls um volle 180°, d. h. also auch ein tangentialer Eintritt des Dampfes in die Schaufel, vorausgesetzt.

§ 8. **Arbeitsvorgang in der idealen Aktions- oder Freistrahlturbine** (Düsenwinkel = 0°, Schaufelwinkel = 0°). Wie eingangs erwähnt, besteht diese Aktionsturbine in der einfachsten Form aus einem Rade, welches durch einen aus einer Düse austretenden Dampfstrahl in Rotation versetzt wird. Das gesamte verfügbare Wärmegefälle des Dampfes wird vor dem Eintritt in das Rad in Geschwindigkeit umgesetzt und diese Geschwindigkeit in dem rotierenden Rade in mechanische Arbeit verwandelt. Abb. 6 zeigt eine Schaufel des Rades.

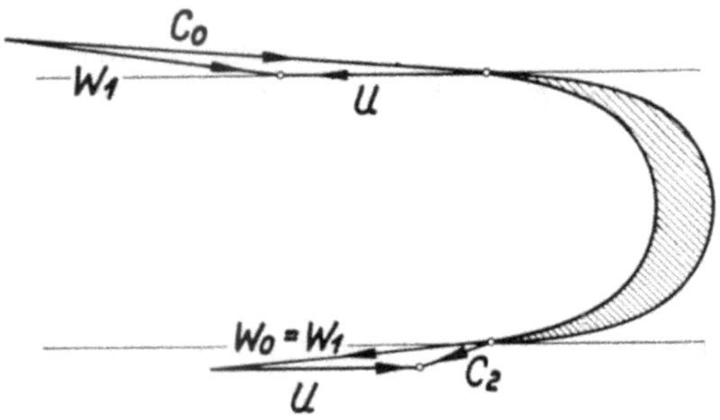

Abb. 6.

Wie wir in § 2 gesehen haben, ist die Arbeit, welche der Dampfstrahl in der Sekunde an das Rad abgibt,

$$L = \frac{G}{g} \cdot u \cdot (c_0' - c_2').$$

In dem hier betrachteten Falle der Umlenkung um 180° ist die Tangentialkomponente der Anfangsgeschwindigkeit c_0' gleich der absoluten Geschwindigkeit des Dampfstrahls, welche mit c_0 bezeichnet werden soll; die Tangentialkomponente der absoluten Endgeschwindigkeit c_2' ist gleich c_2.

Eine einfache Überlegung zeigt, daß diese Endgeschwindigkeit c_2 nichts anderes ist als die absolute Eintrittsgeschwindigkeit c_0 weniger zweimal Umfangsgeschwindigkeit, also

$$c_2 = c_0 - 2\,u.$$

Es ist nämlich, entsprechend den Darlegungen in § 3, die relative Geschwindigkeit in der Schaufel

$$w_1 = c_0 - u$$

und die absolute Austrittsgeschwindigkeit c_2 ihrerseits um die Geschwindigkeit u kleiner als diese relative Geschwindigkeit in der Schaufel. Die gesamte Geschwindigkeitsänderung in tangentialer Richtung, welche der Dampfstrahl bei dem gesamten Arbeitsvorgang erleidet, ist also

$$c_0' - c_2' = c_0 + (c_0 - 2\,u) = 2\,(c_0 - u).$$

Dabei ist zu bemerken, daß die absolute Austrittsgeschwindigkeit $c_2' = c_2 = c_0 - 2\,u$ hier mit negativem Vorzeichen eingesetzt werden muß, da diese Geschwindigkeit die entgegengesetzte Richtung von c_0' bzw. c_0 besitzt.

Die Arbeit, welche bei diesem ganzen Vorgang von 1 kg Dampf in der Zeiteinheit geleistet wird, ist also gemaß § 2

$$L = \frac{1}{g}\,(c_0' - c_2') \cdot u = \frac{1}{g} \cdot 2 \cdot (c_0 - u) \cdot u$$

und der Wirkungsgrad $\eta = \frac{A\,L}{h}$, wobei $h = A\,\frac{c_0^2}{2\,g}$ zu setzen ist, ergibt sich zu

$$\eta = \frac{L}{\frac{c_0^2}{2\,g}} = \frac{2\,(c_0 - u)\,u}{\frac{c_0^2}{2}} = 4\left[\frac{u}{c_0} - \left(\frac{u}{c_0}\right)^2\right].$$

Das dem Fall der idealen Turbine entsprechende Maximum des Wirkungsgrades, d. h. also $\eta = 1$, ergibt sich aus vorstehender Formel für den Wert $\frac{u}{c_0} = 1/2$, wovon man sich durch Einsetzen ohne weiteres überzeugen kann. Das Maximum des Wirkungsgrades tritt also ein für einen Wert der Umfangsgeschwindigkeit $u = \frac{c_0}{2}$. Die höchste Leistung L_{max}, welche in der idealen Aktionsturbine bei einem bestimmten Wert von c_0 überhaupt erreicht werden kann, ergibt durch Einführung des Wertes $u = \frac{c_0}{2}$ in obige Gleichung für L — wie selbstverständlich zu erwarten — den Wert

$$L_{max} = \frac{1}{g} \cdot \frac{c_0^2}{2}.$$

Dies stimmt auch damit überein, daß für diesen Wert von $\frac{u}{c_0}$ die Austrittsgeschwindigkeit aus der Laufschaufel $c_2 = c_0 - 2\,u$ zu Null wird, die Turbine somit ohne Austrittsverlust arbeitet. Bei allen übrigen Werten des Verhältnisses $\frac{u}{c_0}$ bleibt für c_2 ein von Null verschiedener Wert und damit auch ein bestimmter Austrittsverlust $\frac{A}{2\,g}\,c_2^2$ übrig; die Turbine hat also einen Wirkungsgrad $\eta < 1$, arbeitet also nicht mehr als „ideale" Turbine entsprechend der Definition in § 7.

Am besten kann man sich den Verlauf des Wirkungsgrades durch eine Kurve veranschaulichen, wie dies in Abb. 7 geschehen ist. Als Abszissen werden die Werte $\frac{u}{c_0}$ eingetragen, während die Wirkungsgrade durch die Ordinaten dargestellt werden. Bei dem Wert $\frac{u}{c_0} = 0$ sowie bei dem Wert $\frac{u}{c_0} = 1$ wird der Wirkungsgrad $= 0$, während ein Maximum des Wirkungsgrades bei $\frac{u}{c_0} = 0{,}5$ eintritt. Entsprechend dem Charakter der Gleichung für η ist die Kurve des Wirkungsgrades eine Parabel.

Bei ausgeführten Turbinen läßt sich die im vorstehenden gemachte Annahme $\alpha_1 = 0^0$, $\beta_2 = 0^0$, entsprechend einer Ablenkung des Dampfstrahles um 180°, natürlich nicht ganz verwirklichen, da dem Dampf für das Durchströmen der Beschaufelung in axialer Richtung nicht unendlich große Querschnitte zur Verfügung gestellt werden können und daher stets eine bestimmte Größe der Axialgeschwindigkeit und somit auch im günstigstem Fall ein dieser entsprechender Austrittsverlust vorhanden ist. Dieser günstigste Fall wird also erzielt, wenn die absolute Austrittsgeschwindigkeit rein axial gerichtet ist, d. h. wenn dem Dampf in der Laufschaufel die Tangentialkomponente der Geschwindigkeit ganz entzogen wird. Im übrigen läßt sich auch hierbei zeigen, daß ein ähnlicher Zusammenhang zwischen dem Wirkungsgrad und dem Verhältnis $\frac{u}{c_0}$ besteht, wie oben für eine Ablenkung um 180° gezeigt. Näheres hierüber vgl. § 13—17.

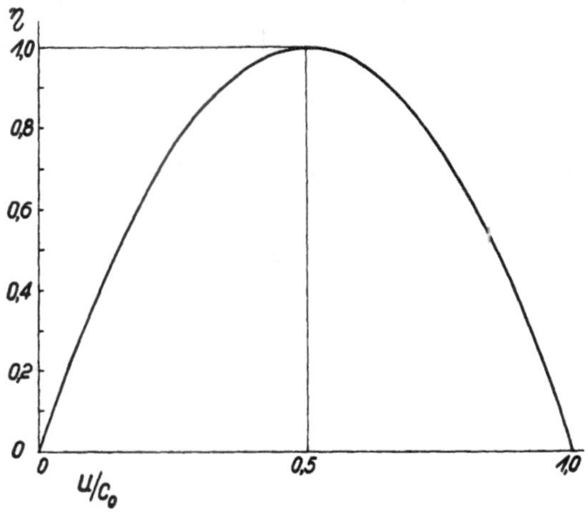

Abb. 7.

§ 9. **Arbeitsvorgang in der idealen Reaktions- oder Überdruckturbine** (Düsenwinkel = 0, Schaufelwinkel = 0°). Wir nehmen der Einfachheit halber an, daß die absolute Austrittsgeschwindigkeit c_0 in der Leitschaufel gleich der relativen Austrittsgeschwindigkeit w_0 aus der Laufschaufel sein soll, was, wie im nachstehenden gezeigt wird, im Falle der idealen Turbine einem Reaktionsgrad von 50% entspricht.

Die vom Dampfstrahl an das Rad abgegebene Arbeit ist wieder allgemein

$$L = \frac{G}{g} \cdot u\,(c_0' - c_2').$$

In diesem Fall ist die Anfangsgeschwindigkeit des Dampfes $c_0' = c_0$, die Endgeschwindigkeit $c_2' = c_2 = w_0 - u$, und da $w_0 = c_0$ angenommen, ist hier $c_2 = c_0 - u$.

Demnach ist die gesamte Geschwindigkeitsänderung in tangentialer Richtung (vgl. Abb. 8)

$$c_0' - c_2' = c_0 + c_0 - u = 2\,c_0 - u,$$

wobei wieder zu beachten ist, daß die absolute Austrittsgeschwindigkeit $c_2' = c_2$ mit negativem Vorzeichen eingesetzt werden muß, da letztere Geschwindigkeit die entgegengesetzte Richtung von c_0 hat.

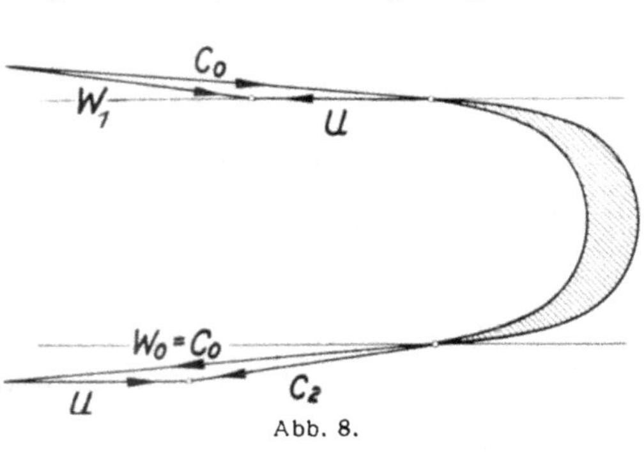

Abb. 8.

Die Arbeit, welche von 1 kg Dampf in der Zeiteinheit geleistet wird, ist dann

$$L = \frac{1}{g} \cdot u\,(2\,c_0 - u).$$

Um den Wirkungsgrad ermitteln zu können, müssen wir das Wärmegefälle bestimmen, welches für die Erzeugung der Geschwindigkeiten c_0 und w_0 aufgewendet werden mußte.

Es ist entsprechend den Ausführungen in § 6 das Gefälle im Leitrad $h_1 = \frac{A}{2g} c_0^2$ und das Gefälle im Laufrad $h_2 = \frac{A}{2g} (w_0^2 - w_1^2)$, wobei w_1 die relative Eintrittsgeschwindigkeit in das Laufrad bezeichnet.

Somit Gesamtgefälle

$$h = h_1 + h_2 = \frac{A}{2g} (c_0^2 + w_0^2 - w_1^2) = \frac{A}{2g} (2 c_0^2 - w_1^2);$$

nun ist, wie leicht einzusehen, $w_1 = c_0 - u$, also

$$h = \frac{A}{2g} [2 c_0^2 - (c_0 - u)^2] = \frac{A}{2g} (c_0^2 + 2 u c_0 - u^2).$$

Der Wirkungsgrad wird demnach

$$\eta = \frac{A L}{h} = \frac{A \frac{1}{g} u (2 c_0 - u)}{\frac{A}{2g} (c_0^2 + 2 u c_0 - u^2)} = \frac{2 \frac{u}{c_0} \left(2 - \frac{u}{c_0}\right)}{1 + 2 \frac{u}{c_0} - \left(\frac{u}{c_0}\right)^2}.$$

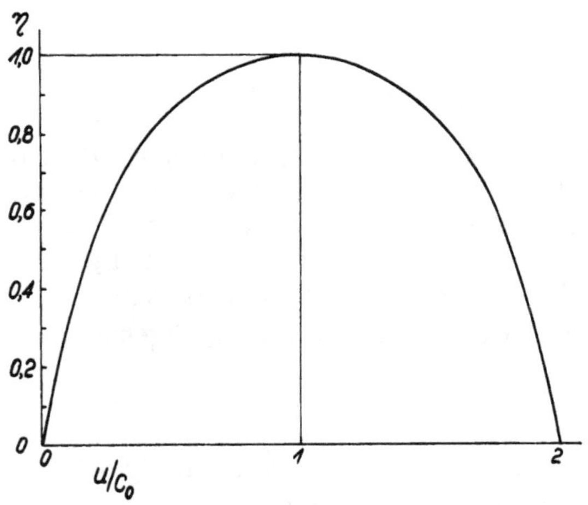

Abb. 9.

Dieser Wert für den Wirkungsgrad hat ein Maximum ($\eta = 1$) für $\frac{u}{c_0} = 1$, d. h. wenn die Umfangsgeschwindigkeit u gleich der Dampfgeschwindigkeit c_0 ist.

Die bei diesem dem Fall der idealen Turbine entsprechenden Verhältnis erzielbare maximale Arbeitsleistung für 1 kg sekundlich strömendes Dampfgewicht ergibt sich durch Einsetzen zu

$$L_{\max} = \frac{1}{g} \cdot c_0^2.$$

Die Teilgefälle h_1 und h_2 ergeben sich zu $h_1 = h_2 = \frac{A}{2g} c_0^2$ (Reaktionsgrad 50%) und das Gesamtgefälle $h = \frac{A}{g} c_0^2$, was, wie dies selbstverständlich, mit dem Wert von $A L_{\max}$ übereinstimmt. Natürlich muß für den günstigsten Wert $\frac{u}{c_0} = 1$ die Turbine ohne Austrittsverlust arbeiten; in der Tat wird auch für

$$\frac{u}{c_0} = 1, \quad c_2 = w_0 - u = c_0 - u = 0.$$

Bei allen übrigen Werten des Verhältnisses $\frac{u}{c_0}$ ist dagegen ein bestimmter Austrittsverlust vorhanden und es ist der Wirkungsgrad $\eta < 1$.

Den Verlauf des Wirkungsgrades für verschiedene Werte von $\frac{u}{c_0}$ veranschaulicht die Kurve Abb. 9. Dieselbe hat eine parabelähnliche Gestalt mit dem Scheitel $\eta = 1$

bei $\frac{u}{c_0} = 1$ und dem Wert $\eta = 0$ für $\frac{u}{c_0} = 0$ und $\frac{u}{c_0} = 2$. Über die Verhältnisse, welche sich ergeben, wenn — wie dies selbstverständlich in allen praktischen Fällen erforderlich — eine bestimmte Axialkomponente zugelassen wird, vgl. § 23.

Vergleicht man die in den vorstehenden §§ 8 und 9 für die ideale Aktions- und die ideale Reaktionsturbine gefundenen Ergebnisse, so erkennt man, daß bei Reaktionsturbinen grundsätzlich eine erheblich größere Umfangsgeschwindigkeit zur Erzielung des höchsten Wirkungsgrades erforderlich ist. Bezogen auf das verarbeitete Gefälle ergab sich nämlich als Umfangsgeschwindigkeit für die ideale Aktionsturbine

$$u_A = \frac{c_0^A}{2} = \frac{1}{2}\sqrt{\frac{2g}{A}h},$$

für die ideale Reaktionsturbine

$$u_R = c_0^R = \sqrt{\frac{g}{A}h},$$

woraus folgt, daß $u_R = u_A \cdot \sqrt{2}$.

§ 10. **Druckstufen und Geschwindigkeitsstufen.** Allgemeines. Wir haben aus den vorausgehenden Erwägungen entnommen, daß zur Erreichung eines günstigen Wirkungsgrades die Umfangsgeschwindigkeit ein gewisses Verhältnis zur Dampfgeschwindigkeit nicht unterschreiten darf. Würde man das ganze Druckgefälle zwischen Kessel und Kondensator in einem einzigen Rade zu bewältigen suchen, so würde man auf Umfangsgeschwindigkeiten kommen, welche konstruktiv nicht beherrscht werden können. Die Beanspruchungen der Räder durch die Zentrifugalkraft, der Lager durch die hohe Gleitgeschwindigkeit usw. würden im allgemeinen unüberwindliche Hindernisse bieten[1]).

Ganz abgesehen von diesen Schwierigkeiten wird aber von der Schiffsturbine verlangt, daß sie entweder direkt oder unter Zwischenschaltung von Getrieben den Propeller mit einer Tourenzahl antreibt, welche einen guten Wirkungsgrad des letzteren gewährleistet. Während bei direktem Antrieb hierdurch der Umdrehungszahl bzw. Umfangsgeschwindigkeit sehr enge Grenzen nach oben gesetzt sind, würden auch die bei Zwischengetrieben anwendbaren Übersetzungsverhältnisse nicht ausreichen, um die Tourenzahlen zu ermöglichen, welche sich bei Verwendung nur eines Laufkranzes ergeben würden.

Es ist also namentlich für die Schiffsturbinen ein unbedingtes Erfordernis, das Wärmegefälle zwischen dem Kessel und Kondensator in der Turbine derart zu verteilen, daß jeder Schaufelkranz nur ein so geringes Gefälle zu verarbeiten hat, als unter Einhaltung eines günstigen Wirkungsgrades bei der durch die vorliegenden Verhältnisse gegebenen Umfangsgeschwindigkeit ausnutzbar ist.

Diese Verteilung des Gefälles kann man in folgender Weise bewerkstelligen:

1. Indem man eine Anzahl von Stufen, jede gebildet aus je einem Leit- und Laufschaufelkranz, vorsieht, von denen jede einen gewissen Teil des Druckgefälles verarbeitet. Es wird also das gesamte Druckgefälle in eine ebenso große Anzahl von Einzelgefällen geteilt, als Stufen vorhanden sind. Die Beschaufelung kann hierbei sowohl nach dem Aktionsprinzip als auch nach dem Reaktionsprinzip konstruiert werden. — Druckstufen.

[1]) Das einzige Beispiel, welches sich im Gebiet des Schiffsmaschinenbaues für die Bewältigung des gesamten Druckgefälles zwischen Kessel und Abdampfleitung in einem einzigen Laufradkranz bietet, sind die kleinen Turbinen des Lavalschen Systems, welche man gelegentlich zum Antrieb von elektrischen Maschinen an Bord vorfindet; vgl. § 73.

2. Indem man das gesamte Druckgefälle in der Eintrittsdüse zunächst gänzlich in Geschwindigkeit umsetzt und mit dem Dampfstrahl ein Rad beaufschlagt, welches 2, 3 oder 4 Laufkränze trägt, zwischen welchen zur Umlenkung des Strahls Leitschaufelkränze angeordnet sind. Die Geschwindigkeit des Strahls wird hier in mechanische Arbeit verwandelt, indem jeder Laufschaufelkranz einen Teil der Geschwindigkeit verzehrt. — Geschwindigkeitsstufen.
3. Indem man mehrere mehrkränzige Laufräder, wie unter 2. beschrieben, hintereinanderschaltet und jedem derselben einen bestimmten Teil des gesamten Druckgefälles zuweist.
4. Indem man den Hochdruckteil der Turbine nach der unter 2. oder 3., den Niederdruckteil nach der unter 1. beschriebenen Methode konstruiert.

§ 11. **Druckstufen.** Setzen wir voraus, daß das Wärmegefälle h zwischen Kessel und Kondensator auf n Druckstufen so verteilt wird, daß jeder Stufe das gleiche Teilgefälle $\frac{h}{n}$ zugewiesen wird, so ergibt sich — falls es sich um eine Aktionsturbine handelt (vgl. § 8) — als Eintrittsgeschwindigkeit für jede einzelne Stufe

$$c_n^A = \sqrt{\frac{2g}{A} \cdot \frac{h}{n}},$$

während, falls keine Unterteilung des Gefälles stattgefunden hätte, die Austrittsgeschwindigkeit den Wert

$$c_0^A = \sqrt{\frac{2g}{A} \cdot h}$$

erreicht hätte.

Durch Division des Ausdrucks für c_0^A und c_n^A ergibt sich $\frac{c_0^A}{c_n^A} = \sqrt{n}$, d. h. die Austrittsgeschwindigkeit pro Stufe ist umgekehrt proportional der Wurzel aus der Anzahl der Druckstufen. Da aber die günstigste Umfangsgeschwindigkeit der Austrittsgeschwindigkeit des Dampfes proportional ist (vgl. § 8), so kann man aussprechen, daß unter Beibehaltung des gleichen Wirkungsgrades die Umfangsgeschwindigkeit einer Turbine mit n Druckstufen etwa im Verhältnis $\sqrt{n}:1$ kleiner sein kann als bei einer Turbine, deren Wärmegefälle in einer einzigen Stufe verarbeitet wird.

Bei Verwendung von Reaktionsstufen wird, falls im Leit- und Laufrad die gleiche Wärmemenge in Geschwindigkeit umgesetzt wird (Reaktionsgrad 50%), unter Vernachlässigung des Gliedes $\frac{A w_1^2}{2g}$ bzw. $\frac{A c_2^2}{2g}$ (vgl. § 9).

$$c_n^R = \sqrt{\frac{2g}{A} \cdot \frac{h}{2n}}$$

und hieraus

$$\frac{c_0^A}{c_n^R} = \sqrt{2n}.$$

Beispiel 1. Für eine reine Aktionsturbine sei der Durchmesser des Schaufelkreises 2 m, die Umdrehungszahl 700 pro Min., die Umfangsgeschwindigkeit somit $u = 73{,}5$ m/sek, der Anfangsdruck 16 at abs., das Vakuum 90% entsprechend ca. 0,1 at abs. Gegendruck, also das zu verarbeitende adiabatische Wärmegefälle 181 WE. Für $\eta = 1$ müßte, vgl. § 8, die Dampfgeschwindigkeit gleich zweimal der Umfangsgeschwindigkeit sein, es wäre also $c_n^A = 2 \cdot u = 2 \cdot 73{,}5 = 147$ m/sek. Es ergibt sich für obiges Wärmegefälle von 181 WE eine theoretische Ausflußgeschwindigkeit $c_0^A = 91{,}5\sqrt{h} = 1230$ m pro sek. Die Stufenzahl würde also sein

$$n = \left(\frac{c_0^A}{c_n^A}\right)^2 = \left(\frac{1230}{147}\right)^2 = \text{ca. } 70 \text{ Stufen.}$$

Beispiel 2. Bei einer Reaktionsturbine mit dem üblichen Reaktionsgrad von 50% würde sich ergeben $c_n^R = u = 73{,}5$ m/sek und somit

$$\frac{c_0^A}{c_n^R} = \sqrt{2n} \text{ bzw. } n = 0{,}5\left(\frac{c_0^A}{c_n^R}\right)^2.$$

Für den günstigsten Wirkungsgrad $\eta = 1$ muß, vgl. § 9 $c_n^R = u = 73{,}5$ m/sek sein, woraus sich

$$n = 0{,}5\left(\frac{1230}{73{,}5}\right)^2 = \text{ca. } 140 \text{ Stufen}$$

ergeben.

Es muß wohl beachtet werden, daß der vorstehende Vergleich nur zur prinzipiellen Kennzeichnung der Eigenschaften idealer Beschaufelungen angestellt ist und damit noch kein Urteil über die tatsächliche Verwendbarkeit der einen oder anderen Art der Beschaufelung ausgesprochen sein soll. Es werden vielmehr die verhältnismäßig größeren Verluste in den Aktionsschaufeln dazu zwingen, kleinere Gefälle pro Stufe zu verwenden (konstante Umfangsgeschwindigkeit in beiden Fällen vorausgesetzt), als bei den mit geringeren Strömungsverlusten arbeitenden Reaktionschaufeln notwendig ist. Ferner kann durch die Ausnutzung der Austrittsgeschwindigkeit aus den Laufschaufeln der vorhergehenden Stufen das Verhältnis der Stufenzahl für die beiden Systeme in verschiedener Weise beeinflußt werden.

§ 12. **Geschwindigkeitsstufen.** Wie in § 10, Punkt 2, erläutert, kann man die Geschwindigkeit des ausströmenden Dampfstrahles auf einzelne beschaufelte Radkränze derart verteilen, daß jeder Radkranz immer nur einen Teil der Geschwindigkeit des Dampfes in Arbeit umsetzt. Der Druck soll während der Durchströmung dieses ganzen Radsystems keine Veränderung erfahren, was, wie wir später (§ 13) sehen werden, allerdings in Wirklichkeit nicht genau zutrifft. Es müssen dann zwischen den einzelnen Laufkränzen Leitschaufelkränze, welche hier nur als Umkehrkränze fungieren, angeordnet sein, und den Dampf derartig führen, daß er auf den folgenden Laufkranz in der zweckmäßigsten Richtung trifft (vgl. Abb. 2). Die Geschwindigkeit des Dampfes nimmt vom Austritt aus der Düse stufenweise bis zum Austritt aus dem letzten Laufkranz ab; in der idealen Turbine sollte die absolute Austrittsgeschwindigkeit aus dem letzten Laufkranz gleich 0 sein. Abb. 10 zeigt ein Rad mit zwei Geschwin-

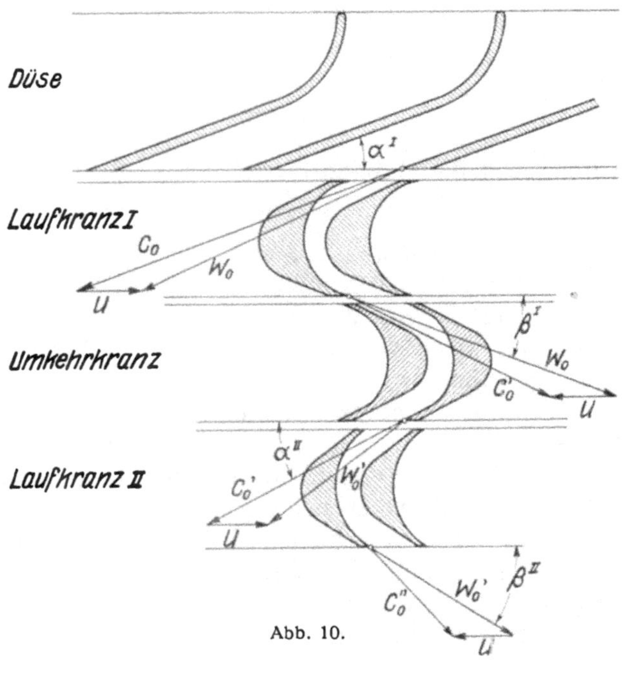

Abb. 10.

digkeitsstufen, von welchen die erste gebildet wird durch die Düsen und den erstcn Laufkranz, die zweite durch die Umkehrschaufeln und den zweiten Laufkranz. In die Abbildung sind auch die Geschwindigkeiten eingezeichnet. Man sieht, wie durch die Entnahme von Energie in jedem Laufkranz allmählich eine Reduktion der Dampfgeschwindigkeit eintritt.

In welcher Weise sich dies vollzieht, geht aus der nach § 10 ohne weiteres verständlichen Abb. 10 hervor. Zu derselben ist zu bemerken, daß mit Strömungsverlusten durch Reibung hier nicht gerechnet ist, so daß also die relativen Austrittsgeschwindigkeiten aus den Laufkränzen den relativen Eintrittsgeschwindigkeiten gleichgesetzt sind und auch in den Umkehrkränzen kein Geschwindigkeitsverlust in Rechnung gezogen ist.

In welcher Weise die Anwendung von Geschwindigkeitsstufen die Anzahl der zur Verarbeitung eines gegebenen Gefälles notwendigen Schaufelkränze beeinflußt, ergibt sich aus folgender Überlegung:

Unter der Annahme, daß der Strahl in jedem Schaufelkranz um 180° umgelenkt werden könnte, ergibt sich als absolute Austrittsgeschwindigkeit aus jedem Laufschaufelkranz ein Wert gleich der absoluten Eintrittsgeschwindigkeit in den betreffenden Kranz, vermindert um die doppelte Umfangsgeschwindigkeit u. Sind n Laufkränze (Geschwindigkeitsstufen) vorhanden, so ist die Austrittsgeschwindigkeit aus dem letzten dieser n Kränze gleich der Eintrittsgeschwindigkeit in den ersten Kranz, vermindert um $n \cdot 2\,u$. Nun würde unter Annahme des idealen Wirkungsgrades $\eta = 1$, die Austrittsgeschwindigkeit aus dem letzten Kranze $= 0$ sein müssen; es wird also

$$c_2 = c_0 - n \cdot 2\,u = 0.$$

Das von einem einkränzigen Aktionsrad im idealen Fall ($\eta = 1$) bei der Umfangsgeschwindigkeit u verarbeitete Wärmegefälle haben wir in § 8 zu

$$h = \frac{A}{2\,g} \cdot c_0^2 = \frac{A}{2\,g} \cdot (2 \cdot u)^2$$

gefunden. Für n Geschwindigkeitsstufen ergibt sich nach vorstehendem für die gleiche Umfangsgeschwindigkeit u und ebenfalls für den idealen Wirkungsgrad $\eta = 1$ das verarbeitete Gefälle zu

$$h_n = \frac{A}{2\,g} \cdot c_0^2 = \frac{A}{2\,g} \cdot (2 \cdot n \cdot u)^2,$$

woraus sich die Beziehung

$$h_n = n^2 \cdot h$$

ergibt, d. h. bei Anwendung eines mehrkränzigen Rades mit n Geschwindigkeitsstufen könnte man im idealen Falle (Umlenkung um 180° und $\eta = 1$) bei gleicher Umfangsgeschwindigkeit ein Wärmegefälle verarbeiten, welches im Verhältnis $n^2 : 1$ größer ist als das, welches man bei sonst gleichen Verhältnissen in einem einkränzigen Rade verzehren könnte.

Wenn nun auch der Wirkungsgrad mehrkränziger Räder geringer ist als derjenige mehrerer einkränziger Räder, so bleibt doch das mehrkränzige Rad ein für den Schiffsmaschinenbau wertvoller Konstruktionsbestandteil, welcher überall da mit Vorteil verwendet wird, wo es sich darum handelt, große Druckgefälle bei relativ günstigem Wirkungsgrad zu verarbeiten. Solche Fälle liegen fast allgemein in der ersten Stufe, welche den Hochdruckdampf aus dem Kessel erhält, vor, vgl. hierzu § 36. Da das mehrkränzige Rad zum ersten Male von Curtis angewendet wurde, nennt man ein mehrkränziges Rad mit Geschwindigkeitsstufen sehr häufig kurzweg Curtis-Rad.

2. Der Wirkungsgrad der Beschaufelungen.

§ 13. **Wirkungsgradkurven.** Allgemeines. Da die Berechnung der Turbinen darauf hinausläuft, für gegebene Leistung, Anfangsdruck und Vakuum einen möglichst geringen Dampfverbrauch bei zulässigen Dimensionen zu erzielen, spielt die Ermittlung des Wirkungsgrades einer Beschaufelung die Hauptrolle bei der Berechnung der Turbinen.

Wollte man für jeden einzelnen Schaufelkranz den Wirkungsgrad gesondert berechnen, so würde dieses eine außerordentlich zeitraubende Arbeit sein. Man hilft sich aus dieser Schwierigkeit durch Benutzung von Wirkungsgradkurven. Diese Kurven geben den Wirkungsgrad einer bestimmten Beschaufelung, sei es Aktions- oder Reaktionsbeschaufelung oder mehrkränziges Curtisrad, als Funktion der Dampfgeschwindigkeit, der Umfangsgeschwindigkeit und des Schaufelwinkels (Austrittwinkels) an.

Die Konstruktion dieser Kurven geschieht, indem man ein für allemal für bestimmte Werte der obigen Variabeln den Wirkungsgrad errechnet; man findet dann bei der Berechnung der Turbine den Wirkungsgrad durch einfaches Abgreifen aus den betreffenden Kurvenblättern. Die Formel für den Wirkungsgrad (vgl. § 6) ist:

$$\eta = \frac{h_i}{h},$$

wobei

$$h_i = \frac{A\,u}{g}\,(c_0' - c_2'),$$

Bei Verwendung dieser Formel ist dem Umstand Rechnung zu tragen, daß beim Durchströmen einer Beschaufelung gewisse Geschwindigkeitsverluste auftreten, welche eine Verminderung der theoretischen Austrittsgeschwindigkeit bedingen.

Diese Verluste werden bei der Berechnung dadurch berücksichtigt, daß man die theoretische Austrittsgeschwindigkeit mit einem gewissen Verlustkoeffizienten[1]) multipliziert, um die tatsächliche Austrittsgeschwindigkeit zu erhalten.

Im folgenden sei bezeichnet mit

φ der Verlustkoeffizient in einer Leitschaufel,
ψ der Verlustkoeffizient in einer Laufschaufel,

welche Koeffizienten bei Reaktionsturbinen (Reaktionsgrad ca. 50%) einander gleich sind. Die Werte von φ schwanken bei den üblichen Ausführungen zwischen etwa 0,9 bis 0,95, diejenigen von ψ für Aktionsstufen zwischen etwa 0,85 bis 0,9, während sie bei Reaktionsstufen, wie oben bemerkt, mit den vorstehend angegebenen Werten von φ übereinstimmen. Näheres siehe § 50.

Bemerkt soll hier noch werden, daß im folgenden stets die Bezeichnungen c_0 die verlustlose Austrittsgeschwindigkeit aus dem Leitrad, $c_1 = \varphi \cdot c_0$ die tatsächliche Austrittsgeschwindigkeit aus dem Leitrad, c_2 die absolute Austrittsgeschwindigkeit aus dem Laufrad bedeuten soll.

§ 14. **Wirkungsgradkurven einer Reaktionsstufe ohne Ausnutzung der Austrittsgeschwindigkeit.** Ein solcher Fall tritt ein bei der ersten Stufe einer Trommel mit Reaktionsbeschaufelung. In diesem Ausnahmefalle ist der Reaktionsgrad nicht 0,5, wie sonst üblich. Es muß hier, da keine Laufschaufel vorhergeht, und somit der Dampf noch keine Geschwindigkeit besitzt, im Leitrad mehr Gefälle aufgezehrt wer-

[1]) Vgl. hierzu auch Anhang Nr. VIII, welcher von den Vorgängen in den Düsen handelt.

den als im darauffolgenden Laufrad, wenn man, wie dies vorteilhaft, gleiche Geschwindigkeitsverhältnisse im Lauf- und Leitrad erzielen will.

Der Verlustkoeffizient in den Schaufeln sei φ; dieser ist bei Reaktionsstufen in der Leit- und Laufschaufel, für welche der Praxis entsprechend die gleichen Profile vorausgesetzt werden, gleich. Es ist also mit Bezug auf Abb. 11

$$c_0 = w_0$$
$$c_1 = \varphi \cdot c_0$$
$$w_2 = c_1 = \varphi \cdot c_0 = \varphi w_0 \text{ und}$$
$$c_2 = w_1.$$

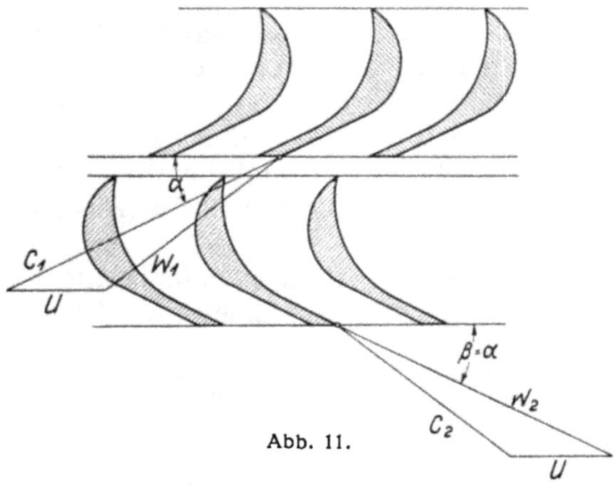

Abb. 11.

Die Geschwindigkeitsdreiecke für Eintritt und Austritt sind also kongruent.

Das Wärmegefälle, ausgedrückt in Wärmeeinheiten für 1 kg Dampf, welches pro Stufe verarbeitet wird, setzt sich zusammen aus der kinetischen Energie der im Leitrad umgesetzten Geschwindigkeit

$$\frac{A}{2g} \cdot c_0^2$$

und der Energie der im Laufrad erzielten Geschwindigkeit $\frac{A}{2g} \cdot w_0^2$ abzüglich der Energie $\frac{A}{2g} \cdot w_1^2$, mit welcher der Dampf in die Laufschaufel eintritt. Es ist somit das Gesamtgefälle

$$h = \frac{A}{2g}[c_0^2 + w_0^2 - w_1^2].$$

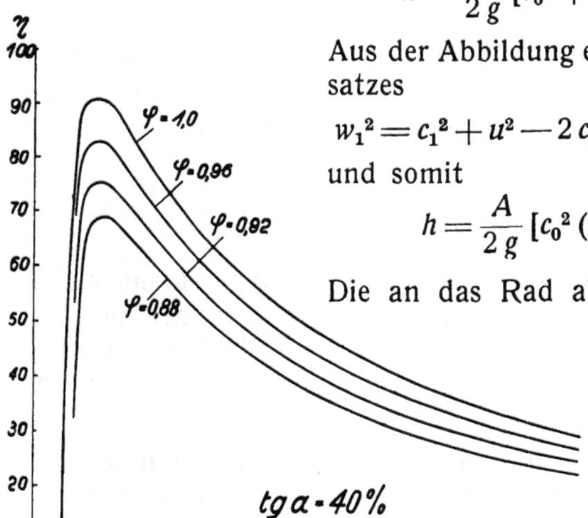

Abb. 12.

Aus der Abbildung ergibt sich unter Verwendung des Cosinussatzes

$$w_1^2 = c_1^2 + u^2 - 2\,c_1 \cdot u \cdot \cos\alpha = \varphi^2 \cdot c_0^2 + u^2 - 2\,\varphi \cdot c_0 \cdot u \cdot \cos\alpha$$

und somit

$$h = \frac{A}{2g}[c_0^2(2-\varphi^2) - u^2 + 2\,\varphi \cdot c_0 \cdot u \cdot \cos\alpha].$$

Die an das Rad abgegebene Leistung ist, vgl. § 6, unter sinngemäßer Änderung von c_0 in c_1',

$$A L_i = \frac{A u \cdot (c_1' - c_2')}{g} =$$
$$\frac{A \cdot u}{g}(2\,c_1 \cos\alpha - u)$$

und somit der Wirkungsgrad

$$\eta_i = \frac{2 \cdot \left[2\,\varphi \cdot \left(\frac{c_0}{u}\right)\cos\alpha - 1\right]}{\left(\frac{c_0}{u}\right)^2(2-\varphi^2) - 1 + 2\,\varphi \cdot \left(\frac{c_0}{u}\right)\cos\alpha}.$$

Das Maximum von η finden wir, wenn wir die erste Ableitung des Ausdruckes für η nach der Variablen $\frac{c_0}{u}$ gleich Null setzen. Es tritt ein für einen Wert von

$$\frac{c_0}{u} = \frac{1}{\varphi \cdot \cos \alpha},$$

φc_0 bzw. c_1 und u bilden also Hypothenuse und Kathete eines rechtwinkeligen Dreiecks, d. h. die absolute Austrittsgeschwindigkeit des Dampfes aus dem Laufrad hat rein axiale Richtung. Für $\varphi = 1$ und $\cos \alpha = 1$ erhalten wir $c_0 = u$, wie in § 9 hergeleitet. Abb. 12 zeigt Kurven von η_i für verschiedene Werte von φ und einen Austrittswinkel aus dem Leitrad entsprechend $\operatorname{tg} \alpha = 40\%$.

§ 15. **Wirkungsgradkurven für Reaktionsstufen bei Verwertung der Austrittsgeschwindigkeit aus dem Laufkranz.** Der nachstehend behandelte Fall tritt ein bei Stufen, welche innerhalb einer Reaktions - Trommelbeschaufelung liegen. Man pflegt hier gleiche Gefällsverteilung auf Leit- und Laufrad, d. h. also einen Reaktionsgrad von 50% anzustreben. Inwieweit dies tatsächlich gelingt, ist in Anhang III „Methoden zur Untersuchung von Turbinen usw.“ gezeigt.

Wie im vorigen Paragraphen, ist auch hier angenommen, daß die Profile in den Leit- und Laufschaufeln sowie die Geschwindigkeitsdreiecke für Ein- und Austritt kongruent sind; außerdem aber ist berücksichtigt, daß der Dampf in den Leitapparat mit der absoluten Austrittsgeschwindigkeit c_2, mit welcher er den vorhergehenden Laufkranz verläßt, eintritt. Wie oben ist

$$A L_i = \frac{A u (c_1' - c_2')}{g}.$$

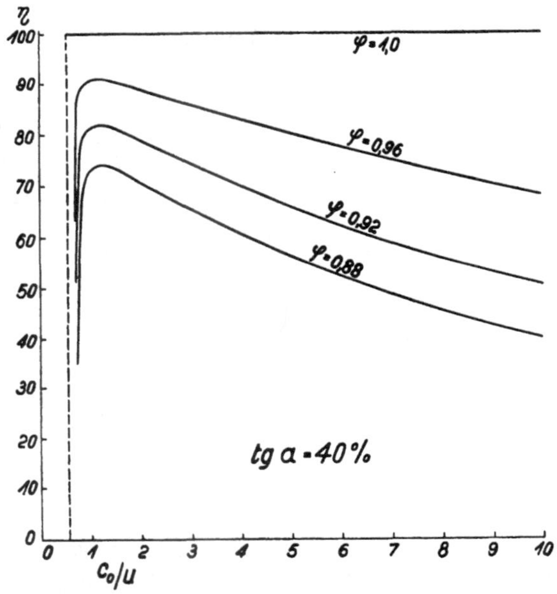

Abb. 13.

Es ist ferner mit Bezug auf Abb. 11

$$(c_1' - c_2') = 2 c_1 \cos \alpha - u = 2 \varphi c_0 \cos \alpha - u.$$

Wird dieser Wert in die vorstehende Gleichung eingesetzt, so ergibt sich

$$A L_i = h_i = \frac{A u^2}{g} \left(2 \varphi \frac{c_0}{u} \cos \alpha - 1\right).$$

Das der theoretischen Geschwindigkeit c_0 entsprechende Wärmegefälle ist

$$\frac{A c_0^2}{2 g} = \frac{A c_2^2}{2 g} + \frac{h}{2} \text{WE}$$

oder das in der Stufe verarbeitete Gefälle

$$h = 2 \left(\frac{A c_0^2}{2 g} - \frac{A c_2^2}{2 g}\right).$$

Nach dem Cosinussatz ist ferner

$$c_2^2 = c_1^2 + u^2 - 2 c_1 u \cdot \cos \alpha$$

und hieraus

$$\frac{A c_2^2}{2 g} = \frac{A u^2}{2 g} \left[\varphi^2 \left(\frac{c_0}{u}\right)^2 - 2 \varphi \frac{c_0}{u} \cos \alpha + 1\right].$$

Durch Einsetzen in obige Gleichung für h erhalten wir

$$h = \frac{A\,u^2}{g}\left[(1-\varphi^2)\left(\frac{c_0}{u}\right)^2 + 2\,\varphi\cdot\frac{c_0}{u}\cos\alpha - 1\right]$$

und schließlich

$$\eta = \frac{h_i}{h} = \frac{2\,\varphi\frac{c_0}{u}\cos\alpha - 1}{(1-\varphi^2)\left(\frac{c_0}{u}\right)^2 + 2\,\varphi\frac{c_0}{u}\cos\alpha - 1}.$$

Wirkungsgradkurven siehe Abb. 13, für verschiedene Werte von φ bei einem Schaufelwinkel entsprechend $\operatorname{tg}\alpha = 40\%$.

§ 16. **Wirkungsgradkurven einer Aktionsstufe ohne Ausnutzung der Austrittsgeschwindigkeit.** Dieser Fall tritt ein bei einkränzigen Rädern, wie solche bei sehr schnellaufenden Turbinen (Getriebeturbinen bzw. Hilfsmaschinen) vorkommen, sonst nur am Anfang von Trommeln mit Aktionsbeschaufelung.

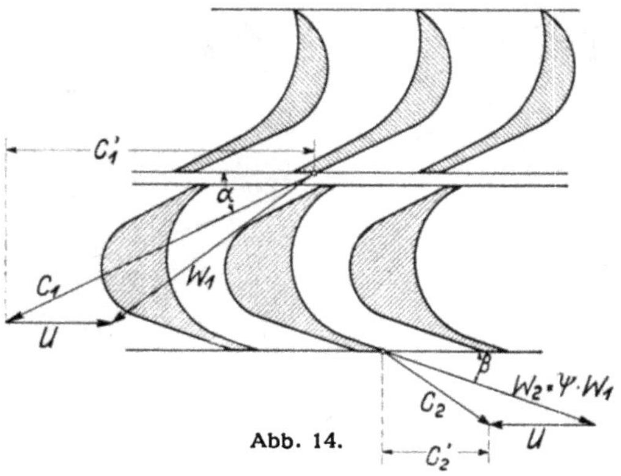

Abb. 14.

Wie bereits bemerkt, wird bei den Aktionsstufen das ganze, in einer Stufe zu verarbeitende Wärmegefälle in der Leitschaufel in lebendige Kraft umgesetzt, die dann an die Laufschaufel abgegeben wird.

Die Verlustkoeffizienten seien wieder

φ für die Leitschaufel und
ψ für die Laufschaufel.

Wir nehmen an, daß der Dampfaustritt aus der Laufschaufel unter einem Winkel erfolgt, welcher gleich dem Eintrittswinkel in die Laufschaufel für stoßfreien Eintritt ist. Derselbe sei mit β bezeichnet. Es ist also, vgl. Abb. 14,

$$c_1 = \varphi\, c_0$$
$$w_2 = \psi\, w_1.$$

Nach obigem ist

$$h = \frac{A\cdot c_0^2}{2\,g},$$

die an das Rad abgegebene Leistung (vgl. § 14)[1])

$$A\,L_i = \frac{A\,u}{g}(c_1' - c_2').$$

Hierbei ist

$$c_1' - c_2' = c_1\cdot\cos\alpha - (u - w_2\cos\beta),$$

wobei

$$w_2 = \psi\cdot w_1 = \left(\frac{c_1\cos\alpha - u}{\cos\beta}\right)\cdot\psi,$$

somit also

$$c_1' - c_2' = c_1\cos\alpha + c_1\,\psi\cdot\cos\alpha - u\,\psi - u$$
$$= c_1\cdot\cos\alpha\,(1+\psi) - u\,(1+\psi)$$

[1]) Dabei ist die Richtung der beiden Geschwindigkeiten c_1' und c_2' zu berücksichtigen.

und

$$\eta_i = \frac{A L_i}{h} = \frac{\frac{A u^2}{g}(1+\psi)\left[\varphi\left(\frac{c_0}{u}\right)\cos\alpha - 1\right]}{\frac{A}{2g}\cdot c_0^2}$$

oder

$$= \frac{2(1+\psi)\left[\varphi\left(\frac{c_0}{u}\right)\cos\alpha - 1\right]}{\left(\frac{c_0}{u}\right)^2}.$$

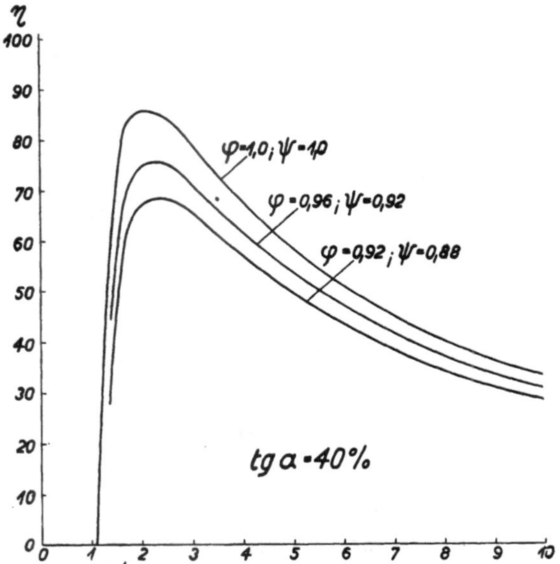

Abb. 15.

Wir differenzieren den Ausdruck η_i nach $\frac{c_0}{u}$, setzen die Ableitung $= 0$ und erhalten den Maximalwert von η_i für einen gegebenen Düsenwinkel bei einem Werte

$$\frac{c_0}{u} = \frac{2}{\varphi \cdot \cos\alpha}.$$

Den Verlauf von η_i für einen Winkel entsprechend tg $\alpha = 40\%$ und für verschiedene Werte φ und ψ finden wir aus Abb. 15, wobei zu bemerken ist, daß die Werte von $\varphi = 0{,}92$ und $\psi = 0{,}88$ die gebräuchlichsten sind. Für $\varphi = 1$ und $\alpha = 0$ erhalten wir den Maximalwert für $\frac{c_0}{u} = 2$, wie in § 8 abgeleitet.

§ 17. **Wirkungsgradkurven für Aktionsstufen bei Verwertung der Austrittsgeschwindigkeit aus dem Laufrad.** Auch hier ist angenommen, daß die Austrittsgeschwindigkeit der unmittelbar vorhergehenden Trommelstufe gleich derjenigen der betrachteten Stufe selbst ist.

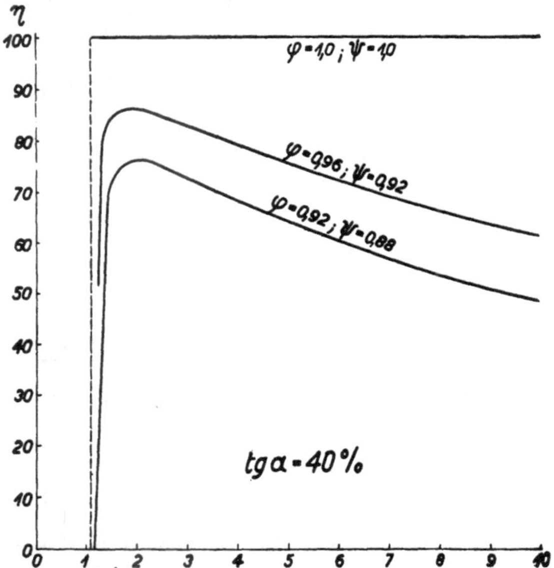

Abb. 16.

Die indizierte, d. h. die an den Radumfang abgegebene Leistung ist für 1 kg Dampf

$$L = \frac{u}{g}(c_1' - c_2')$$

oder in WE ausgedrückt

$$A L_i = h_i = \frac{A u}{g}(c_1' - c_2')$$

Wie im vorhergehenden § 16 wird

$$c_1' - c_2' = (1+\psi)(c_1 \cos\alpha - u)$$

und

$$A L_i = h_i = \frac{A u^2}{g}(1+\psi)\left[\varphi\left(\frac{c_0}{u}\right)\cos\alpha - 1\right].$$

Das der theoretischen Geschwindigkeit c_0 entsprechende Wärmegefälle ist hier

$$\frac{A\,c_0^2}{2\,g} = \frac{A\,c_2^2}{2\,g} + h \text{ WE}$$

oder das in der Stufe verarbeitete Gefälle

$$h = \frac{A\,c_0^2}{2\,g} - \frac{A\,c_2^2}{2\,g} \text{ WE},$$

worin c_2 die Austrittsgeschwindigkeit aus der vorhergehenden Stufe ist.

Das Quadrat der Austrittsgeschwindigkeit c_2 ist

$$c_2^2 = w_2^2 + u^2 - 2\,w_2\,u\cos\beta$$

oder

$$c_2^2 = \psi^2\,w_1^2 + u^2 - 2\,\psi\,w_1\,u\cos\beta.$$

Ferner ist

$$w_1^2 = c_1^2 + u^2 - 2\,c_1\,u\cos\alpha \text{ und } w_1\cos\beta = c_1\cos\alpha - u,$$

so daß

$$c_2^2 = \psi^2\,(c_1^2 + u^2 - 2\,c_1\,u\cos\alpha) + u^2 - 2\,\psi\,u\,(c_1\cos\alpha - u)$$

oder

$$c_2^2 = \psi^2\,\varphi^2\,c_0^2 + \psi^2\,u^2 - 2\,\psi^2\,\varphi\,c_0\,u\cos\alpha + u^2 - 2\,\psi\,\varphi\,c_0\,u\cos\alpha + 2\,\psi\,u^2.$$

Für 1 kg Dampf pro sek ergibt sich daraus, in WE ausgedrückt $\left(\text{durch Multiplikation mit } \frac{A}{2\,g}\right)$:

$$\frac{A\,c_2^2}{2\,g} = \frac{A\,u^2}{2\,g}\left[\varphi^2\,\psi^2\left(\frac{c_0}{u}\right)^2 - 2\,\varphi\,\psi\,(1+\psi)\,\frac{c_0}{u}\cos\alpha + (1+\psi)^2\right].$$

Durch Einsetzen dieser Gleichung in obigen Ausdruck für h erhält man das in der Stufe zu verarbeitende Wärmegefälle

$$h = \frac{A\,u^2}{2\,g}\left[(1-\varphi^2\,\psi^2)\left(\frac{c_0}{u}\right)^2 + 2\,\varphi\,\psi\,(1+\psi)\,\frac{c_0}{u}\cos\alpha - (1+\psi)^2\right].$$

Durch Division ergibt sich nun der indizierte Wirkungsgrad

$$\eta_i = \frac{A\,L_i}{h} = \frac{2\,(1+\psi)\left(\varphi\,\frac{c_0}{u}\cos\alpha - 1\right)}{(1-\varphi^2\,\psi^2)\left(\frac{c_0}{u}\right)^2 + 2\,\varphi\,\psi\,(1+\psi)\,\frac{c_0}{u}\cos\alpha - (1+\psi)^2}.$$

Aus der Gleichung für h kann wieder für einen beliebigen Düsenwinkel α und ein angenommenes $\frac{c_0}{u}$ bzw. u das in einer Stufe verarbeitete Wärmegefälle h berechnet werden.

Aus der Gleichung für η_i findet man für die angenommenen Werte von α und $\frac{c_0}{u}$ den Wirkungsgrad, mit dem das Wärmegefälle h in Arbeit umgesetzt wird.

Abb. 16 zeigt verschiedene Wirkungsgradkurven für mehrere φ- und ψ-Werte bei einem Schaufelwinkel entsprechend $\operatorname{tg}\alpha = 40\%$.

§ 18. **Benutzung der Wirkungsgradkurven für Trommeln.** Gefällskurven. Wir haben aus den voraufgegangenen vier Paragraphen ersehen, daß in den Gleichungen für den Wirkungsgrad stets außer den Schaufelwinkeln die Größe $\frac{c_0}{u}$ als Variable auftritt. Um den Wirkungsgrad zu bestimmen, muß also das für den zu betrachtenden Fall geltende Verhältnis $\frac{c_0}{u}$ bekannt sein.

Die Austrittgeschwindigkeit c_0 und damit auch das Verhältnis $\frac{c_0}{u}$ hängt, wie wir ebenfalls aus dem vorhergehenden Paragraphen gesehen haben, ab von dem in der betreffenden Stufe aufgezehrten Wärmegefälle (im allgemeinen auch von u, das aber durch die Aufgabestellung als gegeben anzusehen ist) und ergibt sich aus den für die einzelnen Fälle in den vorstehenden vier Paragraphen angegebenen Formeln für das Wärmegefälle h. Schreitet man also zur Berechnung einer Turbine, was, wie bereits bemerkt, darauf hinausläuft, die Beschaufelungsverhältnisse aufzusuchen, welche den unter den gegebenen Verhältnissen günstigsten Wirkungsgrad ergeben, so steht man vor der Aufgabe, entweder für einen von vornherein angenommenen Wirkungsgrad $\frac{c_0}{u}$ zu suchen und damit das pro Stufe zu verarbeitende Gefälle mit Hilfe der Gleichung für h zu ermitteln, oder man legt zuerst probeweise die Anzahl der Stufen fest, findet hieraus das pro Stufe zu verarbeitende Wärmegefälle, ermittelt aus der Formel für h den Wert $\frac{c_0}{u}$ und überzeugt sich dann von dem sich ergebenden Wirkungsgrad.

Neben den Wirkungsgradkurven werden daher Kurven, welche für die einzelnen Beschaufelungsarten das bei verschiedenen Werten von $\frac{c_0}{u}$ verarbeitbare Wärmegefälle angeben, gute Dienste leisten. Die Aufstellung solcher Kurven wird durch den Umstand besonders vereinfacht, daß unter den in den vorhergehenden Paragraphen gemachten Voraussetzungen das Gefälle h dem Quadrat der Umfangsgeschwindigkeit proportional und im übrigen nur von dem Wert $\frac{c_0}{u}$ und α abhängig ist.

Wird mit C der von α und $\frac{c_0}{u}$ abhängige Faktor bezeichnet, so ist also

$$h = \frac{A \cdot u^2}{g} C.$$

Für eine beliebige andere Umfangsgeschwindigkeit u' ist das verarbeitete Wärmegefälle h'

$$h' = \frac{A\, u'^2}{g} C.$$

Durch Division beider Ausdrücke ergibt sich

$$\frac{h}{h'} = \frac{u^2}{u'^2}$$

oder

$$h' = h \frac{u'^2}{u^2}.$$

Man braucht also die Gefällskurven nur für eine bestimmte Umfangsgeschwindigkeit zu zeichnen; für jede andere Umfangsgeschwindigkeit ergibt sich das gesuchte Gefälle durch Umrechnung der Quadrate der Umfangsgeschwindigkeiten.

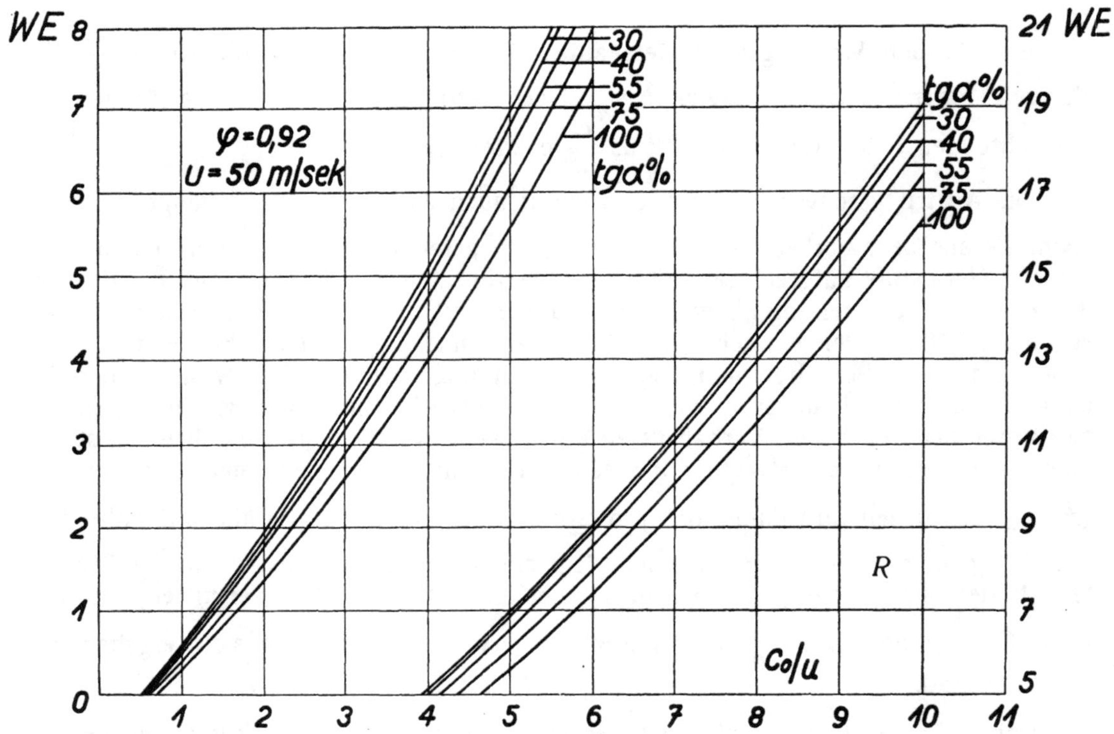
WE
21 WE
φ=0,92
u=50 m/sek
30
40
55
75
100
tgα%
tgα%
30
40
55
75
100
R
c₀/u

Abb. 17.

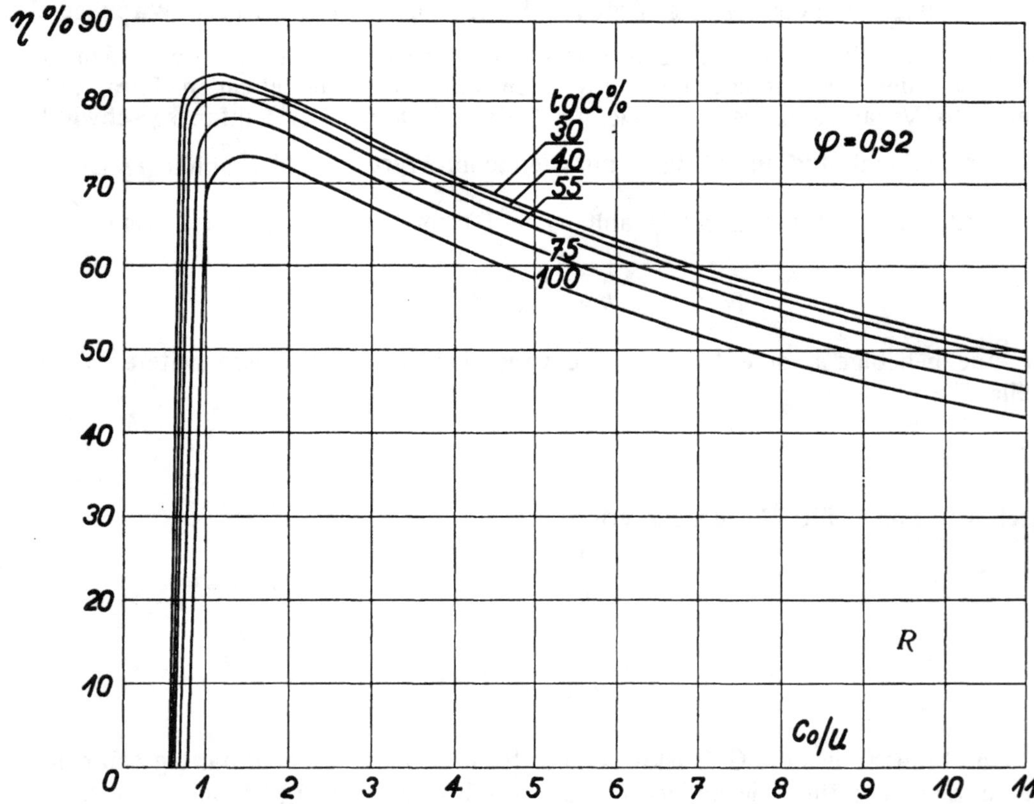
η%
tgα%
30
40
55
75
100
φ=0,92
R
c₀/u

Abb. 18.

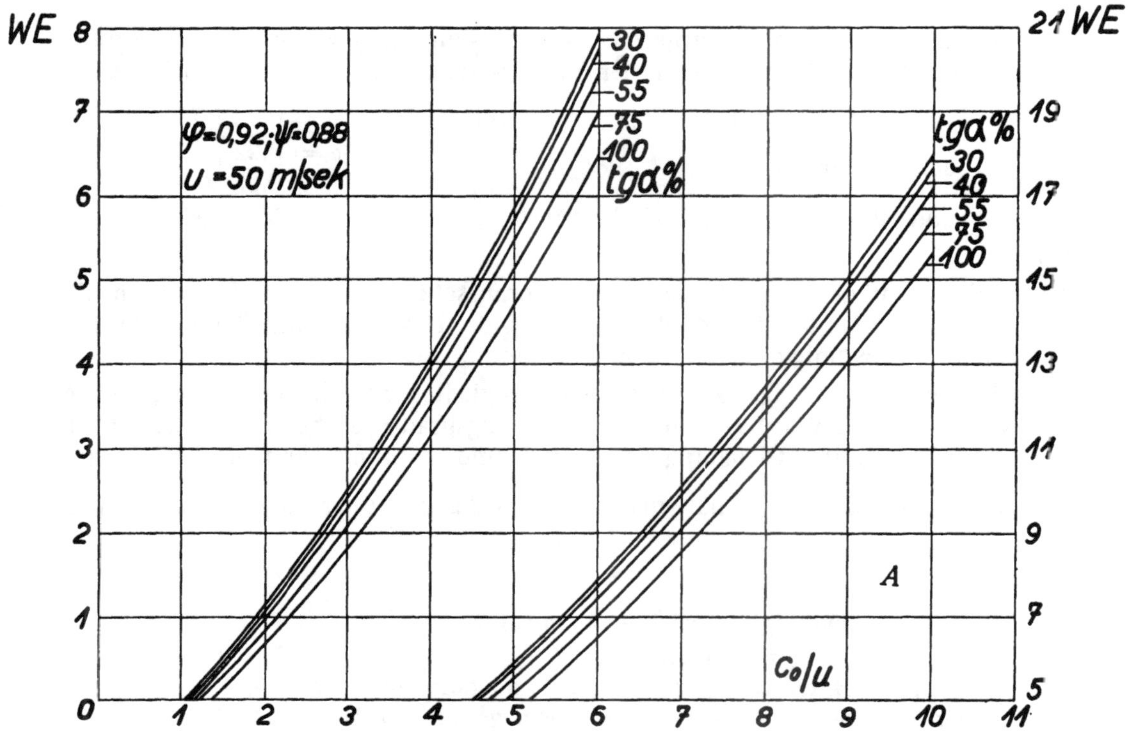
WE
WE
φ=0,92; ψ=0,88
u =50 m/sek
tgα%
30
40
55
75
100
A
Co/u

Abb. 19.

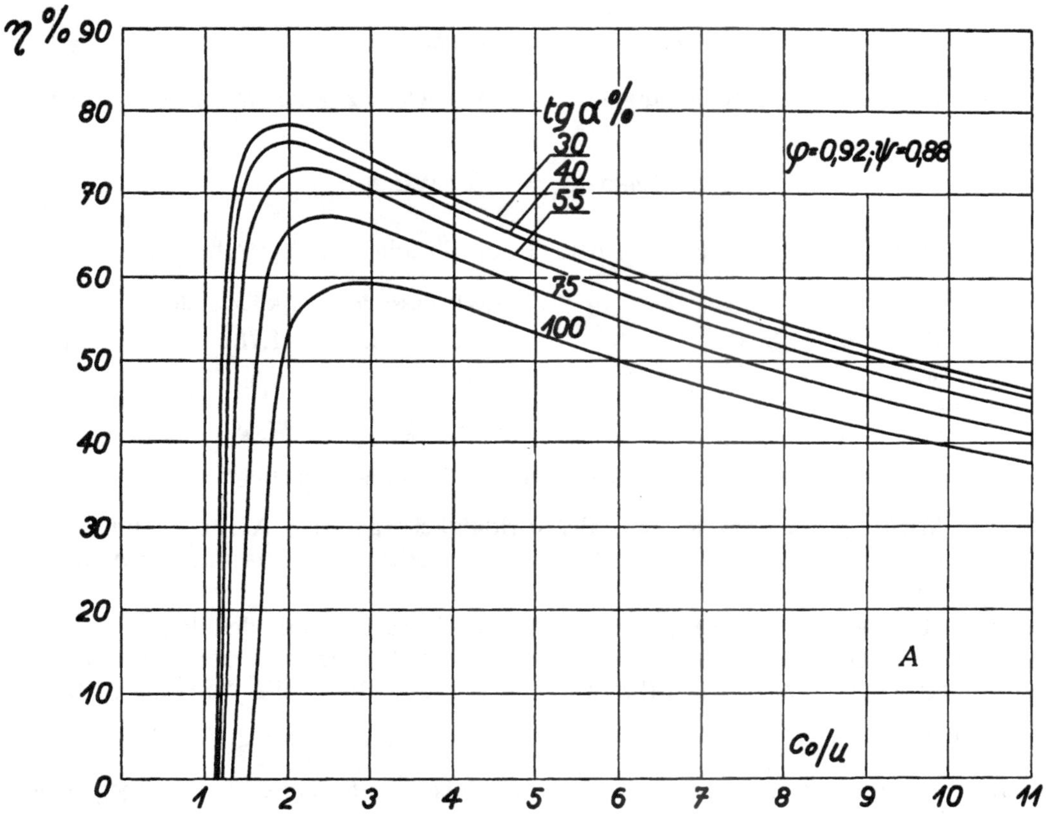
η %
tgα%
30
40
55
75
100
φ=0,92; ψ=0,88
A
Co/u

Abb. 20.

Die in den Abb. 17 und 19 dargestellten Gefällskurven sowie die Wirkungsgradkurven in Abb. 18 und 20 sind unter der Voraussetzung berechnet, daß bei

den Reaktionsstufen . . . . $\varphi = 0{,}92$

den Aktionsstufen . . . . $\begin{cases}\varphi = 0{,}92\\ \psi = 0{,}88\end{cases}$

und die Umfangsgeschwindigkeit . . . . . . $u' = 50$ m/sek

beträgt.

Die Verlustkoeffizienten gelten unter der Voraussetzung, daß der Eintritt in die Leit- und Laufschaufeln stoßfrei erfolgt, d. h. daß die Eintrittswinkel der Profile den theoretischen Geschwindigkeitsdreiecken genügen.

Um also für eine beliebige Umfangsgeschwindigkeit u und ein beliebiges, in einer Stufe zu verarbeitendes Wärmegefälle h den Wirkungsgrad η_i zu bestimmen, ermittelt man zuerst aus der letzten Gleichung den Wert h' und bestimmt dann aus der Wärmekurve das $\frac{c_0}{u}$. Für dieses $\frac{c_0}{u}$ erhält man dann aus der Wirkungsgradkurve das η_i pro Stufe.

Beispiel:

Die Umfangsgeschwindigkeit sei $u = 45$ m/sek.
Der Schaufelwinkel tg $\alpha = 30\%$.
Die Stufenzahl der Gruppe (vgl. § 10) ist angenommen zu $z = 9$.
Das in der Gruppe zu verarbeitende Wärmegefälle sei $H = 13$ WE.

Das mittlere Gefälle pro Stufe ist somit

$$h_m = \frac{13}{9} = 1{,}445 \text{ WE}.$$

Das auf die Umfangsgeschwindigkeit $u = 50$ m/sek bezogene Wärmegefälle wird nun

$$h' = 1{,}445 \frac{50^2}{45^2} = 1{,}787 \text{ WE}.$$

Es ergeben sich dann aus den Kurven Abb. 17 bis 20 folgende Werte bei Verwendung von

	Reaktionsstufen	Aktionsstufen
h'	1,787 WE	1,787 WE
$\frac{c_0}{u}$	1,93 „	2,48 „
η_i	80,5 %	77,0 %.

In gleicher Weise können alle Gruppen der Turbine berechnet werden.

§ 19. **Wirkungsgradkurven von Geschwindigkeitsrädern.** Allgemeines. In §§ 6, 13 und 16 ist die Bestimmung des Wirkungsgrades eines einkränzigen Aktionsrades angegeben worden.

Die dort verwendete Methode läßt sich auch benutzen, um den Wirkungsgrad eines mehrkränzigen Geschwindigkeitsrades festzustellen, indem man die Summe der Leistungen der einzelnen Laufkränze ermittelt und durch die dem in der Düse verarbeiteten Wärmegefälle $h = \frac{A}{2g} \cdot c_0^2$ entsprechende Leistung dividiert.

Die von dem ausströmenden Dampf an einen Laufschaufelkranz abgegebene Leistung ist nach § 13 für 1 kg pro Stunde

$$h_i = A \cdot L_i = \frac{A \cdot u}{g} \cdot (c_1' - c_2'),$$

die an alle Laufkränze eines Rades abgegebene Leistung daher

$$\Sigma A \cdot L_i = \frac{A \cdot u}{g} \cdot \Sigma (c_1' - c_2').$$

Der Wirkungsgrad des Rades ist also, da

$$\eta_i = \frac{u \cdot \Sigma (c_1' - c_2')}{\frac{c_0^2}{2}}$$

oder

$$\eta_i = \frac{\Sigma (c_1' - c_2')}{\frac{c_0^2}{2u}} = \frac{\Sigma (c_1' - c_2')}{\frac{c_0}{2} \cdot \frac{c_0}{u}}.$$

Die Ermittlung dieses Wirkungsgrades erfolgt am besten auf graphischem Wege, wie im nachfolgenden Paragraphen für ein zweikränziges Rad gezeigt.

Man kann auch die Wirkungsgrade für zwei-, drei- und vierkränzige Räder für verschiedene Werte von $\frac{c_0}{u}$ graphisch ermitteln und dann als Kurven über diesen Variablen auftragen. Derartige Kurven leisten sehr gute Dienste für vorläufige Entwürfe und die Ausarbeitung von Projekten. Für die genaue Ermittlung der Wirkungsgrade, so wie sie bei der Festlegung von Beschaufelungen für tatsächliche Ausführungen erforderlich ist, genügt indessen die Genauigkeit dieser Kurven im allgemeinen nicht, denn die Kurven können nur ermittelt werden für ganz bestimmte Annahmen über die Schaufelwinkel, Schaufelformen und die Schaufelkoeffizienten ψ, welch letztere von dem Grad der Umlenkung und also von der Gestalt der Profile abhängig sind. Über die Abhängigkeit der Werte vom ψ vom Austrittswinkel vgl. § 24.

Ferner mag hier vorausgeschickt werden, daß bei den in den nachstehenden Paragraphen wiedergegebenen Wirkungsgradkurven stoßfreier Eintritt vorausgesetzt ist. Auch diese Voraussetzung trifft bei den tatsächlichen Ausführungen nicht ganz zu, da man dort in der Regel mit einer bestimmten Anzahl von Normalprofilen zu rechnen hat und daher kleine Stöße mit in Kauf nehmen muß. Auch dieses deutet auf die Notwendigkeit hin, wenn es sich um die endgültige Ausführung handelt, eine spezielle Durchrechnung des Wirkungsgrades vorzunehmen.

§ 20. **Ermittlung des Wirkungsgrades für ein Aktionsrad mit zwei Geschwindigkeitsstufen (zweikränziges Curtisrad).** Der graphischen Berechnung des Wirkungsgrades sind folgende Verhältnisse zugrunde gelegt, vgl. Abb. 21.

Die Tangenten der Austrittswinkel sollen betragen:

für den Austrittwinkel der Düsen	. . . .	$\operatorname{tg} \alpha^I = 35\%$
,, ,, ,, von Laufkranz I	. . . . . .	$\operatorname{tg} \beta^I = 45\%$
,, ,, ,, von Umkehrkranz II	. . . .	$\operatorname{tg} \alpha^{II} = 55\%$
,, ,, ,, von Laufkranz II	. . . . .	$\operatorname{tg} \beta^{II} = 90\%$

Der Düsenkoeffizient sei zu $\varphi = 0{,}95$, die Umlenkungskoeffizienten für die Schaufeln entsprechend der Umlenkung des Dampfstrahles bei Verwendung breiter Profile nach § 24 zu

$$\psi = 0{,}84 \text{ für Laufkranz I},$$
$$\psi = 0{,}86 \text{ für Umkehrkranz II},$$
$$\psi = 0{,}90 \text{ für Laufkranz II}$$

angenommen.

Die theoretische Austrittsgeschwindigkeit c_0 aus der Düse soll 900 m/sek betragen, bei einer Umfangsgeschwindigkeit im mittleren Schaufelkreis von $u = 150$ m/sek Es ergibt sich also in diesem Falle ein c_0/u von 6, ein Verhältnis, welches für zweikränzige Räder recht gebräuchlich ist. Die Geschwindigkeitsdreiecke liefern

für Stufe I:

- Austrittsgeschwindigkeit aus der Düse $c_1{}^I = \varphi \cdot c_0 = 0{,}95 \times 900 = 855$ m/sek.
- Relative Eintrittsgeschwindigkeit in Laufkranz I $w_1{}^I = 715$ m/sek.
- Relative Austrittsgeschwindigkeit aus Laufkranz I $w_2{}^I = \psi \cdot w_1{}^I = 0{,}84 \times 715 = 601$ m/sek.
- Absolute Austrittsgeschwindigkeit aus Laufkranz I $c_2{}^I = 469$ m/sek.
- Tangentialkomponente von $c_1{}^I = 805$ m/sek.
- Tangentialkomponente von $c_2{}^I = -397$ m/sek.

für Stufe II:

- Austrittsgeschwindigkeit aus Umkehrkranz II $c_1{}^{II} = \psi\, c_2{}^I = 0{,}86 \times 469 = 403$ m/sek.
- Relative Eintrittsgeschwindigkeit in Laufkranz II $w_1{}^{II} = 282$ m/sek.
- Relative Austrittsgeschwindigkeit aus Laufkranz II $w_2{}^{II} = \psi \times w_1{}^{II} = 0{,}9 \times 282 = 254$ m/sek.
- Absolute Austrittsgeschwindigkeit aus Laufkranz II $c_2{}^{II} = 174$ m/sek.
- Tangentialkomponente von $c_1{}^{II} = 352$ m/sek.
- Tangentialkomponente von $c_2{}^{II} = -37{,}5$ m/sek.

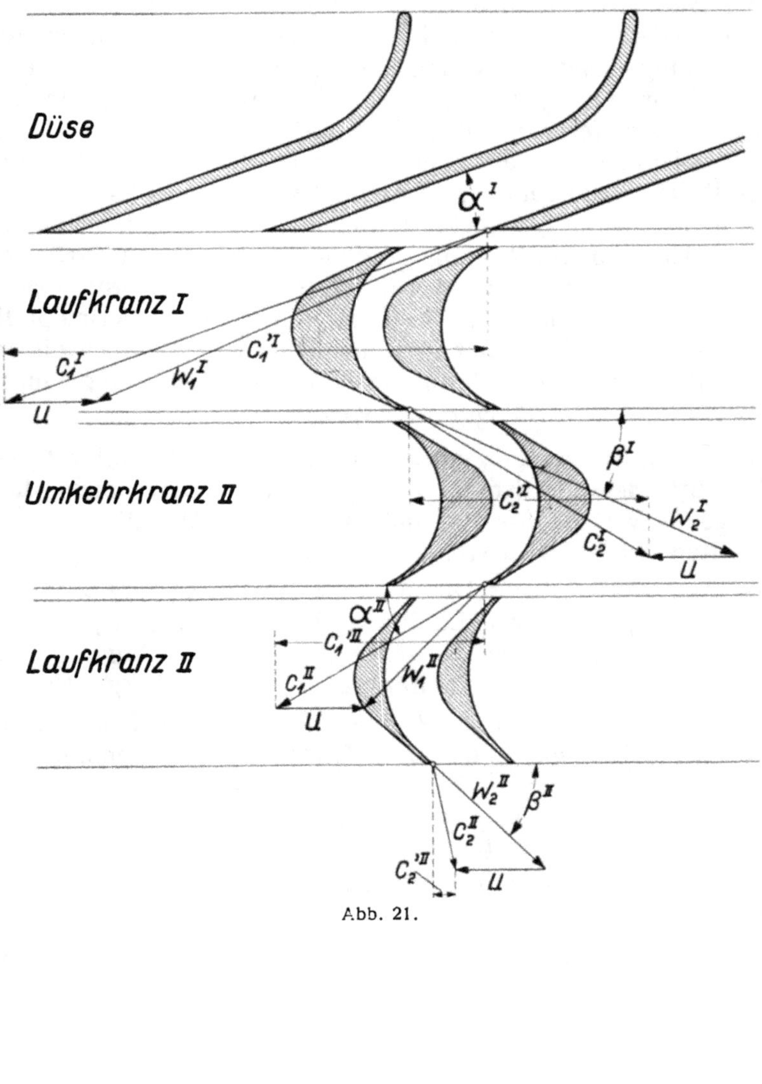

Abb. 21.

Aus Stufe I und II ergibt sich nunmehr aus den Tangentialkomponenten von $c_1{}^I$, $c_2{}^I$, $c_1{}^{II}$ und $c_2{}^{II}$

$$c_1'^I - c_2'^I + c_1'^{II} - c_2'^{II} = 805 + 397 + 352 + 37{,}5 = 1591{,}5 \text{ m/sek.}$$

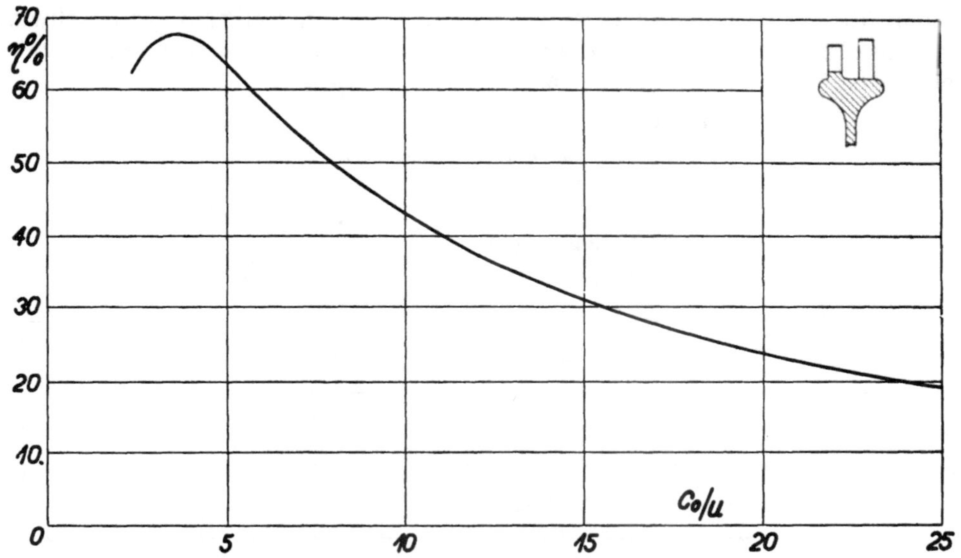

Abb. 22.

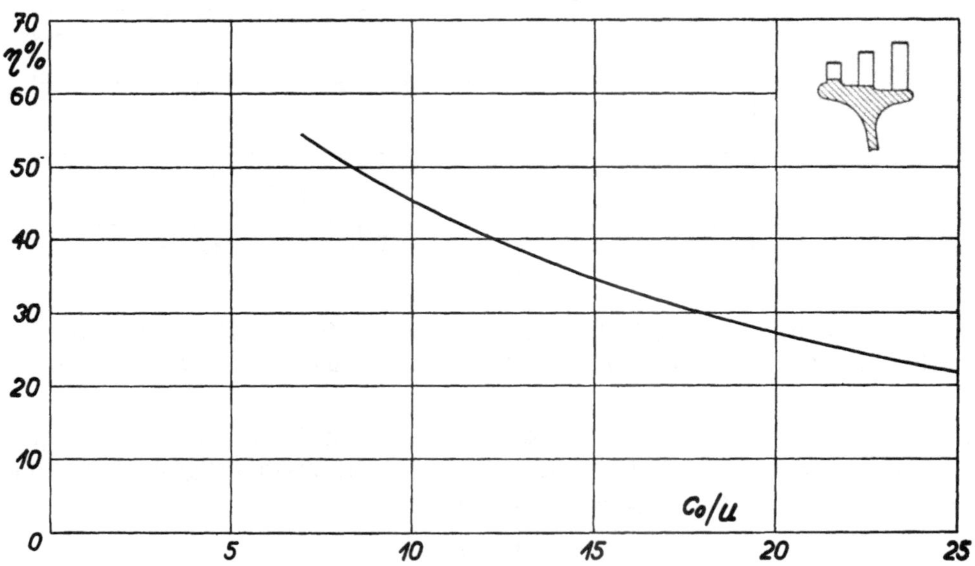

Abb. 23.

Man erhält hieraus den indizierten Wirkungsgrad

$$\eta = \frac{c_1'^I - c_2'^I + c_1'^{II} - c_2'^{II}}{\frac{c_0^2}{2u}} = \frac{1591{,}5}{450 \cdot 6} = 0{,}589.$$

Wird der Wirkungsgrad für mehrere Werte von c_0/u aber unter Beibehaltung der Schaufelwinkel und Verlustkoeffizienten wie oben ermittelt, so ergibt sich die in Abb. 22 dargestellte Wirkungsgradkurve.

§ 21. **Berechnung des Wirkungsgrades für Aktionsräder mit drei und vier Geschwindigkeitsstufen.** a) Dreikränzige Geschwindigkeitsräder. Die graphische Berechnung des Wirkungsgrades kann in gleicher Weise, wie für das zweikränzige Aktionsrad gezeigt, vorgenommen werden.

Die in Abb. 23 dargestellte Wirkungsgradkurve für ein dreikränziges Geschwindigkeitsrad beruht auf folgenden Voraussetzungen. Es wurde angenommen, daß die Tangenten der Austrittswinkel betragen:

für die Düse 40%
„ Laufkranz I 45%
„ Umkehrkranz II 45%
„ Laufkranz II 55%
„ Umkehrkranz III 70%
„ Laufkranz III 100%

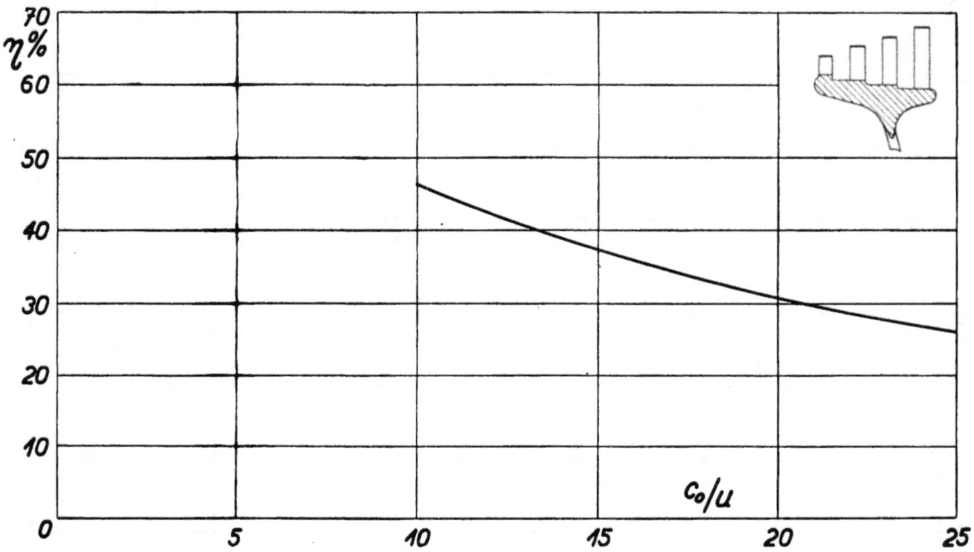

Abb. 24.

Als Düsenkoeffizient wurde 0,95, als Schaufelkoeffizient für Laufkranz I und Umkehrkranz II 0,83, für Laufkranz II 0,85, für Umkehrkranz II 0,873 und für Laufkranz III 0,898 angenommen.

b) Vierkränzige Geschwindigkeitsräder. Für die in Abb. 24 niedergelegte Wirkungsgradkurve ist mit den in nachstehender Tabelle zusammengestellten Winkeln und Umlenkungskoeffizienten gerechnet worden:

Tabelle Nr. 1.

	Tangente der Austritts-winkel	Düsen bzw. Umlenkungs-koeffizient
Düse	45%	0,95
Laufkranz I	45 „	0,83
Umkehrkranz II	45 „	0,83
Laufkranz II	49 „	0,839
Umkehrkranz III	54 „	0,848
Laufkranz III.	60 „	0,858
Umkehrkranz IV	70 „	0,873
Laufkranz IV	90 „	0,892

3. Die in der Dampfturbine auftretenden Verluste.

§ 22. **Allgemeines.** Bevor dazu übergegangen werden kann, den Berechnungsgang einer Dampfturbine für irgendwelche gegebenen Verhältnisse zu beschreiben, ist es notwendig, die Verluste zu schildern, welche in der Dampfturbine auftreten. Von einem Teil dieser Verluste (Austrittsverlust, Strömungsverluste in Düsen und Schaufeln) war bereits im vorstehenden die Rede. Ein Teil der übrigen Verluste kann eigentlich erst richtig beurteilt werden, wenn der Aufbau der Turbine erläutert ist; trotzdem sollen im nachstehenden die Verluste, so gut an dieser Stelle bereits möglich, zusammenfassend behandelt werden, während für das Verständnis im Detail die zahlreichen, im Abschnitt 8 folgenden Beispiele dienlich sein werden.

§ 23. **Der Austrittsverlust.** Wir haben bereits im § 7 gesehen, daß ein Austrittsverlust überhaupt nur dann vermeidbar sein würde, wenn der Dampf beim Austritt aus der Turbine gar keine Geschwindigkeit besitzen würde. Da dies unmöglich ist, wird unter allen Umständen ein Austrittsverlust entsprechend der Größe der Austrittsgeschwindigkeit vorhanden sein.

Ein Austrittsverlust dieser Art wird in einer aus mehreren Schaufelkränzen kombinierten Turbine immer nur da auftreten, wo auf den Laufkranz nicht unmittelbar ein Leitkranz folgt, in welchem der austretende Strahl sofort umgelenkt und seine Geschwindigkeit wieder ausgenutzt werden kann.

Die in §§ 13 bis 21 abgeleiteten Wirkungsgradkurven enthalten teilweise bereits den Abzug für den unvermeidlichen Austrittsverlust (es sind dies die Wirkungsgradkurven für zwei-, drei- und vierkränzige Geschwindigkeitsräder §§ 20 und 21 sowie die Wirkungsgradkurven für Reaktions-und Aktionsstufen ohne Ausnutzung der Austrittsgeschwindigkeit §§ 14 und 16), teilweise berücksichtigen sie diese Verluste nicht. (Wirkungsgradkurven für Reaktionsstufen und Aktionsstufen bei Verwertung der Austrittsgeschwindigkeit §§ 15 und 17.) Bei der Anwendung dieser letzteren Kurven ist also noch ein bestimmter Betrag für den Austrittsverlust aus dem letzten Laufrad abzuziehen.

Wie ohne weiteres verständlich ist, kann der Abzug angenähert gleich $\eta_m \cdot \frac{A \cdot c_2^2}{2g}$ gesetzt werden. Dabei ist η_m der mittlere Wirkungsgrad des betreffenden Trommelteiles, c_2 die absolute Austrittsgeschwindigkeit aus der letzten Stufe. Es ist jedoch dann nicht angängig, hinter jedem Absatz der Trommeln den obigen Wert des Austrittsverlustes vom indizierten Gefälle ganz in Abzug zu bringen, wenn anzunehmen ist, daß ein Teil der Strömungsenergie erhalten bleibt. Insbesondere bei Trommelabsätzen mit guter Dampfführung kann angenommen werden, daß die ganze oder wenigstens ein sehr großer Teil der Austrittsenergie dem nächsten Trommelteil zugute kommt. Anders ist dies, wenn der Dampf von einem Turbinengehäuse zum anderen auf einem längeren Dampfwege, mit Winkelablenkungen in Rohrleitungen und Ventilen zum nächsten Trommelteil strömt. Hier muß der Austrittsverlust in obengenannter Größe ganz in Abzug gebracht werden. Ebenso ist der Austrittsverlust bei der letzten Schaufel einer ND-Turbine auf jeden Fall ganz mit dem obengenannten Wert $h_A = \eta_m \frac{A c_2^2}{2g}$ in Abzug zu bringen.

Was nun die Größe des Austrittsverlustes betrifft, so ist dieselbe von dem Verhältnis des gesamten Dampfvolumens zum Austrittsquerschnitt, von der Umfangsgeschwindigkeit und dem Austrittswinkel bestimmt. Letzterer wird in der Regel bei normalen Turbinen nicht wesentlich über $\operatorname{tg} \beta = 110$—$120\%$, in Ausnahmefällen eventuell bis $\operatorname{tg} \beta = 150\%$ gewählt.

Die Größe des Austrittsquerschnittes ist abhängig vom Durchmesser D, von der Schaufellänge l und vom Verhältnis der Kanalbreite zur Teilung b_2/t. Mit Rücksicht auf die schlechtere Führung des Dampfes an den Schaufelspitzen und an der Wurzel bei langen Schaufeln wird das Verhältnis von Schaufellänge l zum mittleren Beschaufelungsdurchmesser D nicht gerne größer als $^1/_5$ angenommen. Setzt man in der Formel für die Berechnung des Austrittsquerschnitts

$$F_a = D\pi \cdot l \cdot \frac{b_2}{t}, \text{ für } l = \frac{D}{5},$$

so ergibt sich

$$F_a = D^2 \frac{\pi}{5} \cdot \frac{b_2}{t},$$

d. h. daß bei gleicher Drehzahl und gleichem Schaufelprofil der Austrittsquerschnitt quadratisch mit dem Durchmesser, also auch quadratisch mit der Umfangsgeschwindigkeit, größer wird.

Hierbei ist zu beachten, daß bei gleich günstigem Verhältnis von Dampfgeschwindigkeit zu Umfangsgeschwindigkeit mit Zunahme der letzteren der Austrittsverlust erheblich anwächst. Es beträgt z. B. bei

$$u = 100 \text{ m/sek}, \quad \frac{c_1}{u} = 1{,}5, \quad \operatorname{tg}\beta = 110\,\%,$$

$$c_2 = 111 \text{ m/sek}, \quad \frac{A\,c_2^2}{2g} = 1{,}47 \text{ WE},$$

bei

$$u = 200 \text{ m/sek}, \quad \frac{c_1}{u} = 1{,}5, \quad \operatorname{tg}\beta = 110\,\%,$$

$$c_2 = 222 \text{ m/sek}, \quad \frac{A\,c_2^2}{2g} = 5{,}9 \text{ WE}.$$

Es ist also bei Schnelläufern im allgemeinen mit größeren Austrittsverlusten zu rechnen.

Nach unten hin ist die Größe des Austrittsverlustes, wie wir wissen, begrenzt durch die Unmöglichkeit, dem Dampf einen unendlich großen Austrittsquerschnitt in der letzten Stufe darzubieten und so die Austrittsgeschwindigkeit auf Null zu bringen; anderseits ist aber der Austrittsverlust auch nach oben hin begrenzt, da sich in gewöhnlichen Schaufeln nur Geschwindigkeiten, welche kleiner sind als die dem betreffenden Dampfzustand entsprechende Schallgeschwindigkeit, ausbilden können. Der größte Austrittsverlust wird also dann auftreten, wenn die relative Austrittsgeschwindigkeit aus der letzten Schaufelgleich der Schallgeschwindigkeit wird. Dieser Fall tritt insbesondere auf bei Rückwärtsturbinen, bei welchen mit Rücksicht auf Baulänge, Sicherheit der Beschaufelung gegen Wasserschläge und Verminderung der Ventilationsarbeit bei Vorwärtsgang die letzte Schaufel so kurz gewählt wird, wie es die vorgeschriebene Leistung irgend zuläßt. Betreffend die Berechnung des dann tatsächlich ausnützbaren Gegendruckes und des Austrittsverlustes siehe § 78 „Berechnung der Turbinen für einen Frachtdampfer mit doppelter Räderübersetzung“.

Im allgemeinen wird bei Handelsschiffen, welche mit einem Vakuum von 95% fahren, der Austrittsverlust sich in den Grenzen von 2—4 WE, bei Kreuzern und Linienschiffen, bei welchen man mit einem Vakuum von 92,5% bei Vollast rechnet, in den Grenzen von 3—5 WE bewegen. Bei Torpedobooten, welche bei forcierter Fahrt kaum ein besseres Vakuum als 90% erreichen, ist mit einem Austrittsverlust von

4—9 WE zu rechnen. Dabei gelten die niedrigen Zahlen hauptsächlich für direkten Antrieb, die höheren für Antrieb mit Übersetzung.

§ 24. **Die Strömungsverluste in Düsen und Schaufeln.** Die Strömungsverluste, welche in Düsen, Leitschaufeln und Laufschaufeln auftreten, sind bereits bei der Ermittlung des Wirkungsgrades von Beschaufelungen in den §§ 13—21 berücksichtigt worden, und zwar geschah dies, indem die theoretisch zu erwartenden Geschwindigkeiten mit dem Koeffizienten φ für Düsen und Reaktionsprofile und ψ für Aktionsprofile multipliziert wurden.

Diese Koeffizienten begreifen eine Anzahl von Strömungsverlusten in sich, welche, jeder für sich, nur schwer zu erforschen, noch viel weniger zahlenmäßig festzustellen sind. Ein Bild über dieses Problem kann man nur durch Betrachtung der Strömung gewinnen, wie sie tatsächlich in derartigen Kanälen auftritt, und sei hierzu auf Anhang VIII „Strömung in Düsen und Schaufelkanälen" verwiesen.

Für die Schätzung dieser Koeffizienten gelten im allgemeinen folgende Gesichtspunkte:

Der Koeffizient wird um so kleiner, je größer die Strahlumlenkung ist. Ebenso hat eine Verkleinerung der Krümmungsradien große Verluste zur Folge. Es werden daher breite Profile mit nicht zu spitzen Ein- und Austrittswinkeln und großen Krümmungsradien die günstigsten Verlustkoeffizienten ergeben.

Selbstverständlich ist der Zustand der Oberfläche von Einfluß auf die Größe des Verlustkoeffizienten. Deshalb wendet man der Herstellung einer blanken Schaufeloberfläche besondere Sorgfalt zu.

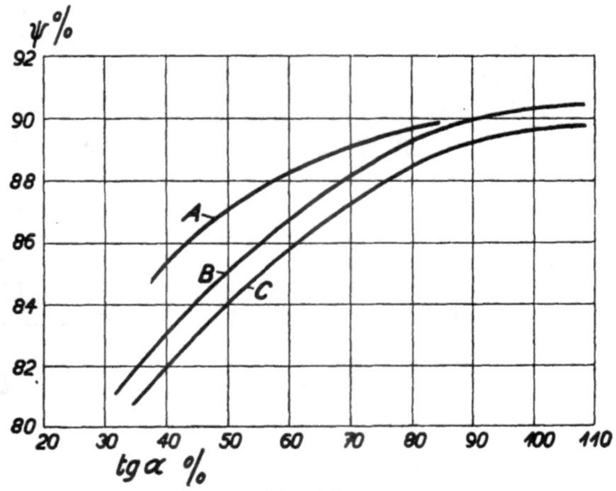

Abb. 25.

Auch die Dicke der Ein- und Austrittskanten und deren Form hat Einfluß auf die Größe der Geschwindigkeitskoeffizienten. Es ist wohl leicht verständlich, daß dicke Ein- und Austrittskanten größere Verluste zur Folge haben als dünne.

In Abb. 25 ist beispielsweise der Einfluß des Austrittswinkels auf den Schaufelkoeffizienten dargestellt. Kurve *A* gilt für Aktionsprofile mit steilem Eintritt, Kurve *B* für breite Curtisprofile, Kurve *C* für schmale Curtisprofile.

Was den Einfluß der Dampfgeschwindigkeit anbelangt, so sei hier nur kurz erwähnt, daß nach den Untersuchungen verschiedener Forscher[1]) sowohl bei den Geschwindigkeiten unterhalb wie oberhalb der Schallgeschwindigkeit bei dem betreffenden Dampfzustand der Geschwindigkeitskoeffizient größer ist als bei der Schallgeschwindigkeit selbst. (Vgl. Anh. VIII.)

Schließlich sei noch auf den Einfluß hingewiesen, welchen der Dampfzustand auf den Wirkungsgrad einer Turbine hat. Diesem wird Rechnung getragen, indem bei überhitztem Dampf eine der Höhe der Überhitzung entsprechende Verbesserung, und bei Naßdampf eine dem Wassergehalte des Dampfes entsprechende Verschlechterung auf den Dampfverbrauch der ganzen Turbine berücksichtigt wird. (Vgl. § 47.)

---

[1]) Vgl. Christlein, Zeitschr. f. d. ges. Turbinenwesen 1912. Vgl. Reports of the Steam Nozzles Research Committee, Engineering 1923/4/5/6.

§ 25. **Die Verluste in den Turbinenstopfbüchsen und Entlastungskolben.** Da wo die Turbinenwelle das Gehäuse bzw. die Trennungswand zwischen Kammern, in welchen sich Räder mit Geschwindigkeitsstufen befinden, durchdringt, müssen selbstverständlich Stopfbüchsen angeordnet werden. Ferner werden zur Entlastung der Turbinen vom Axialschub, vgl. § 44, vielfach mit der Welle konzentrische Ringflächen geschaffen, auf welche der Dampf einen Druck von bestimmter Richtung und Größe ausübt. Auch diese sog. Entlastungskolben müssen abgedichtet werden usw. Es handelt sich also bei den Turbinen um Stopfbüchsen zur Abdichtung bei rotierender Bewegung, welche bei den hohen in Frage kommenden Umdrehungsgeschwindigkeiten meist als Labyrinth-Dichtungen ausgeführt werden. Vielfach werden auch Dichtungen durch Kohleschleifringe bzw. durch Wasserabschluß verwendet. Alles Nähere über die konstruktive Ausbildung dieser Stopfbüchsen siehe § 117.

Die in den Außenwänden der Gehäuse untergebrachten Stopfbüchsen müssen einerseits — wenn Überdruck im Innern des Gehäuses herrscht — die aus dem Gehäuse austretende Dampfmenge in zulässigen Grenzen halten, anderseits — wenn das Innere unter Vakuum steht, wie z. B. beim Anfahren oder bei Niederdruckturbinen — den Lufteintritt in das Gehäuse verhindern.

Letzteres wird dadurch erreicht, daß der Stopfbüchse von außen Dampf von einem Druck zugeführt wird, der soweit über Atmosphärendruck liegt, daß das Eintreten

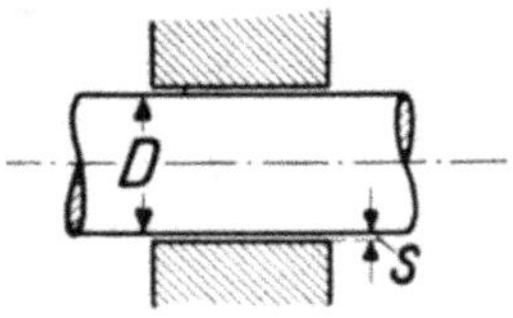

Abb. 26.

Abb. 27.

der Luft wirksam verhindert wird. Es ist natürlich dann auch erforderlich, daß dieser sog. Sperrdampf genügend gut gegen die Atmosphäre abgedichtet wird. Dies wird dadurch erreicht, daß dem eigentlichen Dichtungsteil noch eine weitere kurze Dichtungsstelle vorgeschaltet wird.

Bei Hochdruck-Stopfbüchsen werden die Verluste dadurch verringert, daß man den größten Teil des Leckdampfes in eine geeignete mit geringem Überdruck arbeitende Stufe der Turbine einleitet. Die auch in diesem Fall dem eigentlichen Dichtungsteile vorgeschaltete kurze Dichtungsstelle hat dann nur gegen den geringen Überdruck der Stufe, an welche die Stopfbüchsleitung angeschlossen ist, abzudichten.

In vielen Fällen wird die Anordnung auch so getroffen, daß eine gemeinsame Stopfbüchsleitung die Zwischenkammern der einzelnen Stopfbüchsen verbindet. Diese Leitung ist dann mit einer geeigneten Stufe der Turbine verbunden, erhält einen Anschluß an die Frischdampfleitung und an den Kondensator.

Eine weitere Unterteilung der Stopfbüchse wird bei sehr hohem Innendruck und großen Stopfbüchsendurchmessern öfters vorgenommen, zu dem Zweck, einen Teil des Stopfbüchsendampfes in der Turbine bei höherem als Atmosphärendruck wieder zu verwenden.

Die Berechnung der Menge des Sperrdampfes oder der durch die sog. Wrasendampf-Stopfbüchse tretenden Dampfmenge kann in gleicher Weise wie diejenige des infolge Überdruckes aus dem Innern der Turbine austretenden Dampfes berechnet werden. Auch die Berechnung der Leckdampfmengen bei unterteilten Stopfbüchsen unterscheidet sich nicht von der normalen. Bei der Dampfverbrauchsrechnung der Turbine ist zu beachten, welche Leckdampfmengen noch in der Turbine Arbeit leisten und welche für die Arbeitsleistung selbst verloren sind.

Die Verluste in den Turbinenstopfbüchsen hängen von ihrer Ausführung ab:

1. Stopfbüchsen mit glattem Spalt ohne besondere Dichtungsmittel (vgl. Abb. 26). Solche Stopfbüchsen kommen nur bei Turbinen kleinster Abmessungen vor, z. B. bei den bekannten Laval-Bordlichtturbinen. Untersuchungen Stodolas[1] haben gezeigt, daß solche Abdichtungen Leckdampfmengen ergeben, welche nur wenig kleiner sind, als die durch eine Öffnung mit gleichem Querschnitt strömende Dampfmenge. Es ist daher zweckmäßig, die Leckdampfmengen bei Stopfbüchsen,

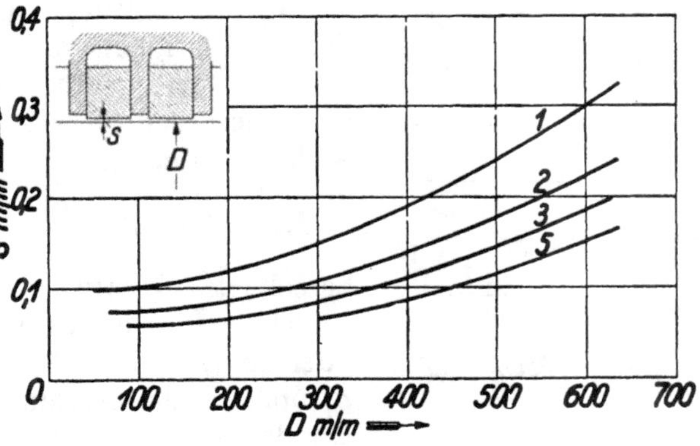

Abb. 28.

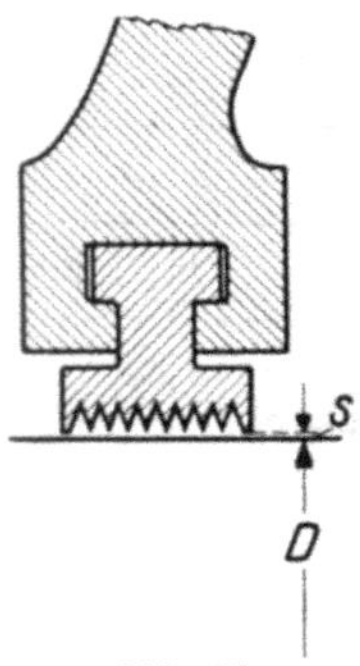

Abb. 29.

welche nach Abb. 26 ausgeführt sind, mit einer Spaltfläche $F = D \pi s$ und einem Durchflußkoeffizienten von 0,8—1 zu rechnen.

2. Stopfbüchsen mit Kohleringen (Abb. 27). Auch bei dieser Dichtungsart hat es sich gezeigt, daß man zweckmäßig den Leckverlust so bestimmt, als ob durch den einfachen Spaltquerschnitt die Dampfmenge bei den gegebenen Druckverhältnissen frei strömen würde. Selbstverständlich kann in diesem Falle mit erheblich kleineren Radialspielen gerechnet werden als unter 1. Auch kann die bessere Dichtung, welche mehrere hintereinandergeschaltete Kohleringe gewähren, dadurch berücksichtigt werden, daß man einen kleineren wirksamen Spaltquerschnitt in Rechnung setzt. Brauchbare Erfahrungswerte für Radialspiele bei Kohlestopfbüchsen siehe Abb. 28.

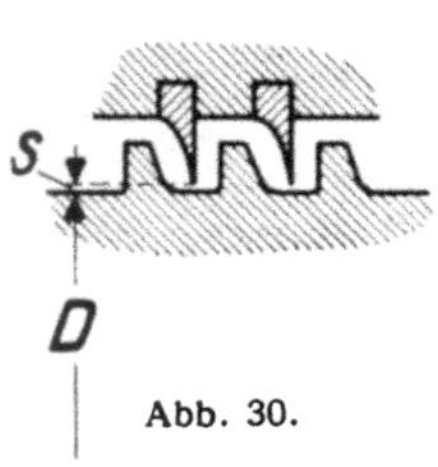

Abb. 30.

Hier sind die für eine vorsichtige Berechnung zugrundezulegenden Radialspiele in Abhängigkeit vom Durchmesser aufgetragen. Die Ziffern bei den einzelnen Kurven geben die Anzahl der abdichtenden Kohleringe an.

3. Stopfbüchsen mit Labyrinthdichtung. a) Einseitige Spitzendichtung (Abb. 29 u. 30). Spitzendichtungen dieser Art werden fast nur bei Zwischenstopfbüchsen verwendet; die Spitzen dienen allerdings weniger dem Zweck, den Spaltverlust durch die auftretende Labyrinthwirkung zu verringern, als dem Bestreben, das event. bei ungleicher Erwärmung des Rotors eintretende Streifen von Welle und Stopfbüchse gefahrlos zu halten. Leckverluste werden in gleicher Weise, wie unter 2. beschrieben, berechnet. Dagegen muß bei dieser Dichtungsart — da bei Schlagen des Rotors ein Zurückweichen der Spitzen nur auf Kosten einer bleibenden Verschlechterung der

[1]) Stodola, Dampf- und Gasturbinen, 5. Aufl., S. 155.

Stopfbüchse eintreten kann — mit größeren Radialspielen gerechnet werden, als bei den federnd auf der Welle liegenden Kohlestopfbüchsen. Über die erfahrungsmäßigen Werte für das der Rechnung zugrunde zu legende Spiel vgl. Abb. 31. (Vgl. hierzu auch den folgenden Abschnitt b). Eine Berücksichtigung des Einflusses der Zahl der Dichtungsstellen auf die Undichtheitsverluste ist mit Rücksicht auf die sonstige Unsicherheit der Ausführung nicht angezeigt.

b) Doppelseitige Spitzendichtungen für Außenstopfbüchsen und Entlastungszylinder (Abb. 32). Erst bei diesen Dichtungen kann die Labyrinthwirkung, welche darin besteht, daß die in dem vorhergehenden Spalt vorhandene Dampfgeschwindigkeit durch Wirbelungen vernichtet wird, richtig zur Geltung kommen. Die Undichtigkeitsverluste bei solchem Labyrinth werden nach der von Stodola entwickelten Formel

$$G_{std} = 1{,}13 \cdot f \sqrt{\frac{p_1^2 - p_2^2}{z \cdot p_1 \cdot v_1}}$$

berechnet. Hierin ist z die Anzahl der Dichtungsstellen, f der Spaltquerschnitt in qmm, p_1 und p_2 der Anfangs- und Enddruck in kg/qcm, v_1 das Anfangsvolumen in cbm/kg.

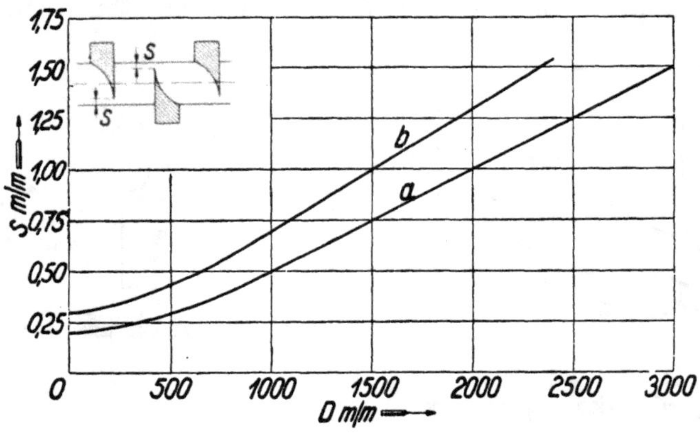

Abb. 31.

Diese Formeln gelten nur, wenn die Zahl der Dichtungsstellen so groß ist, daß das Druckgefälle an keiner der Dichtungsstellen überkritisch wird, d. h. also, daß nirgends die Schallgeschwindigkeit erreicht wird. Diese Gefahr besteht besonders an der letzten Dichtungsstelle, und müßte in diesem Falle die Leckdampfmenge errechnet werden unter Benutzung der in Anhang VIII angegebenen Formeln für die Ausflußmenge bei überkritischen Druckdifferenzen. Bei den für Schiffsturbinen gebräuchlichen Konstruktionen von Außenstopfbüchsen und Entlastungszylindern ist die Zahl der Dichtungsstellen fast immer genügend groß, um das Auftreten der Schallgeschwindigkeit an irgendeiner Stelle zu vermeiden.

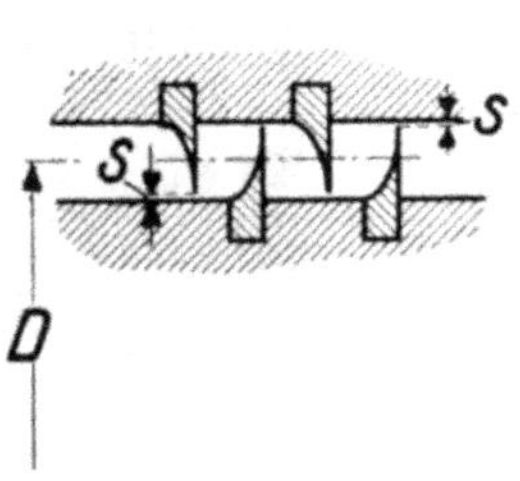

Abb. 32.

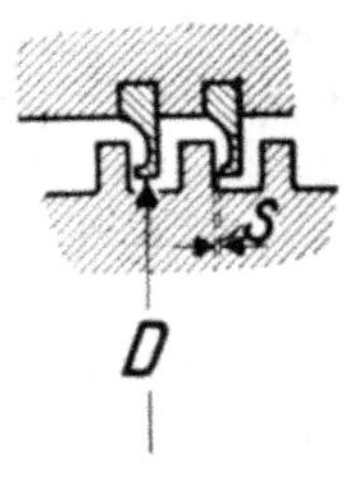

Abb. 33.

Brauchbare Werte der mittleren radialen Spiele von Spitzendichtungen für Turbinen, wie dieselben zur Errechnung der Spaltfläche f bei Benutzung der vorstehenden Formel erforderlich sind, gibt Abb. 31. In derselben gilt Kurve a für Spitzendichtungen mit hoher Umfangsgeschwindigkeit, Kurve b für solche bis etwa 40 m/sek Umfangsgeschwindigkeit.

Vielfach, besonders bei Außenstopfbüchsen, sind die Gegenspitzen auf der Welle mit Rücksicht auf die leichte Beschädigungsmöglichkeit nicht scharf ausgeführt, so daß das oben erwähnte kleine Radialspiel nur für die im Gehäuse befestigten Dichtungsstreifen vorhanden ist. Eine Umlenkung und Verwirbelung des Dampfstrahles tritt hier nur in geringem Maße auf. Man kann diesen Einfluß dadurch berücksichtigen, daß man mit dem mittleren radialen Spiel an den Innen- und Außenspitzen rechnet.

Bei der früher vielfach verwendeten axialen Dichtung — Abb. 33 — mit Einstellung des Turbinenläufers durch Verschiebung des Drucklagers können natürlich kleinere Spiele gegeben werden als bei Radialdichtungen, doch ist diese Art Dichtung wegen der Schwierigkeit einwandfreier Einstellung der Axialspielräume im Schiffsturbinenbau fast vollständig aufgegeben worden.

§ 26. **Die Ventilationsverluste.** Jedes sich in einem gasförmigen Medium bewegende Turbinenrad erfordert zur Überwindung der durch Reibung und Wirbelung entstehenden Widerstände einen gewissen Arbeitsaufwand, welcher kurzweg Ventilationsverlust genannt wird.

Die Ventilationsverluste setzen sich zusammen aus der Reibung des Radkörpers oder der Trommel an den umgebenden Dampf- oder Luftteilchen und den Widerständen, welche die Beschaufelung bei ihrem Wege durch das umgebende Medium erfährt; im allgemeinen ist der erstere Anteil relativ gering, so daß er häufig vernachlässigt werden kann.

Bei den Radkränzen bzw. den rotierenden Teilen der Turbinen, welche auf dem ganzen Umfang von Arbeitsdampf durchflossen sind, pflegt man die Verlustarbeit durch den Schaufelwiderstand nicht besonders zu berücksichtigen, da die der Arbeitsströmung schädlichen Wirbelströmungen usw. bereits in den Umlenkungskoeffizienten enthalten gedacht sind.

Anders wird dies jedoch dann, wenn nur auf einem Teil des Umfanges die Turbinenschaufeln von Arbeitsdampf durchströmt werden. Außerhalb des beaufschlagten Bereiches werden schädliche Ventilationsströmungen durch die bewegten Schaufeln auftreten, welche je nach den Verhältnissen erhebliche Verluste verursachen können; allgemein wird man bestrebt sein, den Dampf in der ersten Düse von Radturbinen möglichst weit expandieren zu lassen, um diese Verluste zu verkleinern.

Ventilations-Verluste treten auch in überbrückten Marschstufen und namentlich in den Rückwärtsturbinen bei Vorwärtsgang bzw. in den Vorwärtsturbinen bei Rückwärtsgang auf. In den letzten beiden Fällen, bei welchen die Schaufeln mit ihren konkaven Seiten gegen den Dampf arbeiten, werden die Verluste bedeutend größer als bei der normalen Drehrichtung.

Was die Größe der Ventilationsverluste betrifft, wird man diese abhängig annehmen müssen

von der Dichte des Mediums, in dem die Schaufeln ventilieren (spez. Gewicht $= \gamma$),
von der Umfangsgeschwindigkeit im mittleren Schaufelkreis u,
vom Raddurchmesser D,
von der Schaufellänge l,
von der Zahl der Laufschaufelkränze z,
von dem Beaufschlagungsverhältnis B,
von der Dampfnässe $1 - x$.

Die an Turbinenscheiben mit und ohne Schaufeln von verschiedenen Firmen vorgenommenen Versuche ergaben für die Ventilationsverluste mehrkränziger Räder bei normalem Drehsinn eine Formel für die Verlustleistung in PS von folgender Zusammensetzung:

$$N_v = k\left(\frac{u}{100}\right)^b \cdot \gamma \cdot [c \cdot D^2 + d \cdot (1 - B) \cdot z \cdot D \cdot l^e];$$

dabei ist

k ein Koeffizient der von der Dampfnässe x, in welcher die Radscheibe rotiert, abhängt; er kann gleich $1+\frac{1}{4}\left(\frac{1-x}{10}\right)^2$ gesetzt werden.
b die Potenz der Umfangsgeschwindigkeit; diese schwankt zwischen 2,8—3.
c der Koeffizient für die Radreibung; er variiert zwischen 1,4—1,8.
d der Koeffizient für die Ventilationsarbeit der Schaufeln, meist gleich 1 gesetzt.
e die Potenz der Schaufellänge, welche etwa 1,5 beträgt.

Da die Einzelheiten der Radkonstruktion, welche für diese Versuche benutzt und aus welchen die Koeffizienten in den vorstehenden Formeln ermittelt wurden, nicht bekannt sind (Art der Profile, der Deckbänder, Schaufellängen usw.), empfiehlt es sich, im allgemeinen sicher zu gehen und annähernd die obengenannten Höchstwerte vorstehender Koeffizienten einzusetzen. Wir erhalten dann für den Leistungsverlust durch Ventilation die Gleichung

$$N_v = k\left(\frac{u}{100}\right)^3 \cdot \gamma\,[1{,}8\,D^2 + (1-B)\cdot z\cdot D\cdot l^{1{,}5}].$$

Aus dem Aufbau der vorstehenden Formel geht hervor, daß der erste Summand in der Klammer der Oberflächenreibung entspricht; da bei Trommeln diese verhältnismäßig gering ist, kann für Trommelstufen dieser Summand wegbleiben und die Verlustleistung durch Ventilation gleich gesetzt werden:

$$N_v = k\left(\frac{u}{100}\right)^3 \cdot \gamma\,[\,(1-B)\cdot z\cdot D\cdot l^{1{,}5}].$$

Vorstehende Formeln gelten natürlich nicht, wenn die Schaufeln der Rückwärtsturbine bei Vorwärtsfahrt oder die Schaufeln der Vorwärtsturbine bei Rückwärtsfahrt entgegen ihrem normalen Drehsinn im Dampf rotieren.

Aus einer Reihe von Auslaufversuchen hat sich hierfür folgende Formel ergeben:

$$N_v = K_1 \cdot \left(\frac{n}{100}\right)^3 \cdot \gamma \cdot D^4 \cdot z \cdot l.$$

Dabei ist K_1 eine Erfahrungskonstante, welche je nach der Beschaufelungsart schwankt, und zwar haben sich für die Aktionsprofile für K_1 Werte von 0,5—0,8, für Reaktionsprofile solche von 0,4—0,5 ergeben. In der Formel bezeichnet

n die Umlaufzeit in der Minute,
D den mittleren Schaufelkreisdurchmesser in m,
γ das spez. Gewicht des Dampfes in kg/cbm,
z die Anzahl der Laufkränze,
l die Schaufellänge in cm.

Es hat sich gezeigt, daß eine Pumpwirkung der Turbinenschaufeln derart, daß sich auf der Dampfeintrittseite der Vorwärtsturbinen bei Rückwärtsfahrt ein merklich höherer Druck, wie auf der Dampfaustrittseite ergibt, kaum eintritt. Es kann deshalb im allgemeinen mit dem spez. Gewicht des Dampfes an der Austrittseite gerechnet werden.

§ 27. **Die Stoßverluste.** Der Einfluß des Stoßes von strömendem Dampf wird natürlich bei gleicher Winkelabweichung erheblich geringer sein als bei strömendem Wasser, da der Dampf infolge seiner Zusammendrückbarkeit sich viel leichter den gegebenen Kanalverhältnissen anzupassen vermag.

Diese Tatsache ermöglicht es, eine verhältnismäßig geringe Anzahl von Normalprofilen für alle vorkommenden Turbinenbeschaufelungen zu verwenden. Dieselben sind für die am häufigsten anzutreffenden Verhältnisse bemessen und arbeiten auch bei einem ziemlich stark von der Bedingung der Stoßfreiheit abweichenden Eintrittswinkel noch befriedigend. Auch die Form der Profile zeigt (vgl. § 41), daß in der Regel nicht von einem scharf bestimmten, sondern nur von einem mittleren Eintrittswinkel gesprochen werden kann. Insbesondere bei den Reaktionsprofilen ist der Winkelbereich zwischen Rücken- und Bauchseite an der Eintrittskante recht bedeutend.

Die Erfahrung hat gelehrt, daß die Verluste erheblich geringer sind, wenn der Eintrittswinkel des Dampfstrahls kleiner ist als der stoßfreie Eintritt verlangt (sog. Bauchstoß vgl. Abb. 34) gegenüber dem Zustand, bei welchem der Dampfeintrittswinkel um den gleichen Betrag größer ist als dem stoßfreien Eintritt entspricht. (Rückenstoß vgl. Abb. 35.) Dies dürfte seine Ursache darin haben, daß der Dampfstrahl im ersteren Falle mit weniger Umlenkung und Verdichtungsstößen als im zweiten Falle in den Kanal einzutreten vermag. Diese Wahrnehmung hat auch dazu geführt, die Normalprofile so zu entwerfen, daß Rückenstöße nur in besonders ungünstigen Fällen auftreten können, d. h. der Eintrittswinkel wird größer gemacht als dies für die meisten Verhältnisse erforderlich ist. Für geringe Winkelabweichungen dürfte es noch zulässig sein, wie in der Hydraulik üblich, anzunehmen, daß durch den Stoßwinkel δ die Eintrittsgeschwindigkeit c_1 auf $c_1 \cos \delta$ verringert wird. Bei Rückenstoß müßte infolge der zwei- bis dreimaligen Reflexion sinngemäß angenommen werden, daß die Geschwindigkeit c_1 auf $c_1 \cdot \cos^2\delta$ bzw. $c_1 \cos^3\delta$ sinkt.

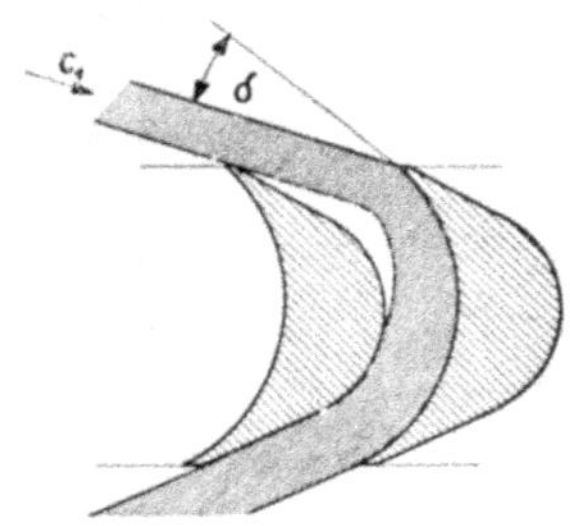

Abb. 34.

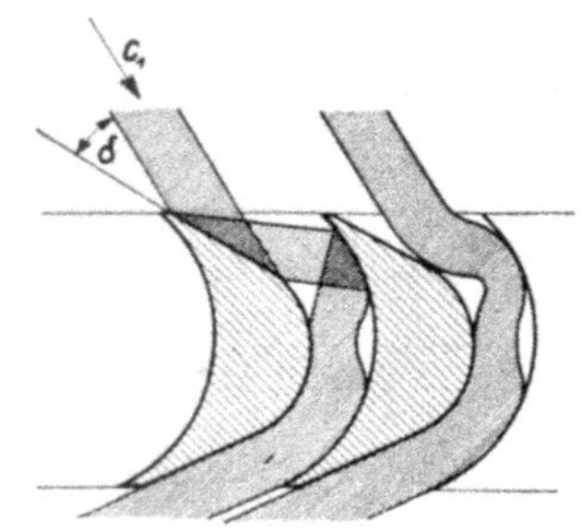

Abb. 35.

Bei größeren Winkelabweichungen wird diese Berechnung zu unsicher. Es ist in diesen Fällen stets nachzuprüfen, ob der infolge des unpassenden Eintrittswinkels stark verringerte Eintrittsquerschnitt senkrecht zum Dampfstrahl ein Durchströmen der Dampfmenge bei der gegebenen Geschwindigkeit ohne erheblichen Druckstau gestattet. Diese Frage ist sehr oft bei den letzten Reihen mehrkränziger Curtisräder, welche mit Rücksicht auf Marschfahrt mit mehr Reihen ausgeführt werden, als bei der Hauptfahrt erforderlich ist, von Bedeutung.

Näheres hierüber vgl. Anh. VII, § 8, enthaltend die Berechnung eines Curtisrades mit Berücksichtigung der Stoßverluste.

§ 28. **Die Verluste in den Schaufelspalten.** a) Verluste durch die axialen Spalten. Die Ausführungen der Dampfturbinen zeigen zwischen den Schaufeln in axialer Richtung mehr oder weniger breite Spalten, die der Dampf durchlaufen muß, bevor er in die nächste Schaufelreihe eintreten kann. Es ist deshalb die Frage wichtig, welche Gründe die Größe dieses Spalts bestimmen und welche Verluste durch dieselben verursacht werden.

Es ist einleuchtend, daß der Spalt, um den unvermeidlichen Herstellungsfehlern Rechnung zu tragen, um so größer werden muß, je größer der Durchmesser der Turbine, je größer die Schaufellänge und je ungünstiger das Verhältnis von Schaufellänge zur Profilbreite ist. Abgesehen von den Unvollkommenheiten der Herstellung kann eine Auslenkung der Schaufeln aus ihrer richtigen Lage durch ungleichmäßiges Anwärmen, durch Wasserschlag und durch Schaufelschwingungen erfolgen (vgl. § 178 u. f.). Es müssen deshalb vor allem bei langen schmalen Schaufeln relativ große Axialspiele vorgesehen werden. Außerdem muß man beachten, wie die einzelnen Stufen zum Drucklager liegen und in welcher Weise sich verschiedene Wärmedehnungen von Gehäuse und Rotor äußern werden.

Im Mittel sind etwa die in Abb. 36 angegebenen Axialspalten gebräuchlich. Kurve *a* gibt den Axialspalt s_a in mm für lange, direkt wirkende Turbinen und Schaufeln mit einem Verhältnis von Länge zu Breite von etwa 10—15 an, Kurve *b* für kurze Turbinen für direkten Antrieb und Turbinen für indirekten Antrieb, solange das Verhältnis von Schaufellänge zu Profilbreite den Wert 10 nicht übersteigt.

Der Einfluß des Axialspalts auf die Dampfströmung wird um so geringer, je mehr sich die Richtung der absoluten Austrittsgeschwindigkeit einer rein axialen Abströmung nähert. Denn der Dampf hat im Axialspalt die Tendenz, den Weg des kleinsten Strömungswiderstandes zu nehmen, also möglichst in axialer Richtung zu strömen. Es können somit bei Reaktionstrommeln, welche mit guten Verhältnissen von c_0/u arbeiten, wo die absoluten Austrittsgeschwindigkeiten also nicht sehr stark von der axialen Richtung abweichen, ohne besondere Einbuße an Wirkungsgrad große Axialspiele gewählt werden. Anders ist dies jedoch bei Curtisrädern und Aktionstrommeln, bei welchen teilweise recht kleine Austrittswinkel in Frage kommen. Es ist festgestellt worden, daß hier bei größeren Geschwindigkeiten schon bei verhältnismäßig kleinen Axialspalten eine wesentliche Ablenkung des Dampfstrahles auftritt. Durch diese Ablenkung wird die Tangentialkomponente des in die Schaufeln eintretenden Dampfstrahles verkleinert und werden Verluste verursacht. Es muß deshalb bei Curtisrädern und Aktionstrommeln angestrebt werden, die Axialspiele so klein wie irgendmöglich zu machen. Bei den Curtisrädern der direkt wirkenden Turbinen muß dabei noch berücksichtigt werden, daß die großen schräg gestellten Radscheiben bei ungleicher Erwärmung beider Radseiten nennenswerte Verschiebungen des Radkranzes erleiden. Bei Turbinen mit Übersetzungsgetriebe können infolge der kräftigen Bauart der hier zur Verwendung kommenden Scheiben und der Möglichkeit, bei der geringen Stufenzahl breitere und kräftigere Profile zu verwenden, erheblich geringere Axialspalten verwendet werden.

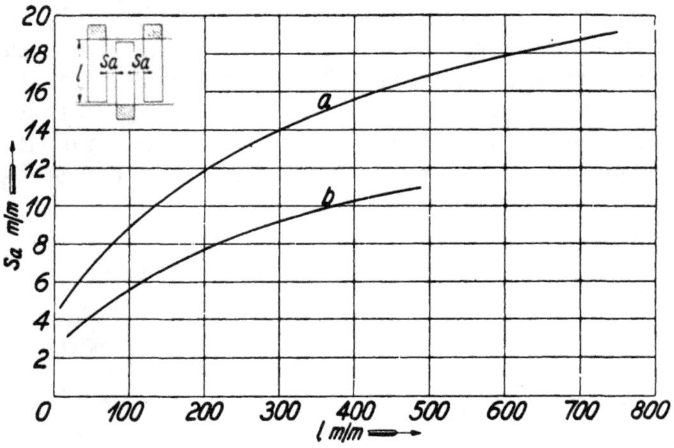

Abb. 36.

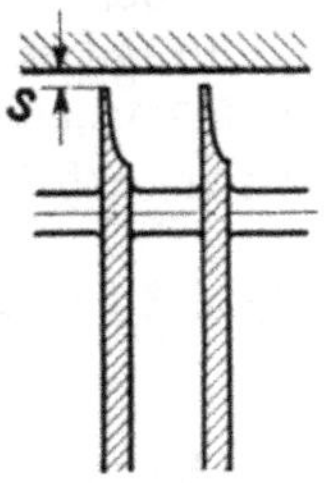

Abb. 37.

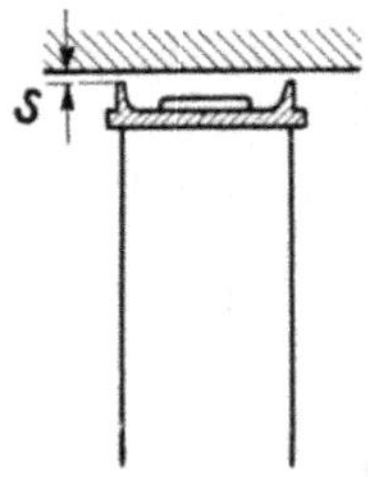

Abb. 38.

Da Untersuchungen über den Einfluß der Axialspalten bei den Curtisrädern nicht veröffentlicht sind, ist man bei denselben darauf angewiesen, in anormalen Fällen entweder eine bestimmte Ablenkung des Dampfstrahles anzunehmen oder schätzungsweise Abzüge von dem indizierten Wirkungsgrad zu machen.

b) V e r l u s t e d u r c h d i e r a d i a l e n S p a l t e n. Da es nicht möglich ist, Turbinen ohne radiales Spiel laufen zu lassen, läßt es sich auch nicht vermeiden, daß ein

Teil des Arbeitsdampfes, statt in den Schaufeln nützliche Arbeit zu leisten, durch den Spalt strömt. Um bei vollkommener Wahrung der Betriebssicherheit die durch den Spalt strömende Dampfmenge so gering wie möglich zu machen, hat man eine Reihe von Einrichtungen getroffen, welche bestimmt sind, den Spaltverlust in erträglichen Grenzen zu halten. Diese Einrichtungen bezwecken in der Hauptsache, die Möglichkeit zu schaffen, eine Verringerung der Radialspalten ohne Gefährdung der Betriebssicherheit der Turbine vorzunehmen. Dies wird entweder dadurch erreicht, daß man die Schaufeln an ihren Spitzen zuschärft (vgl. Abb. 37) oder dadurch, daß man die Schaufeln mit einem profilierten Deckband mit dünnen Spitzen versieht (vgl. Abb. 38). Durch beide Konstruktionen wird die Gefahr von Betriebsstörungen, welche durch das Anstreifen der Beschaufelung an dem Gehäuse eintreten können, verringert. Bei den Deckbändern mit dünnen Spitzen kommt auch vielleicht eine Labyrinthwirkung zur Geltung; jedenfalls wird aber durch die starke Umlenkung des Spaltdampfes eine Verringerung des Spaltverlustes erzielt.

Bei der Bemessung der radialen Spiele muß neben der normalen Durchfederung der Wellen, welche bei großen Turbinen für direkten Antrieb Beträge bis zu 0,8 mm erreicht, auch berücksichtigt werden, daß durch den Einfluß der Dampftemperatur, durch den Innendruck oder Schubkräfte ein Unrundwerden der Gehäuse eintreten kann. Außerdem muß mit in Rechnung gezogen werden, daß insbesondere bei schwalbenschwanzförmigen Schaufelfüßen die Schaufeln infolge der Zentrifugalkraft sich etwas nach außen bewegen und dadurch das Radialspiel verkleinern.

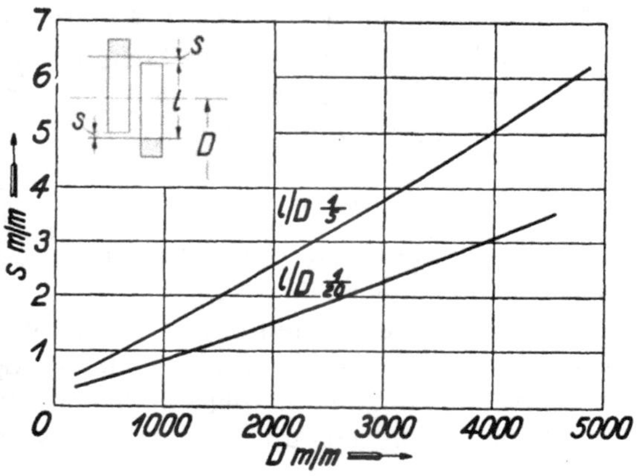

Abb. 39.

Über die Größe der in normalen Fällen üblichen Radialspalte gibt Abb. 39 Aufschluß. Von den beiden Kurven gilt die obere für ein Verhältnis von Schaufellänge zum Durchmesser von etwa 1:5, die untere für ein solches Verhältnis von 1:20. Gleichzeitig stellt die obere Kurve maximale Werte, die untere minimale Werte der Radialspalten dar.

Um eine Berechnung der Spaltverluste überhaupt durchführen zu können, pflegt man Annahmen zu machen, welche zwar dem physikalischen Vorgang nicht genau entsprechen dürften, jedenfalls aber die eintretenden Verluste nicht zu gering erscheinen lassen. Mit Rücksicht darauf aber, daß die zeichnungsmäßigen Radialspiele bei der Werkstattausführung mindestens eingehalten werden müssen, also Minimalspiele darstellen, kann es nicht schaden, wenn man bei der Berechnung des Spaltdampfes auf der sicheren Seite bleibt. Ausnahmefälle, bei welchen die Spaltverluste größere Beträge (es kommen solche bis 25% vor) annehmen, müssen besonders betrachtet werden. Die der Berechnung des Spaltverlustes zugrunde zu legenden Annahmen sind folgende:

1. Der Spaltdampf strömt rein axial.
2. Der Spaltdampf besitzt Druck und Geschwindigkeit des Arbeitsdampfes beim Austritt aus dem Kranz.
3. Der aus dem Spalt der Leitkränze bei Aktionsstufen oder der Leit- und Laufkränze bei Reaktionsstufen austretende Dampf kann im nächsten Schaufelkranz infolge seines unrichtigen Eintritts und der damit verbundenen Wirbelungen an dem Energieumsatz nicht teilnehmen, sondern kommt erst im übernächsten Schaufelkranz wieder zur Wirkung.

Zu 1. Diese Annahme ist berechtigt bei Schaufeln, welche mit Deckbändern abgedeckt sind, bei Reaktionsstufen mit offenen Schaufelenden ist sie wohl nicht ganz zutreffend, da eine Beeinflussung der Spaltströmung durch den Arbeitsdampf eintreten wird.

Zu 2. Diese Annahme ist dann zu ungünstig, wenn der Spaltdampf öfters umgelenkt wird, wie es bei Abdeckung mit Deckbändern der Fall ist.

Zu 3. Diese Annahme ist stets mehr oder minder berechtigt. Der Spaltdampf wird stets mit unrichtigem Winkel, häufig aber auch senkrecht zur Strömungsrichtung des Arbeitsdampfes eintreten. Dies ist bei Schaufeln mit Deckband der Fall, wo vorstehende Füllstücke verwendet werden. Bei zugeschärften Schaufelenden erscheint die Annahme etwas zu ungünstig, wird jedoch dadurch praktisch berechtigt, daß infolge der Zuschärfung der Schaufeln der Kanal für den Arbeitsdampf nicht mehr so günstig ist, wie in dem übrigen Teil der Beschaufelung. Außerdem wird durch den hier erforderlichen Bindedraht, welcher sich ziemlich nahe bei dem zugeschärften Teil der Schaufel befindet, ein Teil des Dampfes nach dem Spalt abgelenkt.

Es erscheint also berechtigt, für die Berechnung des Spaltverlustes die Spaltfläche unvermindert in Anrechnung zu bringen.

Bezeichnet man die Spaltfläche mit f, den gesamten Austrittsquerschnitt des zugehörigen Schaufelkranzes mit F, so ist der quantitative Spaltverlust in dem betreffenden Kranz in Prozent gleich

$$\frac{f}{F+f} \cdot 100.$$

Ebenso groß ist auch der durch den Spalt verursachte Leistungsverlust bei Aktionsstufen.

Bei Reaktionsstufen dagegen ist, wie aus Punkt 3 hervorgeht, sowohl der Spaltverlust der Leitschaufeln, wie auch der Spaltverlust der Laufschaufeln für den Leistungsverlust in Anrechnung zu bringen. In diesem Falle wird, wenn mit f die mittlere Spaltfläche von Leit- und Laufkranz bezeichnet wird, der Leistungsverlust infolge der Radialspalten

$$\frac{2f}{F+f}$$

also bei gleicher Größe von f und F doppelt so groß als bei Aktionsstufen.

Wenn es in Ausnahmefällen erforderlich ist, große Spalten bei sehr kleinen Schaufellängen anzuwenden, so ist die obige Rechnungsart zu ungünstig (denn bei einem Verhältnis von Spaltquerschnitt zu Schaufelquerschnitt $= 1$ würde eine nützliche Arbeit in diesen Stufen überhaupt nicht mehr geleistet werden können). In solchem Falle muß dann das Strömungsbild genauer untersucht werden, um festzustellen, welcher Teil des Spaltdampfes in der Lage ist, Leistung in dem darauffolgenden Schaufelkranz abzugeben.

An einem Beispiel soll die Berechnung des Spaltverlustes gezeigt werden.

Wir wollen zu diesem Zweck eine Stufe einer Turbine betrachten, welche ein Dampfquantum von G kg/Std. verarbeitet. Der Druck in der betreffenden Stufe sei p at; das spez. Volumen v; dann ist das pro sek durch die Stufe strömende Dampfvolumen in cbm/sek

$$V = \frac{G}{3600} \cdot v.$$

Es sei ferner der mittlere Schaufelkreisdurchmesser D, das Verhältnis von Kanalweite zur Teilung bei der in Aussicht genommenen Beschaufelung b_2/t, die relative

Austrittsgeschwindigkeit des Dampfes aus der Beschaufelung c_1 und die Weite des radialen Spaltes s.

Wären keine radialen Spalten vorhanden, so würde sich der Durchtrittsquerschnitt und die Schaufellänge wie folgt ergeben:

Die gesamte Durchtrittsfläche $\Phi = F + f = V/c_1$.

Demnach würde, wenn kein Spalt vorhanden wäre, die Schaufellänge betragen:

$$l_0 = \frac{\Phi}{D\pi \cdot b_2/t} = \frac{G \cdot v}{3600 \cdot c_1 \cdot D \cdot \pi \cdot b_2/t}.$$

Die Spaltfläche ergibt sich, wenn D_s den Spaltdurchmesser bedeutet

$$f = D_s \cdot \pi \cdot s,$$

daraus die der Spaltweite entsprechende Schaufellänge

$$l_s = \frac{f}{D_s \cdot \pi \cdot b_2/t} = \frac{s}{b_2/t}.$$

Nach früherem ist der quantitative Spaltverlust in Prozent

$$G_{sp}\% = \frac{f}{F + f} \cdot 100 = \frac{f}{\Phi} \cdot 100$$

oder, wenn wir, wie dies ohne nennenswerte Fehler zulässig ist

$$D_s = D$$

setzen, ergibt sich

$$G_{sp}\% = \frac{l_s}{l_0} \cdot 100 = \frac{s\,3600 \cdot c_1 \cdot D \cdot \pi}{G \cdot v} \cdot 100.$$

Die auszuführende Schaufellänge ist dann

$$l = l_0 - l_s.$$

Der durch den Spalt verursachte Leistungsverlust ist entsprechend früherem

bei Aktionsstufen $N_{sp}\% = \frac{l_s}{l_0} \cdot 100,$

bei Reaktionsstufen $N_{sp}\% = \frac{2\,l_s}{l_0} \cdot 100.$

§ 29. **Drosselungsverluste.** Bei den verschiedenen Belastungen einer Turbine ist das für die Erzeugung der entsprechenden Leistung erforderliche Dampfquantum verschieden groß. Bei einer Turbine, deren Düsen einzeln absperrbar sind, kann immer mit dem vollen Dampfdruck vor den Düsen gefahren werden und die Regulierung des Dampfquantums durch Absperren oder Zuschalten einzelner Düsen erfolgen. Bei Schiffsturbinen ist die Ausführung einer solchen Manövriereinrichtung aus konstruktiven Gründen nicht möglich und man findet meist eine Zusammenfassung der Düsen in mehrere Gruppen, welche entsprechend der Belastung zu- oder abgeschaltet werden. Bei dieser Anordnung sind die Leistungsstufen sehr stark voneinander verschieden. Die Feineinstellung muß daher in der Weise vorgenommen werden, daß der Dampfdruck vor einer oder mehreren Düsengruppen reduziert wird. Diese Druckreduktion geschieht mit Hilfe des Düsenabsperrventils oder des Manövrierventils. Die Herabsetzung des Dampfdruckes ohne Ausnutzung der dadurch frei werdenden Energie nennt man Drosselung (vgl. hierzu Bd. 1, Hptt. § 8 und Anh. I, § 14 u. § 21). Wenn wir annehmen, daß dem Dampf bei der Drosselung weder Wärme entzogen, noch solche zugeführt wird, so bleibt der Wärmeinhalt des höher gespannten Dampfes auch bei der Entspannung auf den niedrigeren Druck erhalten; der Dampf vergrößert bei unverändertem Wärmeinhalt nur seine Entropie.

Bei einem solchen Drosselungsvorgang ist der Dampfdruck vor dem Drosselungsorgan gegeben, und zwar wird dies in den meisten Fällen der dem durchströmenden Dampfquantum entsprechende Druck in der Hauptdampfleitung sein. Der Enddruck für den Drosselungsvorgang ist der Druck vor dem betreffenden Düsenkasten. Auf Grund praktischer Erfahrungen und Messungen hat sich ergeben, daß letzterer ziemlich genau dem durchströmenden Dampfquantum entspricht.

Aus Anfangs- und Enddruck der Drosselung läßt sich der vor den Düsen sich einstellende Dampfzustand ermitteln, und zwar am schnellsten aus dem I-S-Diagramm, indem man auf der Linie gleichen Wärmeinhalts durch den Anfangszustand, d. h. also auf einer Parallelen zur Abszissenachse bis zur Linie des Enddruckes weiterschreitet. Das in der Turbine verfügbare adiabatische Wärmegefälle wird durch diese Drosselung selbstverständlich erheblich verkleinert.

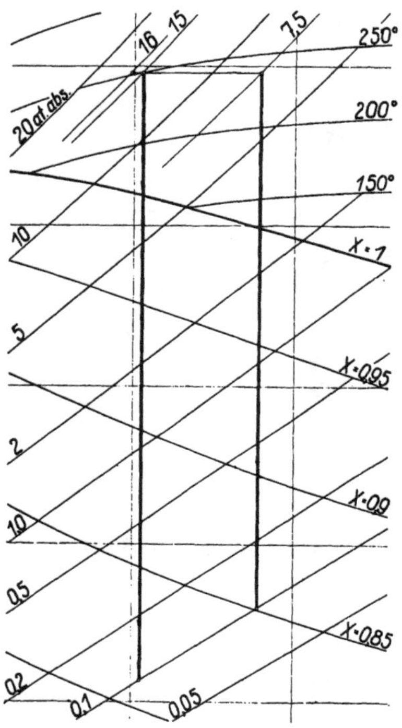

Abb. 40.

Ein Beispiel (Abb. 40) soll zur näheren Erläuterung dienen. Der Dampfdruck in der Hauptdampfleitung vor dem Ventil betrage 16 at, die Dampftemperatur 251°. Bei der Konstruktionsdampfmenge sei der Druck vor den Düsen 15 at, die Temperatur 250°, dann wird sich bei halber Dampfmenge ein Druck von 7,5 at und eine Temperatur von 238° vor den Düsen einstellen. Bei einem Enddruck in der Turbine von 0,1 ata beträgt das zur Verfügung stehende adiabatische Wärmegefälle im ersten Fall 190 WE, im zweiten Fall 167 WE. Es ist somit in unserem Beispiel eine Gefällsabnahme von 12,1% vorhanden. Wird durch diese Drosselung der Wirkungsgrad der Turbine nicht verändert, so entspricht dies einer Zunahme des Dampfverbrauches von 13,8 %[1]).

Wird viel Wert auf die Erreichung günstigsten Dampfverbrauchs bei verschiedenen Dampfmengen gelegt, so müssen die Düsensätze so bemessen werden, daß bei den verschiedenen Belastungen die Drosselung so gut wie irgendmöglich vermieden wird. Bei Verwendung mehrerer einzeln absperrbarer Düsensätze tritt die Drosselung im allgemeinen nur beim letzten Düsensatz auf. Legt man aber Wert auf Einfachheit der Anlage und soll auch ohne Anordnung eines besonderen Zusatzdüsensatzes noch einige Sicherheit für außergewöhnliche Fälle vorhanden sein, wie dies auch vielfach bei der Bemessung der Düsen für die Rückwärtsturbinen der Fall ist, so sind Drosselungsverluste unvermeidbar. Dies

[1]) Im allgemeinen wird bei Drosselung unter sonst gleichen Bedingungen der Wirkungsgrad eine Verbesserung gegenüber einer Düsenregulierung erfahren, da für die gleiche Stufenzahl ein kleineres Gefälle zur Verarbeitung gelangt. Falls dagegen durch die Drosselung auch eine Verschiebung des Wärmegefälles in den einzelnen Stufen eintritt, ist zu beachten, daß mit der Änderung der c_0/u-Werte auch der Wirkungsgrad der einzelnen Stufen sich ändert. Den Einfluß dieser Änderung kann man dann nur aus einer genauen Durchrechnung entnehmen.

Über den Einfluß der Drosselung auf den Dampfverbrauch von Schiffsturbinen wird später noch die Rede sein.

gilt auch bei außergewöhnlichen Schaltungen, wie z. B. Frischdampfzuführung zur Niederdruckturbine, Einführung von Hilfsmaschinendampf in die Haupttturbine usw.

§ 30. **Verluste durch Teilbeaufschlagung.** Bei der Besprechung der Ventilationsverluste (§ 26) wurde bereits zum Ausdruck gebracht, daß durch Teilbeaufschlagung Ventilationsverluste eintreten, welche durch die nicht mit Dampf beaufschlagten Schaufeln hervorgerufen werden. Die durch diese Ventilation erzeugte Dampfströmung stört selbstverständlich die richtige Dampfführung und verursacht hierdurch auch Strömungsverluste. An der Übergangsstelle vom unbeaufschlagten zum beaufschlagten Teil treten außerdem durch die Strömungsstörungen beim Auffüllen und Entleeren der Schaufelkanäle Verluste auf. Vielfach entstehen hierbei weitere Geschwindigkeitseinbußen auch dadurch, daß vom Dampfstrahl ejektorartig Dampf aus dem Gehäuse mitgerissen wird.

Um diese Verluste zu verringern, wird man die Düsen in möglichst wenige größere Gruppen zusammenfassen, wenn es nicht durch andere Druckverteilung oder durch die Wahl kleinerer Durchmesser möglich ist, volle Beaufschlagung zu erzielen. Mit Rücksicht auf die bei kleinen Düsen stark zunehmenden Wandreibungsverluste darf jedoch, ganz abgesehen von Ausführungsschwierigkeiten, die Düsenhöhe nicht zu klein gewählt werden. Nur bei besonders sorgfältig bearbeiteten Düsen wird man eine Düsenhöhe unter 8 mm noch zulassen.

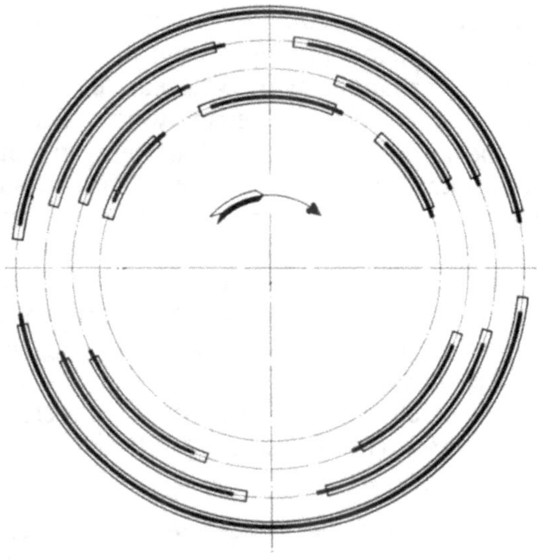

Abb. 41.

Folgen mehrere teilbeaufschlagte Räder hintereinander, so ist es wünschenswert, daß der Dampfweg vom Laufrad zu den Düsen des nachfolgenden Leitrades möglichst kurz bemessen wird und möglichst wenig Widerstand aufweist. Eine gebräuchliche Verteilung der Düsen bei mehreren teilbeaufschlagten Aktionsstufen ist auf Abb. 41 dargestellt. In derselben bezeichnet der dick ausgezogene Teil des Umfanges die Länge des mit Düsen besetzten Teiles für die verschiedenen Stufen, und man sieht, daß die Düsen so angeordnet sind, daß sie sich so weit wie möglich überdecken. Hierbei ist zu beachten, daß der zwischen Laufschaufel-Austritt und Düsen-Eintritt in tangentialer Richtung vorhandene Strömungsquerschnitt genügend groß sein muß, um das der vergrößerten Beaufschlagung in der nächsten Stufe entsprechende Dampfquantum ohne große Druckverluste durchzulassen. Die Frischdampfdüsen befinden sich gewöhnlich nur in der oberen Hälfte des Gehäusedeckels, um eine möglichst einfache Anordnung und Konstruktion der Dampfzuführung und der Dampfverteilungsorgane zu ermöglichen. Hinter dem ersten Laufrad ist dann in der Regel genügend Platz vorhanden, um einen Teil des Dampfes nach der unteren Gehäusehälfte abzuführen und eine gleichmäßige Beaufschlagung in der oberen und unteren Gehäusehälfte zu erzielen.

Die absolute Größe der einzelnen Verluste richtet sich ganz nach den jeweiligen Verhältnissen. Die Verluste werden um so größer werden, je kleiner die Beaufschlagung ist. Man kann in mittleren Fällen etwa für das erste Rad mit 2—3% des indizierten Gefälles rechnen. Bei den darauf folgenden Rädern wird der Verlust, da die Beaufschlagung zunimmt, kleiner. Bei Einzeldüsen, die ohne Zusammenhang miteinander stehen, können Verluste auftreten, die über 10% der indizierten Leistung betragen. (Vgl. Beispiel § 73.)

Der Übergangsverlust von einer Düsengruppe zur anderen kann dadurch in Rechnung gestellt werden, daß je nach den Verhältnissen ein größerer oder kleinerer Teil der Austrittsenergie des vorigen Rades verloren gegeben wird.

Teilbeaufschlagte Aktions- oder Reaktionstrommeln werden wegen der dabei auftretenden großen Spaltverluste nicht mehr verwendet.

§ 31. **Verluste durch Leitung und Strahlung.** Während bei den direkt wirkenden Turbinen, insbesondere im Hochdruckteil, noch nennenswerte Wärmemengen durch Leitung und Strahlung an die Umgebung verloren gingen — sie bezifferten sich schätzungsweise bei der Turbinenanlage des „Imperator" auf ca. 1% der effektiven Gesamtleistung — spielen diese Verluste heute bei den kleinen, schnellaufenden Getriebeturbinen eine ganz untergeordnete Rolle.

Bei der direkt wirkenden Turbine waren die Temperaturunterschiede zwischen dem Dampfraum und der umgebenden Luft höher, da z. B. in der ersten Stufe der Hochdruckturbine ein Dampfdruck von 6—8 at und eine dementsprechende Temperatur vorhanden war, während bei modernen Turbinen dieser Dampfdruck in der ersten Stufe selten erreicht wird. Da gleichzeitig die Oberfläche einer Getriebeturbine nur einen Bruchteil derjenigen einer direkt wirkenden Turbine beträgt, das Dampfquantum aber das gleiche bleibt, so ist es klar, daß diese Verluste bei hochtourigen Turbinen ganz wesentlich kleiner sind als bei langsam laufenden.

Außerdem wird die Wärmeleitung und Strahlung erheblich vermindert durch die immer mehr vervollkommnete Isolierung mit zweckentsprechenden Materialien.

Die Wärmemengen, welche durch Leitung in die Fundamente und event. in den Kondensator abströmen können, sind gleichfalls außerordentlich gering und zu vernachlässigen.

Es erscheint daher durchaus zulässig, bei den schnellaufenden Getriebeturbinen von der Berücksichtigung irgendwelcher Verluste durch Wärmeleitung und Strahlung abzusehen.

§ 32. **Über die Wiederausnutzung der Verlustwärme in den Turbinen.** Aus den Darlegungen der §§ 6—11, Band 1, geht hervor, auf welche Weise Verluste im *HD*-Zylinder einer Dampfmaschine auf den Anfangszustand des nachfolgenden *MD*- bzw. *ND*-Zylinders einwirken. Zur kurzen Erläuterung sei in Abb. 42 der Vorgang nochmals im *T*-*S*-Diagramm dargestellt. Das im *HD*-Teil verfügbare Wärmegefälle ist gekennzeichnet durch die Fläche *abcd*. Zur Vereinfachung der Darstellung sind die gesamten Verluste zusammengefaßt in der Fläche *ebcf*, welche 100—η% der Gesamtfläche *abcd* ausmacht, wenn η der thermodynamische Wirkungsgrad des *HD*-Teiles in % ist.

Diese Veranschaulichung ist natürlich in gleicher Weise auch für den *HD*-Teil eines Dampfturbinen-Prozesses[1]) gültig. Die Verlustwärme, durch die Fläche *ebcf* dargestellt, wird den Dampfzustand im Punkte *c* durch Trocknen soweit ändern, bis die Fläche $cc'c_0'\,b_0$ gleich der eben erwähnten Verlustfläche ist. Von dieser Fläche kann bei den gegebenen Druckgrenzen im *ND*-Teil nur das Stück $cc'c''h$ ausgenützt werden.

Bei der Darstellung im *I*-*S*-Diagramm Abb. 43 stellt *AC* die in Arbeit umgesetzte Wärme dar, während *CB* die der Fläche *ebcf* im Wärmediagramm entsprechende

[1]) Über die Darstellung des Dampfturbinenkreisprozesses im Wärmediagramm siehe Anhang Nr. II.

Verlustwärme ist. BD entspricht im Wärmediagramm der Fläche $dchg$. Wird nun DD'' parallel zu der Linie konstanten Druckes BB' gezogen, so ergibt die Vergrößerung des adiabatischen Wärmegefälles BD, nämlich das Stück $D''D'$, den ausnutzbaren Teil der Verlustwärme. Diese Vergrößerung des adiabatischen Gefälles hängt von den nachstehend geschilderten Verhältnissen ab:

1. Vom Anfangszustand. Ein Blick auf das I-S-Diagramm zeigt, daß die divergierenden Linien konstanten Druckes im Naßdampfgebiet geradlinig verlaufen, während dieselben im Heißdampfgebiet krummlinig sind; die Gefällszunahme ist bei gleichem Wirkungsgrad im Heißdampfgebiet größer als im Naßdampfgebiet.
2. Von der Stufenzahl. Es ist einleuchtend, daß bei immer weitergehender Unterteilung des Wärmegefälles, also bei zunehmender Stufenzahl, sich eine steigende Vergrößerung des adiabatischen Summengefälles ergibt. Die größte Zunahme wird unendliche Stufenzahl ergeben.

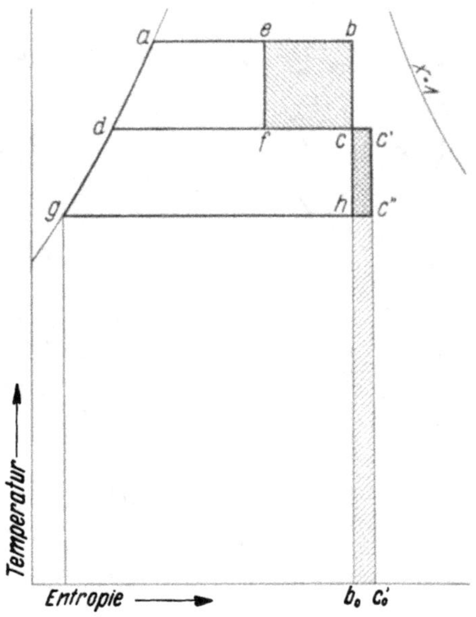

Abb. 42.

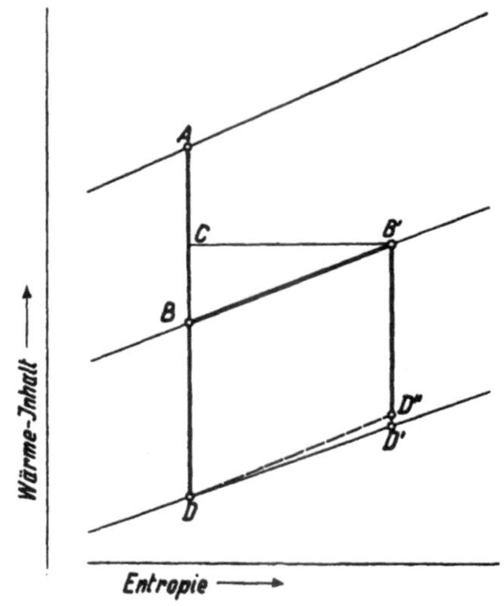

Abb. 43.

3. Von der Größe des Gesamt-Wärmegefälles: Infolge der Divergenz der Isobaren ergibt sich bei größeren Wärmegefällen eine größere prozentuale Zunahme des Summengefälles.
4. Vom Wirkungsgrad der Turbine. Je schlechter der mittlere thermische Wirkungsgrad der Turbine ist, desto mehr rückt der Endzustand im I-S-Diagramm nach rechts. Es wird sich also bei solchen Turbinen die Divergenz der Isobaren immer mehr bemerkbar machen. Auch der Wirkungsgrad der einzelnen Teile der Turbinen ist von Einfluß, da nach 1. die Gefällszunahme im Heißdampfgebiet größer ist als im Naßdampfgebiet.
5. Eine Zunahme des Wärmegefälles tritt auch dadurch ein, daß Verluste, wie Radreibung und Ventilationsarbeit der Turbinenschaufeln, eine Trocknung bzw. Temperaturerhöhung des Dampfes verursachen. Die Radreibung wird direkt in Wärme verwandelt und die Ventilationsarbeit der Turbinenschaufeln wird in Wärme übergeführt, indem die mehr oder weniger unregelmäßigen Strömungen sich tot wirbeln. Es wird also auch durch diese Verluste eine gewisse Gefällszunahme des für die nächste Stufe verfügbaren adiabatischen Wärmegefälles erreicht.

Eine graphische Darstellung der Zunahme des gesamten Wärmegefälles für alle vorkommenden Verhältnisse würde die Aufstellung von sehr vielen Kurven bedingen. Zur Orientierung sind in Abb. 44 und 45 beispielsweise Kurven angegeben, welche in Abhängigkeit von der Stufenzahl den Gewinn an adiabatischem Wärmegefälle zeigen. Abb. 44 veranschaulicht diesen Gewinn für den Fall, daß eine *ND*-Trommel von dem Anfangszustand 1,5 ata und $x = 1$ auf einen Gegendruck von 0,05 ata arbeitet. In Abb. 45 ist der Gewinn für eine zwischen 6 ata und 1,5 ata arbeitende *HD*-Trommel dargestellt, wobei die voll ausgezogenen Kurven für 250° Anfangstemperatur, die gestrichelten Kurven für 5% Dampfnässe beim Anfangsdruck gelten.

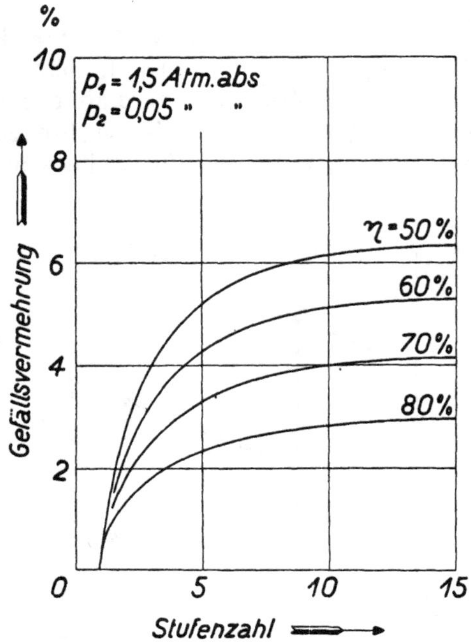

Abb. 44.

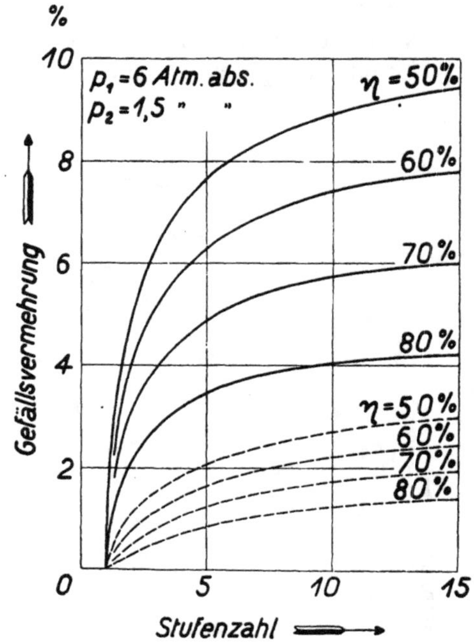

Abb. 45.

Beim Gebrauch dieser oder ähnlicher Kurven ist zu beachten, daß Reaktionsstufen doppelt zu zählen sind, da die Expansion sowohl im Leit- wie im Laufkranz erfolgt.

In diesen beiden Abteilungen sind je vier Kurven für einen thermischen Wirkungsgrad von 50, 60, 70 und 80% eingetragen.

§ 33. **Die mechanischen Verluste** (vgl. hierzu § 123 ff. Konstruktion der Trag- und Drucklager sowie Anhang Nr. IX über die Theorie der Schmierung). Als mechanische Verluste kommen bei Schiffsturbinen nur die Reibung der Traglager sowie diejenige der Drucklager in Frage. Während diese Lagerreibungsverluste bei den direkt wirkenden Turbinen bis zu 3% betrugen, sind dieselben bei den schnellaufenden Getriebeturbinen im allgemeinen mit wesentlich kleineren Werten, d. h. etwa ½%, anzusetzen, da bei letzteren Gewichte und Schübe erheblich kleiner sind als bei direkt wirkenden Turbinen.

Die Lagerreibung ergibt sich nach der Formel

$$N_R = \frac{P \cdot u \cdot \varrho}{75},$$

wobei P der Auflagerdruck in dem betreffenden Traglager oder der Schub im Drucklager, u die Zapfen-Umfangsgeschwindigkeit im Traglager oder die mittlere Umfangsgeschwindigkeit im Drucklager und ϱ der zugehörige Reibungskoeffizient ist. Während P und u durch die Konstruktion gegeben sind, kann der Reibungskoeffizient ϱ innerhalb sehr weiter Grenzen schwanken.

Es ist üblich, für die Traglager sowie für die alten Mehrringdrucklager einen Reibungskoeffizienten von maximal 0,01 und für die Einringdrucklager von Turbinen einen Reibungskoeffizienten von 0,005 einzusetzen. Bei guter Werkstattausführung und sachgemäßer Lagerkonstruktion besteht keine Gefahr, daß diese Reibungskoeffizienten im Betrieb überschritten werden.

Eine direkte Messung dieser Verluste ist nur schwer durchführbar. Am besten eignet sich hierzu noch die kalorimetrische Methode, bei welcher die Schmierölmengen und -temperaturen gemessen und unter Berücksichtigung der Strahlungs- und Leitungsverluste der Lagerkörper die in Wärme umgesetzte Lagerreibungsarbeit bestimmt wird.

§ 34. **Wirkungsgrad und Dampfverbrauch von Schiffsturbinen.** Aus den vorhergehenden Paragraphen ergibt sich, daß der Wirkungsgrad und somit auch der Dampfverbrauch von Turbinen von vielen Faktoren abhängig ist, welche in erster Linie von dem Aufbau der ganzen Turbine beeinflußt sind.

Die dem Konstrukteur vorgeschriebene Gewichtsgrenze wird bei gegebener Drehzahl in erster Linie ausschlaggebend sein für den Wirkungsgrad der Turbinenanlage.

Es ist einleuchtend, daß bei direkt wirkenden Turbinen im allgemeinen mit einer größeren Stufenzahl bei der gleichen Drehzahl und bei gleichem Beschaufelungsdurchmesser oder bis zu einem gewissen Grade auch mit größerem Durchmesser bei gleicher Drehzahl und bei gleicher Stufenzahl bessere Wirkungsgrade erzielt werden können, da in beiden Fällen die $\frac{c_0}{u}$-Werte kleiner und damit der Wirkungsgrad der Beschaufelung verbessert wird. Selbstverständlich spielt außer den $\frac{c_0}{u}$-Werten die Größe der Verluste, wie sie in den §§ 23—33 erläutert sind, eine Rolle. So war es bei direktwirkenden Turbinen infolge der durch den Propeller bedingten niedrigen Drehzahl nicht möglich, die Durchmesser derselben, auch wenn das erforderliche Gewicht verfügbar gewesen wäre, so weit zu vergrößern, daß durch eine Verbesserung der $\frac{c_0}{u}$-Werte auch eine wesentliche Wirkungsgradverbesserung erreicht worden wäre, da die damit verbundene Vergrößerung der Spaltverluste usw. den Gewinn an Wirkungsgrad wieder aufgehoben hätte. Es ergaben sich günstigere Verhältnisse, wenn man durch Vergrößerung der Stufenzahl — also auch der Länge der Turbine — den Wirkungsgrad der Beschaufelung zu verbessern suchte. Da die Länge einer Turbine beschränkt ist, fand dieses Streben nach Verbesserung des Wirkungsgrades durch Vergrößerung der Stufenzahl seine Lösung in den Parsonschen Konstruktionen, bei welchen der Dampf hintereinander die auf verschiedenen Wellen angeordneten sehr langen Teilturbinen von verhältnismäßig kleinem Durchmesser passiert.

Bei den modernen Getriebeturbinen liegen die Verhältnisse wesentlich günstiger, da sowohl die Gewichts- wie auch die Platzfrage infolge der geringeren Dimensionen eine kleinere Rolle spielt. Durch die Verwendung einfacher und doppelter Zahnrad-Vorgelege steht die Wahl der Drehzahl dem Konstrukteur hier nahezu frei, und es macht keine Schwierigkeiten, Durchmesser und Stufenzahl so zu wählen, daß die für den betreffenden Fall günstigsten Wirkungsgradwerte ganz oder nahezu erreicht werden können.

Bei direktwirkenden Turbinen waren Wirkungsgrade von 55—60% für Torpedoboote, 58—65% für größere Kriegsschiffe und 62—68% für schnellaufende Passagierdampfer üblich, wobei die höheren Werte für größere Leistungen und schwere Anlagen in Frage kommen. Bei Getriebeanlagen kann man für kleine Frachtdampfer einen Wirkungsgrad der Turbinen von ca. 68% ansetzen, welcher sich bei großen Anlagen und Verwendung von Überhitzung bis ca. 76% steigert.

Was nun den Dampfverbrauch betrifft, so ist zu beachten, daß derselbe nicht nur vom Wirkungsgrad der Turbine, sondern auch von Dampfdruck, Überhitzung und Vakuum abhängig ist. Es ergibt sich so keine Möglichkeit, irgendwelche allgemein gültigen Zahlen anzugeben. Während man bei den direkt wirkenden Turbinen die Überhitzung meist noch nicht verwendete und auch das Vakuum selten 92% überstieg, sind heute Dampftemperaturen von über 300° üblich und es wird durch verschiedene Hilfsmittel die Erreichung eines Vakuums von 95—98% sichergestellt. Infolge letzterer Umstände sind die Dampfverbrauchsziffern der heutigen Getriebeturbinen gegenüber denen der alten direkt wirkenden Turbinen noch wesentlich mehr verbessert worden als die Wirkungsgrade der Turbinen. Während man bei direktwirkenden Turbinen mit Dampfverbrauchsziffern von ca. 6,5 kg bei kleinen Torpedobooten, ca. 6 kg bei größeren Torpedobooten und Kreuzern und ca. 5,5 kg bei Linienschiffen und Passagierdampfern rechnen mußte, sind heute bei Getriebeturbinen Dampfverbräuche von ca. 5 kg bei kleineren Anlagen, bis unter 4 kg bei großen Anlagen mit hoher Überhitzung und vorzüglichem Vakuum üblich.

Die vorstehenden Angaben beziehen sich auf den Betrieb mit Vollast; über den Dampfverbrauch bei verminderter Leistung siehe § 58.

Abschnitt II.

Die Berechnung der Dampfturbine.

1. Allgemeine Gesichtspunkte und Erörterungen.

§ 35. **Einleitung.** Ein für alle Fälle passender Berechnungsgang läßt sich nicht angeben, da die Mannigfaltigkeit der für den Schiffsturbinenbau in Frage kommenden Konstruktionen so groß ist, daß fast für jeden Typ das Problem auf besondere Art und Weise aufgefaßt werden muß.

Die einzelnen Schiffsturbinen bauen sich nicht nur aus einer immer wechselnden Anzahl und Gruppierung von Rädern mit Geschwindigkeitsstufen, Aktionstrommeln, Reaktionstrommeln usw. auf, sondern es besteht auch fast stets die Schiffsturbinenanlage aus einer Mehrzahl von einzelnen Turbinen, welche in verschiedenartiger Weise hintereinandergeschaltet oder zur Erreichung besonderer wirtschaftlicher Vorteile sonstwie verbunden sind.

Die nachstehenden allgemeinen Angaben über den Berechnungsgang werden sich daher nur auf die Mitteilung von verschiedenen Gesichtspunkten beschränken müssen, welche bei der Berechnung sämtlicher Schiffsturbinen zu beachten sind, während, was die Details betrifft, auf die zahlreichen Beispiele der Berechnung ausgeführter Schiffsturbinen verwiesen wird, welche in Kapitel 8 zusammengestellt sind.

Die Erläuterung der vorstehend erwähnten Hauptgesichtspunkte für die Berechnung, d. h. Dimensionierung der Schiffsturbinen, läßt sich nicht trennen von der Schilderung der einzelnen Systeme, welche sich im Laufe der Zeit herausgebildet haben.

§ 36. **Beschreibung der verschiedenen Turbinensysteme und Erklärung ihrer Entstehung.** Maßgebend für die Gestaltung sämtlicher Schiffsturbinen war die fundamentale Schwierigkeit, unter Einhaltung eines günstigen Dampfverbrauches die niedrigen Tourenzahlen zu erzielen, welche in Hinsicht auf die Konstruktion eines noch einigermaßen ökonomischen Propellers nicht überschritten werden dürfen. Man hat diese Schwierigkeit im ersten Jahrzehnt der Schiffsturbinen-Entwicklung ausschließlich dadurch zu überwinden gesucht, daß man das zur Verfügung stehende Wärmegefälle in einer Vielzahl von Stufen verschiedener Art verarbeitete, so daß die Schiffsturbine dieser Epoche fast immer in mehrere hintereinandergeschaltete Einzelturbinen von bedeutender Größe zerlegt werden mußten. Als man die großen Nachteile wirtschaftlicher Art sowie die Betriebsgefahren dieser vielfach unbeholfenen Konstruktionen erkannt hatte, verließ man das Prinzip dieser sog. direktwirkenden Turbine und ging dazu über, Übersetzungsgetriebe verschiedener Art anzuwenden, welche den Betrieb der Turbinen mit hoher Drehzahl und gleichzeitig den des Propellers mit der ihm zusagenden niedrigen Drehzahl ermöglichen. Wir kommen so zu der ersten Haupteinteilung der Turbinen in:

direktwirkende Turbinen (solche, deren Welle die gleiche Tourenzahl besitzt, wie der Propeller);

indirektwirkende, d. h. mit Übersetzung arbeitende Turbinen (solche, bei welchen die Turbinenwelle eine höhere Tourenzahl besitzt als der Propeller).

Die Systeme der direktwirkenden Turbinen zeigten ihrerseits wieder eine große Mannigfaltigkeit, je nach der Aufgabestellung, und zwar namentlich je nach der Geschwindigkeit und Größe des in Frage kommenden Schiffes.

Wir haben im Band I, VI. Teil, § 261 gesehen, welche Tourenzahlen für die Konstruktion der Propeller verwendet werden. Während bei Torpedojägern, je nach Größe und Geschwindigkeit, noch Tourenzahlen von 500—800 zugelassen werden, betragen bei Passagier- und Frachtdampfern die üblichen Höchsttourenzahlen der Propeller 100 und weniger, welche letztere niedrige Drehzahlen mit direktwirkenden Turbinen überhaupt unerreichbar sind.

Das zwischen Kessel und Kondensator zur Verfügung stehende Wärmegefälle bewegt sich bei Schiffsdampfanlagen fast immer in ähnlichen Grenzen. Wir haben bei Besprechung des Wirkungsgrades von Beschaufelungen gesehen, daß das Verhältnis von Dampfgeschwindigkeit zu Umfangsgeschwindigkeit für den Wirkungsgrad maßgebend ist. Da sich bei hoher Umdrehungszahl in der Regel auch eine hohe Umfangsgeschwindigkeit erzielen läßt, konnte daher in solchen Fällen auch mit höherer Dampfgeschwindigkeit für die einzelnen Stufen gerechnet und die Anzahl derselben verhältnismäßig gering gehalten werden.

Man findet daher bei Torpedobooten und schnellen Kreuzern vielfach Turbinen, bei welchen, namentlich unter Verwendung von Geschwindigkeitsstufen, die Stufenzahl verhältnismäßig so gering wurde, daß die Unterbringung der ganzen Turbine in einem Gehäuse sich ermöglichen ließ.

Im Gegensatz dazu erforderte die Einhaltung eines günstigen Verhältnisses von Dampfgeschwindigkeit zu Umfangsgeschwindigkeit bei langsam laufenden Turbinenschiffen, wie z. B. Linienschiffen und Schnelldampfern, trotz der verhältnismäßig großen, bei diesen Schiffstypen verwendbaren Turbinen-Durchmesser, eine so große Unterteilung des Gefälles, d. h. also eine so große Stufenzahl, daß von einer Unterbringung der Turbinen in einem Gehäuse keine Rede mehr sein konnte und dieselben daher auf mehrere Gehäuse verteilt werden mußten.

Wir kommen so zu einer Haupteinteilung der direktwirkenden Turbinen in
„Turbinen in einem Gehäuse" und
„hintereinandergeschaltete Turbinen".

Die Hintereinanderschaltung der Turbinen erfolgte zum Teil so, daß beide Gehäuse, dasjenige für den Hochdruckteil (Hochdruckturbine) und dasjenige für den Niederdruckteil (Niederdruckturbine), zu ein und derselben Welle gehörten oder aber auch derartig, daß die Hochdruckturbine auf einer Welle, die Niederdruckturbine auf einer anderen untergebracht war: Hintereinanderschaltung der Wellen.

Dieses Prinzip der Hintereinaderschaltung der Wellen ist in der mannigfaltigsten Weise verwertet worden. Man hat bei Schiffen mit drei Wellen z. B. die Hochdruckturbine auf die Mittelwelle und je eine Niederdruckturbine auf jede der Seitenwellen gesetzt. Bei großen Schiffen mit hoher Leistung hat man aber auch vier Wellen angeordnet, derart, daß auf jeder Schiffsseite z. B. die Außenwelle durch die Hochdruckturbine, die Innenwelle durch die Niederdruckturbine angetrieben wurde, wobei also die Anlagen auf beiden Schiffsseiten symmetrisch waren; oder man ist noch weiter gegangen, in dem man auf einer Innenwelle die Hochdruckturbine, auf der zweiten Innenwelle die Mitteldruckturbine und auf jeder der beiden Außenwellen eine Niederdruckturbine anordnete.

Während die letztgenannten Unterscheidungsmerkmale für die verschiedenen Turbinengehäuse sich auf die Unterteilung in mehrere Gehäuse bzw. auf die Verteilung der einzelnen Teilturbinen auf mehrere Wellen beziehen, ergibt sich eine andere Art von Kennzeichnung der verschiedenen Systeme durch die verschiedene Art der Beschaufelung.

Die ersten Schiffsturbinen, welche in Betrieb kamen, waren lediglich aus Reaktionsstufen aufgebaut, von welchen sie eine sehr große Anzahl enthielten. Es waren dies die ersten Schöpfungen von Ch. A. Parsons, welchem mit Recht das Verdienst für die praktische Einführung der Dampfturbine auf Schiffen zugesprochen wird. Lange Jahre hindurch wurden Schiffsturbinen streng nach diesem nur Reaktionsstufen benutzenden System gebaut, und zwar bis zu den größten Abmessungen. Die große Anzahl von Stufen, welche hier zur Bewältigung des gesamten zur Verfügung stehen den Wärmegefälles erforderlich war, brachte Parsons auf den Gedanken der im vorstehenden bereits erwähnten Hintereinanderschaltung von Turbinen auf mehrere Wellen, dessen Fruchtbarkeit auch bei den späteren, verbesserten Systemen sich erwiesen hat.

Mehrere Jahre nach der Inbetriebsetzung der ersten Parsons-Turbinen tauchten in Amerika die Schiffsturbinen-Konstruktionen von Ch. H. Curtis auf, welcher, das andere Extrem bevorzugend, Turbinen lediglich aus Aktionsrädern mit Geschwindigkeitsstufen aufbaute. Wegen der Möglichkeit, große Gefälle in jedem einzelnen Rad mit relativ günstigem Wirkungsgrad zu verarbeiten, zeichneten sich diese Turbinen den Parsons-Turbinen gegenüber durch geringe Baulänge aus, so daß ein Hintereinanderschalten der Wellen, wie bei Parsons unabweisbar, hier nicht in Frage kam. Dieses rein auf Geschwindigkeitsstufen aufgebaute System hat sich nicht lange gehalten, doch kann man Curtis das Verdienst nicht absprechen, durch die Einführung der Geschwindigkeitsräder einen wertvollen Bestandteil der modernen und bestbewährten Systeme geschaffen zu haben.

Zum erstenmal die Kombination solcher Geschwindigkeitsstufen für den Hochdruckteil mit der Parsonschen Reaktionstrommel für den Niederdruckteil (welcher im Anfang auch oft mit einer Anzahl Aktionsstufen versehen wurde) ausgeführt zu haben, ist das Verdienst der Allgemeinen Elektricitäts-Gesellschaft. Diese Vereinigung von Geschwindigkeitsstufen und meist mit Reaktionsschaufeln besetzten Trommeln hat in den letzten Jahren vor dem Übergang zur schnellaufenden Turbine mit Übersetzung das Gebiet fast völlig beherrscht. Lediglich hinsichtlich der Anzahl der verwendeten Geschwindigkeitsräder und der mehr oder minder weit gehenden Verwendung von Aktionsstufen für die auf die Geschwindigkeitsstufen folgenden Teile der Trommel wichen die Konstruktionen der verschiedenen Firmen voneinander ab.

Bei diesen Turbinen sog. gemischten Systems ist es möglich, da, wo sehr hohe Umfangsgeschwindigkeiten in Frage kommen, wie z. B. bei Torpedobooten, die gesamte Turbine in einem Gehäuse oder wenigstens auf einer Welle unterzubringen, während bei Schiffen mit geringer Geschwindigkeit und damit auch kleinerer Umdrehungszahl der Wellen trotz der Verwendung von Geschwindigkeitsstufen im Hochdruckteil auf die Hintereinanderschaltung der Wellen nicht verzichtet werden konnte.

Als sich der Übergang zu den schnellaufenden, mit Übersetzungsgetrieben arbeitenden Turbinen vollzog, hatten sich auf Grund der allseitig gemachten Erfahrungen die Anschauungen über die rationellen Konstruktionsprinzipien bereits soweit ausgeglichen, daß von einer erheblichen Verschiedenheit im Aufbau solcher schnellaufenden Turbinen kaum mehr die Rede sein konnte. Lediglich die Höhe der Umdrehungszahl, welche je nach der Lage des Falles gewählt wird, beeinflußt die Wahl der Konstruktionen. Fast stets beginnt die Hochdruckturbine mit einem zweikränzigen Curtisrad, worauf entweder durch die ganze Turbine hindurch nur noch einkränzige Aktionsräder folgen, oder aber das Niederdruckende der Turbine von einer kurzen Trommel mit Aktions- oder Reaktionsbeschaufelung gebildet wird.

§ 37. **Tabellen und schematische Skizzen ausgeführter Schiffsturbinen.** Die hier folgende ausführliche Tabelle Nr. 2 der Hauptdimensionen ausgeführter Schiffsturbinen, in welcher namentlich auch die allgemein bekannten Schiffe berücksichtigt sind, gibt Aufschluß darüber, für welche Schiffstypen die einzelnen im vorstehenden geschilderten Systeme zur Verwendung gekommen sind und aus welchen Hauptbestandteilen sich die Turbinen dieser Anlagen zusammensetzen, ebenso wie die dort mitangegebenen Baujahre einen gewissen geschichtlichen Überblick über die Entwicklung des Schiffsturbinenbaues geben.

Um eine gute Übersicht über die Mannigfaltigkeit der Kombination von Rädern und Trommeln sowie Unterteilung derselben auf die einzelnen Gehäuse und deren Hintereinanderschaltung zu bieten, ist in den Abb. 46—58 schematisch eine Anzahl von verschiedenen Turbinensystemen dargestellt.

Die einfachste ursprüngliche Form der Schiffsturbine zeigt Abb. 46, welche die Niederdruckturbine des Schnelldampfers „Imperator" darstellt. Es ist dies eine reine Parsons-Turbine mit einer ausschließlich nach dem Reaktionsprinzip beschaufelten Trommel.

Eine weitere Parsonsturbine zeigt Abb. 47. Es handelt sich hier um die *HD*-Turbine eines Linienschiffes. Man sieht am Dampfeinströmungsende den großen Kolben für Schubausgleich (vgl. § 44). Ferner besitzt die Turbine eine Nebeneinströmung hinter der ersten Schaufelgruppe (vgl. § 57).

Abb. 48, welche die Mitteldruck-Turbine des Schnelldampfers „Imperator" darstellt, zeigt ebenfalls eine nach dem Parsons-Prinzip beschaufelte Trommel. Derselben ist jedoch ein vierkränziges Curtisrad vorgeschaltet zu dem Zweck, die Turbine, wenn es gewünscht wird, auch mit Frischdampf beaufschlagen zu können, während im allgemeinen der in der *HD*-Turbine ziemlich weit entspannte Dampf unter Umgehung des Curtisrades direkt in die Trommelbeschaufelung einströmt.

Tabelle Nr. 2.

Hauptabmessungen ausgeführter Schiffsturbinen.

A. Handelsschiffe.

Antrieb	Lfd. Nr.	Name	Schiffstyp	Erbauer und betreffende Veröffentlichung	Leistung PS	Drehzahl Prop.	Drehzahl Turb.	Anfangs-Dampfzustand: Druck vor d. Turb.	Anfangs-Dampfzustand: Temperatur bezw. Spec. Dampfmenge	Turbine	Geschw.-Stufen: Zahl	Geschw.-Stufen: Mittl. ϕ mm	Trommel-Stufen: Zahl und Art	Trommel-Stufen: Schaufellänge mm	Trommel-Stufen: Trommel-ϕ mm	Größter Außen ϕ ca. mm	Gehäuselänge ca. mm
Direkter Antrieb	1	Imperator	Schnell-dampfer	Vulcan-Werke Hamburg und Stettin A.G. 1913	4 × 15250	185		14,5 3,6 1,2 11,0 1,6	0,96	*HD Vw* *MD Vw* *ND Vw* *HD Rw* *ND Rw*	1 × 3 krz. 1 × 4 krz. — 1 × 4 krz. —	3900 3190 — 3600 —	48 *R* 50 *R* 64 *R* 41 *R* 41 *R*	88 — 155 180 — 350 180 — 600 43 — 125 105 — 306	3298,5 3098,5 3650 2998,5 2998,5	4680 4400 5340 4250 4100	4010 4900 6710 3190 3900
	2	Aquitania	Schnell-dampfer	J. Brown & Co., Clydebank Engineering 8. Mai 1914	4 × 15000	155		ca. 13	0,97	*HD Vw* *MD Vw* *ND Vw* *HD Rw* *ND Rw*	— — — — —	— — — — —	88 *R* 64 *R* 66 *R* 58 *R* 28 *R*	83 — 172 168 — 351 172 — 503 35 — 72 123 — 174	2800 3150 3660 2390 3050	3870 4800 5600 3530 in *ND Vw*	5600 5600 8000 3650
	3	Cap Trafalgar	Schnell-dampfer	Vulcan-Werke Hamburg u. Stettin A.-G. 1913	2 × 5000 PS_i und 6000 PS_e	190		0,7	—	Abdampf-Turbine	—	—	56 *R*	190 — 430	2700	3920	4965
	4	Britannic	Schnell-dampfer	Harland u. Wolf, Belfast. Engineering 27. Februar 1914	2 × 16000 PS_i und 18000 PS_e	170		0,7	—	Abdampf-Turbine	—	—	42 *R*	403 — 669	3820	5720	6250
Indirekter Antrieb	1	Empress of Canada	Schnell-dampfer	Fairfield Shipbuilding a. Engineering Company Glasgow. Engin Sept. 1922	2 × 12250	112	2000	14	0,97	*HD Vw* *MD* 1 *Vw* *MD* 2 *Vw* *ND Vw* *HD Rw* *ND Rw*	7 × 2 krz. 7 × 1 krz. 9 × 1 krz. 6 × 1 krz. 2×(5×1 krz.) 1 × 3 krz. 1 × 2 krz. 1 × 3 krz.	815 970 1200 1450 1270 1400	— — — — — —	— — — — — —	— — — — — —	1350 1620 1900 2160 in *MD* 2 in *ND Vw*	1150 1350 2150 2700
	2	Conte Biancamano	Passagier-dampfer	W. Beardmore & Co., Glasgow. Schiffbau 10. März 1926	2 × 10500	100	2924 1565	14,0	—	*HD Vw* *ND Vw* *Rw*	1 × 2 krz. — 1 × 3 krz.	840 — 1160	26 *R* 22 *R* 7 *R*	60—110 65—200 15— 75	440—585 1120—1575 1320	ca. 1350 ca. 1800 in *ND Vw*	ca. 1900 ca. 1750

Indirekter Antrieb

3	Otranto	Passagier-dampfer	Vickers Ltd; Barrow/F The Mar. Eng. a. Motorship Builder Februar 1926	2 × 10000	95	1370	—	—	*HD Vw* *MD Vw* *ND Vw* *HD Rw* *ND Rw*	1 × 2 krz. — — 1 × 3 krz. 1 × 2 krz.	1660 — — 1740 1656	42 *R* 35 *R* 12 *R* — 10 *R*	35—67 63,5—181 100—280 — 63—127	838 914 1520 — 1220	— — — in *MD*VW in *ND*VW	— — —
4	Franconia	Passagier-dampfer	J. Brown u. Co., Clydebank. Engineering Juni 1923	2 × 6250	90	2750 1770	ca. 14	0,97	*HD Vw* *MD Vw* *HD Rw* *ND Vw* *ND Rw*	3 × 2 krz. 7 × 1 krz. 1 × 3 krz. 11 × 1 krz. 1 × 3 krz. 1 × 2 krz.	535 635 - 675 840 1420—1650 1680	— — — — —	— — — — —	— — — — —	800 1450 ca. 2100	ca. 700 1550 ca. 2800
5	Albert Ballin	Passagier-dampfer	Blohm & Voß, Hamburg. Werft, Reederei, Hafen 22. Juni 1923	2 × 6250	110	2100	15,0	350°	*HD Vw* *MD* 1 *Vw* *MD* 2 *Vw* *ND Vw* *HD Rw* *ND Rw*	1 × 2 krz. 1 × 1 krz. — — 1 × 2 krz. 1 × 2 krz.	1400 1400 — — 1400 1380	4 *R* 9 *R* 14 *R* 11 *R* — —	— — — — — —	740 570 650 900 — —	1800 1800 1900 2350 in *HD*VW. in *ND*VW.	2200 2000 2050 3050
6	Cobra	Seebäder-dampfer	Vulcan-Werke Hamburg u. Stettin A.-G. 1926	2 × 1800	300	4200 3500	14,0	350°	*HD Vw* *ND Vw* *ND Rw*	1 × 2 krz. — 1 × 2 krz.	680 — 925	24 *R* 22 *R* 8 *R*	27—50 32—145 25—75	330 550 550	980 ca. 1110 in *ND*VW.	1700 2350
7	Kaiser (neu)	Seebäder-dampfer	Allg. Elektr.-Ges. Berlin Werft, Reederei, Hafen 1923	2 × 1550	350	3750	ca. 14,5	300°	*Vw* *Rw*	1 × 2 krz. 6 × 1 krz. 1 × 2 krz. 1 × 1 krz.	1050 1050 880	— — —	— — —	— — —	1400/1860	2800
8	Defiance	Fracht-dampfer	General Electric Comp. Schenectedy	3000	90	3380	ca. 14	ca. 270°	*Vw* *Rw*	1 × 2 krz. 4 × 1 krz. 1 × 2 krz. 1 × 1 krz.	900 1150/1275 995	— — —	— — —	— — —	ca. 1800	ca. 2000
9	Porta	Fracht-dampfer	Vulcan-Werke Hamburg u. Stettin A.-G.	1660	78	4275 3250 — —	14	300°	*HD Vw* *ND Vw* *HD Rw* *ND Rw*	1 × 2 krz. — 1 × 2 krz. —	680 — 700 —	24 *R* 22 *R* — 8 *R*	24—48 32—145 — 25—75	330 550 — 550	980 ca. 1150 in *HD Vw* in *ND Vw*	1660 1870
10	Sjömand	Tankschiff	J. L. Thornycroft & Co. Ltd., Southampton The Marine Engineer and Naval Arch. Jan. 1922	1550	85	ca. 3500 ca. 2500	ca. 14,5	ca. 300	*HD Vw* *MD Vw* *HD Rw* *ND Vw* *ND Rw*	3 × 2 krz. 1 × 2 krz. 7 × 1 krz. 1 × 3 krz. 13 × 1 krz. 1 × 3 krz.	455 510 660 865—915 1020	— — — — —	— — — — —	— — — — —	ca. 700 ca. 950 ca. 1350	ca. 600 ca. 1150 ca. 1950

B. Kriegsschiffe.

Antrieb	Lfd. Nr.	Name	Schiffstyp	Erbauer und betreffende Veröffentlichung	Leistung PS	Drehzahl Prop.	Drehzahl Turb.	Anfangs-Dampfzustand: Druck vor d. Turb.	Anfangs-Dampfzustand: Spez. Dampfmenge	Turbine	Geschw.-Stufen: Zahl	Geschw.-Stufen: Mittl. Φ mm	Trommel-Stufen: Zahl und Art	Trommel-Stufen: Schaufellänge mm	Trommel-Stufen: Trommel-Φ mm	Größter Außen-Φ ca. mm	Gehäuselänge ca. mm
Direkter Antrieb	1	Großer Kurfürst	Linienschiff	Vulcan-Werke Hamburg & Stettin A.G. 1914	3 × 11000	260		14,4	0,96	*HD Vw*	1 × 4 krz.	3000	74 *R*	30—80	2000 2400	3550	3445
								—		*ND Vw*	—	—	42 *R*	85—280	2700 2600	3370	4835
								10,75		*Rw*	1 × 4 krz.	2950	33 *R*	26—173	1900 2200		
	2	Wyoming	Amerik. Linienschiff	William Cramp u. Sons Philadelphia Journal of the Amer. Soc. of Naval Engineers 1912 III.	4 × 7000	330		11,0	0,96	*HD Vw*	—	—	78 *R*	29—114	1880	ca. 2500	—
										ND Vw	—	—	39 *R*	133—343	2565	ca. 3800	—
										HD Rw	—	—	24 *R*	22—76	1880	2400	—
										ND Rw	—	—	20 *R*	114—159	1880	2600	—
										HD-Marsch	—	—	60 *R*	19—30	1885	2300	—
										MD- „	—	—	54 *R*	34—54	1830	2300	—
	3	Salamis	Griechischer Panzerkreuzer	Vulcan-Werke Hamburg u. Stettin A.G.	3 × 13670	304		16	0,97	*HD Vw*	1 × 4 krz.	2700	65 *R*	38—82	1800/2200	3130	4200
										ND Vw	—	—	40 *R*	95—350	2460/2320	3300	6440
										HD Rw	1 × 4 krz.	—	—	—	—		
										ND Rw	—	2850	31 *R*	27—240	2000		
	4	V 43/48	Torpedoboote	Vulcan-Werke Hamburg u. Stettin A.G. 1915	2 × 12000	600		15	0,96	*Vw*	1 × 4 krz. 2 × 3 krz.	2000 2050	42 *R*	61,5—299,5	1650	2380	6075
										Rw	1 × 4 krz.	1600	6 *R*	95—240	1500—1309		
	5	Conyngham	Amerik. Torpedobootszerstörer	Wm. Cramp & Sons Philadelphia Journal of the Amer. Soc. of Naval. Eng. 1916 II	2 × 9000	600		17	0,96	*HD Vw*	—	—	64 *R*	28—165	1220	ca. 2000	ca. 3900
										ND Vw	—	—	32 *R*	165—330	1520	ca. 2800	ca. 4600
										Marsch Getr. Turb.	—	—	30 *R*	12—28	495	ca. 980	ca. 1400
										HD Rw	—	—	—	—	—	ca. 1750	ca. 2250
										ND Rw	—	—	—	—	—	in *ND Vw*-Turb.	
Indirekter Antrieb	1	Hood	Engl. Panzerkreuzer	John Brown & Co. Clydebank Engg. März 1920	4 × 36500	210	1500	15	0,96	*HD Vw*	2 × 2 krz. 8 × 1 krz.	1600 1600–1530	—	—	—	ca. 2150	ca. 2300
							1100			*ND Vw*	8 × 1 krz.	2840–2660	—	—	—	ca. 3550	ca. 4200
							—			*Rw*	2 × 3 krz.	2340	—	—	—	in *ND Vw*	
	2	Wadsworth	Amerik. Torpedobootszerstörer	Wm. Cramp & Sons Philadelphia Journal of the Amer. Soc. of Naval Eng. 1915 II	2 × 8750	450	2500	17	0,96	Marsch-Stuf.	—	—	36 *R*	16—29	525		
							1510			*HD Vw*	—	—	27 *R*	26—105	535	ca. 1350	ca. 4200
							—			*ND Vw*	—	—	18 *R*	64—216	1070	ca. 2100	ca. 4200
							—			*Rw*	—	—	17 *R*	19—153	660		
	3	Wachtmeister u. Wrangel	Schwed. Torpedoboote	De Laval Angturbin A. B. Engg. Oktober 1919	2 × 5500	450	—	17	0,97	Marsch-Stuf.	1 × 2 krz. 1 × 1 krz.	850	—	—	—	ca. 1300	ca. 1050
							3600			*HD Vw*	4 × 1 krz.	950	—	—	—	ca. 1400	ca. 1500
							3600			*ND Vw*	4 × 1 krz.	950	—	—	—		
							—			*Rw*	1 × 2 krz. 1 × 1 krz.	850	—	—	—		

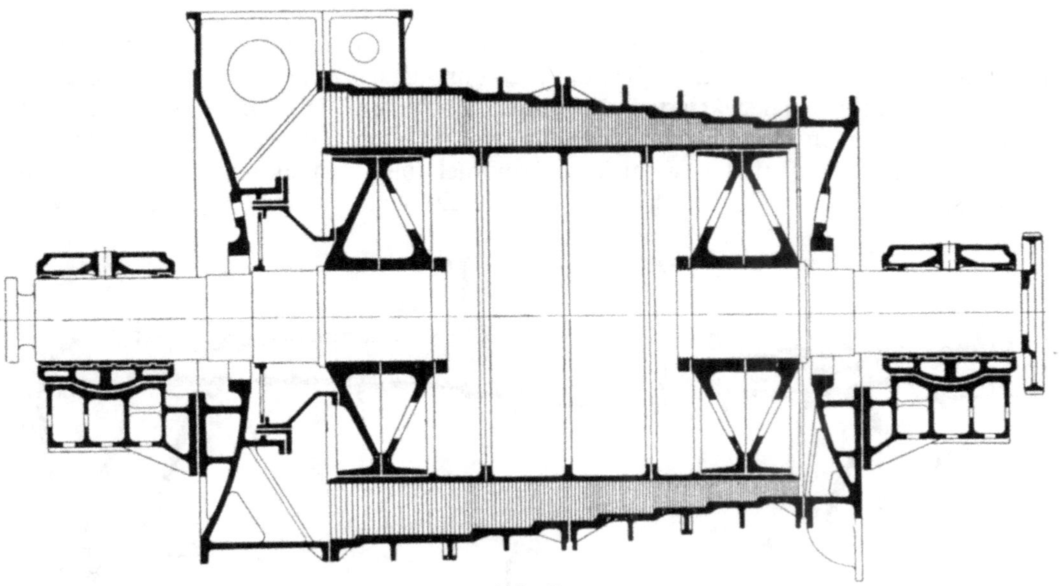

Abb. 46.

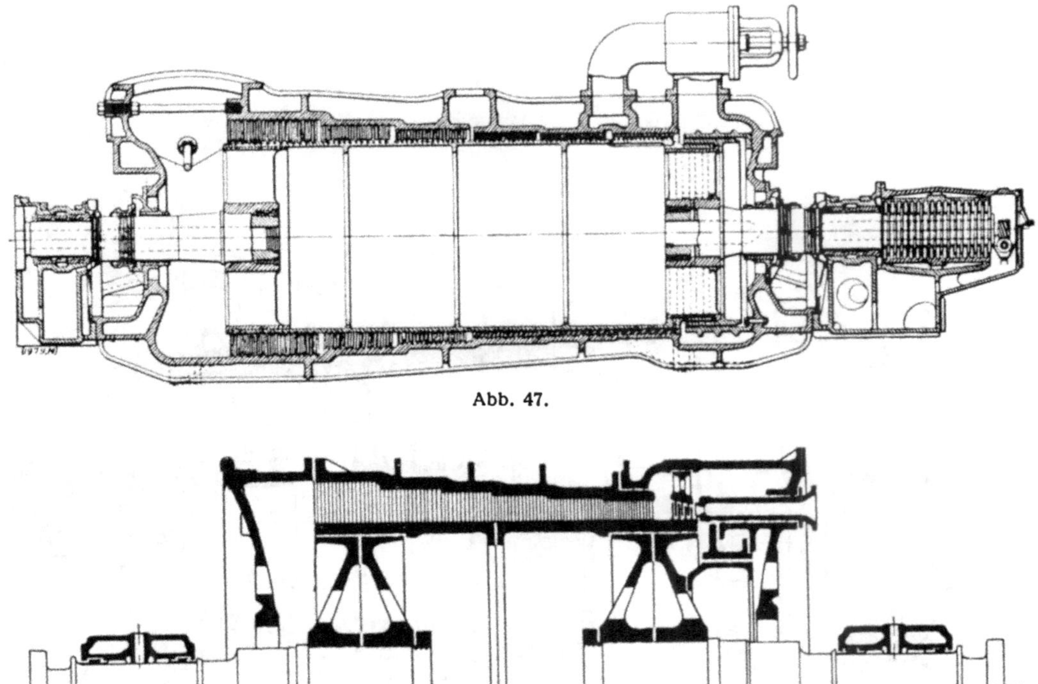

Abb. 47.

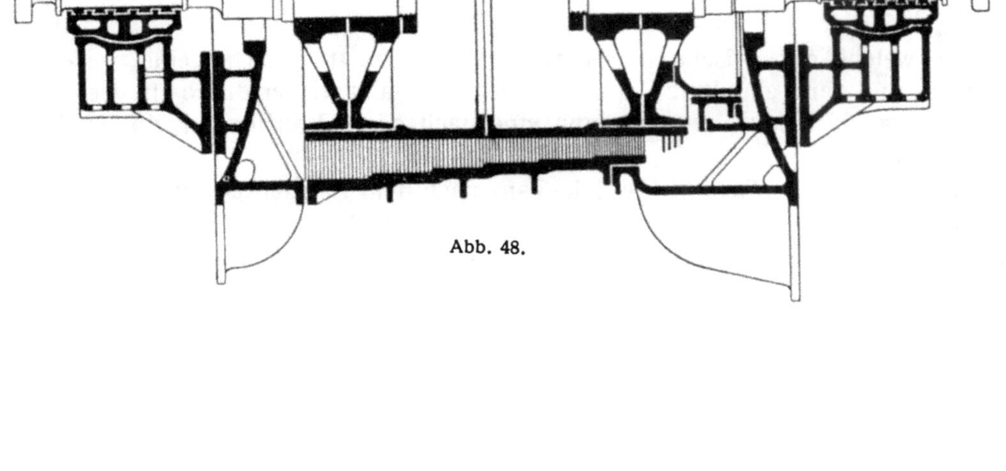

Abb. 48.

Die Niederdruck-Turbine eines Linienschiffs wird durch Abb. 49 veranschaulicht. Wir sehen hier rechts die *ND*-Vorwärtsturbine, links die in deren Gehäuse eingebaute Rückswärtsturbine. Die *ND*-Turbine ist am Einströmende mit einem dreikränzigen Curtisrad ausgerüstet, worauf eine teilweise mit Aktions-, teilweise mit Reaktionsstufen beschaufelte Trommel folgt. In diesem Falle strömt der Dampf stets durch das Curtisrad, bevor er die *ND*-Trommel erreicht. Die Rückwärts-

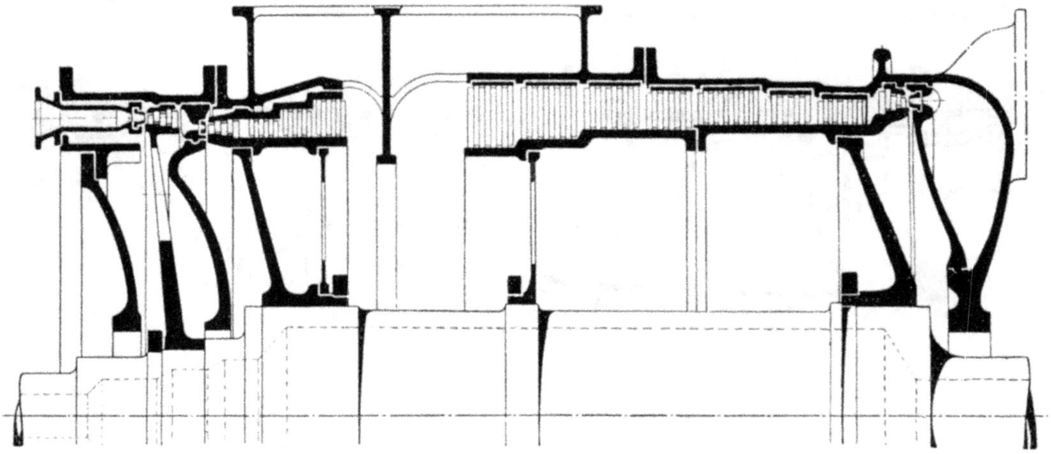

Abb. 49.

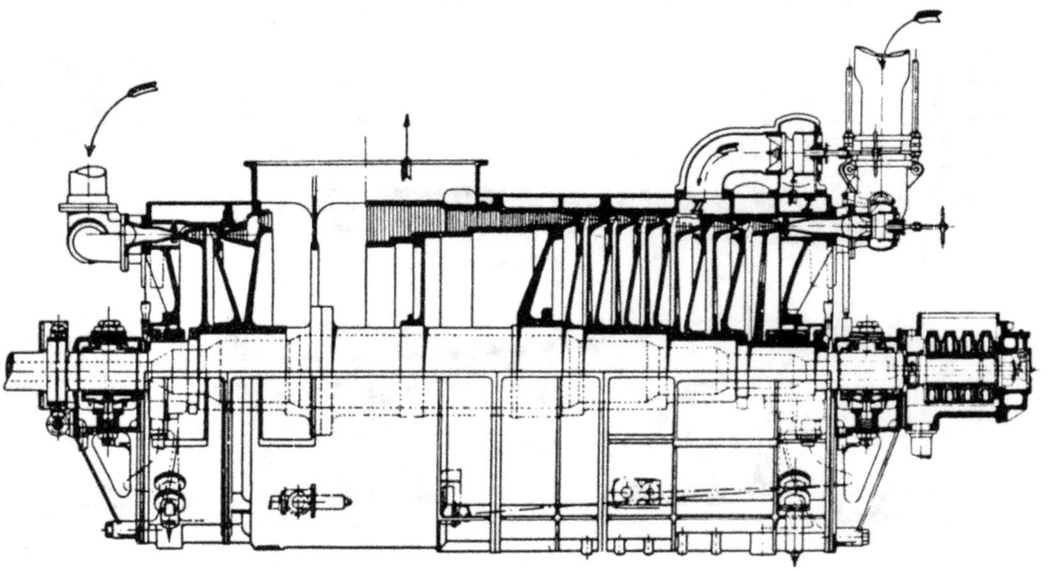

Abb. 50.

turbine, welche mit Frischdampf betrieben wird, zeigt zunächst eine dreikränziges Curtisrad und dann eine kurze Trommel, deren Anfang wieder durch ein dreikränziges Curtisrad gebildet wird, worauf dann eine nach dem Reaktionsprinzip beschaufelte Trommel folgt.

Direkt wirkende Turbinen, welche ganz nach dem gemischten System gebaut sind und in welchen die Expansion des Dampfes vom *HD*- bis zum *ND*-Ende in einem Gehäuse vor sich geht, zeigen Abb. 50 und 51.

In Abb. 50 ist die Turbine eines Torpedobootes dargestellt. Rechts im Gehäuse ist die Vorwärtsturbine, links die Rückwärtsturbine untergebracht. In der Vorwärtsturbine durchströmt der Dampf zuerst ein vierkränziges, dann fünf dreikränzige Curtisräder, um sodann in eine zum größten Teil nach dem Aktionsprinzip und nur in den letzten Stufen nach dem Reaktionsprinzip beschaufelte Trommel einzuströmen. Aus dieser tritt der Dampf in den für die Vorwärts- und Rückwärtsturbine gemeinsam vorgesehenen Abdampfstutzen aus. Diese Turbine besitzt eine Umfüh-

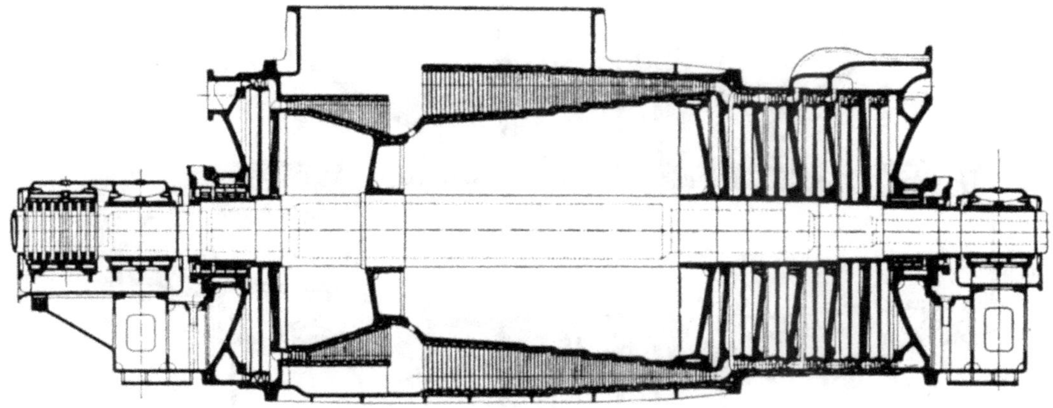

Abb. 51.

rung, durch welche der Dampf bei der Hauptfahrt vom ersten Curtisrad direkt vor das vierte Curtisrad geführt wird (vgl. hierzu § 57).

Die Turbine Abb. 51 ist diejenige eines Kreuzers. Auch hier ist rechts im Gehäuse die Vorwärts-, links die Rückwärtsturbine angeordnet.

Während im vorstehenden nur von Turbinen für direkt wirkenden Antrieb die Rede war, seien nun noch einige Abbildungen von Turbinen für indirekten Antrieb (Getriebeturbinen) erläutert.

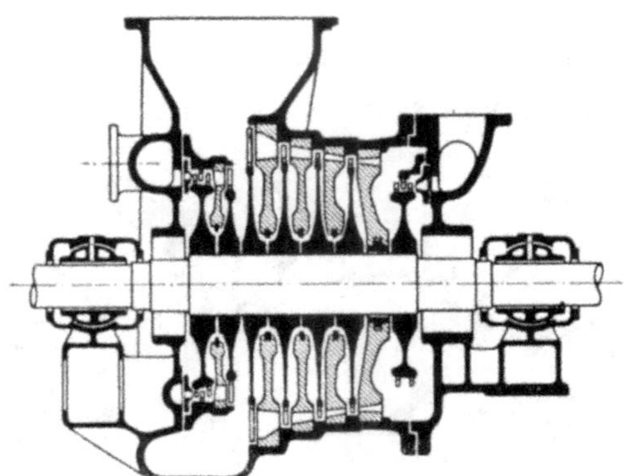

Abb. 52.

Abb. 52 zeigt die hochtourige Turbine eines Handelsschiffes mit Antrieb durch Rädergetriebe. Auch hier ist Vorwärts- und Rückwärtsturbine in einem Gehäuse vereinigt. Die Vorwärtsturbine rechts besteht aus einem zweikränzigen und vier einkränzigen Geschwindigkeitsrädern, die Rückwärtsturbine aus einem zweikränzigen und einem einkränzigen derartigen Rad. Der Abdampf beider Turbinen strömt in den gemeinsamen Abdampfstutzen aus.

Eine weitere reine Räderturbine zeigt Abb. 53. Dieselbe dient zum Antrieb eines Torpedobootes unter Zwischenschaltung eines umsteuerbaren Föttinger-Transformators (vgl. Teil III). Eine Rückwärtsturbine ist infolgedessen nicht vorgesehen. Die Turbine besteht aus einem zweikränzigen und fünf einkränzigen Geschwindigkeitsrädern.

Abb. 54 stellt die Hochdruckturbine eines durch Turbinen und Räderübersetzung angetriebenen Schiffes dar. Links ist in dem Gehäuse die Vorwärtsturbine, rechts die Rückwärtsturbine untergebracht. Die Vorwärtsturbine dieses sehr hochtourigen Aggregates ist aus einem zweikränzigen Curtisrad und einer darauffolgenden Trommel aufgebaut, aus welcher der Dampf in die Niederdruckturbine überströmt. Die Hochdruck-Rückwärtsturbine besteht aus einem einzigen zweikränzigen Curtisrad, während die weitere Expansion des Dampfes für Rückwärtsfahrt in einer Niederdruckturbine vollzogen wird.

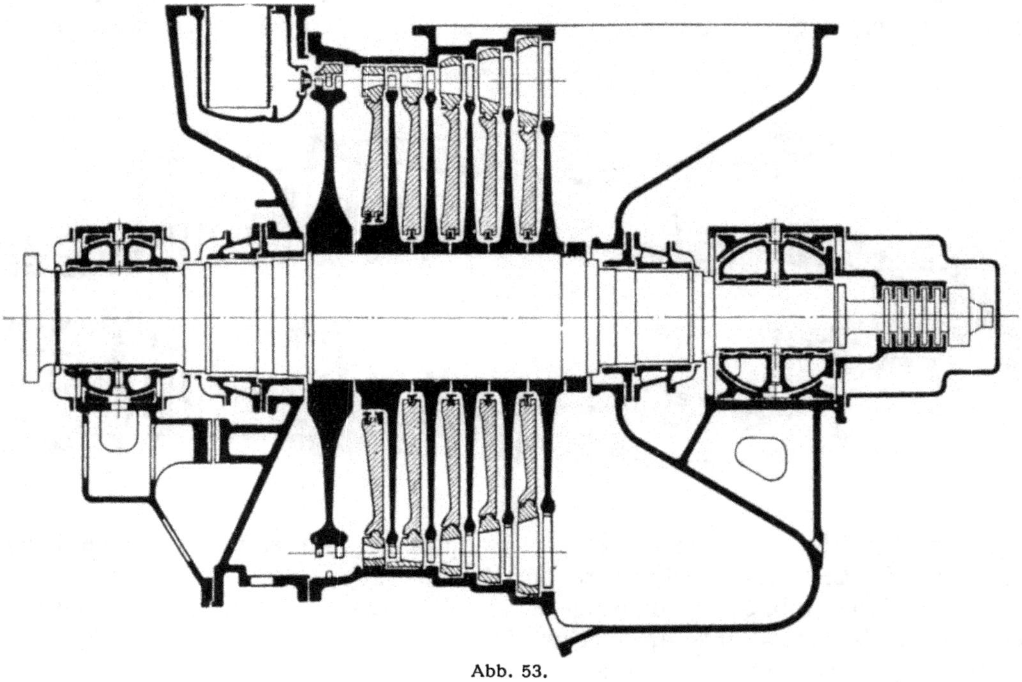

Abb. 53.

In Abb. 55 sehen wir die Hochdruckturbine eines Torpedobootszerstörers von sehr hoher Leistung. Die Einströmung erfolgt im allgemeinen links durch ein zweikränziges Curtisrad, auf welches eine längere Trommel folgt. Am rechten Ende des Rotors sehen wir noch ein einkränziges Aktionsrad, welches dazu dient, zwecks Erzielung allerhöchster Forcierung nochmals Frischdampf zuzusetzen, welcher dann allerdings nach diesem einkränzigen Rad nur mehr in der Niederdruckturbine expandiert.

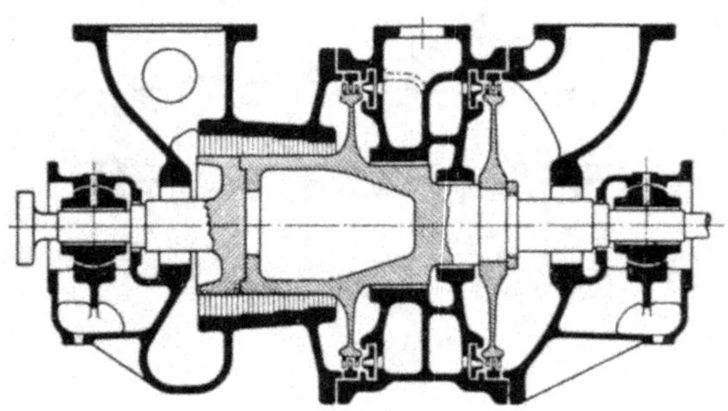

Abb. 54.

Wenn auch für den normalen Schiffsturbinenbau ohne größere Bedeutung, mögen des allgemeinen Interesses wegen noch drei Sonderkonstruktionen erläutert werden:

In Abb. 56 sehen wir eine stationäre Räderturbine, bei welcher der am Niederdruckende abströmende Dampf durch Leitbleche zum Teil vor der vorletzten, zum Teil vor der letzten und zum Teil durch die letzte Niederdruckschaufel in den Abdampfbogen eingeführt wird. Die Konstruktion hat den Zweck, unter Vermeidung allzulanger Schaufeln einen möglichst großen Austrittsquerschnitt und damit günstige Ausnutzung des Vakuums zu sichern. (Vgl. hierzu § 50.)

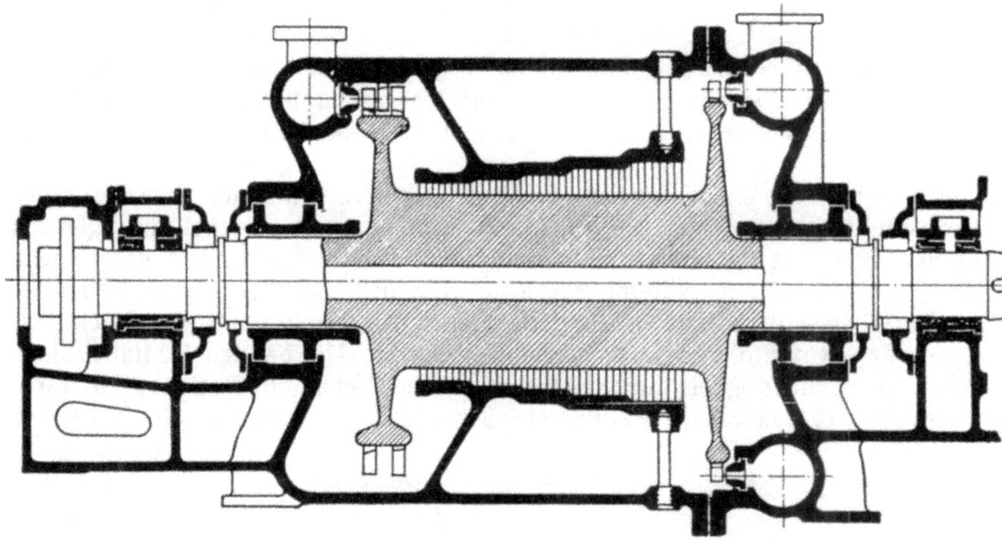

Abb. 55.

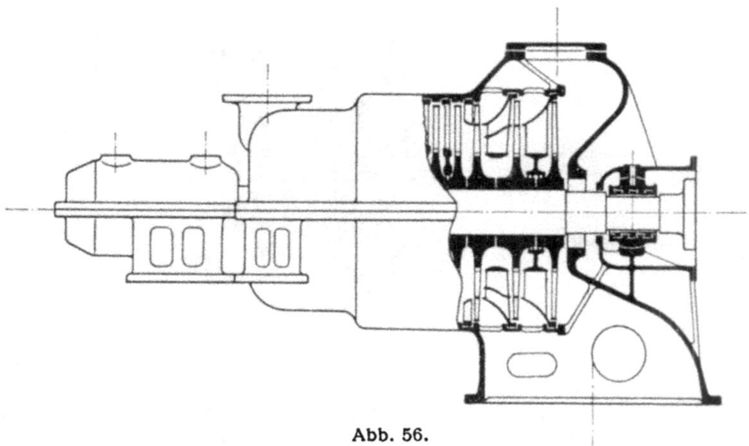

Abb. 56.

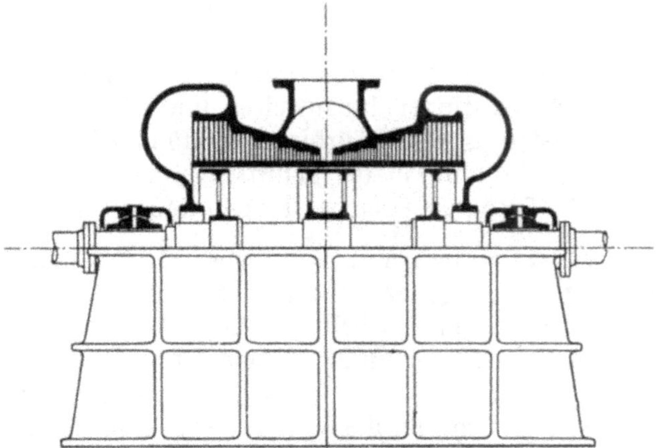

Abb. 57.

Einen ähnlichen Zweck verfolgt die eigenartige Bauart der stationären Turbine Abb. 57, bei welcher die Einströmung in der Mitte einer Trommel sich vollzieht, von wo aus der Dampf rechts und links seinen Weg nach dem Austrittsende sucht.

Abb. 58 endlich zeigt die einzige Form einer Radialturbine, welche im Schiffbau wenigstens versuchsweise Eingang gefunden hat, nämlich die Ljungströmturbine.

Dieselbe ist dadurch charakterisiert, daß zwei Rotoren, von denen einer sozusagen das Leitschaufelsystem und der andere das Laufschaufelsystem trägt, mit gleicher Drehzahl, aber in entgegengesetztem Sinne umlaufen. Die relativen Umfangsgeschwindigkeiten der beiden Schaufelsysteme sind also prinzipiell doppelt so groß als bei den normalen Turbinen mit feststehendem Leitapparat, wodurch theoretisch sich eine Verringerung der Stufenzahl auf den vierten Teil ergibt. Die bei den Radialturbinen stets vorhandene Schwierigkeit einer genügend soliden Schaufelbefestigung ist durch Verwendung von besonders ausgebildeten Schaufelringen, welche die Schaufeln

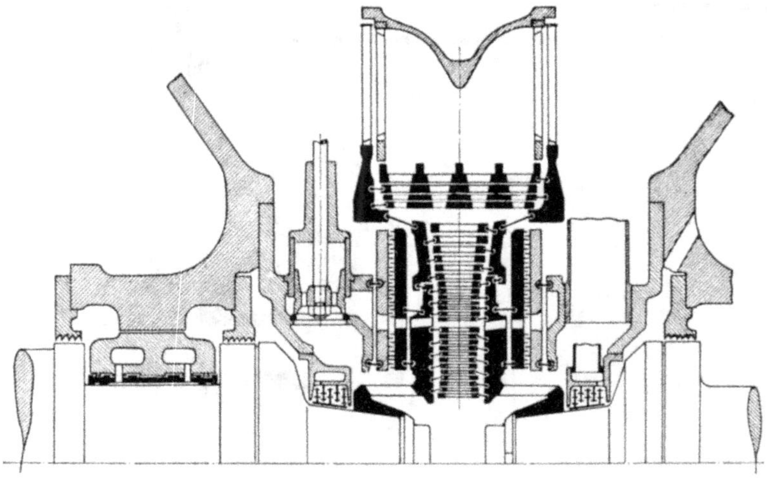

Abb. 58.

tragen, überwunden. Die Dampfeinströmung erfolgt durch das an der rechten Seite der Abbildung ersichtliche Rohr, die Beschaufelung wird von innen nach außen durchströmt. Häufig sind als letzte Stufe noch radialstehende Schaufeln angeordnet, wie unsere Abbildung zeigt. Eine größere Bedeutung für die Praxis der Schiffsantriebe hat dieses Turbinensystem nicht gewonnen.

Vorstehende kurze Erläuterung soll nur den Zweck haben, auf die Mannigfaltigkeit des Aufbaues der Schiffsturbinen hinzuweisen und die folgenden Ausführungen über Berechnung und Konstruktion der Turbinen verständlicher zu machen. Weiteres über den konstruktiven Gesamtaufbau der Schiffsturbinen siehe II. Teil, in welchem eine Anzahl ausgeführter Turbinen eingehend beschrieben ist.

§ 38. **Die Wahl der Umdrehungszahl.** Das erste, worüber man sich bei dem Entwurf der Turbinenanlage für ein gegebenes Schiff klar werden muß, ist die Umdrehungszahl der Turbinen bzw. der Wellen. In beinahe allen Fällen wird dies darauf hinauslaufen, die Höchstumdrehungszahl ausfindig zu machen, welche im Hinblick auf einen guten oder in manchen Fällen wenigstens erträglichen Wirkungsgrad des Propellers noch zulässig ist; dies verlangt nicht nur die Rücksicht auf eine möglichst wirtschaftliche Dampfausnutzung in der Turbine, sondern auch diejenige auf Gewichtsbedarf, Raumbedarf und Kosten der Anlage. Ganz allgemein gilt vorstehendes bei den direktwirkenden Turbinen; bei den indirektwirkenden Turbinen liegt die Sache in sehr vielen Fällen ebenso (langsamlaufende Schiffe mit einfacher Räderübersetzung). In vielen anderen Fällen dagegen beseitigt die Anordnung der Übersetzung die Notwendigkeit, an die zulässige Höchstgrenze der Propellerdrehzahl zu gehen, vollständig (schnellaufende Schiffe mit einfachem Rädergetriebe, Anlagen mit doppelter Räderübersetzung).

Über die höchsten zulässigen Propellerdrehzahlen ist im Band I, § 261, ausführlich gesprochen worden.

In allen den Fällen, in welchen die zur Verfügung stehende Übersetzung so groß ist, daß die ökonomische Tourenzahl des Propellers mit Leichtigkeit erreicht werden kann, wird man die Drehzahl der Propellerwelle so wählen, daß ein möglichst wirtschaftlicher Propeller, vgl. Band I, § 260 und 267, zustandekommt. Die Drehzahl der Turbinen anderseits wird man so hoch wählen, als dies mit Rücksicht auf die Beanspruchung der Radscheiben und der Beschaufelung, namentlich am Austrittsende der Turbine, zulässig ist.

Das Studium der am Ende dieses Abschnittes gebrachten Beispiele ist geeignet, diese Fragen weiter aufzuklären.

Des ferneren sei auch hier auf die große Tabelle ausgeführter Turbinenanlagen verwiesen, in welcher die Drehzahlen einer großen Anzahl von Turbinen verschiedener Systeme angegeben sind.

§ 39. **Die Wahl des Durchmessers der Turbinen.** Ist die Umdrehungszahl festgelegt und ist man sich auf Grund der bei der Baufirma vorliegenden Erfahrungen bzw. Gepflogenheiten darüber klar geworden, welches System, d. h. also welche Kombination von Geschwindigkeitsstufen und Trommelstufen etwa gewählt sowie welche Unterteilung der Turbinen in einzelne Gehäuse und welche Verteilung derselben auf die Wellen des Schiffes vorgenommen werden soll, so wird zunächst die Wahl des Durchmessers der Turbinen eine Hauptrolle spielen.

Da, wie wir in den §§ 8 und 9 gesehen haben, der Wirkungsgrad der Beschaufelung abhängig ist von dem Verhältnis der Dampfgeschwindigkeit zur Umfangsgeschwindigkeit und die Dampfgeschwindigkeit in jeder Stufe abhängig ist von dem derselben zugewiesenen Wärmegefälle, d. h. also von der Anzahl der Stufen, so wird naturgemäß mit der Bestimmung des Durchmessers diejenige der Stufenzahl, also auch der Turbinenlänge, Hand in Hand gehen.

Im allgemeinen wird man am Eintrittsende der Turbine, an welcher Stelle fast stets ein Curtisrad angeordnet wird, einen möglichst großen Durchmesser anstreben. Man kommt dabei nicht in Konflikt mit den Durchtrittsquerschnitten durch die Beschaufelung, da derartige Geschwindigkeitsräder partiell beaufschlagt werden. Bei den hierauf folgenden Trommelstufen, wo also der Dampf einen ringförmigen Durchtrittsquerschnitt findet, wird es notwendig sein, den Durchmesser scharf zusammenzuziehen, da sonst eine zu kurze Schaufellänge resultieren und der prozentuale Verlust durch die Schaufelspalten, vgl. § 28, zu groß werden würde. Erst wenn der Dampf soweit expandiert ist, daß sein Volumen bei den in Frage kommenden Geschwindigkeiten auch bei relativ großem Durchmesser, Schaufeln von vorteilhafter Länge verlangt, wird man den Durchmesser vergrößern können, so daß also gegen das Ende der Beschaufelung zu wieder das Bestreben besteht, möglichst große Durchmesser zu verwenden. Vorstehendes gilt von den direktwirkenden Turbinen.

Bei den schnellaufenden, mit Übersetzung arbeitenden Turbinen ist man im allgemeinen in der Lage, so hohe Umdrehungszahlen zu verwenden, daß sich ein hinreichend großer Durchmesser mit Leichtigkeit unterbringen läßt; man wird im Gegenteil häufig mit Rücksicht auf die Beanspruchung der Konstruktionsteile sich hinsichtlich des Durchmessers Einschränkungen auferlegen müssen.

Rücksichten, welche bei den direktwirkenden Turbinen die Wahl des Durchmessers nach oben beschränken, sind die folgenden:

a) Es ist stets darauf Bedacht zu nehmen, daß das Oberteil bzw. der Rotor der Turbine so hoch gehoben werden kann, daß das Unterteil der Turbine zwecks eventueller Neubeschaufelung zugänglich gemacht werden kann; vgl. § 135: Turbinenhebevorrichtung.

b) Zwischen dem untersten Punkt des Gehäuses und der Doppelbodendecke muß so viel Raum sein, daß das Gehäuse nachgesehen werden kann. Ferner muß ein hinreichendes Gefälle vom untersten Punkt des Gehäuses bis zum Saugraum der Luftpumpe bzw. der Entwässerungspumpe bestehen bleiben, da für einen Abfluß des Kondenswassers auch bei Schlagseite des Schiffes unbedingt stets gesorgt werden muß.

c) Das Wellenmittel der Turbine darf — dies gilt namentlich von kleinen Fahrzeugen mit großer Leistung — nicht so hoch kommen, daß die Neigung der Welle nach hinten unzulässig groß wird; vgl. hierzu Band I, § 245. Neigungen über 1:15 sind wohl kaum ausgeführt worden und auch nicht empfehlenswert.

d) Wie oben bereits bemerkt, darf bei voll beaufschlagten Stufen das Verhältnis der Schaufelspalten zur Schaufellänge nicht zu groß, d. h. also die Schaufellänge nicht zu klein werden.

e) Die Größe der Raddurchmesser, besonders im Hochdruckteil, ist, abgesehen von der Beanspruchung durch die Zentrifugalkraft häufig beschränkt durch den auftretenden Ventilationsverlust; vgl. § 26.

§ 40. **Die Längenabmessungen der Turbinen.** Mit der Wahl der Durchmesser sind die Längenabmessungen insofern festgelegt, als bei gegebener Tourenzahl die Anzahl der Stufen im allgemeinen um so größer werden muß, je kleiner der Durchmesser ist und umgekehrt.

Bei langsam laufenden Turbinen wird, wie bereits erwähnt, die Gesamtlänge so groß, daß es nicht mehr möglich ist, die Turbinen auf einer Welle unterzubringen, sondern die Hintereinanderschaltung mehrerer Wellen vorgenommen werden muß; es sei denn, daß man sich entschließt, so viele Geschwindigkeitsstufen im Hochdruckteil anzuwenden, daß die Anzahl der Trommelstufen klein genug wird, um die gesamte Expansion des Dampfes an einer Welle bewältigen zu können, bei welcher Anordnung indessen stets der Wirkungsgrad leiden wird.

In erster Linie werden, nachdem die Stufenzahl festgelegt, die Längenabmessungen der Turbinen beeinflußt durch die Wahl der Schaufelprofilbreite und der axialen Schaufelspalten. Trotz der Versuche, an beiden zu sparen, ist es notwendig, hier die betriebssicheren Maße nicht zu unterschreiten, vgl. § 85—91.

Bei jeder Einzelturbine ist die Länge nur begrenzt durch das Gewicht der Rotoren und namentlich durch die Gefahr von deren Durchbiegung. Es sind Rotoren ausgeführt worden, deren Länge zwischen den Zapfenmitten 9350 mm und deren Gewicht 134 t betrug (Niederdrucktrommeln des Schnelldampfers „Imperator“). Trotz des großen Durchmessers dieser Trommeln von 3650 mm und der ungemein soliden Befestigung der Zapfen, vgl. § 37, ist jedoch schon hier eine, wenn auch unschädliche Durchbiegung der Rotoren konstatiert worden. Bei langen Rotoren mit geringem Durchmesser ist daher große Vorsicht erforderlich, um zu verhindern, daß nicht Durchbiegungen zustandekommen, welche bei dem geringen zulässigen Spiel ein Streifen der Schaufelenden herbeiführen.

Des ferneren ist bei der Festlegung der Längenabmessungen die kritische Tourenzahl der Rotoren zu beachten, welche ebenfalls mit der Federung der Wellen zusammenhängt, vgl. § 104.

Auf die Länge der Niederdruckturbine übt auch die Konstruktion des Abdampfraumes einen erheblichen Einfluß aus.

Während bei den direkt wirkenden Turbinen die Unterbringung der vielen erforderlichen Stufen wegen der hierfür notwendigen großen Längenausdehnungen stets gewisse Verlegenheiten verursacht hat, treten diesbezügliche Schwierigkeiten bei den mit Übersetzung arbeitenden Turbinen kaum auf, da hier die hohe Umfangsgeschwindigkeit die Verwendung einer sehr beschränkten Anzahl von Stufen gestattet.

2. Über Formgebung und Berechnung der Schaufelprofile.

§ 41. **Die Form der Schaufelprofile und Zwischenstücke. Schaufelteilung.** Die Turbinenbeschaufelung wird in der Weise hergestellt, daß gezogene oder gewalzte Profilstäbe in der Schaufellänge entsprechende Stücke geschnitten und dann in geeigneter Weise in ringsum laufenden Nuten des Rotors bzw. des Gehäuses befestigt werden. Damit ein Schaufelkanal von der gewünschten Weite entsteht, werden die zwischen den Schaufeln in den Nuten vorhandenen Zwischenräume durch kurze Zwischenstücke ausgefüllt. Letztere werden ebenfalls von Profilstangen geschnitten, deren Flanken genau zu denen der Profile passen. Diese Zwischenstücke welche in der Umfangsrichtung eine gewisse Dicke besitzen, lassen sich, wenn in die Nut eingelegt, nicht mehr verdrehen und geben hierdurch den an beiden Kanten spitzen Profilen erst die feste Lage, welche zur Erzielung der geforderten Ein- und Austrittswinkel notwendig ist. (Bei schnellaufenden Turbinen werden der Festigkeit wegen vielfach Schaufeln und Zwischenstücke aus einem Stück hergestellt, vgl. § 95.) Gleichzeitig bestimmt auch die Dicke des Zwischenstückes zuzüglich der Schaufeldicke die Teilung der Beschaufelung. Diese Summe von Füllstück- und Schaufeldicke ergibt zunächst die Teilung am Fußkreis. Unter Konstruktionsteilung versteht man die Schaufelteilung im sogenannten Schaufelkreis, welche sich durch Messung von Schaufelkante zu Schaufelkante ergibt, wobei man unter Schaufelkreis den durch die Mitte der Schaufellänge gelegten Kreis versteht. Die Konstruktionsteilung ist also im Verhältnis der Radien größer (bei den Leitschaufeln kleiner) als die Teilung im Fußkreis.

Die Benutzung ein und desselben Profils für verschiedene Austrittswinkel unter Verwendung verschiedenartiger Füllstücke ist hauptsächlich bei den flachen Reaktionsprofilen möglich, während die Aktionsprofile dies nur in sehr beschränktem Umfange zulassen. Während nämlich bei den Reaktionsprofilen der Eintritt meist senkrecht erfolgt und daher eine kleine Drehung des Profils die Eintrittsverhältnisse wenig beeinflußt, ist bei den Aktionsprofilen der Eintrittswinkel spitz und wirkt sich eine Veränderung desselben sehr ungünstig aus.

Die Beschaufelung muß die Form des Schaufelkanals ergeben, welche im betreffenden Fall gewünscht wird. Dieser Schaufelkanal muß also die Ein- und Austrittswinkel aufweisen, welche zur Erzielung des angestrebten Wirkungsgrades in dem betreffenden Fall erforderlich sind. Bei Reaktionsturbinen muß der Kanal im Laufrad und Leitrad am Austrittsende die Verengung zeigen, welche zur Erzielung der gewünschten Austrittsgeschwindigkeit erforderlich ist; bei Aktionsturbinen müßte der Kanal der Laufschaufel eigentlich die Forderung erfüllen, daß der Kanalquerschnitt senkrecht zur Strömungsrichtung überall konstant bleibt (in der Praxis wird hiervon abgewichen und der Kanal am Eintritt etwas erweitert, um Rückenstöße zu vermeiden), während die Leitschaufelkanäle hier die gleiche Verengung aufweisen und also etwa dieselbe Form haben wie bei Reaktionsbeschaufelung.

Bei der Beschaufelung von Geschwindigkeitsrädern nehmen die Laufschaufeln die gleiche Form an, wie oben für die Laufschaufeln der Aktionsturbine allgemein

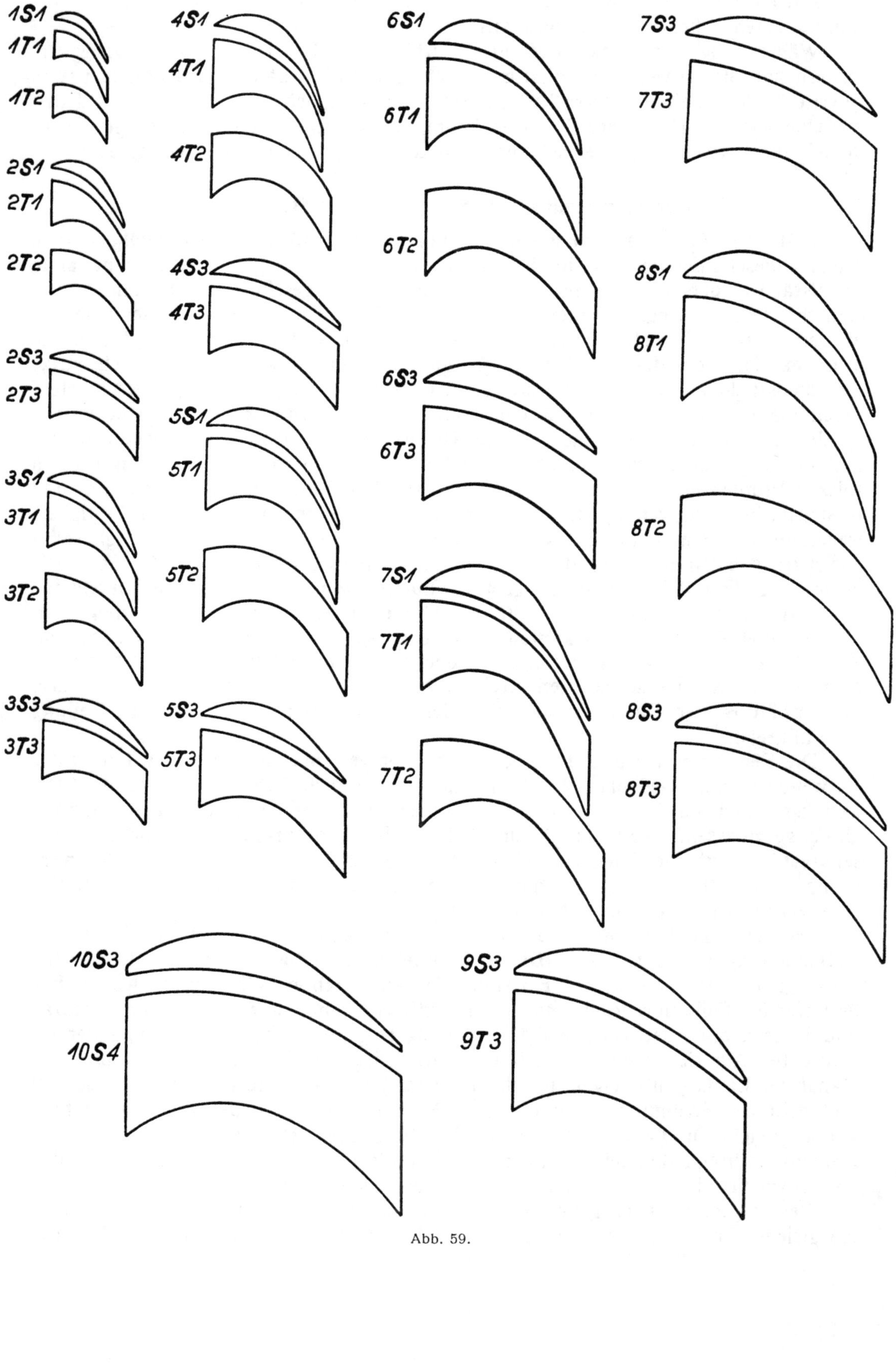
1S1
1T1
1T2
2S1
2T1
2T2
2S3
2T3
3S1
3T1
3T2
3S3
3T3
4S1
4T1
4T2
4S3
4T3
5S1
5T1
5T2
5S3
5T3
6S1
6T1
6T2
6S3
6T3
7S1
7T1
7T2
7S3
7T3
8S1
8T1
8T2
8S3
8T3
10S3
10S4
9S3
9T3

Abb. 59.

bemerkt; die hier zwischen den Laufkränzen angebrachten feststehenden Schaufeln müssen eine scharfe Umlenkung des Strahls ohne Änderung des Kanalquerschnitts hervorbringen, können also die gleiche Gestalt wie die Aktions-Laufschaufeln besitzen. Es ergeben sich daher zwei Arten von Profilen: Die flachen und daher wenig bauchigen Reaktionsprofile (auch Parsonsprofile genannt) und die stark gekrümmten, in der Schaufelmitte bauchigen Aktionsprofile (auch Curtisprofile genannt).

Abb. 59 zeigt eine Serie von gangbaren Reaktionsprofilen und den dazugehörigen Füllstücken, wie solche normalerweise in der Praxis verwendet werden. Zu jedem der Profile gehören vier Füllstücke (zwei für die Leitschaufeln, zwei für die Laufschaufeln), so daß sich also bei jedem Profil zwei verschiedene Austrittswinkel erzielen lassen. Tabelle Nr. 3 erläutert diesen Zusammenhang zwischen Profil, Füllstück und Austrittswinkel. In der nachstehenden Tabelle Nr. 3 und in Abb. 59 sind die Schaufelprofile durch den Buchstaben „*S*", die Trommelfüllstückprofile durch „*T*" und die Gehäusefüllstückprofile durch „*G*" gekennzeichnet.

Tabelle Nr. 3. **Reaktionsprofile.**

Schaufel Nr.	Füllstück Nr.		Profilbreite mm	Teilung Trommel mm	Teilung Gehäuse mm	tg des wirkl. Austrittswinkels ca. %	$\frac{b_2}{t}$ Werte Mittel für Lauf- und Leitschaufel b. dem mittl. Austrittswinkel (Abb. 63) ca.
1 *S* 1	1 *T* 1	1 *G* 1	9,3	5,1	5,4	45	0,36
	1 *T* 2	1 *G* 2	10,3	6,3	6,5	60	0,45
2 *S* 1	2 *T* 1	2 *G* 1	12,8	8,1	8,4	45	0,37
	2 *T* 2	2 *G* 2	14,2	7,5	9,6	60	0,45
2 *S* 3	2 *T* 3	2 *G* 3	15,0	8,2	10,0	110	0,63
3 *S* 1	3 *T* 1	3 *G* 1	15,5	9,0	11,0	45	0,37
	3 *T* 2	3 *G* 2	16,7	9,5	12,3	60	0,46
3 *S* 3	3 *T* 3	3 *G* 3	18,0	10,0	13,0	110	0,63
4 *S* 1	4 *T* 1	4 *G* 1	18,9	11,4	13,9	45	0,37
	4 *T* 2	4 *G* 2	20,8	11,2	14,5	60	0,47
4 *S* 3	4 *T* 3	4 *G* 3	22,5	11,8	16,0	110	0,63
5 *S* 1	5 *T* 1	5 *G* 1	23,0	12,8	15,8	45	0,37
	5 *T* 2	5 *G* 2	25,3	12,5	16,9	60	0,47
5 *S* 3	5 *T* 3	5 *G* 3	25,4	13,7	18,3	110	0,63
	5 *T* 4	5 *G* 4	27,2	14,1	18,8	150	0,74
6 *S* 1	6 *T* 1	6 *G* 1	26,6	15,3	18,3	45	0,37
	6 *T* 2	6 *G* 2	29,0	14,5	18,4	60	0,47
6 *S* 3	6 *T* 3	6 *G* 3	29,4	16,0	20,9	110	0,63
	6 *T* 4	6 *G* 4	31,0	16,5	21,3	150	0,74
7 *S* 1	7 *T* 1	7 *G* 1	28,8	15,5	20,0	45	0,375
	7 *T* 2	7 *G* 2	31,7	14,9	20,0	60	0,48
7 *S* 3	7 *T* 3	7 *G* 3	32,9	17,6	23,2	100	0,61
	7 *T* 4	7 *G* 4	34,8	18,5	24,8	140	0,72
8 *S* 1	8 *T* 1	8 *G* 1	32,9	18,2	22,5	40	0,34
	8 *T* 2	8 *G* 2	36,6	18,4	23,4	55	0,47
8 *S* 3	8 *T* 3	8 *G* 3	36,6	20,7	26,7	90	0,58
	8 *T* 4	8 *G* 4	38,8	20,6	26,6	130	0,70
9 *S* 3	9 *T* 3	9 *G* 3	40,0	21,0	29,0	90	0,58
	9 *T* 4	9 *G* 4	42,5	22,8	32,5	130	0,70
10 *S* 3	10 *T* 3	10 *G* 3	45,0	23,6	31,0	85	0,57
	10 *T* 4	10 *G* 4	46,1	25,0	31,5	130	0,70

Diese Profile sind ohne weitere theoretische Erwägungen aus den Bedürfnissen der Praxis entstanden und werden der Aufgabe gerecht, in den meisten vorkommenden Fällen passende Verhältnisse zu ergeben.

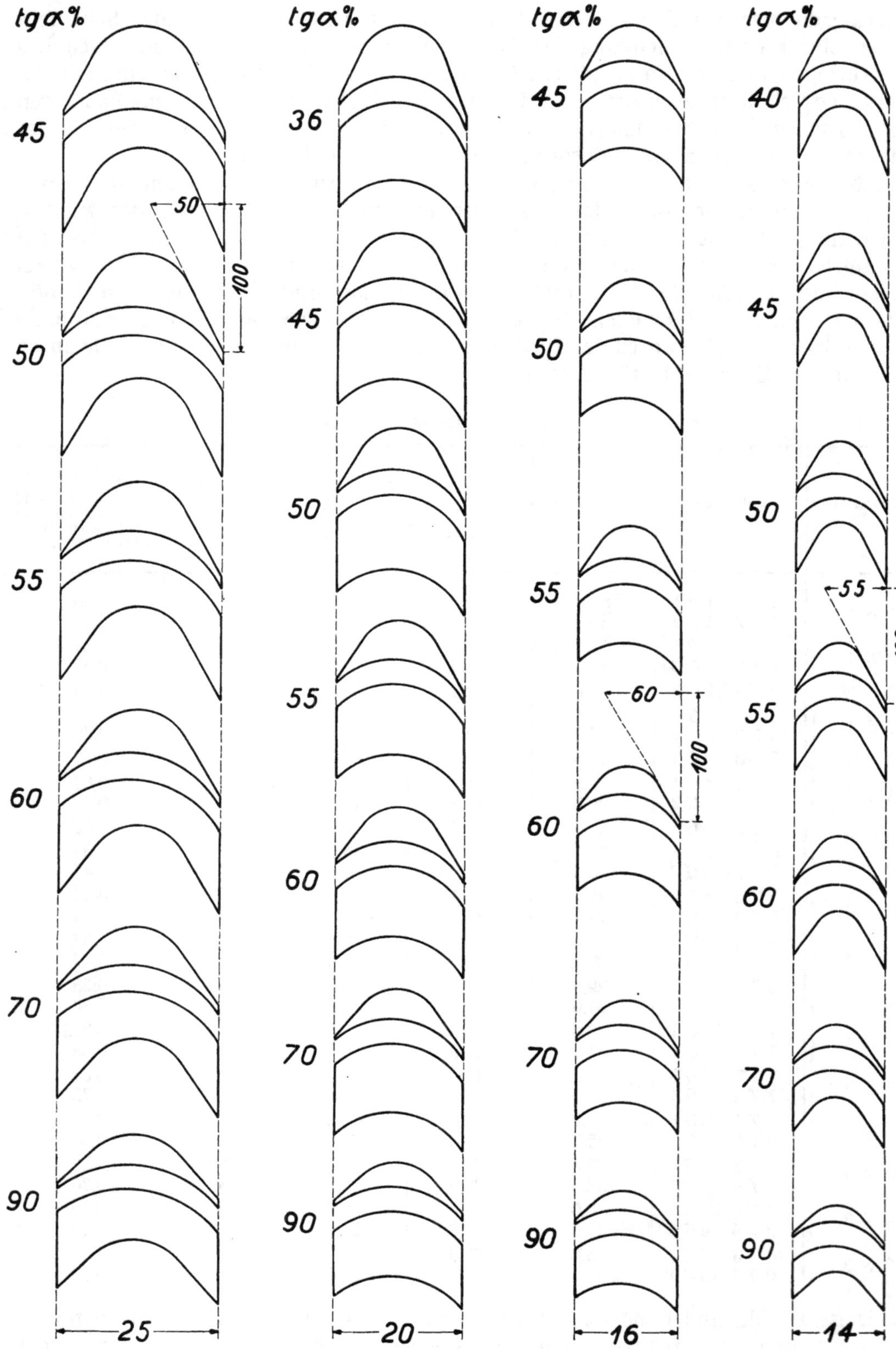
tgα%
45
50
55
60
70
90
50
100
25
tgα%
36
45
50
55
60
70
90
20
tgα%
45
50
55
60
70
90
60
100
16
tgα%
40
45
50
55
60
70
90
55
100
14

Abb. 60.

Eine Serie der in Deutschland üblichen Curtisprofile nebst zugehörigen Füllstücken zeigt Abb. 60. Wegen der im allgemeinen geringen Länge der Schaufeln von Curtisstufen, für welche diese Profile Verwendung finden, ist bei denselben nur ein Füllstückprofil für jedes Schaufelprofil vorgesehen.

Tabelle Nr. 4 gibt die für die einzelnen Profilnummern geltenden Ein- und Austrittswinkel an. Die Schaufelprofile sind hier durch den Buchstaben „*B*“, die Füllstücke durch den Buchstaben „*Z*“ charakterisiert.

Tabelle Nr. 4. **Curtisprofile.**

Bezeichnung		Profilbreite	tg des Eintrittswinkels	tg des Austrittswinkels	Teilung	$\frac{b_2}{t}$ (am Fuß)
Schaufel	Füllstück	mm	%	%	mm	
25 *B* 45	25 *Z* 45	25	55	45	14,5	0,355
25 *B* 50	25 *Z* 50	25	62	50	14,5	0,393
25 *B* 55	25 *Z* 55	25	70	55	14,5	0,425
25 *B* 60	25 *Z* 60	25	78	60	14,0	0,460
25 *B* 70	25 *Z* 70	25	90	70	13,0	0,512
25 *B* 90	25 *Z* 90	25	110	90	12,3	0,596
20 *B* 36	20 *Z* 36	20	47	36	12,0	0,280
20 *B* 45	20 *Z* 45	20	55	45	11,5	0,348
20 *B* 50	20 *Z* 50	20	62	50	11,5	0,386
20 *B* 55	20 *Z* 55	20	70	55	11,5	0,420
20 *B* 60	20 *Z* 60	20	78	60	11,0	0,452
20 *B* 70	20 *Z* 70	20	90	70	10,5	0,507
20 *B* 90	20 *Z* 90	20	110	90	9,8	0,588
16 *B* 45	16 *Z* 45	16	55	45	9,5	0,348
16 *B* 50	16 *Z* 50	16	62	50	9,0	0,378
16 *B* 55	16 *Z* 55	16	70	55	9,0	0,412
16 *B* 60	16 *Z* 60	16	78	60	8,5	0,444
16 *B* 70	16 *Z* 70	16	90	70	8,0	0,499
16 *B* 90	16 *Z* 90	16	110	90	7,5	0,575
14 *B* 40	14 *Z* 40	14	46	40	8,6	0,320
14 *B* 45	14 *Z* 45	14	52	45	8,5	0,351
14 *B* 50	14 *Z* 50	14	58	50	8,4	0,388
14 *B* 55	14 *Z* 55	14	65	55	8,3	0,425
14 *B* 60	14 *Z* 60	14	70	60	8,0	0,450
14 *B* 70	14 *Z* 70	14	80	70	7,4	0,506
14 *B* 90	14 *Z* 90	14	110	90	6,4	0,592

Abb. 61 zeigt ein Profil Nr. 16 *B* 50 und 16 *Z* 50 in größerem Maßstab mit den zum genauen Aufzeichnen des Profils erforderlichen Hilfslinien und Radien.

§ 42. **Über das Verhältnis der Austrittsbreite des Schaufelkanals zur Teilung.** Dieses Verhältnis ist abhängig von der Lage des betrachteten Schnittes. Es ist einleuchtend, daß die radiale Stellung der Schaufeln an den Spitzen eine Erweiterung des Kanals bei Schaufeln umgekehrt gegenüber demjenigen am Fußkreise zur Folge hat, so daß sich erhebliche Unterschiede zwischen den Verhältnissen außen und innen ergeben können. Die folgenden Ausführungen sind daher nur als für einen mittleren Schaufelkreis gültig anzusehen.

a) Profile mit einem Austrittsquerschnitt, welcher ein kurzes parallelwandiges Stück besitzt. (Vgl. Abb. 62.) Bei diesen Profilen ist der Austrittswinkel und der Austrittsquerschnitt eindeutig bestimmt. Die effektive Austrittsbreite ist $b_2 = t \cdot \sin\beta - s$ bzw. $t \cdot \frac{\operatorname{tg}\beta}{\sqrt{1+\operatorname{tg}^2\beta}} - s$; wobei β der Austrittswinkel, t die Teilung und s die Stegdicke am Austritt bedeutet. Ein Fehler bei der Berechnung des Querschnitts kann nur dadurch entstehen, daß der Schaufelkoeffizient unrichtig gewählt ist (vgl. hierzu § 13).

b) Profile mit Querschnittserweiterung am Schaufelaustritt. Bei den Reaktionsprofilen weicht insbesondere, wenn es sich um die für Schiffsturbinen verwendeten kräftigen Normalprofile (vgl. § 41) handelt, die Form des Austritts ganz erheblich von der unter a) beschriebenen ab (vgl. Abb. 63). Der Austritt hat hier zwischen den Profilquerschnitten keine parallele Begrenzung, so daß es schwer ist anzugeben, unter welchem Winkel der Dampfstrahl austreten wird. Bei dem auf Abb. 63

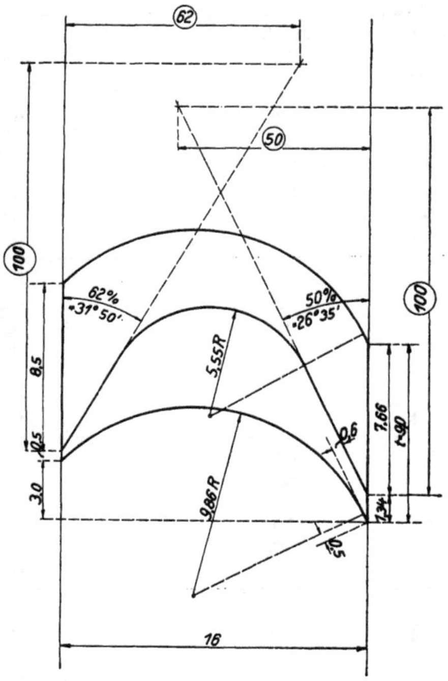

Abb. 61.

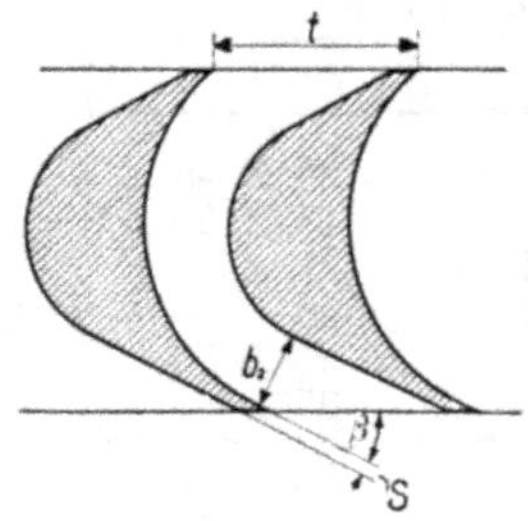

Abb. 62.

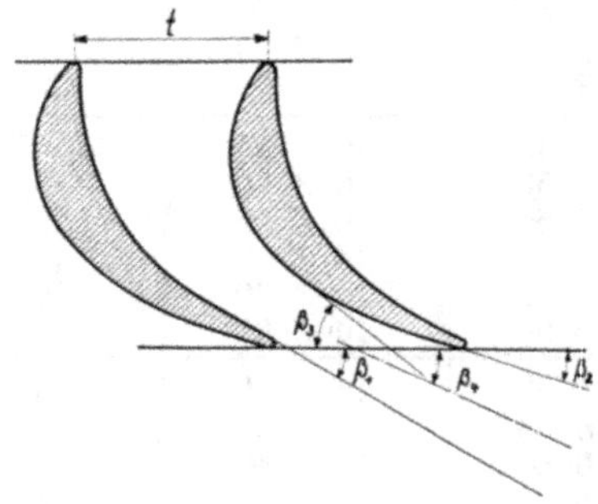

Abb. 63.

dargestellten Profil kann man z. B. vier verschiedene Winkel annehmen, deren Tangenten beispielsweise betragen:

$$\operatorname{tg}\beta_1 = 57\%,\quad \operatorname{tg}\beta_2 = 32\%,\quad \operatorname{tg}\beta_3 = 94\%,\quad \operatorname{tg}\beta_4 = 44\%.$$

Hierbei würden sich $\frac{b_2}{t}$-Werte (richtiger gesagt — Austrittsquerschnitts-Verhältnisse, da b_2 bei solchen Betrachtungen seinen geometrischen Sinn verliert) von 0,28 bis 0,40 ergeben.

Ferner ist ersichtlich, daß die Lage der Schaufel gegenüber dem Füllstück infolge der großen und sich wenig ändernden Krümmungsradien der Schaufelkonturen weniger scharf fixiert ist als bei dem Aktionsprofil, so daß auch hierdurch Abweichungen des ausgeführten vom berechneten Querschnitt eintreten können. In der Regel rechnet man mit β_4 als dem Mittelwert der Winkel β_1 und β_2. — Nachrechnungen von gemessenen Druckverteilungen zeigen jedoch, daß trotz Annahme von Schaufelkoeffizienten, welche die richtige Leistung ergeben, scheinbare $\frac{b_2}{t}$-Werte für das obenbezeichnete Profil (Abb. 63) in den Grenzen zwischen 0,3 und 0,45 gefunden werden können,

d. h. also, daß nicht notwendig obiger Mittelwert den tatsächlichen Verhältnissen gerecht wird. Dieser würde einen $\frac{b_2}{t}$-Wert von etwa 0,37 ergeben.

Diese Abweichungen von genanntem Mittelwert können bedingt sein:

1. durch die Änderung der Strömungsrichtung im Austrittsquerschnitt infolge von Druckverlagerungen im Kanal,
2. durch Überexpansion infolge der Erweiterung des Schaufelkanals hinter dem engsten Querschnitt (vgl. Anhang VIII).

   Tritt eine solche Überexpansion ein, so ist es möglich, daß in einer Reihe einer Gruppe ein erheblich größeres Wärmegefälle verarbeitet wird, als dem Mittelwert entspricht, so daß die nachfolgende Stufe mit geringerer Reaktion arbeitet,
3. durch Eintrittsstöße, insbesondere bei größeren $\frac{c_0}{u}$-Werten,
4. bei abnormalen Betriebsbedingungen durch Rückstau der nachfolgenden Schaufel, wenn deren Eintrittswinkel oder Eintrittsquerschnitt erheblich von den Konstruktionsdaten abweicht.

Da durch diese Abweichungen der $\frac{b_2}{t}$-Werte vom normalen rechnungsmäßigen Wert Druckänderungen und Leistungsverschiebungen bedingt sind, lassen sich Dampfturbinen nur dann richtig bemessen, wenn genügende Unterlagen für solche abnormale Fälle vorhanden sind. In den Beispielen § 77 u. 78 wurde z. B. zur Vereinfachung der Berechnung ohne Rücksicht auf die Eigenheiten der einzelnen Profile der $\frac{b_2}{t}$-Wert bei einem Schaufelkoeffizienten von $\varphi = 0{,}92$

für die Profile mit dem Austrittswinkel von $\operatorname{tg}\beta = 45\%$ zu 0,40, von $\operatorname{tg}\beta = 60\%$ zu 0,48, von $\operatorname{tg}\beta = 110\%$ zu 0,65, von $\operatorname{tg}\beta = 150\%$ zu 0,72

angenommen.

3. Der Axialschub.

§ 43. **Allgemeines über den Axialschub.** Bei der Konstruktion aller Schiffsturbinen spielt die Bestimmung des an den Rotoren derselben auftretenden Axialschubes eine bedeutende Rolle, da von der Größe desselben die Dimensionierung der Drucklager und — wie aus dem Folgenden hervorgeht — häufig der ganze konstruktive Aufbau der Turbine abhängig ist.

Axialschub entsteht:

1. durch den Propellerschub bei direktem Antrieb,
2. durch den Dampfschub auf Trommelböden oder, allgemein gesagt, auf ringförmige Abstufungen des Rotors,
3. durch die Differenz der Dampfdrücke vor und hinter den Laufschaufeln bei Reaktionsturbinen,
4. bei Turbinen mit Übersetzung durch axiale Komponenten des Zahndrucks bzw. durch hydraulische Überdrücke bei Flüssigkeitsgetrieben.

Zu 1. Propellerschub. Derselbe ist von hinten nach vorn gerichtet bei Vorwärtsfahrt, in umgekehrter Richtung wirkend bei Rückwärtsfahrt des Schiffes.

Die Größe des Propellerschubes ergibt sich angenähert aus der Formel

$$P_1 = \frac{N_e \cdot 75 \cdot \eta_p \cdot 3600}{V \cdot 1852} = \frac{N_e \cdot 75 \cdot \eta_p}{0{,}515 \cdot V} = 145{,}8 \frac{N_e \cdot \eta_p}{V}.$$

Dabei bedeutet N_e die effektive Leistung in Pferdestärken, V die Schiffsgeschwindigkeit in Knoten pro Stunde und η_p den Propellerwirkungsgrad, welcher bei solchen Berechnungen etwa zu 60% anzunehmen ist. Vgl. Bd. I § 260 f.

Zu 2. Das Auftreten des Dampfschubes wird sofort klar durch Betrachtung eines bestimmten Falles. In Abb. 64 ist schematisch die Hochdruckturbine gemischten Systems eines großen Dampfers dargestellt. Der Dampf tritt in die Einströmdüsen mit der Kesselspannung p_1 ein, verläßt dieselben mit der Austrittsspannung p_2, durchströmt mit dieser Spannung das vierkränzige Curtisrad, welches vor der Trommel angeordnet ist, verläßt dasselbe mit der gleichen Spannung p_2, durchfließt die Hochdrucktrommel und strömt am Ende derselben mit der Spannung p_3 in die Niederdruckturbine über. Es wirkt also auf den vorderen Trommelboden ein sehr erheblicher Dampfdruck, und zwar — da die Hinterseite des Curtisrades ebenfalls unter dem Austrittsdruck der Düsen p_2 steht — von der Größe

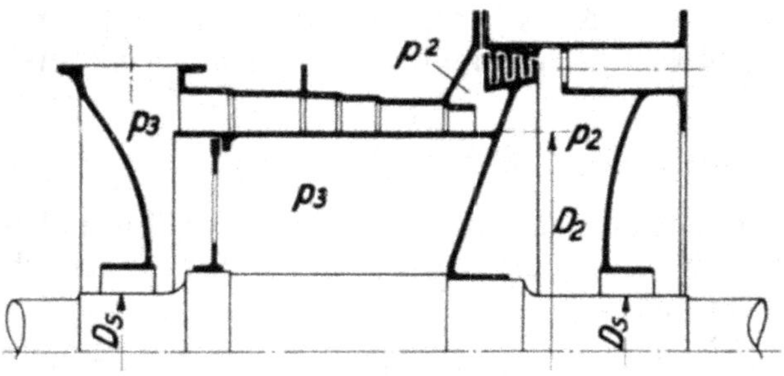

Abb. 64.

$$P_2 = \left[\frac{D_2^2 \pi}{4} - \frac{D_s^2 \pi}{4}\right] (p_2 - p_3),$$

wobei D_2 der äußere Trommeldurchmesser, D_s der Dichtungsdurchmesser der Außenstopfbuchsen. Dieser von vorn nach hinten gerichtete Druck würde, wenn nicht, wie wir später sehen werden, Entlastungsvorrichtungen angebracht würden, so hohe Werte erreichen, daß der Propellerschub bei weitem nicht imstande wäre, ihn auszugleichen.

Ist z. B. $D_2 = 3000$ mm, $p_2 = 8$ ata, $p_3 = 4$ ata, $D_s = 700$ mm, dann wird der Schub auf den Trommelboden $P = (70700 - 3850) \cdot 4 = 267400$ kg.

Zu 3. Da, wie in § 5 erläutert, bei jeder Reaktionsbeschaufelung auch im Laufrad Druck in Geschwindigkeit umgesetzt wird, muß der Druck hinter jeder Laufschaufelreihe geringer sein als vor derselben. Es muß also beim Dampfeintritt in die Trommel ein von vorn nach hinten gerichteter Schub P_3 entstehen, welcher aus diesen Druckdifferenzen vor und hinter den Laufschaufelkränzen resultiert. Da bei der Berechnung der Turbinen (vgl. § 77 u. 78) die Drücke hinter den einzelnen Stufengruppen, bzw. das von denselben verarbeitete Druckgefälle, genau festgestellt werden, läßt sich hieraus der Axialschub auf die Schaufeln mit genügender Genauigkeit berechnen. Dabei kann ohne großen Fehler angenommen werden, daß beim Reaktionsgrad 0,5 das halbe Druckgefälle auf die Laufschaufel kommt.

Das Bestreben des Konstrukteurs muß es nun sein, die Schiffsturbine so zu bauen, daß sich diese Schübe möglichst ausgleichen, um möglichst kleine Drucklager zu erhalten; denn außer dem Energieverlust in großen Drucklagern bedingen solche einen hohen Ölverbrauch, Gewichts- und Platzverlust.

Die auftretenden Schubverhältnisse müssen natürlich bei verschiedenen Belastungsverhältnissen der Turbine untersucht werden, da unter Umständen die Differenz aus den verschiedenen Schüben, welche bestehen bleibt und der Konstruktion des Drucklagers zugrunde gelegt werden muß, nicht gerade bei Vollast ein Maximum erreicht. Man entwirft daher am besten Kurven der Dampf- und Propellerschübe, aus welchen man leicht ersehen kann, bei welcher Belastung der kombinierte Axialschub am größten ist und welchen Betrag er dann erreicht.

Aus dem unter 2. angeführten Beispiel ersieht man, daß der Trommelschub bei reinen Trommelturbinen oder Turbinen gemischten Systems mit einem Rad oder nur wenigen Rädern derart hohe Werte erreichen kann, daß ein nennenswerter Ausgleich desselben durch den Propellerschub allein nicht möglich ist.

§ 44. **Entlastungskolben oder Ausgleichkolben.** Man verwendet daher bei solchen Turbinen sogenannte Ausgleichkolben, um den zu sehr vorherrschenden Trommelschub zu verringern. Die Anordnung eines solchen Ausgleichkolbens geht aus Abb. 65 hervor. (Über die Konstruktion der Ausgleichkolben siehe § 84.) Diese zeigt den Schnitt durch eine Hochdruckturbine gemischten Systems mit einem Curtisrad, wie sie für einen großen Handelsdampfer oder ein großes Kriegsschiff in Frage kam.

Der in die Düsenkasten einströmende Dampf habe die Kesselspannung p_1. Er expandiere in der Curtisstufe auf den Druck p_2, mit dem er in die Reaktionstrommel eintritt. Nach dem Passieren der ersten drei Schaufelgruppen, also vor dem Trommelabsatz sei der Druck p_3 erreicht. Hinter der letzten Schaufel herrsche der Druck p_4. — Am vorderen Trommelboden (der in vorliegendem Falle zugleich das Curtisrad trägt) ist der Ausgleichskolben vom Durchmesser D_1 angeordnet. Zwischen diesem und dem Gehäuse ist eine Labyrinthdichtung angebracht, auf deren innerer Seite die

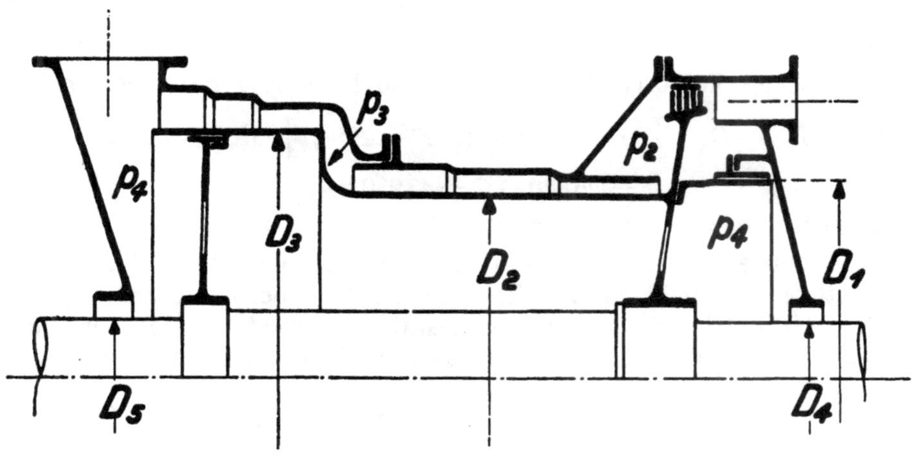

Abb. 65.

Düsenaustrittsspannung p_2 besteht, während außerhalb der Enddruck p_4 der Turbine herrscht. Dies wird dadurch erreicht, daß beide Trommelböden, wie aus der Abbildung ersichtlich, durchlöchert sind. Der Stopfbuchsendampf wird mit dem Arbeitsdampf der Niederdruckturbine zugeführt.

Der Ausgleichkolben dient dazu, den Axialschub für alle Betriebsverhältnisse möglichst klein zu halten. Sein Durchmesser wird daher je nach den Erfordernissen des Einzelfalles gewählt (vgl. das folgende Beispiel).

§ 45. **Beispiel für die Berechnung des Drucklagerschubes.** Hierfür sei die im vorigen Paragraphen beschriebene Anordnung eines Ausgleichkolbens bei einer Kriegsschiffsturbine gewählt.

Es sei:

Der Druck vor den Düsen	$p_1 = 16$ ata
„ „ „ der Trommel	$p_2 = 8{,}5$ „
„ „ „ dem Trommelabsatz	$p_3 = 3{,}2$ „
„ Trommelenddruck	$p_4 = 1{,}5$ „
Durchmesser D_1 des Ausgleichkolbens	2100 mm
„ D_2 der Trommel	2000 „
„ D_3 „ „	2700 „

Die Außenstopfbuchsen vorn und hinten seien im Durchmesser gleich.

Es sei ferner:

Die Leistung der Turbine . . . . $N_e = 7000$ WPS
die Drehzahl . . . . $n = 260$
die Schiffsgeschwindigkeit . . . . $V = 22$ Sm/Std.

1. Der Propellerschub bei Vorwärtsfahrt ist nach vorn gerichtet und beträgt:

$$P_1 = \frac{N_e \cdot 75 \cdot \eta}{0{,}515 \cdot V} = \frac{7000 \cdot 75 \cdot 0{,}6}{0{,}515 \cdot 22} = 27\,800 \text{ kg}.$$

2. Der Dampfschub auf die Ringflächen von Trommeln und Ausgleichkolben berechnet sich wie folgt:

a) Dampfschub, hervorgerufen durch den Durchmesserunterschied von D_1 und D_2. Um uns über die Größe dieses Schubes klar zu werden, denken wir uns den Zylinder vom Durchmesser D_2 herausgeschnitten, was zulässig ist, da der Druck auf den beiden Stirnseiten gleich ist. Wir finden so

$$P_2 = (D_1^2 - D_2^2) \cdot \frac{\pi}{4} (p_2 - p_4) = (210^2 - 200^2) \cdot \frac{\pi}{4} (8 - 1{,}5) = 3220 \cdot 7 = 22540 \text{ kg}.$$

Dieser Schub ist nach vorn gerichtet.

b) Dampfschub, hervorgerufen durch den Durchmessserunterschied von D_2 und D_3

$$P_3 = (D_3^2 - D_2^2) \frac{\pi}{4} \cdot (p_3 - p_4) = (270^2 - 200^2) \frac{\pi}{4} \cdot (3{,}2 - 1{,}5) = $$
$$= 25840 \cdot 1{,}7 = 43930 \text{ kg}.$$

Dieser Schub ist nach hinten gerichtet.

3. Der Schub auf die Schaufeln ergibt sich angenähert wie folgt:

Die mittlere Schaufellänge von Trommelabsatz 1 betrage 5 cm. Das gesamte Druckgefälle 8,5 — 3,2 = 5,3 at. Beim Reaktionsgrad 0,5 beträgt der Überdruck auf die Laufschaufeln etwa 50%, so daß sich für Trommelabsatz 1 ergibt

$$P_4 = (D_2 + l_2) \pi \cdot l_2 \cdot \left(\frac{p_2 - p_3}{2}\right) = 205 \pi \cdot 5 \cdot \frac{8{,}5 - 3{,}2}{2} = 8530 \text{ kg}.$$

Bei Trommelabsatz 2 betrage die mittlere Schaufellänge 7 cm. Das Druckgefälle beträgt hier 3,2 — 1,5 = 1,7 at. Es wird daher

$$P_5 = (D_3 + l_3) \cdot \pi \cdot l_3 \cdot \left(\frac{p_3 - p_4}{2}\right) = 277 \pi \cdot 7 \cdot \frac{3{,}2 - 1{,}5}{2} = 5180 \text{ kg}.$$

Die Schaufelschübe sind nach hinten gerichtet.

Zusammenstellung.

	Schub	
	nach vorn gerichtet kg	nach hinten gerichtet kg
P_1	27 800	—
P_2	22 540	—
P_3	—	43 930
P_4	—	8 530
P_5	—	5 180
	50 340	57 640

Es bleibt somit noch übrig ein Schub von

$$57640 \text{ kg} - 50340 \text{ kg} = 7300 \text{ kg},$$

welcher nach hinten gerichtet ist.

4. Über verschiedene Maßnahmen zur Erhöhung der Ökonomie von Turbinenanlagen.

§ 46. **Allgemeines.** Wenn auch das bisher über die Berechnung von Turbinen Gesagte Anhaltspunkte dafür gibt, welche Maßnahmen zu ergreifen sind, um bei gegebenen Dampfzuständen eine möglichst wirtschaftliche Schiffsturbinenanlage zu entwerfen, und auch in den später folgenden Beispielen (§ 73 f.) viele diesbezügliche Winke enthalten sind, erscheint es doch angebracht, für die nicht selten vorkommenden speziellen Fälle, in welchen entweder mittels besonderer Maßnahmen eine besonders hohe Ökonomie angestrebt oder aber für Teillasten eine gute Wirtschaftlichkeit verlangt wird, einige besondere Hinweise zusammenzustellen.

Es sollen also im folgenden nachstehende Fragen kurz behandelt werden:

a) Welcher Gewinn an Wirtschaftlichkeit ist mit Verminderung der Dampffeuchtigkeit, sowie Erhöhung von Druck und Temperatur des Dampfes verbunden?

b) Welche Vorteile bietet ein möglichst hoch getriebenes Vakuum und wo liegen die Grenzen für die Ausnutzbarkeit desselben?

c) Welche Einwirkungen haben die durch die Düsen- und Schaufelkoeffizienten in Rechnung gestellten Verluste auf die Wirtschaftlichkeit der Turbine und welche Verbesserung derselben ist durch Anwendung besonders sorgfältig ausgeführter Düsen, Leit- und Laufschaufeln zu erreichen?

d) Welche wirtschaftlichen Vorteile sind von der Anwendung einer besonders hohen Stufenzahl zu erhoffen?

e) Was ist mit Verkleinerung des Schaufelspieles zu erreichen und wo liegen die Grenzen für die Verminderung desselben?

f) Welchen Einfluß hat die Erhöhung der Umfangsgeschwindigkeit und wo liegen die Grenzen derselben?

g) Kann mit Aktions- oder mit Reaktionsbeschaufelung der Wirkungsgrad höher getrieben werden?

h) Welche Schaltungen des Dampfes werden bei Turbinenanlagen, welche auch bei Teillast eine gewisse Ökonomie aufweisen sollen, angewendet und welche Erfolge hat man damit erzielt?

§ 47. **Über den Einfluß der Überhitzung und der Dampfnässe auf den Dampfverbrauch der Turbine.** Die in Abschnitt I angegebenen Kurven für die Wirkungsgrade von Curtis-Rädern, Aktions- und Reaktionsstufen gelten für trocken gesättigten Dampf. Arbeitet die Turbine mit nassem Dampf, so tritt insbesondere in Gebieten größerer Dampfnässe durch die Zentrifugalkraft und durch die Umlenkung in Düsen und Schaufeln eine Ausscheidung von tropfenförmigem Wasser ein, welches beim Austritt nicht auf die volle Geschwindigkeit des Dampfes beschleunigt wird. Infolge der kleineren Austrittsgeschwindigkeit dieses Wassers treten beim Eintritt in die nächste Schaufel- oder Düsenreihe Stöße auf, welche die normale Dampfströmung stören und dadurch Verluste verursachen. Diese Verluste hängen natürlich von der Menge des ausgeschiedenen Wassers und der Dampfgeschwindigkeit ab und sind deshalb — da bei den Aktionsstufen und Curtis-Rädern im allgemeinen die größten Dampfgeschwindigkeiten verwendet werden —, bei diesen besonders bemerkbar.

Einen Anhalt für die bei bestimmtem Wassergehalt des Dampfes etwa erforderlichen Korrekturen der Berechnung gibt Abb. 66. Bei Reaktionsstufen genügen im allgemeinen erheblich kleinere Abzüge als bei Aktionsstufen. Diese geringeren Werte erklären sich teilweise auch dadurch, daß es bei Stufen dieser Art leichter möglich ist, den Eintrittswinkel so groß zu wählen, daß bei nicht zu großer Dampffeuchtigkeit und den im allgemeinen geringen Dampfgeschwindigkeiten sich ein Eintrittsstoß vermeiden läßt.

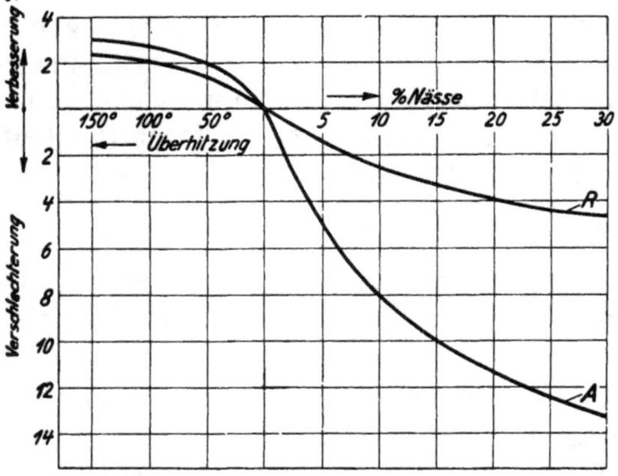

Abb. 66.

Umgekehrt kann bei denjenigen Stufen, welche im Heißdampfgebiet arbeiten, ein Zuschlag zu den aus den Normalkurven für trockenen Dampf ermittelten Wirkungsgraden gemacht werden. Über die Größe dieses Zuschlages für Aktions- und Reaktionsturbinen gibt ebenfalls Abb. 66 Aufschluß.

Dabei darf nicht unerwähnt bleiben, daß Turbinen, welche mit Heißdampf arbeiten, entsprechend dem größeren adiabatischen Gefälle, eine größere Stufenzahl benötigen. Als Anhalt für Überschlagsrechnungen kann bei gleicher Stufenzahl eine Verbesserung des Dampfverbrauchs von 1% für eine Erhöhung der Dampftemperatur um 5 bis 7° erwartet werden, dagegen wird eine Vergrößerung der Dampfnässe um 1%, eine Verschlechterung des Dampfverbrauchs von etwa 1 bis 1,2% bewirken.

Einschließlich des Mehraufwandes an Brennstoff im Kessel bei Anlagen mit Heißdampf kann ohne Berücksichtigung des dann meist besseren Kesselwirkungsgrades für 15 bis 20° Erhöhung der Dampftemperatur eine Verminderung des Brennstoffverbrauches von 1% mit Sicherheit erwartet werden.

§ 48. **Steigerung des Kesseldruckes und der Überhitzung über die normalen Verhältnisse.** Diesbezügliche Bestrebungen haben im Bau stationärer Turbinen schon ziemlich umfangreiche Erfolge erzielt, insofern, als heutzutage neue Turbinen großer Zentralen bereits recht häufig für 30 bis 35 at Überdruck im Kessel gebaut werden, wobei meist auch eine Überhitzung bis auf 375° bis 400° C zugelassen wird (vgl. hierzu § 213 f.); im Schiffsmaschinenbau sind bis heute nur vereinzelte diesbezügliche Versuche von geringem Umfang zu verzeichnen.

Mit Einführung des höheren Druckes werden sich die Betriebsschwierigkeiten zweifellos zunächst vermehren; es ist dabei z. B. an die Dichtung der *HD*-Stopfbuchse an den Turbinen, an die Instandhaltung der Frischdampfleitungen usw. zu erinnern. An die Ausführung der Kessel als Zylinderkessel wäre bei Drücken über 21 ata nicht mehr zu denken; der nicht zu umgehende Übergang zum Wasserrohrkessel würde Feuerung mit Öl (vielleicht auch mit Kohlenstaub) bedingen, da erfahrungsgemäß auf Schiffen der Betrieb von Wasserrohrkesseln mit Kohle wegen der Schwierigkeit der Reinigung der Rohre und Roste von Flugasche bzw. Schlacken sehr unbefriedigend ist.

Immerhin lassen sich durch Kombination mäßig erhöhten Druckes mit der höchsten noch im Betrieb zulässigen Überhitzung recht nennenswerte Fortschritte gegen den heute im Schiffsbetrieb üblichen Verbrauch erzielen, namentlich wenn alle sonstigen Momente, die auf Erreichung höchster Ökonomie hinzielen, beachtet werden, wie z. B.

vorzügliches Vakuum,
ökonomische Hilfsmaschinen,

geschickteste Ausnutzung von deren Abdampf,
evtl. Wärmeregeneration durch stufenweise Vorwärmung des Speisewassers, Luftvorwärmung,
evtl. sonstige Ausnutzung der Wärme in den Verbrennungsgasen (Speisewasservorwärmer im Rauchfang usw.).

Die Erzeugungswärme steigt beim Übergang von z. B. 12 at Überdruck auf 45 atü bei Naßdampf fast gar nicht, bei überhitztem Dampf gleicher Temperatur zeigt sie sogar eine geringe Abnahme. Dies veranschaulicht Tab. 5, welche dieselbe für verschiedene Drücke bei verschiedenen Überhitzungstemperaturen angibt. (Vgl. auch Anh. I.)

Tabelle Nr. 5.

Erzeugungswärme für verschiedene Drücke und Temperaturen nach dem Knoblauch-Raisch-Hausenschen *I-P*-Diagramm.

atü	Sättigung	275	300	325	350	375	400
12	663,7	713,2	726,4	739,4	752,2	765,0	777,7
13	664,2	712,5	725,6	738,7	751,7	764,5	777,3
14	664,6	711,5	724,9	738,0	751,1	764,0	777,0
15	664,9	710,7	724,1	737,3	750,5	763,5	776,6
16	665,3	710,0	723,3	736,8	750,0	763,0	776,2
18	665,8	708,5	722,4	735,8	749,3	762,5	775,4
20	666,2	706,9	721,2	734,8	748,4	761,7	774,6
22	666,5	705,4	720,0	733,7	747,4	760,9	773,9
24	666,6	704,1	718,8	732,7	746,5	760,1	773,2
26	666,7	702,5	717,8	731,8	745,6	759,3	772,5
28	666,8	700,9	716,4	730,7	744,8	758,5	771,8
30	666,8	699,4	715,1	729,6	743,9	757,8	771,2
35	666,7	695,2	711,7	727,0	741,8	755,9	769,7
40	666,4	690,7	708,5	724,6	739,7	754,1	768,0
45	666,0	688,1	705,1	722,2	737,7	752,5	766,6

Mit dieser Tatsache geht bei Erhöhung des Druckes ein Gewinn durch die Vergrößerung des adiabatischen Gefälles Hand in Hand wie aus dem Kurvenblatt Abb. 67 hervorgeht.

Es ergibt sich z. B. bei einem Vakuum von 95% für eine Dampftemperatur an der Maschine von 350° C bei einer Drucksteigerung von 16 auf 35 at eine Zunahme des adiabatischen Wärmegefälles von 236 auf 257 WE, das sind etwa 8,9%. Dabei ist jedoch zu beachten, daß dieser Vorteil zu einem Teil dadurch wieder verloren geht, daß bei Expansion des Dampfes von höheren Drücken im Niederdruckteil Gebiete mit wesentlich größerer Dampfnässe erreicht werden, in welchen die Kraftmaschine weniger günstig arbeitet.

§ 49. **Beispiel.** Berechnung der Verbrauchsziffern einer hochökonomischen Turbinen- und Abdampfturbinenanlage. Welche Verbrauchsziffern etwa zu erwarten sind, wenn man Dampfdrücke und Temperaturen in Grenzen erhöht, welche, ohne ganz besondere Maßnahmen zu treffen, schon heute als praktisch erreichbar gelten müssen, wird am besten an Hand eines Beispieles erläutert. Es soll der Brennstoffverbrauch einer Turbinenanlage ermittelt werden, welche für einen Frachtdampfer von 4100 Wellenpferdestärken bestimmt ist. Dieses Beispiel soll einmal behandelt werden für eine reine Turbinenanlage, bestehend aus einer Hochdruck- und einer Niederdruckturbine, welche durch doppeltes Rädervorgelege die Propellerwelle antreiben, das anderemal für eine gemischte Anlage, bei welcher die *HD*-Turbine durch eine schnellaufende Dampfmaschine mit hydromechanischer Kupplung ersetzt ist.

Es sind gegeben: Leistung an der Propellerwelle 4100 PSe, Drehzahl der Propellerwelle 80 pro Min., Spannung in den Kesseln = 35 at Überdruck, Dampftemperatur hinter dem Überhitzer 375° C.

In der beifolgenden Tabelle Nr. 6 sind die hauptsächlichsten Werte der Berechnung einander gegenübergestellt, wozu noch folgende erläuternde Bemerkungen zu machen sind.

Bei der Anlage A mit reinem Turbinenantrieb ist für die *HD*-Turbine eine minutliche Drehzahl von 3800, für die *ND*-Turbine eine solche von 2500 vorgesehen. Die *HD*-Vorwärtsturbine besteht aus einem zweikränzigen Curtisrad von 800 mm Durchm. Die Reaktionsstufen sitzen auf einer Trommel von 400 mm Durchm. Bei der Wahl von 28 Stufen ergeben sich Schaufellängen von 23 bis 55 mm. Die *ND*-Turbine enthält eine abgesetzte Trommel von 550 mm Durchm. für den ersten Teil und 800 mm Durchm. für den zweiten Teil. Bei 20 Reaktionsstufen auf dem ersten Teil ergeben sich Schaufellängen von 52 bis 135 mm, bei 12 Reaktionsstufen auf dem zweiten Teil solche von 90 bis 200 mm.

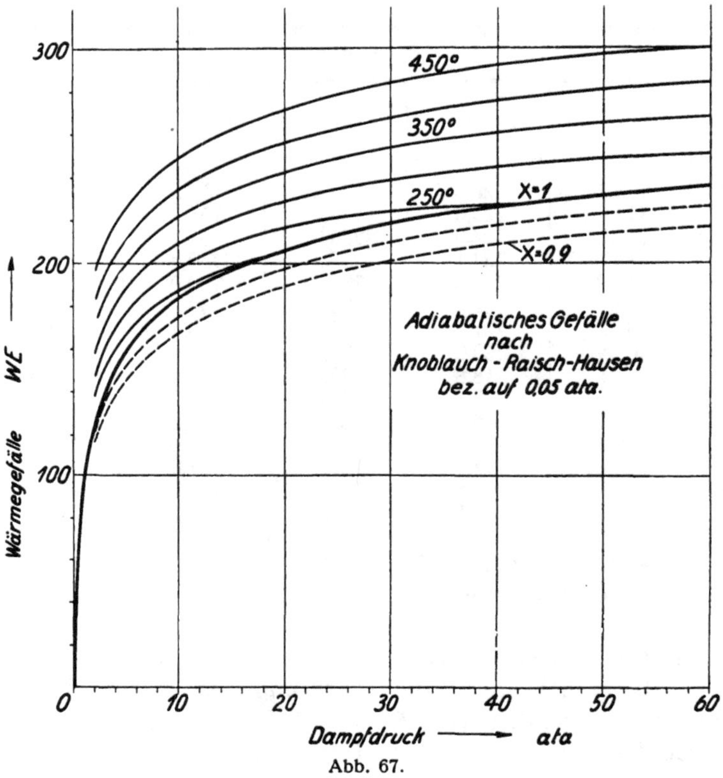

Abb. 67.

Bei der Anlage B mit Kolbenmaschinen und *ND*-Turbine ist angenommen, daß die Rückwärtsleistung größtenteils von der Kolbenmaschine aufgebracht wird. Es wird deshalb in der *ND*-Turbine nur ein zweikränziges Rad für Rückwärtsfahrt vorgesehen. Als Drehzahl der Kolbenmaschine werden 250 Umdr./Min. gewählt. Das Wärmegefälle wird ungefähr gleichmäßig auf die *HD*- und *MD*-Zylinder verteilt, wofür zwei *HD*-Zylinder von 310 mm Durchm. und vier *MD*-Zylinder von 430 mm Durchm. bei einem Hub von 540 mm (entsprechend einer mittleren Kolbengeschwindigkeit von $4\frac{1}{2}$ m/sek) passende Verhältnisse ergeben. Dabei stellt sich für die *HD*-Zylinder die Füllung auf etwa 45%, für die *MD*-Zylinder auf 36%.

Tabelle Nr. 6.

Dampfverbrauchsberechnung.

Bezeichnung		A	B
Art der Anlage		Reine Turbinen-Anlage	*HD*-Kolbenmaschine mit Niederdruckturbine
Kesseldruck	ata	36	36
Temperatur des überhitzten Dampfes am Kessel	°C	375	375
Druck vor der Hochdruck-Maschine	ata	34,5	34,5
Temperatur vor der Hochdruck-Maschine	°C	360°	360°
Gegendruck hinter der Hochdruck-Maschine	ata	2,0	1,5
Gegendruck des Hochdruckzylinders	ata	—	9
Adiabatisches Gefälle des Hochdruckzylinders	WE	—	76,5
Indizierter Wirkungsgrad des Hochdruckzylinders	%	—	89
Indiziertes Wärmegefälle des Hochdruckzylinders	WE	—	68,1
Adiabatisches Gefälle des Mitteldruckzylinders	WE	—	78
Indizierter Wirkungsgrad des Mitteldruckzylinders	%	—	85
Indiziertes Wärmegefälle des Mitteldruckzylinders	WE	—	66,3
Indiziertes Wärmegefälle der Kolbenmaschine	WE	—	134,4
Mechanischer Wirkungsgrad der Kolbenmaschine	%	—	93
Wirkungsgrad von Kupplung und Zahnrad	%	—	95
Effektives Wärmegefälle der Kolbenmaschine	WE	—	118,7
Gegendruck des Curtis-Rades	ata	8,0	—
Adiabatisches Gefälle des Curtis-Rades	WE	82,2	—
Indizierter Wirkungsgrad des Curtis-Rades	%	64,8	—
Indiziertes Wärmegefälle des Curtis-Rades	WE	53,3	—
Adiabatisches Wärmegefälle der *HD*-Trommel	WE	64,8	—
Indizierter Wirkungsgrad der *HD*-Trommel	%	83	—
Indiziertes Wärmegefälle der *HD*-Trommel	WE	53,8	—
Indiziertes Wärmegefälle abzüglich 8% Spaltverlust	WE	49,5	—
Indiziertes Wärmegefälle abzüglich 2% Stopfbuchsverlust	WE	48,5	—
Austrittsverlust	WE	0,25	—
Indiziertes Wärmegefälle abzüglich Austrittsverlust	WE	48,25	—
Anfangsdruck der *ND*-Turbine	ata	1,9	1,4
Gegendruck der *ND*-Trommel *I*	ata	0,45	0,4
Adiabatische Wärmegefälle *ND I*	WE	56,2	46,4
Indizierter Wirkungsgrad *ND I*	%	82,8	82,8
Indizierte Wärmegefälle *ND I*	WE	46,4	38,4
Indizierte Wärmegefälle abzüglich Spaltverlust (%)	WE	(4,8) 44,1	(3,5) 37,0
Indizierte Wärmegefälle abzüglich Stopfbuchsverlust (%)	WE	(1) 43,65	(1) 36,8
Gegendruck der *ND*-Trommel *II*	ata	0,04	0,04
Adiabatisches Wärmegefälle *ND II*	WE	77	71,3
Indizierter Wirkungsgrad *ND II*	%	81,4	81,7
Indizierte Wärmegefälle	WE	62,7	58,2
Indizierte Wärmegefälle abzüglich Spaltverlust (%)	WE	(4) 60,2	(3,8) 56,0
Indizierte Wärmegefälle abzüglich Stopfbuchsverlust (%)	WE	(1) 59,6	(1) 55,5
Austrittsverlust	WE	4,5	4
Indiziertes Wärmegefälle abzüglich Austrittsverlust		55,1	51,5
Gesamtes indiziertes Wärmegefälle *ND*	WE	98,75	88,3
desgleichen abzüglich 3% für Dampfnässe	WE	95,75	85,7
Indiziertes Wärmegefälle *HD* + *ND* Turbine	WE	197,20	—
Angenommene Dampfmenge	kg/Std.	14100	13000
Leistung der Turbine am Radumfang	PS	4390	1790
Leerlaufsleistung einschließlich 2½% für Getriebe	PS	290	130
Effektive Leistung der Turbinen	WPS	4100	1660
Effektive Leistung der Kolbenmaschine	WPS		2440
Gesamtleistung	WPS	4100	4100

Die dazugehörige *ND*-Turbine, welche mit 2500 Umdr. betrieben werden soll, erhält in ihrem Vorwärtsteil eine abgestufte Trommel. Der erste Teil soll einen Durchmesser von 550 mm, der zweite Teil von 800 mm besitzen. Dabei ergeben sich bei 18 Reaktionsstufen im ersten Teil Schaufellängen von 75 bis 140 mm, bei 11 Stufen im zweiten Teil Schaufellängen von 95 bis 200 mm.

Die Gegenüberstellung der Dampfverbräuche zeigt, daß sich bei der Anlage mit Kolbenmaschinen und *ND*-Turbine für die obengenannte Leistung von 4100 WPS eine Dampfmenge von 13000 kg/Std., bei der reinen Turbinenanlage eine solche von 14000 kg/Std. ergibt, d. h. also daß erstgenannte Anlage einen um etwa 8% günstigeren Dampfverbrauch aufweist.

Einen Vergleich der Brennstoffverbräuche für Haupt- und maschinelle Hilfsmaschinen liefert Tab. 7. Hierbei wurde angenommen, daß bei geschickter Bemessung und Gruppierung der Hilfsmaschinen mit einem Dampfverbrauch von etwa 16½% desjenigen der Hauptmaschinen auszukommen ist. Durch Verwertung des Abdampfes dieser Hilfsmaschinen und durch in die Kessel eingebaute Rauchgasvorwärmer wird die Vorwärmung des Speisewassers auf etwa 140° getrieben werden können.

Vergleichsweise ist in diese Tabelle sowohl Kohle als Öl als Heizmittel aufgenommen. Der bei Kohlefeuerung erzielbare Kesselwirkungsgrad dürfte etwa 72% betragen, während mit Ölfeuerung bei geschickter Betriebsführung mit einem Wirkungsgrad von 85% gerechnet werden kann. Unter den vorgenannten Voraussetzungen ergibt sich für Kohle eine Verdampfung von 9,15, während diejenige für Heizöl 13,85 beträgt.

Der Brennstoffverbrauch für 1 WPS beträgt nach dieser Rechnung bei der Anlage mit Kolbenmaschinen und *ND*-Turbine bei Kohlefeuerung 0,404 kg/Std., bei Ölfeuerung 0,267 kg/Std., welchem ein Verbrauch von 0,438 kg/Std. für Kohle bzw. 0,29 kg/Std. für Öl bei der reinen Turbinenanlage gegenübersteht.

Tabelle Nr. 7.

Brennstoffverbrauchsberechnung für Haupt- und maschinelle Hilfsmaschinen.

Bezeichnung		A		B	
Art der Anlagen		Reine Turbinenanlage		*HD*-Kolbenmasch. m. *ND*-Turb.	
Brennstoff		Kohle	Öl	Kohle	Öl
Dampfverbrauch d. Hauptmasch.	kg/Std.	14100		13000	
Dampfverbrauch der maschinellen Hilfsmaschinen	%	16,5		16,5	
Dampfverbrauch der maschinellen Hilfsmaschinen	kg/Std.	2330		2140	
Gesamtdampfverbrauch	kg/Std.	16430		15140	
Vorwärmung des Speisewassers durch Hilfsmaschinenabdampf und Rauchgasvorwärmung	°C	140		140	
Gesamte Erzeugungswärme bei 36 ata und 375° C	WE	754		754	
Für 1 kg Dampf also zuzuführen	WE	614		614	
Heizwert des Brennstoffes	WE	7800	10000	7800	10000
Kesselwirkungsgrad bei Rauchgas- und Speisewasservorwärmung	%	72	85	72	85
Verdampfungsziffer		9,15	13,85	9,15	13,85
Gesamtbrennstoffverbrauch für Haupt- und maschinelle Hilfsmaschine	kg/Std.	1798	1190	1658	1094
desgleichen für 1 WPS	kg/Std.	0,438	0,29	0,404	0,267
WE für 1 WPS	WE	3420	2900	3155	2670

§ 50. **Über den Einfluß der Verbesserung des Vakuums auf die Wirtschaftlichkeit der Turbinen. — Grenzen für die Höhe des Vakuums.** Über das erzielbare Vakuum gibt Abb. 68 Aufschluß. Auf demselben sind über der Kühlwasser-Eintrittstemperatur drei verschiedene Vakuumkurven aufgetragen. Die Kurve *A* zeigt das der Dampfspannung entsprechende Vakuum, welches also nur bei unendlicher Kühlwassermenge, unendlicher Kühlfläche und bei vollständiger Luftfreiheit erzielt werden könnte. Kurve *B* zeigt das praktisch erreichbare Vakuum, wenn für 1 WPS etwa 0,15 bis 0,18 qm Kühlfläche zur Verfügung stehen und das Verhältnis von Kühlwassermenge zu Dampfmenge ungefähr den Wert 100 erreicht. Kurve *C* gibt das Vakuum an, das bei etwa 60- bis 70facher Kühlwassermenge und einer Kühlfläche von 0,1 bis 0,12 qm für 1 WPS erwartet werden kann. Zur Erreichung dieser Werte ist es allerdings erforderlich, daß die Anlage gut sperrende Vakuumstopfbuchsen und eine reichliche Luftabsaugeeinrichtung besitzt. Im übrigen vergleiche hierzu das in Band I über die Kondensationsanlagen Gesagte.

Bei Kriegsschiffen, insbesondere bei Torpedobooten, ist es infolge des geringen, für die Turbinenanlagen und deren Kondensation verfügbaren Gewichtes nicht möglich, bei der Konstruktionsleistung das bei normaler Kühlwassertemperatur erzielbare Vakuum zu erreichen. Dies ist bei solchen Anlagen insofern nicht so wesentlich, als diese Schiffe nur verhältnismäßig selten mit der Volleistung fahren. Bei den am häufigsten vorkommenden Marschfahrten ist sowohl die Kühlfläche als auch die Kühlwassermenge und die Anlage für das Absaugen der Luft für ein gutes Vakuum durchaus genügend.

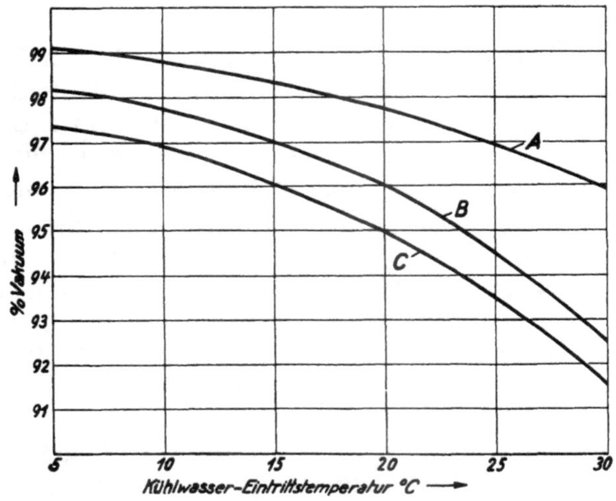

Abb. 68.

Anders liegen die Verhältnisse jedoch bei Handelsschiffen, bei welchen Gewicht und Raum in hinreichender Größe zur Verfügung stehen und die Erzielung der größtmöglichen Wirtschaftlichkeit bei der Konstruktionsleistung gefordert wird.

Im nachstehenden soll an einem Beispiel gezeigt werden, welche Verbesserung des Dampfverbrauches erzielt werden kann, wenn unter bestimmten gegebenen Verhältnissen eine Erhöhung des Vakuums vorgenommen wird. Die in Frage stehende Anlage soll etwa bei 10000 PSe mit einem Druck vor den Düsen von 20 ata und einer Temperatur von 350° arbeiten. Es soll untersucht werden, wie sich der Dampfverbrauch ändert, wenn bei 15° C Kühlwassertemperatur das Vakuum von 95% auf 97% erhöht wird.

Das adiabatische Gefälle bei einem Vakuum von 95% beträgt 243,6 WE. Hieraus ergibt sich bei einem thermodynamischen Wirkungsgrad der Anlage von 78% ein Dampfverbrauch für 1 PSe und Stunde von 3,34 kg. Bei 97% Vakuum beträgt das adiabatische Gefälle 257,5 WE. Unter der Voraussetzung, daß hierbei der gleiche thermodynamische Wirkungsgrad erreicht werden kann, würde der Dampfverbrauch 3,15 kg/PSStd. betragen, es würde also eine Verbesserung von 5,7% gegenüber 95% Vakuum zu erzielen sein.

Dies setzt allerdings voraus, daß die Stufenzahl dieser Turbine entsprechend vergrößert und der Austrittsquerschnitt so bemessen wird, daß der Austrittsverlust in beiden Fällen etwa der gleiche ist. Die Mehrleistung bei 97% Vakuum würde, wenn diese Bedingung erfüllt, sich also auf 570 PSe belaufen.

Dieses Mehr an Leistung kann aber nicht als Reingewinn gebucht werden, da bei 95% Vakuum nur etwa die 40fache Kühlwassermenge gegenüber der 100fachen bei 97% Vakuum benötigt wird. (Vgl. Bd. I, § 54 f.) Nimmt man an, daß in beiden Fällen die Kondensatoren so bemessen werden, daß mit einer Gesamtverlusthöhe in Rohrleitungen, Pumpen und Kondensatoren von 10 m gerechnet werden kann, so beträgt der Leistungsbedarf der Kühlwasserpumpe bei 95% Vakuum etwa 70 PS, während der selbe für die 100fache Kühlwassermenge auf 167 PS ansteigt. Einschließlich des Mehraufwandes an Dampf für die bei 97% reichlicher zu bemessende Luftabsaugeeinrichtung verbleiben als Reingewinn somit noch etwa 450 PS, das sind etwa 4½%.

In der Regel steht auch genügend Hilfsmaschinenabdampf zur Vorwärmung des Speisewassers zur Verfügung, so daß die bei 97% Vakuum sich ergebende Kondensattemperatur von etwa 20° gegenüber 28° bei 95% Vakuum keinen weiteren Energieverlust bedingt.

Anders als in dem soeben betrachteten Falle liegen die Verhältnisse jedoch, wenn bei der betrachteten Turbine der Austrittsquerschnitt von vornherein nur für 95% Vakuum bemessen ist, später aber ein z. B. bei kälterem Kühlwasser oder nach Vergrößerung der Kondensationsanlage sich ergebendes Vakuum von 97% ausgenutzt werden soll. Der Vergleich stellt sich dann wie folgt:

Wir nehmen an, der Austrittsverlust betrage im ersten Falle 2,5 WE, das Austrittsvolumen 26,1, so wird dieses letztere bei 97% Vakuum auf etwa 41,9 cbm pro kg anwachsen. Bei einer Umfangsgeschwindigkeit von z. B. 140 m/sek und einem normalen Austrittswinkel tg $\beta = 110\%$ ergibt sich in ersterem Falle bei dem thermodynamischen Wirkungsgrad von 78% die absolute Austrittsgeschwindigkeit c_2 zu etwa 163 m/sek $\left(\text{entsprechend } \frac{A \cdot c_2^2}{2g} \cdot 0{,}78 = 2{,}5 \text{ WE}\right)$. Aus dem Geschwindigkeitsdreieck findet sich hierzu die relative Austrittsgeschwindigkeit w_2 zu 221 m/sek; dieselbe steigt bei 97% Vakuum entsprechend dem größeren Volumen auf $w_2' = 355$ m/sek an. Dies entspricht einem $c_2' = 281$ m/sek und einem Austrittsverlust von 7,3 WE. Infolge dieser Vergrößerung des Austrittsverlustes bleibt also von dem Mehrgefälle von $257{,}5 - 243{,}6 = 13{,}9$ WE nur noch $13{,}9 \cdot 0{,}78 - 7{,}3 + 2{,}5 = 6$ WE übrig. Berücksichtigen wir noch die etwas schlechtere Ausnutzung des fast nur von der letzten Stufe verarbeiteten Mehrgefälles, so verbleibt ein Mehr an Nutzgefälle von etwa 5,5 WE, d. h. die Verbesserung beträgt in diesem Falle nur etwa 2,9%.

Bei solchen Untersuchungen muß im übrigen noch nachgeprüft werden, ob das verbesserte Vakuum überhaupt ausgenutzt werden kann. Bei einem Druck von 0,03 ata und dem spezifischen Volumen von 41,9 beträgt die Schallgeschwindigkeit

$$w_k = 334 \cdot \sqrt{0{,}03 \cdot 41{,}9} = 375 \text{ m/sek.}$$

Bei einem Schaufelkoeffizienten von $\varphi = 0{,}92$ wird daher die tatsächlich erreichbare Relativgeschwindigkeit etwa 345 m/sek. Es ist nun in unserem Falle w_2 bereits etwas größer als 345 m/sek, nämlich 355 m/sek. Das in Rechnung zu ziehende Endvolumen wird daher etwa 40,7 cbm/kg betragen. Diesem Volumen entspricht bei einer spezifischen Dampfmenge von 0,9 ein Gegendruck von 0,031 ata. Durch die Erhöhung des Gegendruckes verringert sich das adiabatische Wärmegefälle um etwa 0,8 WE auf 256,7 WE. Die relative Austrittsgeschwindigkeit beträgt also 345 m/sek, die absolute Austrittsgeschwindigkeit 272 m/sek und der Austrittsverlust bei einem mittleren Wirkungsgrad von 77,8% jetzt 6,85 WE; die Verbesserung des Dampfverbrauches beträgt dann statt 2,9% nur noch etwa 2,8%.

Zu berücksichtigen ist noch, daß die Verbesserung des Vakuums infolge Abnahme der Ventilationsarbeit der Rückwärtsturbinen einen weiteren kleinen Gewinn mit sich bringt.

§ 51. **Über die Einwirkung der Düsen- und Schaufelkoeffizienten auf die Wirtschaftlichkeit der Turbinen und die Verbesserung derselben durch Anwendung besonders sorgfältig ausgeführter Düsen, Leit- und Laufschaufeln.** Die in den Abb. 17 bis 20 und 22 bis 24 dargestellten Wirkungsgradkurven geben die Werte wieder, welche unter Verwendung der normalen Schaufelprofile ohne weiteres erzielt werden können. Die tatsächlich erreichbaren Höchstwerte liegen dagegen insbesondere bei Spezialausführungen mit besonders entworfenen Profilen nicht unwesentlich höher.

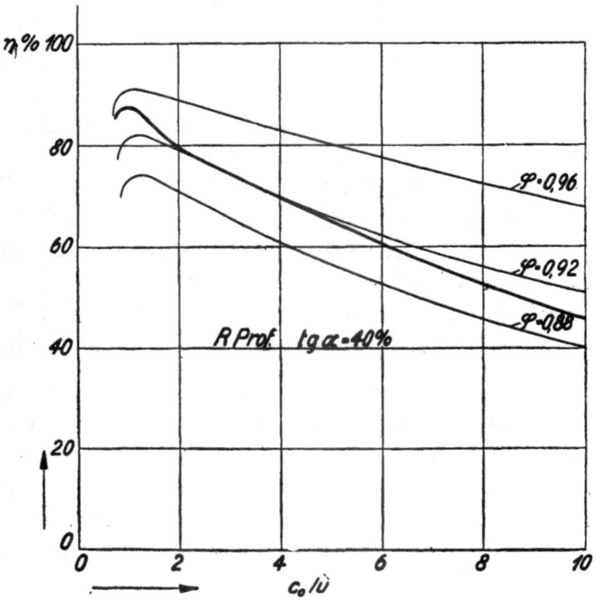

Abb. 69.

Betrachten wir zunächst die am meisten verwendeten normalen Reaktionsprofile, so sehen wir, daß dieselben für einen c_0/u-Wert von etwa 2—3 entworfen sind. Werden dieselben bei größeren oder kleineren c_0/u-Werten betrieben, so ergeben sich, wie bei Aufzeichnung der Geschwindigkeitsdreiecke leicht zu ersehen, auf jeden Fall mehr oder weniger schädliche Eintrittstöße. Es wird dies natürlich auf den Schaufelkoeffizienten φ, der ja der Einfachheit halber alle Verluste enthält, von Einfluß sein müssen. Wenn also z. B. in dem Gebiet von c_0/u 2,5 bis 4 der φ-Wert $= 0{,}92$ entspricht, so wird derselbe bei einem $c_0/u = 10$ höchstens 0,9 betragen, während in dem Gebiet von $c_0/u = 1{,}5$ der Wert φ auf etwa 0,94 ansteigen wird (vgl. hierzu Abb. 69, in welcher die stark gezeichnete Kurve die wahrscheinlichen Wirkungsgrade normaler Profile in Abhängigkeit von c_0/u zeigt). Zur Erzielung höchster Wirkungsgrade für kleinere c_0/u-Werte müssen deshalb Spezialprofile, welche bei diesen Verhältnissen stoßfreien Eintritt gewährleisten, verwendet werden.

Eine weitere Verbesserung gegen die normalen recht kräftigen Schiffsturbinenprofile kann dadurch erzielt werden, daß dünnere Profile von entsprechend größerer Breite verwendet werden, um die Kantenstöße und Austrittswirbel so weit wie irgend möglich zu beseitigen. Dadurch wird außerdem ein besserer Kanal geschaffen, in welchem wegen der Vergrößerung des Krümmungsradius die Umlenkungsverluste kleiner sind.

Eine Wirkungsgraderhöhung ist auch durch erhebliche Verringerung der Axialspiele, durch Verwendung kleiner Überdeckungen an den Schaufelübergängen und durch äußerst sorgfältige polierte Ausführung der Schaufeln zu erzielen.

Je besser der Schaufelkoeffizient φ wird, desto mehr rückt der Scheitel der Wirkungsgradkurve gegen den c_0/u-Wert $= 1$. Es ist also auch die Verwendung einer größeren Stufenzahl, d. h. eines geringeren c_0/u-Wertes gerechtfertigt.

Inwieweit sich die vorgenannten Maßnahmen betriebssicher durchführen lassen, hängt von der Größe der Turbine und dem verfügbaren Platz und Gewicht ab.

Bei Aktionsstufen, bei welchen der Einfluß des Düsenwirkungsgrades sehr stark ins Gewicht fällt, ist es am Platze, besonders die Düsen so sorgfältig wie irgend möglich herzustellen. Durch Verwendung maschinell hergestellter Düsen, bei welchen der Austrittswinkel sehr genau eingehalten werden kann, wird insbesondere, wenn die Düsen poliert und mit gutem Einlauf hergestellt werden, ein erheblich besserer Wirkungsgrad als bei den im allgemeinen verwendeten Düsen mit eingegossenen Blechschaufeln erzielt werden können. Über die sonstigen Verluste gilt das gleiche wie bei den Reaktionsstufen. Erwähnt muß hier noch werden, daß der Einfluß des Axialspieles bei Aktionsturbinen erfahrungsgemäß noch etwas größer ist als bei den Reaktionsstufen.

Über die Einwirkung der Größe der Dampfgeschwindigkeit auf Schaufel- und Düsenkoeffizienten sind einwandfreie Unterlagen noch nicht vorhanden. Nach den Untersuchungen des Steam Nozzles Research Committee, veröffentlicht in Engineering 1925 (vgl. Anhang VIII), scheint in dem Gebiet von 120 bis 170 m/sek das Maximum desselben zu sein, in den Grenzen von 200 bis 300 m/sek nimmt der Koeffizient stark ab, um über 400 m/sek wieder anzusteigen, ohne jedoch den Höchstwert im ersten Gebiet ganz zu erreichen.

Es ist einleuchtend, daß beim Betrieb mit Dampf großen Wassergehaltes der Schaufelkoeffizient geringer sein wird, als beim Betrieb mit Heißdampf, da durch die sich ausscheidenden Wassertropfen Ablenkungen beim Ein- und Austritt aus der Schaufel auftreten, welche die normale Strömung stören. Dieser Einfluß scheint ebenfalls mit der Dampfgeschwindigkeit ziemlich stark zuzunehmen und ist deshalb im allgemeinen bei Aktionsstufen größer als bei Reaktionsstufen.

§ 52. **Zusammenfassende Bemerkungen über den Einfluß der Vergrößerung der Stufenzahl.** Obwohl der beste Wirkungsgrad erreicht werden könnte, wenn man bei gegebener Umfangsgeschwindigkeit das Gefälle soweit unterteilt, daß sich derjenige c_0/u-Wert ergibt, welcher dem Scheitel der Wirkungsgradskurve entspricht, so ist es doch in den meisten Fällen wirtschaftlich unmöglich, diesen Wert zu erreichen, da die sich hierbei ergebende Stufenzahl Turbinen von ungewöhnlichen Ausmaßen ergeben würde.

Die im allgemeinen zweckmäßigen Werte von c_0/u sind aus den in § 67 und 69 enthaltenen Tabellen für die verschiedenen Verwendungszwecke ersichtlich.

Aus Gründen der Verbesserung der Marschfahrt können im Bedarfsfalle diese Werte von c_0/u im Hochdruckteil noch unterschritten werden.

Wie schnell bei abnehmendem c_0/u die Stufenzahl ansteigt, möge ein Beispiel erläutern. Aus den in Abb. 17 und 18 dargestellten R-Kurven mit dem Schaufelkoeffizienten $\varphi = 0{,}92$ ergibt sich bei einem Austrittswinkel $\operatorname{tg} \alpha = 40\%$ und 50 m/sek Umfangsgeschwindigkeit für:

c_0/u	η	Wärmegefälle pro Stufe	Stufen für 18 WE
2	79,5	1,8 WE	10
1,6	81,1	1,29 »	14
1,2	82,2	0,78 »	23 Scheitel

Eine Wirkungsgradverbesserung von nur 3,4%, wie sie beim Scheitelwert $c_0/u = 1{,}2$ gegenüber dem c_0/u-Wert von 2 eintritt, erfordert also den Aufwand von mehr als der doppelten Stufenzahl. Allerdings wird hierbei durch die Verringerung der

Dampfgeschwindigkeit auch der Schaufelquerschnitt größer, so daß eine weitere kleine Verbesserung sich durch die Verringerung des Spaltverlustes ergibt. Gleichzeitig wird aber auch die Schaufellänge im Verhältnis 2:1,2 größer, so daß also unter

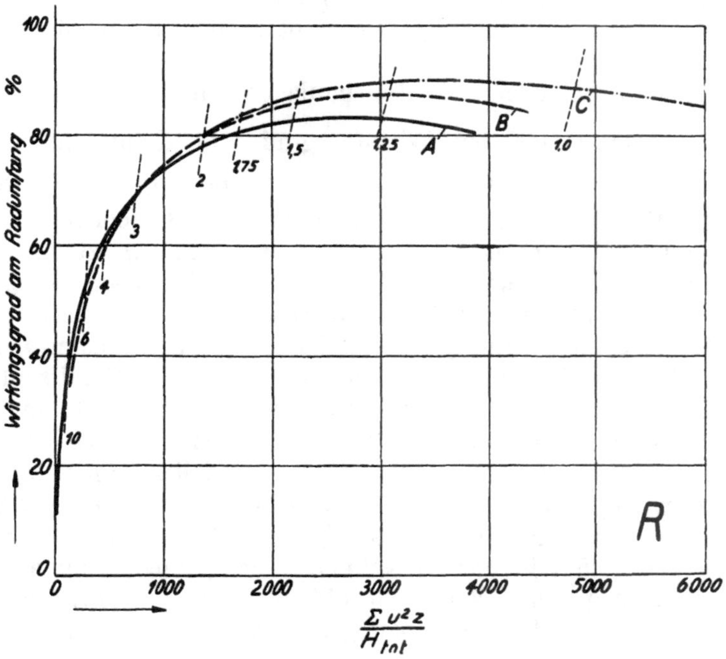

Abb. 70.

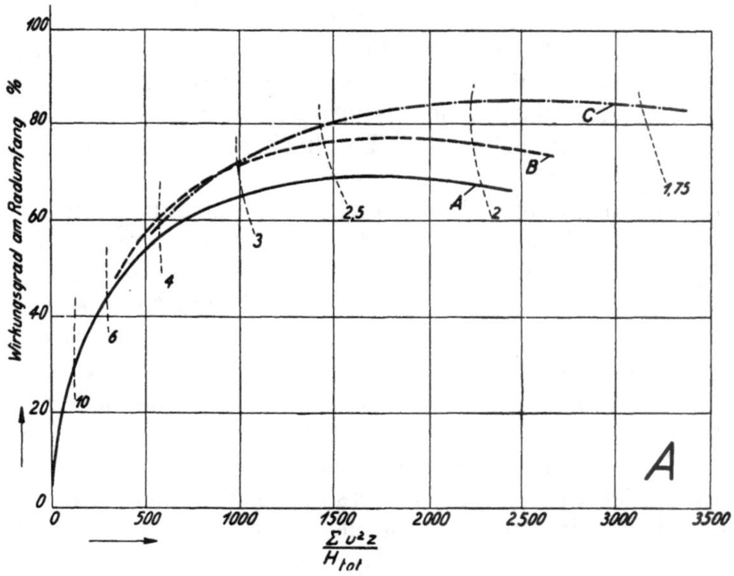

Abb. 71.

Umständen auch noch breitere Profile erforderlich sind, damit das Verhältnis von Schaufellänge zu Schaufelbreite die bewährte Verhältniszahl nicht übersteigt. Dies bedingt eine Längenvergrößerung der Turbine, welche die durch Steigerung der Stufenzahl erforderliche Baulänge noch vergrößert.

Eine solche weitgehende Vergrößerung der Stufenzahl, wie sie bei Kriegsschiffen für Marschfahrt oft vorgenommen wird, hat, wie ohne weiteres verständlich ist, nur im Hochdruckteil Berechtigung, da bei reduzierter Leistung das in den Niederdruckstufen verarbeitete Wärmegefälle immer kleiner wird. Auch würde im Niederdruckteil die Wahl solch günstiger c_0/u-Werte bald zu nicht ausführbaren Schaufellängen führen.

Zum Vergleich verschiedener Turbinenanlagen wird vielfach die von Parsons zuerst angewandte Methode, den Wirkungsgrad am Radumfang über $\frac{\Sigma(u^2 \cdot Z)}{H_{total}}$ aufzutragen, gewählt. Unter „Wirkungsgrad am Radumfang" ist der indizierte Wirkungsgrad unter Berücksichtigung des Austrittsverlustes, jedoch ohne Abzug der Spalt- und sonstigen Undichtigkeitsverluste verstanden. u ist die mittlere Umfangsgeschwindigkeit der betreffenden Stufen, Z die Stufenzahl, H_{total} die Summe der in den einzelnen Stufen verarbeiteten Wärmegefälle. In Abb. 70 (für R-Stufen) und Abb. 71 (für A-Stufen) sind je drei solche Wirkungsgradskurven aufgetragen worden, davon dürften die Linien A ungefähr den für die Schiffsanlagen verwendeten Normalprofilen bei Betrieb mit trockengesättigtem Dampf entsprechen. Die Kurven B gelten für Turbinen von Landanlagen bei hohen Überhitzungen, während die Kurven C Höchstwerte darstellen, die bei spezieller Bemessung der Schaufelprofile für günstigste c_0/u-Werte bei sehr hoher Überhitzung erreicht werden dürften. Um den Zusammenhang mit unserer sonstigen Rechnungsmethode nach Möglichkeit zu kennzeichnen, sind in das Kurvenblatt noch Linien konstanter c_0/u-Werte eingetragen, welche in gleicher Weise, wie dies bei den R-Kurven beschrieben, berechnet sind. Für direkte Turbinen bewegen sich im allgemeinen die Werte von $\frac{\Sigma u^2 \cdot Z}{H_{total}}$ für R-Stufen zwischen 600 bis 1800, während bei Turbinen mit Übersetzungsgetriebe dieser Wert bis etwa 3000 ansteigen dürfte.

§ 53. **Über den Einfluß der Verkleinerung des Schaufelspiels auf den Dampfverbrauch und die Grenzen für die Verminderung desselben.** Das in Abb. 39 dargestellte Kurvenblatt zeigt die bei Schiffsturbinen im allgemeinen üblichen Radialspiele für kurze und lange Schaufeln. Demnach schwanken die Radialspiele zwischen 0,7 bis 1,4‰ des Durchmessers.

Eine weitere Verkleinerung dieser Spiele wird sich nur dann empfehlen, wenn durch besonders solide Ausführung, nicht allzu langgestreckte Dimensionierung und besonders günstige Lagerung der Gehäuse ein Werfen der letzteren unmöglich gemacht ist. Ferner darf die Durchfederung des Rotors beim Anfahren und beim Durchlaufen kritischer Drehzahlen nicht so groß sein, daß ein Anstreifen eintreten kann. Es wurde schon angeregt, die unbedingt notwendigen Radialspiele dadurch zu erreichen, daß durch vorsichtiges Anfahren, unter Zuhilfenahme von Schleifmitteln, diese Spiele erst im Gehäuse hergestellt werden. Dies ist bei den mit Anschärfung versehenen Schaufeln bei einiger Vorsicht möglich, da eine lokale Berührung und ein Anschleifen der dünnen Enden, eine Zerstörung der Schaufeln nicht hervorrufen kann. Im allgemeinen wird man jedoch auch hierbei bei kleineren Turbinen nicht unter ein Radialspiel von 0,7‰, bei größeren nicht unter 1‰ gehen.

Der Gewinn bei dieser Verkleinerung der Radialspiele ist nur dann ins Gewicht fallend, wenn das Verhältnis von Schaufellänge zum Durchmesser ziemlich klein ist. Beträgt beispielsweise bei 1,2‰ Spiel der Spaltverlust einer HD-Turbine 8%, so würde derselbe bei 0,8‰ auf 5,3% sinken.

Der Einfluß des Axialspieles ist erfahrungsgemäß bei Aktionsturbinen erheblich größer, als bei Reaktionsturbinen; doch sind zahlenmäßige Angaben, welche die

Größe dieses Einflusses kennzeichnen, bisher nicht bekannt geworden. Man wird insbesondere bei kleinen Schaufellängen, um den Einfluß der Streuung des Dampfstrahles zu verringern, kleine Axialspiele anstreben.

Wird bei nicht erweiterter Düse die Schallgeschwindigkeit überschritten, so tritt im Spalt bekanntlich eine Ablenkung des Dampfstrahles (vgl. Anhang Nr. VIII) ein; man wird deshalb auch in diesem Falle, um den Leistungsverlust so klein wie möglich zu halten, das Axialspiel so weit verringern, als es der unbedingt sichere Betrieb zuläßt. Diese Grenze dürfte im allgemeinen je nach der Größe der Turbine zwischen 2 bis 5 mm liegen. Es muß dann selbstverständlich das Drucklager so untergebracht werden, daß die Wärmedehnungen von Gehäuse und Rotor in gleicher Richtung verlaufen. Die Verringerung des Axialspieles dürfte, wenn auch so weit als irgend zulässig getrieben, keine weitergehende Verbesserung des Dampfverbrauches, als etwa 1 bis 2% gegenüber den normalen Verhältnissen liefern. — Über Maßnahmen zur Verringerung des Axialspieles durch axiales Verschieben des Rotors siehe § 55.

§ 54. **Über den Einfluß der Umfangsgeschwindigkeit auf die Erhöhung der Ökonomie der Turbinen und über die praktischen Grenzen für die Verwendung hoher Umfangsgeschwindigkeiten.** Rein theoretisch betrachtet, würde der Gedanke naheliegen, das ganze zur Verfügung stehende Wärmegefälle in einem einzigen Rade aufzuarbeiten. Nicht nur würden dadurch die Verluste durch Umlenkung, Reibungsflächen, Übergang von einem Rad zum anderen und durch Zwischenstopfbüchsen kleiner werden, sondern es würde sich auch Raumbedarf, Gewicht und Kosten der Turbinenanlage erheblich vermindern.

Geht man diesem Gedanken weiter nach, so findet man folgendes: Es ergibt sich beispielsweise bei einem Wärmegefälle von 200 WE eine theoretisch erzielbare Dampfgeschwindigkeit von 1294 m/sek. Würde man nun ein zweikränziges Curtisrad, dessen Wirkungsgradskurve in Abb. 22 dargestellt ist, auf dem Scheitel des Wirkungsgrades, d. h. also mit dem Verhältnis $c_0/u = 4$ betreiben, so wäre dazu eine Umfangsgeschwindigkeit von 324 m/sek erforderlich. Der erzielbare indizierte Wirkungsgrad wäre dann etwa 68%.

Die Verwendung eines einkränzigen Aktionsrades mit dem Düsenkoeffizienten $\varphi = 0{,}92$ und dem Schaufelkoeffizienten $\psi = 0{,}88$ verlangt für den Scheitelwert einen c_0/u-Wert von etwa 2, so daß also, um bei $\operatorname{tg}\alpha = 40\%$ den am Scheitel zu erwartenden Wirkungsgrad von 68% zu erreichen, eine Umfangsgeschwindigkeit von 647 m/sek erforderlich wäre. Noch ungünstiger werden die Verhältnisse bei einer einkränzigen Reaktionsstufe. Mit dem Düsenkoeffizienten $\varphi = 0{,}92$ ergäbe sich der Scheitel des Wirkungsgrades bei einem c_0/u-Wert $= 1{,}2$, so daß also bei gleichmäßiger Gefällsverteilung auf Leit- und Laufkranz in diesem Falle eine Umfangsgeschwindigkeit von etwa 762 m/sek erforderlich wäre. Der indizierte Wirkungsgrad einer solchen Stufe würde dann etwa 85% betragen.

Von derartigen Umfangsgeschwindigkeiten kann leider infolge der dabei auftretenden übergroßen Beanspruchung der Radscheiben durch die Zentrifugalkräfte keine Rede sein (vgl. hierzu Anhang VI).

Bei Verwendung eines guten Spezialstahles wird die Grenze für aufgesetzte Radscheiben etwa liegen für zweikränzige Curtisräder

für 8000	Umdr.	etwa	bei	160 m/sek
„ 3000	„	„	„	190 „
„ 1500	„	„	„	200 „

Für einkränzige Räder verschieben sich diese Werte auf 200 bzw. 250 bzw. 270 m/sek.

Werden die Räder mit der Welle aus einem Stück angefertigt, so dürfte die Grenze für zweikränzige Räder

bei 8000 Umdr. etwa bei 180 m/sek
„ 3000 „ „ „ 200 „

liegen.

Für einkränzige Räder gleicher Konstruktion kann man bei 8000 Umdr. etwa bis 230 m/sek gehen, bei 3000 Umdr. etwa bis 300 m/sek.

Diese letzteren Werte sind auch noch zulässig, wenn die Radscheiben ohne größere Nabenbohrung zusammengeflanscht werden und an den Stellen, an welchen die Verbindungsbolzen durchgeführt werden, besonders wirksam verstärkt sind.

So große Umfangsgeschwindigkeiten bedingen indessen die Anwendung sehr schwerer Naben. Dadurch wird nicht nur die Baulänge und das Gewicht solcher Turbinen sehr ungünstig beeinflußt, sondern es verlangen derartige Turbinen auch zum gleichmäßigen Durchwärmen sehr große Anfahrzeiten.

Ganz abgesehen von den Grenzen, welche durch die Beanspruchung der Radscheiben der Verwendung hoher Umfangsgeschwindigkeiten gezogen sind, ist es auch noch ein anderer Umstand, welcher es verhindert, eine Erhöhung der Umfangsgeschwindigkeit weit über das jetzt übliche Maß hinaus anzustreben. Es ist nämlich nicht möglich, eine einigermaßen brauchbare Düse oder Schaufel zu bauen, welche z. B. das obengenannte Wärmegefälle von 200 WE bzw. die Hälfte desselben in Geschwindigkeit umsetzt. Die hierzu erforderliche Erweiterung würde so groß werden, daß sich, da die Konizität der Düse oder Schaufel mit Rücksicht auf die Ablösung des Dampfstrahles nicht beliebig groß gewählt werden darf, ein ganz unverhältnismäßig langer Kanal mit sehr großer Oberflächenreibung ergeben würde.

Letztgenannte Verhältnisse bringen es mit sich, daß zur Erzielung einer einigermaßen wirtschaftlichen Turbine mindestens 5 bis 6 Aktionsstufen bzw. 8 bis 10 Reaktionsstufen erforderlich sind. Dabei sind für das Gesamtwärmegefälle von 200 WE Umfangsgeschwindigkeiten von 250 bis 220 m/sek erforderlich.

Aber auch Umfangsgeschwindigkeiten wie die letztgenannten sind nur dann mit Vorteil zu verwerten, wenn die Leistung der in Rede stehenden Anlage ziemlich groß ist. Bei kleineren Anlagen würden sich die Ventilations- und Radreibungsverluste allzu ungünstig bemerkbar machen. Ein Beispiel, wie unter Berücksichtigung dieser Verluste bei gegebener Drehzahl der günstigste Raddurchmesser sich ermitteln läßt, ist in § 73 bei der Berechnung einer Laval-Turbine zu finden.

Neuerdings macht sich das Bestreben geltend, insbesondere im Hochdruckteil von Turbinen mit verhältnismäßig sehr kleinen Umfangsgeschwindigkeiten zu arbeiten. Dies bedingt natürlich eine große Radzahl, anderseits kann aber wegen der sehr leicht auszuführenden Radscheiben die Welle recht dünn gehalten werden; dadurch werden die Zwischenstopfbuchsverluste erheblich verringert. Diese Tendenz wird dadurch begünstigt, daß nach neueren eingehenden Untersuchungen (vgl. Anhang VIII) der Wirkungsgrad von Düsen und Schaufeln von der Größe der Dampfgeschwindigkeit abhängt und bei verhältnismäßig kleinen Dampfgeschwindigkeiten günstigere Werte annimmt.

Bei Reaktionsturbinen ist im übrigen die Verwendung der beispielsweise genannten Stufenzahl von 8 bis 10 schon mit Rücksicht auf die dabei erforderlichen großen Ausgleichkolben, welche sehr große Undichtigkeitsverluste ergeben würden, ausgeschlossen. Sofern eine größere Anzahl Reaktionsstufen in Frage kommen, ist es oft vorteilhafter, in den letzten Stufen der Niederdruckturbine Radscheiben zu vermeiden und mit der Umfangsgeschwindigkeit so weit herabzugehen, daß die Laufschaufeln auf einer Trommel untergebracht werden können. Dadurch wird wesentlich an Gewicht gespart, so daß der Mehraufwand an Baulänge leicht ausgeglichen wird. Außerdem liegt bei solchen Turbinen die kritische Drehzahl infolge des großen Trägheitsmomentes der Trommel vielfach erheblich höher, als bei Turbinen mit aufgesetzten Radscheiben.

§ 55. **Kann mit Aktions- oder Reaktionsbeschaufelung eine höhere Wirtschaftlichkeit erzielt werden?** Wie bereits in § 37 zum Ausdruck gebracht, werden sowohl Aktions- als auch Reaktionsturbinen für alle Dampfverhältnisse, Drehzahlen und Leistungen gebaut und hängt die Art des gewählten Systems fast immer nur von den Gepflogenheiten und Erfahrungen der Baufirma ab. Welche der beiden Turbinentypen beim heutigen Stande der Technik am vorteilhaftesten ist, läßt sich schwer sagen, da jeder Weiterentwicklung der Aktionsturbinen baldigst Verbesserungen auf dem Gebiete des Reaktionsturbinenbaues gefolgt sind und umgekehrt.

Für kleine Leistungen bei ungünstigen Drehzahlen hat sich die reine Aktionsturbine überlegen gezeigt, jedoch wird auch bei nicht allzu großen Leistungen der Reaktionstrommel ein Aktionsrad vorgeschaltet und hierdurch der Vorteil des Aktionsrades auch für solche Turbinen ausgenutzt.

Zur Erzielung einer geschlossenen Dampfströmung wird bei Aktionsturbinen fast immer geringe Reaktionswirkung in den Laufschaufeln zugelassen. Dies ergibt sich ganz von selbst, wenn z. B. ein besseres als das der Konstruktion zugrunde gelegte Vakuum in der letzten Stufe einer Aktionsturbine verarbeitet wird. Im Dauerbetrieb wird diejenige Turbinenart am längsten ihren Dampfverbrauch einhalten, welche mit verhältnismäßig großen Spielräumen arbeitet. Bei den Reaktionsstufen, welche im allgemeinen mit verhältnismäßig kleinen Radialspielen betrieben werden, hängt die dauernde Aufrechterhaltung ihres Dampfverbrauches also in großem Maße von der sorgfältigen Konstruktion von Rotor und Gehäuse ab.

Maßnahmen wie die Verwendung axialer Dichtungsstellen bei Reaktionsstufen bei welchen nach Inbetriebnahme der Rotor zur Verringerung der Undichtigkeitsverluste verschoben wird, scheinen bei Schiffsturbinen schwer möglich, da hier stets mit der Möglichkeit sofortiger Umsteuerung auf Rückwärtsfahrt gerechnet werden muß.

Im allgemeinen werden in Reaktionsturbinen die Dampfgeschwindigkeiten gleichmäßiger sein, als in Aktionsstufen, da bei letzteren das gesamte Gefälle einer Stufe in den Düsen umgesetzt wird. Da nun die Strömungsverluste in erster Annäherung proportional dem Quadrat der Dampfgeschwindigkeiten ansteigen, ist zu erwarten, daß bei Reaktionsstufen diese Verluste geringer ausfallen. Anderseits kann bei Aktionsstufen mit verhältnismäßig kleineren Undichtigkeitsverlusten gerechnet werden, so daß nach diesen Gesichtspunkten erst von einer bestimmten Leistungsgröße ab die Reaktionsbeschaufelung wirtschaftlicher werden kann.

Man findet neuerdings vielfach Turbinen, bei denen ein erheblich größerer Teil der *HD*-Turbine als früher mit Aktionswirkung arbeitet und erst in späteren Expansionsstufen, wenn die Spaltverluste geringer werden und deshalb hinreichend Spiel zugelassen werden kann, Reaktionsbeschaufelung vorgesehen wird. Diese Maßnahme hat außer der oben geschilderten Verkleinerung der Undichtigkeitsverluste noch den Vorteil, daß im *ND*-Teil wegen der gleichmäßigeren und kleineren Dampfgeschwindigkeiten die Abnutzung der Schaufeln durch das im Dampf mitgeführte Wasser verringert wird.

5. Die Schaltungen der Dampfwege bei Schiffsturbinenanlagen zwecks Erhöhung der Ökonomie bei Fahrt mit Teillast (Fahrt mit Marschgeschwindigkeit).

§ 56. **Allgemeine Bemerkungen.** Aus den in den § 13 bis 21 enthaltenen Betrachtungen über den Wirkungsgrad der Beschaufelung und aus den dort gezeigten Wirkungsgradkurven geht hervor, daß die Wirtschaftlichkeit der Turbinen im allgemeinen eine empfindliche Verschlechterung erfährt, wenn die Drehzahl herabgesetzt wird.

Maschinenanlagen zum Antrieb von Schiffen besitzen die Eigenschaft, daß bei einer Reduktion der Leistung auch die Drehzahl entsprechend den hydraulischen Gesetzen abnimmt, und zwar etwa mit der 3. Wurzel der Leistung. Man steht bei Turbinenanlagen von Schiffen, welche manchmal mit hoher, manchmal mit geringerer Geschwindigkeit fahren, wie dies meist bei Kriegsschiffen der Fall ist, vor der Schwierigkeit eine erhebliche Zunahme des Dampfverbrauches pro Pferdekraft und Stunde bei reduzierter Fahrt in Kauf nehmen zu müssen. Hinzu kommt noch, daß sich abgesehen von der Erniedrigung der Umdrehungszahl bei der verkleinerten Leistung auch die Gefällsverteilung in der Turbine ändert und einzelne Verluste einen relativ stärkeren Einfluß gewinnen als bei voller Fahrt.

Diese Tatsachen sind der Grund dafür, daß man sich seit der Einführung des Turbinenantriebes bei Kriegsschiffen andauernd bemüht hat, Einrichtungen zu ersinnen, welche eine Verbesserung der Wirtschaftlichkeit bei Fahrt mit reduzierter Leistung und Geschwindigkeit (Marschfahrten) bewirken.

Über die Abstufung der Geschwindigkeiten, welche im Betrieb der Schiffe gewählt zu werden pflegen und auf welche bei der Konstruktion in besonderer Weise Rücksicht zu nehmen ist, lassen sich im allgemeinen Regeln nicht aufstellen. Beispielsweise wird bei schnellen Kriegsschiffen mit hoher Leistung, wie Kreuzern und Torpedobooten, welche eine hohe Geschwindigkeit, etwa 30 Knoten und darüber besitzen, verlangt, daß die Turbinen für eine beschleunigte Marschfahrt von 20 bis 25 Knoten pro Stunde, für eine mittlere Marschfahrt von 17 bis 18 Knoten und für eine langsame Marschfahrt von 14 bis 15 Knoten eingerichtet sind. Die Leistung bei höchster Forcierung (forcierte Meilenfahrt) liegt bei solchen Schiffen, entsprechend der Überlastbarkeit der Turbinen, etwa 20 bis 30% über der Konstruktionsleistung.

Beim Betrieb von Turbinenanlagen mit mehreren Wellen darf nicht vergessen werden, daß, wenn eine der Wellenleitungen nicht in Betrieb ist, die Propellerwelle derselben leer mitlaufen muß oder abzubremsen ist. Meistens wird aus betriebstechnischen Gründen das letztere notwendig sein.

In solchen Fällen wird aber für das Mitschleppen der Schraube eine recht erhebliche Leistung erforderlich. Messungen, welche auf Dreiwellenschiffen vorgenommen worden sind, haben ergeben, daß beim Mitschleppen einer Welle durch die beiden anderen 6%, beim Mitschleppen zweier Wellen durch die einzige in Betrieb befindliche 20% der Leistung nur für das Mitschleppen des nicht arbeitenden Propellers aufgewendet werden müssen.

§ 57. **Verschiedene Maßnahmen zwecks Erhöhung der Ökonomie bei Marschfahrt.** Die am häufigsten zur Erreichung des vorstehend genannten Zweckes verwandten Maßnahmen sind die folgenden:

1. Einrichtung von besonderen Düsenkasten.
2. Anordnung besonderer Marschturbinen, welche im allgemeinen nur bei Fahrt mit verminderter Geschwindigkeit in Betrieb genommen werden, sonst aber im Vakuum mitlaufen.
3. Anordnung von besonderen Stufen bzw. Geschwindigkeitsrädern oder Trommelstufen, welche zwar in die Gehäuse der Turbinen eingebaut sind, jedoch nur bei Marschfahrt mitarbeiten, während sie bei voller Fahrt aber umgangen werden.
4. Hintereinanderschaltung verschiedener Turbinen**teile** durch besondere Rohrleitungen, welche lediglich bei Marschfahrt angestellt werden.

5. Ausgestaltung verschiedener Teile der für die Fahrt mit voller Leistung an sich vorhandenen Beschaufelung derart, daß sie für Hauptfahrt absichtlich für geringeren Wirkungsgrad entworfen sind, um bei Marschfahrt möglichst günstig zu arbeiten.

Zu 1. Die Unterteilung der Einströmung in die *HD*-Turbine in eine Anzahl einzeln absperrbarer Düsenkasten hat den Zweck den Drosselungsverlust bei verminderter Fahrt so klein wie möglich zu halten. Es werden bis sechs solcher einzeln absperrbarer Abteilungen, welche nach Belieben allein oder in irgendwelchen Zusammenstellungen geöffnet werden können, vorgesehen. Vgl. hierzu § 84, Abb. 131, wo die konstruktive Anordnung solcher Düsenventile ausführlich erläutert ist.

Über die Einwirkung dieser Maßnahme auf den Dampfverbrauch vgl. die Beispiele in § 58.

Zu 2. Am seltensten findet man Marschturbinen bzw. Marschanlagen, welche ein für sich getrenntes Ganzes mit eigener *HD*-, *ND*-Turbine und Kondensation bilden, mit den Hauptantriebswellen gekuppelt sind und bei voller Fahrt zur Entwicklung der Antriebsleistung mit herangezogen werden. Bei Marschfahrt wird in diesem Falle die Hauptanlage im Vakuum mitgeschleppt, bzw. sie wird bei langen Marschfahrten durch Lösen von Kupplungen abgeschaltet.

Häufiger findet man einzelne Turbinen, sog. Marschturbinen, welche bei den Fahrten mit geringerer Geschwindigkeit der Hauptanlage vorgeschaltet werden, sonst aber im Vakuum mitlaufen.

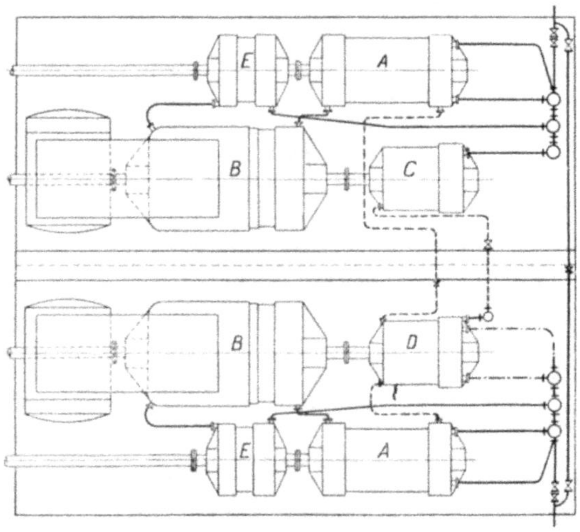

Abb. 72.

Dieses bei größeren Kriegsschiffen mit direktwirkenden Turbinenanlagen von Parsons eingeführte und seinerzeit — etwa in den Jahren 1908 bis 1914 — vielfach ausgeführte System veranschaulicht die schematische Skizze Abb. 72. Diese zeigt die Maschinenanlage des im Jahre 1912 gebauten amerikanischen Panzerschiffes „Wyoming", deren Leistung 28000 PSe beträgt bei einer Drehzahl der vier Wellen von 330 pro Min.

Bei Fahrt mit Höchstleistung sind auf jeder Schiffsseite nur die *HD*-Turbine *A* auf der Außenwelle und die *ND*-Turbine *B* auf der Innenwelle in Betrieb. Bei Marschfahrt aber strömt der Dampf zuerst in die *HD*-Marschturbine *C* auf der *BB*-Innenwelle, von da in die *MD*-Marschturbine *D* vorn auf der *StB*-Innenwelle, von da in geteiltem Strom in die beiden *HD*-Hauptturbinen und dann in die *ND*-Hauptturbinen.

Bei beschleunigter Marschfahrt kann auch unter Ausschaltung der *HD*-Marschturbine die *MD*-Marschturbine direkt Frischdampf erhalten.

Die *HD*-Rückwärtsturbinen sind auf den Außenwellen bei *E*, die *ND*-Rückwärtsturbinen in den Gehäusen der *ND*-Vorwärtsturbinen untergebracht.

Über die Beschaufelung der Turbinen siehe § 85 f.

In manchen Fällen, namentlich wenn die Marschturbinen durch Rädergetriebe auf die Hauptwelle geschaltet sind, ist es angezeigt, die Marschturbinen bei Hauptfahrt durch Ausrückkupplungen od. dgl. abzuschalten, um den Ventilationsverlust in der Marschturbine zu vermeiden und dieselbe während der Vollkraftfahrt überholen zu können. Es ist zu bemerken, daß — da die Marschturbinen bei Vollkraftfahrt evtl. mit dem Mehrfachen der Marschdrehzahl mitgerissen würden — die Ventilationsarbeit bzw. Erwärmung derselben bei etwas gesunkenem Vakuum bereits sehr bedeutend und überaus störend werden kann.

Zu 3. Anordnungen dieser Art sind in den § 37 u. 84 beschrieben und in den Abb. 47, 48, 50, 55, 128, 131 veranschaulicht.

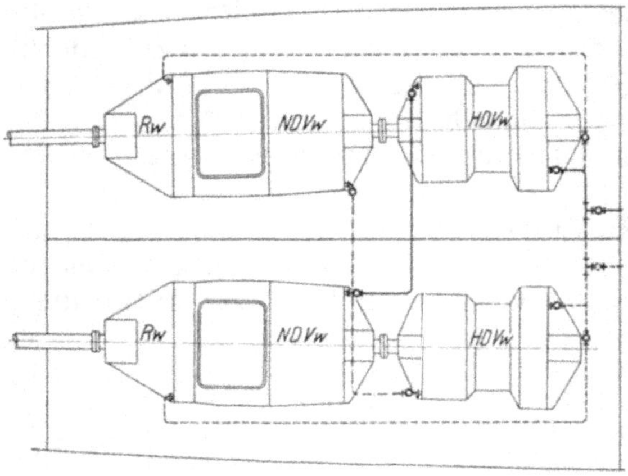

Abb. 73.

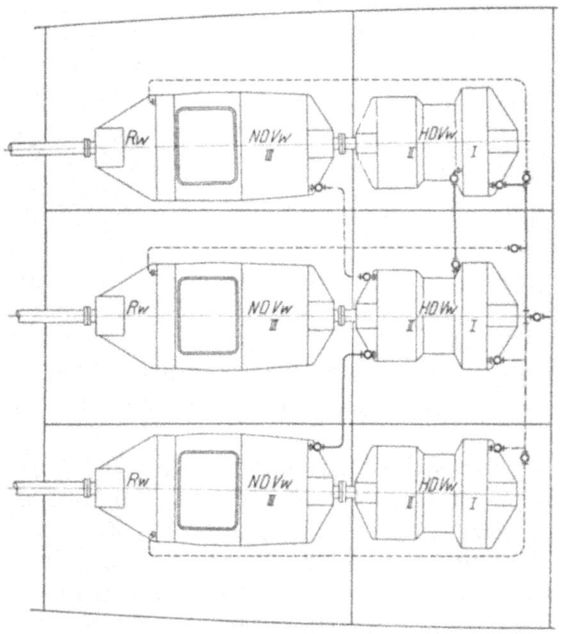

Abb. 74.

Zu 4. Schaltungen dieser Art sind die Roellig-Schaltung und die Föttinger-Schaltung.

Das Wesen der R o e l l i g - S c h a l t u n g ist das Folgende: Jede einzelne Turbine — welche gesondert ihren Wellenstrang antreibt — ist in mehrere Stufengruppen zerlegt. Bei verringerter Schiffsgeschwindigkeit werden nun von den mit Frischdampf gespeisten Turbinen Stufengruppen abgeschaltet, dafür aber Stufengruppen einer anderen Turbine zugeschaltet, so daß nun die Expansion des Dampfes nicht mehr in einer Turbine, sondern in zwei oder mehreren Turbinen, welche verschiedene Wellenstränge antreiben, erfolgt.

Die Anordnung für ein Zweiwellenschiff zeigt Abb. 73.

Hier durchströmt der in die *BB*-Turbine aus den Kesseln eintretende Dampf zuerst den *HD*-Teil und wird von dort in die *StB*-Turbine übergeleitet, von welcher er den *ND*-Teil durchläuft, um schließlich in den *StB*-Kondensator auszuströmen. Selbstverständlich kann die Schaltung auch so vorgenommen werden, daß der Dampf zuerst den *HD*-Teil der *StB*-Turbine, dann den *ND*-Teil der *BB*-Turbine durchströmt.

Eine Schaltung für ein Dreiwellenschiff zeigt Abb. 74.

Bei solchen Anlagen kann diese Schaltung in verschiedener Weise vorgenommen werden; hier seien nur zwei Beispiele herausgegriffen.

Die Turbinen auf jeder Welle seien zerteilt in drei Stufengruppen *I*, *II* und *III*. Bei der ersten Art der Hintereinanderschaltung (für ganz kleine Fahrt geeignet) durchläuft der Dampf zuerst die Gruppe *I* der *BB*-Turbine, dann die Gruppe *II* der Mitteltubine, schließlich die Gruppe *III* der *StB*-Turbine, um von dort aus in den Kondensator einzutreten (in Abb. 74 durch stark ausgezogene Linien gekennzeichnet).

Bei dem zweiten Beispiel (geeignet für Fahrt mit mittlerer Geschwindigkeit) durchläuft der Dampf zuerst Gruppe *I* und *II* der Mittelturbine und verteilt sich dann von hier aus auf die Gruppen *III* der *BB*- und *StB*-Turbinen.

Um diese Schaltungen zu erzielen, müssen die Gruppen voneinander absperrbar getrennt werden und darin liegt eine Grenze der Verwendbarkeit dieser Schaltungen. Die Einteilung in Gruppen wird daher meist nicht weiter getrieben, als sie an sich schon durch die Trennung der Turbinen in *HD*- und *ND*-Turbinen mit geteilten Gehäusen erfolgt. In den Überströmleitungen zwischen diesen Gehäusen lassen sich Absperrorgane unterbringen; allerdings nehmen diese meist sehr große Dimensionen an und erfordern nicht unerheblichen Raumbedarf.

Die Föttinger-Schaltung ist aus dem Bestreben entstanden, für Zweiwellenschiffe die Vorteile der Hintereinanderschaltung der Turbinen hinsichtlich Ökonomie zu sichern, und zwar auch bei Vollkraftfahrt.

Eine derartige Dampfturbinenanlage ist gekennzeichnet dadurch, daß die beiden Turbinen in vier Teile, einen *HD*-, einen an Kraft annähernd gleichen *MD*- und zwei unter sich annähernd gleiche *ND*-Teile geteilt werden, die derart angeordnet sind, daß auf der einen Welle der *HD*- mit dem einen *ND*-Teil, auf der anderen Welle der *MD*- mit dem anderen *ND*-Teil zu je einer Turbineneinheit vereinigt sind (vgl. Abb. 75).

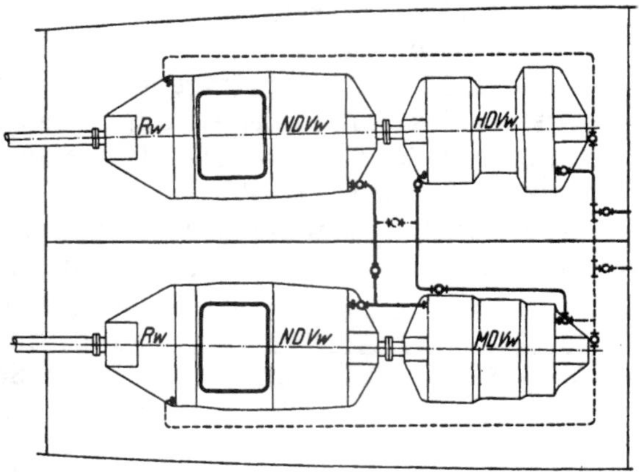

Abb. 75.

Zu 5. Über Maßnahmen dieser Art ist in den Beispielen für die Berechnung von Turbinen § 74 f. und bei der Berechnung von Beschaufelungen für besondere Fälle § 70 Näheres zu finden.

§ 58. **Beispiele für die Beeinflussung des Dampfverbrauches bei verschiedenen Schiffsgeschwindigkeiten durch Verwendung verschiedener Düsenkasten und Turbinenschaltungen.** I. Das Kurvenblatt Abb. 76 stellt den Dampfverbrauch der Turbinen-

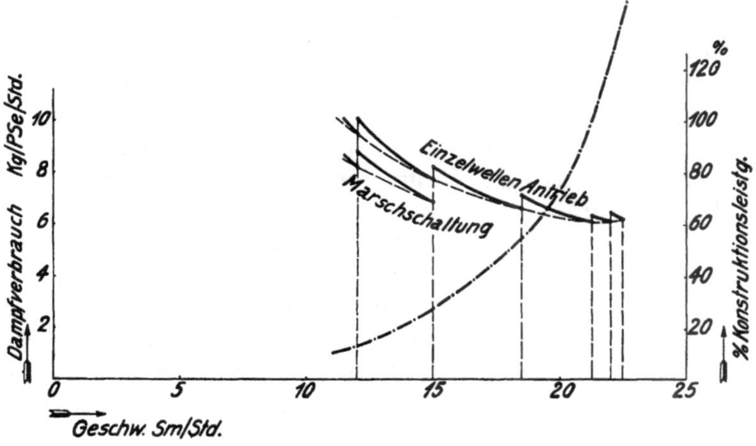

Abb. 76.

anlage eines Linienschiffes bei verschiedenen Geschwindigkeiten in kg pro PSe und Stunde dar.

Das Linienschiff besitzt bei „Vollkraft"-Fahrt eine Gesamtkonstruktionsleistung von 40000 PS, welche in drei ganz gleichen Turbinensätzen auf drei Wellen untergebracht ist. Jeder Turbinensatz besteht aus einer *HD*- und einer *ND*-Turbine.

Die gesamte Belastung der drei Turbinen, abhängig von der Geschwindigkeit, ist durch die strichpunktiert gezeichnete Kurve dargestellt, und zwar gibt diese die für jede Geschwindigkeit erforderliche Leistung in Prozent der Konstruktionsleistung an.

Jede *HD*-Turbine ist mit sechs Düsenkasten *1, 2, 3, 4, 5, 6* ausgerüstet, welche (vgl. Abb. 77) durch die Ventile *A, B, C, D, E, F* einzeln absperrbar sind. Bei der Fahrt mit äußerster Kraft, d. h. also über 22 Seemeilen pro Stunde, sind alle sechs Düsenkasten geöffnet.

Ist dies der Fall, so beträgt der Dampfverbrauch etwa 6,2 kg/PSeStd. Sinkt die Leistung bis auf den einer Geschwindigkeit von 22 Seemeilen entsprechenden Wert, so steigt der Dampfverbrauch, wie aus dem gezackten Kurvenzug der Abb. 76 hervorgeht, bis auf 6,5 kg/PSeStd.

Ist die Leistung so weit reduziert, so können die Düsenkasten *1, 2* und *6* geschlossen werden, und es bleiben nur noch die Düsenkasten *3, 4* und *5* geöffnet. Hierdurch reduziert sich, da wieder voller Dampfdruck vor den Düsen herrscht, der Dampfverbrauch für 22 Seemeilen auf etwa 6,1 kg/PSeStd., um, wenn die Geschwindigkeit auf etwa 21,2 Knoten herabgesetzt wird, infolge der Drosselungsverluste allmählich auf ca. 6,3 kg zu steigen.

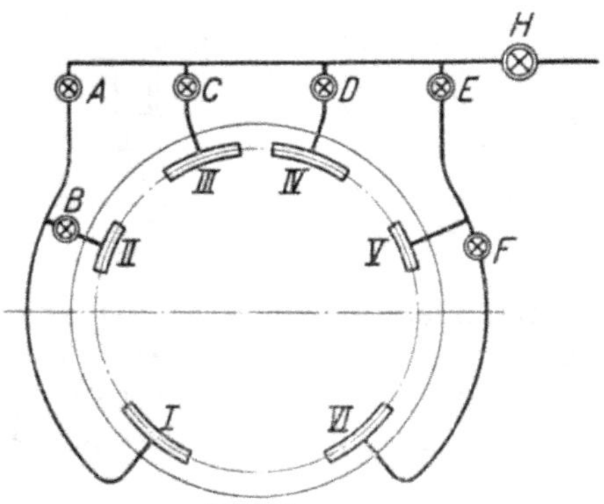

Abb. 77.

Für die Fahrt mit Geschwindigkeiten unter 21,2 Seemeilen genügen die Düsenkasten *3* und *4*; die Dampfverbräuche, welche wieder bei abnehmender Geschwindigkeit durch die Drosselungsverluste ansteigen, sind ebenfalls aus der Kurve zu entnehmen.

Für Geschwindigkeiten unter 18,5 Seemeilen ist die Öffnung des Düsenkastens *3* ausreichend, bis bei einer Geschwindigkeit von 15 Seemeilen auch seine Querschnitte zu groß werden und die Düsenkasten *1* und *2* genügen. Bei einer Geschwindigkeit von 12 Seemeilen endlich kann auch der Düsenkasten *2* geschlossen und die Leistung durch den Düsenkasten *1* bestritten werden.

Bei Geschwindigkeiten von 15 Seemeilen und abwärts bedient man sich indessen für ökonomische Fahrt besser der hier vorgesehenen und in § 57 bereits erwähnten Roellig-Schaltung. Dementsprechend werden nur die Düsenkasten *1, 2* und *3* der Mittelturbine geöffnet, und der Dampf durchströmt nur die *HD*-Turbinen dieser Welle, um sodann in die *ND*-Turbinen der beiden Seitenwellen einzuströmen. Wie unsere Abbildung zeigt, wird hierdurch der Dampfverbrauch bei 15 Seemeilen von 7,8 kg auf 6,9 kg ermäßigt, und die Kurve des Dampfverbrauches verläuft zwischen 15 und 12 Seemeilen in gleichem Abstand, d. h. also im Durchschnitt 11,5% unter derjenigen, welche bei geöffneten Düsenkasten *1* und *2* für den Einzelwellenantrieb sich ergibt. Die gleiche Schaltung kann auch benutzt werden, wenn die Geschwindigkeit unter 12 Seemeilen sinkt. Es bleibt dann nur der Düsenkasten *3* der Mittelwelle geöffnet und der Dampf strömt, wie vorher erläutert, nach Durchlaufen der *HD*-Turbine in die beiden *ND*-Turbinen der beiden Seitenwellen und sodann in den Kondensator über.

II. Noch größere Schwierigkeiten bei Marschfahrt einigermaßen günstige Dampfverbrauchsziffern zu erzielen, bieten sich bei T o r p e d o b o o t e n. Bei diesen Fahrzeugen ist nicht nur das Gewicht äußerst beschränkt, sondern ist auch die Leistung bei Marschfahrten mit kleinster Geschwindigkeit im Verhältnis zu derjenigen bei voller Fahrt ganz außerordentlich gering.

Abb. 78 zeigt (stark ausgezogen) die Dampfverbrauchskurve eines Torpedobootes mit übersetzten Turbinen.

Bei voller Fahrt — von ca. 34 bis 30 Seemeilen abwärts — sind die Düsenkasten *III*, *IV* und *V* geöffnet, wobei durch Drosselung der Dampfverbrauch mit abnehmender Fahrt von 5,25 auf 5,75 kg/PSeStd. steigt; die Leistung sinkt dabei von 115% (15% Überlastung) auf 78% der Konstruktionsleistung, wie aus der strichpunktierten Kurve der Leistung (Prozent der Konstruktionsleistung) hervorgeht.

Soll die Geschwindigkeit weniger als 30 Seemeilen betragen, so bleiben nur die Düsenkasten *III* und *IV* geöffnet, bis eine Geschwindigkeit von 23 Seemeilen entsprechend einer Leistung von 32% erreicht ist.

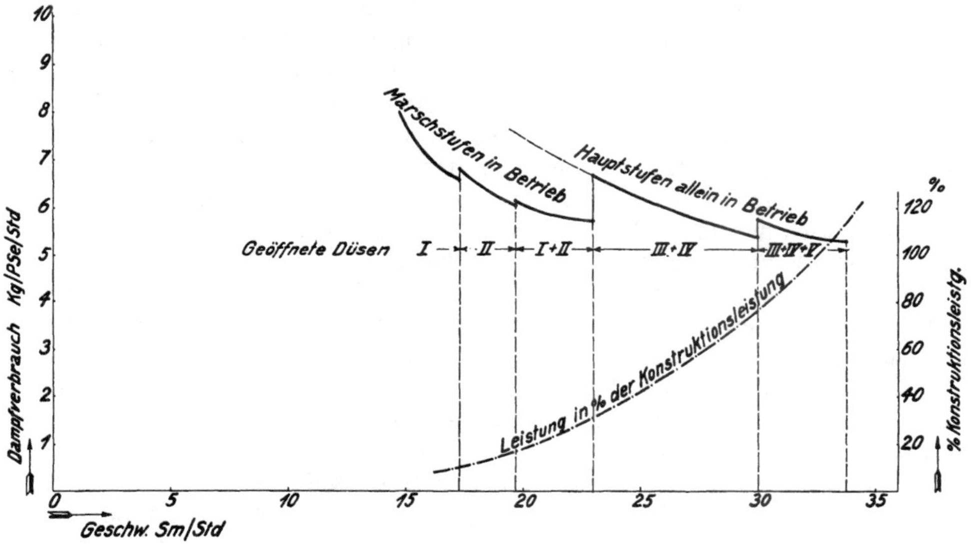

Abb. 78.

Bei weiterer Reduktion der Geschwindigkeit werden nun die überbrückten Stufen eingeschaltet. Konstruktionen dieser Art sind in den Abb. 47 und 50 veranschaulicht und in § 37 beschrieben. Bei Hauptfahrt strömt der Dampf vom Curtisrad, welches stets durchlaufen wird, unter Umgehung dieser Stufen durch einen absperrbaren Überführungskanal zu einer späteren Stufe; bei Marschfahrt aber wird dieser Kanal abgesperrt, so daß der Dampf die Marschstufen passieren muß.

Der Erfolg dieser Maßnahme ist aus der Dampfverbrauchskurve zu erkennen. Nach Einschaltung der Marschstufen, wobei die Düsengruppen *III* und *IV* geschlossen und *I* und *II* geöffnet werden, sinkt nämlich der Dampfverbrauch für 23 Seemeilen von 6,7 kg auf 5,7 kg, d. h. um ca. 15%.

Von nun ab wird mit den Düsenventilen *I* und *II* weiter reguliert, bis bei 17,3 Seemeilen nur noch Düsenventil *I* geöffnet bleibt. Der Dampfverbrauch bei dieser Geschwindigkeit beträgt 6,5 kg.

Bemerkt soll noch werden, daß bei diesem Beispiel die Konstruktionsleistung 13000 PSe und die Drehzahl der Hochdruckturbine bei dieser Leistung 2300 pro Min. beträgt. Die Anzahl der Marschstufen (Reaktionsstufen) beträgt 25 bei einem Trommeldurchmesser von 750 mm und Schaufellängen von 27,5 mm bis 48,5 mm.

6. Allgemeines über Rückwärtsturbinen.

§ 59. **Einleitung.** Da es nicht möglich ist, die Beschaufelung einer Turbine derartig auszuführen, daß dieselbe mit einigermaßen befriedigendem Wirkungsgrad für beide Drehrichtungen verwendbar ist, kann die Drehbewegung der Propellerwelle für Rückwärtsgang nur durch besondere Turbinen erzielt werden. Diese Rückwärtsturbinen sind natürlich eine unerwünschte Beigabe jeder Turbinenanlage, da sie, wenn für einigermaßen günstigen Dampfverbrauch konstruiert, einen recht nennenswerten Betrag an Raum, Gewicht und Kosten beanspruchen, da sie ferner beträchtliche Ventilationsverluste bedingen und auch sonst mancherlei Unbequemlichkeiten verursachen können (vgl. zu letzterem § 180 und 181, welche von den Turbinenhavarien handeln).

§ 60. **Allgemeines über die Bemessung der Rückwärtsturbinen.** In den ersten Entwicklungszeiten des Turbinenantriebes wurden meistens aus den obengenannten Gründen sehr wenig leistungsfähige Rückwärtsturbinen eingebaut. Um Gewicht und Raum zu sparen, erhielten dieselben so wenige Stufen, daß der Dampfverbrauch pro PS vielfach das Drei- bis Vierfache desjenigen der Vorwärtsturbine erreichte. War man gezwungen, die Anlage scharf rückwärts arbeiten zu lassen, so reichte infolgedessen, wenn die Einströmquerschnitte gering bemessen waren, die Rückwärtsleistung nicht aus, um die gewünschte Drehzahl der Propellerwelle zu erreichen oder aber es wurde, wenn die Einströmquerschnitte groß bemessen waren, den Kesseln plötzlich so viel Dampf entzogen, daß nicht nur die Dampfspannung in denselben rasch fiel, die Hilfsmaschinen mangels ausreichenden Kesseldruckes unzulässig an Leistung einbüßten usw., sondern auch große Wassermengen in die Turbinen hineingerissen wurden und dort Schaden anrichteten. Schwierigkeiten dieser Art sowie die unzulänglichen Manövriereigenschaften, welche von den geringen Rückwärtsleistungen herrührten, überhaupt, führten nach und nach dazu, die Rückwärtsturbinen für besseren Dampfverbrauch zu konstruieren, d. h. dafür zu sorgen, daß deren Leistung bei Verwendung der gleichen Dampfmenge wie für den normalen Betrieb bei Vorwärtsfahrt einen gewissen Prozentsatz der Vorwärtsleistung nicht unterschreitet.

Heutzutage wird meistens von den Handelsschiffs-Reedereien verlangt, daß die Rückwärtsleistung bei gleicher Dampfmenge wie für Vorwärtsfahrt 50—60% der Vorwärtsleistung betragen soll. In einzelnen Staaten bestehen auch Vorschriften über die Größe der Rückwärtsleistung; so verlangt z. B. das dänische Gesetz, daß dieses Verhältnis 70% betragen soll. Bei Kriegsschiffen begnügt man sich in der Regel mit etwa 50% der Vorwärtsleistung, bei Torpedobooten sogar mit 30%.

§ 61. **Stoppzeit und Stoppweg.** Vielfach ist bei Kriegsschiffen auch verlangt worden, daß die Zeit, in welcher das Schiff aus einer bestimmten Vorwärtsgeschwindigkeit zum Stoppen gebracht werden kann bzw. der Weg, welchen dasselbe nach dem Kommando „Volle Kraft rückwärts" noch durchläuft, garantiert wird. Eine Berechnung, welche Rückwärtsleistung hierzu erforderlich ist, läßt sich aus verschiedenen Gründen nicht durchführen. Erstens ist der Wirkungsgrad der Schraube bei Rückwärtsgang gar nicht zu ermitteln, namentlich nicht bei den eigenartigen Verhältnissen, wie sie beim Abstoppen eines Schiffes vorliegen, ferner sind aber auch die Vorgänge in der Nähe des Propellers (Kavitation), wenn derselbe plötzlich seine Drehrichtung ändert, gar nicht zu übersehen. Man war also bei der Festlegung solcher Garantieziffern auf Erfahrungszahlen angewiesen. Zur allgemeinen Orientierung über diese Verhältnisse soll eine kleine Tabelle Nr. 8 dienen, in welcher für Kriegsschiffe verschiedener Größe und Art auf Messung und Erfahrungszahlen beruhende Werte für Stoppwege und Stoppzeiten nebst der Anfangsgeschwindigkeit des Schiffes und der zur Verfügung gestellten Rückwärtsleistung zusammengestellt sind.

Tabelle Nr. 8.

Stoppzeiten und Stoppwege verschiedener Turbinenschiffe.

Schiffstyp	Deplacement t	Geschwindigkeit Knoten	Leistung bei nebenstehender Geschwindigkeit PSe	Rechnungsmäßige Rückwärtsleistung in Prozent der Konstruktionsleistung Vorwärts	Stoppweg m	Stoppzeit sek
					bei nebenstehender Geschwindigkeit	
Schnelldampfer	57000	23	69000	60 %	1200	230
Frachtdampfer	9500	10,4	1650	65 %	720	315
Seebäderdampfer . . .	1920	19	5000	40 %	395	101
Gr. Kreuzer	30000—35000	28—30	80000 bis 120000	ca. 50 %	ca. 1000	ca. 160
Linienschiff	20000—26000	20—22	26000—35000	ca. 45 %	ca. 1000	ca. 230
Kl. Kreuzer.	3400—3800	23—25	15000—17000	ca. 45 %	ca. 450	ca. 70
Torpedoboot	550—650	29—31	11000—13000	ca. 60 %	ca. 250	ca. 40

§ 62. **Die Anordnung der Rückwärtsturbinen** geschieht fast stets so, daß dieselben in dem gleichen Gehäuse untergebracht sind wie die Vorwärtsturbinen. Nur bei Anlagen von ganz außergewöhnlicher Größe findet man Rückwärtsturbinen, welche in besonderen Gehäusen untergebracht sind. Vgl. hierzu die in § 79 geschilderte Turbinenanlage des Schnelldampfers „Imperator", bei welcher auf jeder Schiffsseite eine gesonderte Hochdruck- und eine gesonderte Niederdruckturbine vorgesehen ist. Bei kleineren Anlagen ist in der Regel nur in das Gehäuse der Niederdruckturbine eine Rückwärtsturbine eingebaut. Bei größeren Anlagen, bei welchen die eine Welle durch eine Hochdruckturbine, die andere durch eine Niederdruckturbine betrieben wird, hat man auch häufig in das Gehäuse der Hochdruckturbine eine Hochdruck- und in das Gehäuse der Niederdruckturbine eine Niederdruck-Rückwärtsturbine eingebaut. Wenn die Rückwärtsturbine im Gehäuse der Niederdruckturbine untergebracht ist, wird es fast stets so eingerichtet, daß der Dampf aus beiden in den gleichen Abdampfraum bzw. Abdampfbogen ausströmt, um diese voluminösen Organe für beide Gangarten ausnutzen zu können und um das Arbeiten der Rückwärtsturbinen im besten Vakuum sicherzustellen, worauf im folgenden Paragraphen zurückgekommen werden soll (vgl. hierzu die schematischen Skizzen § 37 sowie die Beschreibung ausgeführter Turbinen in § 84). Wenn dagegen eine Hochdruck-Rückwärtsturbine im Gehäuse einer Hochdruck-Vorwärtsturbine untergebracht wird, so muß ein Zwischenboden zwischen beiden Turbinen angeordnet werden, da, wie nachstehend ausgeführt, bei Vorwärtsfahrt die Gehäuse der Rückwärtsturbinen evakuiert werden müssen.

§ 63. **Ventilationsverlust durch die Rückwärtsturbinen.** Falls man die Rückwärtsturbinen bei Vorwärtsfahrt einfach in den unter atmosphärischem Druck stehenden Gehäusen laufen ließe, so würde ein unzulässig hoher Ventilationsverlust entstehen. Es müssen also, wie vorstehend bereits bemerkt, die Rückwärtsturbinen stets im Vakuum arbeiten. Trotzdem sind aber die Ventilationsverluste, welche durch die Rückwärtsturbine eintreten, nicht ohne Bedeutung, worüber näheres in § 26 zu finden ist.

§ 64. **Der Aufbau der Rückwärtsturbine** wird, um Raum und Gewicht zu sparen, so einfach wie möglich gehalten, was auch durch den verhältnismäßig ungünstigen Dampfverbrauch, welchen man nach vorstehendem zuzulassen pflegt, begünstigt wird. Im einfachsten Fall, z. B. bei kleinen Turbinenanlagen mit Räderübersetzung, besteht die Rückwärtsturbine aus einem einzigen Curtisrad. Bei größeren Leistungen und namentlich bei direktwirkenden Turbinen verwendet man eine Kombination von Curtisrädern und Trommeln. Über den mannigfaltigen Aufbau dieser Turbinen vgl. § 37 u. 84.

Detailliertere Angaben über die Berechnung der Rückwärtsturbinen finden sich in den folgenden Paragraphen sowie im Kapitel 8: Beispiele für die Berechnung von Turbinen.

7. Die Aufteilung des Wärmegefalles auf die einzelnen Gehäuse, Gruppen und Stufen der Turbinen.

§ 65. **Wahl des Systems.** Bevor man zur Berechnung der Turbinenanlage des Schiffes schreiten kann, muß man sich selbstverständlich über die Wahl des Systems Klarheit verschafft haben. In den meisten Fällen ist dasselbe durch den Typ des Schiffes, die Wünsche des Bestellers und die Gepflogenheiten des Erbauers, nicht zum wenigsten auch durch Rücksicht auf den Besitz bestehender Patente u. dgl. von vornherein festgelegt, so daß die genauere Berechnung auf die Art des Gesamtaufbaues nur geringen Einfluß ausübt.

Über die mannigfachen Möglichkeiten ist in Abschnitt II schon eingehend gesprochen worden; es würde daher zu weit führen, noch einmal alle die Gesichtspunkte zusammenzufassen, welche die Wahl des einen oder des anderen Systems beeinflussen.

Es muß hier ausgesprochen werden, daß bei geschickter Berechnung und erstklassiger Ausführung in der Regel sich die verschiedenen Systeme als ziemlich gleichwertig hinsichtlich ihrer Wirtschaftlichkeit, aber auch letzten Endes ihres Gewichtes und Raumbedarfs erwiesen haben, welcher Umstand es besonders schwer macht, bestimmte Richtlinien für den Aufbau der Gesamtanlage zu geben. Die reinen Parsonsturbinen sind für große langsamlaufende Anlagen von Handelsschiffen durch einzelne Firmen bevorzugt worden, während andere für die gleichen Zwecke Turbinen gemischten Systems mit gleichem Erfolge gebaut haben; bei direkt wirkenden Turbinen gemischten Systems hat man ursprünglich eine große Anzahl von Curtisrädern für vorteilhaft gehalten und hat im Laufe der Zeit aus Fabrikationsgründen und Betriebsrücksichten die Anzahl derselben zugunsten längerer Trommeln stark, schließlich auf ein einziges reduziert, ohne daß dadurch eine merkliche Verbesserung des Dampfverbrauches erzielt wurde. Bei den Triebturbinen bevorzugt der eine die Turbinen gemischten Systems, während der andere reine Räderturbinen vorzieht.

§ 66. **Allgemeines.** Allgemeine Regeln für die Berechnung ganzer Turbinenanlagen lassen sich nicht aufstellen. Wie aus § 36 u. 37 ersichtlich, ist der Aufbau der Turbine und deren Zusammensetzung aus den verschiedenen Elementen, wie auch deren Umdrehungszahl und die in Frage kommenden Dampfzustände am Eintritts- und Austrittsende, ferner auch Raum- und Gewichtsbegrenzung so verschiedenartig, daß an eine Vereinheitlichung des Rechnungsganges nicht zu denken ist. Hinzu kommt noch, daß auch ganz verschiedene Ansprüche hinsichtlich des Betriebes bei Teillasten gestellt werden, je nachdem die Turbinenanlage für Handelsschiffe oder Kriegsschiffe verschiedenen Systems bestimmt ist.

Aus vorstehenden Gründen kann ein Überblick über die Berechnung der Turbinen nur aus einer Durcharbeitung einer großen Anzahl von Beispielen verschiedenartiger Anlagen gewonnen werden, wie solche in § 73 f. ausführlich behandelt sind.

Trotzdem soll im nachstehenden versucht werden, wenigstens einige generelle Anhaltspunkte über die wichtigste Aufgabe der Turbinenberechnung, nämlich die Aufteilung des Wärmegefälles auf deren einzelne Teile, zu geben, und zwar für drei wichtige Hauptgruppen von Turbinen, nämlich für die direktwirkende, reine Reaktionsturbine (Parsonsturbine), für die direktwirkende, aus Curtisrädern und Trommeln zusammengesetzte Turbine (Turbine gemischten Systems) und schließlich für eine Getriebeturbinenanlage, welche nur Aktionsräder besitzt.

§ 67. **Die Gefällsverteilung bei der direktwirkenden, reinen Reaktionstrommelturbine (Parsonsturbine).** Bei Turbinen dieser Art scheidet das Verfahren der einzelnen Stufenberechnung mit Hilfe von Geschwindigkeitsdreiecken aus, da ein solches viel zu viel Zeit und Mühe beanspruchen würde. Man faßt deshalb immer eine Anzahl von Stufen zu Gruppen zusammen, deren Schaufeln zwecks Verbilligung der Herstellung von gleicher Länge und gleichem Profil sind. Über Ausnahmen, welche namentlich die letzten Gruppen von Niederdruckturbinen erfordern, siehe § 77.

Was die Wärmegefälleverteilung auf die einzelnen Trommeln betrifft, ist etwa folgendes zu berücksichtigen:

In der Regel wird verlangt werden, daß jede der Turbinen gleiche Leistung aufweist. In diesem Falle kann in erster Annäherung angenommen werden, daß eine gleichmäßige Verteilung des Gefälles auf alle Turbinen das Zweckmäßigste ist. Hieraus ergeben sich dann mit Hilfe des *I-S*-Diagrammes auch die vor den einzelnen Trommelteilen herrschenden Dampfdrücke.

Ist auf diese Weise die Einteilung des Gefälles für die einzelnen Trommeln erfolgt, so handelt es sich jetzt um die Unterteilung des Gefälles auf die einzelnen Gruppen jeder Trommel. Bei den Hochdrucktrommeln kann fast immer das Gefälle auf die einzelnen Gruppen gleichmäßig verteilt werden; dies läßt sich auch bei den dort verwendeten Profilen und gleichen Austrittswinkeln gut durchführen, da die Volumenzunahme dort nicht zu groß ist und das Wärmegefälle sich mit der Belastung wenig ändert; vgl. hierzu Abb. 79, welche eine Gefällsverteilung darstellt, wie sie bei den Hochdruckturbinen, und zwar sowohl Haupt- wie Marschturbinen, häufig vorkommt.

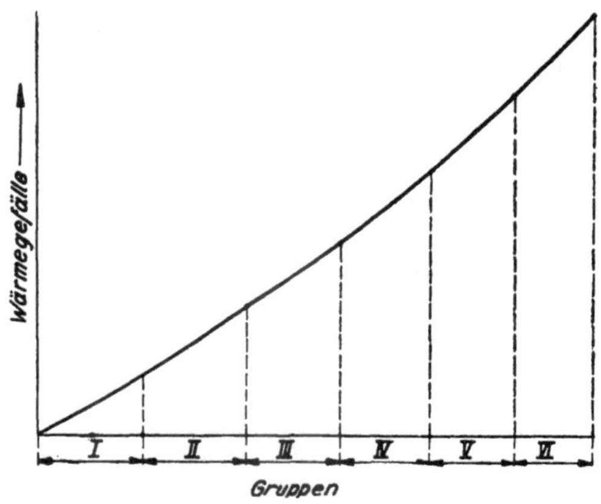

Abb. 79.

Tabelle Nr. 9.

Gebräuchliche Gruppenzahlen für direktwirkende, reine Reaktionsturbinen.

		Eingehäusig	Zweigehäusig	Dreigehäusig
Vorwärtsfahrt	*HD*-Turbinen	8—12[1])	6—8	4—6
	MD-Turbinen	—	—	4—6
	ND-Turbinen	—	5—8[1])	4—6[1])
Rückwärtsfahrt	*HD*-Turbinen	4—6[1])	3—4	—
	ND-Turbinen	—	3—4[1])	—

Prinzipiell kann auch bei den Niederdrucktrommeln ebenso verfahren werden. Nur ist es dort in vielen Fällen schwierig, in den letzten Gruppen bei dem zulässigen Schaufelkreisdurchmesser die notwendigen Querschnitte unterzubringen, ohne daß die Schaufeln zu lang werden. Man hilft sich dadurch, daß man hier den für die Ökonomie günstigsten Schaufelaustrittswinkel verläßt, und die Winkel so wählt, daß die nötigen

[1]) Der Niederdruckteil erhält am Abdampfende häufig drei Gruppen gleicher Schaufellänge, aber mit verschiedenen Austrittswinkeln.

Durchflußquerschnitte wenigstens annähernd erzielt werden und allzu große Austrittsverluste vermieden werden. Durch die Wahl verschiedener Austrittswinkel können in der letzten Gruppe verhältnismäßig viele Stufen mit Schaufeln gleicher Länge zusammengefaßt werden. Näheres über die Rücksichten auf die Fahrt bei Teillast siehe § 70.

Über die Anzahl der Gruppen, welche bei Turbinen dieser Art je nach der Anzahl der Gehäuse üblich sind, gibt umstehende Tabelle Aufschluß.

Ist die Anzahl der Gruppen festgelegt, so entsteht die Frage, wie viele Stufen jede einzelne Gruppe erhalten soll. Hierfür ist bestimmend, welches Verhältnis von c_0/u bei den gegebenen Verhältnissen (Baulänge, Durchmesser und Umdrehungszahl) zur Erzielung eines möglichst günstigen Wirkungsgrades erreicht werden kann.

Dabei muß berücksichtigt werden, daß, je mehr man die Stufenzahl vergrößert, um so kleiner schließlich der hierdurch erzielte Gewinn an Wirkungsgrad wird, und daß durch Rücksichten auf Raum und Gewicht eine gewisse Grenze gezogen ist, deren Lage nur von Fall zu Fall entschieden werden kann. Andererseits darf nicht vergessen werden, daß bei Vergrößerung der Stufenzahl mit der Verringerung des Gefälles pro Stufe auch die Druckunterschiede zwischen zwei Stufen und damit die Spaltverluste geringer werden.

Auch über die Wahl von c_0/u gibt eine Tabelle, welche die üblichen Ausführungswerte zeigt, Aufschluß.

Tabelle Nr. 10.

Gebräuchliche Werte von c_0/u für direktwirkende, reine Reaktionsturbinen.

Schiffstyp	Vorwärts-turbinen	Rückwärts-turbinen
Handelsschiffe	1,6—2,8	3,5—8
Linienschiffe und Kreuzer	2,5—3,5	5—10
Torpedoboote	1,6—5,5	7—12

Zu vorstehender Tabelle ist zu bemerken, daß im allgemeinen die kleineren Werte am Hochdruckende, die größeren am Niederdruckende zu finden sind; ferner fällt in der Tabelle auf, daß für Torpedoboote die c_0/u-Werte am Hochdruckende sehr klein sind, was sich mit der Rücksicht auf die Ökonomie bei Marschfahrt (vgl. § 57 u. 70) erklärt. Die für Rückwärtsturbinen gegebenen Zahlen dieser Tabelle können nur als ganz grobe Annäherungen gelten (Näheres über die Berechnung der Rückwärtsturbinen vgl. § 77).

Wenn die Stufenzahl für die einzelnen Gruppen festgelegt ist, erfolgt die Berechnung der Beschaufelung mit Hilfe der in § 49 niedergelegten Rechnungsmethode. Man findet aus derselben die bei der gegebenen Dampfmenge von der betreffenden Gruppe gelieferte Leistung sowie die Schaufeldimensionen unter Annahme der üblichen Werte für die Schaufelwinkel und der dazugehörigen Querschnittskoeffizienten.

Ein Beispiel wird den Rechnungsgang am leichtesten klarmachen, und zwar wählen wir hierfür die Gruppe einer Trommel, welche etwa in der Mitte einer mehrgehäusigen Parsonsturbine liegt. Es sei:

Das Gesamtgefälle der Gruppe . . . . $H = 8$ WE
Der mittlere Beschaufelungsdurchmesser nach vorläufiger Annahme
der Schaufellänge . . . . $D_m = 3300$ mm
Die Drehzahl angenommen zu . . . . $n = 185$
Daraus ergibt sich eine Umfangsgeschwindigkeit von . . . . $u = 32$ m/sek
Wir wählen nunmehr nach unserer Tabelle Nr. 10 den Wert von $c_0/u = 2,15$

Nach den R-Kurven § 18 ergibt sich bei einer Umfangsgeschwindigkeit von $u = 50$ m/sek für den angenommenen Wert von c_0/u und unter der Annahme, daß die Tangente des Austrittswinkels tg $\alpha = 45\%$ ein mittleres Stufengefälle von . . . . $h_{50} = 1{,}95$ WE

Diesem h_{50} entspricht, mit dem Quadrat der Umfangsgeschwindigkeiten umgerechnet (vgl. § 18), ein Gefälle pro Stufe . . . . $h = 0{,}8$ WE

Hieraus finden wir die Stufenzahl durch Division des gesamten Gefälles mit dem Stufengefälle zu . . . . $z = \frac{8}{0{,}8} = 10$

Aus den R-Kurven § 18 ergibt sich für obigen Wert von $c_0/u = 2{,}15$ ein mittlerer Stufenwirkungsgrad . . . . $\eta_i = 78{,}5\%$

und somit ein indiziertes Gefälle . . . . $h_i = 6{,}28$ WE

Die in der Trommel arbeitende Dampfmenge soll nach Abzug der Verluste in Außen- und Zwischenstopfbuchsen betragen . . . . . $G = 90$ kg/sek

Wir kontrollieren jetzt überschlägig, welche Schaufellängen sich bei der gewählten Stufenzahl ergeben werden, und ob der angenommene mittlere Durchmesser auch brauchbare Werte für die Schaufellängen ergibt. Zu diesem Zwecke stellen wir zunächst das spezifische Volumen in der Mitte der Gruppe annäherungsweise fest. Am Anfang der zu berechnenden Gruppe herrsche ein Druck von . . . . $p_a = 1{,}45$ ata

und die spezifische Dampfmenge sei . . . . $x = 0{,}906$

Unter Benutzung des I-S-Diagramms finden wir durch Abtragen der 8 WE auf der Adiabate, Absetzen des Verlustes von 21,5% und horizontales Einschneiden auf der Isobare des Enddrucks den Endzustand dieser Gruppe. Der Zustand, welcher in der Mitte der Gruppe vorherrscht, ergibt sich angenähert als Mittel der Verbindungslinie A—E zwischen Anfangs- und Endzustand (vgl. Abb. 80). Wir finden für denselben einen Druck . . . . $p_m = 1{,}31$ ata

und ein mittleres Volumen bei $x = 0{,}9025$ von . . . . $v_m = 1{,}2$ cbm/kg

Die absolute mittlere Austrittsgeschwindigkeit ergibt sich aus dem unserer Rechnung zugrunde gelegten Wert von c_0/u und dem den R-Kurven zugrunde gelegten Geschwindigkeitskoeffizienten $\varphi =$ 0,92 zu . . . . $c_1 = c_0/u \cdot u \cdot \varphi = 63{,}4$ m/sek

Der mittlere Austrittsquerschnitt kann nunmehr aus der Kontinuitätsgleichung berechnet werden und ergibt sich zu . . . $F_m = \frac{G \cdot v_m}{c_1} = 1{,}705$ qm

Von diesem Querschnitt ist der Spaltquerschnitt in Abzug zu bringen (vgl. Abb. 39). Rechnet man mit einem Radialspiel von $s = 3{,}5$ mm, so beträgt der Spaltquerschnitt im Mittel angenähert $D_m \cdot \pi \cdot s = F_s = 0{,}037$ qm

Für den Schaufelaustrittsquerschnitt verbleibt dann . . $F_m - F_s = F_b = 1{,}668$ qm

bei einem b_2/t von 0,37 (vgl. § 42) ergibt sich dann eine mittlere Schaufellänge von . . . . $\frac{F_b}{D_m \cdot \pi \cdot b_2/t} = 0{,}434$ m.

Nachdem durch diesen Überschlag geklärt ist, daß der gewählte mittlere Schaufelkreisdurchmesser brauchbare Werte ergibt, kann eine genauere Rechnung über die tatsächliche Gefällsverteilung in der Gruppe vorgenommen werden. Die Annahme, daß jede Stufe das gleiche Gefälle zu verarbeiten habe, ist natürlich nur zum Zwecke der bequemeren Rechnung gemacht, deckt sich indessen nicht mit den praktischen

Verhältnissen. Da der Dampf in der Gruppe expandiert, wird sein Volumen am Ende der Gruppe größer sein als am Anfang, somit, da die Durchflußquerschnitte bei allen Stufen gleich sind, auch die Dampfgeschwindigkeit, was wieder bedingt, daß am Ende der Gruppe mehr Wärmegefälle verarbeitet wird als am Anfang. Es ist also nachzuprüfen, ob für die erste Leit- und die letzte Laufschaufel der Unterschied in den Wärmegefällen und den Dampfgeschwindigkeiten nicht zu groß ist. Sollte sich dieses herausstellen, so wäre der Beweis erbracht, daß die Gruppe zu groß und eine weitgehendere Unterteilung des Gesamtgefälles in kleinere Gruppen erforderlich ist.

Die Durchführung dieser Kontrolle wird am bequemsten durch Probieren bewerkstelligt. Wir nehmen beispielsweise an, daß die erste Stufe ein Gefälle von 0,7 WE, die letzte ein solches von 0,9 WE aufzehre, so daß also der mittlere Wert, nämlich 0,8, dem mittleren Wert des Gefälles für jede einzelne Stufe entspricht. Auf Grund dieser Annahme und des bekannten Wirkungsgrades von 78,5 % können wir den Dampfzustand hinter dem ersten Leitkranz (da die Beschaufelung mit dem Reaktionsgrad 0,5 arbeitet, verzehrt der erste Leitkranz ca. 0,35 WE) aus dem IS-Diagramm ermitteln. Ferner kennen wir den Dampfzustand beim Austritt aus dem letzten Laufkranz (Punkt E). Aus den R-Kurven ergibt sich in gleicher Weise, wie vorhin, für die angenommenen Wärmegefälle 0,7 und 0,9 das c_1, ferner aus den bekannten Dampfzuständen das spezifische Volumen v_1 und mit Hilfe der Kontinuitätsgleichung daraus der erforderliche Querschnitt für den ersten Leit- und den letzten Laufkranz. Die Rechnung, deren Einzelheiten die kleine untenstehende Tabelle angibt, liefert zufällig genau den gleichen Querschnitt für beide Wärmegefälle, welcher unserer Rechnung mit dem Mittelwert zugrunde gelegt ist, es sind somit die Hauptabmessungen der Schaufeln durch unsere vorläufige Rechnung richtig festgelegt.

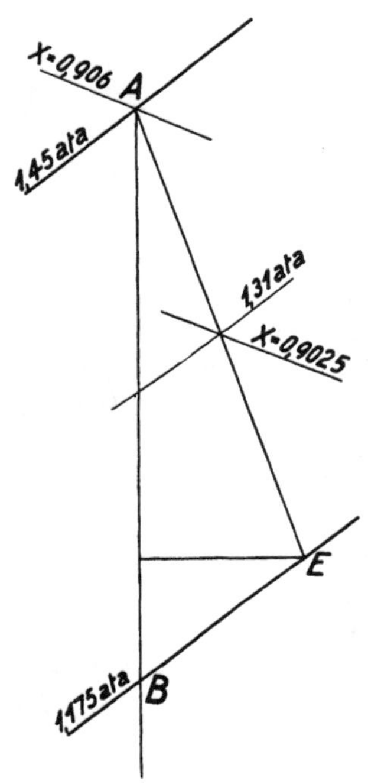

Abb. 80.

Ferner ersehen wir, daß die c_1- bzw. w_1-Werte des ersten Leitkranzes und des letzten Laufkranzes sich innerhalb durchaus zulässiger Grenzen halten, es ist also das in der Stufe verarbeitete Wärmegefälle durchaus angemessen.

Tabelle Nr. 11.

Art der Stufe		Erster Leitkranz	Letzter Laufkranz
Adiabatisches Wärmegefälle pro Stufe	WE	0,7	0,9
Desgl. umgerechnet auf $U = 50$ m/sek	WE	1,71	2,2
$\frac{c_0}{u}$ aus R-Kurven	—	1,92	2,27
c_1 bzw. $w_1 = \varphi \cdot \frac{c_0}{u} \cdot u$	m/sek	56,5	66,9
Dampfdruck hinter dem betreffenden Kranz	ata	1,44	1,20
spezifische Dampfmenge daselbst	—	0,905	0,90
spezifisches Volumen daselbst	cbm/kg	1,108	1,31
Austrittsquerschnitt aus Kontinuitätsgleichung ($G = 90$ kg/sek)	qm	1,765	1,765
Stufenwirkungsgrad aus R-Kurven	%	79,5	77,5
Mittlerer Stufenwirkungsgrad	%	78,5	

§ 68. **Gefällsverteilung bei der direktwirkenden Turbine gemischten Systems.** Die Gründe, welche viele Turbinenfabriken dazu bestimmt haben, die reine Reaktionstrommelturbine, wie sie ursprünglich von Parsons mit großem Erfolg eingeführt worden und bis zum allgemeinen Übergang auf die mit Übersetzung arbeitenden Turbinen auch beibehalten worden ist, zu verlassen und den Hochdruckteil durch ein oder mehrere Curtisräder zu ersetzen, sind die folgenden:

In den Düsen des ersten Curtisrades wird ein großer Teil des Gefälles weggearbeitet, und es wird daher das Hochdruckgehäuse durch eine wesentlich geringere Dampfspannung beansprucht als bei der reinen Parsons-Turbine.

Das oder die Curtisräder ersetzen eine große Anzahl von Reaktionsstufen, und daher bringt die Anordnung derselben eine sehr erhebliche Ersparnis in der Baulänge mit sich, so daß dadurch der Bau von Eingehäuseturbinen ermöglicht und das Hintereinanderschalten der Wellen vielfach entbehrlich wurde.

Die kurzen Schaufeln mit ihren aus Gründen der Wirtschaftlichkeit kleinen Radialspielen am Beginn der Hochdruckturbine kommen in Wegfall.

Der Ausgleichkolben am Vorderende der Hochdrucktrommel kann weggelassen oder stark verkleinert werden.

Die Frage, welchen Teil des Wärmegefälles man den Curtisrädern zuweist, somit auch die Frage, wieviele solcher Räder verwendet werden sollen und wieviele Kränze ein jedes derselben erhalten soll, hängt im wesentlichen von der gegebenen Dampfmenge, der zulässigen Drehzahl, ferner auch von der gewünschten Baulänge der Turbine ab.

Als die Turbinen gemischten Systems in der Praxis Eingang fanden, hat man in der Regel eine große, häufig sogar eine sehr große Anzahl solcher Räder hintereinandergeschaltet, um die oben erwähnten Vorteile solcher Turbinen möglichst stark hervortreten zu lassen. Es hat sich aber später herausgestellt, daß der Aufbau und die Demontage von Turbinen, welche viele Curtisräder besitzen, wegen der einteiligen Zwischenböden recht schwierig ist. Es ist daher im Laufe der Jahre die Anzahl der Curtisräder immer geringer geworden, so daß man in den letzten Jahren vor der allgemeinen Einführung der Triebturbinen meist nur noch Turbinen gemischten Systems mit einem einzigen Curtisrad gebaut hat.

Im nachstehenden sollen einige Angaben über den Prozentsatz des Wärmegefälles, welcher bei verschiedenen typischen Ausführungen im Durchschnitt auf die Curtisräder entfällt, gemacht werden:

Es entfallen in Prozent des Gesamtwärmegefälles auf die Curtisräder:

Bei Torpedobootsturbinen mit vier Curtisrädern (Kesselspannung 19,5 ata) ca. 35%,
bei Torpedobootsturbinen mit einem Curtisrad (Kesselspannung 19,5 ata) ca. 20%,
bei Turbinen für Linienschiffe oder Kreuzer mit einem Curtisrad (Kesselspannung 18 ata) ca. 15 bis 20%,
bei Turbinen für Handelsschiffe mit einem Curtisrad (Kesselspannung 17 ata) ca. 12 bis 15%.

Im übrigen geben über diese Frage die ausführlich durchgerechneten Beispiele Aufschluß.

§ 69. **Über die Gefällsverteilung bei mit Übersetzung arbeitenden Turbinen.** Solche Turbinenanlagen findet man sowohl in Ausführungen als reine Reaktionstrommelturbinen, wie auch als solche gemischten Systems und endlich als reine Räderturbinen.

Für die Gefällsverteilung bei den reinen Reaktionsturbinen gilt hier prinzipiell das gleiche wie in § 67 von den direktwirkenden reinen Reaktionsturbinen gesagt.

Auch hinsichtlich der Wahl der Gruppen liegen die Verhältnisse ähnlich wie bei letzteren Turbinen, doch sei im nachstehenden noch eine Tabelle gegeben, welche die in der Praxis üblichen Zahlen wiedergibt.

Tabelle Nr. 12.

Gebräuchliche Gruppenzahlen für indirektwirkende, reine Reaktionsturbinen.

		Eingehäusig	Zweigehäusig	Dreigehäusig
Vorwärtsfahrt	*HD*-Turbinen	8—10	6—7	4—5
	MD-Turbinen	—	—	4—5
	ND-Turbinen	—	5—7	4—5
Rückwärtsfahrt	*HD*-Turbinen	3—4	3—4	—
	ND-Turbinen	—	3—4	—

Die Werte für das Verhältnis c_0/u, welche bei diesen schnellaufenden Turbinen im Mittel zugelassen werden, können natürlich niedriger, d. h. also günstiger gewählt werden als bei den direktwirkenden Turbinen, da wegen der hohen Drehzahl eine große Umfangsgeschwindigkeit zur Verfügung steht. Es finden sich bei bewährten Ausführungen etwa die in der nachstehenden Tabelle aufgeführten Werte:

Tabelle Nr. 13.

Gebräuchliche Werte von c_0/u für indirektwirkende, reine Reaktionsturbinen.

Schiffstyp	Vorwärts-turbinen	Rückwärts-turbinen
Handelsschiffe	1,0—2,2	2,5—5
Linienschiffe und Kreuzer	1,0—3,0	3,0—5,5
Torpedoboote	1,0—3,5	3,0—6

Neuerdings hat man bei Landturbinen Werte von c_0/u bis herab zu 0,8 verwendet.

Bei reinen Aktionsturbinen wird am Anfang fast stets ein zweikränziges Curtisrad angeordnet; namentlich ist dies notwendig bei Kriegsschiffsturbinen im Hinblick auf die Marschfahrt, weil bei derselben die Gefällsanteile für das erste Rad sehr groß werden.

Diesem ersten zweikränzigen Rad weist man etwa denselben Prozentsatz des Gesamtgefälles zu, wie oben für Turbinen gemischten Systems angegeben, bei welchen ein Curtisrad zur Anwendung kommt.

§ 70. **Über die Berechnung der Gefälls- und Druckverteilung bei Turbinen in außergewöhnlichen Fällen.** Die in § 18 näher beschriebenen *A*- und *R*-Kurven, die zur Voraussetzung haben, daß in jeder Stufe die Austrittsgeschwindigkeit gleich der Einlaufsgeschwindigkeit ist, lassen sich in vielen Fällen nicht oder nur teilweise verwenden, da die hierfür notwendigen Voraussetzungen nicht zutreffen. Solche Fälle treten außer in den letzten Stufen von Niederdruck-Vorwärtsturbinen besonders auf in Rückwärtsturbinen kleiner Stufenzahl, da in diesen beiden Fällen die Volumina und damit die Dampfgeschwindigkeiten von Stufe zu Stufe sehr rasch zunehmen. Hier muß also von der schematischen Methode abgewichen und eine genauere Untersuchung über den Wirkungsgrad der Beschaufelung angestellt werden.

Aber auch bei normaler Beschaufelung sind eingehendere Untersuchungen wertvoll, ja sogar notwendig, wenn die betreffenden Turbinen nicht unter ihren üblichen Betriebsbedingungen arbeiten, wie z. B. wenn Trommelstufen überbrückt oder Hoch- oder Mitteldruckturbinen direkt auf den Kondensator geschaltet werden (Revierfahrt oder Havariefall).

Fassen wir zunächst die Verhältnisse am Ende der Niederdrucktrommel näher ins Auge, so finden wir, daß bei gleichmäßiger Verteilung des Gefälles auf die einzelnen Stufen sich in den letzten derselben auch bei Verwendung steiler Austrittswinkel recht große Schaufellängen ergeben. Diese liefern, wenn sie überhaupt konstruktiv ausführbar sind, wohl die besten Wirkungsgrade für Vollast, insbesondere einen kleinen Austrittsverlust. Sie sind jedoch für Teillast viel zu lang, da trotz Zunahme der Luftleere bei kleineren Belastungen das Wärmegefälle der Niederdrucktrommel ganz erheblich und besonders stark in der letzten Gruppe abnimmt. Es ergibt sich so das Bild nach Abb. 81, d. h. bei Teillasten werden die Gefälle in den letzten Stufen so klein, daß nützliche Arbeit kaum mehr geleistet, sondern alle Energie durch Stoßverluste vernichtet wird; die betreffenden Stufen der Turbine arbeiten in solchen Fällen mit einem c_0/u, welches so klein ist, daß der Scheitel der Wirkungsgradkurve weit überschritten wird. Deshalb weist man bei Turbinen, welche viel mit Teillast arbeiten, den letzten Stufen gern bei Konstruktionsleistung ein größeres als das mittlere Gefälle zu, erhält dadurch bei Vollast große Dampfgeschwindigkeit und muß deswegen auch einen größeren Austrittsverlust in Kauf nehmen. Man erzielt dann bei Teillasten eine bessere Gefällsverteilung und damit einen relativ besseren Wirkungsgrad, da außerdem die übrigen Stufen ein günstigeres c_0/u, als dem mittleren entspricht, erhalten können und deshalb auch bei Teillast noch mit gutem Wirkungsgrad arbeiten (Abb. 81).

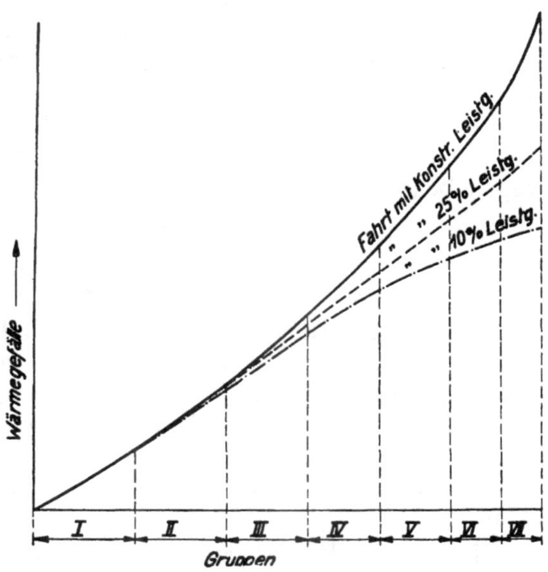

Abb. 81.

Bei normalem Betrieb kommt es unter Umständen vor, daß eine Hochdruckturbine direkt auf den Kondensator geschaltet wird. Diesem Ausnahmezustand trägt man nur insoweit Rechnung, daß man die letzte und unter Umständen die vorletzte Stufe dieser Turbine mit breiteren Profilen ausführt, damit dieselben den in diesen Stufen durch die großen Dampfgeschwindigkeiten auftretenden Beanspruchungen gewachsen sind.

Außergewöhnliche Verhältnisse walten auch ob, wenn Frischdampf zwecks Erreichung höherer Leistung in einer späteren Stufe zugesetzt wird. Um diese Verhältnisse klarzumachen, wählen wir folgendes Beispiel:

Bei der reinen Reaktionstrommelturbine eines Torpedobootes soll zwecks Erreichung der Höchstleistung bei forcierter Fahrt ein Teil des Frischdampfes hinter den ersten Gruppen der Hochdruckturbine eingeführt werden. Der Grund hierfür ist der, daß bei Einführung des gesamten Frischdampfes vor die erste Gruppe die Turbine bei Marschfahrt weniger ökonomisch wird. Würde der ganze Frischdampf vor der ersten Gruppe eingeführt werden, so müßte wegen der erforderlichen größeren Querschnitte am Hochdruckende bei Marschfahrt eine relativ stärkere Drosselung des Dampfes zugelassen werden. Nehmen wir an, der Anfangsdruck der Gruppen wäre z. B. 16 ata, der Enddruck dieser Gruppen 4 ata. Bei Einführung des Frischdampfes hinter dieser Gruppe wird der Druck am Anfang der darauffolgenden selbstverständlich im Verhältnis der erhöhten Dampfmenge steigen, also z. B. auf

6 ata, was einer Zunahme der Dampfmenge um etwa 50% entsprechen würde. Durch diese Drucksteigerung wird der Dampf bis weit hinein in die erste Gruppe aufgestaut, und es wird also ein großer Teil derselben kaum Arbeit leisten können. Namentlich die letzten Stufen haben dann nur wenig Gefälle zu verarbeiten, die Dampfgeschwindigkeit wird relativ zur Umfangsgeschwindigkeit zu gering und die Energie des Dampfes wird durch Stoßverluste teilweise aufgezehrt. In diesem Falle wird man einen Ausgleich zwischen den Anforderungen der Haupt- und Marschfahrt dadurch anstreben, daß man den letzten Stufen der ersten Gruppe erheblich mehr Gefälle, als dem Mittelwert entsprechen würde, zuteilt (vgl. hierzu Abb. 81).

§ 71. **Kontrolle der Gefällsverteilung in einzelnen Teilen von Turbinen bei gegebenen Abmessungen.** In der Praxis kommen häufig Fälle vor, welche es notwendig machen festzustellen, welche Drücke oder Dampfgeschwindigkeiten an irgendeiner Stelle einer Turbine, deren Konstruktion vorliegt, bei bestimmten Anfangs- und Endzuständen auftreten, sei es, daß eine Kontrolle der tatsächlichen Verhältnisse erwünscht ist, welche in überschlägig gerechneten Beschaufelungen obwalten, sei es, daß man vorhandene Turbinen, deren Berechnung unbekannt, nachprüfen will. Es ist daher notwendig die Wege kennenzulernen, auf welchen man am besten derartige Fragen beantworten kann.

Man kann hier verschiedene Verfahren einschlagen:

Das erste besteht darin, daß man vom Anfangspunkt des in Frage kommenden Turbinenteils an einer Stelle, deren Zustand bekannt ist, mit der Rechnung beginnt und durch Konstruktion der Geschwindigkeitsdreiecke und unter Benutzung des *I-S*-Diagramms von Stufe zu Stufe Geschwindigkeiten und Dampfzustände rechnerisch ermittelt. Dabei wird sich im allgemeinen ergeben, daß der bei der Rechnung erreichte Endzustand nicht mit dem tatsächlich vorhandenen übereinstimmt. Es wird dann erforderlich, die Rechnung unter anderen Annahmen (anderen Geschwindigkeitskoeffizienten usw.) durchzuführen, solange, bis sie den tatsächlichen Endzustand ergibt.

Ein zweiter Weg ist der, daß man mit der Nachrechnung des Turbinenteils vom Endzustand aus beginnt. Auch bei diesem Verfahren wird natürlich schließlich der Endpunkt der Rechnung, hier also der Zustand am Anfang des nachzurechnenden Turbinenteiles, nicht ohne weiteres mit den tatsächlichen Verhältnissen übereinstimmen, und es wäre also auch hier, ebenso wie vorhin geschildert, die Rechnung nochmals zu wiederholen. Indessen interessieren in der Regel die Turbinenteile, bei welchen die höchsten Geschwindigkeiten auftreten, d. h. also die letzten Stufen am meisten (hier sind die Verhältnisse am schwersten zu überblicken und kommen auch die extremsten Geschwindigkeiten vor), so daß Abweichungen, welche am Anfang des betreffenden Turbinenteils sich bei der Rechnung schließlich herausstellen, weniger ins Gewicht fallen, und sich daher in vielen Fällen eine Wiederholung der Rechnung erübrigt.

Beide vorgenannten Wege sind mühevoll und zeitraubend, namentlich wenn der nachzurechnende Turbinenteil eine große Anzahl von Stufen enthält. Es wird daher ein ursprünglich von Stodola angegebenes graphisches Verfahren häufig für die Lösung solcher Aufgaben benutzt, welches unter dem Namen v^2-Methode bekannt ist.

Es würde zu weit führen und die Übersicht des Textes stören, wenn hier die Details solcher Nachrechnungen angegeben würden. Dieselben sind im Anhang VII zu finden.

8. Beispiele für die Berechnung von Schiffsturbinen.

§ 72. **Einleitung.** Im folgenden ist die Detailrechnung einer Anzahl ausgeführter Turbinen verschiedener Systeme wiedergegeben, um dem Leser die Durchführung solcher Rechnungen mit den in den vorhergehenden Paragraphen angegebenen Hilfsmitteln zu zeigen.

Den Berechnungsbeispielen folgen in den §§ 79 bis 82 Angaben über den Aufbau und die Beschaufelung verschiedener bemerkenswerter Turbinen, welche den Leser in den Stand setzen, eigene Berechnungen ähnlicher Turbinen mit Ausführungen der Praxis zu vergleichen.

§ 73. **Berechnung einer Laval-Turbine für eine Bord-Lichtanlage.** Als erstes, einfachstes Beispiel soll eine Laval-Turbine berechnet werden, welche nur ein einkränziges Aktionsrad enthält. Die Leistung desselben soll 12 PSe an der Kupplung betragen, die Umdrehungszahl pro Min. 25 000. Die Turbine soll mit Naßdampf von einem Druck vor dem Ventil von 11 ata bei 3% Wassergehalt betrieben werden. Der Abdampf der Turbine soll auf einen Mischvorwärmer geschaltet werden, es muß daher am Abdampfstutzen mit einem Gegendruck von 1,2 ata gerechnet werden.

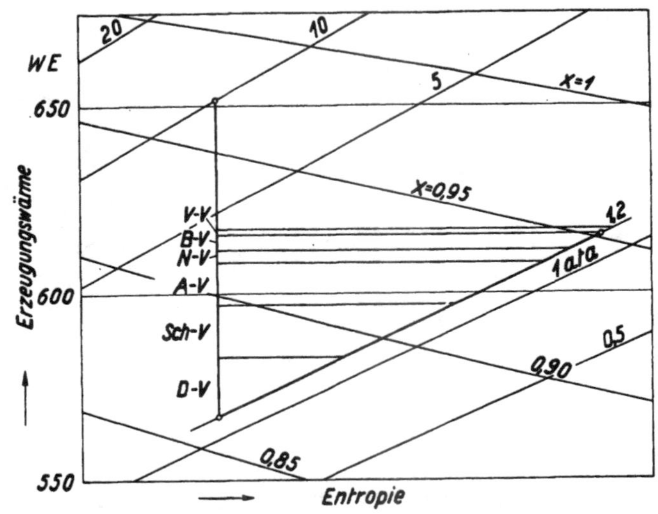

Abb. 82.

Es handelt sich zunächst um die Wahl des Raddurchmessers, und zwar werden wir aus der nachfolgenden Rechnung ersehen, daß es einen Durchmesser gibt, bei welchem der wirtschaftlichste Dampfverbrauch erreicht wird. Um diesen zu ermitteln, sollen daher drei Rechnungen durchgeführt werden, und zwar für die mittleren Düsenkreisdurchmesser von 120, 150 und 180 mm. Wenn auch die größeren Durchmesser einen günstigeren, sog. „indizierten" Wirkungsgrad (vgl. § 29) erwarten lassen, so ist bei der hier vorliegenden kleinen Maschinenleistung die Ventilations- und Radreibungsarbeit von solcher Größe, daß hierdurch eine wesentliche Verschiebung der Dampfverbrauchsziffer sich ergeben kann.

Unter Berücksichtigung eines Druckabfalles von 1 at beim Durchströmen des Absperrventiles und des Dampfsiebes ergibt sich vor den Düsen ein Druck von 10 ata. Aus dem I-S-Diagramm (vgl. Abb. 82) finden wir für die genannten Betriebszustände ein adiabatisches Gefälle von 84,8 WE.

Die diesem Gefälle entsprechende theoretische Dampfgeschwindigkeit errechnet sich (vgl. Anh. VIII) zu

$$91{,}5 \cdot \sqrt{h} = 91{,}5 \cdot \sqrt{84{,}8} = 842 \text{ m/sek.}$$

Bei der Kleinheit der Leistung können nur kleine Düsen in Frage kommen, welche verhältnismäßig große Oberflächenreibungsverluste mit sich bringen. Es muß daher mit einem Düsenkoeffizienten $\varphi = 0{,}9$, also mit einem Geschwindigkeitsverlust von 10% gerechnet werden. Die tatsächliche Austrittsgeschwindigkeit aus der Düse, c_1, ergibt sich also zu 0,9 · 842 = 758 m/sek. Die Neigung der Düse sei nach vorhandenen Erfahrungen zu $\operatorname{tg} \alpha = 35\%$ angenommen, die Schaufel soll einen Austrittswinkel von $\operatorname{tg} \alpha = 55\%$ erhalten.

Die weiteren Betrachtungen sollen zunächst für einen Raddurchmesser von 120 mm vorgenommen werden. Für die Durchmesser von 150 und 180 mm lassen sich dann die Werte in gleicher Weise berechnen.

Für 120 mm Durchmesser beträgt bei 25000 Umdr./Min. die Umfangsgeschwindigkeit im Düsenkreis 157 m/sek. Von dem Geschwindigkeitsdreieck sind nun für den Eintritt bekannt: die absolute Dampfeintrittsgeschwindigkeit c_1, der Düsenwinkel und die Umfangsgeschwindigkeit. Es ist deshalb möglich, das Geschwindigkeitsdreieck zu zeichnen (vgl. Abb. 83), wo die Geschwindigkeiten für 120 mm Durchmesser strichpunktiert, für 150 mm Durchmesser voll und für 180 mm Durchmesser gestrichelt gezeichnet sind. Aus demselben ergibt sich die relative Eintrittsgeschwindigkeit w_1 zu 610 m/sek. Rechnet man nun mit einem Schaufelkoeffizienten $\psi = 0{,}8$, der durch Umlenkung, Schaufelhöhe und Kleinheit der Ausführung bedingt ist, so ergibt sich eine relative Austrittsgeschwindigkeit aus dem Laufkranz von 488 m/sek. Nunmehr

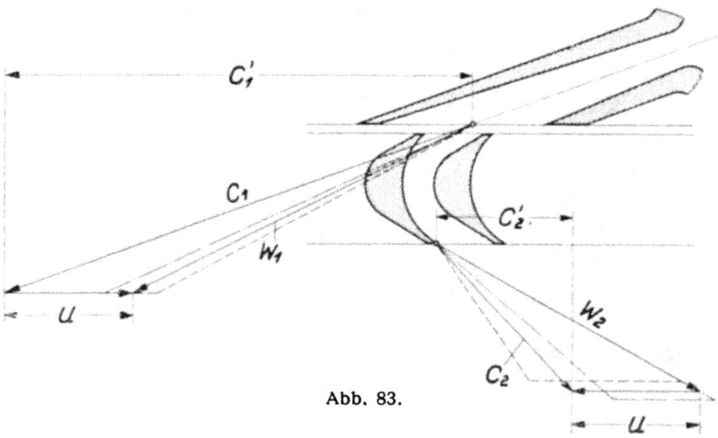

Abb. 83.

kann auch das Austrittsgeschwindigkeitsdreieck (Abb. 83) gezeichnet werden. Hieraus ergibt sich die absolute Austrittsgeschwindigkeit zu 358 m/sek.

Nach § 6 kann nun die am Radumfang geleistete Arbeit aus den Tangentialkomponenten der absoluten Geschwindigkeiten c_1 und c_2 errechnet werden. Nach den dortigen Ausführungen ergibt sich das indizierte Gefälle

$$h_i = \frac{A \cdot u \cdot (c_1' - c_2')}{g} = \frac{157 \cdot (720 + 275)}{427 \cdot 9{,}81} = 37{,}4 \text{ WE.}$$

Um ein Bild über die Verteilung der Verluste zu erhalten, welche von der zur Verfügung stehenden Energie abzuziehen sind, um die „indizierte" Leistung zu finden, sollen dieselben im nachstehenden einzeln berechnet werden.

Der Verlust in der Düse (*D-V* in Abb. 82) entspricht dem Energieverlust durch die Abnahme der Geschwindigkeit c_0 auf c_1 und ist daher

$$\frac{A \cdot c_0^2 \cdot (1 - \varphi^2)}{2 \cdot g} \quad \ldots\ldots\ldots\ldots \quad 16{,}1 \text{ WE}$$

Der Verlust in der Schaufel (*Sch-V* in Abb. 82) beträgt

$$\frac{A \cdot w_1^2}{2 \cdot g} \cdot (1 - \psi^2) \quad \ldots\ldots\ldots\ldots \quad 16{,}0 \text{ WE}$$

Die nicht mehr in Leistung umzusetzende Austrittsgeschwindigkeit ergibt einen Austrittsverlust (A-V in Abb. 82) von

$$\frac{A \cdot c_2^2}{2 \cdot g} \text{ . . . . } \underline{15{,}3 \text{ WE}}$$

Die Summe der Verluste beträgt somit . . . . 47,4 WE,

so daß sich in Übereinstimmung mit der obigen Rechnung ein indiziertes Gefälle ergibt von 37,4 WE.

Von diesem indizierten Wärmegefälle sind nun noch die Verluste abzusetzen, welche beachtet werden müssen, um die effektive Leistung zu ermitteln. Von solchen kommen hier in Frage: Verluste durch Arbeiten der Beschaufelung in nassem Dampf, Rand- und Streuverluste sowie Verluste durch Ventilationsarbeit, die durch die besonderen Verhältnisse bedingt und in den oben erwähnten Koeffizienten φ und ψ nicht enthalten sind. Nach den in § 47 dargelegten Gründen ist der Wirkungsgrad der Aktionsräder wesentlich davon abhängig, ob dieselben im Heißdampf- oder Naßdampfgebiet arbeiten. Nach den dort angegebenen Kurven sind in unserem Falle, da sich der Wassergehalt des Dampfes von dem Endpunkt der Adiabate zum Austritt aus der Schaufel von 14% auf 4,8% verändert, also im Mittel 9,4% beträgt, 7,7% vom indizierten Gefälle abzusetzen (N-V in Abb. 82).

Außerdem ist noch ein Abzug zu machen, der die sog. Rand- oder Streuverluste an den Enden der Beschaufelung des Laufrades berücksichtigt. Der Einfachheit halber sollen die Düsen am Austritt kegelförmig ausgebildet werden, so daß der Dampfstrahl die Beschaufelung ungefähr in Form einer Ellipse trifft. Es werden also die Schaufeln nicht in ihrer ganzen Länge beaufschlagt, auch schließen die einzelnen Ellipsen nur schlecht aneinander an. Diese Verluste sollen bei Vollast zu 10%, bei Halblast zu 15% angenommen werden (B-V in Abb. 82). Unter Berücksichtigung dieser Verluste und nach Abzug der durch die Dampffeuchtigkeit bedingten ergibt sich ein effektives Gefälle am Radumfang bei Vollast von 31 WE, bei Halblast von 29,3 WE.

Die Ventilations- und Radreibungsarbeit (V-V in Abb. 82) spielt bei der Berechnung solch kleiner Turbinen eine große Rolle. Es soll vorerst angenommen werden, daß mit einer Schaufellänge von 12 mm und einer Beaufschlagung von 10% bei Vollast bzw. 5% bei Halblast auszukommen sei.

Die Ventilations- und Radreibungsarbeit wird in üblicher Weise nach der in § 26 angegebenen Formel

$$N_v = K \left(\frac{u}{100}\right)^3 \cdot \frac{1}{v} \cdot [1{,}8\, D^2 + (1 - B) \cdot D \cdot z \cdot l^{1{,}5}]$$

berechnet.

Der Verlust durch Lagerreibung ist bei dem kleinen Gewicht verschwindend klein und kann deshalb vernachlässigt werden.

Folgende Tabelle der wichtigsten Berechnungszahlen für die drei verschieden angenommenen Durchmesser gibt für Halb- und Vollast einen klaren Überblick; es ist daraus ersichtlich, daß der Durchmesser von 150 mm sowohl bei voller wie bei halber Leistung die besten Dampfverbrauchszahlen ergibt. Eine kurvenmäßige Zusammenstellung der indizierten und effektiven Wärmegefälle ist aus Abb. 84 zu ersehen.

Tabelle Nr. 14.

Mittlerer Düsenkreis-Durchmesser	mm	120	150	180
Umfangsgeschwindigkeit	m/sek	157	196	236
Adiabatisches Wärmegefälle	WE	84,8	84,8	84,8
Theoretische Dampfgeschwindigkeit c_0 . . .	m/sek	842	842	842
Absolute Eintritts-Geschwindigkeit c_1 . . .	,,	758	758	758
Relative ,, ,, w_1 . . .	,,	610	577	540
Relative ,, ,, w_2 . . .	,,	488	461	432
Absolute Austritts-Geschwindigkeit c_2 . . .	,,	358	305	251
Verluste in der Düse $\frac{A \cdot c_0^2}{2 \cdot g}(1 - \varphi^2)$	WE	16,1	16,1	16,1
Verluste in der Laufschaufel $\frac{A \cdot w_1^2}{2 \cdot g}(1 - \psi^2)$	,,	16,0	14,4	12,5
Austrittsverlust $\frac{A \cdot c_2^2}{2 \cdot g}$	,,	15,3	11,1	7,6
Summe der Verluste	WE	47,4	41,6	36,2

Mittlerer Düsenkreisdurchmesser . . .	mm	120		150		180	
Belastung		halb	voll	halb	voll	halb	voll
Indiziertes Gefälle	WE	37,4		43,2		48,6	
Mittlere Dampfnässe h_i	%	9,5		10,0		10,5	
Nässeabzug	%	7,7		8,0		8,2	
Indiziertes Gefälle nach erfolgtem Nässeabzug h_i'	WE	34,5		39,7		44,6	
Abzug für Teilbeaufschlagung und durch ungünstige Beaufschlagung, verursacht durch ellipsenförmigen Querschnitt am Düsenaustritt	%	15	10	15	10	15	10
Wärmegefälle abzüglich obiger Verluste	WE	29,3	31,0	33,8	35,8	37,9	40,2
Nutzleistung an der Welle N_e	PS	6	12	6	12	6	12
Ventilations- und Radreibungsverluste	PS	0,59	0,56	1,48	1,41	3,1	3,0
Notwendige Leistung am Radumfang N_1	PS	6,6	12,56	7,48	13,41	9,1	15,0
Notwend. Dampfmenge $G_{\text{std}} = \frac{N \cdot 632}{h_e}$	kg/Std.	142	256	140	236	152	236
Dampfverbrauch	kg/PS_e Std.	23,7	21,3	23,4	19,7	25,4	19,7
Effektives Wärmegefälle einschl. sämtlicher Verluste . . . h_e	EW	26,7	29,7	27,1	32,1	24,9	32,1

Die Berechnung der Düsen und Schaufeln soll nur für den günstigsten Durchmesser von 150 mm ausgeführt werden wie folgt. Zunächst berechnen wir die Querschnitte der Düsen:

Die bei Vollast benötigte Dampfmenge beträgt 236 kg/Std. Bei dem gegebenen Druck vor den Düsen von 10 ata und einer Dampfnässe von 3% ist das Eintrittsvolumen 0,193 cbm/kg. Aus der bekannten Ausflußformel (vgl. Anhang VII)

$\frac{G}{F} = 0{,}718 \cdot \sqrt{\frac{p_1}{v_1}}$ ergibt sich $\frac{G}{F} = 5{,}16$ kg/Std. für ein Quadratmillimeter. Es ist somit ein Minimalquerschnitt der Düsen von zusammen $\frac{236}{5{,}16} = 45{,}7$ qmm erforderlich.

Wählen wir zwei Düsen, so ergibt sich pro Düse 22,85 qmm, entsprechend einem Durchmesser von 5,38 mm. Der Austrittsquerschnitt aus der Düse ergibt sich aus der Kontinuitätsgleichung wie folgt:

Die Dampfaustrittsgeschwindigkeit ist $c_1 = 758$ m/sek. Das spezifische Volumen erhalten wir wie folgt: Durch Abtragen des Verlustgefälles von dem adiabatischen Gefälle und Hinüberloten des erhaltenen Punktes auf die Linie des Enddruckes erhalten wir den für die Düsenberechnung maßgebenden Endzustand im I-S-Diagramm bei $p = 1{,}2$ ata, $x = 0{,}89$. Das spezifische Volumen ergibt sich dann zu $0{,}89 \cdot 1{,}452 = 1{,}29$ cbm/kg und der Austrittsquerschnitt zu $\frac{236 \cdot 1{,}29}{3600 \cdot 758} = 0{,}0001115$ qm, also für eine Düse 55,75 qmm entsprechend einem Durchmesser von 8,43 mm.

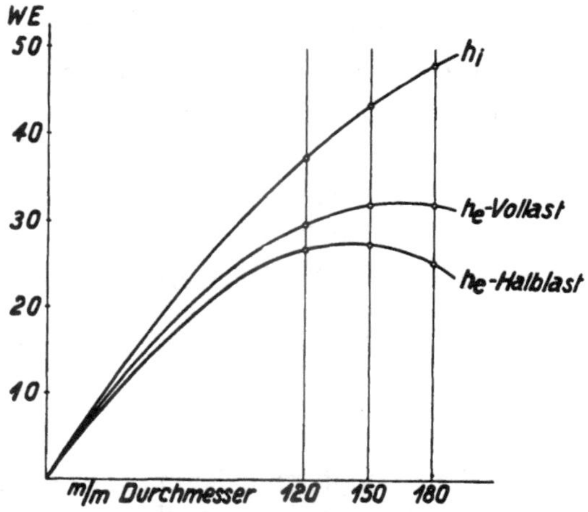

Abb. 84.

Wir gehen nun zur Berechnung der Schaufelquerschnitte über. Da es sich um eine Aktionsstufe handelt, ist für die Ein- und Austrittsseite der Schaufel mit gleichem Druck zu rechnen. Infolge des Geschwindigkeitsverlustes in der Laufschaufel wird jedoch der spez. Dampfgehalt beim Austritt größer sein als beim Eintritt. An der Eintrittsstelle ist derselbe gleich demjenigen beim Düsenaustritt und daher auch das spez. Volumen $v = 1{,}29$ cbm/kg. Da die relative Eintrittsgeschwindigkeit aus den Geschwindigkeitsdreiecken bekannt ist ($w_1 = 577$ m/sek), so kann der theoretisch notwendige Schaufelquerschnitt aus der Kontinuitätsgleichung berechnet werden. Derselbe ergibt sich zu $\frac{236 \cdot 1{,}29}{3600 \cdot 577} = 0{,}000147$ qm. Im Austrittsquerschnitt beträgt der spez. Dampfgehalt (vgl. I-S-Diagramm) $x = 0{,}92$. Es wird somit das spez. Volumen dort $0{,}92 \cdot 1{,}452 = 1{,}335$ cbm/kg. Da die relative Austrittsgeschwindigkeit $w_2 = 461$ m/sek ebenfalls aus dem Geschwindigkeitsdreieck bekannt ist, kann der Austrittsquerschnitt aus der Kontinuitätsgleichung ermittelt werden und ergibt sich zu $\frac{236 \cdot 1{,}335}{3600 \cdot 461} = 0{,}000190$ qm.

Zur Bestimmung der Schaufellänge ist es nun erforderlich, bestimmte Annahmen über die Profilform (vgl. Abb. 83) zu machen. Die Tangente des Eintrittswinkels sei 60%, die Tangente des Austrittswinkels = 55%. Bei Berücksichtigung der Schaufeldicke ergibt sich am Schaufeleintritt ein Verhältnis von Kanalweite zur Teilung von $\frac{b_1}{t} = 0{,}46$, beim Austritt ist dieses Verhältnis $\frac{b_2}{t} = 0{,}40$. Auf den Umfang des Rades kommen bei der angenommenen Teilung von 5,97 mm 79 Schaufeln.

Der aus der Düse ausströmende Dampfstrahl hat elliptischen Querschnitt. Die Achsen der Ellipse in der Schnittebene mit den Schaufeleintrittskanten sind 8,43 und

25,5 mm, es werden daher von dem aus einer Düse ausströmenden Dampf $\frac{25,5}{5,97} = 4,26$ Schaufeln getroffen[1]).

Wegen des elliptischen Querschnitts des Dampfstrahls ist die Verteilung des ausströmenden Dampfes auf die vor der Düse befindlichen Schaufelkanäle ungleich. Der vor der kleinen Achse der Ellipse jeweils befindliche Schaufelkanal wird ziemlich voll gefüllt, die seitlich davon liegenden erhalten, der Form der Ellipse entsprechend, weniger Dampf; so muß die Eintrittshöhe der Schaufeln größer werden als dies zum Beispiel bei rechteckigem Düsenquerschnitt notwendig ist, denn der Dampfstrahl muß bei elliptischem Querschnitt auch an der Stelle seiner größten Höhe von dem Schaufelkanal ganz aufgenommen werden können. Es ist also die kleine Achse der Ellipse maßgebend für die Bemessung der Mindest-Schaufelhöhe.

Durch eine einfache Rechnung kann man sich leicht ein Bild über die theoretisch erforderlichen Schaufelhöhen am Ein- und Austritt machen. Der axiale Querschnitt einer Schaufelteilung beträgt $5,97 \cdot 8,43 = 50,3$ qmm. Derjenige der ganzen Ellipse $\frac{25,5 \cdot 8,43 \cdot \pi}{4} = 168,6$ qmm. Demnach müssen durch den Schaufelkanal, der gerade vor der Mitte des Strahles steht, 29,8% der Dampfmenge einer Düse fließen. Unter Benutzung der oben bereits berechneten Durchfluß-Querschnitte für die Dampfmenge einer Düse ergibt sich der erforderliche Querschnitt eines Schaufelkanals:

am Eintritt . . . . $0,5 \cdot 0,298 \cdot 147 = 21,9$ qmm
am Austritt . . . . $0,5 \cdot 0,298 \cdot 190 = 28,3$ qmm.

Daraus ergeben sich die erforderlichen Schaufelhöhen:

am Eintritt . . . . $\frac{21,9}{0.46 \cdot 0,597} = 8,0$ mm

am Austritt . . . . $\frac{28,3}{0,40 \cdot 5,97} = 11,9$ mm.

Da der Dampfstrahl beim Auftreffen auf die Laufschaufel bereits eine theoreretische Breite von 8,43 mm besitzt, so kann die errechnete Eintrittsschaufellänge nicht ausgeführt werden. Es muß vielmehr noch eine Sicherheitsüberdeckung vorgesehen werden. In Anbetracht des geringen Beaufschlagungsbogens dieser Turbine müssen wir bestrebt sein, die Schaufellänge möglichst klein zu halten, um die Ventilationsverluste zu verringern. Es wird zweckmäßig sein, da eine Ausführung der Schaufeln mit verschiedenen Ein- und Austrittslängen sehr kostspielig wird, die freie Länge der Schaufel auf 12 mm zu bemessen.

§ 74. **Berechnung der Turbine für ein Kesselraumgebläse.** Die für jedes Kesselraumgebläse erforderliche Turbinenleistung soll maximal 245 PS, die Umdrehungszahl 1800 pro Min. und der Kesseldruck $p_k = 19$ ata betragen. Rücksichten auf Platz- und Gewichtsverhältnisse lassen einen Turbinenlaufrad- (mittleren Schaufelkreis-) Durchmesser von höchstens 1000 mm zu, welches Maß zwecks Erzielung des höchstmöglichen Wirkungsgrades für die Ausführung gewählt werden soll. Damit die Turbine auch bei etwas gesunkenem Kesseldruck noch die Vollast hergibt, soll mit einem Druck von 16 ata vor dem Absperrventil bzw. von 15 ata direkt vor den Düsen gerechnet werden. Der Druckabfall von 16 auf 15 ata ist bedingt durch

[1]) Es sei hier darauf hingewiesen, daß oft die Düsen aus konstruktiven Gründen nicht mit der richtigen Erweiterung ausgeführt werden können. Es muß dann bei der obigen Rechnung auf die Verbreiterung des Dampfstrahles durch die Strahlexpansion im axialen Spalt Rücksicht genommen werden (vgl. hierzu auch Anhang VIII).

den Spannungsverlust beim Durchströmen des Absperrventils, des Schnellschlußventils und des Dampfsiebes.

Bei der Umdrehungszahl von $n = 1800$ ergibt sich im mittleren Schaufelkreisdurchmesser von 1000 mm eine Umfangsgeschwindigkeit von $u = 94{,}3$ m/sek.

Der Abdampf der Turbine geht in die allgemeine Abdampfleitung der Hilfsmaschinen; letztere ist zwecks Ausnutzung der Abdampfwärme auf die Speisewasservorwärmer geschaltet, und es ist daher für die betrachtete Turbine mit einem Gegendruck von 2 ata zu rechnen.

Bei normalem Betrieb sei die Dampfnässe vor den Düsen zu 3% angenommen; aus dem *I-S*-Diagramm ergibt sich dann mit $p_1 = 15$ ata, $x_1 = 0{,}97$ und $p_2 = 2$ ata ein adiabatisches Wärmegefälle von $h = 82{,}5$ WE. Die diesem Gefälle entsprechende theoretisch mögliche Dampfgeschwindigkeit berechnet sich zu $c_0 = 91{,}5 \sqrt{h} =$

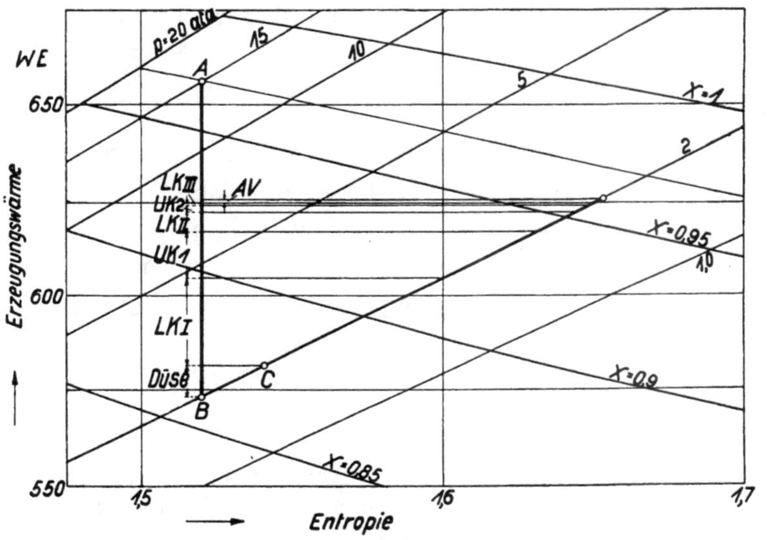

Abb. 85.

830 m/sek, und es wird somit das Verhältnis von Dampfgeschwindigkeit zu Umfangsgeschwindigkeit $c_0/u = 8{,}8$.

Ein Blick auf die Wirkungsgradkurven für Curtisräder, Abb. 22 und 23, zeigt, daß für dieses Verhältnis ein dreikränziges Curtisrad einen besseren Wirkungsgrad ergibt als ein zweikränziges. Diese Kurven berücksichtigen allerdings den Ventilationsverlust nicht, welcher von den Abmessungen des Rades und der Beschaufelung abhängt und dessen Einfluß auf den Gesamtwirkungsgrad außerdem wesentlich mit der Leistung des Rades variiert und somit von Fall zu Fall verschieden ist. Bei sonst gleichen Verhältnissen wird nun zwar der Ventilationsverlust bei dem dreikränzigen Rad größer ausfallen als bei Verwendung von nur zwei Kränzen. Berücksichtigt man jedoch, daß bei kleinerer Leistung infolge der Abnahme der Drehzahl des Gebläses bei gleichbleibender Dampfgeschwindigkeit die Umfangsgeschwindigkeit ab- und damit das Verhältnis c_0/u zunimmt und daß sich hierbei der Wirkungsgrad des dreikränzigen Rades weniger verschlechtert als der des zweikränzigen, so erscheint die Verwendung eines dreikränzigen Rades auch trotz der etwas größeren Ventilationsarbeit geboten.

Aus den Wirkungsgradkurven für dreikränzige Curtisräder, Abb. 23, ergibt sich bei dem oben festgestellten Verhältnis $c_0/u = 8{,}8$ ein Wirkungsgrad von 49,7 %.

Nach Erprobungswerten an verschiedenen Gebläseturbinen hat sich gezeigt, daß bei Verwendung der bei dieser Turbinenart gebräuchlichen schmalen Profile und bei dem meist sehr kleinen Beaufschlagungsverhältnis gegenüber den erwähnten, für Hauptturbinen gültigen Kurven ein um etwa 10% geringerer Wirkungsgrad, also etwa 44,7%, zu erwarten ist. Außerdem ist noch zu berücksichtigen, daß die benutzten Wirkungsgradkurven unter der Voraussetzung gelten, daß der in der Beschaufelung arbeitende Dampf trocken gesättigt ist.

Da das hier betrachtete Rad im Naßdampfgebiet arbeitet und da erfahrungsgemäß der Wirkungsgrad von Aktionsbeschaufelungen durch die im Dampf enthaltene Feuchtigkeit nachteilig beeinflußt wird, ist es erforderlich, dieserhalb einen weiteren Abzug vom Wirkungsgrad zu machen. Dieser Abzug ist abhängig von dem Nässegehalt des Dampfes in dem Gebiet, in dem das Rad arbeitet. In unserem Beispiel ergibt sich (vgl. Abb. 85) am Endpunkte der adiabatischen Expansion in der Düse eine spezifische Dampfmenge von 0,86, hinter dem letzten Laufkranz eine solche von etwa 0,95, im Mittel also 0,905, entsprechend einem mittleren Wassergehalt von 9,5%; hierfür kommt auf Grund der in Abb. 66 wiedergegebenen Kurve (vgl. § 47) ein Wirkungsgradabzug von 7,8% in Frage.

Es ergibt sich somit ein tatsächlich ausgenutztes Wärmegefälle h_i von

$$82{,}5 \cdot 0{,}447 \cdot 0{,}922 = 34{,}1 \text{ WE}.$$

Zur Berechnung des Dampfverbrauches ist es weiterhin erforderlich, die Verluste durch Ventilation und Lagerreibung zu bestimmen.

Um die Ventilationsleistung N_v zu finden, benutzen wir (vgl. § 26) die Formel

$$N_v = k\left(\frac{u}{100}\right)^3 \cdot \gamma\,[1{,}8\,D^2 + (1 - B)\,D \cdot z \cdot l^{1{,}5}].$$

Dabei ist

k eine Konstante, durch welche der Einfluß der Feuchtigkeit des Dampfes berücksichtigt wird, in welchem das Rad ventiliert, in unserem Falle für eine Dampfnässe von 5%. $k = 1{,}06$.

Ferner ist:

γ das spez. Gewicht des Dampfes in kg/cbm, hier $= 1{,}17$ kg/cbm,
D der Schaufelkreisdurchmesser in m, hier $D = 1{,}0$ m,
B der Beaufschlagungsgrad, der in unserem Falle zu etwa 11% geschätzt wird,
z die Laufkranzzahl $= 3$,
l die mittlere Schaufellänge in cm (vorweg geschätzt zu 2,5 cm).

Wir haben also in Zahlen:

$$N_v = 1{,}06\left(\frac{94{,}3}{100}\right)^3 \cdot 1{,}17\,[1{,}8 \cdot 1^2 + (1 - 0{,}11) \cdot 1 \cdot 3 \cdot 2{,}5^{1{,}5}] \text{ PS}.$$

Die Ausrechnung ergibt eine Ventilationsarbeit von

$$N_v = 12{,}85 \text{ PS}.$$

Lagerreibung. Bei einem Gewicht des Rotors der Turbine einschließlich der aufgekeilten Gebläseräder von rund 1000 kg, einem Zapfendurchmesser von 70 mm und einem Lagerreibungskoeffizienten von 0,017 (vgl. § 33) ergibt sich eine Lagerreibung von

$$N_R = \frac{1000 \cdot 0{,}017 \cdot 0{,}07 \cdot \pi \cdot 1800}{75 \cdot 60} = 1{,}5 \text{ PS}.$$

Der gesamte Leistungsverlust durch Ventilation und Lagerreibung beträgt somit $N_V + N_R = 14{,}36$ PS. Rechnet man hierbei abgerundet mit 15 PS, so ist eine indizierte Leistung von $N_i = 245 + 15 = 260$ PS und eine stündliche Dampfmenge von $G = N_i \cdot \frac{632{,}2}{h_i} = 4820$ kg/Std. erforderlich; der Dampfverbrauch, bezogen auf PS_eStd., beträgt also $D = \frac{4820}{245} = 19{,}7$ kg/PS_e und Std.

Düsenberechnung: Das Druckverhältnis, mit welchem die Düse arbeitet, beträgt $\frac{2}{15} = 0{,}1333$, ist also erheblich kleiner als das sog. kritische Verhältnis. Die Düse muß somit als sog. erweiterte Düse ausgeführt werden, d. h. eine Verengung mit nachfolgender Erweiterung erhalten. Wir bestimmen zunächst die Größe dieses Minimalquerschnittes nach den Anh. VII in wiedergegebenen Formeln für die Ausflußmenge.

Bei einem Druck von $p_1 = 15$ ata vor den Düsen, einer spez. Dampfmenge von 0,97 und somit einem Anfangsvolumen von $v_1 = 0{,}97 \cdot 0{,}135 = 0{,}131$ cbm/kg beträgt das in einer Stunde durch 1 qmm des Minimalquerschnitts strömende Dampfquantum

$$G_{st} = 0{,}718 \cdot \sqrt{\frac{p_1}{v_1}} = 0{,}718 \cdot \sqrt{\frac{15}{0{,}131}} = 7{,}68 \text{ kg/qmm und Stde.},$$

so daß mit einem Minimalquerschnitt der Düsen von $\frac{4820}{7{,}68} = 628$ qmm zu rechnen ist. Es sollen neun Düsen mit einem rechteckigen Minimalquerschnitt von $7 \cdot 10$ mm ausgeführt werden.

Der theoretisch erforderliche Austrittsquerschnitt der Düse ergibt sich aus der Kontinuitätsgleichung wie folgt. Die tatsächliche Austrittsgeschwindigkeit in Punkt B beträgt, wenn ein Düsenkoeffizient von $\varphi = 0{,}95$ angenommen wird, zu $0{,}95 \cdot 830 = 788$ m/sek. Wir haben nunmehr noch das Volumen des Dampfes beim Austritt aus der Düse zu ermitteln. Die bei der Expansion auf den Gegendruck 2 ata sich ergebende Dampffeuchtigkeit finden wir aus dem I-S-Diagramm (vgl. Abb. 85), indem wir auf der Linie dieses Gegendruckes die dem Endpunkt B der Adiabate A-B entsprechende Erzeugungswärme um die Verlustwärme

$$(1 - \varphi^2) \cdot \frac{A\, c_0^2}{2\, g} = (1 - \varphi^2) \cdot h = (1 - 0{,}95^2) \cdot 82{,}5 = 8{,}05 \text{ WE}$$

erhöhen (Punkt C), zu $x = 0{,}875$. Da das spez. Volumen des gesättigten Dampfes von 2 ata aus Dampftabelle Anh. XVIII sich zu 0,901 ergibt, ist also mit einem Austrittsvolumen von $0{,}875 \cdot 0{,}901 = 0{,}788$ cbm/kg zu rechnen. Der Austrittsquerschnitt ist daher

$$F_2 = \frac{4820 \cdot 0{,}788}{3600 \cdot 788} = 0{,}00134 \text{ qm}.$$

Mit Rücksicht auf die im Spalt mögliche Expansion (vgl. Anh. VIII) ist jedoch nicht dieser theoretisch erforderliche, sondern ein etwas geringerer Querschnitt, und zwar $9 \cdot 13 \cdot 10 = 1170$ qmm, ausgeführt, so daß einer theoretisch erforderlichen Erweiterung der Düse von 2,14 eine praktisch ausgeführte Erweiterung von 1,86 gegenübersteht.

Berechnung der Schaufellängen. Es taucht nun die Frage auf, für welchen Betriebszustand die Schaufellängen bemessen werden sollen. Da die Leistung derartiger Gebläseturbinen dauernd nicht nur mit der gewünschten Fahrtgeschwindigkeit des Schiffes, sondern auch mit der Verschlackung der Kessel und anderen Ursachen schwankt, bleibt nichts übrig, als sich entweder für den Betrieb mit Vollast oder aber für eine mittlere Leistung als Basis für die Berechnung der Schaufellängen zu entscheiden, wobei angenommen wird, daß die Regulierung der Leistung nicht durch Drosseln, sondern durch Abschalten von Düsen geschieht. Infolge letzterer Anordnung ist also der Dampfzustand beim Eintritt in die Beschaufelung des Rades bei jeder Betriebsart (wenigstens soweit für dieselbe gerade passende Abstufungen vorhanden sind) der gleiche, es ändert sich also bei Verringerung der Leistung nur die Umdrehungszahl der Turbine, und zwar annähernd entsprechend der 3. Wurzel aus der Leistung. Die Dimensionierung der Turbine für mittlere Leistung vermeidet den Nachteil, daß man lange Schaufeln erhält, welche erheblichen Ventilationsverlust und bei kleinen Leistungen unregelmäßiges Durchströmen durch die nicht hinreichend ausgefüllten Schaufeln bedingen. Allerdings erhält man bei Vollast zu kleine Querschnitte, wodurch bei dieser Betriebsart Druckstau in der Beschaufelung verursacht wird. Ganz einfache Betrachtungen ergeben, daß letzterer Umstand den Wirkungsgrad nur sehr wenig beeinflußt, so daß man — um so mehr, da mittlere Betriebsverhältnisse natürlich, alles in allem genommen, am häufigsten vorkommen — sich im allgemeinen wohl für den letzteren Weg entscheiden wird. Wir wählen hier einen Betriebszustand von 30% der Maximalleistung als Grundlage für die weiteren Berechnungen.

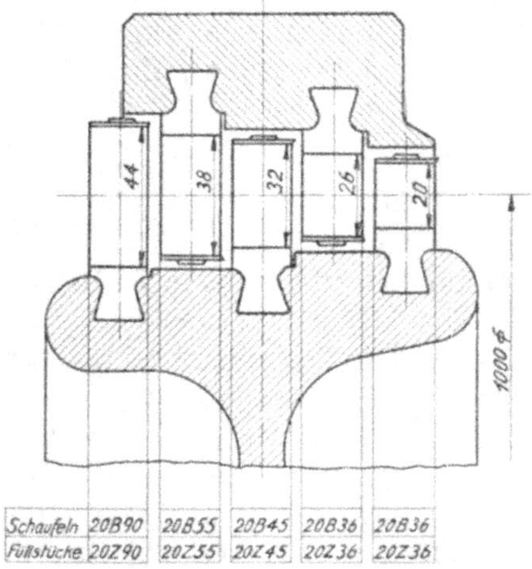

Abb. 86.

Die Berechnung der theoretisch erforderlichen Schaufellängen hat in der Weise zu geschehen, daß aus den Geschwindigkeitsdreiecken die Dampfgeschwindigkeiten, und aus diesen, unter Berücksichtigung des jeweiligen Dampfzustandes bzw. des spez. Volumens, der erforderliche Querschnitt ermittelt wird. Es sind also zunächst die Geschwindigkeitskoeffizienten zu wählen, mit welchen die Dreiecke zu entwerfen sind.

Unter Berücksichtigung der Verschiedenheit der Umlenkungswinkel, welche vom ersten Laufkranz bis zum Ende des Rades sich allmählich verringern, wählen wir für die einzelnen verwendeten Profile (vgl. Abb. 86) auch verschiedene Verlustkoeffizienten, und zwar

für Laufkranz I und Umkehrkranz 1 . . . . $\psi = 0{,}80$,
für Laufkranz II . . . . $\psi = 0{,}82$,
für Umkehrkranz 2. . . . . $\psi = 0{,}84$
für Laufkranz III . . . . $\psi = 0{,}88$.

Wahl der Schaufelprofile. Hierfür sind die generellen Gesichtspunkte (vgl. § 41) maßgebend, so daß hierzu nichts Besonderes zu erwähnen ist; die für den vorliegenden Fall am besten passenden Normalprofile, welche wir wählen, gehen aus Abb. 86 hervor. Hiermit sind auch die Geschwindigkeitsdreiecke Abb. 87 gegeben. Für den Entwurf derselben kommt entsprechend der oben für die Berechnung gewählten Belastung von 30% der Vollast eine Umdrehungszahl von

$$1800\sqrt[3]{0{,}3} = 1200$$

und also eine Umfangsgeschwindigkeit von 62,8 m/sek in Betracht.

Wie sich aus den Geschwindigkeitsdreiecken ergibt, genügen die gewählten Profile auch der Forderung stoßfreien Eintritts in hinreichendem Maße. Zur Feststellung der Austrittsquerschnitte aus der Kontinuitätsgleichung haben wir nun noch die spezifischen Volumina beim Austritt aus den einzelnen Kränzen zu bestimmen, wozu wir der Kenntnis der daselbst herrschenden Dampfzustände bedürfen. Wir benutzen das I-S-Diagramm Abb. 85, indem wir bei der Düse die Verluste

$$\text{aus } (1 - \varphi^2)\frac{A}{2g}c_0^2,$$

$$\text{bei den Laufkränzen . . aus } (1 - \psi^2)\frac{A}{2g}w_1^2,$$

$$\text{bei den Umkehrkränzen aus } (1 - \psi^2)\frac{A}{2g}c_1^2$$

ermitteln und auf der Linie des Gegendruckes $p_2 = 2$ ata in bekannter Weise die Endzustände feststellen. Wie weiter unten gezeigt, müssen zur Erreichung der beabsichtigten Leistung von ca. 30% der Vollast bei vollem Dampfdruck $p_1 = 15$ ata, $x_1 = 0{,}97$ vor den Düsen vier von den neun Düsen beaufschlagt werden; die arbeitende Dampfmenge ist also mit $4/9 \cdot 4820 = 2140$ kg/Std. in Rechnung zu setzen. Nach vorstehendem erhalten wir für die Berechnung der Querschnitte die folgende Tabelle:

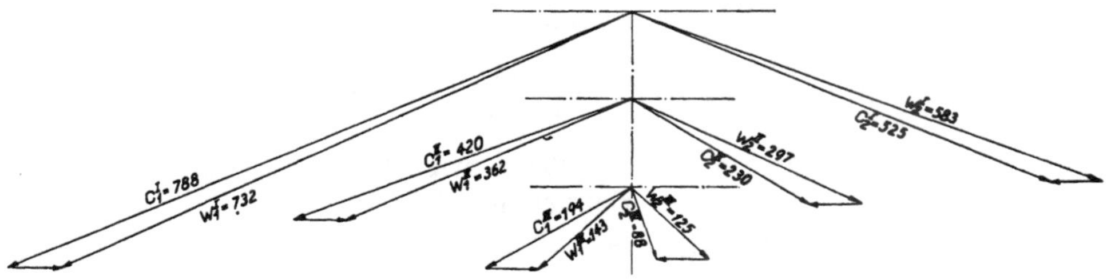

Abb. 87.

Tabelle Nr. 15.

Kranz	Schaufel-Neigung tg α		Dampfgeschwindigkeit beim		Verlustgefälle $(1-\varphi^2)\cdot\frac{A c_0^2}{2g}$; $(1-\psi^2)\frac{A w_1^2}{2g}$ $(1-\psi^2)\cdot\frac{A c_1^2}{2g}$	Spez. Dampfmenge beim Austritt x	Spez. Dampfvolumen beim Austritt	Querschnitt F aus Kontinuitätsbedingung	b_2/t	Beaufschlagungsbogen	Schaufellänge am Austritt	
	Eintritt	Austritt	Eintritt	Austritt							berechnet	ausgeführt
	%	%	m/sek	m/sek	WE		cbm/kg	qmm		mm	mm	mm
Düse	—	40	—	788	8,0	0,876	0,79	—	—	160	—	—
Laufkranz I . .	47	36	732	583	23,1	0,920	0,829	845	0,28	160	18,9	20
Umkehrkranz 1	47	36	525	420	11,9	0,943	0,850	1205	0,28	160	27	26
Laufkranz II .	55	45	362	297	5,1	0,952	0,858	1720	0,348	160	30,9	32
Umkehrkranz 2	70	55	230	194	1,9	0,957	0,862	2650	0,422	160	39,3	38
Laufkranz III .	110	90	143	125	0,6	0,958	0,863	4120	0,588	160	43,8	44
			88		0,9							

Die für die Ausführung gewählten Schaufellängen sind in obiger Tabelle angegeben; sie sind im allgemeinen etwas kleiner als die berechneten. Abb. 86 zeigt die Beschaufelung des Rades; wie daraus ersichtlich, sind der Einfachheit wegen die Eintrittslängen gleich den Austrittslängen ausgeführt, wodurch sich gerade abgeschnittene Füllstücke und zylindrische Bandagen ergeben.

Aus den in der Tabelle enthaltenen Angaben über die Verluste in den einzelnen Kränzen läßt sich auch der Wirkungsgrad der Beschaufelung ermitteln. Das Gesamtverlustgefälle ergibt sich zu 50,6 WE; unter Hinzurechnung des Austrittsverlustes von $\frac{A \cdot c_2^2}{2 \cdot g} = 0{,}9$, wobei $c_2 = 88$ m/Sek. die Austrittsgeschwindigkeit aus dem letzten Laufrade bezeichnet, erhalten wir

$$= \frac{82.5 - 51{,}5}{82{,}5} = 37{,}6\,\%.$$

Von diesem Wert sind unter Berücksichtigung der sehr kleinen Beaufschlagungslänge etwa 8% in Abzug zu bringen, so daß der Wirkungsgrad sich auf 34,6% verringert.

Von dem hieraus errechneten indizierten Gefälle $h_i = 0{,}346 \cdot 82{,}5 = 28{,}5$ WE ist ferner ein Abzug wegen des Feuchtigkeitsgehaltes des Dampfes (x im Mittel $= 0{,}917$) im Betrag von 7,5% zu machen, so daß $h_i = 26{,}3$ WE verbleiben.

Die indizierte Leistung berechnet sich somit für

$$G = 2140 \text{ kg/Std. zu } N_i = \frac{2140}{632{,}3} \cdot 26{,}3 = 89 \text{ PS.}$$

Der Ventilationsverlust beträgt in gleicher Weise wie oben berechnet 4,75 PS, die Lagerreibung 1 PS, also die gesamte Leerlaufleistung 5,75 PS.

Es verbleibt somit als Nutzleistung 89 — 5,75 = 83,25 PS, was 34% der vollen Leistung von 245 PS und einem Dampfverbrauch von $\frac{2140}{83{,}25} = 25{,}7$ kg/PS und Std. entspricht.

§ 75. **Berechnung der Turbine mit Übersetzung durch Föttinger Transformator für ein Torpedoboot.** Die zur Erreichung der vorgeschriebenen Schiffsgeschwindigkeit erforderliche Leistung beträgt unter Berücksichtigung der Verluste im Transformator für jede der beiden Turbinen 13000 PSe. Die minutliche Umdrehungszahl kann mit Rücksicht auf die Übersetzungsmöglichkeit des Transformators nicht höher als 2300 gewählt werden.

Bei den auf Torpedobooten äußerst knappen Platz- und Gewichtsverhältnissen muß ein Ausgleich zwischen Wirtschaftlichkeit und Gewicht gesucht werden, indem bei äußerst gedrängter Bauart ein nicht zu schlechter Dampfverbrauch auch bei reduzierter Belastung angestrebt wird, und zwar soll der Gewichtsersparnis wegen von der Verwendung besonderer Marschstufen abgesehen werden.

Die verfügbare kurze Baulänge bei verhältnismäßig großem Durchmesser läßt die Verwendung einer Aktionsturbine vorteilhaft erscheinen. Wir wählen eine Anordnung mit einem zweikränzigen Curtisrad und fünf einkränzigen Aktionsrädern. Der Einbau eines sechsten Aktionsrades würde, wie eine Überschlagsrechnung zeigt, wohl bei kleineren Marschfahrten Vorteile bringen, kann jedoch, wie ebenfalls ein vorläufiger Überschlag ergibt, mit Rücksicht auf das verfügbare Gewicht nicht vorgesehen werden.

Zunächst handelt es sich um die Festlegung des Durchmessers. Eine Prüfung der Raumverhältnisse ergibt, daß ein mittlerer Schaufelkreisdurchmesser für sämtliche Laufräder von 1600 mm noch gut untergebracht werden kann. Auch ist die sich hieraus ergebende Umfangsgeschwindigkeit von 192,5 m/sek für die normale Drehzahl von 2300 pro Min. bei den der Konstruktion einer Torpedoboots-Turbine angemessenen Beanspruchungen durchaus zulässig.

Der Kesseldruck beträgt 18,5 atü. Zur Schaffung einer genügenden Reserve soll unter Berücksichtigung der Druckverluste in der Rohrleitung, den Ventilen und im Dampfsieb mit einem Druck vor den Düsen von nur 16 ata gerechnet werden. Der

Feuchtigkeitsgehalt des Dampfes vor den Düsen wird auf 3% geschätzt. Der Gegendruck an der Turbine kann bei dem geringen für die Kondensationsanlage zur Verfügung stehenden Gewicht nicht niedriger als 0,1 ata angenommen werden.

Bei diesen Dampfzuständen ergibt sich ein adiabatisches Gefälle von 178 WE. Es beträgt somit der theoretische Dampfverbrauch $\frac{632,3}{178} = 3,56$ kg/PS. Bei schnelllaufenden Turbinen solch großer Leistung kann bei Naßdampf ein thermodynamischer Wirkungsgrad von etwa 68% erwartet werden. Es soll deshalb versuchsweise die Rechnung mit einem Dampfverbrauch von $\frac{3,56}{0,68} = 5,23$ kg/PSeStd., entsprechend 68100 kg/Std. Gesamtdampf durchgeführt werden.

(Es empfiehlt sich in solchen Fällen für den Anfänger, dem Unterlagen über die Größe des erreichbaren Wirkungsgrades nicht zur Verfügung stehen, auf die in § 52 niedergelegten Wirkungsgradkurven, welche über $\frac{\Sigma (u^2 \cdot z)}{H_{tot}}$ Wirkungsgrade von Aktionsturbinen zeigen, zurückzugreifen.)

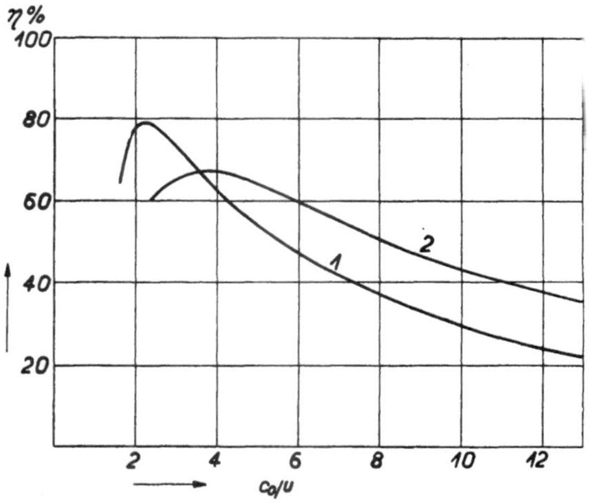

Abb. 88.

Bei der Aufteilung des Gesamtwärmegefälles auf die einzelnen Stufen ist in diesem speziellen Falle zu beachten:

Der mit einkränzigen Aktionsrädern erreichbare indizierte Wirkungsgrad ist besser als derjenige des zweikränzigen Curtisrades. Man könnte deshalb geneigt sein, dem Curtisrad möglichst wenig Leistung zuzuweisen, d. h. den Druck hinter demselben so hoch wie irgend möglich zu nehmen oder sogar das Curtisrad durch ein einkränziges Rad zu ersetzen. Bei Teilbeaufschlagung des ersten Rades ergibt sich jedoch bei höheren Gegendrücken eine sehr große Ventilationsarbeit, wodurch der Wirkungsgrad dieses ersten Rades ganz erheblich schlechter wird. Außerdem nehmen die Undichtigkeitsverluste in der Außen- wie in der ersten Zwischenstopfbuchse mit höherem Drucke zu. Ferner ist hierdurch eine schwerere Gehäuse- und Deckelkonstruktion bedingt, welche bei Anlagen von Torpedobooten sich mit der Forderung leichtesten Gewichts nicht vereinigen läßt. Dazu kommt, daß der Wirkungsgrad des Curtisrades sich für einen großen Bereich des Verhältnisses von Dampfgeschwindigkeit zu Umfangsgeschwindigkeit weniger als derjenige des einkränzigen Aktionsrades verändert, wie ein Vergleich der Wirkungsgradkurven (Abb. 88) zeigt. Kurve 1 stellt die Wirkungsgradkurve eines einkränzigen Rades, dessen Austrittsgeschwindigkeit nicht mehr ausgenützt werden kann, Kurve 2 diejenige eines zweikränzigen Curtisrades dar. Würde das gleiche Wärmegefälle (Gegendruck = 3,5 ata) sowohl beim einkränzigen wie beim zweikränzigen Rad verarbeitet werden, so ergäbe sich bereits bei Vollast ($c_0/u = 3,8$) ein schlechterer Wirkungsgrad des einkränzigen Rades. Nimmt man jedoch für das einkränzige Rad ein $c_0/u = 3$ an, entsprechend einem Gegendruck dieses Rades von etwa 6,2 ata, so würde der bei Vollast mit diesem Rad erzielbare Wirkungsgrad etwa 9% besser werden. Dabei ist natürlich zu beachten, daß auf die übrigen Radstufen ein größeres Wärmegefälle entfiele, welches dann mit etwas schlechterem Wirkungsgrad verarbeitet würde.

Betrachtet man die Verhältnisse bei Marschfahrt bei etwa 12% der Dampfmenge und einer Turbinendrehzahl von 990 Min., so würde sich hierbei unter den eben genannten Verhältnissen (Gegendruck bei Vollast = 6,2 ata) für das einkränzige Rad ein Gegendruck von 0,75 ata ergeben. Die Dampfgeschwindigkeit c_0 beträgt dann bei einem adiabatischen Gefälle von 117,5 WE 993 m/sek. Es würde sich dann ein c_0/u von 12 entsprechend einem Wirkungsgrad des einkränzigen A-Rades von etwa 24% ergeben.

Hinter dem zweikränzigen Curtisrad würde der Druck von 3,5 auf 0,43 ata sinken; das entsprechende adiabatische Wärmegefälle ergibt sich dann zu 136,5 WE, die Dampfgeschwindigkeit zu 1070 m und c_0/u zu 12,9. Diesem Wert entspricht ein Wirkungsgrad des zweikränzigen Rades von etwa 36%, also ganz erheblich besser, als er mit dem einkränzigen Rad zu erreichen wäre. Das zweikränzige Rad eignet sich also weit besser für Turbinen, welche mit stark veränderlicher Dampfmenge und Umfangsgeschwindigkeit betrieben werden. Man wird gleichzeitig bei Hauptfahrt den Druck hinter dem Curtisrad nur so hoch wählen, daß bei den am häufigsten vorkommenden Marschgeschwindigkeiten der Wirkungsgrad des Curtisrades noch erträglich bleibt. Wir wählen also in unserem Beispiel als Druck vor den Düsen des zweiten Rades 3,5 ata.

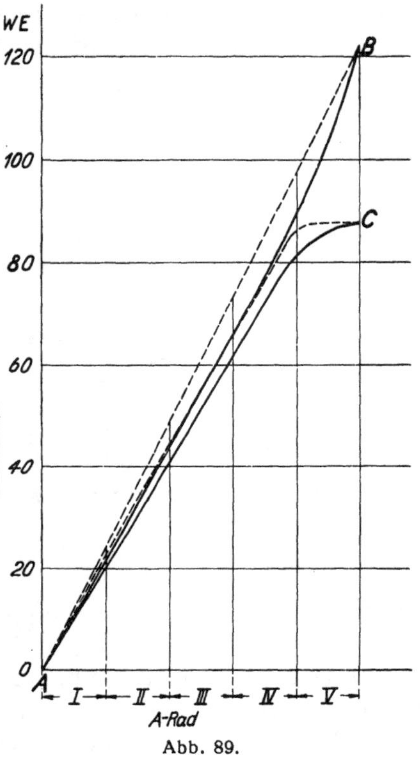

Abb. 89.

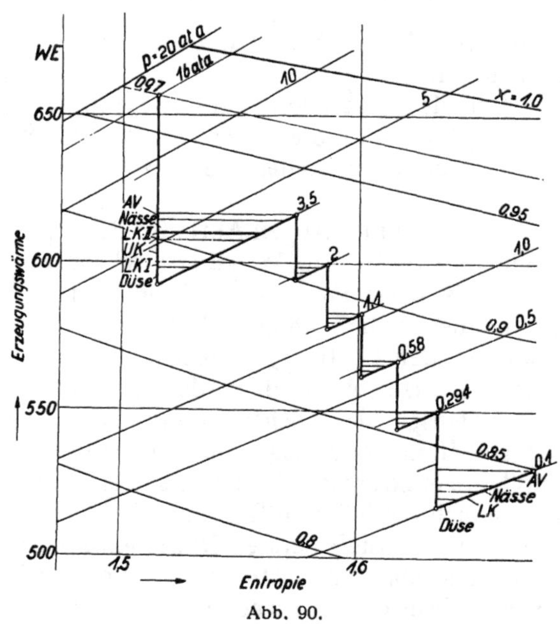

Abb. 90.

Es läge nun nahe, das verbleibende Wärmegefälle auf die fünf Aktionsräder gleichmäßig zu verteilen, indessen sind hier doch verschiedene Gesichtspunkte zu berücksichtigen.

Am besten lassen sich die Verhältnisse an Hand der schematischen Kurven (Abb. 89) überblicken:

Auf der Abszissenachse sind mit gleichmäßigen Abständen die fünf Aktionsräder aufgezeichnet. Die Ordinaten stellen die nach Durchlaufen der einzelnen Stufen verarbeiteten adiabatischen Gesamtgefälle dar. Die gleichmäßige Gefällsverteilung würde dann die punktierte Linie $A\ B$ ergeben.

Bei geringerer Leistung, z. B. 30% der Vollastdampfmenge, würden wir unter der ziemlich zutreffenden Annahme, daß die Drücke proportional der Dampfmenge abnehmen, als Linie der adiabatischen Summengefälle die punktierte Linie *A C* zu betrachten haben. Da jedoch der Gegendruck im Kondensator nicht proportional der Dampfmenge abnimmt, sondern sich nur von 0,1 ata auf 0,07 ata verringert, so würde sich für die letzte Stufe überhaupt fast kein Gefälle ergeben. Auch die vorhergehende Stufe würde nicht mehr das gleiche Gefälle wie die übrigen *A*-Räder, sondern etwas weniger erhalten. Wird jedoch die Gefällsverteilung nach der stark ausgezogenen Linie *A B* angenommen, so ergibt sich bei 30% der Dampfmenge die stark ausgezogene Linie der adiabatischen Summengefälle *AC*, so daß also auch die letzte Stufe noch genügend Gefälle erhält und größere Wirbel- und Stoßverluste vermieden bleiben.

Es erhalten also die *A*-Räder 1—3 je etwa 22 WE, das *A*-Rad 4 etwa 23 WE und das *A*-Rad 5 etwa 33 WE (vgl. hierzu auch Abb. 90, auf welcher der entsprechende Ausschnitt aus dem *I-S*-Diagramm dargestellt ist).

Bevor wir nun die Geschwindigkeitsdreiecke aufzeichnen können, ist es erforderlich, Annahmen über die Geschwindigkeitskoeffizienten zu machen. Als Geschwindigkeitskoeffizient für die Düsen soll mit Rücksicht auf die verhältnismäßig großen Querschnitte und die gute Ausführung der Düsen ein solcher von 0,95 angenommen werden. Bei der Anordnung von nur sechs Rädern werden die Dampfgeschwindigkeiten ziemlich groß und es empfiehlt sich daher, zur Erreichung eines guten Wirkungsgrades breite Profile mit großen Teilungen und guten Umlenkungsverhältnissen zu wählen. Es sollen deshalb für die fünf ersten Räder 30 mm breite Schaufelprofile vorgesehen werden, während die letzte Stufe aus Festigkeitsgründen Schaufeln von 35 mm Breite erhalten soll. Die Geschwindigkeitskoeffizienten werden (vgl. § 51) nach den Ein- und Austrittswinkeln bemessen und sind nachstehend zusammengestellt:

Tabelle Nr. 16.

	Tangente des Eintrittswinkels %	Tangente des Austrittswinkels %	Schaufelkoeffizient
C-Rad, erster Laufkranz	50	45	0,84
C-Rad, Umkehrkranz	62	50	0,85
C-Rad, zweiter Laufkranz . . .	90	80	0,88
A-Rad 1 und 2	50	45	0,84
A-Rad 3	60	50	0,86
A-Rad 4	70	60	0,88
A-Rad 5	100	90	0,9

Ferner soll angenommen werden, daß abgesehen vom Curtisrad die Austrittsenergie des abströmenden Dampfes in der nächstfolgenden Stufe voll ausgenützt wird.

Für den Düsenwinkel wird bei dem zweikränzigen Curtisrad $\operatorname{tg} \alpha = 36\%$ angenommen. Die Düsenwinkel für die Aktionsstufen sollen im allgemeinen mit dem kleinsten praktisch zulässigen Winkel von $\operatorname{tg} \alpha = 25\%$ ausgeführt werden; indessen verlangt die Rücksicht auf Erreichung brauchbarer Düsenhöhen für das *A*-Rad 4 einen Düsenwinkel von $\operatorname{tg} \alpha = 30\%$ und für das *A*-Rad 5 von $\operatorname{tg} \alpha = 45\%$.

Die verwendeten Schaufelwinkel sind bereits in obiger Tabelle enthalten; sie sind so gewählt worden, daß Stoßverluste, insbesondere Rückenstöße auf jeden Fall vermieden werden und ein guter Übergang von der Düsen- zur Schaufelhöhe erreicht wird.

Auf Grund dieser Annahmen können zunächst die Geschwindigkeitsdreiecke (Abb. 91) für das zweikränzige Curtisrad aufgezeichnet werden. Sie zeigen, daß das Verhältnis der Dampfgeschwindigkeit zur Umfangsgeschwindigkeit c_0/u ziemlich groß und der senkrechte Austritt bereits überschritten ist. Erwägt man jedoch, daß bei kleineren Schiffsgeschwindigkeiten infolge der Abnahme der Dampfmenge ein Sinken des Stufendrucks eintritt und also nicht nur das Wärmegefälle und damit die Dampfgeschwindigkeit größer, sondern auch die Umfangsgeschwindigkeit kleiner wird, so kann man die Wahl des Durchmessers im Hinblick auf den besseren Wirkungsgrad bei kleineren Leistungen als berechtigt anerkennen.

Um den Zustand des Dampfes nach Passieren des Curtisrades zu ermitteln, sind zunächst die Verluste festzustellen, welche in demselben auftreten.

Die Verluste ergeben im einzelnen:

In der Düse

$$(1 - \varphi^2) \cdot \frac{A \cdot c_0^2}{2 \cdot g} = (1 - 0{,}95^2) \cdot \frac{732^2}{427 \cdot 2 \cdot 9{,}81} = 6{,}24 \text{ WE}.$$

Im 1. Laufkranz, da sich w_1 aus dem Geschwindigkeitsdreieck zu 520 m/sek ergibt,

$$(1 - \psi^2) \cdot \frac{A \cdot w_1^2}{2 \cdot g} = (1 - 0{,}84^2) \cdot \frac{520^2}{427 \cdot 2 \cdot 9{,}81} = 9{,}56 \text{ WE}.$$

Für den Umkehrkranz bei $c_2 = 272$ m/sek

$$(1 - 0{,}85^2) \cdot \frac{272^2}{427 \cdot 2 \cdot 9{,}81} = 2{,}45 \text{ WE}.$$

Für den zweiten Laufkranz bei $w_1' = 105$ m/sek in gleicher Weise ein Verlust von 0,29 WE.

Die Austrittsgeschwindigkeit c_2' aus dem Laufkranz 2 beträgt 128 m/sek, so daß also ein Austrittsverlust von 1,96 WE vorhanden ist.

Ein Blick auf das *I-S*-Diagramm (Abb. 90) zeigt, daß sich die Dampfnässe beim Durchlaufen der Schaufeln von 0,88 bis 0,93 ändert, so daß also im Mittel eine spez. Dampfmenge von 0,905 in Frage kommt.

Einem Wassergehalt des Dampfes von 9,5% entspricht nach den in § 47 angegebenen Kurven ein Abzug vom Wirkungsgrad von 7,8%.

Eine kurze Zusammenfassung ergibt also folgendes:

Adiabatisches Wärmegefälle	64 WE
Summe von Schaufel- und Austrittsverlust	20,50 WE
Indiziertes Gefälle abzüglich dieser Verluste	43,50 WE
Indiziertes Gefälle abzüglich Wirkungsgradverschlechterung infolge Dampffeuchtigkeit	40,10 WE

Trägt man die Verluste in das *I-S*-Diagramm ein, so erhält man (vgl. Abb. 90) denjenigen Punkt, bei welchem die Expansion in der nächstfolgenden Düse beginnt. Streng genommen müßte der zusätzliche Energieverlust infolge der Dampffeuchtigkeit sich in einer Verschlechterung der Düsen- oder Schaufelkoeffizienten ausdrücken. Dadurch würden diese Koeffizienten nicht nur von der Profilform, sondern auch noch von der jeweiligen Zustandslinie abhängen. Der Einfachheit halber ist hier von dieser Korrektur Abstand genommen worden, um so mehr, als sie wenig belangreich ist. Die Austrittsenergie aus dem nur teilweise beaufschlagten Curtisrad wird sich beim Verteilen der Dampfmenge auf das voll beaufschlagte erste Aktionsrad durch Wirbelung bis auf die kleine notwendige Eintrittsgeschwindigkeit in Wärme zurückverwandeln. Es ist deshalb eine Ausnutzung dieser Energie im ersten Aktionsrad nicht in Rechnung gesetzt.

Es besteht nun noch die Frage, ob die Rückgewinnung von Wärme durch die Ventilationsverluste im Curtisrad bei Festlegung des Anfangspunktes der Expansion in der Düse des ersten Aktionsrades zu berücksichtigen ist. Da die Beschaufelungsangaben bei der Einteilung der Wärmegefälle und der Ermittlung der Dampfgeschwindigkeiten nicht bekannt sind, wird davon abgesehen. Der entstehende Fehler ist um so eher zuzulassen, als auch keinerlei Wärmeverluste durch Strahlung und Leitung eingesetzt werden, wodurch eine gewisse Kompensation eintritt.

Es kann deshalb von dem oben bestimmten Anfangspunkt ausgehend unter Beachtung der gewählten Druckverteilung das genaue adiabatische Gefälle für Aktionsrad 1 ermittelt werden (vgl. Tabelle 17).

Zeichnet man nun die Geschwindigkeitsdreiecke (Abb. 91) und trägt man die Verluste wieder im *I-S*-Diagramm ab, so erhält man wiederum den Punkt, bei dem die Expansion in der nächstfolgenden Düse der zweiten *A*-Stufe beginnt. Die Austrittsgeschwindigkeit der vorhergehenden Stufe soll, wie oben erwähnt, hier voll ausgenützt werden. Es dürfen deshalb im *I-S*-Diagramm nur die Verluste in Düse und Laufrad sowie die Korrektur für Nässe abgesetzt werden. Das gleiche wiederholt sich nun für die übrigen Stufen. Die sich ergebenden Gefälle, Geschwindigkeiten und Verluste sowie die bei dem entsprechenden Dampfzustand erforderlichen Abzüge für Dampfnässe sind in Tabelle 17 enthalten.

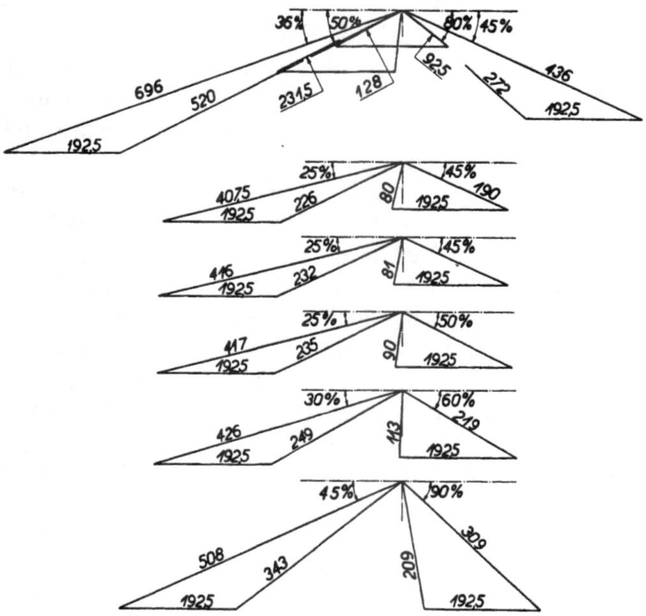

Abb. 91.

Zur Bestimmung der in den einzelnen Stufen arbeitenden Dampfmengen sind noch die Undichtigkeitsverluste zu ermitteln. Die Durchmesser der Außen- und Zwischenstopfbuchsen werden so klein wie möglich ausgeführt und bestimmen sich aus der Forderung, daß die kritische Drehzahl etwa 30% über der maximalen Drehzahl liegen muß. Infolge des Überhängens des Primärteiles des hydraulischen Transformators werden in unserem Beispiel diese Dichtungsdurchmesser verhältnismäßig groß. Es ist deshalb auf sorgfältige Dichtung der Außenstopfbuchse und der ersten Zwischenstopfbuchse, bei welchen noch große Druckunterschiede in Frage kommen, Wert zu legen.

Die Verluste in der Außenstopfbuchse werden nach der in § 25 angeführten Formel

$$G_v = 1{,}13\, F \sqrt{\frac{p_1^2 - p_2^2}{z \cdot p_1 \cdot v_1}}\ \text{kg/Std.}$$

berechnet. Hierin ist F der Spaltquerschnitt in qmm, p_1 der Eintrittsdruck in ata, v_1 das Eintrittsvolumen in cbm/kg, p_2 der Gegendruck in ata, z die Anzahl der Spitzen. Es ergibt sich bei einem Radialspiel der Einzeldichtung von 0,4 mm und einem Dichtungsdurchmesser von 330 mm ein Querschnitt $F = 414$ qmm. Es ist ferner

$$p_1 = 3,5 \text{ ata}$$
$$p_2 = 1 \text{ ata}$$
$$v_1 = 0,495 \text{ cbm/kg}$$

und die Zahl der Spitzen $z = 19$.

Aus obiger Formel berechnet sich nun mit den angegebenen Werten ein Dampfverlust G_v von 270 kg/Std. Von diesem Dampf wird zunächst ein Teil zur Dichtung der Niederdruck-Außenstopfbuchse verwendet. Zum Sperren dieser Stopfbuchse wird eine Dampfmenge von 90 kg/Std. benötigt, wie sich aus obiger Formel mit

$$p_1 = 1 \text{ ata}$$
$$p_2 = 0,1 \text{ ata}$$
$$v_1 = 1,67 \text{ cbm/kg}$$
$$z = 16$$
$$s = 0,4 \text{ mm}$$

dem Dichtungsdurchmesser von 330 mm und $F = 414$ qmm ergibt. Die Einführung des Restes des Stopfbuchsdampfes in eine Zwischenstufe ist mit Rücksicht darauf, daß bei Torpedobooten die Volleistung nur sehr selten gefahren wird und Komplikationen vermieden werden sollen, nicht vorgesehen. Bei Marschfahrt müssen dagegen, sobald der Druck in der ersten Stufe unter atmosphärischen Druck sinkt, beide Stopfbuchsen mit Frischdampf gesperrt werden.

Im Innern der Turbine ist ein genaues Einhalten der zeichnungsmäßigen Spiele schwer möglich; es soll deshalb eine Labyrinthwirkung der Spitzen dort nicht berücksichtigt und die Verlustdampfmenge aus dem zeichnerischen Spaltquerschnitt eines Dichtungsringes berechnet werden. Als wirksame Radialspiele sind 0,4 bis 0,5 mm in Rechnung gesetzt worden. Für die Stopfbuchse zwischen erster und zweiter Stufe ist zum teilweisen Ausgleich des Schubes des Primärkreislaufes des Transformators ein Dichtungsdurchmesser von 620 mm gewählt worden. Das Radialspiel beträgt dort 0,4 mm, der Spaltquerschnitt $F = 780$ qmm, der Anfangsdruck des Dampfes $p_1 = 3,5$ ata, das Volumen $v_1 = 0,495$ cbm/kg. Da bei Vollastfahrt in allen Stufen die Schallgeschwindigkeit überschritten ist, berechnet sich die Verlustdampfmenge aus der Formel

$$\frac{G}{F} = 0,718 \sqrt{\frac{p_1}{v_1}} = 1,91 \text{ kg/qmm Std.}$$

Es ergibt sich somit für die erste Zwischenstopfbuchse ein Undichtigkeitsverlust von 1490 kg. In gleicher Weise werden die Dampfverluste für die übrigen Aktionsräder berechnet; eine Zusammenstellung der berechneten Undichtigkeitsverluste ist in Tabelle 18 enthalten.

Unter Absetzung der Undichtigkeitsverluste von der Gesamtdampfmenge kann nun die Leistung der Einzelstufen berechnet werden.

Die Leistung des Curtisrades finden wir aus der Gleichung

$$N_i = \frac{G \cdot h_i \cdot 427}{3600 \cdot 75} = 4320 \text{ PS}_\text{i},$$

wobei G wie oben angenommen, gleich 68100 kg/Std. und h_i nach obiger Berechnung der Verluste gleich 40,1 WE ist. Im ersten Aktionsrad arbeitet nicht mehr die gesamte Dampfmenge; sie ist vielmehr verringert um den oben bereits festgelegten Verlust in der Außen- und der ersten Zwischenstopfbuchse. Derselbe ergab sich zu 270 bzw. 1490 kg/Std., so daß eine arbeitende Dampfmenge von 66340 kg verbleibt. Aus der gleichen Formel wie vorher ergibt sich für das erste einkränzige Rad mit $h_i = 16$ WE (vgl. oben) eine Leistung $N_i = 1680$ PSi. In gleicher Weise finden wir die Leistung der übrigen A-Räder. Diese Werte sind alle in Tabelle 18 zusammengestellt. Es ergibt sich eine Leistung am Radumfang für sämtliche Stufen von 13480 PS.

Tabelle Nr. 17. **Berechnung der Nutzgefälle.**

Stufe	H_{ad}	$h_a = A \cdot \frac{c_0^2}{2g}$	$h_0 = H_{ad} + h_a$	$c_0 = 91{,}5 \sqrt{h_0}$	c_1	w_1	w_2	c_2	Düsen-Verlust	Schaufel-Verlust	Austritts-Verlust	Σ Verluste	h_i'	Berücksichtigung der Dampfnässe p_2	mittl. Nässe	Abzug von h_i'	h_i
Bezeichnung	WE	WE	WE	m/sek	m/sek	m/sek	m/sek	m/sek	WE	WE	WE	WE	WE	kg/qcm	%	%	WE
C 1. Laufkranz	64			732	696	520	436	272	6,24	9,56	1,96	20,50	43,50	3,5	9,5	7,8	40,1
C Umkehrkranz										2,45							
C 2. Laufkranz					231,5	105	92,5	128		0,29							
A_1	22	—	22	429	407,5	226	190	80	2,12	1,77	0,765	4,655	17,345	2	9,5	7,8	16
A_2	22	0,765	22,765	437	416	232	195	81	2,18	1,90	0,785	4,865	17,90	1,1	11	8,5	16,4
A_3	22	0,785	22,785	438	417	235	202	90	2,19	1,71	0,97	4,87	17,915	0,58	12,5	9	16,3
A_4	23	0,97	23,97	448	426	249	219	113	2,31	1,66	1,53	5,50	18,47	0,294	14,5	9,8	16,65
A_5	32,8	1,53	34,33	536	508	343	309	209	3,30	2,67	5,22	11,19	23,14	0,10	17	10,5	20,7

Tabelle Nr. 18. **Berechnung der Leistungen.**

Stufe	p_1	x_1	v_1	G/F	Spaltverlust: Spalt-durchmess.	s_{rad}	F_{spalt}	G_{spalt}	Dampfmenge abzüglich Außenstopfbuchsverlust	Dampfmenge abzüglich Spaltverlust	h_i	Leistg/Stufe
Bezeichnung	ata	%	cbm/kg	$\frac{kg}{Std \cdot qmm}$	mm	mm	qmm	kg/Std.	kg/Std.	kg/Std.	WE	PS
C	16	0,97	0,123	8,18					68 100		40,1	4320
A_1	3,5	0,928	0,495	1,905	620	0,4	780	1490	67 830	66 340	16	1680
A_2	2	0,91	0,818	1,12	510	0,4	640	717	67 830	67 113	16,4	1740
A_3	1,1	0,894	1,41	0,61	510	0,4	640	390	67 830	67 440	16,3	1740
A_4	0,58	0,878	2,52	0,344	510	0,5	800	275	67 830	67 555	16,65	1780
A_5	0,294	0,863	4,7	0,179	510	0,5	800	143	67 830	67 687	20,7	2220

Zwecks Bestimmung der tatsächlich an das Primärrad des Transformators abgegebenen Leistung sind nun noch die Ventilations- und Lagerreibungsverluste abzuziehen. Dieselben können erst dann genau bestimmt werden, wenn Düsenquerschnitte, Schaufellängen und Gewichte bekannt sind. In erster Annäherung können sie geschätzt werden, um festzustellen, ob der angenommene Dampfverbrauch etwa richtig ist. Wir bemessen diese Verluste schätzungsweise auf ca. 3% der Gesamtleistung und würden also mit der oben angenommenen Dampfmenge ca. 13480 — 3% = 13070 PSe erreichen, entsprechend einem stündlichen Dampfverbrauch pro PSe von 5,21 kg gegenüber der von uns gemachten Annahme von 5,23 kg.

Nachdem wir uns derart überzeugt haben, daß die von uns getroffene Annahme des Dampfverbrauchs zutreffend ist, wollen wir zur Berechnung der Einzelquerschnitte übergehen.

Es handelt sich zunächst um die Berechnung der Düsen für das Curtisrad.

Der engste Querschnitt der Düsen für das Curtisrad ergibt sich, da die Schallgeschwindigkeit überschritten ist, nach der Formel

$$\frac{G}{F} = 0{,}718 \sqrt{\frac{p_1}{v_1}} \text{ kg/qmm Std.} \quad \text{(Vgl. Anh. VIII.)}$$

Die arbeitende Dampfmenge im Curtisrad beträgt 68100 kg/Std., der Anfangsdruck vor der Düse 16 ata und bei einer spez. Dampfmenge von 0,97 das Eintrittsvolumen 0,123 cbm/kg. Aus der oben genannten Formel ergibt sich somit

$$\frac{G}{F} = 8{,}18 \text{ kg/qmm Std.}$$

Der Minimalquerschnitt der Düsen wird daher 8330 qmm und dieser Querschnitt soll in etwa 49 Düsen aufgeteilt werden. Es trifft somit auf jede Düse ein Querschnitt von 170 qmm. Die ausgeführte Düse soll eine Kanalbreite von 11,3 mm und eine Düsenhöhe von 15 mm erhalten. Der Austrittsquerschnitt berechnet sich aus der Kontinuitätsgleichung. Der Gegendruck beträgt 3,5 ata, die spez. Dampfmenge nach Berücksichtigung des Düsenverlustes 0,893, so daß sich ein Endvolumen von 0,476 cbm/kg ergibt. Die Austrittsgeschwindigkeit c_1 beträgt nach Tabelle Nr. 17 696 m/sek.

Es wird daher

$$F = \frac{68100 \cdot 0{,}476}{3600 \cdot 696} = 0{,}0129 \text{ qm} = 12900 \text{ qmm}.$$

Der minimale Querschnitt der Düse betrug 8330 qmm, so daß also theoretisch eine Erweiterung von $\frac{12900}{8330} = 1{,}55$ erforderlich wäre. Aus den in Anh. VIII dargelegten Gründen wird jedoch nur eine 1,25fache Erweiterung ausgeführt, da für die Marschfahrt, für welche eine viel größere Düsenerweiterung erforderlich ist, ein besonderer Düsensatz vorgesehen wird.

Die Berechnung des Minimalquerschnitts und des Austrittsquerschnitts für die Düsen der Aktionsstufen ist in Tabelle 18 zusammengefaßt. Die Form der Düsen ist aus Abb. 92 ersichtlich. Als Tangente des Düsenwinkels wurde für das zweikränzige Curtisrad 36%, für Aktionsräder 1 bis 3 25%, für Aktionsrad 4 30% und für Aktionsrad 5 45% gewählt. Die Zunahme der Winkel für die Aktionsräder ergibt sich aus der Forderung, daß die Düsen- und damit die Schaufellänge innerhalb der zulässigen Grenzen bleiben; hierbei muß auf guten Übergang von einer Stufe zur anderen natürlich geachtet werden. Die bei den Aktionsrädern 1 bis 4 sich theoretisch ergebende geringe Erweiterung braucht nicht ausgeführt zu werden; nur bei dem Aktionsrad 5

Tabelle Nr. 19. **Berechnung der Düsenquerschnitte und -höhen.**

Stufe	Minimalquerschnitt der Düsen							Austrittsquerschnitt der Düsen						$\frac{F_{max}}{F_{min}}$	$\frac{F_{max}}{F_{min}}$
	F_{min}	tg α	Düsen Zahl	Düsen-teilung	Ouer-schnitt pro Düse	Kanal-breite	Düsen-höhe	G/sk	c_1	p_2	x_2	v_2	F_{max}	ber.	ausgeführt
Bezeichnung	qmm			mm	qmm	mm	mm	kg/sek	m/sek	kg/qcm	%	cbm/kg	qmm	%	%
C	8 330	0,36	49	45	170	11,3	15	18,9	696	3,5	0,893	0,476	12 900	155	125
A_1	34 800	0,25	64	78,54	532,5	17	32,5	18,4	407,5	2,0	0,905	0,814	36 800	106	100
A_2	59 900	0,25	64	78,54	950	17	55,8	18,6	416	1,1	0,889	1,4	62 700	104,5	100
A_3	110 400	0,25	61	82,4	1810	17	106	18,7	417	0,58	0,873	2,5	112 300	102	100
A_4	196 580	0,30	64	78,54	3170	19,5	162,5	18,8	426	0,294	0,856	4,64	205 000	104,2	100
A_5	378 000	0,45	72	69,81	5250	22,5	233	18,8	508	0,10	0,832	12,4	458 000	121,3	112

Tabelle Nr. 20. **Berechnung der Schaufellängen.**

Stufe	G/sk	p_2	Beauf-schla-gung	Schaufeleintritt						Schaufelaustritt						l aus-geführt
				x	v	w_1	F	b_1/t	l ber.	x	v	w_2	F	b_2/l	l ber.	
Bezeichnung	kg/sek	kg/qcm	%	%	cbm/kg	m/sek	mm		mm	%	cbm/kg	m/sek	qmm		mm	mm
C 1. Laufschaufel .				0,893	0,476	520	17 000	0,388	20,1	0,91	0,486	436	21 100	0,37	25,8	21/26
C Umkehrschaufel	18,9	3,5	44	0,91	0,486	272	33 800	0,460	33,3	0,913	0,488	231,5	39 900	0,388	46,6	33
C 2. Laufschaufel .				0,913	0,488	105	88 000	0,547	72,7	0,913	0,488	92,5	100 000	0,51	88,8	42
A_1	18,4	2,0	100	0,905	0,814	226	66 300	0,388	34	0,908	0,817	190	79 100	0,37	42,5	42
A_2	18,6	1,1	100	0,889	1,40	232	111 230	0,388	57,2	0,892	1,405	195	134 100	0,37	72,1	70
A_3	18,7	0,58	100	0,873	2,50	235	199 000	0,540	73,6	0,877	2,51	202	232 000	0,40	115,5	118
A_4	18,8	0,294	100	0,856	4,64	249	350 500	0,534	129,3	0,86	4,66	219	400 000	0,45	177,5	180
A_5	18,8	0,10	100	0,832	12,41	343	680 000	0,644	210	0,838	12,5	309	761 000	0,61	248	250

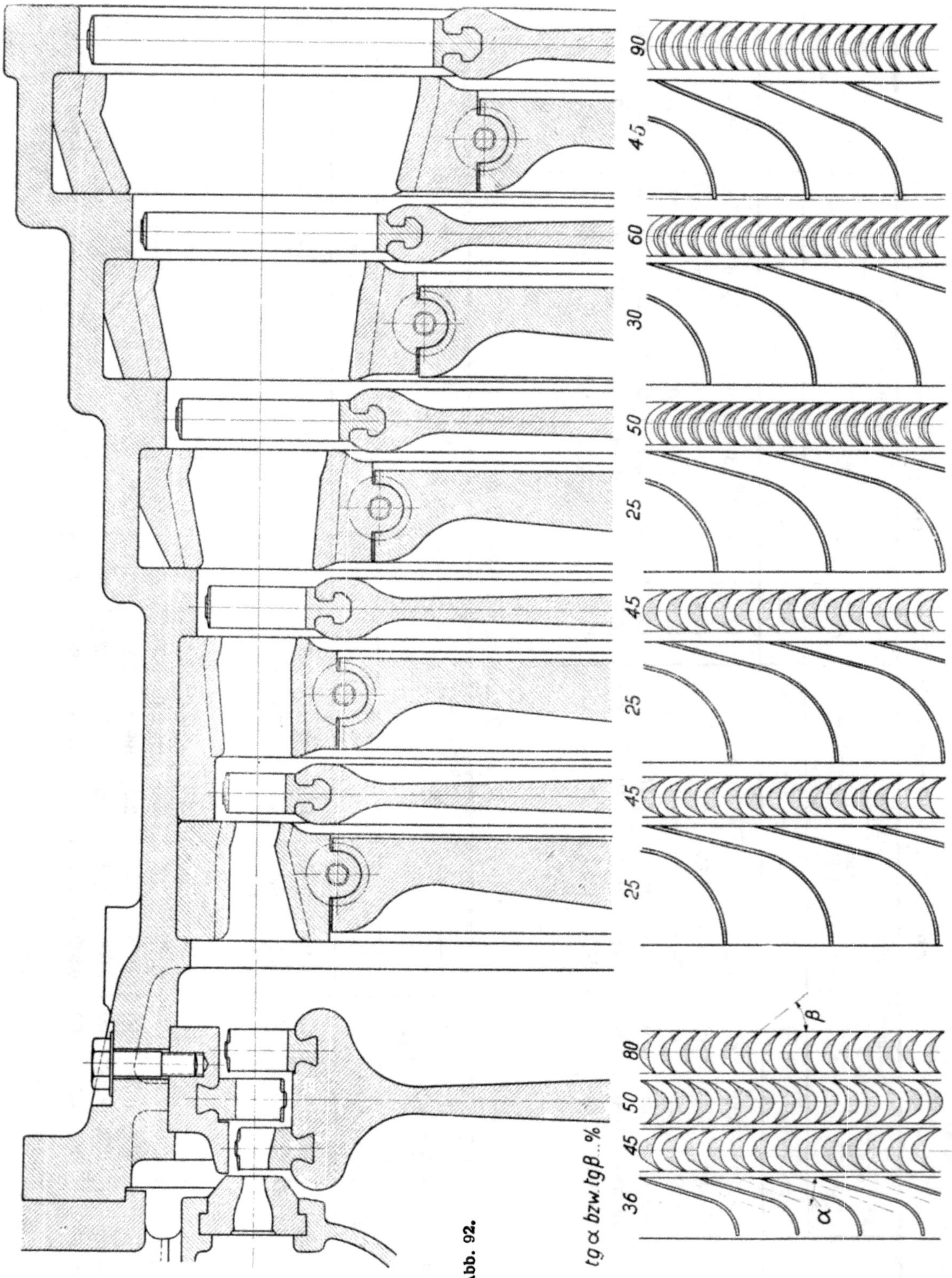

Abb. 92.

wird eine geringe Erweiterung vorgesehen, um den störenden Einfluß (Austrittswirbel) des ziemlich dicken Düsenbleches beim Dampfaustritt zu mildern.

Nunmehr können auf Grund der Geschwindigkeitsdreiecke die Schaufelquerschnitte sowohl für das Curtisrad als für die Aktionsstufen berechnet werden, und zwar ergeben sich auf Grund der gewählten Winkel die in Tabelle 20 zusammengestellten Querschnitte und Längen.

Als Beispiel sei die Berechnung der ersten Laufschaufel für das Curtisrad durchgeführt. Durch Düsenwinkel, Minimal- und Maximalquerschnitt ergibt sich die Teilung pro Düse zu beispielsweise 45 mm. Bei der Wahl von 49 Düsen beträgt daher die Beaufschlagungslänge $49 \cdot 45 = 2205$ mm, das sind 44% des Umfangs. Aus der Kontinuitätsgleichung kann sowohl der Schaufeleintritts- wie der Schaufelaustrittsquerschnitt berechnet werden, nachdem die Geschwindigkeiten bereits bekannt sind. Für den Schaufeleintrittsquerschnitt ist das Volumen maßgebend, welches sich beim Austritt aus der Düse ergibt; dasselbe beträgt, wie bereits oben gezeigt, 0,476 cbm/kg. Die relative Eintrittsgeschwindigkeit ins Laufrad ergab sich zu 520 m/sek, somit ist der Eintrittsquerschnitt

$$F = \frac{68100 \cdot 0{,}476}{3600 \cdot 520} = 0{,}0173 \text{ qm} = 17300 \text{ qmm}.$$

Bei Verwendung des Profils mit einem Eintrittswinkel von 50% und einem Austrittswinkel von 45% beträgt das Verhältnis der Kanalbreite zur Teilung $\frac{b_1}{t} = 0{,}388$ beim Eintritt und $\frac{b_2}{t} = 0{,}37$ beim Austritt. Unter Berücksichtigung der obengenannten Beaufschlagungslänge ergibt sich nunmehr die Eintrittslänge bei Voraussetzung stoßfreien Eintritts zu

$$\frac{17300}{2205 \cdot 0{,}388} = 20{,}1 \text{ mm}.$$

Für den Schaufelaustritt ist die relative Austrittsgeschwindigkeit aus Laufkranz 1 gleich 436 m/sek in die Rechnung einzuführen. Nach Absetzen des Verlustes in der Laufschaufel ergibt sich eine spezifische Dampfmenge von 0,91 und dem entsprechend ein spez. Volumen von 0,486 cbm/kg. Aus der Kontinuitätsgleichung ergibt sich der Querschnitt zu 21100 qmm und die Schaufelaustrittslänge zu 25,8 mm.

Die Schaufellängen für die Aktionsstufen werden, soweit nicht Korrekturen zur Erzielung brauchbarer Sicherheitsüberdeckungen zwischen Düse und Laufschaufel erforderlich sind, in der berechneten Länge ausgeführt. Die für das Curtisrad ermittelten Schaufellängen werden im Umkehrkranz und beim Laufkranz 2 erheblich gekürzt. Es ist dies berechtigt, weil einerseits die Schaufellängen für Marschfahrt zu groß sind, anderseits die durch die Verkürzung der Schaufellängen auftretende geringe Reaktionswirkung ohne wesentlichen Einfluß auf den Wirkungsgrad ist (vgl. Berechnung eines Curtisrades nach der „v^2-Methode", Anh. VII). Durch diese Maßnahme wird außerdem die Ventilationsarbeit verkleinert.

Nachstehend sind die theoretisch gefundenen Schaufellängen den tatsächlich ausgeführten gegenübergestellt:

	Berechnete Eintritts- | Austritts- Länge		Ausgeführte Eintritts- | Austritts- Länge	
	mm	mm	mm	mm
Laufrad I	19,9	25,8	21	26
Umkehrkranz	33,3	46,6	33	33
Laufkranz II	72,7	88,8	42	42

Nachdem nunmehr sämtliche Dimensionen festgelegt sind, können die Leerlaufsverluste ermittelt werden. Die Ventilationsarbeit wird nach der in § 26 angeführten Formel berechnet:

$$N_v = k \cdot \left(\frac{u}{100}\right)^3 \cdot \gamma \,[1{,}8\, D^2 + (1 - B) \cdot D \cdot z \cdot l^{1,5}].$$

Es ergibt sich so die Ventilationsarbeit für das Curtisrad bei einem Koeffizienten $k = 1{,}13$, einem Durchmesser $D = 1{,}6$ m, der Laufkranzzahl $z = 2$, der Umfangsgeschwindigkeit $u = 192{,}5$ m/sek, einem spez. Gewicht $\gamma = 2{,}02$ und einer mittleren Schaufellänge $l = 3{,}3$ cm und 44 % Beaufschlagung zu 248 PS.

Die Aktionsstufen, bei welchen die Beaufschlagung $B = 1$ ist, ergeben nach obiger Formel zusammen einen Verlust von etwa 100 PS, so daß sich der Gesamtventilations- und Radreibungsverlust auf 348 PS stellt.

Bei einem Rotorgewicht von 5,4 t, einem Zapfendurchmesser von 0,3 m und einem Reibungskoeffizienten von 0,01 ergibt sich eine Lagerreibung von 26 PS, so daß also der gesamte Leerlaufverlust 374 PS beträgt. Daraus ergibt sich nunmehr eine effektive Leistung von $13480 - 374 = 13106$ PSe. Es beträgt also der Dampfverbrauch $\frac{68100}{13106} = 5{,}21$ kg/PSeStd., so daß die von uns gewählte Annahme von 5,23 bis auf $^1/_2$ % zutrifft und daher eine Korrektur der Querschnittsberechnung nicht erforderlich ist.

§ 76. **Berechnung der Turbinen des englischen Panzerkreuzers „Hood“,** erbaut im Jahre 1916/20 von Brown & Co., Clydebank. Die im nachstehenden enthaltenen Angaben über die Abmessungen der Turbinen sind teils direkt der im Engineering CIX vom 26. März 1920 erschienenen Veröffentlichung entnommen, teils auf photogrammetrischem Wege aus den dort gebrachten Photographien der Anlage rekonstruiert. Auf Grund der so ermittelten Maße sind die in § 83 enthaltenen Abb. 131: Schnitt durch die Hochdruckturbine und 132: Schnitt durch die Niederdruckturbine entstanden. Das zu den Turbinen gehörige Rädergetriebe ist in Tab. 46 zu finden.

Die Anlage besteht aus vier unabhängigen Turbinensätzen von je 36500 WPS, deren jeder eine Hochdruck- und eine Niederdruckturbine umfaßt, welche mittels eines Ritzels das große Zahnrad auf der Welle antreiben. Die Umdrehungszahl der Hochdruckturbinen beträgt 1500, die der Niederdruckturbinen 1100, die der Wellen 210 pro Min., der Druck vor dem Düsenventil 15 at. Die beiden Anlagen des vorderen Maschinenraumes besitzen je eine Marschturbine, welche mit dem Rotor der Hochdruckturbine direkt gekuppelt ist. Bei Marschfahrt laufen die Rotoren der Turbinen des hinteren Maschinenraumes im Vakuum leer mit. In das Gehäuse jeder Niederdruckturbine ist eine Rückwärtsturbine eingebaut.

Jede Hochdruckturbine enthält zehn Radscheiben, davon sind die beiden ersten zweikränzige Curtisräder, die übrigen einkränzige Aktionsstufen. Die Niederdruckturbinen besitzen je acht einkränzige Aktionsräder; die in die *ND*-Turbinengehäuse eingebauten Rückwärtsturbinen bestehen aus je zwei dreikränzigen Curtisrädern. Die Marschturbinen sind mit einem dreikränzigen und drei zweikränzigen Rädern ausgerüstet. Die mittleren Schaufelkreisdurchmesser der Räder sind aus den Tabellen Nr. 23 und 24 zu ersehen.

Die konstruktiven Einzelheiten gehen aus Abb. 131 und 132 hervor; im übrigen ist der Aufbau dieser Turbinen in § 83 näher besprochen.

Der an der Niederdruckturbine hängende Kondensator besitzt eine Kühlfläche von 2250 qm und ist berechnet für ein Vakuum von $93\frac{1}{2}$ % bei 13^0 C.

Es soll nunmehr unter Annahme passender Beschaufelungsverhältnisse, üblicher Stopfbuchsverluste usw. nachgerechnet werden, mit welchem Dampfverbrauch die angegebene Konstruktionsleistung erreicht wird und kritische Betrachtungen über die erreichte Wirtschaftlichkeit angestellt werden.

A. Berechnung der Vorwärts-Turbinen.

Die Gefällsverteilung auf die Hoch- und Niederdruckturbine soll derart vorgenommen werden, daß die Leistung dieser beiden Turbinen mit Rücksicht auf die maximale Beanspruchung der Getriebezähne möglichst gleich ausfällt. Unter der Annahme, daß vor den Düsen der Hochdruckturbine Dampf von 15 ata und 3% Dampffeuchtigkeit, im Abdampfbogen der Niederdruckturbine 0,07 ata zur Verfügung steht,

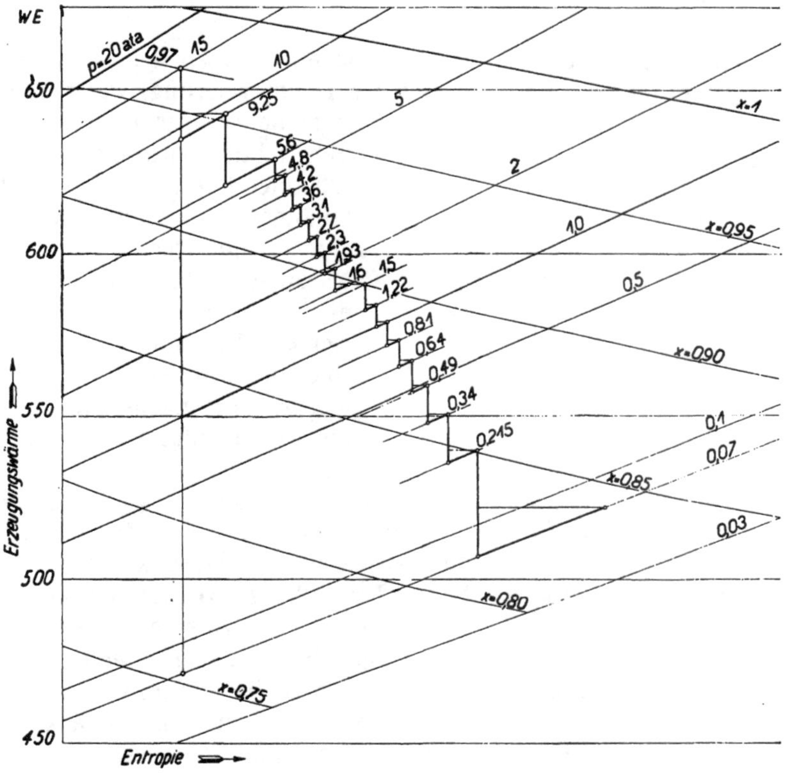

Abb. 93.

ergibt sich, wenn das gesamte adiabatische Gefälle halbiert wird, ein Druck hinter der Hochdruckturbine von etwa 1,6 ata. Als Spannungsverlust in der Überströmleitung von der Hoch- zur Niederdruckturbine ist 0,1 ata gerechnet worden, so daß der Eintrittsdruck in die Niederdruckturbine 1,5 ata beträgt. Die Stufenzahl bei den vorhandenen Umfangsgeschwindigkeiten ist sowohl in der Hochdruck- wie in der Niederdruckturbine sehr reichlich. Berücksichtigt man jedoch, daß die Leistung von 36500 WPS die Maximalleistung darstellt und bei kleineren Leistungen die Umfangsgeschwindigkeit stark abnimmt, so ist die Wahl dieser großen Stufenzahl als berechtigt anzuerkennen.

Die Gefällsverteilung in der Hochdruckturbine (vgl. I-S-Diagramm Abb. 93) sei so vorgenommen, daß in Stufe I ein Druck von 9,25 ata, in Stufe II ein Druck von 5,6 ata herrscht. Bei dieser Druckverteilung ist für die beiden Curtisräder der Scheitel der Wirkungsgradkurve bereits überschritten. Da bei kleineren Fahrten das Wärmegefälle für Curtisrad I ganz erheblich zunimmt, könnte man geneigt sein, für dieses Rad bei Höchstleistung noch weniger Gefälle zu nehmen, als für Curtisrad II, bei welchem dasselbe bei den verschiedenen Betriebsbedingungen ungefähr konstant bleibt. Dies verbietet sich jedoch wegen des großen Gewichtsaufwandes, welchen der durch den hohen Druck beanspruchte schwere Gehäusedeckel bedingen würde und die erhebliche Zunahme der Ventilationsarbeit des ersten Curtisrades. Aus dem gleichen Grunde empfiehlt es sich auch, mit dem Druck vor den Aktionsrädern nicht höher zu gehen, obgleich dieselben im Wirkungsgrad günstiger sind, als die Curtisräder, und man aus Gründen der Ökonomie diesen daher gern größere Leistung zuweisen würde.

Der Wirkungsgrad für Curtisrad I und II wird der in § 20 enthaltenen Wirkungsgradkurve entnommen.

Von einer eingehenden Berechnung der Schaufellängen der Curtisräder ist Abstand genommen worden, da dieselben bei der Hochforcierung, wie bereits erwähnt, mit einem c_0/u arbeiten, bei welchem der Scheitel der Wirkungsgradkurve bereits erheblich überschritten ist. Die Schaufellängen und Eintrittswinkel, welche eine genaue Rechnung ergeben würde, wären so weit abweichend von dem für die geringen Fahrstufen wünschenswerten Maß, daß sich die Mühe einer solchen Untersuchung nicht lohnen würde. Im nachstehenden ist daher nur überschlagsweise die Schaufellänge ermittelt.

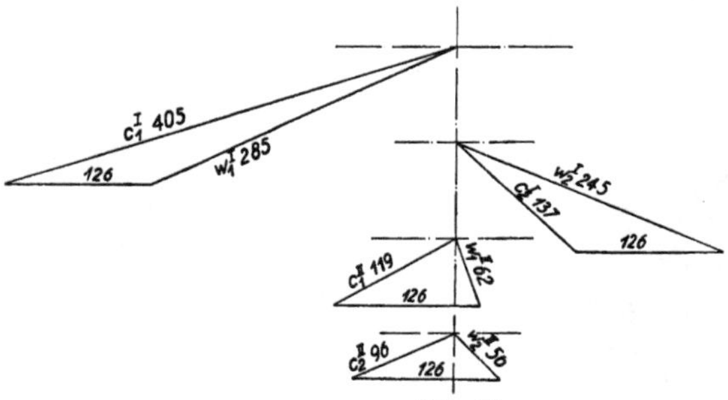

Abb. 94.

Unter der Voraussetzung, daß ein Düsenwinkel von tg $\alpha = 30\%$, ein Schaufelwinkel für Laufkranz 1 von tg $\beta_2 = 40\%$, für den Umkehrkranz tg $\beta_2 = 55\%$ und für Laufkranz 2 von tg $\beta_2 = 100\%$ mit dem entsprechenden Düsenkoeffizienten $\varphi = 0{,}95$ und den Schaufelkoeffizienten $\psi = 0{,}86$, $0{,}87$ und $0{,}9$ verwendet werden, ergeben sich die auf Abb. 94 dargestellten Geschwindigkeitsdreiecke. Aus denselben ist zu ersehen, daß bei der Verwendung normaler Curtisprofile ohne erheblichen Eintrittsstoß nicht auszukommen ist. Unter der Annahme, daß dieser Stoßverlust ohne Einfluß auf die Geschwindigkeitsverteilung bleibt, würden sich Schaufellängen von etwa 33—80 mm ergeben. Mit Rücksicht auf die normalen Fahrtgeschwindigkeiten sind Schaufellängen von etwa 33—50 mm angemessen. Es muß deshalb in den beiden Curtisrädern mit dem Auftreten von Reaktion gerechnet werden; eine Verschlechterung des Wirkungsgrades wird jedoch kaum eintreten gegenüber den Kurven, wie die Erfahrung mit Verkürzung von Schaufellängen gegenüber dem rechnungsmäßigen Maß innerhalb obiger Grenzen lehrt. Die Durchführung einer solchen Rechnung ist für Curtisrad 2 der Rückwärtsturbine, bei welcher die Verhältnisse noch ungünstiger liegen, eingehend gezeigt, so daß an dieser Stelle Abstand hiervon genommen werden kann.

Das hinter den Curtisrädern noch verbleibende Restgefälle des *HD*-Teils werde auf die acht Aktionsräder gleichmäßig verteilt, wobei dem ersten der Räder ein etwas höheres Gefälle zugewiesen werden muß, da bei demselben mit einer Ausnutzung der Austrittsgeschwindigkeit des Dampfes aus dem zweiten Curtisrad nicht gerechnet werden kann. Der Wirkungsgrad der Aktionsstufen ergibt sich in einfacher Weise aus den in der Abb. 95 dargestellten Geschwindigkeitsdreiecken.

Tabelle Nr. 21. **Berechnung des indizierten Gefälles.**

Stufe		Hochdruck-Turbine.										Niederdruck-Turbine.							
Stufe		*C* 1	*C* 2	*A* 1	2	3	4	5	6	7	8	*A* 1	2	3	4	5	6	7	8
In der Stufe zugesetztes adiabatisches Gefälle h	WE	21,7	21,7	6,37	6,02	6,02	6,02	6,02	6,02	6,02	6,02	8	7,1	7,6	8,30	9,5	11,63	15,2	Düse 30 Schaufel 2,55
Austrittsenergie der vorhergehenden Stufe $h_A = A \cdot \frac{c_2^2}{2g}$	WE	—	—	—	0,388	0,381	0,374	0,348	0,348	0,322	0,322	—	1,1	1,0	0,9	0,8	0,67	0,60	1,34
$h + h_A = h_{total}$	WE	21,7	21,7	6,37	6,41	6,40	6,39	6,37	6,37	6,34	6,34	8	8,2	8,6	9,2	10,3	12,3	15,8	31,34
Theoretische Geschwindigkeit $c_0 = 91{,}5 \cdot \sqrt{h_{total}}$	m/sek	427	427	230,7	231,3	231,3	231,2	230,8	230,8	230,5	230,5	258,6	262	268,4	277,5	293,5	321	364	512
Tatsächliche Geschwindigkeit beim Austritt aus der Düse $c_1 = \varphi \cdot c_0 = 0{,}95 \cdot c_0$	m/sek	405	405	219	219,5	219,5	219,5	219	219	218,5	218,5	246	249	255	263,5	279	305	345,5	487
Umfangsgeschwindigeit u im mittl. Schaufelkreis	m/sek	126	126	126	124	124	122,5	122	121	121	120	164	151	160	159	157	157	153	153
Relativgeschwindigkeit w_1 (aus GeschwindigkeitsΔ siehe Abb. 95 und 96)	m/sek			102	102	104	104	105	106	106	106	95,5	100	107	115,5	132	157	208	362
$w_2 = \psi \cdot w_1$	m/sek	$\frac{c_0}{u} = 3{,}38$		88,3	88,3	90	90	90,8	91,5	91,5	91,5	83	87	93,2	100,5	115	136,5	185	$h = 15{,}6 + 2{,}55$ $w_0 = 389$ $w_2 = 350$
c_2 (aus GeschwindigkeitsΔ siehe Abb. 95 und 96)	m/sek			57	56,5	56	54	54	52	52	52	96	92	87	82	75	71	106	273
Düsenverlust $= (1 - \varphi^2) \cdot \frac{A \cdot c_0^2}{2g}$	WE	$\eta_i' = 66{,}5\%$		0,63	0,63	0,63	0,63	0,63	0,63	0,63	0,63	0,8	0,82	0,86	0,92	1,02	1,22	1,57	2,92
Schaufelverlust $= (1 - \psi^2) \cdot \frac{A \cdot w_1^2}{2g}$	WE			0,31	0,31	0,32	0,32	0,33	0,34	0,34	0,34	0,26	0,29	0,33	0,39	0,51	0,72	1,26	3,45
Austrittsverlust $= h_A = \frac{A \cdot c_2^2}{2g}$	WE			0,39	0,38	0,37	0,35	0,35	0,32	0,32	0,32	1,1	1,01	0,90	0,80	0,67	0,60	1,34	8,90
Summe dieser Verluste	WE			1,33	1,32	1,32	1,30	1,31	1,29	1,29	1,29	2,16	2,12	2,09	2,11	2,20	2,54	4,17	15,27
Nutzbares Wärmegefälle am Radumfang bei trokken gesättigtem Dampf h_i	WE	14,43	14,43	5,04	5,09	5,08	5,09	5,06	5,08	5,05	5,05	5,84	6,08	6,51	7,09	8,10	9,76	11,63	17,28
Berücksichtigung des Verlustes durch Dampfnässe: Dampfdruck hinter der Düse p_2	kg/qcm	9,25	5,6	4,8	4,2	3,6	3,1	2,7	2,3	1,93	1,6	1,22	1,0	0,81	0,64	0,49	0,34	0,215	0,077 Hint. d. Schaufel 0,07
Berücksichtigung des Verlustes durch Dampfnässe: Wassergehalt des Dampfes	%	5,5	6,9	6,8	7,4	7,8	8,3	8,8	9,3	9,8	10,5	10,7	11,2	11,8	12,4	13,1	14	15,1	18
Berücksichtigung des Verlustes durch Dampfnässe: Abzug nach Kurvenblatt Abbildung 66	%	5,4	6,3	6,1	6,6	6,9	7,2	7,4	7,6	7,9	8,2	8,3	8,5	8,8	9	9,3	9,6	10	10,8
Nutzbares Wärmegefälle am Radumfang bei dem tatsächlichen Dampfzustand h_i'	WE	13,65	13,52	4,73	4,74	4,72	4,72	4,69	4,68	4,65	4,64	5,35	5,56	5,94	6,45	7,35	8,82	10,47	15,4

Als Düsenwinkel für die Aktionsräder wurde $\operatorname{tg} \alpha = 25\%$, für die Schaufelwinkel $\operatorname{tg} \beta_2 = 45\%$ gewählt. Als Geschwindigkeitskoeffizient wurde für die Düse $\varphi = 0{,}95$, für die Schaufeln $\psi = 0{,}865$ angenommen. Die in den einzelnen Stufen vorhandenen Gefällsverluste und die Korrektur für die Abnahme der indizierten Leistung durch die Dampfnässe für die Hochdruckturbine sind aus Tabelle 21 zu entnehmen. Die Berechnung der Spaltverluste ist in gleicher Weise wie für das vorige Beispiel § 75 durchgeführt worden und gleichzeitig mit den indizierten Leistungen der einzelnen Stufen in Tabelle 22 zusammengestellt.

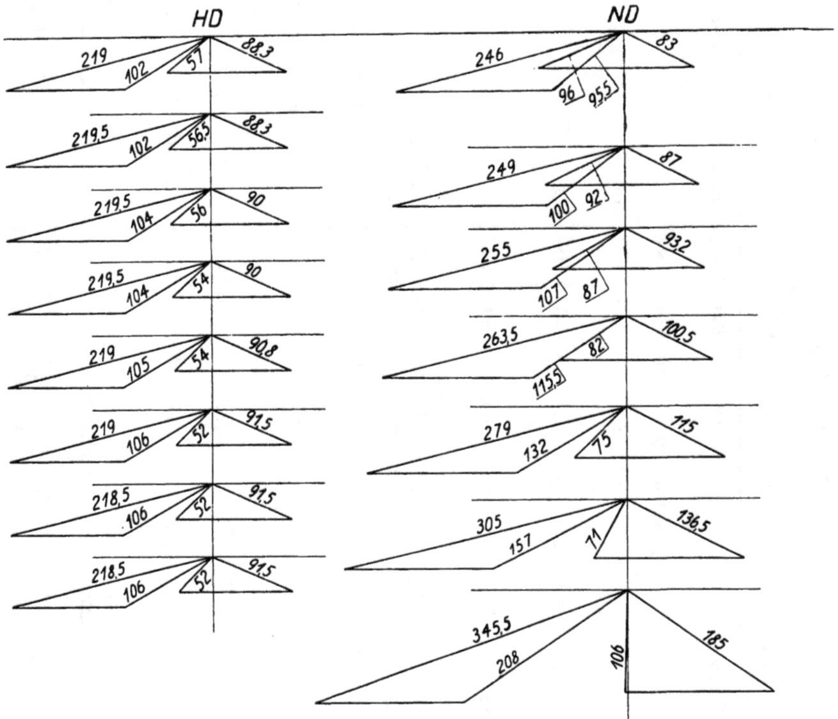

Abb. 95.

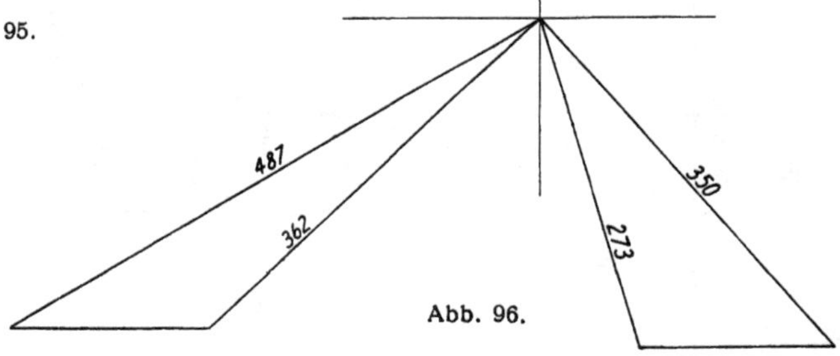

Abb. 96.

Die Gefällsverteilung in der Niederdruckturbine wurde aus den in § 70 und 75 genannten Gründen nicht gleichmäßig vorgenommen, sondern das Gefälle pro Stufe nimmt gegen das Ende der Turbine ganz erheblich zu. Trotz dieser großen Zunahme ist es nicht möglich, das letzte Niederdruckrad als reines Aktionsrad auszubilden. Es muß infolge des knappen Austrittsquerschnittes dort mit Reaktionswirkung gerechnet werden. Für die Niederdruckturbine werde bei den Aktionsrädern 1—6 der Düsenwinkel $\operatorname{tg} \alpha = 25\%$, der Schaufelwinkel $\operatorname{tg} \beta_2 = 50\%$, $\varphi = 0{,}95$; $\psi = 0{,}87$; für Aktionsrad 7 $\operatorname{tg} \alpha = 36\%$, $\operatorname{tg} \beta_2 = 70\%$, $\varphi = 0{,}95$; $\psi = 0{,}89$; für Aktionsrad 8 $\operatorname{tg} \alpha = 58\%$, $\operatorname{tg} \beta_2 = 110\%$, $\varphi = 0{,}95$, $\psi = 0{,}90$ angenommen.

Tabelle Nr. 22. **Berechnung der indizierten Leistung.**

Stufe		Hochdruck-Turbine. C 1	C 2	A 1	2	3	4	5	6	7	8	Niederdruck-Turbine. A 1	2	3	4	5	6	7	8 Düse	8 Schaufel
Enddruck der Stufe p_2 .	kg/qcm	9,25	5,6	4,8	4,2	3,6	3,1	2,7	2,3	1,93	1,6	1,22	1,0	0,81	0,64	0,49	0,34	0,215	0,077	0,07
Spez. Dampfmenge beim Enddruck bei adiabatischer Expansion x_{ad}		0,938	0,922	0,93	0,925	0,92	0,914	0,91	0,904	0,900	0,894	0,89	0,885	0,879	0,87	0,865	0,855	0,844	0,818	0,815
Spez. Volumen beim Enddruck bei adiabatischer Expansion v	cbm/kg	0,201	0,317	0,370	0,417	0,478	0,55	0,62	0,714	0,84	0,99	1,27	1,52	1,84	2,27	2,9	4,04	6,15	15,6	17
In der Stufe zugesetztes adiabatisches Gefälle h (Vgl. Tab. 21)	WE	21,7	21,7	6,37	6,02	6,02	6,02	6,02	6,02	6,02	6,02	8	7,1	7,60	8,30	9,5	11,63	15,2	30	2,55
Für die Zwischenstopfbüchse maßgebende Dampfgeschwindigkeit $c_0' = 91{,}5 \cdot \sqrt{h}$	m/sek	427,0	427,0	230,7	224,5	224,5	224,5	224,5	224,5	224,5	224,5	259	244	252	264	282	313	357	501[1]) 366	146
Dichtungsdurchmesser D	mm	—	530	530	530	530	530	530	530	530	530	—	700	700	700	700	700	700	700	3100
Radialspiel s_{rad}	mm	—	0,4	0,5	0,5	0,5	0,5	0,5	0,5	0,5	0,5	—	0,8	0,8	0,8	0,8	0,8	0,8	0,8	7
Spaltquerschnitt $F_{Spalt} = D\pi \cdot s_{rad}$	qm	—	0,000665	0,000831	0,000831	0,000831	0,000831	0,000831	0,000831	0,000831	0,000831	—	0,00176	0,00176	0,00176	0,00176	0,00176	0,00176	0,00176	0,068
Spaltdampfmenge $G_{Spalt} = \frac{F_{Spalt} \cdot c_0'}{v} \cdot 3600$	kg/Std.	—	3220	1860	1610	1400	1220	1080	940	805	682	—	1020	870	740	620	490	370	150 2250	2100
Dampfmenge abzüglich des Außenstopfbüchsen-Verlustes G_{total}	kg/Std.	190000	189 270	189 270	189 270	189 270	189 270	189 270	189 270	189 270	189 270	189140	189020	189020	189020	189020	189020	189020	189020	
Dampfmenge abzüglich der Spaltdampfmenge $G n$	kg/Std.	190000	186 050	187 410	187 660	187 870	188 050	188 190	188 330	188 465	188 588	189140	188030	188150	188280	188400	188530	188650	186770	
Indiziertes Gefälle h_i' (siehe Tab. 21)	WE	13,65	13,52	4,73	4.74	4,72	4,72	4,69	4,68	4,65	4,64	5,35	5,56	5,94	6,45	7,35	8,82	10,47	15,4	
Indizierte Leistung $N_i = \frac{G_n \cdot h_i'}{632}$	PS	4100	3980	1402	1407	1403	1405	1395	1395	1387	1385	1600	1653	1770	1922	2190	2630	3125	4540	

Hochdruck-Gesamtleistung 19 259 PS.

[1]) Da hier die Schallgeschwindigkeit von $w_k = 366$ m/sek überschritten, sind die weiteren Rechnungen mit w_k durchgeführt.

Niederdruck-Gesamtleistung 19 430 PS.

Die Geschwindigkeitsdreiecke für die Niederdruckturbine sind aus Abb. 96 zu ersehen, die Berechnung der Einzelverluste und der indizierten Gefälle ist aus Tabelle Ia, diejenige der Spaltverluste und der indizierten Leistung aus Tabelle IIa zu ersehen.

Zur Beurteilung des Spaltverlustes muß eine Annahme über den ungefähren Dampfverbrauch gemacht werden. Bei den oben angegebenen Wärmegefällsgrenzen von 15 ata, $x = 0{,}97$ und einem Gegendruck von 0,07 ata steht ein adiabatisches Wärmegefälle von 185 WE zur Verfügung. Der theoretische Dampfverbrauch beträgt daher 3,42 kg/PS Std. Bei Turbinenanlagen dieser Größe kann bei Naßdampf mit einem thermodynamischen Wirkungsgrad von etwa 68% gerechnet werden. Es ergibt sich daher ein mutmaßlicher Dampfverbrauch von 5,03 kg/PSe Std. Unter Berücksichtigung eines Verlustes im Getriebe einschließlich der Verluste in den Trag- und Drucklagern von 2½% beträgt die Leistung an der Turbinenkupplung 36500/0,975 = 37500 PSe, so daß also mit einer stündlichen Dampfmenge von rund 190 t zu rechnen ist.

Bei der Berechnung der Stopfbuchsverluste ist angenommen worden, daß der aus der Hochdruckturbine und der Dampfeintrittsseite der Niederdruckturbine austretende Dampf, soweit er nicht zum Abdichten der hinteren Niederdruckstopfbuchse notwendig ist, in den Kondensator geleitet wird. Die in den einzelnen Stopfbuchsen sich ergebenden Verluste sind in der nachstehenden Tabelle zusammengestellt (vgl. § 25):

Stopfbuchse bei	Hochdruck-Turbine		Niederdruck-Turbine	
	Dampf-eintritt	Dampf-austritt	Dampf-eintritt	Dampf-austritt
Dichtungsdurchmesser . . . . . mm	320	320	400	400
Art der Stopfbuchse	Kohle	Kohle	Kohle	Kohle
Druck v. d. Stopfbuchse . . . . ata	9,25	1,6	1,2	1,0
Druck h. d. „ . . . . „	1,0	1,0	1,0	0,07
Spalt . . . . mm	0,15	0,15	0,15	0,15
Spalt-Querschnitt . . . . . . qmm	150	150	190	190
Stopfbuchsdurchlässigkeit . . kg/Std.	730	130	120	110

Die Leerlaufsverluste ergeben sich in gleicher Weise wie bei den früheren Beispielen:

a) Ventilations- und Radreibungsverluste in der Hochdruckturbine:

1. Curtisrad 1 = 115 PS;
2. Curtisrad 2 = 32 PS.

Dabei ist Curtisrad 1 mit einer Beaufschlagung von 80%, Curtisrad 2 mit einer Beaufschlagung von 100% berechnet.

Als mittlere Schaufellänge ist dabei angenommen: für das erste Curtisrad 4,8 cm, für das zweite Curtisrad 6 cm.

3. Aktionsränder 1—10 = 136 PS.

b) Ventilationsverluste in der Niederdruckturbine:

1. Aktionsräder 1—8 = 251 PS;
2. Rückwärtsturbine (in Niederdruckvorwärtsturbine eingebaut) = 625 PS.

Hierbei ist mit der in § 26 enthaltenen Formel gerechnet. Für Curtisrad 1 der Rückwärtsturbine ist eine mittlere Schaufellänge von 5,2 cm, für Curtisrad 2 eine Schaufellänge von 16,5 cm eingesetzt.

c) Lagerreibung.

Das Gewicht des Hochdruckrotors beträgt etwa	6 t
dasjenige des Niederdruckrotors etwa	30 „
bei einem Zapfendurchmesser für den Hochdruckrotor von . .	280 mm
und einem Zapfendurchmesser für den Niederdruckrotor von .	380 „
beträgt bei einem Lagerreibungskoeffizient $\mu = 0{,}01$,	
die Lagerreibung des Hochdruckrotors	18 PS
die Lagerreibung des Niederdruckrotors	88 „
Gesamtleerlaufsarbeit.	1265 „

(Für die Turbinen der vorderen Maschinenräume muß noch die Leerlaufarbeit der Marschturbine in Abzug gebracht werden, was mangels Kenntnis dieser Turbine hier nicht möglich.)

Die indizierte Leistung der Hoch- und Niederdruckturbine beträgt entsprechend Tabelle 21	38689 PS
so daß sich unter Absetzung der Leerlaufsverluste eine effektive Leistung an den Turbinenkupplungen von	37424 „
ergibt.	

Der Dampfverbrauch für ein PSe beträgt somit 5,08 kg/Std., entsprechend 2½% Verlust im Getriebe für 1 WPS 5,21 kg/Std., stimmt also mit dem von uns angenommenen bis auf 1% überein, so daß eine Umrechnung der Spaltverluste nicht erforderlich ist.

Die Bemessung der Düsen und Schaufellängen.

Sämtliche Düsen sowohl für die Hochdruck- wie für die Niederdruckturbine werden ohne Erweiterung ausgeführt, da die Schallgeschwindigkeit in keiner der Stufen wesentlich überschritten wird. Bei den Düsen für Curtisrad 1 der Hochdruck-Vorwärtsturbine wäre allerdings bei kleinen Leistungen infolge der starken Zunahme des Wärmegefälles eine Erweiterung notwendig; diese soll jedoch nicht ausgeführt werden, da bei kleineren Schiffsgeschwindigkeiten die Marschschaltung verwendet wird.

Die Zusammenstellung der erforderlichen Düsenquerschnitte und die erforderlichen Düsenhöhen sind in Tabelle Nr. 23 enthalten. Dort sind auch die Schaufellängen der Aktionsräder berechnet, welche sich bei der äußersten Forcierung ergeben würden. Diese sind teilweise ganz erheblich größer als die dazu gehörigen Düsenhöhen, welch letztere für den günstigsten Winkel $\operatorname{tg} \alpha = 25\,\%$ ausgeführt sind und bei weiterer Verkleinerung desselben weniger wirtschaftlich arbeiten würden. Die anscheinend[1]) ausgeführten Schaufellängen dürften etwa 10—15% kleiner sein, als die berechneten. Es werden also bei dieser äußersten Forcierung außer den Curtisrädern auch ein großer Teil der Aktionsstufen mit geringer Reaktion arbeiten, welche indes ohne Einfluß auf den Wirkungsgrad der Stufen sein wird. Berücksichtigt man außerdem, daß bei 50% Dampfmenge die vorgesehenen Schaufellängen bereits entsprechen, so ist diese Maßnahme auch aus diesem Grunde berechtigt. Würde anderseits der Austrittswinkel der Schaufeln so weit vergrößert, daß auch bei äußerster Forcierung ohne Reaktion in der Beschaufelung auszukommen wäre, so würde nicht nur bei Höchstforcierung, sondern auch bei den am häufigsten gefahrenen kleineren Schiffsgeschwindigkeiten sicher eine Verschlechterung des Dampfverbrauchs eintreten.

---

[1]) Die Veröffentlichung zeigt die Schaufellängen nicht, hier sind nur auf Grund der Außenabmessungen der Turbinen Annahmen darüber gemacht.

Tabelle Nr. 23. **Berechnung der Schaufellängen.**

	Stufe		Hochdruck-Turbine										Niederdruck-Turbine							
			C 1	C 2	A 1	2	3	4	5	6	7	8	A 1	2	3	4	5	6	7	8
	Durch die Düsen strömende Dampfmenge G_{sek}	kg/sek	52,8	51,7	52,0	52,1	52,2	52,3	52,3	52,3	52,4	52,4	52,6	52,3	52,3	52,3	52,3	52,4	52,4	52,4
	Mittlerer Schaufelkreisdurchmesser D_m . . .	mm	1600	1600	1600	1580	1580	1560	1550	1540	1540	1530	2840	2800	2780	2760	2720	2720	2660	2660
	Druck hinter der Düse p_2	kg/qcm	9,25	5,6	4,8	4,2	3,6	3,1	2,7	2,3	1,93	1,6	1,22	1,0	0,81	0,64	0,49	0,34	0,215	0,077 hinter Schaufel 0,070
Düsenaustritt	Geschwindigkeit c_1 (aus Tabelle Nr. 21) .	m/sek	405	405	219	219,5	219,5	219,5	219	219	218,5	218,5	246	249	255	263,5	279	305	345,5	487
Düsenaustritt	Spez. Dampfmenge x unter Berücksichtigung des Düsenverlustes	%	0,942	0,928	0,932	0,927	0,922	0,916	0,912	0,906	0,901	0,896	0,892	0,887	0,881	0,874	0,867	0,858	0,847	0,823
Düsenaustritt	Spez. Volumen v unter Berücksichtigung des Düsenverlustes	cbm/kg	0,2015	0,318	0,371	0,418	0,479	0,552	0,622	0,716	0,842	0,992	1,275	1,527	1,848	2,280	2,912	4,06	6,165	15,75
Düsenaustritt	Austrittsquerschnitt F	qm	0,0262	0,0408	0,089	0,100	0,1135	0,132	0,149	0,172	0,2015	0,239	0,274	0,322	0,38	0,457	0,549	0,70	0,938	1,416 1,69[2]
Düsenaustritt	tg des Austrittswinkels . . . . . . tg α	%	30	30	25	25	25	25	25	15	25	25	25	25	25	25	25	25	36	58
Düsenaustritt	Verhältnis von Breite des Düsenkanals zur Teilung b_2/t		0,25	0,25	0,21	0,21	0,21	0,21	0,21	0,21	0,21	0,21	0,21	0,21	0,21	0,21	0,21	0,21	0,28	0,42
Düsenaustritt	Düsenhöhe $l_{d\,berechnet} = \frac{F}{D_m \cdot \pi \cdot b_2/t}$ . .	mm	26,1[1]	32,5	84,4	96	110	127,5	145,5	169	198	236	146	174	207	251	306	390	400	400
Düsenaustritt	Düsenhöhe $l_{d\,ausführen}$	mm	26,1	32,5	85	96	110	128	146	170	200	236	146	174	207	251	306	390	400	400
Schaufelaustritt	Relativgeschwindigkeit w_2 (aus Tab. Nr. 21)	m/sek			88,3	88,3	90	90	90,8	91,5	91,5	91,5	83	87	93,2	100,5	115	136,5	185	350
Schaufelaustritt	Spez. Dampfmenge x unter Berücksichtigung des Verlustes in der Laufschaufel	%			0,934	0,929	0,924	0,918	0,914	0,908	0,903	0,898	0,894	0,889	0,883	0,876	0,869	0,861	0,851	0,827
Schaufelaustritt	Spez. Volumen v an dieser Stelle	cbm/kg			0,368	0,419	0,480	0,549	0,623	0,717	0,839	0,995	1,278	1,53	1,852	2,291	2,92	4,07	6,2	17,2
Schaufelaustritt	Austrittsquerschnitt F	qm			0,218	0,2485	0,280	0,320	0,360	0,412	0,482	0,573	0,813	0,924	1,045	1,2	1,335	1,568	1,766	2,57
Schaufelaustritt	tg des Austrittswinkels . . . . tg β	%			45	45	45	45	45	45	45	45	50	50	50	50	50	50	70	110
Schaufelaustritt	Verhältnis von Breite des Schaufelkanals zur Teilung b_2/t				0,375	0,375	0,375	0,375	0,375	0,375	0,375	0,375	0,425	0,425	0,425	0,425	0,425	0,425	0,5	0,71
Schaufelaustritt	Schaufellänge $l_{berechnet} = \frac{F}{D_m \cdot \pi \cdot b_2/t}$.	mm			115,5	133,5	150	174	197	227	266	318	214	246	281	325	368	435	423	434
Schaufelaustritt	Schaufellänge $l_{ausführen}$	mm			105	115	130	150	170	195	230	270	175	205	240	290	350	430	430	430

[1]) 80% Beaufschlagung.

[2]) Erweiterte Düse.

B. Berechnung der Rückwärtsturbinen.

Bei Kriegsschiffen dieser Größe wird im allgemeinen bei gleicher Dampfmenge wie bei Vorwärtsfahrt eine Leistung bis zu 60% derjenigen der Vorwärtsturbine verlangt. Nach Probefahrtsergebnissen ist bekannt, daß bei Maximalleistung für Vorwärts- bzw. Rückwärtsgang die Drehzahl der Propellerwelle mit ziemlicher Annäherung sich proportional mit der dritten Wurzel aus dem Leistungsverhältnis verändert. Dies ergibt in unserem Fall eine Drehzahl von etwa 925 p. Min.

Die Rückwärtsturbinen bestehen lediglich aus je zwei dreikränzigen Curtisrädern, und es liegt der Gedanke nahe, das verfügbare Wärmegefälle auf diese beiden Stufen gleichmäßig zu verteilen. Der Dampfdruck vor den Düsen werde infolge der größeren Rohrleitungsverluste um 1 at geringer als bei der Vorwärtsturbine, nämlich zu 14 ata bei 3 % Dampffeuchtigkeit angenommen. Das Vakuum im Kondensator kann, da die Dampfmenge die gleiche ist, ebenso angenommen werden wie bei Vorwärtsfahrt. Ein Vergleich der letzten Schaufeln von Vorwärts- und Rückwärtsturbine nach den rekonstruierten Abbildungen läßt es jedoch schon von vornherein fraglich erscheinen, ob tatsächlich dieses Vakuum in der Rückwärtsturbine auch ausgenutzt werden kann.

Ein Überschlag zeigt, daß dies tatsächlich nicht der Fall ist. Nimmt man an, daß im letzten Austrittsquerschnitt die um den Geschwindigkeitsverlust verringerte Schallgeschwindigkeit erreicht wird, so kann aus der bekannten Schaufellänge bei der Annahme eines in der letzten Stufe von Curtisrädern gebräuchlichen Austrittswinkels von $\operatorname{tg} \beta_2 = 100\%$ der ausnutzbare Enddruck berechnet werden.

Die zur Verfügung stehende Dampfmenge beträgt 52,8 kg/sek. Der Schaufelaustrittsquerschnitt ergibt sich bei einer Schaufellänge von 230 mm, einem Durchmesser von 2340 mm und einem $b_2/t = 0{,}65$ zu 1,1 qm, dazu kommt noch der Spaltquerschnitt von 0,05 qm, so daß sich ein Gesamt-Durchflußquerschnitt von 1,15 qm ergibt.

Unter der Voraussetzung, daß 60% der Vorwärtsleistung erreicht werden, kann das als Arbeit nach außen abgegebene Wärmegefälle h_e angenähert im I-S-Diagramm abgesetzt werden. Um den Endzustand zu finden, wenden wir nun das nachstehend beschriebene Probierverfahren an.

Wir ziehen durch den Endpunkt von h_e eine Horizontale und ermitteln den Schnittpunkt derselben mit drei willkürlich — auf Grund von Schätzung — angenommenen Gegendrücken $p_2 = 0{,}2$, 0,18 und 0,16 ata. Diese Schnittpunkte liefern uns die Dampfnässe und damit das spezifische Volumen v_2 für jeden der Gegendrücke.

Für $p_2 = 0{,}2$ ata wird $x = 0{,}921$ und $v = 7{,}16$ cbm/kg,
$p_2 = 0{,}18$ „ „ $x = 0{,}924$ „ $v = 7{,}92$ „
$p_2 = 0{,}16$ „ „ $x = 0{,}927$ „ $v = 8{,}87$ „

Aus der bekannten Formel für die Berechnung der Schallgeschwindigkeit ergeben sich für diese drei Gegendrücke aus $w_k = 334\sqrt{p_2 v_2}$ die Schallgeschwindigkeiten, und zwar bei $p_2 = 0{,}2$ ata, $w_k = 399$ m/sek, bei $p_2 = 0{,}18$ ata, $w_r = 398{,}5$ m/sek und bei $p_2 = 0{,}16$ ata $w_k = 398$ m/sek.

Daraus ist zu ersehen, daß die Schallgeschwindigkeit sich innerhalb dieser Druckgrenzen sehr wenig ändert. Wird dieselbe zu $w_k = 398{,}5$ m/sek angenommen, so wird bei einem Schaufelkoeffizienten $\psi = 0{,}9$ das Endvolumen

$$v_2 = \frac{F \cdot w_k \cdot \psi}{G_{\text{sek}}} = \frac{1{,}15 \cdot 398{,}5 \cdot 0{,}9}{52{,}8} = 7{,}81 \text{ cbm/kg}.$$

Wir sehen also durch Vergleich mit den für verschiedene Gegendrücke p_2 ermittelten Volumenwerten, daß dasjenige Volumen, welches dem Gegendruck von 0,18 ata entspricht, beinahe genau mit dem aus der Kontinuitätsgleichung sich ergebenden in Einklang steht. Wir sehen also, daß sich bei dem sehr geringen Austrittsquerschnitte aus dem zweiten Curtisrad ein sehr hoher Gegendruck ergibt, wie dies zu erwarten war.

Um die Belastung des Zwischenbodens nicht zu groß zu erhalten, nehmen wir in der ersten Stufe einen Druck von 1,6 ata an. Das für Rad I verfügbare adiabatische Wärmegefälle beträgt dann bei einem Anfangsdruck von 14 ata und einer spezifischen Dampfmenge von $x = 0{,}97$, $h = 87{,}7$ WE. Rechnet man für die Düse bei dem Austrittswinkel von 40% mit einem Geschwindigkeitskoeffizient $\varphi = 0{,}95$, so ergibt sich eine tatsächliche Ausflußgeschwindigkeit aus derselben von 814 m/sek.

Für die Schaufelkränze sollen die Tangenten der Austrittswinkel zu 45, 50, 60, 80 und 100%, die Schaufelkoeffizienten zu 0,84, 0,845, 0,865, 0,89 und 0,9 angenommen

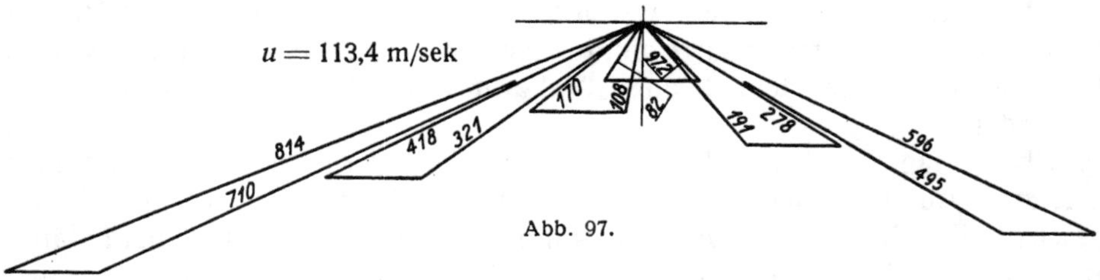

Abb. 97.

werden. Die aus den Geschwindigkeitsdreiecken sich ergebenden Geschwindigkeiten sind zusammen mit den dabei auftretenden Verlusten in Tabelle 24 enthalten. Die gesamten Verluste in Düse, Umkehr- und Laufkränzen betragen hiernach für das erste Curtisrad 38,47 WE.

Hinzu tritt noch der Austrittsverlust. Aus den Geschwindigkeitsdreiecken Abb. 97 ergibt sich c_2 zu 82 m/sek, also der Austrittsverlust $\frac{A\,c_2^2}{2\,g}$ zu 0,8 WE, so daß also die gesamten Verluste 39,3 WE betragen.

In genannter Tabelle sind auch die theoretisch notwendigen Schaufellängen, in der üblichen Weise berechnet, zusammengestellt. Es zeigt sich, daß die tatsächlich ausgeführten Schaufellängen sich im Rahmen der bei den letzten Schaufeln von Curtisrädern üblichen Verkürzung gegenüber den berechneten halten.

Das gesamte indizierte Gefälle dieser Stufe beträgt also 87,7—39,3 = 48,4 WE, der indizierte Wirkungsgrad somit 55,2%. Nach Abzug von 8% für die im Mittel 10% betragende Dampffeuchtigkeit ergibt sich ein indiziertes Gefälle von 44,5 WE. Mit der Dampfmenge von 52,8 kg/sek erhalten wir hieraus eine indizierte Leistung von 13380 PS.

Wir schreiten nun zur Berechnung des zweiten Rades. Der Anfangsdruck für diese Stufe ist bereits oben zu 1,6 ata festgelegt. Die spez. Dampfmenge ergibt sich aus dem *I-S*-Diagramm Abb. 99 in üblicher Weise zu $x = 0{,}938$. Bis zu dem ausnützbaren Gegendruck von 0,18 ata ist somit ein gesamtes adiabatisches Gefälle von 76,9 WE verfügbar. Rechnet man für dieses Rad mit dem Düsenwinkel von 40%, den Tangenten der Austrittswinkel von 55, 60, 70, 90 und 100%, den Geschwindigkeitskoeffizienten für die Düse von 0,95, für die Schaufeln von 0,855, 0,865, 0,88 und 0,9, so ergeben sich aus den Geschwindigkeitsdreiecken Abb. 98 die in Tabelle 24 zusammengestellten Geschwindigkeitswerte. Hier fällt auf, daß die Austrittsgeschwindigkeit aus Laufkranz III nur 82 m/sek ist, während bei obiger Berechnung des Gegendruckes mit Schallgeschwindigkeit gerechnet wurde.

Tabelle Nr. 24.

Berechnete und ausgeführte Schaufellängen der *Rw*-Turbine bei Annahme reiner Aktionswirkung.

Stufe		Curtis-Rad I (2340 mm ϕ)						Curtis-Rad II (2340 mm ϕ)					
		Düse	$LK1$	$UK1$	$LK2$	$UK2$	$LK3$	Düse	$LK1$	$UK1$	$LK2$	$UK3$	$LK3$
tg des Austrittswinkels	%	40	45	50	60	80	100	40	55	60	70	90	100
Düsen- bzw. Schaufelkoeffizient		0,95	0,84	0,845	0,865	0,89	0,90	0.95	0,855	0,865	0,88	0,90	0,90
Eintrittsgeschwindigkeit c_2 für Umkehrkränze bzw. w_1 für Laufräder	m/sek	0	710	495	321	191	108	0	652	460	306	188	113
Austrittsgeschwindigkeit c_1 für Umkehrkränze bzw. w_2 für Laufräder	m/sek	814	596	418	278	170	97,2	756	556	398	269	169	102
Verlust in Düse oder Umkehrkranz bzw. Laufrad	WE	8,5	17,7	8,4	3,1	0,91	0,26	7,41	13,60	6,35	2,54	0,81	0,29
Spez. Dampfmenge x beim Austritt nach Berücksichtigung der vorhergehenden Verluste	%	0,872	0,905	0,919	0,924	0,925	0,926	0,8525	0,879	0,8895	0,899	0,896	0,897
Spez. Volumen v an dieser Stelle	cbm/kg	0,966	1,00	1,017	1,022	1,023	1,025	7,33	7,56	7,65	7,69	7,7	7,71
Austrittsquerschnitt F	qm	0,0627	0,0885	0,1285	0,195	0,318	0,557	0,51	0,716	1,02	1,52	2,44	3,98
Verhältnis von Kanalbreite zur Teilung b_2/t			0,36	0,41	0,47	0,58	0,65		0,45	0,47	0,53	0,62	0,65
Düsenhöhe bzw. Schaufellänge $h_{berechnet} = \frac{F}{D \cdot \pi \cdot b_2 t}$	mm		33,4	42,6	56,5	74,7	117		216	295	390	535	834
Düsenhöhe bzw. Schaufellänge $h_{ausgeführt}$	mm		38	48	52	60	80		120	150	180	205	230

Diese Unstimmigkeit erklärt sich daraus, daß die Schaufellängen ohne Rücksicht auf die sich aus den Geschwindigkeitsdreiecken ergebenden Geschwindigkeiten willkürlich nach den Erfordernissen der Praxis angenommen worden sind. Die Geschwindigkeiten, welche wir aus den Geschwindigkeitsdreiecken Abb. 98 ablesen, würden für Laufkranz III eine Schaufellänge von 834 mm erfordern, während tatsächlich nur 230 mm ausgeführt sind, entsprechend dem unserer obigen Rechnung zugrunde

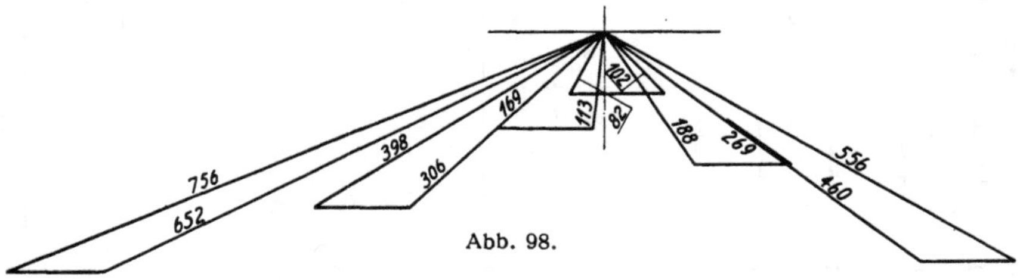

Abb. 98.

gelegten Wert für den Durchflußquerschnitt von $F = 1{,}15$ qm. Die tatsächliche Geschwindigkeit in diesem (wie auch fast in jedem anderen) Schaufelkranz dieses Curtisrades ist also viel größer, als den Dreiecken entspricht. In Rad II treten daher — im Gegensatz zu Rad I, wo ausgeführte und berechnete Schaufellänge noch so ziemlich übereinstimmen — ganz erhebliche Reaktionswirkungen auf. Auch kann bei dieser

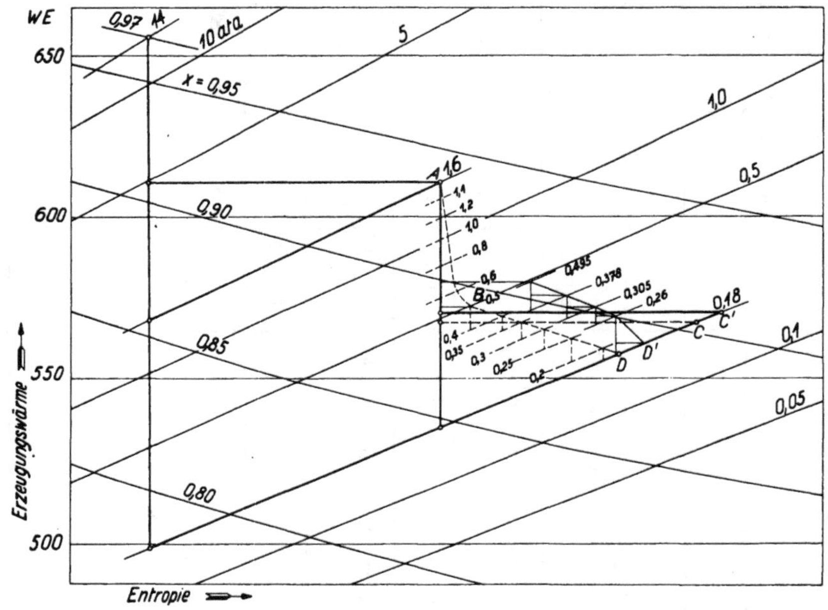

Abb. 99.

großen Abweichung nicht angenommen werden, daß der Wirkungsgrad des Curtisrades gleich demjenigen ist, der sich aus den Dreiecken ergibt.

Wir wollen nachstehend diesen Wirkungsgrad zur Kontrolle ermitteln. Hierzu dient wieder Tabelle 24. Die Verluste in Düse, Umkehr- und Laufkränzen beziffern sich für Rad II zu 31,0 WE, welchen noch ein Austrittsverlust von

$$\frac{A\,c_2^2}{2\,g} = \frac{A \cdot 82^2}{2\,g} = 0{,}8 \text{ WE}$$

hinzuzufügen ist.

Es ergibt sich hieraus ein Gesamtverlust von 31,8 WE und da das adiabatische Gefälle 76,9 WE ist, ein indiziertes Wärmegefälle von 45,1 WE, so daß der thermodynamische Wirkungsgrad des Curtisrades II 58,6% wäre.

Um die tatsächlich in den einzelnen Lauf- und Leitkränzen verarbeiteten Wärmegefälle kennen zu lernen, ist es erforderlich, dieses Rad mittels der sog. „v^2-Methode" durchzurechnen. Schwierigkeiten bei dieser Berechnung, die in Anhang Nr. VII eingehend erläutert ist, macht nur die Annahme der Zustandslinie, da von vornherein nicht bekannt ist, welcher Druck sich hinter der Düse einstellen wird. Wir nehmen an, daß der Druck hinter derselben 0,5 ata beträgt. Es ergibt sich dann (vgl. Abb. 99) bei einem Geschwindigkeitskoeffizienten $\varphi = 0{,}95$ als Endpunkt B der Expansionslinie eine spez. Dampfmenge von $x = 0{,}893$. Der Anfangszustand für die Düse ist mit 1,6 ata und $x = 0{,}938$ ebenfalls bekannt. Der Endzustand C hinter dem zweiten Rad bei 0,18 ata wird zunächst so ermittelt, als ob der Wirkungsgrad des zweiten Rades gleich demjenigen bei reiner Aktionswirkung, d. h. 58,6% wäre. Wir setzen (vgl. Abb. 99) vom Anfangspunkt A das indizierte Wärmegefälle $h_i = 45{,}1$ WE ab und erhalten auf der Gegendrucklinie $p_2 = 0{,}18$ ata den Punkt C. Zur Bestimmung des Volumens, das für die Querschnittsbemessung im letzten Laufkranz maßgebend ist, ist von dem eben erwähnten Endpunkt C ausgehend die Austrittsenergie des Dampfes entsprechend $c_2 = 279$ m/sek, d. h. $h_A = \frac{A\,c_2^2}{2g} = 9{,}3$ WE abzusetzen. Auf diese Weise ergibt sich der Endzustand D zu 0,18 ata bei $x = 0{,}887$. In unserer Abb. 99 ist die angenommene mutmaßliche Zustandslinie punktiert eingetragen. Die sich für diese Zustandslinie ergebenden Wärmegefälle und v^2-Werte sind in Tabelle 25 zusammengestellt.

Hieraus finden wir in bekannter Weise (vgl. Anhang VII) die Werte für tg ε der Formel

$$\frac{v^2}{h} = \frac{2g}{A}\left(\frac{F}{G} \cdot \varphi\right)^2 = \operatorname{tg} \varepsilon \text{ (siehe Tabelle 26).}$$

Tabelle Nr. 25.

Ermittlung der zusammengehörigen Werte von h und v^2.

Druck p	1,6	1,4	1,2	1,0	0,8	0,6	0,5	0,4	0,35	0,3	0,25	0,2	0,18
Spez. Vol. für trocken gesättigten Dampf beim Druck p . . . . . . v_s	1,1096	1,257	1,452	1,722	2,1216	2,777	3,294	4,06	4,62	5,316	6,307	7,777	8,6
Spez. Dampfmenge x (aus der angenommenen Zustandslinie).	0,937	0,93	0,923	0,914	0,904	0,897	0,892	0,891	0,89	0,889	0,889	0,888	0,887
Tatsächliches spez. Volumen $v = x \cdot v_s$	1,04	1,17	1,34	1,57	1,92	2,47	2,93	3,61	4,09	4,69	5,6	6,84	7,63
v^2.	1,08	1,37	1,8	2,48	3,69	6,10	8,6	13,1	16,7	22	31,4	46,8	58,2
Adiabatisches Summengefälle einschl. Wiederverdampfung h	0	5,19	11,11	18,17	26,27	36,47	42,91	50,49	55,05	60,24	66,26	73,52	77,15

Tabelle Nr. 26.

Ermittlung von tg ε.

Stufe		Düse	$LK1$	$UK1$	$LK2$	$UK2$	$LK3$
tg des Austrittswinkels	%	40	55	60	70	90	100
Verhältnis von Kanalbreite zur Teilung b_2/t . .		0,366	0,45	0,47	0,53	0,62	0,65
Düsenhöhe bzw. Schaufellänge $l_{\text{angenommen}}$ . .	mm	100	120	150	180	205	230
Düsenquerschnitt bzw. Schaufelquerschnitt $F = D\,r \cdot l \cdot \frac{b_2}{t}$	qm	0,269	0,397	0,518	0,701	0,935	1,1
Spaltquerschnitt F_{Spalt}	qm		0,051	0,051	0,051	0,051	0,051
Gesamtquerschnitt $F_{\text{total}} = F + F_{\text{Spalt}}$ . . .	qm	0,269	0,448	0,569	0,752	0,986	1,151
Düsen $\varphi =$ bzw. Schaufelkoeffizient ψ		0,95	0,855	0,865	0,88	0,90	0,90
$\text{tg}\,\varepsilon = \frac{v^2}{h} = \frac{2\,g}{A}\left(\varphi \cdot \frac{F_{\text{total}}}{G}\right)^2$ (siehe Seite 139)		0,196	0.441	0,730	1,325	2,37	3,22

Tabelle Nr. 27.

Berechnung des indizierten Gefälles.

Stufe		Düse	$LK1$	$UK1$	$LK2$	$UK2$	$LK3$	Austrittsverlust
Eintrittsgeschwindigkeit c_2 für Umkehrkränze, w_1 für Laufräder	m/sek		468	303	247	243	220	279
Austrittsgeschwindigkeit c_1 für Umkehrkränze, w_2 für Laufräder	m/sek	571	400	337	327	291	349	
Austrittsenergie der vorhergehenden Stufe $h_A = A \cdot \frac{c_2^2}{2g}$	WE			10,95	7,28	7,05	5,78	
Zugesetztes Gefälle $h_{\text{zugesetzt}}$	WE	43,2		7,20	8,90	5,42	12,17	
$H_{\text{ad}} = A \cdot \frac{c_2^2}{2\,g} + h_{\text{zugesetzt}}$	WE	43,2		18,15	16,18	12,47	17,95	
Verluste $= (1 - \psi^2) \cdot H_{\text{ad}}$	WE	4,21	7,00	4,55	3,64	2,37	3,41	9,3
Indiziertes Gefälle h_i (aus GeschwindigkeitsΔ ermittelt) . . .	WE		20,90		12,10		9,50	

Bekannterweise (vgl. Anhang VII) wird nun von dem Endpunkt rückwärts gehend das in den einzelnen Stufen aufgebrauchte Wärmegefälle ermittelt. Die Konstruktion ist in Abb. 100 durchgeführt, und zwar wurde, um scharfe Schnitte der Linien tg ε mit der „v^2"-Kurve zu erhalten, letztere in verschiedenen Maßstäben für die kleineren und größeren v^2-Werte aufgezeichnet. Die von den Linien tg ε auf der Abszissenachse abgeschnittenen Gefälle, welche in den Lauf- und Umkehrkränzen verarbeitet werden, betragen (vgl. Tabelle 27) für Laufkranz III 12,17 WE, für Umkehrkranz II 5,42 WE, für Laufkranz II 8,90 WE, für Umkehrkranz I 7,20 WE. Es zeigt sich, daß Reaktion vorhanden ist vom Laufkranz III bis Umkehrkranz I. Hierbei ist prinzipiell zu beachten, daß dort, wo keine Reaktion mehr vorhanden ist, der Spaltquerschnitt nicht mehr zum Schaufelquerschnitt hinzugezählt werden darf. Allerdings trifft dies hier nur beim Laufkranz I zu und muß der Wert für tg ε in Tabelle 26 entsprechend berichtigt werden. Wir können jetzt unter Zuhilfenahme der Geschwindigkeitsdreiecke Abb. 101 den tatsächlichen Wirkungsgrad ermitteln, indem wir aus den tangentialen

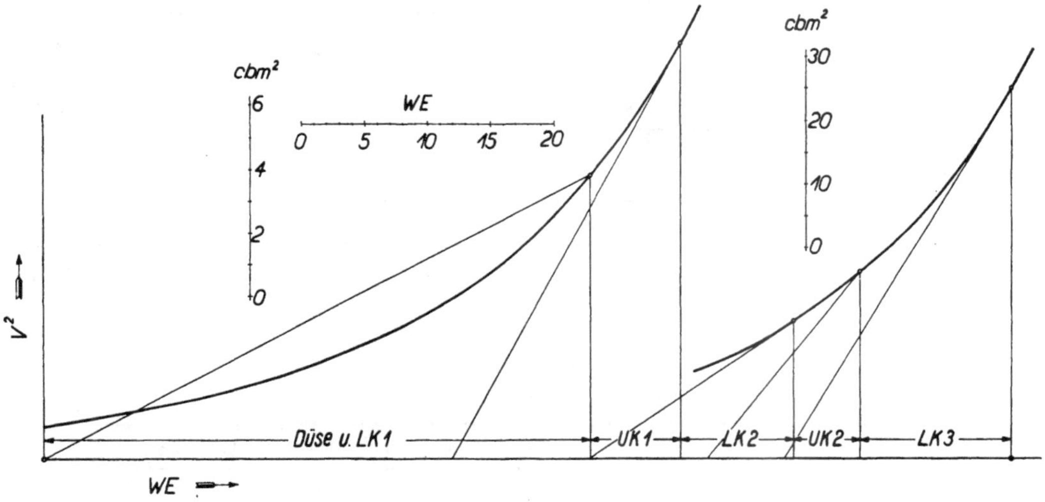

Abb. 100.

Geschwindigkeitskomponenten der absoluten Geschwindigkeiten in bekannter Weise die indizierten Gefälle für die einzelnen Laufkränze feststellen (vgl. Tabelle 27). Trägt man die in den einzelnen Kränzen verarbeiteten Wärmegefälle in das *I-S*-Diagramm ein, so ergibt sich die tatsächliche Zustandslinie. In unserem Falle zeigt sich, daß die Volumenwerte nur etwa 0,5—0,7% von den aus der oben angenommenen

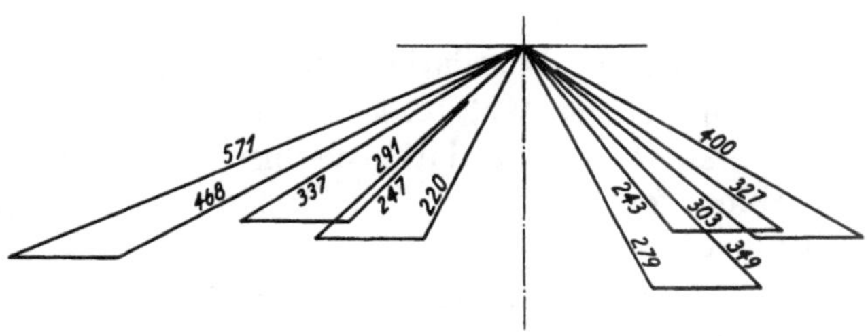

Abb. 101.

Zustandslinie ermittelten abweichen. Dieser geringe Fehler kann bei den praktisch unvermeidlichen Ungenauigkeiten in der Ausführung der Querschnitte ohne weiteres vernachlässigt werden.

Um die Leistung des zweiten Curtisrades zu ermitteln, bedürfen wir noch der Feststellung der Spaltverluste. Rechnen wir mit der ungünstigsten Annahme, nämlich daß sowohl die durch den Radialspalt des Leitschaufelkranzes, wie auch durch den des Laufschaufelkranzes strömende Dampfmenge keine Nutzarbeit leistet, so beträgt nach Tabelle 28 der Spaltverlust für Laufkranz II 15,8%, der für Laufkranz III 9,63%. Diese Tabelle gibt auch die nach Abzug der Spaltverluste verbleibende indizierte Leistung an. Von derselben kommen 8,5% für Verschlechterung des Dampfverbrauchs infolge der Dampffeuchtigkeit noch in Abzug.

Tabelle Nr. 28.

Berechnung der indizierten Leistung.

Stufe		Düse	$LK1$	$UK1$	$LK2$	$UK2$	$LK3$
Spaltquerschnitt F_{Spalt} (s. Tab. Nr. 26)	m²		0,051	0,051	0,051	0,051	0,051
Gesamtquerschnitt F_{total} (s. Tab. Nr. 26)	m²		0,448	0,569	0,752	0,986	1,151
Spaltverlust $= \frac{F_{\text{Spalt}}}{F_{\text{total}}} \cdot 100$	%			9	6,8	5,2	4,43
Gesamtdampfmenge G_{total}	kg/Std.	189550	189550	189550	189550	189550	189550
Ausgenützte Dampfmenge $G_n = G_{\text{total}} - G_{\text{Spalt}}$	kg/Std.		189550		159500		171200
Indiziertes Gefälle h_i (aus Tab. Nr. 27)	WE		20,90		12,10		9,50
Indizierte Leistung $N_i = \frac{G_n \cdot h_i}{632}$	PS		6280		3050		2570

Tabelle Nr. 29.

Stopfbuchsverluste kg/Std.

	Hochdruck-Turbine		Niederdruck-Turbine	
	Eintrittsseite	Austrittsseite	Eintrittsseite	Austrittsseite
Vorwärtsfahrt	730	130	120	110
Rückwärtsfahrt	90	90	160	110

Es ergibt sich nunmehr für Rad II eine indizierte Leistung
von 11900 — 8,5% = ... 10880 PS
zusammen mit Rad I 13380 + 10880 = ... 24260 „

Von dieser Leistung gehen noch die Ventilations- und Lagerreibungsverluste ab.

Die ersteren werden in gleicher Weise wie für die Vorwärtsturbine berechnet. Es entsteht ein Ventilationsverlust, durch die Curtisräder der *Rw*-Turbine von . . . . 17 PS
durch die *HD*-Vorwärtsturbine von . . . . 495 „
wobei berücksichtigt ist, daß letztere Leistung von der *Rw*-Turbine über Zahnrad und Ritzel aufgebracht werden muß, und durch die *ND*-Vorwärtsturbine von . . . . 2860 „
zusammen also . . . . 3372 PS.

Dabei ist für die Hochdruck-Vorwärtsturbine ein mittlerer Durchmesser von 1,58 m und eine mittlere Schaufellänge von 13 cm in Rechnung gesetzt. Für die Niederdruckturbine beträgt der mittlere Durchmesser 2,78 m, die mittlere Schaufellänge 32 cm. Dabei wurde noch angenommen, daß sowohl die Hochdruck- wie auch die Niederdruckturbine in trocken gesättigtem Dampf von Kondensatordruck 0,07 ata ventiliert. Die in der Niederdruck-Vorwärtsturbine bei Rückwärtslauf verloren gehende Energie erscheint hoch. Da jedoch für solch große Schaufellängen Erfahrungskoeffizienten nicht zur Verfügung stehen, blieb nichts übrig, als mit den für verhältnismäßig kurze Schaufellängen ermittelten Ventilationskoeffizienten zu rechnen.

Zu obigen Verlusten kommt noch die Lagerreibung für Hochdruck- und Niederdruckrotor, welche zusammen 89 PS beträgt, so daß ein Gesamtleerlaufsverlust von 3461 PS abzusetzen ist. Nach Abzug desselben ergibt sich nunmehr an der Turbinenkupplung eine Leistung von 20799 PS und bei Annahme von 3% Getriebsverlust an der Propellerwelle 20180 WPS, entsprechend 56% der maximalen Vorwärtsleistung. Unsere obige Annahme von 60% war also nicht ganz zutreffend.

Es müßte deshalb die Rechnung mit einer Drehzahl von $1100 \sqrt[3]{0{,}56} = 907$ wiederholt werden. Die Rückwärtsleistung wird sich hierbei nur wenig ändern, da der Gesamtleerlaufsverlust, insbesondere der Ventilationsverlust, mit der Drehzahl ebenfalls geringer wird. Es kann daher davon abgesehen werden, die Rechnung noch einmal zu wiederholen. Dies ist um so eher zulässig, als, wie sich wiederholt bei Probefahrten mit Kreuzern und Linienschiffen ergeben hat, die tatsächliche Drehzahl je nach Bauart des Schiffes bis zu 6% größer werden kann als der dritten Wurzel aus dem Leistungsverhältnis entsprechen würde.

C. Bemerkung über die Wirtschaftlichkeit der Anlage.

Der Dampfverbrauch von 5,21 kg/WPS stellt bei der großen Leistung und dem beschränkten Austrittsquerschnitt wohl das Beste dar, was mit Naßdampf von 15 ata bei 93% Vakuum erreicht werden kann. Eine Nachprüfung der Anlage zeigt, daß der günstigste Dampfverbrauch mit etwa 4,8 kg/WPS sich bei 75% der Höchstleistung ergibt. Bei 25% der Maximalleistung beträgt derselbe infolge der reichlichen Bemessung der Turbinen erst 5,6 kg/WPS Std.

Die Berechnung des Dampfverbrauchs bei Marschfahrt konnte nicht vorgenommen werden, da über die Marschturbinen keine Angaben vorliegen.

§ 77. **Berechnung der Vorwärts- und Rückwärtsturbinen gemischten Systems für ein Torpedoboot.** Die Anlage soll in zwei eingehäusigen Turbinen eine Leistung von 32000 WPS bei einer Drehzahl von 580 Umdr./Min. entwickeln. Die Rückwärtsturbine soll in das Gehäuse der Vorwärtsturbine eingebaut werden. Bei Rückwärtsfahrt wird eine Leistung von etwa 40% der Vorwärtsleistung verlangt. Mit Rücksicht auf die verfügbare Baulänge sei es nicht möglich, mit einem Curtisrad und Reaktionstrommelstufen auszukommen. Es soll deshalb eine Anlage gewählt werden, welche aus einem vierkränzigen Rad, drei dreikränzigen Curtisrädern und einer Trommel mit Reaktionsstufen für die Vorwärtsfahrt besteht. Die Rückwärtsturbine wird in der bei Torpedobooten meist üblichen Weise aus einem vierkränzigen Curtisrad mit anschließenden Reaktionstrommelstufen aufgebaut.

Berechnung der Vorwärtsturbine. Das vierkränzige Curtisrad ist erforderlich, da solche Anlagen nur sehr selten mit Höchstleistung arbeiten und meistens mit sehr geringen Leistungen betrieben werden. Damit in solchen Fällen der Druck hinter dem ersten Rad nicht allzusehr abfällt und sich daher auch bei Verwendung eines vierkränzigen Curtisrades ein zu ungünstiger Wert $\frac{c_0}{u}$ ergibt, wird man deshalb bei Konstruktionsleistung den Druck hinter dem vierkränzigen Curtisrad so hoch wählen, als es die bei Torpedobooten notwendige Beschränkung im Gewicht des *HD*-Gehäuses zuläßt.

Da wir von dem Einbau eines Druckausgleichkolbens absehen wollen, bestimmt sich der Druck vor der Trommel aus der zulässigen Belastung des Drucklagers, welche sich aus der Differenz zwischen Dampfschub und Propellerschub ergibt. Dabei muß natürlich nachgeprüft werden, ob die ersten Schaufelreihen der Trommel keine zu geringe Länge und damit zu große Spaltverluste erhalten. Das zwischen dem vierkränzigen Curtisrad und der Reaktionstrommel verfügbare Wärmegefälle wird dann gleichmäßig auf die dreikränzigen Curtisräder aufgeteilt. Mit Rücksicht auf die Marschfahrt wird man auch für diese Stufen einen möglichst günstigen $\frac{c_0}{u}$-Wert anstreben. Auf Grund dieser Überlegungen und, da aus räumlichen Verhältnissen der Außendurchmesser des Gehäuses auf ca. 2300 mm beschränkt werden muß, wurden die folgenden Dimensionen gewählt:

Schaufelkreisdurchmesser	des vierkränzigen Curtisrades . .	1960 mm,
„	der dreikränzigen Curtisräder . .	2000 „
„	der letzten R-Stufe	1790 „

Es ergibt sich dann unter Zugrundelegung eines Verhältnisses von Schaufellänge zum mittleren Schaufelkreisdurchmesser von 1 : 5,1 in der letzten Gruppe ein Trommeldurchmesser von 1440 mm. Zur besseren Ausnutzung des verfügbaren Außendurchmessers soll der Trommeldurchmesser im vorderen Teil auf 1600 mm vergrößert werden.

Der Kesseldruck beträgt 17 ata, so daß vor den Düsen der Vorwärtsturbine ein Dampfdruck von 15 ata bei einer spezifischen Dampfmenge $x = 0{,}96$ zur Verfügung steht. Der Gegendruck hinter der Turbine kann mit Rücksicht auf die notwendige Gewichtsbeschränkung der Kondensationsanlage nicht geringer als 0,1 ata angenommen werden. Der Druck hinter dem vierkränzigen Curtisrad soll nach obigen Ausführungen 8,0 ata betragen.

Wenn bei der obengenannten Leistung von 16000 WPS pro Turbine die Schiffsgeschwindigkeit 35 Kn. beträgt, ergibt sich nach § 43, unter der Annahme eines Propellerwirkungsgrades von 60%, der Propellerschub zu

$$P = \frac{N_e \cdot 75 \cdot \eta_p}{0{,}515 \cdot V} = \frac{16\,000 \cdot 75 \cdot 0{,}6}{0{,}515 \cdot 35} = 40\,000 \text{ kg}.$$

Wird eine Drucklagerbelastung von max. 33 t zugelassen, so darf also der Dampfschub etwa 73 t betragen. Rechnet man mit dem oben angegebenen Durchmesser von 1600 mm und einer geschätzten mittleren Schaufellänge von 200 mm, so ergibt sich, unter Vernachlässigung der sonstigen kleineren Durchmesserunterschiede in den Dichtungen, der Dampfschub P_D angenähert aus folgender Beziehung:

$$P_D = D^2 \frac{\pi}{4} \cdot (p_t - p_2) + l\,(D + l) \cdot \pi \cdot \frac{p_t - p_2}{2},$$

wobei der Faktor $\frac{p_t - p_2}{2}$ des zweiten Summanden dem Umstande Rechnung trägt, daß etwa die Hälfte der Druckdifferenz in der Reaktionstrommel von den Leitschaufeln aufgenommen wird.

Dabei ist

D = Trommeldurchmesser in cm,
p_t = der Druck vor der Trommel in ata,
p_2 = der Druck im Abdampfstutzen,
l = die mittlere Schaufellänge.

Wir erhalten:

$$P_D = 160^2 \frac{\pi}{4} \cdot (p_t - 0{,}1) + 180 \cdot \pi \cdot 20 \cdot \frac{(p_t - 0{,}1)}{2}$$

$$p_t = 0{,}1 + 2{,}83 = 2{,}93 \text{ ata}.$$

Wir wählen den Druck vor der Trommel zu 3 ata.

Bevor wir aber zu der eingehenden Berechnung der Einzelstufen übergehen, wollen wir durch einen kurzen Überschlag feststellen, welcher Dampfverbrauch bei einer solchen Anlage ungefähr erreicht werden kann. Bei den eingangs angegebenen Dampfzuständen ergibt sich ein adiabatisches Wärmegefälle von 176 WE. Der theoretische Dampfverbrauch beträgt $\frac{632{,}2}{176} = 3{,}60$ kg/PS Std. Bei Turbinen dieses Systems kann bei Naßdampfbetrieb ein thermodynamischer Wirkungsgrad von etwa 59% erwartet werden. Es würde demnach der Dampfverbrauch auf $\frac{3{,}60}{0{,}59} = \sim 6{,}11$ kg/PS Std. entsprechend einer stündlichen Dampfmenge von $6{,}11 \cdot 16000 = 97700$ kg/Std. zu schätzen sein.

Wir können nunmehr zur Berechnung der Curtisräder schreiten.

Bei den oben angeführten Dampfzuständen ergibt sich für das vierkränzige Rad ein adiabatisches Wärmegefälle von 27,8 WE (vgl. *I-S*-Diagramm Abb. 102). Die

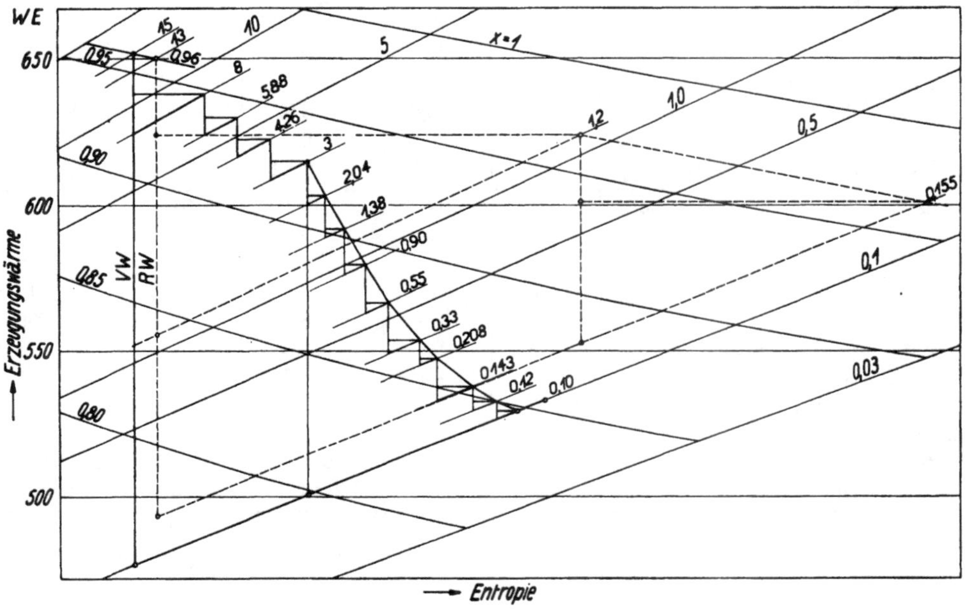

Abb. 102.

theoretische Dampfgeschwindigkeit wird also $c_0 = 482{,}5$ m/sek. Bei der gewählten Drehzahl von 580 Umdr./Min. ergibt sich im mittleren Schaufelkreisdurchmesser von 1960 mm eine Umfangsgeschwindigkeit von 59,5 m/sek und ein $\frac{c_0}{u}$-Wert von 8,11. Bei diesem Wert beträgt der Wirkungsgrad nach der Kurve für vierkränzige Curtisräder (vgl. Abb. 24) 50,5%. Hieraus ergibt sich ein indiziertes Wärmegefälle $h_i = 0{,}505 \cdot 27{,}8 = 14{,}05$ WE. Hiervon ist (vgl. § 47) noch ein Abzug von 6,2% für den im Mittel 6,7% betragenden Wassergehalt des Dampfes zu machen. Hieraus folgt $h_i' = 13{,}17$ WE. Unter Zugrundelegung der oben angenommenen Dampfmenge von 97700 kg/Std. ergibt sich hieraus eine Leistung am Radumfang von 2035 PS.

Den dreikränzigen Curtisrädern steht zwischen den Drücken von 8 und 3 ata ein Wärmegefälle von 39,5 WE zur Verfügung. Einschließlich des Wärmegewinns durch Entropievermehrung erhöht sich, da der Stufenwirkungsgrad ziemlich niedrig ist, dieses Gefälle auf 40,5 WE. Wird dieses gleichmäßig unter drei Stufen verteilt, so trifft auf jede ein adiabatisches Gefälle von 13,5 WE. Mit Hilfe der Wirkungsgradkurve für dreikränzige Curtisräder kann nun das indizierte Gefälle ermittelt werden. Die hierfür erforderlichen Berechnungen mit Angaben über die Abzüge für Dampfnässe, für Spaltverlust und die sich ergebenden indizierten Leistungen sind in Tabelle Nr. 30 zusammengestellt. Insgesamt erhalten wir für den *HD*-Teil eine indizierte Leistung von 5334 PSi.

Tabelle Nr. 30.

Berechnung der Curtisstufen.

Zahl der Kränze		4	3	3	3
Mittlerer Schaufeldurchmesser	mm	1960	2000	2000	2000
Umfangsgeschwindigkeit	m/sek	59,5	60,8	60,8	60,8
Druck hinter der Stufe	ata	8,0	5,88	4,26	3,0
Adiabatisches Wärmegefälle	WE	27,8	13,5	13,5	13,5
Theoretische Dampfgeschwindigkeit	m/sek	482,5	336	336	336
c_0/u	—	8,11	5,54	5,54	5,54
Düsenaustrittswinkel	%	45	40	40	40
Wirkungsgrad aus *C*-Rad Kurven	%	50,5	59,5	59,5	59,5
Indiziertes Gefälle	WE	14,05	8,02	8,02	8,02
Nässeabzug	%	6,2	6,0	6,5	6,8
Indiziertes Gefälle einschl. Nässeabzug	WE	13,1	7,53	7,5	7,47
Durchmesser d. Zwischenstopfbuchsen	mm	—	515	515	515
Spalt	mm	—	0,6	0,7	0,8
Spaltquerschnitt	qm	—	970	1135	1295
Gefälle	WE	—	13,5	13,5	13,5
c_0	m/sek	—	336	336	336
Druck hinter der Stopfbuchse	ata	—	5,88	4,26	3,0
Spezifische Dampfmenge h. d. Stopfb.	—	—	0,93	0,923	0,918
Spezifisches Volumen h. d. Stopfbuchse	cbm/kg	—	0,305	0,412	0,565
Verlust in den Zwischenstopfbuchsen	kg	—	3840	3340	2770
Verlust in der Außenstopfbuchse	kg	—	1420	1420	1420
Nutzbare Dampfmenge	kg	97700	92440	92940	93510
Indizierte Leistung einschl. Nässeabzug	PS	2027	1100	1102	1105
		Σ 5334			

Zu der Tabelle ist folgendes zu bemerken:

Zur besseren Ausnutzung der Baulänge und zur gleichzeitigen Verringerung der Drucklagerbelastung ist die *HD*-Stopfbüchse mit zwei verschiedenen Dichtungsdurchmessern versehen worden. (Vgl. hierzu die schematische Skizze Abb. 103.) Die erste Dichtung *A* hat einen Durchmesser von 550 mm und 20 Dichtungsstellen; die zweite einen Durchmesser von 390 mm und 14 Dichtungsstellen. Der Leckdampf in der ersten Kammer K_1 ist zur weiteren Ausnutzung vor die Trommel geschaltet und beträgt daher der Druck in dieser Kammer 3 ata. Die durch diese Dichtung hindurchfließende Dampfmenge beträgt in üblicher Weise berechnet (vgl. § 25)

$$G_{\text{Std.}} = 1{,}13 \cdot 1038 \sqrt{\frac{8^2 - 3^2}{20 \cdot 8 \cdot 0{,}2325}} = 1420 \text{ kg.}$$

Dabei ist der Undichtigkeitsquerschnitt mit einem Radialspiel der einzelnen Dichtungsstelle von 0,6 mm berechnet. Sinngemäß ergibt sich bei dem gleichen Radialspiel für den zweiten Teil *B* der Stopfbuchse eine Dampfmenge von 462 kg/Std. Dieser Betrag, welcher aus der Kammer K_2 hinter der Dichtung *B* für die Sperrung der Stopfbuchse bei der Rückwärtsturbine entnommen wird, ist für diesen Zweck völlig ausreichend. Es kann deshalb der Betrag von 1420 — 462 = 958 kg/Std. der Trommel zugeführt werden.

Bei der Berechnung der Verluste in den Zwischenstopfbuchsen der Curtisräder ist keine Labyrinthwirkung angenommen, sondern nur mit einer glatten Buchse und einem Spiel von 0,6 bzw. 0,7 bzw. 0,8 mm gerechnet worden. Zur Vereinfachung und Sicherheit wurde angenommen, daß der Dampf mit der Geschwindigkeit c_0 durch die Spalten strömt.

Das für die Reaktionstrommel verfügbare adiabatische Gefälle beträgt, wie aus dem *I-S*-Diagramm zu entnehmen, 111 WE; einschließlich eines Zuschlages von 3% für Wiederverdampfung ergibt sich ein adiabatisches Wärmegefälle von 114,34 WE. Bei der Verteilung dieses Gefälles auf die einzelnen Stufen ist zu beachten, daß nach den in § 75 angegebenen Richtlinien die letzten Stufen, mit Rücksicht auf die Marschfahrt ein verhältnismäßig größeres Gefälle erhalten müssen. Die von uns gewählte Gefällsverteilungskurve ist aus Abb. 104 zu ersehen. Es empfiehlt sich, zuerst die in der letzten Schaufel erforderliche Dampfgeschwindigkeit und das in derselben aufgezehrte Wärmegefälle zu ermitteln und die Kurve der Gefällsverteilung dann so anzunehmen, daß ein gleichmäßiger Übergang erzielt wird. Wie oben angenommen, soll der mittlere Schaufelkreisdurchmesser der letzten Stufe 1790 mm, der Trommeldurchmesser an dieser Stelle 1440 mm betragen. Unter Berücksichtigung der Anwendung von Deckbändern bleibt nach Abzug der erforderlichen Füllstückhöhe eine Schaufellänge von 330 mm übrig. Bei der Wahl eines Austrittswinkels von $\operatorname{tg}\beta = 150\%$ und eines Wertes b_2/t von 0,72 ist der in der letzten Stufe verfügbare Austrittsquerschnitt etwa 1,36 qm. Aus der Dampfmenge von 97700 kg/Std., der vorläufig geschätzten spezifischen Dampfmenge von 0,84 und dem Gegendruck 0,1 ergibt sich ein Endvolumen von 12,6 kg/m³. Die Kontinuitätsgleichung gibt somit eine Dampfgeschwindigkeit von 252 m/sek. Bei den Wirkungsgradkurven für Reaktionsstufen § 18 ist mit einem Schaufelkoeffizienten $\varphi = 0{,}92$ gerechnet; also wird $c_0 = \frac{252}{0{,}92} = 274$ m/sek. Die Umfangsgeschwindigkeit in dieser Stufe beträgt 54,4 m/sek. Es ist deshalb erforderlich, hier

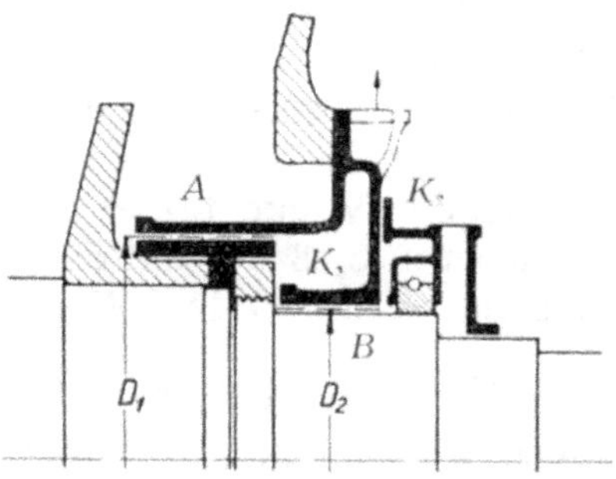

Abb. 103.

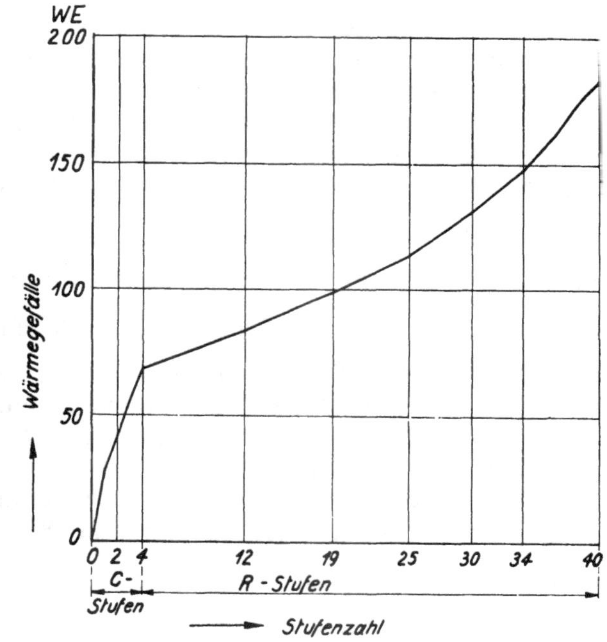

Abb. 104.

mit einem $\frac{c_0}{u}$ von $\frac{274}{54,4} = 5,03$ zu rechnen. Aus den Gefällskurven der R-Stufen ergibt sich für 50 m Umfangsgeschwindigkeit für diesen $\frac{c_0}{u}$-Wert ein Wärmegefälle von ca. 5,3 WE für $\operatorname{tg}\alpha = 150\%$. Umgerechnet auf die Umfangsgeschwindigkeit von 54,4 beträgt daher das in dem letzten Laufkranz umgesetzte Wärmegefälle die Hälfte von $5,3 \cdot \left(\frac{(54,4)}{50}\right)^2 = 6,28$ WE, also 3,14 WE. Die übrige Verteilung des Gesamtgefälles erfolgt dann so, daß sich für die erste Stufe etwa ein $\frac{c_0}{u}$-Wert von 1,6 ergibt (vgl. § 67).

Zur Beurteilung, ob dieser Wert nicht zu sehr von dem Mittelwert abweicht, sei nachfolgende Berechnung angestellt. Für diese Stufe kann in gleicher Weise, wie für die letzte geschildert, das zu verarbeitende Gefälle sowie die sich ergebende Schaufellänge ermittelt werden, welche sich zu $l =$ ca. 100 mm ergibt.

Nachdem nunmehr die erste und letzte Schaufel in ihrer Länge bekannt sind, kann vorläufig die Längenzunahme über die ganze Trommel angenommen und die dafür erforderlichen Profilbreiten ermittelt werden. Auf Grund der verfügbaren Baulänge zeigt sich, daß in unserem Falle eine Stufenzahl von 36 möglich ist. Zur Beurteilung, welcher Wirkungsgrad hierbei erwartet werden kann und ob die gewählten $\frac{c_0}{u}$-Werte für die erste und letzte Stufe einigermaßen im Rahmen liegen, soll nachfolgend die Rechnung für den Mittelwert durchgeführt werden.

Das für eine Stufe verfügbare Wärmegefälle beträgt im Mittel $\frac{114,3}{36} = 3,18$ WE. Der mittlere Schaufelkreisdurchmesser beträgt etwa 1800 mm, so daß sich hierfür eine Umfangsgeschwindigkeit von 54,7 m ergibt. Als mittlerer Winkel kommt, da der größte Teil der Schaufeln mit einem $\operatorname{tg}\beta$ von 45% und nur ein kleiner Teil mit den Winkeln $\operatorname{tg}\beta = 60$, 110 und 150% arbeitet, etwa ein mittlerer Winkel $\operatorname{tg}\alpha = 60\%$ in Betracht. Reduziert man dieses oben berechnete Gefälle von 3,18 WE auf 50 m, so ergibt sich ein h_i von 2,66 WE. Diesem Wärmegefälle entspricht bei dem Winkel von $\operatorname{tg}\beta = 60\%$ ein mittleres $\frac{c_0}{u}$ von 2,75 und ein indizierter Wirkungsgrad von etwa 73½%. Dieser Mittelwert von $\frac{c_0}{u}$ stimmt mit den von uns angenommenen Grenzwerten von $\frac{c_0}{u} = 5,03$ für die letzte und 1,6 für die erste Stufe gut überein, wenn man bedenkt, daß der erstere große Wert nur für die letzte Stufe gilt und dann rasch abnimmt. Da dieser Wirkungsgrad abzüglich der vorläufig geschätzten Spaltverluste und sonstigen Leerlaufsverluste etwa den gewünschten Dampfverbrauch gewährleistet, ist die von uns gewählte Stufenzahl also zutreffend.

Zur Vereinfachung der Fabrikation ist es zweckmäßig, nicht allzuviele Gruppen zu wählen. Es seien hier sechs Gruppen angenommen. Der günstigere Wert von $\frac{c_0}{u}$ in den ersten Gruppen und die geringere Zunahme des spezifischen Volumens im *HD*-Teil ermöglicht es, für den ersten Teil mehr Stufen in einer Gruppe zusammenzufassen.

Wir wählen für Gruppe I . . . . . . 8 Stufen
„ II . . . . . . 7 „
„ III . . . . . . 6 „
„ IV . . . . . . 5 „
„ V . . . . . . 4 „

Der Schaufelwinkel für die sämtlichen Gruppen soll $tg\beta = 45\%$ betragen. In der VI. Gruppe, welche sechs Stufen erhalten soll, soll der Winkel dann von 45 auf 150% zunehmen.

Auf Grund der angenommenen Gefällsverteilungskurve ergibt sich

für Gruppe	I	ein Gefälle von	15 WE
„ „	II	„ „ „	15 „
„ „	III	„ „ „	15,5 „
„ „	IV	„ „ „	16,7 „
„ „	V	„ „ „	16,7 „
„ „	VI	„ „ „	35,44 „

Die Berechnung der einzelnen Trommelgruppen wurde nun in derselben Weise vorgenommen, wie dies in § 67 eingehend geschildert ist. Der Gang der Berechnung einschließlich der sich ergebenden Spaltverluste und der indizierten Leistung ist in Tabelle 31 zusammengestellt.

Besondere Schwierigkeiten macht die Berechnung der Gruppe VI, weil sich hier die Schaufelwinkel ändern. Wir wählen für Leitkranz 1 bis Leitkranz 3 dieser Gruppe einen Winkel von $tg\beta = 45\%$, für Laufkranz 3 bis Laufkranz 4 einen Winkel $tg\beta = 60\%$, für Leitkranz 5 bis Laufkranz 5 einen Winkel $tg\beta = 110\%$, für Leitkranz 6 bis Laufkranz 6 einen Winkel $tg\beta = 150\%$.

Es ist für die Art der Berechnung gleichgültig, ob zwei oder drei Schaufelkränze zusammengefaßt werden, wenn man die Kränze mit demselben Winkel als Gruppe für sich auffaßt. Das mittlere Gefälle erhält man genau wie oben, indem man das Gefälle dieser Untergruppe durch die Anzahl der Stufen, also hier beispielsweise 1,5, dividiert. Die in den einzelnen Untergruppen verarbeiteten Gefälle werden aus der Gefällsverteilungskurve zu 13,9, 10,82, 5,42 und 5,3 WE ermittelt.

Von dem indizierten Gefälle der einzelnen Gruppen kommt noch der letzte Austrittsverlust multipliziert mit dem mittleren Wirkungsgrad des Trommelteiles in Abzug. Die Austrittsgeschwindigkeit aus der letzten Stufe beträgt 224 m/sek, so daß bei einem mittleren Wirkungsgrad der Trommel von $\eta = 69\%$ der Austrittsverlust 4,14 WE beträgt. Nach Abzug der Spaltverluste (vgl. Tabelle 31) und des Austrittsverlustes ergibt sich für die ganze Reaktionstrommel ein indiziertes Gefälle von $h_i' = 79$ WE. Hiervon ist zur Berücksichtigung der Dampffeuchtigkeit ein Abzug von 3% zu machen. Die gesamte indizierte Leistung für den Trommelteil beträgt dann 11154 PS.

Einschließlich der oben berechneten 5334 PS für den *HD*-Teil ergibt sich nunmehr am Radumfang eine Gesamtleistung von 16488 PS.

Von dieser Leistung sind die Leerlaufsverluste in Abzug zu bringen. In gleicher Weise, wie früher berechnet, ergibt sich die Ventilationsarbeit

für Curtisrad 1 zu	123 PS
„ „ 2 „	40 „
„ „ 3 „	22,5 „
„ „ 4 „	7 „
insgesamt für den *HD*-Teil	192,5 PS;
hierzu kommt noch für die *Rw*-Turbine	124 „
Es beträgt also der Verlust durch Ventilationsarbeit . . .	316,5 PS.

Die Lagerreibung und Drucklagerreibung beträgt etwa 58 PS, so daß sich ein Gesamtleerlaufsverlust von 374,5 PS ergibt. Die Leistung an der Kupplung beträgt daher 16113 PS. Hieraus ergibt sich ein berechneter Dampfverbrauch von 6,06 kg-PSe, derselbe entspricht also dem von uns angenommenen Wert fast ganz genau.

Tabelle

Berechnung der Vor-

Stufengruppe		I	II	III
Stufennummer		5—12	13—19	20—25
Stufenzahl z		8	7	6
Stufenart		R	R	R
Trommel ϕ	mm	1 600	1 600	1 600
Mittl. Schaufelkreis ϕ angenommen	mm	1 705	1 727	1 760
Mittl. Umfangsgeschwindigkeit u	m/sek	51,8	52,5	53,4
Gefälle pro Gruppe h	WE	15	15	15,5
Einzelgefälle $\triangle h$	WE	1,6 2,14	1,73 2,55	1,95 3,21
$\triangle h$ reduziert auf $u = 50$ m/sek	WE	1,49 1,99	1,565 2,32	1,71 2,815
Tang. d. Austrittswinkels tg α	%	45	45	45
c_0/u	—	1,59 2,16	1,86 2,39	1,96 2,73
Wirkungsgrad aus R-Kurven η_i	%	81,5 79	80,4 77,9	79,9 76,3
Pro Gruppe im Mittel η_i	%	80,25	79,15	78,1
Pro Gruppe $h_i = h \cdot \eta_i$	WE	12,04	11,88	12,10
Pro Gruppe h_i mit Spaltverlust	WE	10,85	10,92	11,12
Enddruck der Stufe p	ata	2,85 2,04	1,95 1,38	1,30 0,90
Spezifische Dampfmenge x		0,926 0,915	0,914 0,907	0,904 0,896
Spezifisches Dampfvolumen v	cbm/kg	0,599 0,810	0,845 1,09	1,218 1,70
Dampfgeschw. $0{,}92 \cdot c_0/u \cdot u$ . . c_1, bzw. w_2	m/sek	75,7 103	89,8 115,6	96,3 134
Schaufelquerschnitt F	qm	0,214	0,255	0,342
Verhältnis Kanalbreite zur Teilung b_2/t		0,4	0,4	0,4
Theor. Schaufellänge l'	mm	99,8	112,7	160,7
Schaufellänge abzügl. Spaltverlust l_0	mm	94,9	117,7	154,2
Ausgeführte Schaufellänge l	mm	95	118	154
Spaltverlust: Mittl. Spalt ϕ	mm	1 705	1 727	1 760
Radialspalt	mm	2	2	2,5
Spaltquerschnitt F_{sp}	qm	0,0107	0,0109	0,0138
Spaltverlust für Querschnitt F_{sp}/F	%	5,0	4,27	4,04
Spaltverl. f. Leistungsberechn. $2 \times F_{sp}/F$	%	10,0	8,54	8,08
Stopfbuchsenverlust G_{st0}	kg/Std.	462	462	462
$G_{st} - G_{st0} = G'_{st}$	kg/Std.	97 238	97 238	97 238
Leistung pro Gruppe N_i'	PS	1 668	1 678	1 710
Gesamtleistung der Gruppen N_i'	PS	12 152		
Austrittsverlust N_a	PS	638		
Abzug für Dampfnässe 3%	PS	365		
Gesamtleistung des ND-Teils N_i	PS	11 149		
Gesamtleistung des HD-Teils N_i	PS	5 334		
Gesamtleistung der Turbine N_i	PS	16 483		
Leerlauf N_r	PS	375		
Leistung an der Welle N_e	PS	16 108		
Berechn. Dampfverbrauch pro PSe Std.	kg	6,06		
Angen. Dampfverbrauch pro PSe Std.	kg	6,11		
Voraussichtl. Dampfverbrauch pro PSe Std.	kg	6,08		
Theoret. Dampfverbrauch pro PSe Std.	kg	3,60		
Thermodynam. Wirkungsgrad	%	59,3		

Nr. 31.

wärts-Trommelstufen.

IV	V	VI a	b	c	d
26—30	31—34	35 ←			→ 40
5	4	$2^1/_2$	$1^1/_2$	1	1
R	*R*	*R*	*R*	*R*	*R*
1 600	1 600	1 440	1 440	1 440	1 440
1 805	1 865	1 790	1 790	1 790	1 790
54,8	56,7	54,4	54,4	54,4	54,4
16,7	16,7	13,9	10,82	5,42	5,30
2,50 4,18	3,09 5,27	4,18 6,92	5,78 8,65	5,13 5,72	5,0 5,6
2,08 3,48	2,4 4,1	3,53 5,84	4,87 7,3	4,33 4,83	4,22 4,73
45	45	45	60	110	150
2,22 3,17	2,44 3,55	3,2 4,57	4,16 5,4	4,37 4,72	4,69 5,03
78,7 74,2	77,7 72,4	74,0 68,0	69,8 62,6	60,8 59,6	54 52
76,45	75,05	71,0	66,2	60,2	53
12,76	12,54	9,89	7,16	3,26	2,81
		9,45	6,89	3,17	2,73
11,95	11,95	22,24			
0,82 0,55	0,510 0,330	0,308 0,208	0,19 0,143	0,13 0,12	0,108 0,10
0,889 0,879	0,877 0,866	0,865 0,857	0,854 0,850	0,848 0,847	0,845 0,844
1,842 2,635	2,83 4,11	4,5 6,43	6,98 9,05	9,9 10,65	11,73 12,6
112 160	127,2 185	160 229	208 270	219 236	234,5 252
0,444	0,602	0,761	0,910	1,225	1,356
0,4	0,4	0,4	0,48	0,65	0,72
196	258	337,5	338	335	334
190	251	330	332	330,5	330
190	250	330	330	330	330
1 805	1 865	1 790	1 790	1 790	1 790
2,5	2,5	3	3	3	3
0,0142	0,0146	0,0169	0,0169	0,0169	0,0169
3,20	2,42	2,22	1,86	1,38	1,25
6,40	4,84	4,44	3,72	2,76	2,50
462	462	462	462	462	462
97 238	97 238	97 238	97 238	97 238	97 238
1 838	1 838	3 420			

$c_2 \triangleq 224$ m/sek

$\eta_m = 69\,\%$

Austrittsverlust 4,14 WE

Austrittsverlust 638 PS

Die Berechnung der Schaufellängen der Curtisräder erfolgt in gleicher Weise, wie dies bereits in früheren Beispielen beschrieben. Für das vierkränzige Curtisrad sind die Winkel tgα bzw. tgβ mit 45% für die Düse sowie für Laufkranz I und U.-Kranz I, 50% für Laufkranz II, 55% für U.-Kranz II, 60% für Laufkranz III, 70% für U.-Kranz III und 90% für Laufkranz IV angenommen. Wählt man den Verlustkoeffizienten für die Düse zu 95%, für die Schaufeln zu 83, 84, 85, 86, 87, 89%, so ergeben sich bei einer ausgeführten Düsenhöhe von 29 mm die Schaufellängen rechnungsmäßig zu 40,3, 57,5, 79,2, 128, 254, 323 und 220 mm. Hierbei arbeiten Laufkranz III, U.-Kranz III und Laufkranz IV bereits mit ziemlichem Eintrittsstoß. Da Torpedoboote nur selten mit Konstruktionsleistung in Betrieb sind, werden die ausgeführten Schaufellängen erheblich kleiner vorgesehen. Wir wählen im vorliegenden Fall Schaufellängen von 40, 46, 56, 66, 77, 88 und 102 mm. Diese Schaufellängen passen ungefähr bei den Verhältnissen, welche sich bei der Marschfahrt von 21 Sm ergeben, namentlich wenn noch berücksichtigt wird, daß bei der kleinen Beaufschlagung der Dampfstrahl im Rad sich seitlich ausdehnt und daher gegenüber der berechneten Länge noch ein Abzug zulässig ist.

Für die Hauptfahrt sind 41 Frischdampfdüsen mit einem engsten Querschnitt von $41 \times 11 \times 29 = 13100$ qmm vorgesehen worden.

Zur Verbilligung der Herstellung soll die Beschauflung der dreikränzigen Curtisräder übereinstimmend ausgeführt werden. Es ist deshalb erforderlich, daß die Düsenzahl von Rad zu Rad zunimmt. Zur Erzielung guter Übergänge wird die auf Abb. 41 in § 30 dargestellte Verteilung der Düsen gewählt. Aus diesem Bild ist zu ersehen, daß bei Curtisrad IV die Beaufschlagung, abgesehen von kleinen Stücken am Horizontalflansch, sich fast über den ganzen Umfang erstreckt. Es sind für Rad II 96, für Rad III 132, für Rad IV 180 Düsen mit einem engsten Querschnitt von $9{,}5 \times 26$ vorgesehen worden. Wir wählen für diese Räder folgende Austrittswinkel:

Für die Düse tg$\alpha = 45\%$, für Laufkranz I und U.-Kranz I tg$\beta = 45\%$, für U.-Kranz I, für Laufkranz II 55%, für U.-Kranz II 70%, für Laufkranz III 90%.

Bei der Wahl der Geschwindigkeitskoeffizienten 95, 83, 83, 85, 87, 89% ergeben sich aus den Geschwindigkeitsdreiecken die rechnungsmäßigen Schaufellängen bei einer Düsenhöhe von 26 mm zu 37,3, 58,5, 92,1, 136, 177 mm. Auch diese für die Hauptfahrt errechneten Schaufellängen werden im Hinblick auf die Erfordernisse der Marschfahrt nicht ausgeführt. Wenn auch bei letzterer keine so großen Gefällsunterschiede wie beim ersten Rad auftreten, so beeinflußt doch die dabei erheblich kleinere Umfangsgeschwindigkeit die Form der Geschwindigkeitsdreiecke derart, daß sich erheblich geringere Schaufellängen ergeben als bei Fahrt mit Höchstleistung. Für die wichtigste Marschfahrt, nämlich diejenige mit 21 Sm., ergibt sich bei Berücksichtigung der Möglichkeit einer wenn auch geringeren tangentialen Ausdehnung des Dampfstrahls, daß man mit Schaufellängen von 32, 39, 50, 59,5 und 75 mm auskommen kann und daher sollen diese Längen zur Ausführung kommen. Wie bereits in früheren Beispielen erläutert, tritt bei Hauptfahrt dann in diesen Beschaufelungen geringe Reaktionswirkung auf, was aber den Wirkungsgrad nur wenig beeinflußt.

Die Berechnung der Schaufellängen für die Reaktionstrommeln ist ebenfalls in der Tabelle 31 enthalten. Bei der Verteilung des Gefälles auf die einzelnen Gruppen kann durch geringe Verschiebung der Wärmegefälle erreicht werden, daß die Schaufellängen zweckentsprechend zunehmen. Verluste bei den Übergängen von einer Schaufelgruppe zur anderen sind nicht in Rechnung gesetzt worden, da die Zwischenräume zwischen den einzelnen Gruppen so klein sind, daß der Dampf ohne wesentliche Störung die erste Leitschaufel der folgenden Gruppe voll ausfüllen kann.

Entsprechend den größeren Schaufellängen und der etwas größeren Durchfederung des Rotors nehmen die Radialspiele von 2 mm am Anfang der Trommel auf 2,5 mm an deren Ende zu. Die Axialspiele werden entsprechend der zunehmenden Länge der Schaufeln vergrößert und wachsen in unserem Beispiel von 6,7 mm an der *HD*-Seite auf 10 mm in der letzten Stufe an, während die axiale Breite der Schaufelprofile von 9,3 auf 31 mm zunimmt.

Die Rückwärtsturbine ist unter der Voraussetzung berechnet, daß in gleicher Weise wie für die Vorwärtsturbine 97700 kg Dampf pro Std. zur Verfügung stehen, wobei gefordert wird, daß mindestens 40% der Vorwärtsleistung erreicht werden. Die Drehzahl der Turbine ergibt sich in ähnlicher Weise wie früher beschrieben, angenähert zu $580\sqrt[3]{0,4} = 430$ pro Minute. Wir wählen ein vierkränziges Curtisrad von 1800 mm Durchmesser und 6 Reaktionstrommelstufen mit einem mittleren Schaufelkreisdurchmesser von 1850 mm. Da die Schaufellängen bei dieser kleinen Stufenzahl von Stufe zu Stufe sehr stark zunehmen, soll dieses Anwachsen auf Abnahme des Rotor- und Zunahme des Gehäusedurchmessers ungefähr gleichmäßig verteilt werden.

Tabelle Nr. 32.

Berechnung der Rückwärtsturbinenleistung.

Art der Stufen			Curtisrad		Reaktionsstufen
Zahl der Kränze oder Stufen			4		6
Umdrehungen der Turbine	i. d. Min.		430		430
Mittlerer Schaufelkreis ϕ	mm		1800		1850
Umfangsgeschwindigkeit u	m/sek		40,5		41,6
Anfangsdruck p_1	ata		13		1,2
Spezif. Dampfmenge x			0,96		0,967
Gegendruck p_2	ata		1,2		0,155
Adiabatisches Wärmegefälle h'	WE		94,6		72,5
Zuschlag für Wiederverdampfung	%		—		4,2
Gesamtgefälle h	WE		—		75,5
Mittleres Einzelgefälle $\triangle h$	„		—		12,6
Reduz. Gefälle ($u = 50$ m/sek)	„		—		18,2
Tang. d. Austrittswinkels tg α	%		45		Mittel 50
Theoretische Dampfgeschwindigkeit c_0	m/sek		890		—
c_0/u			22		9,8
C Kurven Abb. Nr. 24; R Kurven „ „ 17 u. 18 η_i	%		28,7		50,5
Indiziertes Gefälle h_i'	WE		27,2		38,1
h_i' mit ... % Spaltverlust	„		—	2,5 %	33,3
h_i' mit ... % Stopfbuchsverlust	„		—	0,2 %	33,2
h_i' mit ... % Abzug für schlechtes c_0/u	„		—	5,5 %	31,3
h_i' mit ... % Abzug für Nässe	„	7,5 %	25,2	3 %	30,4
Austrittsverlust	„		—		6,8
Ind. Gefälle einschl. Austrittsverl. h_i	„		—		23,6
h_i total	WE		48,8		
Indizierte Leistung N_i	PS		7540		
Leerlauf N_L	PS		408		
Leistung a. d. Welle N_s	WPS		7132		

Ähnlich wie in dem Beispiel für die Turbinen des Panzerkreuzers Hood gezeigt, reicht die vorgesehene Endschaufellänge von 245 mm bei weitem nicht aus, um das im Kondensator erzielbare Vakuum von 90% auszunutzen. Wählen wir den Austrittswinkel der letzten Schaufeln zu $\operatorname{tg}\beta = 60\%$, so ergibt sich bei einem $\frac{b_2}{t}$-Wert von 0,455 einschließlich des Spaltverlustes ein Gesamtaustrittsquerschnitt von 0,68 m², wobei der mittlere Schaufelkreisdurchmesser zu 1885 mm und das Radialspiel zu 3 mm angenommen ist. Bei einem Schaufelkoeffizienten von 0,9 ergibt sich der bei Schallgeschwindigkeit ausnutzbare Gegendruck zu 0,155 ata.

Mit Rücksicht auf die entsprechend enger bemessene Leitung zur Rückwärtsturbine soll mit einem Druck von 13 ata bei einer spezifischen Dampfmenge von 0,96 vor den Frischdampfdüsen gerechnet werden. Das zwischen den bezeichneten Druckgrenzen vorhandene Gefälle wird nun passend auf das vierkränzige Curtisrad und die sechs Reaktionsstufen verteilt. Wir wählen den Druck vor den Reaktionsstufen zu 1,2 ata. Es ergibt sich dann für das Curtisrad ein adiabatisches Gefälle von 94,6 WE. Die Berechnung der Leistung dieses Rades unter Berücksichtigung eines durch den Nässegehalt des Dampfes bedingten Abzuges von etwa 7,5% ergibt ein indiziertes Gefälle von 25,2 WE. Für die Reaktionsstufen verbleibt dann, wie aus dem *I-S*-Diagramm zu ersehen, ein verfügbares Wärmegefälle von 72,5 WE.

Tabelle Nr. 33.

Ungefähre Berechnung des Spaltverlustes.

		Erster Leitkranz			Letzter Laufkranz
Gewähltes c_0/u		7,7	Gewählter Schaufelkreis ϕ	mm	1885
Geschätzte Schaufellänge	mm	95	Gewählte Schaufellänge	„	245
Mittl. Schaufelkreisdurchmesser	„	1820	Austrittswinkel $\operatorname{tg}\alpha$	%	60
			b_2/t		0,455
Umfangsgeschwindigkeit	m/sek	41	Schaufelquerschnitt	qm	0,66
$c_1 = 0{,}92 \cdot c_0/u \cdot u$	„	290	Spaltquerschnitt ϕ 2130; $S = 3$ mm	„	0,02
Halbes Stufengef. aus *R*-Kurven einschl. Zuschlag	WE	10,3	Gesamtquerschnitt	„	0,68
Druck hinter Leitkranz	ata	0,92	Gegendruck	ata	0,155
Spez. Volumen daselbst	cbm/kg	1,79	Spez. Endvolumen	cbm/kg	9,3
Dampfmenge	kg/sek	27	Rel. Dampfgeschw. aus Kont.-Gleich.	m/sek	370
Querschnitt aus Kont. Gleich.	qm	0,167	w_0 bei $\varphi = 0{,}92$	„	403
Spaltquerschnitt ϕ 1710; $S = 3$ mm	„	0,016	Kontrolle $w_k = 334 \cdot \sqrt{0{,}155 \cdot 9{,}3}$	„	403
Schaufelquerschnitt	„	0,151	Einfacher Spaltverlust	%	2,94
b_2/t für $\operatorname{tg}\alpha = 40\%$		0,28	Absol. Austrittsgeschw. c_2	m/sek	336
Schaufellänge	mm	94,5	Austrittsverlust (mit $\eta_{thd} = 0{,}5$)	WE	6,8
Einfacher Spaltverlust	%	9,6			

In Tabelle 32 ist für die Reaktionstrommelstufen eine abgekürzte Rechnung durchgeführt. Da die Schaufelwinkel dieser Stufen von 40 auf 60% zunehmen, wurde hierbei mit einem mittleren Winkel von 50% gerechnet. Der mittlere $\frac{c_0}{u}$-Wert ergibt sich zu 9,8, so daß bei einer Umfangsgeschwindigkeit von 41,6 m in sämtlichen Stufen die Schallgeschwindigkeit beinahe erreicht wird. Es ist deshalb bei der Aufeinanderfolge der Schaufelquerschnitte darauf zu achten, daß dieselbe eine möglichst gleichmäßige ist. Die gebräuchlichen Reaktionstrommelprofile sind für diesen ungünstigen $\frac{c_0}{u}$-Wert wenig geeignet. Es wurden deshalb hier Profile gewählt, welche Aktionsprofilen ähnlich sind, jedoch ein für diesen Fall passendes Verhältnis von Eintritts- zu Austrittsquerschnitt aufweisen. Auf eine eingehende Berechnung der Schaufellängen soll verzichtet werden; legte man auf eine solche besonderen Wert, so wäre es erforderlich, rechnerisch von Stufe zu Stufe vorzugehen oder die v^2-Methode anzuwenden, wie in Beispiel § 76 erörtert. Den Spaltverlust kann man angenähert ermitteln, indem man den ersten und letzten Spaltverlust berechnet (vgl. Tabelle 33).

Im einzelnen gehen wir hierbei vor, wie folgt:

Berechnung des Spaltverlustes für den ersten Leitkranz. Bei der Annahme des Wärmegefälles für denselben muß zu dem aus den R-Kurven sich ergebenden Stufengefälle ein Zuschlag gemacht werden, welcher die Zulaufgeschwindigkeit etwa auf die relative Austrittsgeschwindigkeit ergänzt. Laut Tabelle besitzt das mittlere $\frac{c_0}{u}$ einen Wert von 9,8. Wir wählen für den ersten Leitkranz, um keine zu kleinen Schaufellängen zu erhalten, einen etwas kleineren Wert, nämlich $\frac{c_0}{u} = 7{,}7$. Auf Grund ähnlicher Ausführungen schätzen wir nun die Schaufellänge zunächst auf 95 mm und erhalten für einen passend angenommenen mittleren Schaufelkreisdurchmesser von 1820 mm eine Umfangsgeschwindigkeit $u = 41$ m/sek. Entsprechend den unseren R-Kurven zugrunde gelegten Werten nehmen wir einen Schaufelkoeffizienten von $\varphi = 0{,}92$ an und erhalten somit

$$c_1 = 0{,}92 \cdot \frac{c_0}{u} \cdot u = 0{,}92 \cdot 7{,}7 \cdot 41 = 290 \text{ m/sek.}$$

Aus obigem Wert von $\frac{c_0}{u}$ finden wir unter Benutzung der R-Kurven, d. h. also unter der Annahme, daß hier die gleiche Einlaufgeschwindigkeit wie bei den späteren Stufen vorhanden wäre, und Umrechnung auf 41 m/sek Umfangsgeschwindigkeit ein halbes Stufengefälle von 4,3 WE. Hierzu haben wir nun das Gefälle zu addieren, welches zur Erzeugung der Einlaufgeschwindigkeit c_2 erforderlich ist, indem wir gleichzeitig berücksichtigen, daß der Austritt aus dem Curtisrad mit einer Geschwindigkeit von 115 m/sek erfolgt. Wir suchen aus dem Geschwindigkeitsdreieck, welches wir mit einem Wert von $c_1 = 290$ m/sek entwerfen, die Einlaufgeschwindigkeit in das erste Laufrad $c_2 = w_1$ und ermitteln dieselbe zu $c_2 = 252$ m/sek, welchem Wert ein Wärmegefälle von $\frac{A \cdot c_2^2}{2 \cdot g} = 7{,}6$ WE entspricht. Hiervon haben wir, wie bemerkt, die der Austrittsgeschwindigkeit aus dem Curtisrad entsprechende Energie von 1,58 WE abzusetzen und erhalten also einen Zuschlag zu obigen 4,3 WE von 6,0 WE, insgesamt also ein in dem ersten Leitkranz zuzusetzendes Wärmegefälle von 10,3 WE.

Wir sind nun in der Lage, unter Zuhilfenahme der Kontinuitätsgleichung den Schaufelquerschnitt zu bestimmen und zu prüfen, ob obige Annahme einer Schaufellänge von 95 mm zu Recht besteht.

Zu diesem Zwecke setzen wir das Gefälle von 10,3 WE im I-S-Diagramm vom Anfangszustand ab und schätzen den Wirkungsgrad auf Grund der R-Kurven zu 54% und erhalten in üblicher Weise den Endzustand hinter dem ersten Leitkranz. Wir finden einen Druck von 0,92 ata, eine spezifische Dampfmenge von 0,962 und damit ein spezifisches Volumen von 1,79 cbm/kg. Da die Dampfmenge 27 kg/sek beträgt, ergibt sich aus der Kontinuitätsgleichung ein Durchströmquerschnitt von 0,167 qm. Setzen wir probeweise einen Spaltquerschnitt ab, welcher unter obiger Annahme der Schaufellänge bei 3 mm Radialspiel zu 0,016 qm errechnet ist, so erhalten wir einen Schaufelquerschnitt von 0,151 qm. Die in Aussicht genommene Beschaufelung ergibt einen Wert b_2/t von 0,28. Unter Benutzung vorstehender Werte finden wir, daß die angenommene Schaufellänge von 95 mm tatsächlich zutreffend ist, mithin auch das Verhältnis des Spaltquerschnittes zum gesamten Querschnitt von 0,016 zu 0,167. Der Spaltverlust beträgt demnach 9,6%.

Berechnung des Spaltverlustes für den letzten Laufkranz. Wir haben oben bereits Annahmen über den Austrittsquerschnitt gemacht und eine Endschaufellänge von 245 mm bei einem mittleren Schaufelkreisdurchmesser von 1885 mm und einem Austrittswinkel $tg\beta = 60\%$ vorgesehen. Bei einem Wert von $b_2/t = 0{,}455$ ergibt sich ein Austrittsquerschnitt in den Schaufeln von 0,66 qm. Der Spaltquerschnitt errechnet sich aus dem äußeren Durchmesser von 2130 mm und einem Radialspiel von 3 mm zu 0,02 qm, so daß also der Gesamtquerschnitt 0,68 qm beträgt, wie oben bereits erwähnt. Hierdurch ist der Spaltverlust zu 2,94% gegeben.

Der Spaltverlust wird sodann als doppelter Mittelwert (vgl. § 28) desjenigen der ersten und letzten Reaktionstrommelstufe in die Leistungsberechnung eingesetzt. Der Stopfbuchsverlust ergibt sich zu 180 kg/Std. und dürfte daher zur Sperrung der vorderen Außenstopfbuchse ausreichen, so daß nach Abzug von 5% für schlechtes c_0/u, von 3% für Dampfnässe und des Austrittsverlustes sich ein indiziertes Wärmegefälle von 23,6 WE ergibt.

Die Leerlaufsverluste betragen:

Ventilationsverlust des *Rw*-Curtisrades	2 PS
Ventilationsverlust der *Vw*-Turbine	385 „
Traglager- und Drucklagerreibung zusammen etwa . . .	21 „
so daß der Gesamtleerlaufsverlust etwa	408 „

beträgt. Abzüglich dieser Verluste liefert die Rückwärtsturbine eine effektive Leistung von 7132 PS oder 44,5% der Vorwärtsleistung. Das verlangte Verhältnis von 40% wird also mit Sicherheit erreicht.

Das Rückwärts-Curtisrad wird, soweit es die baulichen Verhältnisse zulassen, voll beaufschlagt. Wir wählen bei einer Düsenzahl von 76 den engsten Querschnitt zu $14 \times 14{,}5$, den Austrittsquerschnitt zu 23×21 mm. Der Düsenwinkel beträgt $tg\alpha = 45\%$, der Schaufelwinkel von Laufkranz I bis III ebenfalls 45%, von Leitkranz III 55%, von Laufkranz IV 70%.

In üblicher Weise berechnet, ergeben sich bei der Fahrt mit Konstruktionsdampfmenge Schaufellängen von 30, 39, 51,7, 69,2, 94,7, 110 und 134 mm. Zum besseren Übergang auf die Trommelbeschauflung sollen Schaufellängen von 34, 40, 48, 58, 70, 84 und 100 gewählt werden. Die für die Trommelstufen vorgesehenen Schaufellängen und Winkel sind die folgenden:

Stufe	Austrittswinkel %	Schaufellänge	Radialspiel mm	Axialspiel
2 L_e	40	95	3	—
2 L_a	40	100	3	9
3 L_e	40	110	3	9
3 L_a	40	120	3	9
4 L_e	45	130	3	9
4 L_a	45	140	3	9
5 L_e	55	150	3	9
5 L_a	55	165	3	9,5
6 L_e	60	182	3	9,5
6 L_a	60	200	3	9,5
7 L_e	60	222	3	10
7 L_a	60	245	3	10

§ 78. **Berechnung der Turbinen für einen Frachtdampfer mit doppelter Räderübersetzung.** Die zum Betrieb dieses Schiffes erforderliche Leistung an der Propellerwelle sei 1700 WPS. Das Schiff erhält nur eine Welle, welche unter Benutzung doppelten Rädervorgeleges durch eine *HD*- und eine *ND*-Turbine angetrieben wird, so daß unter Berücksichtigung eines Getriebewirkungsgrades von 97% mit einer effektiven Leistung der Turbine von 1753 PS zu rechnen ist.

Der Dampfdruck in den Kesseln betrage 14,5 atü, die Dampftemperatur hinter dem Überhitzer 350° C, so daß vor der Turbine mit einem Druck von 14 ata und einer Dampftemperatur von 320° C zu rechnen ist. Da der Frachtdampfer im allgemeinen in der gemäßigten Zone fährt, sei mit einem Vakuum hinter der letzten Schaufelreihe von 95% gerechnet.

Um den Spaltverlust der Turbinen möglichst klein zu halten, wird man die Drehzahl der Turbinen möglichst hoch wählen. Damit gleichzeitig die Turbinen billig ausfallen, wird man aber besonders bei dieser verhältnismäßig kleinen Leistung danach trachten, ohne Radscheiben für die Reaktionsstufen auszukommen; um aber der Forderung möglichst hoher Ökonomie gerecht zu werden, soll der Austrittsverlust sich innerhalb der zulässigen Grenzen halten.

Da die Abmessungen der Turbinen nicht nur von der Beschaufelung, sondern in weitgehendem Maße auch von den notwendigen Querschnitten am Dampfeintritt, an der Stelle der Überströmung von der *HD*- zur *ND*-Turbine und am Dampfaustritt abhängig sind, ergibt sich, besonders wenn man berücksichtigt, daß bei hohen Turbinendrehzahlen auch das Zahnradvorgelege größer wird, je nach der Leistung eine bestimmte Höchstdrehzahl, über welche hinaus weder Gewicht noch Dampfverbrauch nennenswert sinken. Überlegungen dieser Art haben ergeben, daß für die *HD*-Turbine eine Drehzahl von 4275, für die *ND*-Turbine eine solche von 3250 pro Min. angemessen ist. Zur Erzielung möglichst geringer Zahnradbreiten soll die Leistung auf die *HD*- und *ND*-Turbine gleichmäßig verteilt werden.

Die Leistung bei Rückwärtsfahrt soll etwa 60% derjenigen bei Vorwärtsfahrt betragen. Da es sich um eine Einwellenanlage handelt, müssen nach den Klassifikationsvorschriften sowohl in die *HD*- wie in die *ND*-Turbine Stufen dieser Rückwärtsturbine eingebaut werden.

Bei den oben angegebenen Dampfzuständen beträgt für die Vorwärtsturbine das adiabatische Gefälle etwa 225 WE, der theoretische Dampfverbrauch somit 2,81 kg/PSe. Bei Anlagen dieser Größe mit verhältnismäßig günstigen Drehzahlen kann mit einem thermodynamischen Wirkungsgrad von etwa 70% gerechnet werden, so daß ein Dampfverbrauch an der Turbinenkupplung von 4,02 kg erwartet werden kann und insgesamt mit einer Dampfmenge von $1753 \cdot 4{,}02 =$ ca. 7000 kg/Std. zu rechnen ist.

A. Berechnung der Vorwärts-*HD*-Turbine. Die *HD*-Turbine soll ein zweikränziges Curtisrad mit anschließender Reaktionstrommel erhalten. Der Druck hinter dem Curtisrad wird zu etwa 4,7 ata angenommen. Druckausgleichkolben sollen nicht verwendet werden. Bei dieser Annahme ist maßgebend, daß die Drucklagerbelastung, der Spaltverlust der ersten Reaktionsstufen und die Ventilationsarbeit des Curtisrades gut gegeneinander abgewogen sind. Die Forderung gleicher Leistungsverteilung ergibt hinter der *HD*-Turbine einen Druck von 1,5 ata. Wählt man einen Trommeldurchmesser von 330 mm, so sind, um einen günstigen Wirkungsgrad zu erzielen, etwa 24 Stufen erforderlich. Diese Stufenzahl soll, um nicht zuviel Gefälle auf eine Gruppe zu vereinigen, in 6 Reaktionsgruppen unterteilt werden.

Für das Curtisrad von 680 mm Durchmesser verbleibt bei obiger Druckannahme ein adiabatisches Wärmegefälle von 61,7 WE, es beträgt somit die theoretische Dampfgeschwindigkeit 718 m/sek. Bei der Umfangsgeschwindigkeit von 152 m/sek wird c_0/u gleich 4,72, womit sich aus Kurvenblatt Abb. 22 der Wirkungsgrad zu 65% ergibt. Es beträgt also das indizierte Gefälle für das Curtisrad $0{,}65 \cdot 61{,}7 = 40{,}1$ WE. Unter Berücksichtigung eines Zuschlages von 2,4% als Verbesserung durch die Dampfüberhitzung errechnet sich somit für dieses Rad ein indiziertes Gefälle von 41,1 WE.

Bei der Annahme von 12 nicht erweiterten Düsen mit einem engsten Querschnitt von $12 \times 9{,}7$ (Düsenhöhe) $\times 9{,}6 = 1120$ qmm ergeben sich unter Verwendung der Normalprofile 25*B*45 für Laufkranz I, 25*B*55 für den Umkehrkranz und 25*B*90

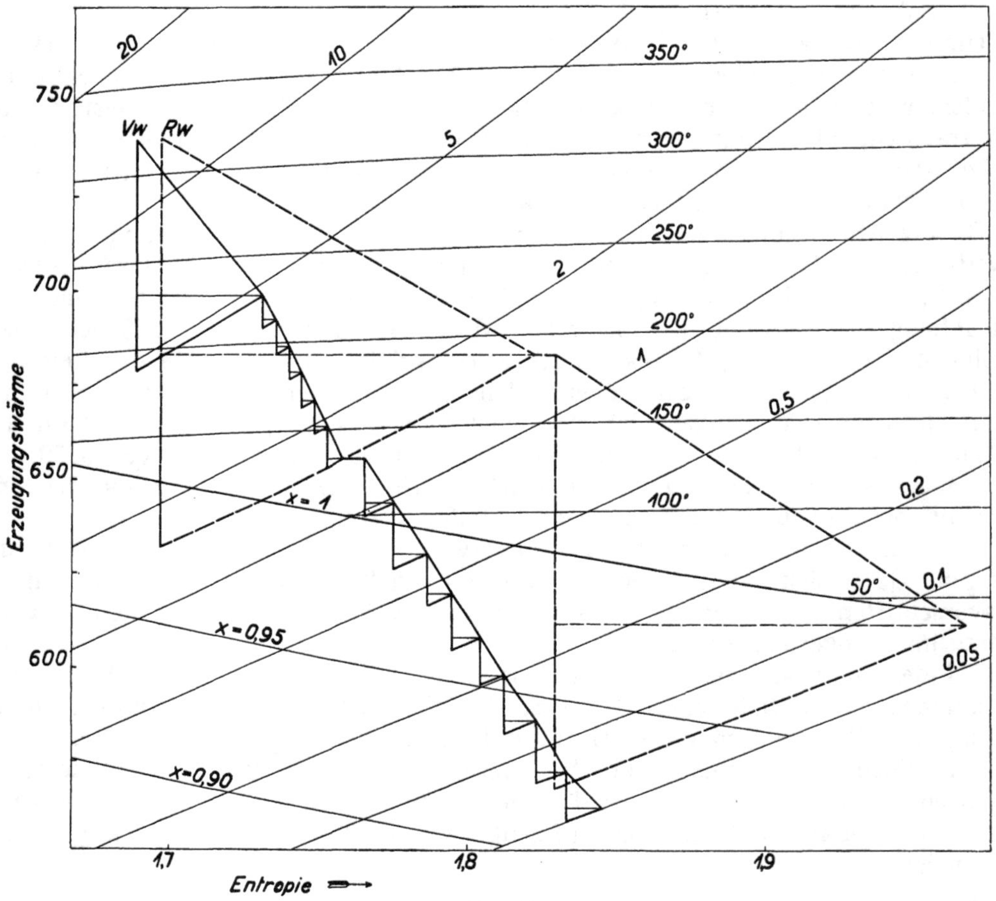

Abb. 105.

für Laufkranz II bei einer Beaufschlagungslänge von 462 mm Schaufellängen von 12,5 bzw. 18,5 bzw. 28 mm. Für Überlast werden außerdem noch drei gleiche Düsen vorgesehen.

Durch Auftragen des indizierten Wärmegefälles im *I-S*-Diagramm (Abb. 105) finden wir nun den Anfangspunkt für den Dampfzustand vor der *HD*-Trommel. Zur Beurteilung, ob der gewählte Trommeldurchmesser zutreffend ist, empfiehlt es sich, für diesen Turbinenteil zuerst eine kleine Überschlagsrechnung zu machen, indem man beispielsweise für die erste und letzte Schaufelreihe unter Annahme eines bestimmten c_0/u-Wertes Schaufellänge und Spaltverlust überschlägig bestimmt. Über die Wahl der c_0/u-Werte für Reaktionstrommeln für Handelsschiffe vgl. § 69.

Das für die Reaktionstrommeln zur Verfügung stehende Gefälle beträgt unter Berücksichtigung von 2% Gefällszunahme durch die Wiederverdampfung 56,1 WE und wird auf die einzelnen Gruppen der *HD*-Turbine so verteilt, daß sich für alle Gruppen etwa der gleiche c_0/u-Wert ergibt. Nunmehr kann die Berechnung des Wirkungsgrades und der Spaltverluste in gleicher Weise, wie dies bereits in früheren Beispielen beschrieben, vorgenommen werden. Die Zusammenstellung der erzielten indizierten Gefälle, der Drücke hinter den einzelnen Gruppen, sowie der Schaufellängen ist in der Tab. Nr. 34 enthalten.

Der Austrittsverlust aus der *HD*-Turbine ergibt sich zu etwa 0,225 WE, so daß insgesamt ein indiziertes Gefälle von 42,37 WE für die *HD*-Trommel verbleibt.

Von der im *C*-Rad arbeitenden Dampfmenge ist der Außenstopfbüchsenverlust der *HD*-Turbine in Abzug zu bringen, welcher sich bei einem Dichtungsdurchmesser von 200 mm bei 21 Labyrinthen und 0,3 mm Spiel zu etwa 143 kg/Std. ergibt. In Berücksichtigung der Verbesserung der Dampfströmung bei den sehr günstigen c_0/u-Werten erscheint (vgl. hierzu § 52) ein Zuschlag zur indizierten Leistung von 3% gerechtfertigt, die Strömungsverbesserung infolge der Verwendung von Heißdampf soll mit 1% bewertet werden (siehe hierzu § 47).

Die in bekannter Weise errechneten Verluste durch die Ventilationsarbeit des Vorwärts- und Rückwärts-Curtisrades, der Druck- und Traglagerreibung ergeben sich zu etwa 50 PS, so daß bei einer Dampfmenge von 7000 kg sich für die *HD*-Turbine an der Turbinenkupplung eine Leistung von 882 PS ergibt.

B. Berechnung der *ND*-Turbine. Nach Eintragung des indizierten Gefälles der *HD*-Turbine in das *I-S*-Diagramm ergibt sich, wenn außerdem noch berücksichtigt wird, daß ein Druckverlust von etwa $^1/_{10}$ at bei der Überströmung von der *HD*-Turbine zur *ND*-Turbine entsteht, vor der letzteren ein Druck von 1,4 at und eine Dampftemperatur von 134° C. Es ist zu untersuchen, welcher Trommeldurchmesser erforderlich ist, um den gewünschten Austrittsverlust zu erzielen. Wir wollen hierfür einen Wert von ca. 2,8 WE zulassen. Die spezifische Dampfmenge bei dem zur Verfügung stehenden Vakuum von 95% ergibt sich etwa zu $x = 0{,}918$, so daß für den Austritt ein spezifisches Volumen von 26,4 cbm/kg in Frage kommt. Nach Abzug von etwa 300 kg/Std. Stopfbuchsverlust beträgt die sekundliche Dampfmenge etwa 1,86 kg/sek.

Bei der Wahl eines mittleren Durchmessers von 700 mm ergibt sich eine für Trommelbauart noch zulässige mittlere Umfangsgeschwindigkeit von 119 m/sek. Der Austrittswinkel für die letzte Stufe sei üblicherweise $\operatorname{tg}\beta = 110\%$. Dem Austrittsverlust von 2,8 WE entspricht bei dem mittleren indizierten Turbinenwirkungsgrad von 75% eine tatsächliche Austrittsgeschwindigkeit von 177 m/sek. Aus dem Geschwindigkeitsdreieck ergibt sich dann w_2 zu 235 m/sek. Aus der Kontinuitätsgleichung kann nunmehr der Austrittsquerschnitt ermittelt werden. Er ergibt sich zu $F = \frac{G \cdot v}{w_2} = \frac{1{,}86 \cdot 26{,}4}{236} = 0{,}2$ qm. Bei dem angenommenen Durchmesser und einem b_2/t-Wert von 0,66 ergibt sich somit eine mittlere Schaufellänge von 145 mm. Das Verhältnis von Schaufellänge zu Durchmesser beläuft sich auf etwa 1:4,83, ist also durchaus passend. Der Trommeldurchmesser beträgt somit etwa 550 mm.

Die auf der nachstehenden Tabelle Nr. 34b durchgeführte Berechnung der Spaltverluste zeigt, daß dieser Trommeldurchmesser auch für die ersten Gruppen der *ND*-Turbine zulässig ist; es soll daher der Einfachheit halber eine glatte, nicht abgesetzte Trommel ausgeführt werden.

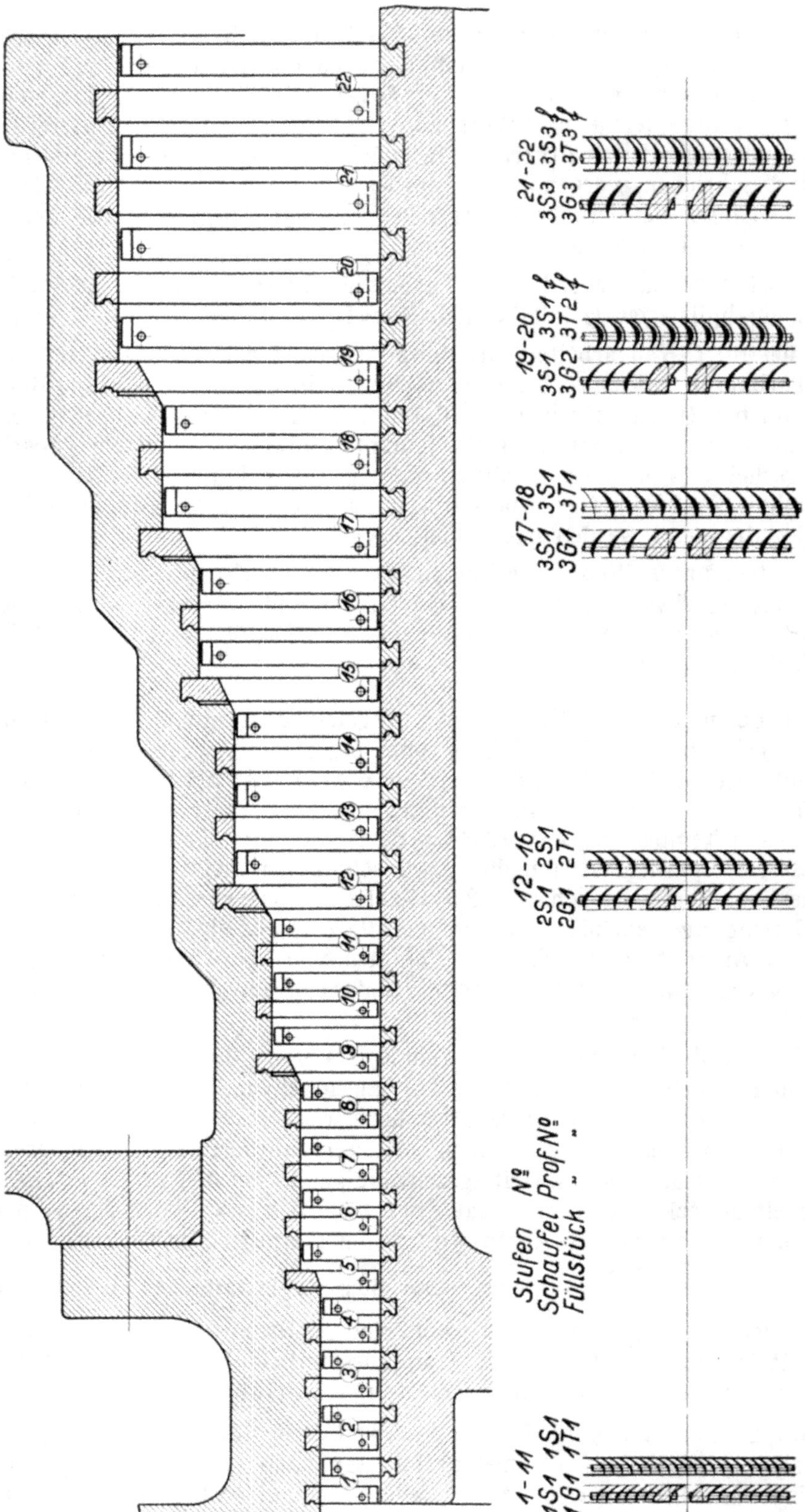
Stufen No
Schaufel Prof. No
Füllstück " "
1-11
1S1 1S1
1G1 1T1
12-16
2S1 2S1
2G1 2T1
17-18
3S1 3S1
3G1 3T1
19-20
3S1 3S1
3G2 3T2
21-22
3S3 3S3
3G3 3T3

Abb. 106.

Das für die *ND*-Turbine zur Verfügung stehende Wärmegefälle von 120,8 WE einschließlich 2,8% für Wiederverdampfung wird auf die gewählten 8 Gruppen derart verteilt, daß gegen das Ende der Trommel, um die Schaufellänge nicht zu groß zu erhalten, eine Zunahme der c_0/u-Werte eintritt. Für die ersten 6 Gruppen kann man mit dem normalen Winkel $\operatorname{tg} \beta = 45\%$ auskommen, während für die vorletzte Gruppe teils $\operatorname{tg} \beta = 45\%$, teils $\operatorname{tg} \beta = 60\%$ und für die letzte Gruppe $\operatorname{tg} \beta = 110\%$ gewählt wird. Der radiale Spalt wurde am vorderen Teil zu 0,95%, am hinteren Ende der Trommel zu etwa 1,15% des Durchmessers angenommen.

Die in der Tabelle durchgeführte eingehende Berechnung ergibt unter Verwendung der in § 18 dargestellten *R*-Kurven mit einem Schaufelkoeffizienten $\varphi = 0{,}92$ die dort angegebenen Wirkungsgrade und indizierten Gefälle. Nach Abzug der Spaltverluste ergeben sich dann die entsprechenden Gefälle am Radumfang insgesamt zu 92,48 WE; hiervon kommt noch der Austrittsverlust von 2,85 WE in Abzug.

Die Schaufellängen sind in den letzten drei Gruppen etwas größer ausgeführt, als die Berechnung ergibt. Dies ist erforderlich, weil hier von Gruppe zu Gruppe der Mittelwert von c_0/u stärker zunimmt. Es wird also die Austrittsgeschwindigkeit der vorhergehenden Gruppe kleiner sein als die mittlere Eintrittsgeschwindigkeit der nächsten. Da die *R*-Kurven gleiche Zulauf- und Ablaufgeschwindigkeit voraussetzen, müßte deshalb ein kleiner Teil des Gefälles zur Erzeugung dieser größeren Geschwindigkeit verwendet werden. Da wir es unterlassen, einen entsprechenden Abzug vom Gefälle zu machen, ergeben sich daher an diesen Stellen mit den *R*-Kurven etwas zu große Geschwindigkeiten und zu kleine Schaufellängen. Die in der *ND*-Turbine arbeitende Dampfmenge ergibt sich nach Abzug der Außenstopfbuchsverluste (für die *HD*-Turbine ca. 143 kg/Std., für die *ND*-Turbine ca. 37 kg/Std.) sowie des Verlustes durch die Zwischenstopfbuchse zwischen *HD*-Vorwärts- und *HD*-Rückwärtsturbine von etwa 113 kg/Std., also von insgesamt 293 kg/Std. zu 6707 kg/Std. Die indizierte Leistung der *ND*-Turbine, nach den *R*-Kurven errechnet, ergibt sich dann zu 982,5 PS und unter Abzug des Austrittsverlustes zu 952,5 PS. Rechnet man mit Rücksicht auf die günstigen c_0/u-Werte bei dieser Turbine noch mit einem Zuschlag von 1,5% sowie mit einem Abzug für die Dampffeuchtigkeit von 2%, so verbleibt eine Leistung von 948 PS. Abzüglich 50 PS für Lagerreibung und Ventilation der Rückwärtsturbine verbleibt für die *ND*-Turbine eine effektive Leistung von 898 PS.

Die Gesamtleistung für die *HD*- und *ND*-Turbine beträgt somit an der Turbinenkupplung 1780 PS, so daß abzüglich 3% Verlust für die Zahnradübersetzung an der Welle eine Leistung von 1727 PS verbleibt.

Der Dampfverbrauch beträgt also einschließlich Verlust im Getriebe 4,05 kg/WPS Std., ohne Getriebeverlust 3,93 kg/PS Std., so daß sich für die Turbinen allein ein thermodynamischer Wirkungsgrad von 71,5% ergibt.

Die Beschaufelung der *ND*-Vorwärtsturbine ist in Abb. 106 dargestellt.

C. Berechnung der Rückwärtsturbine. Die Drehzahl dieser Turbine ergibt sich erfahrungsgemäß zu etwa

$$n_R = n_V \sqrt[3]{\frac{N_R}{N_V}},$$

wobei

n_R = Rückwärtsdrehzahl,
n_V = Vorwärtsdrehzahl,
N_R = Rückwärtsleistung (60% der Vorwärtsleistung),
N_V = Vorwärtsleistung.

Berechnung der Getriebe-Turbinen

Kesseldruck = 15,5 ata,
Druck vor den Düsen = 14,0 ata,
Druck im Abdampfstutzen = 0,05 ata.
Dampfmenge für C-Rad = 7000 kg/Std.,

HD-

$Ne = 877$ PS,

Stufengruppe		—	C
Stufennummer		—	—
Stufenzahl	z	—	2 Kr.
Stufenart		—	C-Rad
Trommel-Durchmesser		mm	—
Mittlerer Schaufelkreis-Durchmesser		mm	680
Mittlere Umfangsgeschwindigkeit	u	m/sek	152
Gefälle pro Gruppe	h	WE	61,7
Gefälle pro Stufe	Δh	WE	—
Δh reduziert auf $u = 50$ m/sek		WE	$c_0 = 718$
Mittlerer Schaufelwinkel	tg a	%	—
c_0/u		—	4,73
Indizierter Wirkungsgrad der Stufe	η_i	%	65
Indizierter Wirkungsgrad der Gruppe	η_i	%	—
Indiziertes Gefälle $h_i = h\ \eta_i$	h_i	WE	40,1
h_i inklusive Zuschlag für Überhitzung		WE	41,1
Pro Gruppe h_i mit Spaltverlust	h_i'	WE	—
Enddruck der Stufe	p	ata	4,7
Endtemperatur der Stufe	t	°C	—
Spezifisches Volumen bei obigem Dampfzustand	v	cbm/kg	—
Austrittsgeschwindigkeit	c_1 bzw. w_2	m/sek	—
Querschnitt	F	qm	—
Querschnittskoeffizient	b_2/t	—	—
Theoretische Schaufellänge	l'	mm	—
„ Schaufellänge abzügl. Spaltverlust	l_0	mm	—
Ausgeführte Schaufellänge	l	mm	—
Spaltverlust: Mittlerer Spaltdurchmesser		mm	—
Spaltverlust: Radialspalt		mm	—
Spaltverlust: Spaltfläche	$F sp$	qm	—
Spaltverlust: Spaltverlust (Querschnitt)	Fsp/F	%	—
Spaltverlust: Spaltverlust (Leistung)	$2 \times F_{sp}/F$	%	—
Stopfbuchsenverlust	G_{sto}	kg/Std.	—
Nutzbare Dampfmenge	G_n	kg/Std.	7000
Leistung pro Gruppe	N_i	PS	455
Gesamtleistung der R-Gruppen	N_i	PS	
Austrittsverlust	N_o	PS	
Zuschlag für günstiges c_0/u	3 %	PS	
Zuschlag für Überhitzung	1 %	PS	
Gesamtleistung der R-Stufen		PS	
Gesamtleistung des C-Rades		PS	
Gesamtleistung der Turbine	N_i	PS	
Leerlaufleistung	N_r	PS	
Leistung an der Welle	N_e	PS	

für einen Frachtdampfer.

Temperatur am Überhitzer = 350° C.
Temperatur vor den Düsen = 320° C.
Adiabatisches Wärmegefälle = 225 WE.
Dampfmenge für Trommel = 6857 kg/Std.

Turbine.

$n = 4275$ pro Min.

I	II	III	IV	V	VI
1—4	5—8	9—12	13—16	17—20	21—24
4	4	4	4	4	4
		Reaktionsstufen			
330	=	=	=	=	330
354	358	362	366	371	378
79,2	80,2	81	81,9	83	84,5
8,4	8,7	9	9,3	9,7	10,1
1,9 2,3	1,95 2,4	2 2,5	2,05 2,6	2,1 2,75	2,15 2,09
0,76 0,92	0,76 0,935	0,76 0,955	0,765 0,97	0,762 1,0	0,753 1,02
45	45	45	45	45	45
1,22 1,34	1,22 1,36	1,22 1,37	1,22 1,39	1,22 1,42	1,21 1,44
82,5 82,3	82,5 82,2	82,5 82,2	82,5 82,2	82,5 82,1	82,5 82
82,4	82,35	82,35	82,35	82,3	82,25
6,92	7,17	7,42	7,66	7,99	8,32
—	—	—	—	—	—
6,35	6,65	6,93	7,22	7,53	7,91
4,59 3,96	3,88 3,32	3,29 2,81	2,77 2,32	2,28 1,90	1,86 1,50
227 213	210 197	194 184	180 167	164 152	148 134
0,51 0,56	0,575 0,64	0,66 0,74	0,755 0,865	0,88 1,03	1,05 1,25
88,8 97,6	90 100,5	91 102,2	92 105	93 108,5	94 112
0,0110	0,01224	0,0139	0,01575	0,0181	0,0214
0,38	0,38	0,38	0,38	0,38	0,38
25,9	28,6	32,1	36	40,9	47,2
24,9	27,6	31,1	35	39,8	46
25	28	31	35	40	46
356	358	362	366	371	378
0,4	0,4	0,4	0,4	0,45	0,45
0,00045	0,00045	0,000455	0,00046	0,000525	0,000535
4,09	3,68	3,27	2,92	2,9	2,5
8,18	7,36	6,54	5,84	5,8	5
143	=	=	=	=	143
6857	=	=	=	=	6857
68,8	72	75,2	78,2	81,6	85,6

461,4
— 2,5
13,8
4,6
477,3
455
932,3
50,3
882,0

Austrittsverlust

$w_2 = 112$ m/sek

$c_2 = 49,5$ m/sek

$$0,77 \cdot \frac{A c_2^2}{2\,g} = 0,225 \text{ WE}$$

$$\frac{7\,000 \cdot 0,225}{632} = 2,5 \text{ PS}_e$$

Tabelle Nr. 34b.
Druck vor der Trommel 1,4 ata,
$Ne = 877$ PS,

Stufengruppe		—	I
Stufennummer		—	1—4
Stufenzahl	z	—	4
Stufenart		—	—
Trommel-Durchmesser		mm	550
Mittlerer Schaufelkreis-Durchmesser		mm	582
Mittlere Umfangsgeschwindigkeit	u	m/sek	99
Gefälle pro Gruppe	h	WE	15,9
Gefälle pro Stufe	Δh	WE	2,9 5
Δh reduziert auf $u = 40$ m/sek		WE	0,74 1,28
Mittlerer Schaufelwinkel	$tg\ a$	%	45
c_0/u		—	1,21 1,64
Indizierter Wirkungsgrad der Stufe	η_i	%	82,5 81,3
Indizierter Wirkungsgrad der Gruppe	η_i	%	81,9
Pro Gruppe h_i mit Spaltverlust	η_i'	WE	11,85
Enddruck der Stufe	p	ata	1,34 0,97
Endtemperatur der Stufe bzw. Dampfnässe	t^0 bzw. x	—	129 106
Spezifisches Volumen bei obigem Dampfzustand	v	cbm/kg	1,37 1,84
Austrittsgeschwindigkeit	c_1 bzw. w_2	m/sek	111 149,5
Querschnitt	F	qm	0,023
Querschnittskoeffizient	b_2/t	—	0,38
Theoretische Schaufellänge	l'	mm	33,1
,, Schaufellänge abzügl. Spaltverlust	l^0	mm	31,8
Ausgeführte Schaufellänge		mm	32
Spaltverlust: Mittlerer Spaltdurchmesser		mm	582
Spaltverlust: Radialspalt		mm	0,55
Spaltverlust: Spaltfläche	F_{sp}	qm	0,001
Spaltverlust: Spaltverlust (Querschnitt)	F_{sp}/F	%	4,35
Spaltverlust: Spaltverlust (Leistung)		%	8,7
Stopfbuchsenverlust	G_{sto}	kg/Std.	393
Nutzbare Dampfmenge	G_n	kg/Std.	6707
Leistung pro Gruppe	N_i'	PS	126
Gesamtleistung der Gruppen	N_i'	PS	
Austrittsverlust	N_a	PS	
Zuschlag für günstiges c_0/u		PS	
Abzug für Dampfnässe		PS	
Gesamtleistung des *ND*-Teils	N_i	PS	
Leerlaufleistung	N_r	PS	
Leistung der *ND*-Turbine		PS	
Leistung der *HD*-Turbine		PS	
Leistung an der Kupplung	N_e	PS	
Abzug (3%) für Getriebe		PS	
Leistung an der Prop.-Welle		WPS	
Berechneter Dampfverbrauch	pro PS_e/Std.	kg	
Theoretischer Dampfverbrauch	pro PS_e/Std.	kg	
Thermodynamischer Wirkungsgrad		%	

***ND*-Turbine.**

Temperatur vor der Trommel 134° C.

$n = 3250$ pro Min.

II	III	IV	V	VI	VII	VIII
5—8	9—11	12—14	15—16	17—18	19—20	21—22
4	3	3	2	2	2	2
			Reaktionsstufen			
=	=	=	=	=	=	550
594	608	626	645	670	695	695
101,2	103,7	106,5	110	114,2	118,4	118,4
17,7	13,9	15,7	11,6	16	17	13
3,1 5,75	3,5 5,77	3,7 676	4,6 7	5,7 10,3	9 8	4,5 8,5
0,76 1,4	0,81 1,33	0,81 1,49	0,95 1,44	1,09 1,96	1,6 1,43	0,8 1,51
4,5	45	45	45	45	45 60	110
1,22 1,72	1,26 1,68	1,26 1,79	1,37 1,77	1,49 213	1,88 1,83	1,59 2,25
82,5 81	82,4 81,5	82,4 80,7	82,2 80,8	81,9 79,1	80,3 79	72 70,2
81,8	81,9	81,3	81,5	80,5	79,6	71,1
13,55	10,78	12,28	9,13	12,54	13,26	9,09
0,93 0,63	0,605 0,44	0,42 0,29	0,27 0,205	0,19 0,128	0,11 0,0765	0,072 0,05
103 0,992	0,99 0,98	0,978 0,966	0,964 0,955	0,953 0,941	0,937 0,926	0,925 0,918
1,87 2,63	2,73 3,64	3,79 5,35	5,7 7,35	7,8 11,15	13 17,7	18,7 26,4
113,5 160	120 160	123,5 175,5	139 179,5	156,5 223	205 199	173 245
0,0306	0,0422	0,057	0,0762	0,093	0,118 0,165	0,201 0,201
0,38	0,38	0,38	0,38	0,38	0,38 0,52	0,66
43,2	58,2	76,1	98,8	116	142 146	140
42,1	56,7	74,6	97,2	114,5	140 144,4	139,6
42	57	75	97	117	145	145
594	608	626	645	670	695	695
0,55	0,6	0,6	0,65	0,65	0,7	0,8
0,00103	0,00115	0,00118	0,00132	0,00137	0,00153	0,00175
3,37	2,73	2,07	1,73	1,47	1,3 0,92	0,80
6,74	5,46	4,14	3,46	2,94	2,22	1,72
=	=	=	=	=	=	393
=	=	=	=	=	=	6707
144	114,5	130	97	133,5	141	96,5
982,5						
— 30						
+ 14,5						
— 19						
948						
50						
898						
882						
1780						
53						
1727	Turbine ohne Getriebe					
4,05	3,93					
—	2,81					
—	71,5 %					

Austrittsverlust *ND*

$W_2 = 245$ m/sek

$c_2 = 187$ m/sek

$\eta = 75$

$AV = 2{,}85$ WE

$= 30$ PS

Wir erhalten in unserem Falle für die *HD*-Turbine eine Drehzahl von 3600, für die *ND*-Turbine eine solche von 2740 pro Min.

Mit Rücksicht auf die etwas enger bemessene Rückwärtsdampfleitung soll vor der *HD*-Turbine mit einem Druck von 13 ata bei 320° C gerechnet werden.

Die *HD*-Rückwärtsturbine wird als zweikränziges Curtisrad von etwa 720 mm mittlerem Schaufelkreisdurchmesser ausgeführt, während für die *ND*-Turbine 8 Reaktionsstufen bei einem Trommeldurchmesser von 550 mm vorgesehen sind.

Tabelle Nr. 34c. **Rückwärts-Turbinen.**

Druck vor den Düsen = 13, Temperatur vor den Düsen = 320° C.
Druck im Abdampfstutzen = 0,071 ata, Dampfmenge = 7000 kg/Std.
HD = 3600, *ND* = 2740 i. d. Min.

Art der Stufen	—	*C*		*R*		
Zahl der Kränze oder Stufen	—	2		8		
Umdrehung der Turbine	i. d. Min.	3600		2740		
Mittlerer Schaufelkreisdurchmesser	mm	720		600		
Trommeldurchmesser	,,	—		550		
Schaufellänge	,,	—		25—75		
Radialspalt	,,	—		0,7—0,8		
Umfangsgeschwindigkeit	m/sek	136		86		
Stopfbuchsendurchmesser	mm	—		ZwSto330	*HD Rw* 200	*ND Rw* 200
Radialspalt	,,	—		0,4	0,3	0,3
Zahl der Dichtungsstellen	—	—		21	21	21
Stopfbuchsenverlust	kg	—		—113	—40	—36 Σ 189 (2,72 %)
Anfangsdruck	ata	13		1,4		
Temperatur bzw. Dampfnässe	°C, %	320		188		
Gegendruck	ata	1,5		0,071		
Adiabatisches Wärmegefälle . . . . h	WE	109		114		
Zuschlag für Wiederverdampfung	%	—		6		
Gesamtgefälle . . . . h'	WE	—		121		
Mittleres Einzelgefälle . . . . $\Delta h'$	,,	—		15,1		
Reduziertes Gefälle (u=50 m/sek)	,,	—		5,1		
Mittl. Schaufelwinkel . . . . tg a	%	—		55	Austrittsquerschnitt	
Theoretische Dampfgeschwindigkeit c_0	m/sek	995		—		
c_0/μ	—	7,03		4,27	$F = 0{,}625\,\pi \cdot 0{,}075 \cdot 0{,}6 +$	
$\frac{c}{R}$ Kurven × . . . . η_i	%	53,5		68,2	$0{,}7\,\pi \cdot 0{,}0008 = 0{,}0904$ qm	
Indiziertes Gefälle . . . . h_i	WE	58,3		82,5		
h_i mit 10% Spaltverlust	,,	—		74,2	$p_2 = 0{,}071$ kg/qcm	
h_i mit 2,7% Stopfbuchs-Verlust	,,	—		72,1	$v_2 = 0{,}996 \cdot 20{,}7 = 20{,}6$ cbm/kg	
h_i mit 1,5% Sicherheit	,,	—		71,0	$w_s = 334 \cdot \sqrt{0{,}071 \cdot 20{,}6} = 403$ m/sek	
h_i mit 0,5% Zuschlag f. Überhitzung	,,	—		71,3	$w_k = 0{,}92 \cdot 403 = 372$ m/sek	
Austrittsverlust	,,	—		6,8	$c_2 = 314$ m/sek	
Ind. Gefälle einschl. A. V. . . . . h_i	,,	58,3		64,5		
h_i total	WE		122,8			
Stündliche Dampfmenge . . . . G	kg/Std.		7000			
Indizierte Leistung . . . . N_i	PS		1360			
Leerlauf . . . . N_L	,,		230			
Leistung an der Turbinenkupplung . N_e	,,		1130			
Wirkungsgrad der Übersetzung	%		0,95			
Leistung a. d. Wellen . . . . N_s	W PS		1073			
Berechneter Dampfverbrauch	kg/PS Std.		6,52			

Von einer eingehenderen Berechnung der Beschaufelung dieser *ND*-Turbine soll abgesehen werden, da mit Rücksicht auf die geringe Stufenzahl eine Berechnung mittels der *R*-Kurven keine befriedigenden Ergebnisse liefert. Eine überschlägige Berechnung ist in der Tab. Nr. 34 zusammengestellt.

Um geringe Austrittsschaufellängen zu erhalten, wird man darauf verzichten, in der Rückwärtsturbine das Vakuum von 0,05 ata vollständig auszunutzen. Der wirksame Gegendruck in der Beschaufelung ergibt sich dann, wie bereits im Beispiel § 77 gezeigt, aus der Berechnung der Schallgeschwindigkeit und der angenommenen Schaufellänge von 75 mm. Wir erhalten in unserem Falle einen Gegendruck von 0,071 ata. Bei der überschlägigen Berechnung wird als mittlerer Winkel tg β = 55% angenommen.

Der Spaltverlust ergibt sich bei den Radialspielen von 0,7 bis 0,8 mm aus Überschlagsberechnungen als Mittelwert für die erste und letzte Schaufelreihe zu etwa 10%.

Für die Reaktionstrommelstufen berechnet sich der Stopfbuchsverlust wie folgt: 113 kg strömen durch die *HD*-Zwischenstopfbuchse zum Kondensator ab. Durch die Außenstopfbuchsen der *HD*- bzw. *ND Rw*-Turbine treten 40 bzw. 36 kg in die allgemeine Stopfbuchsverbindungsleitung aus und genügen zur Sperrung der Außenstopfbuchsen der *Vw*-Turbinen, so daß ein Gesamtverlust von 2,7% entsteht.

Der Austrittsverlust beträgt bei einem mittleren Wirkungsgrad des *ND*-Teiles von 58% etwa 6,8 WE. Insgesamt ergibt sich, wie aus der obengenannten Tab. Nr. 34 zu ersehen, ein indiziertes Gefälle für die Rückwärtsturbine von 122,8 WE. Rechnet man in gleicher Weise wie bei der Vorwärtsturbine mit einer Dampfmenge von 7000 kg/Std., so ergibt sich eine indizierte Leistung von 1360 PS. Die Gesamtverluste für Lager- und Ventilationsreibung betragen etwa 230 PS, so daß an der Turbinenkupplung eine Leistung von 1130 PS verbleibt.

Rechnet man bei Rückwärtsfahrt mit einem Getriebewirkungsgrad von 95%, so ergibt sich an der Propellerwelle eine Leistung von 1073 WPS, entsprechend 62,5% derjenigen bei Vorwärtsfahrt mit gleicher Dampfmenge.

Auf eine ausführlichere Berechnung der Schaufellängen soll hier verzichtet werden. Es ergeben sich für das Curtisrad bei Verwendung von 12 Düsen mit einem engsten Querschnitt von 1180 qmm und einer Beaufschlagungslänge von 505 mm unter Verwendung der Normalprofile 25*B*45 für Laufkranz I, 25*B*45 für den Umkehrkranz und 25*B*55 für Laufkranz II eine Düsenhöhe von 14,2 mm und Schaufellängen von 21, 28 und 38 mm, für die Reaktionsstufen Schaufellängen von 25 bis 75 mm.

§ 79. **Über die Beschaufelung der Turbinen des Schnelldampfers „Imperator“.** Über die Turbinenanlage dieses Schiffes finden sich nähere Angaben in § 184, ferner sind auch Einzelheiten der Turbinen in verschiedenen §§ geschildert und abgebildet.

Wie aus der soeben erwähnten Beschreibung der Anlage in § 184 hervorgeht, strömt bei der normalen Leistung des Schiffes der Dampf in die *HD*-Turbine auf *BB*-Innenwelle ein, tritt dann in die *MD*-Turbine auf der *StB*-Innenwelle über und verteilt sich von da in die beiden *ND*-Turbinen, welche auf den beiden Außenwellen sitzen. Für die Rückwärtsfahrt sind zwei *HD*-Turbinen vorgesehen, welche auf den beiden Innenwellen sitzen; hinter jede derselben ist eine *ND*-Rückwärtsturbine geschaltet, welche auf den Außenwellen angeordnet sind.

Der Dampfdruck im Kessel beträgt 17 ata. Die lange Rohrleitung (die Länge vom vordersten Kessel bis zur *HD*-Turbine beträgt 90 m) sowie die große Anzahl von Krümmern und Ventilen, welche der Dampf zu passieren hat, verursachen einen nicht geringen Spannungsabfall, so daß vor den Düsen der *HD*-Turbine nur mit einer absoluten Dampfspannung von 14,5 at gerechnet werden kann. Das Vakuum konnte auf 94% gehalten werden.

HD-Vorwärtsturbine. Dieselbe besteht aus einer nach dem Reaktionsprinzip beschaufelten Trommel, welcher ein dreikränziges Curtisrad vorgeschaltet ist. Der mittlere Schaufelkreisdurchmesser desselben beträgt 3900 mm. Die Höhe der Eintrittsdüse des ca. 40% beaufschlagten Rades beträgt 40 mm, die Laufschaufellängen 54 bzw. 94 bzw. 145 mm, die Leitschaufellängen 73 bzw. 118 mm. Die

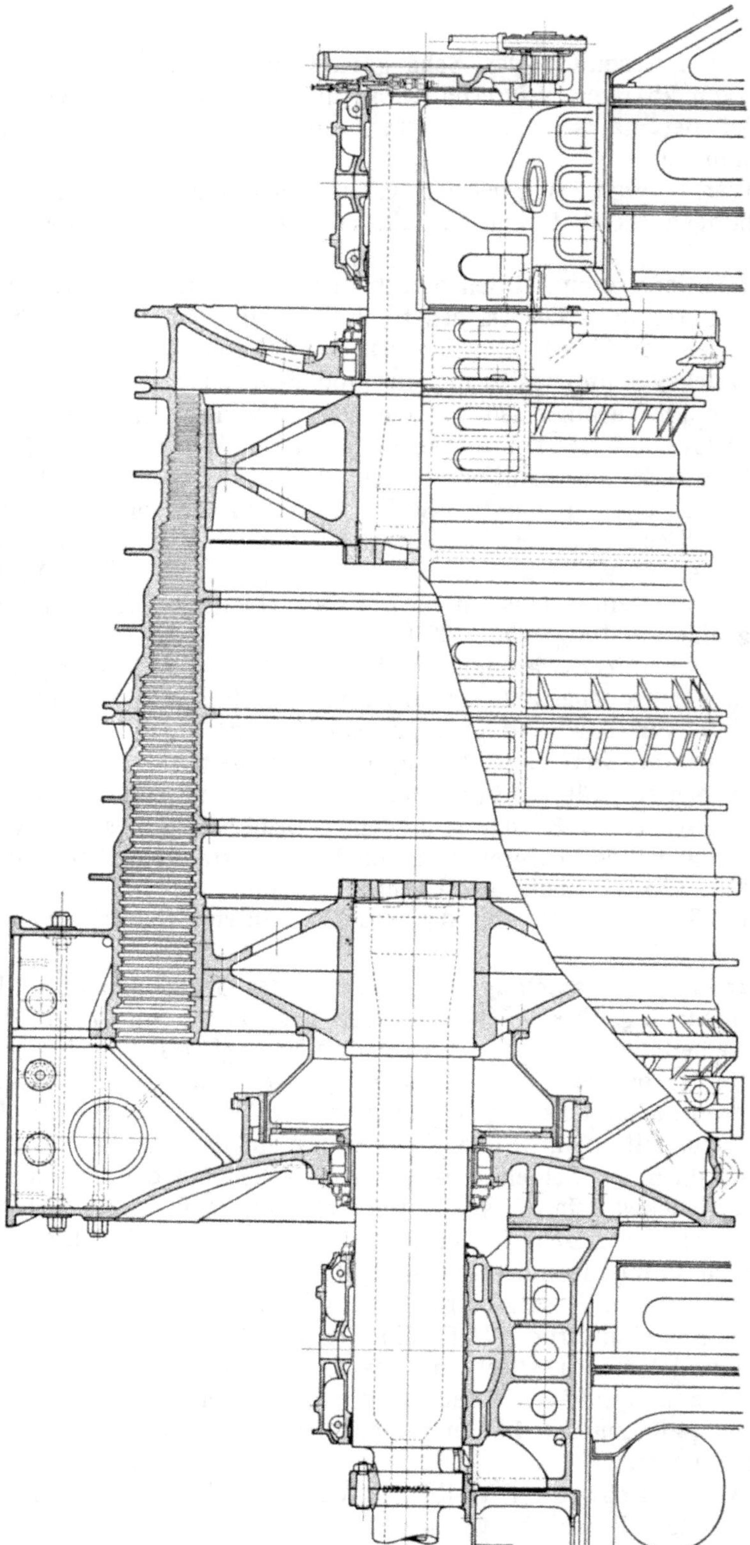

Abb. 107.

Schaufelbreite ist durchgehends 25 mm, die Tangente des Austrittswinkels von der Düse ab gerechnet 40 bzw. 45 bzw. 45 bzw. 50 bzw. 50 bzw. 60 bzw. 80%. Die Axialspalten sind auf 10 mm bemessen, die Radialspalten auf 3 mm.

Auf der Trommel sind vier Gruppen von Schaufeln untergebracht, deren jede 12 Stufen besitzt und deren Durchmesser aus der beigefügten Tabelle hervorgeht. Dieselbe gibt auch Aufschluß über Länge und Breite der Schaufeln, Tangente des Austrittswinkels sowie über die Axial- und Radialspalten.

Der Druck am Abdampfstutzen der Turbine beträgt 3,8 ata, die Konstruktionsleistung bei der angestrebten Normaldrehzahl von 185 pro Min. 15790 PSe. Der Durchmesser der Zudampfleitung beträgt 630 mm, der der Abdampfleitung 1100 mm.

MD-Turbine. Auch dieser Turbine ist ein Curtisrad vorgeschaltet, das bei 18,5% Beaufschlagung einen mittleren Schaufelkreisdurchmesser von 3197 mm besitzt. Der Grund der Vorschaltung dieses Rades, welches bei der Schaltung für die normale Vollkraftfahrt umgangen wird, war der, daß im Revier bzw. bei Fahrt unter Verhältnissen, welche ein häufigeres Manövrieren bedingen, eine Schaltung vorzuziehen war, bei welcher die beiden *BB*-Wellen von den beiden *StB*-Wellen unabhängig sind. Dies verlangt, daß auch die *MD*-Turbine mit Frischdampf beaufschlagt wird, so daß also der Antrieb der einen Schiffsseite durch die *HD*-Turbine und die *ND*-Turbine auf den *BB*-Wellen, der der anderen Schiffsseite durch die *MD*-Turbine und die *ND*-Turbine auf den *StB*-Wellen erfolgt. Um bei dieser Schaltung nicht einen allzu starken Drosselungsverlust (14,5 auf 1,9 at) zu erhalten, wurde der Trommel der *MD*-Turbine ein vierkränziges Curtisrad vorgeschaltet. Hierdurch wurde noch der weitere Vorteil erzielt, daß die Leistung auf beiden Schiffsseiten ungefähr die gleiche wird, da der erwähnte Drosselverlust durch das Curtisrad vermieden wird.

Im übrigen ist auch die *MD*-Turbine nach dem Reaktionsprinzip beschaufelt. Es sind 6 Gruppen mit insgesamt 50 Reaktionsstufen vorgesehen. Alles Nähere geht aus der beigefügten Tabelle hervor.

Bei normaler Fahrt beträgt der Anfangsdruck in der *MD*-Turbine 3,6 ata, wobei also ein Spannungsabfall von 0,2 at gegenüber dem Austritt an der *HD*-Turbine gerechnet ist, der Druck am Abdampfstutzen 1,25 ata. Die Konstruktionsleistung der *MD*-Turbine für die rechnungsmäßige Drehzahl von 185 pro Min. beträgt 14500 PSe. Der Durchmesser des Überströmrohres bemißt sich auf 1100 mm, der Durchmesser jedes der beiden zu den *ND*-Turbinen führenden Rohre auf 1100 mm.

ND-Vorwärtsturbinen. Die beiden *ND*-Vorwärtsturbinen sind reine Trommelturbinen mit Reaktionsstufen. Die Tabelle gibt über die Beschaufelung eingehend Aufschluß. Die Konstruktion ist aus Abb. 107 ersichtlich.

Unter Berücksichtigung eines Spannungsabfalls von 0,07 at beträgt der Eintrittsdruck in jede der *ND*-Turbinen 1,18 ata, der Gegendruck 0,06 ata und die Konstruktionsleistung bei der Drehzahl von 185 pro Min. für jede der beiden Turbinen 15250 PSe. Der Durchmesser des Einströmstutzens ist 1100 mm, während der Abdampfbogen jeder der Turbinen einen lichten Querschnitt von $2,3 \times 2,8$ m besitzt.

Der rechnungsmäßige Dampfverbrauch — welcher im übrigen auch auf See dauernd gehalten wurde — beträgt 5,35 kg für die WPS und Stunde und entspricht bei den angegebenen Druckgrenzen einem thermodynamischen Wirkungsgrade von 64%.

Die Rückwärtsturbinen sind für eine Leistung von 60% der Vorwärtsleistung bei gleicher Dampfmenge konstruiert. Um für Überlastung eine kleine Reserve zu schaffen, wurde bei der Festlegung der Beschaufelung mit einem Anfangsdruck vor den Düsen von 11 ata und einem Vakuum von 92,5% gerechnet.

Tabelle Nr. 35.

Beschaufelung der Turbinen des Schnelldampfers „Imperator".

Bezeichnung der Turbinen	Dampfzustand			Leistung u. Drehz.		φ bzw. l/b		Stufen			Düsen bzw. Schaufeln			Spalt	
	am Kessel	v. d. Düsen	im Abd.-stutzen	Konstruktion	Maximalwerte b. d. Meßfahrt	Zudampf-Leitung	Abdampf-Leitung	Gruppe Nr.	Zahl / Art	Mittl. φ	Länge	Breite	tg α	axial	radial
									1 C_3	3900	40	Düse	40%	—	—
								—	—	—	54	25	45	10,0	3,0
								—	—	—	73	25	45	10,0	3,0
								—	—	—	94	25	50	10,0	3,0
HD Vw	17,0	14,5	3,8	15790/185	19400/176	630	1100	—	—	—	118	25	60	10,0	3,0
								—	—	—	145	25	80	10,0	3,0
								1	12 R	3391	88	12,6	45	8,9	3,75
								2	12 R	3411	108	12,6	,,	9,4	,,
								3	12 R	3433	130	15,0	,,	10,0	,,
								4	12 R	3458	155	18,3	,,	10,2	,,
								—	1 C_4	3197	50	Düse	45%	—	—
								—	—	—	94	30	,,	10,0	3,0
								—	—	—	106	30	,,	,,	,,
								—	—	—	125	30	,,	,,	,,
								—	—	—	137	28	50	,,	,,
								—	—	—	155	28	,,	,,	,,
								—	—	—	167	28	60	,,	,,
MD Vw		3,6	1,25	14500/185	20400/178	1100	2×1100	—	—	—	185	28	80	,,	,,
								1	9 R	3284	180	15,0	45	11,0	3,75
								2	9 R	3309	205	18,3	,,	11,2	,,
								3	8 R	3339	235	,,	,,	11,7	,,
								4	8 R	3374	270	,,	,,	12,2	4,25
								5	8 R	3409	305	23,0	,,	12,8	,,
								6	8 R	3452	350	,,	,,	13,5	,,
								1	9 R	3834	180	15,0	45	10/12	4,25
								2	9 R	3884	230	18,3	,,	10,7/12,7	,,
								3	9 R	3944	290	18,3	,,	12,7/13,7	,,
								4	8 R	4009	355	23,0	,,	14/15	4,75
								5a	3 R	4074	420	26,3	,,	14,7/15,7	,,
2 ND Vw		1,18	0,06	2× 15250/185	2× 17700/177	1100	2300/2800	5b	5 R	,,	,,	28,6	60	14,9/15,9	,,
								6	7 R	4145	490	31,3	60	16,2	4,75
								7a	3 R	4215	560	31,3	60	17,2	5,25
								7b	5 R	,,	,,	36,2	110	16,8	,,
								7c	4 R	,,	,,	38,8	150	17,2	,,
								8	2 R	4255	600	46,1	150	17,4	,,
								—	1 C_4	3600	29	Düse	45	—	—
								—	—	—	40	25	45	10,0	3,75
								—	—	—	46	,,	50	,,	,,
								—	—	—	52	,,	,,	,,	,,
								—	—	—	67	,,	,,	,,	,,
								—	—	—	82	,,	60	,,	,,
2 HD Rw	17,0	11,0	1,8	2× 7610/140	—	350	1100	—	—	—	103	,,	,,	,,	,,
								—	—	—	125	,,	80	,,	,,
								1	9 A	2946	43	12,6	45/80	9,2	3,75
								2	9 A	3058	55	,,	45/80	9,7	,,
								3	8 A	3075	72	,,	45/80	10,2	,,
								4	8 A	3098	95	,,	45/80	10,7	,,
								5	7 R	3128	125	,,	45	11,4	,,
								1	9 R	3148	146	12,6	45	10,9/11,9	3,75
								2	8 R	3188	186	15,0	,,	11,5/12,5	,,
								3	7 R	3238	236	18,3	,,	12,7/12,7	,,
								4a	4 R	3304	301	,,	,,	13,7/13,7	4,25
2 ND Rw		1,6	0,075	10490/150	—	1100	1500/2800	4b	3 R	,,	,,	23	,,	14,0/14,0	,,
								5a	3 R	3384	381	26,3	,,	14,7/14,7	,,
								5b	4 R	,,	,,	28,6	60	15	,,
								5c	1 R	,,	,,	31,3	,,	,,	,,
								5d	1 R	,,	,,	36,2	110	,,	,,
								5e	1 R	,,	,,	38,8	150	,,	,,

Die Leistungsverteilung ergab sich rechnungsmäßig derart, daß jeder der *HD*-Turbinen auf den Innenwellen 7600 WPS bei 140 Umdrehungen pro Minute, jeder der *ND*-Turbinen 10500 WPS bei 150 Umdrehungen pro Min. zugewiesen wurden; die Absicht war, den Außenwellen größere Rückwärtsleistung zwecks erhöhter Manövrierfähigkeit zu geben.

Jede *HD*-Rückwärtsturbine enthält ein vierkränziges Curtisrad von 3600 mm Durchmesser, daran anschließend eine Trommelbeschaufelung von 5 Gruppen, von denen die ersten vier Aktionsbeschaufelung, die letzte Reaktionsbeschaufelung aufweist. Die *ND*-Rückwärtsturbinen bestehen lediglich aus einer Trommel mit 5 Schaufelgruppen. Dieselben waren ursprünglich nach dem Reaktionsprinzip ausgeführt, wurden aber später, um größere Festigkeit gegen Wasserschlag zu sichern, mit besonders kräftigen Aktionsprofilen ausgerüstet. Dies machte — vgl. § 26 — allerdings bei Vorwärtsfahrt, um eine unzulässige Erwärmung durch Ventilationsarbeit hintanzuhalten, die Kühlung mit Hilfsdampf erforderlich.

Über die Abmessungen der Beschaufelung beider Turbinen gibt Tabelle Nr. 35 Aufschluß. Die Abmessungen der Dampfrohre sind die folgenden: Zudampfleitung 630 mm Durchmesser, Überströmleitungen zu den *ND*-Turbinen 1100 mm Durchmesser, Abdampfstutzen 1500×2800 mm.

Tabelle Nr. 36.

Daten der Turbinen des Panzerschiffes „Wyoming".

Bezeichnung der Turbine	Gruppe Nr.	Stufen-Zahl und -Art	Mittlerer Schaufelkreis ϕ mm	Schaufel-länge mm	Radialspalt mm
HD-Vorwärts-Turbine	1	13 *R*	1909	29	1,0
	2	13 *R*	1921	41	1,1
	3	13 *R*	1937	57	1,3
	4	13 *R*	1962	82	1,4
	5	13 *R*	1994	114	1,5
	6	13 *R*	1994	114	1,5
ND-Vorwärts-Turbine	1	7 *R*	2699	133	1,5
	2	7 *R*	2749	184	1,8
	3	7 *R*	2825	260	2,0
	4	6 *R*	2908	343	2,5
	5	6 *R*	2908	343	2,5
	6	6 *R*	2908	343	2,5
HD-Rückwärts-Turbine	1	6 *R*	1902	22	1,0
	2	6 *R*	1915	35	1,1
	3	6 *R*	1931	51	1,3
	4	6 *R*	1956	76	1,4
ND-Rückwärts-Turbine	1	5 *R*	1994	114	1,5
	2	5 *R*	2039	159	1,8
	3	5 *R*	2039	159	1,8
	4	5 *R*	2039	159	1,8
HD-Marsch-Turbine	1	20 *R*	1873	19,05	0,9
	2	20 *R*	1878	24,0	1,0
	3	20 *R*	1884	29,9	1,1
MD-Marsch-Turbine	1	18 *R*	1863	34,3	1,0
	2	18 *R*	1872	42,9	1,1
	3	18 *R*	1883	54,0	1,3

§ 80. **Daten der Turbinenanlage des Panzerschiffes „Wyoming" der Vereinigten Staaten-Marine**[1]**).** Die Anordnung dieser Anlage mit den vorgeschalteten Marschturbinen ist bereits in § 57 durch eine schematische Skizze erläutert.

Die Konstruktionsleistung beträgt 28000 WPS, der Dampfdruck in den Kesseln 15,15 ata, die Drehzahl der Turbinen 330 p. Min.

Die Turbinen sind reine Reaktionsturbinen, welche nach Parsons System gebaut sind.

Die Anzahl der Stufen, deren Gruppeneinteilung, die Abmessungen der Schaufeln und deren Radialspiele gehen aus der beigefügten Tabelle hervor.

§ 81. **Aufbau und Beschaufelung der Turbinen des Dampfers „Otranto"**, erbaut von Vickers in Barrow für den London-Australien-Dienst der Orient-Steam Navigation Co. Ltd. (Vgl. The Marine Engineer and Motorship Builder vom Februar 1926.)

Die Leistung der Zweiwellenanlage beträgt insgesamt etwa 20000 WPS und die Propellerdrehzahl bei einer Schiffsgeschwindigkeit von 20 Sm./Std. etwa 95 Umdrehungen pro Minute. Besonders kennzeichnend an dieser Anlage ist die Aufteilung des Wärmegefälles in je eine *HD*-, *MD*- und *ND*-Turbine, welche mit 1370 Umdrehungen pro Minute über eine einfache Zahnradübersetzung ihre Leistung an die Propellerwelle abgeben.

Bei Verwendung von Naßdampf von 15,1 atü Kesseldruck wird in der *HD*-Turbine der Druck auf 2,81 atü, in der *MD*-Turbine auf 0,85 ata herabgearbeitet, während im Kondensator bei 30° C Kühlwassertemperatur ein Vakuum von 92,5% erzeugt wird.

Der Aufbau der Turbinen ist etwa der folgende:

In der Hochdruckturbine passiert der Dampf nach Durchlaufen eines zweikränzigen Curtisrades von 1660 mm Durchmesser 42 Reaktionsstufen, welche in Gruppen von 12, 10, 10 und 10 Stufen auf einem Trommeldurchmesser von 838 mm angeordnet sind. Die Schaufellängen betragen etwa 35 bzw. 44,5 bzw. 54 und 67 mm. Der Überlastdampf kann direkt vor die erste Gruppe der Reaktionsstufen geleitet werden. Hinter dieser Gruppe ist ein weiterer Anschluß für besonders große Überlast vorgesehen.

Der Ausgleichkolben hat den gleichen Durchmesser wie die Trommel, so daß nur der Schaufelschub von einem Segmentdrucklager aufgenommen werden muß.

Die Abdichtung des Dampfers an den Wellenaustritten erfolgt durch Labyrinthstopfbuchsen mit zwei nachgeschalteten Kohleringen.

Die Mitteldruck-Vorwärtsturbine zeigt 35 Reaktionsstufen auf einer Trommel von 914 mm Durchmesser. Die Schaufellängen in den 5 Gruppen von je 7 Stufen sind etwa 63,5 bzw. 86 bzw. 117,5 bzw. 159 und 181 mm.

Die kleine Zunahme der Schaufellänge in der letzten Gruppe deutet an, daß hier Profile mit größeren Schaufelaustrittswinkeln als in den vorhergehenden Stufen verwendet sind. Ein Ausgleichkolben ist in dieser Turbine nicht vorgesehen.

Die *ND*-Vorwärtsturbine enthält 12 Reaktionsstufen, deren Schaufeln auf Radscheiben sitzen, und zwar sind auf den beiden ersten Radscheiben je 3, auf den übrigen 3 Scheiben je 2 Schaufelreihen untergebracht. Der Außendurchmesser dieser Radscheiben beträgt 1520 mm, die Schaufellängen sind für Stufe 1—2 auf 101,5 mm, für Stufe 3—4 auf 124 mm, für Stufe 5—6 auf 152 mm, für Stufe 7, 8, 9 auf 168 bzw. 200 bzw. 238 mm bemessen, während die letzten 3 Stufen bei zunehmendem Austrittswinkel Schaufellängen von 280 mm aufweisen. Die Aufnahme des Trommel- und Schaufelschubes erfolgt wie in der *MD*-Turbine durch Segmentdrucklager.

---

[1]) Vgl. Journal of the American Society of Naval Engineers, August 1912.

Der Kondensator von etwa 1020 qm Kühlfläche ist unterhalb der *ND*-Turbine untergebracht.

Für den Rückwärtsgang ist ein dreikränziges Curtisrad von 1740 mm Durchmesser in der *MD*-Turbine untergebracht. Der *ND*-Teil ist in der *ND*-Vorwärtsturbine angeordnet. Derselbe enthält ein zweikränziges Curtisrad von 1656 mm Durchmesser und 10 Reaktionsstufen, welche auf 4 Radscheiben sitzen, von welchen die ersten beiden Räder je 3, die übrigen 2 Räder je 2 Stufen tragen. Der Außendurchmesser dieser Radscheiben beträgt 1220 mm. Die Schaufellänge der ersten beiden Stufen beträgt 63 mm, der nächsten beiden 90 mm, während die übrigen 6 Stufen bei zunehmendem Schaufelwinkel eine Schaufellänge von 127 mm aufweisen.

Als Leistung der Rückwärtsturbine wird etwa 70% von derjenigen der Vorwärtsturbinen angestrebt.

Bemerkenswert bei dieser Anlage ist die verhältnismäßig sehr große Stufenzahl.

Rechnet man das zweikränzige Curtisrad gleichwertig 4 Reaktionsstufen, so ergibt sich für die *HD*-Turbine eine Kennzahl (vgl. § 52) $\frac{\Sigma u^2 \cdot z}{H_{tot}}$ von 3710, während dieser Wert für die *MD*-Turbine 3420 und für die *ND*-Turbine 2360 beträgt.

Angaben über den Dampfverbrauch sind nicht vorhanden, auf Grund der reichlichen Bemessung der Turbinen dürfte trotz des geringen Vakuums von 92,5%, für welches die Turbine berechnet ist, ein Dampfverbrauch von 5 kg/PS, ausschließlich Verlust im Getriebe, entsprechend einem thermodynamischen Wirkungsgrad von 70% erwartet werden.

§ 82. **Daten der Turbinen der schwedischen Torpedoboote „Wachtmeister“ und „Wrangel“.** Als Beispiel der Beschaufelung einer mit Übersetzungsgetriebe arbeitenden Aktionsturbine soll im nachstehenden die von der Firma „De Laval“ Dampfturbinengesellschaft in Stockholm gebaute Anlage für die schwedischen Torpedoboote „Wachtmeister“ und „Wrangel“ beschrieben werden.

Die in „Engineering“ vom 10. Oktober 1919 veröffentlichten Turbinen sind bei einer Drehzahl von 3600 Umdrehungen pro Minute für eine Leistung von 5500 WPS konstruiert. Durch eine einfache Zahnradübersetzung wird die Drehzahl auf 450 Umdrehungen an der Propellerwelle reduziert.

Unter der Annahme eines Dampfdruckes vor den Düsen von 15 ata, 3% Nässe und 92% Vakuum ergibt eine Nachrechnung Übereinstimmung mit dem gemessenen Frischdampfverbrauch von 5,13 kg pro WPS und Stunde bei Vollast, wobei angenommen ist, daß außerdem ein Quantum von ca. 4000 kg Hilfsmaschinenabdampf in die Turbine eingeführt wird; bei der Marschfahrt mit 500 WPS werden Marschstufen eingeschaltet, und es beträgt dann der Verbrauch an Frischdampf ohne Anrechnung der gleichzeitig eingeführten etwa 4700 kg/Std. Hilfsmaschinenabdampf 6,67 kg pro WPS Std.

Die in die *ND*-Turbine eingebaute Rückwärtsturbine ist für 40% der Vorwärtsleistung dimensioniert.

Der Aufbau der Turbinen ist der folgende (vgl. hierzu Abb. 128 bis 130).

Die *HD*-Turbine enthält ein zweikränziges Curtisrad und ein Aktionsrad von 850 mm mittlerem Schaufelkreisdurchmesser, welche nur bei Marschfahrt vom Dampf durchströmt werden. Hinter diesen Stufen folgen 4 Aktionsräder von 950 mm Durchmesser. In der *ND*-Turbine wird das Wärmegefälle in 4 Aktionsrädern von 950 mm verarbeitet. Die Rückwärtsturbine enthält nur ein zweikränziges Curtisrad von 850 mm und ein einkränziges Rad von 840 mm Durchmesser. Die lediglich für die Marschfahrt eingebauten beiden Räder arbeiten bei Hauptfahrt in Dampf von der hinter dem dritten Rad vorhandenen Spannung von ca. 7 ata, wodurch allerdings ein recht erheblicher Ventilationsverlust entsteht. Bemerkenswert ist noch, daß dieses dritte Rad bei Marschfahrt durch besondere im unteren Teil des Gehäuses befindliche Düsen beaufschlagt wird.

Das Curtisrad für die Marschfahrt hat bei einer Profilbreite von 20 mm Schaufellängen von etwa 23 bis 52 mm. Die Schaufellängen der folgenden Aktionsräder der *HD*-Turbine nehmen von 24 bis 50 mm zu, die Profilbreite beträgt etwa 14 mm.

In der *ND*-Turbine finden wir Schaufellängen von 105 bis 210 mm bei Profilbreiten von 15 bis 30 mm. Die Schaufellängen der Rückwärtsturbine variieren von 40 bis 80 mm bei 20 mm Profilbreite im Curtisrad, während das Aktionsrad eine Schaufellänge von 160 mm aufweist.

Die Kennzahl $\frac{\Sigma u^2 \cdot z}{H_{tot}}$ (vgl. § 52) ergibt sich — wie bei einem Torpedoboot von relativ so geringer Leistung und bei Betrieb mit Naßdampf kaum anders zu erwarten — zu 1370. Der thermodynamische Wirkungsgrad ohne Einführung von Hilfsdampf ist bei den oben gemachten Annahmen über die Dampfzustände etwa 64%.

§ 83. **Hochdruckturbinenanlage des Passagierschiffes „King Georg V.“,** erbaut von der Parsons Marine Turbine Company für die Turbine Steamers Ltd. im Jahre 1926 (vgl. Engineering vom 10. Sept. 1926, S. 321).

Über diese Anlage, welche erst nach Abschluß des Manuskriptes für dieses Buch zur Erprobung gelangt ist, sind in Anhang Nr. XVI einige Angaben zu finden.

Zweiter Teil.

Die Konstruktion der Turbinen.

Abschnitt I.

Beschreibung ausgeführter Turbinen.

§ 84. **Beschreibung ausgeführter Turbinen.** Im nachstehenden sind einige Ausführungen typischer Schiffsturbinen an Hand von Schnittzeichnungen erörtert.

1. Niederdruckturbine des Schnelldampfers „Aquitania"[1]). Abb. 108. (Gebaut von John Brown & Co. Ltd., Sheffield and Clydebank für die Cunard-Linie im Jahre 1913).

Leistung der Turbine: 15000 PSe.
Umdrehungszahl: 155 pro Min.

Diese Turbine ist eine reine Parsons-Turbine und zeigt als solche auch die charakteristische Bauart, welche lange Zeit hindurch bei großen Parsons-Turbinen für direkten Antrieb üblich war.

Der Rotor besteht aus der Vorwärtstrommel *A* und der Rückwärtstrommel *B*, welche durch einen Ring miteinander verbunden sind. Die wenig steife Vorwärtstrommel hat zur Verstärkung ungefähr in der Mitte einen Ring von I-förmigem Querschnitt. In die Trommeln sind an beiden Enden Armscheiben üblicher Ausführung eingesetzt, in welchen die Wellenstummel befestigt sind. Die Trommeln sind auf die Armscheiben aufgeschrumpft und außerdem durch Schrauben und Niete mit denselben verbunden. Die Traglager sind für Wasserkühlung eingerichtet und zeigen die bei Parsons üblichen großen Längen sowie die mehrfachen Unterlagen (bei *K*), welche ein genaues Einstellen des Lagers ermöglichen sollen. Der Schub wird von dem bekannten Parsons-Drucklager *G* aufgenommen. Es besteht aus einer sehr großen Anzahl von Ringen ziemlich kleinen Durchmessers, deren untere Hälfte den Schub bei Vorwärtsfahrt und deren obere den Rückwärtsschub aufnimmt. Bei *H* ist ein kleines Hilfslager mit dem Antrieb des Sicherheitsreglers zu sehen, bei *J* auf dem Kupplungsflansch, welcher zum Ankuppeln an die Laufwelle dient, das Schneckenrad für die Drehvorrichtung.

Der Dampfeintritt erfolgt bei *C*, der Austritt bei *D*. Der Abdampfstutzen bei *D* ist gemeinsam für Vorwärts- und Rückwärtsturbine.

Auffallend ist der außerordentlich kleine Zwischenraum, welcher zwischen den letzten Schaufeln der Vorwärts- und Rückwärtsturbine vorhanden ist. Derselbe scheint nur dadurch gerechtfertigt, daß die letzten Schaufeln der Rückwärtsturbine abnormal kurz sind und die Ausnützung des Vakuums ohnedies nicht gestatten. Es ist anzu-

[1]) Vgl. Engineering 8. Mai 1914, S. 619 u. f.

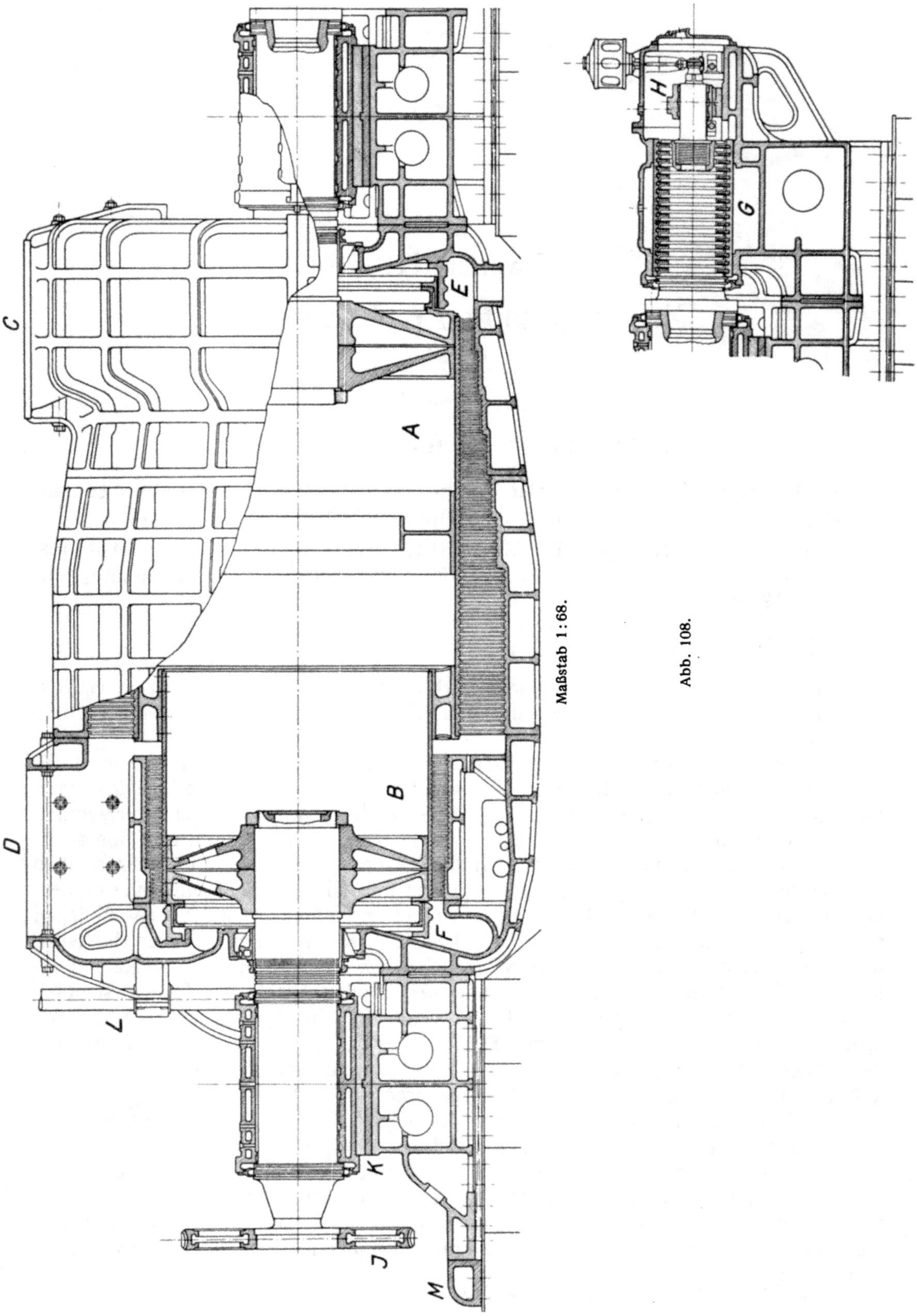

Maßstab 1:68.

Abb. 108.

nehmen, daß die kurzen Endschaufeln ausgeführt wurden, um eine besonders widerstandsfähige Beschaufelung zu erhalten. Bei E und F sind die Ausgleichkolben angeordnet, welche in üblicher Weise mit Labyrinthdichtungen versehen sind.

Bemerkenswert ist die Gehäusekonstruktion, welche von englischen Firmen verschiedentlich angewandt wurde. Das ganze Gehäuse ist mit Längs- und Umfangsrippen in ziemlich regelmäßigen Abständen versehen; hierdurch wird eine wirksame Versteifung des Gehäuses erzielt, um so mehr, als die Rippen auch noch außen Wulste aufweisen. Es scheint jedoch, daß diese Konstruktion sich nicht bewährte, indem viele Rippen nach kurzer Betriebszeit von außen nach innen gehende Risse zeigten.

Bei L ist eine Führungssäule für die Hebevorrichtung zu sehen und bei M ein Querbalken, gegen welchen sich die Turbine mit dem hinteren Traglagerbalken stützt. Es ist so eine freie Ausdehnung des Gehäuses nach vorn und des Rotors nach hinten möglich, was allerdings bei Bemessung der Axialschaufelspiele beachtet werden mußte.

2. Abdampfturbine des Passagierdampfers „Cap Trafalgar", gebaut von den Vulcan-Werken Hamburg und Stettin, A.-G., für die Hamburg-Südamerik. Dampfschiffahrt-Ges. im Jahre 1912/13. Abb. 109.

Leistung der Turbine: 550 PS.
Umdrehungszahl: $N = 210$ pro Min.
Abbildung und Beschreibung der Gesamtanlage vgl. § 185.

Die Turbine ist eine reine Trommelturbine und mit der Mittelwelle direkt gekuppelt. Der Dampf tritt mit ungefähr atmosphärischer Spannung bei A ein, durchströmt die mit Reaktionsbeschaufelung versehene Trommel und verläßt die Turbine bei B.

Der Trommeldurchmesser beträgt 2700 mm. Die Trommel ist glatt und besteht aus zwei Teilen, welche in der Mitte bei E verschraubt sind. An den beiden Enden ist die Trommel auf die Doppel-Armscheibe C bzw. D aufgeschrumpft, welche außerdem durch die Bolzen F und G mit der Trommel vernietet sind. Die vorderste Stützscheibe C ist vollwandig und nimmt den Dampfschub der Trommel auf, welcher dem Propellerschub ziemlich gleich und entgegengesetzt gerichtet ist, so daß keine starke Drucklagerbelastung auftritt. Die Scheiben, welche die Trommel tragen, sind auf Wellenstummeln aufgeschrumpft und zur Sicherheit mit Muttern festgehalten. Diese Wellenstücke sind hohl und durch die Verschlußpfropfen H gegen das Vakuum in der Trommel abgeschlossen.

Die Stopfbuchsen J sind als Labyrinth-Stopfbuchsen ausgebildet, nur außen befindet sich ein Kohlering. Die Traglager sind mit Kugelbewegung, Wasserkühlung und Preßschmierung ausgerüstet. Bei K ist ein Brandring aus Bronze zu sehen, welcher den Rotor ev. beim Auslaufen der Lager stützen soll. Das Drucklager bei L ist wegen des geringen Schubes verhältnismäßig klein und besteht aus zwei Ringen. Am vorderen Ende der Turbine sitzt die Drehvorrichtung N mit eingebautem Schnellschlußregler. Die Entwässerung der Turbine erfolgt an der Abdampfseite bei M, an der Zudampfseite an der tiefsten Stelle des vorderen Gehäusedeckels.

3. Torpedoboots-Turbine für direkten Antrieb. Abb. 110. (Torpedoboote V 43/48 für die deutsche Marine, erbaut von den Vulcan-Werken, Hamburg und Stettin, A.-G., im Jahre 1913/15; vgl. Tab. Nr. 2).

Das Torpedoboot ist mit zwei solchen Turbinen ausgerüstet, deren jede eine Welle antreibt. Die Leistung jeder Turbine beträgt 12000 WPS bei einer Umdrehungszahl von 600 pro Min.

Abb. 110 zeigt den Längsschnitt durch die Turbine; sie stellt einen Typ dar, welcher für Einzelwellenantrieb von Torpedobooten bis in die letzte Zeit vor Einführung der Getriebeturbinen vielfach ausgeführt worden ist.

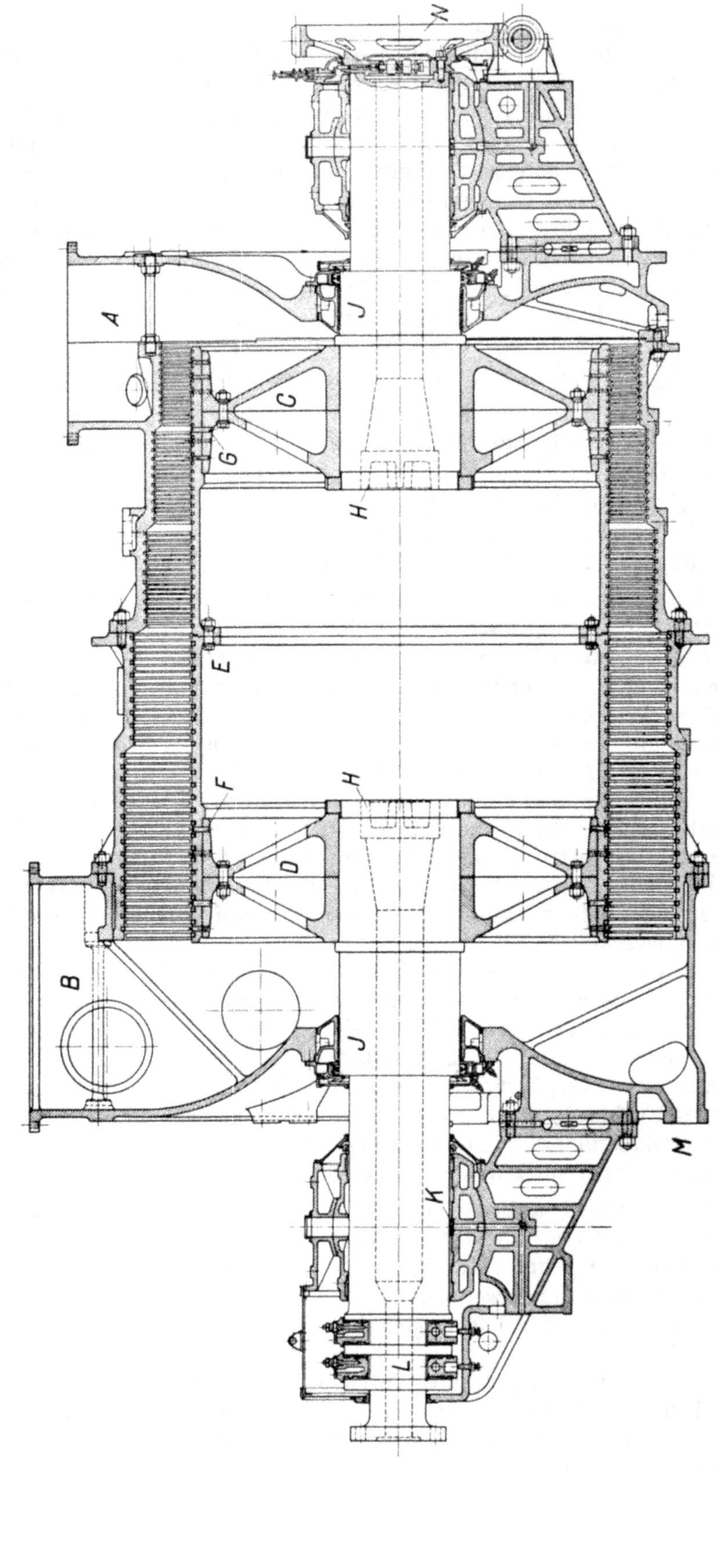

Maßstab 1 : 44.

Abb. 109.

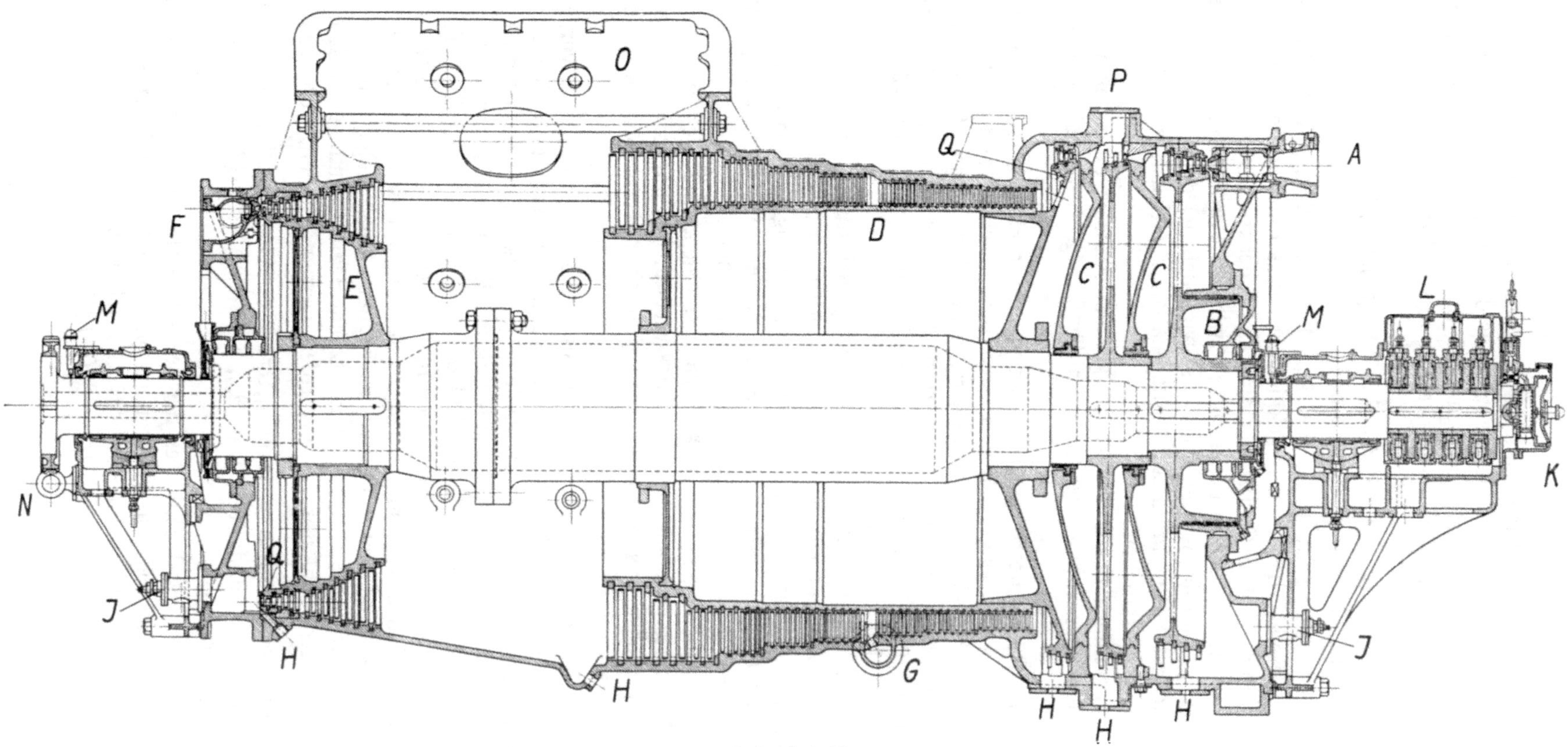

Maßstab 1 : 28.

Abb. 110.

Vorwärts- und Rückwärtsturbinen sind im gleichen Gehäuse untergebracht. Die Vorwärtsturbine besteht aus einem vierkränzigen und zwei dreikränzigen Geschwindigkeitsrädern und einer Reaktionstrommel mit 42 Stufen. Die Rückwärtsturbine ist aus einem vierkränzigen Curtisrad und einer mit sechs Stufen versehenen Reaktionstrommel aufgebaut.

Der Dampfeintritt in die Vorwärtsturbine erfolgt bei *A*, in die Rückwärtsturbine bei *F*; der Abdampfbogen schließt bei *O* an.

In der Vorwärtsturbine fallen die zwischen den Curtisrädern angeordneten Zwischenböden auf. Dieselben haben einen geknickten Querschnitt, um die Durchbiegung möglichst zu verringern. Die Curtisräder sind mit Löchern versehen, teils der Erleichterung wegen, teils um den Druckausgleich zwischen Vorder- und Hinterseite des Rades zu befördern. Sowohl bei der Vorwärts- wie auch bei der Rückwärtstrommel sind (mit *Q* bezeichnete) Ringnuten zur Aufnahme von Ausgleichmassen für das Auswuchten des Rotors vorgesehen.

Die Vorwärtstrommel ist aus S.-M.-Stahl gewalzt und sehr dünn gehalten, da die Materialbeanspruchungen infolge der geringen Umfangsgeschwindigkeiten nur klein sind.

Vorwärts- und Rückwärtstrommel werden von einer Hohlwelle, welche aus zwei Teilen geschmiedet ist, getragen, und zwar sitzt die Vorwärtstrommel einerseits auf dem letzten Curtisrade, anderseits auf einer Stützscheibe, während die Rückwärtstrommel aus einem Stück mit der Nabe verfertigt und ebenfalls durch eine Scheibe abgesteift ist. Die Stützscheiben geben in axialer Richtung leicht der Wärmedehnung der Trommel (gegenüber der Welle) nach.

Der Ausgleichkolben *B* dient dazu, die Drucklagerbelastung in zulässigen Grenzen zu halten. Seine Abdichtung erfolgt durch Labyrinth-Dichtungen.

Zur Aufnahme des Restschubes dient ein Ringdrucklager mit drei Druckringen, davor befindet sich der Schnellschlußregler *K* mit eingebautem Umdrehungsanzeiger.

Als Stopfbuchsen sind Kohlenstopfbuchsen verwendet.

Um schädliche Überdrücke im Gehäuse zu vermeiden, sind Sicherheitsventile *J* sowohl an der Vorwärts- wie auch an der Rückwärtsturbine angebracht. Die Drehvorrichtung der Turbine sitzt auf dem Kupplungsflansch, mit welchem die Turbine an die Laufwelle angekuppelt wird.

Vorn und hinten in der Nähe der Traglager sind Meßvorrichtungen *M* vorgesehen, welche es ermöglichen, die Wellenlage jederzeit zu kontrollieren und eine ev. eingetretene Abnutzung des Lagers sofort festzustellen. Bei *P* ist ein Schauloch angebracht, durch welches eine Kontrolle der Beschaufelung möglich ist. Für eine sichere Entwässerung der Turbine ist durch die Anschlüsse bei *H* gesorgt. Bei *G* ist eine Verbindung mit der Hilfsmaschinen-Abdampfleitung vorgesehen. Der vordere und der hintere Lagerbalken sind aus Stahlguß hergestellt und mit dem Gehäuse einerseits fest verbunden, anderseits aber in allen Richtungen unabhängig von den Ausdehnungen des Gehäuses (vgl. § 179), so daß zusätzliche Beanspruchungen, welche durch die Wärmedehnung des Gehäuses hervorgerufen werden können, vermieden sind.

4. Turbinen des Linienschiffes „Großer Kurfürst" (erbaut von den Vulcan-Werken, Hamburg und Stettin, A.-G., im Jahre 1911/13; vgl. Tab. Nr. 2) für die K. Deutsche Marine.

Nach den damaligen Gepflogenheiten der deutschen Marine besteht diese Linienschiffs-Turbinenanlage aus drei ganz gleichen Turbinensätzen, deren jeder eine der drei Wellen antreibt. Jeder Satz besteht aus einer Hochdruck- und einer Niederdruckturbine Die Gesamtleistung der drei Wellen beträgt 33000 WPS.

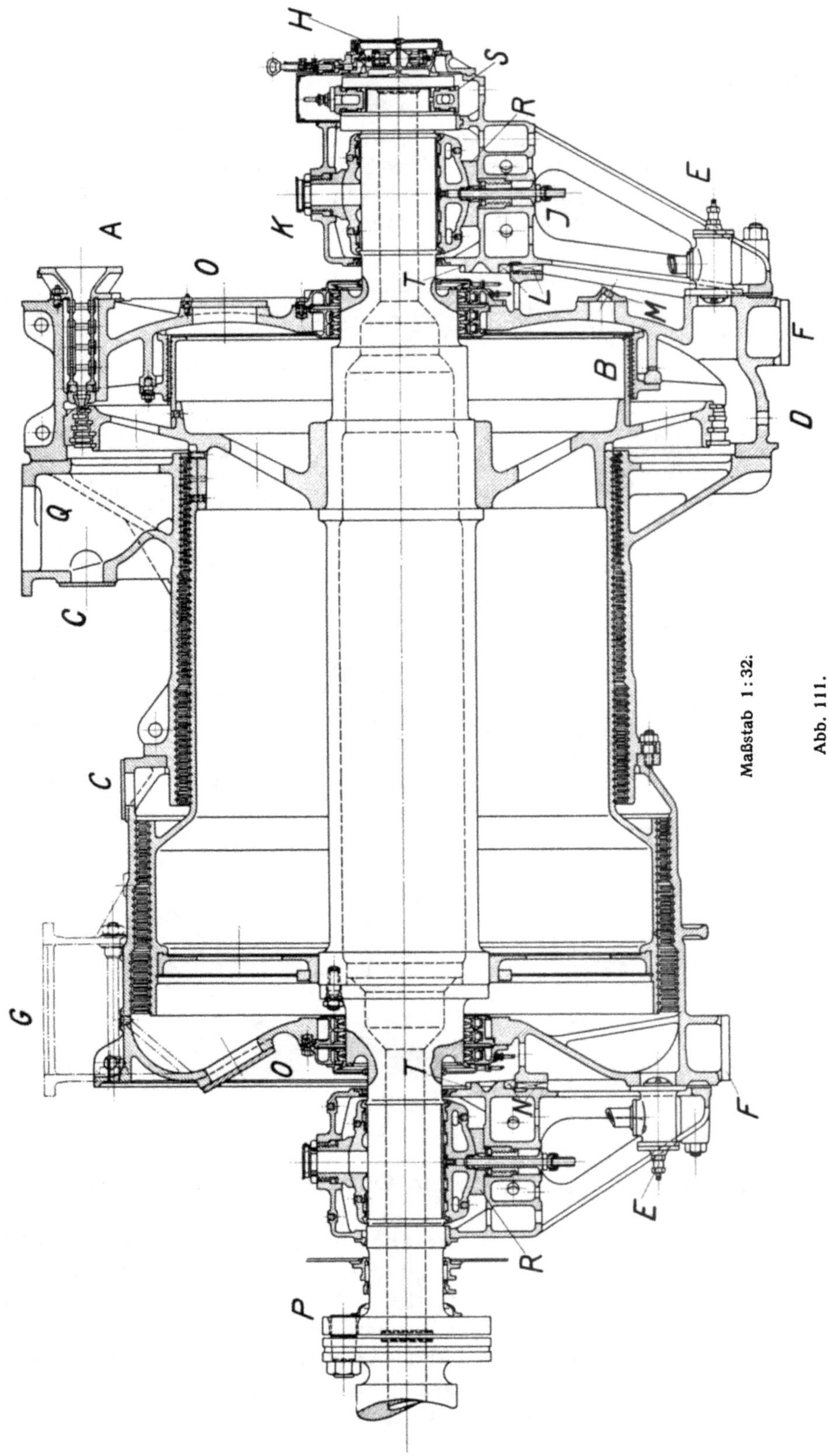

Maßstab 1 : 32.

Abb. 111.

Hochdruckturbine.

Leistung: 5000 PSe.

Umdrehungszahl pro Min.: 260.

Abb. 111 zeigt die Turbine im Schnitt, während auf Abb. 112 die Ansicht der Turbine von vorn und auf Abb. 113 die Ansicht von hinten dargestellt ist. Die Turbine ist eine Reaktionstrommelturbine mit 74 *R*-Stufen und vorgeschaltetem vierkränzigen Geschwindigkeitsrad. Ein vierkränziges Rad mußte wegen der geringen Umfangsgeschwindigkeiten, insbesondere bei Marschfahrt, vorgesehen werden. Die Trommel

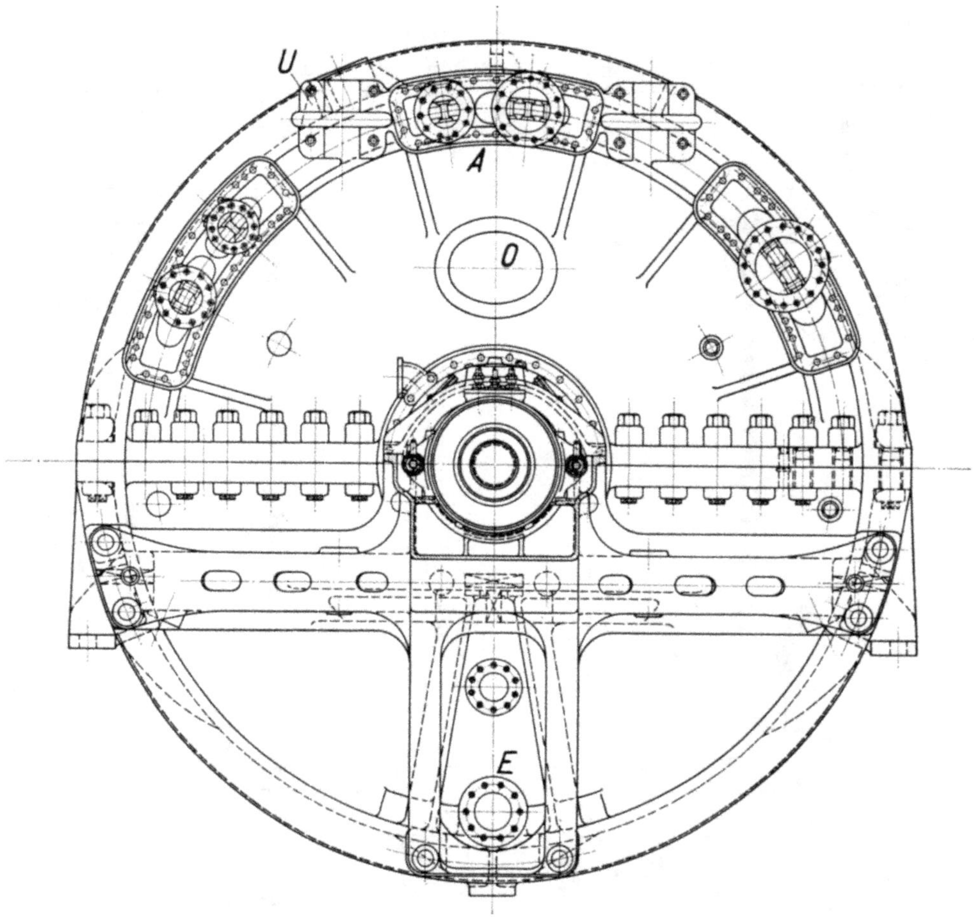

Maßstab 1:32.

Abb. 112.

ist abgestuft und am Vorderende auf dem Curtisrad, am hinteren Ende auf einer Stützscheibe befestigt.

Der Dampfeintritt erfolgt bei *A*; die Anordnung der verschiedenen Düsenkasten ist aus Abb. 112 zu erkennen. Der Dampf durchströmt das vierkränzige Curtisrad, gelangt nach Durchlaufen der Reaktionsstufen bei *G* in den Überströmstutzen, von wo er zur Niederdruckturbine weitergeleitet wird. Bei den beiden seitlichen Turbinen erfolgt das Überströmen durch die in Abb. 113 ersichtlichen unteren Stutzen.

Für die Marschfahrt ist eine Schaltung nach Abb. 74 vorgesehen. Der Dampf tritt in diesem Falle durch den Eintrittsstutzen *Q* in die Turbine und verläßt dieselbe durch den Stutzen *G*.

Bei *C* sind Schaulöcher angebracht, welche es ermöglichen, die *C*-Radbeschaufelung teilweise nachzusehen. Die in dem Gehäuseboden angebrachten Mannlöcher *O* gestatten eine Untersuchung und Instandhaltung der Trommel an der Innenseite.

Da die Turbine mit einer längsverschiebbaren Kupplung *P* mit der auf dem gleichen Wellenstrang sitzenden Niederdruck-Turbine verbunden ist und somit der Propellerschub als Gegenkraft nicht in Frage kommt, muß ein ziemlich vollkommener Druckausgleich vorgenommen werden. Der Ausgleichkolben *B* ist daher von verhältnismäßig großem Durchmesser. Die Entwässerung der Turbine erfolgt vorn durch den Entwässerungsanschluß *D*, hinten durch die an den Überströmstutzen (Abb. 113)

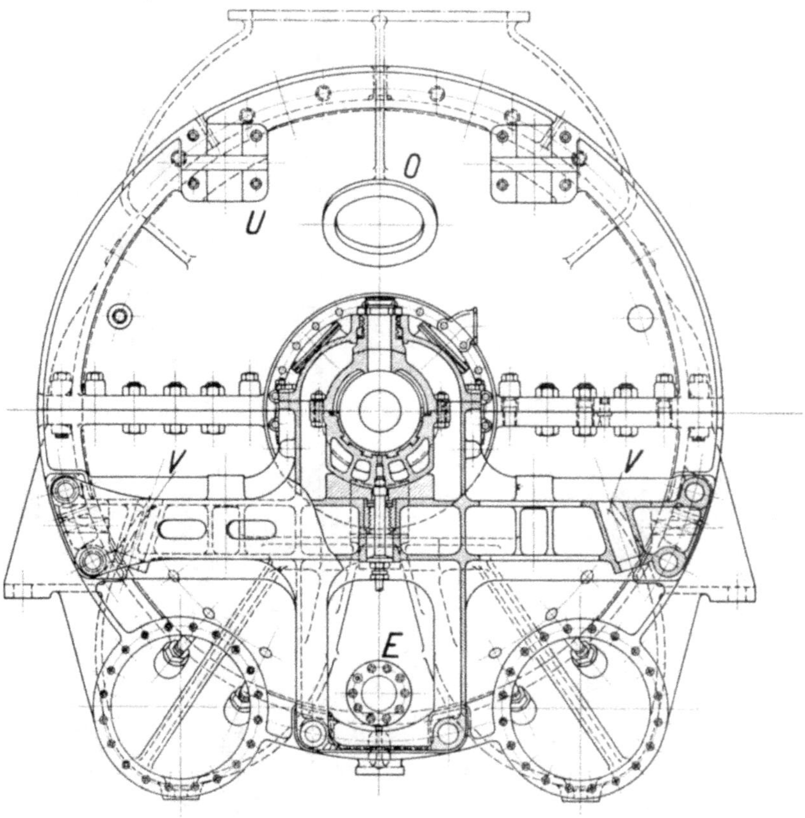

Maßstab 1:32.

Abb. 113.

erkennbaren Anschlüsse. Im vorderen und hinteren Gehäuseboden sind unten Sicherheitsventile *E* angebracht, welche die Gehäuse vor gefährlichen Überdrücken schützen sollen.

Ein Anschluß für den Kolbenleckdampf ist bei *M* vorgesehen. Die Füße *F* halten das Gehäuse in der Querrichtung am Fundament fest, ermöglichen dagegen die seitliche Ausdehnung. Bei *K* ist das vordere Traglager zu sehen, welches ebenso wie das hintere Lager für Preßölschmierung und Wasserkühlung eingerichtet ist. Charakteristisch ist die kurze Baulänge und die Kugelbewegung dieser Lager. Die Unterlage bei *R* ermöglicht diese Kugelbewegung und gestattet außerdem, durch Unterlegen von Blechen die Höhenlage des Lagers genau einzustellen. Das aus einem Ring bestehende

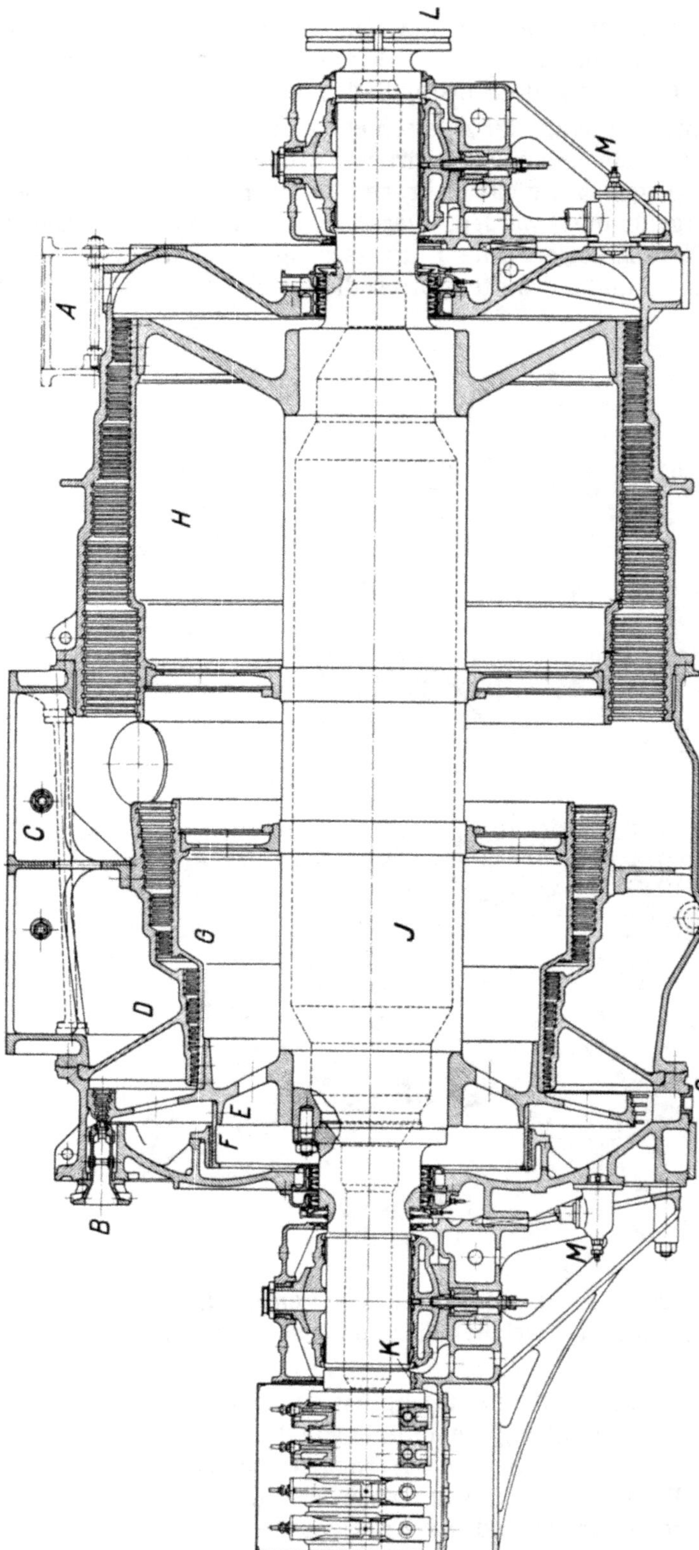

Maßstab 1:40.

Abb. 114.

Drucklager S hat in diesem Falle nur die Aufgabe, die axiale Stellung des Rotors zu fixieren, nennenswerte Schübe sind nicht aufzunehmen. Bei H ist der Sicherheitsregler mit dem Drehvorrichtungsanzeiger zu erkennen.

Zum Heben des Rotors sind bei T ringförmige Absätze an den Lagerbalken angebracht; nach dem Anlüften des Rotors mit Hilfe der bei J vorgesehenen Druckschrauben werden in diese Absätze Ringe eingelegt, auf welchen der Rotor aufliegt. Es ist so leicht möglich, die unteren Lagerschalen auszubauen. Bei U (Abb. 112) sind Flanschen angeordnet, welche die Führungen für die Hubvorrichtung aufnehmen. Bei V Abb. 113, sind Pfeifen angegossen, in welchen die beim Transport der fertigen Turbine mit dem Kran zu verwendenden Zugstangen befestigt werden.

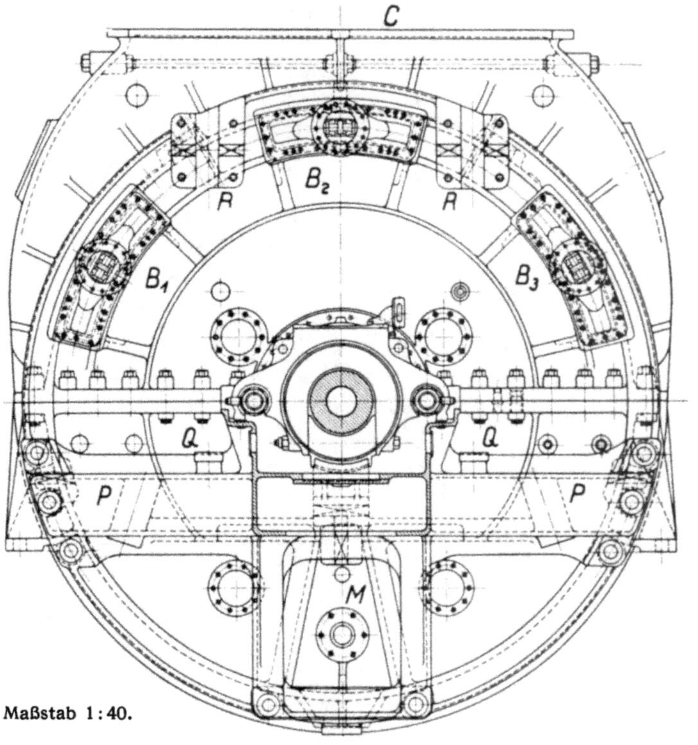

Maßstab 1:40.

Abb. 115.

Niederdruckturbine (Abb. 114 und 115).

Leistung der Turbine: 6000 PSe.

Umdrehungszahl pro Min.: 260.

Niederdruck-Vorwärts- und Rückwärtsturbine sind im gleichen Gehäuse untergebracht. Die Vorwärtstrommel hat 42 Reaktionsstufen, die Rückwärtsturbine besteht aus einem vierkränzigen Curtisrad und einer abgesetzten Trommel mit 33 Reaktionsstufen. Der Eintritt in die Vorwärtsturbine erfolgt bei A, der Austritt in den Abdampfbogen bei C. Bei B sind die Düsenkasten der Rückwärtsturbine zu erkennen. Die Leitschaufeln der Rückwärtsturbine sind in einem besonderen Gehäuseteil D untergebracht und mit diesem in den Gehäusemantel eingesetzt. Bei der Niederdruckturbine ist kein Entlastungskolben erforderlich, da der Propellerschub den relativ kleinen Dampfschub so weit ausgleicht, daß der Rest vom Drucklager aufgenommen werden kann. Dagegen ist ein Druckausgleich erforderlich bei der Rückwärtsturbine. Hierzu dient der mit Labyrinthdichtung versehene Ausgleichkolben F, welcher ebenso wie die Rückwärtstrommel auf die Ringflanschen am Curtisrad aufgeschrumpft und aufgeschraubt ist. Die Entlastungsöffnungen bei E sichern die Ver-

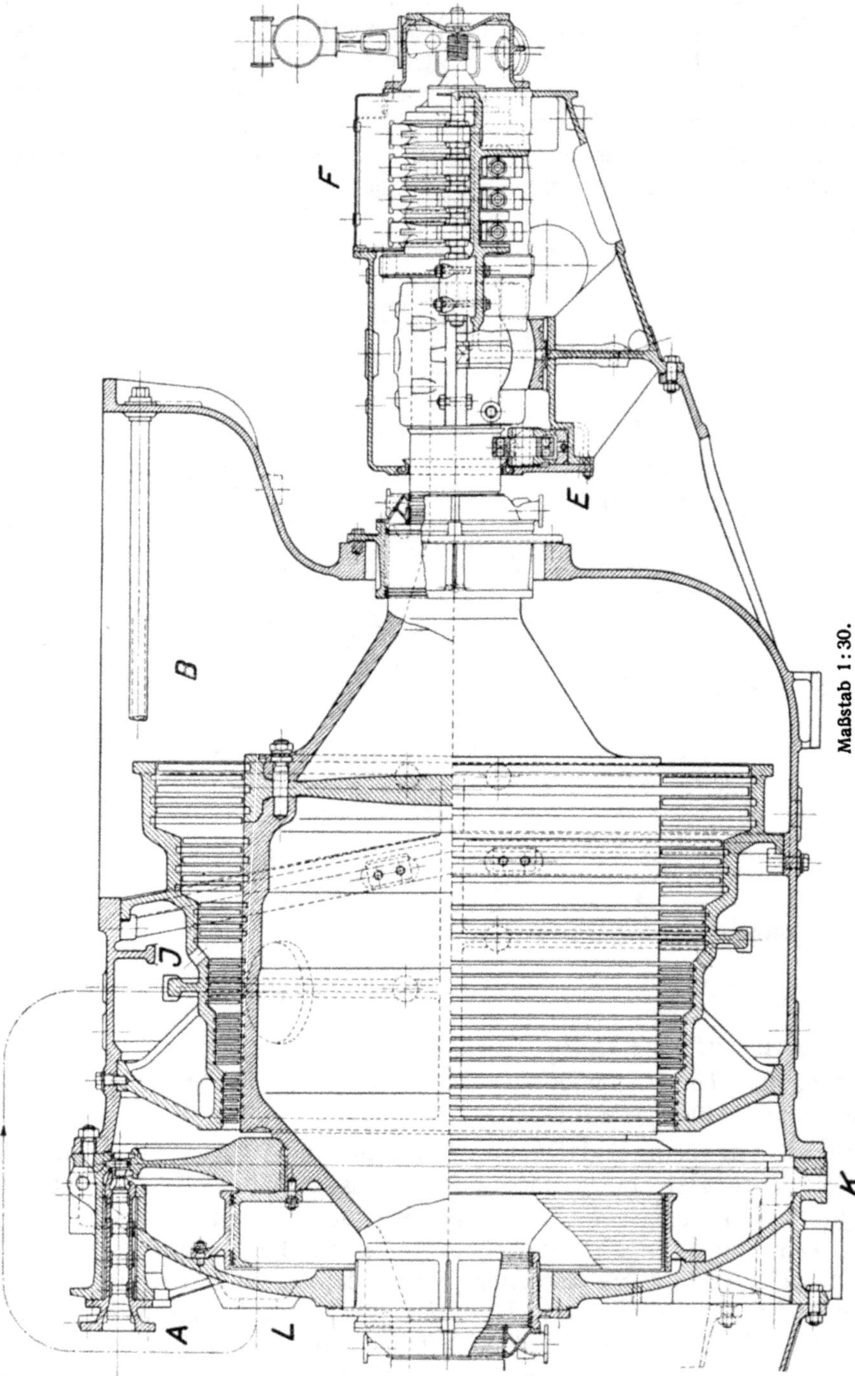

Maßstab 1:30.

Abb. 116.

bindung des Raumes hinter dem Ausgleichkolben mit dem Abdampfraum. Der Abdampfraum ist durch Rippen und Anker versteift.

Die Niederdruckturbine ist bei *L* mit der Hochdruckturbine durch eine axial verschiebbare Kupplung verbunden. Die Hohlwelle *J*, welche die beiden Trommeln trägt, besteht aus zwei Teilen, die miteinander verschraubt sind. Für die Abdichtung sind

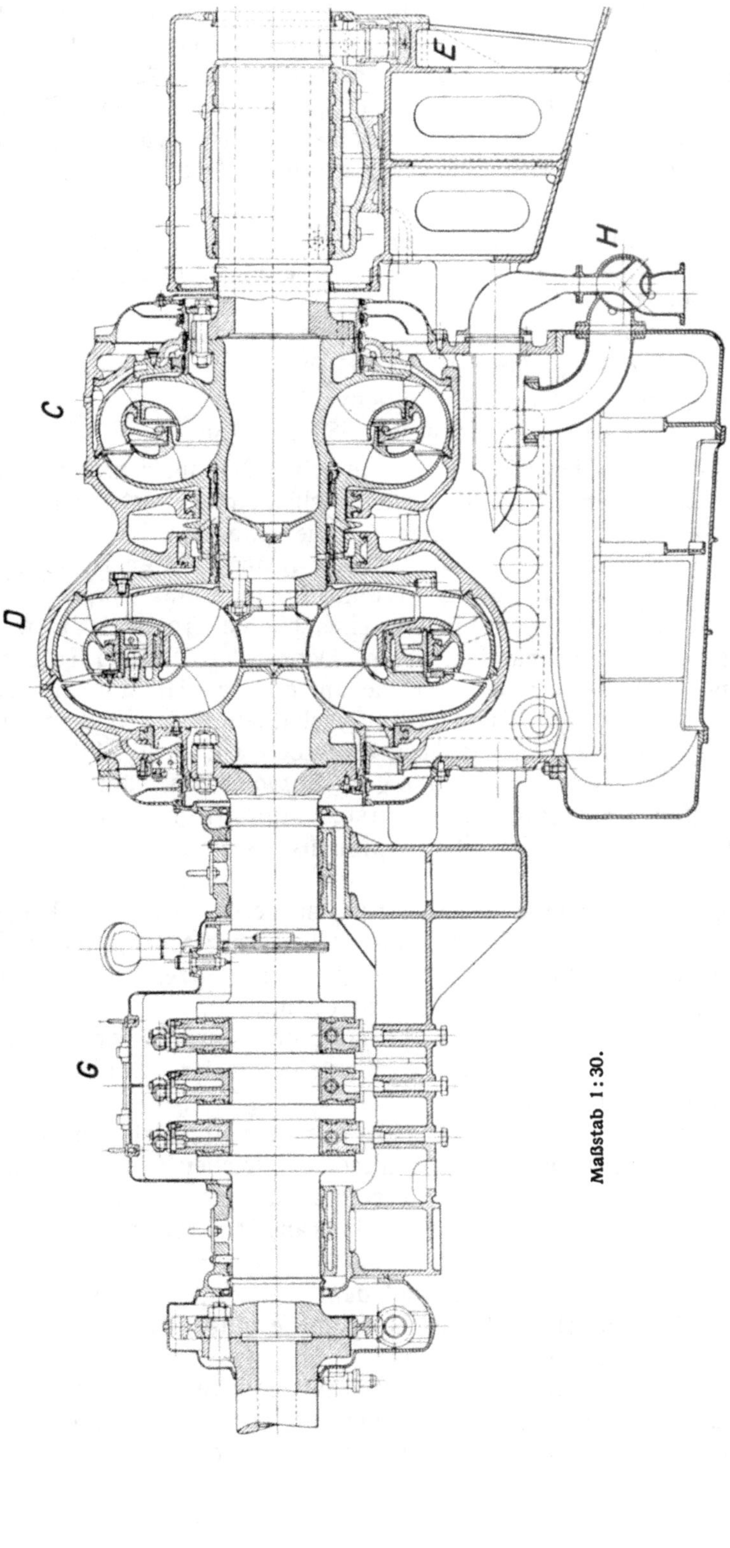

Abb. 117.

Maßstab 1 : 30.

Kohlestopfbüchsen verwendet. Zwischen dem hinteren Traglager und dem Drucklager sieht man noch den Ring *K*, welcher als Brandring die Aufgabe hat, den Rotor beim ev. Ausschmelzen des Lagers zu stützen und eine Beschädigung der Beschaufelung möglichst zu vermeiden. Die Sicherheitsventile *M* sollen die Gehäuse vor gefährlichen Überdrücken schützen. Für die Entwässerung der Turbine sind die Anschlüsse *N* und *O* vorgesehen. Bei *O* befindet sich außerdem ein Handlochdeckel.

Aus Abb. 115 geht die Anordnung der Rückwärtsdüsenkästen *B* 1 bis *B* 3 hervor. Bei *R* sind wieder die Flanschen für die Befestigung der Führungen für die Hebevorrichtung, bei *Q* die Auflageflächen für die Säulen der Hebevorrichtung zu erkennen. Die Pfeifen bei *P* dienen zur Aufnahme der Zugstangen für den Transport der kompletten Turbine.

5. Transformator-Turbine, kleiner Kreuzer „Wiesbaden" (Abb. 116 und 117). Erbaut 1913/15 von den Vulcan-Werken, Hamburg und Stettin, A.-G., für die K. Deutsche Marine.

Leistung der Turbine: 13000 PS.
Leistung an der Sekundärwelle: 11700 PS.
Umdrehungszahl der Turbine: 1300 pro Min.
Umdrehungszahl der Sekundärwelle: 350 pro Min.

Diese Turbine ist den bei Einzelwellenantrieb mit Transformatoren zu stellenden Anforderungen entsprechend ausgebildet; bei solchen Anlagen ist es zum Ausgleich des durch den Transformator hervorgerufenen Schubes zweckmäßiger, die Turbine umgekehrt aufzustellen, d. h. den Dampfeintritt (bei *A*) nach hinten zu verlegen.

Die Turbine ist eine hochtourige Trommelturbine mit vorgeschaltetem zweikränzigem Curtisrad; der Rotor besteht aus einer hohlen Trommel, auf welcher hinten das Curtisrad und der Ausgleichkolben sitzen. Der vordere Teil der Trommel ist durch eine durchgehende Scheibe versteift, welche am äußeren Umfang die Laufschaufeln der drei letzten Stufen trägt. Die Umkehrbeschaufelung ist in dem Gehäuseteil *J* befestigt, welcher in das äußere Gehäuse eingesetzt ist. Der Abdampfbogen *B* ist durch Anker mehrfach versteift. Für eine gute Entwässerung sämtlicher Gehäuseteile ist Vorsorge getroffen, insbesondere in der ersten Stufe, wo bei *K* der Anschluß für die Entwässerungsleitung zu sehen ist. Die Stopfbuchsen sind als Labyrinth-Stopfbuchsen ausgebildet.

Die Traglager sind mit Druckölschmierung ausgerüstet und mit Kugeleinstellung versehen. Bei *E* sind auf Kugeln laufende Rollen vorgesehen, welche die Aufgabe haben, den Rotor beim ev. Auslaufen der Traglager zu stützen und eine Beschädigung der Beschaufelung und Spitzendichtungen zu verhindern.

Der resultierende Schub von Transformator und Turbine wird im Drucklager *F* aufgenommen, an welches anschließend Sicherheitsregler, Umdrehungszähler und Drehrichtungsanzeiger zu sehen sind.

Der Transformator (vgl. § 162f.) besteht aus dem Vorwärtskreislauf *D* und dem Rückwärtskreislauf *C*. Die Turbine läuft immer im gleichen Drehsinn, das Umsteuern erfolgt lediglich durch Auffüllen oder Leerlaufenlassen eines der beiden Kreisläufe. Der resultierende Schub von Propeller und Transformator wird im Drucklager *G* aufgenommen.

Zwischen dem hinteren Traglager und dem Drucklager des Sekundärteiles sieht man den Antrieb für den Umdrehungszähler sowie eine Meßvorrichtung zur Nachprüfung der Höhenlage des Rotors.

Ein Dreiweghahn *H*, welcher automatisch mit dem Steuerschieber für das Füllen und Entleeren der Kreisläufe gleichzeitig betätigt wird, reguliert den Wasserstand, in dem unter dem Transformator befindlichen Tank in der Weise, daß bei der Fahrt

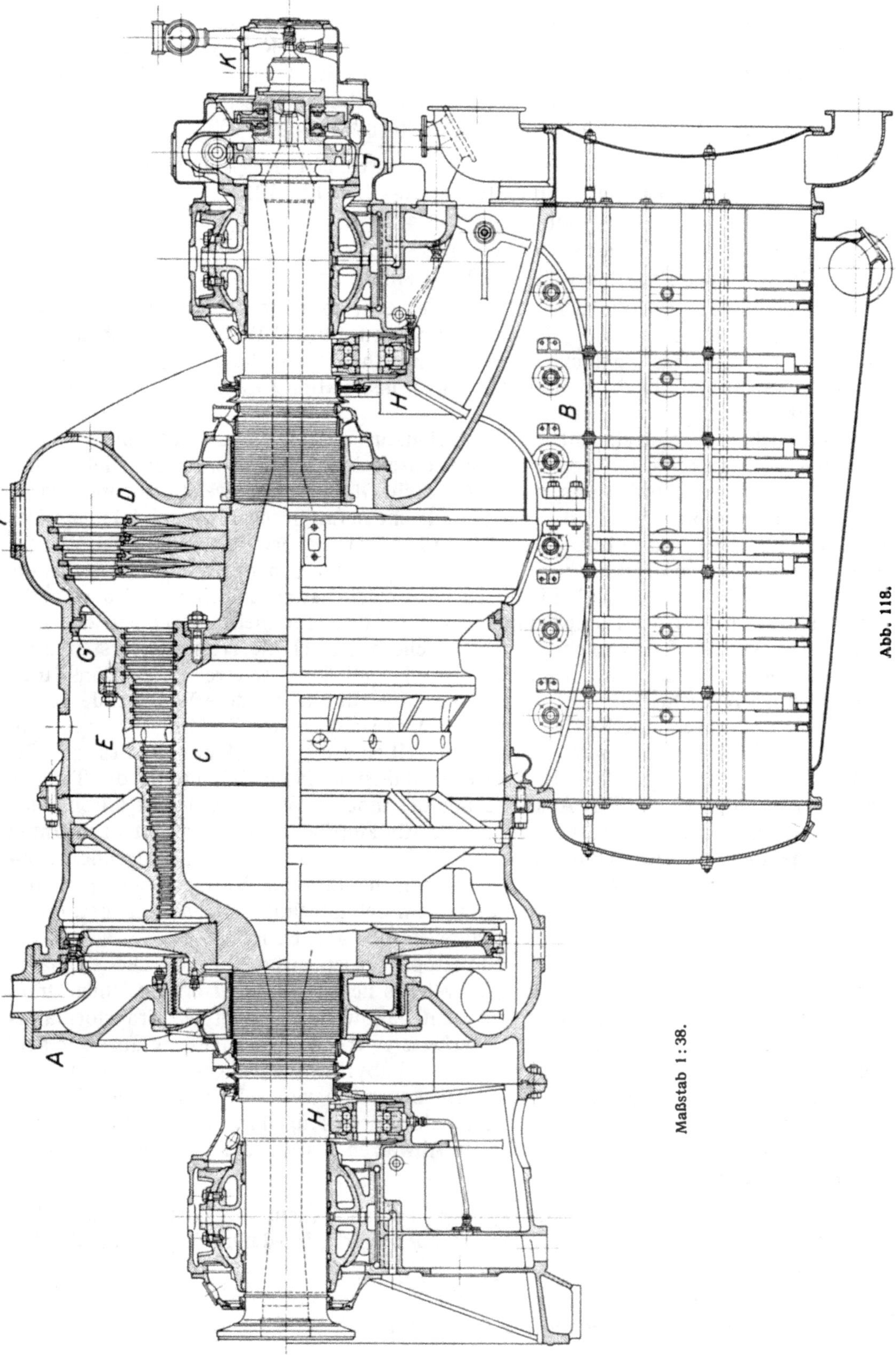

Maßstab 1 : 38.

Abb. 118.

der Wasserspiegel im Tank durch das gekrümmte Ablaufrohr niedrig gehalten wird, während derselbe bei Stoppstellung durch Abschließen des Krümmers und Öffnen des horizontalen Rohranschlusses höher gelegt wird. Es wird dadurch erreicht, daß das zum Auffüllen der Transformatorkreisläufe erforderliche Wasser immer in dem Tank erhalten bleibt. — Näheres über diesen Transformator vgl. § 162.

6. Turbinen des großen Kreuzers „Ersatz Yorck" (Abb. 118). Erbaut von den Vulcan-Werken, Hamburg und Stettin, A.-G., 1915—1918.

Leistung der Turbine: 30000 PSe.
Drehzahl der Turbine: 1360 pro Min.
Drehzahl der Propellerwellen: 320 pro Min.

Für den Kreuzer „Ersatz Yorck" war der Antrieb mittels Turbotransformatoren (vgl. § 162 f.) vorgesehen. Die Gesamtleistung von 120000 WPS sollte sich auf vier Wellen verteilen. Das unglückliche Kriegsende hat zwar die Fertigstellung dieses Kreuzers verhindert, doch ist immerhin die Konstruktion so bemerkenswert, daß sie hier nicht übergangen werden darf.

Die Turbine ist eine eingehäusige Reaktionsturbine mit vorgeschaltetem Curtisrad ohne Rückwärtsturbine (da das Umsteuern durch den Transformator geschieht). Die Einströmung des Dampfes erfolgt bei *A* durch Düsenkästen, welche so angeordnet sind, daß sie nach oben bzw. radial zur Seite leicht herausgezogen werden können. Das Curtisrad hat zwei Kränze und sitzt auf dem zur Trommel erweiterten hinteren Wellenende. An dem Curtisrad ist ein relativ großer Ausgleichkolben angeschraubt, welcher die Aufgabe hat, den Dampfschub in der Turbine möglichst auszugleichen. Vom Curtisrad aus durchströmt der Dampf zunächst die auf der Trommel *C* sitzenden 25 Reaktionsstufen, sodann 3 ebensolche Stufen, welche auf einer die Trommel versteifenden durchgehenden Scheibe angeordnet sind, und schließlich weitere 4 Reaktionsstufen auf einzelnen Radscheiben. Diese Scheiben sind auf das vordere Wellenende aufgeschrumpft und durch eine Mutter gesichert. Das Gehäuse der Turbine ist doppelwandig; in dem inneren, besonders eingesetzten Teil sind die Leitschaufeln befestigt. Bei *E* sind Öffnungen vorgesehen, durch welche Hilfsmaschinenabdampf in die Turbine eingeführt werden kann. Das Austrittsende des inneren Gehäuseteiles ist durch einen Ring *G* am äußeren Gehäuse befestigt. Der Abdampfbogen *D* führt mit nach unten stark zunehmendem Querschnitt den Abdampf dem unter der Turbine liegenden Kondensator *B* zu, dessen Rohre durch Abnehmen der hinteren Vorlage leicht gereinigt werden können. Im Abdampfbogen ist oben ein Schaulochdeckel *F* angeordnet, durch welchen eine Kontrolle der letzten Schaufelkränze möglich ist.

Die Stopfbuchsen sind als Labyrinthstopfbuchsen ausgeführt. — Die Traglager besitzen Kugelschalen. Das Drucklager, welches neben der bei *I* ersichtlichen Drehvorrichtung angeordnet ist, ist auffallend klein, da sowohl Turbinen- wie Transformatorschub fast ganz ausgeglichen sind. Sicherheitsregler und Drehrichtungsanzeiger sind bei *K* zu sehen. Um eine Beschädigung der Labyrinthdichtungen auch bei starker Lagerabnutzung oder beim Auslaufen eines Lagers zu verhindern, sind die Nottraglager *H* angeordnet; dieselben bestehen aus doppelten Kugellagern, welche auf Bolzen sitzen und beim Herabsinken der Welle ein Abwälzen des Wellenumfanges am Umfang des Kugellagerringes ermöglichen.

7. Turbine des Seebäderdampfers „Kaiser" (neue Ausführung). (Abb. 119.) Erbaut von AEG, Berlin, 1922 (vgl. hierzu auch Werft, Reederei, Hafen 1923, S. 604).

Leistung der Turbine: 1550 PSe.
Drehzahl der Turbine: 3750 pro Min.
Drehzahl der Propellerwelle: 350 pro Min.

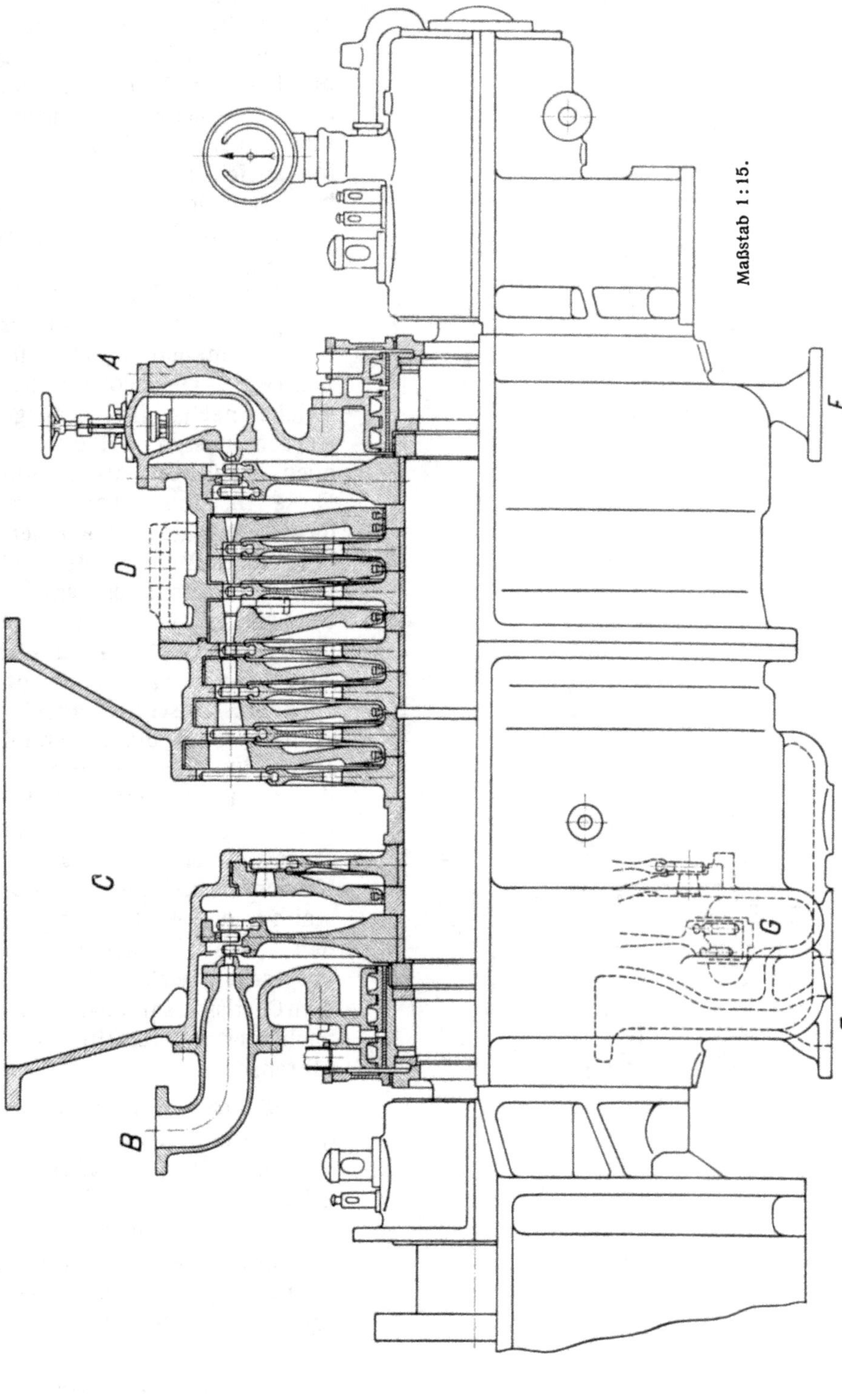

Maßstab 1 : 15.

Abb. 119.

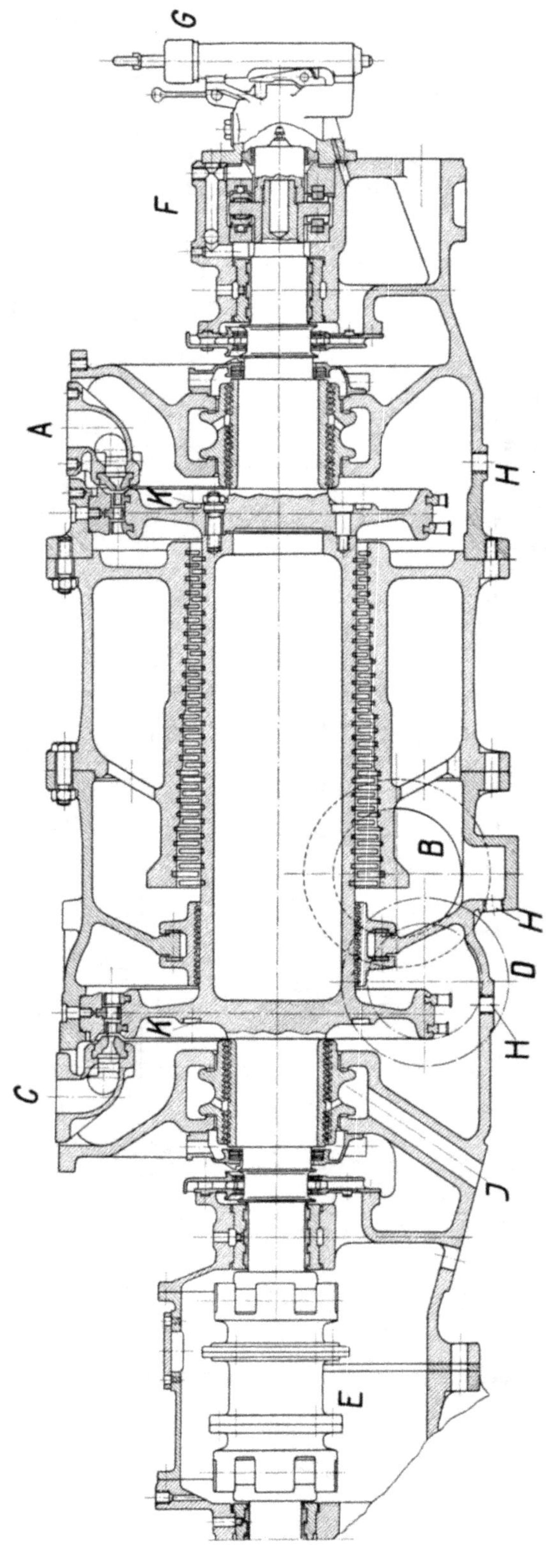

Abb. 120. Maßstab 1 : 16.

An jeder der beiden Wellen ist eine Turbine angeordnet, welche mittels einfachen Rädervorgeleges auf die Propellerwelle arbeitet.

Die Turbinen entsprechen durchaus dem im Landmaschinenbau für solche Leistungen und Drehzahlen üblichen Typ. Eine im gleichen Gehäuse untergebrachte Rückwärtsturbine sorgt für die erforderliche Rückwärtsleistung.

Die Frischdampfeinströmung erfolgt bei *A* durch leicht ausbaubare Düsenkasten. Bei *B* sind die Rückwärts-Düsenkasten zu sehen, welche nach hinten ausgebaut werden müssen, bei *C* der nach oben geführte Abdampfbogen. Diese Anordnung war notwendig, da die vorhandenen Kondensatoren beibehalten werden sollten. Um den Hilfsmaschinenabdampf oder zusätzlichen Frischdampf in die Turbine einleiten zu können, ist bei *D* eine Tasche mit entsprechendem Anschluß angebracht. *E* und *F* sind die Anschlußflanschen für den Stopfbuchsenabdampf. Bei *G* sieht man die Einkapselung des Rückwärts-Curtisrades zur Verminderung der Ventilationsverluste; um einen Druckstau vor dem Curtisrad zu vermeiden, sind Umströmungskanäle vorgesehen, welche den sich vor dem Curtisrad sammelnden Dampf nach der Hinterseite desselben führen.

8. Turbinen des Frachtdampfers „Porta", gebaut von den Vulcan-Werken im Jahre 1922 für den Norddeutschen Lloyd, Bremen.

Gesamtleistung $N_e = 1660$ WPS.
Drehzahl der Propellerwelle = 75.
Drehzahl der *HD*-Turbine:
4500 pro Min.
Drehzahl der *ND*-Turbine:
3400 pro Min.

Die Gesamtanordnung dieser Anlage ist aus Abb. 299 ersichtlich, während Abb. 268 eine Photographie der Turbinen- und Getriebeanlage im geöffneten Zustande auf dem Prüffeld zeigt. Man sieht deutlich das auf der Propellerwelle befestigte große Zahnrad, zu dessen beiden Seiten die Ritzel der Vorgelege angeordnet sind. Am vorderen Ende dieser Ritzelwellen sitzen die großen Räder des Vorgeleges, in welche die Turbinenritzel eingreifen. Mit letzteren sind die beiden Turbinen durch elastische Kuppelungen verbunden.

Die Abb. 120 zeigt die in einem Gehäuse untergebrachte Hochdruck-Vorwärts- und Hochdruck-Rückwärts-Turbine. Das Gehäuse besteht aus drei Teilen, wovon der vorderste Teil die Kammer für das Curtisrad mit den Dampfdüsen, die Hochdruck-Stopfbuchse und den mit diesem Gehäuseteil aus einem Stück gegossenen Drucklagerbalken umfaßt. Der mittlere Gehäuseteil enthält die Reaktions-Beschaufelung und der hintere die *HD*-Rückwärtsturbine. Letzterer Teil ist mit dem Lagerbalken aus einem Stück gegossen.

Der Dampfeintritt erfolgt bei *A*. Durch die Düsen und die Beschaufelung des zweikränzigen Curtisrades strömt der Dampf weiter zur Vorwärtstrommel, welche mit einer 24stufigen Reaktionsbeschaufelung versehen ist. Bei *B* verläßt der Dampf die Hochdruck-Turbine und fließt durch die Überströmleitung zur Niederdruck-Turbine. Die Umkehrschaufelung der Reaktionstrommel ist am mittleren Gehäuseteil befestigt, welcher aus Festigkeitsgründen als doppelwandiger Zylinder ausgeführt wurde.

Die Vorwärtsturbine ist von der Rückwärtsturbine durch eine Zwischenwand mit Labyrinthstopfbuchse getrennt. In die Rückwärts-Turbine tritt der Dampf bei *C* ein, durchströmt das zweikränzige Curtisrad, aus welchem die Hochdruck-Rückwärtsturbine besteht und verläßt die Turbine bei *D*, von wo der Dampf durch die Überströmleitung zur Niederdruckrückwärts-Turbine weiterfließt.

Der Rotor ist aus Siemens-Martin-Stahl hergestellt und besteht aus zwei Teilen. Der vordere Teil umfaßt das vordere Wellenende mit dem Vorwärts-Curtisrad, der hintere Teil die Trommel und das mit derselben aus einem Stück geschmiedete Rückwärts-Curtisrad sowie das hintere Wellenende. Der Rotor ruht in Weißmetall-Lagern mit Preßölschmierung. Der axiale Schub wird von einem Segmentdrucklager bei *F* aufgenommen. Bei *E* ist die Kupplung, mittels welcher der Rotor an die Ritzelwelle des Zahnradgetriebes gekuppelt ist, zu sehen. Der Sicherheitsregler ist bei *G* angebaut. Deutlicher ist derselbe in Abb. 212 dargestellt. Bei *H* sind Entwässerungsöffnungen im Gehäuse angebracht. Bei *I* ist der Anschluß für die Stopfbuchs-Sperrdampfleitung. Die Ringnuten bei *K* dienen dazu, Ausgleichmassen beim Auswuchten des Rotors anzubringen, welche sonst nur schwer sachgemäß zu befestigen sind.

Die ebenfalls doppelwandige Niederdruckturbine (Abb. 121 und 122) sitzt, wie bei den Getriebeturbinen üblich, direkt auf dem Kondensator *B*, was den Vorteil bietet, daß keinerlei Überströmverluste im Abdampfbogen eintreten. Um dem Kondensator die nötige Ausdehnungsfreiheit zu geben, ist derselbe nicht abgestützt, sondern unten an das Außengehäuse angehängt. Da der Kondensator aus Gründen der Platzersparnis eine rechteckige Form erhielt, wurden kräftige Anker *D* vorgesehen, um den Gehäusewänden die nötige Festigkeit gegen äußeren Überdruck zu geben. Der Unterteil des Außengehäuses ist in der Längsrichtung nochmals geteilt und verschraubt. In diesem Gehäuse liegen die mit Leitschaufeln versehenen Gehäuseteile der Niederdruck-Vorwärts- und Niederdruck-Rückwärts-Turbine, welche oben durch das Abdampfraumgehäuse mit den Tragösen *H* verbunden sind.

Der Dampfeintritt zur Niederdruck-Vorwärts-Turbine erfolgt durch den Ringraum *A*, zur Niederdruck-Rückwärts-Turbine durch den Stutzen *C*. Die Beschaufelung

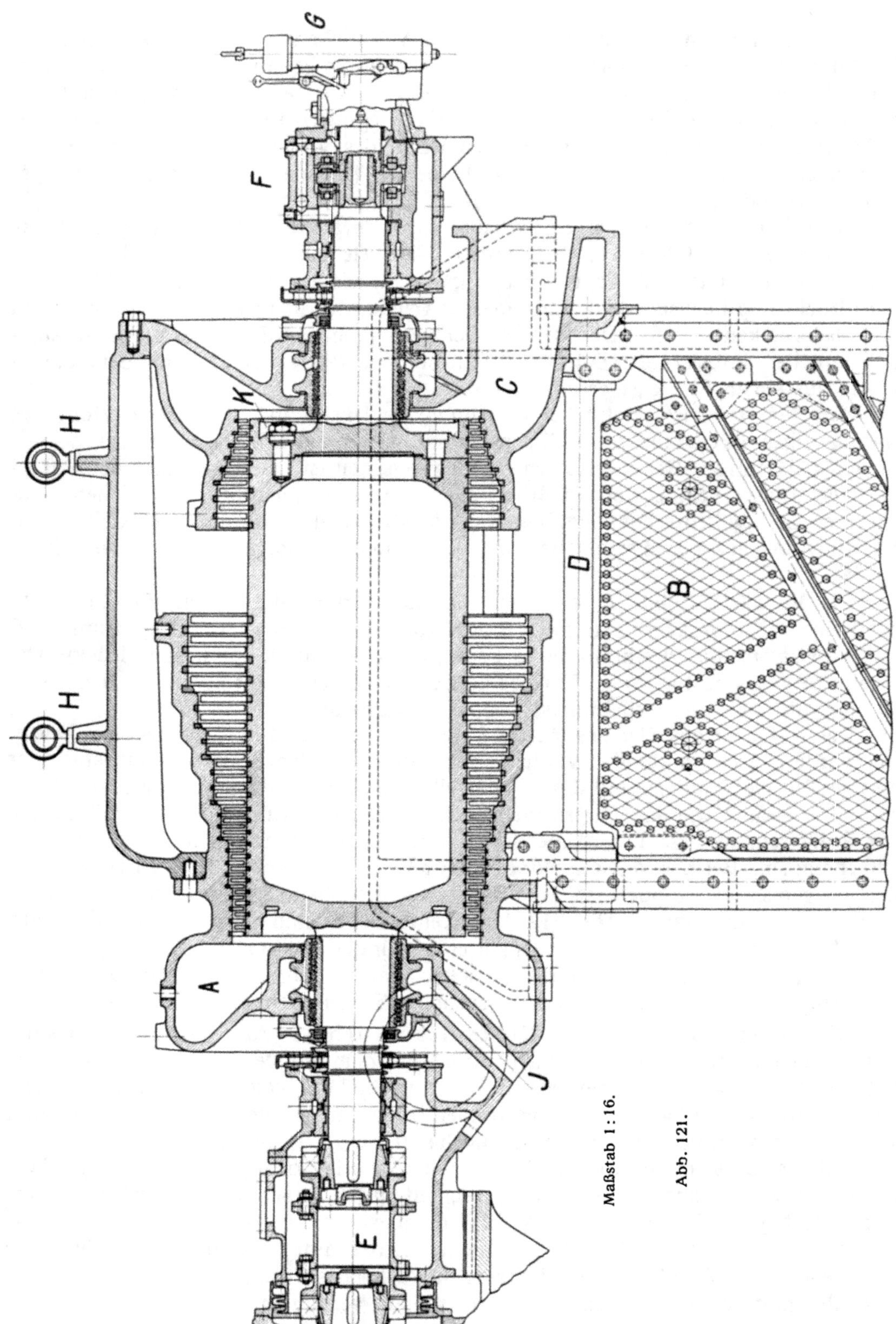

Maßstab 1 : 16.

Abb. 121.

der Vorwärtsturbine besteht aus 22, die der Rückwärtsturbine aus 8 Reaktionsstufen. Die Stopfbuchsen sind als Labyrinth-Stopfbuchsen ausgebildet, bei *J* ist ein Anschluß für die Stopfbuchs-Dampfleitung vorgesehen.

Der Rotor besteht aus zwei Teilen: einer Trommel mit einem einseitig angeschmiedeten Wellenende und einem Wellenende mit angeschmiedetem Boden. Die beiden Teile sind miteinander verschraubt. An den beiden Enden der Trommel sieht man bei *K* wieder die Nuten, welche zur Aufnahme der Ausgleichmassen beim Auswuchten bestimmt sind. Bei *F* ist das Einring-Segment-Drucklager, bei *G* der Sicherheitsregler, bei *E* die Kupplung im Schnitt zu sehen (vgl. Abb. 121). Mit Hilfe der letzteren wird eine bewegliche Verbindung zwischen dem Turbinenrotor und der Ritzelwelle des Zahnradgetriebes hergestellt.

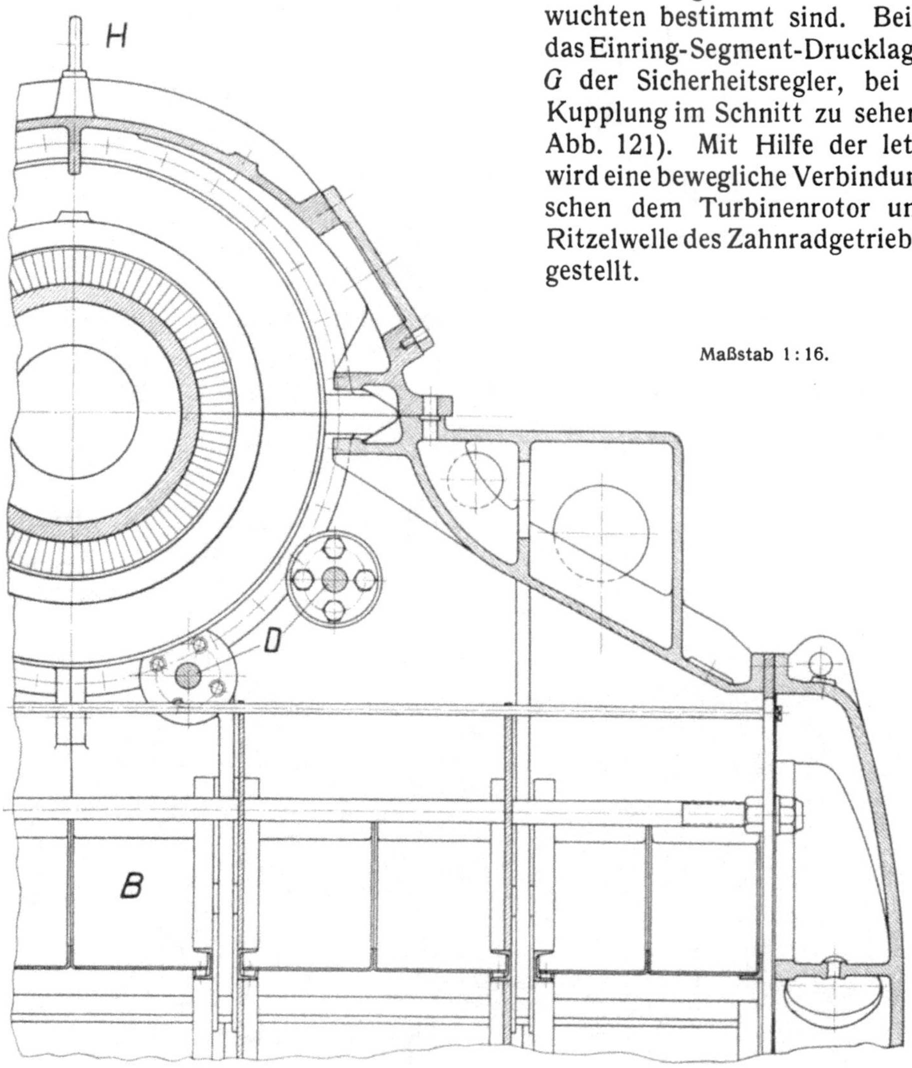

Maßstab 1:16.

Abb. 122.

9. Getriebeturbinen des Dampfers „Albert Ballin“[1]. Abb. 123. Erbaut 1922 von Blohm & Voß, Hamburg, für die Hamburg-Amerika-Linie.

Gesamtleistung: 13000 PS.
Leistung pro Welle: 6500 PS.
Drehzahl der Propellerwellen: ca. 110.
Drehzahl der Turbinen: ca. 2200.

[1]) Vgl. hierzu „Werft, Reederei, Hafen 1923“, S. 319 f.

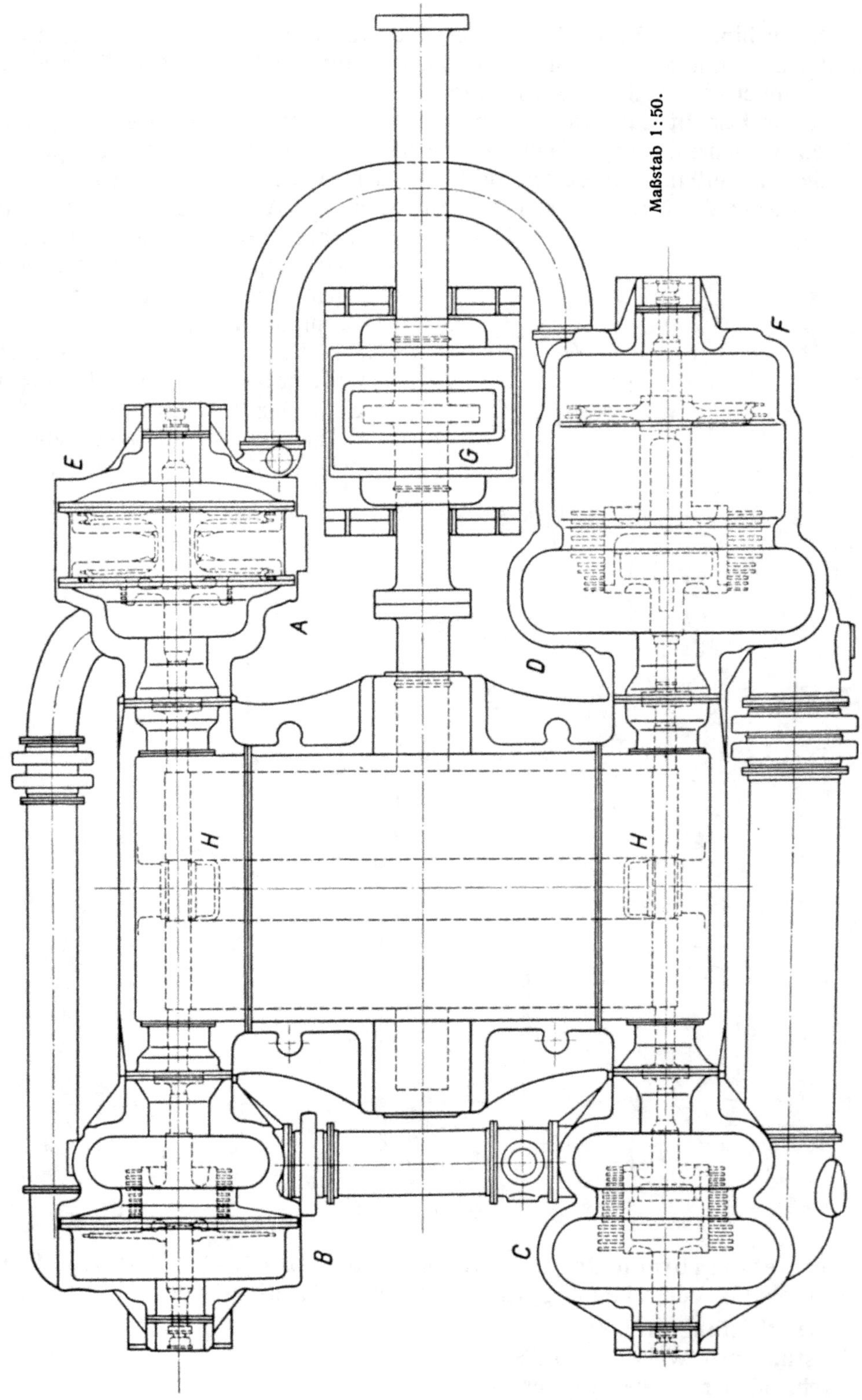

Maßstab 1:50.

Abb. 123.

Die Anordnung der Maschinenanlage dieses Zweiwellenschiffes ist aus Abb. 295 ersichtlich. An jeder der beiden Wellen ist eine Getriebe-Turbinenanlage nach Abb. 123 angeordnet. Man sieht in der Mitte das auf der Propellerwelle sitzende große Zahnrad, zu dessen beiden Seiten die Ritzel *H* gelagert sind. Bemerkenswert ist das außergewöhnlich große Übersetzungsverhältnis, welches hier in einem einfachen Getriebe bewältigt wurde und ca. 1:20 beträgt. An den vier Ritzelenden greifen die Turbinen an, welche durch elastische Kupplungen mit ersteren verbunden sind. Die Anordnung an den vier Ritzelwellenenden wurde so gewählt, daß eine möglichst gleichmäßige Leistungsverteilung auf die Ritzelwellen bei Vollast gesichert erschien. Außerdem ermöglicht diese Anordnung eine vorteilhafte Anordnung der Dampfleitungen.

Der Dampf tritt in die Hochdruckturbine *A* ein, durchströmt ein zweikränziges Curtisrad und eine kurze Trommel, wird durch ein Überströmrohr mit Ausdehnungsstücken zur ersten Mitteldruckturbine *B* geführt und durchläuft dort ein einkränziges Geschwindigkeitsrad und eine neunstufige Trommel. Von der ersten Mitteldruckturbine geht der Dampf durch die Überströmleitung zur zweiten *MD*-Turbine *C*, welche als reine Trommelturbine konstruiert ist und von hier durch eine reichlich bemessene Überströmleitung mit Ausdehnungsstücken zur Niederdruckturbine *D*, welche ebenfalls als reine Trommelturbine ausgebildet ist.

Die Rückwärtsleitung wird von zwei hinter einander geschalteten Curtisrädern *E* und *F* geliefert, welche durch eine bogenförmige Überströmleitung verbunden sind. Selbstverständlich ist auch bei dieser Anlage das jetzt allgemein übliche Einring-Drucklager *G* als Propellerdrucklager verwendet.

Die Stopfbuchsen sind als Labyrinthstopfbuchsen ausgebildet.

10. Turbinen des Schnelldampfers „Giulio Cesare" der Navigazione Generale Italiana, Genua Abb. 124 und 125. (Siehe auch Engineering 11. Nov. 1921). Erbaut von The Wallsend Slipway and Engineering Company, Wallsend on Tyne, 1920.

Leistung der *HD*- und *ND*-Turbine zusammen 11000 PSe.
Drehzahl der *HD*-Turbine: ca. 2460 pro Min.
Drehzahl der *ND*-Turbine: ca. 1275 pro Min.
Drehzahl der Propellerwellen: ca. 170 pro Min.

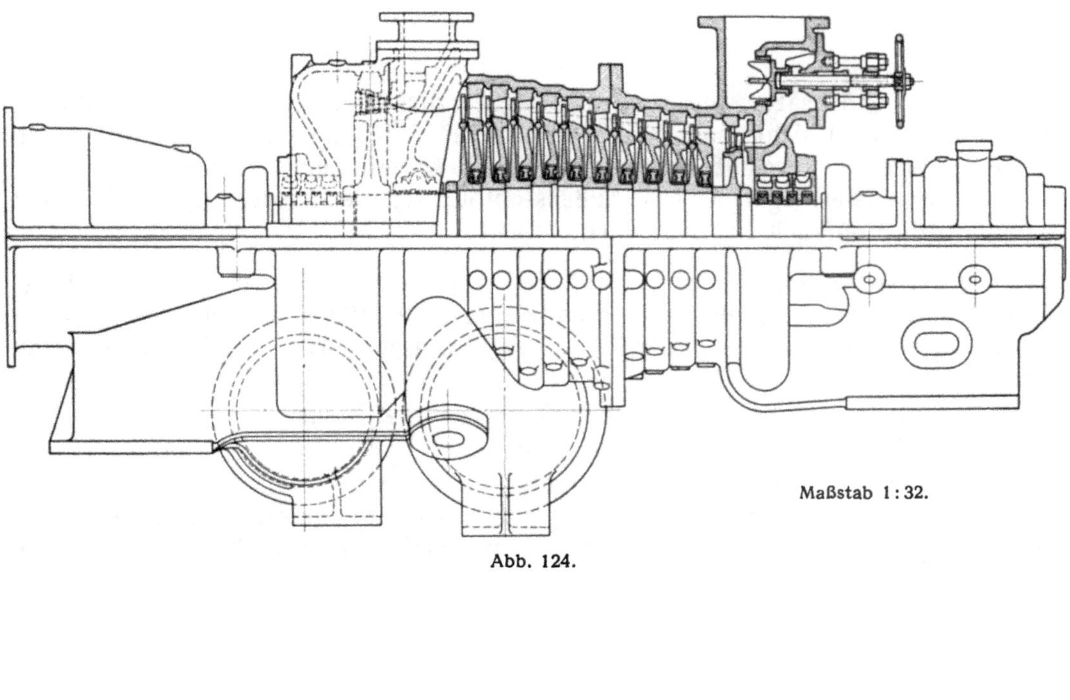

Maßstab 1:32.

Abb. 124.

Die Anordnung der Maschinenanlage dieses Vierwellenschiffes geht aus Abb. 298 hervor. Auf beiden Schiffsseiten sitzen an den Innenwellen die Hochdruckturbinen, während die äußeren Wellen von den Niederdruckturbinen angetrieben werden; die Gesamtleistung des Schiffes beträgt also 22000 PSe. Die Übertragung erfolgt durch ein einfaches Zahnradvorgelege.

Abb. 124 zeigt die Hochdruckturbine, welche den Vorwärtsrotor mit einem zweikränzigen Curtisrad und zehn einkränzigen Rädern sowie die *HD*-Rückwärtsturbine, aus einem dreikränzigen Curtisrad bestehend, enthält. Bemerkenswert sind die hier verwendeten Kohlenstopfbuchsen sowie die Anordnung der Rückwärtsturbine. Am Unterteil der Turbine sieht man die Anschlüsse für die Überströmleitungen.

Die Niederdruck-Vorwärtsturbine (Abb. 125) besteht aus elf einkränzigen Rädern, während die Niederdruck-Rückwärtsturbine auch hier nur ein dreikränziges Curtisrad enthält. Der Abdampfbogen befindet sich am unteren Gehäuseteil entsprechend der An-

Maßstab 1:32.

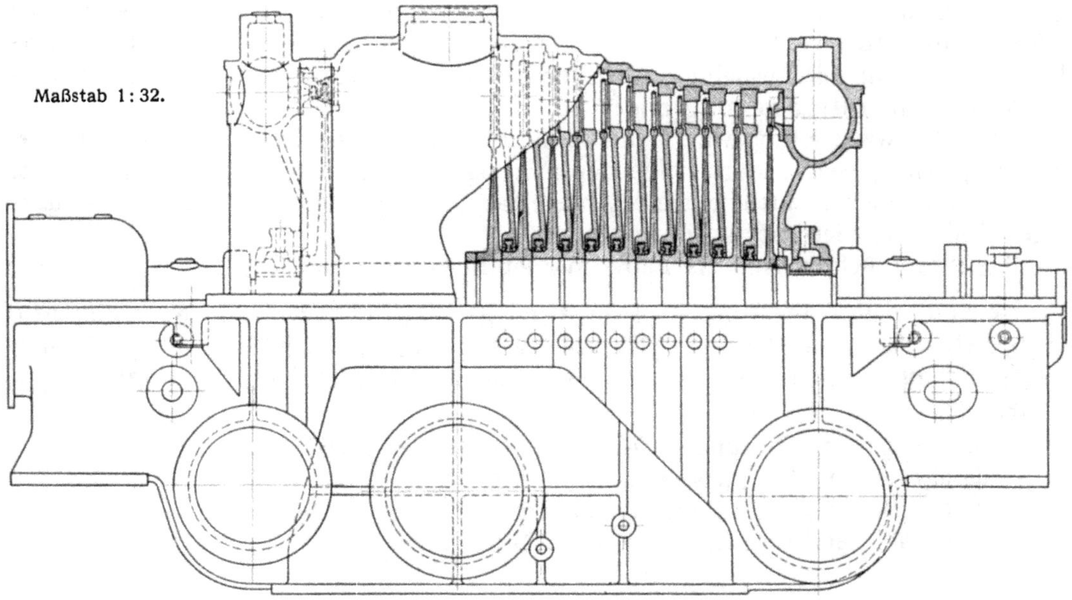

Abb. 125.

ordnung des Kondensators unterhalb der Niederdruckturbine. Links und rechts am unteren Gehäuseteil sieht man wieder die Anschlüsse für die Überströmleitungen, in der Mitte einen Hilfsanschluß, welcher das direkte Arbeiten der Hochdruckturbine auf den Kondensator ermöglicht. Die Außenstopfbuchsen der Niederdruckturbine sind als Labyrinth-Stopfbuchsen ausgeführt.

11. Turbine des Zweischrauben-Schnelldampfers „Empress of Canada" Abb. 126 und 127, (siehe auch Engineering Sept. 1922). Erbaut von der Fairfield Shipbuilding and Engineering Company, Glasgow, für die Canadian-Pacific Steamship Company.

Gesamtleistung der Turbinen 24500 PS auf zwei Wellen.
Drehzahl der Turbinen: 2000 pro Min.
Drehzahl der Propeller: 112 pro Min.

Die Anlage ist wohl die größte bisher gebaute Schnelldampferanlage mit doppelter Übersetzung. Die Anordnung der Maschinen im Schiff ist in Abb. 296 dargestellt; sie

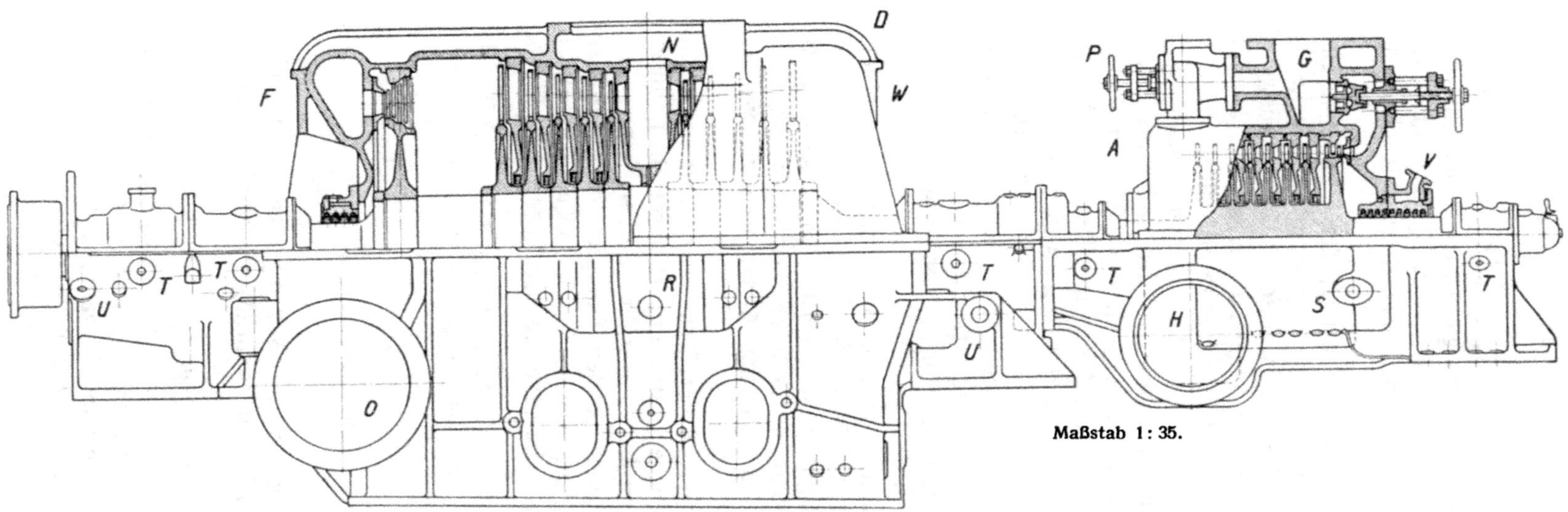

Maßstab 1 : 35.

Abb. 126.

Maßstab 1 : 35.

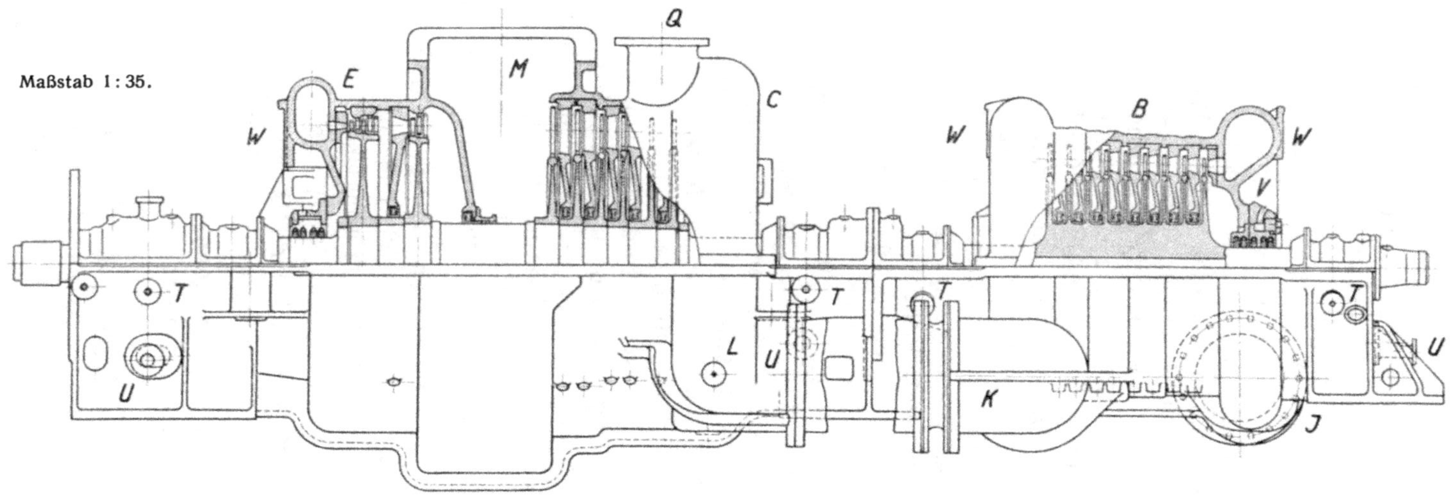

Abb. 127.

bietet den Vorteil einer gleichmäßigen Leistungsverteilung auf beide Ritzel, auch bei verschiedenen Belastungen.

Abb. 126 zeigt die Hochdruck-Vorwärtsturbine *A*, welche mit der doppelseitigen Niederdruck-Vorwärtsturbine *D* direkt gekuppelt ist. Im gleichen Gehäuse mit der letzteren befindet sich die Niederdruck-Rückwärtsturbine *F*. Abb. 127 zeigt die erste Mitteldruckturbine *B*, die zweite Mitteldruckturbine *C* und die Hochdruck-Rückwärtsturbine *E*.

Der Dampfeintritt in die Hochdruckturbine erfolgt bei *G*; der Dampf durchströmt zuerst ein zweikränziges Curtisrad und hierauf sieben einkränzige Geschwindigkeitsräder. Die Konstruktion des Hochdruckrotors ist insofern bemerkenswert, als sämtliche Räder mit der Welle aus einem Stück angefertigt sind. Der Dampf tritt bei *H* aus der Hochdruckturbine aus und bei *J* in die erste Mitteldruckturbine ein. Der Rotor der Mitteldruckturbine besteht aus neun einkränzigen Geschwindigkeitsrädern, welche ebenso wie bei der Hochdruckturbine mit der Welle aus einem Stück gefertigt sind. Bei *K* sieht man den Austrittsstutzen, durch welchen der Dampf zur zweiten Mitteldruckturbine strömt, in welche er bei *L* eintritt. Die zweite Mitteldruckturbine besteht aus sechs auf die Welle aufgesetzten Geschwindigkeitsrädern. An der zweiten Mitteldruckturbine befindet sich ein Stutzen *Q*, durch welchen Hilfsmaschinenabdampf in die Turbinen geleitet werden kann. Der Austrittstutzen *M* dieser Mitteldruckturbine steht in Verbindung mit dem Überströmstutzen *N* der doppelseitigen Niederdruckturbine, in welcher beiderseits fünf Räder angeordnet sind. Der Kondensator befindet sich direkt unter der *ND*-Turbine.

Die Hochdruck-Rückwärtsturbine *E* besteht aus einem dreikränzigen und einem zweikränzigen Geschwindigkeitsrad, während die Niederdruck-Rückwärtsturbine *F* aus einem einzigen dreikränzigen Geschwindigkeitsrad besteht. Bei *O* schließt der Überströmstutzen von der Hochdruck- zur Niederdruck-Rückwärtsturbine an. Die Ausströmung zum Kondensator erfolgt durch den gleichen Abdampfstutzen wie für die Vorwärtsturbine nach unten.

Um, wenn erforderlich, eine Leistungssteigerung der Turbinen zu erzielen, ist die bei englischen Konstruktionen häufig vorgesehene Umführung *P* vorgesehen, durch welche Frischdampf hinter der Hochdruckturbine eingeführt werden kann; dies gestattet die Verarbeitung eines außergewöhnlich großen Dampfquantums in den Turbinen. Bei *R* ist ein Anschluß für die Anwärmeleitung, bei *T* sind die Anschlüsse für die Druckölschmierung der Lager und bei *U* die Ölabflußanschlüsse zu erkennen.

12. Turbinen der schwedischen Torpedoboote „Wrangel“ und „Wachtmeister“, Abb. 128, 129 und 130. Erbaut von De Laval Angturbin A. B. 1918. (Siehe auch Engineering Okt. 1919).

Gesamtleistung: 11000 WPS.
Drehzahl der *HD*- und *ND*-Turbinen pro Min.: 3600.
Drehzahl der Propellerwelle pro Min.: 450.

Bei diesen Doppelschraubenbooten ist auf den beiden Wellen je eine *HD*- und eine *ND*-Turbine angeordnet, welche mit einem einfachen Zahnradgetriebe die Propellerwelle antreiben.

Die Hochdruckturbine ist in Abb. 128 und 129 dargestellt. Sie besteht aus vier einkränzigen Aktionsrädern, vor welche zwei Marschstufen, bestehend aus einem zweikränzigen Curtisrad und einem einkränzigen Aktionsrad, geschaltet sind. In diese Marschstufen strömt der Dampf durch den Ringraum *A*, während der Eintritt bei Hauptfahrt durch den Raum *B* erfolgt. Die beiden Räume sind durch eine Wand, entsprechend der Ventilanordnung getrennt. Aus dem letzten Rad der Hochdruckturbine tritt der Dampf in die Überströmkammer *C*, von wo derselbe zur Niederdruckturbine weitergeleitet wird.

In Abb. 130 ist die *ND*- und *Rw*-Turbine dargestellt. Erstere besteht aus vier einkränzigen Aktionsrädern, während letztere ein Rad mit zwei Geschwindigkeitsstufen und ein einkränziges Aktionsrad besitzt. Der von der Hochdruckturbine kommende Dampf geht durch die bei *U* angedeuteten Überströmleitungen in den Ringraum *B*, durchströmt die Turbine und tritt vom Abdampfraum *C* in den Kondensator über. Der Eintritt des Dampfes in die Rückwärtsturbine erfolgt bei *A*.

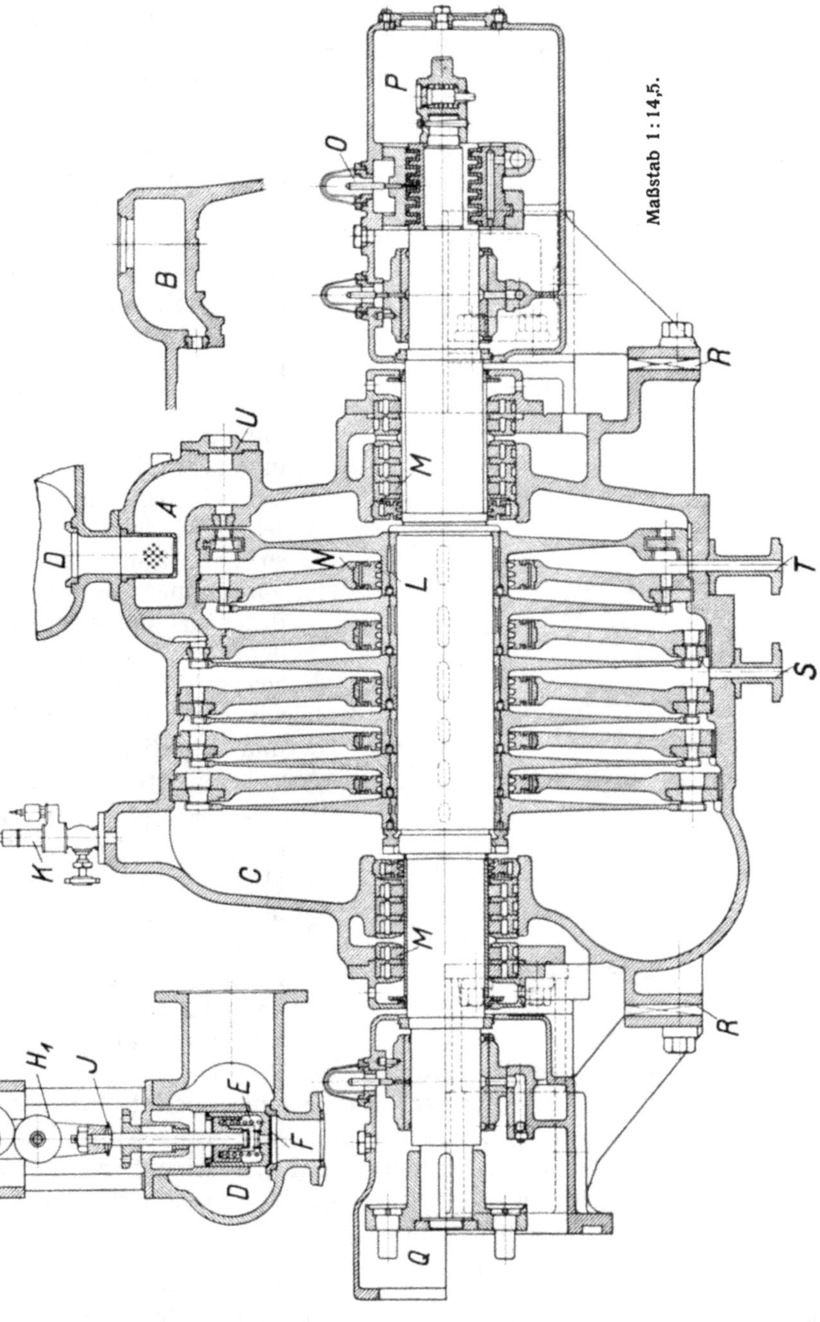

Bei beiden Turbinen sitzen die Räder auf ausgesparten Buchsen *L*, welche auf die massiven Wellen aufgezogen sind. Die Zwischenstopfbuchsen sind mit Hilfe von Ringen *N* in die Zwischenböden eingesetzt. Die Außenstopfbuchsen *M* sind als Kohlestopfbuchsen ausgebildet, deren Ringe durch Spiralfedern an die Laufbuchsen gepreßt werden. Zur Lagerung der Rotoren sind glatte Lager ohne Kugelbewegung mit Spülölschmierung vorgesehen. Das Drucklager ist als mehrkränziges Kammlager ausgeführt. Die Lager sind mit Thermometern *O* versehen. Bei *P* ist der Sicherheitsregler zu erkennen, welcher in der üblichen Weise ausgeführt ist. Die Lagerbalken sind an das Gehäuse angeschraubt und durch Federn *R* in ihrer Lage fixiert. Bei *S* und *T* sind Entwässerungsanschlüsse, bei *K* Sicherheitsventile angeordnet. Mit den Ritzeln sind die Turbinenrotoren durch die bei *Q* ersichtlichen Kupplungen verbunden.

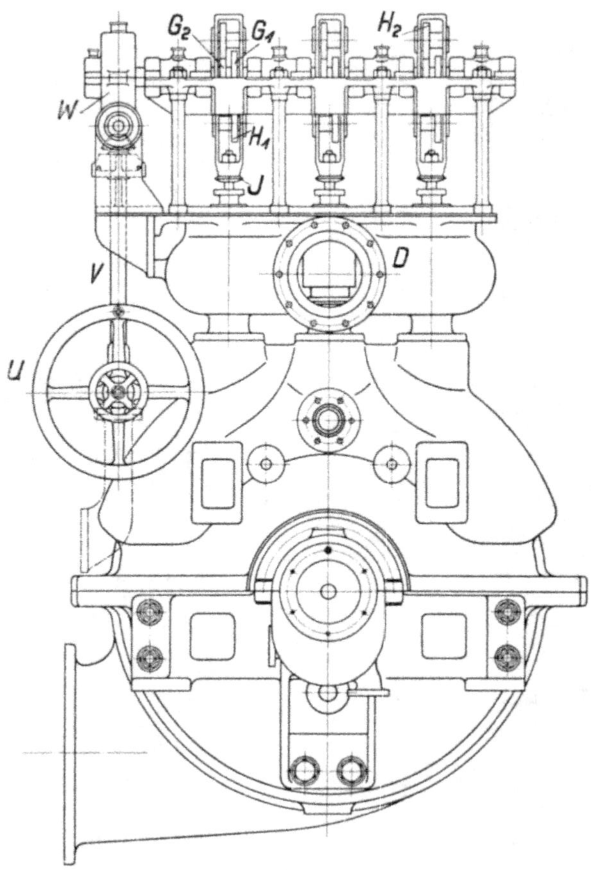

Maßstab 1 : 14,5.

Abb. 129.

Bemerkenswert ist die Anordnung der Dampfventile über der Turbine (vgl. Abb. 129). Dieselben werden sämtlich durch eine und dieselbe Spindel mit Nocken betätigt, so daß falsche Schaltungen nicht vorkommen können. Über der Hochdruckturbine befinden sich drei, auf dem Niederdruckturbinen - Gehäuse zwei solcher Ventile. Von den ersteren wirkt ein Ventil als Hauptabsperr- und Regulierventil, welches auch vom Sicherheitsregler bedient wird.

Die Betätigung dieser Ventile ist aus Abb. 128 bis 130 ersichtlich. Mit Hilfe des Handrades *U* wird durch Kegelräder die vertikale Welle *V* und durch nochmalige Kegelradübersetzung das Schneckenrad *W* und damit eine Spindel gedreht, welche die Nocken G_1 und G_2 trägt; diese wirken auf die Rollen H_1 und H_2, die in einer Laterne angeordnet sind. Die zwischen der Ventilspindel und der Laterne eingeschaltete Feder *J* sichert auch auf die Dauer ein gutes Aufsitzen der Ventile. Die Ventile selbst sind als entlastete Kolbenventile ausgeführt und das Lüften derselben geschieht in der Weise, daß die im Ventilboden *F* angebrachte Öffnung *E* von der Spindel freigegeben wird, bevor der Ventilkörper selbst angehoben wird.

13. Turbinen des Panzerkreuzers „Hood“ (Abb. 131 und 132). Erbaut von John Brown & Co., Clydebank, in den Jahren 1916 bis 1920 (vgl. hierzu Engineering 1920, S. 397 f.).

Leistung pro Welle: 36000 PSe.
Drehzahl der Propellerwelle: 210 pro Min.

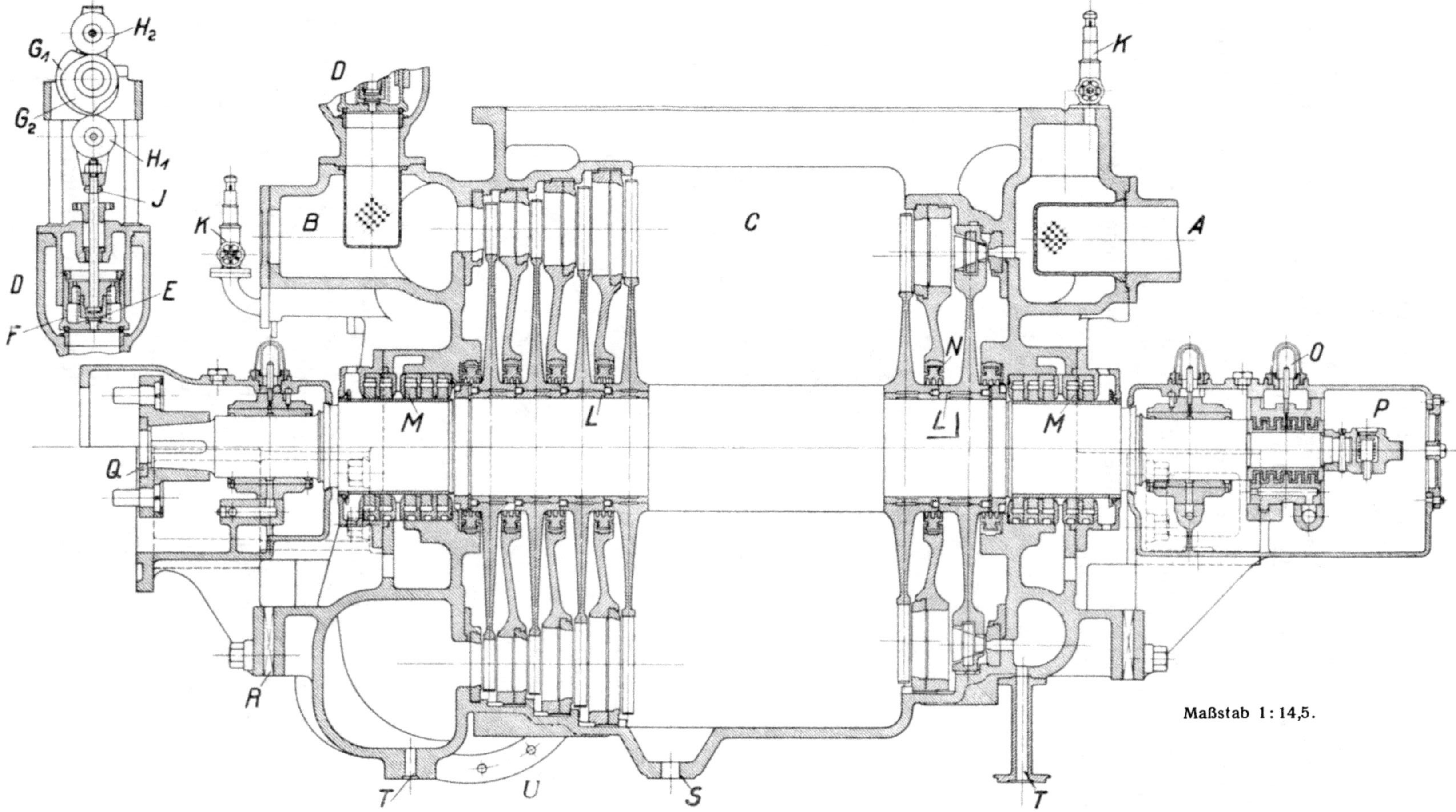

Maßstab 1 : 14,5.

Abb. 130.

Drehzahl der Hochdruckturbine: 1500 pro Min.
Drehzahl der Niederdruckturbine: 1100 pro Min.

Der Panzerkreuzer „Hood“ besitzt die größte bisher in Betrieb genommene Schiffsturbinenanlage mit einer Gesamtleistung von 144000 PS, verteilt auf vier Wellen, welche unabhängig voneinander durch je eine Hochdruck- und Niederdruckturbine angetrieben werden.

Die Zahnrädergetriebe haben einfache Übersetzung und sind in der üblichen Weise ausgeführt.

Die Turbinen sind Brown-Curtis-Turbinen normaler Bauart. Die Hochdruckturbine enthält zehn Räder, von denen zwei als zweikränzige Curtisräder ausgeführt sind, während die Niederdruckturbine aus acht einkränzigen Vorwärts- und zwei dreikränzigen Rückwärtsrädern besteht.

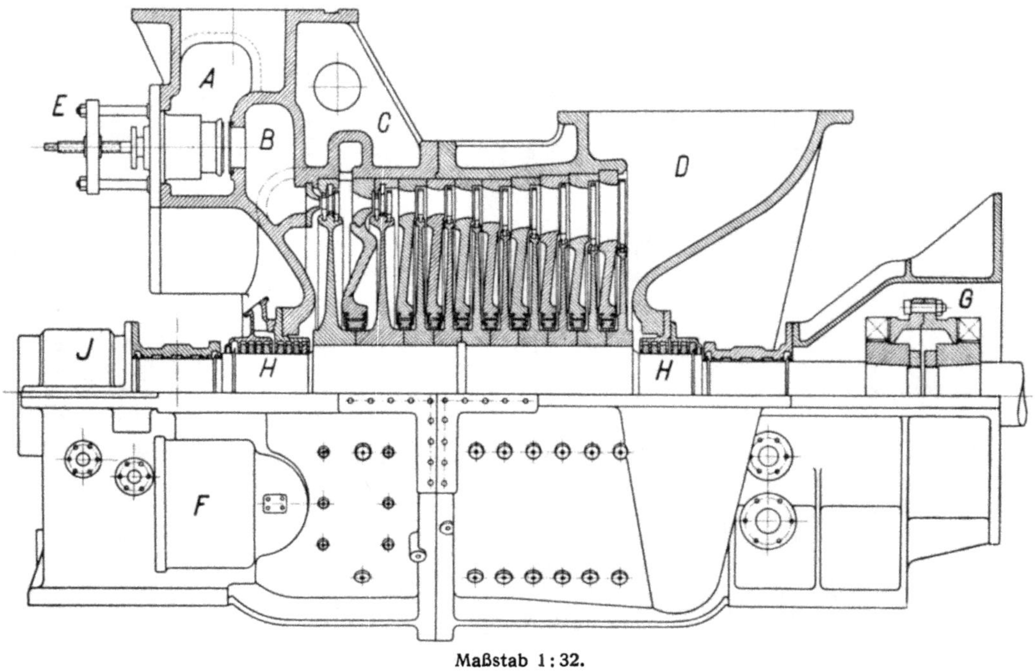

Maßstab 1:32.

Abb. 131.

In Abb. 131 ist die Hochdruckturbine dargestellt. Der Dampf tritt durch einen Verteilungskanal *A* in den Ventilkasten und wird von dort mit Hilfe der Einlaßventile *E* auf die Kammern *B* der einzelnen Düsengruppen verteilt. Auch im unteren Gehäuseteil sind bei *F* Dampfeinströmungsstutzen vorgesehen. In den Ringraum bei *C* kann Zusatzdampf eingeführt werden, wenn eine besonders hohe Leistung erzielt werden soll. — Die Abdichtung der Welle erfolgt durch Kohlenstopfbuchsen bei *H*. — Die Turbinendrucklager sind als Einringdrucklager ausgeführt, das der *HD*-Turbine ist bei *I* angeordnet. Durch die bewegliche Kuppelung *G* (vgl. § 159, 5) ist die Ritzelwelle mit der Turbinenwelle gekuppelt.

Abb. 132 zeigt die Niederdruckturbine. Der Dampf strömt bei *A* ein, wird im Ringraum *B* über den ganzen Umfang des ersten Düsenringes verteilt und tritt nach dem Durchströmen der Beschaufelung vom Abdampfraum *C* durch den Abdampfbogen *G* in den unterhalb der Niederdruckturbine angeordneten Kondensator.

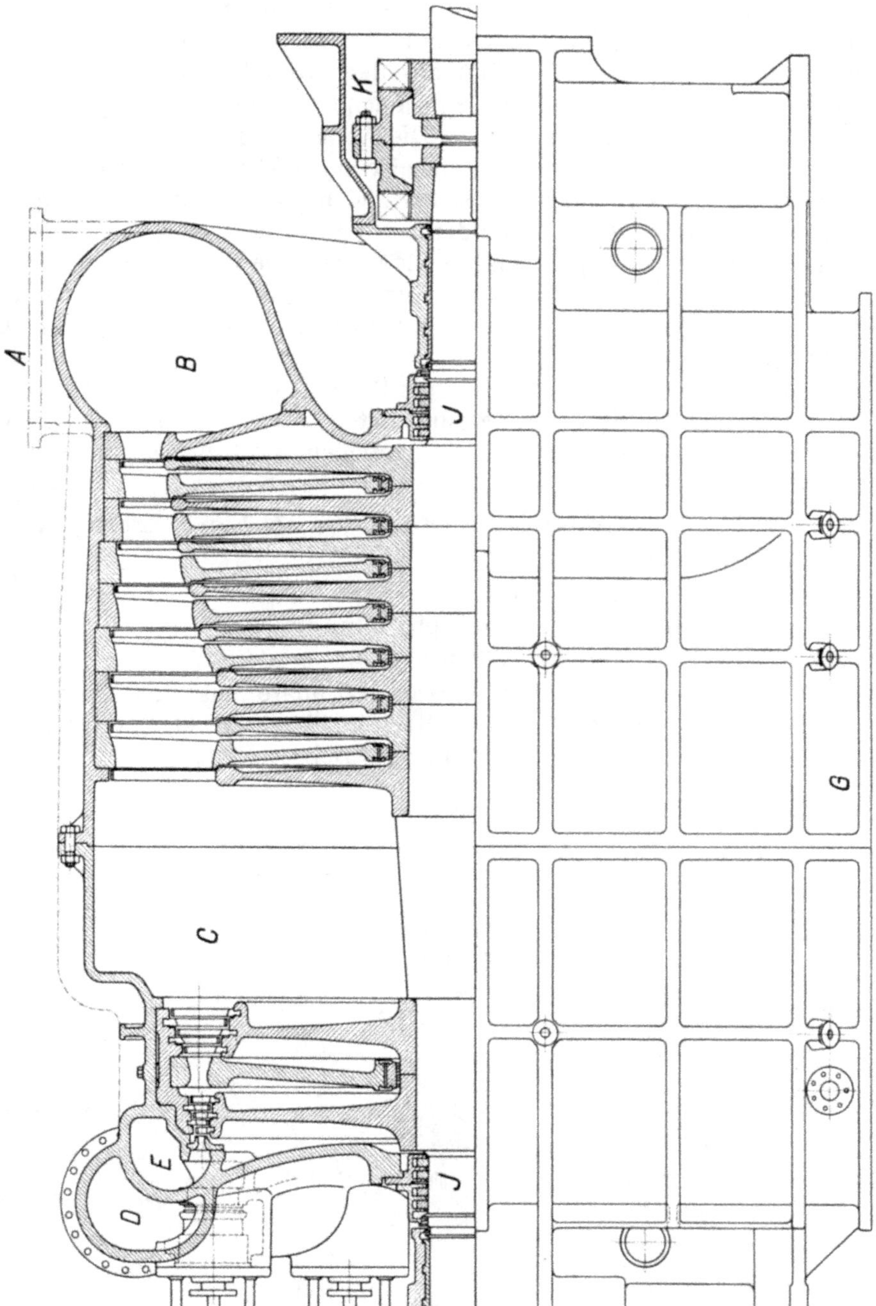

Abb. 132.

Maßstab 1 : 32.

Die Rückwärtsturbine ist im Niederdruckgehäuse untergebracht und besteht aus zwei dreikränzigen Curtisrädern, welche auf der Welle der Niederdruck-Vorwärtsturbine befestigt sind. Der Dampf strömt aus der Frischdampfleitung in den Verteilungsraum *D*, von wo er durch die Ventile *F* in den unterteilten Ringraum *E* eintritt, welcher ihn den Düsensegmenten zuführt. — Die Abdichtung der Welle beim Austritt aus dem Gehäuse erfolgt ebenso wie bei der Hochdruckturbine durch Kohlestopfbuchsen *J*. Bei *H* ist das Drucklager zu sehen und bei *K* die Kupplung, welche die Turbinenwelle mit der Ritzelwelle verbindet.

Für die Marschfahrten ist eine besondere kleine Turbine vorgesehen, welche durch eine geeignete Kupplung zu- und abgeschaltet werden kann; sie wird bei Marschfahrt vor die Hauptturbinen geschaltet und so eine wesentliche Verbesserung des Dampfverbrauches erzielt.

Die Turbinengehäuse sind aus Gußeisen, die Düsenabsperrventile sind in dieselben eingebaut. Die Rotorwellen sind aus geschmiedetem Stahl, ebenso die Räder. Die Schaufeln sind aus Phosphorbronze, die Zwischenböden aus Gußeisen mit eingegossenen Düsenblechen aus Nickelstahl.

14. „De Laval", Bordlichtturbine (Abb. 133 bis 135). Erbaut von Laval Ang-Turb. A. B. Stockholm.

Leistung der Maschine: 12 PSe.
Drehzahl der Turbinenwelle: 25000 pro Min.
Drehzahl der Vorgelegewelle: 3000 pro Min.

Diese kleinen Turbinen haben nicht nur als stationäre Maschinen ziemlich weite Verbreitung gefunden, sondern sind auch vielfach an Bord von kleineren Schiffen als Lichtmaschine oder in Verwendung für Pumpenantrieb zu finden.

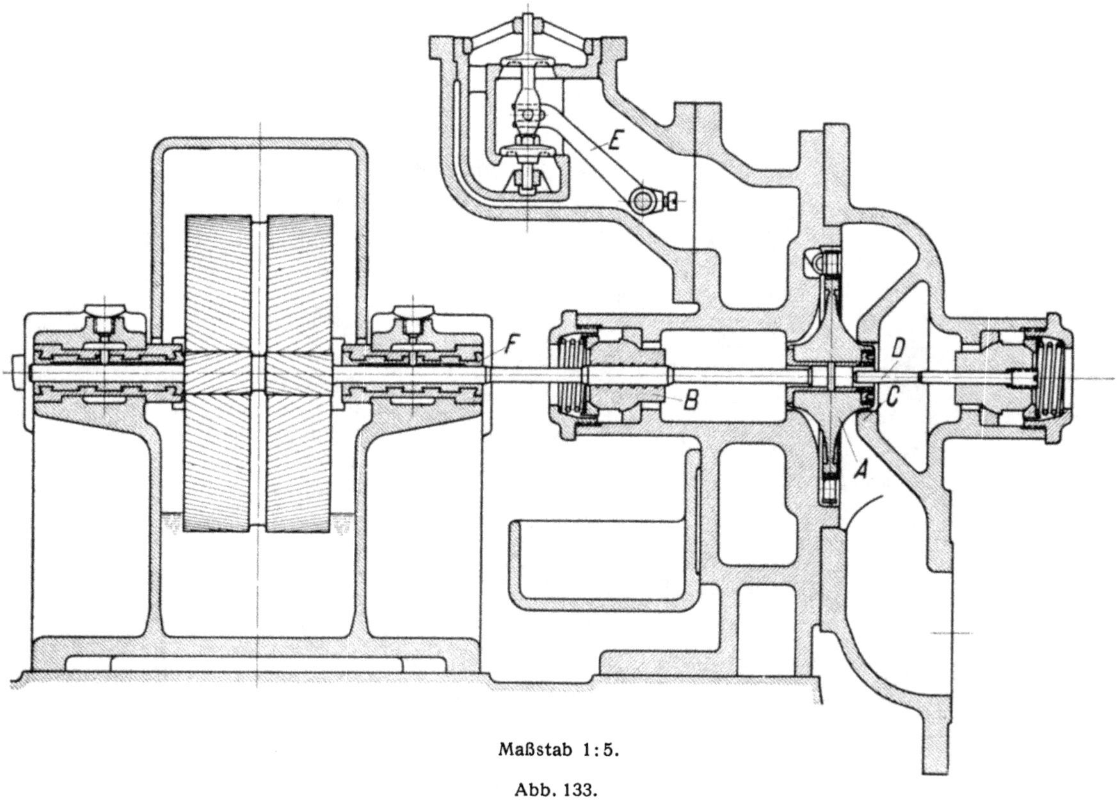

Maßstab 1:5.

Abb. 133.

Der prinzipielle Aufbau dieser Maschinen hat sich seit der ersten bahnbrechenden Verwirklichung der De Lavalschen Idee kaum geändert.

Auf der außerordentlich dünnen Welle *D* sitzt das verhältnismäßig sehr schwere und an der Nabe auffallend breite Laufrad *A*, welches die Laufschaufeln trägt. Die Welle selbst ist in primitiven Ringlagern gelagert, welche gleichzeitig als Stopfbüchse dienen, indem sie den Dampfraum der Turbine, wie Ventile konisch abgedreht und durch Federn angepreßt, abdichten. Die Turbinenwelle und die Ritzelwelle sind aus einem Stück gefertigt; der zum Ritzel gehörige Teil ist in zwei langen Halslagern *F* gelagert. Das Ritzel selbst ist mit der Welle aus einem Stück hergestellt. Die sehr hohe Betriebsdrehzahl, welche De Laval für seine Turbinen vorsehen mußte (vgl. § 54), machte ein „überkritisches" Arbeiten (vgl. § 104) derselben notwendig. Um ein einwandfreies Durchfahren der kritischen Drehzahl bei Inbetriebsetzung und Abstoppen zu ermöglichen, ist die Anordnung so getroffen, daß das Laufrad bei einem stärkeren Ausschwingen der Welle gegen bearbeitete Flächen des Gehäuses *C* anschlägt, wodurch eine übermäßige Durchbiegung der Welle vermieden wird. Abb. 134 zeigt die am Umfang angeordneten Düsen, welche durch Ventile von Hand aus abgesperrt werden. Die Anordnung der Regulierung ist aus Abb. 133 und Abb. 135 ersichtlich. Dieselbe erfolgt im Prinzip durch einen einfachen Fliehkraftregler, welcher auf der Vorgelegewelle sitzend mit einem Stift gegen einen Winkelhebel drückt und mittels des Hebels *E* (Abb. 133) das Dampfeinströmventil entsprechend verstellt.

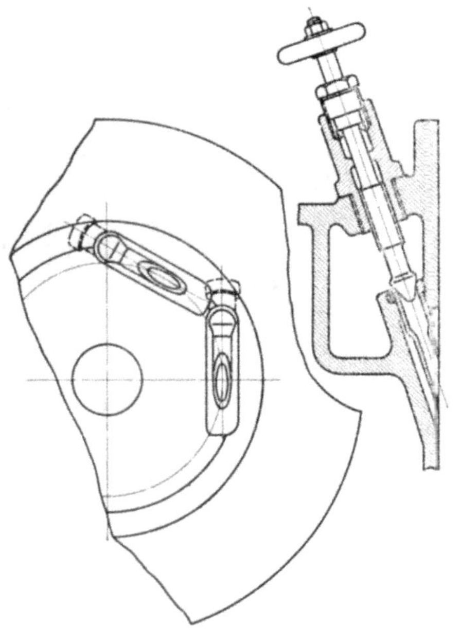

Abb. 134.

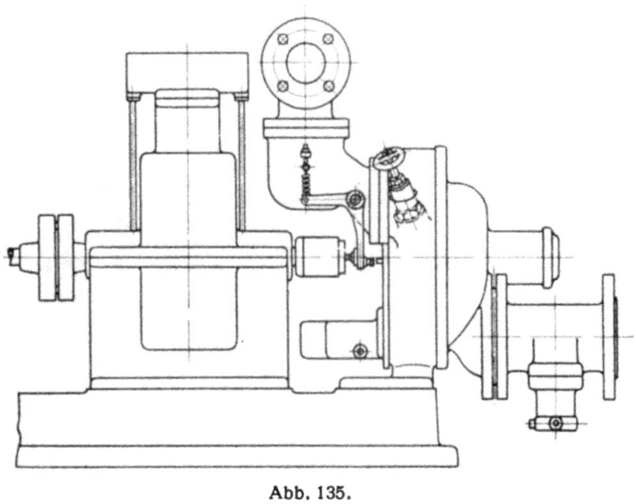

Abb. 135.

Die nach unseren heutigen Begriffen sehr primitive Konstruktion der Turbine hat sich im Laufe der Jahre als die zweckmäßigste für diesen Fall erwiesen, und es ist wohl anzunehmen, daß die De Laval-Turbine auch noch in Zukunft für kleinere Leistungen zur Verwendung kommen wird. Bezüglich der Berechnung vgl. § 73).

15. Einseitig gelagerte Gebläseturbine, Abb. 136 bestimmt zur Erzeugung von Luftüberdruck im Kesselraum eines Panzerkreuzers (ausgeführt von den Vulcan-Werken, Hamburg und Stettin A.-G.).

Leistung: 245 PS. Umdrehungszahl: 1800 pro Min.

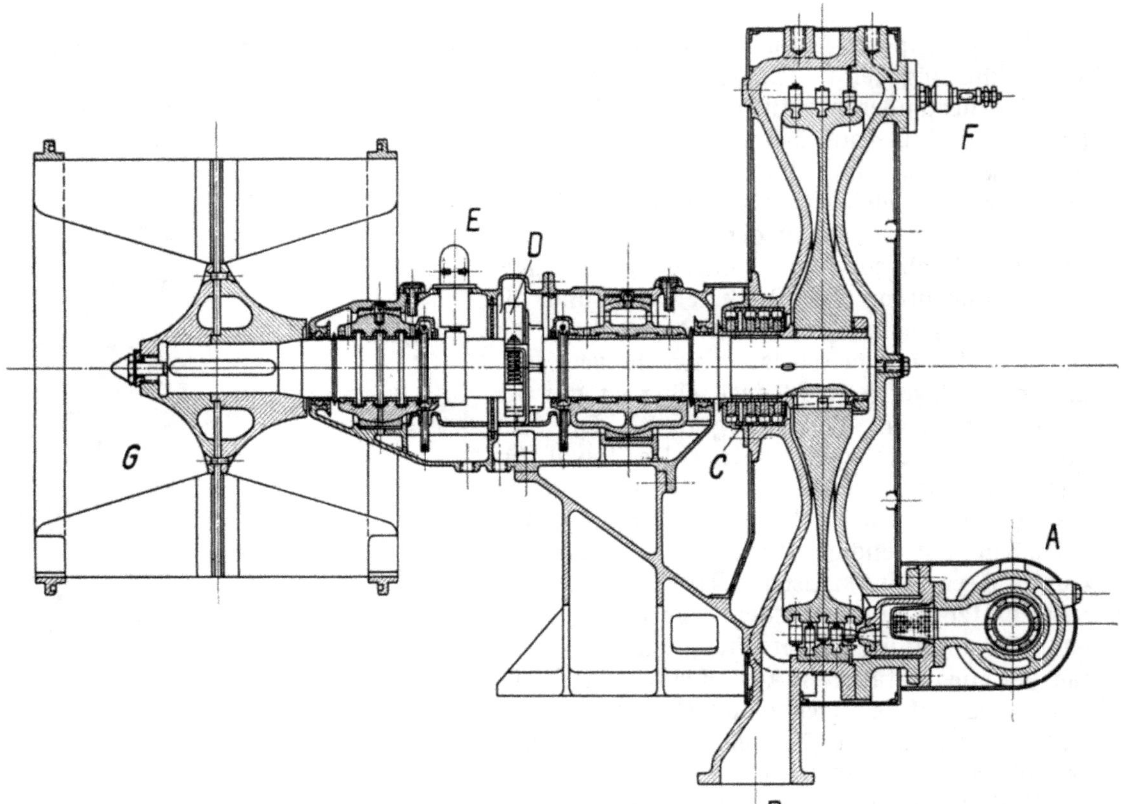

Maßstab 1:14.

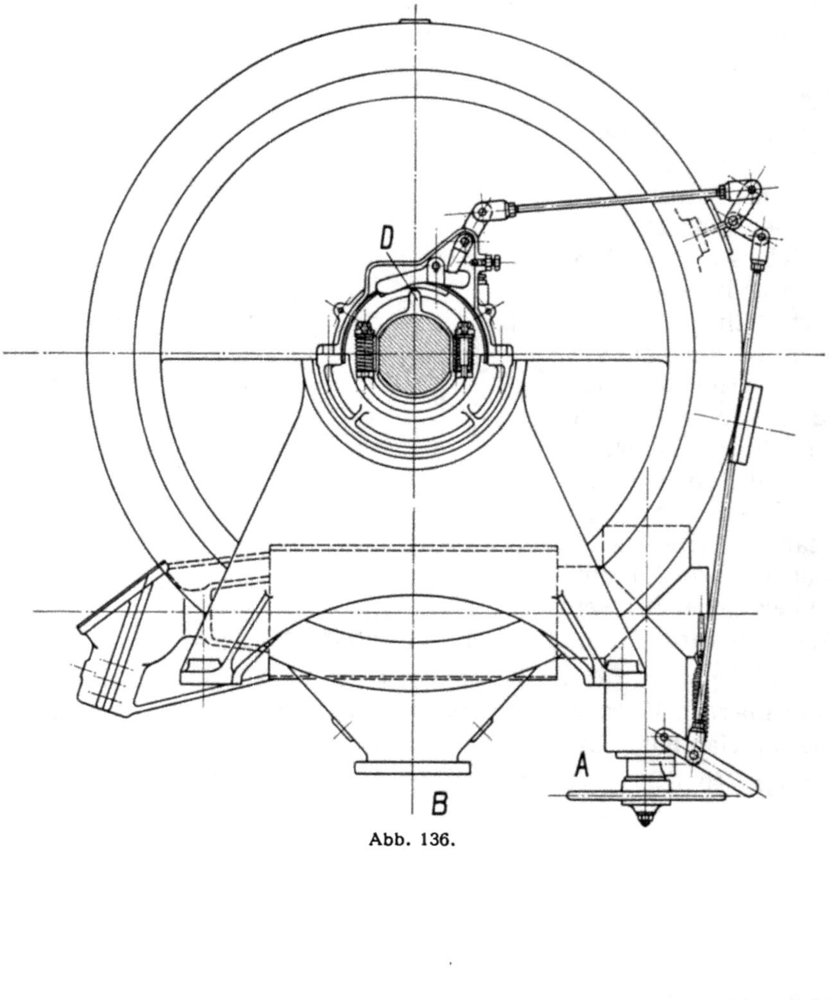

Abb. 136.

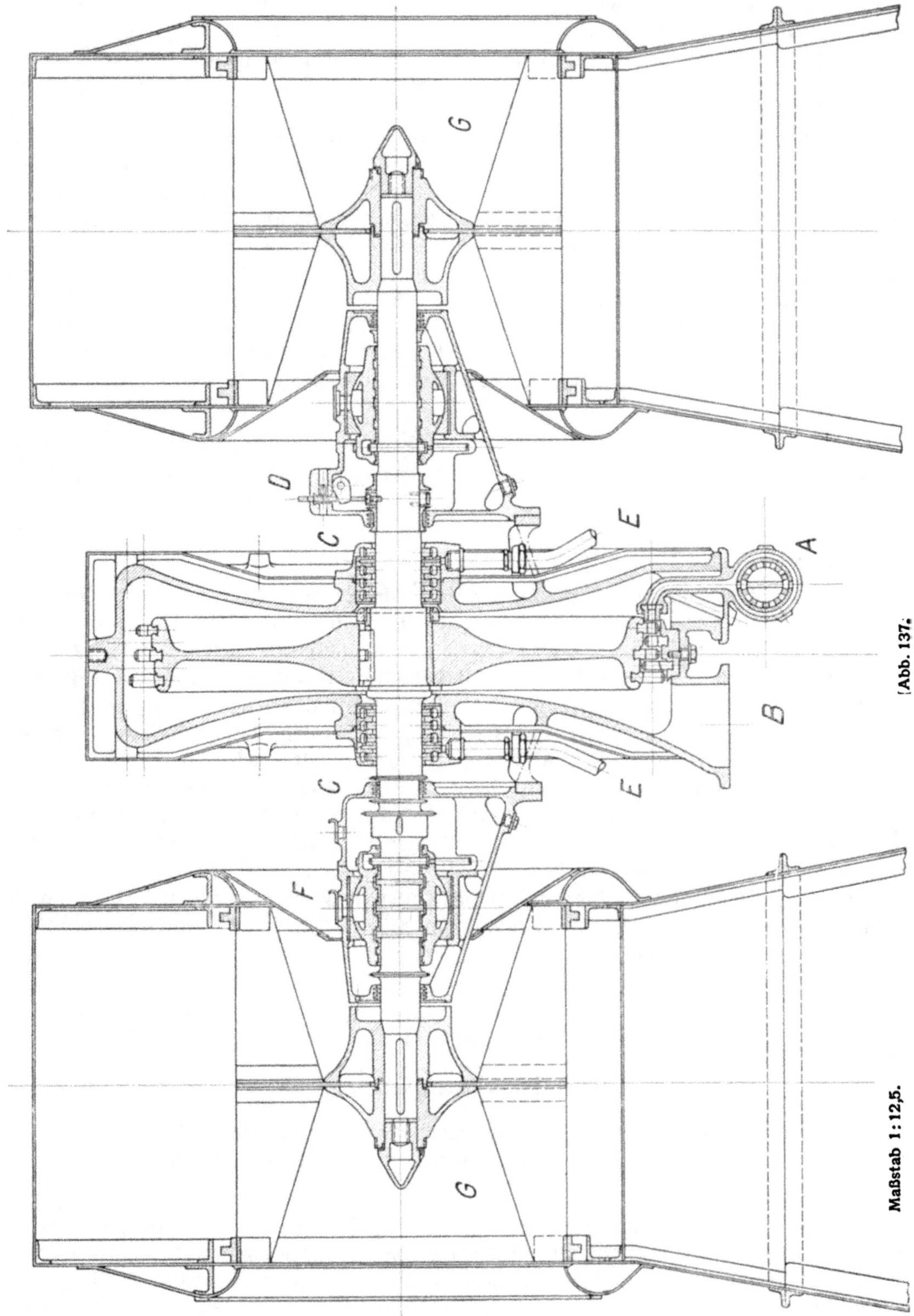

Abb. 137.

Maßstab 1:12,5.

Der Rotor dieser Gebläseturbine besteht aus der starren Welle, dem fliegend aufgesetzten dreikränzigen Curtisrad und dem ebenfalls freitragend angeordneten Gebläserad. Der Rotor ist in zwei Lagern mit Kugelbewegung gehalten. Der Dampfeintritt in die Düsen erfolgt durch den Regulierschieber *A* mit anschließendem Dampfsieb. Nach dem Austritt aus den Düsen durchströmt der Dampf die drei Geschwindigkeitsstufen und tritt bei *B* wieder aus der Turbine aus, und zwar gewöhnlich in die allgemeine Abdampfleitung. Die fliegende Anordnung des Laufrades bietet den Vorteil, daß nur eine Stopfbuchse erforderlich ist. Dieselbe ist bei *C* zu sehen und besteht aus vier Kohleringen. Zwischen den beiden Lagern, welche als Ringschmierlager ausgebildet sind und von denen das beim Gebläserad gelegene einige Druckringe zur axialen Fixierung aufweist, befindet sich der Sicherheitsregler *D*. Bei *E* ist eine Meßvorrichtung zur Nachprüfung der Höhenlage des Rotors eingebaut. Das aus Gußeisen bestehende Gehäuse trägt auf dem Deckel ein Sicherheitsventil *F*, welches verhindert, daß zu große Überdrucke im Gehäuse auftreten. Das Gebläserad *G* zeigt die bei der hohen Drehzahl üblichen kurzen Schaufeln mit den kräftigen Versteifungsringen an beiden Enden.

16. Doppelseitig gelagerte Gebläseturbine, Abb. 137 bestimmt zur Erzeugung von Überdruck im Kesselraum eines Kreuzers (erbaut von den Vulcan-Werken, Hamburg und Stettin, A.-G., für die K. Deutsche Marine).

Leistung der Turbine: 170 PS.
Umdrehungszahl: 1800 pro Min.

Diese Turbine stellt eine Ausführung dar, wie sie auf Kriegsschiffen in großer Zahl verwendet wurde. Der Rotor besteht aus den beiden Gebläserädern und einem dreikränzigen Curtisrad von 900 mm mittlerem Schaufelkreisdurchmesser, welches auf der durchgehenden Welle mittels Feder und geschlitzter konischer Hülse befestigt ist.

Der Dampf tritt durch den Regulierschieber bei *A* in den Düsenkasten ein, durchströmt die Beschaufelung und tritt bei *B* wieder aus. Da der Abdampf dieser Turbine normalerweise auf die allgemeine Abdampfleitung geschaltet wird, herrscht in dem Gehäuse ein Überdruck von ungefähr 1—2 at. Die Abdichtung der Welle erfolgt durch die Kohlenstopfbuchse *C* mit den Anschlüssen *E* für Stopfbuchsenabdampf. Die Traglager haben Kugelbewegung und Ringschmierung. Die Lagerbalken sind gleichzeitig als Ölbehälter ausgebildet. Bei *D* ist der Notregler zu erkennen.

An beiden Wellenenden sitzen die Gebläseräder *G*, welche zwecks günstiger Luftführung eine besonders ausgebildete Nabenform zeigen. Ein Schutz aus Drahtgeflecht ist vor der Saugöffnung angebracht.

Abschnitt II.

Die Beschaufelung.

§ 85. **Die axialen und radialen Schaufelspiele.** Dieser Gegenstand ist schon anläßlich der Erörterung der in den Turbinen auftretenden Verluste eingehend behandelt worden (vgl. hierzu § 28).

§ 86. **Allgemeines über die Bemessung der Turbinenschaufeln in Rücksicht auf deren Festigkeit.** Aus Rücksicht auf Gewichtsersparnis sowie Baulänge der Turbinen versucht man selbstverständlich, die Schaufelprofile so klein wie möglich zu halten. Diesem Bestreben stehen indessen die an die Festigkeit der Beschaufelung zu stellenden Anforderungen entgegen.

Schon im Hinblick auf die Möglichkeit einer sachgemäßen Ausführung der Turbinenbeschaufelung müssen die Profile eine gewisse Größe und Stärke haben. Es muß möglich sein, die Schaufeln ohne Gefahr der Deformation in die zur Aufnahme derselben vorgesehenen Ringnuten einzusetzen, Bandagen auf dieselben aufzunieten oder Bindedrähte durch sie hindurchzuziehen (vgl. hierzu die § 95 u. 96).

Abgesehen von diesen rein praktischen Rücksichten, muß bei Bemessung der Profilstärken die Beanspruchung der Schaufeln durch die statische und dynamische Wirkung des Dampfes sorgfältig beachtet werden. Die Schaufeln sind also auf diese Beanspruchung hin zu berechnen.

§ 87. **Berechnung der Turbinenschaufeln auf Festigkeit.** Die auf die Schaufeln wirkenden Kräfte sind im wesentlichen:

1. Parallel zur Rotorachse der statische Druck des Dampfes, welcher eine Biegung der Schaufeln hervorruft — nur bei Überdruckschaufeln.
2. Der Ablenkungsdruck des Dampfes, ebenfalls biegend.
3. Die Zentrifugalkraft, in Richtung der Schaufeln wirkend (bei Radialturbinen, vgl. § 37, senkrecht zu denselben).

Bei direktwirkenden Turbinen ist die Beanspruchung durch die Zentrifugalkraft meistens gering, dagegen rufen die Kräfte unter 1 und 2 hier oft erhebliche Beanspruchungen hervor. Am stärksten sind dieselben bei denjenigen Schaufelreihen, für welche die Dampfgeschwindigkeit am größten ist und deren Schaufeln am längsten sind, also bei den letzten Stufen der Niederdruckturbinen; ferner auch in den letzten Geschwindigkeitsstufen der ersten Curtisräder, und zwar namentlich bei Fahrt mit geringer Leistung, bei welcher die Dampfgeschwindigkeit sehr groß wird.

Bei den schnellaufenden Getriebeturbinen nimmt die Beanspruchung durch die Zentrifugalkraft einen sehr erheblichen Wert an, namentlich bei den letzten und längsten Schaufeln, welche im Vergleich zur Stärke des Fußes die größte Masse besitzen.

Bei der Berechnung der Turbinenschaufeln hinsichtlich ihrer Festigkeit wird zunächst angenommen, daß die Bandagen oder Verbindungsdrähte nicht zur Versteifung beitragen. Letzteres ist natürlich nicht der Fall, im Gegenteil erhöhen alle derartigen Verbindungen der Schaufeln untereinander deren Festigkeit im allgemeinen sehr wesentlich. Da aber andererseits viele Einflüsse auf die Turbinenschaufeln einwirken, welche rechnerisch nicht zu erfassen sind, wie z. B. Wasserschlag und Massenwirkung beim Umsteuern, Vibrationen u. dgl., ist diese Reserve sehr wohl begründet (vgl. hierzu § 96 über Schaufelverbindungen).

Berechnungsgang. Abb. 138 zeigt ein Schaufelprofil, und zwar eine Reaktionsschaufel, wie sie am Ende der Niederdrucktrommeln von Schiffsturbinen zur Anwendung kommt.

In den Profilquerschnitt sind die Hauptträgheitsachsen eingetragen (diejenigen Schwerpunktsachsen, um welche das Trägheitsmoment des Querschnittes ein Maximum bzw. Minimum ergibt). Da die Aufsuchung dieser Hauptträgheitsachsen, wenn sie genau ausgeführt werden soll, mit Umständlichkeiten verknüpft ist, genügt es in der Regel, die Achse des kleinsten Trägheitsmomentes, in der Abbildung mit Y bezeichnet, durch den Schwerpunkt S des Profils parallel zur Verbindungslinie der Vorderkanten I, II des Schaufelprofils zu ziehen. Die Achse X des größten Trägheitsmomentes ist dann eine senkrechte Linie zur Achse Y, gelegt durch

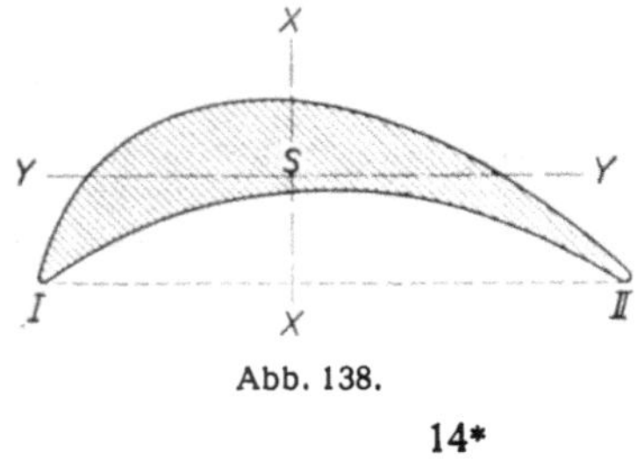

Abb. 138.

den Schwerpunkt S. Die Feststellung des Widerstandsmoments oder des Trägheitsmoments eines Schaufelprofils erfolgt dann zweckmäßig nach dem Nehlsschen Verfahren (vgl. Anhang Nr. III).

Die biegenden Kräfte, welche auf die Schaufel wirken, werden als gleichmäßige Belastung über die ganze Schaufellänge angenommen und werden bei dieser Berechnung in die Mitte der Schaufellänge verlegt gedacht. Es sind dies die Reaktionskräfte (entstanden durch die Geschwindigkeitsänderung in der Schaufel) sowie der statische Überdruck, welcher infolge der Verschiedenheit des Druckes beim Eintritt und beim Austritt aus der Schaufel auf dieselbe wirkt. Aus diesen Kräften entsteht eine resultierende Schaufelkraft, welche mit R bezeichnet sei. Diese Schaufelkraft R sei zerlegt gedacht in einetangentiale Komponente in Richtung des Umfangs, genannt R_t und in eine axiale Komponente in Richtung der Wellenachse, genannt R_a. Die tangentiale Komponente R_t könnte bestimmt werden aus der von dem betreffenden Schaufelkranz übertragenen Leistung, bestimmt sich aber noch einfacher direkt aus dem Satz von dem Antrieb der Kraft, welcher ergibt, daß die Umfangskraft gleich ist der sekundlich durch den Schaufelkanal strömenden Masse des Dampfes, multipliziert mit der Änderung der Geschwindigkeit in tangentialer Richtung, somit also:

$$R_t = \frac{G}{g}(c_1^t - c_2^t),$$

wobei G in kg die sekundlich durch den Kanal zwischen zwei Schaufeln strömende Dampfmenge darstellt,
g die Beschleunigung der Schwere in m/sek²,
c_1^t die tangentiale Komponente der absoluten Einströmungsgeschwindigkeit in m/sek,
c_2^t die tangentiale Komponente der absoluten Ausströmungsgeschwindigkeit in m/sek.

Hierbei ist das Vorzeichen dieser Geschwindigkeitskomponente zu beachten in der Weise, daß die beiden Größen addiert werden müssen, wenn deren Vorzeichen verschieden sind.

Eine weitere Kraft kommt in tangentialer Richtung nicht in Betracht, da der vorgenannte statische Überdruck lediglich in axialer Richtung auftritt.

Die axiale Komponente der resultierenden Schaufelkraft, welche mit R_a bezeichnet wurde, setzt sich zusammen aus der Differenz des Ein- und Austrittsdruckes auf den einer Schaufelteilung entsprechenden Querschnitt senkrecht zur Wellenachse und aus der axialen Komponente der Reaktionskraft. Der erste Summand, d. h. also der axiale Überdruck U, findet sich aus der Formel:

$$U = t \cdot l\ (p_1 - p_2) \text{ in kg},$$

wobei t die Schaufelteilung in cm, gemessen im mittleren Schaufelkreise,
l die Schaufellänge in cm,
p_1 die Eintrittsspannung in kg/qcm,
p_2 die Austrittsspannung aus der betreffenden Schaufel in kg/qcm
bedeutet.

Der zweite Summand, d. h. die axiale Komponente der Reaktionskraft, ist gleich der sekundlichen Dampfmasse pro Schaufelkanal $\frac{G}{g}$ multipliziert mit der Änderung der axialen Geschwindigkeitskomponenten $(c_1^a - c_2^a)$, somit

$$R_a = t \cdot l\,(p_1 - p_2) + \frac{G}{g}(c_1^a - c_2^a).$$

Genau genommen, müßte nun die Schaufelkraft R, welche rechnungsmäßig aus der Tangentialkomponente und der Axialkomponente zu finden ist, zerlegt werden in eine Komponente R_x in der Richtung der Achse X und in eine zweite R_y in der Richtung der Achse Y, und müßten die aus den beiden Komponenten und den entsprechenden Widerstandsmomenten zu berechnenden Biegungsbeanspruchungen kombiniert werden. Der Einfachheit halber beschränkt man sich jedoch auf die Feststellung der Komponente in der Richtung der X-Achse, also senkrecht zur Achse Y, und berechnet die Beanspruchung nur hierfür, da die zusätzliche Beanspruchung, welche aus der Biegung um die Achse X infolge der Komponente in Richtung der Y-Achse entsteht, vernachlässigt werden kann.

Als Einspannquerschnitt, um welchen die Biegung erfolgt, muß derjenige Querschnitt in Rechnung gesetzt werden, mit welchem die Schaufel zwischen den Füll-

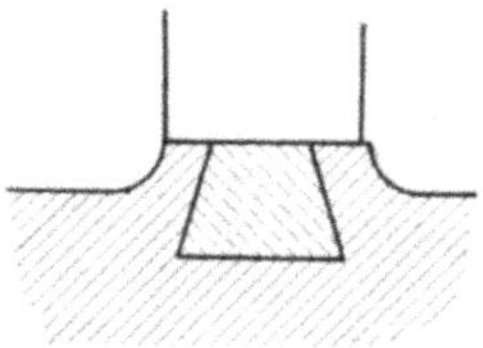

Abb. 139.

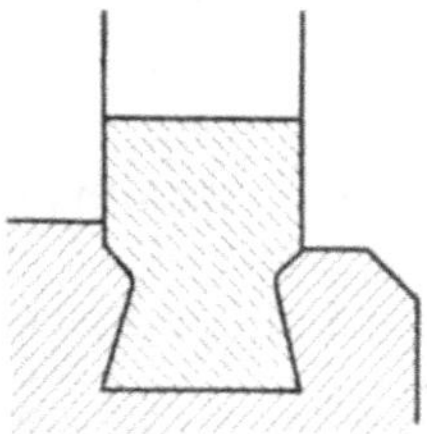

Abb. 140.

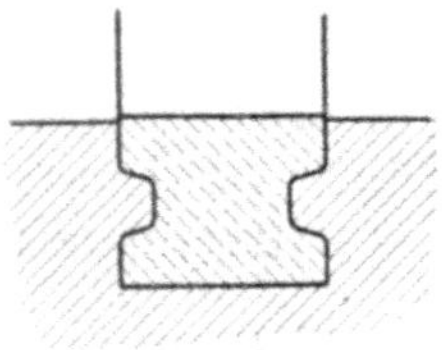

Abb. 141.

stücken heraustritt. Es muß also z. B. in Abb. 139, wo die Füllstücke nur bis zur tiefsten Einkerbung des Schwalbenschwanzes heranreichen, der durch den Schwalbenschwanz geschwächte Querschnitt für die Berechnung der Schaufelbeanspruchung herangezogen werden, während dagegen in Abb. 140, wo erhöhte Füllstücke zur Anwendung kommen, oder in Abb. 141, wo die Kerbe tiefer liegt als das obere Ende des Füllstückes, der volle Schaufelquerschnitt der Berechnung des Widerstandsmomentes zugrunde gelegt werden kann. Selbstverständlich müssen auch die Hauptträgheitsachsen X, Y und die Komponente R_x jeweils für den Einspannquerschnitt ermittelt werden, im Falle der Abb. 139 also nicht für den vollen, sondern für den geschwächten Profilquerschnitt.

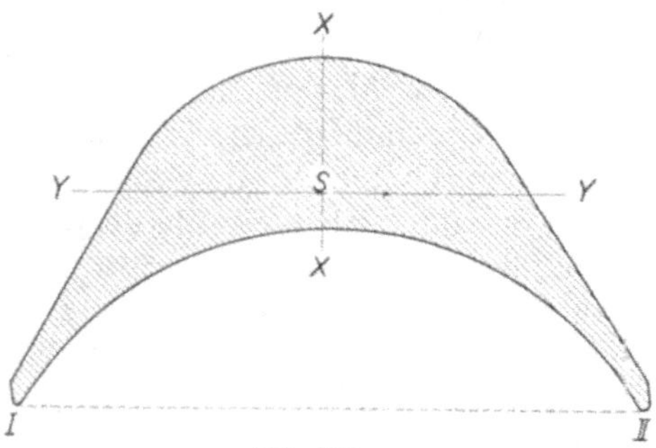

Abb. 142.

Für eine Aktionsschaufel, wie sie in den Curtisstufen bzw. in den Aktionsstufen der Trommel (siehe Abb. 142) zur Anwendung kommt, gestaltet sich die Berechnung der Biegungsbeanspruchung ganz analog. In der Abbildung bedeuten wieder X und Y die durch den Schwerpunkt S gezogenen Hauptträgheitsachsen des Querschnittes, wobei wiederum zu bemerken ist, daß die Richtung der Achse Y genügend genau parallel zur Verbindungslinie der Vorderkanten I, II angenommen werden kann, während die Achse X hierauf senkrecht steht. Der einzige Unterschied gegenüber der Berechnung der Reaktionsschaufeln besteht darin, daß in diesem Falle keine Druckunterschiede zwischen Ein- und Austritt der Schaufel herrschen, so daß in der axialen Komponente R_a der Überdruck U verschwindet. Demnach wird die tangentiale Komponente genau wie früher

$$R_t = \frac{G}{g}(c_1{}^t - c_2{}^t)$$

und die axiale Komponente

$$R_a = \frac{G}{g}(c_1^a - c_2^a).$$

Die Bedeutung der Buchstaben ist dieselbe wie oben.

Auch hier genügt es, für die Berechnung der Biegungsbeanspruchung nur die Komponente R_x in Richtung der Achse X zu berücksichtigen. Im übrigen erfolgt die Berechnung der Biegungsbeanspruchung bzw. die Festlegung des Einspannquerschnittes in der gleichen Weise, wie oben für eine Reaktionsschaufel des näheren ausgeführt wurde.

Beanspruchung durch die Zentrifugalkraft.

Bedeutet

u die Umfangsgeschwindigkeit in m pro Sekunde im mittleren Schaufelkreis,
r den Radius des mittleren Schaufelkreises in m,
l die freie Länge einer Schaufel in dm,
F_e den Schaufelquerschnitt an der Einspannstelle in qcm,
F den vollen Schaufelquerschnitt in qcm,
γ das spezifische Gewicht des Schaufelmaterials in kg/cdm,
g die Erdbeschleunigung in $\frac{m}{\text{sek}^2}$,

so ergibt sich für den gefährlichen Querschnitt an der Einspannstelle eine Zugbeanspruchung von

$$k_z = \frac{u^2 \cdot l}{r \cdot g} \cdot \frac{\gamma}{100} \cdot \frac{F}{F_e} \text{ in kg/qcm.}$$

Der Einfluß der Bandage oder der Versteifungsdrähte müßte besonders berücksichtigt werden. Da jedoch die Beanspruchungen k_z bei Schiffsturbinen meistens verhältnismäßig klein sind, so genügt es, dieser zusätzlichen Belastung durch einen entsprechend geschätzten Zuschlag zu der Schaufellänge l Rechnung zu tragen.

Bei schnellaufenden Turbinen (mit Übersetzung) werden, um die Beanspruchungen durch die Zentrifugalkraft auf ein erträgliches Maß herabzuziehen, in den letzten Schaufelreihen Profile verwendet, deren Stärke ursprünglich ganz oder beinahe so groß ist wie die Teilung im Grundkreis. Diese Schaufelprofile werden derartig abgefräst, daß sie vom Fuß aus gegen die Spitze hin erst rascher, dann langsamer abnehmende Stärke besitzen (vgl. Abb. 143). Für diesen Fall berechnet sich die Beanspruchung durch die Zentrifugalkraft wie folgt:

Die Schaufel wird in mehrere Teile zerlegt und für jeden Teil die Maße bestimmt. Die Umfangsgeschwindigkeit u der einzelnen Abschnitte berechnet sich aus dem mittleren Durchmesser für jeden Abschnitt. Dann werden die einzelnen Zentrifugalkräfte berechnet und summiert und die Beanspruchung für verschiedene Querschnitte nachgerechnet.

Erfahrungsgemäß genügt es jedoch in den meisten Fällen, die Zentrifugalkraft der ganzen Schaufel bis zum untersuchten Querschnitt zu bestimmen, indem man den Querschnitt und die Umfangsgeschwindigkeit in der Mitte zugrunde legt. Deckbänder und Bindedrähte werden entweder durch Zuschläge berücksichtigt oder ihre Zentrifugalkraft pro Schaufel wird getrennt berechnet und zu derjenigen des betreffenden Schaufelteils zugeschlagen. – Die vereinfachte und die ausführliche Schaufelberechnung sind in Beispiel II, § 89, durchgeführt und verglichen.

§ 88. **Beispiel I. Berechnung der Schaufelbeanspruchung bei einer direktwirkenden Turbine.** Es sei festzustellen die Beanspruchung einer Reaktionsschaufel für den Rotor einer Torpedobootsturbine. Die Anlage besitzt drei gleiche Turbinen von je ca. 7300 PS.

Dampfmenge pro Stunde	43000 kg
Abgang durch Verluste	1350 ,,
Es gehen also durch den Schaufelkranz pro Stunde .	41650 kg
Schaufelzahl pro Kranz	446 Stück,

hieraus pro Schaufel

$$G = \frac{41650}{3600 \cdot 446} = 0{,}026 \text{ kg/sek.}$$

Durchmesser des mittleren Schaufelkreises	1378 mm
Tourenzahl pro Minute	720
hieraus Umfangsgeschwindigkeit $u =$	52 m/sek.

Ferner sei der Winkel beim Austritt aus der vorhergehenden Leitschaufel tg $\alpha = 0{,}8$ und der Winkel beim Austritt aus der Laufschaufel tg $\beta = 1{,}0$.

Die detaillierte Berechnung der Turbine ergab:

$c_1 = 260$ m/sek, $w_1 = 222$ m/sek, $w_2 = 242$ m/sek, $c_2 = 208$ m/sek, hieraus finden wir durch Zeichnung der Dreiecke

$$c_1^t - c_2^t = 321 \text{ m/sek und } c_1^a - c_2^a = 11 \text{ m/sek.}$$

Es ist ferner:

Druck beim Eintritt in die Laufschaufel	$p_1 = 0{,}1073$ ata
Druck beim Austritt aus der Laufschaufel	$p_2 = 0{,}10$ ata
Schaufellänge	$l = 23{,}4$ cm
Mittlere Schaufelteilung	$t = 0{,}97$ cm;

hieraus ergibt sich

$$R_t = \frac{0{,}026}{9{,}81}\, 321 = 0{,}851 \text{ kg},$$

$$R_a = 0{,}97 \cdot 23{,}4 \cdot (0{,}1073 - 0{,}1) - \frac{0{,}026}{9{,}81} \cdot 11 = 0{,}165 - 0{,}029 = 0{,}136 \text{ kg}.$$

Das zweite Glied des Ausdrucks für R_a ist mit negativem Vorzeichen eingesetzt, weil c_1^a kleiner ist als c_2^a.

Aus R_t und R_a finden wir graphisch die Resultierende R bzw. deren Komponenten $R_x = 0{,}855$ kg und $R_y = 0{,}105$ kg. Letztere Komponente kann vernachlässigt werden. Das Biegungsmoment um die Y-Achse ergibt sich zu

$$M_x = R_x \cdot \frac{l}{2} = 0{,}855 \cdot 11{,}7 = 10 \text{ kg/cm}.$$

Das Widerstandsmoment des gezogenen Profiles habe sich unter der Annahme ungeschwächten Einspannquerschnittes (hohe Füllstücke) ergeben zu

$$W = \frac{\text{Trägheitsmoment}}{\text{Abstand } e} = \frac{0{,}00566 \text{ cm}^4}{0{,}31 \text{ cm}} = 0{,}0183 \text{ cm}^3,$$

wobei e der Abstand der äußersten Faser von der Trägheitsachse ist.

Wir finden somit die größte Biegungsbeanspruchung in den Schaufelkanten I und II (Abb. 142) zu

$$k_b = \frac{M_x}{W} = 548 \text{ kg/qcm (Zugspannung)}.$$

Hierzu tritt noch die Beanspruchung durch die Zentrifugalkraft nach der Formel

$$k_z = \frac{u^2 l}{r \cdot g} \cdot \frac{\gamma}{100} = \frac{52^2 \cdot 2{,}34}{0{,}689 \cdot 9{,}81} \cdot \frac{8{,}5}{100} = 79 \text{ kg/qcm}.$$

Somit die gesamte Zugbeanspruchung

$$k = k_b + k_z = 627 \text{ kg/qcm}.$$

§ 89. **Beispiel II. Berechnung der Schaufelbeanspruchung bei einer schnellaufenden Turbine mit Übersetzung.** Für die Transformatorturbine (Berechnungsbeispiel § 75) soll die Laufschaufel des letzten Aktionsrades auf ihre Beanspruchung untersucht werden.

Tourenzahl . . . . $n =$ 2300 /Min.
Mittlerer Schaufeldurchmesser . . . . 1600 mm
daraus Umfangsgeschwindigkeit . . . . $u =$ 193 m/sek.

Die Abmessungen der Schaufel zeigt Abb. 143. Es sollen die größten Beanspruchungen in den Querschnitten *I—I* und *II—II* bestimmt werden.

a) Beanspruchung durch Zentrifugalkraft.

Es sei

Z_1 die Zentrifugalkraft des Deckbandes und der Nieten,
Z_2 ,, ,, des Schaufelabschnittes zwischen Deckband und Querschnitt *III*,
Z_3 die Zentrifugalkraft des Schaufelabschnittes zwischen Querschnitt *III* und Querschnitt *II*,
Z_4 die Zentrifugalkraft des Abschnitts zwischen *II* und *I*,

dann ist die Zentrifugalkraft jedes der Abschnitte

$$Z_n = \frac{Q}{g} \cdot \frac{u^2}{r},$$

wobei Q das Gewicht des betreffenden Schaufelabschnittes ist. Wir erhalten somit

$$Z_1 = \frac{0{,}0107}{9{,}81} \cdot \frac{223^2}{0{,}925} = 59 \text{ kg}$$

$$Z_2 = \frac{0{,}0705}{9{,}81} \cdot \frac{210^2}{0{,}868} = 364 \text{ kg}$$

$$Z_3 = \frac{0{,}104}{9{,}81} \cdot \frac{182^2}{0{,}753} = 466 \text{ kg}$$

$$Z_4 = \frac{0{,}026}{9{,}81} \cdot \frac{165^2}{0{,}685} = 105 \text{ kg}$$

$$\Sigma (Z_1 \text{ bis } Z_4) = 994 \text{ kg}$$

$$\Sigma (Z_1 \text{ bis } Z_3) = 889 \text{ kg}$$

Im Schnitt *I—I* ist $k = \frac{Z}{F} = \frac{994}{1{,}55} = 640$ kg/qcm

Im Schnitt *II—II* ist $k = \frac{Z}{F} = \frac{889}{1{,}26} = 705$ kg/qcm.

Es zeigt sich, daß der Querschnitt *II—II* stärker beansprucht ist.

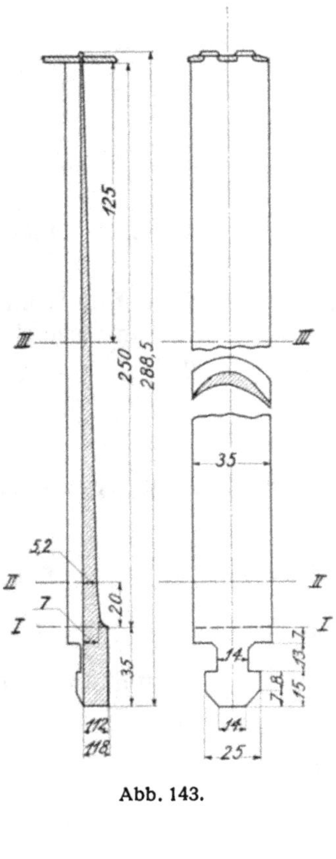

Abb. 143.

Zum Vergleich werde nun die Zentrifugalkraft berechnet, wenn die Schaufel nicht in Abschnitte zerlegt ist. Es ergibt sich für einen mittleren Querschnitt von 0,865 qcm und einen mittleren Durchmesser von 1620 mm

$$Z_2 + Z_3 = \frac{0{,}865 \cdot 23 \cdot 8{,}5}{1000 \cdot 9{,}81} \cdot \frac{195^2}{0{,}810} = 810 \text{ kg}$$

Z_1 ist wieder $= 59$ kg

Zentrifugalkraft für Querschnitt II—II $= 869$ kg,

damit wird $k = 690$ kg/qcm.

Eine derartige Abweichung ist in den meisten Fällen unbedenklich.

b) Beanspruchung auf Biegung.

Für das vorliegende Beispiel ist:

$$G = \frac{67687}{356 \cdot 3600} = 0{,}053 \text{ kg/sek.}$$

Aus den Geschwindigkeitsdreiecken (vgl. 75, Abb. 91) ergibt sich

$$c_1^t - c_2^t = 502{,}5 \text{ m/sek}$$

$$c_1^a - c_2^a = 3{,}75 \text{ m/sek,}$$

damit wird

$$R_t = \frac{0{,}053}{9{,}81} \cdot 502{,}5 = 2{,}72 \text{ kg}$$

$$R_a = \frac{0{,}053}{9{,}81} \cdot 3{,}75 = 0{,}02 \text{ kg.}$$

Nun wird graphisch die Resultierende ermittelt, die im vorliegenden Falle mit R_t zusammenfällt. Diese Kraft muß in die Richtungen x und y zerlegt werden. R_y kann wegen seiner Kleinheit vernachlässigt werden.

Für Querschnitt I ist das Biegungsmoment

$$M_x = 2{,}72 \cdot 12{,}5 = 34{,}0 \text{ (kg} \cdot \text{cm).}$$

Das Widerstandsmoment des Querschnitts wurde bestimmt zu

$$W = 0{,}178 \text{ cm}^3.$$

Die größte Biegungsbeanspruchung berechnet sich zu

$$k_b = \frac{M_x}{W} = 191 \text{ kg/qcm.}$$

Analog wird für den Querschnitt II

$$M_x = 2{,}72 \cdot 11{,}5 = 31{,}3 \text{ (kg} \cdot \text{cm)}$$

$$W = 0{,}1163 \text{ cm}^3$$

$$k_b = 269 \text{ kg/qcm.}$$

c) Die Gesamtbeanspruchung ergibt sich als Summe der Biegungs- und Zugspannung. Der größte Wert ist

Im Querschnitt I: $k_{\max} = k_z + k_b = 640 + 191 = 831$ kg/qcm

Im Querschnitt II: $k_{\max} = k_z + k_b = 705 + 278 = 983$ kg/qcm.

Dieser ist also am stärksten beansprucht.

§ 90. **Allgemeines über die Eigenschwingungszahl von Turbinenschaufeln** (vgl. hierzu Abschnitt „Turbinenhavarien"). Die rechnungsmäßig unerklärlichen Zerstörungen einzelner Schaufelkränze und Gruppen haben zu der Vermutung geführt, daß Schaufelschwingungen und dadurch verursachte Ermüdungsbrüche die Veranlassung seien. Von verschiedenen Seiten durchgeführte Untersuchungen einzelner Schaufeln und ganzer Segmente[1]) bestätigten diese Vermutung und ergaben weiter, daß die seitlichen Ausschläge bei diesen Schwingungen sehr große Werte aufweisen können, so daß ein Streifen der Laufschaufeln an den vorhergehenden oder nachfolgenden Leitschaufeln durchaus möglich erscheint.

Diese Schwingungen der Schaufeln sind Resonanzschwingungen, deren Frequenz abhängig ist von den elastischen Eigenschaften der Schaufeln und ihrer Masse. Selbst ganz kleine Impulse, welche mit der Frequenz der Eigenschwingungszahl der Schaufel auf dieselbe einwirken, haben zur Folge, daß sehr große Schwingungsausschläge auftreten, da die Dämpfung verhältnismäßig gering ist. Diese Impulse rühren meist von den periodischen Unterbrechungen des Dampfstrahles durch die Düsenbleche, die Leitschaufeln oder von einer ungleichmäßigen Verteilung der Düsen her oder auch von periodischen Erschütterungen des ganzen Rotors[2]).

Es würden demnach zwei Möglichkeiten bestehen, die Entstehung von Schaufelschwingungen zu verhindern:

1. Vermeidung der Impulse im Dampfstrahl beim Vorbeigang der Schaufeln an den Leitvorrichtungen von einer Periode, deren Frequenz sich mit der Eigenschwingungszahl der Schaufeln deckt. Sicherstellung eines ruhigen, erschütterungsfreien Laufs des Rotors.

2. Absichtliche Bemessung der Eigenschwingungszahl der Schaufeln, durch geeignete Wahl von deren elastischen Eigenschaften und Massenverteilung so daß erstere nicht mit der Zahl der Impulse zusammenstimmt.

Die sichere Erfüllung der vorstehenden Bedingungen stößt in der Praxis auf große Schwierigkeiten, zunächst deshalb, weil sich die Eigenschwingungszahl der Schaufeln im allgemeinen nur sehr schwer rechnungsmäßig vorausbestimmen läßt. Dies liegt daran, daß die Befestigungsverhältnisse der Schaufeln im Rad oder in der Trommel nicht immer eine genaue Bestimmung der schwingenden Schaufellänge ermöglichen und die Versteifung durch Deckbänder, Bindedrähte und durch die Vereinigung mehrerer Schaufeln zu einem Segment rechnerisch kaum erfaßt werden kann.

Ferner ist es erwiesen, daß die Schaufeln sowohl Eigenschwingungen ersten Grades, wie auch solche zweiten Grades ausführen können, deren Frequenzen von der Lage des Knotenpunktes, also vom Schwingungsbild abhängen. Ebenso ist durch Versuche festgestellt, daß die durch Deckbänder oder Bindedrähte zu Segmenten vereinigten Schaufeln als ganze Segmente ohne Knoten oder mit einem oder mehreren Knoten schwingen können (vgl. Abb. 144 bis 146), so daß auch hier wieder verschiedene Schwingungszahlen sich einstellen können. Durch den weiteren Umstand, daß die Richtung der Impulse nur schwer im voraus abzuschätzen ist und dadurch einige Unsicherheit bezüglich des einer Schwingungsrechnung zugrunde zu legenden Trägheitsmomentes besteht, erscheint eine rechnungsmäßige Erfassung fast unmöglich.

Zweckmäßig ist es, durch Versuche im Bedarfsfalle die Eigenschwingungszahlen festzustellen und anzustreben, daß die niedrigsten Eigenschwingungszahlen sämtlicher Schaufeln höher liegen als die höchsten zu erwartenden Impulszahlen.

[1]) Vgl. Stodola, Dampf u. Gasturbinen, 5. Aufl., S. 296 und 946.
„ Roth, Jahrb. d. Schiffbautechn. Ges. 1916.
„ Verf., Jahrb. d. Schiffbautechn. Ges. 1914.

[2]) Solche Erschütterungen des Rotors können auch durch Schiffsschwingungen verursacht werden; man hat z. B. bei Torpedobooten, wenn diese auf flachem Wasser fahren, Havarien an der Beschaufelung festgestellt, deren Ursache anders als durch solche Schiffsschwingungen nicht erklärlich waren.

Abb. 144.

Abb. 145.

Abb. 146.

Als solche kommen zunächst in Frage:

Die Drehzahl der betreffenden Maschine, wegen der eventuell auftretenden Erschütterungen des Rotors, welche Schwingungen der Schaufeln anregen können,

die doppelte Drehzahl als Zahl der durch die Änderung der Dampfströmung in der Nähe der Teilfuge zu erwartenden Impulse,

die *n*-fache Drehzahl, wobei *n* sowohl die Zahl der Düsensegmente als auch der Düsen oder Leitschaufeln sein kann, da jedes dieser Elemente Schwingungsimpulse hervorzurufen geeignet ist.

Betrachtet man also z. B. eine Turbine mit $n = 1500$ Umdr./Min $=$ 25 Umdr./sek, dann kommen, wenn nicht noch andere erregende Kräfte vorhanden sind, bei den voll beaufschlagten Rädern mit 80 Düsen die sekundlichen Impulszahlen 25, 50 und 2000 in Frage.

§ 91. **Über die zulässigen Verhältnisse zwischen Länge und Breite der Schaufeln.** Für den Entwurf von Turbinenbeschauflungen, bei welchen eine Durchrechnung der einzelnen Profile auf Festigkeit zu zeitraubend wäre, hat es sich als zweckmäßig herausgestellt, ein gewisses Verhältnis von Länge zur Breite des Schaufelprofils anzunehmen. In diesem Verhältnis kommt in erster Annäherung die Rücksicht auf die Schaufelbeanspruchung, ferner auf die Vermeidung von Schwingungen und schließlich auch das Bestreben eine gewisse Sicherheit gegen Wasserschlag zu schaffen, zum Ausdruck.

Eine gewisse Berechtigung für dieses Verfahren kann man daraus ableiten, daß nach den vorhergehenden Paragraphen die Profilbreite, insbesondere bei Reaktionsprofilen, als ein ungefähres Maß für das Trägheitsmoment und die Länge der Schaufel als maßgebend für die an der Schaufel wirkenden Kräfte betrachtet werden kann.

Bei bewährten Turbinenausführungen bleibt das Verhältnis von Schaufellänge zu Schaufelbreite meist unter 10 und erreicht selten 12 oder 14. Bei gefrästen Schaufeln nähert sich dieses Verhältnis oft den oberen Werten. Bei Konstruktionen, welche die Grenzwerte erreichen, ist es unbedingt erforderlich, sowohl eine Beanspruchungsrechnung durchzuführen, wie auch die zu erwartende Eigenschwingungszahl entweder rechnungsmäßig oder durch einen Versuch festzustellen.

§ 92. **Die Eigenschaften der Materialien für die Beschaufelung.**

A. Schaufelmaterial.

Die Anforderungen, welche an das Schaufelmaterial gestellt werden, sind kurz zusammengefaßt folgende:

1. Das Material muß genügend große Festigkeit haben, um den Beanspruchungen durch Fliehkraft und Umfangskraft standzuhalten.
2. Das Material muß eine genügende Oberflächenhärte besitzen, um einer Abnutzung und Auswaschung durch den vorbeiströmenden Dampf zu widerstehen.
3. Das Material muß eine genügend große Dehnung aufweisen, um auch die bei der Fertigstellung der Beschaufelung notwendige Widerstandsfähigkeit zu besitzen (Vernietung usw.) und öfteres Hin- und Herbiegen zu vertragen.
4. Diese Eigenschaften dürfen durch den Einfluß der im Betrieb vorkommenden Temperaturen nicht beeinträchtigt werden oder müssen wenigstens bei der zu erwartenden Temperatur noch in genügendem Maße vorhanden sein.
5. Das Material muß auch gegen die chemischen Einflüsse von unreinem Dampf möglichst widerstandsfähig sein, um eine Zerstörung der Beschaufelung durch solche Einflüsse möglichst zu vermeiden.

Die verschiedensten Materialien sind im Laufe der Jahre eingehend untersucht worden; es hat sich ergeben, daß in der Hauptsache heute drei Gruppen von Legierungen als für diesen Zweck geeignet angesehen werden können, nämlich Kupfer-Zinklegierungen, Kupfer-Nickellegierungen und Eisen-Nickellegierungen[1]).

Gleichzeitig hat man gefunden, daß zur Herstellung von Turbinenschaufeln aus den vorgenannten Legierungen auch verschiedene Arbeitsverfahren angewendet werden müssen, um einwandfreies Schaufelmaterial zu erhalten. Während bei den Kupfer-Zinklegierungen das Kaltwalzen und Kaltziehen das gegebene Arbeitsverfahren ist, da die Gefahr von Rißbildung nicht vorliegt und andererseits dabei eine gute Oberflächenhärtung erzielt wird, hat sich bei den Eisen-Nickellegierungen gezeigt, daß dieselben bei dem vorstehend genannten Arbeitsprozeß zu Rißbildungen und inneren Spannungen neigen. Diese können vermieden werden, wenn das Material

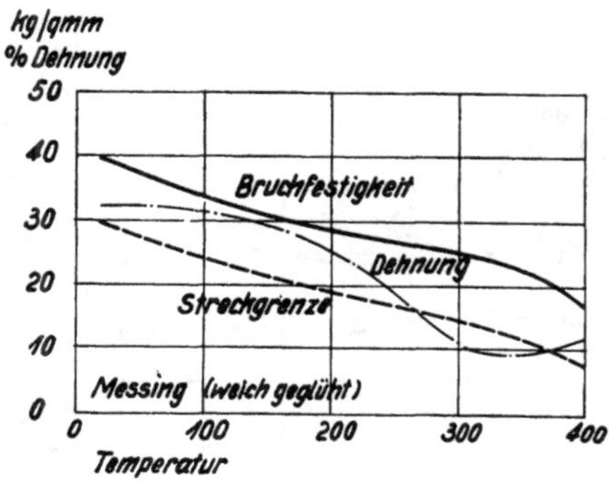

Abb. 147.

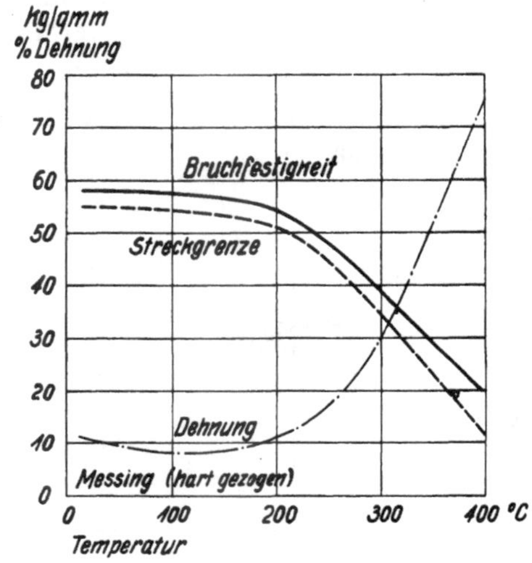

Abb. 148.

warm zu einem Vorprofil gewalzt und dann mit entsprechenden Werkzeugen auf das Fertigprofil bearbeitet wird. Auch bei den Kupfer-Nickellegierungen empfiehlt sich das letztere Verfahren oder Warmvorwalzen und Fertigziehen.

Die Zusammensetzungen und Eigenschaften der hauptsächlich verwendeten Legierungen sind die folgenden:

1. Legierungen aus Kupfer-Zink.

a) Legierung der deutschen Kriegsmarine:

72% Kupfer, Rest Zink,
fremde Beimengungen höchstens 0,15%,
davon Blei nicht mehr als 0,06%,
Eisen nicht mehr als 0,05%,
Zerreißfestigkeit mindestens 36 kg/qmm bei einer Meßlänge von $l = 11{,}3\sqrt{Q}$, wobei Q den Schaufelquerschnitt in qmm bezeichnet.
Dehnung mindestens 15%.

b) Material der englischen Marine:

67% Kupfer, Rest Zink,
fremde Beimengungen ca. 1%, davon Blei nicht mehr als 0,5%.
Die Festigkeitsziffern sind ähnlich wie bei a).

---

[1]) Bei stationären Turbinen werden heute mit Vorteil auch andere Eisenlegierungen verwendet, worüber Näheres in Teil 6 § 200 zu finden ist.

Der Einfluß der Temperatur auf die Festigkeitseigenschaften von weich geglühtem Messing geht aus Abb. 147 hervor, während Abb. 148 die entsprechenden Kurven für hart gezogenes Messing zeigen. Die Festigkeitseigenschaften des üblichen Schaufelmaterials liegen meist zwischen den Werten der beiden Diagramme.

2. Legierungen aus Kupfer-Nickel.

Von diesen ist hauptsächlich das sogenannte Monel-Material bekannt geworden, welches aus amerikanischen Erzen hergestellt ist und dessen Eigenschaften die der übrigen Kupfer-Nickellegierungen übertroffen hat. In der Hauptsache besteht dasselbe aus ca. 65 bis 67% Nickel, ca. 28 bis 30% Kupfer, ca. 4% Mangan, ½% Eisen und Spuren von Zink, Zinn, Silizium und Kohlenstoff. Die Festigkeit des Materials beträgt je nach dem Herstellungsverfahren ca. 60 bis 97 kg/qmm, bei Dehnungen von 33 bis 5%, während die Streckgrenze zwischen 38 und 83 kg/qmm schwankt.

Aus Abb. 149 ist wieder der Einfluß der Temperatur auf die Eigenschaften des Materials zu ersehen. Es zeigt sich, daß dasselbe auch für hohe Temperaturen mit

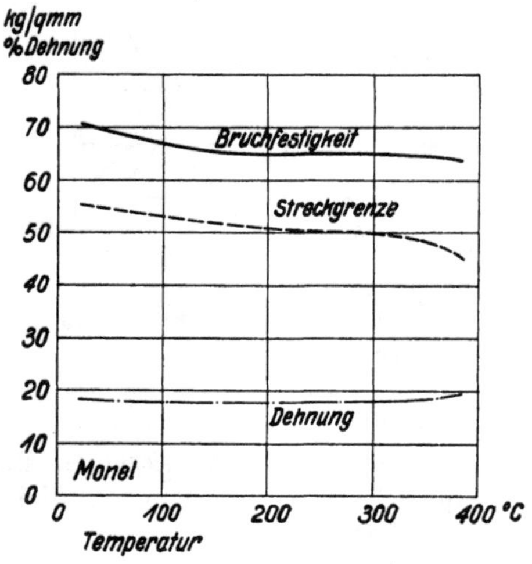

Abb. 149.

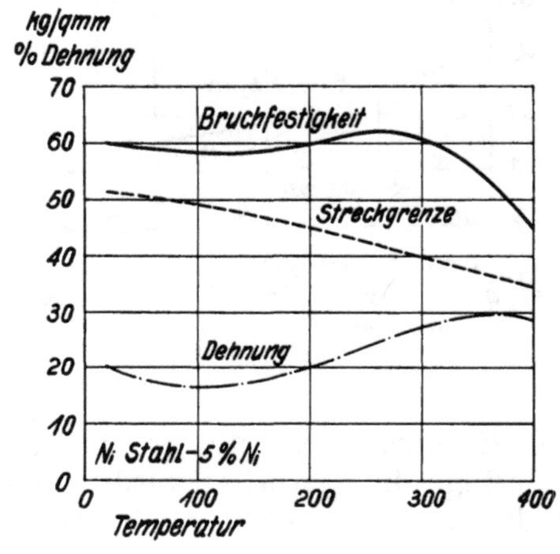

Abb. 150.

Vorteil verwendet werden kann. Es muß jedoch bemerkt werden, daß die Herstellung rißfreien Materials sehr schwierig und der Preis sehr hoch ist.

3. Legierungen aus Eisen und Nickel.

Es war naheliegend, den im Maschinenbau für hoch beanspruchte Konstruktionsteile gerne verwendeten und zuverlässigen Nickelstahl auch für die Herstellung von Turbinenschaufeln zu verwenden. Es zeigte sich jedoch, daß Stähle mit hohem Nickelgehalt für die Verwendung als Schaufelmaterial wenig geeignet waren, indem die bei der Fabrikation notwendige gewaltsame Behandlung durch Walzen, Strecken, Ziehen usw. Rißbildungen im Material verursachte, welche zu Schaufelzerstörungen im Betrieb Veranlassung gaben. Man beschränkt sich daher heute auf die Verwendung von 5proz. Nickelstahl, welcher eine genügende Widerstandsfähigkeit gegen Korrosionen zeigt und bei dem üblichen Herstellungsverfahren auch gute Sicherheit gegen Rißbildungen besitzt. Die Festigkeit dieses Stahls beträgt ungefähr 60 kg/qmm, die Dehnung ca. 20%, die Streckgrenze liegt bei ca. 50 kg/qmm. Der Einfluß der Temperatur auf die Eigenschaften dieses Materials ist aus Abb. 150 zu ersehen.

B. Füllstückmaterial.

Das Füllstückmaterial hat in den meisten Fällen keine erheblichen Beanspruchungen auszuhalten, da die Füllstücke von geringen Ausnahmen abgesehen (Parsonsche Schaufelbefestigung) nicht dazu herangezogen werden, die Schaufelfliehkraft aufzunehmen. Dagegen muß dieses Material die Möglichkeit bieten, sich der Schaufelform, auch wenn kleine Differenzen bestehen, anzuschmiegen. Solche kleine Differenzen sind an und für sich schon dadurch vorhanden, daß Schaufel- und Füllstückprofile mit verschiedenen Werkzeugen hergestellt werden; ferner auch durch die die Differenz im erforderlichen Querschnitt am unteren und oberen Ende des Füllstückes, welche durch die Verschiedenheit der Radien hervorgerufen wird. Es handelt sich daher bei den Füllstücken um ein weiches, bis zu einem gewissen Grad biegsames Material, welches in die Nuten eingetrieben werden kann und dieselben sowie die Schaufelzwischenräume gut ausfüllt. Dasselbe muß natürlich auch nachgiebiger sein, als das Rad oder Trommelmaterial, da durch Verschiedenheiten in den Wärmedehnungskoeffizienten sonst leicht Spannungen hervorgerufen werden könnten, welche ein Unrundwerden des betreffenden Konstruktionsteiles zur Folge haben würden.

Als Füllstückmaterial sind im allgemeinen zwei Materialien beliebt, und zwar Messing und weiches Eisen.

a) Messing. Die Zusammensetzung von Füllstückmessing ist nach den Vorschriften der deutschen Kriegsmarine folgende:

58% Kupfer, Rest Zink,
fremde Beimengungen höchstens 2,5%,
Festigkeits- und Dehnungsvorschriften bestehen für dieses Material nicht.

b) Eisen. Das als Füllstückmaterial verwendete Eisen ist ein weiches Kohlenstoffeisen mit einem Kohlenstoffgehalt von ca. 0,1%. Die Festigkeit beträgt ca. 35 kg/qmm, die Dehnung ca. 25%.

C. Bandagenmaterial.

Das Material für Bandagen ist entweder Messing von der gleichen Zusammensetzung und den gleichen Eigenschaften wie das Schaufelmaterial oder ein sehr zähes, kohlenstoffarmes Eisen mit großer Dehnung (Holzkohleneisen). Letzteres hat meist einen Kohlenstoffgehalt von ca. 0,1%. Die Zerreißfestigkeit beträgt ca. 40 kg/qmm, die Dehnung ca. 20%. Sprödes Bandagenmaterial, das beim Lochen einreißt, ist sehr bedenklich und darf nicht verwendet werden.

D. Bindedrähte.

Als Material für die Bindedrähte wurde früher vielfach Messing oder Kupferdraht verwendet, doch hat sich ergeben, daß diese Drähte dem betreffenden Schaufelkranz keine so große Festigkeit geben wie die sogenannten Bimetalldrähte. Dieses sind Drähte aus Stahl, welche mit einem Mantel aus Kupfer umgeben sind. Die Herstellung erfolgt nach einem patentierten Verfahren, wonach die Kupferschicht fest auf dem darunterliegenden Stahldraht haftet. Ein Verlöten der Drähte mit der Schaufel ist daher ohne Schwierigkeiten und in verläßlicher Ausführung (mit Silberlot) möglich.

E. Material für Düsenbleche.

Eingegossene Düsenbleche werden meist aus 5proz. Nickelstahl hergestellt, da dieses Material sich mit dem Gußeisen gut verbindet und auch anderseits die genügende Festigkeit und Widerstandsfähigkeit besitzt, um einen jahrelangen Betrieb auszuhalten.

§ 93. **Prüfung des Schaufelmaterials.** Wenn sich auch im Laufe der Zeit, wie aus Vorstehendem hervorgeht, bestimmte Materialien als besonders vorzüglich für die Herstellung der Schaufeln erwiesen haben, ist es doch erforderlich, jede einzelne Schaufellieferung scharf auf ihre Tauglichkeit zu untersuchen, da gerade bei der Herstellung derartiger Legierungen bzw. so feiner Profile leicht Fabrikationsfehler unterlaufen. Die folgenden Proben sind gebräuchlich:

1. Zerreißversuche.

Der Zerreißversuch ergibt Zerreißfestigkeit, Dehnung und Streckgrenze, welche bei sonst verläßlichem Material einen guten Schluß auf die Verwendbarkeit ermöglichen. Es ist üblich, die Zerreißversuche mit Längen l durchzuführen, welche sich aus der Formel $l = 11{,}3 \sqrt{Q}$ ergeben.

Besondere Aufmerksamkeit ist dem Einfluß der Temperatur auf die Festigkeit und Dehnung zu schenken, da bei vielen Materialien und den heute im Dampfturbinenbetrieb vorkommenden hohen Temperaturen eine Herabsetzung der Festigkeit auf einen kleinen Bruchteil derjenigen bei normaler Temperatur eintreten kann. In diesem Zusammenhang sei auf Abb. 147 bis 150 nochmals besonders hingewiesen.

2. Sehr wichtig für die Beurteilung des Schaufelmaterials ist die Beschaffenheit der Oberfläche und ihre Widerstandsfähigkeit im Dampfstrahl. Die erforderliche blanke Oberfläche läßt sich leicht feststellen. Die Widerstandsfähigkeit im Dampfstrahl muß durch monatelanges Anblasen geprüft werden. Die in § 92 angegebenen Schaufelmaterialien haben sich in dieser Beziehung sowohl bei Versuchen wie auch im langjährigen Dauerbetrieb bestens bewährt.

3. Wenn das Schaufelmaterial mit den Bandagen vernietet werden soll, ist es notwendig, daß es diese Bearbeitungsmethode auch mit Sicherheit verträgt und demnach eine Streckgrenze besitzt, welche nicht zu nahe an der Festigkeitszahl liegt. Durch wiederholte Probenietungen und Abreißen der Bandagen wird festgestellt, ob das Material für diesen Zweck die nötige Bildsamkeit besitzt.

4. Da die Schaufeln manchmal im Betrieb durch Schwingungen fortgesetzt mit wechselnden Biegungsspannungen beansprucht werden und in solchen Fällen eine möglichst große Sicherheit erreicht werden soll, ist es zweckmäßig, das Material durch wiederholtes Hin- und Herbiegen nachzuprüfen und, wenn möglich, die Dauerfestigkeit bei Schwingungsbeanspruchung zu bestimmen.

5. Durch den bei der Schaufelherstellung angewendeten Ziehprozeß werden oft Teile von einer anderen Stelle in die Schaufeloberfläche hineingequetscht. Diese zeigt dann manchmal ein Abblättern sowie Rißbildungen und geringe Widerstandsfähigkeit im Dampfstrahl. Genaue Untersuchungen durch geübtes Personal mit bloßem Auge sowie Verdrehungsversuche mit entsprechenden Proben werden hier als Prüfmethoden benutzt.

6. Widerstandsfähigkeit gegen Rosten.

Der durch die Beschaufelung strömende Dampf ist niemals ganz luftfrei, die Gefahr des Rostens liegt deshalb in denjenigen Stufen vor, in welchen der Dampf bereits viel Feuchtigkeit enthält. Außerdem ist beim Stillstand der Turbine die Möglichkeit zur Rostbildung gegeben, wenn die Turbine nicht sorgfältig ausgetrocknet und frei von jeder Dampfzufuhr gehalten wird. Man prüft die Widerstandsfähigkeit gegen Rosten durch Befeuchten und Trocknenlassen oder durch Liegenlassen in fließendem Wasser.

7. Widerstandsfähigkeit gegen chemisch unreinen Dampf.

Es ist eine bekannte Erfahrung, daß die Beschaufelung von Dampfturbinen gegen die im Dampf enthaltenen Unreinigkeiten chemischer Natur recht empfindlich ist.

Dieselben stammen entweder aus dem der Kesselanlage zur Verfügung stehenden Zusatzspeisewasser oder eventuell aus den Chemikalien, welche bei der Speisewasserreinigung zugesetzt werden. Manchmal ist auch ein undichter Kondensator die Schuld an der chemischen Verunreinigung des Dampfes. Das beste Mittel, die Beschaufelung vor derartigen Einflüssen zu schützen, ist die Verwendung kondensierten Wassers als Speisewasser und als Zusatzwasser, dessen Gewinnung in einem *ND*-Verdampfer meistens keine erheblichen Kosten verursacht. Selbstvertändlich ist eine dauernde Kontrolle der chemischen Eigenschaften des Kesselinhalts notwendig und häufiges Abschlämmen und öfterer Wasserwechsel empfehlenswert, wenn die Qualität des Dampfes nicht ganz einwandfrei ist.

Wenn nun auch alles aufgeboten wird, um zu verhindern, daß verunreinigter Dampf in die Turbinen eingelassen wird, so ist dies in Einzelfällen (z. B. Bruch eines oder mehrerer Kondensatorrohre und Versalzen der Kessel) doch nicht zu vermeiden bzw. läßt sich auch im Dauerbetrieb eine absolute Reinheit des Dampfes nicht erzielen. Infolgedessen ist es notwendig, das Material für die Turbinenbeschaufelung auch nach dieser Richtung hin bestens auszuwählen. Man prüft dasselbe durch Liegenlassen in Seewasser, verdünnter Säure, verdünnter Lauge usw., wobei man besonders auf das häufige Auftreten chemischer Verunreinigung des Dampfes durch Chlor-, Stickstoff-, Schwefel- und Kohlensäureverbindungen Rücksicht nimmt. Die in § 92 angeführten Legierungen haben sich auch in dieser Beziehung gut bewährt.

§ 94. **Die zulässigen Schaufelbeanspruchungen.** Nachdem in den § 87 bis 89 die Methoden erörtert sind, nach welchen die Schaufelbeanspruchungen errechnet werden, erübrigt sich noch anzugeben, welche Werte in der Praxis als zulässig erachtet werden. Man richtet sich hier natürlich in erster Linie nach dem verwendeten Material, wobei dessen Festigkeit bei der höchsten in Frage kommenden Temperatur in der betreffenden Stufe maßgebend ist (vgl. hierzu die Abb. 147 bis 150). Ferner ist Rücksicht zu nehmen auf die eventuell vorhandene Gefahr, daß Wasser in größeren Mengen vom Dampf mitgerissen wird, wie dies z. B. bei Rückwärtsturbinen der Fall ist, indem man in solchen Fällen erheblich unter den üblichen Werten bleibt. In der gleichen Weise berücksichtigt man auch die in manchen Kränzen vorhandene Gefahr der Schaufelschwingungen. Bei der Bemessung der zulässigen Beanspruchung wird man weiterhin zu beachten haben, ob die Versteifung der Schaufeln untereinander durch Bindedrähte und Deckbänder mehr oder weniger sorgfältig vorgenommen ist.

Dies vorausgeschickt pflegt man im allgemeinen die zulässigen Schaufelbeanspruchungen ungefähr wie folgt zu wählen:

Tabelle Nr. 37.
Zulässige Schaufelbeanspruchungen.

	Direktwirkende Turbinen	Schnellaufende Getriebe-Turbinen.		
	Messing-Schaufeln ca. kg/qcm	Messing-Schaufeln ca. kg/qcm	Schaufeln aus hochw. Bronze oder Monel-Metall ca. kg/qcm	Schaufeln aus 5 % Ni-Stahl oder rostfestem Stahl ca. kg/qcm
Handelsschiffe	600 — 900	600 — 900	1000 — 1200	1100 — 1400
Kreuzer und Linienschiffe . .	900 — 1000	1000 — 1200	1200 — 1400	1200 — 1600
Torpedoboote	1100 — 1250	1200 — 1400	1300 — 1600	1500 — 1800

§ 95. **Schaufelbefestigung.** Wie bereits in § 41 beschrieben, können wir zwei verschiedene Arten von Schaufeln unterscheiden:

1. Schaufeln, welche von einer glatten Profilstange einfach abgeschnitten und durch Abfräsen an beiden Enden mit Schaufelkopf und Fuß versehen werden und
2. Schaufeln, welche zwecks Erzielung höherer Festigkeit gegen die Wurzel zu verstärkt und mit dem zugehörigen ganzen Füllstück oder einem Teil desselben aus einem Stück hergestellt sind.

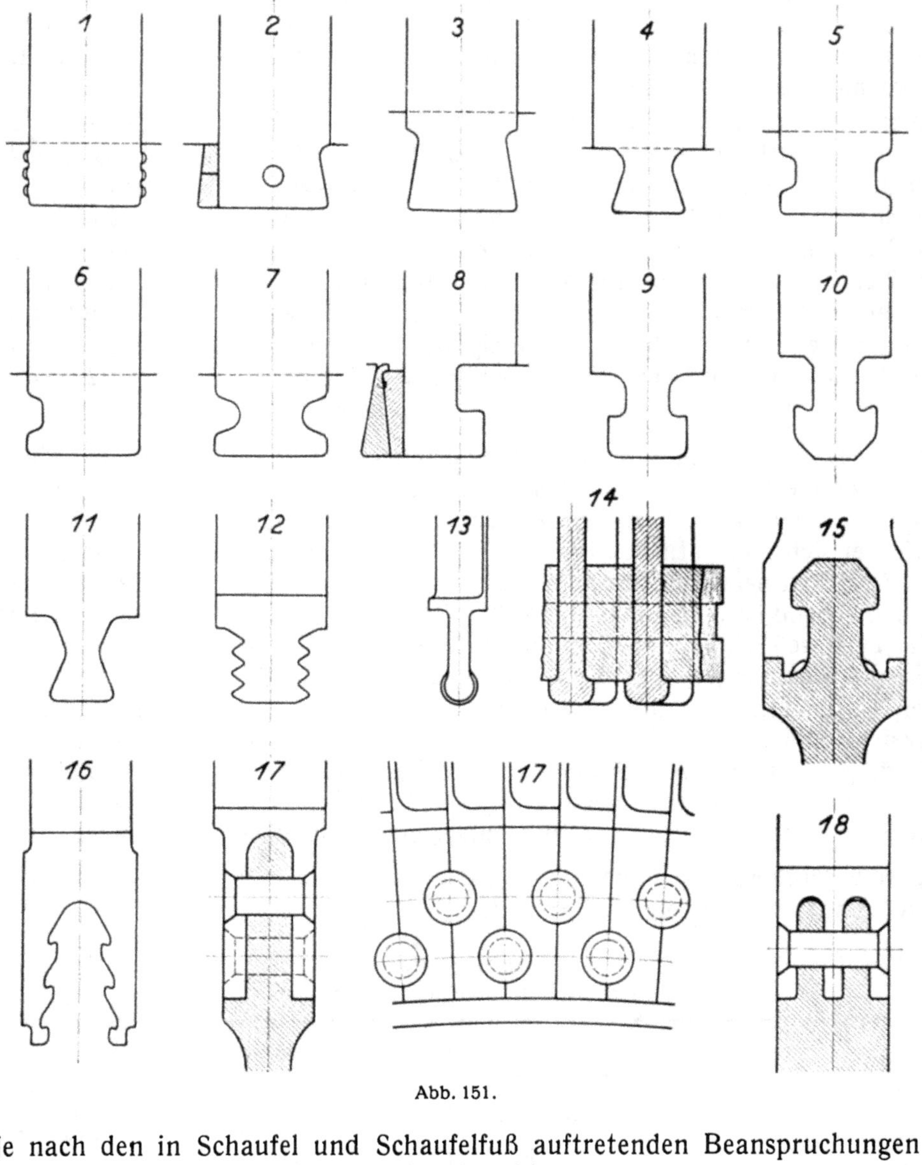

Abb. 151.

Je nach den in Schaufel und Schaufelfuß auftretenden Beanspruchungen wird man die Schaufelbefestigung entsprechend wählen.

In Abb. 151 ist eine Anzahl von Schaufelfußformen zusammengestellt, welche die hauptsächlichsten Typen der Schaufelbefestigungen umfassen.

Wir sehen bei 1 die alte Parsonsche Befestigungsmethode, welche sich für kleine Umfangsgeschwindigkeiten in zahlreichen Ausführungen und im langjährigen Betrieb bewährt hat. Bei dieser Befestigungsart dient eine niedrige Nut zur Aufnahme der Schaufeln und Füllstücke. Diese Nut hat an den Seiten kleine Rillen. Der Schaufelfuß selbst wird öfters auch mit horizontalen Einkerbungen versehen. Die radial verstemmten Füllstücke füllen die Rillen aus und pressen auch die Schaufeln so fest zusammen, daß durch Reibungsdruck eine sichere Befestigung erzielt wird.

Bei 2 ist eine ebenfalls für Trommelturbinen vielfach in Gebrauch gewesene Schaufelbefestigung dargestellt. Bei dieser werden Schaufelfuß und Füllstücke einseitig konisch abgefräst und mit einer Bohrung in der Mitte des Fußes versehen. Die Nuten sind unsymmetrisch und an der schmalsten Stelle etwas breiter als die breiteste Stelle des Schaufelfußes. Schaufel- und Füllstücke werden auf den durch die vorerwähnten Löcher geführten Draht aufgereiht und durch Befestigungsstreifen, welche seitlich von den Schaufeln und Füllstücken in die Nut eingetrieben werden, festgeklemmt. Diese Befestigungsart bietet den Vorteil, daß ganze Teile der Schaufelkränze für sich zusammengesetzt und leicht in die Trommeln eingebaut werden können. Außerdem ist ein Unrundwerden der Trommel durch das Verstemmen weniger zu befürchten.

Die Fußformen 3 und 4 sind für Curtisstufen von schnellaufenden Turbinen mit und ohne Übersetzung mit Erfolg verwendet worden. Für die Trommelbeschaufelung von direktwirkenden Turbinen wurde meistens die Fußform 5 gewählt, während für die im Gehäuse sitzenden Leitschaufeln die Fußform 6 als genügend angesehen wurde. Für die Beschaufelung von Trommeln mit höherer Umfangsgeschwindigkeit wird heute vielfach ein Fuß nach Abb. 7 benutzt. Unter 8 ist ein Schaufelfuß zu sehen, wie er für schnellaufende Turbinen von einer amerikanischen Firma ausgeführt wird. Die Fußformen 9, 10, 11 und 12 sind hauptsächlich für Geschwindigkeitsstufen bestimmt und zeichnen sich durch große Widerstandsfähigkeit aus, welche sie auch für besonders hohe Umfangsgeschwindigkeiten geeignet erscheinen läßt.

Die vorstehend beschriebenen Konstruktionen für Schaufelfüße sind dadurch charakterisiert, daß in der betreffenden Trommel oder in dem betreffenden Rad Nuten eingedreht werden müssen, welche zur Aufnahme der Schaufeln bzw. Fußstücke dienen. In Abb. 13 ist die bekannte De Lavalsche Schaufelkonstruktion dargestellt, welche dadurch gekennzeichnet ist, daß an der mit einem Fußansatz versehenen Schaufel unten ein konischer Wulst sitzt. Die Schaufeln werden mit dem Fußansatz in radial stehende, axial verlaufende Nuten von der Seite eingesteckt und leicht vernietet. Ein ähnliches Prinzip zeigt Typ 14, bei welchem die Schaufeln durch ihre wulstförmigen unteren Enden in den Schlitzen am Umfang der Trommel festgehalten sind.

Eine weitere Schaufelfußserie (15—17) besitzt das Merkmal, daß die Schaufel nicht in eine Nut des Rades eingreift, sondern reiterartig auf dem Rad aufsitzt. Bei Typ 15 sieht man noch eine besondere Ausbildung des Kranzes, welche ein Ausbiegen der beiden Schenkel des Schaufelfußes verhindert. Das gleiche wird erreicht durch Vernieten, wie dies bei Fußform 17 und 18 der Fall ist.

Die Füllstücke läßt man entweder mit der Trommeloberfläche abschneiden oder man läßt dieselben etwas über die Nut hinausragen. Insbesondere ist das letztere bei Rädern mit Geschwindigkeitsstufen erforderlich, um eine richtige Dampfführung zu erhalten (vgl. hierzu Abb. 86).

§ 96. **Schaufelverbindung durch Bindedrähte und Bandagen.** Um den Schaufelkränzen eine größere Steifigkeit zu geben, werden dieselben entweder durch eingelötete Bindedrähte versteift oder mit Bandagen versehen. Oft findet man auch beide Versteifungsarten gleichzeitig angewendet.

Während die Gepflogenheit, Bandagen zur Verbindung der Schaufeln zu verwenden. auf die Konstruktion der Curtis-Turbine zurückzuführen ist und hauptsächlich von denjenigen Konstrukteuren befürwortet wurde, welche der Aktionsturbine den Vorzug gaben, ist die Schaufelverbindung durch Bindedrähte von Parsons und seinen Lizenznehmern, d. h. also den Anhängern der Reaktionsturbine, durchgebildet und dauernd beibehalten worden. Es liegt dies in der Natur der Sache, da sich die dicken Aktionsprofile viel leichter durch Bandagen verbinden lassen als durch Bindedrähte, während umgekehrt die dünnen Profile der Reaktionsturbinen sich besonders leicht und sicher durch Bindedrähte zu widerstandsfähigen Segmenten vereinigen lassen.

Bindedrähte. Bei der Befestigung durch Bindedrähte wird nahe unter der Schaufelspitze ein Draht durch die durchbohrten Schaufeln hindurchgezogen, welche sodann mit diesem Draht verlötet werden. Bei langen Schaufeln wird außer dem Draht unterhalb des Kopfes noch ein Draht in der Mitte vorgesehen, bei sehr langen Schaufeln zwei Drähte etwa gleichmäßig auf den Abschnitt zwischen Fuß- und Kopfdraht verteilt. Die Länge der Segmente wird nach den Gesichtspunkten bemessen, wie später bei den Bandagen angegeben, und schwankt etwa zwischen 200 und 400 mm, wobei die größeren Werte für die größeren, die kleineren Werte für die kleineren Durchmesser und Schaufellängen gelten.

Über die Stärke und Anzahl der Drähte gibt folgende kleine Tabelle Aufschluß.

Tabelle Nr. 38. **Bindedrähte.**

Profilbreite ca. . . . . ϕ mm	10	13	15	19	23	27	29	33
Kopfdraht Durchmesser . . . . . mm	3,5	4,5	5,0	6,0	7,0	7,5	8,0	9,0
Innere Drahtbindungen erforderlich bei Schaufellängen über . . . . . mm	—	120	120	130	130	140	150	160
Drahtdurchmesser . . . . mm	—	5,0	4,5	6,0	5,5	6,0	7,0	8,0

Um ohne Gefahr kleine Schaufelspiele verwenden zu können, werden die Schaufeln vielfach am Kopfende zugeschärft, indem der ganzen Breite nach der Schaufelrücken am Kopf auf einige Millimeter der Schaufellänge so weit abgefräst wird, daß nur die Bauchseite in Form einer ganz dünnen Wand erhalten bleibt (vgl. Abb. 152).

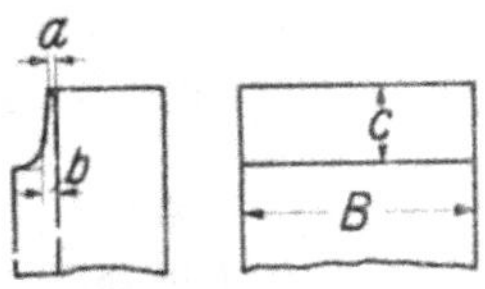

Abb. 152.

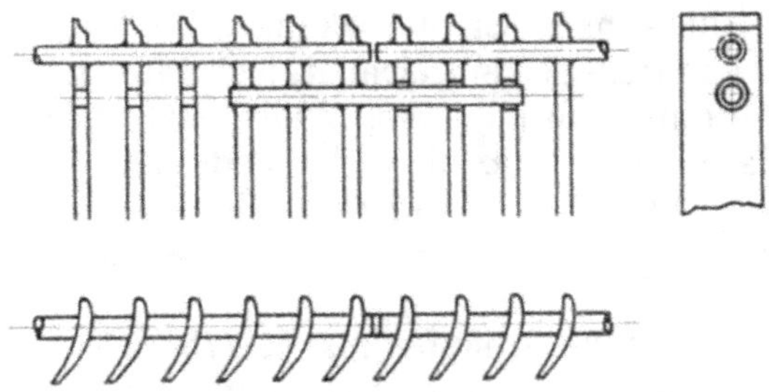
Abb. 153.

Im Falle eines Schleifens des Rotors werden diese dünnen Schaufelenden leicht weggebogen oder weggeschliffen, so daß keine ernstliche Beschädigung des Rotors eintritt. Man macht im allgemeinen, wenn B die Schaufelbreite ist, $a = 0{,}02$ bis $0{,}04\,B$, $b = 0{,}05$ bis $0{,}08\,B$, $c = 0{,}2$ bis $0{,}4\,B$.

Die Abbildung einer normalen Schaufelverbindung durch Bindedrähte zeigt Abb. 153. Aus dieser ist auch das sogenannte Schaufelschloß zu ersehen; dasselbe hat die Aufgabe die Lage zweier aufeinanderfolgender Schaufelsegmente in der Querebene der Turbinen zu sichern (z. B. im Hinblick auf die Möglichkeit von Vibrationen der Schaufelsegmente, vgl. § 90), ohne daß dadurch das Segment daran verhindert ist, in tangentialer Richtung der Wärmedehnung zu folgen. Bei der Herstellung der Drahtschlösser ist zu beachten, daß noch einige Schaufeln mehr als der Schloßdraht umfaßt, für denselben entsprechend gebohrt werden müssen, um ihn einbringen zu können.

Die Erfahrung hat gelehrt, daß sich als Material für die Bindedrähte der sogenannte Bimetalldraht am besten eignet (vgl. hierzu § 92/D). Die Drähte werden meist mittels Silberlotes mit den Schaufeln verlötet, da dieses Lot weder zu leichtflüssig und brüchig, andererseits aber auch nicht so schwer schmelzbar ist, daß beim Löten die Schaufeln leiden könnten. Empfehlenswert ist es beim Löten eine farblose Flamme zu verwenden, damit das Glühendwerden von Schaufeln oder Drähten rechtzeitig bemerkt wird; es muß auch darauf geachtet werden, daß das zum Löten verwendete Gas nicht schwefelhaltig ist.

In neuerer Zeit hat man auch, wo dies passend erschien, Schaufelverbindungen durch Bandagen hergestellt, bei welchen wegen der großen Länge der Schaufeln noch Bindedrähte zwischen Kopf und Fuß vorgesehen waren. Bei den Niederdruckschaufeln

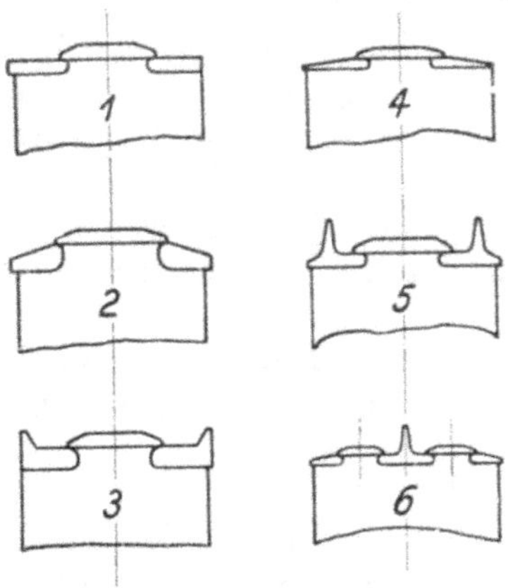

Abb. 154.

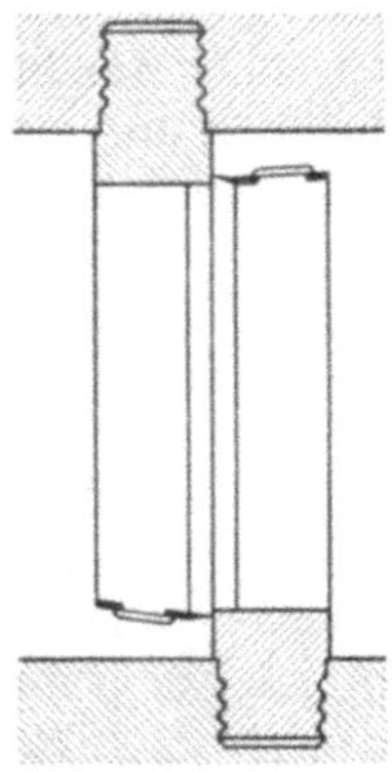

Abb. 155.

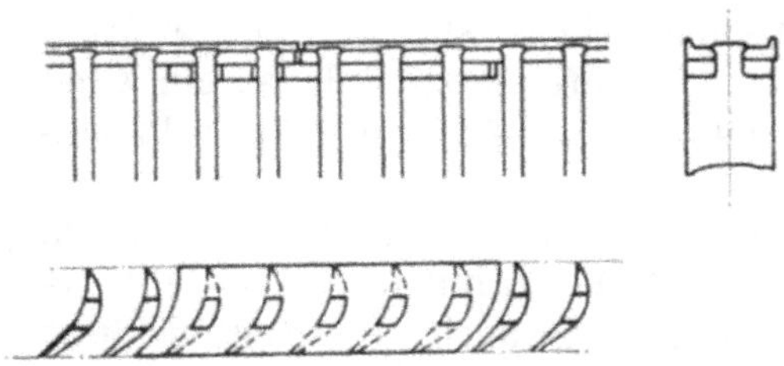

Abb. 156.

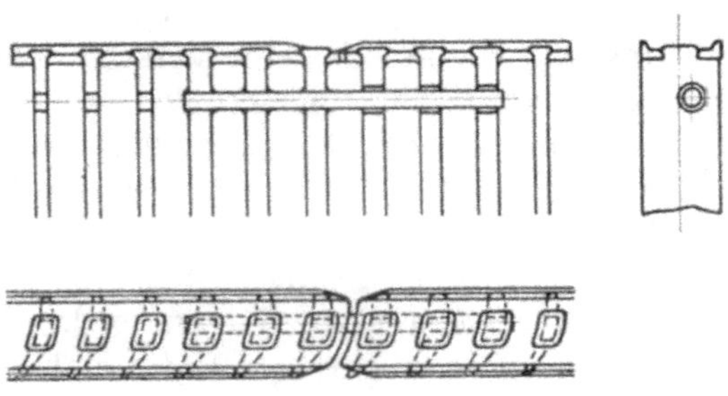

Abb. 157.

schnellaufender Turbinen ist man mit der Verwendung von Bindedrähten mit Recht vorsichtig. Man findet hier in der Regel Schaufelverbindungen durch ganz leichte Bandagen und sorgt im übrigen für die nötige Widerstandsfähigkeit der Schaufeln dadurch, daß man dieselben, wie in § 89 beschrieben und abgebildet, aus dicken Profilen mit verstärktem Fußende herausarbeitet.

B a n d a g e n. In Abb. 154 sind sechs verschiedene Bandagen dargestellt, von denen Typen 1, 2 und 4 hauptsächlich für Geschwindigkeitsstufen sowie für große Umfangsgeschwindigkeiten Verwendung finden, während die Typen 3, 5 und 6 hauptsächlich für Trommelbeschaufelung in Frage kommen. In neuester Zeit werden auch die Bandagen in besonderer Ausbildung wieder dazu verwendet, um die Spaltverluste zu verringern. Abb. 155 zeigt eine Konstruktion von Parsons, wie sie heute bei vielstufigen Turbinen von dieser Firma ausgeführt wird.

Bei der Verwendung von Bandagen werden die Schaufeln am Kopf entsprechend abgefräst, um den Ansatz für den Nietkopf zu erhalten. Bei der Bemessung der Länge der Bandagen ist darauf Rücksicht zu nehmen, daß durch die Wärmedehnung des mittels der Bandagen verbundenen Schaufelsegmentes keine zu großen Spannungen in die Schaufeln gebracht werden. Die Erfahrung hat dazu geführt, die Bandagen über etwa acht bis zehn Schaufelteilungen reichen zu lassen, also denselben Längen von ca. 100 mm bis ca. 300 mm zu geben, wobei für die kleineren Durchmesser und Schaufellängen die kleineren, für die größten vorkommenden Durchmesser und Schaufellängen die größten Werte gelten. Die Lochteilung der Bandagen muß der äußeren bzw. inneren Umfangsteilung der Schaufeln entsprechen, je nachdem dieselben für Lauf- oder Leitschaufelkränze bestimmt sind. Die Bandagen werden mit den Schaufeln vernietet und zum mindesten an den Enden der Bandagenstücke mit den letzten Schaufeln, die häufig auch aus verstärkten Profilen bestehen, verlötet. Abb. 156 und 157 zeigen solche Bandagenanordnungen. Zu bemerken ist, daß wiederholt Havarien von Turbinen durch das Loslösen bzw. Abreißen von Bandagen eingetreten sind, welche sich darauf zurückführen ließen, daß für die Bänder sprödes Material verwendet worden ist. Bei solchem Material ist es unvermeidlich, daß beim Stanzen der Löcher für die Schaufelköpfe kleine Risse in den Ecken entstehen, welche dann zum Ausgangspunkt größerer Risse werden und schließlich zum Abreißen der Bandagen führen.

Die Teilfugen der Bandagen auf dem Rotor sind so anzuordnen, daß dieselben spiralförmig um die Trommel laufen, damit dadurch keine groben Unbalancen in den Rotor hineingebracht werden.

An den Teilfugen der Bandagen ordnet man entweder Bandschlösser (Abb. 156) oder Drahtschlösser (Abb. 157) an. Das Bandschloß besteht aus einem Flachmessingband, welches an den drei letzten Schaufeln einer Sektion mit der Bandage aufgenietet ist und über die beiden ersten Schaufeln der nächsten Sektion mit Spiel in der Umfangsrichtung übergreift. Dadurch wird einerseits eine seitliche Steifigkeit der Verbindung und andererseits eine Verschiebbarkeit in der Umfangsrichtung erreicht. Für Bandagen mit Drahtschlössern verwendet man entsprechend starken Bimetalldraht (d. h. Stahldraht mit Kupfermantel), welcher in den drei letzten Schaufeln einer Sektion eingelötet ist und in die ersten drei Schaufeln der nächsten Sektion hineinreicht.

Die Ausbildung der Bandagen nach Abb. 154, Typen 3, 5 und 6, hat den Zweck, bei einer Veränderung der Lagerung des Rotors und einem Streifen an der Gehäusewand bei möglichst geringer Materialabnutzung und damit auch Wärmeentwicklung ein selbsttätiges Freiarbeiten des Rotors zu erreichen.

Abschnitt III.

Aufbau der Rotoren.

§ 97. **Allgemeines.** Je nach Art und Größe der Turbinen werden einteilige oder gebaute Rotoren ausgeführt. Die einteiligen Rotoren sind besonders in letzter Zeit bei der Konstruktion von Turbinen für hohe Drehzahlen mehrfach zur Anwendung gekommen. Bei gebauten Rotoren unterscheidet man solche mit durchgehender Welle und solche mit eingesetzten Wellenzapfen. Ferner sind die heute bei Trommelturbinen vielfach angewendeten Rotoren zu erwähnen, bei welchen Trommel oder Teile derselben mit den Wellenzapfen aus einem Stück hergestellt, die Teile aber dann miteinander verschraubt oder sonstwie verbunden sind.

Bei sämtlichen Rotoren ist darauf zu achten, daß bei der Konstruktion keine in bezug auf die Achse unsymmetrischen Teile vorgesehen werden, ferner, daß die Möglichkeit besteht, den Rotor in allen Teilen möglichst allseitig zu bearbeiten, um Unbalancen schon auf diese Weise nach Möglichkeit auszuschalten. Da es jedoch trotz aller Sorgfalt praktisch nicht möglich ist, einen Rotor völlig achsensymmetrisch herzustellen, ist es notwendig, denselben vor Inbetriebsetzung der Turbine auszubalancieren (vgl. Anhang IV). Zur Erleichterung dieser Arbeit werden an den beiden Enden des Rotors Nuten von möglichst großem Durchmesser angeordnet, welche zum Anbringen von Ausgleichsmassen dienen (vgl. Abb. 120 und 121 bei *K*).

§ 98. **Einteilige Rotoren.** Einteilige Rotoren werden hauptsächlich dann angewendet, wenn die Beanspruchungen infolge der hohen Drehzahl so groß sind, daß bei den vorgesehenen Schaufelkreisdurchmessern die Ausführung von aufgesetzten Rädern genügend kräftiger Dimensionen auf Schwierigkeiten stößt, und andererseits die Dimensionen der Trommel oder der Räder das Herausarbeiten aus einem massiven Schmiedeblock gestatten.

Aus Abb. 126 und 127 ist die Konstruktion von einteiligen Rotoren für Räderturbinen zu ersehen, während Abb. 253 und 269 die Ausführung bei Trommelturbinen zeigt. Zur Materialkontrolle ist es zweckmäßig, den Rotor zentral in seiner ganzen Länge zu durchbohren. Das Material für derartige Rotoren ist gewöhnlich S.-M.-Stahl von ca. 55 kg/qmm Festigkeit und ca. 20 % Dehnung.

§ 99. **Gebaute Rotoren.** a) Rotoren mit durchgehender Welle. Rotoren mit durchgehender Welle kommen heute hauptsächlich für schnellaufende Räderturbinen in Frage. Der Aufbau solcher Rotoren für Räderturbinen ist aus den Abb. 119, 124, 125, 128, 130 unter anderem ersichtlich, während in Abb. 110 die früher bei direktwirkenden Turbinen übliche Konstruktion dargestellt ist. In diesem Zusammenhang sei auch auf die Ausführungen in § 84 „Beschreibung ausgeführter Turbinen" hingewiesen, ebenso auf das in § 197 für stationäre Turbinen gesagte.

Die Welle ist in dem mit Rädern besetzten Teil stufenförmig abgesetzt, um das Aufbringen und eventuelle Demontieren der Räder zu erleichtern und eine möglichst steife Ausführung zu erhalten. Die Nabenbohrungen sind zylindrisch und die Räder mit kleinem Schrumpfmaß hydraulisch auf die Welle aufgepreßt.

Manchmal sitzen die Räder nicht direkt auf der Welle, sondern es sind sogenannte Radbüchsen zwischen Welle und Rad eingeschoben. Diese Radbüchsen sind auch oft ausgespart (vgl. Abb. 128), um ein sicheres Aufsitzen der Radnaben an den beiden Enden zu erreichen.

Ein auf der Welle angeordneter Bund oder Absatz ermöglicht das feste Anpressen der Räder. Muttern, welche mittels eines auf die Welle geschnittenen Gewindes angezogen werden können, sichern die Räder in ihrer axialen Lage.

An den Austrittsstellen des Rotors aus dem Gehäuse sind die Laufflächen der Stopfbüchsen vorzusehen. Meistens versieht man die Welle an dieser Stelle mit einem Überzug, um sich bei Stopfbuchsenhavarien durch Auswechseln desselben helfen zu können. An die Stopfbuchsen schließen sich möglichst dicht die Lagerzapfen an, deren Länge und Durchmesser nach § 125 festgelegt werden können. Die Lagerzapfen werden gewöhnlich durch Spritzringe begrenzt, um zu verhindern, daß das aus der Lagerschale austretende Öl sich weiter über die Welle verbreitet und eventuell in die Stopfbuchsen gelangt. Diese Spritzringe werden entweder mit der Welle aus einem Stück hergestellt oder auch in flache Nuten besonders eingesetzt (warm aufgezogen).

Das eine Ende des Rotors erhält gewöhnlich einen oder mehrere Drucklagerringe sowie Antriebsräder für Pumpen, Notregler, Tachometer usw.

An dem anderen Ende wird der angeschmiedete Kupplungsflansch oder ein Konus zur Aufnahme einer aufgesetzten Kupplung vorgesehen. An einem der beiden Wellenenden ist meistens auch der Raum für das Drehvorrichtungsrad vorzusehen.

Zu bemerken ist, daß derartige Rotoren auch in der Weise ausgebildet werden können, daß durch dicht aneinandergeschobene Räder eine Trommel entsteht, welche natürlich gegen hohe Drehzahlen sehr widerstandsfähig ist (vgl. Abb. 158).

Bei den direktwirkenden Turbinen, deren Rotoren mit durchgehender Welle konstruiert waren (solche wurden sehr häufig für Topedoboote verwendet), hat man prinzipiell den gleichen Aufbau gewählt, nur wurde dort meist eine Kombination von Geschwindigkeitsrädern und Trommelstufen verwendet. Näheres über den Aufbau des Rotors solcher Turbinen (vgl. Abb. 110, 111, 114) siehe § 102, betreffend die Konstruktion der Trommeln.

b) Rotoren mit eingebauten Tragscheiben und in diese eingezogenen Wellenzapfen. Diese Konstruktion, welche früher bei großen direktwirkenden Trommelturbinen fast ausschließlich verwandt wurde und sich für die damaligen Geschwindigkeiten und Betriebsverhältnisse bestens bewährt hat, kommt für die heute gebräuchlichen schnellaufenden Turbinen nicht mehr in Frage, da der Unterschied im Durchmesser zwischen Trommel und Wellenzapfen bei den schnellaufenden Turbinen zu klein ist, um diese Konstruktion zu rechtfertigen.

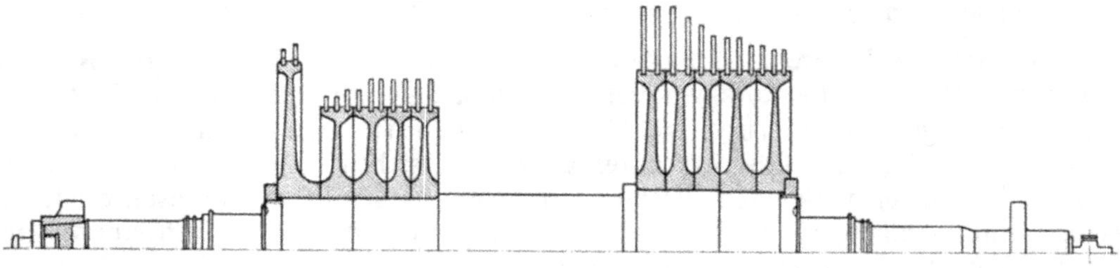

Abb. 158.

Abb. 108 und 109 zeigen die für solche Fälle übliche Ausführung. Auf die beiden Wellenzapfen wurden kräftige, konische Scheiben warm aufgezogen, und mit einer Mutter auf der Welle gesichert. Diese konischen Scheiben hatten am äußeren Umfang einen kräftigen Flansch, welcher als Träger für die Trommel diente. Die Trommel selbst war den geringen Umfangsgeschwindigkeiten und Schaufelbeanspruchungen entsprechend dünn und bestand aus zwei oder mehreren, manchmal auch abgestuften Teilen, die untereinander entweder verschraubt oder durch Schrumpfverbindungen, welche durch Schrauben und Nieten gesichert waren, miteinander verbunden wurden. Auch die Verbindung der Trommel mit den Scheiben erfolgte durch Aufschrumpfen unter ebensolcher Sicherung.

c) Gebaute Rotoren, bei welchen Trommel und Wellenzapfen je aus einem Stück bestehen, die dann miteinander verschraubt werden, oder sonst in geeigneter Weise verbunden sind, werden heute bei schnellaufenden Trommel- und kombinierten Turbinen fast allgemein angewendet, da diese Art der Konstruktion für die relativ kleinen Durchmesser bei billigsten Herstellungskosten am solidesten ist.

Abb. 120 und 121 zeigen solche Rotoren. Abb. 120 stellt eine Hochdruckturbine dar, bestehend aus einem zweikränzigen Curtisrad und einer 24stufigen Vorwärtstrommel sowie aus einem zweikränzigen Rückwärts-Curtisrad. Der vordere Wellenzapfen ist mit dem Vorwärts-Curtisrad aus einem Stück geschmiedet. Ebenso sind die Vorwärtstrommel, das Rückwärts-Curtisrad und der hintere Wellenzapfen aus einem Stück. Bei der Niederdruckturbine (Abb. 121) besteht der Wellenzapfen aus einem Stück mit dem Trommelboden, welcher gleichzeitig drei Stufen der Rückwärtsbeschaufelung trägt. Der hintere Wellenzapfen ist mit der Vorwärtstrommel und dem Rest der Rückwärtstrommel zu einem Stück vereinigt. Bei beiden Ausführungen sind die Enden durch zahlreiche kräftige Schrauben gut miteinander verschraubt und die Schrauben in bekannter Weise gesichert, ebenso auch die Muttern gegen das Herausschleudern, falls einmal ein Bolzen reißen sollte.

§ 100. **Konstruktion und Material der Wellen.** Für die heute hauptsächlich verwendeten Getriebeturbinen werden bei kleineren Ausführungen meist massive Wellen, bei größeren Ausführungen manchmal auch Hohlwellen verwendet. Um möglichst sicher zu gehen, daß im Welleninnern nicht Lunker vorhanden sind, bohrt man meistens auch kleinere Wellen der ganzen Länge nach durch. Diese Bohrungen werden dann gewöhnlich durch Pfropfen oder Platten verschlossen.

Bei den direktwirkenden Turbinen verwendete man vorzugsweise Hohlwellen, um mit geringem Gewichtsaufwand ein möglichst großes Trägheitsmoment und damit eine kleine Durchbiegung des Rotors zu erreichen (vgl. hierzu Abb. 110 und 111 und 114).

Die bei Getriebeturbinen verwendeten Wellen bestehen meist aus einem Stück, während man früher bei direktwirkenden Turbinen vielfach gezwungen war, die Wellen der Länge nach zu unterteilen und die einzelnen Teile zusammenzuschrauben (vgl. hierzu Abb. 110, 111 und 114). Die Wellenstücke wurden nach dem Ausbohren durch kräftige Kupplungsbolzen miteinander verbunden, welche so reichlich dimensioniert waren, daß in denselben nur ganz geringe Beanspruchungen auftraten.

Gelegentlich wurden auch ungeteilte Hohlwellen ausgeführt. Dieselben wurden nach einem besonderen Arbeitsverfahren hergestellt, bei welchem zuerst das eine Ende fertiggestellt und das andere zunächst mit großer Bohrung ausgeführt wurde, so daß das Innere der Welle die gewünschte Bearbeitung erfahren konnte. Dann erst wurde das zweite Ende zusammengestaucht, auf Maß gebohrt und fertiggedreht.

Maßgebend für die Dimensionierung der Welle ist die kritische Drehzahl (vgl. § 104) bzw. die Durchbiegung des Rotors. Während man früher bei den direktwirkenden Turbinen bei einer Durchbiegung von 0,3 bis 0,5 mm ziemlich sicher war, daß die kritische Drehzahl über der Betriebsdrehzahl lag, ist es bei Getriebeturbinen nicht möglich, die zulässige Durchbiegung des Rotors ziffernmäßig vorzuschreiben. Man muß sich hier in jedem einzelnen Falle durch eine sorgfältige Rechnung genau davon überzeugen, daß bei der gewählten Konstruktion die kritische Drehzahl unbedingt über der Betriebsdrehzahl liegt.

Die Wellen von direktwirkenden wie auch indirektwirkenden Turbinen werden fast immer aus gewöhnlichem Siemens-Martin-Stahl hergestellt. Das Material besaß bei direktwirkenden Turbinen meist eine Festigkeit von 45 bis 50 kg/qmm bei 20 bis 22% Dehnung, gemessen auf 200 mm Probestablänge und 20 mm Durchmesser, während die Wellen und Wellenstücke schnellaufender Turbinen meist eine Festigkeit von etwa 55 bis 60 kg/qmm bei 18 bis 20% Dehnung aufweisen. Für Kriegsschiffe kommt zuweilen auch Sonderstahl oder niedrigprozentiger Nickelstahl zur Anwendung.

§ 101. **Laufräder.** Die Scheiben der Laufräder wurden bei direktwirkenden Turbinen schwach konisch hergestellt, um eine größere Steifigkeit zu erzielen und um den nötigen Raum für die Unterbringung der Zwischenböden zu gewinnen. Letztere mußten bei den großen Düsenkreisdurchmessern solcher Turbinen zwecks Erzielung größerer Festigkeit eine gewölbte Form erhalten, so daß die konische Ausführung der Räder die kleinsten Baulängen ergab.

Da bei den direktwirkenden Turbinen eine nennenswerte Beanspruchung der Scheiben durch die Fliehkraft nicht auftrat, pflegte man die Dicke der Radscheibe an der Nabe nur etwa zwei- bis dreimal so groß zu machen als am Umfang, was bei nennenswerten Fliehkräften natürlich nicht genügt haben würde (vgl. hierzu Berechnung der Radscheiben, Anhang VI). Die Dimensionierung derartiger Radscheiben von direktwirkenden Turbinen, bei welchen die Umfangsgeschwindigkeiten zwischen den Werten 40 und 70 m/sek schwankte, ist aus folgender Tabelle zu entnehmen:

Tabelle Nr. 39.

Stärke von Laufradscheiben.

Düsenkreisdurchmesser des Laufrades	Stärke der Scheibe unterhalb des Kranzes	Stärke der Scheibe an der Nabe
1200 — 1600	13 — 18	25 — 50
1600 — 2200	15 — 22	30 — 70
2200 — 3000	20 — 30	50 — 90

Um bei den zumeist verwendeten einteiligen Zwischenböden das Abziehen der Räder zu erleichtern, begnügte man sich damit, dieselben stramm, jedoch ohne Schrumpf auf die Welle aufzuschieben.

Für schnellaufende Turbinen ist eine konische Ausführung der Scheiben nicht zulässig, da diese dann durch die Zentrifugalkraft eine sehr hohe Biegungsbeanspruchung erfahren würden. Man macht die Laufräder von schnellaufenden Turbinen meist vollständig symmetrisch, um irgendwelche unkontrollierbaren Beanspruchungen nach Möglichkeit auszuschließen. Bei dem relativ kleinen Düsenkreisdurchmesser dieser Turbinen ist es auch in den meisten Fällen ohne weiteres möglich, einen genügend starken, ebenen Zwischenboden zwischen zwei aufeinanderfolgenden Laufrädern unterzubringen.

Über die Berechnung der Laufradscheiben für schnellaufende Turbinen ist Ausführlicheres im Anhang VI zu finden. Irgendwelche allgemeine Konstruktionsvorschriften anzugeben ist hier unmöglich, da nur die Festigkeitsrechnung in jedem vorliegenden Fall Aufschluß über die erforderlichen Dimensionen geben kann.

Die Radscheiben von Getriebeturbinen werden auf die Welle aufgeschrumpft oder aufgepreßt. Es ist zu beachten, daß das Schrumpfmaß einerseits nicht so groß sein darf, daß die Streckgrenze von Welle oder Scheibe überschritten, oder daß der Anpressungsdruck zu hoch wird; andererseits aber muß das Schrumpfmaß so groß sein, daß die Scheibe auch bei der höchsten zulässigen Drehzahl (Schnellschlußdrehzahl) noch immer fest auf der Welle sitzen bleibt und ein Ablösen keinesfalls eintritt (vgl. hierzu Anhang V).

Gegen Drehung werden die Laufräder durch eine flache Feder gesichert. Wenn Laufradbuchsen (vgl. Abb. 128 und 130) verwendet werden, müssen auch diese entsprechende Federn erhalten.

Bei den Rädern direktwirkender Turbinen, welche in der Regel einen sehr großen Durchmesser besaßen, und der Gewichtsersparnis wegen sehr dünn gehalten wurden, war es üblich eine Anzahl ziemlich großer Löcher in die Scheiben einzuschneiden. Man verband damit den Zweck, die Räder von dem unter Umständen vorhandenen, geringen Unterdruck auf der Einströmseite zu entlasten, auch war die hierdurch erzielte Gewichtsersparnis — namentlich bei Turbinen für Kriegsschiffe — erwünscht. Anders liegt dagegen die Sache bei den schnellaufenden mit Räderübersetzung arbeitenden Turbinen. Hier ist das Bestreben darauf gerichtet, diese Löcher wegzulassen, denn dieselben bedeuten nicht nur eine Vergrößerung der Ventilationsarbeit, sondern vor allem eine Gefahr für die Festigkeit der Scheibe.

In der Nähe dieser Löcher entstehen nämlich relativ große Spannungen (wie Stodola und andere nachgewiesen haben, können die Spannungen an den Rändern des Loches das Doppelte bis Dreifache der Spannung in der vollen Scheibe betragen), welche leicht — besonders bei Material mit geringer Dehnung — zu Rissen Anlaß geben können. Es ist eine alte Erfahrung, daß sämtliche Brüche an Laufrädern schnelllaufender Turbinen entweder von diesen Löchern ihren Ausgang nehmen oder sie zum mindesten durchschneiden. Vgl. hierzu Abb. 159, welche das zersprungene Rad einer mit Räderübersetzung arbeitenden Turbinen zeigt. Die Explosion dieses Rades war so heftig, daß das Gehäuse zertrümmert wurde und Stücke des Rades im Maschinenraum erheblichen Schaden verursachten. Einen ähnlichen Fall zeigt auch Abb. 160. Es empfiehlt sich daher, die Durchmesser und Zahl dieser Ausgleichlöcher

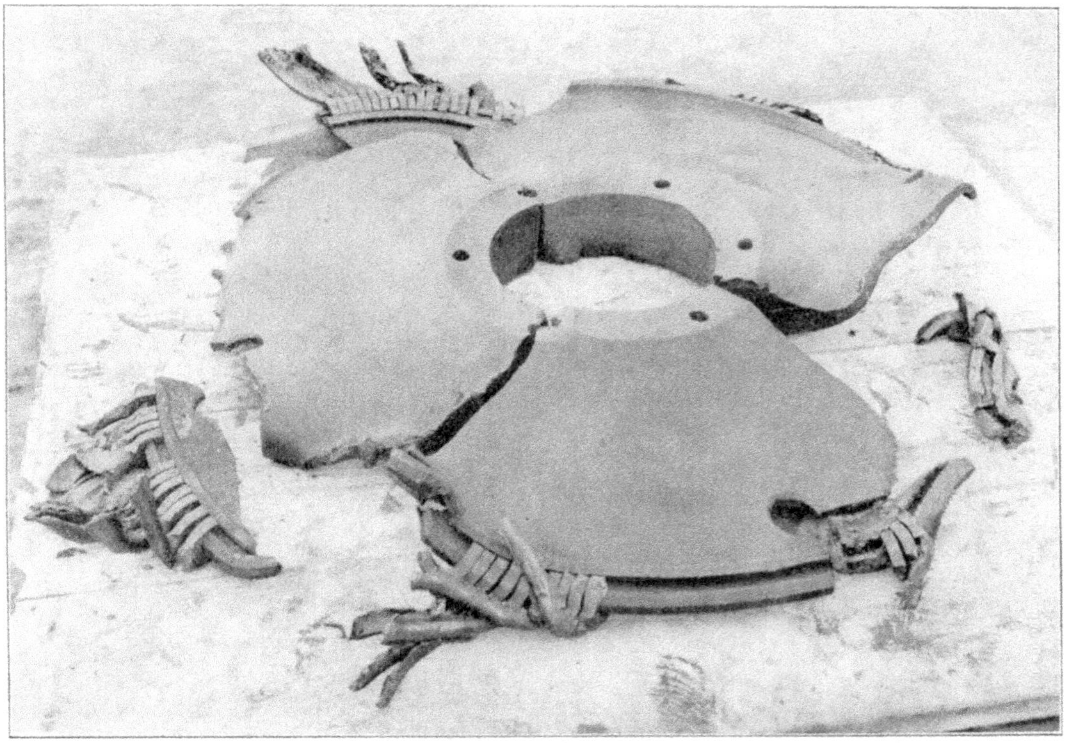

Abb. 159.

möglichst kleinzuhalten und für eine gute Abrundung der Kanten dieser Löcher zu sorgen. Das gleiche gilt auch für die Schraubenlöcher der Abziehschrauben und die Keilnuten. Über die Größe der Löcher lassen sich keine allgemeingültigen Angaben machen.

Um die Räder im Bedarfsfalle von der Welle abziehen zu können, werden in der Nabe gewöhnlich zwei Löcher mit Gewinde vorgesehen. In diese werden entsprechend lange Schraubenbolzen eingeschraubt und mit Hilfe dieser das Rad in bekannter Weise eventuell unter Zuhilfenahme geeigneter Anwärmvorrichtungen von der Welle abgezogen.

Da die Laufräder sowohl genau zentrisch zur Welle als auch senkrecht zur Drehachse stehen müssen, ist es erforderlich, daß dieselben eine sehr sauber gedrehte Bohrung haben, und daß auch die Endflächen der Nabe genau senkrecht zur Mittelachse stehen.

Als Material für die Radscheiben kann bei Umfangsgeschwindigkeiten bis zu 50 m/sek Stahlguß verwendet werden; darüber hinaus bis zu 200 m Umfangsgeschwindigkeit können nur geschmiedete Scheiben zur Anwendung kommen, und zwar wählt man meistens S.-M.-Flußeisen von 45 kg/qmm Bruchfestigkeit und ca. 22% Dehnung oder S.-M.-Stahl von 52 bis 60 kg/qmm Festigkeit und ca. 18% Dehnung. Über 200 m/sek Umfangsgeschwindigkeit verwendet man gewöhnlich geschmiedeten S.-M.-Sonderstahl mit ca. 70 kg/qmm Festigkeit und einer Dehnung von ca. 18%. Bei letzterem Material ist darauf zu achten, daß es nicht zu spröde ist.

Abb. 160.

§ 102. **Konstruktion der Trommeln.** Die Beschreibung derselben ist von der der Wellen nicht zu trennen, da die Wellen häufig als Trommeln und umgekehrt dienen (vgl. hierzu das vorstehend über „Aufbau der Rotoren" und „Wellen" Gesagte).

Die Trommeln werden entweder als glatte oder als abgestufte Trommeln ausgeführt. Letztere Konstruktion wurde insbesondere von Parsons mit seinen überaus zahlreichen Reaktionsstufen bevorzugt. Bei größeren Längen wird die Trommel der Länge nach geteilt, und die Teile werden mit Flanschen zusammengesetzt (vgl. Abb. 109) oder auf einen gemeinsamen Ring aufgeschrumpft (vgl. Abb. 108).

Über die Konstruktion der Trommeln von Getriebeturbinen siehe das in den § 97 bis 99 Gesagte.

Bei den direktwirkenden Turbinen mit durchgehender Rotorwelle führte man die Befestigung der Trommel auf den Stützscheiben meist nach Abb. 111 bzw. 114 aus. Die Verbindung mit dem gleichzeitig den Dampfschub aufnehmenden vorderen Trommelboden erfolgte durch Aufschrumpfen und Verschrauben. Dieser Trommelboden wurde meist konisch und möglichst steif ausgeführt und bei Rückwärtstrommeln, welche häufig aus Stahlguß hergestellt wurden, manchmal auch mit der Trommel aus einem Stück gegossen. Das Austrittsende der Trommel war meist durch eine Stützscheibe gehalten, welche in axialer Richtung genügende Nachgiebigkeit besaß, um den durch die Temperaturdifferenzen zwischen Trommel und Welle hervorgerufenen axialen Verschiebungen der Trommel folgen zu können.

§ 103. **Berechnung der Trommeln.** Die Zentrifugalkraft des Trommelmantels nebst der darauf befestigten Schaufeln und Füllstücke wirkt, soweit die in tangentialer Richtung auftretenden Spannungen in Frage kommen, in gleicher Weise auf das Material des Trommelmantels, wie ein entsprechender innerer Überdruck.

Nimmt man an, daß die Trommelwandstärke klein ist im Verhältnis zum Durchmesser und sieht man von dem Einfluß der die Trommel tragenden Scheiben, Böden oder Armsterne ab, so wäre die Trommel als dünnwandiger, freier Ring anzusehen, welcher die Möglichkeit hat, sich in radialer Richtung frei auszudehnen.

Die Beanspruchung des Trommelmantels ergibt sich nach der Kesselformel zu $\sigma = \frac{D_1 \cdot a \cdot p}{2 \cdot F}$, wobei

D_1 der mittlere Durchmesser der Trommel in dem betrachteten Querschnitt,

a der Mittelabstand zweier Laufschaufeln in axialer Richtung,

p die gesamte Zentrifugalkraft, welche im Mittel auf 1 qcm des Trommelmantels vom Durchmesser D_1 entfällt, und

F der tatsächlich tragende Querschnitt der Trommel auf eine Teilung a ist (vgl. Abb. 161).

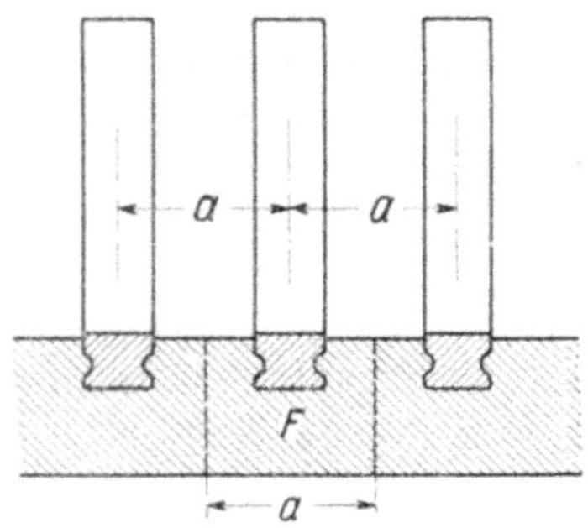

Abb. 161.

Der innere ideelle Überdruck p setzt sich aus zwei Teilen zusammen:

1. Aus der Zentrifugalkraft des Mantels selbst (p_1),
2. der Zentrifugalkraft der Beschaufelung inkl. Füllstücke, Bandagen usw. (p_2).

ad 1. Ist ω die Winkelgeschwindigkeit, G_1 das totale Gewicht des Trommelmantels für eine axiale Schaufelteilung a, und g die Schwerkraftsbeschleunigung, so ist die Zentrifugalkraft der Trommel pro 1 qcm Umfangsfläche

$$p_1 = \frac{G_1 \cdot D_1 \cdot \omega^2}{g\, 2\, D_1 \cdot \pi \cdot a}.$$

ad 2. Wird das Gesamtgewicht der Beschaufelung eines Kranzes mit G_2, der mittlere Durchmesser des Schaufelkreises, an welchem dieses Gewicht vereinigt gedacht ist, mit D_2 bezeichnet, so ist die Zentrifugalkraft des ganzen Schaufelkranzes

$$C_2 = \frac{G_2}{g} \cdot \frac{D_2}{2} \cdot \omega^2.$$

Auf 1 qcm Trommelumfangsfläche entfällt daher die Belastung durch die Zentrifugalkraft der Beschaufelung

$$p_2 = \frac{C_2}{D_1 \pi a} = \frac{G_2}{g} \cdot \frac{D_2}{2} \cdot \frac{\omega^2}{D_1 \pi a}$$

es ist somit

$$p = p_1 + p_2 = \frac{\omega^2 (G_1 D_1 + G_2 D_2)}{2\, g\, D_1 \pi a}.$$

Hierin sind die Gewichte in kg, die Längen in cm und g mit 981 cm/sek² einzusetzen.

Wird der hiernach bestimmte Wert von p in die Gleichung für σ eingesetzt, so erhält man die tangentiale Zugbeanspruchung des Trommelmantels.

$$\sigma = \frac{D_1 a}{2F} \cdot \frac{\omega^2 (G_1 D_1 + G_2 D_2)}{2 g D_1 \pi a}$$

oder

$$\sigma = \frac{\omega^2}{4 F g \pi} \cdot (G_1 D_1 + G_2 D_2).$$

Als Material für die Turbinentrommeln verwendet man für nicht sehr hoch beanspruchte Trommeln im allgemeinen S.-M.-Stahl von 50 bis 55 kg/qmm Festigkeit und ca. 20% Dehnung, für hochbeanspruchte Trommeln benutzt man S.-M.-Sonderstahl von 60 kg/qmm und 18% Dehnung.

Bei direktwirkenden Turbinen wurde früher auch häufig Stahlguß für die Trommeln benutzt, wobei allerdings besondere Sorgfalt auf blasen- und spannungsfreien Guß gelegt werden mußte. Die Trommeln des „Imperator" bestanden z. B. aus Stahlguß.

§ 104. **Allgemeines über die kritische Drehzahl.** Eine Erscheinung, welche bei den mit hohen Umdrehungszahlen laufenden, zum Teil stark belasteten Turbinenwellen eine große Rolle spielt, ist die sog. kritische Drehzahl. Diese Drehzahl ist dadurch charakterisiert, daß die Turbine beim Durchfahren ganz außerordentlich starke Erschütterungen zeigt, welche einen dauernden Betrieb mit dieser Drehzahl unmöglich machen. Mathematische Überlegungen führen zu der weiteren Erkenntnis, daß bei dieser Drehzahl tatsächlich die Gefahr des Bruches der Turbinenwelle vorliegt. Es ist deshalb unbedingt erforderlich, bei der Konstruktion der Vermeidung dieser Erscheinung besonderes Augenmerk zuzuwenden.

Mathematisch ist eine bestimmte Drehzahl als kritische Drehzahl anzusehen. Im Betrieb ist ein kleiner Bereich von $\pm 5\%$ der Drehzahl als kritischer Bereich zu erkennen, da natürlich auch in der Nähe der kritischen Drehzahl sich ein ruhiger Gang nicht mehr erzielen läßt. Die Betriebsdrehzahl einer Turbine ist daher so zu legen, daß dieselbe entweder genügend weit unter oder aber genügend weit über der kritischen Drehzahl liegt. Bei Schiffsturbinen, deren Drehzahlen wegen der häufigen Manöver oft zwischen Null und der Betriebsdrehzahl schwanken, ist es allgemein üblich, den Rotor so steif zu machen, daß die kritische Drehzahl mindestens 50% über der höchsten Betriebsdrehzahl liegt.

Zu beachten ist hierbei, daß sich erfahrungsgemäß bei manchen Turbinen auch bei der halben kritischen Drehzahl ein schwacher kritischer Bereich hin und wieder bemerkbar macht[1]).

Als Ursache der kritischen Drehzahl sind die unvermeidlichen Schwerpunktsfehler des Rotors anzusehen, welche auch bei der besten Ausbalancierung immer noch meßbare Werte aufweisen. Die Bedeutung der durch solche Fehler hervorgerufenen Zentrifugalkräfte sei an einem Beispiel gezeigt.

Erfahrungsgemäß ist es unmöglich, bei einem größeren Rotor die Ausbalancierung mit einer größeren Genauigkeit als 10 g auf einem Radius von 1 m durchzuführen. Bei einer Umdrehungszahl von 3000 pro Minute ergibt sich die Zentrifugalkraft zu

$$C = m \cdot r \cdot \omega^2 = \frac{0{,}01}{9{,}81} \cdot 1 \cdot 314{,}16^2 = 105 \text{ kg}.$$

---

[1]) Vgl. hierzu Stodola, 5. Auflage, wo das ganze Gebiet der kritischen Drehzahlen von Turbinenwellen ausführlich behandelt ist.

Man ersieht hieraus, daß auch ganz geringe Unbalancen schon sehr große Zentrifugalkräfte verursachen können.

Um nun den Begriff der kritischen Drehzahl näher zu erläutern, seien folgende Betrachtungen angestellt.

Wir denken uns eine horizontal gelagerte Welle, bei welcher der Schwerpunkt des ganzen Rotors infolge unvollkommener Ausbalancierung um den Betrag e vom Wellenmittelpunkt entfernt liegt. Unter dem Einfluß der Zentrifugalkraft wird sich die Welle bei der Rotation in der Richtung e von der normalen Lage durchbiegen, und es wird ihr Mittelpunkt um seine beim Stillstand eingenommene Lage rotieren. Bezeichnen wir in Abb. 162 die Durchbiegung der Welle beim Stillstand mit η die Schwerpunktsexzentrizität mit e und die durch die Zentrifugalkraft hervorgerufene Auslenkung der Welle aus ihrer Ruhelage mit y, so ist die Exzentrizität des Schwerpunktes bei der Rotation

$$r = y + e.$$

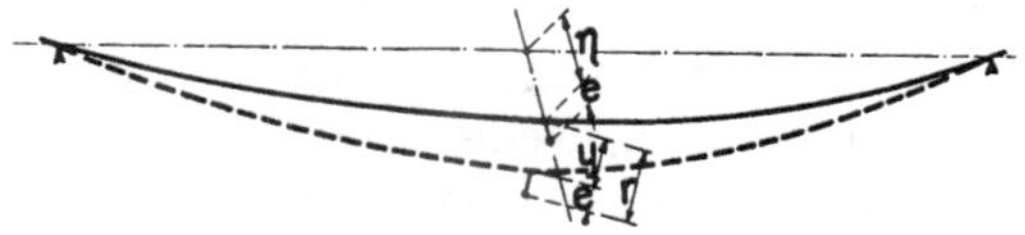

Abb. 162.

Ist das Gewicht des Rotors G und die Schwerkraftsbeschleunigung g, so ergibt sich die Zentrifugalkraft

$$C = \frac{G}{g} \cdot (y + e) \cdot \omega^2.$$

Der durch diese Kraft hervorgerufenen Durchbiegung wirken die Materialspannungen der Welle entgegen. Wird mit K die Kraft bezeichnet, welche notwendig ist, um die Welle um 1 cm durchzubiegen, so ist die Kraft, welche notwendig ist, um die Welle um den Betrag y aus dem Mittel durchzubiegen $= K \cdot y$. Diese elastische Gegenkraft muß der Zentrifugalkraft das Gleichgewicht halten. Es muß also sein:

$$K \cdot y = \frac{G}{g} \cdot \omega^2 \cdot (y + e),$$

woraus

$$y = \frac{e}{\frac{K}{G} \cdot \frac{g}{\omega^2} - 1}.$$

Für den Fall, daß die Größe $\frac{K}{G} \cdot \frac{g}{\omega^2}$ den Wert 1 erreicht, wird der Wert für die Durchbiegung y unendlich groß, d. h. die Welle wird brechen müssen, wenn auch der Wert für die ursprüngliche Exzentrizität sehr klein war. Wird die Winkelgeschwindigkeit für diesen Fall mit ω_k bezeichnet, so ist

$$\omega_k = \sqrt{\frac{K \cdot g}{G}}.$$

Aus vorstehendem geht hervor, daß man eine Welle mit derjenigen Tourenzahl, welche der Winkelgeschwindigkeit ω_k entspricht, überhaupt nicht laufen lassen darf, weil alsdann der kleinste Betrag der Exzentrizität oder der geringste Anstoß von außen die Welle zum Bruch bringen kann, falls keine Führungen vorhanden sind, welche sie an zu großen Ausschlägen verhindern.

Diese Winkelgeschwindigkeit ω_k und die ihr entsprechende Umdrehungszahl n_k wird die kritische Winkelgeschwindigkeit bzw. die kritische Umdrehungszahl genannt. Da zwischen der Winkelgeschwindigkeit und der Umdrehungszahl die Beziehung besteht

$$\omega = \frac{\pi \cdot n}{30},$$

so ist $$n_k = \omega_k \frac{30}{\pi} \text{ und da } g \text{ in cm einzusetzen ist } n_k = 300 \sqrt{\frac{K}{G}}.$$

Die vorstehende Formel läßt sich auch wie folgt umformen:

Ist f die statische Durchbiegung der horizontal liegenden Welle, hervorgerufen durch die Belastung G in deren Angriffspunkt, so ist

$$f = \frac{G}{K}.$$

Es ist demnach auch

$$n_k = 300 \sqrt{\frac{1}{f}}.$$

Diese Formeln geben ein einfaches Hilfsmittel, um für eine Welle zwischen zwei Lagern die kritische Drehzahl schnell und verhältnismäßig genau festzustellen.

§ 105. **Die Bestimmung der kritischen Drehzahl.** Die Bestimmung der kritischen Drehzahl kann entweder durch Rechnung oder graphisch erfolgen. Man zieht die rechnerische Bestimmung bei Wellen von durchlaufend gleicher Dicke, die an beiden Enden aufgelagert sind und durch eine einzige Last belastet werden, vor, während man bei abgesetzten Wellen oder Wellen mit überhängendem Wellenteil und mehrfacher Belastung mit der graphischen Methode genauer und schneller arbeitet. An zwei Beispielen sollen im folgenden diese beiden Methoden erläutert werden.

a) Rechnerische Methode. — Glatte Welle in zwei Lagern in der Mitte durch eine Scheibe belastet.

In der Mitte einer Welle von der freitragenden Länge $2a$ (Abb. 163) zwischen zwei Lagern sei eine Scheibe aufgekeilt von einem Gewicht G. Die Welle sei in beiden Lagern als freiaufliegend betrachtet. Dann ist die Kraft K, welche die Welle um 1 cm durchzubiegen vermag,

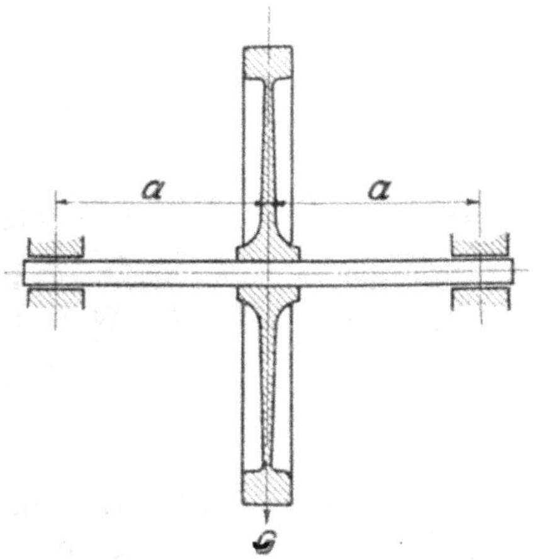

Abb. 163.

$$K = \frac{6 \cdot J \cdot E}{a^3}$$

wobei J das Trägheitsmoment und E den Elastizitätsmodul der Welle bedeutet.

Die kritische Umdrehungszahl ist

$$n_k = 300 \sqrt{\frac{6 \cdot J \cdot E}{a^3 \cdot G}}.$$

Nehmen wir nun an, daß die Welle massenlos sei, ferner daß die Welle einen Durchmesser von 100 mm habe, und zwar auf ihrer ganzen Länge, das Material der Welle geschmiedeter Stahl, ferner $2a = 100$ cm und das Gewicht G der Scheibe $= 1000$ kg sei, dann ist das Trägheitsmoment

$$J = 490{,}9 \text{ ccm},$$

der Elastizitätsmodul

$$E = 2\,200\,000 \text{ kg/qcm}$$

und somit die kritische Drehzahl

$$n_k = 300 \cdot \sqrt{\frac{6 \cdot 490{,}9 \cdot 2\,200\,000}{50^3 \cdot 1000}}$$

$$= 300 \cdot \sqrt{51{,}8} = 2160 \text{ Umdrehungen pro Minute.}$$

Wollte man diese Scheibe etwa mit 2000 Umdrehungen laufen lassen, so wäre eine viel zu geringe Sicherheit gegen Zerbrechen der Welle vorhanden; man wird also die Welle etwas dicker machen müssen. Führt man z. B. die Welle mit 120 mm Durchmesser aus, so erhält man für das Trägheitsmoment J den Wert $J = 1018 \text{ cm}^3$ und für die kritische Drehzahl $n_k = 3110$, welcher Betrag als durchaus zulässig betrachtet werden kann.

b) Graphische Methode. — Die mehrfach belastete Welle.

Das nachstehend geschilderte graphische Verfahren, welches bei mehrfach belasteten Wellen heute fast ausschließlich verwendet wird, ist das folgende:

Es wird zunächst eine elastische Linie angenommen, etwa von der Form, wie sie sich ergeben würde, wenn die Welle sich unter den auf ihr angebrachten Lasten P_1, P_2, P_3 usw. in ruhendem Zustand durchbiegen würde, wobei aber die absolute Größe der Durchbiegung beliebig ist. Es wird sodann die Zentrifugalkraft festgestellt, welche jede der auf der Welle angebrachten Lasten hervorrufen würde, wenn sie mit dem Biegungspfeil r_1, r_2, r_3 usw., der sich aus der angenommenen elastischen Linie an der Stelle ihrer Angriffspunkte ergibt, als Radius, rotieren würde, wobei der Berechnung dieser Zentrifugalkräfte eine beliebige Winkelgeschwindigkeit für die Drehung der Welle zugrunde gelegt wird. Mit den so errechneten Zentrifugalkräften als Belastung der Welle wird nun in üblicher Weise ein Kräfte- und Seilpolygon entworfen. Die Flächeninhalte des letzteren geben in bekannter Weise die Biegungsmomente in der Welle an. Sodann werden diese Momentenflächen wieder als Belastungen der Welle aufgefaßt, welche in den Schwerpunkten der Momentenflächen angreifen und mit dieser neuen Belastung ein weiteres Seilpolygon entworfen. Die Seiten dieses Seilpolygons sind die Tangenten an die zugehörige neue elastische Linie. Bezeichnen wir die Durchbiegungen, welche sich aus dieser zuletzt gefundenen elastischen Linie am Angriffspunkt der Kräfte P_1, P_2, P_3 usw. ergeben, mit r'_1, r'_2, r'_3 usw., dann bestehen, wenn die Durchbiegungsform richtig angenommen war, die Beziehungen

$$\omega_k = \omega \cdot \sqrt{\frac{r}{r'_1}} = \omega \cdot \sqrt{\frac{r_2}{r'_2}} = \omega \cdot \sqrt{\frac{r_3}{r'_3}}.$$

Im allgemeinen wird zunächst diese Gleichung nicht erfüllt, sondern es werden die verschiedenen aus r_1 und r'_1 bzw. r_2 und r'_2 bzw. r_3 und r'_3 usw. sich ergebenden Werte von ω_k verschieden sein. Es ist dann notwendig, die ursprünglich angenommene elastische Linie solange zu ändern und das Verfahren zu wiederholen, bis die drei Werte annähernd gleich sind. Der ermittelte Wert von ω_k gibt dann richtig die kritische Drehzahl an.

Daß die Beziehung $\omega_k = \omega \cdot \sqrt{\frac{r}{r'}}$ besteht, geht aus folgendem hervor:

Wir hatten als Gleichung der kritischen Winkelgeschwindigkeit oben gefunden:

$$\omega_k = \sqrt{\frac{K \cdot g}{G}}.$$

Wir können nun in dieser Gleichung die rechte Seite vor dem Wurzelzeichen mit $\omega \cdot \sqrt{r}$ multiplizieren und dann innerhalb der Wurzel statt G schreiben $G \cdot \omega^2 \cdot r$, ohne daß an der Richtigkeit der Gleichung etwas geändert wird. Die Größe $\frac{G \cdot \omega^2 \cdot r}{g}$ ist aber die Zentrifugalkraft, welche das Gewicht G hervorruft, wenn die Welle mit der Winkelgeschwindigkeit ω rotiert und der Schwerpunkt des Gewichtes G den Abstand r von der Achse besitzt. Unter Einsetzen von $\frac{G \cdot \omega^2 \cdot r}{g} = C$ erhalten wir dann

$$\omega_k = \omega \sqrt{r} \sqrt{\frac{K}{C}}$$

und erkennen in $\sqrt{\frac{K}{C}}$ den Wert $\sqrt{\frac{1}{r'}}$, denn r' ist der Biegungspfeil der Welle unter

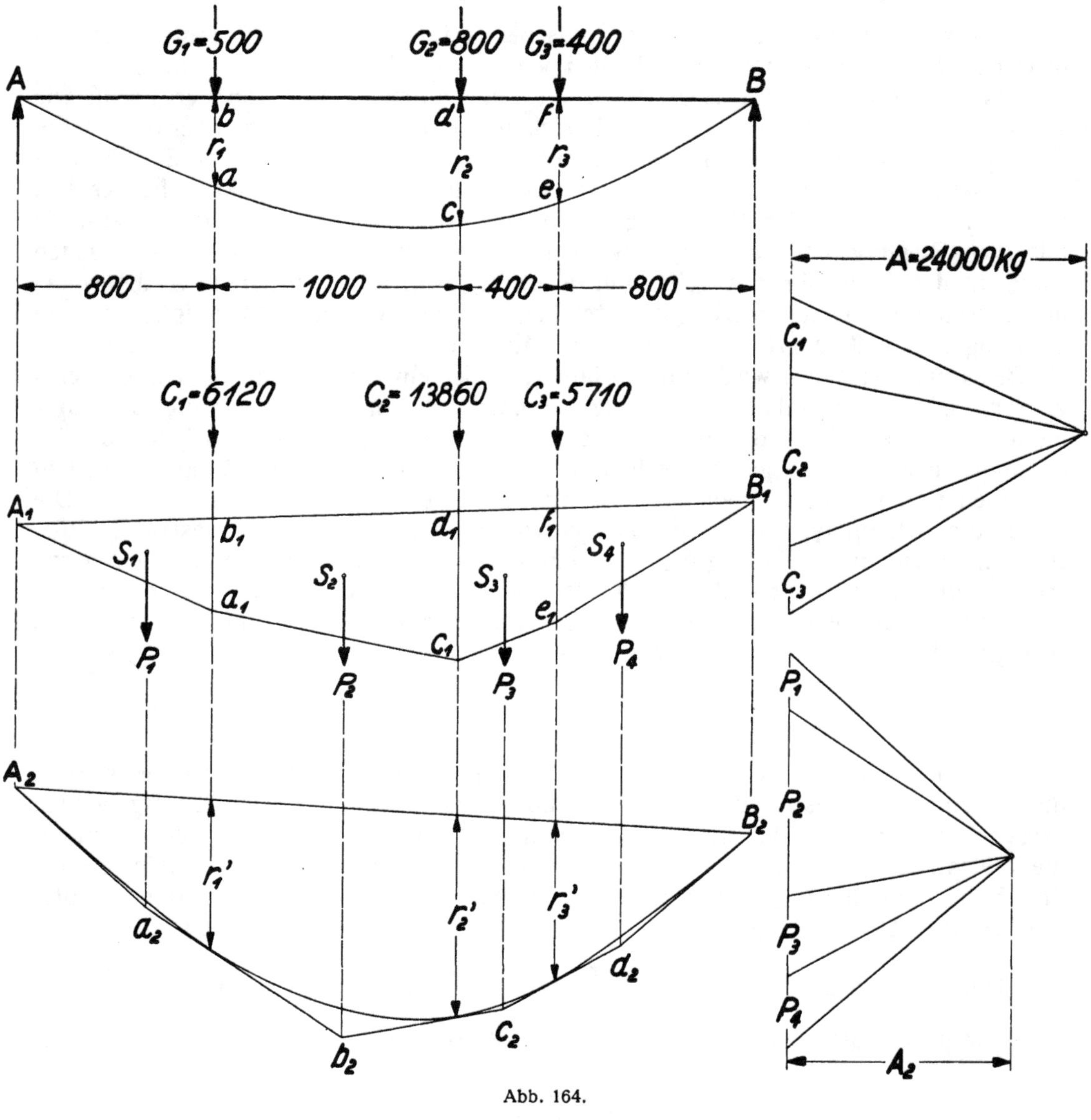

Abb. 164.

dem Einfluß der Zentrifugalkraft C. Man sieht aus vorstehendem, daß es ganz gleichgültig ist, wie groß der Wert von ω und wie groß der Wert von r gewählt wird.

Vorstehende Beziehungen erklären die Richtigkeit des Verfahrens.

Die Anwendung dieser Methode sei an einem Beispiel erläutert. Abb. 164 sei eine Welle, welche außer einem Curtisrad noch eine durch zwei Scheiben getragene Trommel trägt. Das Gewicht des Rades sei $G_3 = 400$ kg, die auf die beiden Befestigungsstellen der Trommelscheiben entfallenden Gewichte (inkl. Trommel) betragen $G_2 = 800$ bzw. $G_1 = 500$ kg. Die Welle sei zylindrisch, besitze einen Durchmesser von 300 mm und sei der Einfachheit wegen gewichtslos angenommen.

Es wird nun zunächst angenommen, daß die Welle bei einer beliebig angenommenen Winkelgeschwindigkeit z. B. $\omega = 100$, durch die entstehenden Zentrifugalkräfte der Einzelmassen nach der schätzungsweise eingezeichneten Kurve $AaceB$ ausgebogen werde.

Die in den einzelnen Belastungspunkten sich ergebenden Durchbiegungen sind danach:

$$r_1 = ab = 12 \text{ mm}$$
$$r_2 = cd = 17 \text{ mm}$$
$$r_3 = ef = 14 \text{ mm}.$$

Die Zentrifugalkräfte, welche bei diesen geschätzten Durchbiegungen hervorgerufen werden, sind nun

$$C_1 = \frac{G_1}{g} \cdot r_1 \cdot \omega^2 = \frac{500}{9{,}81} \cdot 0{,}012 \cdot 100^2 = 6\,120 \text{ kg}$$
$$C_2 = \frac{G_2}{g} \cdot r_2 \cdot \omega^2 = \frac{800}{9{,}81} \cdot 0{,}017 \cdot 100^2 = 13\,860 \text{ kg}$$
$$C_3 = \frac{G_3}{g} \cdot r_3 \cdot \omega^2 = \frac{400}{9{,}81} \cdot 0{,}014 \cdot 100^2 = 5\,710 \text{ kg}.$$

Mit diesen Belastungen wird dann die Momentenfläche A_1, a_1, c_1, e_1, B_1 (Abb. 164) in bekannter Weise gezeichnet, wobei für die Kräfte 1 mm = 600 kg, für die Länge der Welle $^1/_{30}$ der natürlichen Größe gewählt worden ist. Der Polabstand für den Kräfteplan ist zu $A = 24000$ kg entsprechend 40 mm gewählt worden.

Um nun die wirkliche elastische Linie zu finden, nach welcher die Welle durchgebogen wird, muß die Momentenfläche als Belastungsfläche aufgefaßt werden, d. h. ihre Ordinaten an beliebigen Stellen des Balkens, z. B. $a_1 b_1$, $c_1 d_1$ usw., stellen die Belastungen der Welle dar. Da die Balkenlänge in $^1/_{30}$ dargestellt wurde, so bedeutet 1 qmm² der gezeichneten $1 \cdot 30^2 = 900$ qmm = 9 qcm der wahren Momentenfläche.

Die gedachte Belastung P_1 der Welle auf der Länge $A_1 b_1$ wird daher durch die Fläche $A_1 a_1 b_1$, jene P_2 auf der Strecke $b_1 d_1$ durch die Fläche $b_1 a_1 c_1 d_1$ usw. dargestellt, welche man sich in den Schwerpunkten $S_1 S_2$ usw. der Flächen angreifend denken kann. Mit diesen Belastungen wird nun eine neue Momentenfläche (Abb. 164) gezeichnet, deren Seilkurve die gesuchte Durchbiegung der Welle darstellt. Für die Belastungen $P_1 P_2$ usw. ist hier 1 mm = 200 qcm der Belastungsfläche angenommen worden. Die in den Schwerpunkten $S_1 S_2$ usw. angreifenden Kräfte sind daher durch die Strecken

$$P_1 = 7{,}7 \text{ mm}$$
$$P_2 = 24{,}9 \text{ mm}$$
$$P_3 = 10{,}8 \text{ mm}$$
$$P_4 = 9{,}4 \text{ mm}$$

dargestellt.

Die Poldistanz A_2 für die Konstruktion des neuen Kräfteplanes in Abb. 164 muß nun, um der Gleichung der elastischen Linie zu entsprechen, auf

$$A_2 = \frac{E \cdot J}{A}$$

bemessen werden.

Hierin bedeutet E den Elastizitätsmodul des Materials, welcher hier zu $E = 2200000$ kg/qcm angenommen wurde, und J das Trägheitsmoment des Wellenquerschnitts $= 39760$ cm^4. Es müßte demnach

$$A_2 = \frac{2\,200\,000 \cdot 39\,760}{24\,000} = 3\,643\,000 \text{ qcm}$$

sein; in obigem Maßstabe würde also die Poldistanz auf der Zeichnung

$$A_2 = \frac{3\,643\,000}{200} = 18\,215 \text{ mm}$$

betragen.

Wird davon nur $^1/_{600}$, also $A_2 = 30{,}4$ mm genommen, so erscheinen die Durchbiegungen 600fach vergrößert; da die Länge des Balkens jedoch in 1:30 gezeichnet ist, so erscheinen sie nur noch im Maßstabe 600:30, also in 20facher wirklicher Größe. Mit $A_2 = 30{,}4$ mm erhält man das neue Seilpolygon $A_2 a_2 b_2 c_2 d_2 B_2$, dessen Seiten die Tangenten an die elastische Linie sind. Aus dieser ergeben sich die Durchbiegungen in den Angriffspunkten der ursprünglich angenommenen Zentrifugalkräfte als Ordinaten zwischen der Seilkurve und der oberen Schlußlinie zu

$$r'_1 = 1{,}02 \text{ mm}$$
$$r'_2 = 1{,}34 \text{ mm}$$
$$r'_3 = 1{,}06 \text{ mm.}$$

Mit Hilfe der oben abgeleiteten Beziehung $\omega_k = \sqrt{\frac{1}{r'}}$ finden wir für

$$G_1 \text{ wird } \omega_k = 100\sqrt{\frac{12}{1{,}02}} = 100 \cdot 11{,}8 = 343 \text{ oder } n_k = 3\,280$$

$$G_2 \text{ wird } \omega_k = 100\sqrt{\frac{17}{1{,}34}} = 100 \cdot 12{,}7 = 357 \text{ oder } n_k = 3\,410$$

$$G_3 \text{ wird } \omega_k = 100\sqrt{\frac{14}{1{,}06}} = 100 \cdot 13{,}2 = 363 \text{ oder } n_k = 3\,460.$$

Wäre die Form der elastischen Linie ursprünglich richtig geschätzt worden, dann würden sich auch die kritischen Winkelgeschwindigkeiten bzw. Umdrehungszahlen für die einzelnen Belastungspunkte gleich groß ergeben haben. — Wollte man ein genaueres Resultat erhalten, dann müßte man die gefundene elastische Linie an Stelle der geschätzten setzen und die Rechnung bzw. Konstruktion wiederholen. Hierbei können die gefundenen Durchbiegungen $r'_1 r'_2$ usw. jedoch in beliebigem Verhältnis vergrößert eingesetzt werden.

Besitzt die Welle mit Rücksicht auf Gewichtsersparnis usw. nicht überall den gleichen Querschnitt, ist also auch das Trägheitsmoment der Welle nicht an jeder Stelle dasselbe, so läßt sich dies bei der Konstruktion der Momenten- bzw. Belastungsfläche (Abb. 164) ebenfalls berücksichtigen.

Man legt dann einen beliebigen Querschnitt der Welle zugrunde und ändert die damit erhaltenen Ordinaten der Momentenfläche im Verhältnis der Trägheitsmomente an den betreffenden Stellen ab.

Man erhält so eine neue Belastungsfläche, welche zur Konstruktion des zweiten Seilpolygons, d. h. der elastischen Linie, benutzt wird.

Anstatt mit den durch die Gewichte hervorgerufenen Zentrifugalkräften die Durchbiegung der Welle zu berechnen, kann man diese auch angenähert in der nachstehend beschriebenen Weise aus den Gewichten selbst bestimmen.

Ist die Kurve der Durchbiegung infolge der Zentrifugalkräfte schätzungsweise angenommen, so sind dann, da die Zentrifugalkräfte proportional den Gewichten und den Durchbiegungen sind, die in den einzelnen Belastungspunkten wirkenden Gewichte im Verhältnis dieser Durchbiegungen zu der größten auftretenden Durchbiegung zu reduzieren und mit diesen neuen Gewichten dann die genaue elastische Linie in der angegebenen Weise zu ermitteln.

Wird in dem vorerwähnten Beispiel die größte Durchbiegung im Punkt d angenommen, in welchem das Gewicht $G_2 = 800$ kg wirkt, so müssen demnach die übrigen Belastungen im Verhältnis der ihnen zukommenden Durchbiegungen verringert werden. Es wird also:

$$G_1' = G_1 \frac{r_1}{r_2} = 500 \frac{12}{17} = 353 \text{ kg}$$

$$G_2' = G_2 \frac{r_2}{r_2} = 800 \frac{17}{17} = 800 \text{ kg}$$

$$G_3' = G_3 \frac{r_3}{r_2} = 400 \frac{14}{17} = 330 \text{ kg.}$$

Entsprechend diesen geringeren Kräften wird dann auch die Durchbiegung der Welle geringer ausfallen, und zwar im Verhältnis:

$$\frac{G \cdot \frac{r}{r_2}}{\frac{G}{g} \cdot r \cdot \omega^2} = \frac{g}{r_{\max} \cdot \omega^2} = \frac{9{,}81}{0{,}017 \cdot 100^2} = \frac{1}{17{,}3}.$$

Die maximale Durchbiegung in d würde sich demnach ergeben zu:

$$f = \frac{1{,}34}{17{,}3} = 0{,}0775 \text{ mm} = 0{,}00775 \text{ cm.}$$

Benützt man nun die für eine Einzellast genau geltende Formel $n_k = 300 \sqrt{\frac{1}{f}}$ (vgl. § 104), so berechnet sich daraus eine Umdrehungszahl

$$n_k = 300 \sqrt{\frac{1}{0{,}00775}} = 300 \sqrt{129} = 300 \cdot 10{,}724 = 3410,$$

welche gut mit der oben genau ermittelten kritischen Umdrehungszahl übereinstimmt. Diese Übereinstimmung zeigt sich erfahrungsgemäß auch bei beliebigen anderen Belastungsverhältnissen von Wellen.

Mitunter wird die maximale statische Durchbiegung der Welle direkt mit den gegebenen Belastungen selbst, also ohne Berücksichtigung der Biegungspfeile in den einzelnen Belastungspunkten festgestellt. Es ergibt sich dann eine etwas größere Durchbiegung der Welle als sich bei reduzierten Gewichten ergeben würde, so daß die aus vorstehender Formel berechnete kritische Umdrehungszahl etwas geringer ausfällt, also einen gewissen Sicherheitsgrad enthält.

Abschnitt IV.

Düsen, Zwischenböden und Leitapparate.

§ 106. **Düsenkasten und Frischdampfdüsen.** Die Berechnung der Düsen ist in Anhang VIII ausführlich behandelt. Wir können demnach zwei Hauptgruppen unterscheiden: die erweiterten und die nicht erweiterten Düsen.

Als Frischdampf- oder Einströmungsdüsen kommen heute meist erweiterte Düsen in Frage. Da man nämlich im allgemeinen trachtet, den Druck in der ersten

Stufe möglichst niedrig zu halten, um leichte und billige Gehäusekonstruktionen zu erzielen, wird das Gefälle zwischen Kessel und erster Stufe meist so groß, daß die Ausführung von erweiterten Düsen notwendig wird.

Die Frischdampfdüsen werden meistens in besonderen Düsenkasten angeordnet, welche in das Gehäuse eingesetzt werden (vgl. z. B. Abb. 110, 111, 118, 119 u. 120). Man findet jedoch auch Konstruktionen, bei welchen Ringkammern in die Gehäuse eingegossen sind, an welchen die Düsen in geeigneter Weise befestigt werden (vgl. z. B. Abb. 125 bis 130).

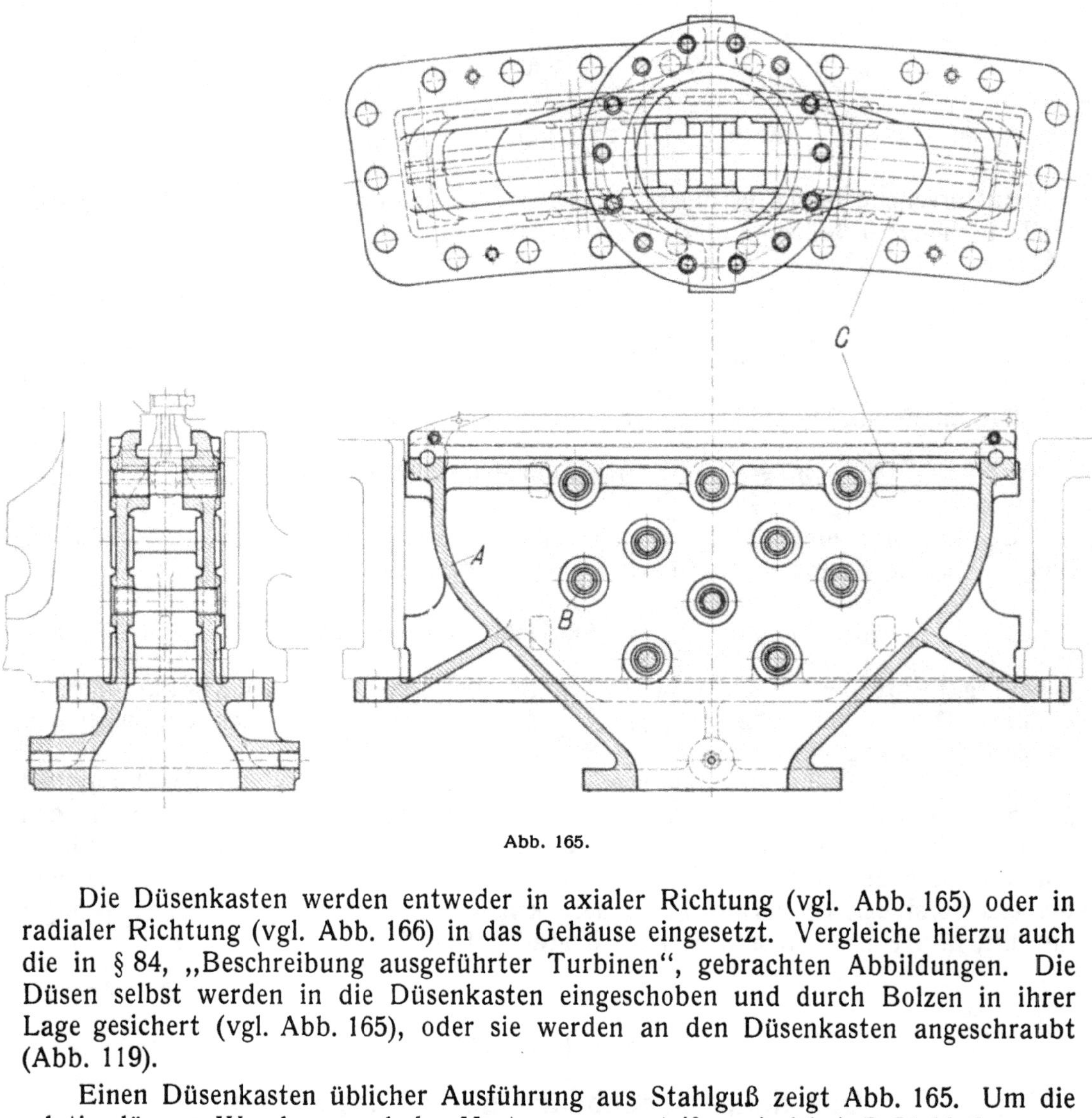

Abb. 165.

Die Düsenkasten werden entweder in axialer Richtung (vgl. Abb. 165) oder in radialer Richtung (vgl. Abb. 166) in das Gehäuse eingesetzt. Vergleiche hierzu auch die in § 84, „Beschreibung ausgeführter Turbinen", gebrachten Abbildungen. Die Düsen selbst werden in die Düsenkasten eingeschoben und durch Bolzen in ihrer Lage gesichert (vgl. Abb. 165), oder sie werden an den Düsenkasten angeschraubt (Abb. 119).

Einen Düsenkasten üblicher Ausführung aus Stahlguß zeigt Abb. 165. Um die relativ dünnen Wandungen *A* des Kastens zu versteifen, sind bei *B* Stehbolzen angebracht, deren Querschnitte so bemessen sind, daß der gesamte Druck des Dampfes auf die Wände von den Stehbolzen aufgenommen wird. An den Dampfeintrittsstutzen sind Warzen für Thermometer- und Manometeranschluß angeordnet. Um den Düsenkasten leicht montieren und demontieren zu können, sind im Gehäuse bearbeitete Leisten und am Düsenkasten bearbeitete Flächen *C* angeordnet.

Abb. 166 zeigt die Ausführung eines aufklappbaren Einström-Düsenkastens, bei welchem auch der Zusammenbau mit dem Umkehrschaufelsegment bemerkenswert

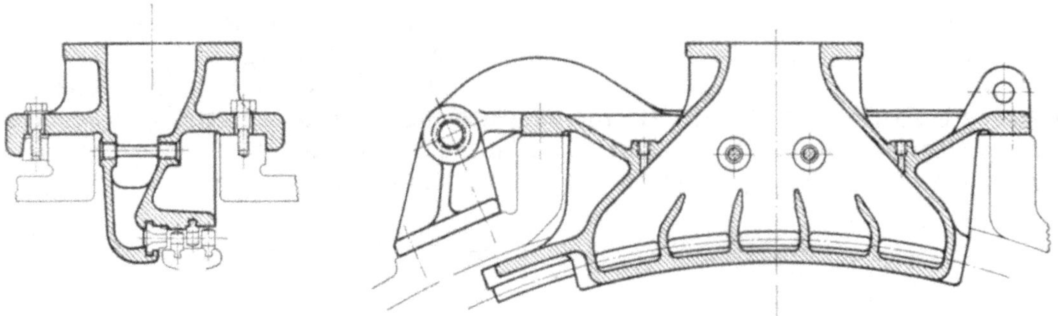

ist. Diese Konstruktion ermöglicht eine Kontrolle der Düsen und Umkehrschaufeln in kürzester Zeit.

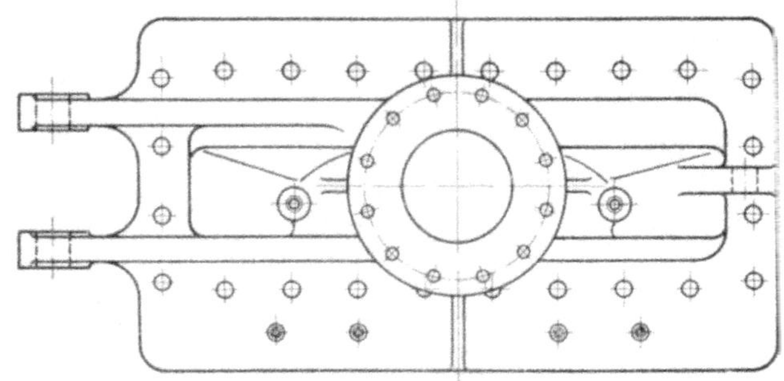

Abb. 166.

In Abb. 167 ist ein mit den erweiterten Düsen aus einem Stück gegossenes Segment dargestellt, wie solche bei Naßdampfbetrieb Verwendung finden. Abb. 168 zeigt den zugehörigen Düsenkasten *A*, in welchen das Düsensegment *B* eingesetzt ist. Ein Umfangsschnitt ist in Abb. 167 dargestellt, in welchem auch die Bolzen *C*, die das Düsensegment gegen Verschiebung in der Umfangsrichtung festhalten, zu sehen sind. Einem der beiden Bolzen ist in dem Segment etwas Luft gegeben, damit der Unterschied in den Wärme-

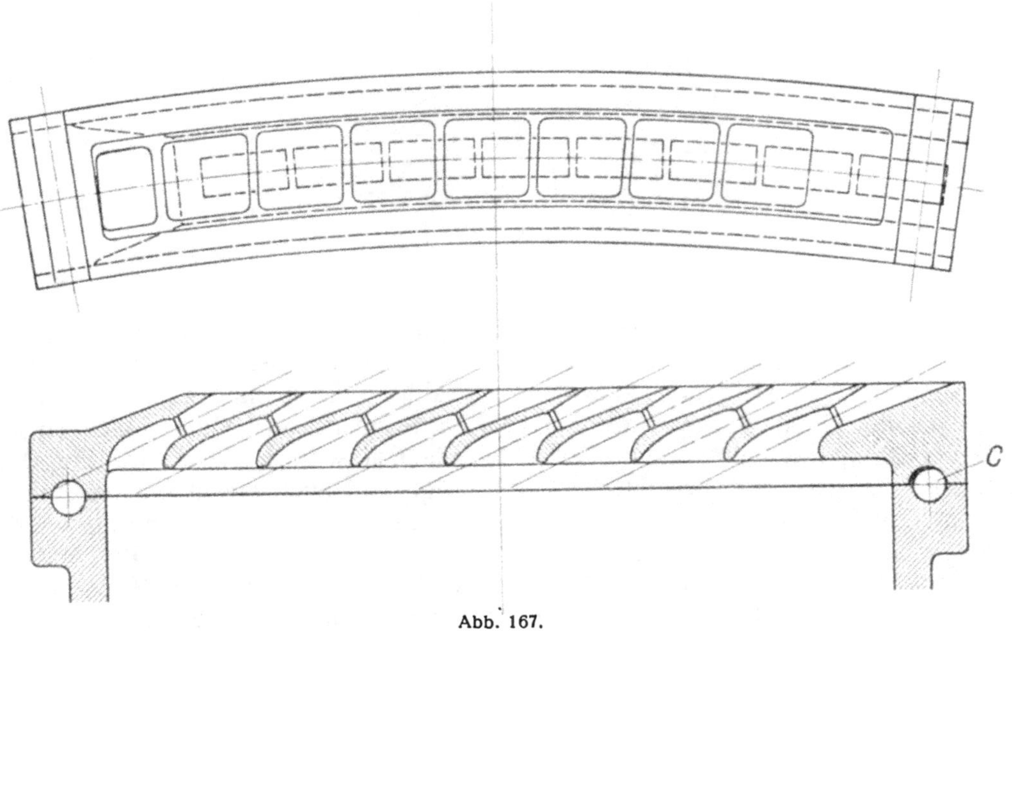

Abb. 167.

dehnungen zwischen dem Stahlguß-Düsenkasten und dem Bronze-Düsensegment keine bedenklichen Materialspannungen hervorrufen kann. Die Form der Düse ist aus Abb. 169 ersichtlich, welche den Austrittsquerschnitt, einen Schnitt in der Düsenachse und den Düsenkern *D* darstellt. Die Erweiterung wird meistens nicht größer als 3fach ausgeführt, wobei die Neigung der Seitenflächen gegen die Düsenachse 15% nicht überschreiten soll. Die einzelnen Düsen sind sauber von Hand bearbeitet. Besondere Sorgfalt ist hier der Bearbeitung des engsten Querschnittes zuzuwenden, da derselbe für das durch die Turbine strömende Dampfquantum maßgebend ist; eine genaue Nachmessung desselben vor dem Einbau ist erforderlich.

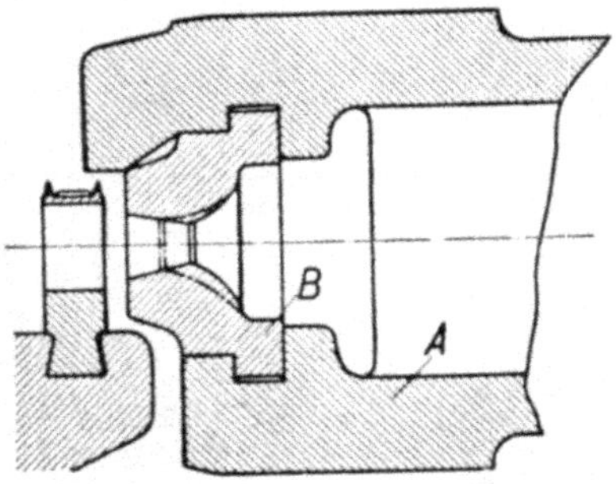

Abb. 168.

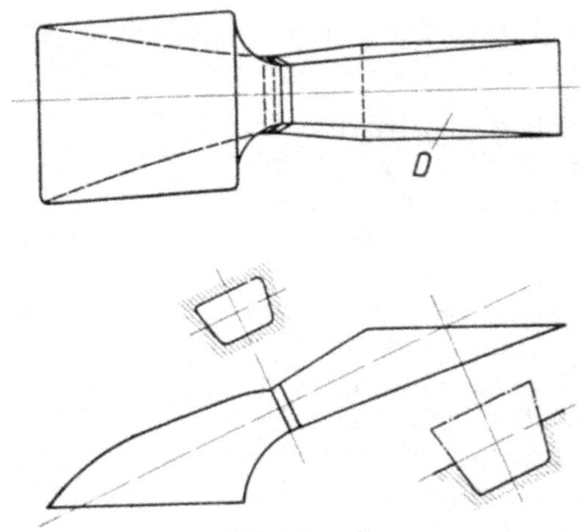

Abb. 169.

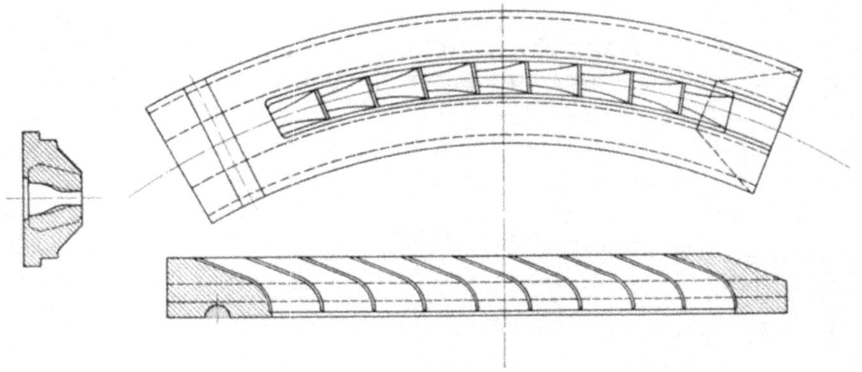

Abb. 170.

Bei Heißdampfbetrieb werden Düsensegmente aus Gußeisen mit eingegossenen Düsenblechen verwendet, da andere Materialien sich bei den auftretenden hohen Temperaturen nicht als genügend widerstandsfähig erwiesen haben. Abb. 170 und 171 zeigen den Umfangsschnitt durch ein solches Segment sowie Querschnitt, Düsenkern und Blechabwicklung. Um eine genügende Querschnittserweiterung der Düse zu erzielen, werden die Düsenbleche abgeschrägt und auch die innere und äußere Wandung der Düse nach innen bzw. nach außen gezogen. Die Düsenbleche werden so in die Segmente eingegossen, daß dieselben ca. 8 bis 12 mm in das Material eingebettet sind. Zur besseren Verbindung des Bleches mit dem Gußeisen werden die Ränder der Düsenbleche gelocht und eventuell verzinnt. Die Befestigung dieser

Düsensegmente im Düsenkasten erfolgt in gleicher Weise wie im vorstehenden beschrieben. Ebenso gelten auch hier die bezüglich der Bearbeitung des engsten Querschnittes gemachten Bemerkungen.

In neuerer Zeit hat man der sorgfältigen Bearbeitung der Düsenoberfläche besondere Aufmerksamkeit zugewendet. Ein Beispiel hierfür, allerdings nur für eine Hilfsturbine, zeigt Abb. 172. Aus einem massiven zweiteiligen Segment ist die Düsenform in radialer Richtung mit einem Fingerfräser herausgearbeitet. Der zu dem

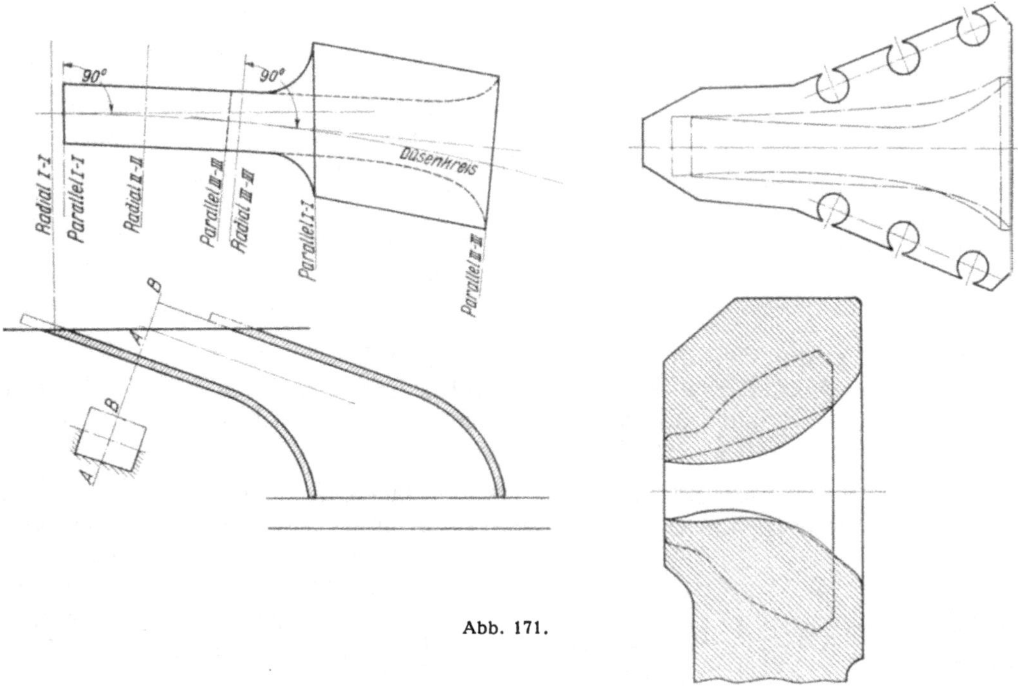

Abb. 171.

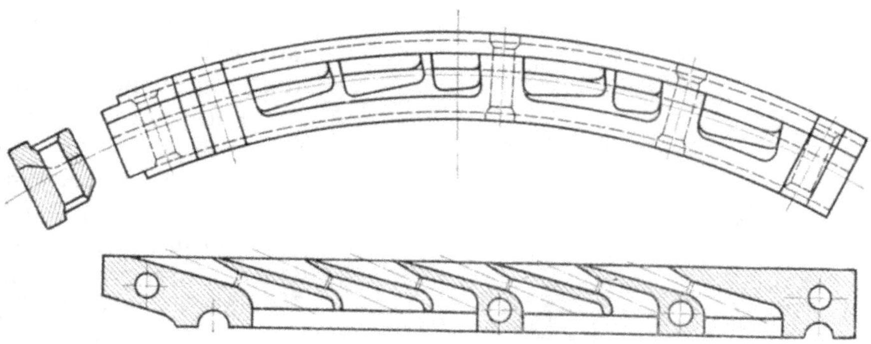

Abb. 172.

Düsensegment passende Deckel (äußere Begrenzung) wird mit diesem Düsenkörper vernietet, und es entsteht so ein solides Ganzes. Aus Abb. 173 sind die Details in etwas größerem Maßstabe zu ersehen. Größere Bedeutung haben derartige Verfahren bei Landturbinen erlangt, siehe dort S. 450.

Schließlich sei noch auf die Lavalsche Düsenkonstruktion Abb. 134 hingewiesen, welche sich für die bei kleinen Lavalturbinen in Frage kommenden Dampfmengen vollauf bewährt hat. Hier sind die Düsen in einer um das Gehäuse laufenden Ringkammer angeordnet und in das Gehäuse einzeln eingesetzt. Der engste Querschnitt der Düsen ist rund. Davor ist ein zylindrischer Einströmansatz und daran anschließend ein konisches Ausströmungsstück, das schräg abgeschnitten ist. Diese Düsen

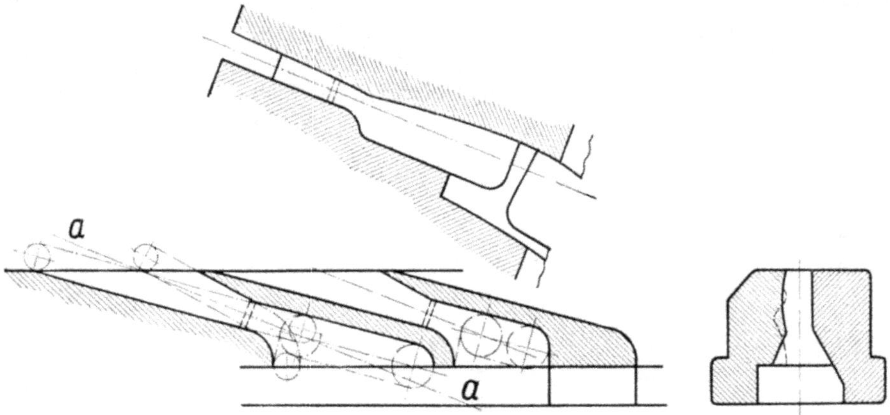

Abb. 173.

können durch kleine Ventile normaler Bauart von Hand abgesperrt werden. Die Lavalsche Konstruktion hat bei großen Dampfmengen den Nachteil, daß die Düsen nicht dicht nebeneinander angeordnet werden können; hierdurch werden Auffüll- und Ventilationsverluste im Laufrad verursacht.

§ 107. **Zwischenböden und Zwischendüsen. Allgemeines.** Bei den direkt wirkenden Turbinen mußten wegen der niedrigen Propellerdrehzahl die Düsenkreisdurchmesser ziemlich groß gewählt werden, um einigermaßen brauchbare Umfangsgeschwindigkeiten zu erreichen. Dies hatte zur Folge, daß die Konstruktion der Zwischenböden gewisse Schwierigkeiten verursachte; denn wegen der notwendigen Gewichtsbeschränkung war es einerseits nicht möglich, sehr schwere Zwischenböden zu verwenden, und anderseits waren allzugroße Durchbiegungen derselben in der Nähe der Nabe zu vermeiden. Man verwendete daher vorzugsweise ungeteilte Zwischenböden aus Stahlguß (vgl. Abb. 110 bei C). Diese hatten meistens einen doppelt gewölbten Querschnitt, welche Form die relativ geringste Durchbiegung und günstige Beanspruchungen ergibt. An der Nabe waren die Böden durch Stopfbuchsen in der üblichen Weise abgedichtet. Die gußeisernen, in der Horizontalfuge geteilten Düsenringe wurden

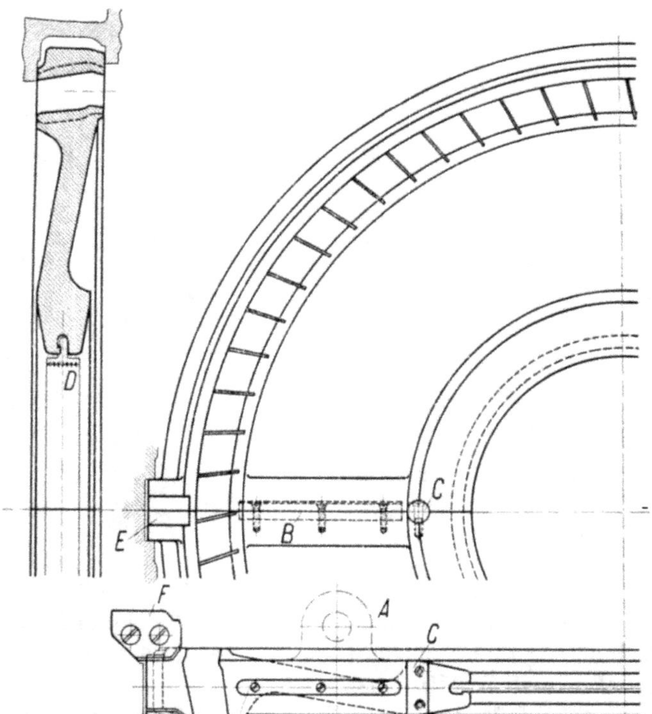

Abb. 174.

bei dieser Konstruktion getrennt vom Zwischenboden ausgeführt und mit dem Gehäuse verschraubt. Die Zwischenböden waren dann in den Düsenringen beweglich gelagert, so daß keinerlei Spannungen (außer den axialen) auf das Gehäuse übertragen wurden. Die in den Düsenringen angeordneten Düsen waren durch stählerne Leitschaufeln gebildet, welche in der oben beschriebenen Weise eingegossen waren.

Bei den als Räderturbinen konstruierten Getriebeturbinen werden heute die Zwischenböden allgemein als geteilte, ebene, gußeiserne Böden ausgeführt, in welche

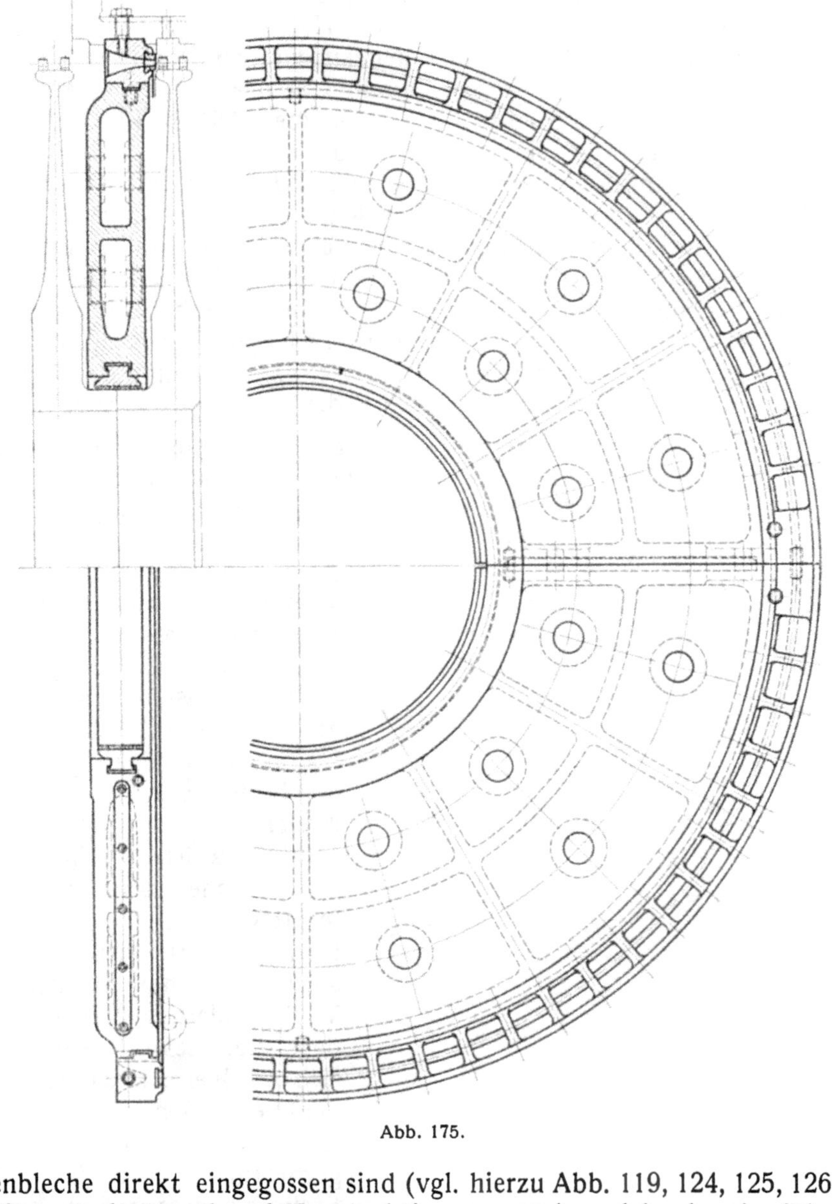

Abb. 175.

die Düsenbleche direkt eingegossen sind (vgl. hierzu Abb. 119, 124, 125, 126 und 127). Man greift nur selten noch auf Konstruktionen zurück, welche den Ausführungen bei direkt wirkenden Turbinen ähnlich sind (vgl. z. B. Abb. 106, 128 und 130). Meist handelt es sich bei Ausführungen letzterer Art um Konstruktionen für Kriegsschiffe, bei welchen die höheren Kosten gegenüber einer Gewichtsersparnis in den Hintergrund treten.

Die übliche Ausführung eines Zwischenbodens für die Getriebeturbine eines Handelsschiffes zeigt Abb. 174. Die Zwischenböden sitzen radial beweglich, jedoch in axialer Richtung festgehalten, im Gehäuse und sind durch die Angüsse *E*, welche in den Horizontalflansch eingelassen sind, gegen Verdrehung gesichert. Die Angüsse *A*, welche zum Verschrauben der beiden Zwischenbodenhälften zwecks genauen Abdrehens erforderlich sind, werden nach der Fertigstellung entfernt. Die Federn *B* und *C* sind bestimmt, einen Ausgleich der Kräfte und Beanspruchungen zwischen den beiden Hälften herbeizuführen. Die Labyrinthstopfbuchse *D* ist in die Nut der Nabe eingeschoben. Bei *E* sind Nuten eingefräst, in welche Halteplatten *F* eingreifen, dazu bestimmt, die beiden Zwischenbodenhälften in dem zugehörigen Gehäuseteil festzuhalten.

Für Zwischenböden mit sehr großen Durchmessern kommt evtl. auch die Konstruktion als doppelwandiger Boden in Frage, wie eine solche in Abb. 175 dargestellt ist. Dieser Boden, welcher zu einer großen Transformatorturbine gehört, war als einfacher, geteilter Boden nicht mehr auszuführen, und man mußte daher zur doppelwandigen Konstruktion übergehen. Jede Bodenhälfte hatte einen mittleren Versteifungsring und war durch Rippen in sechs Sektoren unterteilt. Entsprechende Kernbuchsen ermöglichten die Entfernung des Kernes. Um die Gefahr des Ausschußgießens zu verringern, wurde der Düsenring vom Zwischenboden getrennt hergestellt und die Düsen nicht eingegossen, sondern als Segmente aus Bronze eingesetzt. Die Verbindung geschah wieder in der üblichen Weise, wobei auf einen Ausgleich der Beanspruchungen in den beiden Hälften durch Federn und Keile hingearbeitet wurde.

§ 108. **Konstruktion der Zwischendüsen.** Die weitaus gebräuchlichste Konstruktion der Düsen für die Zwischenböden ist diejenige, bei welcher die passend gebogenen Bleche in gußeiserne Ringe oder direkt in die Zwischenböden eingegossen werden.

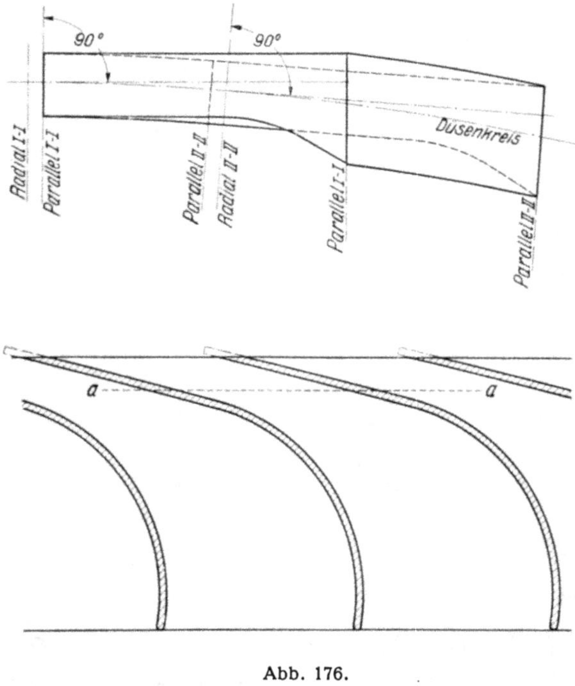

Abb. 176.

Als Material für die Bleche wird das gleiche wie für die Frischdampfdüsen verwendet. Abweichend von letzteren wird fast immer die äußere und innere Begrenzung der Düsen als Rotationsfläche ausgeführt. Um am Austritt der Düsen parallele Dampfströmung zu erhalten, werden die Gußeisenflächen dort als Teile zweier Rotationshyperboloide ausgeführt, welche entsprechend dem erforderlichen Austrittswinkel geformt werden. Der Übergang zum Eintrittsquerschnitt wird dann so ausgebildet, daß möglichst geringe Winkeländerungen erforderlich werden. Bei dieser Ausbildung lassen sich die Kernkästen sehr leicht auf der Drehbank herstellen. Als Düsenkerne werden entweder besondere getrocknete Kerne oder an Ort und Stelle aus nassem Sand eingeformte Kerne verwendet. Beim Einsetzen der Kerne ist darauf zu achten, daß die Austrittskanten radial stehen sowie daß Austrittswinkelteilung und radiale Lage der Düsen genau eingehalten werden. In Abb. 176 bis 178 sind Schnitte, Kern und Blechabwicklung einer solchen Düse dargestellt.

Die Zwischendüsen sind in den meisten Fällen nicht erweiterte Düsen. Selbst bei Überschreitung des kritischen Gefälles genügt in der Regel die Erweiterung, welche sich durch Zuschärfung der Düsenbleche ergibt. Gegebenenfalls können zur Erzielung einer genügenden Erweiterung stärkere Düsenbleche verwendet werden, als die Konstruktion aus Festigkeitsgründen verlangt. Als Anhalt für die Stärke der Düsenbleche sei mitgeteilt, daß für Düsen bis zu einer Höhe von 40 mm eine Blechstärke von 2 bis 3 mm, für Düsen von ca. 150 mm Höhe eine Blechstärke von 4 bis 5 mm und für Düsen von 600 mm Höhe eine Blechstärke von 8 bis 10 mm angemessen ist. Die Düsenbleche werden an den Eintrittsstellen zur besseren Bindung mit dem Gußeisen gelocht und manchmal auch verzinnt. Um zu vermeiden, daß

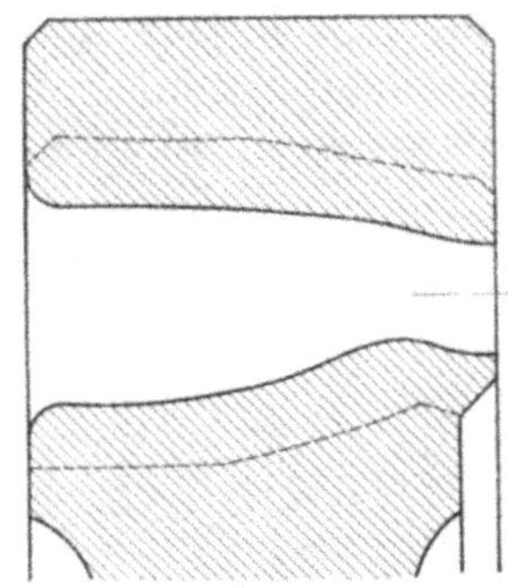

Abb. 177.

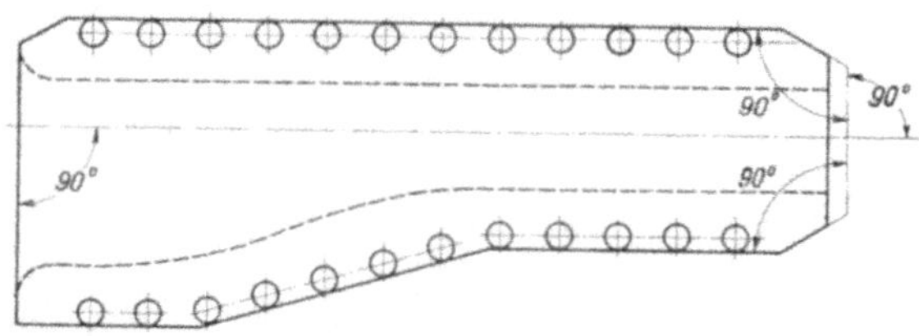

Abb. 178.

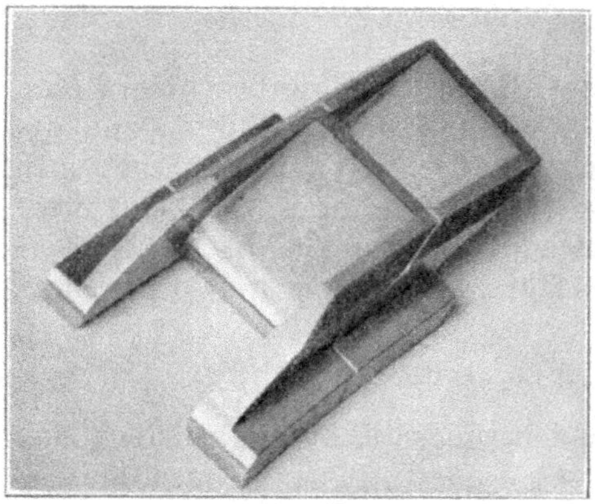

Abb. 179.

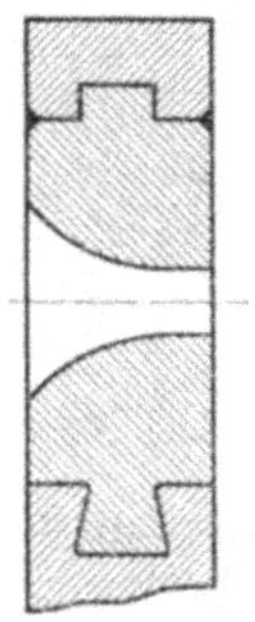

Abb. 180.

Abb. 181.

die Zwischenbödenringe oder die Zwischenböden unrund werden, empfiehlt es sich, den ganzen Umfang unter Einlage passender Sprengstücke auf einmal zu gießen.

Bei kleinen Düsenhöhen und großen Druckdifferenzen in den einzelnen Stufen ist es zweckmäßig, Düsenringe aus Stahlguß herzustellen, bei welchen durch kräftige Rippen der Überdruck auf den Zwischenboden auf den äußeren Rand übertragen wird; die eigentlichen Düsen werden dabei in gleicher Weise wie die Frischdampfdüsen ausgeführt und in diese Ringe eingesetzt.

Manchmal findet man auch bei Getriebeturbinen diese Düsen aus Schaufel- und Füllstückprofilen aufgebaut. Diese Ausführung ergibt einen glatten und genaueren Dampfkanal, als bei Verwendung einfacher Bleche erreichbar.

Neuerdings werden insbesondere für Hochdruckturbinen die Zwischendüsen manchmal durch Einfräsen des Düsenkanals in profilierte Stücke hergestellt. Als Ausgangsmaterial für diese Fabrikation werden Profilstangen verwendet, aus welchen Düsen nach Art der in Abb. 179 dargestellten ausgefräst werden. Die weitere Herstellung solcher Düsen ist aus Abb. 180 bis 182 erkenntlich, und zwar zeigt Abb. 180 den Radialschnitt durch die Düse, Abb. 181 die Ansicht auf den Düsenschnitt von außen, Abb. 182 eine perspektivische Darstellung der Düse. Der Düsenkanal ist durch Ausfräsen des Profils mit Fräsern verschiedener Gestalt hergestellt. Die Befestigung dieser Düsen im Zwischenboden erfolgt durch kräftige, angefräste Füße; außen ist um die Düsen ein (zweiteiliger) Ring gelegt, welcher durch Schweißen an den Fugen mit den Düsen verbunden wird, nachdem die Düsen in die Ringnut des Zwischenbodens eingeschoben sind. Die Befestigung der Düsen geschieht auch manchmal in der Weise, daß der Außenring durch einen besonderen über mehrere Düsenringe reichenden Mantel ersetzt wird (vgl. Abb. 183), welcher durch Bolzen kräftig zusammengeschraubt, die Düsenstücke zusammenhält und die durch die Drücke in den einzelnen Stufen hervorgerufenen Spannungen aufnehmen kann.

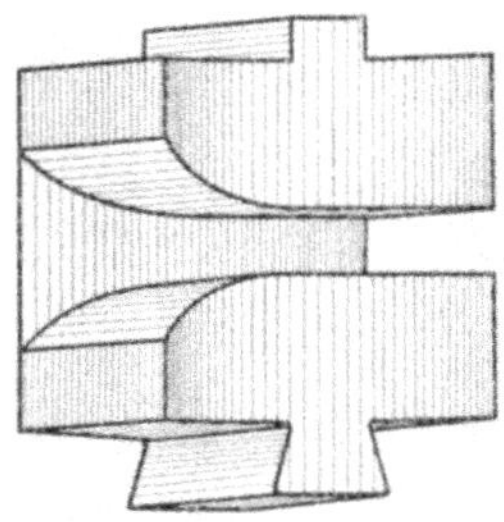

Abb. 182.

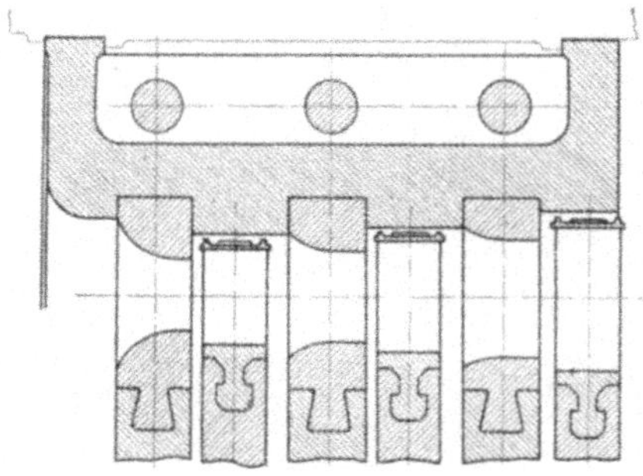

Abb. 183.

Die Vorteile solcher Düsen sind im gegebenen Falle sehr zu beachten. Man kann nicht nur viel niedrigere Düsen bei gutem Wirkungsgrad ausführen und damit eine größere (womöglich volle) Beaufschlagung erzielen als bei angegossenen Düsen, sondern man ist auch in der Lage, sich der günstigsten Form des Kanals mehr anzupassen und durch sauberes Polieren der Düsen den Ausflußkoeffizienten zu verbessern. Abgesehen davon kann sehr hochwertiges Material, evtl. sogar nicht rostender Stahl verwendet werden.

Selbstverständlich sind die Kosten dieser Düsen recht erhebliche.

§ 109. **Festigkeit der Zwischenböden.** Für die näherungsweise Festigkeitsrechnung ungeteilter ebener Zwischenböden von vielstufigen Räderturbinen können die bekannten Rechnungsmethoden der Festigkeitslehre für frei aufliegende gleichmäßig dicke, plattenförmige Körper ohne Bohrung, welche durch einseitigen Druck belastet sind, sinngemäß angewendet werden[1]).

Wir erhalten danach für Stahlgußplatten die größte tatsächlich auftretende Spannung

$$\sigma_{\text{eff}} = 1{,}24 \, \frac{r^2}{h^2} \cdot p$$

und die größte Durchbiegung

$$y_{\max} = 0{,}70 \, \frac{r^4}{h^3} \, \frac{p}{E}.$$

[1]) Vgl. Föppl, Technische Mechanik, Bd. 3, und Stodola, Dampf- und Gasturbinen, S. 309 und 434.

Für gußeiserne Platten ist

$$\sigma_{\text{eff}} = 1{,}2\,\frac{r^2}{h^2}\cdot p \quad \text{und} \quad y_{\max} = 0{,}74\,\frac{r^4}{h^3}\,\frac{p}{E},$$

wobei r den Plattenhalbmesser, h die Plattendicke, p den Überdruck in kg/qcm bedeutet.

Für geteilte Böden hat Stodola durch zahlreiche Versuche das Verhältnis der Durchbiegungen und Spannungen zwischen dem vollen und dem geteilten Boden festgestellt. Es ergab sich

$$y_{\text{halb}} = 2{,}4 \cdot y_{\text{voll}} \quad \text{und} \quad \sigma_{\text{halb}} = 1{,}6 \cdot \sigma_{\text{voll}}.$$

Böden, welche stark von der ebenen Platte abweichen, lassen sich nicht rechnerisch erfassen. Es empfiehlt sich dann, ein kleines Modell herzustellen und dasselbe einer genauen Untersuchung auf Grund der Gesetze der mechanischen Ähnlichkeit zu unterziehen, wobei auf die im I. Band, Anhang VIII gemachten Ausführungen über die Einhaltung der erforderlichen Maßstabs- und Kraftverhältnisse noch besonders hingewiesen sein möge.

Zwischenböden mit voller Beaufschlagung, bei welchen demnach keine gußeisernen Stege zwischen dem äußeren Ring und dem eigentlichen Boden mehr vorhanden sind, weisen natürlich auch erhebliche Beanspruchungen in den Düsenblechen auf. Zu schwache Ausführung der letzteren kann leicht ein Einknicken der Bleche und ein eventuelles Nachgeben des Bodens zur Folge haben. Eine rechnerische Ermittlung der in den Blechen auftretenden Beanspruchungen ist wegen der beim Eingießen auftretenden unkontrollierbaren Spannungen und sonstigen Unsicherheiten ohne großen Wert. Erfahrungswerte für die Stärke der Düsenbleche sind bereits im vorigen Paragraph angegeben.

§ 110. **Material der Frischdampfdüsen, Zwischendüsen und Düsenbleche.** Als Material für Naßdampfdüsen verwendet man feinkörniges Gußeisen oder (namentlich für Kriegsschiffe) gute Bronze. Für letztere eignet sich eine Legierung aus ca. 86% Kupfer und ca. 9,5% Zinn und ca. 4% Zink. In überhitztem Dampf halten sich Bronzedüsen nicht, weswegen hierfür Heißdampf-Gußeisen zu verwenden ist. Als Material für die Bleche wird 3- bis 5proz. Nickelstahl oder auch gewöhnliches Siemens-Martin-Flußeisen verwendet. Bei letzterem Material ist darauf zu achten, daß die Walzung besonders sorgfältig ausgeführt ist und wird hierfür meist die Vorschrift gemacht, daß das Material kreuz und quer gewalzt sein muß, damit keine ausgesprochene Faserrichtung vorhanden ist. Die Zwischendüsen werden stets aus Gußeisen hergestellt, und gilt für die eingegossenen Düsenbleche dasselbe, wie oben für die Frischdampfdüsen gesagt.

§ 111. **Die Zwischenstopfbuchsen.** Die Bohrung in der Mitte des Zwischenbodens erhält für die Abdichtung der durchtretenden Welle die sog. Zwischenstopfbuchse.

Bei den einteiligen Stahlgußzwischenböden, wie dieselben früher bei direktwirkenden Turbinen verwendet wurden, ordnete man meistens eine einteilige Bronzebüchse an, welche an der Innenseite gewöhnlich mit Weißmetall ausgefüttert war und durch eingedrehte Nuten als Labyrinthdichtung wirkte. Die Befestigung der bronzenen Buchse an der Nabe des Zwischenbodens erfolgte meist durch einen Ring mit 4 bis 8 gut gesicherten stählernen Kopfschrauben (vgl. hierzu Abb. 110).

Bei den heute, d. h. also bei den Getriebeturbinen üblichen geteilten Zwischenböden sind auch geteilte Zwischenstopfbüchsen erforderlich. Meistens werden dieselben in eine schwalbenschwanzförmige Ringnut eingeschoben und gegen Verdrehung gesichert (vgl. Abb. 174 und 175). Diese Befestigungsart hat gegenüber dem Anschrauben den

Vorteil geringeren Platzbedarfs, und außerdem wird die Gefahr einer Havarie, verursacht durch das Abrosten von Schraubenköpfen oder Muttern, ausgeschaltet. Man gibt der Welle in den Zwischenstopfbuchsen ein Spiel von 0,1 bis 0,5 mm, je nach der Größe der Turbine und der Lage der Zwischenstopfbuchsen zwischen den beiden Lagern. Anhaltspunkte für die Bemessung des Spiels gibt Abb. 30 § 25, in welcher übliche Durchschnittswerte in Kurvenform über dem Durchmesser aufgetragen sind.

Die Buchse selbst wird heute meist als richtige Labyrinthstopfbuchse mit Spitzendichtung ausgeführt (vgl. Abb. 29, 174 und 175).

Für die Montage der Zwischenstopfbüchsen ist es in allen Fällen wichtig, daß deren Mittelpunkte der Durchbiegung der Welle entsprechend angeordnet werden. Zu diesem Zweck bestimmt man an Hand der für die Berechnung der kritischen Drehzahl festgestellten Durchbiegungslinie der Welle die erforderlichen Exzentrizitäten bei den einzelnen Zwischenböden. Die Maße werden der Werkstatt aufgegeben und die Nuten bzw. Sitzflächen der Zwischenstopfbuchsen in den Zwischenböden um dieses Maß nach unten verschoben exzentrisch hergestellt.

§ 112. **Die Leitschaufelsegmente.** Die Befestigung der Leitschaufeln kann entweder direkt im Gehäuse oder aber in besonderen, in das Gehäuse eingesetzten Segmenten oder Ringen erfolgen. Die erstere Methode hat den Vorteil der Gewichts- und Arbeitsersparnis, dagegen den Nachteil der schwierigeren Beschaufelung und der Gefahr größerer Beschädigungen im Falle einer Havarie.

Die früher vielfach insbesondere für direktwirkende Kriegsschiffsturbinen ausgeführten Leitschaufelringe für die Trommelbeschaufelung werden heute bei den Triebturbinen kaum mehr ausgeführt.

Dagegen kommen für die Umkehrschaufeln der Curtisstufen (vgl. Abb. 119, 120, 128) auch heute noch immer besondere Segmente zur Anwendung. Die Länge derselben richtet sich nach der Größe des beaufschlagten Bogens. Um der Streuung des Dampfbandes in tangentialer Richtung Rechnung zu tragen, macht man das Umkehrschaufelsegment um ungefähr 100 bis 150 mm in der Richtung der Dampfströmung und 50 bis 100 mm in entgegengesetzter Richtung länger als das zugehörige Düsensegment.

Bei der ersten Stufe findet man auch häufig Umkehrschaufelsegment und Düsenkasten aus einem Stück, so daß letzterer herausgenommen und besichtigt werden kann (vgl. Abb. 166).

Die Befestigung der Umkehrschaufelsegmente erfolgt gewöhnlich durch Kopfschrauben von außen.

Abschnitt V.

Gehäuse, Stopfbuchsen, Lager, Hebe- und Drehvorrichtungen.

§ 113. **Allgemeines über Gehäuse.** Die Gesichtspunkte, welche bei der Konstruktion der Turbinengehäuse zu beachten sind, weichen bei direkten und indirekten Turbinen nur wenig voneinander ab. Allgemeine Regeln lassen sich auch hier nicht aufstellen, und es ist Sache des Konstrukteurs für irgendeinen vorliegenden Fall die zweckmäßigste Lösung zu finden. Es können hier nur einige wichtige Punkte herausgegriffen werden, welche besondere Berücksichtigung verdienen. Betreffend Beschreibung einiger Gehäusekonstruktionen siehe auch § 84, „Beschreibung ausgeführter Turbinen".

§ 114. **Konstruktion der Turbinengehäuse.** Abgesehen von wenigen Ausnahmen sind alle Turbinengehäuse in der Horizontalfuge geteilt. Nur bei den Antriebsmaschinen von Hilfsmaschinen, welche aus einem einzigen Rad bestehen, findet man

Konstruktionen, bei denen das ungeteilte Gehäuse mit einem Boden und einem Lager zusammengegossen ist (vgl. hierzu Abb. 133 und 136).

Die obere und untere Gehäusehälfte sind mit sehr kräftigen Horizontalflanschen versehen, welche durch starke Schraubenbolzen miteinander verbunden sind. Die Verbindungsbolzen werden so nahe wie möglich an die Gehäusewand gerückt, um Biegungsbeanspruchungen der Flanschen möglichst auszuschließen oder gering zu halten. Die Horizontalflanschen ruhen ohne Packung aufeinander, und ist es notwendig, dieselben genau passend zu schaben, um ein vollständiges Dichthalten des Flansches zu erreichen. Die Sitzflächen der Köpfe und Muttern der Verbindungsbolzen werden durch Ausfräsen geglättet. Die Muttern werden als Kapselmuttern ausgeführt, um ein Durchtreten des Dampfes durch die Schraubenlöcher zu verhindern. Einzelne der Verbindungsbolzen werden als Paßbolzen hergestellt, um die gegenseitige Lage der beiden Gehäusehälften insbesondere beim Ausbohren zu sichern und evtl. zwischen den beiden Gehäusehälften auftretende seitliche Kräfte aufnehmen zu können.

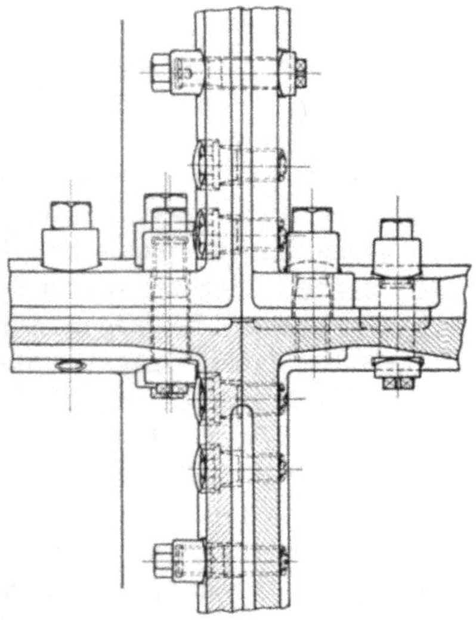

Abb. 184.

Bei kleineren Gehäusen werden Ober- und Unterteile je in einem Stück ausgeführt, während man größere Gehäuse auch in einer oder mehreren Querebenen teilt, um sie leichter gießen und bearbeiten zu können. Die einzelnen Teile werden dann ebenfalls durch Flanschen und Schrauben verbunden. Bezüglich der Ringflanschen gilt das gleiche wie für die Horizontalflanschen. Um in den Ecken an der Kreuzungsstelle einer vertikalen mit einer horizontalen Flanschverbindung die Schrauben möglichst aneinanderrücken zu können, werden an diesen Stellen manchmal auch Schrauben mit versenkten Köpfen verwendet (vgl. Abb. 184).

Die Gehäuseböden werden meist mit einem Teil des Gehäuses zusammengegossen und sind ebenfalls in der Horizontalebene geteilt und mit Flanschen verbunden. Um ihnen eine möglichst große Steifigkeit und Festigkeit zu geben, werden sie nach innen oder außen gewölbt. Bei größeren direktwirkenden Turbinen führte man den Boden des Gehäuses auch als einteiligen Deckel aus, welcher dann durch einen Ringflansch mit dem Gehäuse verbunden wurde. Bei kleineren Turbinengehäusen gießt man häufig das Gehäuseunterteil mit dem Lager zusammen, wodurch viel Paßarbeit erspart und die Bearbeitung des Gehäuses erleichtert wird. Allerdings ist hierbei zu berücksichtigen, daß das Gußstück wesentlich komplizierter und dadurch die Ausschußgefahr größer wird.

Für den Dampfeintritt werden bei Räderturbinen oder bei Trommelturbinen mit vorgeschaltetem *C*-Rad am Umfang der Böden Taschen vorgesehen, in welche die Düsenkästen eingesetzt werden. Bei reinen Trommelturbinen wird die Dampfeinströmung als entsprechender Stutzen an geeigneter Stelle angebracht. Hierbei ist zu beachten, daß alle derartigen Ausschnitte in den Gehäusewandungen, -böden oder -deckeln auch entsprechende Verstärkungen des Randes derselben durch Anordnung kräftiger Flanschen notwendig machen, da sonst leicht Risse in den Böden oder Wandungen auftreten können.

Die Abdampfstutzen wurden bei den direktwirkenden Turbinen meist am Gehäuseoberteil angeordnet und entweder mit horizontalem Flansch oder manchmal auch mit schrägem Flansch ausgeführt, an welchen sich der zum Kondensator führende Abdampfbogen anschloß (vgl. Abb. 107 bis 110). Bei den Getriebeturbinen ist es meist ohne weiteres möglich, die Turbinen im Schiff etwas höher zu legen und den Kondensator unterhalb der Niederdruckturbine anzuordnen. Die Niederdruckturbine ruht dann mit dem Flansch ihres Abdampfbogens auf dem aus Gußeisen ausgeführten Gehäuse des Kondensators (vgl. hierzu Abb. 121, 122, 125 und 126).

Zur Lagerung des Gehäuses auf dem Fundament sind kräftige Füße vorzusehen. Dieselben werden in vielen Fällen am eigentlichen Turbinengehäuse angeordnet, während die Lager der Turbinenwellen am vorderen und hinteren Ende auf kräftigen Konsolen ruhen, die am Gehäuseboden angeschraubt oder angegossen werden. In anderen Fällen wird es vorgezogen, die Füße unter den Lagern anzuordnen, so daß das eigentliche Gehäuse sich zwischen diesen beiden Unterstützungen selbst tragen muß (vgl. Abb. 108, 119, 124 bis 127). Eine dritte Anordnung schließlich ist die, sowohl das eigentliche Gehäuse als auch die Lager durch Füße abzufangen.

Welcher dieser Konstruktionen der Vorzug zu geben ist, muß von Fall zu Fall entschieden werden. Bei der erstgenannten Anordnung ist jedenfalls zu beachten, daß bei unvorsichtiger Konstruktion der Druck auf die Lager eine Durchbiegung des Gehäuses in der Mitte nach oben verursachen kann, welche evtl. zu Schaufelhavarien führt.

In allen Fällen muß sorgfältig der Längenausdehnung des Gehäuses Rechnung getragen werden, was dadurch geschieht, daß nur die vorderen oder die hinteren Füße gegen Längsverschiebung gesichert, die anderen hingegen frei verschiebbar gelassen werden. Bei den festen Füßen ist darauf zu achten, daß durch dieselben meist auch ein Schub übertragen wird (Propellerschub, Zahnschub, Dampfschub). Bei den von der Niederdruckturbine getrennt aufgestellten Hochdruckturbinen werden die der Frischdampfleitung zunächst gelegenen Füße fixiert, um so die Dampfzuleitung zur Turbine vor zusätzlichen Kräften zu bewahren.

Zur leichteren Montage werden zwischen die Füße und das Fundament Zwischenplatten gelegt, welche nach Bedarf auf entsprechende Dicke gehobelt werden können.

Für die Befestigung der Düsenringe und Leitschaufelsegmente im Gehäuse werden in diesem Eindrehungen vorgesehen. Die einzelnen Segmente werden durch von außen eingeschraubte Kopfschrauben befestigt (vgl. Abb. 120). Bei kleineren Turbinen und fast durchweg bei den heute üblichen Getriebeturbinen werden die Leitschaufeln direkt in das Gehäuse eingesetzt, indem sie in Rillen, welche ins Gehäuse eingedreht sind, befestigt werden. Die Wandstärke solcher Gehäuse muß natürlich entsprechend größer werden, als wenn die Leitschaufeln in besonderen Segmenten untergebracht sind.

Bei den Gehäusen der direktwirkenden Turbinen von größerer Leistung war es zum Teil schwierig, die für die Bearbeitung erforderliche Steifigkeit sicherzustellen und auch mit geringem Materialaufwand die nötige Festigkeit bei dem im Gehäuse auftretenden Dampfdruck zu erreichen. Man ordnete daher bei größeren Gehäusen vielfach Rippen an. Während die ersten Ausführungen in England kastenförmige Rippen auf dem Gehäuse mit kleinen, annähernd quadratischen Feldern zeigten (vgl. Abb. 108), bevorzugte man in Deutschland Ringrippen (vgl. Abb. 107). Die Erfahrung mit den kastenförmigen Rippen hat ergeben, daß dieselben häufig durch Gußspannungen zu Rissen Veranlassung gaben. Bei den schnellaufenden Getriebeturbinen gelangen Versteifungsrippen nur in geringem Maße zur Verwendung.

An den Turbinengehäusen sind im allgemeinen folgende Anschlüsse vorgesehen:

Anschluß für Sicherheitsventil,
„ „ Alarmventil,
„ „ Anwärmeleitung,
„ „ Entwässerung,

Anschluß für Manometer,
" " Thermometer,
" " Regulierung,
Meßvorrichtung für die Lage des Rotors,
Anschluß für Stopfbuchsendampf,
Mannloch- und Handlochdeckel,
Schaulöcher,
Provisorische Füße zum Aufspannen bei der Bearbeitung,
Probedruckanschlüsse bzw. -einrichtungen.

§ 115. **Material und Wandstärke der Turbinengehäuse.** Für den Hochdruckteil von direktwirkenden Turbinen verwendete man bei Naßdampfbetrieb meist Stahlguß, wobei man Betriebsbeanspruchungen durch den inneren Überdruck, nach der üblichen Formel für Rohrwandstärken berechnet, bis zu 350 kg/qcm zuließ. Die Niederdruck-Gehäuse der direkt wirkenden Turbinen wurden fast stets am Gußeisen mit Beanspruchungen bis zu etwa 200 kg/qcm ausgeführt. Für Getriebeturbinen, welche heute meist für Heißdampfbetrieb eingerichtet sind, wird fast ausschließlich Gußeisen verwendet. Die Frage der bestgeeigneten Gußeisenlegierung für Gehäuse, welche hohen Dampftemperaturen ausgesetzt sind, bildet heute den Gegenstand sorgfältiger Untersuchungen. Da die Berechnung nach der üblichen Formel leicht irreführt, mag als Anhaltspunkt für die Wahl der Wandstärke von Turbinengehäusen die nachstehende Tabelle Nr. 40 dienen, welche verschiedene Durchmesser und verschiedene innere Höchstdrücke der Gehäuse, die Wandstärken für die übliche Gußeisenausführung wiedergibt.

Tabelle Nr. 40.
Wandstärken von Turbinen-Gehäusen.

Größter Betriebs-Überdruck im Gehäuse. atü	Lichter Gehäusedurchmesser mm	Unter 500	500—800	800—1200	1200—2000	2000—3000
Unter 1 atü und bei Unterdruck	Gußeisen	21	22—26	27—32	33—43	44—57
	Stahlguß	—	—	—	—	—
1—4	Gußeisen	22—28	23—36	28—46	34—67	—
	Stahlguß	—	—	—	15—25	17—32
4—8	Gußeisen	28—33	29—44	37—58	47—87	—
	Stahlguß	15	15—19	17—23	19—32	25—42
8—12	Gußeisen	33—37	34—50	45—68	—	—
	Stahlguß	16—18	17—21	19—26	23—37	32—50
12—16	Gußeisen	37—42	38—56	50—78	—	—
	Stahlguß	18—20	19—23	21—30	26—42	37—58

Die Zahlen obiger Tabelle gelten für die Gehäuse normaler Handelsschiffsturbinen, deren Leitschaufeln in besonderen Segmenten befestigt sind. Die größeren Zahlen gelten für die größeren Durchmesser und Drücke innerhalb des angegebenen Bereichs, die kleineren umgekehrt.

Für Turbinen, bei denen die Leitschaufeln direkt ins Gehäuse eingesetzt sind, ist zu den obigen Wandstärken ein Zuschlag von ungefähr der halben Schaufelfußtiefe zu machen.

Für Kriegsschiffsturbinen können die obigen Werte reduziert werden wie folgt:
bei Gußeisenausführung auf 0,75—0,8
bei Stahlgußausführung „ 0,8 —0,9 der Tabellenwerte.

Ebenso kann bei starker Verrippung eine kleine Reduktion der Werte vorgenommen werden.

§ 116. **Konstruktion der Außenstopfbuchsen. — Allgemeines.** Für die Abdichtung der Wellen beim Austritt aus den Gehäusen werden heute bei Schiffsturbinen entweder Kohlestopfbuchsen oder Labyrinthstopfbuchsen mit Spitzendichtungen verwendet. Für die Entlastungskolben kommen nur Spitzendichtungen in Frage.

Für die Verwendung als Außenstopfbuchsen bieten sowohl die Kohlestopfbuchsen als auch die Labyrinthstopfbuchsen gewisse Vorteile. Die Baulänge der Kohlestopfbuchsen kann auch bei großen Druckdifferenzen verhältnismäßig klein gehalten werden und die Dichtheit ist ziemlich unbeeinflußt von Temperaturschwankungen, jedoch ist die Verwendung der Kohlestopfbuchse mehr auf kleinere Umfangsgeschwindigkeiten beschränkt (meist nicht über 40 m Umfangsgeschwindigkeit). Spitzendichtungen hingegen sind auch für hohe Umfangsgeschwindigkeiten geeignet, erfordern aber bei großen Druckdifferenzen erhebliche Baulängen.

Stopfbuchsen mit Spitzendichtungen werden heute vorzugsweise mit radialem Spalt ausgeführt, während solche mit axialem Spalt nur vereinzelt zu finden sind.

§ 117. **Konstruktion der Kohlestopfbuchsen.** Die Konstruktion dieser Stopfbuchsen geht aus Abb. 185 hervor; links ist der Längsschnitt, rechts Ansicht und Querschnitt zu sehen. Die Kohlesegmente *A*, welche aus einer der Bogenlampenkohle ähnlichen Spezialkohle hergestellt werden, sind dreiteilig und in den gußeisernen Fassungen *B* gehalten. In diesen werden die Kohlesegmente durch die

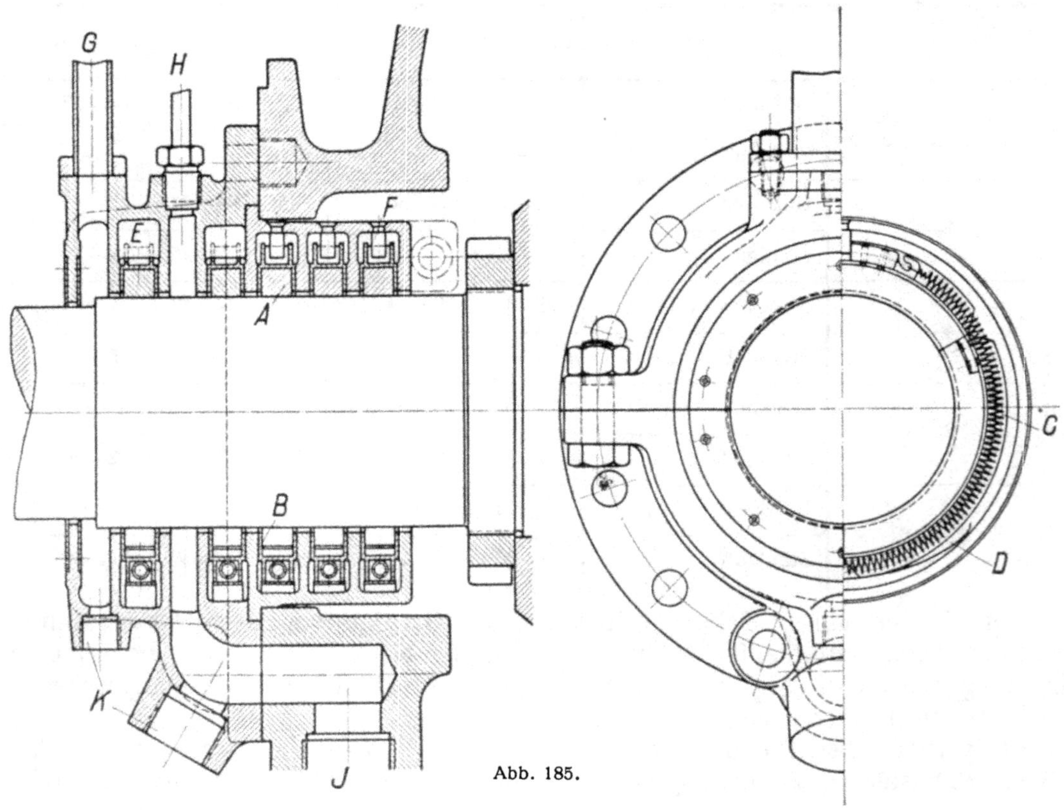

Abb. 185.

Schlauchfedern *C* zusammengedrückt und gegen die Welle gepreßt. Um einen Druck der Kohleringe durch das Eigengewicht auf die Welle zu vermeiden, sind Tragfedern *D* angeordnet, welche die Kohleringe unterstützen und sie in zentrischer Lage zur Welle halten. Eine Drehung der Ringe wird entweder durch Rippen *E* oder durch eingenietete Stifte *F* vermieden. Vor der Stopfbuchse, und mit derselben aus einem Stück hergestellt, befindet sich ein Schirm, welcher unten einen Entwässerungsanschluß *K* und oben ein Abzugsrohr *G* für den Wrasendampf trägt. Der äußerste Ring dient nur zur Abdichtung gegen eine Kammer, welche einerseits mit einem Frischdampfanschluß *H* und anderseits mit der allgemeinen Stopfbuchs-Abdampfleitung *J* in Verbindung ist. Diese Kammer hat ebenfalls einen Entwässerungsanschluß. Der Zweck dieser Kammer ist es, falls im Turbinengehäuse Unterdruck herrscht, den Eintritt von Luft durch Einführung von Sperrdampf in die Kammer zu verhindern; anderseits soll, wenn der Dampfdruck im Gehäuse den Druck der Atmosphäre überschreitet, der in die Kammer ausströmende Leckdampf durch die Stopfbuchs-Abdampfleitung entweder zu einer Vakuumstopfbuchse oder in eine Niederdruckstufe der Turbine abgeleitet werden (vgl. hierzu § 149).

Die verschiedenen Teile der Stopfbuchsgehäuse sind meist aus Bronze hergestellt, in der Horizontalebene geteilt, mit horizontalen Flanschen versehen und verschraubt.

§ 118. **Konstruktion der Labyrinthstopfbuchsen.** Das Prinzip dieser Stopfbuchsen beruht auf der in § 25 geschilderten Labyrinthwirkung.

Eine typische Konstruktion zeigt Abb. 186. Dieselbe ist bestimmt für die Hochdruckturbine einer Rädergetriebeanlage kleiner Leistung. Wir sehen bei *A*

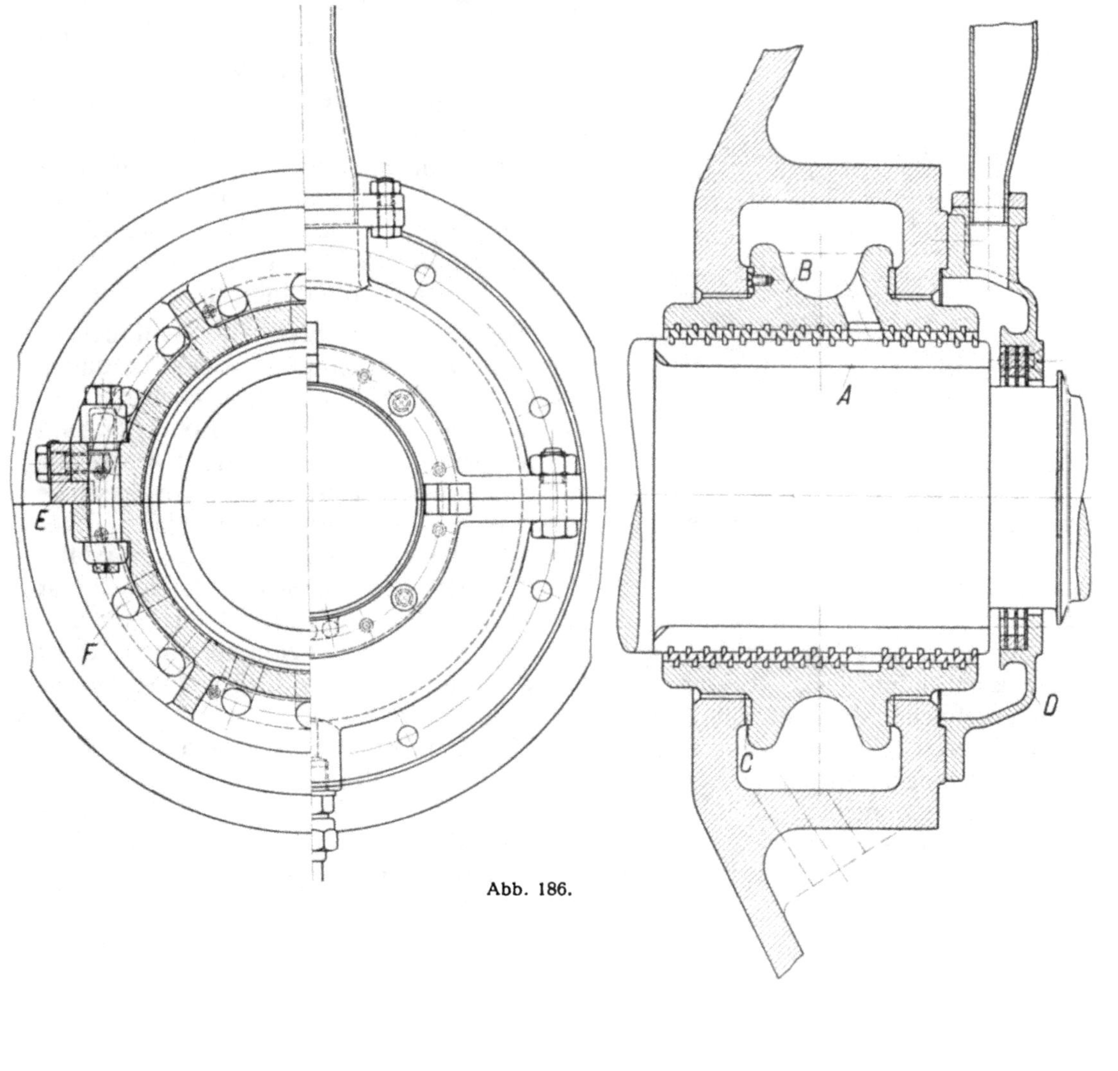

Abb. 186.

den auf die Welle aufgezogenen flußeisernen Laufring, in dessen Nuten die Dichtungsringe aus Messing eingestemmt sind. Die zweiteilige Stopfbuchse *B*, welche die Gegenspitzen, ebenfalls aus Messing, trägt, ist aus Gußeisen und ist mit Hilfe von eingesetzten Ringen *C* — die zur Vermeidung des Anrostens aus Bronze hergestellt sind — dampfdicht in die beiden Gehäusehälften eingesetzt. Der Gehäuseboden ist an der Durchtrittsstelle der Stopfbuchse zu einer Kammer ausgebildet. Die Spitzendichtungen sind in ungleicher Zahl in zwei Gruppen angeordnet. In dem Zwischenraum zwischen den beiden Gruppen sind im Stopfbuchsengehäuse Bohrungen angebracht, durch welche eine Verbindung mit der vorgenannten Kammer im Gehäuseboden hergestellt wird. Diese Kammer steht mit der Stopfbuchs-Abdampfleitung in Verbindung, und es ist dadurch möglich, den Druck daselbst so zu regulieren, daß das Eintreten größerer Luftmengen sowie das Austreten größerer Leckdampfmengen durch die Stopfbuchse verhindert wird. Vor der Stopfbuchse ist am Gehäuse der Dampfschirm *D* befestigt, welcher an der Durchtrittsöffnung der Welle eine Abdichtung aus Blechringen trägt, um das Übertreten von Öl in die Stopfbuchse bzw. Dampf in das Lager zu verhindern. Das Unterteil ist mit einem Entwässerungsanschluß, das Oberteil mit einer Wrasendampfableitung versehen. (Vgl. zu Vorstehendem § 149 betr. Stopfbuchsenleitungen.)

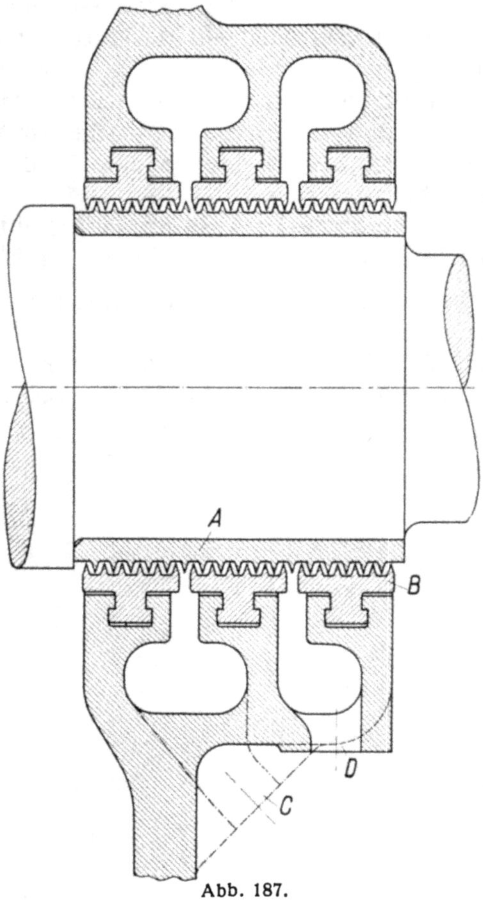

Abb. 187.

Eine andere Ausführung einer Labyrinthstopfbuchse zeigt Abb. 187. Man erkennt bei *A* wieder den mit Spitzen versehenen Laufring und bei *B* die Stopfbuchsenringe mit den Gegenspitzen. Bei *C* ist der Anschluß an die Stopfbuchsleitung und bei *D* derjenige für die Wrasendampfabführung zu sehen.

Gelegentlich werden die Stopfbuchsen auch als Labyrinthstopfbuchsen mit axialem Spalt ausgeführt. Beispiele solcher Dichtungen zeigen Abb. 33 und 188. Hier sind in den Rotor Nuten eingedreht, in welche die im Stator befestigten Dichtungsringe eingreifen. Zwischen den hinteren Stirnflächen der Nuten und dem axialen Dichtungsring muß zur Vermeidung größerer Dampfverluste ein möglichst kleiner axialer Spalt eingestellt werden. Um dies bei allen Betriebsverhältnissen zu erreichen, ist eine ständige Kontrolle der Einstellung des Rotors notwendig, um so mehr als sich mit der Belastung der Turbine auch die relativen Wärmedehnungen von Rotor und Stator ändern. Es ist klar, daß die Verwendung einer solchen Stopfbuchse leicht erhebliche Störungen im Betrieb zur Folge haben kann.

In letzter Zeit sind solche Stopfbuchsen für Schiffsanlagen nur selten zur Ausführung gelangt, dagegen haben sie für den Landdampfturbinenbau eine gewisse Bedeutung gewonnen.

Besonderes Augenmerk ist der Montage der Labyrinthstopfbuchsen zuzuwenden, da die gegenseitige Lage der Dichtungsringe im Rotor und Stator mit dem Axialspiel der Schaufeln in Einklang stehen müssen. Ferner ist auch darauf zu achten, daß sich die Stopfbuchsen möglichst leicht demontieren lassen. Bei der in Abb. 186 dargestellten Stopfbuchse ist mit Rücksicht auf die Kleinheit des Gehäuses von besonderen Vorkehrungen, die genanntem Zwecke dienen, abgesehen, d. h. die Revision der Stopfbuchsen kann nur geschehen, indem das Gehäuse hochgehoben wird. Bei größeren Turbinen indessen ist es erforderlich, die Demontage der Stopfbuchsen für sich allein zu ermöglichen. Dies wird dadurch bewerkstelligt, daß man das zwei- oder dreiteilige Stopfbuchsengehäuse derartig mit Kopfschrauben am Stator befestigt, daß der obere Teil so weit gehoben werden kann, bis die Spitzen voneinander frei gehen. Man kann dann das Oberteil herausziehen, das Unterteil durch Drehung an die Stelle desselben bringen und ebenfalls herausnehmen, ohne daß eine Demontage des Turbinengehäuses erforderlich wird.

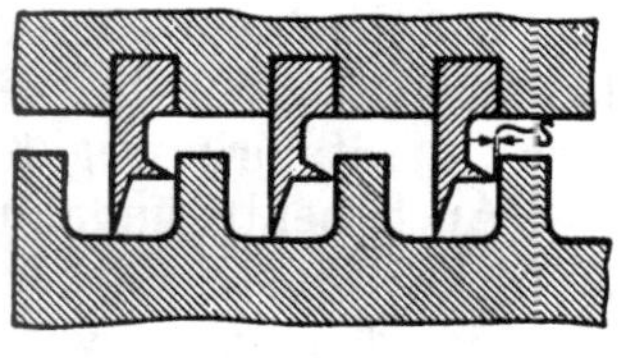

Abb. 188.

§ 119. **Ausgleichkolben und Ausgleichzylinder.** Bei vielstufigen Trommelturbinen ergab sich die Notwendigkeit, den auf der Trommel lastenden axialen Dampfdruck auszugleichen, um zu hohe Drucklagerbelastung zu vermeiden. Zu diesem Zwecke wurden Ausgleichkolben angebracht, welche den Trommelboden entlasteten (vgl. hierzu § 43 bis 45). Für die Abdichtung dieser rotierenden Ausgleichkolben gegen das Gehäuse (Ausgleichzylinder) wurden Spitzendichtungen gleicher Konstruktion, wie oben bei den Labyrinthstopfbuchsen beschrieben, verwendet. Die Ausführung solcher Ausgleichkolben und Ausgleichzylinder ist aus den Abb. 108, 111. 114, 116 und 118 zu ersehen.

Mit der Einführung schnellaufender Turbinen mit Geschwindigkeitsrädern im Hochdruckteil ist auch die Verwendung solcher Ausgleichkolben nur noch in seltenen Fällen erforderlich geworden. Meistens gelingt es, durch zweckmäßige Wahl von Trommel- und Stopfbuchsendurchmesser die vom Dampfdruck herrührenden Schübe in zulässigen Grenzen zu halten.

§ 120. **Material der Messingstreifen für Spitzendichtungen.** Als Material für die Messingstreifen der Spitzendichtungen verwendet man gezogenes Messing, welches 72% Kupfer und 28% Zink enthält (Patronenmessing).

§ 121. **Lagerbalken. — Allgemeines.** An das Gehäuse schließen zu beiden Seiten die Lagerbalken an, welche die Trag- und Drucklager aufnehmen. Wie bereits in § 114 erwähnt, findet man bei Getriebeturbinen heute vorzugsweise Lagerbalken, welche mit dem an schließenden Gehäuseunterteil der betreffenden Turbine aus einem Stück gegossen sind. Bei den direkt wirkenden Turbinen bevorzugte man angeschraubte Lagerbalken, doch wurden insbesondere bei kleineren Reaktionsturbinen schon damals öfter Lagerbalken und Gehäuseunterteil aus einem Stück ausgeführt. Die zahlreichen bisher auf diesem Gebiete ausgeführten Konstruktionen haben alle ihre Vor- und Nachteile. Es muß daher dem Konstrukteur überlassen bleiben, die Zweckmäßigkeit der einen oder andern Ausführungsform für jeden vorliegenden Fall besonders zu beurteilen. In § 84 „Beschreibung ausgeführter Turbinen“ sind zahlreiche charakteristische Beispiele älterer und neuerer Ausführungsformen von Lagerbalken, sowie auch zahlreiche auf die Konstruktion bezügliche Hinweise zu finden.

§ 122. **Konstruktion der Lagerbalken.** Bei den direktwirkenden Turbinen von Kriegsschiffen mit Geschwindigkeitsrädern wurden meist die Füße am Turbinengehäuse angeordnet und die Lagerbalken in Form freitragender Konsolen als getrennte Gußstücke ausgeführt und am Gehäuseboden befestigt; die Konstruktion ist aus Abb. 112, 113 und 115 in § 84 zu ersehen. Die Befestigung der Konsolen am Gehäuse geschah durch Bolzen, welchen im Lagerbalken etwas Spielraum gegeben war, während horizontale Federn in den Seitenarmen und vertikale Federn in den stützenden Armen die relative Lage des Balkens zum Gehäuse genau festlegten. Man suchte auf diese Art zu erreichen, daß das Turbinengehäuse sich gegenüber dem Lagerbalken radial dehnen konnte, ohne Spannungen im Gehäuseboden und Verlagerungen der Welle hervorzurufen. Die Ausführung solcher Lagerbalken geschah meist in Stahlrippenguß.

Auch heute findet man bei Getriebeturbinen für Kriegsschiffe manchmal noch ähnliche Konstruktionen. (Vgl. hierzu Abb. 128 bis 130 in § 84.)

Bei den direkt wirkenden Turbinen mit ihren großen Baulängen und ansehnlichen Durchbiegungen verwandte man mitunter eine Lagerbalkenkonstruktion, bei welcher der Einbau von Traglagern mit Kugelbewegung möglich war. Eine solche Bauart ist in den Abb. 110, 111, 114 und 116 zu sehen. Heute zieht man im Schiffsturbinenbau allgemein zylindrische Lagerschalen vor, welche fast auf ihrer ganzen Länge und auch auf dem ganzen Umfang an Lagerbalken und Lagerdeckel anliegen.

An den Lagerbalken findet man gewöhnlich Gewindelöcher zum Einschrauben von Ösen, welche zum Transport und Einsetzen der fertigen Turbinen dienen. Ferner sind meistens auch Löcher oder Flanschen vorgesehen, in welchen die Führungsstangen für die Hebevorrichtung angebracht werden können (vgl. Abb. 113 und 115).

Bei Kriegsschiffsturbinen werden in den Lagerbalken auch manchmal noch die sog. Nottraglager untergebracht, welche dazu dienen, den Rotor im Falle des Auslaufens eines Lagers zu unterstützen und vor Beschädigungen zu bewahren. (Vgl. hierzu Abb. 116 und 118 in § 84 sowie die diesbezügl. Bemerkungen.

Bei direkt wirkenden Turbinen war häufig am Lagerbalken an der dem Gehäuse zugewendeten Seite eine Eindrehung angebracht zwecks Aufnahme eines Stützringes, welcher die Welle beim Ausbau eines Lagers in ihrer Lage zu halten bestimmt war.

Zu beachten ist bei der Konstruktion der Lagerbalken und bei der Bemessung der ev. vorhandenen Schraubenverbindungen mit dem Gehäuse die Richtung des Lagerdruckes sowie die Richtung des ev. vorhandenen Schubes.

Die Wandstärke der Lagerbalken bemißt man etwa auf

$$\delta_1 = 0{,}7 \text{ bis } 0{,}9\,\delta,$$

wenn δ die Wandstärke des Gehäuses mit nicht direkt eingesetzten Schaufeln (vgl. Tab. Nr. 40) ist.

§ 123. **Allgemeines über Traglager.** Bevor auf die Konstruktion dieser Lager näher eingegangen wird, sollen im nachstehenden die wichtigsten Gesichtspunkte zusammengestellt werden, welche heute für die Konstruktion und Schmierung von Lagern auf Grund von zahlreichen Versuchen und theoretischen Betrachtungen als maßgebend erachtet werden.

Das Wichtigste über die heutige Theorie der Schmierung von Lagern ist aus Anhang Nr. IX zu entnehmen, so daß hier von theoretischen Ausführungen Abstand genommen werden kann.

§ 124. **Die heutigen Anschauungen über die rationelle Herstellung von geschmierten Lager- und Gleitflächen.** Diese lassen sich etwa wie folgt zusammenfassen:

1. Das Endziel einer rationellen Schmierung besteht darin, zwischen dem sich bewegenden Teil (Zapfen, Gleitschuh oder Druckring) und dem feststehenden Teil (Lager, Gleitbahn oder Drucklager) eine Schicht von Schmieröl zu schaffen, welche die direkte Berührung beider Teile verhindert, so daß nicht die Reibung fester Körper

aufeinander, sondern nur die Summe der Schubspannungen im Schmieröl zu überwinden ist. Dies bedingt, daß auf den sich bewegenden Teil ein Druck von seiten der Schmierflüssigkeit ausgeübt wird, welcher der Lagerbelastung das Gleichgewicht hält.

Es hat sich herausgestellt, daß zu diesem Zwecke zwischen dem bewegten und dem feststehenden Teil schlanke, keilförmige Spielräume geschaffen werden müssen, weil nur zwischen gegeneinander geneigten, in relativer Bewegung befindlichen Flächen Drücke senkrecht zur Bewegungsrichtung entstehen können, nicht aber in beiderseits offenen Schmierschichten, welche durch parallele Wände begrenzt sind. Man kann sich den Vorgang dadurch entstanden vorstellen, daß der bewegte Läufer das Öl mitnimmt und in die Keilspitze hineinpreßt.

2. Der höchste Druck in der Schmierschicht entsteht in der Nähe der engsten Stelle der keilförmigen Schmierschicht. Es geht hieraus hervor, daß das Ende des Keils bei Zapfenlagern so liegen muß, daß der Druck der Gewichtsbelastung des Zapfens entgegenwirkt, d. h. die Spitze des Keils muß unter dem Zapfen, und zwar in der Bewegungsrichtung über dessen unteren Scheitel hinaus verschoben zu liegen kommen.

Bei Gleitflächen würde die logische Folge für die Anwendung des Prinzips sein, daß der Gleitschuh in verschiedene, quer zur Bewegungsrichtung liegende Flächen unterteilt wird, deren jede von der Mitte aus schwach keilförmig ausgeführt wird.

Das gleiche gilt von Drucklagern. Die ringförmigen Druckflächen werden hier in eine Anzahl von Sektoren unterteilt, welche unter einem kleinen Anstellwinkel gegen den Druckring geneigt werden. Soll das Lager in beiden Drehrichtungen bei gleichbleibender Schubrichtung laufen, so muß Vorsorge getroffen werden, daß sich beim Wechsel der Drehrichtung diese Druckstücke durch geeignet gestalteten Ölzulauf selbsttätig so einstellen, daß engster und weitester Spielraum vertauscht werden. Dies geschieht am einfachsten durch symmetrische Ausbildung der Segmente und Verlegung des Unterstützungspunktes in die Mitte.

3. Nach vorstehendem ist es verfehlt, Schmiernuten da anzubringen, wo hoher Druck zu erwarten bzw. erwünscht ist. Am verkehrtesten sind demnach Schmiernuten in der unteren Hälfte des Lagers, welche nach den Lagerenden zu offen sind, weil solche das Zustandekommen des Druckes, welcher bestimmt ist, den Zapfen auf der Schmierschicht zu tragen, zerstören würden. Im allgemeinen wird es richtig sein, die tragenden Flächen selbst nicht mit Schmiernuten zu versehen, sondern nur durch Abschrägungen an den unbelasteten Stellen den Zufluß des Öles in der Drehrichtung zu begünstigen. Bei einem Lager, welches in beiden Drehrichtungen läuft, wären also solche Abschrägungen an jeder Seite des Lagers in der horizontalen Mittelebene anzubringen.

Der Ablauf des Öles aus dem Lager erfolgt bei Zapfenlagern am vorderen und hinteren Ende desselben.

4. Die Größe des zu erwartenden Flüssigkeitsdruckes muß mit dem aufzunehmenden Druck auf die gleitenden Flächen in Einklang gebracht werden, worüber die in Anhang IX abgeleiteten Formeln Aufschluß geben.

5. Es ist Vorsorge zu treffen, daß die im Lager erzeugte Wärme ausreichende Ableitung findet. Diesem Gesichtspunkte muß Beachtung geschenkt werden bei der Bemessung der Hauptdimensionen des Lagers, bei der Wahl des Materials und bei der Bemessung der dem Lager zugeführten Schmierölmenge. Auch hierzu vgl. die Bemerkungen in Anhang IX.

6. Die Höhe der spezifischen Flächenpressung, welche bei richtig konstruierten Lagern der beschriebenen Art sehr beträchtlich sein kann, findet ihre Grenze darin,

daß bei allzu hoch belastetem Lager die Dicke der Schmierschicht in der Nähe der Stellen des höchsten Druckes zu dünn wird und infolgedessen die Gefahr einer Berührung der Flächen vorliegt. Über die Größe der zulässigen Drücke nach bewährten Ausführungen geben die Tabellen Nr. 41 und 42 Aufschluß.

§ 125. **Abmessungen der Traglager.** Im vorhergehenden Paragraphen und namentlich im Anhang Nr. IX sind die Gesichtspunkte und rechnerischen Unterlagen zusammengestellt, welche für die Berechnung der Hauptabmessungen von Traglagern maßgebend sind.

Im allgemeinen wird es sich jedoch erübrigen, bei jeder Neukonstruktion auf spezielle theoretische Untersuchungen zurückzugreifen. Man wird sich vielmehr nach Verhältniszahlen bewährter Ausführungen richten, ähnlich wie dies früher für die Bemessung von Lagern für Dampfmaschinen üblich war. Tabelle Nr. 41 gibt eine Zusammenstellung der Abmessungen von Traglagern von Schiffsturbinen verschiedener Art wieder und gehen aus derselben auch die Umfangsgeschwindigkeiten und Lagerbelastungen für die Flächeneinheit (1 qcm) der Zapfenprojektion hervor.

Aus der Tabelle ist zu ersehen, daß bei direktwirkenden Turbinen die Umfangsgeschwindigkeit etwa zwischen 6 und 8,5, bei Turbinen mit Übersetzung etwa zwischen 20 und 30 m/sek schwankt, während die Belastung pro qcm sich bei erstgenannten Turbinen etwa zwischen 5 und 7,5, bei letztgenannten etwa zwischen 2,5 und 5 bewegt. Hält man sich an die mittleren Werte, so ist ein Fehlgriff so gut wie ausgeschlossen.

In extremen Fällen bleibt es unbenommen, genaue Rechnungen unter Benutzung der in Anhang IX gegebenen Formeln und Rechnungsmethoden anzustellen.

Tabelle Nr. 41.

Beispiele ausgeführter Turbinen-Traglager.

Schiffstyp	Turbine		Zapfendurchmesser mm	Zapfenlänge mm	Drehzahl	Umfangsgeschwindigkeit	Gesamt-Belastung des Lagers kg	Flächendruck kg/qcm
Imperator . .	*NDV*-Turbine	Direktwirkende Turbinen	900	1500	180	8,5	67 000	4,96
Linienschiff .	*HDV*-Turbine *NDV*-Turbine		400 470	550 690	275 275	5,8 6,8	12 000 20 500	5,45 6,38
Torpedoboot .	Vorwärts-Turbine		230	350	540	6,5	6 170	7,65
Kreuzer . . .	Turbine für Transformatorantrieb		Vorn 350 Hint. 440	550 750	1100	20,2 25,4	8 000 11 000	4,16 3,34
Passagierdampfer . .	*HDV*-Turbine *NDV*-Turbine	Turbinen mit Rädergetriebe	125 125	150 150	4500 3500	29,5 23,0	500 800	2,67 4,25
Frachtdampfer	*HDV*-Turbine *NDV*-Turbine		120 130	130 140	4275 3250	26,8 22,1	400 650	2,56 3,57
Kreuzer . . .	*HDV*-Turbine *NDV*-Turbine		210 250	180 270	2600 1680	28,5 22,0	1 000 3 400	2,65 4,9
Torpedoboot .	*HDV*-Turbine *NDV*-Turbine		140 195	150 210	3600 2250	26,4 24,0	715 1 850	3,4 4,5

§ 126. **Über die Bemessung des Lagerspieles.** Die übliche Praxis bei der Bemessung der Spiele von Zapfenlagern ist etwa die folgende:

1. Bei langsamlaufenden Lagern wird ein Spiel angestrebt von ca. 1/1000 des Zapfendurchmessers, bei großen Lagern, etwa von 500 mm Zapfendurchmesser aufwärts, wird dieser Wert etwas reduziert, so daß bei den allergrößten Lagern (wie z. B. bei denen des Schnelldampfers „Imperator“) von ca. 1 m Zapfendurchmesser etwa 0,6/1000 gegeben wird.

Das Lagerspiel wird im allgemeinen durch Schaben erzielt, außer bei großen Lagern, wo ein Teil des Spieles bereits bei der Bearbeitung auf der Drehbank bzw. Bohrmaschine gegeben wird. Namentlich aber wenn die betreffende Welle in mehreren Lagern liegt, ist beim Bohren eine ausreichende Zugabe zu machen, um für das Einschaben der Lager noch genügend Material zu haben. Wenn nicht anders möglich, kann man auch durch entsprechende Bearbeitung der Beilagen bzw. durch Beilagbleche das gewünschte Spiel komplettieren, wobei nicht vergessen werden darf, daß ein entsprechendes seitliches Freischaben der Lager notwendig ist.

2. Bei schnellaufenden Lagern, wie z. B. für Dampfturbinen oder schnellaufende Ritzelwellen werden größere Spiele gegeben, und zwar etwa anderthalbmal so viel als zu 1. vorgeschrieben.

§ 127. **Konstruktion der Traglager.** Die Konstruktion eines modernen Traglagers ist in Abb. 189 dargestellt, und zwar ist dieses Lager für eine Getriebeturbine von 4500 Umdr./Min. ausgeführt. Die Umfangsgeschwindigkeit des Zapfens beträgt 22,1 m/sek, der Flächendruck 3,57 kg/qcm.

In den Körper des Lagerbalkens *A* sind die mit Weißmetall ausgekleideten schmiedeeisernen Lagerschalen *B* eingelegt, sie sind durch den gußeisernen Lager-

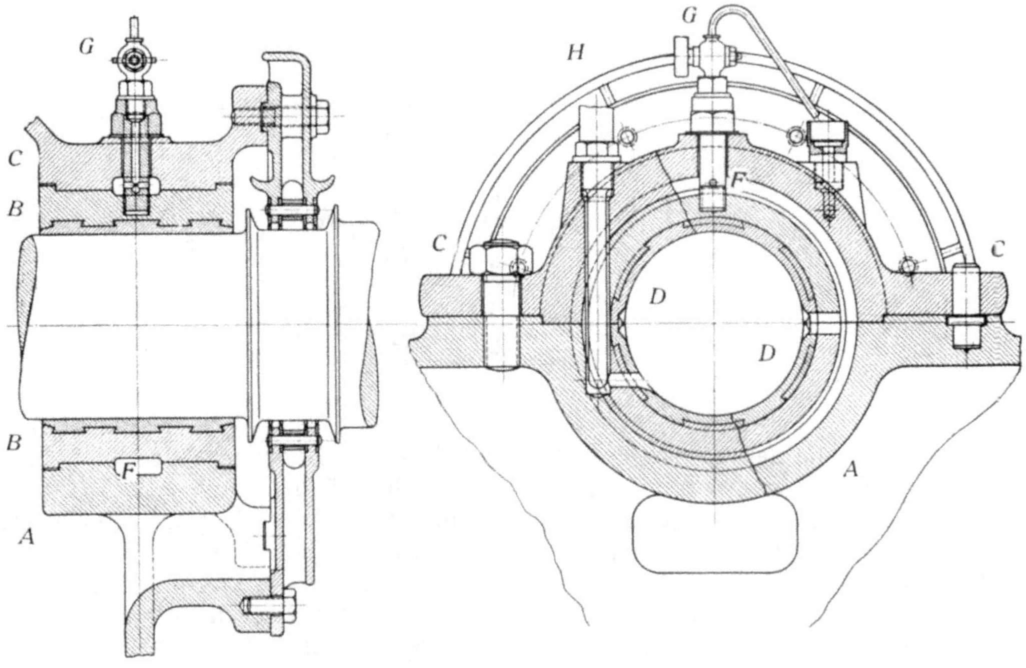

Abb. 189.

deckel *C* festgehalten. Die Lagerschalen sind glatt, ohne Schmiernuten, und nur längs der beiden Teilfugen mit einem Ölverteilungskanal *D* versehen, welcher sich bis nahe an die Enden der Lagerschalen erstreckt und eine gleichmäßige Verteilung des Schmieröls über die ganze Breite des Zapfens ermöglicht. Die Ölzuführung erfolgt durch eine aus der Abbildung nicht ersichtliche Bohrung in den Ringkanal *F*. Zur Entlüftung dieses Ringkanals und zur Kontrolle des Ölkreislaufs ist bei *G* ein Probierhahn angebracht. Vom Ringkanal *F* tritt das Öl durch Bohrungen in der Teilfuge der beiden Lagerschalenhälften in die Ölverteilungsnuten *D* ein und wird vom Wellenzapfen bei der Drehung mitgenommen. Der Ölaustritt aus dem Lager erfolgt an den Stirnseiten der Lagerschalen. Das abfließende Öl wird im Ölkühler gekühlt und im Ölfilter gereinigt, um dann seinen Kreislauf wieder aufzunehmen.

Der Lagerdeckel ist gegen seitliche Verschiebung durch einen Absatz in der Horizontalfuge geschützt, während Paßbolzen dazu dienen, die axiale Lage zu sichern.

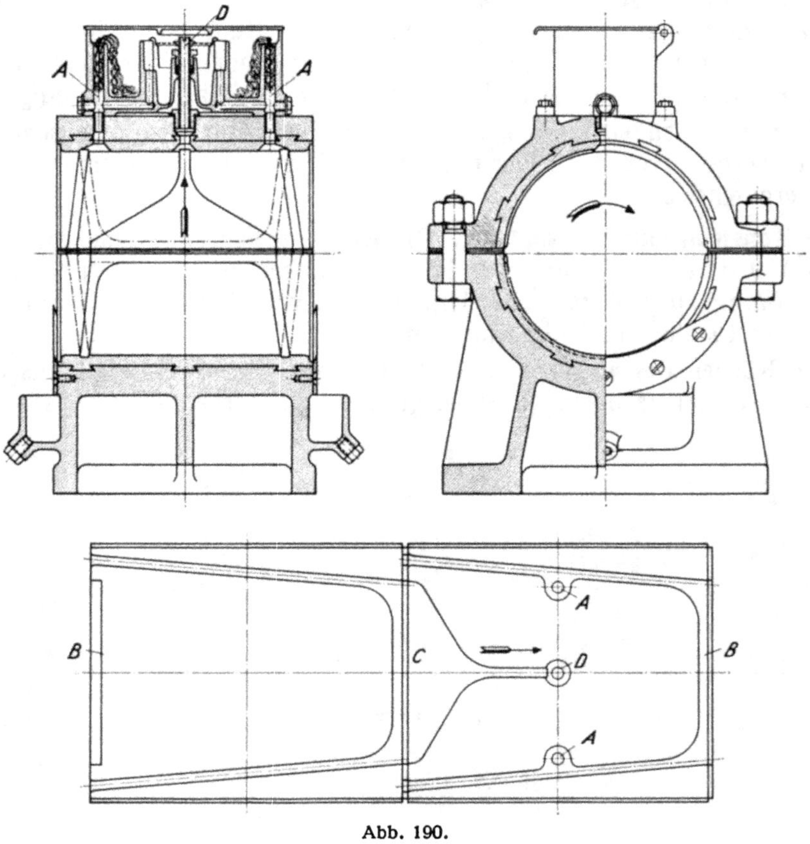

Abb. 190.

Zur Kontrolle der Lagertemperatur ist bei *H* eine Bohrung angeordnet, in welcher eine Thermometerhülse mit Thermometer Platz findet.

Der Vollständigkeit wegen sei hier auch noch eine ältere Lagerkonstruktion erläutert, wie sie früher bei direkt wirkenden Turbinen vielfach zur Anwendung kam (vgl. Abb. 111). Ober- und Unterschale werden durch 4 Schrauben zusammengehalten und besitzen oben und unten kugelförmige Tragflächen, mit denen sie auf entsprechend geformten, nachstellbaren Lagerflächen im Gehäuse bzw. im Deckel ruhen. Die unteren Lagerschalen sind hohl gegossen und mit Anschlüssen für die Kühlwasserleitung versehen. Das Schmieröl wird, was nach den heutigen Anschauungen fehlerhaft ist, durch eine Rohrleitung der unteren Lagerschale zugeführt und fließt an den Enden der Lagerschalen in das umgebende Gehäuse ab. Die richtige Lage der Schale wird durch den von unten eingeschraubten, schmiedeeisernen Ölzuführungsstutzen gesichert.

Die Lagerschale ist im Lagerbalken auf eine besondere Zwischenplatte gesetzt, die den Zweck hat, eine Höhenjustierung durch Einlagen zwischen Platte und Lagerbalken und das Auswecheln der Lagerschalen ohne Herausnehmen der Welle zu ermöglichen. Zu letzterem Zweck sind unter der Platte zwei Druckschrauben in den Lagerbalken eingesetzt, die kräftig genug sind, um die Zwischenplatte samt Lagerschale und darauf ruhendem Rotor etwas anzuheben. Darauf wird die Welle durch Untersetzen einer Stütze auf dem am Lagerbalken ersichtlichen Absatz *T* abgefangen und die Lagerschale durch Herabschrauben der Druckschrauben entlastet, so daß sie nach Entfernung des Ölzuführungsstutzens und der oberen Lagerschale um die Welle gedreht und aus dem Lager herausgenommen werden kann. Zwischen Druckschrauben und Zwischenplatte sind wegen des hohen spezifischen Druckes gehärtete Drucklinsen eingesetzt.

Häufig werden sog. „Nottragflächen" innerhalb oder auch außerhalb des Traglagers vorgesehen, d. h. Bronzeringe, welche um ½ bis 1 mm gegen das Weißmetall zurückstehen und auf welche sich die Welle stützen kann, wenn das Weißmetall auslaufen sollte. Gelegentlich wurden auch Kugel- oder Rollenlager für diesen Zweck herangezogen, wie dies z. B. aus Abb. 116 und 118 zu ersehen ist.

Eine Lagerbauart, welche allerdings bisher im Schiffsmaschinenbau in der Hauptsache nur für Laufwellenlager sowie Schiffskolbenmaschinen-Lager Verwendung fand und welche sich dadurch auszeichnet, daß durch dieselbe die Grundanschauungen der Schmierungstheorie in überraschender Weise bestätigt wurden, ist die unter der Bezeichnung System Holtorp[1]) in den letzten Jahren in zunehmendem Maße eingeführte Konstruktion.

In Abb. 190 ist Querschnitt, Längsschnitt und Abwicklung eines solchen Wellenlagers wiedergegeben. Das Öl tritt aus dem über der Lagerschale angebrachten Ölbehälter durch Dochtzuführungen *A* in die obere Lagerschale, fließt durch eine enge Schmiernut am Zapfen entlang bis zur Teilfuge, gelangt dort in eine breite Ölverteilungsnut *B*, wo dasselbe über die ganze Zapfenbreite verteilt wird und die Schmierung besorgt. Auf der gegenüberliegenden Seite der Lagerschale befindet sich die Sammeltasche *C*, wo das Schmieröl gesammelt und infolge des Überdrucks in der schmierenden Ölschicht wieder in den Ölbehälter auf der Oberschale zurückgefördert wird. Es ergibt sich so ein ständiger Kreislauf des Öls vom oberen Behälter zur Unterschale und wieder zurück, welcher nach Öffnen des Deckels auch jederzeit an dem Überlaufen aus der Öffnung *D* beobachtet werden kann.

§ 128. **Material der Lagerschalen.** Als Material für die Lagerschalen kommt für glatte Schalen geschmiedetes Flußeisen, für doppelwandige Schalen hauptsächlich Stahlguß in Frage. Gußeiserne oder bronzene Lagerschalen werden nur selten verwendet.

Für den Weißmetallausguß benutzt man eine Legierung, welche ca. 78% Zinn, 13% Antimon, 6% Kupfer und ca. 3% Blei enthält. Diese Legierung hat sich für schnellaufende Turbinen gut bewährt; für langsamlaufende Turbinen sind Legierungen mit wesentlich höherem Bleigehalt zulässig, wobei letzterer hauptsächlich auf Kosten des Zinn- und Kupfergehaltes erhöht wird. So hat z. B. ein bewährtes Lagermetall für langsamlaufende Turbinen eine Zusammensetzung von ca. 42% Zinn, ca. 42% Blei, ca. 15% Antimon und ca. 1% Kupfer.

§ 129. **Allgemeines über Drucklager.** In den ersten Jahren der Entwicklung des Schiffsturbinenbaues war das Bestreben vorherrschend, das bei den Kolbenmaschinen übliche, mit vielen Druckringen ausgerüstete Drucklager zu verwenden bzw. für

[1]) D.R.P. der Maihak-A.-G., Hamburg.

die Anforderungen des Turbinenbaues umzuformen. Erst mit der Einführung der Triebturbinen tauchten Konstruktionen von sog. Einring- oder Segmentdrucklagern auf; letztere sind mit der Erforschung der theoretischen Grundlagen der Schmierung von reibenden Flächen (vgl. § 124 und Anhang IX) immer mehr in den Vordergrund getreten und werden heute fast allgemein bei Schiffsturbinen verwendet. Diese rasche Einführung wurde noch befördert durch das geringere Gewicht und die geringeren Reibungsverluste sowie namentlich die wesentlich kürzere Baulänge, welche solche Einringdrucklager aufweisen.

Über die Berechnung des auf das Drucklager der Dampfturbine ausgeübten Schubes vgl. § 43.

§ 130. **Drucklager älterer Konstruktion mit mehreren Druckringen.** Wie bereits erwähnt, ist diese früher allgemein gebräuchliche Drucklagerkonstruktion heute nur noch selten zu finden.

Man kann drei verschiedene Arten von Drucklagerkonstruktionen dieses Typs unterscheiden:

a) Drucklager ohne besondere Druckbügel,
b) Drucklager mit besonderen ungeteilten Druckbügeln,
c) Drucklager mit besonderen, offenen oder geteilten Druckbügeln.

Zu a). Die erstgenannte Konstruktion wurde bei den frühesten Ausführungen von Turbinen vielfach angewandt und insbesondere von den Parsons-Lizenznehmern lange Zeit beibehalten (vgl. Abb. 108 bei *G*).

Das Drucklager besteht hier aus einer großen Anzahl von Bronzeringen, welche einerseits in Nuten der Welle, anderseits in Nuten der Drucklagerschale eingreifen. Die obere Hälfte der Ringe nimmt hierbei den Vorwärtsschub, die untere Hälfte den

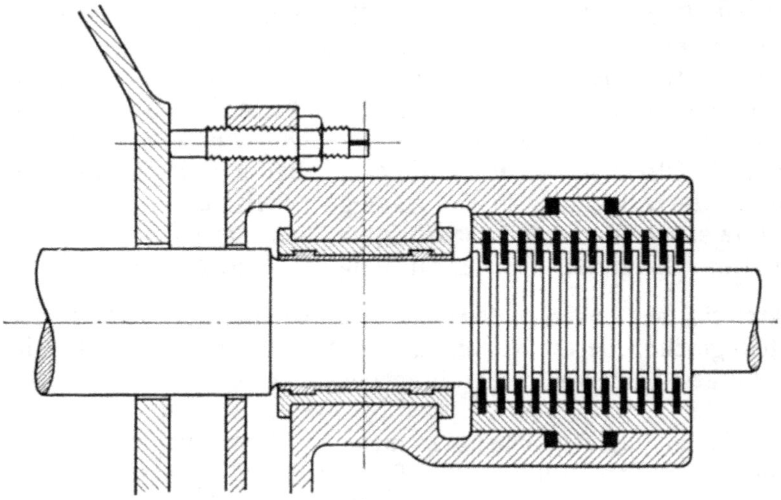

Abb. 191.

Rückwärtsschub auf. Um dies sicherzustellen, sind Oberschale und Unterschale durch Keile in entgegengesetzter Richtung verschiebbar, so daß ein Anliegen der Druckringe stets erzielt werden kann (s. Abb. 191).

Die Einstellung des Drucklagers erfolgt durch Zwischenlegen von geeigneten Paßringen an den Zentrierungsstellen der Drucklagerschalen. Diese Einstellung muß sehr genau erfolgen und auch auf die Wärmedehnungen des Rotors und des Gehäuses Rücksicht nehmen, da sonst die Gefahr eintritt, daß die Laufschaufeln die Leitschaufeln berühren.

Zu b). Die zweitgenannte Konstruktion, welche hauptsächlich in Deutschland entwickelt wurde, ist dadurch charakterisiert, daß nur wenige, dafür aber große und starke Ringe verwendet wurden (vgl. Abb. 192). Die Ausführung erfolgte meist so, daß die Druckringe auf eine Verlängerung des Wellenzapfens aufgesetzt und durch eine Mutter festgehalten wurden, und hatte den Vorteil, daß die Druckringe aus dem besten hierfür geeigneten Material hergestellt, gehärtet und geschliffen und ev. auch im Falle einer Havarie ausgewechselt werden konnten. Die Druckringe erhielten meist lange Bunde, welche als Distanzstücke dienten und wurden einzeln auf die Welle aufgeschoben. Gegen Drehung waren dieselben durch eine Feder gesichert.

Die Druckbügel wurden gewöhnlich als einteilige, hohle Ringe aus Stahlguß oder Bronze ausgeführt und die Laufflächen mit Weißmetall ausgegossen. Zur Übertragung des Schubes auf den Lagerkörper bzw. die Fundamente wurden an dem

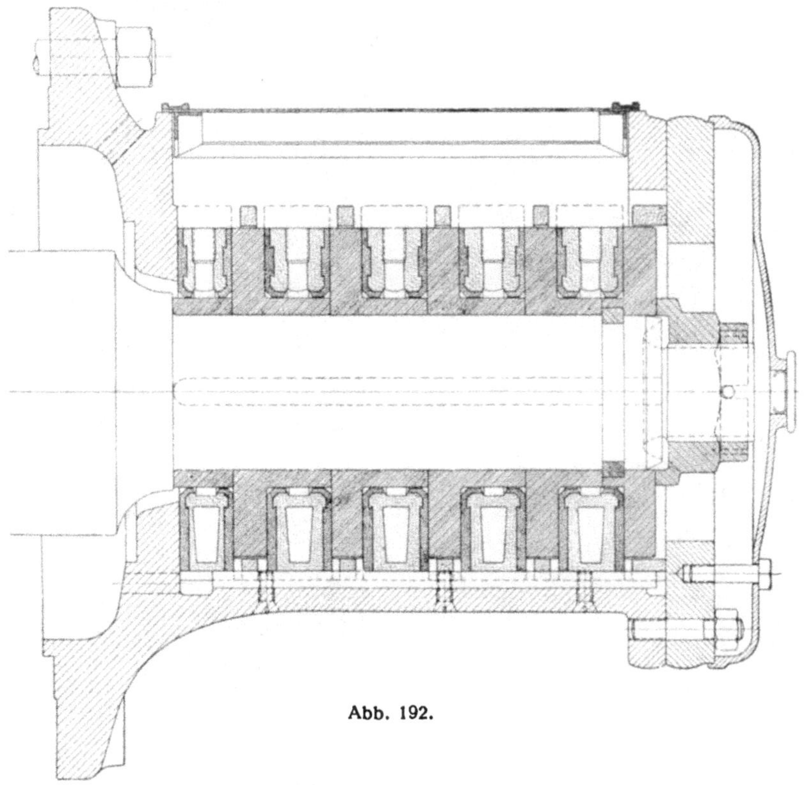

Abb. 192.

Druckbügel zu beiden Seiten zwei diametral gegenüberliegende Ohren für die Aufnahme der Druckspindeln angeordnet. Durch vor und hinter dem Druckbügel sitzende Schrauben war es möglich, den Druckbügel genau einzustellen, so daß Gewähr dafür gegeben war, daß sämtliche Druckbügel, wenigstens in einer Fahrtrichtung, zum Tragen kamen. Bei dieser Ausführung wurden meist die Druckringe mit Schmiernuten versehen. Die Ölzufuhr erfolgte durch die Druckbügel von Innen aus. Der Hohlraum der Druckbügel wurde durch entsprechende Querwände für Wasserkühlung eingerichtet.

Zu c). Bei manchen größeren Ausführungen hat man Drucklager ausgeführt, welche denen im Dampfmaschinenbau üblichen ziemlich ähnlich waren, vgl. hierzu I. Band, § 225. Die Druckbügel wurden in diesem Falle entweder als offene Bügel

(Abb. 193) oder als geteilte Bügel mit eingesetztem Unterteil (Abb. 194) ausgeführt, wenn die Belastungen sehr hohe Werte erreichten. Diese beiden Konstruktionen hatten den Vorteil, daß die Bügel ohne Demontage des ganzen Drucklagers herausgenommen und nachgesehen werden konnten.

Abb. 193.

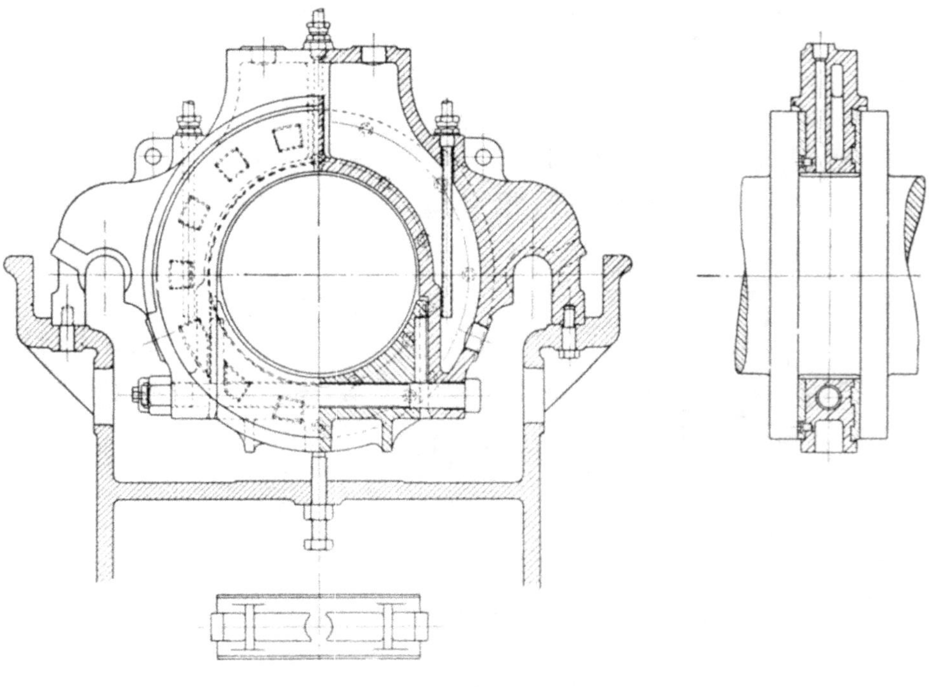

Abb. 194.

§ 131. **Berechnung von Drucklagern mit mehreren Ringen.** Wie bei der Berechnung der Traglager ist auch hier das Produkt aus Flächendruck und Umfangsgeschwindigkeit maßgebend für die Beurteilung des Drucklagers, da dieses Produkt die pro Flächeneinheit vom Lager abzuführende Wärmemenge charakterisiert. In der nachstehenden Tabelle 42 sind die Hauptkonstruktionsdaten einer Reihe ausgeführter Drucklager mit mehreren Ringen zusammengestellt. Die Tabelle zeigt, daß man im allgemeinen mit den Flächendrücken nicht über 10 kg/qcm und mit den Umfangsgeschwindigkeiten nicht über 10 m/sek, am äußeren Umfang gemessen, hinausgegangen ist. Dabei hat man Werte von 100 für das Produkt aus diesen beiden Größen nicht überschritten.

Tabelle Nr. 42.

Beispiele ausgeführter Ring-Drucklager.

Antrieb	Schiffstyp	Turbine	Durchmesser Innen	Durchmesser Außen	Anzahl der Ringe	Drehzahl Umdr./Min.	Mittlere Umfangs-Geschw. m/sek	Gesamt-Belastg. kg	Flächen-Druck kg/qcm	$p \cdot v$
Direktwirkende Turbinen	Linienschiff	*HDV*-Turbine *NDV*-Turbine	306 376	530 650	2 3	277 277	6,08 7,45	4 200 36 000	6,08 4,62	36,96 34,41
	Kl. Kreuzer	*HDV*-Turbine *NDV*-Turbine	306 340	530 600	1 3	365 365	7,98 8,97	6 600 10 000	4,48 1,74	34,76 16,67
	Torpedoboot	Vorw.-Turbine	200	400	4	590	9,26	34 000	9,36	85,56
	Imperator	*NDV*-Turbine	550	880	4	185	6,93	28 500	1,93	13,11

§ 132. **Konstruktion der Einring- oder Segmentdrucklager.** Bei der Konstruktion dieser Lager wendet sich das Hauptinteresse selbstverständlich der Konstruktion der Segmente bzw. deren Auflagerung zu. Michell, welcher solche Lager zuerst ausführte, verwendete bei seinen ersten Lagern radial gestellte Schneiden, auf welchen die Segmente mit einer Kerbe aufsaßen. Diese Konstruktion ist auch weiter von der englischen, die Mitchellager fabrizierenden Firma beibehalten worden.

In Deutschland hat man, da die Herstellung der Schneiden oft Schwierigkeiten macht und dieselben auch im Betrieb gelegentlich zu Brüchen Veranlassung geben, versucht, die Schneiden durch Rollen zu ersetzen. Die Vorteile dieser Konstruktion gegenüber derjenigen von Michell dürften jedoch nur gering sein.

Beide Konstruktionen haben den Nachteil, daß die Segmente sich nur in einer Richtung den Anforderungen der Schmiermittelströmung anpassen können. Es ist selbstverständlich, daß die Dicke der Ölschicht wegen der Differenz der Umfangsgeschwindigkeiten außen und innen verschieden ist (vgl. Anhang IX). Die Möglichkeit zur allseitig richtigen Einstellung bietet die Kugel. Abb. 195 zeigt eine Lagerung der Drucklagersegmente auf Kugeln[1]), welche in einem Haltering fixiert sind und auf welchen die Segmente kippbar, jedoch vor dem Herausfallen gesichert, aufsitzen. Aus Abb. 195 ist auch ohne weiteres zu erkennen, daß bei einem für Vorwärts- und Rückwärtsgang und Schubumkehrung (wie beim Propellerdrucklager) bestimmten Segmentdrucklager die Segmente zentrisch-symmetrisch zum Laufring angeordnet sein müssen. Falls die Segmente für beide Drehrichtungen, jedoch für gleichbleibende Schubrichtung ausgeführt werden sollen, so werden dieselben in der Mitte aufgelagert und symmetrisch ausgeführt.

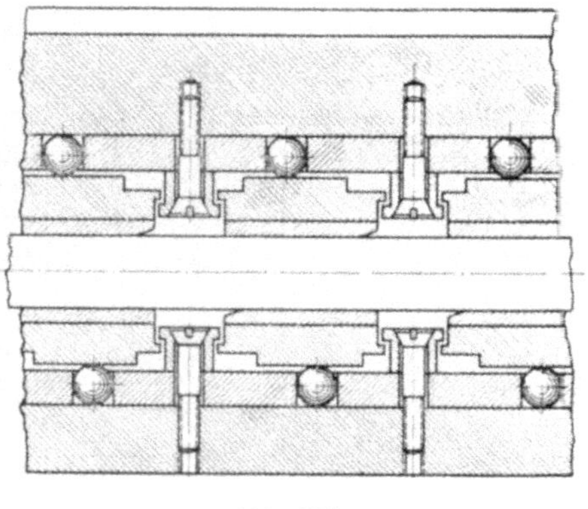

Abb. 195.

Abb. 196 zeigt Längs- und Querschnitt durch das Segmentdrucklager einer Getriebeturbine von ca. 850 PS und 4500 Umdr./Min. Die Flächenbelastung beträgt bei diesem Lager 24 kg/qcm, die Umfangsgeschwindigkeit 38,5 m/sek.

[1]) D.R.P. Nr. 309656 der Vulcanwerke.

In Abb. 197 ist ein Propeller-Segmentdrucklager im Schnitt dargestellt, während Abb. 198 Vorder- und Seitenansicht wiedergibt. Bemerkenswert ist hier die Kombination von Trag- und Drucklager. Um sowohl die beiden Traglager als auch das

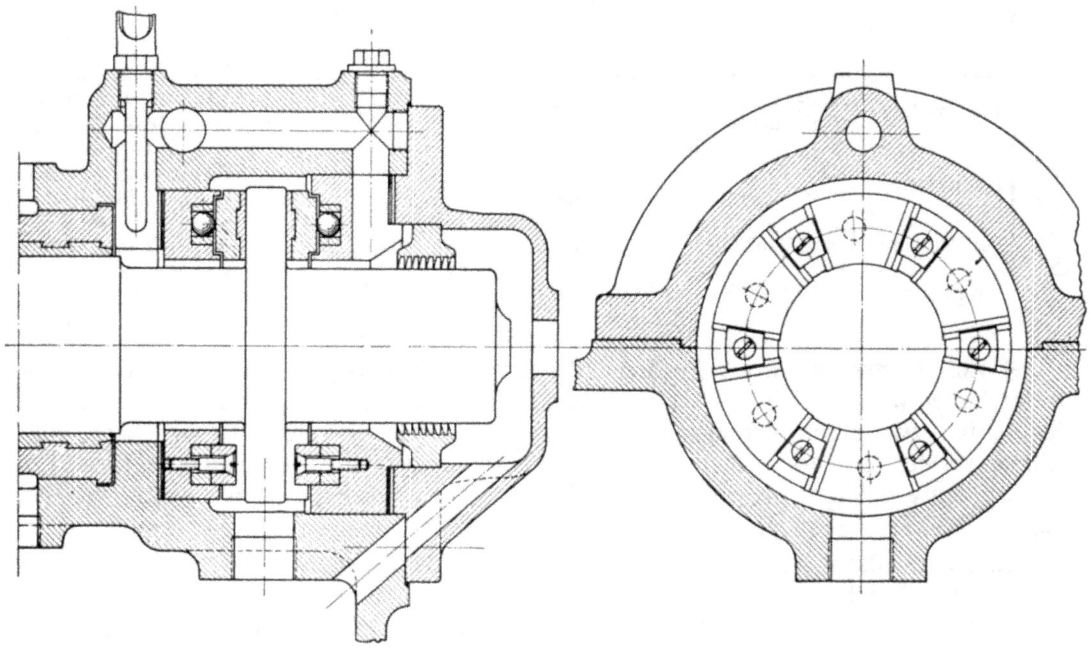

Abb. 196.

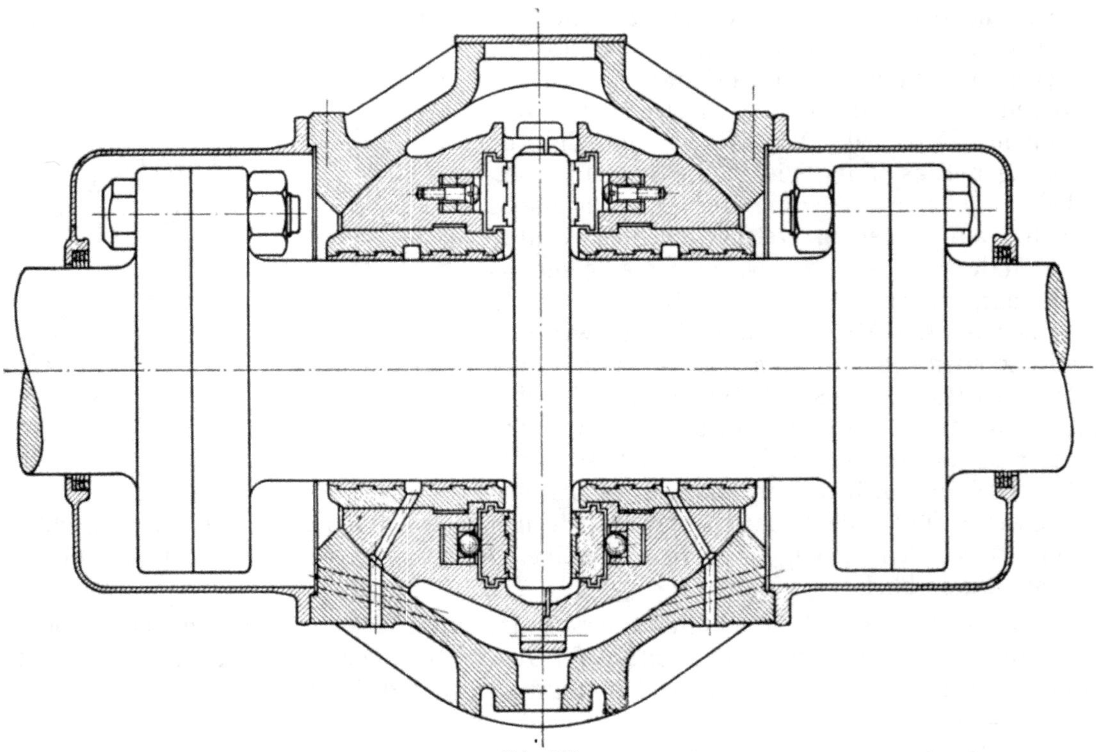

Abb. 197.

Drucklager sicher zum Tragen zu bringen, ist das ganze Lager kugelig ausgebildet und im zugehörigen Gehäuse in Kugelflächen drehbar angeordnet.

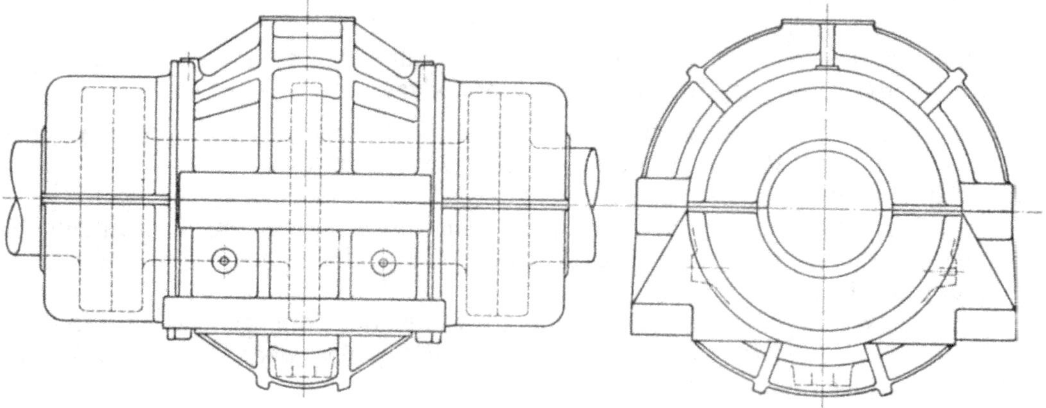

Abb. 198.

Die Schmierung dieser Segmentdrucklager erfolgt immer von innen nach außen, indem das Drucköl an der Welle entlang gegen den Druckring und dann in dem Zwischenraum zwischen den Segmenten von innen nach außen strömt.

Tabelle Nr. 43.

Beispiele ausgeführter Segment-Drucklager.

Antrieb	Schiffstyp oder Anlage	Gesamt-Belastung kg	Druckfläche qcm	Flächendruck kg/qcm	Drehzahl Umdr./Min.	Mittlere Umfangsgeschw. m/sek	Anzahl der Segmente	$p \cdot v$
Turbinen-Drucklager	*HD*-Turbine Torpedoboot *ND*-Turbine	8 300 14 600	490 730	17 20	3600 2250	50 40	10 12	850 800
	Passagier-Dampfer *ND*-Turbine	3 870	203	19	3500	39	8	741
	Fracht-Dampfer *HD*-Turbine	3 400	142	24	4500	38,5	6	924
Propeller-Drucklager	Torpedoboot	37 000	1455	25,5	500	12,6	8	321,3
	Gr. Passagier-Dampfer	19 000	850	22	320	5,1	8	158,4
	Kl. Passagier-Dampfer	11 600	530	22	300	5,1	8	112,2
	Gr. Fracht-Dampfer	26 000	1300	20	80	2,6	12	52
	Kl. Fracht-Dampfer	20 000	510	10	85	1,9	8	19

§ 133. **Berechnung der Segmentdrucklager.** Auch die Berechnung der Segmentdrucklager erfolgt in der Hauptsache auf Grund praktischer Erfahrungen und durchgeführter Versuchsreihen mit verschiedenen Typen von Segmentdrucklagern. Erfahrungsgemäß ist es bei diesen Lagern, bei denen der hohe Flächendruck durch die bei der Drehung zwischen Druckring und Segment sich ausbildende keilförmige Ölschicht aufgenommen wird, nicht zweckmäßig, die mittlere Umfangsgeschwindigkeit bei der Betriebsdrehzahl kleiner als 1,8 m/sek anzunehmen. Es tritt sonst bei ganz langsamer Fahrt unter Umständen eine Beschädigung des Weißmetalls der

Segmente ein. Die obere Grenze der Umfangsgeschwindigkeit dürfte nach den bisher vorliegenden Erfahrungen bei 60 m/sek oder noch darüber liegen. Der Flächendruck beträgt gewöhnlich 20 bis 30 kg/qcm. Das Produkt aus Flächendruck und Umfangsgeschwindigkeit übersteigt häufig den Wert 1000.

Anhaltspunkte für den Entwurf von Segmentdrucklagern gibt die vorstehende Tabelle 43 „Beispiele ausgeführter Segmentdrucklager".

§ 134. **Material für Drucklager.** Als Material für die Druckwellen und Druckringe wird Siemens-Martin-Stahl verwendet, welcher bisweilen an den Druckringen gehärtet und geschliffen wird.

Für die Druckringe der Lager mit mehreren Ringen kommt meist Stahlguß zur Anwendung, während die Segmente der Segmentdrucklager meist aus S.-M.-Stahl angefertigt werden.

Für die Weißmetallausfütterung dient Weißmetall von gleicher Zusammensetzung wie das der Traglager, wobei jedoch hinzugefügt werden muß, daß auch andere Legierungen sich bewährt haben.

§ 135. **Hebevorrichtungen.** Um die inneren Teile einer Turbine jederzeit nachsehen zu können, müssen geeignete Hebevorrichtungen vorgesehen werden, welche sowohl das Aufnehmen der oberen Gehäusehälfte als auch das Hochheben des rotierenden Teils an Bord gestatten. Diese Teile dürfen sich beim Aufnehmen weder querschiffs noch auch in axialer Richtung verschieben, da sonst die Schaufeln sich gegenseitig beschädigen könnten.

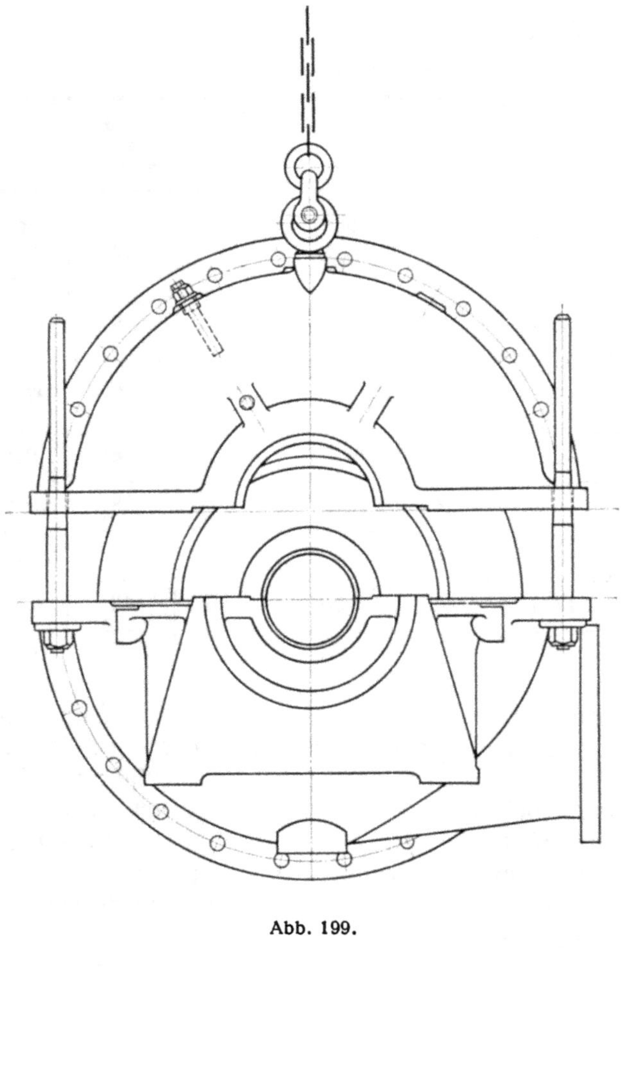

Abb. 199.

Ferner muß dafür gesorgt werden, daß die aufzuhebenden Teile vollkommen parallel zu sich selbst gehoben werden, damit ein Festklemmen der Schaufeln ausgeschlossen ist.

Bei Handelsschiffen mit Getriebeturbinen kann man wegen der leichten Gewichte der Gehäuseoberteile und Rotoren solcher Anlagen die besonderen Hebevorrichtungen ersparen, wenigstens wenn es sich nicht um allzu große Maschinenleistungen handelt. In diesem Falle erfolgt das Heben der Gehäuseoberteile sowie der Rotoren durch Flaschenzüge. Diese werden bei den Gehäusen an hierfür vorgesehenen Augbolzen angeschlagen. Um beim Heben eine Beschädigung der Beschaufelung zu vermeiden, sind Führungssäulen vorgesehen, welche als Inventar mitgegeben und im Bedarfsfalle in die Gehäuseunterteile eingeschraubt werden. Für das Heben der Rotoren werden kleine Traversen an Bord gegeben, an welchen der Rotor in einfacher Weise befestigt wird. Auch diese Traversen sind so eingerichtet, daß sie an den erwähnten Führungssäulen beim Heben des Rotors geführt werden. Die Traversen sind mit Augbolzen versehen, an welchen die Flaschenzüge angreifen. Zu vorstehendem vgl. die beiden Skizzen Abb. 199 u. 200.

Selbstverständlich müssen vorher alle am Oberteil des Gehäuses sitzenden Armaturen, Rohre, der Abdampfbogen usw. entfernt und an geeigneter Stelle im Maschinenraum untergebracht werden.

Für Kriegsschiffe und größere Turbinen überhaupt werden komplette Hebevorrichtungen mitgeliefert, welche etwa wie folgt ausgebildet sind. Die erforderlichen Führungsstangen stützen sich hier vorn und hinten auf den Lagerbalken und werden häufig mit ihren oberen Enden an Deck befestigt.

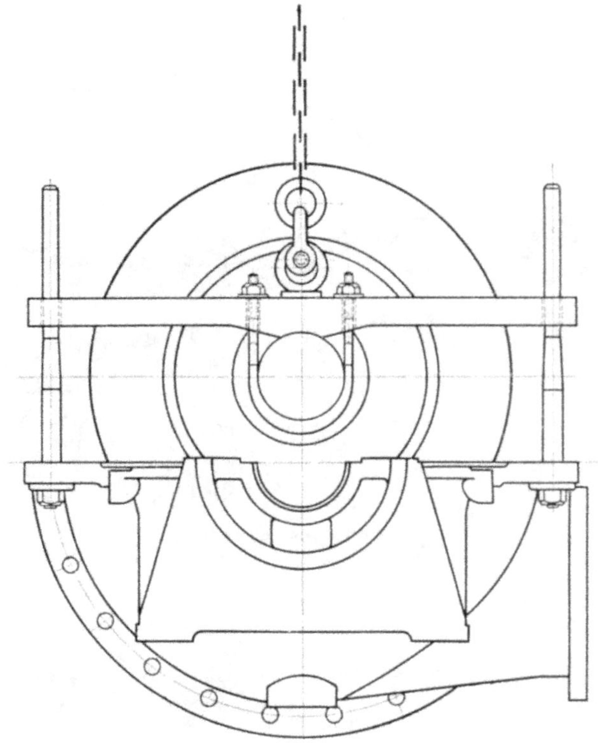

Abb. 200.

Das Oberteil des Gehäuses wird an den Führungsstangen mittels kräftiger Augen, welche mitunter an Stelle der Düsenkasten an den beiden Böden befestigt werden, genau geführt.

Zum Heben dient auch hier an jedem Ende des Gehäuses eine Traverse, welche unter die Führungsaugen faßt und ebenfalls zwischen den Säulen geführt wird.

Die eigentliche Hebevorrichtung ist, wie aus Abb. 201 zu ersehen, in einer kräftigen Traverse untergebracht, welche in entsprechender Höhe über der Turbine an den Führungssäulen selbst befestigt ist. Sie besteht gewöhnlich aus einer mittels Schnecke und Schneckenrad angetriebenen Kettennuß, über welche eine gewöhnliche Gliederkette oder Gallsche Kette läuft, die an der unteren Traverse angeschlagen ist. Das Drehen der Schnecke geschieht meist von Hand mittels Kettenrad und Handkette vom Flurboden des Maschinenraums aus.

Soll auch der Rotor gehoben werden, so wird nach Abstützung des hochgehobenen Gehäuseoberteils die Traverse wieder herabgelassen und die Welle mittels kräftiger Bügel und Schrauben an derselben befestigt. Das Hochheben des Rotors geschieht dann ebenso wie das des Gehäuseoberteils.

Damit das Lüften der Teile immer parallel zu sich selbst erfolgt, ist es zweckmäßig, die vordere und hintere Hebevorrichtung von einer Welle aus gleichzeitig zu betätigen.

Abb. 201.

Die Disposition einer Hebevorrichtung für die direkt wirkende Turbine eines Torpedobootes geht auch aus der Photographie Abb. 201 hervor. Auf dieser ist eine derartige Turbine in dem Augenblick dargestellt, in welchem sie zwecks letzter Revision in der Werkstatt mittels der Hebevorrichtung geöffnet wird.

Abb. 202 und die Photographie Abb. 203 zeigen die Hebevorrichtung für die *ND*-Turbine größter Abmessung eines transatlantischen Schnelldampfers. Im vorderen und im hinteren Lagerbalken sind je 2 Säulen aufgerichtet, welche mit flachgängigem Gewinde versehen sind. Am Gehäuseoberteil sind vorn und hinten zwei Ösen befestigt, welche einerseits dem Gehäuse als Führung an den Spindeln beim

Hochheben dienen; anderseits dienen sie aber auch zum Anheben desselben, indem die zum Lüften dienende Traverse unter dieselben faßt. Die Traverse, je eine am Vorder- und Hinterende der Turbine, wird durch eine an jeder Säule laufende Spindelmutter gehoben, welche durch ein an derselben befestigtes Schneckenrad und darin eingreifende Schnecke gedreht wird. Der Antrieb der Schnecken erfolgt durch eine horizontale Welle, welche durch ein an vertikaler Welle gleitendes Kegelräderpaar angetrieben wird; die vertikale Welle ihrerseits wird betätigt durch ein Schneckenrad, das, auf der oberen Querverbindung der Säulen montiert, durch eine horizontale, oben längs der Turbine laufende Welle mittels Elektromotors angetrieben wird.

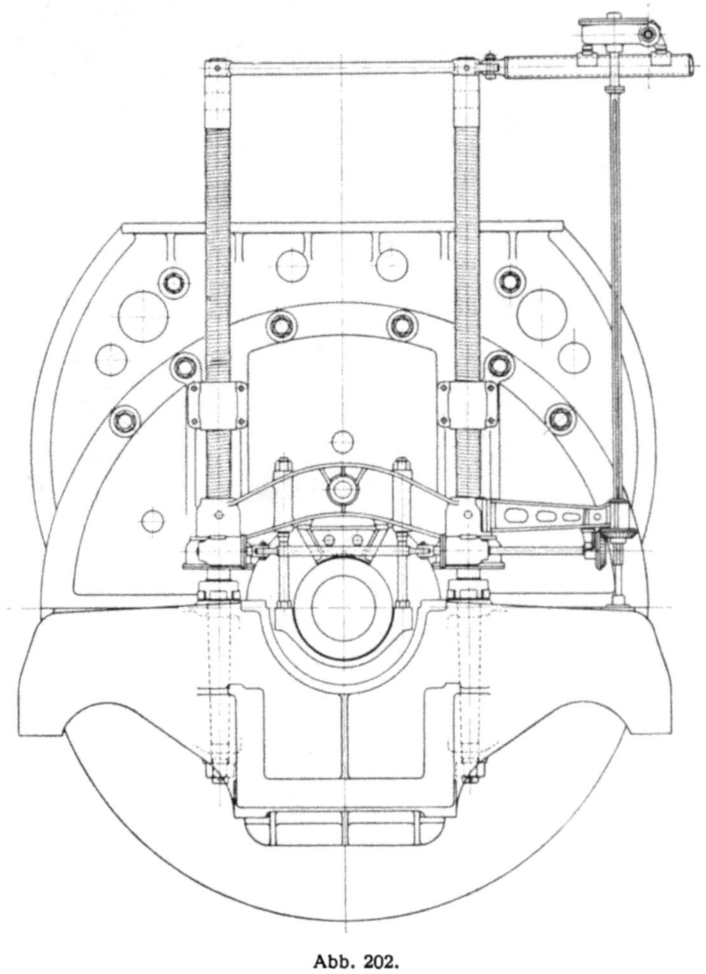

Abb. 202.

Das hochgehobene Gehäuse, welches auch in diesem Zustand durch die vier Säulen gegen jede Querverschiebung gesichert ist, kann in einfacher Weise durch Böcke abgestützt werden; um den Rotor hochzuheben, läßt man die Traverse wieder auf die Welle herab, fängt dieselbe in einem sehr kräftigen Bügel, der mittels Schraubenbolzen an der Traverse hängt, ab und hebt nun den Rotor in gleicher Weise hoch, wie oben für das Gehäuse beschrieben. Diese Hebevorrichtung bleibt stets montiert, auch während der Fahrt; die Rohranschlüsse der Turbine (mit Ausnahme des Abdampfbogens) sind am Unterteil angebracht.

Abb. 203.

§ 136. **Drehvorrichtungen.** Um bei Überholungsarbeiten die Turbinen und Getriebe in allen Stellungen überprüfen zu können, muß eine geeignete Drehvorrichtung vorgesehen werden. Ähnlich wie bei Kolbenmaschinenanlagen (vgl. hierzu Band I,

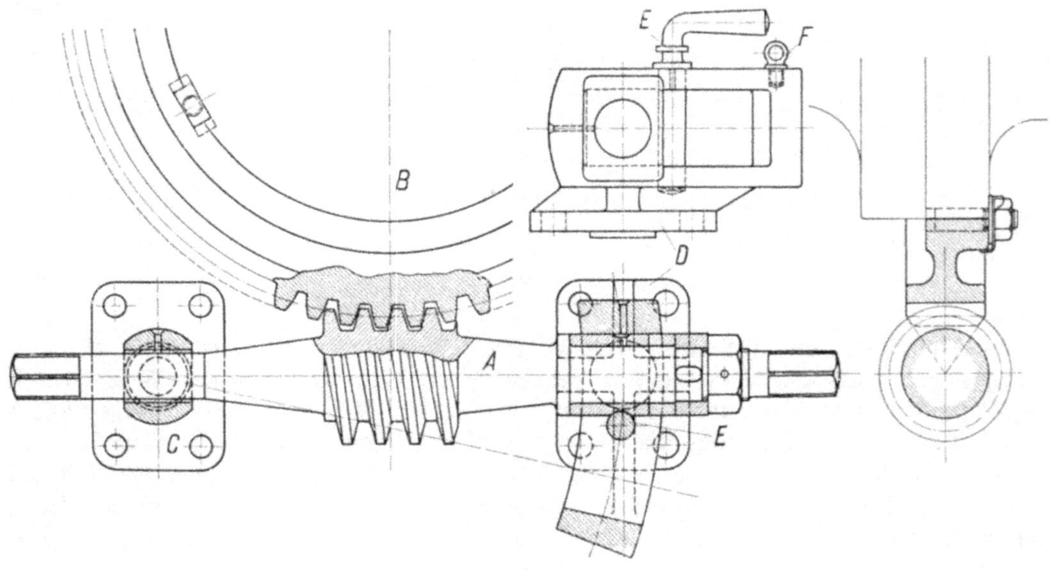

Abb. 204.

§ 183, S. 393) bestehen dieselben auch hier fast immer aus einem auf der Turbinen- oder Vorgelegewelle sitzenden Schneckenrad, in welches eine ausschwenkbare Schnecke eingreift. Je nach der Größe der Anlagen und dem Gewicht der Rotoren begnügt man sich entweder mit Handantrieb, indem man, wenn nötig, noch weitere Übersetzungen einschaltet, oder verwendet man maschinellen Antrieb (meist elektrisch). Letzteres war namentlich früher bei den großen, direktwirkenden Turbinen fast immer erforderlich.

Als Beispiel sei die in Abb. 204 dargestellte Drehvorrichtung einer direktwirkenden Torpedobootsturbine beschrieben, da dieselbe sich von denjenigen der heutigen Getriebeturbinen prinzipiell nicht unterscheidet. Die Schnecke *A*, welche in das auf dem Kupplungsflansch *B* sitzende Schneckenrad eingreift, ist in den beiden an einer Gehäusewand befestigten Böcken *C* und *D* gelagert. Das Lager in Bock *C* ist drehbar, dasjenige in Bock *D* in einer Kreisbogengleitbahn verschiebbar. Mit Hilfe des Bolzens *E* kann die Schnecke in der eingerückten oder ausgerückten Lage festgestellt werden. Um das Abhandenkommen des Bolzens *E* zu vermeiden, ist dasselbe mittels einer Kette an der Öse *F* angehängt. Auf die Vierkante der Schneckenwelle können Knarren aufgesetzt werden, welche ein leichtes Drehen derselben ermöglichen.

Abschnitt VI.

Die Dampfverteilungsarmaturen und Rohrleitungen an den Turbinen.

§ 137. **Allgemeines betr. Hauptdampfleitung.** Dem Entwurf der Hauptdampfleitung ist bei Turbinenschiffen, ebenso wie bei Dampfschiffen überhaupt, besondere Beachtung zu schenken.

Zunächst ist der Wärmeausdehnung der Leitungen Rechnung zu tragen. Dies geschieht bei Naßdampf durch Einschaltung entsprechender Schub- und Gelenkstopfbuchsen, bei Heißdampf durch Verwendung von Rohrbogen.

Des ferneren aber ist auch zu beachten, daß die Wärmedehnungen der Turbinen selbst in axialer und vertikaler Richtung sowie die Erschütterungen des Schiffes eine hinreichende Beweglichkeit der Dampfzuführungsleitung bedingen. Dieselbe muß erreicht werden, ohne daß Kräfte auf die Turbinen selbst oder auf nicht hinreichend steife Teile des Schiffes ausgeübt werden, was ebenfalls auf eine sorgfältige Ausstattung der Dampfleitungen mit bestgeeigneten Stopfbuchsen (Schub-, Kugel- und Drehstopfbuchsen) oder Rohrbogen hinweist.

Da wo der Schub einer durch eine Stopfbuchse zerschnittenen Leitung vom Schiffskörper aufgenommen werden soll, ist derselbe durch vorsichtig berechnete Versteifungen hinreichend widerstandsfähig zu machen, um, ohne merkbare Deformationen zu zeigen, den ausgeübten Kräften Widerstand zu leisten; bemerkt soll hierzu werden, daß die Abstützung von Dampfleitungen an Schiffsteilen, welche unter Umständen bei Kollisionen deformiert werden können, als gefährlich erachtet werden muß.

Es bleibt daher im allgemeinen am richtigsten, die durch die Stopfbuchsen geteilten Leitungen durch Verankerungen, welche an kräftigen, an die Stahlgußarmaturen angegossenen Ösen befestigt sind, zu verbinden.

Für Entwässerung des Dampfes durch Wasserabscheider wird bei den Anlagen, welche mit Naßdampf arbeiten, in der Regel gesorgt; ist vorauszusehen, daß eine im allgemeinen mit überhitztem Dampf betriebene Anlage auch vorübergehend Naßdampf verarbeiten soll, so ist auch hier diese Vorsicht zu empfehlen.

Des ferneren ist bei der Detaillierung von Dampfleitungen darauf zu achten, daß alle Teile, welche im Innern derselben liegen, so konstruiert sind, daß dieselben — auch im Laufe der längsten Betriebszeit — sich nicht loslösen oder abbrechen können wegen der Gefahr, daß solche Teile in die Turbinen gelangen und dort Schaufelhavarien hervorrufen.

Um aber, falls trotz aller Vorsicht doch derartige Teile (Muttern, Nietköpfe od. dgl.) in die Leitung gelangen und vom Dampf mitgerissen werden sollten, Beschädigungen der Beschaufelungen zu vermeiden, schaltet man in die Zudampfleitungen dicht vor den Turbinen Dampfsiebe ein.

§ 138. **Wasserabscheider und Dampfsiebe.** Zu der Zeit, als die Turbinenanlagen nur mit Naßdampf zu arbeiten pflegten, wurden in der Regel besondere Wasserabscheider eingebaut, welche nur die Aufgabe hatten, vom Dampf mitgerissenes Wasser von diesem zu trennen und an geeigneter Stelle — z. B. in den Warmwasserkasten — abzuleiten, während man die Dampfsiebe meist hiervon getrennt vor den Düsen anordnete.

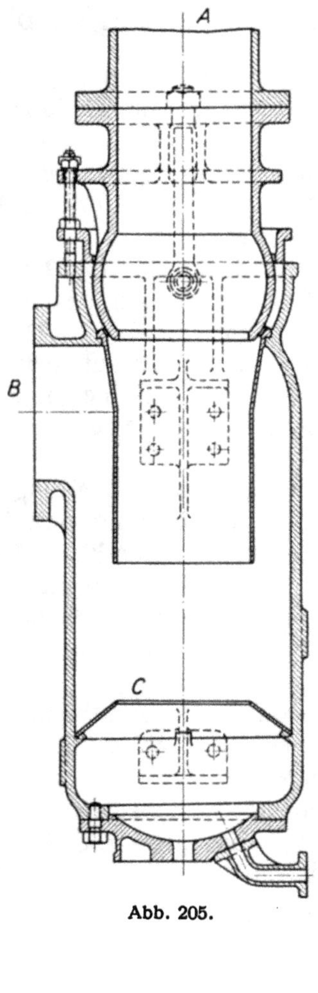

Abb. 205.

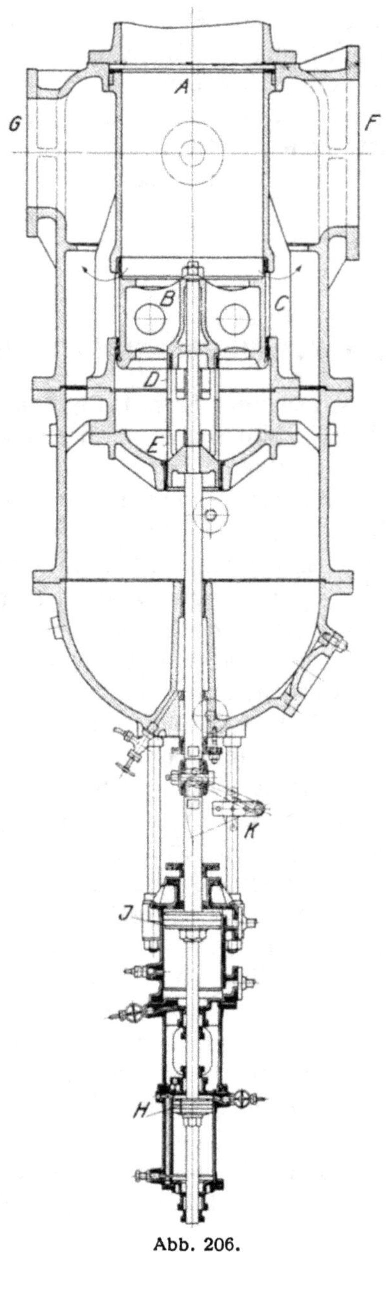

Abb. 206.

Einen Wasserabscheider dieser Art zeigt Abb. 205. Der Dampf tritt von oben in den zylindrischen, aus Stahlguß hergestellten Wasserabscheider *A* ein und wird durch den senkrecht zu dessen Achse einmündenden Stutzen *B* in die Dampfleitung weiter geführt. Der Dampf soll also in diesem Falle lediglich durch die Richtungsänderung gezwungen werden, das mitgerissene Wasser abzugeben. Über dem Boden des Wasserabscheiders ist ein konisches perforiertes Blech *C* angebracht, welches verhindern soll, daß der einströmende Dampf etwa angesammeltes Wasser wieder mit nach oben reißen kann. Ganz unten im Boden ist der Anschluß für die Ableitung des Wassers zu sehen.

Eine weitere Ausführung dieses Systems zeigt Abb. 206, welche den Wasserabscheider des Schnelldampfers „Imperator" (jetzt „Berengaria") darstellt.

In diesen Wasserabscheider ist ein Schnellschlußventil eingebaut, welches in § 140 weitere Erwähnung finden soll. Auch hier soll die Abscheidung des Wassers lediglich durch Richtungsänderung des Dampfstromes erfolgen. Der Dampf tritt bei *A* vertikal nach unten strömend in ein starkes Einsatzrohr, das in das starkwandige Stahlgußgehäuse eingeschoben ist, ein und strömt sodann, falls der Ventilkörper des Schnellschlußventiles *B* geöffnet, durch die ringförmige Öffnung *C* in der Richtung des Pfeiles in das Wasserabscheidergehäuse ein, um sich von da sogleich nach oben zu wenden und entweder durch den großen Anschluß rechts bei *F* (470 mm l. D.) der Hauptdampfleitung zu den Vorwärtsturbinen oder durch den kleineren Anschluß links bei *G* (350 mm l. D.) der Frischdampfleitung zur *MD*-Turbine (falls diese mit Frischdampf arbeiten soll) nach Passieren von Dampfsieben zugeführt zu werden.

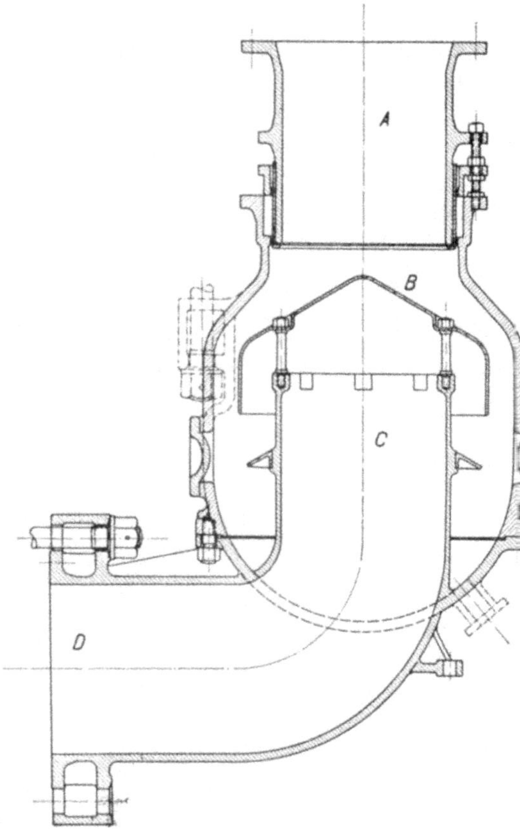

Abb. 207.

Der Wasserabscheider ist mit Wasserstandszeigern und Handlöchern versehen und mit kräftigen Füßen am Schott befestigt.

Wie gesagt, handelt es sich bei den beiden beschriebenen Apparaten nur um Vorrichtungen, um vom Dampf mitgerissenes Wasser abzuscheiden. In solchen Fällen müssen also noch besondere Siebe oder Einrichtungen vorgesehen werden, um etwa vom Dampf mitgeführte Fremdkörper abzufangen, und werden dieselben selbstverständlich so nahe wie möglich vor dem Düsenkasten angeordnet.

Eine derartige Einrichtung allergrößter Abmessung, für die zur *HD*-Vorwärtsturbine führende Hauptdampfleitung des „Imperator" bestimmt, zeigt Abb. 207.

Der von den beiden Wassersammlern des *BB*- und *StB*-Hauptstranges (470 mm l. D.) der Hauptdampfleitung kommende Dampf strömt durch das vertikale Rohr *A* von 660 mm l. D. nach abwärts in ein starkwandiges, aus Stahlguß hergestelltes

Siebgehäuse und trifft dort ein konisches, aus gepreßtem Schmiede-Eisenblech hergestelltes Sieb *B*, welches mit einer großen Anzahl kleiner Löcher versehen ist.

Dieses Sieb ist in Form eines pilzartigen Schirmes über der Abströmöffnung *C* angebracht, so daß Gegenstände, welche vom Dampf mitgerissen werden, unbedingt nach unten auf den Boden des Siebgehäuses fallen müssen. Bei *D* schließt das Rohr an, welches den Dampf zu den Düsen der *HD*-Vorwärtsturbine führt.

Das Dampfsieb einer Kriegsschiffsanlage zeigt Abb. 208.

Der aus der Hauptdampfleitung bei *A* einströmende Dampf muß hier ein konisches, am Mantel und Boden mit einer großen Anzahl von kleinen Löchern versehenes, aus hochwertiger Bronze hergestelltes Sieb *B* passieren, bevor er in das stählerne Siebgehäuse *C* einströmen kann, von wo er durch den Anschluß *D* in den Düsenkasten übertritt.

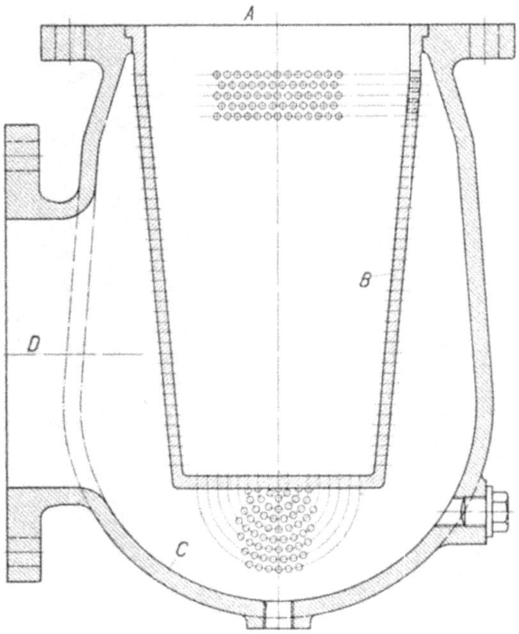

Abb. 208.

Selbstverständlich lassen sich derartige Dampfsiebe in der verschiedenartigsten Weise, sei es mit den Absperrventilen, sei es mit den Düsenkasten kombinieren.

Bemerkt muß werden, daß selbst bei Naßdampfanlagen im Laufe der Zeit eigentliche Wasserabscheider vielfach weggelassen worden sind in der Überzeugung, daß kleine Separatoren dieser Art wegen der großen Dampfgeschwindigkeiten — jedenfalls wenn stärkere Wassermassen vom Dampf mitgerissen werden — doch unwirksam sind, während sich anderseits aus Rücksichten auf Gewichts- und Raumersparnis die Anordnung ausreichend großer Apparate dieser Art verbietet.

Man findet daher vielfach Anlagen, bei welchen auf diese Wasserabscheider ganz verzichtet ist. Wenn die Turbinen, wie dies heute wenigstens bei Handelsschiffsanlagen meist der Fall ist, mit überhitztem Dampf arbeiten, können besondere Wasserabscheider jedenfalls entbehrt werden, während anderseits aber von dem Einbau wirksamer Dampfsiebe nicht abgesehen werden darf.

Was die Dimensionierung der Dampfsiebe betrifft, ist noch zu bemerken, daß der gesamte Querschnitt der Löcher im allgemeinen das 3- bis 5fache vom Querschnitt der betr. Dampfleitung beträgt.

§ 139. **Tangential-Dampftrockner.** Eine Einrichtung, welche in letzter Zeit häufig dazu verwendet worden ist, um den Dampf von mitgerissenen Wasserteilchen und Unreinigkeiten zu befreien, ist der sog. Tangentialtrockner (Tangential Dryer, Tompkins Patent Dryer).

Apparate dieser Art werden nicht nur häufig in die Kessel selbst eingebaut, so daß der Dampf sie vor dem Eintritt in das Absperrventil am Kessel passieren muß, sondern auch in Dampfleitungen vor und zwischen den Turbinen. Das Prinzip dieses Dampftrockners besteht darin, daß der Dampf ein System von gekrümmten feststehenden Schaufeln passieren muß, in welche er wie bei einer Radialturbine, von innen eintritt und aus denen er am Umfang in nahezu tangentialer Richtung austritt.

Wasser und Unreinigkeiten werden dann an die zylindrische Gehäusewand geworfen, sammeln sich im Unterteil dieses Gehäuses und werden von da abgezogen.

Abb. 209 zeigt den Einbau eines solchen Tangentialtrockners zwischen *HD*- und *MD*-Turbine eines Passagierschiffes. Durch den Stutzen *B* tritt der Dampf aus der *HD*-Turbine *A* aus und strömt sodann in das (im Schnitt schwarz angelegte) Gehäuse des Trockners ein. Durch die bei *C* spitz zulaufende Ablenkplatte wird der Dampf in radialer Richtung umgelenkt und durchströmt die mit *DD* bezeichneten feststehenden Schaufeln — vgl. hierzu den Querschnitt —, aus welchen er tangential gerichtet bei *EE* austritt. Das mitgenommene Wasser und die Unreinigkeiten sammeln sich in dem Ringraum *FF* und werden durch die tangential angeordnete Öffnung *G* in ein Sammelgefäß abgezogen.

Nach Verlassen der Schaufeln strömt der Dampf weiter und tritt, indem er radial wieder nach innen strömt, unter scharfer Richtungsänderung in das Überströmrohr *HH* zur *ND*-Turbine *J* über.

Auch der Abdampf der Hilfsmaschinen, welcher in die *ND*-Turbine eingelassen wird, passiert den Tangentialtrockner. Er tritt von oben bei *K* in das Gehäuse desselben ein und macht den Weg des aus der *HD*-Turbine ausströmenden Dampfes mit.

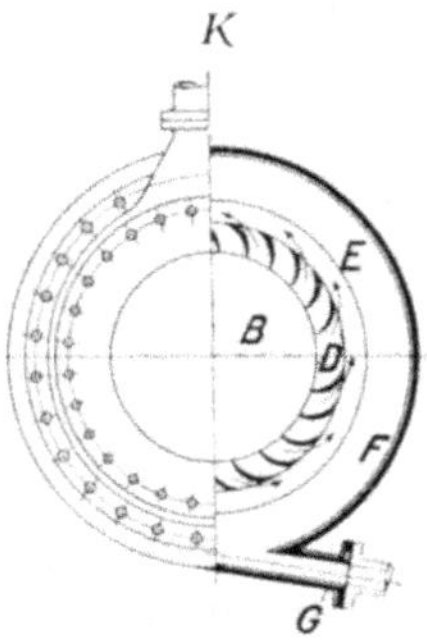

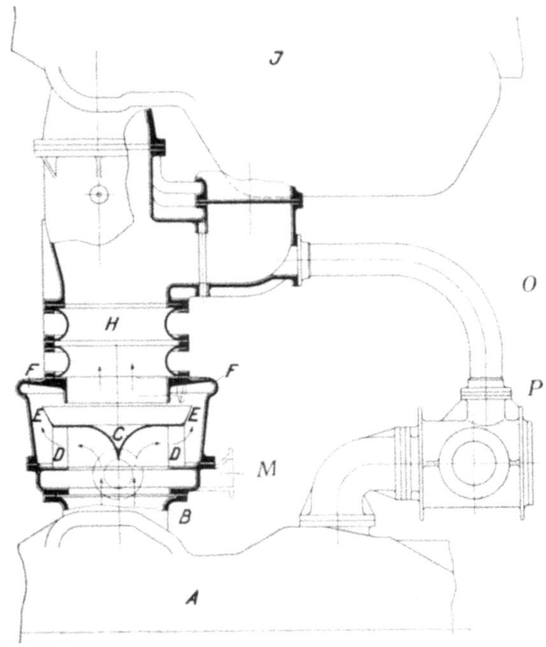

Abb. 209.

Wenn auch nicht den in Rede stehenden Trockner betreffend, mag hier noch des allgemeinen Interesses wegen auf die Expansionsstücke *H* zwischen dem Trockner und dem Überströmstutzen zur *ND*-Turbine aufmerksam gemacht werden, ferner darauf, daß ein Anschluß *M* zur Überleitung von Dampf aus der *HD*-Turbine nach dem Kondensator dient, falls einmal die *ND*-Turbine ausgeschaltet werden sollte (diese Öffnung ist für gewöhnlich durch einen Blindflansch verschlossen); ferner, daß das Rohr *O* dazu dient, um der *ND*-Turbine Frischdampf zuzuführen, für den Fall, daß die *HD*-Turbine außer Betrieb gesetzt werden sollte. Für gewöhnlich ist auch dieses Rohr durch den Blindflansch bei *P* geschlossen.

§ 140. **Drosselklappe und Schnellschlußventil.** Wenn in hohem Seegang bei vorderlicher oder achterlicher See der Propeller aus dem Wasser schlägt oder aber im Falle, daß sich Wellen- oder Kupplungsbrüche ereignen, während das Manöverventil der Turbinen geöffnet ist, besteht die Gefahr einer sehr schnellen und bedeutenden Tourensteigerung. Eine solche kann eine Explosion des Rotors mit sich bringen, wie solche auch bereits beim Versagen des Sicherheitsreglers sich ereignet haben (vgl. § 101).

Es ist daher erforderlich und auch gesetzlich vorgeschrieben, daß jede Turbine einen automatisch wirkenden, zuverlässig arbeitenden Fliehkraftregler erhält, welcher beim Überschreiten der maximalen Betriebsdrehzahl um 10 bis 15% die Dampfzufuhr absperrt und die Turbine stillsetzt.

Dieser Schnellschlußregler pflegt auf die Drosselklappe oder das Schnellschlußventil zu wirken, wie nachstehend beschrieben.

Abb. 210 zeigt eine Drosselklappe der üblichen Ausführung. In dem Gehäuse *A* ist die auf einer horizontalen Welle durch Vierkant befestigte Drosselklappe *B* untergebracht. Die Welle ist auf beiden Seiten durch das Gehäuse hindurchgeführt und durch Stopfbuchsen abgedichtet. Der Klappenkörper besteht aus einem Stahlgußteller *B*, welcher durch Rippen versteift ist, um der bei geschlossener Klappe vor-

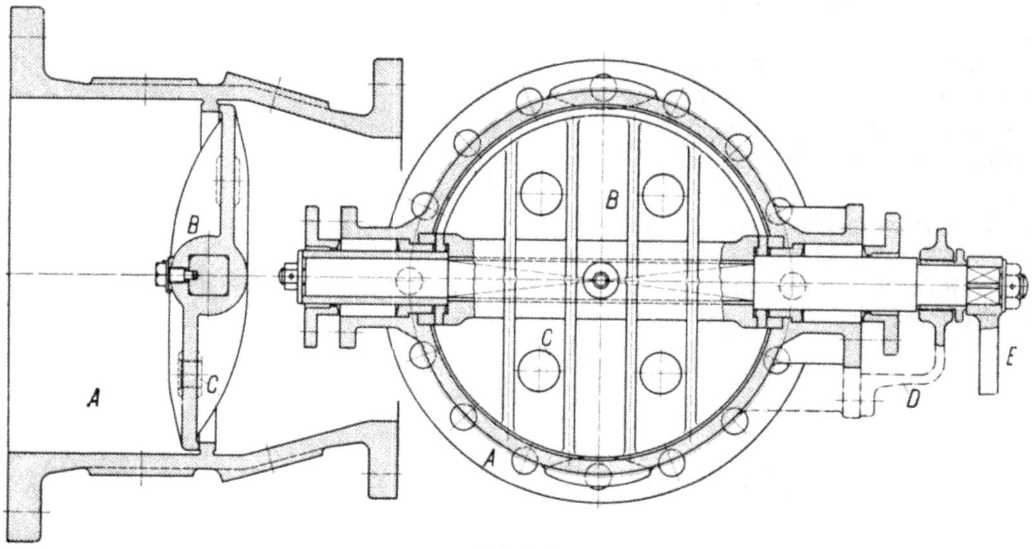

Abb. 210.

handenen Druckdifferenz widerstehen zu können. Halbkreisförmige Dichtungsflächen am Umfang der Klappe sorgen für einen möglichst vollständigen Abschluß der Dampfleitung. Die Warzen *C* dienen zum leichten Aufspannen auf der Drehbank.

Die Achse der Drosselklappe ist auf der einen Seite über die Stopfbuchse hinaus verlängert und in der Konsole *D* gelagert. Außerhalb der Konsole greift der Hebel *E* an, mit welchem das Öffnen oder Schließen der Klappe unter Zwischenschaltung eines Dampfsteuerapparates durch den Sicherheitsregler bewirkt wird.

Gelegentlich sind statt der Drosselklappe besondere Schnellschlußventile vorgesehen worden. Eine derartige Anordnung für den Schnelldampfer „Imperator" zeigt Abb. 206.

Der Ventilkörper des Schnellschlußventiles *B* ist im Gehäuse des Wasserabscheiders untergebracht. Der zwecks möglichst vollständiger Abdichtung oben und unten mit Dichtungsflächen versehene Ventilkörper *B* des Schnellschlußventils wird von dem Dampf-Servomotorkolben *J* bewegt, der seinerseits durch die Schnellschlußvorrichtung gesteuert wird. Zur Vermeidung von Stößen durch die bewegten Massen ist auf der gemeinsamen Kolbenstange ein Bremskolben *H* angeordnet, welcher sich in einem mit Flüssigkeit gefüllten Bremszylinder bewegt. Bei *K* ist eine Zeigervorrichtung angebracht, welche die Stellung des Schnellschlußventils erkennen läßt.

§ 141. **Der Schnellschluß- oder Sicherheitsregler.** Die Einrichtung der Schnellschlußregler wird stets so getroffen, daß die Wiederöffnung des von demselben geschlossenen Dampfabsperrorgans nur durch den Maschinisten bewirkt werden kann, um gewissermaßen so einen Zwang auszuüben, die Ursache der eingetretenen Tourenüberschreitung zu ergründen.

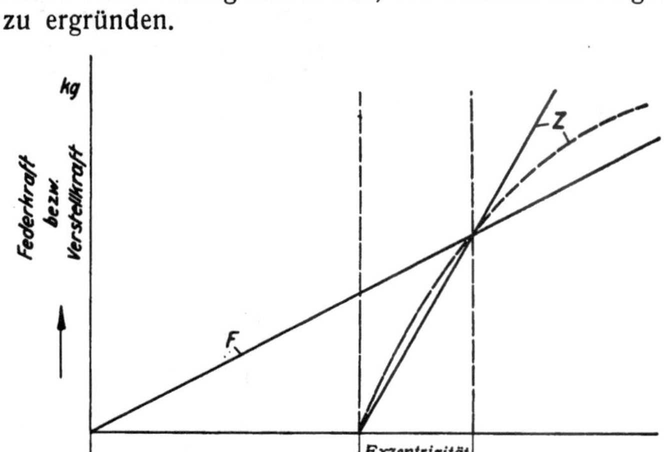

Abb. 211.

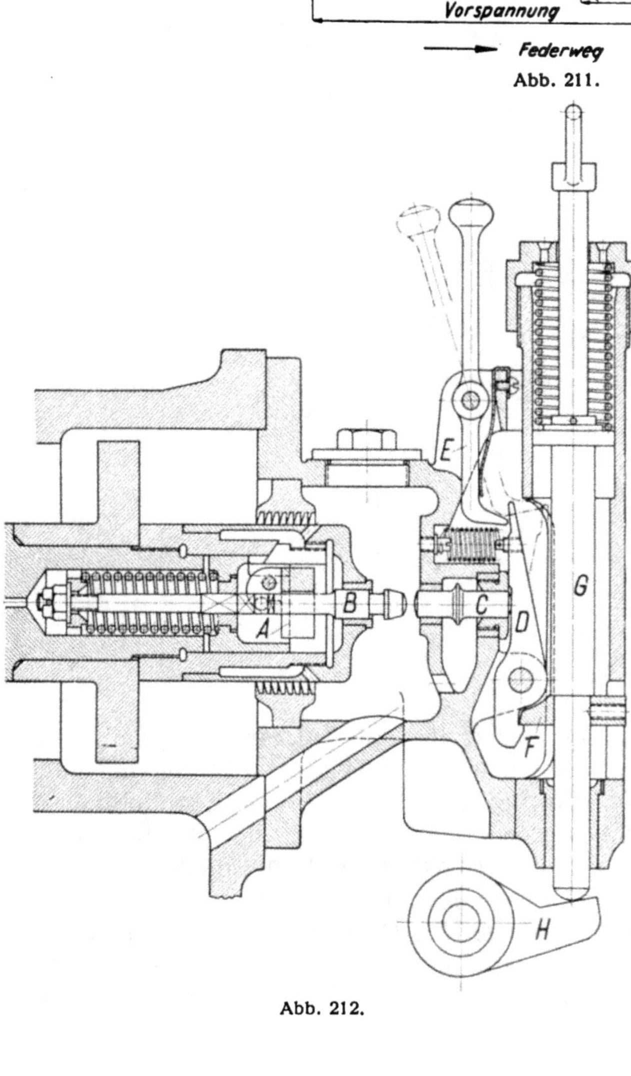

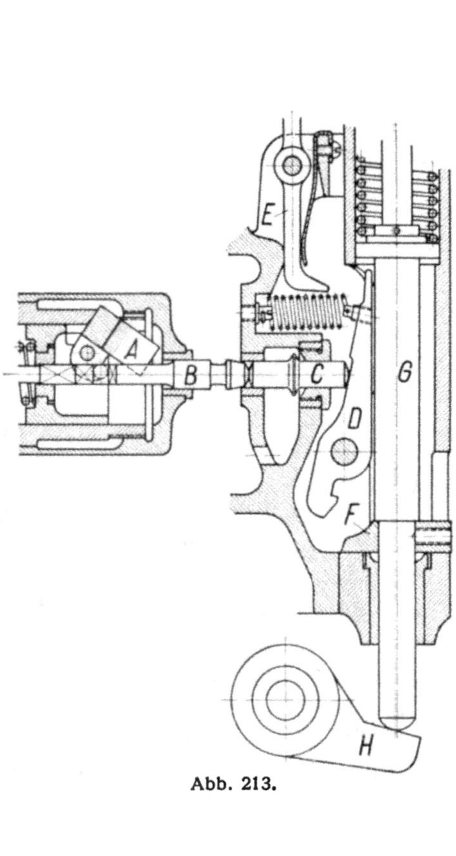

Abb. 212. Abb. 213.

Das Prinzip der Schnellschlußregler, welche stets als labile Regler ausgeführt werden, ist folgendes: Eine Masse, welche exzentrisch auf der Turbinenwelle angeordnet ist, erzeugt infolge der Rotation eine Fliehkraft. Dieselbe wird im normalen Betrieb von einer Feder aufgenommen, so daß die Masse in ihrer Lage festgehalten wird. Wenn die normale Drehzahl indessen um einen gewissen Betrag überschritten wird, wird die Federkraft von der Fliehkraft überwunden, die Masse entfernt sich von der Wellenachse und damit wächst die Fliehkraft weiter, so daß die exzentrische Masse unweigerlich in die äußerste Endstellung gehen muß.

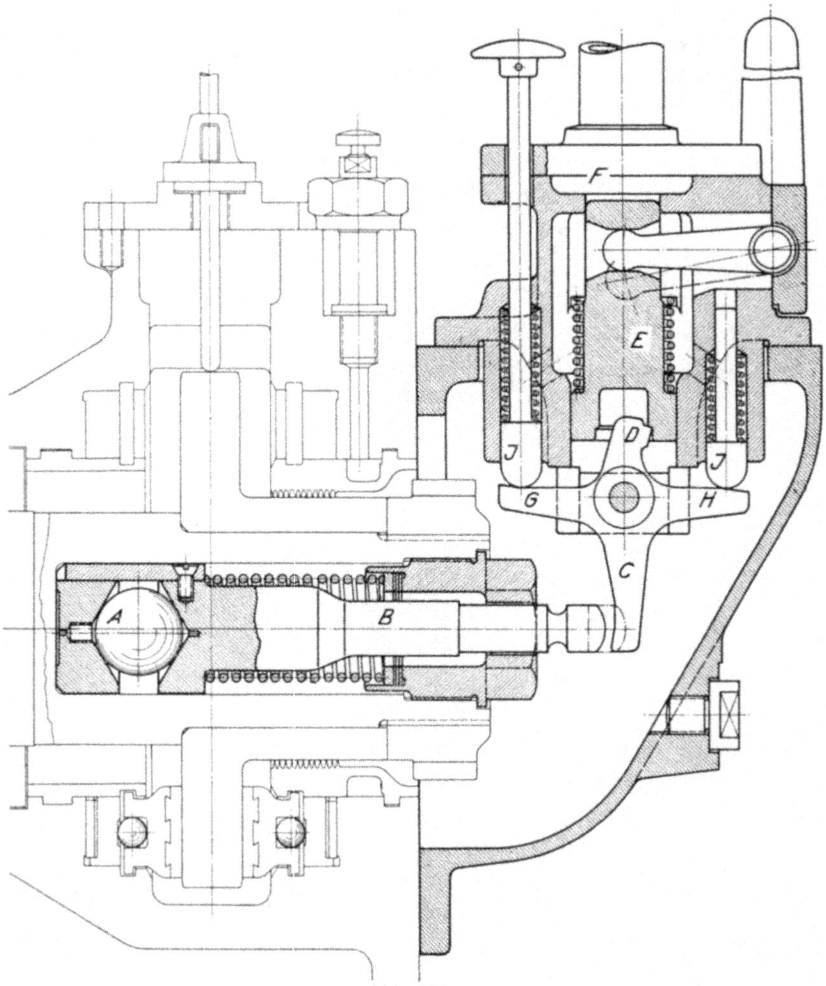

Abb. 214.

Für die Berechnung ist es üblich, ein Fliehkraft- und Federdruckdiagramm zu entwerfen. Man nimmt zweckmäßig als Abszisse die Federzusammendrückung und als Ordinaten die Kräfte. Die Federkraftkurve *F* ist als eine durch den Nullpunkt gehende gerade Linie durch die Abmessungen der Feder gegeben, die Fliehkraftkurve *Z* durch die angenommene Masse und ihre Exzentrizität bestimmt.

Die Punkte der Fliehkraftkurve sind durch Rechnung leicht in Abhängigkeit vom Federweg festzustellen. Abb. 211 zeigt ein solches Diagramm für einen üblichen Sicherheitsregler. Bei manchem Regler bringt die Anordnung der Teile einen kurvenförmigen Verlauf der Fliehkraftwerte mit sich (gestrichelte Kurve). Dann ist darauf zu achten, daß die durch den Abstand von Fliehkraft- und Federkraftkurve gegebene Verstellkraft des Reglers nicht zu gering wird.

Die Ausführungsformen der Schnellschlußregler sind sehr verschieden. Im allgemeinen werden heute diese Regler immer als indirekt wirkende ausgeführt, d. h. sie betätigen zunächst einen Steuerkolben, der durch einen Kraftkolben das Ventil schließt oder den Anschlag einer Feder wegzieht.

Die Konstruktion eines solchen Sicherheitsreglers zeigt Abb. 212 u. 213. Die hufeisenförmige Schwungmasse *A* ist um einen Bolzen drehbar am Rotor befestigt und greift mit einem Zapfen am Ende des Winkelhebels in die Federspindel *B* ein. Bei normaler Drehzahl befinden sich alle Teile in der in Abb. 212 gezeichneten Stellung. Bei Überschreitung der zulässigen Drehzahl schlägt das Gewicht *A* unter Überwindung der Federkraft aus (vgl. Abb. 213), die Federspindel *B* schnellt vor, schlägt auf den Bolzen *C*, dieser drückt die Klinke *D* weg und der durch einen Anschlag *F* in seiner Stellung gehaltene Bolzen *G* kann sich nun nach abwärts bewegen und den mit dem Steuerschieber verbundenen Hebel *H* verdrehen. Mit dem Hebel *E* kann im Falle der Gefahr die Turbine von Hand in gleicher Weise stillgesetzt werden.

Eine zweite Ausführung zeigt Abb. 214. Die in der Welle exzentrisch angeordnete Stahlkugel *A* dient als Schwunggewicht. Bei Überschreitung der Drehzahl treibt die Kugel infolge der konischen Sitzflächen den federbelasteten Bolzen *B* nach rechts. Dieser schlägt auf die Klinke *C* und dreht damit den Anschlag *D* unter dem durch Feder- und Öldruck belasteten Kolben *E* weg. Dieser schließt in seiner normalen Stellung den Druckraum *F* in der zur Betätigung des Absperrventils vorgesehenen Drucköllleitung ab. Ist der Anschlag *D* weggedreht, so gleitet der Kolben *E* nach abwärts, das Öl kann ungehindert aus dem Druckraum *F* austreten und nach dem Lagerbalken abfließen, der Öldruck sinkt also plötzlich auf Null, und das Absperrventil schließt sich. Die Hebel *G* und *H* dienen dazu, den Kolben wieder in die obere Lage zu bringen, wobei der rechte Federbolzen *J* den Anschlag *D* in die richtige Stellung dreht und dort festhält. Der linke Federbolzen *J* dient zum Auslösen von Hand.

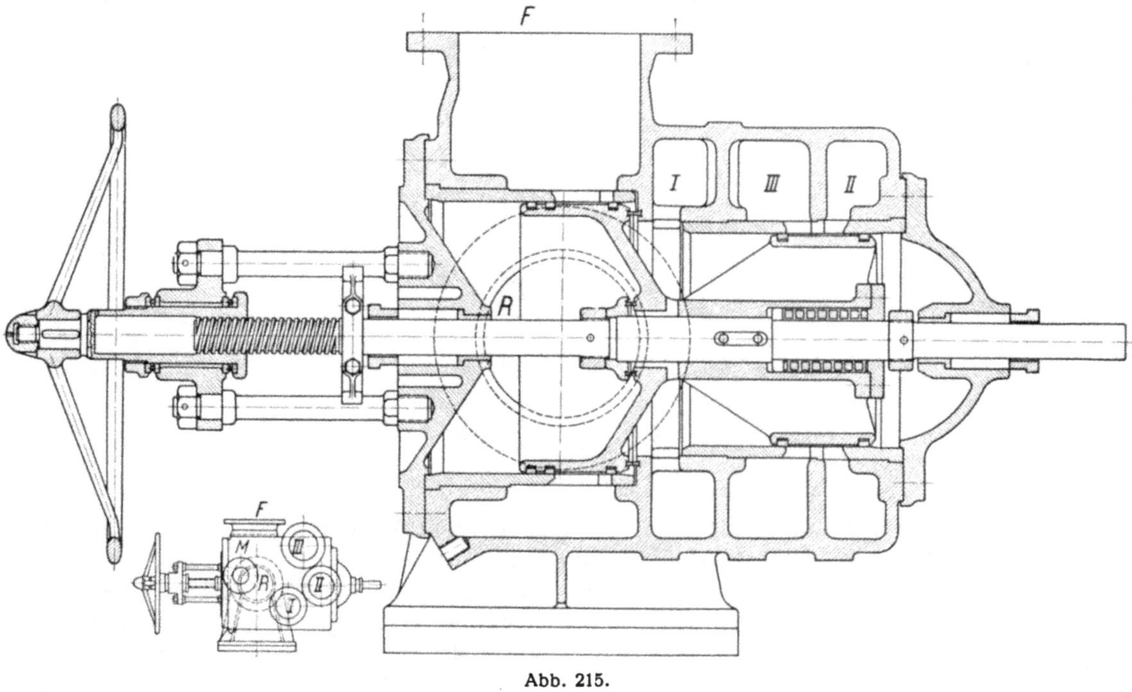

Abb. 215.

§ 142. **Umsteuerungsorgane.** Bei kleineren Anlagen bestehen die Manövrierorgane lediglich aus entlasteten Ventilen, von denen eines für Vorwärtsgang, eines für Rückwärtsgang und ev. noch weitere für Fahrten mit kleinerer Geschwindigkeit bestimmt sind. Bei größeren Anlagen vereinigt man die Ventile für die verschiedenen Gangarten entweder in einem einzigen, oder man trifft die Anordnungen so,

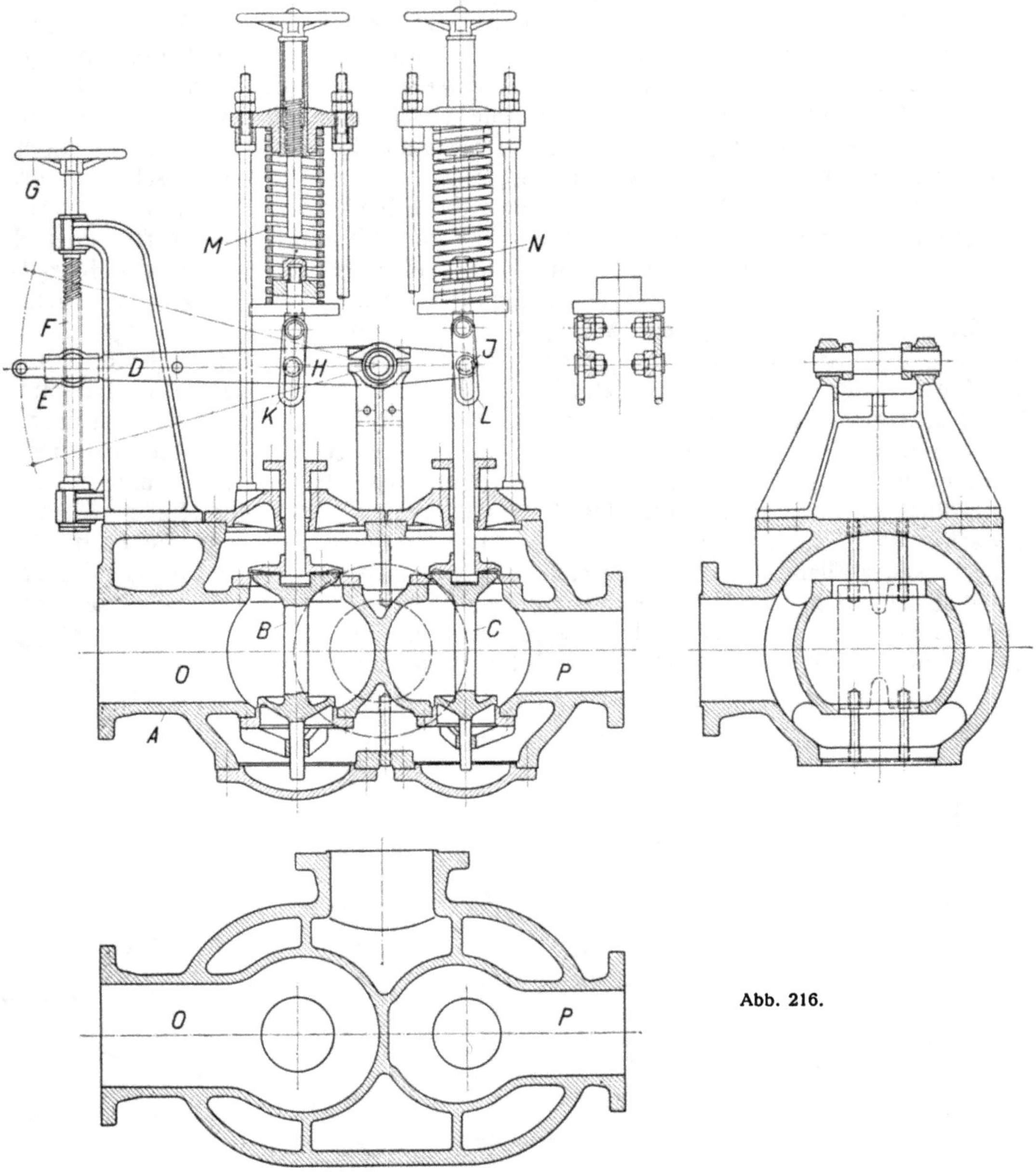

Abb. 216.

daß mehrere Ventile durch ein einziges Handrad vom Maschinistenstand aus in der richtigen Reihenfolge geöffnet und geschlossen werden.

Ein Beispiel für die erstere Ausführungsform zeigt Abb. 215. Hier sind in einem Ventilkörper die Ventile für drei Hauptdüsenkästen vereinigt, außerdem sind noch Anschlüsse für die Marschfahrt und die Rückwärtsfahrt vorhanden, an welchen entsprechende Ventile angebracht sind. Man sieht bei F den Frischdampfeintritt, bei

I den Ringkanal bzw. den Anschluß für den ersten, bei *II* für den zweiten, bei *III* für den dritten Hauptdüsenkasten. Bei *R* ist der Anschluß für die Rückwärtsfahrt, bei *M* derjenige für die Marschfahrt zu sehen. Beachtenswert ist die Anordnung des kleinen Entlastungsventils auf der Spindel und die Verbindung des Ventil- bzw. Schieberkörpers mit der Spindel durch eine Druckfeder, welche das Anheben des Entlastungsventils vor dem Öffnen des Hauptventils bei fortlaufender Drehung der Spindel sicherstellt.

Abb. 216 zeigt ein (hauptsächlich in England eingeführtes) Manövrierventil, welches so eingerichtet ist, daß Vorwärts- und Rückwärtsgang der Turbinenanlage durch Drehung eines einzigen Handrades bewirkt wird. In dem Ventilgehäuse *A* befinden sich zwei Doppelsitzventile *B* und *C*, von welchen das erstere für die Vorwärtsfahrt, das andere für die Rückwärtsfahrt bestimmt ist. Die Bewegung der Ventile erfolgt durch den doppelarmigen Hebel *D*, an dessen einem Ende bei *E* eine drehbare Mutter angebracht ist, welche durch eine Schraubenspindel *F* und das Handrad bei *G* auf- und niederbewegt wird. An dem Hebel *D* befinden sich zwei Zapfen *H* und *J*, welche in Zugbänder *K* und *L* eingreifen, die mit den Ventilspindeln gelenkig verbunden sind. Die Zugbänder sind mit langen Löchern versehen. Der Vorgang beim Öffnen und Schließen der Ventile ist nun der folgende:

Wenn der Hebel in Mittelstellung, d. h. in horizontaler Lage ist, sind die Ventile geschlossen und werden durch die beiden Federn *M* und *N* auf die Sitze gedrückt. Soll vorwärts gefahren werden, dann wird das Handrad so gedreht, daß die Mutter *E* in die Höhe steigt. Der Zapfen *H*, welcher am oberen Ende des langen Loches anliegt, hebt gegen den Federdruck das Doppelsitzventil *B*, und der Dampf tritt in den mit *O* bezeichneten Raum ein, welcher zur Vorwärtsturbine führt.

Ist der Hebel in der obersten Stellung, so ist das Vorwärtsventil voll geöffnet. Das andere Ende des doppelarmigen Hebels ist unterdessen in die unterste Stellung gelangt und hat, da der Zapfen *J* in den langen Schlitz gleitet, ohne die Spindel des Rückwärtsventils zu bewegen, letzteres Ventil in geschlossenem Zustande belassen.

Wird nun das Handrad in entgegengesetztem Sinne gedreht, dann kommt der Hebel zunächst wieder in die Mittellage, in welcher die beiden Ventile geschlossen sind. Wird noch weiter gedreht, dann bewegt sich der Zapfen *J* am anderen Endpunkte des Hebels nach oben und hebt damit das Doppelsitzventil *C*, welches den Dampf in den Raum *P*, der mit der Rückwärtsturbine in Verbindung steht, einströmen läßt.

Alle weiteren Details sind aus der Abbildung zu ersehen.

§ 143. **Beispiel der Manövriereinrichtung für ein Kriegsschiff mit zwei Wellen.** Als Beispiel für die Manövriereinrichtung einer großen Anlage sei diejenige für ein russisches Torpedoboot von ca. 32000 PS Leistung (vgl. §77) gewählt. (Vgl. Abb. 217.) Die Hauptdampfleitungen in den Kesselräumen *BB* und *StB* von je 360 mm lichtem Durchmesser führen den Dampf zu den beiden Schottventilen A_1 und A_2, welche durch eine mittels des Absperrventils *B* absperrbare, querschiffs liegende Leitung (290 mm Durchm.) verbunden sind. Von den Ventilen A_1 bzw. A_2 wird der Dampf den beiden Hauptmanövrierventilen C_1 und C_2 für Vorwärtsgang zugeführt. Zu beachten ist die Sorgfalt, mit welcher für die Beweglichkeit der Dampfzuführungsleitung zwischen A_1 und C_1 bzw. A_2 und C_2 gesorgt ist, und die sichere Verankerung der einzelnen Rohrleitungsteile miteinander, mittels welcher die recht erheblichen Schubkräfte in den durch die verschiedenen Stopfbuchsen zerschnittenen Rohrleitungen aufgenommen werden. Durch die Hauptabsperrventile C_1 und C_2 gelangt der Dampf in einen Ventilkasten E_1 bzw. E_2 mit drei Anschlüssen, welche durch die Ventile F_1, G_1, H_1 bzw. F_2, G_2, H_2 (165 mm bzw. 265 mm bzw. 210 mm Durchm.) abgesperrt sind. Diese Ventile führen den Dampf den einzelnen Düsenkasten der Vorwärtsturbine zu und kann, je nachdem eins dieser Ventile, zwei derselben oder alle drei geöffnet sind, ohne

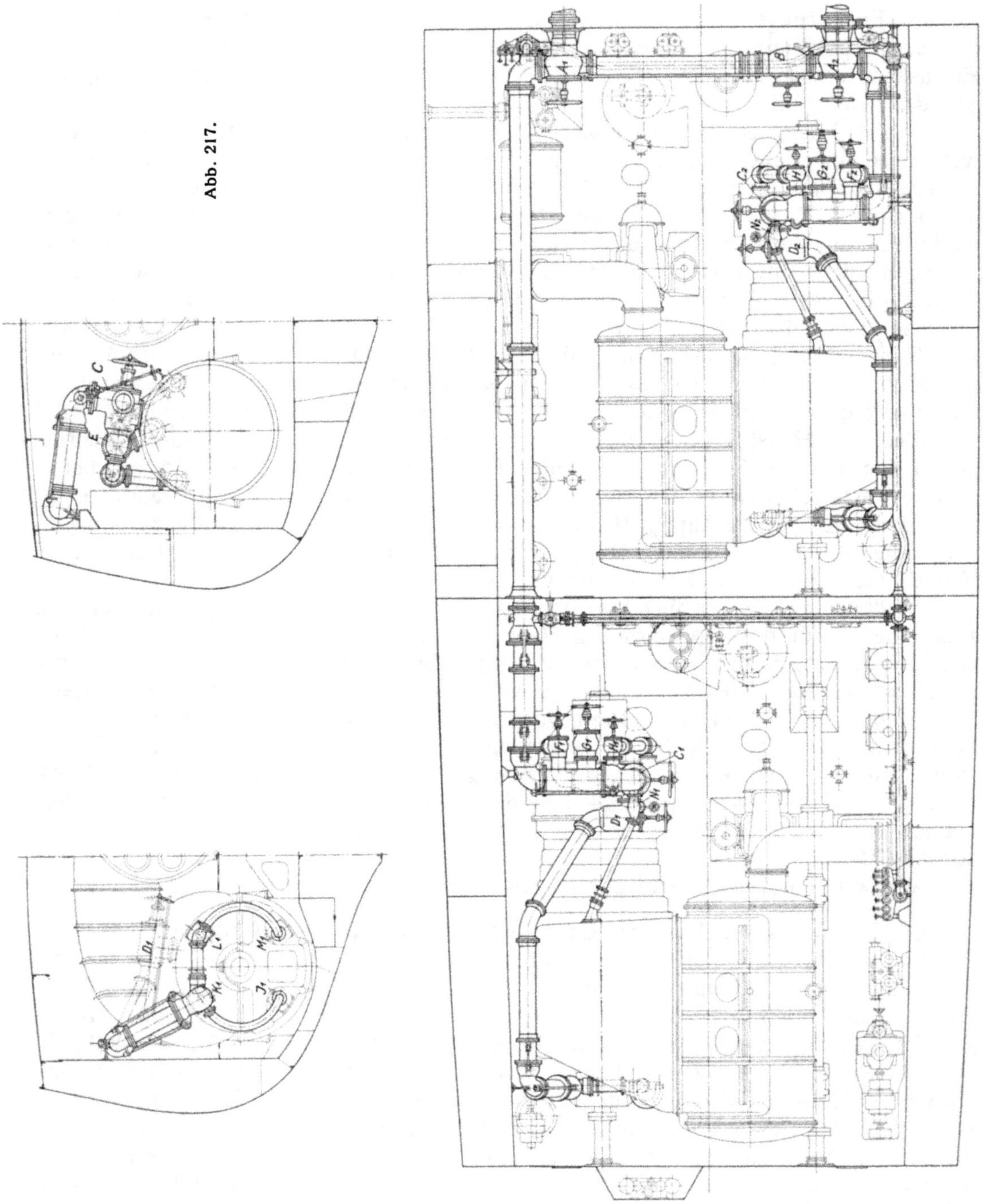

Abb. 217.

erhebliche Drosselung eine weitgehende Änderung der Leistungsentwicklung der Turbine erzielt werden.

Die Öffnung der beiden Ventile *F* entspricht etwa der Leistung, welche für die Fahrt mit 17 Sm./Std. erforderlich ist. Für den Bereich der normalen Höchstleistung welcher etwa 30 bis 35 Seemeilen entspricht, werden die Ventile *G* und *H* geöffnet, während die Ventile *F* geschlossen bleiben. Bei Fahrt mit äußerster Kraft werden alle Ventile *F*, *G* und *H* geöffnet.

Die Manövrierventile für Rückwärtsgang D_1 und D_2 (250 mm Durchm.) erhalten ihren Dampf aus dem Raum über dem Ventilkegel der Hauptmanövrierventile für Vorwärtsgang C_1 und C_2, stehen also direkt mit den Hauptdampfleitungen, welche von A_1 und A_2 ausgehen, in Verbindung. Durch diese beiden Ventile wird der Dampf, ohne daß weitere Absperrungen dazwischengeschaltet sind, den Düsenkasten für Rückwärtsgang J_1, K_1, L_1, M_1 für die *StB*-Turbine bzw. J_2, K_2, L_2, M_2 für die *BB*-Turbine zugeführt.

Bei N_1 und N_2 sind absperrbare Rohrleitungen von 110 mm Durchm. angeschlossen, durch welche bei plötzlicher Stillsetzung der Maschine der überschüssige Dampf in die Abdampfbogen der zugehörigen Turbine eingelassen werden kann (Überproduktionsleitung).

Die Hauptabsperrventile sind als entlastete Ventile ausgeführt, ähnlich wie solche in Band I im Kapitel betr. Manövrierventile beschrieben.

§ 144. **Beispiel für die Manövriereinrichtung eines Kriegsschiffes mit drei Wellen** liefert die Turbinenanlage des chilenischen Torpedobootes „Almirante Lynch" (erbaut von der Firma I. Samuel White & Co., East Cowes, im Jahre 1913, vgl. „Engineering" 1913, S. 392), deren Gesamtleistung 30000 PS beträgt.

Der Dampfleitungskomplex dieses Schiffes ist typisch für die sehr häufig ausgeführte Dreiwellenanlage, bei welcher auf der Mittelwelle eine *HD*-Turbine und auf den beiden Seitenwellen je eine *ND*-Turbine angeordnet ist.

Die Turbinenanlage (s. Abb. 218 bis 221) besteht aus einer *HD*-Turbine, welche ihren Abdampf an die zwei *ND*-Turbinen auf den beiden Seitenwellen abgibt. Die *HD*-Turbine besteht aus einer Trommel, welcher ein Curtisrad vorgeschaltet ist, während die *ND*-Turbinen als reine Trommelturbinen ausgeführt sind.

Die Rückwärtsleistung wird von zwei Rückwärtsturbinen geliefert, welche in den Gehäusen der *ND*-Turbinen untergebracht sind.

Für die Fahrt mit Marschgeschwindigkeit sind besondere, getrennt absperrbare Düsen in der *HD*-Turbine vorgesehen.

Um mit dem Schiff rasch und sicher manövrieren zu können, wird beim Manövrieren die *HD*-Turbine abgeschaltet und die *ND*-Turbinen direkt mit Frischdampf versehen, so daß also die beiden Seitenwellen nach Belieben vorwärts oder rückwärts arbeiten können.

Die Einrichtung der Hauptdampfleitung und der Manövrierorgane ist die folgende:

Der Dampf wird dem Maschinenraum durch zwei Hauptdampfleitungen A_1 auf *BB* und A_2 auf *StB* zugeführt und passiert zunächst zwei Schottventile B_1 und B_2. Diese Schottventile sind als Schnellschlußventile eingerichtet, welche sowohl vom Maschinenraum, als auch vom Deck aus momentan durch Bewegen eines Hebels geschlossen werden können. (Diese Ventile sind nach einer englischen Spezialkonstruktion hergestellt, deren Beschreibung hier zu weit führen würde.)

Aus den beiden Schottventilen gelangt der Dampf von beiden Seiten kommend in den mittschiffs am Schott angebrachten Wassersammler mit Dampfsieb *C*, von wo aus er durch das Stopfbuchsenrohr *D* einem Hauptabsperrventil *E* auf der *HD*-Turbine zuströmt. Dieses Ventil wird durch ein großes Handrad mit vertikaler Spindel vom Maschinistenstand, welcher sich direkt über der *HD*-Turbine befindet, bedient und führt den Dampf fünf Düsengruppen zu, welche durch die Handräder F_1 bis F_5 besonders absperrbar sind.

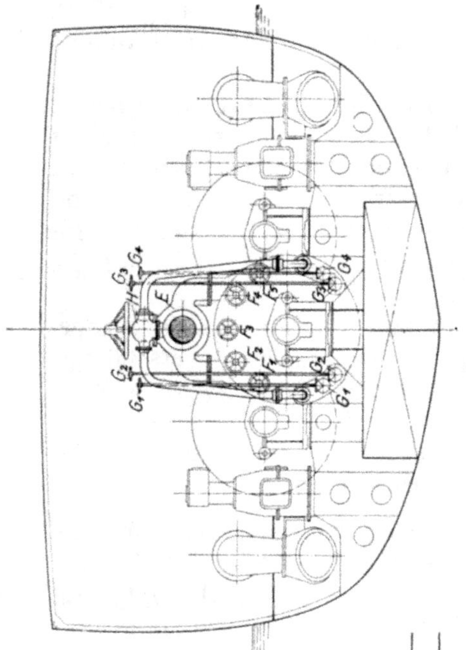

Abb. 220.

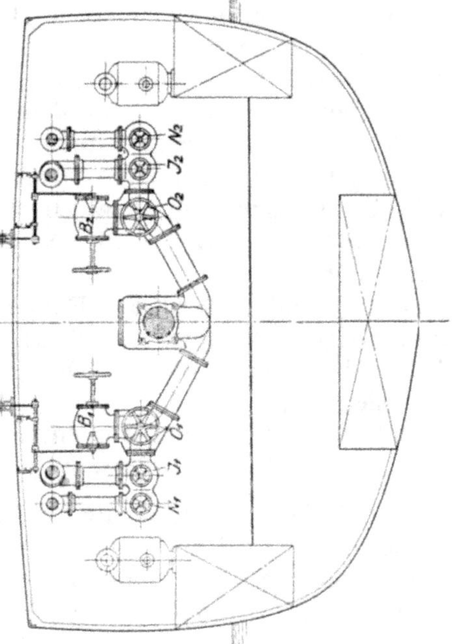

Abb. 221.

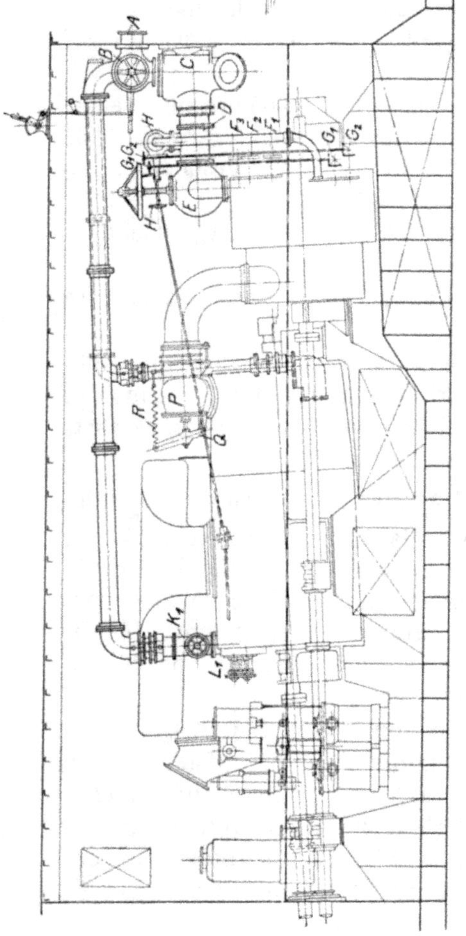

Abb. 218.

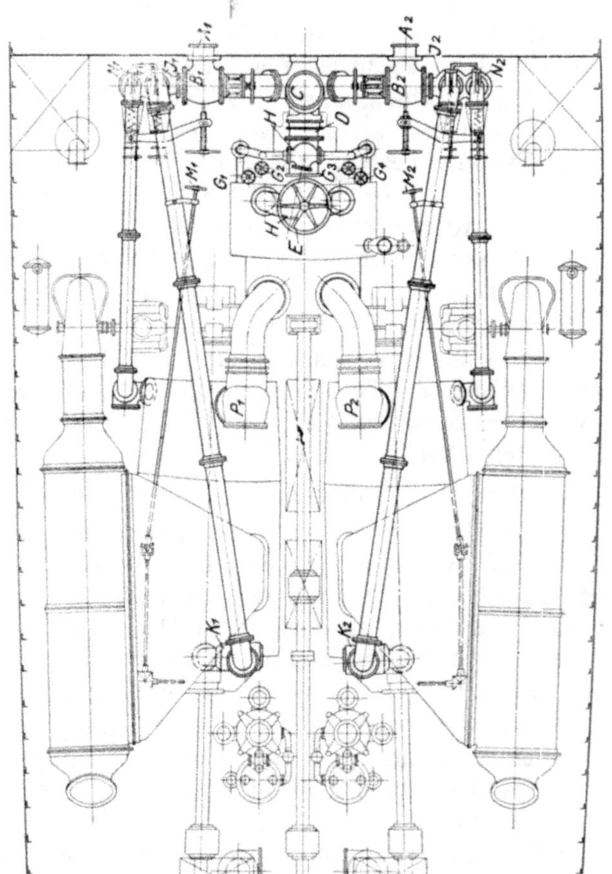

Abb. 219.

Vor diesem Hauptabsperrventil zweigt auf jeder Seite eine Rohrleitung ab, welche den Dampf vier Düsenventilen G_1 und G_4 zuführt, die für die Marschfahrt bestimmt sind. Auf jeder Seite der *HD*-Turbine sind zwei solcher Ventile angeordnet, jedes mit vertikaler Spindel und Handrad (ebenfalls mit G_1 bis G_4 bezeichnet) am Maschinistenstand versehen.

Die Dampfzuführung zu diesen Marschventilen kann durch das Ventil H mit Hilfe eines Handrads, ebenfalls mit H bezeichnet, geregelt bzw. abgeschlossen werden.

Unter den Schottventilen B_1 und B_2 zweigt von der vorher erwähnten Hauptdampfleitung, welche nach dem Wassersammler führt, nach jeder Bordseite ein starker Anschluß ab, an welchem ein Ventilkasten mit zwei Ventilen angeschraubt ist. Durch das nach Innenbords gelegene Ventil J_1 bzw. J_2 wird der Dampf den Rückwärtsturbinen mittels einer schräg durch den Maschinenraum laufenden Dampfleitung zugeführt. An der Rückwärtsturbine passiert der Dampf ein Dampfsieb K_1 bzw. K_2 und tritt von da in den Düsenkasten mit drei besonders absperrbaren Düsenabteilungen ein. Die betreffenden Ventilgruppen sind mit L_1 bzw. L_2 bezeichnet. Zur Regulierung eines dieser Ventile ist ein Gestänge nach dem Maschinistenstand geführt, welches durch das dortselbst befindliche Handrad M_1 bzw. M_2 bedient werden kann.

Die andere Leitung, welche von dem oben genannten Ventilkasten abzweigt und durch die Ventile N_1 bzw. N_2 absperrbar ist, dient zum Einlassen von Frischdampf in die beiden *ND*-Vorwärtsturbinen.

Die Ventile J_1, N_1 auf *BB* und J_2, N_2 auf *StB* sind als die eigentlichen Manövrierventile zu betrachten, da mit denselben der Wechsel von Vorwärts- und Rückwärtsfahrt vollzogen wird. Beide Ventile sind auf jeder Schiffsseite durch ein einziges Handrad O_1 bzw. O_2 bequem bedienbar; ein Manövrierventil dieser Art ist in § 142 eingehend beschrieben.

Interesse beansprucht noch die Überströmleitung zwischen der *HD*- und den beiden *ND*-Turbinen. Diese Leitungen sind durch die beiden Ventile P_1 bzw. P_2 selbsttätig abgeschlossen und öffnen sich automatisch erst dann, wenn in der *HD*-Turbine ein gewisser Überdruck gegenüber der Spannung in den *ND*-Turbinen vorhanden ist. Dies wird dadurch bewirkt, daß die Ventile durch einen einarmigen Hebel Q, an dessen freiem Ende eine Feder R angreift, so lange geschlossen gehalten werden, bis die Federspannung durch den Überdruck in der *HD*-Turbine überwunden wird. Es wird durch diese Einrichtung namentlich erreicht, daß beim Manövrieren die *HD*-Turbine von den beiden *ND*-Turbinen abgeschaltet wird.

§ 145. **Öffnen der Ventile in bestimmter Reihenfolge durch Kurvenscheiben.** Um das Öffnen und Schließen der Ventile, welche den einzelnen Düsenkasten der Vorwärtsturbinen den Dampf zuführen (wie solche bei der in § 143 geschilderten Anlage mit F, G und H bezeichnet sind), durch Bewegung eines einzigen Handrades ausführen und damit die Dampfzufuhr für die einzelnen Fahrtstufen des Schiffes möglichst bequem einstellen zu können, ist auch wiederholt, namentlich bei größeren Kriegsschiffen folgende Einrichtung getroffen worden:

Die verschiedenen Düsenventile werden nebeneinander angeordnet und die Spindeln derselben durch eine gemeinsame mit dem Handrad verbundene Welle unter Zuhilfenahme von Kurvenscheiben bewegt. Man kann diese Kurvenscheiben derartig gestalten, daß z. B., wenn das erste Düsenventil geöffnet ist, beim Weiterdrehen dieses Ventil geöffnet bleibt und das zweite angehoben wird. Ist auch dieses völlig gehoben, so bleiben beim Weiterdrehen die beiden ersten Ventile geöffnet und wird die Öffnung des dritten eingeleitet. Es ist leicht einzusehen, daß auf diese Weise eine beliebige, aber relativ zwangläufige Reihenfolge des Öffnens bzw. Schließens dieser Ventile gesichert werden kann; die Einrichtung ist insofern vorteilhaft, als dadurch

Drosselverluste, herrührend von der Öffnung einer für die einzustellende Fahrt zu großen Düsenabteilung nach bester Möglichkeit vermieden werden. (Eine ähnliche Einrichtung ist in § 84_{12} für die Torpedoboote „Wachtmeister" und „Wrangel', beschrieben.)

§ 146. **Automatisches Einlaßventil für Abdampf der Hilfsmaschinen.** Das in Abb. 222 dargestellte Ventil ist dazu bestimmt, den Eintritt des Abdampfes der Hilfsmaschinen in eine Stufe der *ND*-Turbine zu regeln, in der Weise, daß, wenn beim Manövrieren die *ND*-Vorwärtsturbine abgestellt oder umgesteuert wird, der Zustrom des Abdampfes der Hilfsmaschinen abgesperrt werden kann. Dieser Zweck wird erreicht wie folgt:

Der Kegel *A* des Ventiles, welcher von dem bei *O* einströmenden Abdampf umflossen ist, ist an seinem oberen Ende mit einem kleinen Kolben *C* versehen. Dieser ist in die Bohrung einer Kolbenstange *D* eingelassen, an welche ein Dampfkolben *B* angeschmiedet ist. Derselbe bewegt sich in einem Zylinder *E*, welcher an seinem unteren Ende einen Anschluß *G* an die Frischdampfleitung der Turbine hinter dem Manövrierventil besitzt. Der Kolben *B* hebt sich, wenn in diesem Raum hinter dem Manövrierventil sich Frischdampf befindet, d. h. also wenn die *ND*-Vorwärtsturbine arbeitet. Hierdurch gibt er den vorstehend genannten kleinen Kolben *C* am Ventil *A* frei, welches dann geöffnet werden kann. Sobald sich aber kein Frischdampf hinter dem Manövrierventil befindet, wird der Kolben *B* durch die Federn *F* wieder nach unten gedrückt und verhindert dadurch die Öffnung des Ventils *A*. Der Anschluß an die Turbine erfolgt bei *T*.

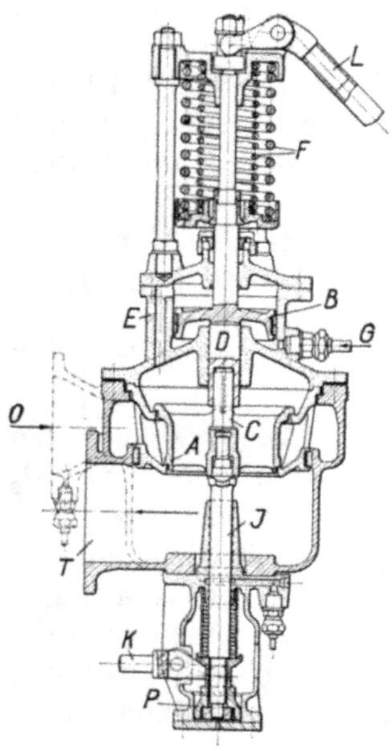

Abb. 222.

Die Öffnung des Ventiles *A* wird im übrigen durch den Abdampf der Hilfsmaschinen automatisch bewirkt, da die obere Ringfläche des Ventiles, welche dem Abdampf ausgesetzt ist, größer ist als die untere.

Der Ventilkegel *A* trägt auch an seinem unteren Ende eine Spindel, welche den Deckel des Gehäuses durchdringt und in demselben durch Labyrinthe abgedichtet ist. Diese Spindel *J* dient nur dazu, das Ventil mittels des Handhebels *K* heben zu können, falls dies zwecks Prüfung seiner Gangbarkeit od. dgl. erwünscht sein sollte. Einem gleichen Zwecke dient der am oberen Ende der Spindel angebrachte Handhebel *L*.

§ 147. **Wechselventil für Abdampfturbinenanlagen.** Ein Detail, welches bei der zunehmenden Bedeutung der Kolbenmaschinen-Anlagen mit Abdampfturbinen (vgl. Anhang XVII) ein gewisses Interesse beansprucht, ist der im nachstehenden beschriebene Wechselschieber in der Abdampfleitung, wie er bei solchen Anlagen zum Umschalten des Abdampfes der Kolbenmaschine benutzt wird. — Abb. 223 bis 225.

Der beschriebene Schieber ist für die Abdampfleitung des Passagierdampfers „Cap Trafalgar" (eine Beschreibung der Maschinenanlage befindet sich in § 185) zur Ausführung gekommen.

Jedes Schiebergehäuse enthält einen mit Dampf betätigten Schieber von 850 mm äußerem Durchmesser und etwa 500 mm Höhe, welcher in seinem mittleren Teil mit drei Stück Ramsbottom-Dichtungsringen und an den Enden mit je einem eingestemmten Ventildichtungsring versehen ist. Der Schieber enthält im Innern angegossene, ringsum laufende Vorsprünge, welche von einem auf der Schieberstange sitzenden doppelten Armkreuz so gefaßt werden, daß sich der Schieber gegenüber der Stange radial bewegen kann. In der unteren Stellung des senkrecht aufgestellten Schiebers gelangt der Abdampf von den beiden Niederdruckzylindern nach der Turbine, in der oberen Stellung tritt der Dampf, das Innere des Schiebers durchströmend, in den Abdampfbogen der Turbine, also nach dem Kondensator.

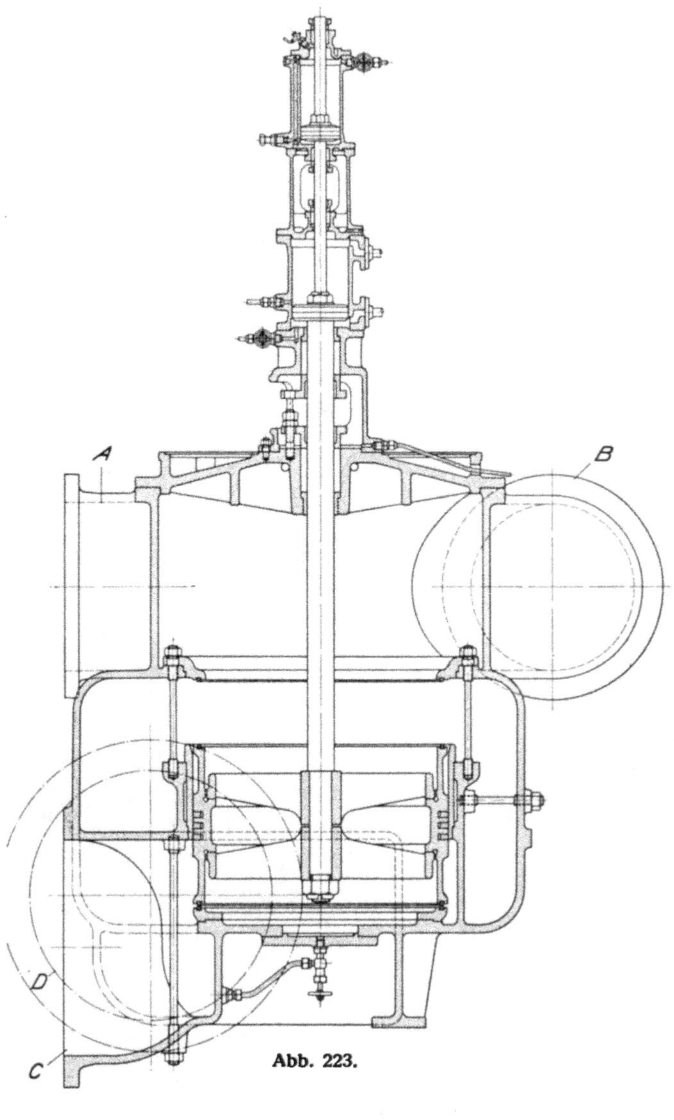

Abb. 223.

Zur Bewegung des Schiebers dient ein Dampfzylinder auf dem Deckel des Schiebergehäuses von 180 mm Durchmesser und 200 mm Hub, welcher durch Vermittlung eines Steuerorgans (Servomotor) mit Frischdampf versehen wird (vgl. Abb. 225). Oberhalb des Dampfzylinders ist noch ein Bremszylinder angebracht. Damit bei Rückwärtsgang der Abdampf nur in die Kondensatoren, bei Vorwärtsgang in die Abdampfturbine oder auch direkt in die Kondensatoren geleitet werden kann, ist das Steuerorgan, welches aus einem Schiebergehäuse mit einfachem Rundschieber

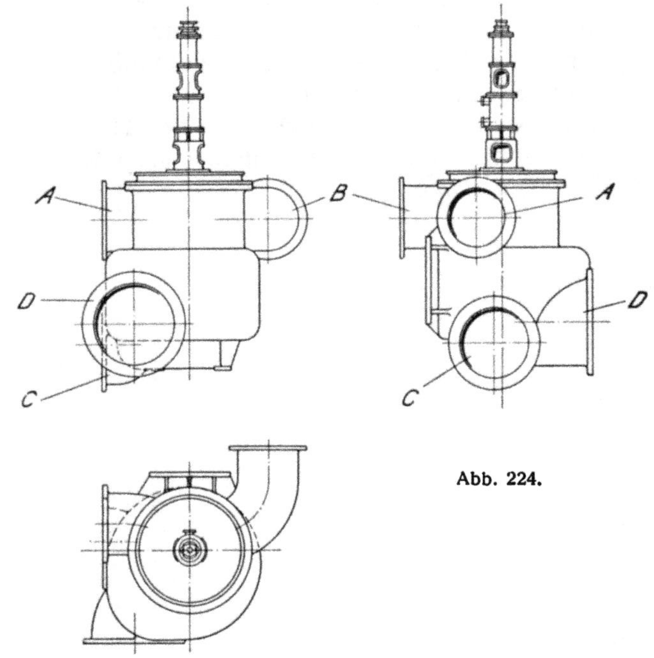

Abb. 224.

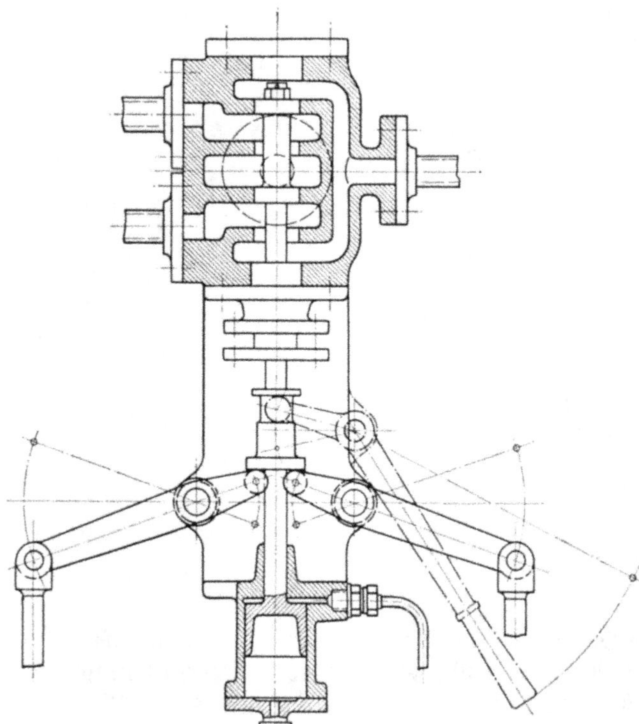

Abb. 225.

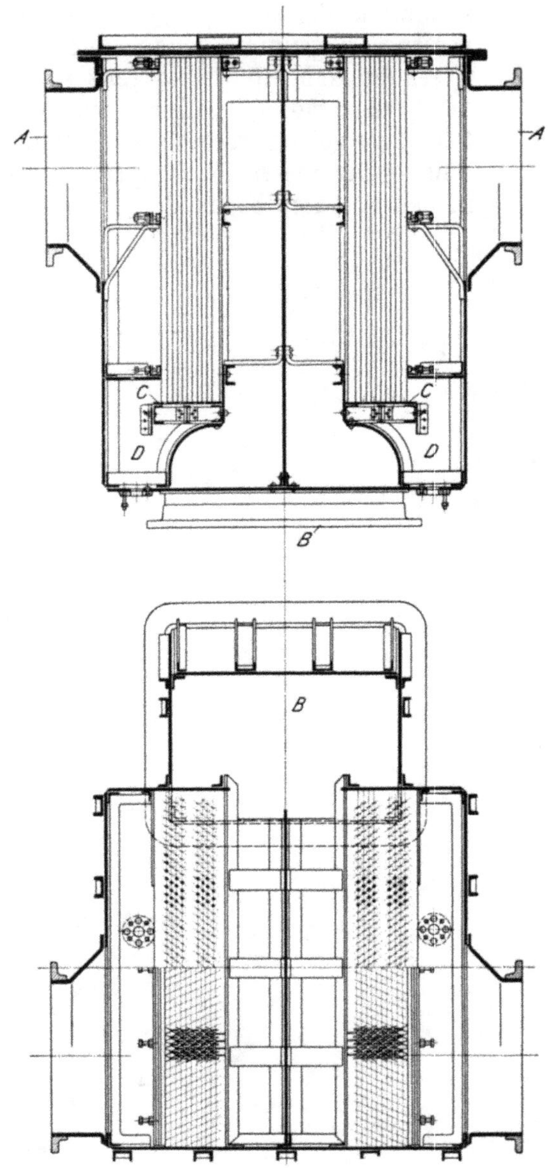

Abb. 226.

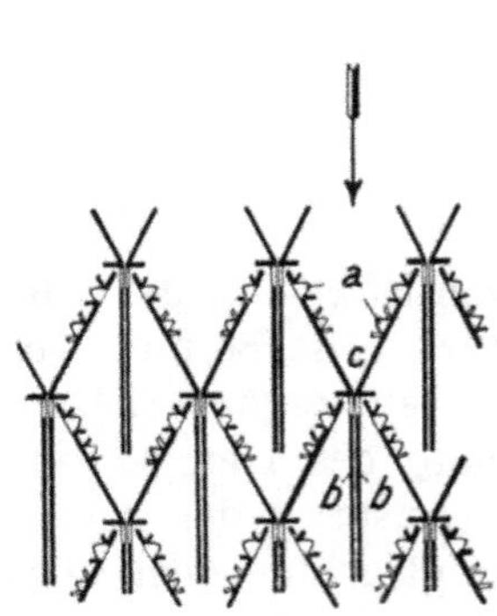

Abb. 227.

von 44 mm Durchmesser, 30 mm Hub und 25 mm Zudampfrohranschluß besteht, mit folgenden Bewegungseinrichtungen versehen:

1. Automatische Bewegung beim Legen der Umsteuerwelle von Voraus auf Zurück. Durch einen auf der Umsteuerwelle angebrachten kleinen Hebel wird durch Vermittlung von Gestängen der in dem Servomotor befindliche Steuerschieber in die obere Totpunktstellung gehoben, so daß der Steuerdampf (Frischdampf) unter den Dampfkolben des Wechselschiebers treten kann und der Wechselschieber den Dampfweg nach dem Kondensator frei macht. Der Steuerschieber ist bereits bei der Mittellage der Umsteuerwelle in die obere Stellung geschoben. Der Abdampf aus der Oberseite des Dampfkolbens gelangt durch einen an dem Servomotor vorgesehenen vierten Anschluß in die Hilfsabdampfleitung.

2. Willkürliche Bewegung bei Vorausfahrt. Mittels eines am Hauptmaschinistenstande angebrachten Handhebels kann das Wechselventil ebenfalls in die obere Totpunktstellung gehoben werden.

3. Bewegung durch die Einwirkung des Schnellschlußreglers der Turbine. Zu diesem Zweck ist die Schieberstange des Steuerschiebers an dem unteren Ende mit einem Dampfkolben von 62 mm Durchmesser versehen, unter welchen durch Betätigung des Notreglerpendels am vorderen Ende der Turbinenwelle bei Überschreitung der Drehzahl der Turbine Frischdampf gelangt, so daß der Steuerschieber ebenfalls in die obere Stellung gehoben wird.

Durch die beschriebenen Einrichtungen wird der Steuerschieber nur gehoben; die Bewegung des Steuerschiebers in die untere Stellung zurück erfolgt selbsttätig durch den Druck des Dampfes auf die obere Ringfläche des Schiebers, welche um den Betrag des Schieberstangenquerschnittes größer als die untere Fläche ist, oder auch direkt mittels eines an dem Servomotor befestigten kurzen Handhebels, durch welchen auch der Steuerschieber nach oben bewegt, also auf seine Gangbarkeit geprüft werden kann.

§ 148. **Abdampfentöler.** Das Prinzip aller Abdampfentöler ist, in einem möglichst großen Durchströmquerschnitt eine kleine Dampfgeschwindigkeit zu erzielen und durch oftmalige Richtungsänderung der Strömung die Öltröpfchen zum Ausscheiden zu bringen. Dies wird erreicht, indem man den Dampf durch große Gefäße strömen läßt, in welchen sich gitterartige Füllkörper befinden, die einerseits das Öl gut ausscheiden und anderseits das ausgeschiedene Ölwasser gut abfließen lassen.

Eine Ausführung, wie sie auf dem mit einer Abdampfturbine ausgerüsteten Dampfer „Cap Trafalgar" eingebaut war, zeigt Abb. 226[1]), und zwar oben einen Vertikal- und unten einen Horizontalschnitt.

Der Abdampf der Kolbenmaschine tritt durch die beiden Stutzen *A* in das aus Flußeisenblechen hergestellte Gehäuse ein, passiert das Stabsystem, an welchem die Ölabscheidung erfolgt und tritt durch den Stutzen *B* in die Abdampfturbine.

Einen Querschnitt des Stabsystems zeigt Abb. 227. Die Stäbe zeigen Raspellochungen *a*, durch welche der Dampf wiederholt in eine sehr große Anzahl feiner Strahlen zerlegt wird, die an den Flächen *b* ihren Ölgehalt ausscheiden. Das abgeschiedene Ölwasser wird durch den Überdruck des Dampfes in der Strömungsrichtung zunächst in den Stauraum *c* und dann zwischen die Flächen *b* geblasen, wo es langsam abwärts fließt.

Das ganze Stabsystem steht auf einem durchlöcherten Boden *C*, durch welchen das Ölwasser leicht in einen Raum *D* abfließt, aus dem es durch Ablaßhähne entfernt werden kann.

---

[1]) D.R.P. der Bühring A.-G., Landsberg/Halle.

§ 149. **Stopfbuchsenleitungen.** Über die zu den Stopfbuchsen gehörigen Anschlüsse siehe § 116 u. f., Konstruktion der Stopfbuchsen. Aus den dort gebrachten Beschreibungen der Stopfbuchsen ist bereits ersichtlich, welche Leitungen erforderlich sind.

Nach § 117 und 118 ist jede der beiden Außenstopfbuchsen mit einer besonderen Dampfleitung versehen, so daß das Absaugen des Leckdampfes oder das Einblasen von Frischdampf zur Abdichtung je nach den Betriebsverhältnissen gesondert vorgenommen werden kann.

Neuerdings ist es üblich, den Leckdampf der unter Überdruck arbeitenden Stopfbuchse zum Abdichten der unter Vakuum arbeitenden nutzbar zu machen. In diesem Falle werden die Dampfleitungen beider Stopfbuchsen miteinander verbunden. Da jedoch bei Stillstand der Turbinen oder langsamer Fahrt beide Stopfbuchsen unter Vakuum arbeiten, anderseits bei forcierter Fahrt das Abblasen der *HD*-Stopfbuchse so stark werden kann, daß die *ND*- resp. Rückwärtsstopfbuchse nicht imstande ist, den gesamten Leckdampf aufzunehmen, muß man auch in diesem Fall für eine Regulierbarkeit des Druckes in der Stopfbuchsenverbindungsleitung sorgen. Dies geschieht, indem einerseits eine Verbindung nach dem Abdampfraum der Turbine, der Luftpumpe oder dem Kondensator zwecks Abführung des überschüssigen Dampfes und

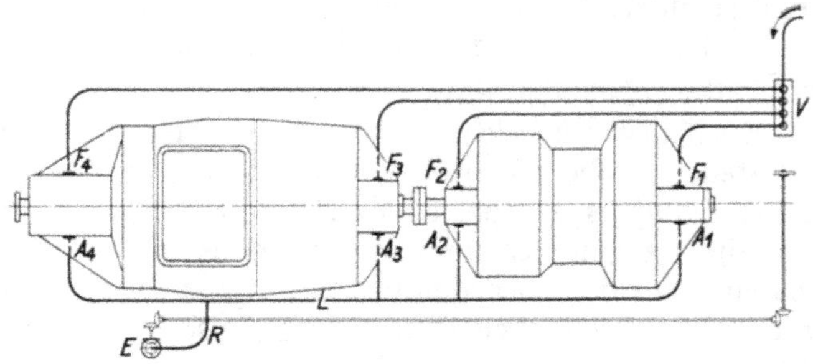

Abb. 228.

anderseits eine Frischdampfzuführung für den Fall, daß beide Stopfbuchsen unter Vakuum arbeiten, vorgesehen wird.

Das Schema einer Stopfbuchsenleitung, wie sie sich für eine größere Turbinenanlage, bestehend aus Hoch- und Niederdruckturbine, empfehlen würde, ist in Abb. 228 dargestellt. An jeder der vier Stopfbuchsen ist, am besten oben ein Anschluß für Frischdampf F_1, F_2, F_3, F_4 vorgesehen. Sämtliche daran anschließenden Leitungen sind zum Maschinistenstand geführt und münden dort in den mit vier Absperrorganen versehenen Ventilkasten V, in welchen der Frischdampf aus der Hilfsdampfleitung zugeführt wird. Der Maschinist kann dann bequem die Ventile so einstellen, daß die Stopfbuchsen leicht qualmen, aber nicht übermäßig stark blasen. Unten an jeder Stopfbuchse ist ein Anschluß A_1, A_2, A_3, A_4 vorgesehen, welcher zu einer gemeinsamen Leitung L führt, die ihrerseits mit dem Abdampfraum der *ND*-Turbine durch eine Rohrleitung R und ein Absperrorgan verbunden ist. Diese Leitung ist dazu bestimmt, von denjenigen Stopfbuchsen, welche mit höherem Druck als Atmosphärendruck arbeiten, den Dampf abzusaugen. Die so geschilderte Leitung hat den Vorteil, daß man mit wenigen und sehr bequem angeordneten Organen ein einwandfreies Dichthalten der Stopfbuchsen ohne nennenswerten Dampfverlust erzielen kann. Der Antrieb des Absperrorgans E in der Abführungsleitung R wird zweckmäßigerweise ebenfalls nach dem Maschinistenstand geführt.

Die Anschlüsse A_1, A_2, A_3, A_4 können auch zum Entwässern der Stopfbuchsen benutzt werden und werden, wie oben schon erwähnt, zweckmäßig am unteren Scheitel angebracht.

Es bleibt natürlich unbenommen, unterhalb der Anschlüsse A_1, A_2, A_3, A_4 Ventile anzuordnen, durch welche der Absaugquerschnitt reguliert werden kann, wodurch vielleicht in dem einen oder andern Falle eine weitere Dampfersparnis erzielt werden kann.

§ 150. **Entwässerungsleitungen.** Es ist unerläßlich, die Turbinen vorsichtig zu entwässern, da es unter allen Umständen zu vermeiden ist, daß die Schaufeln im Wasser arbeiten. Namentlich muß die Entwässerung der *ND*-Turbine mit großer Sorgfalt durchgebildet werden, da dort die größte Wahrscheinlichkeit der Ansammlung größerer Wassermengen vorliegt, das Ausblasen derselben schwierig und die Beschaufelung besonders empfindlich ist.

Um dies zu erreichen, setzt man, wenn irgend angängig, die Naßluftpumpe so tief, daß das Wasser aus der *ND*-Turbine derselben mit mindestens 200 bis 300 mm Gefälle zuströmt, wenn es sich um eine Kolbenpumpe, mindestens 500 mm, wenn es sich um eine Zentrifugalpumpe handelt. Wenn nicht so viel Gefälle vorgesehen wird, genügt bei hohem Vakuum im Turbinengehäuse der Wasserdruck unter Umständen nicht mehr, die Saugventile der Luftpumpe zu heben, so daß das Wasser nicht mit Sicherheit aus der Turbine entfernt wird. Wenn es nicht angängig ist, die Luftpumpe so tief zu setzen, daß sie das Wasser aus der *ND*-Turbine ansaugen kann, kann man dasselbe auch in einen besonderen, sehr tief im Schiff angeordneten Sammeltank abfließen lassen, aus welchem das Kondenswasser dann nach Abschluß der Verbindungsleitung dieses Entwässerungstopfes mit der *ND*-Turbine durch Frischdampf in den Kondensator gedrückt wird.

Zur Entwässerung dieses Topfes können auch Ejektoren vorgesehen werden; doch muß dann darauf geachtet werden, daß das aus dem Kondenstopf entnommene Wasser erst etwas abgekühlt wird, bevor es in die Ejektoren eintritt, da dieselben sonst leicht versagen können. Immerhin bleiben derartige Vorrichtungen ein Notbehelf; wenn irgend möglich, muß die Luftpumpe hinreichend tief gesetzt werden, um derartige Konstruktionen zu vermeiden.

Bei den heute allgemein üblichen Getriebeturbinen treten diese Sorgen seltener in Erscheinung, da bei den kleinen Durchmessern der Turbinen der unterste Punkt des *ND*-Turbinengehäuses meist ziemlich hoch zu liegen kommt; häufig läßt sich der Kondensator direkt unter der Turbine anordnen, wodurch natürlich die Frage der Entwässerung völlig gelöst ist.

Die Entwässerung der *HD*-Turbine ist natürlich wesentlich leichter zu bewirken als die der *ND*-Turbine, da das Wasser aus derselben durch den Dampfdruck in den Hochdruckstufen mit Leichtigkeit in den Kondensator abgeführt werden kann. Entwässerungshähne für die Hochdruckstufen sind in genügender Anzahl vorzusehen, und zwar bei Getriebeturbinen mindestens in der Kammer des ersten Rades und am Ende der *HD*-Turbine.

Man kann auch das unter Druck aus den Hochdruckstufen ausströmende Kondenswasser dazu benutzen, um dasjenige der Niederdruckstufen aus dem oben erwähnten Sammeltopf nach dem Kondensator zu befördern.

Um zu verhindern, daß der Überdruck der *HD*-Entwässerungsleitungen auf die *ND*-Entwässerung zurückwirkt und um die Widerstände für die Entwässerung des Abdampfraumes nach der Luftpumpe so gut als möglich zu überwinden, baut man neuerdings auch Ejektoren in die Entwässerungsleitungen ein, in denen das überschüssige Gefälle der *HD*-Entwässerung zur Gefällsvermehrung resp. Beschleunigung des *ND*-Abwassers verwendet wird.

Die Entwässerungsvorrichtungen werden durch Handhebel vom Maschinistenstand bedient. Eine übersichtliche Anordnung dieser Handhebel ist ebenso wie bei den Kolbenmaschinen von Wichtigkeit.

Bei großen Anlagen sind auch häufig besondere Entwässerungspumpen aufgestellt worden, welche nach Art von Luftpumpen konstruiert werden.

§ 151. **Ölleitungen.** Für die Schmierung der Traglager und Drucklager der Turbinen sowie der etwa vorhandenen Getriebe wird ausschließlich Preßölschmierung verwendet. Über die Prinzipien der Schmierung siehe § 124, über die aufzuwendenden Schmierölmengen § 152.

Das Schmieröl wird durch Kolbenpumpen oder auch Räderpumpen aus einem Sammeltank angesaugt und durch eine gemeinschaftliche Druckleitung den verschiedenen Lagern zugeführt. Dabei wird im allgemeinen ein Druck von ca. 0,75 at an den Lagern gehalten. Da aber im Falle des Heißlaufens usw. ev. hohe Drücke erforderlich werden, dimensioniert man die Pumpen so, daß sie einen Druck von 2 bis 4 at erzeugen können.

Das aus den Lagerschalen abfließende Öl wird in dem die Lagerschale umgebenden Gehäuse aufgefangen und durch genügend weite und mit Gefälle versehene Ablaufrohre dem oben erwähnten Sammeltank zugeführt; zu beachten ist, daß dieses Gefälle auch bei Schlagseite des Schiffes bestehen bleibt. Der Sammeltank muß möglichst tief angebracht werden und mit einer Entwässerungsvorrichtung versehen sein, um ev. hineingelangtes Wasser (kondensierten Stopfbuchsendampf usw.) ablassen zu können.

Abgesehen von der rationellen Wirkung dieser Art der Schmierung im Hinblick auf die Verminderung der Reibungsarbeit ist als weiterer Vorteil dieser Spülschmierung die Kühlung der Lager durch das Schmieröl zu betrachten. Zu diesem Zweck wird das erwärmt in den Sammeltank fließende und von der Ölpumpe daraus abgesaugte Öl durch einen Ölkühler gedrückt, ehe es den einzelnen Lagern wieder zugeführt wird.

Abb. 229 zeigt eine moderne Ölkühlerkonstruktion, wie sie in gleicher oder ähnlicher Ausführung heute auf Getriebe- und Motorschiffen üblich ist.

Zwecks Raumersparnis wird der Kühler heute meist stehend angebracht. Das Kühlwasser strömt durch die Messingkühlrohre, welche gewöhnlich einen Durchmesser von 16 mm haben, während das Öl die Kühlrohre umfließt, wobei durch aus Blechen hergestellte und durch Distanzrohrstücke gehaltene Scheidewände der Weg des Öles verlängert und dessen Strömungsgeschwindigkeit vergrößert wird.

Die in Abb. 229 dargestellte Konstruktion zeichnet sich durch intensive Kühlwirkung aus. Der Kühlwassereintritt erfolgt bei *A* am oberen Deckel. Das Kühlwasser strömt durch das innere Rohrbündel *B* nach unten, kehrt in dem (mit Füßen versehenen und die ganze Konstruktion tragenden) Boden *C* um und strömt in den äußeren Rohren *D* wieder zum oberen Deckel zurück, wo es durch den Anschluß *E* den Kühler verläßt. Durch eine ringförmige Wand im oberen Deckel, welche beide Rohrbündel trennt, wird dieser Weg vorgeschrieben. Der Öleintritt erfolgt unten am Zylindermantel durch den Anschluß *F*. Die über demselben liegende Scheidewand hat eine zentrale Öffnung, durch welche das Öl in die nächste Abteilung treten kann. Die nächstfolgende Blechwand ist von kleinerem Durchmesser als die lichte Weite des Mantels, so daß ein ringförmiger Durchtrittsquerschnitt entsteht usw. Das Öl ist also gezwungen, in den einzelnen Abteilungen quer zu den Kühlrohren abwechselnd von innen nach außen oder von außen nach innen zu strömen, bis es bei *G* den Kühler verläßt.

Obwohl man gegen die vorstehend geschilderte Konstruktion den Einwand erheben kann, daß der Ölraum sich nicht reinigen läßt, ohne daß die Rohre sämtlich herausgenommen werden, ist diese Ausführung bei Turbinenschiffen allgemein gebräuchlich. Es ist dies darauf zurückzuführen, daß im Turbinenbetrieb Verunreinigungen des Öls, welche nicht durch die Ölfilter abgehalten werden, nicht zu erwarten sind (im Gegensatz zur Kolbenkühluvng on Ölmaschinen, bei welchen unter Umständen Verkokungen vorkommen können).

Sollte in speziellen Fällen besonderer Wert auf die Möglichkeit gelegt werden, den Ölraum zu reinigen, so läßt sich der Kühler allerdings mit einem größeren Aufwand von Raum und Gewicht auch mit ausziehbaren Rohren konstruieren.

Man bemißt die Kühlflächen dieser Kühler meist so, daß auf 1 qm Kühlfläche ca. 10 bis 14 l/Min. Schmieröl kommen. Diese verhältnismäßig reichliche Bemessung geschieht mit Rücksicht auf die bis zu 30° C betragenden Kühlwassertemperaturen.

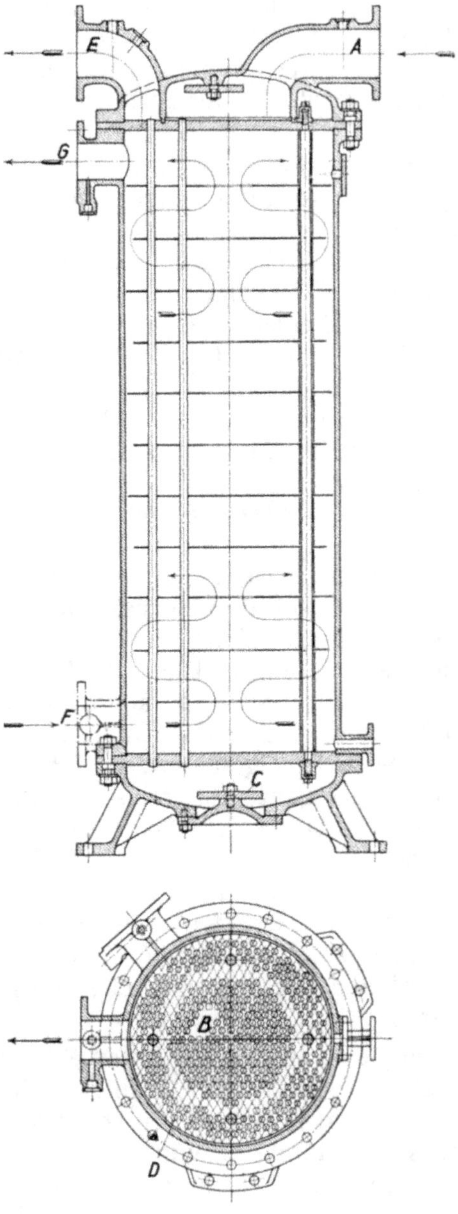

Abb. 229.

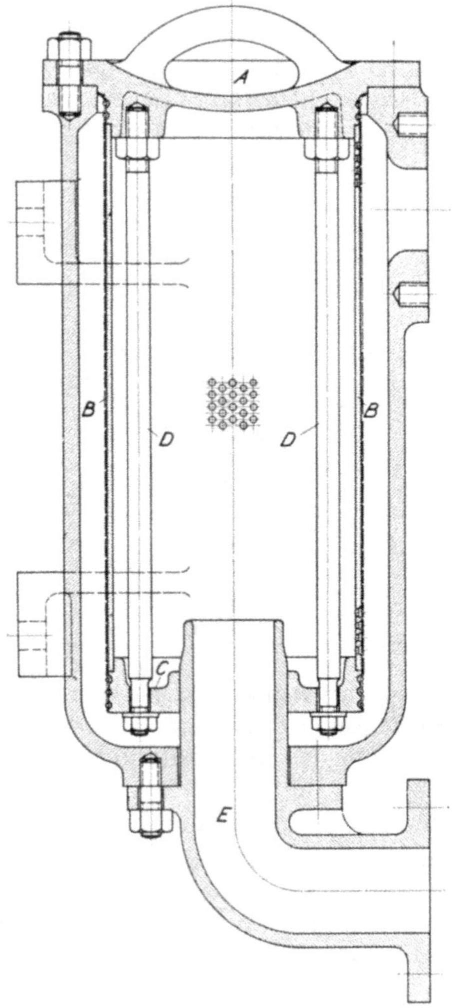

Abb. 230.

Ganz besondere Sorgfalt ist auf den Schutz des Ölkreislaufes gegen Verunreinigung zu verwenden, da sonst das Öl zu oft erneuert werden muß und durch Verstopfung von Ölleitungen die Gefahr des Auslaufens von Lagern und damit meistens der Eintritt einer schweren Turbinenhavarie herbeigeführt wird. Es ist erforderlich, die Ölsammeltanks, die so tief als möglich in der Bilge liegen müssen, absolut wasserdicht zu machen und sowohl in die Ölsaugleitung als in die Öldruckleitung doppelte Filter einzusetzen mit Umschalthähnen, so daß man auch während des Betriebes jederzeit in der Lage ist, die Filter abwechselnd öffnen und reinigen zu können.

Die Ausführung der Ölfilter ist sehr mannigfaltig. Sie beruhen sämtlich auf dem Prinzip, daß eine große Filterfläche aus Messingdrahtgeflecht vorgesehen wird, durch welches das Öl mit kleiner Geschwindigkeit hindurchströmt und in welchem sich die Verunreinigungen absetzen. Die Filterflächen werden in verschiedener Weise, zylindrig, kegelförmig oder eben, angeordnet.

Das verwendete Drahtsieb hat meistens eine Drahtstärke von 0,25 mm, die Maschenzahl beträgt gewöhnlich 300 für den qcm (oder 45 auf 1″ engl. Länge), das Verhältnis der freien zur gesamten Fläche ist meist 0,3.

Die Durchschnittsgeschwindigkeit, bezogen auf die freie Siebfläche, wird mit ca. 0,04 m/sek bemessen. Es ist daher heute üblich, die Filterflächen so zu wählen, daß auf einen qdm freier Filterfläche 20 bis 25 oder auf einen qdm gesamter Filterfläche 6 bis 8 Liter Öl pro Min. kommen.

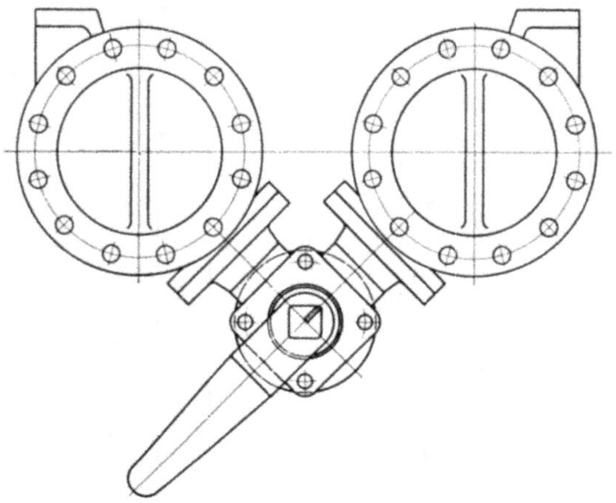

Abb. 231.

In Abb. 230 ist ein Filter dargestellt, wie er früher allgemein verwendet wurde.

Der Siebkörper besteht aus einem eigentlichen, mittels eines Handgriffes abnehmbaren Deckel, einem vertikalen Rohr, welches als Siebträger dient und mit zahlreichen Löchern versehen ist, und einem Boden. Dieser Boden wird durch einige Ankerschrauben, welche durch den Deckel reichen, fest gegen den Siebträger gespannt, so daß hierdurch der ganze Filtereinsatz zusammengehalten wird. Das Maschensieb selbst ist um den Siebträger gelegt und findet an demselben den nötigen Halt. Das Abflußrohr ist durch den Boden des Filtergehäuses geführt und dort durch Flansch gedichtet. Es ist im Innern des Gehäuses durch den Boden des Filtereinsatzes ein Stück weit gut passend ohne besondere Dichtung hindurchgeführt. Die übliche Anordnung der abwechselnd in Betrieb genommenen Filter mit dem Umschaltorgan geht aus Abb. 231 hervor.

Eine neue Konstruktion, welche es ermöglicht, eine sehr große Filterfläche auf sehr kleinem Raum unterzubringen, ist in Abb. 232 dargestellt. Der Öleintritt erfolgt seitlich durch den Stutzen *A*, der Austritt durch den am Boden des Filters angeordneten Flansch *B*. In denselben ist ein konisches Einsatzrohr *C* eingesetzt, welches durch eine im Deckel angeordnete Schraube *D* in seiner Lage fixiert ist. In das Einsatzrohr *C* sind die oben und unten mit Drahtsieb überzogenen, ringförmigen Filterkörper *E* aufgeschoben. Eine Klappe *F*, welche durch ein Handrad *G* fortgezogen werden kann, hält die Filterkörper in ihrer Lage fest. Die Konstruktion gestattet ein leichtes Herausnehmen der Filter, deren ebene Siebfläche sich leicht und schnell reinigen läßt, auch läßt sich bei derselben ungefähr die 8—10fache Siebfläche auf gleichem Raum unterbringen als bei der älteren, vorher beschriebenen Konstruktion.

Die übliche Anordnung der Schmierölleitung mit den Pumpen, Kühlern und Filtern, wie sie für moderne Turbinenanlagen mit Rädergetriebe heute im allgemeinen zur Ausführung kommen, wird am besten an Hand eines typischen Beispiels geschildert. (Vgl. hierzu Abb. 233 bis 235.)

Für die Schmierung sämtlicher Turbinen- und Getriebelager *L*, sowie des Propellerdrucklagers *P* und der Zahneingriffsstellen des Getriebes *Z* sind zwei Ölpumpen *A* aufgestellt, von denen jedoch nur eine im Betrieb zu halten ist, da sie bei normalem Betriebe meistens imstande ist, alle genannten Schmierstellen ausreichend mit Öl zu versorgen. Die andere der beiden Pumpen dient als Reserve. In die Druckleitung der Pumpen sind zwei Ölkühler *B* und zwei Ölfilter *C* eingebaut. Die beiden neben-

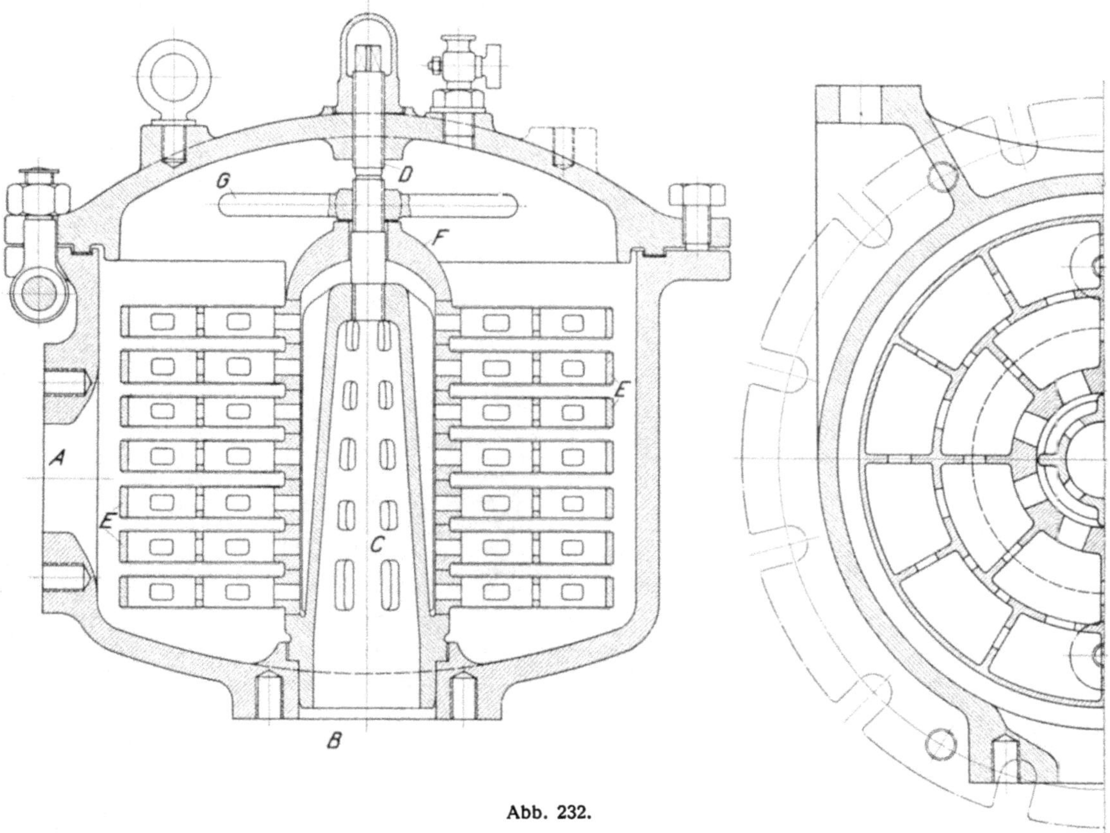

Abb. 232.

einander geschalteten Ölkühler befinden sich im normalen Betrieb gleichzeitig in Tätigkeit, nur im Falle einer Havarie an denselben kann einer der beiden vorübergehend (bei entsprechend verminderter Leistung der Hauptmaschinen) abgeschaltet werden. Die beiden Ölfilter werden abwechselnd eingeschaltet; eine Umschaltung ist vorzunehmen, sobald eine Verminderung der Durchlässigkeit des in Tätigkeit befindlichen Filters feststellbar ist.

Von den Filtern aus wird das Öl durch ein Rohrnetz direkt an die Schmierstellen geleitet. In den Rohrleitungen sind von Hand verstellbare Ventile *D* so angeordnet, daß die Schmierungen der Drucklager, der Traglager sowie der Zahneingriffsstellen jedes der Vorgelege gesondert regulierbar sind. Bei der Einstellung der Ventile ist zu beachten, daß der Öldruck, welcher durch die an den verschiedenen Schmierstellen vorgesehenen Manometer angezeigt wird, sich in den vorgeschriebenen Grenzen bewegt. An den Traglagern und Drucklagern werden etwa 0,5 at und an den Zahnschmierstellen etwa 0,7 at zu halten sein.

Die Öltemperatur wird an den in die Lager eingebauten Thermometern abgelesen, und zwar gelten im allgemeinen an den Turbinen und an den schnellaufenden Ritzellagern 50 bis 55° C als der richtige Wert. Zur Feststellung des Vorhandenseins von

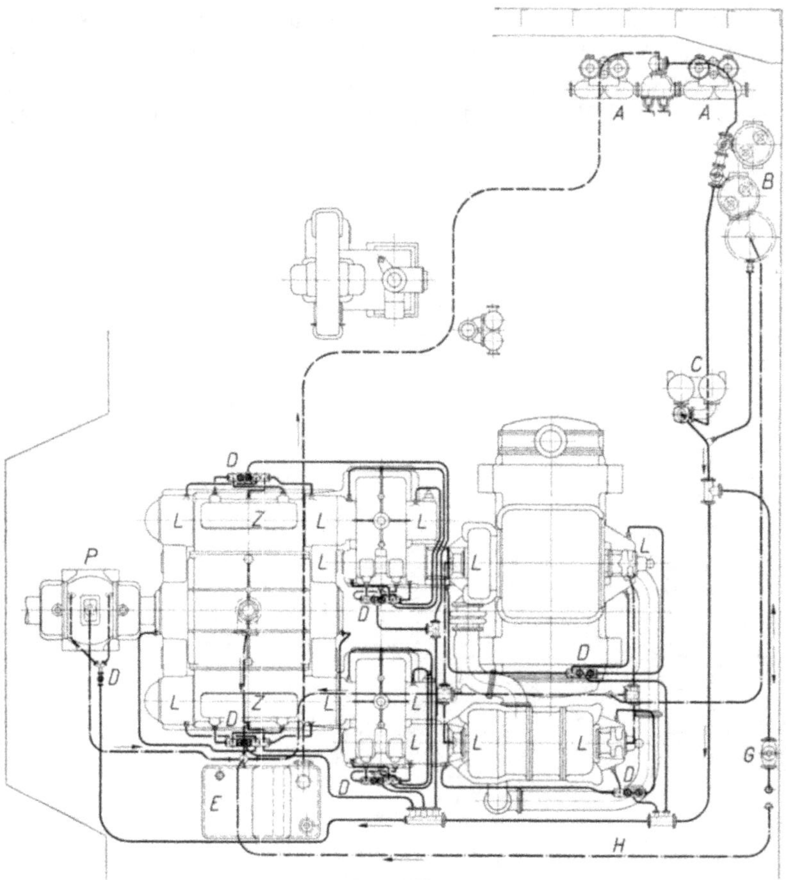

Abb. 233.

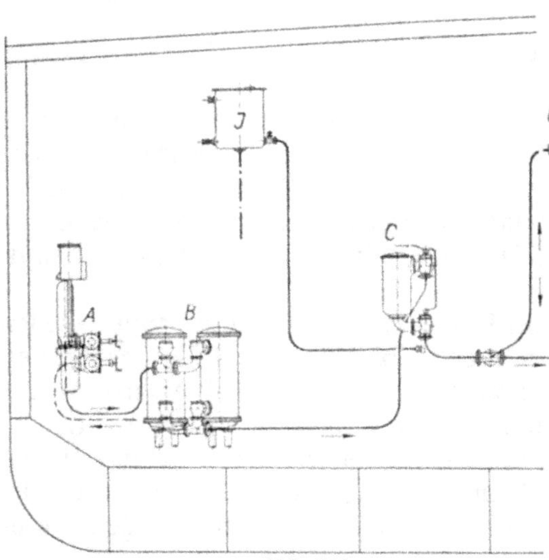

Abb. 234.

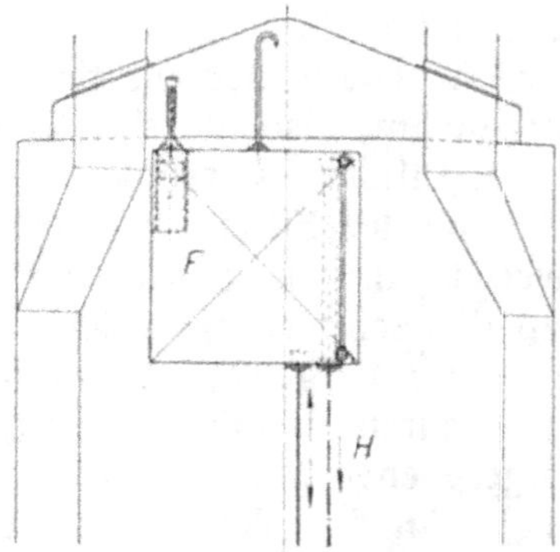

Abb. 235.

Drucköl an den einzelnen Schmierstellen werden die hierfür vorgesehenen Probierhähne von Zeit zu Zeit benutzt.

Das von den einzelnen Schmierstellen ablaufende Öl fließt in einen tiefliegenden Sammeltank *E*, aus welchem die Ölpumpen saugen.

Vor der Verteilung der Öldruckleitung zu den einzelnen Schmierstellen, jedoch hinter den Kühlern und Filtern, ist eine Leitung abgezweigt, welche in einen in der Höhe des Brückendecks im Maschinenschacht aufgestellten Hochtank *F* führt. Von diesem stets gefüllt zu haltenden Hochtank aus soll mittels der nämlichen Leitung die Schmierung der Hauptmaschinen im Falle einer Havarie an den Ölpumpen für kurze Zeit aufrecht erhalten werden. Zu diesem Zweck ist in die genannte Leitung ein Rückschlagventil *G* eingebaut, welches sich selbsttätig öffnet, wenn der Pumpendruck fortfällt oder kleiner wird als der auf der Gegenseite des Ventils lastende Druck des Öles vom Hochtank. Im Hochtank befindet sich ein Schwimmer, an welchem Alarmvorrichtungen angeschlossen sind, welche den Beginn eines Sinkens des Ölspiegels im Tank, also das Intätigkeittreten der Reserveschmierung bzw. den Fortfall des Pumpendruckes anzeigen.

An den Tank ist ferner eine Überlaufleitung *H* angeschlossen, welche in den Ölsammeltank der Anlage führt. Ein Ölauskochtopf ist bei *J* angebracht.

§ 152. **Die Bemessung der für die Schmierung von Turbinenanlagen den Lagerstellen und den Ritzeln zuzuführenden Kühlölmengen** geschieht auf Grund folgender Überlegungen:

Bezeichnen wir mit P die Belastung des Lagers in kg, mit v die Umfangsgeschwindigkeit desselben in m/sek, mit μ den Reibungskoeffizienten, so ist die Reibungsarbeit pro Sekunde gleich dem Produkt $P \cdot v \cdot \mu$ und das Wärmeäquivalent dieser Leistung

$$W = \frac{P \cdot v \cdot \mu}{427} \text{ WE/sek.}$$

Die Ölmenge q in Litern pro Minute erhalten wir aus der Beziehung

$$q = \frac{W \cdot 60}{t \cdot c \cdot \gamma},$$

wobei t die zulässige Temperaturzunahme des Öles (sinngemäß auch dessen Rückkühlung), c seine spezifische Wärme und γ das spezifische Gewicht des Öles ist. Im allgemeinen kann gesetzt werden

$$t = 5^0\,\mathrm{C} \qquad c = 0{,}4 \text{ WE/kg} \qquad \gamma = 0{,}9 \text{ kg/l.}$$

Aus dieser Formel kann die Ölmenge, welche für jedes Lager gebraucht wird, errechnet werden.

Bei den Anlagen, welche mit Rädergetriebe arbeiten, sind natürlich auch die von den Getriebelagern verbrauchten Ölmengen zu berücksichtigen, sowie diejenigen, welche zur Schmierung der Zahnräder erforderlich sind. Für letztere Ölmengen läßt sich ein Anhaltspunkt etwa durch folgende Betrachtung finden:

Nehmen wir an, die Umfangsgeschwindigkeit des Ritzels sei v, die Breite desselben sei b, und stellen wir uns vor, daß kontinuierlich ein Ölband von der Stärke δ mit der Umfangsgeschwindigkeit v über die ganze Breite des Ritzels von demselben mitgenommen würde, dann ist die Ölmenge, welche pro Minute von dem Ritzel mitgenommen wird (in Litern)

$$q = v \cdot b \cdot \delta \cdot 60,$$

wenn alle Längenmaße in dm eingesetzt werden.

Angenommen, es wäre die durchschnittliche Umfangsgeschwindigkeit $v = 25$ m/sek, und die Dicke des Ölbandes $\delta = 0{,}8$ Zehntel Millimeter, also $\delta = \frac{0{,}8}{1000}$ dm, dann ergibt sich q in Litern pro Minute zu

$$q = \frac{0{,}8 \cdot 250}{1000} \cdot 60 \cdot b = 12 \cdot b.$$

Ist die Umfangsgeschwindigkeit kleiner oder größer, so sind entsprechend größere oder kleinere Werte von q erforderlich. Bei $v = 12{,}5$ m/sek und $v = 50$ m/sek würde sich $q = 6b$ bzw. $q = 24b$ ergeben. Man kommt auf brauchbare q-Werte, wenn man auf Grund der vorhergehenden Überlegung eine Dicke der mitgenommenen Schmierschicht $\delta = 0{,}6$ Zehntel Millimeter bis 1 Zehntel Millimeter annimmt.

Beispiel: Es soll die Ölmenge berechnet werden, welche für die Schmierung der Turbinen sowie des Rädergetriebes eines kleinen Passagierschiffes erforderlich ist. Die Gesamtleistung des Zweiwellenschiffes beträgt $2 \cdot 1800 = 3600$ WPS. Die Turbinenanlage besteht auf jeder Seite aus einer *HD*-Turbine von 4500 und einer *ND*-Turbine von 3500 Umdrehungen. Das Rädergetriebe besitzt einfache Übersetzung, und es beträgt die Drehzahl der Propellerwelle 300 pro Minute.

Für unsere Rechnung wollen wir durchweg annehmen, daß die zulässige Steigerung der Öltemperatur im Durchschnitt 5° C betragen soll, daß die spezifische Wärme des Öles 0,4 und das spezifische Gewicht desselben 0,9 betragen soll. Es ergeben sich dann folgende Werte:

Bezeichnung des Lagers	Belastung des Lagers P	Anzahl der Lager	Umfangsgeschwindigkeit v in mm	Reibungskoeffizient μ	Wärmeverlust n. d. Formel $\frac{P \cdot v \cdot \mu}{427}$ WE/sek
HD-Turbinen-Traglager	500 kg	2	29,5	0,009	0,62
ND-Turbinen-Traglager	800 „	2	23	0,009	0,77
ND-Turbinen-Drucklager	3 870 „	1	39	0,004	1,42
HD-Turbinen-Ritzellager	1 100 „	2	29,5	0,009	1,37
ND-Turbinen-Ritzellager	1 100 „	2	23	0,009	1,07
Vorderes Radlager	1 500 „	1	3,14	0,009	0,1
Hinteres Radlager	1 500 „	1	3,14	0,009	0,1
HD-Turbinen-Ritzeldrucklager . . .	1 250 „	1	5,18	0,004	0,61
ND-Turbinen-Ritzeldrucklager . . .	1 200 „	1	40,5	0,004	0,45
Propellerdrucklager	11 600 „	1	5,1	0,004	0,55

In obiger Tabelle ist als Reibungskoeffizient für die Traglager überall 0,009, für die Drucklager 0,004 eingesetzt. Der kleinere Wert für die Drucklager ist dadurch begründet, daß sich die kleinen Lagerflächen der modernen Drucklager (§ 132) besonders genau ausführen lassen.

Die Addition der Wärmeverluste ergibt insgesamt 7,06 WE/sek, woraus sich ein minutlicher Ölverbrauch ergibt von

$$q = \frac{7{,}06 \cdot 60}{5 \cdot 0{,}4 \cdot 0{,}9} = 236 \text{ l/Min.}$$

Hierzu haben wir noch zu rechnen den Ölbedarf für die Schmierung der Zähne. Die Umfangsgeschwindigkeit von *HD*- und *ND*-Turbinenritzel beträgt $v = 33$ m/sek, die Zahnbreite $b = 28$ cm. Hieraus ergibt sich für jedes Ritzel eine Ölmenge

$$q = 15 \cdot b = 42 \text{ l/Min.}$$

d. h. also für zwei Ritzel 84 l/Min. Da die Düsen für die Rückwärtsfahrt (halber Querschnitt wie bei denjenigen der Vorwärtsfahrt) ebenfalls geöffnet sind, so ist noch die Hälfte der Ölmenge zuzuschlagen, woraus sich eine minutliche Ölmenge für die Ritzel von 84 + 42 = 126 l/Min. ergibt.

Wir haben also für jede Welle eine Gesamtölmenge aufzubringen von 236 + 126 = 362 l/Min.

Die für jede Schiffsseite vorgesehene Pumpenleistung beträgt normal 330 Liter und läßt sich auf 460 Liter pro Minute durch Leistungserhöhung steigern.

§ 153. **Kühlleitungen.** Eine Kühlung der Lager durch Wasser wurde bei den großen Lagern der direkten Turbinen meistens vorgesehen. Heute findet man solche Einrichtungen nicht mehr vor, sondern man verläßt sich ganz auf die Kühlung der Lager durch das reichlich zugeführte Öl.

Zum Zwecke der Kühlung wurden entweder die Unterschalen, wie aus Abb. 109 u. 111 zu ersehen, hohlgegossen und für den Durchfluß des Kühlwassers eingerichtet oder es wurde der untere Teil des Lagerkörpers hohl hergestellt und mit Anschlüssen für den Zu- und Abfluß des Kühlwassers versehen.

Das Kühlwasser wurde meist durch eine gemeinschaftliche Leitung dem Druckrohr der Zirkulationspumpe entnommen und durch Zweigrohre den einzelnen Lagern zugeführt. Das abfließende Kühlwasser wurde gewöhnlich wieder in einer gemeinschaftlichen Leitung vereinigt, welche an das Saugrohr der Zirkulationspumpe anschloß.

Der zwischen dem Druck- und Saugrohr der Zirkulationspumpe bestehende Druckunterschied war in der Regel ausreichend, um das Kühlwasser in genügender Menge durch die Rohre und Lager zu treiben.

Dritter Teil.

Die Übersetzungsgetriebe.

Abschnitt I.

Allgemeines.

§ 154. **Einleitung.** Das Bedürfnis, raschlaufende Antriebsmaschinen und langsamlaufende Schrauben zu verwenden, führte zur Einführung der Übersetzungsgetriebe für den Schiffsantrieb. Brennend wurde diese Frage, als man einzusehen begann, daß der direktwirkende Turbinenantrieb nur in ganz wenigen Fällen — sehr schnellaufende Schiffe mit hohen Leistungen — hinsichtlich Wirtschaftlichkeit sowie Gewichtsbedarf befriedigen kann. Die Dampfturbine erwies sich nur bei sehr hohen Umdrehungszahlen ökonomisch; dies jedoch machte die Konstruktion eines rationellen Propellers unmöglich.

Das bei weitem am meisten verwendete System der Übersetzung ist das Zahnradgetriebe, dessen Einführung das Verdienst von Parsons ist. Daneben hat sich auch das von Föttinger erfundene hydraulische Übersetzungsgetriebe — Föttinger-Transformator — bewährt. Neuerdings ist auch die elektrische Kraftübertragung mehrfach verwendet worden.

Abschnitt II.

Zahnrädergetriebe.

§ 155. **Einleitung.** Wenn der Gedanke, Zahnrädergetriebe zu verwenden, um schnellaufende Turbinen mit langsamlaufenden Propellern zu verbinden, nicht schon von vornherein bei der Einführung des Turbinenantriebes für Schiffe verwirklicht wurde, so lag dies daran, daß man es zu jener Zeit noch nicht verstand, Zahnrädergetriebe herzustellen, welche große Leistungen bei hohen Umfangsgeschwindigkeiten übertragen konnten.

Die Anforderungen, welche an Zahnräder dieser Art gestellt werden, sind sehr hohe, denn es wird nicht nur hinreichende Festigkeit sondern auch größte Dauerhaftigkeit, Einfachheit und Geräuschlosigkeit von denselben verlangt, alles Bedingungen, welchen die bis dahin ausgeführten, für geringere Umfangsgeschwindigkeiten und Leistungen konstruierten Rädergetriebe des allgemeinen Maschinenbaues nicht genügten. Es mußte daher zur Lösung des Problems nicht nur eine sehr umfangreiche Versuchsarbeit geleistet, sondern auch ein ganz neuer Industriezweig geschaffen werden.

§ 156. **Entwicklung der Zahnrädergetriebe.** Die ersten Ausführungen schnelllaufender Rädergetriebe, welche dazu bestimmt waren, die Leistung von Dampfturbinen auf eine Arbeitsmaschine zu übertragen, stammen von dem schwedischen Ingenieur de Laval, welcher Übersetzungen von 1 : 10 bis 1 : 12 in einem Getriebe bei Umfangsgeschwindigkeiten von etwa 15 bis 25 m pro Sekunde, allerdings nur für kleine Leistungen, mit Erfolg ausführte. Vgl. hierzu Abb. 133 § 84.

Um verschiedene Nachteile der Lavalschen Zahnradgetriebe zu vermeiden, hat man bei Schiffsgetrieben von Anfang an statt der bei jenen verwendeten Zykloidenverzahnung die Evolventenverzahnung ausgeführt. Wie aus Anhang X zu ersehen ist, bietet dieselbe eine Reihe von Vorteilen.

Die Lösung des Problems, große Leistungen von Schiffsturbinen zu übertragen, wurde gleichzeitig in England von Parsons und in Amerika von Macalpine angestrebt. Beide gingen jedoch verschiedene Wege. Während Parsons bemüht war, durch möglichst genaue Herstellung der Zahnräder die Schwierigkeiten zu überwinden, versuchte Macalpine die unvermeidlichen Ungenauigkeiten dadurch auszuschalten, daß er das Ritzel beweglich lagerte, so daß es sich jederzeit in die günstigste Lage gegenüber dem großen Rad einstellen konnte.

Der Weg, den Parsons einschlug, erwies sich als der richtigere. Heute wird die bewegliche Lagerung des Ritzels nur noch vereinzelt in Amerika verwendet, während man in Europa ausschließlich die starre Lagerung zur Anwendung bringt. Es soll daher im nachstehenden auch nur von Getrieben letzterer Konstruktion die Rede sein.

§ 157. **Die Anordnung der Zahnradgetriebe.** Je nachdem einfache oder doppelte Übersetzung gewählt wird, ferner zwei oder mehrere Turbinen eine Welle anzutreiben haben, werden ganz verschiedene Anordnungen der Getriebe ausgewählt.

Leistung, Drehzahl und Abmessungen von ausgeführten Getriebe gehen aus der Tabelle Nr. 45 hervor.

Nachstehend sollen an Hand einiger Skizzen verschiedene typische Getriebeanordnungen kurz gekennzeichnet werden:

Abb. 236. Typ I der Tabelle. Die einfachste Form des Rädergetriebes ist ein großes Rad auf der Propellerwelle, in welches ein Ritzel eingreift. Bei Schiffen mit

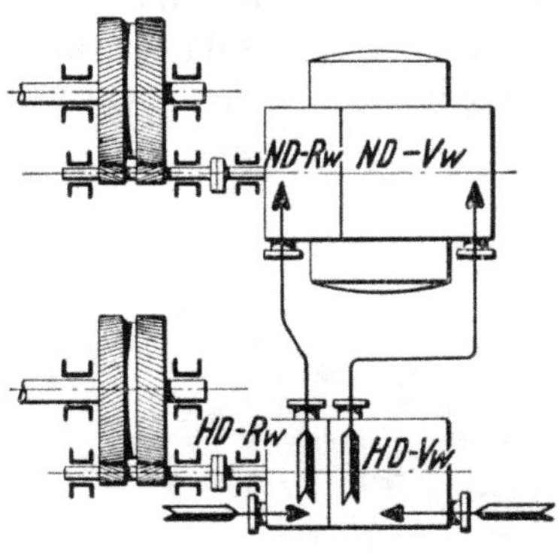

Abb. 236.

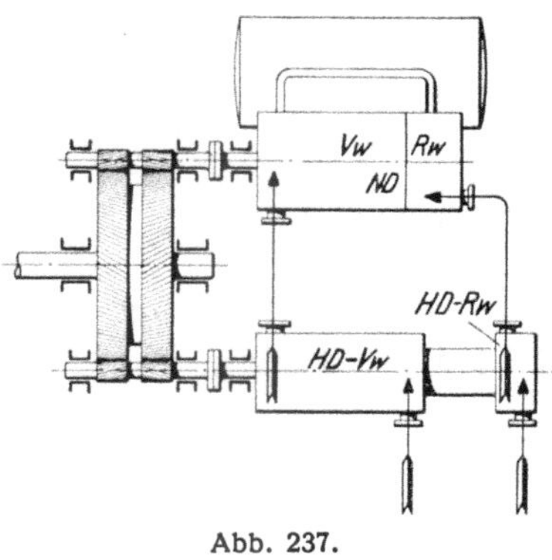

Abb. 237.

mehreren Wellen können natürlich die verschiedenen, die Ritzel antreibenden Turbinen hintereinander geschaltet werden. Das Ritzel ist meist in der Horizontalebene durch den Mittelpunkt des großen Rades angeordnet, liegt aber auch manchmal mehr oder weniger über dieser Ebene.

Abb. 237. Typ II der Tabelle. Eine andere Form der einfachen Übersetzung ist die, bei welcher 2 Ritzel in das große Rad auf der Propellerwelle eingreifen. Bei dieser Anordnung wird im allgemeinen das eine Ritzel von einer Hochdruck-, das andere von einer Niederdruckturbine bedient werden. Im allgemeinen sitzen bei dieser Anordnung die beiden Ritzel in der Horizontalebene durch die Mitte des großen Rades. Doch findet man auch hier Anlagen, bei welchen eines oder beide Ritzel nach oben aus dieser Ebene herausgeschoben sind.

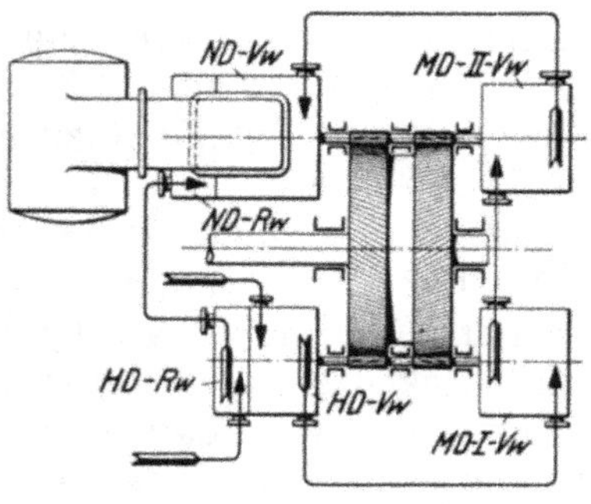

Abb. 238.

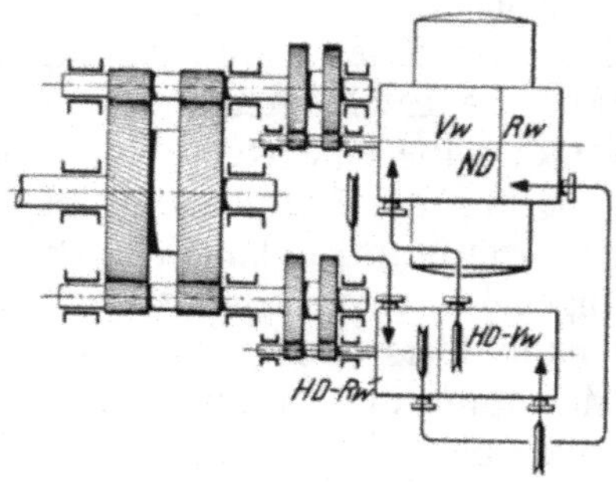

Abb. 239.

Abb. 238. Typ III der Tabelle zeigt ebenfalls ein Getriebe mit einfacher Übersetzung und 2 Ritzeln, bei welchem jedoch an jedem der 4 Ritzelenden eine Turbine sitzt. Diese Anordnung hat den Vorteil, daß große Übersetzungen und große Leistungen bewältigt werden können, während trotzdem das Ritzel wegen der Einleitung des Drehmoments von beiden Enden her verhältnismäßig dünn gehalten werden kann.

Abb. 239. Typ IV der Tabelle. Die gebräuchlichste Form der doppelten Räderübersetzung ist die, daß in das große Rad 2 Ritzel eingreifen, deren Wellen an den Enden die großen Räder des ersten Vorgeleges tragen. In diese Räder greifen die kleinen Ritzel ein, welche direkt von den Turbinen angetrieben werden. Meistens sind die beiden Turbinen als Hoch- und Niederdruckturbinen hintereinander geschaltet.

Abb. 240. Typ V der Tabelle. Eine andere Anordnung erhält man, wenn man die beiden Zahnbreiten des großen Rades auseinanderzieht, und sodann die großen Räder des ersten Vorgeleges dazwischen schiebt. Die Anordnung hat den Vorteil, sehr gedrängter Bauart.

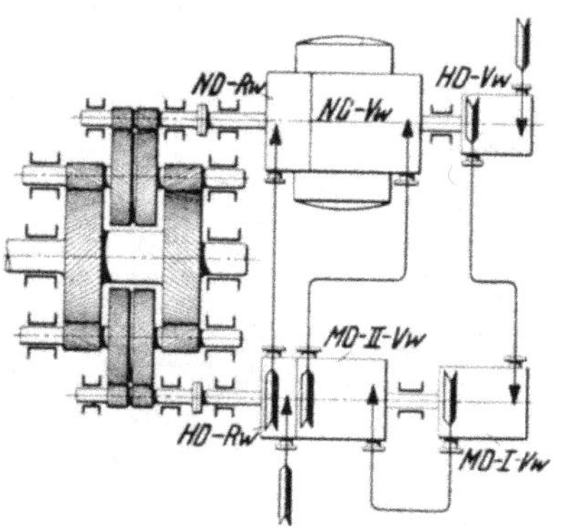

Abb. 240.

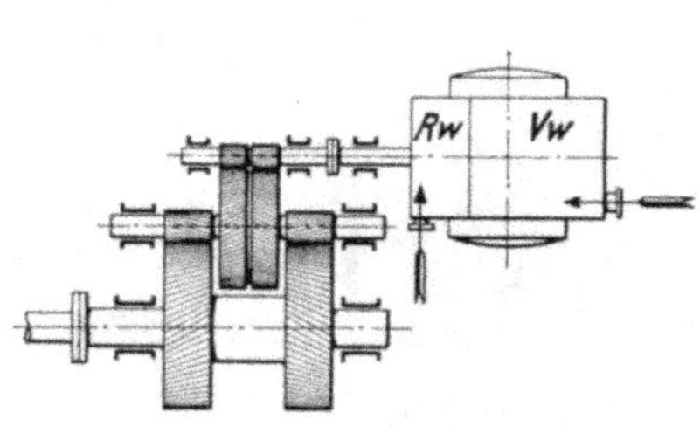

Abb. 241.

Abb. 241. Typ VI der Tabelle. Eine ähnliche Anordnung findet man auch einseitig, d. h. mit einem in das große Rad eingreifenden Ritzel oder auch unsymmetrisch wie in Abb. 242 Typ VII der Tabelle dargestellt, wo 3 Turbinen vorgesehen sind.

Abb. 243. Typ VIII der Tabelle. Bei Antrieb von Schiffen mit einer Turbine und einer Welle findet man auch eine Disposition wie folgt: Das mit der Turbine gekuppelte Ritzel treibt rechts und links je ein Rad des ersten Vorgeleges an. Die Achsen dieser Räder tragen die Ritzel der zweiten Vorgelege, welche von rechts und links das große Rad auf der Propellerwelle antreiben.

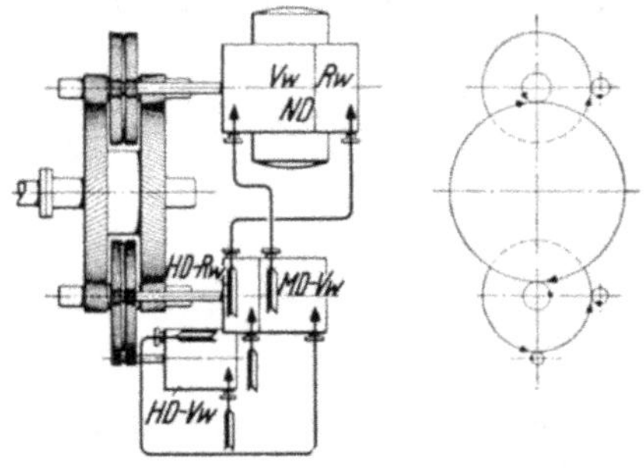

Abb. 242.

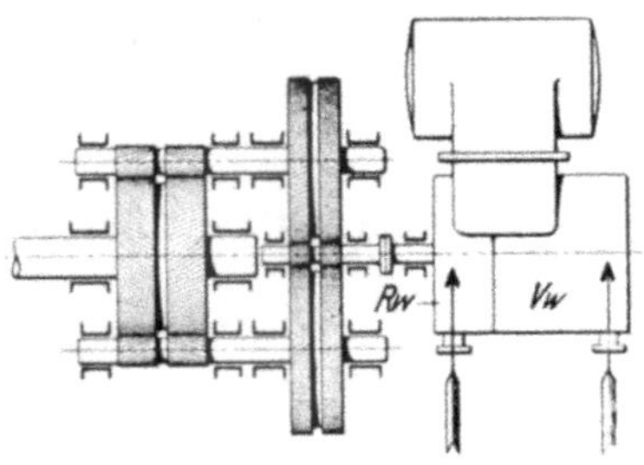

Abb. 243.

Bei Getrieben mit doppelter Übersetzung sind gelegentlich, wie oben bemerkt, Fehlschläge wegen des Auftretens von Torsionsschwingungen eingetreten, worüber Näheres im Anhang „Torsionsschwingungen in Getriebeturbinen-Anlagen" zu finden ist. Man wird also in dieser Hinsicht die nötige Vorsicht obwalten lassen müssen.

§ 158. **Die Berechnung der Rädergetriebe.** Dieselbe nimmt in der Regel ihren Ausgang von der Festlegung des Ritzeldurchmessers d. Man wählt denselben, da bei der gegebenen Übersetzung mit diesem Größe und Gewicht des großen Rades und damit des ganzen Getriebes wächst, natürlich so klein wie möglich.

Der Durchmesser d des Ritzels ist andererseits bei der üblichen Ritzellagerung wieder abhängig von der Distanz zwischen zwei Ritzellagern und damit von der Breite b der Verzahnung; denn es ist unbedingt notwendig, daß das Ritzel gegen Verbiegung äußerst steif ist.

Das Verhältnis $\frac{b}{d}$ nimmt je nach der absoluten Größe der zu übertragenden Leistung, dem verfügbaren Durchmesser usw., welche Verhältnisse auf die Stärke des Ritzels einwirken, sehr verschiedene Werte an; man findet

$$\frac{b}{d} = 2 \text{ bis } 3{,}5,$$

wobei Werte über 3,5 im allgemeinen nur dann Anwendung finden, wenn der Antrieb des Ritzels von beiden Seiten erfolgt, da sonst die Verdrehung zu groß wird.

Die Ermittlung der tragenden Zahnbreite b' erfolgt in der Regel unter Zugrundelegung einer ziemlich willkürlichen Verhältniszahl $p = \frac{\text{Zahndruck } P}{b'}$, wobei b' in cm und P in kg einzusetzen ist, so daß also p den Druck pro cm Verzahnungsbreite, axial gemessen, bedeutet. Der Zahndruck P ergibt sich aus der Beziehung

$$P = \frac{N}{n} \cdot \frac{71\,620}{R},$$

wobei N die zu übertragende Leistung in Pferdestärken, n die Drehzahl des großen Rades pro Minute, R der Radius desselben in cm ist (wenn n die Drehzahl des Ritzels, muß r = Radius des Ritzels eingesetzt werden).

Die Werte von p schwanken in der Praxis stark; man findet

$$p = 70 \text{ bis } 200,$$

wobei die größeren Werte von p für große Ritzeldurchmesser bzw. höhere Forcierung

(Kriegsschiffe), die kleineren Werte für kleine Ritzeldurchmesser und Handelsschiffe gelten.

Man verwendet auch häufig zur Ermittlung von p eine Formel, welche diesen Wert und den Ritzeldurchmesser in Zusammenhang bringt (englische Praxis) und setzt

für Ritzel unter 250 mm Durchmesser:

$$\frac{p}{d} = 4 \text{ bis } 6$$

für Ritzel über 250 mm Durchmesser:

$$\frac{p}{\sqrt{d}} = 20 \text{ bis } 25,$$

wobei die größeren resp. kleineren Werte nach den obigen Gesichtspunkten ausgewählt werden. Zu beachten ist bei der Konstruktion die Durchbiegung des Ritzels und seine Verdrehung. Es ist hierbei üblich, keine größeren Werte als $\frac{1 \text{ bis } 2}{1000}$ cm zuzulassen.

Beispiel: Als Beispiel einer Zahnradberechnung soll hier die Berechnung des *HD*-Ritzels vom ersten Vorgelege für den Frachtdampfer „Porta" durchgeführt werden. (Vgl. hierzu Tabelle Nr. 45, Getr.-Nr. 27, ferner Abb. 268.)

Auf Grund einer überschlägigen Rechnung und Projektbearbeitung hat sich bei einer Gesamtleistung von 1660 WPS und einer Propellerdrehzahl von 78, die Drehzahl der *HD*-Turbine mit 4275 Umdr./Min., ihre Leistung mit 850 PSe als zweckmäßig ergeben. Die Drehzahl des I. Vorgelegerades ist zu $n = 555$ pro Min. festgelegt worden.

Wir wählen den Teilkreisdurchmesser des Ritzels zu 128 mm, und es ergibt sich so der Zahndruck

$$P = \frac{N}{n} \cdot \frac{71620}{r} = \frac{850}{4275} \cdot \frac{71620}{6{,}4} = 2250 \text{ kg}.$$

Wir wählen ferner, da $d < 250$ mm,

$$\frac{p}{d} = 5{,}9,$$

woraus $p = 75{,}5$ kg/cm, und finden die gesamte Breite der Verzahnung zu $b' = 29{,}8$ cm. Wir verteilen b' auf zwei Breiten, $b = 15$ cm, und ordnen dazwischen ein Lager von 200 mm Breite an. Das sich ergebende Verhältnis $\frac{b}{d} = 1{,}17$ kann ohne weiteres als zulässig angesehen werden.

Mit diesen Werten ergibt sich bei der Konstruktion ein Lagermittenabstand von 38,5 cm, bei einem Lagerdurchmesser von 110 mm. Vgl. Abb. 244.

Wir finden die Durchbiegung des Ritzels unter dem Zahndruck angenähert, wenn wir den halben Zahndruck gleichmäßig verteilt auf den Lagermittenabstand wirksam denken, wobei das Ritzel auf einer Seite eingespannt und auf der andern frei aufgelagert angenommen sein soll. Als Trägheitsmoment setzen wir dasjenige eines mittleren Durchmessers von Zapfen und Teilkreis ein, also für 119 mm Durchm. Es ergibt sich so die Durchbiegung:

$$f = \frac{P/2}{EJ} \cdot \frac{l^3}{185} = \frac{1125}{2{,}2 \cdot 10^6 \cdot 984{,}3} \cdot \frac{57\,067}{185} = 0{,}00016 \text{ cm} \cong \frac{2}{1000} \text{ mm}.$$

Diese Durchbiegung liegt noch innerhalb der im allgemeinen mit $^1/_{100}$ mm anzunehmenden Werte der Oberflächenrauhigkeit der Zahnflanken, ist also fraglos zulässig.

Die größte absolute und relative Verdrehung des Ritzels ergibt sich für die bei der Antriebsmaschine gelegene Ritzelhälfte, weil dort das ganze Drehmoment M eingeleitet wird. Dasselbe nimmt (vgl. Abb. 244) von der Ritzelkante A bis zur Kante B linear bis auf die Hälfte ab, geht in dieser Größe durch den Zapfen bis zur Kante C und fällt von dort linear bis zur Kante D auf Null ab. Wir begehen daher keinen großen Fehler, wenn wir die Verdrehung für die der Turbine zunächstliegende Ritzelhälfte mit einem für die ganze Breite gleichmäßig großen Drehmoment von $^3/_4$ des Maximalwertes rechnen. Es ergibt sich dann die Verdrehung der Zahnkante A gegenüber derjenigen in B angenähert:

$$\vartheta = {}^3/_4 M \cdot \frac{l \cdot r}{I \cdot G} = {}^3/_4 M \cdot \frac{b \cdot \frac{d}{2}}{\frac{\pi d^4}{32} \cdot G} = 0{,}75 \cdot \frac{850}{4275} \cdot 71620 \cdot \frac{15 \cdot 16}{\pi \cdot 12{,}8^3 \cdot 850000}$$

$$= 0{,}000458 \text{ cm} \cong \frac{5}{1000} \text{ mm}.$$

Dieser Betrag kann gleichfalls als zulässig angesehen werden. Für genauere Rechnungen empfiehlt es sich, die Rechnung graphisch durchzuführen.

Abb. 244 zeigt die graphisch durchgeführte Rechnung für die Verdrehung des Ritzels. In dem oberen Diagramm ist der Verlauf des Drehmoments dargestellt, wobei angenommen ist, daß die Leistungsübertragung gleichmäßig auf der ganzen Ritzelbreite vor sich geht. Das mittlere Diagramm zeigt den Verlauf des polaren Trägheitsmoments, wie er durch die Verschiedenheiten des Durchmessers gegeben ist. Im untersten Diagramm sind die Verdrehungen, bezogen auf den Teilkreisdurchmesser, dargestellt. Man ersieht, daß die überschlägige Rechnung mit einer Verdrehung von 4,58/1000 mm von der nach der graphischen Methode sich ergebenden Verdrehung von 4,9/1000 mm zwischen A und B nur wenig abweicht.

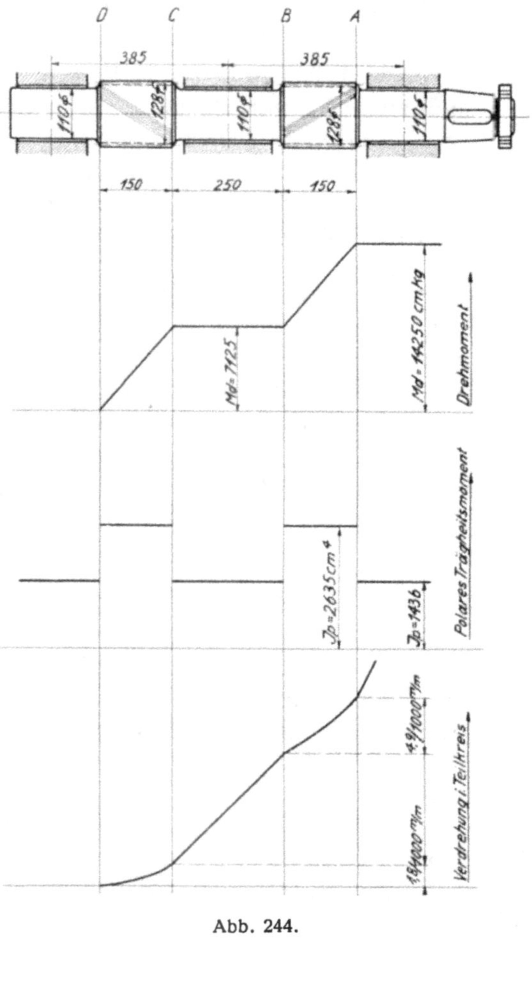

Abb. 244.

Auch die Biegungsrechnung kann in üblicher Weise graphisch durchgeführt werden, wenn es sich um genaue Untersuchungen handelt. Im allgemeinen genügt jedoch auch hier die Überschlagsrechnung.

Es muß bemerkt werden, daß die Frage, wie weit man mit der Belastung vonZahnrädern gehen kann, heute noch als nicht ganz geklärt angesehen werden muß, sie hängt auch zusammen mit der Frage des bestgeeigneten Materials, wovon weiter unten die Rede sein soll.

Die Umfangsgeschwindigkeit im Teilkreis ist ebenfalls zu beachten, wenn auch bis heute ein abschließendes Urteil über deren Einfluß auf die Haltbarkeit der Getriebe nicht abgegeben werden kann. Bei Schiffsgetrieben liegt der Wert der Umfangsgeschwindigkeit üblicherweise unterhalb 45 m/sek, meistens nicht höher als 30 m/sek; bei stationären Anlagen hat man bereits Werte bis zu 60 m/sek zugelassen, wobei allerdings der Liniendruck p sehr mäßig (bis ca. 55 kg/cm) blieb. Es liegen also auch in dieser Richtung die Grenzen des Zulässigen nicht fest.

Daß die Güte und Genauigkeit der Herstellung der Getriebe eine ausschlaggebende Rolle für deren Belastungsfähigkeit und Haltbarkeit bietet, haben alle bisher mit Getrieben gemachten Erfahrungen in weitestem Umfange bestätigt. Wegen der Wichtigkeit dieser Frage ist der Herstellung der Getriebe und der Prüfung ihrer Genauigkeit ein besonderer Anhang Nr. XI gewidmet worden.

Ebenso sind die wichtigsten Gesetze der Verzahnung in einem Anhang Nr. X beigefügt für den Fall, daß der Leser den Wunsch hat, sich zur Klärung der einen oder anderen Frage diese Dinge ins Gedächtnis zurückzurufen.

Auch die Wahl der Zahnteilung ist nicht an bestimmte theoretische Erwägungen gebunden, es werden auch hierfür praktisch erprobte Werte verwendet, ohne daß bewiesen werden könnte, daß diese die besten sind. Man kann etwa sagen, daß man durchschnittlich eine Normalteilung t findet

für kleine Getriebe, sowie für die ersten Vorgelege bei doppelter Übersetzung von . . . . $t = 3\pi$ bis 5π

für größere Getriebe und die zweiten Vorgelege bei doppelter Übersetzung von . . . . $t = 4\pi$ bis 9π.

Es kommen aber in ersterem Falle Werte bis herunter auf 2π, in letzterem Werte bis hinauf zu $12{,}5\pi$ vor. Ratsam dürfte es sein, sich an die genannten Durchschnittswerte zu halten.

Die Zahnhöhe bemißt man gewöhnlich auf 0,6 bis 0,7 t, wobei die Kopfhöhe 0,25 bis 0,35 t, die Fußhöhe 0,45 bis 0,35 t beträgt.

Das Zahnspiel wird meist mit 0,05 t senkrecht zur Zahnflanke gemessen ausgeführt.

Die Neigung der Zähne gegen die Achse, d. h. also der Winkel α, schwankt zwischen 20° und 45° und beträgt heute bei der überwiegenden Mehrzahl der Ausführungen 30°.

Von der Größe des Winkels α ist der Axialschub des Getriebes abhängig. Dieser wird für die bei Turbinenbetrieb häufige Anordnung von zwei Zahnkränzen mit Zähnen entgegengesetzter Neigung im Zahnkranz selbst aufgenommen. Bei Rädern mit Zähnen gleicher Neigung werden zur Aufnahme des Schubes Drucklager vorgesehen.

Die Größe des Schubes ist

$$S = P \cdot \operatorname{tg} \alpha.$$

Wir ersehen aus dem Vorhergehenden, daß die Dimensionierung der Getrieberäder innerhalb weiter Grenzen mehr auf Erfahrung als auf sicherer theoretischer Grundlage beruht. Bei Festlegung der Hauptdimensionen von Getrieben wird daher dem Leser empfohlen, die Tabelle Nr. 45, enthaltend die Hauptabmessungen ausgeführter Getriebe mit zu Rate zu ziehen; bleibt man bei Neuausführungen innerhalb dieser der bewährten Praxis entnommenen Verhältnisse, so dürften Mißerfolge ausgeschlossen sein.

Von größter Wichtigkeit für die Haltbarkeit der Getriebe ist die Wahl des Materials. Nach vielen Versuchen und manchen Mißerfolgen ist man heute allgemein dazu übergegangen, die Qualitätsziffern innerhalb folgender Grenzen zu wählen:

für die Radbandagen Siemens-Martinstahl von ca. 50 bis 60 kg/qmm Festigkeit und ca. 25 bis 18% Dehnung,

für die Ritzel Sonderstahl von ca. 60 bis 80 kg/qmm Festigkeit und ca. 18 bis 12% Dehnung, wobei das härtere Ritzelmaterial bei härterem Radkranz verwendet wird.

Aus den verschiedenen Veröffentlichungen über diese Frage ist die nachstehende Tabelle Nr. 44 zusammengestellt, wonach der Leser sich leicht ein Urteil über das in jedem Falle bestgeeignete Material wird bilden können.

Zu bemerken ist noch, daß Ritzel von annähernd 80 kg Festigkeit sich unter Umständen nur mehr mit den allerhärtesten Werkzeugstählen (Wolframstahl) gut fräsen lassen.

Tabelle Nr. 44.

Qualitätsziffern des Materials für Ritzel und Radkränze bei Getrieben verschiedener Firmen.

Firma		Art des Materials	Festigkeit in kg/qcm von bis	Dehnung nicht weniger als	Bemerkung
Vulcan-Werke	Rad	Kohlenstoffstahl	50—60	18—20%	für verschiedene Kriegs- und Handelsschiffe
	Ritzel	Kohlenstoffstahl	65—80	15—18%	
Englische Marine	Rad	Kohlenstoffstahl	48—54	26%	Nach dem Vortrag von Tostevin[1]) für 596 Getriebe mit zusammen 800000 Pferdestärken
	Ritzel	Kohlenstoffstahl	62—70	16%	
Blohm & Voß	Rad	Kohlenstoffstahl	49—55	18%	Nach dem Vortrag von Frahm[2]) für sämtliche Getriebe der Firma Blohm & Voß verwendet
	Ritzel	Nickelstahl (Ni 3¼-3¾%)	63	15—18%	
Eine andere Deutsche Werft	Rad	Kohlenstoffstahl	50—55	18—20%	für 2 Schiffsgetriebe und 8 stationäre Getriebe verwendet
	Ritzel	Nickelstahl (Ni ca. 3%)	60—70	16—18%	
AEG	Rad	Kohlenstoffstahl	56	24%	für die Getriebe des umgebauten D. „Kaiser“ verwendet
	Ritzel	Kohlenstoffstahl	72	18%	

§ 159. **Die Konstruktion der Zahnradgetriebe.**

1. Das große Zahnrad. Das auf der Wellenleitung befestigte große Zahnrad wird in der überwiegenden Mehrzahl der Fälle aus Gußeisen hergestellt; nur wo es sich um größte Gewichtsersparnis handelt, wie z. B. bei Kriegsschiffen, aus Stahlguß.

Der, wie vorstehend bereits erwähnt, stets aus hochwertigem Stahl nahtlos geschmiedete oder gewalzte Zahnkranz wird auf den Umfang des Rades warm aufgezogen, wobei meistens der Zahnkranz gegen einen auf einer Seite am Rande des Radkranzes angebrachten Ansatz gedrückt wird, um beim Aufschieben die Lage des Zahnkranzes zu fixieren. Durch Verbohren (vgl. Abb. 245) wird der Zahnkranz dann gegen Verdrehung gesichert. Das Fertigdrehen des Zahnkranzes am äußeren Umfange erfolgt erst nach dem Aufschrumpfen des Kranzes (vgl. hierzu Anhang XI).

---

[1]) Engineering 1920 S. 472.

[2]) Jahrbuch der Schiffbautechn. Ges. 1924.

Die Verwendung geteilter und irgendwie zusammengeschraubter Zahnräder und Zahnkränze ist ausgeschlossen, da dies stets die Genauigkeit der Verzahnung bzw. den erforderlichen festen Sitz auf der Welle beeinträchtigen würde.

Mehrfach sind Versuche gemacht worden, zwecks Gewichtsersparnis Räder aus Stahlguß zu verwenden, bei welchen die Zähne direkt in den Radkranz geschnitten wurden. Wenn sich auch derartige Räder gelegentlich bewährt haben sollen (Amerika), so hat sich doch diese Herstellungsweise in der üblichen Praxis nicht eingebürgert, erstens weil es schwer ist, hierbei ganz bestimmte Qualitätsziffern des Stahles zu erreichen und zweitens weil selten ein hinreichend homogener und absolut blasenfreier Guß gelingt.

Die Stärke des Zahnkranzes in mm beträgt im allgemeinen $\delta_1 = 8$ mm $+ 1{,}2$ bis $1{,}5 \frac{D}{100}$, wobei D der Teilkreisdurchmesser in mm ist; die Stärke des Radkranzes $\delta_2 = 15$ mm $+ 1{,}7$ bis $2{,}0 \frac{D}{100}$, bei Ausführung aus Gußeisen und $\delta_2 = 10$ mm $+ 1{,}5$ bis $1{,}7 \frac{D}{100}$, bei Ausführung aus Stahlguß. Fast stets wird der Radkranz am äußeren Umfang an mehreren Stellen geschlitzt. Dies ist sehr empfehlenswert, um zu vermeiden, daß Gußspannungen in den Armen auftreten, welche zu Rissen in denselben führen können. — Die Stärke des Gewindedübels beträgt $b = \frac{1}{2}$ bis $\frac{3}{4}\,\delta_1$.

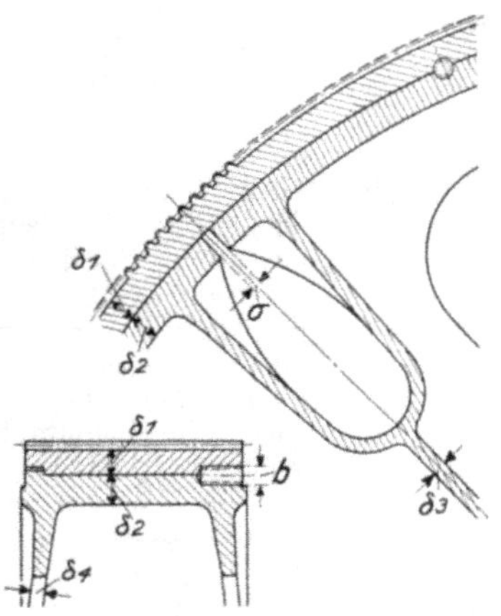

Abb. 245.

Aus dieser Teilung des Radkranzes ergibt sich die gabelförmige Ausbildung der Radarme, wie sie z. B. aus Abb. 245 deutlich hervorgeht.

Die Arme werden je nach Größe des Rades, etwa 6 bis 10 an der Zahl, in kreuzförmigen oder doppel-T-förmigen Querschnitten hergestellt. Ihre Wandstärke beträgt $\delta_3 \cong \delta_4$. Bei Gußeisen findet man $\delta_3 = 10$ mm $+ 1{,}0$ bis $1{,}1 \frac{D}{100}$, bei Stahlguß ca. 20% weniger.

Man kann entweder den Radkranz an jedem Arm schlitzen, wie in Abb. 256 dargestellt, und dann den Spalt b klein, ca. 3 bis 5 mm weit, ausführen und offen lassen; man kann aber auch den Radkranz nur an wenigen, z. B. an 4 Stellen (vgl. Abb. 255) aufschneiden, die Schlitze breiter machen und mit Paßstücken ausfüllen.

Ein Rad, welches gar nicht geschlitzt ist, zeigt Abb. 265. Dasselbe hat allerdings nur einen Teilkreisdurchmesser von $D = 2090$ mm. Es wird im allgemeinen zweckmäßig sein, die geteilte Konstruktion auszuführen, um das obenerwähnte Gußrisiko zu vermeiden.

Besondere Sorgfalt ist der Befestigung des Rades auf der Welle zuzuwenden. Es ist zu bedenken, daß beim Manövrieren häufig in raschem Wechsel das zu übertragende Moment die Richtung wechselt und daß ein Losewerden des Rades völlige Manövrierunfähigkeit des Schiffes bedeuten würde. Die Räder werden daher mit strammem Sitz, meist unter leichter Erwärmung, auf die Welle aufgepreßt und mit einer, meist zwei starken Federn gesichert.

Neuerdings wird häufig die Befestigung auf einem schlanken Konus bevorzugt, wie in Abb. 246 dargestellt, was als sehr empfehlenswert bezeichnet werden muß.

Die Wandstärke der Nabe beträgt bei Ausführungen aus Gußeisen etwa $\delta_5 = 0{,}2$ bis $0{,}25\,d$, bei Stahlguß $= 0{,}18$ bis $0{,}22\,d$, wobei mit d der Wellendurchmesser bezeichnet ist. Die Länge der Nabe L hängt meistens von der Zahnbreite ab, soll aber den Wert $c = \text{ca.}\ \frac{D}{5}$ nicht unterschreiten.

Die Breite f und Höhe h der Feder bemißt man entweder nach Normalien oder man macht auch $f = 2\,h = 3$ bis $4\sqrt{d}$ in mm.

Über die verschiedenartige Ausgestaltung der Räder, welche natürlich auch von der Konstruktion des ganzen Getriebes abhängt, geben die Abb. 255 bis 274 Aufschluß.

2. Die Ritzel. Die Ritzel werden stets mit ihrer Welle aus einem Stück geschmiedet; über das Material derselben vgl. § 158. Eine Konstruktion, bei welcher (vgl. Abb. 265) die Ritzelwelle hohl gebohrt ist und die Übertragung des Momentes nicht direkt vom Vorgelegerad, sondern mittels einer durch diese Bohrung hindurchgeführten dünnen Welle an dem dem Vorgelegerad abgekehrten Ende erfolgt, wählt man häufig zu dem Zwecke, eine möglichst elastische Verbindung zwischen dem ersten und dem zweiten Vorgelege zu schaffen. Diese Einrichtung erleichtert zweifellos die Montage insofern, als kleine Abweichungen in der parallelen Lage der beiden Getriebe

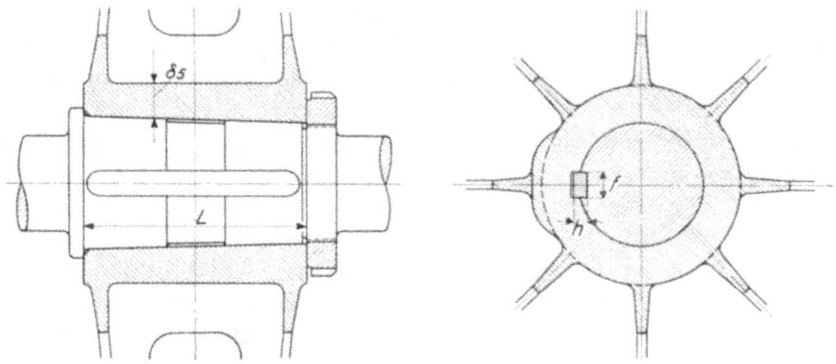

Abb. 246.

hierdurch unschädlich gemacht werden; über den Einfluß des Auftretens von Torsionsschwingungen vgl. Anhang XII.

Wichtig ist, zu beachten, daß bei der Ausführung des Rades als Pfeilrad, welche heute noch als die übliche gelten kann, dem Ritzel die Möglichkeit gegeben sein muß, sich in axialer Richtung während des Arbeitens immer so einzustellen, wie dies durch Unterschiede in den Zahnteilungen der beiden Radhälften erforderlich wird.

Um dies zu ermöglichen, wird (vgl. Abb. 257) zwischen Ritzel und Turbine bzw. zwischen Ritzel und erstem Vorgelegerad eine Kupplung eingeschaltet, welche eine axiale Verschiebung des Ritzels gestattet. Über diese Kupplungen ist Näheres weiter unten (5.) gesagt.

3. Die Räder des ersten Vorgeleges werden wie das große Rad mit Bandagen aus geschmiedetem Stahl geeigneter Qualität (wie für das große Rad verwendet) versehen. Die Radkörper bestehen aus Gußeisen oder Stahlguß. Sie werden fest auf die Welle aufgezogen und durch Federn gesichert (vgl. hierzu Abb. 265 u. 274).

4. Lagerung von Rad und Ritzel und Konstruktion der Gehäuse. Rad bzw. Räder und Ritzel sind in einem Gehäuse gelagert. Die Lager für das große Rad sind stets fest im Hauptteil des Gehäuses eingebaut; ebenso die Lager für die Ritzel, wenn es sich um einfache Übersetzung handelt. Dagegen findet man die Lagerung des ersten Vorgeleges fast stets in irgendeiner Form vom Hauptkörper des Gehäuses getrennt ausgeführt und mit demselben verschraubt, um eine Vereinfachung

des Gehäusegußstückes zu erreichen. Die Ausführung sämtlicher Lager entspricht im Prinzip derjenigen der Turbinenlager. Es werden schmiedeeiserne Lagerschalen mit Weißmetallfutter vorgesehen, welche durch aufgeschraubte Deckel in der Bohrung der Lagerstellen gehalten werden. Die Schmierung erfolgt durch Preßöl (vgl. § 151 und 152); für die Ausführung der Schmiernuten gilt das in Anhang IX Gesagte.

Die Herstellung der Bohrungen im Gehäuse erfolgt möglichst auf einer großen Horizontal-Bohrmaschine mit fahrbarem Ständer derart, daß das Gehäuse keinerlei Umspannung erfährt, um möglichst parallele Lage der Bohrungen zu sichern.

Das Gehäuseunterteil besteht bei Handelsschiffen stets aus Gußeisen; seine Wandstärke beträgt etwa $\delta = 12\text{ mm} + 1{,}5$ bis $0{,}8 \cdot \frac{D}{100}$. Bei Kriegsschiffen wird Stahlguß verwendet, wobei $\delta = 8\text{ mm} + 0{,}6$ bis $0{,}8 \cdot \frac{D}{100}$ beträgt. Das Gehäuse ist unten geschlossen ausgeführt, wobei sich die untere Wanne meist mehr oder weniger dem Radumfange anpaßt. Das sich sammelnde Öl fließt von dort der Ölpumpe zu. Abb. 256 zeigt eine Konstruktion, bei welcher der unterste Teil des Gehäuses von einer Blechwanne gebildet ist. Zwecks Verbindung mit dem Fundament ist das Unterteil mit kräftigen Füßen versehen, welche so angeordnet werden müssen, daß durch das Gewicht des Rades keine Deformation des Gehäuses herbeigeführt werden kann.

Das Gehäuseoberteil wird häufig (vgl. Abb. 256) aus gepreßtem Blech ausgeführt, welches durch aufgenietete oder aufgeschweißte Profileisen oder eingepreßte Wulste versteift ist, damit kein Resonanzboden für die von den Zahnrädern hervorgerufenen Geräusche geschaffen wird.

Das Gehäuse wird an verschiedenen Stellen mit leicht abnehmbaren Deckeln versehen, welche so angeordnet werden, daß die Verzahnung von Rad und Ritzel leicht besichtigt und die Lager nachgefühlt werden können. Außerdem werden die nötigen Ösen oder Verschraubungen zum Hochheben des Gehäuses vorgesehen.

Um zu verhindern, daß bei Entzündung der Öldämpfe im Gehäuse, was gelegentlich sich ereignen kann (wenn z. B. durch Eindringen eines Fremdkörpers in die Verzahnung sich Funken bilden) eine Beschädigung des Gehäuses eintritt, werden häufig sog. Reißplatten, d. h. mit dünnen, leicht zerreißbaren Blechen verschlossene Öffnungen vorgesehen.

5. Kupplungen zwischen Turbinen und Ritzeln. Nicht geringe Bedeutung kommt der konstruktiven Ausbildung der Verbindung zwischen Turbinen- und Ritzelwelle zu. Die einwandfreie Montage eines Getriebes erfordert eine genaue Parallelität der Achsen von Ritzel und Rad. Auch die Turbinenlager müssen genau ausgerichtet sein. Es wäre daher bei einer starren Kupplung des Turbinenrotors mit dem Ritzel erforderlich, daß die Mittellinie von 4 und mehr Lagern genau in eine Gerade fallen, was an sich schon sehr schwer erreichbar ist. Im Schiffsbetrieb, bei welchem durch die Verschiedenheit des Beladungszustandes wechselnde Durchbiegungen der Fundamente hervorgerufen werden und auch mit dem Einfluß der Wärmedehnungen der Turbine gerechnet werden muß, ist die genügende Sicherheit, daß diese 4 oder mehr Lager immer in der geraden Linie liegen, nicht vorhanden. Man sieht deshalb allgemein eine elastische oder nachgiebige Verbindung zwischen Turbinenwelle und Ritzel vor.

Ein Abweichen von dieser Regel erscheint nur dann zulässig, wenn es sich um kurze, leichte, verhältnismäßig steife Turbinenrotoren handelt, bei denen ferner ein Richtungswechsel des Zahndruckes nicht vorkommt, die also ohne *Rw*-Turbine ausgeführt sind, wie dies z. B. bei der *HD*-Turbine Abb. 253 der Fall ist.

Am besten haben sich die Klauenkupplungen oder Zahnkupplungen für diesen Zweck bewährt. Diese Kupplungen sind jedoch nur dann als nachgiebige Verbindung anzusehen, welche nicht nur eine Längsverschiebbarkeit ermöglicht, sondern auch eine geringe Winkeländerung von Turbine und Ritzel zuläßt, wenn die Klauen bzw. Zähne ein gewisses Spiel haben. Dieses Spiel würde bei allen Erschütterungen und Schwingungen der Maschine ein heftiges Klappern und wahrscheinlich auch starke Abnutzungen und Erwärmung einzelner Teile zur Folge haben, wenn nicht für eine dämpfende Schmierschicht zwischen den sich berührenden Flanken gesorgt würde.

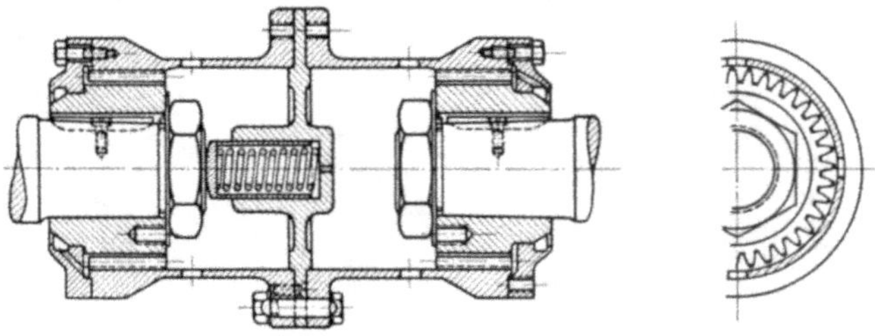

Abb. 247.

Es wird deshalb bei allen derartigen Kupplungen für genügende Schmierung der beweglichen Teile Sorge getragen.

Abb. 247 zeigt eine Zahnkupplung der AEG. Bei dieser Ausführung sitzt auf jedem Wellenende eine mit Außenverzahnung versehene Nabe, auf welche eine mit Innenverzahnung versehene Schale aufgesetzt wird. Zwischen den beiden Kupplungsschalen ist eine Scheibe angeordnet, welche eine starke Feder trägt und durch diese die Kupplung in ihrer Lage festhält. Durch Gegenringe ist die Längsverschiebbarkeit der Kupplung begrenzt. Nuten mit nach außen führenden Schmierlöchern sorgen für das Eindringen von Schmieröl in die Verzahnung und sichern die Zähne vor Abnutzung.

Abb. 248 zeigt eine Klauenkupplung der Vulcan-Werke, welche sich durch einfache Ausführung und geringe Baulänge auszeichnet. Auf den beiden Wellenenden sitzen die mit 6 Knaggen versehenen Naben *A*, in welche die ebenfalls mit 6 Knaggen ausgestatteten Ringe *B* eingeschoben sind. Die Gegenringe *C* und die Flanschen

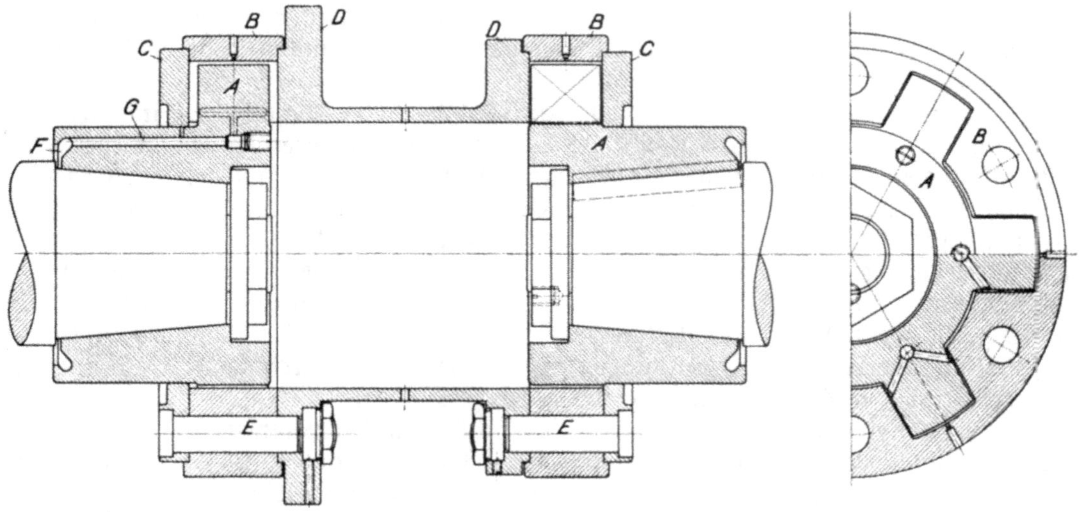

Abb. 248.

des Kupplungsrohres D halten die Ringe B in ihrer Lage fest, mit denen sie durch Schrauben E verbunden sind. Diese Ausführung sieht eine Längsverschiebbarkeit im linken Kupplungsteil vor, während der rechte keine erhebliche Verschiebbarkeit aufweist. Von den Lagern gelangt Öl in die Nuten F und von da durch Schmierlöcher G zu den Flanken der Knaggen, wodurch die dauernde leichte Beweglichkeit der Kupplung gesichert wird.

Gelegentlich finden für kleine Leistungen auch Gummiring-Kupplungen Verwendung, ähnlich denen des stationären Maschinenbaus. Abb. 249 zeigt eine Ausführung der AEG für den umgebauten Seebäderdampfer „Kaiser". Hier trägt die

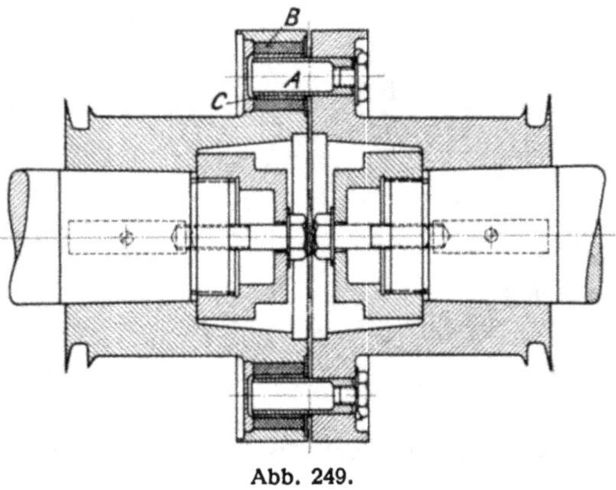

Abb. 249.

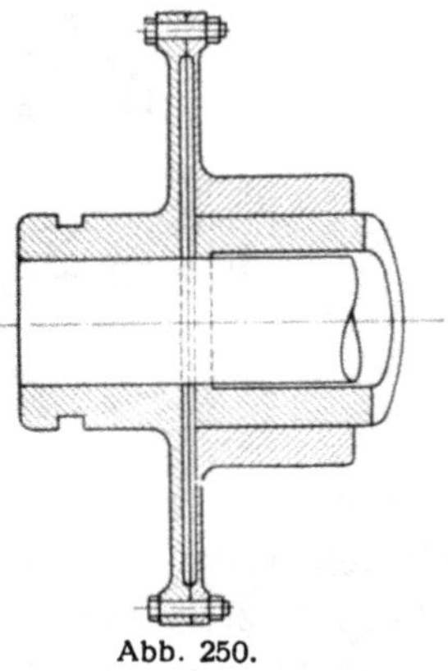

Abb. 250.

treibende Kupplung stählerne Bolzen, welche in metallenen Buchsen der andern Kupplung schieben können. Diese Buchsen sind in Gummiringe eingelassen, die eine nachgiebige Verbindung mit der getriebenen Kupplungshälfte sicherstellen.

Von der General Electric Co. in Amerika wird eine Kupplung verwendet, die nur aus 2 Stahlblechscheiben besteht (Abb. 250). Der Vorteil dieser Kupplung ist die kurze Baulänge, ihr Nachteil, daß die Scheiben bei größeren Längs- oder Winkeländerungen sehr hohe Beanspruchungen erfahren.

§ 160. **Schmieröldüsen.** Die Konstruktion einer Schmieröldüse, wie sie heute vielfach bei Schiffsgetrieben Verwendung findet, ist in Abb. 251 in größerem Maßstabe dargestellt.

Über und unter der Eingriffsstelle des Ritzels in das große Rad ist je eine Öldüse angeordnet, welche ständig Öl von oben und von unten in den Zahneingriff einspritzen.

Die Konstruktion der Düse ist aus Abb. 251 leicht verständlich. Wir sehen bei A einen sich über die ganze Radbreite erstreckenden gußeisernen Hohlkörper von düsenförmigem Querschnitt, der durch einen verrippten Stutzen mit dem am Gehäuse befestigten Flansch B verbunden ist. Dieser trägt eine Verschraubung, durch welche das Schmieröl dem Hohlraum A zugeführt werden kann. Letzterer ist an seinem spitzen Ende mit einer größeren Anzahl von Bohrungen versehen, welche ca. 10 mm Durchmesser besitzen und in Abständen von ungefähr 25 bis 30 mm über die ganze Breite des Düsenkörpers A angeordnet sind. Auf den Düsenkörper ist ein stählernes Mundstück C aufgesetzt, welches Öffnungen von 2 bis 4 mm Durchmesser trägt, durch die das Öl in den Zahneingriff gespritzt wird.

Sehr häufig begnügt man sich damit, einige Röhrchen anzubringen, durch welche die Einspritzung des Öles in den Zahneingriff erfolgt, wie dies z. B. Abb. 264 u. 271 zeigen. Bei letzteren Getrieben ist eine Kontrolle für die sichere Ölzufuhr durch Beobachtungsgläser geschaffen, in welchen kleine Schaufelräder rotieren, wenn das

Öl durch die Schmierrohre hindurchfließt, während dieselben stillstehen, wenn die Leitung verstopft ist.

§ 161. **Beschreibung ausgeführter Rädergetriebe.** 1. Die Abb. 252 bis 257 geben Einzelheiten der Maschinenanlage des Seebäderdampfers „Cobra" wieder, welcher im Jahre 1926 von den Vulcan-Werken, Hamburg und Stettin Actiengesellschaft, für die Hamburg-Amerika-Linie erbaut wurde.

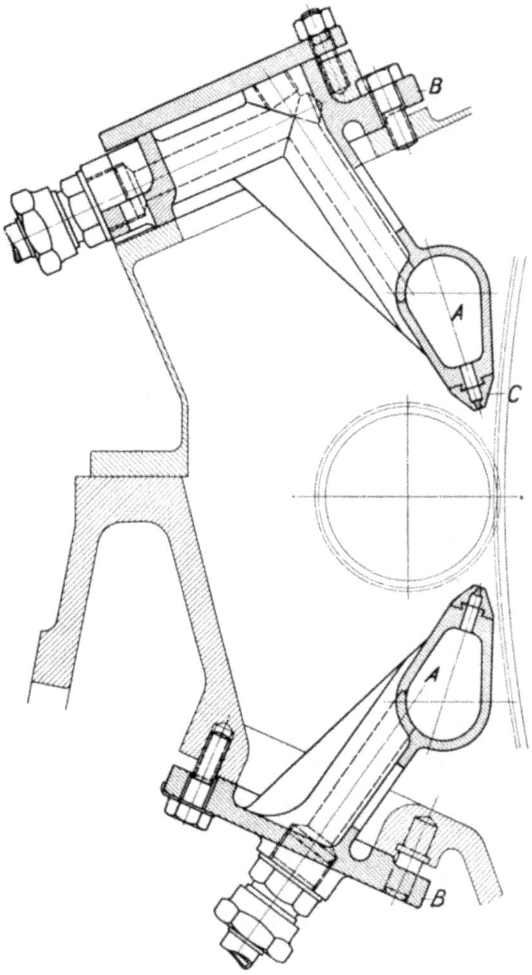

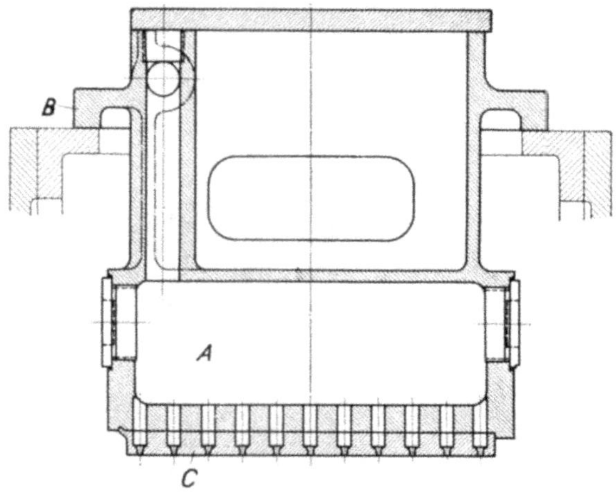

Abb. 251.

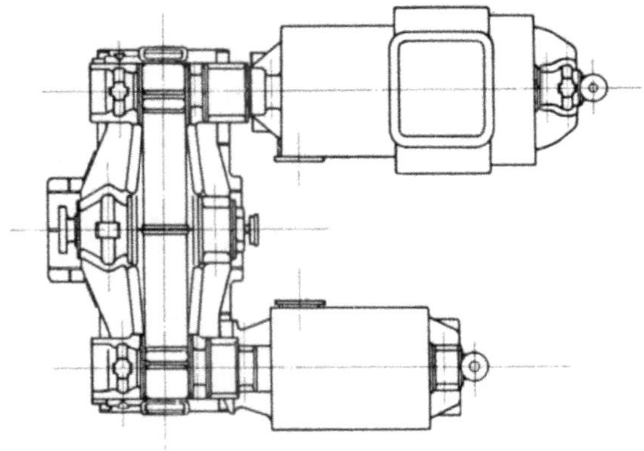

Abb. 252.

Die Anlage dieses Zweischraubenschiffes besteht aus zwei ganz gleichen Aggregaten, deren jedes sich aus einer *HD*- und *ND*-Turbine, welche mit einfacher Übersetzung das große Zahnrad antreiben, zusammensetzt (vgl. Abb. 252).

Jede Welle überträgt eine Leistung von 1800 PS bei 300 Umdrehungen pro Minute, wobei die *HD*-Turbine mit 4500, die *ND*-Turbine mit 3500 Umdrehungen pro Minute läuft. Der Kesseldruck beträgt 14 atü, die Dampftemperatur 350° C, d. h. der Dampf ist um 150° überhitzt.

Die Abb. 253 bis 254 geben Schnittzeichnungen der *HD*- und *ND*-Turbinen wieder. Die hauptsächlichsten Angaben über die Beschaufelung sind in Tabelle 2 § 37 zu finden.

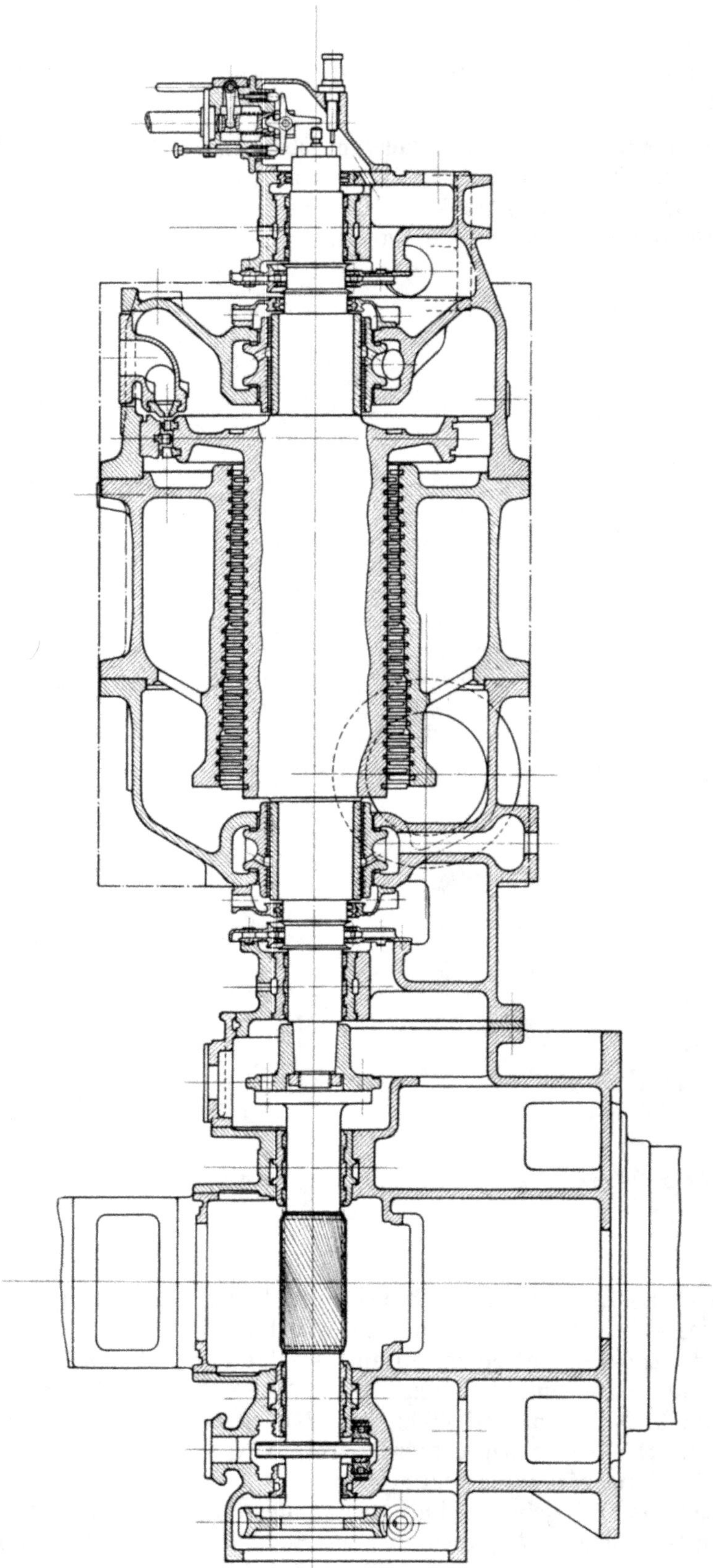

Abb. 253.

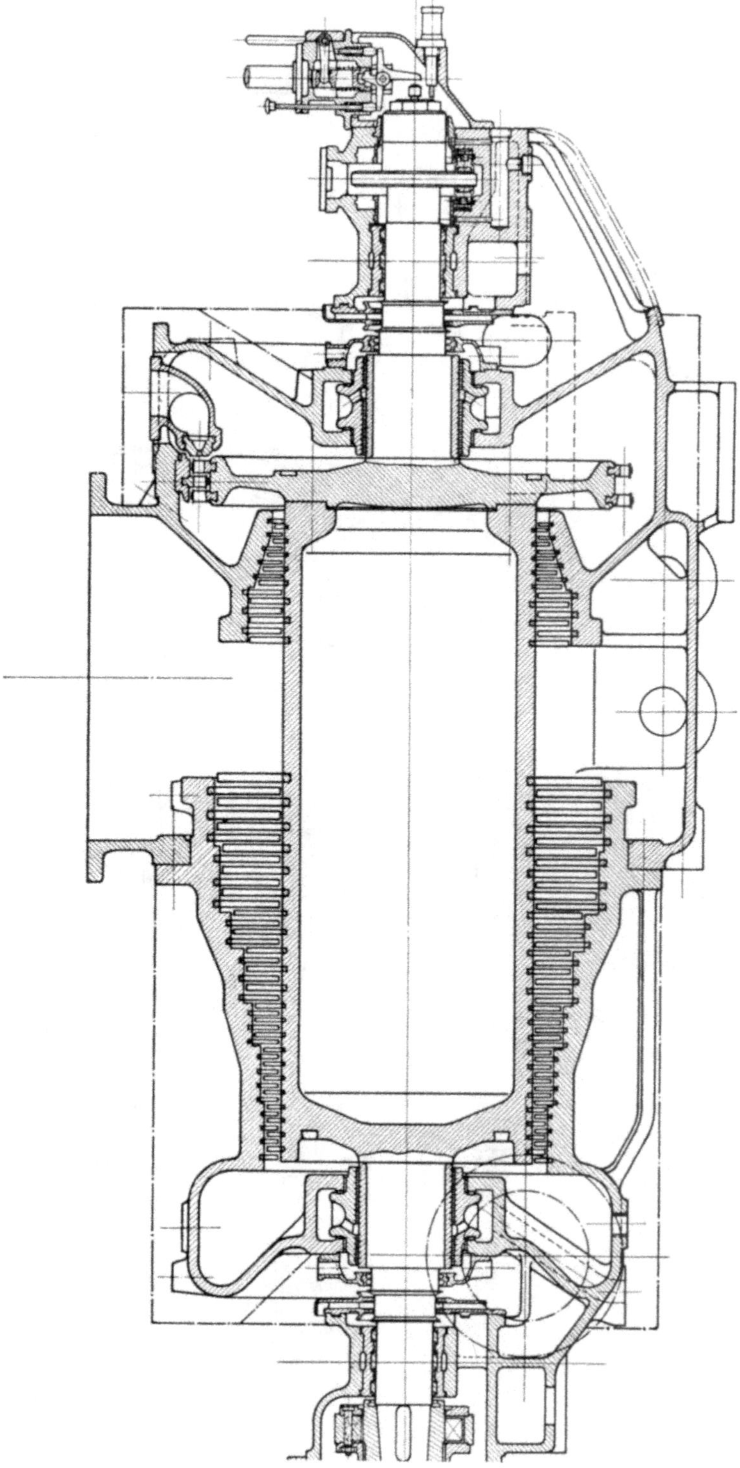

Abb. 254.

Die Schnittzeichnung der *HD*-Turbine zeigt gleichzeitig einen Längsschnitt durch den Getriebekasten nebst dem mit einfacher Schrägverzahnung ausgeführten

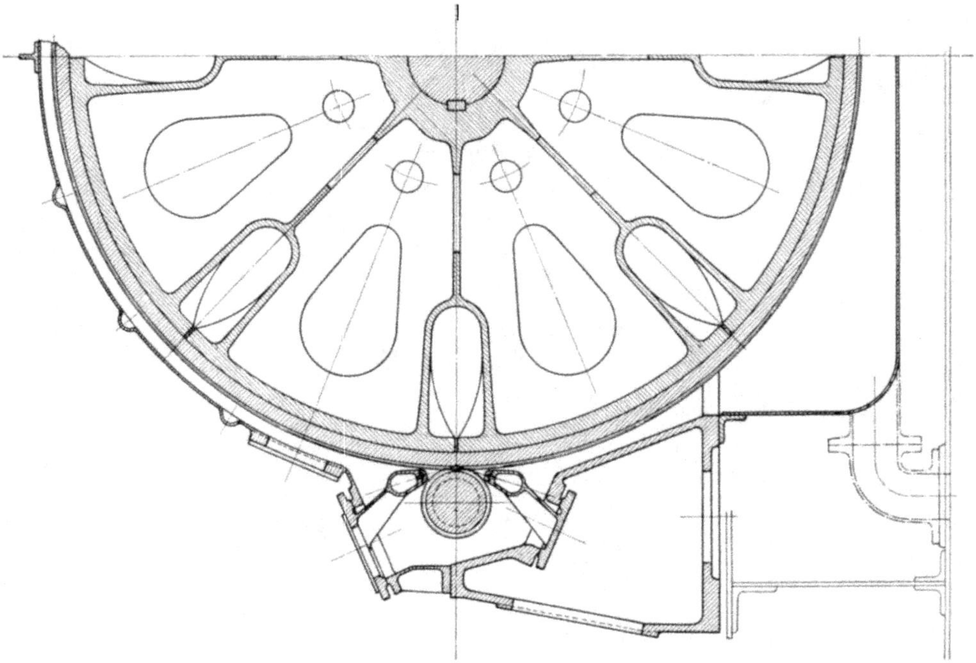

Abb. 256.

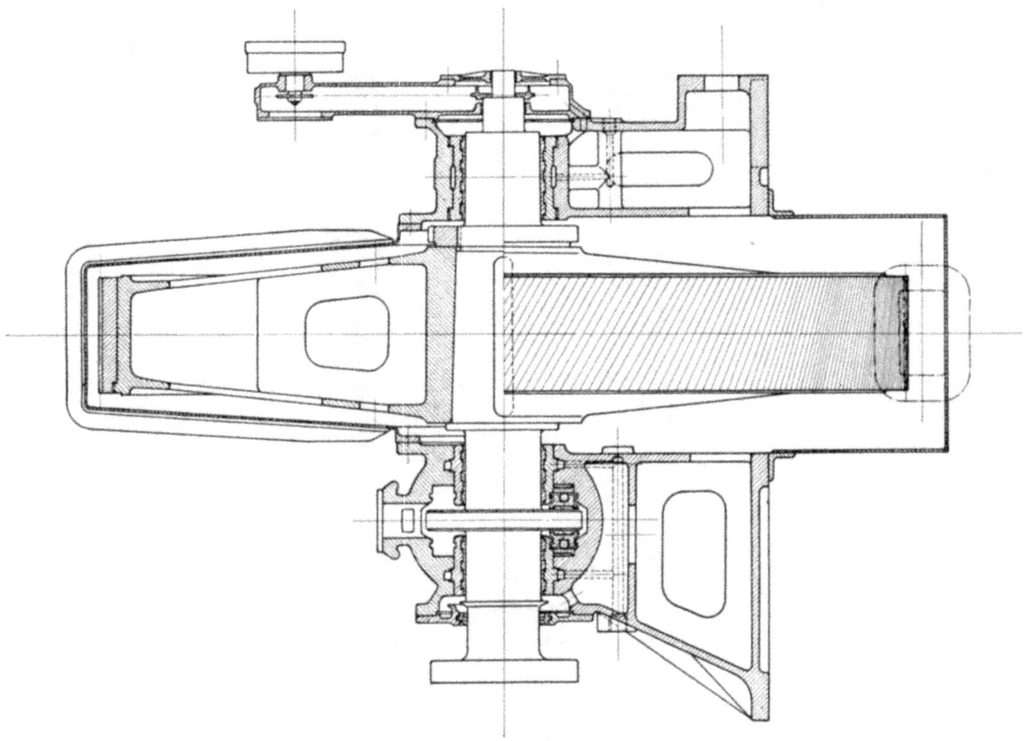

Abb. 255.

Ritzel. Bei Verzahnungen dieser Art entsteht ein axialer Schub auf Ritzel und Radwelle; der auf das Ritzel entfallende Schub wird durch ein Einscheibendrucklager aufgenommen, welches ganz links auf der Zeichnung zu sehen ist. Die Verbindung der Ritzelwelle mit der Turbinenwelle geschieht hier wegen der Kleinheit der Turbine, welche zudem keine Rückwärtsturbine enthält, durch eine starre Kupplung.

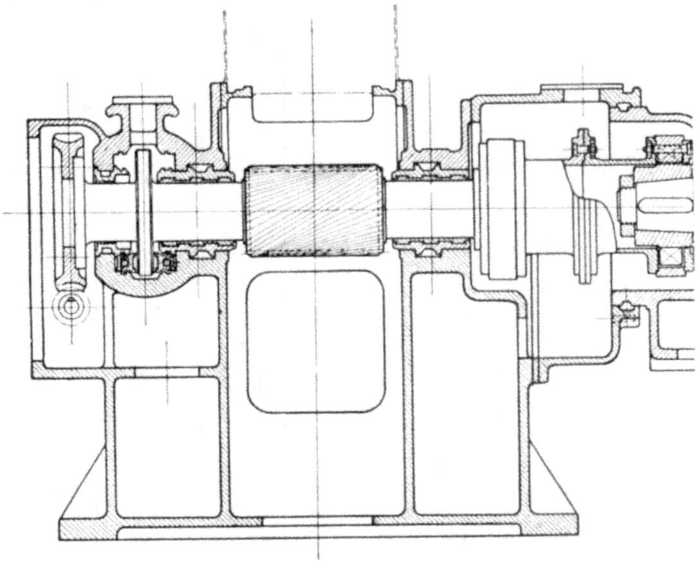

Abb. 257.

Das große Zahnrad ist in Abb. 255 u. 256 dargestellt. In ersterer ist auch der Querschnitt des Segmentdrucklagers wiedergegeben, welches die Differenz zwischen Propellerschub und dem durch einseitige Schrägverzahnung verursachten Axialschub aufzunehmen hat. Abb. 256 zeigt einen Schnitt durch Ritzel und Rad quer zur Welle und die zur Schmierung des Rades gehörigen Düsenkörper.

Das *ND*-Ritzel ist in Abb. 257 veranschaulicht, welche links das Ritzeldrucklager, rechts die bewegliche Klauenkupplung zeigt, welche Ritzel- und Turbinenwelle verbindet. Das Zahnrad für die Drehvorrichtung ist in Abb. 257 ganz links zu sehen, während die in Abb. 255 ganz rechts dargestellte Einrichtung der Tourenzähler ist.

Die Daten für die Einzelheiten der Verzahnung sind in Tabelle 45 unter Nr. 30 angegeben.

2. Der Schnitt durch das große Zahnrad einer ganz ähnlichen Anlage, nämlich derjenigen des Turbinendampfers „Kaiser“ der Hamburg-Amerika-Linie, ausgeführt von der AEG in Berlin, ist in Abb. 258 dargestellt. Vgl. hierzu auch die Beschreibung der Turbine in § 84 sowie die Tabelle 45, welche unter Nr. 4 Einzelheiten der Verzahnung bringt.

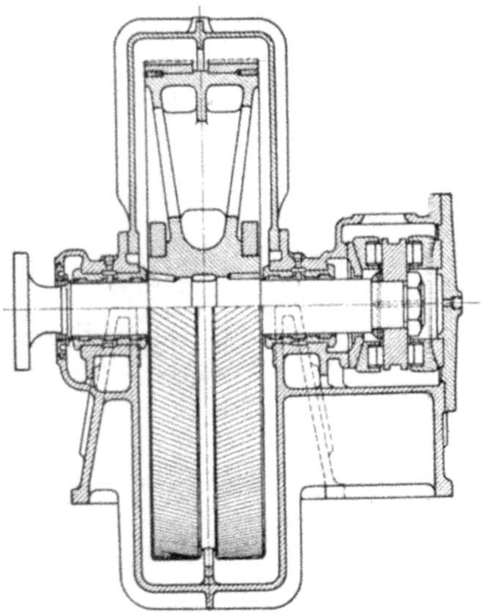

Abb. 258.

Die Nabe des gußeisernen Rades ist hier durch Schrumpfringe verstärkt, ein Einscheibendrucklager dient zur Aufnahme des Propellerschubes.

Tabelle Nr. 45. Ausgeführte Zahnradgetriebe für Handelsschiffe mit Turbinenantrieb.

Lfd. Nummer	Schiffstyp	Erbauer	Literaturquelle	Baujahr	Anzahl d. Wellen	Leistungsziffern: V in Sm./Std.	Leistungsziffern: N in WPS (gesamt)	Leistungsziffern: n/Min. Turbinen Wellen	Leistungsziffern: n/Min. Propeller Welle	Übersetzung	Getriebetyp	1. Vorgelege: Turbinen	1. Vorgelege: n/min. Rad	1. Vorgelege: n/min. Riztel	1. Vorgelege: Rad ϕ D mm
1	Passagier-Dampfer Empress of Canada	England Fairfield, Shipbuilding and Engineering Glasgow	Engineering 29. 9. 22	1922	2	20,3	2×12000	1970 / 1970	111	17,75	V	*HD* / *ND*	430	1970 / 1970	1780
2	Passagierdampfer „Conte Rosso"	Italien William Beardmore and Co. Dalmuir	Engineering 17. 2. 22	1921	2	19	2×8900	2900 / 1600	86	33,4 / 18,5	V	*HD* / *ND*	385	2900 / 1600	1950
3	Passagierdampfer Albert Ballin	Deutschland Blohm & Voß	Werft und Reederei 22. 6. 23	1923	2	16	2×6000	2200	110	20	III		110	2200	3476
4	Seebäderdampfer „Kaiser"	Deutschland AEG Berlin	AEG Mitteilung 9. 9. 22	1922	2		2×1500	3750	350	10,7	I		350	3750	1670
5	„Orizaba" „Sibboney"	Amerika De Laval Co.	Marine Engineering July 21		2		2×4500	1500	120	12,5	II	*HD*	120	1500	2710
6	Postdampfer „Slamat"	Holland De Schelde Flushing	Engineering 14. 9. 23		2		2×3500	3200 / 2150	90	35,6 / 24	V	*HD* / *ND*	434	3200 / 2150	1590
7	Passagier- und Frachtdampfer „Thuringia', „Westphalia"	Deutschland Brown, Boveri & Co. Mannheim	Werft und Reederei 7. 10. 23	1923	1		4800	2980 / 2240	85	35,2 / 26,4	IV	*HD* / *ND*	496	2980 / 2240	1200
8	Passagier- und Frachtdampfer „Matakana"	England Alexander Stephan & S., Glasgow	The Marine Engineer July 1922 S. 271	1921	2	12,25	2×2250	3500 / 2300	82	42,7 / 28,1	V	*HD* / *MD* / *ND*	382	3500 / 2300	1536
9	Passagier- und Frachtdampfer „Reggestrom"	Holland Power Plant West Drayton	Engineering 14. 9. 23 S. 347	1923	1	11,7	1×2100	4250 / 4250	85	50	V	*HD* / *ND*	625	4250	1108
10	Passagier- und Frachtdampfer „Wulsty Castle"	England Brush Electrical-Engineering Loughborough	Engineering 9. 8. 18		1		1500	714	76	9,4	II	Turbo-elektrisch	76	714	2200

Tabelle Nr. 45. **Ausgeführte Zahnradgetriebe für Handelsschiffe mit Turbinenantrieb.**

Lfd. Nummer	1. Vorgelege: Ritzel ϕ d mm	Tragende Zahnbreite b' mm	Umfangsgeschw. u m/sek	Liniendruck p kg/cm	b/Ritzel-ϕ $=\lambda$	Zahnneigung	Zahnteilung	Engl. Wert p/d bzw. $p\sqrt{d}$	2. Vorgelege: n/Min. Rad	n/Min. Ritzel	Übersetzung	Rad ϕ D mm	Ritzel ϕ d mm	Tragende Zahnbreite b' mm	Umfangsgeschw. u m/sek	Liniendruck p kg/cm	b/Ritzel-ϕ $=\lambda$	Zahnneigung	Zahnteilung	Engl. Wert p/d bzw. $p\sqrt{d}$
1	396	2×470	40	118	2,5	—	—	18,8	111	430/430	3,88	3550	900	2×915	20,6	121	—	—	—	12,9
2	260/470	2×330	39,2	128/128	2,7/1,5	—	—	25,2/18,8	86	385	4,45	3200	720	2×610	14,4	188	—	—	—	22,3
3	174	2×650	20	88,5	3,75	—	—	5,03	—	—	—	—	—	—	—	—	—	—	—	—
4	156	2×220	36	84	3,4	∼30°	∼6π	5,28	—	—	—	—	—	—	—	—	—	—	—	—
5	216	2×610	17	82	2,8	45°	4,5π	3,78	—	—	—	—	—	—	—	—	—	—	—	—
6	216/319	2×228	36,2	82	2,15/1,45	—	4,72π	3,84/14,6	90	434	4,83	2380	494	2×432	11,2	140	—	—	8,1π	20
7	200/265	2×230	31,2	88	1,65/1,25	30°	—	4,37/16,2	85	496	5,9	3000	508	2×500	13,4	136,5	2,15	—	—	19,2
8	168/254	2×210	30,8	65/95	2,8/1,85	—	—	3,84/3,7	82	382	4,7	2430	516	2×460	10,4	89	—	—	—	12,5
9	163	2×228	36,2	50	3,2	—	4,44π	3,08	85	625	7,35	2420	326	2×293	10,7	140	—	—	8,3π	24,5
10	234	2×270	8,75	118	2,5	30°	9π	5,03	—	—	—	—	—	—	—	—	—	—	—	—

Tabelle Nr. 45 (Fortsetzung). **Ausgeführte Zahnradgetriebe für Handelsschiffe mit Turbinenantrieb.**

Lfd. Nummer	Schiffstyp	Erbauer	Literaturquelle	Baujahr	Anzahl d. Wellen	Leistungsziffern: V in Sm./Std.	Leistungsziffern: N in WPS (gesamt)	Leistungsziffern: n/Min. Turbinen Wellen	Leistungsziffern: n/Min. Propeller Welle	Übersetzung	Getriebetyp	1. Vorgelege: Turbinen	1. Vorgelege: n/min Rad	1. Vorgelege: n/min Ritzel	1. Vorgelege: Rad ϕ D mm
11	Frachtdampfer „Kertosono“	Holland De Schelde Flushing	Engineering 14. 9. 23	1923	1		1×4500	3200 / 2100	90	35,6 / 23,4	V	*HD* / *MD* / *ND*	434	3200 / 2100	1590
12	Frachtdampfer „Neshaminy“ und verschiedene andere	Amerika Westinghouse	Int. Marine Engineering Februar 20 S. 83	1918	1	11	3000	3360	90	37,4	V	*HD* / *ND*	583	3360	760
13	Frachtdampfer „Defiance“	Amerika General Electric Comp.		1918	1		3000	3380	90	37,5	VIII	1	458	3380	1470
14	„Corrientes“	England Parsons Marine Steam Turb. Wallsend on Tyne	Engineering 13. 8. 20		1		3000	4500 / 3400 / 2500	80	56,2 / 42,5 / 31,2	VII	*HD* / *MD* / *ND*	425 / 425	4500 / 3400 / 2500	1300 / 1300
15	Frachtdampfer „Alsum“	Holland De Schelde	Engineering 14. 9. 23	1922	1		2750	3700 / 2000	75	49,4 / 32	V	*HD* / *ND*	440	3700 / 2400	1456
16	Frachtdampfer „Biyo Maru“	Japan Svenska Turbinenfabrik Ljungstr.	Marine Engineering August 1921 S. 593	1921	1	11	2720	600	80	7,5	II	Turboelektrisch	80	600	2356
17	Frachtdampfer „Monasses“	Amerika The Falk Comp. Milwaukee		1919	1		2700	3600	90	40	VI	*HD* / *ND*	540	3600	1320
18	Frachtdampfer „Melmore Head“	England Workmann Clark & Co.	The Marine Engineer Mai 1922	1918	1	11	2500	3600 / 2400	70	51,4 / 34,3	V	*HD* / *MD* / *ND*	560	3600 / 2400	1162 / 1090
19	Frachtdampfer „Western Ocean“	Amerika General-Electric Co. Schenektady USA		1918	1	10	2500	3380	90	37,5	VIII	1	400	3380	1851
20	Frachtdampfer „Assiout „Amarna“	England Power Plant of West Drayton Middlesex	Engineering 23. 5. 19	1919	1	11	2500	3000	70	42,8	V	*HD* / *ND*	500	3000	1224

Tabelle Nr. 45 (Fortsetzung). **Ausgeführte Zahnradgetriebe für Handelsschiffe mit Turbinenantrieb.**

Lfd. Nummer	1. Vorgelege								2. Vorgelege											
	Ritzel ϕ d mm	Tragende Zahnbreite b' mm	Umfangsgeschw. u m/sek	Liniendruck p kg/cm	b/Ritzel-ϕ $= \lambda$	Zahnneigung	Zahnteilung	Engl. Wert p/d bzw. $p\sqrt{d}$	n/min Rad	n/min Ritzel	Übersetzung	Rad ϕ D mm	Ritzel ϕ d mm	Tragende Zahnbreite b' mm	Umfangsgeschw. u m/sek	Liniendruck p kg/cm	b/Ritzel-ϕ $= \lambda$	Zahnneigung	Zahnteilung	Engl. Wert p/d bzw. $p\sqrt{d}$
11	216 329	2×254	36,2	94	2,4 1,5	—	4,72 π	4,33 16,4	90	434	4,83	2380	494	2×508	11,2	1325	—	—	8,1 π	18,9
12	132	2×235	23,2	103	1,78	—	—	7,8	90	583	6,46	1524	236	2×440	7,2	178	—	—	—	7,54
13	200	2×180	35	90	2	26°	3,8 π	4,47	90	458	5,1	1400	275	2×475	6,6	180	3,65	22°	6 π	34,3
14	140 200 270	2×110 2×140	29	78 72 114	1,85 1,3 1,2	—	—	5,6 3,56 21,7	80	425 425	5,31	2150	400 400	2×280	9	225	—	—	—	35,7 35,7
15	173 266	2×159	33,5	98	—	—	4,72 π	5,6 19,1	75	440	5,86	2450	416	2×406	9,5	135	—	—	8,46 π	21
16	314	2×330	10	157	1,05	—	—	28,1	—	—	—	—	—	—	—	—	—	—	—	—
17	200	2×170	37,7	80	0,85	45°	4,5 π	3,98	90	540	6,0	2400	400	2×320	11,3	140	—	30°	12,5 π	22,1
18	179,5 252	2×180	34 31,7	77 82	2,45 1,75	—	4,7 π	4,26 16,4	70	560	7,9	2708	342,5	2×260	10	179	—	—	10 π	30,6
19	219	2×185	33,8	65	1,95	45°	3,5 π	3,0	90	400	4,44	1690	380	2×443	7,95	133	2,55	30°	7,3 π	21,7
20	204	2×210	32	70	2,2	—	—	3,42	70	500	7,13	2446	346	2×280	9	185	—	—	—	31,5

Tabelle Nr. 45 (Fortsetzung). **Ausgeführte Zahnradgetriebe für Handelsschiffe mit Turbinenantrieb.**

Lfd. Nummer	Schiffstyp	Erbauer	Literaturquelle	Baujahr	Anzahl d. Wellen	Leistungsziffern: V in Sm./Std.	Leistungsziffern: N in WPS (gesamt)	Leistungsziffern: n/Min. Turbinen Wellen	Leistungsziffern: n/Min. Propeller Welle	Übersetzung	Getriebetyp	1. Vorgelege: Turbinen	1. Vorgelege: n/min Rad	1. Vorgelege: n/min Ritzel	1. Vorgelege: Rad ϕ D mm
21	Tankdampfer „Sucrosa", „Pacific", „Mielero"	Amerika General Electric Co. Schenektady	Schiffbau 1915/16 S. 778, Mar. Engineering Dez. 21 S. 534	1915/16	1	—	2400	3300	75	44	VIII	1	651	3300	830
22	Frachtdampfer „Singkep"	Holland Werkspoor	Engineering 14. 9. 23		1	11	2400	3500 / 2700	78	45 / 34,6	V	*HD* / *ND*	400	3500 / 2700	1610
23	Frachtdampfer „Thomas P. Beal"	Amerika Bath-Iron Works	Marine Engineering Dezember 21	1921	1	10	2200	1600	75	21,3	II	*HD* / *ND*	75	1600	3380
24	Frachtdampfer „Wolsum"	Holland De Schelde	Engineering 14. 9. 23	1921	1	—	2000	3300	75	44	V	*HD* / *ND*	423	3300	1420
25	Frachtdampfer „Ares"	Holland Stork	Engineering 14. 9. 23	1922	1	11	1800	3588 / 3408	80	44,8 / 42,6	IV	*HD* / *ND*	409	3588 / 3408	1540
26	Frachtdampfer „Polar Star"	Amerika Westinghouse Comp.			1		1700	3600	90	40	VI	1	414	3600	1340
27	Frachtdampfer „Porta"	Deutschland Vulcan-W., Hamburg		1921	1	11	1660	4275 / 3250	78	54,93 / 41,6	IV	*HD* / *ND*	555	4275 / 3250	993,6
28	Tankdampfer „Sjomand"	Norwegen John Thornicroft Co., Southampton	The Marine Engineer Januar 1922 S. 15	1921	1	11	1550	2600	85	30,5	V	*HD* / *MD* / *ND*	446	2600	1300
29	Frachtdampfer „Ambria"	Deutschland AEG	AEG Mitteilung März 23	1922	1	9	700	6000	95	63	V	*HD* / *ND*	690	6000	950
30	Seebäderdampfer „Cobra"	Vulcan-W., Hamburg		1926	2	16	2×1800	4500 / 3000	300	15,0 / 11,66	II	*HD* / *ND*	300	4500 / 3500	2135,56
31	„Conte Biancamano"	England Beardmore, Glasgow	Schiffbau 1926 vom 10. III.	1925	2	21	2×10500	2800 / 1500	95	29,5 / 15,8	V	*HD* / *ND*	407 / 407	2800 / 1500	1880

Tabelle Nr. 45 (Fortsetzung). **Ausgeführte Zahnradgetriebe für Handelsschiffe mit Turbinenantrieb.**

Lfd. Nummer	1. Vorgelege								2. Vorgelege											
	Ritzel ϕ d mm	Tragende Zahnbreite b' mm	Umfangsgeschw. u m/sek	Liniendruck p kg/cm	b/Ritzel-ϕ $= \lambda$	Zahnneigung	Zahnteilung	Engl. Wert p/d bzw. $p\sqrt{d}$	n/Min. Rad	n/Min. Ritzel	Übersetzung	Rad ϕ D mm	Ritzel ϕ d mm	Tragende Zahnbreite b' mm	Umfangsgeschw. u m/sek	Liniendruck p kg/cm	b/Ritzel-ϕ $= \lambda$	Zahnneigung	Zahnteilung	Engl. Wert p/d bzw. $p\sqrt{d}$
21	165	1×466	28,5	136	2,85	27°	3,8 π	8,24	75	657	8,75	2445	280	2×406	9,6	115	3,15	23°	6,8 π	21,8
22	183/236	2×180	33,5	78	—	—	4,04 π	4,2/3,29	78	400	5,13	2285	446	2×393	9,4	128	—	—	6,95 π	19,1
23	159	2×400	13,5	77	2,5	30°	4,74 π	4,75	—	—	—	—	—	—	—	—	—	—	—	—
24	183	2×127	31,5	98	—	—	4,72 π	5,3	75	423	5,64	2030	356	2×318	7,9	157	—	—	8,46 π	26,8
25	175/186	2×130	32,5	84	1,85/1,7	—	4,04 π	4,75/4,47	80	409	5,12	1525	294	2×350	6,4	160	2,7	30°	4,68 π	29,4
26	154	2×250	29	90	1,62	30°	4,25 π	5,8	90	414	4,6	1530	332	2×535	7,2	166	—	30°	9 π	28,9
27	128,8/170,2	2×150	28,9	75	1,16/0,88	30°	4 π	5,78/4,37	78	555	7,125	2089,5	293,3	2×450	8,52	83	3,1	30°	4 π	15,4
28	225	2×115	30,5	83	1,2	—	—	3,64	85	446	5,25	1900	362	2×290	8,5	118	—	—	—	19,7
29	110	2×87	35	45	2,45	—	—	4,05	95	690	7,2	2400	334	2×125	12	90	—	—	—	15,7
30	142,6/184,1	280	33,6	74/74	1,97/1,55	30°	4 π	5,17/3,98	—	—	—	—	—	—	—	—	—	—	—	—
31	276/515	2×381	41.0	130/130	1,38/0,74	—	7 π	—	95	407/407	4,3/4,3	3196	745/745	2×673	15,8	186	—	—	9 π	—

3. Eine Anlage etwas ungewöhnlicher Art ist die des Passagierdampfers „Drottningholm“ der Svenska-Amerika-Line, bei welcher drei Wellen vorgesehen sind, von denen die mittlere durch die *HD*-Turbine, die Seitenwellen von je einer *ND*-Turbine angetrieben werden. Die Anordnung von drei Wellen ist darauf zurückzuführen, daß das Schiff ursprünglich mit einer direktwirkenden Turbinenanlage versehen war.

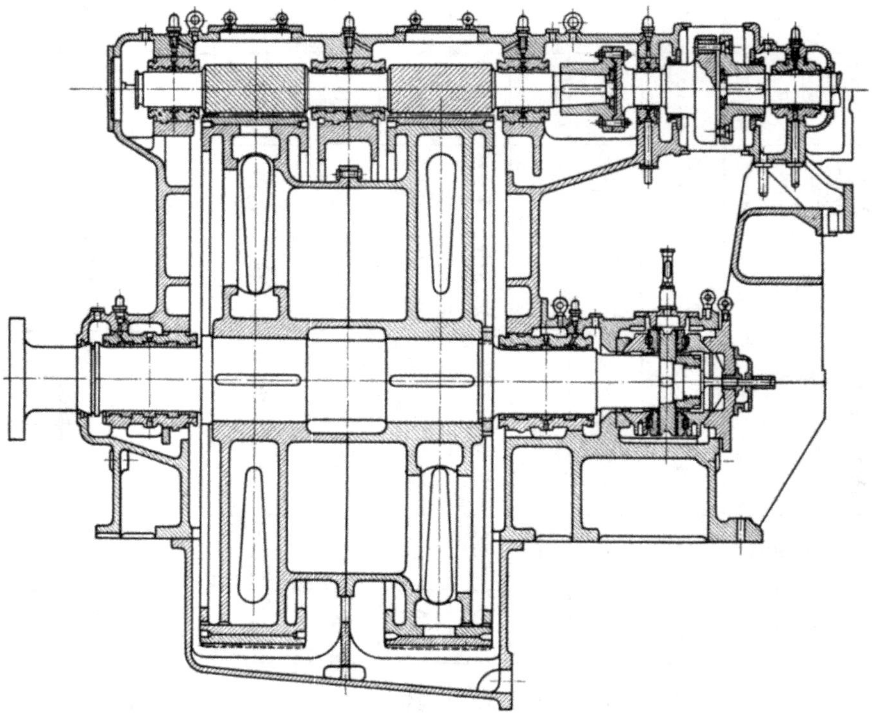

Abb. 259.

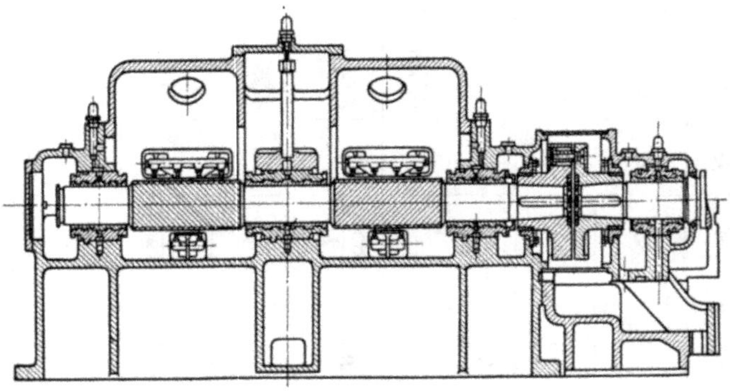

Abb. 260.

Die Hauptabmessungen der von Actiebolaget de Laval Angturbin, Stockholm, im Jahre 1922 gebauten Anlage sind die folgenden: Gesamtleistung der drei Wellen 9000 PSe, Drehzahl aller Turbinen 2400, der Propellerwellen 200 pro Minute.

Wie aus den Abb. 259 u. 261 hervorgeht, ist das Ritzel bei der *HD*-Turbine im Scheitel des großen Rades, bei den *ND*-Turbinen seitlich in der horizontalen Mittelebene des Rades angeordnet.

4. Das Rädergetriebe für den großen Passagierdampfer „Empress of Canada", erbaut von der Fairfield Engineering & Shipbuilding Comp. für die Canadian Pacific Steamship Ltd. zeigen die drei Abb. 262 bis 264.

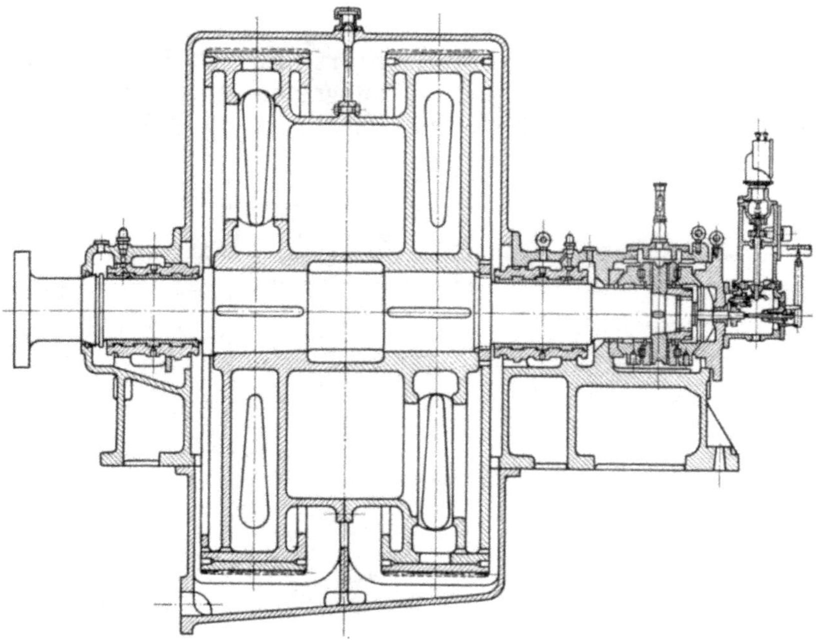

Abb. 261.

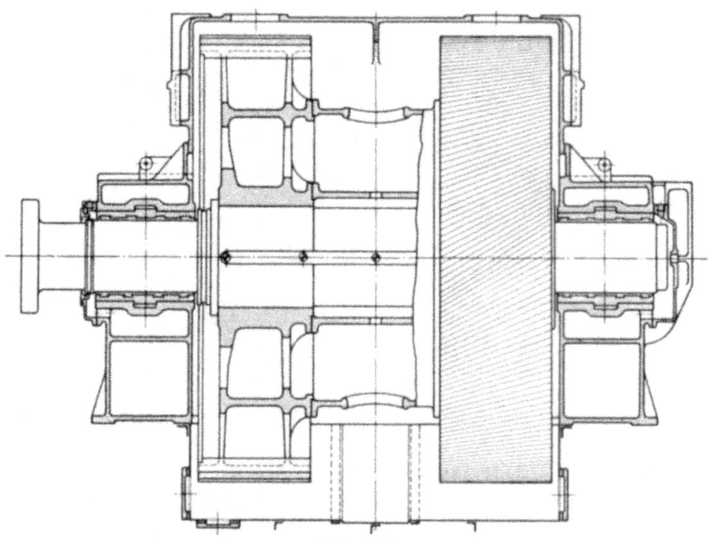

Abb. 262.

Die Turbinen dieses Schiffes sind bereits in § 84 beschrieben, auch ist die gesamte Anordnung der Maschinenanlage in § 187 behandelt, wo auch die näheren Angaben über Maschinenleistung und Drehzahlen zu finden sind.

Eine nähere Beschreibung der vorgenannten Abbildungen erübrigt sich, da sie nach dem vorstehend über die Konstruktion der Rädergetriebe Gesagten ohne weiteres verständlich sind.

Als besonders bemerkenswert soll nur die mit besonders großer elastischer Länge ausgeführte Verbindung zwischen Turbine und Ritzel des ersten Vorgeleges erwähnt werden, welche durch Anordnung einer besonders stark verlängerten Turbinenwelle und einer dieselbe umschließenden Hohlwelle, wie früher schon beschrieben, erzielt wird.

5. Die Turbinenanlage des Frachtdampfers „Porta" nebst dem zugehörigen doppelten Übersetzungsgetriebe zeigt die Photographie Abb. 268. Auch diese Maschinenanlage ist bereits mehrfach erwähnt (vgl. hierzu die §§ 84 u. 190, von denen

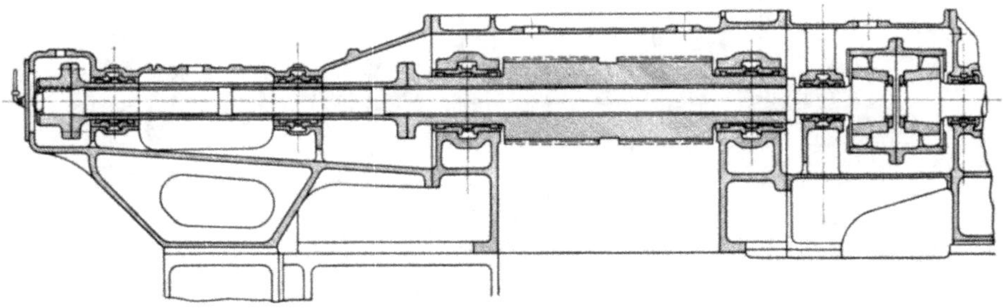

Abb. 263.

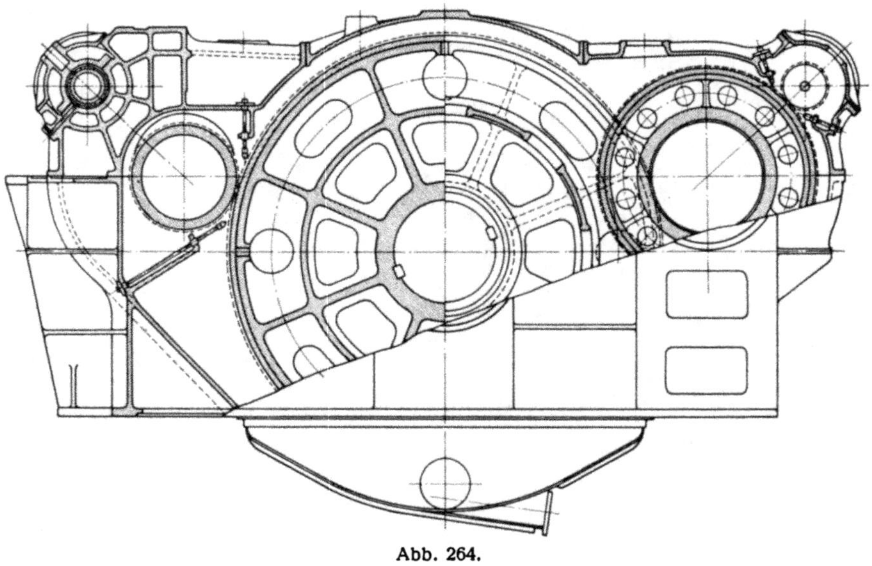

Abb. 264.

der letztgenannte die Gesamtanordnung der Maschinenanlage und die wichtigsten Hauptdimensionen wiedergibt). Die Einzelheiten des Getriebes gehen aus den Abb. 265 bis 267 hervor, welche nach allen vorhergehenden Darlegungen ohne weiteres verständlich sind. Abb. 265 zeigt das hohl ausgeführte Ritzel des II. Vorgeleges.

6. Das Rädergetriebe mit doppelter Übersetzung für den großen Passagierdampfer „Conte Biancamano", von William Beardmore & Co. in Glasgow 1925 für den Lloyd Sabaudo geliefert.

Das Schiff ist als Zweiwellenschiff gebaut, die Geschwindigkeit beträgt 21 Knoten. Die Propellerwellen machen 95 Umdrehungen bei einer Leistung von 12000 WPS pro Welle.

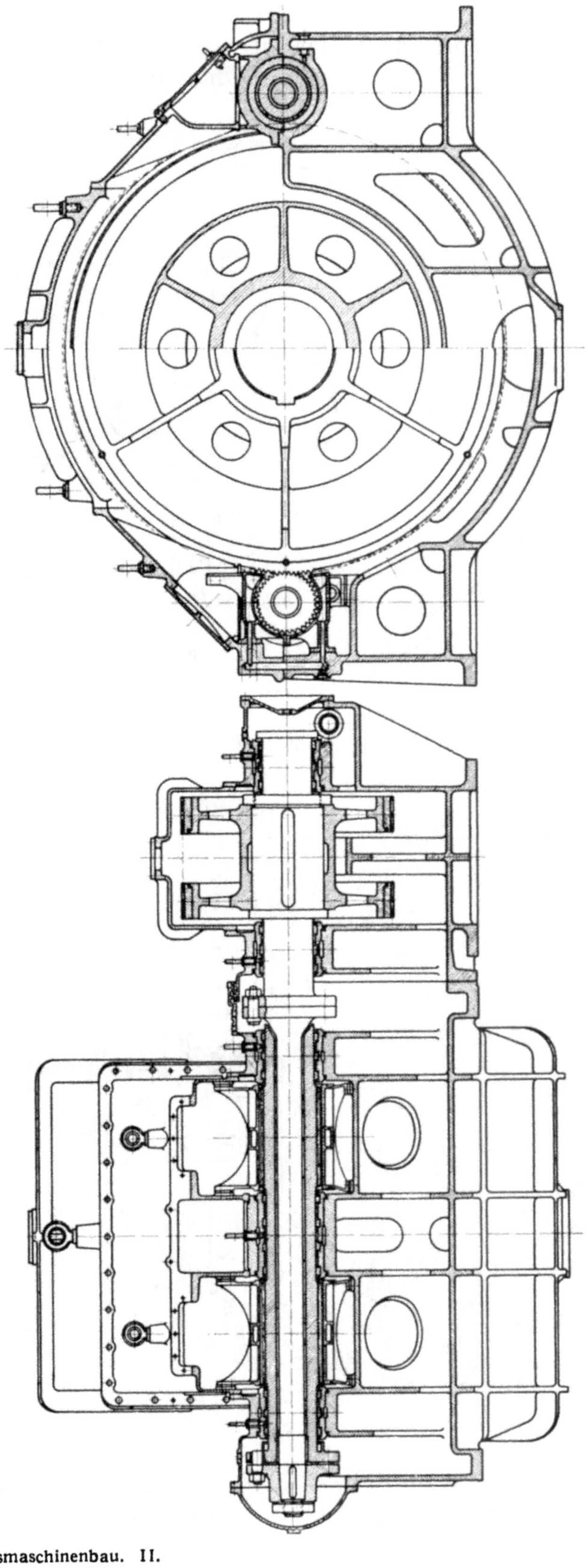

Abb. 265.

Die Anordnung der Maschinenanlage ist aus Abb. 297 ersichtlich. Auf jeder Welle ist eine *HD*- und eine *ND*-Turbine angeordnet, deren Drehzahl 2800 bzw. 1500

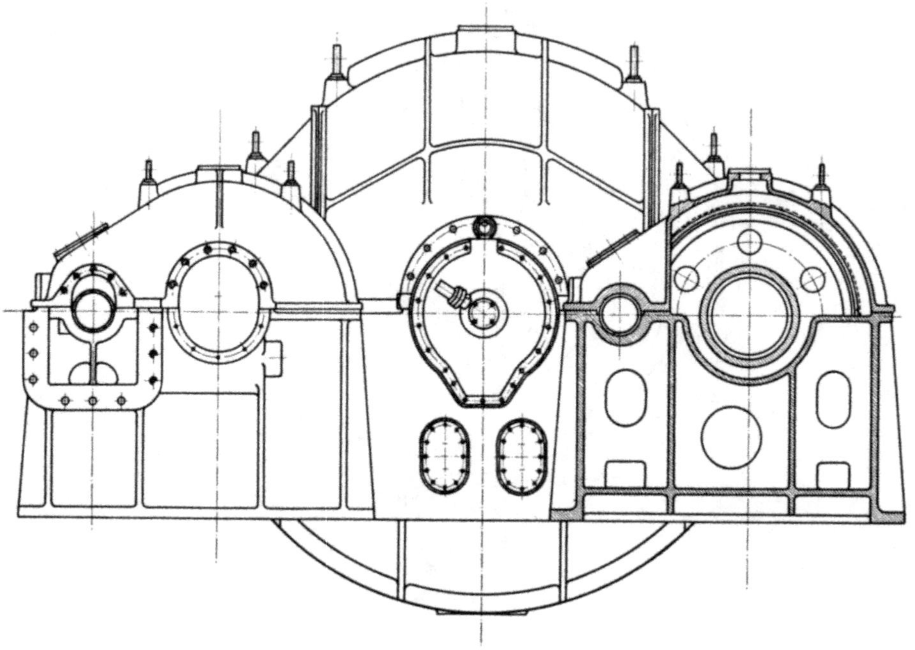

Abb. 266.

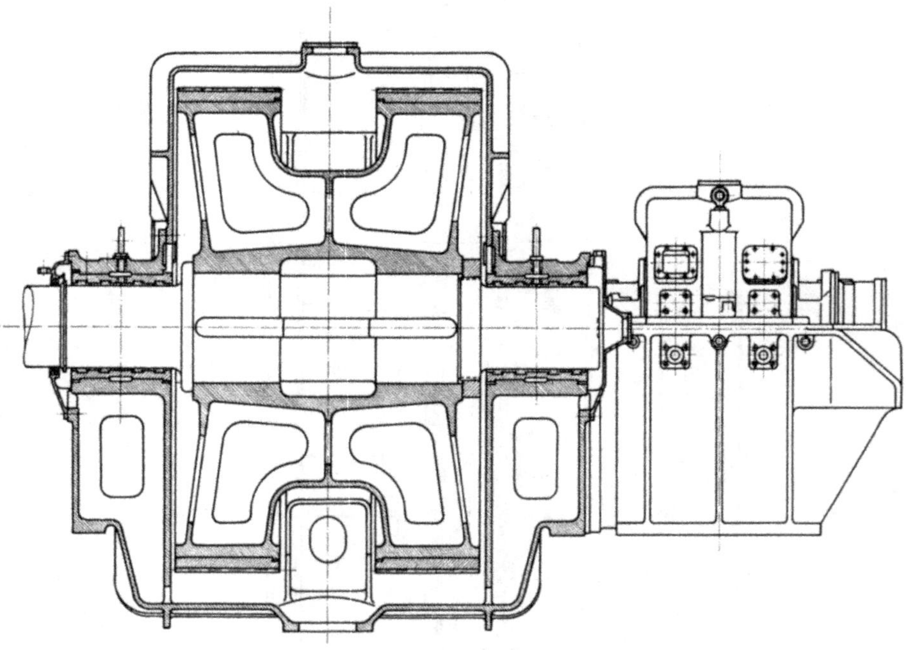

Abb. 267.

beträgt. Die Konstruktion der Turbinen zeigt Abb. 269 u. 270. Eine Rückwärtsturbine ist nur im Gehäuse der *ND*-Turbine angeordnet.

Abb. 268.

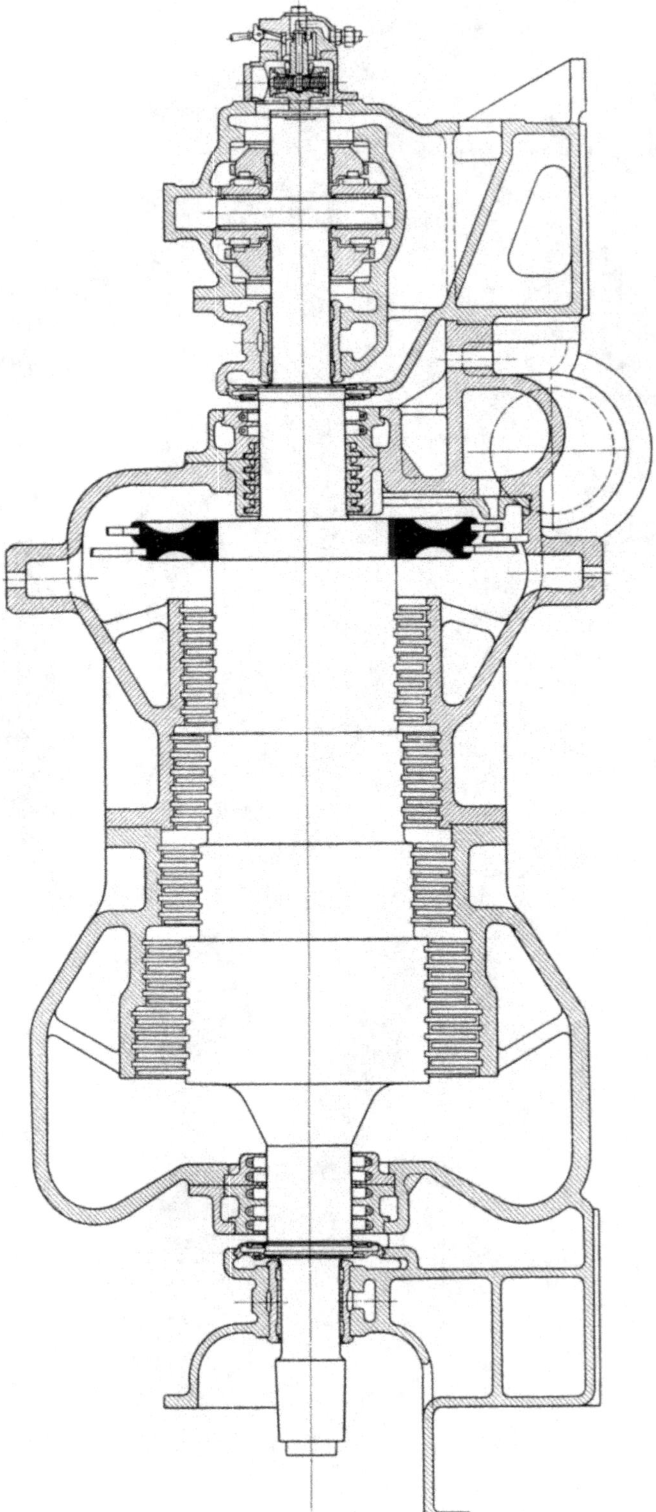

Abb. 269.

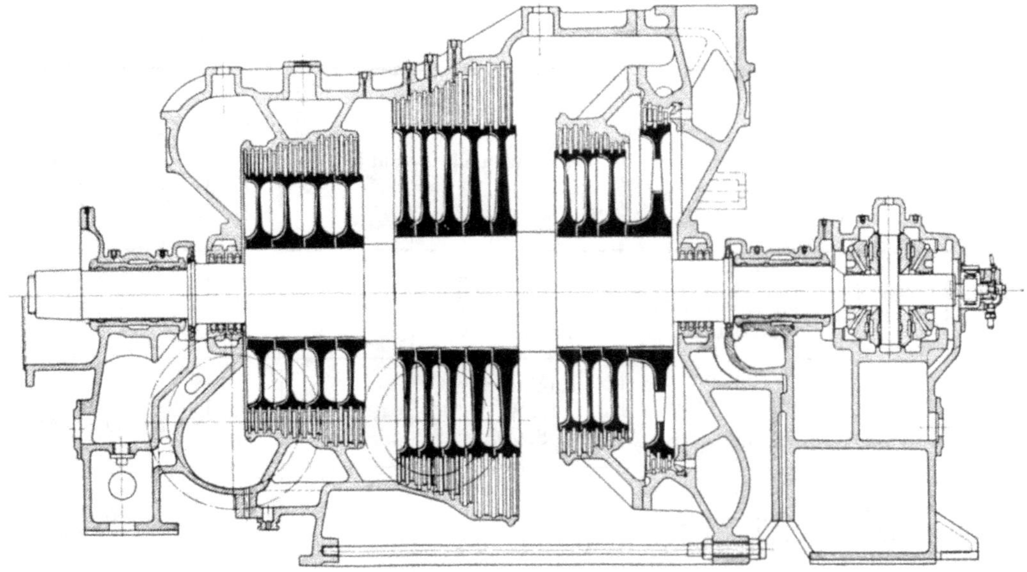

Abb. 270.

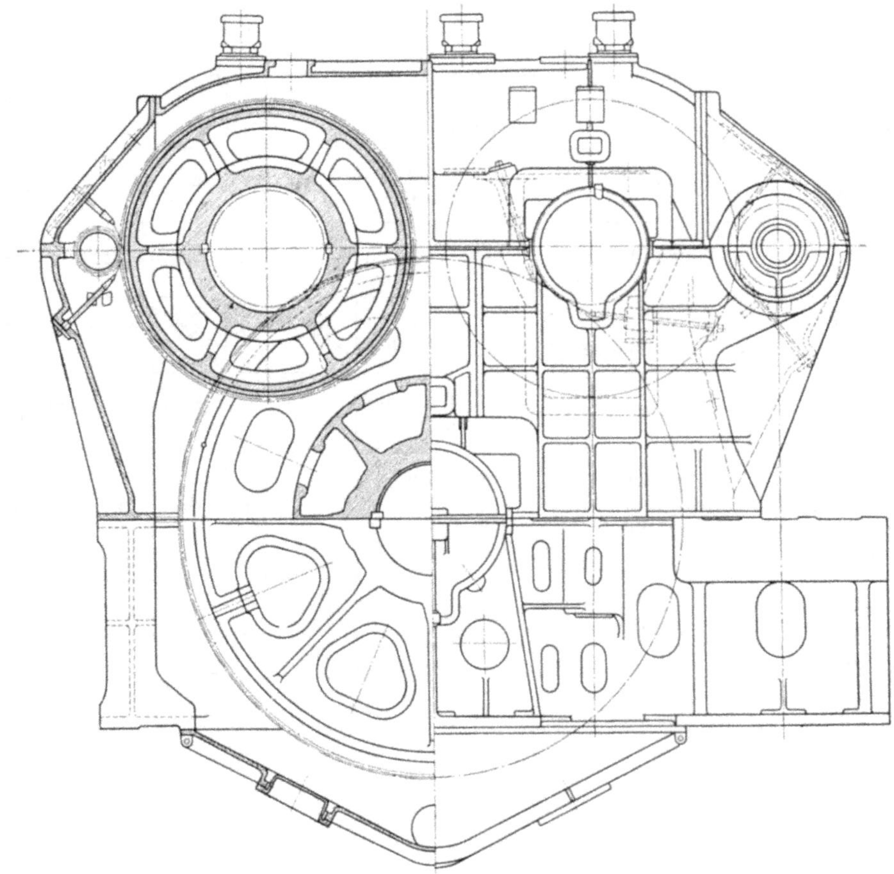

Abb. 271.

Tabelle

Ausgeführte Zahnradgetriebe

Lfd. Nummer	Schiffstyp	Erbauer	Literaturquelle	Baujahr	Anzahl d. Wellen	Leistungsziffern: V in Sm./Std.	N in WPS (gesamt)	Turbinenwelle Umdr./Min.	Propellerwelle Umdr./Min.
1	Schlachtkreuzer „Hood"	England John Brown and Co. Clydebank	Engineering 26. März 1920 9. April 1920	1920	4	32	144 000	$\frac{1500}{1100}$	210
2	Großer Kreuzer „Furious"	England Wallsend Slipway and Engin. Co. Wallsend on Tyne	Engineering 15. 8. 19 S. 203	1919	4	31,5	94 000 4×23 500	$\frac{2580}{1380}$	330
3	Scout Cruiser „Richmond"	Amerika Cramp and Sons Philadelphia	Journal of the Amer. Society Aug. 23. S. 484	1923	4	35	4×23 200	$\frac{2515}{1488}$	368
4	Kleiner Kreuzer „Danoe"	England	Engineering 9. 4. 1920	—	2	—	40 000	$\frac{2570}{1400}$	275
5	Leichter Kreuzer „Dauntless"	England	Engineering 9. 4. 1920	—	2	—	40 000	$\frac{1800}{1800}$	275
6	Leichter Kreuzer „Calypso"	England	Engineering 9. 4. 1920	—	2	—	40 000	$\frac{2665}{1435}$	340
7	Zerstörer „Seafire"	England	Engineering 9. 4. 1920	—	2	—	27 000	$\frac{2985}{2262}$	350
8	Zerstörer „Leonidas"	England	Engineering 9. 4. 1920	—	2	—	22 500	$\frac{3340}{1815}$	380
9	Zerstörer „Pruith"	Amerika Bath Iron Works	Schiffbau v. 17./24. 8. 21	1920	2	35	2×13 750	$\frac{3030}{1800}$	442
10	Zerstörer „Dent"	Amerika	Marine Engineering Sept. 1919. S. 577	1914/18	2	36,9	2×14 000	$\frac{2988}{1775}$	436
11	Torpedoboote „Wrangel" und „Wachtmeister"	Schweden Laval Gesell. Stockholm	Engineering 10. 10. 19 S. 471	—	2	34	11 000	$\frac{3600}{3600}$	450
12	Kanonenboote „Les Esparges" u. „Lassigny"	Frankreich	Schiffbau 19. 10. 21	1921	2	20	2×2500	3000	380

Nr. 46.

für Kriegsschiffe mit Turbinen-Antrieb.

Übersetzung i	Getriebetyp	Turbinen	n/min Rad	n/min Ritzel	Rad ϕ D mm	Ritzel d mm	Tragende Zahnbreite b' mm	Umfangsgeschw. u m/sek	Liniendruck p kg/cm	b/d λ	Zahnneigung	Zahnteilung	Engl. Wert p/d bzw. $p/\sqrt{d}$
7,13/5,23	II	*HD*/*ND*	210	1500/1100	3650	512/698	2×930	40,25	175,5/185	1,81/1,33	30°	8 π	24,4/22,1
7,8/4,2	II	*HD*/*ND*	330	2580/1380	2100	270/500	2×750	36,4	161	2,78/1,5	38°	—	30,6/22,5
6,84/4,05	II	*HD*/*ND*	368	2515/1488	2215	324/546	2×665	42,6	154	2,05/1,2	~ 45°	4,72 π	27/20,9
9,34/5,09	II	*HD*/*ND*	275	2570/1400	2790	298,5/546	2×650	40,25	122/162	2,17/1,19	33°	4,72 π	22,5/22
6,54/6,54	II	*HD*/*ND*	275	1800/1800	2538	389/389	2×740	36,7	137/137	1,9	30°	4,72 π	22
7,83/4,22	II	*HD*/*ND*	340	2665/1435	2132	272/504	2×667,5	38	117/176	2,45/1,32	44°	4,72 π	22,5/24,7
8,53/6,46	II	*HD*/*ND*	350	2985/6260	2180	256/337	2×486	39,9	120/138	1,9/1,44	30°	4,72 π	23,7/23,4
8,78/4,77	II	*HD*/*ND*	380	3340/1815	2140	244/448	2×350	42,7	126/149	1,43/0,78	44°	4,72 π	3,23/22,2
6,85/4,07	II	*HD*/*ND*	442	3030/1800	1726,23	251,8/423,9	965	40	134	3,84/2,27	—	—	26,7/20,6
6,85/4,07	II	*HD*/*ND*	436	2988/1775	1728	252/424	1×950	39,4	140/140	3,8/2,2	40°	4,72 π	27,9/21,5
8	II	*HD*/*ND*	450	3600/3600	1373	172/172	2×350	32,5	91/91	2	40°	4 π	5,29/5,29
7,9	VIII	—	1. Vorgelege										
			1225	3000	455	185,6	2×216	29,1	75	2,49	30°	5,5 π	4,07
			2. Vorgelege										
			380	1225	914	286,5	2×177,5	18,2	147	1,4	30°	7,3 π	27,2

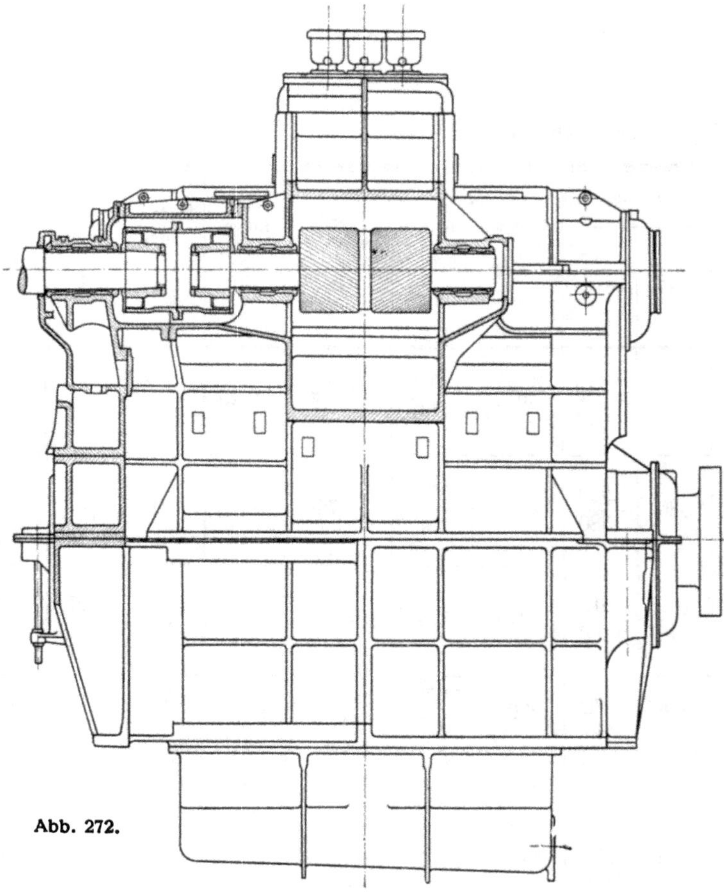

Abb. 272.

Das doppelte Übersetzungsgetriebe hat auf der *HD*-Seite eine Übersetzung von 29,5, auf der *ND*-Seite eine solche von 15,8. Der Aufbau des Getriebes geht aus der Schnittzeichnung Abb. 271 hervor; wie aus derselben ersichtlich, liegen die Ritzel des großen Rades erheblich über der Mitte desselben, woraus eine wesentliche Ersparnis in der Breitenausdehnung des Getriebes resultiert. Die Hauptabmessungen der Zahnräder sind in Tabelle Nr. 45 unter 31 enthalten.

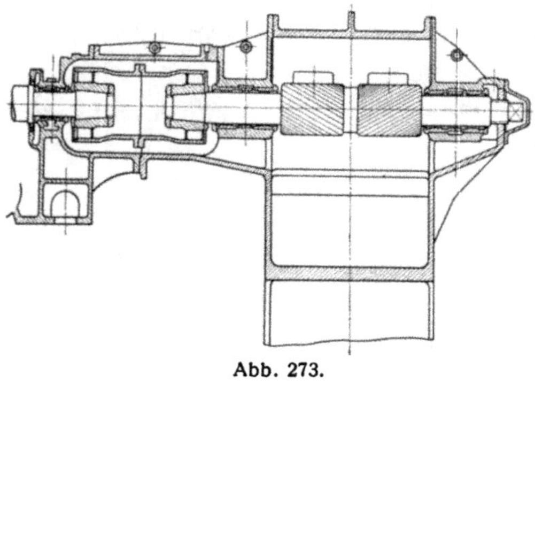

Abb. 273.

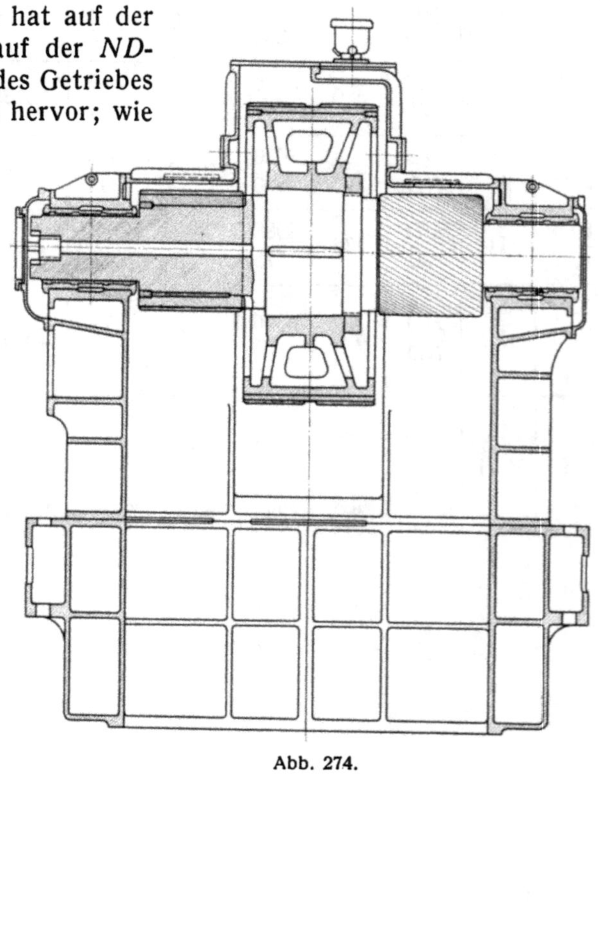

Abb. 274.

Abschnitt III.

Der Föttinger Transformator.

§ 162. **Wirkungsweise des Föttinger-Transformators.** Der Grundgedanke des Föttinger-Transformators ist der, die Wellenleitung an einer Stelle zu durchschneiden und auf der treibenden Seite (Turbinenseite) eine Zentrifugalpumpe anzubringen, welche eine bestimmte Menge Wasser einer auf der angetriebenen Seite (Seite des Propellers) angebrachten Wasserturbine zuführt, aus welcher dasselbe wieder in die Pumpe zurückströmt, so daß es also einen fortwährenden Kreislauf zurücklegt.

Diese Idee würde an sich keine wichtige Neuerung gebildet und auch nicht allein genügt haben, um praktische Verwendungsmöglichkeiten zu schaffen; denn es ist sowohl der Wirkungsgrad bester Zentrifugalpumpen, als auch derjenige bester Wasserturbinen nicht höher als 85%, so daß die Kombination beider Apparate im günstigsten Falle nicht mehr als etwas über 70% Wirkungsgrad hätte ergeben können.

Nun ist aber beim Föttinger-Transformator ein neues Moment eingeführt, indem Zentrifugalpumpe und Wasserturbine in so eigenartiger Weise eng miteinander verbunden sind, daß durch diese Verbindung die den beiden Maschinen anhaftenden Verluste erheblich reduziert werden. Der gesamte Wirkungsgrad des Apparates steigt hierdurch je nach der zu übertragenden Leistung und dem Übersetzungsverhältnis auf 85 bis 91%.

Gleichzeitig kann der Föttinger-Transformator umsteuerbar eingerichtet werden, so daß bei Verwendung desselben die Rückwärtsturbinen in Fortfall kommen. Die Umsteuerbarkeit des Transformators wird dadurch erreicht, daß man hintereinander einen Vorwärts- und einen Rückwärtskreislauf anordnet. Beim Umsteuern wird der arbeitende Kreislauf entleert und das Arbeitswasser dem anderen Kreislauf momentan zugeführt. Vorwärts- und Rückwärtskreislauf unterscheiden sich nur durch die Beschaufelung der dieselben bildenden Räder.

§ 163. **Beschreibung des Föttinger-Transformators für Schiffsantrieb.** Einen nicht umsteuerbaren Transformator zeigt in schematischer Form Abb. 275. Auf der treibenden Welle W_1 ist das Pumpenrad A angeordnet; dasselbe schleudert das Wasser in ein feststehendes Leitrad B, aus demselben tritt das Wasser in das getriebene Turbinenrad C ein, welches auf der Propellerwelle W_2 angebracht ist. Soll dieser Transformator als Vorwärtskreislauf benutzt werden, d. h. also für die beiden Wellen W_1 und W_2 gleichen Drehsinn ergeben, dann muß die Beschaufelung so ausgeführt werden, wie Abb. 276 in schematischer Abwicklung zeigt. Soll aber der Transformator die Bewegung der Welle W_1 umkehren, so daß also die Welle W_2 den entgegengesetzten Drehsinn wie W_1 bekommt, dann muß die Beschaufelung nach der schematischen Abb. 277 erfolgen. Es erhellt sofort, daß, wenn in geeigneter Weise zwei derartige Kreisläufe verbunden sind, man den Drehsinn der getriebenen Welle — ohne Änderung der Drehrichtung der treibenden — nach Belieben umkehren kann, indem man den bisher gefüllten Kreislauf durch Entleeren abschaltet und dafür den anderen in in Betrieb setzt. Abb. 275 zeigt eine Form, welche in dieser Einfachheit bei Schiffsantrieb kaum zur Anwendung kommen kann. Hierbei wird nämlich stets eine ziemlich große Übersetzung notwendig, welche mit einstufigem Turbinenrad schwer erreichbar ist, ohne an Wirkungsgrad einzubüßen. Es wird daher wenigstens der Vorwärtskreislauf bei Schiffstransformatoren meistens zweistufig ausgeführt.

Die Abb. 117 zeigt den Transformator des kleinen Kreuzers „Wiesbaden", welcher in § $84,_5$ eingehend beschrieben ist. Die Leistung der Dampfturbine beträgt 16500 PS, die Tourenzahl derselben 1100, diejenige der Propellerwelle 336 pro Min, der Wirkungsgrad des Transformators ca. 90%. Zum besseren Verständnis sind die wichtigsten Teile des Transformators in Abb. 278 besonders dargestellt, und zwar ist in derselben der rotierende, primäre Teil, d. h. also die beiden von der Primärwelle angetriebenen Pumpen für Vorwärts- und Rückwärtsgang schraffiert, der sekundäre Teil, d. h. also erstes und zweites Sekundärrad vorwärts und das Rückwärtssekundär-

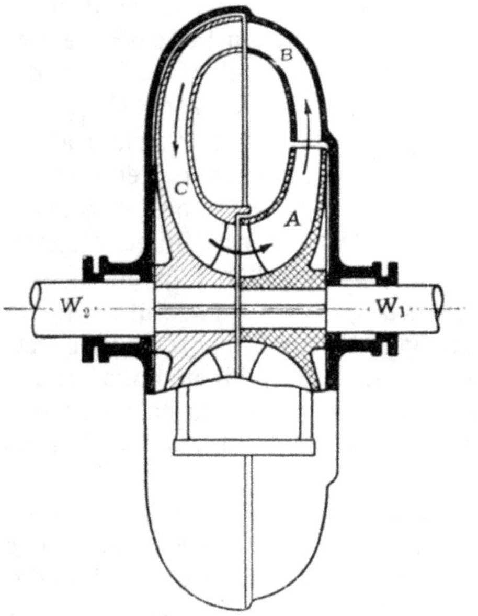

Abb. 275.

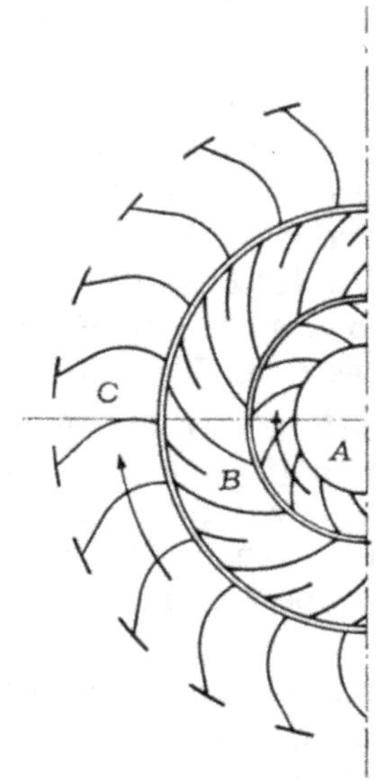

Abb. 276.

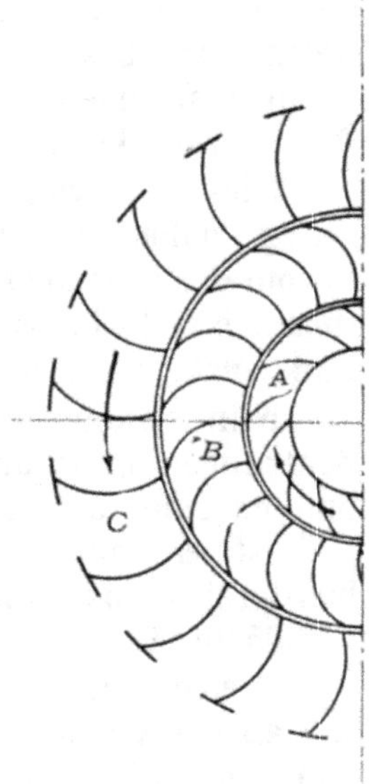

Abb. 277.

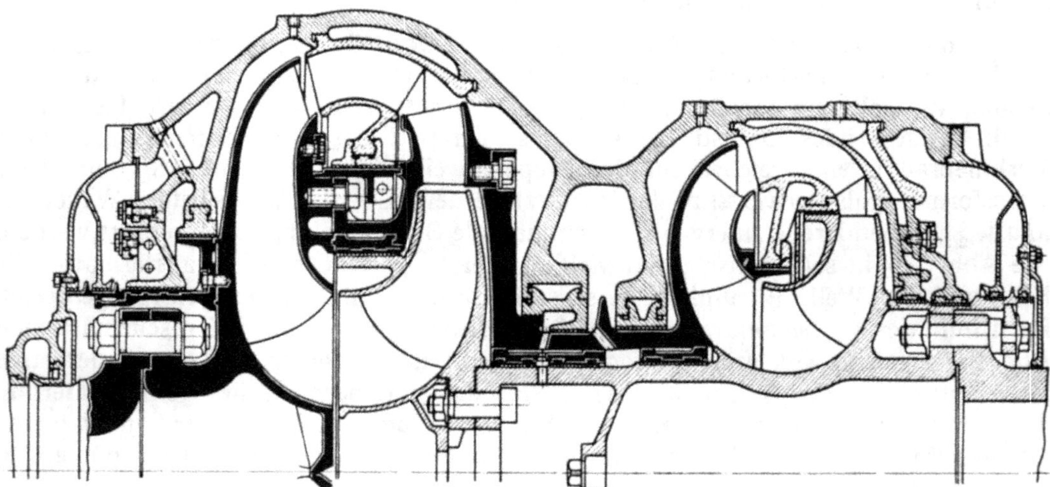

Abb. 278.

rad schwarz angelegt und die Leitapparate für Vorwärts- und Rückwärtsgang durch gestrichelte Schraffur kenntlich gemacht, während das feststehende Gehäuse wie der Primärrotor schraffiert ist.

Aus dieser Abbildung sowie aus Abb. 279 läßt sich mit einem Blick übersehen, in welcher Weise der gesamte Sekundärteil des Transformators auf der getriebenen Welle fliegend angeordnet ist. Es wird auch aus dieser Abbildung erklärlich, warum der Rückwärtskreislauf der Dampfturbine zunächst angeordnet ist; derselbe kann nämlich, da man sich mit einer Rückwärtsleistung von 70 bis 80% der Vorwärtsleistung in allen vorkommenden Fällen zufriedengeben kann, kleiner gehalten werden als der Vorwärtskreislauf. Das Gewicht des Sekundärteiles für den Rückwärtskreislauf wird infolgedessen erheblich kleiner als beim Vorwärtskreislauf, und es ist daher richtig, diesen leichteren Sekundärteil an das äußere Ende des frei fliegenden Sekundärrotors zu

Abb. 279.

verlegen. Die Rotationskörper, aus welchen der Sekundärteil besteht, können ohne Schwierigkeit so stark gestaltet werden, daß nur sehr geringe Beanspruchungen in demselben auftreten. Drehmoment und Biegung müssen allerdings auch von den Schaufeln des Sekundärrotors übertragen werden, doch stehen hier große Querschnitte zur Verfügung, daß auch an diesen Stellen die Übertragung des Drehmomentes und der Biegung auf keine Schwierigkeiten stößt.

Durch die Spalten zwischen den Rädern bzw. Wellen und dem Gehäuse des Transformators tritt selbstverständlich fortwährend eine gewisse Quantität Wasser aus, welche man in einen unter dem Transformator angebrachten Tank fließen läßt. Um dieses Leckwasser fortwährend wieder in den Transformator zurückzubefördern, bedient man sich einer kleinen Zentrifugalpumpe, der sogenannten Rückförderpumpe. Diese hat auch die Aufgabe beim Umsteuern den zu füllenden Kreislauf rasch mit Arbeitswasser zu versorgen, während der abzustellende Kreislauf selbsttätig leerläuft.

Für die Füllung des Transformators wird am besten Süßwasser verwendet.

Bei größeren Ausführungen hat es sich als zweckmäßig erwiesen, das Kesselspeisewasser durch den Kreislauf zirkulieren zu lassen, wodurch von der Verlustwärme des Transformators etwa 1,5% wieder nutzbar gemacht werden.

Ein- und Auslaß jedes der beiden Kreisläufe werden durch einen gemeinsamen Schieber mittels Handhebels gesteuert, bei großen Ausführungen auch durch Umsteuermaschinen.

Demzufolge besteht der Manövrierapparat eines Turbotransformator-Aggregates aus

dem Hauptabsperrventil der Turbine, das genau wie bei einer Kolbenmaschine ausgebildet ist und

dem Steuerschieber des Transformators, welcher der Umsteuerung der Kolbenmaschine entspricht.

Die Umsteuerung von „volle Kraft voraus" auf „volle Kraft rückwärts" erfolgt ohne vorheriges Schließen des Dampfventils, da der Regulator das Ansteigen der Tourenzahl über die gewünschte zulässige Höhe verhindert.

Die Geschwindigkeit der Schraubenwelle kann reguliert werden:

durch das Manövrierventil, wobei die Turbinendrehzahlen ungefähr proportional den Schraubendrehzahlen zurückgehen, so daß das Übersetzungsverhältnis ungefähr konstant bleibt, und

durch die Steuerschieber der Transformatoren allein, indem deren Steuerkolben nicht in die Endstellung, sondern in eine bestimmte Mittellage gestellt werden. In diesem Falle behalten die Dampfturbinen die vom Regulator vorgeschriebene Tourenzahl bei, die Propellertourenzahl geht infolge der unvollkommenen Füllung des Transformators zurück, und zwar wenn dies gewünscht wird, bis auf 0, so daß man also bei mit unveränderter Tourenzahl weiter laufender Turbine die Sekundärwelle mit einem Ruck des Handhebels stoppen kann.

Diese beiden Reguliermöglichkeiten können je nach den Erfahrungen des praktischen Betriebes vereinigt oder jede für sich verwendet werden.

Im Transformator tritt ein Axialschub auf, und zwar sowohl im treibenden, dem Primärteil, als auch im getriebenen, dem Sekundärteil. Ersterer Schub ist nach hinten gerichtet und wird dadurch aufgenommen, daß man die Dampfeinströmung in die Turbine an das hintere Ende verlegt, wodurch ein Trommelschub nach vorne auftritt. Zur Aufnahme des auf den Sekundärteil wirkenden Schubes wird hinter dem Transformator ein Drucklager angeordnet, welches die Differenz des nach hinten gerichteten Sekundärschubes und des Propellerschubes aufnimmt.

Was im übrigen die Ausführung des Transformators betrifft, ist folgendes zu bemerken.

Die Primärräder werden genau wie diejenigen hochwertiger Zentrifugalpumpen aus Bronze mit angegossenen Schaufeln ausgeführt, welche nach den Regeln des Zentrifugalpumpenbaues räumliche Krümmung erhalten. Die Oberfläche der Schaufeln wird, um die Reibungswiderstände zu verringern, sorgfältig geglättet. Nach den gleichen Prinzipien werden die Sekundärräder und die Leiträder hergestellt. Das Gehäuse wird nur in speziellen Fällen aus Bronze, sonst aus Gußeisen angefertigt. Ein Rosten desselben ist nicht zu befürchten, da für den Betrieb des Transformators, wie oben bemerkt, stets reines Süßwasser verwendet wird, welches, soweit es durch die Spalten nach außen austritt, oder beim Umsteuern entleert wird, durch die Rückförderpumpe aus dem Tank, in welchen es fließt, stets wieder dem Transformator zugeführt wird. Die Wellen, namentlich diejenigen des Sekundärteiles, werden kräftig ausgeführt, wodurch sich mit Leichtigkeit die Durchbiegung auf das zulässige Maß verringern läßt.

§ 164. **Hydraulische Vorgänge im Transformator und Grundlagen zur Berechnung desselben**[1]). Die Energieübertragung vom Primärteil auf den Sekundärteil des Vorwärtskreislaufes erfolgt im allgemeinen in der Weise, wie in dem Schema Abb. 280 dargestellt ist. In demselben ist der mittlere Wasserweg durch das Primärrad, das erste Sekundärrad, den Leitapparat und das zweite Sekundärrad in abgewickelter

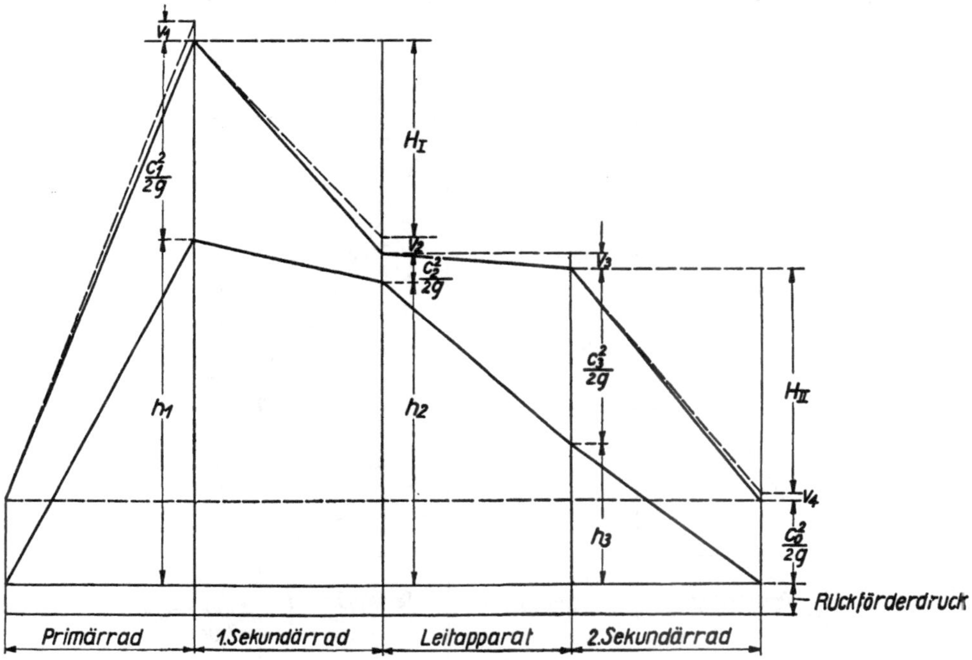

Abb. 280.

Form als Abszisse und der Energieinhalt für 1 kg Wasser als Ordinate aufgetragen, und zwar getrennt in Druckhöhe und Geschwindigkeitshöhe.

Zunächst ist zu bemerken, daß der ganze Transformator während des Betriebes unter dem konstanten Druck der Rückförderpumpe steht, welche bestimmt ist, die durch die Außendichtungen abströmenden Verlustwassermengen zu ersetzen. Dieser Druck hängt von dem an der Einfüllstelle herrschenden Druck ab, den er nur um ein Geringes übersteigt. Um den gleichen Betrag erhöhen sich sämtliche Drücke im ganzen Transformator. Ferner bleibt, wie aus dem Diagramm ersichtlich, eine bestimmte Geschwindigkeitshöhe $\left(\frac{c_0^2}{2g}\right)$ während der ganzen Durchströmung des Transformators dem Wasser stets erhalten. Hierauf bauen sich sodann die im Primärteil erzeugten Energiemengen auf, welche von dem Sekundärteil, abzüglich der Verluste, wieder aufgezehrt werden.

[1]) Über den hydraulischen Transformator vgl. Föttinger „Eine neue Lösung des Schiffsturbinenproblems", Jahrbuch der Schiffbautechnischen Gesellschaft 1910, ferner siehe Spannhake, „Der Föttinger-Transformator", Bayerisches Industrie- u. Gewerbeblatt Nr. 23/24 und 25/26 von 1917.

Man ersieht aus der Abbildung, daß im ersten Primärrad dem Wasser die statische Druckhöhe h_1 erteilt wird, und daß die Geschwindigkeitshöhe ebenfalls um einen gewissen Betrag, d. h. also auf $c_1^2/2g$ erhöht wird. Im Primärrad tritt nur ein kleiner Verlust, namentlich durch Reibung an den Wänden des Rades ein, welcher mit v_1 bezeichnet ist. Im ersten Sekundärrad wird eine Gesamtenergie H_1 verarbeitet, wozu noch Verluste im Betrage von v_2 Einheiten treten. In diesem Rade wird hauptsächlich Geschwindigkeit und nur wenig Druck weggearbeitet, dasselbe wirkt also hauptsächlich als Aktionsrad. Es folgt hierauf der Leitapparat, in welchem die Energie bis auf den Verlust v_3 erhalten bleibt, indessen ein erheblicher Teil des Druckes wieder in Geschwindigkeit umgesetzt wird, und schließlich das zweite Sekundärrad, in welchem der Rest des Überdruckes über den Rückförderdruck und der Rest der Geschwindigkeit über $c_0^2/2\,g$ aufgezehrt wird, wobei der kleine Verlust v_4 eintritt.

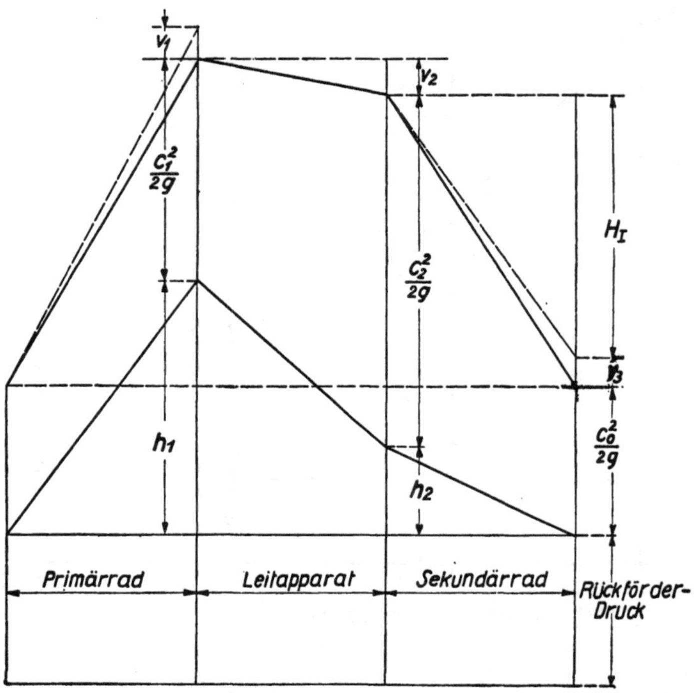

Abb. 281.

Das gezeichnete Diagramm gibt die Verhältnisse bei dem in Abb. 279 dargestellten Transformator für den Seebäderdampfer „Königin Luise" wieder, dessen Leistung und Drehzahl in § 166 genannt sind. Ähnliche Verhältnisse, wie hier gezeigt, liegen auch den übrigen ausgeführten Transformatoren zugrunde. Die Werte dieser Drücke und Geschwindigkeiten erreichen bei Transformatoren, welche mit hohen Drehzahlen arbeiten, höhere Beträge, bei Transformatoren mit niedriger Primärdrehzahl bleiben sie entsprechend unter denselben. Bei einem Torpedobootstransformator, der bei einer Primärdrehzahl von 2300 eine Leistung von 13000 PS zu übertragen hatte, betrug z. B. der Druck am Ende des ersten Primärrades 21 kg/qcm, die Geschwindigkeit 52,5 m/sek, während bei dem in § 166 genannten Transformator für den Passagierdampfer „Tirpitz" der Druck nur 7,2 kg/qcm und die Geschwindigkeit nur 29,25 m/sek betrug.

Die Menge des durch den Transformator pro Zeiteinheit zirkulierenden Wassers ist, nachdem Druck und Geschwindigkeit festgelegt sind, bereits gegeben, da die zu übertragende Energie bekannt ist. Als Anhaltspunkt mag mitgeteilt werden, daß diese Wassermenge bei dem Transformator für den Seebäderdampfer „Königin Luise" 1,81 kg/sek, bei dem Transformator für den Passagierdampfer „Tirpitz" 6,98 kg/sek beträgt.

Ähnliche Verhältnisse, wie oben für den Vorwärtskreislauf beschrieben, walten beim Rückwärtskreislauf ob, nur sind die Verluste bei demselben größer.

Über den Energieumsatz gibt das Diagramm Abb. 281 generellen Aufschluß, welches ebenfalls die Verhältnisse beim Seebäder-Dampfer „Königin Luise" wiedergibt.

Im übrigen gibt für die Bemessung von Transformatoren wenigstens angenähert das hydraulische Ähnlichkeitsgesetz rasch Aufschluß, so daß, wenn die Abmessungen eines Transformators bekannt sind, die eines anderen — wenigstens solange das Übersetzungsverhältnis konstant bleibt — schnell ermittelt werden können. Soll also von einem gegebenen Transformator auf einen zweiten geschlossen werden, der dem ersteren geometrisch vollkommen ähnlich ist, und welcher das gleiche Übersetzungsverhältnis besitzt, so gelten folgende Beziehungen:

1. bleibt die Drehzahl konstant, so steigt die Leistung mit der fünften Potenz der linearen Abmessungen,
2. bleiben die linearen Abmessungen konstant, so steigt die Leistung mit der dritten Potenz der Drehzahl,
3. bleibt die Leistung konstant, so vermindern sich die Abmessungen mit der fünften Wurzel aus der dritten Potenz der Drehzahl.

Dichtungen. Da, wie aus dem Vorstehenden ersichtlich, sowohl in den einzelnen Rädern des Transformators gewisse Druckunterschiede den anderen Rädern gegenüber entstehen, als auch im Gehäuse Druckunterschiede gegenüber der Atmosphäre und dem nicht in Arbeit befindlichen Kreislauf sich einstellen, wird, um die Spaltverluste zu verringern, wie eingangs erwähnt die Anordnung von Dichtungen an denjenigen Stellen, wo das größte Bestreben zu einem Druckausgleich vorliegt, notwendig. Die Dichtungen werden als besonders konstruierte Spitzendichtungen ausgeführt. Der gesamte Spaltverlust, welcher im Transformator eintritt, ist jedoch in Anbetracht der großen Wasserquerschnitte sehr gering. Er beträgt bei kleinen Ausführungen von etwa 1000 PS nicht mehr als 1% und reduziert sich bei den größten Ausführungen auf ca. ⅓%.

Axialschub. Wie bereits im vorstehenden erwähnt, tritt im Transformator ein Axialschub auf, und zwar sowohl im Primärteil als im Sekundärteil. Die Größe des Axialschubes beim Primärteil hängt von der gegenseitigen Lage der Dichtungen am Primärrad und dem Überdruck in den Spalträumen zu beiden Seiten derselben ab. Ähnlich liegt die Sache beim Sekundärrotor. Durch Veränderung der Lage der Dichtungen hat man es in der Hand, diese Schübe in den praktisch erwünschten Grenzen zu halten bzw. sie mit dem Dampfschub der Turbine und dem Propellerschub ganz oder teilweise auszugleichen.

§ 165. **Verhalten des Transformators bei verschiedenen Leistungen und Drehzahlen.** 1. Wird die Primärdrehzahl als konstant angenommen bzw. durch einen Tourenregler am Antriebsmotor konstant gehalten, so stellt sich die sekundäre Drehzahl nach der sekundären Leistungsabgabe ein, vgl. hierzu die Kurve, Abb. 282. Man ersieht aus derselben, daß die primäre Leistung annähernd konstant bleibt, solange die sekundäre Leistung sich nicht allzu weit von ihrem Maximum entfernt, welches in dem gegebenen Falle bei 300 sekundären Umdrehungen liegt. Bei ganz niedrigen, sekundären Leistungen biegt sich die Kurve der primären Leistungen etwas nach oben, bei ganz hohen etwas nach unten. Ferner ersieht man aus dem Kurvenblatt den Verlauf des Wirkungsgrades, von welchem nur der Parabelscheitel gezeichnet ist, die Kurve der Sekundärleistung, welche ebenfalls angenähert die Gestalt einer Parabel besitzt, sodann die Linie der sekundär abgegebenen Drehmomente, welche sich fast genau mit einer geraden Linie deckt und bei der sekundären Drehzahl *O* etwa den doppelten Wert des Momentes zeigt, welches beim besten Wirkungsgrad von der Sekundärwelle geliefert wird. Bei konstanter Primärdrehzahl und gleichzeitiger Veränderung der sekundären Drehzahl um $\pm$ 10% sinkt der Wirkungsgrad um nicht mehr als 1% gegenüber seinem maximalen Werte.

2. W i r d   d i e   P r i m ä r d r e h z a h l   g e ä n d e r t, so kann man aussprechen, daß ein und derselbe Transformator sich immer hydraulisch ähnlich verhält, wenn das Übersetzungsverhältnis konstant gehalten wird. Die umlaufenden Wassermengen sind dabei

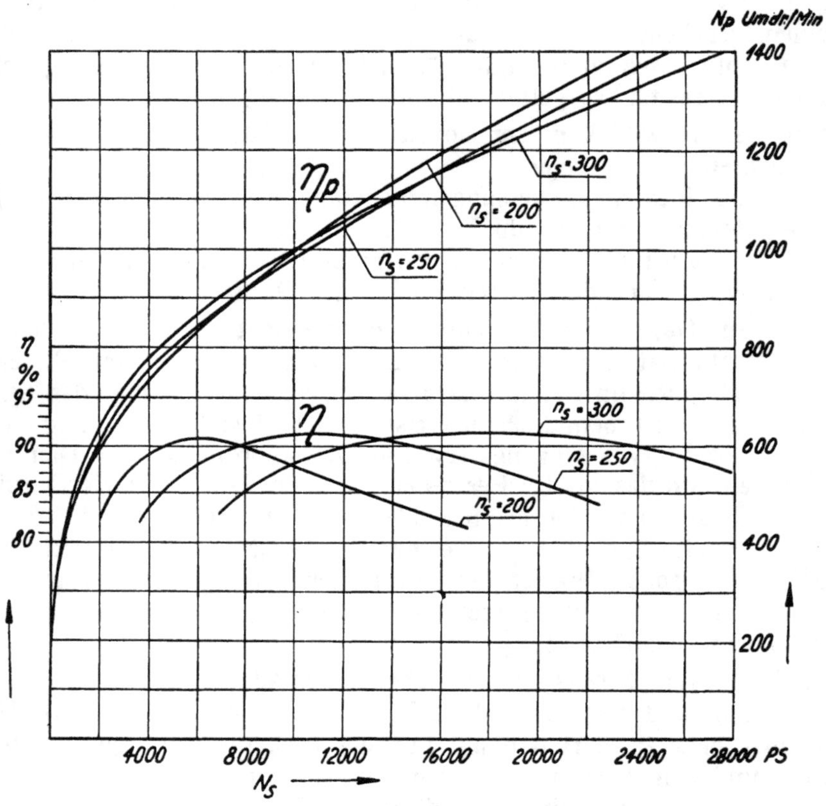

Abb. 282.

direkt proportional den Umdrehungszahlen, die Druckunterschiede, Förderhöhen, Kräfte und Drehmomente verhalten sich wie die Quadrate der Umdrehungen und die Leistungen wie deren dritte Potenzen. Dieser Fall, bei welchem das Übersetzungsverhältnis konstant bleibt, ist gerade im Zusammenarbeiten des Transformators mit der Schiffsschraube gegeben. Die von der Schiffsschraube verbrauchte Leistung steigt nämlich ebenso, wie beim Transformator, mit der dritten Potenz der Drehzahl, d. h. also das Übersetzungsverhältnis bleibt beim Schiffsantrieb bei allen Leistungen beinahe genau konstant und damit nach Vorstehendem der Transformator immer annähernd auf dem Scheitel des Wirkungsgrades.

Ein sehr instruktives Kurvenblatt, welchem ebenfalls die Verhältnisse des Transformators für den Kreuzer „Wiesbaden" zugrunde liegen, zeigt Abb. 283.

In demselben ist über den sekundären Leistungen N_s die Primärdrehzahl und der Wirkungsgrad für drei verschiedene Sekundärdrehzahlen, und zwar $n_s = 200$, bzw. 250 bzw. 300 aufgetragen.

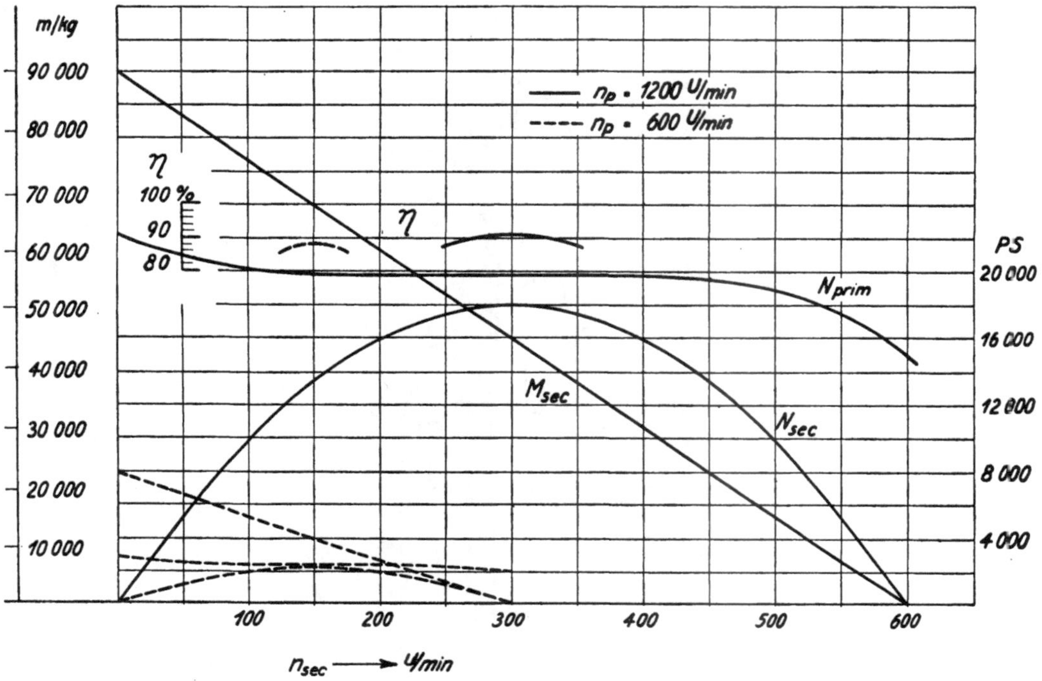

Abb. 283.

Bei Fahrt mit Vollast beträgt die Sekundärleistung 18000 PSe, die Drehzahl sekundär 300 pro Min und primär 1200 pro Min, der Wirkungsgrad 91%. Wird mit einem Drittel der Leistung, also 6000 PSe sekundär gefahren, so sinkt die sekundäre Drehzahl auf 300 $\sqrt[3]{0{,}33} = 207$, die primäre Drehzahl auf ca. 850; der Wirkungsgrad bleibt dabei aber beinahe unverändert, was sich durch die oben erläuterten Zusammenhänge erklärt.

§ 166. **Hauptdimensionen ausgeführter Transformatoren.** Die Hauptdimensionen einiger ausgeführter Transformatoren gehen aus nachstehender Tabelle 47 hervor.

§ 167. **Konstruktion und Anordnung der Rückförderpumpen.** Die Rückförderpumpen sind meist mit vertikaler Welle angeordnet und werden entweder direkt von der Primärwelle oder durch eine separate Dampfturbine oder einen Elektromotor angetrieben.

Abb. 284 zeigt den Schnitt durch die Rückförderpumpe, wie sie beim Passagierdampfer „Tirpitz" zur Ausführung gekommen ist.

Die Rückförderpumpe *J* ist als Zentrifugalpumpe mit stehender Welle ausgeführt und durch eine aus einem einzigen dreikränzigen Curtisrad bestehende Turbine angetrieben. Über der Rückförderpumpe ist noch eine zweite kleine Zentrifugalpumpe *H* angeordnet, deren Zweck der folgende ist: Zur Ausnutzung der Verlustwärme wird das Speisewasser von der Turbokondensatpumpe in den Ablauftank des Kondensators gefördert. Dort mischt sich das kalte Kondensat mit dem warmen Betriebswasser des Transformators und nimmt dadurch die dauernd erzeugte Verlustwärme des

Transformators auf. Die Zentrifugalpumpe *H* führt dieses erwärmte Wasser dem Speisewasserreiniger zu und hält auf diese Weise den Wasserspiegel im Transformatortank bei *G* konstant.

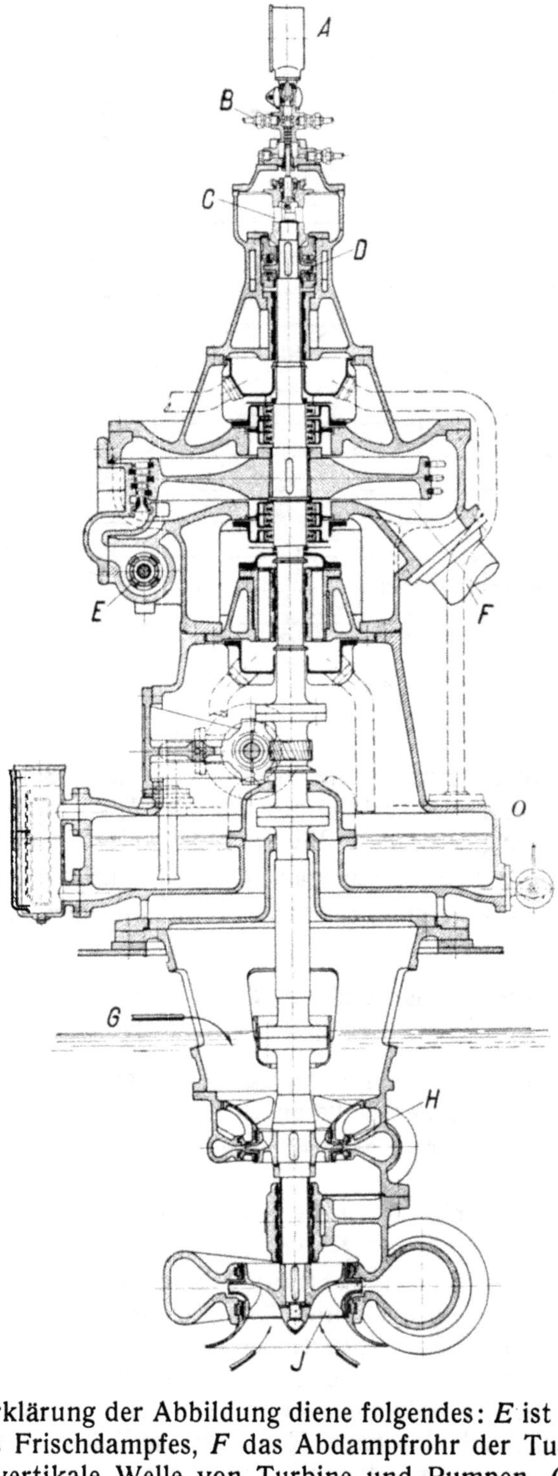

Abb. 284.

Zur weiteren Erklärung der Abbildung diene folgendes: *E* ist der Regulierschieber für den Eintritt des Frischdampfes, *F* das Abdampfrohr der Turbine, D das Kugeldrucklager für die vertikale Welle von Turbine und Pumpen, *C* der Schnellschluß,

B das Regulierorgan für den Einströmschieber *E* und *A* das Tachometer, mittels dessen der Maschinist beim Manövrieren sich über das Arbeiten der Rückförderpumpe Rechenschaft geben kann, und *O* der Ölbehälter, aus welchem eine kleine Schmierölpumpe das Öl für die Bedienung der Lagerstellen des Aggregats entnimmt.

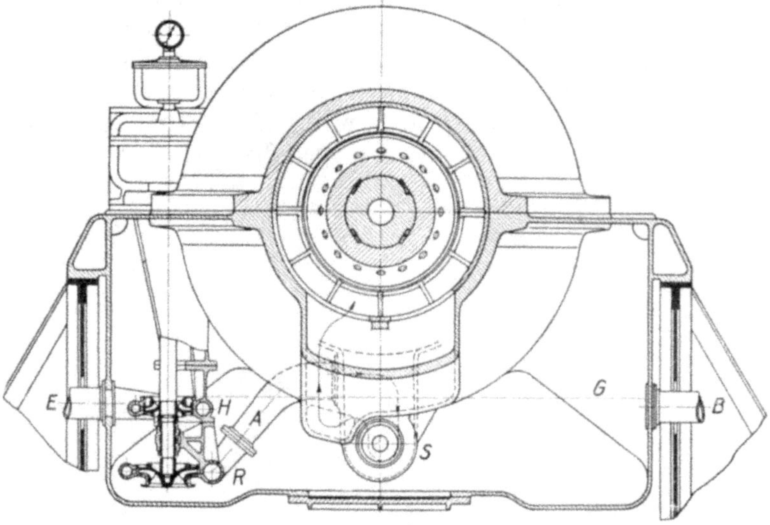

Abb. 285.

Tabelle Nr. 47.

Hauptdaten ausgeführter Transformatoren.

	Bezeichnung des Schiffes	Seebäderdampfer „Königin Luise“	Passagierdampfer „Tirpitz“	Kleiner Kreuzer „Wiesbaden“	Torpedoboot
	Primärleistung . . . . PS	3050	9000	16500	13000
	Primärdrehzahl . . . . Umdr./Min.	1800	800	1100	2300
	Sekundärleistung . . . . PS	2700	8200	15000	11800
	Sekundärdrehzahl . . . . . . Umdr./Min.	450	160	336	600
Vorwärtskreislauf	Größter (lichter) Profildurchmesser, mm	1070	2765	1730	1225
Vorwärtskreislauf	Größter Druck beim Austritt aus Primärrad[1]) . . . . kg/qcm	9,1	7,2	12,4	21
Vorwärtskreislauf	Zirkulierende Wassermengen . . cbm/sek	1,81	6,98	6,99	3,38
Vorwärtskreislauf	Hydraulischer Wirkungsgrad[2]) in Prozent	90,6	92,4	91,7	92
Rückwärtskreislauf	Größter (lichter) Profildurchmesser, mm	850	1820	1380	972
Rückwärtskreislauf	Größter Druck beim Austritt aus Primärrad[1]) . . . . kg/qcm	6,7	7,7	8,4	15,4
Rückwärtskreislauf	Zirkulierende Wassermenge . . cbm/sek	2,41	8,9	8,84	4,48
Rückwärtskreislauf	Hydraulischer Wirkungsgrad[2]) in Prozent	72,3	75	76,1	78,4

[1]) Hierzu kommt noch im Betrieb eine kleine Drucksteigerung von einigen Zehntel Atmosphären, welche vom Auffülldruck der Rückförderpumpen herrührt.

[2]) Hierzu kommen noch die mechanischen Verluste von ca. 1,5 bis 2%.

Die Anordnung einer derartigen Pumpe in Verbindung mit dem Transformator zeigt Abb. 285. Der Wassertank ist hier mit dem Gehäuse des Transformators aus einem Stück gegossen. Wir sehen in demselben die Rückförderpumpe *R* und die Kondensatpumpe *H*, welch letztere nahe unter dem Wasserspiegel *G* angeordnet ist. Dieser wird dadurch konstant gehalten, daß die Pumpe, wenn derselbe seinen tiefsten Stand erreicht hat, von selbst die Förderung einstellt. Am Gehäuse der Rückförderpumpe ist der Anschluß *A* zu sehen, welcher das von derselben geförderte Wasser dem unter dem Transformator angeordneten Steuerschieber *S* zuführt. Der Zufluß des Kondensats erfolgt durch den Anschluß *B*, während der Kondensatabfluß, d. h. also das Druckrohr der Kondensatpumpe bei *E* angeordnet ist.

Vierter Teil.

Über Betriebserfahrungen an Turbinenanlagen.

Abschnitt I.

Einige wichtige Regeln für den Betrieb von Schiffsturbinenanlagen.

§ 168. **Allgemeine Bemerkungen.** Die nachstehenden kurzen Ausführungen sind in erster Linie auf den Betrieb von Turbinenanlagen mit Räderübersetzung zugeschnitten, da die weitaus meisten Turbinenanlagen, welche heute hergestellt werden, diesem Typ angehören. Für Turbinenanlagen anderen Systems sind die Regeln unter sinngemäßer Abänderung gültig.

§ 169. **Inbetriebsetzung.** Bei der Inbetriebsetzung der Anlage ist folgendermaßen zu verfahren:

1. Lage der Läufer von Turbinen, Getriebe und Propellerdrucklager mittels der Meßvorrichtungen kontrollieren.
2. Notreglerbolzen und Schnellschlußeinrichtung durch Auslösung von Hand auf Gangbarkeit prüfen.
3. Kontrollieren, ob Drehvorrichtungen ausgerückt und in dieser Lage gesichert sind.
4. Inhalt der Öltanks (Sammeltank und Hochtank, vgl. § 151) kontrollieren; Schmieröl auf seine Reinheit — insbesondere Wassergehalt — prüfen.
5. Ölpumpe anstellen; Absperrhahn in der vom Ölbehälter kommenden Leitung öffnen. An allen Schmierstellen mittels der Probierhähne feststellen, ob Öl zirkuliert; Öldruckmanometer kontrollieren.
6. Kühlwasserpumpe und Luftpumpe anstellen.
7. Dampfleitungen gut entwässern und die Turbinen in der im folgenden beschriebenen Weise vorwärmen und gut entwässern.

§ 170. **Das Anwärmen der Turbinen** geschieht einerseits durch das Anstellen der Sperrdampfleitungen zu allen Wellenstopfbuchsen, wobei gleichzeitig durch die bereits in Betrieb befindlichen Luftpumpen das Vakuum hochgebracht wird; anderseits durch kurzes abwechselndes Öffnen des Vorwärts- und des Rückwärtsmanövrierventiles, wobei die Läufer der Turbinen in beiden Richtungen mit einigen hundert Umdrehungen laufen sollen. Mit diesem Drehen der Läufer ist kurz nach dem Anstellen der Sperrdampfleitungen zu beginnen, damit die Läufer sich nicht etwa durch einseitige Erwärmung krumm ziehen. Mit dem Anwärmen ist so lange fortzufahren, bis die Horizontalflanschen am Abdampfteil der *ND*-Turbine handwarm geworden sind, was in etwa 1 bis 2 Std. je nach Größe der Anlage der Fall sein dürfte.

Besondere Vorsicht muß bei dieser Art des Anlassens in der Richtung obwalten, daß nicht Teile der Turbinen dabei wärmer werden, als sie im Betrieb werden sollen. Dies könnte namentlich in den *ND*-Turbinen vorkommen, wenn nicht für hinreichend gutes Vakuum gesorgt ist.

Zu Vorstehendem ist zu bemerken, daß leider in vielen, ja sogar in den meisten Fällen die beschriebene Art des Anwärmens deswegen gar nicht möglich ist, weil sie bedingt, daß der Propeller frei herumschlagen kann. Dies würde voraussetzen, daß das Schiff an Land oder an einer Boje sehr sorgfältig festgemacht ist.

In den meisten Fällen bleibt also nichts übrig, als die Turbinen in kaltem Zustande vorsichtig anzufahren; da dies kein anderer Vorgang ist als der im vorstehenden beschriebene, kann an der Zulässigkeit dieses Verfahrens nicht gezweifelt werden, wenn sonst alle Vorsichtsmaßregeln erfüllt sind und namentlich dafür gesorgt ist, daß das sich in der Turbine niederschlagende Wasser mit Sicherheit entfernt wird. Es müssen also gute Entwässerungsvorrichtungen vorhanden sein.

Am gefährlichsten ist das Anwärmen der Turbinen, ohne daß dieselben ausreichend, d. h. in rasche Drehung versetzt werden, weil dann einseitige Dehnungen durch die Wärme unvermeidlich sind, was beim „kalten Anfahren" wegen der raschen Drehung der Turbine vermieden wird.

Mit dem Öffnen der Manövrierventile muß sowohl beim Anlassen wie beim Umsteuern der Turbinen stets vorsichtig verfahren werden, da kleine Bewegungen der Handräder schon große Veränderungen der Drehzahlen der Turbinen zur Folge haben und da eine zu rasche Änderung derselben in der Beschaufelung größere Beanspruchungen verursacht. Die Handräder sind daher auch bei einer raschen Aufeinanderfolge der Kommandos vorsichtig und langsam unter steter Beobachtung des Tachometers und der Manometer zu drehen.

Über die Gefahren, welche bei zu schnellem Öffnen der Ventile, namentlich derjenigen der Rückwärtsturbinen, durch Wasserschlag auftreten können, siehe § 180.

§ 171. **Aufsicht während des Betriebes.** Der Stopfbuchsendampf ist mittels der unter § 149 erwähnten Einrichtungen so zu regulieren, daß die Wrasenrohre der Buchsen ständig, aber nur schwach dampfen.

Der Ölzufluß zu den Druck- und Traglagern der Anlage sowie die Temperaturen der Lager sind von Zeit zu Zeit zu prüfen, wobei darauf zu achten ist, daß die Tauchrohre der Quecksilberthermometer mit Öl gefüllt sind. Der Ölstand im Ölsammeltank und im Hochtank ist von Zeit zu Zeit zu kontrollieren. Ferner ist auf rechtzeitiges Reinigen der Ölsiebe im Sammeltank und in den Filtern zu achten, und es ist das Schmieröl in angemessenen Zeitabständen auf Wassergehalt zu untersuchen bzw. mittels der Ölauskocheinrichtung von dem Wasser zu befreien.

Ungewöhnliche Geräusche und etwa auftretender unruhiger Lauf der Turbinen und des Zahnradgetriebes sind sofort auf ihre Ursache zu untersuchen; nötigenfalls muß die Anlage gestoppt werden.

Für den Fall, daß eines der Alarmventile an den Turbinen (vgl. § 144) in Tätigkeit tritt, ist sofort der Zudampf entsprechend zu drosseln und die Ursache des erhöhten Druckes in dem betreffenden Turbinengehäuse festzustellen.

In Fahrtpausen, in denen die Anlage längere Zeit gestoppt ist, sind die Turbinenläufer, um ein Krummwerden infolge einseitiger Erwärmung zu verhüten, durch vorsichtiges Einlassen von Dampf mittels des Vorwärts- und des Rückwärts-Manövrierventils hin und wieder etwas zu drehen. Nach dem Stillsetzen der Anlage ist der in der Ablaufleitung des Schmieröl-Hochbehälters sitzende (in § 151 nicht erwähnte) Absperrhahn (nicht das Rückschlagventil) zu schließen, um zu vermeiden, daß bei dem Fortfallen des Ölpumpendruckes der Inhalt des Hochtanks in den Ölsammeltank abläuft.

§ 172. **Instandhaltung der Anlage.** Sollten Anzeichen dafür vorhanden sein, daß infolge Undichtigkeit oder Bruches eines der Kondensatorrohre Seewasser in die Kessel gelangt (Erhöhung des Salzgehaltes im Kessel, Unruhigwerden des Wassers, was hauptsächlich bei Wasserrohrkesseln leicht eintritt, Zunahme des Wassers in den Kesseln, falls größere Leckagen vorhanden sind), so ist es zunächst notwendig, sich sofort davon zu überzeugen, in welchem Kondensator sich die Leckage befindet. Es ist hierzu erforderlich, nacheinander die zu jedem Kondensator gehörigen Turbinen zu stoppen und während die Zirkulationspumpe weiter läuft, einen Handlochdeckel unten am Dampfraum des Kondensators zu öffnen. Es wird sich dann sofort zeigen, ob eine Leckage in diesem Kondensator vorhanden und wie groß dieselbe ist.

Hat man das Vorhandensein der Leckage im Kondensator ermittelt, so ist es erforderlich, festzustellen, welches Rohr undicht oder gebrochen ist.

Zu diesem Zwecke bleibt nichts übrig, als den Dampfraum des Kondensators mit Frischwasser zu füllen, während an einer der Vorlagen nach Stoppen der Zirkulationspumpen ein oder mehrere Schaulochdeckel abgenommen werden.

Ist der Kondensator unter der Turbine angeordnet, so bietet dieses Füllen des Kondensators keine weiteren Schwierigkeiten, ebenfalls nicht, falls bei seitlich von den Turbinen angeordnetem Kondensator der Abdampfbogen oberhalb der obersten Rohrreihen einmündet. Wenn aber der Abdampfbogen seitlich in den Kondensator hineingeführt ist, so daß oberhalb von dessen Unterkante noch Rohrbündel liegen, dann muß durch besonders mitgegebene Abdichtungsbleche mit Gummidichtung der Kondensator vom Abdampfbogen abgeschaltet werden, wenn man nicht auch das *ND*-Turbinengehäuse mit Wasser füllen will. Auch dieses wird häufig gemacht, wofür allerdings besondere Stopfbuchsen zur Abdichtung der Welle im *ND*-Gehäuse mitgegeben sein müssen.

Um das Eindringen von Unreinigkeiten in den Kondensator und die Turbine zu verhüten, muß das Wasser bei dem Einfüllen ein Sieb passieren, nach Beendigung der Probe ist das Wasser zu entfernen.

Bei längeren Betriebspausen ist darauf zu achten, daß die Turbinen und der Kondensator vollständig entwässert werden, und daß sämtliche daran anschließenden Dampfleitungen bzw. Ventile dicht geschlossen sind, so daß kein Dampf in die Turbinen gelangen kann. Die Luftpumpe ist nach Stillstand der Turbinen noch etwa ½ Std. lang in Betrieb zu halten, damit die Turbinen durch ihre Eigenwärme völlig austrocknen.

Bei Aufnahme der Turbinen bzw. des Kondensators ist stets darauf zu achten, daß weder die Innenräume derselben befahren werden, noch daß offenes Licht in ihre Nähe gebracht wird, bevor sie nicht gründlich durchgelüftet sind. Diese Maßnahme ist erforderlich, weil sich in den genannten Innenräumen unter Umständen giftige bzw. explosible Gase bilden können. Ganz besonders gilt diese Vorschrift auch für das Zahngetriebe wegen der in den Gehäusen befindlichen Öldämpfe. Wird im Betrieb einer der Schaulochdeckel der Getriebe geöffnet, so darf aus dem gleichen Grunde offenes Licht nicht in die Nähe gebracht werden.

Daß beim Aufnehmen der Turbinen sowie überhaupt aller Dampfwege die äußerste Vorsicht obwalten muß, daß keine Fremdkörper in die Turbinen gelangen (Werkzeuge, abgenommene Muttern u. dgl.) ist selbstverständlich.

Während der Dauer der Außerbetriebhaltung ist die Anlage mittels der Drehvorrichtungen täglich etwas zu drehen.

§ 173. **Kontrolle der Lager während des Betriebes.** Da die in längerem Betriebe eintretende Änderung der Lage der laufenden Teile gegenüber dem betreffenden Gehäuse ein gewisses Maß nicht überschreiten darf, werden zur Nachprüfung der Lage sämtlicher Rotoren Meßvorrichtungen vorgesehen.

Diese Vorrichtungen werden in verschiedener Weise ausgeführt, entweder in Form von Meßbügeln (vgl. Abb. 286), Tiefenlehren (vgl. Abb. 287), oder sie bestehen auch nur in Meßklötzen und Spionblechen, welche in bestimmte Stellen zwischen Läufer und Gehäuse eingeschoben werden. Es ist sorgfältig darauf zu achten, daß mittels dieser Meßvorrichtungen die Lage des Rotors in vertikaler Höhe und axialer Richtung genau bestimmt werden kann.

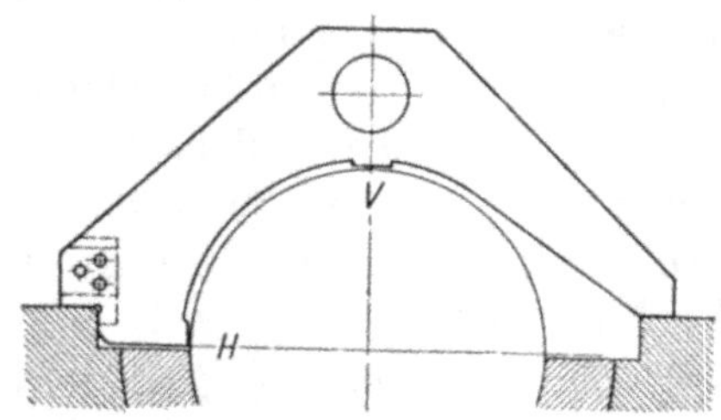

Abb. 286.

Über die Ablesungen, welche diese Vorrichtungen nach vollzogener sorgfältiger Montage der Anlage ergeben, wird eine durch Skizzen erläuterte Niederschrift dem Schiffe auf die Fahrt mitgegeben, damit der leitende Ingenieur in der Lage ist, die Veränderungen der Lage der rotierenden Teile laufend zu kontrollieren.

Messungen sind vor jeder nach längerem Stillstand erfolgenden Inbetriebsetzung der Anlage vorzunehmen, außerdem sind die Läuferlagen bei passenden Gelegenheiten, z. B. nach Lagerbesichtigungen, zu prüfen. Die erhaltenen Ablesungen werden mit den ursprünglichen Maßen verglichen.

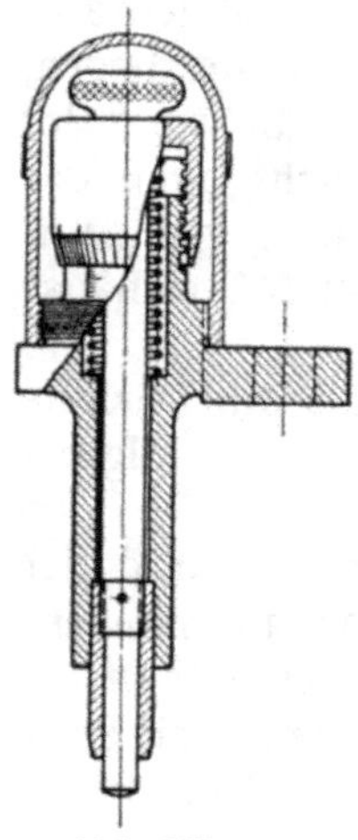
Abb. 287.

Welche Abnutzungen der Lagerflächen zulässig sind, läßt sich in Zahlen nicht allgemein ausdrücken. Vor allen Dingen muß dauernd kontrolliert werden, ob nicht e i n s e i t i g e Abnutzungen auftreten, durch welche z. B. die Ritzel schräg zum großen Rad zu liegen kommen. Arbeiten sich alle Lager gleichmäßig ab, so dürften bei kleinen Anlagen im allgemeinen Abnutzungen von ca. 0,5 mm, bei großen Anlagen bis 1 mm die Grenze[1]) sein, bei deren Überschreitung ein Neuausgießen der Lager vorgenommen werden muß; wird dagegen einseitige Abnutzung nur eines Lagers festgestellt, so müßten schon geringe Beträge der Abnutzung dazu führen, ein Neuausgießen des betreffenden Lagers zu erwägen. Wenn merkbare Abnutzungen eintreten, so muß jedenfalls durch Nacharbeiten der oberen Schale oder der dazu gehörigen Zwischenlager dafür gesorgt werden, daß das gesamte Lagerspiel etwa in den ursprünglichen Grenzen bleibt, damit der vorgeschriebene Öldruck gehalten werden kann.

Auch bei den Drucklagern ist darauf zu achten, daß die Abnutzung der Segmente (vgl. § 132 u. f.) nicht zu hohe Werte annimmt. Wird eine Abnutzung, welche, je nach Größe der Anlage, etwa 0,5 bis 1 mm erreicht, festgestellt, so sind die Drucklagersegmente durch Unterlegen entsprechend dünner Blechringe unter den Stützpunkt der Drucksegmente nachzustellen. Eine solche Nachstellung ist jedoch auch nur zulässig, wenn die gesamte Abnutzung des Weißmetalls nicht einen zu großen Wert (über 2 bis 3 mm je nach Größe des Lagers) angenommen hat. Ist dies der Fall, so müssen die Segmente neu ausgegossen oder durch Reservesegmente ersetzt werden.

---

[1]) Diese Abnutzung, welche fast immer nur bei unvorschriftsmäßiger Schmierung eintritt, darf selbstverständlich die Größe des kleinsten Radialspiels der Schaufeln nicht erreichen.

Zu beachten ist ferner, daß durch das Abnutzen die Undichtigkeitsverluste der Labyrinthstopfbuchsen stark zunehmen.

Abschnitt II.

Über die Schaufelhavarien an Dampfturbinen und die Mittel zu deren Verhinderung[1]).

§ 174. **Allgemeines.** Wenn auch bei der Erörterung der Konstruktion bereits vielfach auf die Gefahr der Schaufelbeschädigungen hingewiesen wurde, dürfte es doch gerechtfertigt sein, diese Erscheinungen zusammenfassend zu behandeln; haben doch diese häufigen, vielfach rätselhaften, gleichzeitig in ihrem Umfang oft geradezu katastrophalen, immer aber außerordentlich störenden und wegen der Umständlichkeit der Reparatur sehr verlustbringenden Havarien jahrelang den Konstrukteuren und Betriebsleitern die ernstesten Verlegenheiten bereitet.

Man kann die eingetretenen Fälle etwa klassifizieren in solche, welche eingetreten sind durch:

a) Materialfehler,
b) Abnutzung der Schaufeln durch chemische Einflüsse und Verunreinigung des Speisewassers,
c) eingedrungene Fremdkörper,
d) zu schwache Beschaufelung bzw. Schaufelschwingungen,
e) Verziehen der Gehäuse, Rotoren und Ausgleichkolben,
f) Wasserschlag,
g) verschiedene Ursachen.

§ 175. **Schaufelhavarien infolge von Materialfehlern.** Zu warnen ist vor Schaufeln aus hochprozentigem Nickelstahl. In der Wärme gehen in diesem Material scheinbar ausgehend von den Haarrissen, welche vom Ziehprozeß herrühren, Gefügeänderungen vor sich, welche dasselbe so brüchig machen, daß man derartige Schaufeln mit der Hand zerbrechen kann. Man hat daher dieses Material sehr bald wieder verlassen und ist zu Messing bzw. Bronze übergegangen. Um dieses Material in absolut zuverlässiger Qualität zu erhalten, hat man besondere Vorschriften ausgearbeitet (vgl. hierzu § 92 betreffend das Material der Turbinenschaufeln); seither hat man im Schiffsmaschinenbau kaum noch Fälle festgestellt, in welchen das Versagen der Schaufeln auf das Material zurückzuführen ist.

Dagegen scheinen sonst unerklärliche Brüche von sehr dicken und starken Schaufeln aus dehnbarem Messing am Schaufelfuß darauf zurückgeführt werden zu müssen, daß das Material beim Einbringen der Schaufeln so gewaltsam in die Schaufelnuten hineingetrieben worden ist, daß sich in den Ecken der Schultern Anrisse eingestellt haben, welche sich später vergrößert und dadurch zur Abtrennung der Schaufeln geführt haben.

Die Wahl des Deckbandmaterials muß bei den Getriebeturbinen eine sorgfältige sein; man hat beobachtet, daß manche Materialien das Einstanzen der Löcher für die Nietzapfen nicht vertragen, indem sich in den Ecken dieser Löcher feine, ursprünglich unsichtbare Risse zeigen, welche dann später zu Bandagenbrüchen führen, die selbstverständlich für die Beschaufelung verhängnisvoll werden. Im übrigen vgl. hierzu das in § 200 über die Wahl des Schaufelmaterials von Landturbinen Gesagte.

§ 176. **Beschädigungen infolge Abnutzung der Schaufeln durch chemische Einflüsse und Verunreinigungen des Speisewassers.** Am häufigsten zeigen sich diese

[1]) Vgl. Vortrag des Verfassers im Jahrbuch der Schiffbautechn. Ges. 1914.

Erscheinungen in der Weise, daß an denjenigen Stellen der Turbinen, an welchen der Dampf in das Gebiet der Sättigung eintritt, Ausscheidungen von Wasser, und wenn das Speisewasser verunreinigt ist, auch Ausscheidungen dieser Verunreinigungen stattfinden.

Man findet daher nach einiger Betriebszeit bei Schiffsturbinenanlagen die Schaufelkanäle an diesen Stellen mit den Unreinigkeiten des Speisewassers belegt, sehr häufig so, daß der Durchtrittsquerschnitt des Dampfes wesentlich verringert und ein Aufnehmen und Reinigen der Turbine notwendig wird.

Die gefundenen Unreinigkeiten setzen sich zusammen aus dem Öl, welches durch die Hilfsmaschinen in den Dampf gelangt, aus salzigen Bestandteilen des Kesselwassers, Kesselwasserzusätzen usw.

Da bei Turbinenanlagen die zu schmierenden Dampfzylinder entfallen, ist die Gefahr, daß Öl in das Kesselspeisewasser eindringt, verhältnismäßig gering. Sind durch Dampfkolbenmaschinen angetriebene Hilfsmaschinen vorhanden, so wird es notwendig, durch sorgfältig angelegte Speisewasserfilter das Öl vom Kesselspeisewasser nach bester Möglichkeit fernzuhalten.

Bei Abdampfturbinen aber ist die Einschaltung des sehr wirksamen Ölabscheiders zwischen Kolbenmaschine und Turbine erforderlich (vgl. § 148), weil sonst eine Verstopfung der Turbinen mit Ölrückständen in kürzester Zeit zu befürchten ist.

Da bei den Schiffsturbinen in diesem Gebiet ausschließlich Bronzeschaufeln verwendet werden, kommt es bei solchen an diesen Stellen im allgemeinen nicht zu Anfressungen durch chemische und mechanische Einflüsse, welche von dem ausgeschiedenen Wasser und dessen Verunreinigungen herrühren. Bei den ersten schnelllaufenden Turbinen, wo an diesen Stellen der Festigkeit wegen Stahl irgendwelcher Zusammensetzung verwendet worden ist, hat man jedoch in diesen Schaufelkränzen auch stärkere Abnutzungen der Profile festgestellt. Letzteres war namentlich von Bedeutung für Anlagen, welche intermittierend in Betrieb genommen wurden und bei welchen die chemischen Einflüsse während des Stillstandes der Turbinen sich ganz besonders geltend machen konnten.

Daß aus den genannten Gründen eiserne Deckbänder auf Messingschaufeln und die Verwendung der durch Seewasser und dessen Bestandteile leicht zerstörbaren Aluminiumbronze für Schaufeln o der Deckbänder völlig zu verwerfen ist, liegt auf der Hand.

Bemerkenswert ist noch, daß sich die Unreinigkeiten gern unter dem Deckband ablagern, da sie durch die Zentrifugalkraft an diese Stelle getragen werden. Gerade deswegen ist auch die Gefahr des Durchrostens der Deckbänder sehr naheliegend.

Wesentlich ist natürlich, daß die Kondensatoren immer dicht sind und nicht unkontrollierbare Mengen von Seewasser in die Kessel gelangen. Da aber der Salzgehalt der Kessel dauernd geprüft wird und sich größere Massen von Seewasser in den Kesseln durch Überkochen derselben bemerkbar machen, können derartige Zustände bei ordnungsmäßigem Betrieb nur kurze Zeit obwalten.

§ 177. **Beschädigungen infolge eingedrungener Fremdkörper.** Selbstverständlich ist bei der Montage der Turbinen und bei jedem Öffnen und Zulegen derselben an Bord größte Sorgfalt darauf zu verwenden, daß nicht irgendein Gegenstand in die Turbinen oder auch in die Zuleitung zu denselben gelangt, welcher nach Inbetriebsetzung der Anlage zwischen die Schaufeln geraten und denselben gefährlich werden kann.

Es ist vorgekommen, daß sich Teile, welche im Innern von Hauptdampfleitungen angebracht sind, losgelöst haben oder daß dieselben abgebrochen sind. Derartige Teile können in die Turbinen gelangen und schwere Beschädigungen der Schaufeln hervorrufen, falls sie nicht vom Dampfsieb aufgefangen werden. Beispielsweise sind Flügel von Hauptabsperrventilen an den Kesseln durch die häufigen Schläge, welche bei solchen Ventilen manchmal beobachtet werden, abgebrochen und in zerkleinertem Zustand im Dampfsieb gefunden worden.

Es hat sich aber auch häufig ereignet, daß Teile der Turbinen selbst, welche sich loslösen, oder aber durch Spannungen, namentlich Wärmespannungen, abgetrennt werden können, in die Beschaufelung eingedrungen sind. Gefährlich sind in dieser Richtung z. B. allzu spitz auslaufende gußeiserne Zungen, wie sie beim Eingießen von Düsenblechen vorkommen können. Die Spitzen dieser Zungen sind sorgfältig zu beseitigen.

Schrauben, Muttern, Muttersicherungen, Splinte, Halter und ähnliche kleine Eisenteile im Innern von Turbinen müssen stets den Gegenstand sorgfältigster Beobachtung bilden, und muß bei der Konstruktion sowie bei der Werkstattausführung darauf geachtet werden, daß derartige Teile entweder überhaupt nicht — auch bei Erschütterungen und Schwingungen der Turbinen, Stößen durch Grundberührung u. dgl. — lose werden, oder aber, wenn sie es tun, nicht zwischen die Schaufeln fallen können.

§ 178. **Zu schwache Beschaufelung bzw. Schaufelschwingungen.** Über die Beanspruchungen, welche bei der Dimensionierung von Turbinenschaufeln auf Grund der bestehenden Erfahrungen als zulässig zu betrachten sind, ist in den Paragraphen 86 bis 94 bereits ausführlich gesprochen worden.

Im Betrieb hat sich zu schwache Dimensionierung bzw. zu geringe Steifigkeit der Beschaufelung mehrfach dadurch geltend gemacht, daß die Schaufelsegmente (vgl. § 90) in Schwingungen gerieten. Wenn auch dieses Schwingen der Schaufeln sich im Betriebe dem Auge völlig entzieht, so sind doch einwandfreie Beweise dafür vorhanden, daß solche Schwingungen tatsächlich stattgefunden haben.

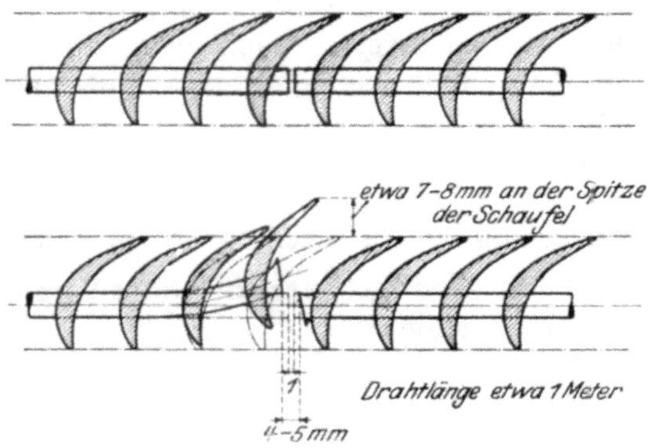

Abb. 288.

Ein Fall dieser Art trat bei der Mitteldruckturbine des Schnelldampfers „Imperator" auf und zwar bei den 350 mm langen Schaufeln des letzten Laufkranzes. Beim Öffnen dieser Turbine zeigte sich, daß die Enden der Bindedrähte aufeinander gehämmert hatten, so daß die letzte Schaufel des betr. Segments aus ihrer Lage gedrängt worden ist vergl. Abb. 288. Glücklicherweise wurde der Vorfall rechtzeitig bemerkt und dadurch beseitigt, daß die Enden der Bindedrähte dicht an den Schaufeln abgeschnitten und infolgedessen die gegenseitige Berührung der Drähte von aufeinanderfolgenden Segmenten verhindert wurde. In diesem Zustande arbeitet die Turbine auch heute noch, ohne daß trotz der zweifellos in gewissen Betriebszuständen vorhandenen Schwingungen eine Zerstörung der Beschaufelung eingetreten wäre.

Zu bemerken ist zu vorstehendem, daß bei gewissen Betriebszuständen die Turbine ein summendes Geräusch ertönen ließ.

Man hat, aufmerksam gemacht durch diese und ähnliche Fälle, auch direkt versucht, Probestücke von Beschaufelungen durch Anblasen mit Preßluft in Schwingungen zu bringen. Es zeigte sich dabei, daß die Segmente, je nach Art des Anblasens, mit einem und auch zwei Knotenpunkten schwingen können (vgl. Abb. 146).

Ein zweifellos sehr zweckmäßiges Mittel gegen das Schwingen der Segmente ist die Einbringung von diagonalen Bindedrähten, welche Konstruktion allerdings erst zu der Zeit ersonnen wurde, als die direkt wirkende Turbine verschwand und durch die Getriebeturbine ersetzt wurde.

Bei Turbinen letzterer Art kommen Schaufelhavarien, welche auf zu geringe Biegungsfestigkeit zurückzuführen sind, kaum mehr vor. Es hat dies seinen Grund darin, daß die kürzeren Schaufeln an sich sehr steif und die längeren Schaufeln der Zentrifugalkraft wegen nach dem Fuß hin mit zunehmender Stärke ausgeführt werden, so daß sie auch gegen Biegungsbeanspruchungen sehr widerstandsfähig sind.

Es müssen bei diesen schnellaufenden Turbinen die Zentrifugalbeanspruchungen um so sorgfältiger beachtet werden, worüber ebenfalls bereits im § 87 eingehend gesprochen ist.

Wenn auch derartige, am Fuße verdickte Profile gegen Biegung sehr steif sind, sind doch schon Fälle vorgekommen, in welchen zweifellos Brüche durch Schaufelschwingungen eingetreten sind. Wie aber in § 90 erläutert, ist einerseits die Vorausberechnung der Schwingungszahlen solcher Schaufeln sehr schwierig, anderseits läßt sich aber auch die Frequenz der erregenden Kraftimpulse kaum von vornherein voraussagen, da Einflüsse ganz verschiedener Art regelmäßig wiederkehrende Kraftimpulse hervorrufen können.

Besonders gefährlich ist bei Turbinenanlagen das rasche Öffnen der Hauptabsperrventile. Beim Manövrieren sollte in dieser Richtung immer Vorsicht obwalten und sollten die Ventile zuerst nur wenig und allmählich erst ganz geöffnet werden. Namentlich trifft dies zu bei den Rückwärtsturbinen, welche für die größten Dampfmengen bemessen sind (um mit relativ kleinen Rückwärtsturbinen vorübergehend große Leistungen zu erzielen) und infolgedessen ein sehr plötzliches Überströmen des Dampfes vom Kessel nach dem Kondensator ermöglichen. Bei dieser plötzlichen Dampfentnahme können durch Überkochen der Kessel große Wassermengen vom Dampf mitgerissen werden.

Man wird aus diesem Grunde die Schaufeln der Rückwärtsturbinen besonders stark und relativ kurz ausführen und denselben gleichzeitig aus den schon weiter oben genannten Gründen besonders reichliche Spielräume geben.

§ 179. **Schaufelhavarien infolge Verziehens der Gehäuse und Rotoren** haben sich sehr häufig ereignet und sind auf verschiedene Ursachen zurückzuführen.

Die Hauptursache für derartige Vorkommnisse ist ein nicht hinreichend sorgfältiges Anwärmen der Turbinen. Ist die Turbine nicht ganz gleichmäßig durchgewärmt, so ist damit zu rechnen, daß entweder das Gehäuse oder der Rotor oder beide eine von dem normalen Betriebszustand nicht unwesentlich abweichende Form besitzen. Bei den sehr großen Abmessungen der direktwirkenden Turbinen konnten leicht an einzelnen Stellen Abweichungen von mehreren Millimetern festgestellt werden. Über diesen wichtigen Punkt vgl. § 170, welcher vom Anwärmen der Turbinen handelt.

Als weitere Ursache von Schaufelbeschädigungen, welche auf derartige Verdehnungen zurückzuführen sind, hat man lokale Erhitzungen festgestellt, welche dadurch eintreten, daß z. B. die Überproduktionsleitung oder der Abdampf der Hilfsmaschinen an einer Stelle des Gehäuses eingeführt wurden, welche für Wärmedeformationen empfindlich war. Man wird also hinsichtlich der Wahl solcher Anschlüsse stets große Sorgfalt obwalten lassen müssen. Gleiches ist auch beobachtet worden bei Turbinen von Torpedobooten mit überbrückten Stufen; in der Nähe der Einführung des Frischdampfes sind Deformationen des Gehäuses aufgetreten, welche der Beschaufelung verhängnisvoll wurden.

Außerdem haben sich bei direktwirkenden Turbinen Fälle von Schaufelzerstörungen ereignet, wenn es sich um sehr lange, gegen Durchbiegung verhältnismäßig wenig widerstandsfähige Trommeln handelte oder wenn die Unterstützung des Rotors zu schwach war.

Alle die genannten Erfahrungen haben dazu geführt, die Schaufeln oben anzuschärfen oder ähnliche Konstruktionen einzuführen (vgl. § 96), welche Maßnahmen sich als sehr zweckmäßig herausstellten und die Häufigkeit solcher Störungen zweifellos verringert haben.

Dagegen sind neuerdings wieder Fälle bekannt geworden, bei welchen infolge zu hoher Dampfüberhitzung Triebturbinen zum Schleifen gelangt sind, worauf in kurzer Zeit die Turbine hoch erhitzt, geradezu ausgeglüht und die gesamte Beschaufelung selbstverständlich zerstört wurde.

§ 180. **Schaufelbeschädigungen durch Wasserschlag** sind häufig einwandfrei festgestellt worden und haben vielfach einen sehr großen Umfang angenommen; in sehr vielen Fällen stehen dieselben in engem Zusammenhang mit dem bereits in § 170 erwähnten zu raschen Öffnen der Manövrierventile. Als besonders bedenklich haben sich Fälle erwiesen, in welchen ein Curtisrad am Eintrittsende der Turbine vom gleichen Durchmesser wie die darauffolgende Trommel angeordnet war, so daß das vom Dampf durch die Eintrittsdüsen gejagte Wasser unmittelbar in die verhältnismäßig schwache Trommelbeschaufelung gelangen konnte.

Die verheerenden Wirkungen des Wasserschlags haben sich oftmals erst nach den ersten Rückwärtsmanövern herausgestellt. Dies ist dadurch zu erklären, daß

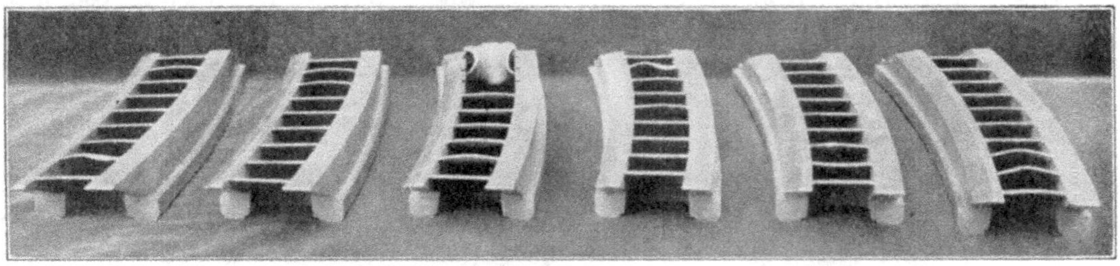

Abb. 289.

der Wasserschlag die Schaufeln erst wenig deformiert hat, so daß sie sich gegenseitig zwar berühren, beim Vorwärtsgang indessen, ohne sich weiter zu beschädigen, aufeinander schleifen konnten, welche Möglichkeit bei Reaktionsbeschaufelungen durchaus gegeben ist. Beim Rückwärtsgang jedoch haken derartig deformierte Schaufeln ineinander, und es muß in kürzester Zeit eine weitgehende Zerstörung folgen.

Eine typische Schaufelhavarie dieser Art ist z. B. an einer Turbine der in Abb. 49 skizzierten Bauart (Niederdruckturbine eines Linienschiffes) eingetreten. Im Raume vor dem Curtisrad hatte sich Wasser gesammelt. Beim Einlassen des Dampfes in die Turbine wurden diese Wassermengen durch die Düsenbleche, welche den Dampf zum Curtisrad vor der Trommel führen, gejagt. Dadurch wurden einzelne Düsenbleche aufgebogen (vgl. die Photographie Abb. 289) und einzelne kleinere Schaufeln in den ersten Reihen hinter dem Curtisrad verbogen. Solange die Turbine in der Vorwärtsdrehrichtung weiterlief, war von den Folgen dieses Wasserschlags nichts zu bemerken; als aber umgesteuert wurde, begann die Zerstörung. Die Photographie Abb. 290 zeigt Leitschaufelkränze, bei welchen das Ineinanderhaken bereits begonnen hatte. Bei genauer Besichtigung zeigte sich, wie die Schaufelkanten messerartig ineinandergegriffen und dadurch die Schaufeln gewaltsam herausgerissen haben.

Ein Bild vollständiger Zerstörung der Beschaufelung bei der Rückwärtsturbine eines Schnelldampfers zeigt Abb. 291. Auch aus derselben ist ohne weiteres erkennbar, daß die Zerstörung durch Ineinanderfassen der Schaufeln bei der für die Turbine unnatürlichen Drehrichtung, d. h. also bei Vorwärtsfahrt, erfolgt ist.

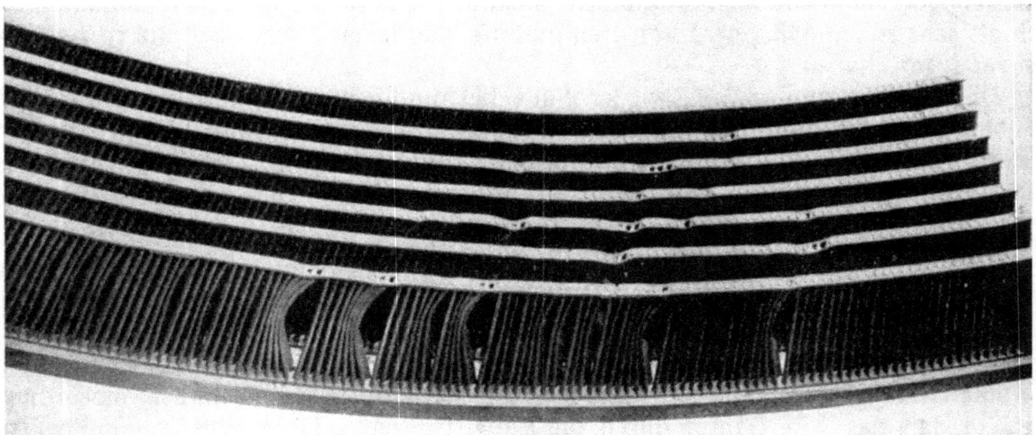

Abb. 290.

Bei dem ersten der vorgenannten Beispiele hatte das der Trommel vorgeschaltete Curtisrad annähernd den gleichen Durchmesser wie erstere, so daß das Wasser ungehemmt in die Trommelbeschaufelung gelangen konnte.

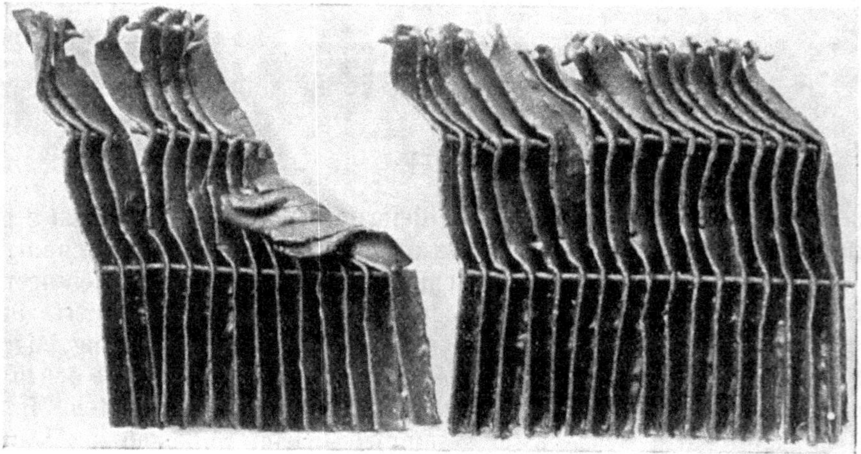

Abb. 291.

Nachdem man dies erkannt, ging man dazu über, den Durchmesser derartiger Curtisräder größer zu machen als den der nachfolgenden Trommel, so daß das durch die Düsen getriebene Wasser jenseits des Curtisrades an der Gehäusewand seine Geschwindigkeit einbüßen und sich unten im Gehäuse sammeln mußte.

Selbstverständlich sind auch Fälle von Schaufelhavarien durch Wasserschlag bekannt geworden, in welchen nicht die vorgenannte Konstruktion mit die Schuld getragen hat, doch sind diese Fälle wohl im allgemeinen auf das Eindringen ungewöhnlich starker Wassermengen, wie z. B. beim Überkochen der Kessel usw., zurückzuführen und konnten im Gegensatz zu den vorerwähnten von vornherein in ihrer Ursache erkannt werden.

§ 181. **Beschädigungen infolge verschiedener Ursachen.** 1. Eine eigenartige Erscheinung, welche in einem Falle fast zur Zerstörung einer Turbine geführt hätte, ist bei einer großen, mit Aktionsbeschaufelung versehenen Rückwärtsturbine eingetreten. Obwohl dieselbe beim Vorwärtsgang der Welle im Vakuum (ca. 90%) lief, erhitzte sich das in derselben befindliche Dampf- und Luftgemisch infolge der entstehenden Kompressionswirkung der Beschaufelung und der lebhaften Wirbelströmung derartig, daß die Schaufeln blau anliefen. Abhilfe wurde in der Weise geschaffen, daß ein Teil des Abdampfes der Hilfsmaschinen auf der Einströmungsseite der Turbine zugeführt wurde. Es wurde so eine Strömung nach dem Kondensator hin erzeugt, welche die von der Kompressionswirkung der Schaufeln herrührende Wärme abführte.

2. Bei großen direktwirkenden Turbinen hat es sich auch ereignet, daß infolge einer Abstützung der Trommel durch Scheiben, welche keine hinreichende axiale Festigkeit besaßen, derartig erhebliche Längsverschiebungen des Rotors relativ zum Gehäuse eingetreten sind, daß die Spitzendichtungen in den Entlastungskolben zerstört wurden.

3. Ferner ist zu erwähnen, daß anfänglich beim Bau großer Trommelturbinen die Stahlguß-Armsterne der Trommeln wiederholt gerissen sind, weil sie den Wärmedehnungen des Trommelumfangs nicht zu folgen vermochten. Man hat sich vorübergehend durch Heizen dieser Armsterne, welche zu diesem Zwecke hohl ausgeführt wurden, beholfen und ist erst später zu konischen Scheiben aus geschmiedetem Material übergegangen, welche in dieser Richtung hinreichend widerstandsfähig waren.

4. Manche schweren Schaufelbeschädigungen wurden dadurch hervorgerufen, daß infolge mangelhafter Schmierung das Weißmetall der Lager auslief und durch Herabsinken des Rotors die Schaufeln zur Berührung kamen.

Man hat sich hiergegen durch die Anordnung sog. „Nottraglager“ (vgl. § 127) zu schützen gesucht, doch sollte das System der Schmierung so sorgfältig durchgebildet und ausgeführt sein, daß derartige Fälle überhaupt ausgeschlossen sind.

5. Bemerkt mag hierzu noch werden, daß bei einer (stationären) Turbinenanlage, deren Welle durch mehrere Lager unterstützt war und von welchen eines auslief, das Eintreten der kritischen Drehzahl beobachtet worden ist, was zu einer Havarie der Turbine führte.

6. Auch Schwingungen der Turbinenscheiben können — solche Fälle sind namentlich bei stationären Turbinen beobachtet worden — zum Streifen der Laufschaufeln an den Düsen und Leitschaufeln führen und dadurch der Beschaufelung gefährlich werden oder auch Schaufelschwingungen erregen, welche ein Abbrechen der Schaufeln verursachen.

7. Zu den häufiger beobachteten Ursachen verhängnisvoller Turbinenhavarien gehört auch die Explosion von Turbinenscheiben oder Rotoren, von welchen bereits in § 101 die Rede war. Gegen solche schützt nur sorgfältige Berechnung der Scheiben und Rotoren hinsichtlich deren Beanspruchung durch die Zentrifugalkraft, Vermeidung aller Bohrungen an den höchst beanspruchten Stellen, sowie Wahl des besten Materials und sorgfältigste Kontrolle desselben.

8. Man hat auch bei direktwirkenden Turbinen Schwingungen von Lagerbalken beobachtet, welche so große Ausschläge zeigten, daß Schaufelkränze zur Berührung kamen und dadurch starke Schaufelbeschädigungen hervorgerufen wurden.

Fünfter Teil.

Die Anordnung von Turbinenanlagen im Schiff.

§ 182. **Allgemeines.** In diesem Teil sollen an Hand skizzenhafter Zeichnungen die Gesamtanordnungen verschiedener Turbinenanlagen im Schiff beschrieben werden, wobei gleichzeitig eine Aufzählung der zugehörigen Hilfsmaschinen nebst teilweiser Angabe von deren Hauptabmessungen beigefügt werden soll. Mehrere dieser Anlagen sind bereits bei Herausgabe dieses Buches als veraltet anzusprechen, indessen ist jedem Konstrukteur bekannt, daß wertvolle Informationen sich auch aus der Betrachtung guter technischer Leistungen vergangener Jahre schöpfen lassen.

Bevor in die Beschreibung der einzelnen Anlagen eingetreten wird, soll im nachstehenden noch eine Zusammenstellung einiger Gesichtspunkte gegeben werden, auf welche den im Entwurf von Gesamtanlagen nicht Geübten zu achten empfohlen werden kann.

§ 183. **Allgemeine Gesichtspunkte für die Disposition von Turbinenanlagen im Schiff.** 1. Der Maschinistenstand muß so angelegt werden, daß die Manövrierorgane bequem zugänglich sind und die wichtigsten Hilfsmaschinen, wie z. B. die Ölpumpen, leicht überblickt werden können.

Bei Turbinenanlagen liegt der Maschinistenstand häufig hoch, und zwar vielfach über den Hochdruckturbinen. Es ist darauf zu achten, daß an demselben die Temperatur nicht unerträglich hoch wird, was durch geschickte Anordnung von Lüftern, welche einerseits die heiße Luft absaugen, anderseits kalte Luft zuführen, erreicht werden kann. Eventuell, namentlich bei Maschinen, welche unter Panzerdeck liegen, ist auf ausreichende künstliche Lüftung Wert zu legen. Auch ist eine sorgfältige Wärme-Isolation vorzusehen, damit übermäßige Wärmezufuhr nicht stattfinden kann.

2. Über den Turbinen muß hinreichend Platz zum Heben der Turbinenoberteile und Rotoren gelassen werden.

3. Auch muß hinreichend Platz im Maschinenraum vorhanden sein, um bei Demontage der *ND*-Turbinen den Abdampfbogen verfahren zu können.

4. Es ist darauf zu achten, daß die Wellenleitungen nicht allzu schräg nach hinten geneigt sind, was namentlich bei Torpedobooten unter Umständen vorkommen kann (vgl. hierzu die in Band I, § 245 gegebenen Grenzwerte).

5. Bei großen Turbinenanlagen empfiehlt es sich, die größten Rohre am Unterteil der Turbinen anzuordnen, damit dieselben bei Demontage der Turbinenoberteile nicht entfernt werden müssen.

6. Die Kondensatoren müssen so angelegt werden, daß sich die Rohre bequem herausziehen und wieder hineinstecken lassen.

7. Die Kondensatpumpen sind so tief zu legen, daß sie das Kondenswasser aus der *ND*-Turbine auch bei hohem Vakuum ansaugen können.

8. Die Ölleitungen müssen so angelegt werden, daß bei Schlagseite des Schiffes das Öl aus den Lagern noch mit ausreichendem Gefälle in den Ölsammeltank laufen kann.

9. Auf die Anlage der Hauptdampfleitung ist größte Sorgfalt zu verwenden. Ist man in der Wahl des Fixpunktes der Turbinengehäuse frei, so wird man die Turbine zweckmäßig an dem Ende festlegen, an welchem die Hauptdampfleitung angreift, damit die Hauptdampfleitung nicht der Dehnung des Turbinengehäuses zu folgen braucht.

10. Falls der Kondensator seitlich von der Turbine aufgestellt und mit dieser durch einen Abdampfbogen verbunden ist, ist zu bedenken, daß bei der Ausdehnung der Turbine durch die Wärme der Abdampfbogen ebenfalls gehoben wird und an dem Kondensator, oder was noch gefährlicher, an dem gußeisernen Abdampfstutzen der *ND*-Turbine zerrt. Man wird also dem Abdampfbogen eine gewisse Elastizität geben müssen und bei der Montage die gegenseitige Höhenlage von Turbine und Kondensator so einrichten, daß die Differenz zwischen den Höhenlagen bei Betrieb bzw. Stillstand halbiert wird. Auch hat man schon, um den geschilderten Erfordernissen Rechnung zu tragen, besondere Expansionsstücke zwischen Abdampfbogen und Turbine bzw. Abdampfbogen und Kondensator eingeschaltet.

11. Vorteilhaft ist es, den Abdampfbogen oberhalb des Rohrbündels am Kondensator anzuschließen, damit man bei Untersuchung lecker Kondensatorrohre den Kondensator bis über die Rohre mit Wasser füllen kann.

12. Bei der Anlage der Saugerohre und der Ausgußrohre der Zirkulationspumpe unter Wasser ist darauf zu achten, daß die Ausgußöffnung nicht nahe an der Saugeöffnung und vor derselben angebracht ist, weil dann das warme Kühlwasser, welches aus dem Kondensator kommt, ev. wieder angesaugt wird.

13. Das Kühlwasserabflußrohr am Kondensator soll so angelegt werden, daß sein höchster Punkt über den obersten Kühlrohren liegt, damit die Bildung von Luftsäcken in denselben ausgeschlossen ist.

14. Es ist vorgekommen, daß die Saugöffnung für die Zirkulationspumpe bei Torpedobooten so hoch gelegt wurde, daß bei starkem Schlingern die Zentrifugalpumpen kein Wasser bekamen. Dieser Punkt ist bei derartig kleinen Fahrzeugen nicht außer acht zu lassen.

15. Damit die Turbinen nicht verrosten, wenn bei Hafenbetrieb die Hilfsmaschinen ihren Abdampf in den Hauptkondensator auspuffen, muß entweder der Kondensator von den Turbinen abschaltbar sein, oder besser, da sich ersteres schwer bewirken läßt, eine Hilfskondensationsanlage vorgesehen werden.

16. Beim Anschließen der Leitung, welche überproduzierten Dampf in den Kondensator abführt, beim Anschließen von Hilfsabdampfleitungen an die Kondensatoren ist darauf zu achten, daß solide Prallbleche den Dampfstrahl verteilen bzw. von den Rohren ableiten. Es können sonst Zerstörungen der Rohre durch den Dampf stattfinden und auch Schwingungen der Rohre eintreten, welche diesen gefährlich werden. Ebenso ist beim Einlassen des Hilfsabdampfes in die Turbinen sowie auch beim Einführen des Dampfes hinter überbrückten Stufen, kurz in allen Fällen, in welchen Dampfmengen irgendwelchen Räumen zugeführt werden, darauf zu achten, ob nicht durch die lokale Erwärmung unzulässige Spannungen entstehen können.

17. Dem Anfänger kann es leicht passieren, daß er die Dispositionen der Hauptturbinen, Getriebe, der wichtigsten Hilfsmaschinen usw. so festlegt, daß sich später

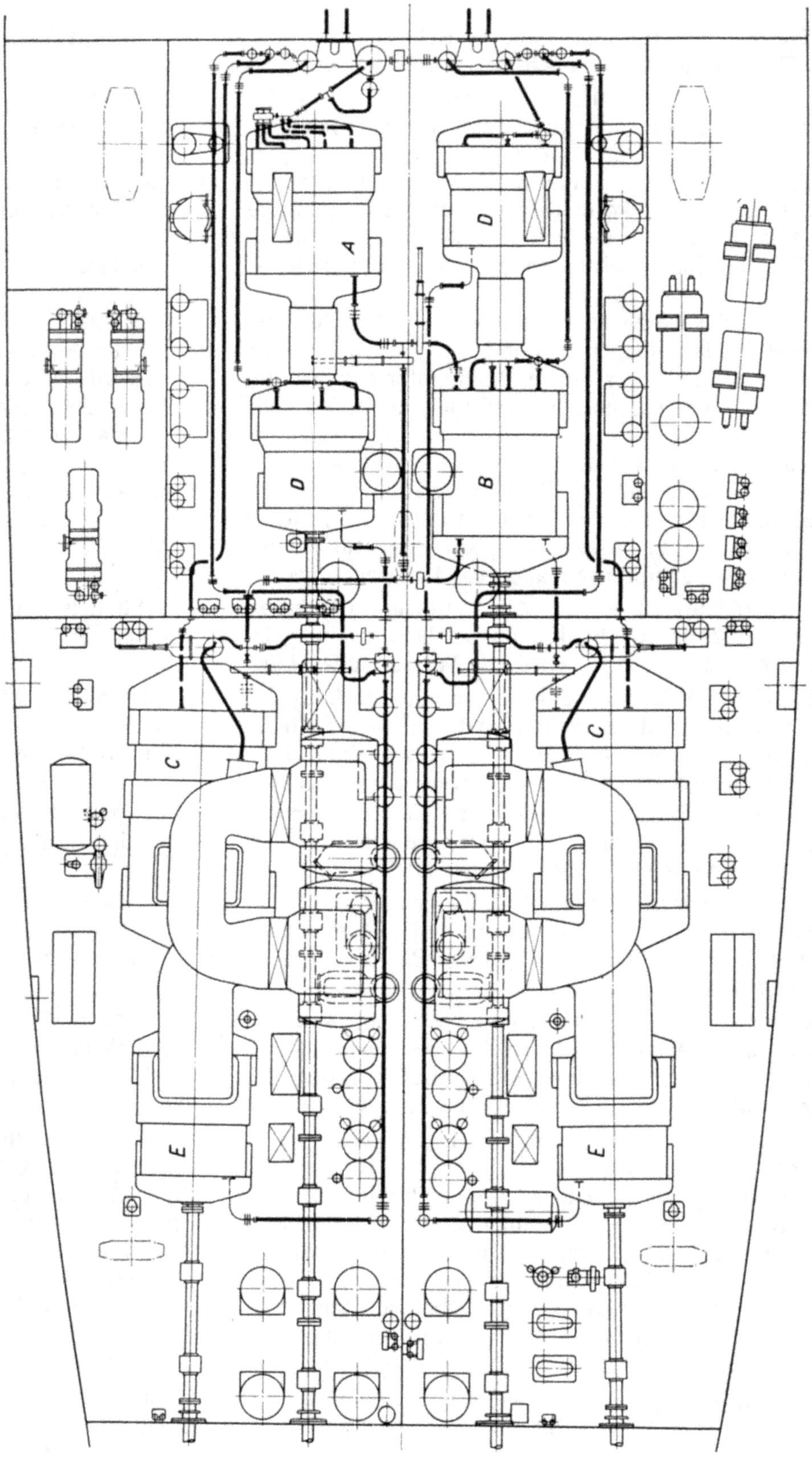

Abb. 292.

die Rohrstränge (namentlich gilt dies von den unten im Schiff liegenden Wasserrohren, Lenzrohren und Ballastrohren) nicht mehr verlegen lassen, weil die Maschinenteile selbst oder deren Fundamente hindernd im Wege stehen. Es muß also hierauf von vornherein die gebührende Rücksicht genommen werden.

18. Der Entwurf der Fundamente muß, trotzdem die Turbinen keine nach außen wirkenden Massenkräfte entwickeln, wie dies bei Kolbendampfmaschinen oder Ölmotoren der Fall, mit Überlegung erfolgen. Es ist dabei auf die Aufnahme des Propellerschubes, die Schaffung der Fixpunkte, von welchen aus die Dehnung der Gehäuse zu erfolgen hat, das aufzunehmende Gewicht, und wie bereits vorher erwähnt, auf die Rohrführungen Rücksicht zu nehmen.

19. Im übrigen gelten natürlich die Gesichtspunkte, welche stets bei Dispositionen von Maschinenanlagen im Schiff beachtet werden müssen. Es ist anzustreben: Bequeme Zugänglichkeit sämtlicher Hilfsmaschinen und wichtigen Ventile, übersichtliche und möglichst einfache Anordnung der Flurplatten, Treppen und Geländer, Verlegung der Rohrleitungen so, daß möglichst wenige Richtungsänderungen entstehen, Zusammenfassung möglichst vieler Ventile zu Ventilkasten, um an Flanschen zu sparen, Vermeidung von Wasser- und Luftsäcken usw.

§ 184. **Die Turbinenanlage des Dampfers „Imperator"**[1]. Der Bau der Turbinenanlage des Riesendampfers „Imperator" (57000 t Deplacement) für die Hamburg-Amerika-Linie bedeutete seinerzeit für die Schöpferin dieser bis dahin in jeder Beziehung in Deutschland einzigartigen Maschinenanlage ein sehr wagemutiges Unternehmen, und es dürfen sich die Vulcan-Werke Hamburg und Stettin rühmen, sozusagen ohne jede Erfahrung nur aus eigenem Ingenieurkönnen heraus die Aufgabe glücklich gelöst zu haben.

Die Maximal-Dauerleistung der Anlage betrug als Mittelwert mehrerer Reisen über den Ozean 75000 WPS, bei 175,3 Umdr. der Wellen. Die höchste erzielte Schiffsgeschwindigkeit betrug im Durchschnitt einer Reise 24 Seemeilen pro Stunde. Diese Angaben beziehen sich auf die Zeit, während welcher das Schiff im Besitze der Hamburg-Amerika-Linie mit kohlegefeuerten Kesseln (46 Wasserrohrkessel von zusammen 18860 qm Heizfläche, 349,6 qm Rostfläche für 16 at Überdruck) Dienst tat. Nachdem das Schiff infolge des unglücklichen Ausgangs des Weltkrieges in die Hände der Cunard-Line übergegangen war, wurden die Kessel für Ölfeuerung eingerichtet. Das Schiff trägt heute den Namen „Berengaria".

Später sind mit unwesentlichen Abänderungen von der Firma Blohm & Voß für die Hamburg-Amerika-Linie zwei weitere Riesendampfer gebaut worden, und zwar die Dampfer „Vaterland" und „Bismarck", welche ebenfalls heute leider in fremden Händen Dienst tun; ersteres Schiff unter dem Namen „Leviathan" im Besitze der United States Lines, letzteres unter dem Namen „Majestic" im Besitze der White Star Line. Alle drei tragen, wenn auch durch ein widriges Geschick dem Vaterlande geraubt, den Ruhm deutscher Arbeit über die Meere.

Die in Abb. 292 dargestellte Anlage des Vierwellenschiffes weist 8 Turbinen in getrennten Gehäusen auf, und zwar 4 für Vorwärts- und 4 für Rückwärtsgang. Auf der Innenwelle Backbord sitzt die *HD*-Vorwärtsturbine *A*, dahinter eine *HD*-Rückwärtsturbine *D*, auf der Innenwelle Steuerbord noch eine *HD*-Rückwärtsturbine, dahinter eine *MD*-Vorwärtsturbine *B*. Auf jeder der beiden Seitenwellen ist eine *ND*-Vorwärtsturbine *C* und dahinter eine *ND*-Rückwärtsturbine *E* angeordnet. Die Turbinenanlage ist in drei durch wasserdichte Schotten getrennten Räumen untergebracht; der vordere Raum enthält alle *HD*-Turbinen und die *MD*-Vorwärtsturbine,

[1] Vgl. hierzu die Veröffentlichung in „V. D. I." vom Juni 1914.

jeder der beiden nebeneinanderliegenden hinteren Räume eine *ND*-Vorwärts-, eine *ND*-Rückwärtsturbine und je 2 Kondensatoren *F*.

Über die Konstruktion der Turbinen und deren Hauptabmessungen ist bereits an verschiedenen Stellen des Buches gesprochen worden. Die Tabelle Nr. 2 in § 37 enthält die Hauptangaben über die Turbinenabmessungen und § 79 verschiedene Angaben und eine Abbildung, welche die Konstruktion der Turbinen erläutern.

Bemerkenswert sind die mannigfaltigen Schaltungsmöglichkeiten der Turbinen, auf welche die Bestellerin Wert legte, um die weitgehendste Sicherheit der Passagiere zu gewährleisten:

1. Bei normaler Fahrt mit voller Leistung strömt der Dampf zuerst in die *HD*-Vorwärts-, dann in die *MD*-Turbine, von da aus in geteilten Strömen nach der *ND*-Vorwärtsturbine jeder Schiffsseite. In diesem Zustand, welcher die größte Ökonomie bietet, ist es nicht möglich, die Wellen der einen Schiffsseite vorwärts, die der andern rückwärts arbeiten zu lassen.

2. Bei Fahrt im Revier erhält sowohl die *HD*-Vorwärts- als auch die *MD*-Vorwärtsturbine Frischdampf. Der Dampf strömt von jeder dieser beiden Turbinen direkt zur *ND*-Vorwärtsturbine der gleichen Schiffsseite. Auf diese Weise sind die beiden Schiffsseiten getrennt, und kann nach Belieben mit jeder Seite für sich allein manövriert werden.

3. Für den Fall, daß es wünschenswert ist, die *HD*-Vorwärtsturbine abzuschalten, kann die *MD*-Vorwärtsturbine direkt Frischdampf erhalten und ihren Abdampf an jede der beiden *ND*-Vorwärtsturbinen abgeben.

4. Es kann jede *ND*-Vorwärtsturbine allein Frischdampf erhalten für den Fall, daß die *HD*- und *MD*-Vorwärtsturbine unklar sind.

5. Sowohl die *HD*-Turbinen als die *MD*-Vorwärtsturbine können direkt auf die Kondensatoren geschaltet werden.

6. Jede *ND*-Rückwärtsturbine kann mit Frischdampf betrieben werden für den Fall, daß es wünschenswert ist, einc oder beide *HD*-Rückwärtsturbinen abzuschalten.

7. Jede *HD*-Rückwärtsturbine kann direkt mit den Kondensatoren verbunden werden für den Fall, daß die *ND*-Rückwärtsturbinen abgeschaltet werden sollen.

8. Jeder Kondensator kann durch ein besonderes Absperrorgan abgeschaltet und nachgesehen werden, falls dies erforderlich. Unterdessen wird der Betrieb mit dem andern Kondensator derselben Schiffsseite weitergeführt.

Als Umschaltorgane in den mächtigen Dampfleitungen dienten hydraulisch bewegte Dampfschieber, deren Steuerung derartig gekuppelt war, daß gleichzeitig die entsprechenden Schieber geschlossen und geöffnet wurden. Die Absperrorgane der Kondensatoren sind ebenfalls Schieber von mächtigen Abmessungen, welche hydraulisch bewegt werden. Die Ausrüstung des Schiffes mit Hilfsmaschinen war bei den hohen Anforderungen, welche an die Sicherheit des Schiffes gestellt wurden, selbstverständlich sehr reichlich.

Ein ausführliches Verzeichnis der sämtlichen Hilfsmaschinen und deren Abmessungen findet sich in Band I, Anhang XII, S. 140 ff.

§ 185. **Die Abdampfturbinenanlage des Passagierdampfers „Cap Trafalgar"** (25800 t Deplacement, 18 Knoten Geschwindigkeit), erbaut von den Vulcan-Werken Hamburg und Stettin, A.-G., für die Hamburg-Südamerikanische Dampfschiffahrts-Gesellschaft im Jahre 1913/14 veranschaulichen Abb. 293 und 294).

Die beiden Seitenwellen des Dreischraubenschiffes werden von Kolbenmaschinen *A* angetrieben, deren Hauptabmessungen die folgenden sind:

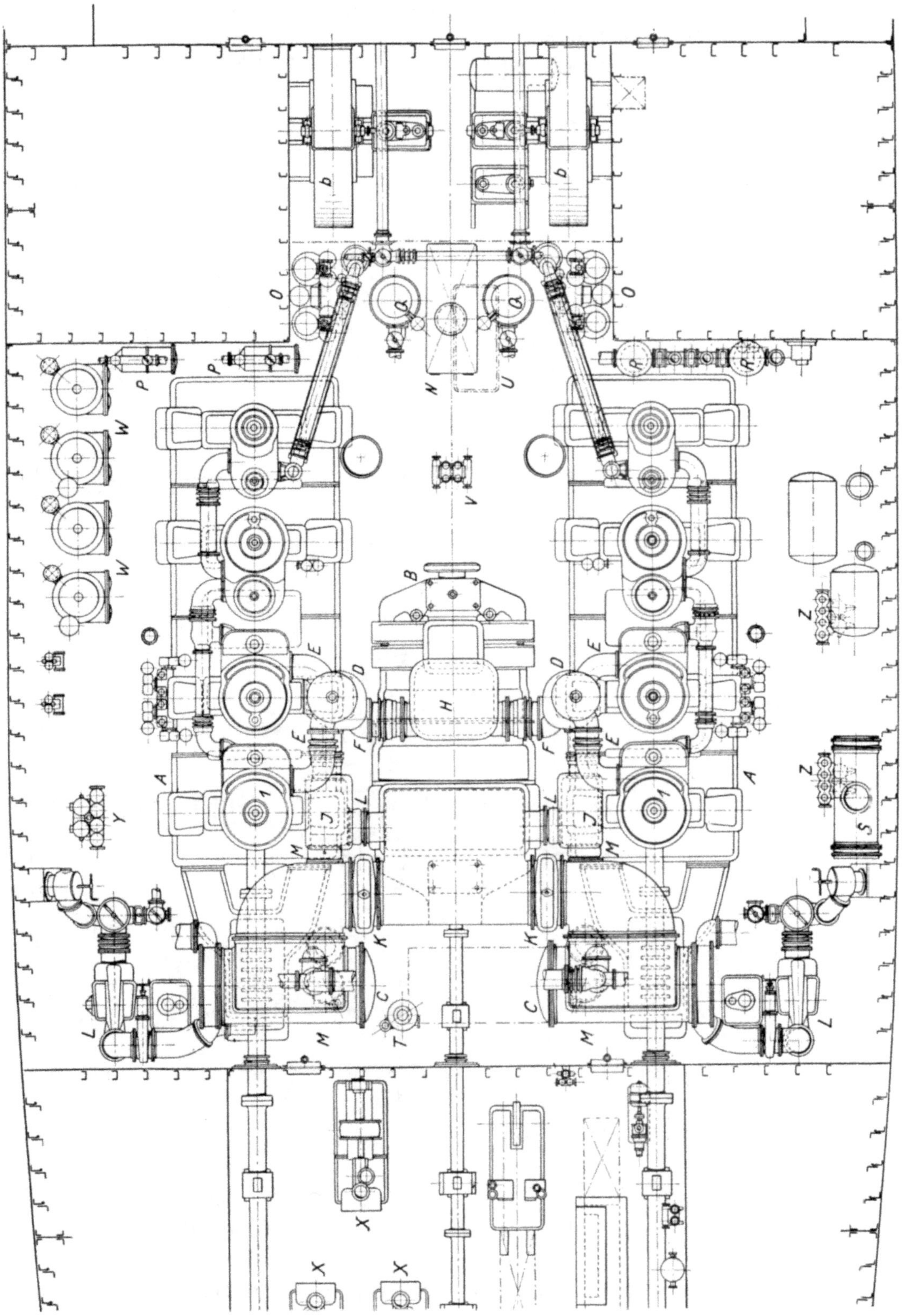

Abb. 293.

Hochdruckzylinder,	Durchmesser .	800 mm
Mitteldruckzylinder,	„ .	1330 mm
2 Niederdruckzylinder,	„ .	1440 mm

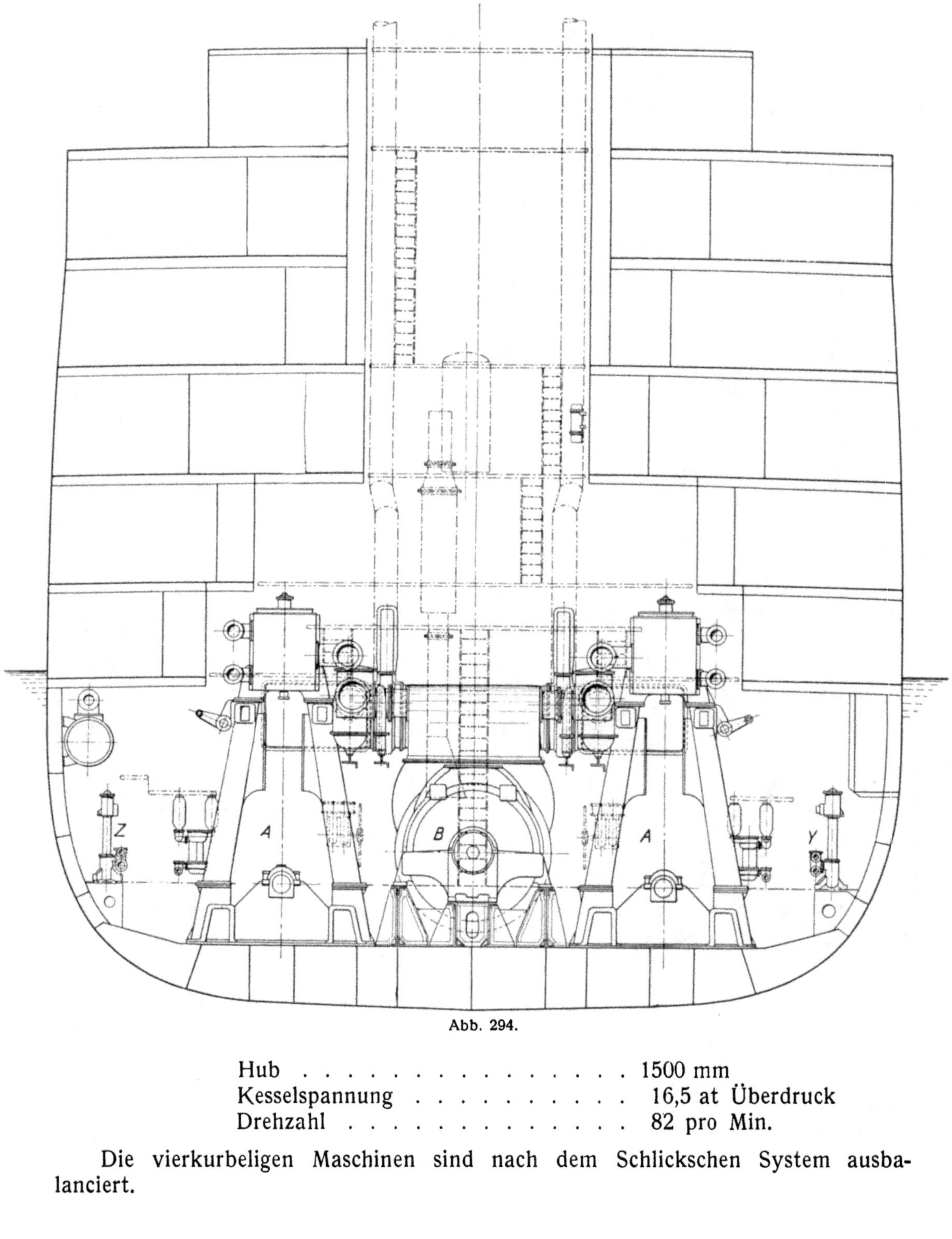

Abb. 294.

Hub	1500 mm
Kesselspannung	16,5 at Überdruck
Drehzahl	82 pro Min.

Die vierkurbeligen Maschinen sind nach dem Schlickschen System ausbalanciert.

Aus den beiden Kolbenmaschinen strömt der Dampf in die auf der Mittelwelle angeordnete, direkt wirkende Abdampfturbine *B* über, deren Hauptabmessungen nachstehend angegeben sind:

Durchmesser der glatten Trommel . .	2700 mm
Größter Durchmesser über die Beschaufelung gemessen	3560 mm
Länge der Trommel	3810 mm
Lagerzapfen, Durchmesser.	650 mm
„ Länge.	920 mm
Drehzahl	210 pro Min.

Die Gesamtleistung der Anlage ist äquivalent ca. 16200 PSi, wobei die beiden Kolbenmaschinen zusammen 10160 PSi, die Abdampfturbine bei einem Anfangsdruck von 0,7 ata 5650 PSe leistet.

Es sind 2 Kondensatoren *C* vorgesehen, deren Kühlfläche je 700 qm beträgt; die Länge zwischen den Rohrplatten beläuft sich auf 3520 mm, die Anzahl der Kühlrohre von 19 mm äußerem Durchmesser auf 3380 Stück für jeden Kondensator.

Beim Manövrieren wird nur mit den beiden Kolbenmaschinen gearbeitet, da die Turbine nicht umsteuerbar eingerichtet ist. Der Dampf gelangt aus den Kolbenmaschinen durch die Abdampfrohre *E* in ein großes Umschaltventil *D*; von da strömt er bei normaler Fahrt durch das Rohr *F* dem Abdampfentöler *H* zu, dessen System in § 148 ausführlich beschrieben ist und weiter in die Turbine. Soll manövriert werden, so wird der Dampf durch das Umschaltventil *D*, welches in § 147 eingehend geschildert ist, zu einem Abdampfentöler *J* und von dort in den Abdampfbogen der Turbine eingelassen.

Da für den Fall der Überholung der Kondensatoren jeder derselben durch einen Dampfschieber *K* von der Turbine abgeschlossen werden kann, sind die Abdampfentöler *J* durch zwei Leitungen mit dem Abdampfbogen verbunden, von denen die eine, absperrbar durch den Schieber *L*, vor dem Schieber *K*, die andere, absperrbar durch den Schieber *M*, hinter dem Schieber *K* einmündet. Ist einer der Kondensatoren außer Betrieb, so hat man hierdurch die Möglichkeit, den aus dem Abdampfentöler *J* kommenden Dampf in den andern Kondensator zu schicken.

Über die weiteren Hilfsmaschinen und Apparate gibt das nachstehende Verzeichnis Aufschluß. Es sind vorhanden:

L 2 Zirkulationspumpen von 1400 mm Flügelraddurchmesser, angetrieben von je einer Dampfmaschine mit 380 mm Zylinderdurchmesser und 320 mm Hub,

M 2 unter den Kondensatoren aufgestellte Dualluftpumpen, Durchmesser des Dampfzylinders 360 mm, der Trockenluftpumpe 700 mm, der Naßluftpumpe 700 mm, Kolbenhub 525 mm,

N 1 Speisewasser-Schwimmertank mit Koksfilter,

O 2 doppelte Hauptspeisepumpen (Simplex), Durchmesser der 4 Dampfzylinder 400 mm, der 4 Pumpenzylinder 280 mm, Kolbenhub 600 mm,

P 2 Speisewasserreiniger (Druckfilter),

Q 2 Speisewasser-Oberflächenvorwärmer von je 45 qm Heizfläche,
2 Hilfsspeisepumpen (Simplex), Durchmesser der 2 Dampfzylinder 320 mm, der Pumpenzylinder 220 mm, Kolbenhub 600 mm im Kesselraum,

R Abdampfentöler für Hilfsmaschinen,

S 1 Hilfskondensator von 130 qm Kühlfläche,

T 1 Hilfsluftpumpe, Durchmesser des Dampfzylinders 260 mm, des Pumpenzylinders 540 mm, Kolbenhub 400 mm,
2 Injektoren im Kesselraum,

U 1 Klärtank,

V 2 Duplexölpumpen für die Turbinenlager, Durchmesser der Dampfzylinder 110 mm, der Pumpenzylinder 120 mm, Hub 250 mm,

W 2 Verdampferanlagen, zweistufig (4 Verdampfer) für eine Gesamtleistung der beiden Anlagen von 120 t in 24 Std.,

X 4 Turbodynamos, davon 1 auf einem der oberen Decks über der Wasserlinie,

Y 1 Duplexpumpe für Badezwecke, Durchmesser der Dampfzylinder 320 mm, der Pumpenzylinder 220 mm, Hub 400 mm,

Z 2 Ballast-Duplexpumpen, Durchmesser der Dampfzylinder 220 mm, der Pumpenzylinder 260 mm, Hub 350 mm,

a 1 elastisch angetriebene Ventilationsmaschine im Maschinenraum, Raddurchmesser 700 mm, Drehzahl 870 bis 1000 pro Min., Kraftbedarf 21 PS,

b 2 Howdengebläse für die Kesselanlage, Raddurchmesser 2900 mm, Drehzahl pro Min. 195, angetrieben von je einer Dampfmaschine: Durchmesser des *HD*-Zylinders 210 mm, des *ND*-Zylinders 365 mm, Hub 250 mm.

§ 186. **Die Turbinenanlage der von der Firma Blohm & Voß im Jahre 1923 für die Hamburg-Amerika-Linie erbauten Turbinendampfer „Albert Ballin“ und „Deutschland“** ist in Abb. 295 dargestellt. (Vgl. die Veröffentlichung in „Werft, Reederei, Hafen“ 1923, S. 319.)

Die Schiffe besitzen ein Deplacement von 30000 t, ihre Geschwindigkeit beträgt 16 Seemeilen pro Stunde. Die gesamte Maschinenleistung beläuft sich auf 12500 WPS und ist auf zwei Propellerwellen verteilt. Der Antrieb jeder Welle erfolgt durch ein großes Zahnrad *A*, in welches zu beiden Seiten ein Ritzel *B* eingreift. Die mittschiffs liegenden Ritzel werden am hinteren Ende durch eine *HD*-Turbine *C* und am vorderen Ende durch die erste *MD*-Turbine *D* angetrieben, während die nach Außenbord gelegenen Ritzel am vorderen Ende mit der zweiten *MD*-Turbine *E*, am hinteren Ende mit der *ND*-Turbine *F* gekuppelt sind.

Als Vorteil dieser Anordnung nimmt die Bauwerft in Anspruch, daß in das Ritzel von beiden Seiten gleichmäßige Torsionskräfte eingeleitet werden, so daß eine geringere Verwindung des letzteren eintritt, ferner daß ein Schub in der Längsrichtung des Ritzels nicht entsteht. Die Drehzahl der Turbinen beträgt bei voller Leistung ca. 2200 pro Min., die Übersetzung im Getriebe ca. 1 : 20, so daß also die Propellerdrehzahl sich auf ca. 110 Umdr. pro Min. beläuft. Näheres betreffend Ritzel und Turbinen vgl. § 84.

Der Rückwärtsgang wird durch eine *HD*-Rückwärtsturbine und durch eine *ND*-Rückwärtsturbine bewirkt, von denen erstere in das Gehäuse der *HD*-Turbine, letztere in das Gehäuse der *ND*-Turbine eingebaut sind.

Die Kondensatoren *G* sind am hinteren Ende des Maschinenraums untergebracht und liegen querschiffs direkt hinter den *ND*-Turbinen, so daß sehr einfache Abdampfbogen entstehen.

Die Ausstattung der Maschinenanlage mit Hilfsmaschinen ist sehr reichlich.

Das Kühlwasser für die Kondensatoren wird von 2 Hauptkühlwasserpumpen *a* (Kreiselpumpen mit einzylindriger Dampfmaschine) geliefert; für das Absaugen des Kondensats dienen 4 Kondensatpumpen *b*—*c*, ausgeführt als senkrecht aufgestellte

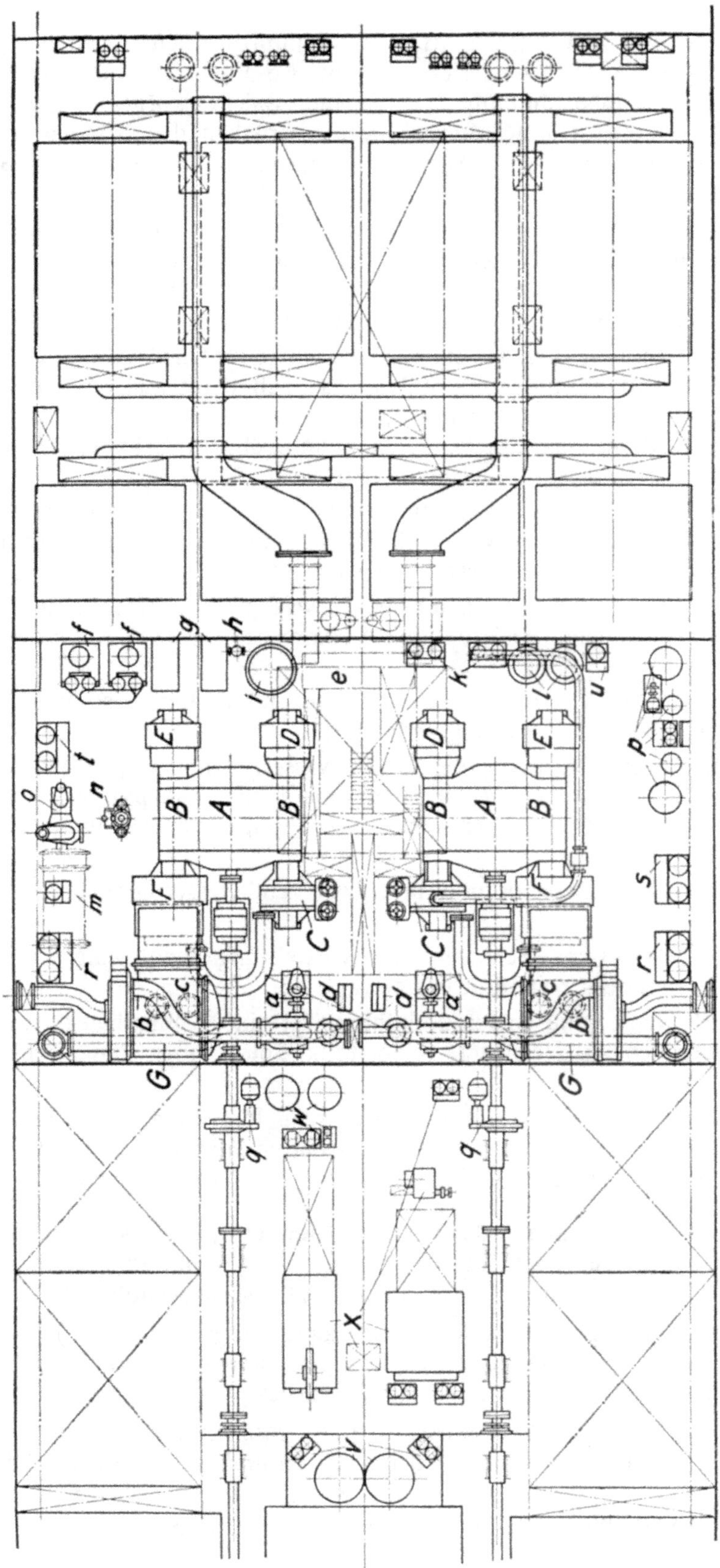

Abb. 295.

Kreiselpumpen, und zwar sind 2 Stück für Dampfturbinenantrieb und 2 Stück für elektromotorischen Antrieb eingerichtet. Zum Absaugen der Luft aus den Kondensatoren sind 4 Dampfstrahlpumpen *d*, System Balcke, vorgesehen, hiervon dienen 2 Stück zur Reserve. Die Kondensatpumpen drücken das Kondensat nach einem hochliegenden, am vorderen Maschinenraumschott aufgestellten Speisewasserschwimmertank *e*.

Zur Kesselspeisung dienen zwei am vorderen Maschinenraumschott aufgestellte Simplexspeisepumpen *f* und zwei Turbospeisepumpen *g*. Außerdem ist ein Injektor *h* vorhanden, welcher im Hafen die Kesselspeisung übernehmen soll. In die Druckleitung ist ein Speisewasser-Oberflächenvorwärmer *i* eingeschaltet.

Für die Versorgung der Turbinenanlage mit Schmieröl dienen zwei Schmierölpumpen *k* (Duplexdampfpumpen), welche das Schmieröl aus dem in dem Doppelboden eingebauten Sammeltank saugen und durch zwei Schmierölkühler *l* nach einem Hochbehälter fördern, von welchem das Schmieröl den Schmierstellen mit natürlichem Gefälle zufließt.

Das Niederschlagen des Abdampfs der Turbodynamos, der Kühlmaschinen, der Winden, der Heizung usw. bewirkt ein Hilfskondensator *m* mit einer Hilfsnaßluftpumpe *n* und einer Hilfskühlwasserpumpe *o*.

Zur Erzeugung von Frischwasser aus Seewasser dient eine Vakuumverdampferanlage *p*, bestehend aus zwei Vakuumverdampfern, zwei Vorwärmern und zwei Umwälzpumpen.

Zum Drehen der Wellenleitungen, Getriebe und Turbinen ist auf jedem Wellenstrang eine Drehvorrichtung *q* angeordnet.

Das Lenzen der Bilgen und der Ballastwasserzellen besorgen zwei Ballast- und Lenzpumpen *r*, es ist ferner eine Klosettpumpe *s*, eine Badepumpe *t* und eine Lenzpumpe *u* aufgestellt. Die vier erstgenannten Pumpen dienen auch als Feuerlöschpumpen.

Für die Trinkwasserversorgung sind zwei Trinkwasserpumpen mit Sandfilter *v* vorgesehen.

Für die hydraulische Schottenschließvorrichtung dient eine Preßpumpe mit Kompressor, Druckwasser- und Abwassertank *w*.

Für die Proviant- und Laderaumkühlung ist eine Kühlanlage *x*, bestehend aus zwei Kühlmaschinen mit Refrigerator, Soletank, Solepumpen und Kühlwasserpumpe aufgestellt.

Für die Beleuchtung und für die elektrische Kraftanlage, welche 104 Motoren von zusammen 900 PS umfaßt, sind drei Turbodynamos von je 220 KW eingebaut. In einer Notstation sind zwei Öldynamos von je 25 KW aufgestellt.

§ 187. **Die Turbinenanlage des Passagierdampfers „Empress of Canada“**, gebaut im Jahre 1922 von der Fairfield Engineering and Shipbuilding Company für die Canadian Pacific Steamships Ltd. ist in Abb. 296 veranschaulicht[1]).

Die Gesamtleistung dieser Zweiwellenanlage beträgt 24500 WPS bei 112 Umdr. der Propellerwelle. Die Spannung des Dampfes in den Kesseln, welche nicht mit Überhitzern ausgerüstet sind, ist 14,8 at Überdruck.

Jede Welle wird von vier hintereinander geschalteten Turbinen angetrieben. Der Dampf strömt zuerst in die *HD*-Turbine *A* ein und durchläuft dann die erste und

---

[1]) Vgl. die Veröffentlichung in „Engineering“ vom 1. IX. 1922.

zweite *MD*-Turbine *B* und *C*, dann die *ND*-Turbine *D*, um von hier in den darunter angebrachten Kondensator *E* abzuströmen.

Von den in diesem Falle sehr kräftigen Rückwärtsturbinen, welche bis zu 66% der Vorwärtsleistung entwickeln können, ist der Hochdruckteil im Gehäuse der zweiten *MD*-Turbine, der Niederdruckteil in dem der *ND*-Vorwärtsturbine untergebracht.

Die Leistung der Turbinen wird durch ein doppeltes Vorgelege *F* auf die Propellerwelle übertragen, und zwar ist die Übersetzung so gewählt, daß, wenn die Turbinen mit 1970 Umdrehungen arbeiten, die erste Vorgelegewelle 430 und die Propellerwelle 111 Umdrehungen pro Minute machen. Die Verzahnung der Ritzel ist aus Nickelstahl hergestellt, und zwar sind die Ritzel für das erste Vorgelege

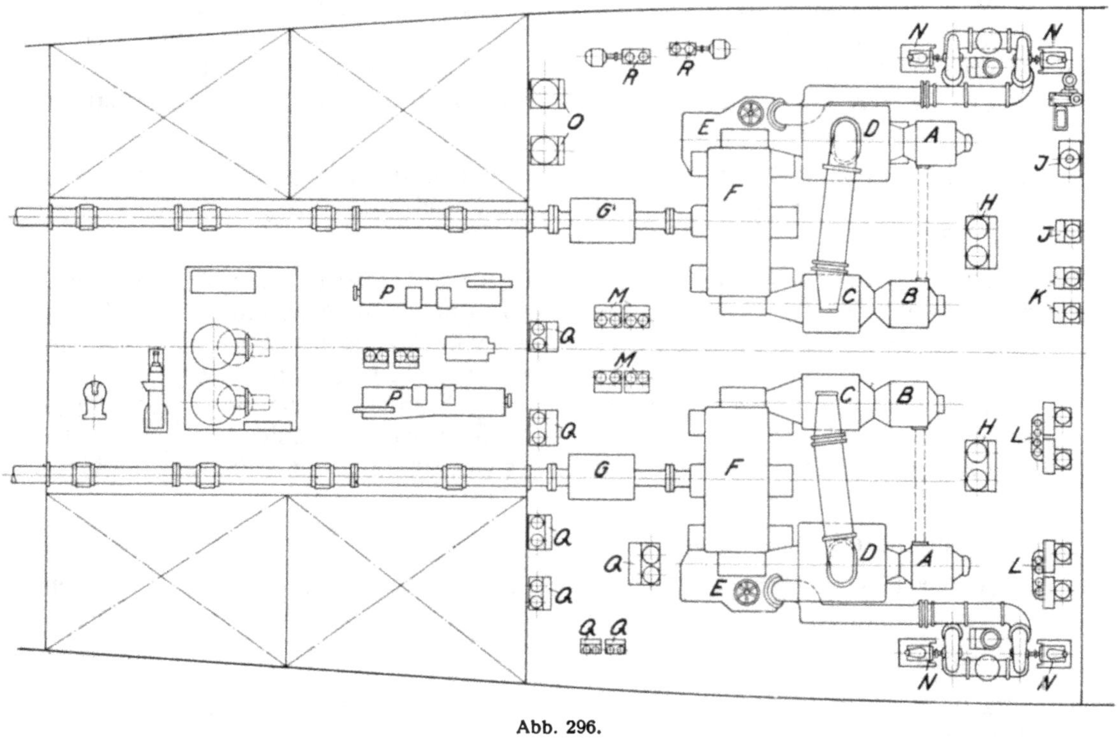

Abb. 296.

mit der Welle aus einem Stück geschmiedet, diejenigen für das zweite mit Überzügen aus diesem Material versehen. Die Zahnräder besitzen Bandagen aus geschmiedetem Stahl.

Für den Aufbau des Getriebes war die von Smith (vgl. Anhang XII) angegebene Methode des „nodal drive", bei welchem der Knoten der Schwingung des rotierenden Systems in das Getriebe gelegt wird, maßgebend. Die Turbinen sind daher nicht direkt mit den Ritzeln verbunden, sondern unter Zwischenschaltung von langen, dünnen Wellen, welche durch die hohlgebohrten Ritzel hindurchgeführt und erst an deren Hinterende mit denselben verbunden sind.

Hinter dem Getriebe sind die nach dem Michellsystem ausgeführten Drucklager *G* angeordnet.

Der Manövrierstand liegt mitschiffs vor den Turbinen.

An Hilfsmaschinen sind vorhanden:

H 2 Hauptluftpumpen, System Weir-Dual, jede mit einem Trocken- und Naßluftpumpenzylinder von 33″ Durchmesser und 18″ Hub mit einem gemeinsamen Dampfzylinder von 18″ Durchmesser.

J 2 Hilfsluftpumpen.

K 2 Vorwärmepumpen, System Weir, mit je einem Dampfzylinder von 9″, einem Pumpenzylinder von 11″ Durchmesser und 24″ Hub, welche aus dem Warmwasserkasten saugen und in den Oberflächenvorwärmer drücken.

1 „Uniflux"-Oberflächenvorwärmer von 450 Quadratfuß Heizfläche, geheizt durch den Abdampf der Hilfsmaschinen. Das Speisewasser passiert dann noch einen hoch oben im Maschinenraum angebrachten Weirschen Mischvorwärmer, in welchen der reine Abdampf der Turbogeneratoren geführt wird. Der Überschuß des letzteren kann in die zweite *MD*-Turbine geleitet werden. Im Interesse größter Wirtschaftlichkeit können auch die Entwässerungen der Schiffsheizung in den Warmwasserkasten geleitet werden. Aus dem Mischvorwärmer strömt das Wasser zu den

L 4 Hauptspeisepumpen, von denen zwei für den Betrieb genügen. Die Durchmesser der Dampf- und Pumpenzylinder betragen 18½″ bzw. 13″, der Hub 27″.

M 4 Schmierölpumpen, System Weir, versorgen die Räder und die 50 Lagerstellen mit Preßöl. Die Pumpen besitzen Dampf- bzw. Pumpenzylinder von 9″ bzw. 11″ Durchmesser bei 21″ Hub und können vom Manövrierstand aus beobachtet werden. — Zwei der Pumpen liefern nur Öl für die Lager, und zwar unter Zwischenschaltung von zwei Ölkühlern; die dritte Pumpe bedient die Rädergetriebe, wobei das von dieser Pumpe gelieferte Öl einen dritten Kühler passiert, um besonders gut rückgekühltes und daher zähes Öl den Rädern zuzuführen; die vierte Pumpe dient zur Reserve.

N 4 Hauptzirkulationspumpen.

O 2 Evaporatoren, jeder von 75 t in 24 Stunden Leistungsfähigkeit mit 2 Frischwasserdestillatoren.

P 2 Kohlensäure- Kältemaschinen.

Q verschiedene Pumpen zum Lenzen, Kühlen, für Ballast und sanitäre Zwecke.
3 Turbogeneratoren von je 275 kW.
1 Notdynamo von 75 kW.

§ 188. **Die Turbinenanlage des Passagierdampfers „Conte Biancamano"**, dessen Getriebe und Hauptdaten schon in § 161—6 erwähnt wurden, zeigt die Abb. 297. Die Hochdruck-(*A*) und die Niederdruckturbinen (*B*) sind, wie auch aus der Getriebeskizze Abb. 271 hervorgeht, auf einer erhöhten Plattform gemeinsam mit dem Maschinistenstand angeordnet. Zwischen Hochdruck- und Niederdruckturbine ist ein Tangentialdampftrockner eingeschaltet, wie er in § 139 näher beschrieben ist. Unter den Niederdruckturbinen sind die Kondensatoren (*C*) angeordnet; auf dem unteren Flurboden stehen die kleineren Hilfsmaschinen — siehe Tabelle. Hinter dem in der Abbildung dargestellten Hauptmaschinenraum liegt noch ein Hilfsmaschinenraum, in dem 3 Turbogeneratoren und die Kühlmaschinenanlagen untergebracht sind.

Liste der Hilfsmaschinen.

D Hauptkühlwasserpumpen,
E Duplex-Luftpumpen,
F Hauptspeisepumpen,
G Hilfsspeisepumpen,
H Speisewasservorwärmer,
J Speisewasserfilter
K Hilfskondensator,
L Hilfsluftpumpe,
M Hilfszirkulationspumpe,
N Klosettpumpen,
O Feuerlöschpumpe,
P Destillationsaggregat,
Q Frischwasserpumpen,
R Bilgepumpen,
S Ballastpumpen,
T Schmierölpumpen,
U Ölfilter.

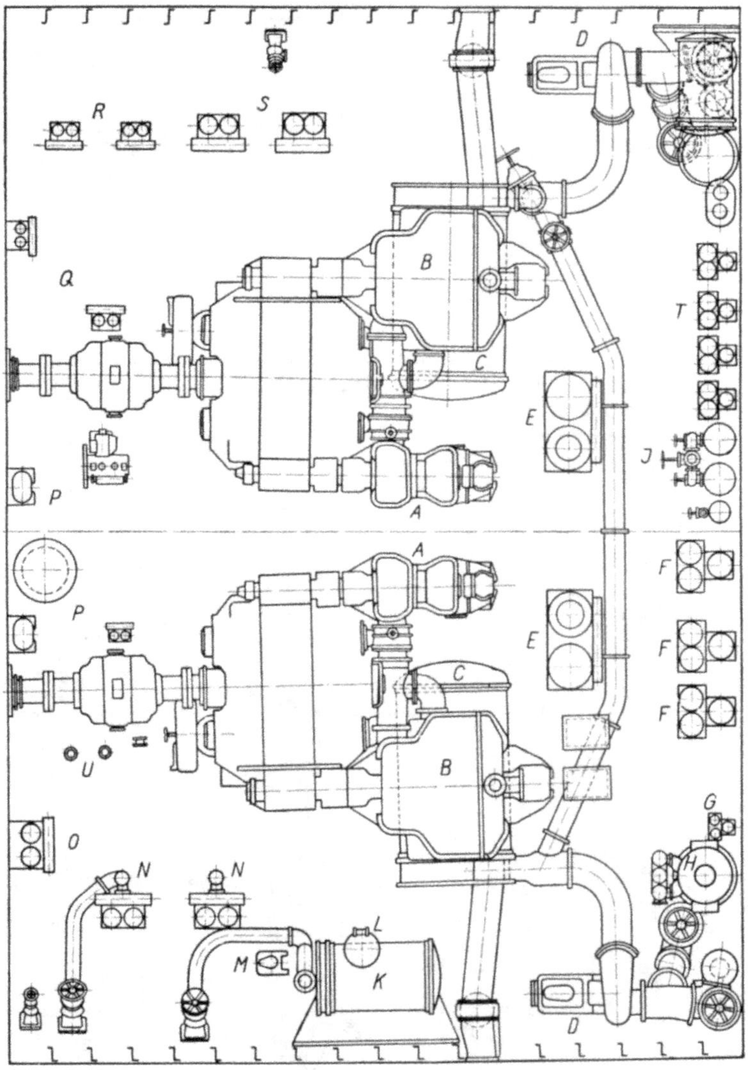

Abb. 297.

§ 189. **Die Turbinenanlage des Passagierdampfers „Giulio Cesare“** ist in Abb. 298 dargestellt.

Die Turbinen, welche von „The Wallsend Slipway and Engineering Co. Ltd.“ erbaut sind, besitzen eine Gesamtleistung von 22000 WPS, verteilt auf die 4 Wellen

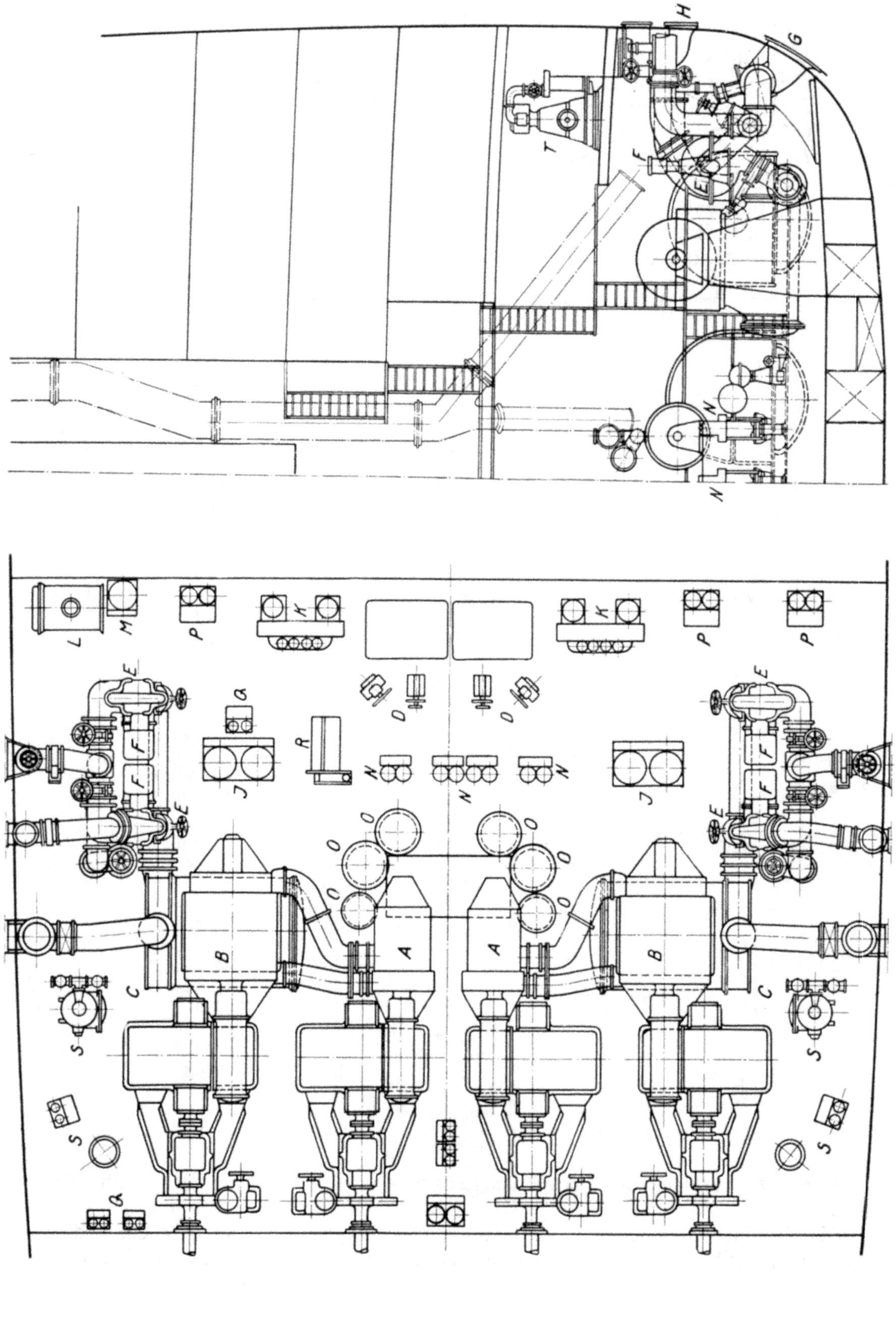

Abb. 298.

des Schiffes in der Weise, daß die Innenwellen durch je eine *HD*-Turbine *A*, die Außenwellen durch je eine *ND*-Turbine *B* angetrieben werden.

Jede Turbine ist mit einem Nickelstahlritzel gekuppelt, welches in ein großes Zahnrad (Gußeisen mit aufgeschrumpften Stahlbandagen) eingreift. Die Drehzahl der *HD*-Turbinen beträgt 2460, die der *ND*-Turbinen 1275, die der Propellerwelle 170 Umdrehungen pro Minute. Näheres über die Turbinen und Getriebe siehe §§ 84—10 und 157 — Abb. 236. Die beiden Kondensatoren *C* sind unter den *ND*-Turbinen angeordnet.

Die Bedienung der Maschinen erfolgt von einem bei *DD* angeordneten Maschinistenstand.

Auf jeder Schiffsseite sind 2 Zentrifugal-Zirkulationspumpen *E* vorgesehen, angetrieben durch einzylindrige Dampfmaschinen *F*; die Pumpen können, abgesehen von dem wie üblich in der Kimm angeordneten Seeventil *G*, auch aus einem höher gelegenen Ventil *H* gespeist werden, auf welches bei Fahrt auf flachem, sandigem Wasser (Laplatamündung) umgeschaltet wird. Eine Pumpe auf jeder Schiffsseite ist zum Lenzen aus der Bilge eingerichtet und besitzt hierfür einen direkten Außenbordanschluß.

An Hilfsmaschinen sind im übrigen vorhanden:

2 Dual-Luftpumpen mit je einem Dampfzylinder (*J*),

2 Paar einzylindrige Dampfspeisepumpen (*K*),
(4 einzylindrige Hilfsdampfspeisepumpen sind in den Kesselräumen angeordnet),

2 Speisewasser-Oberflächenvorwärmer,

1 Hilfskondensator *L* mit Zirkulations- und Luftpumpe *M*, mehrere einzylindrige, direktwirkende Ölpumpen *N* mit den nötigen Ölkühlern *O*, Filtern und Tanks, Duplexpumpen zur Zirkulation des Wassers durch die Kühler,

3 Duplex-Ballastpumpen *P*, jede für 200 t Förderung pro Stunde,
Pumpen für Lenz- und sanitäre Zwecke *Q*,

1 Reserve-Feuerlöschpumpe, elektrisch angetrieben *R*,

1 Verdampferanlage, bestehend aus 2 vertikalen Evaporatoren *S*, jeder für 72 t Leistungsfähigkeit in 24 Std.

4 Generatorensätze *T*, seitlich über den Seeventilen.

(8 durch Elektromotoren angetriebene Zentrifugalgebläse für Howdens forcierten Zug befinden sich in besonderen Räumen, direkt oberhalb der Kessel; dieselben können sowohl von diesen Räumen, als auch von den Heizräumen aus bedient werden.)

§ 190. **Turbinenanlage des Frachtdampfers „Porta“** von 6500 t Tragfähigkeit und 10 Knoten Geschwindigkeit, gebaut von den Vulcan-Werken Hamburg und Stettin, A.-G., für den Norddeutschen Lloyd im Jahre 1922; vgl. hierzu auch §§ 78, 161.

Die Maschinenanlage dieses Einwellenschiffes besteht aus einer Hochdruck- und einer Niederdruckturbine mit doppelter Räderübersetzung (Abb. 299).

Die Leistung beträgt 1660 WPS bei 78 minutlichen Umdrehungen der Propellerwelle und 14,5 at Kesselüberdruck, die Drehzahl der *HD*-Turbine 4275, die der *ND*-Turbine 3250 in der Minute.

Die *HD*-Turbine *A* enthält für den Vorwärtsgang ein Curtisrad mit anschließender Trommel und für den Rückwärtsgang ein Curtisrad; das *ND*-Turbinengehäuse enthält für den Vorwärts- und für den Rückwärtsgang je eine Trommel. Der Abdampf strömt aus der *ND*-Turbine *B* unmittelbar in den unter derselben querschiffs angeordneten Kondensator *C*.

Das Zahnradgetriebe ist in drei voneinander getrennten Gehäusen untergebracht; die beiden Gehäuse des ersten Vorgeleges *D* und *E* sind an die Turbinengehäuse und an das Gehäuse des zweiten Vorgeleges *F* angeflanscht.

Die Hauptabmessungen des Getriebes sind in der Tabelle ausgeführter Schiffsgetriebe Nr. 45 zu finden.

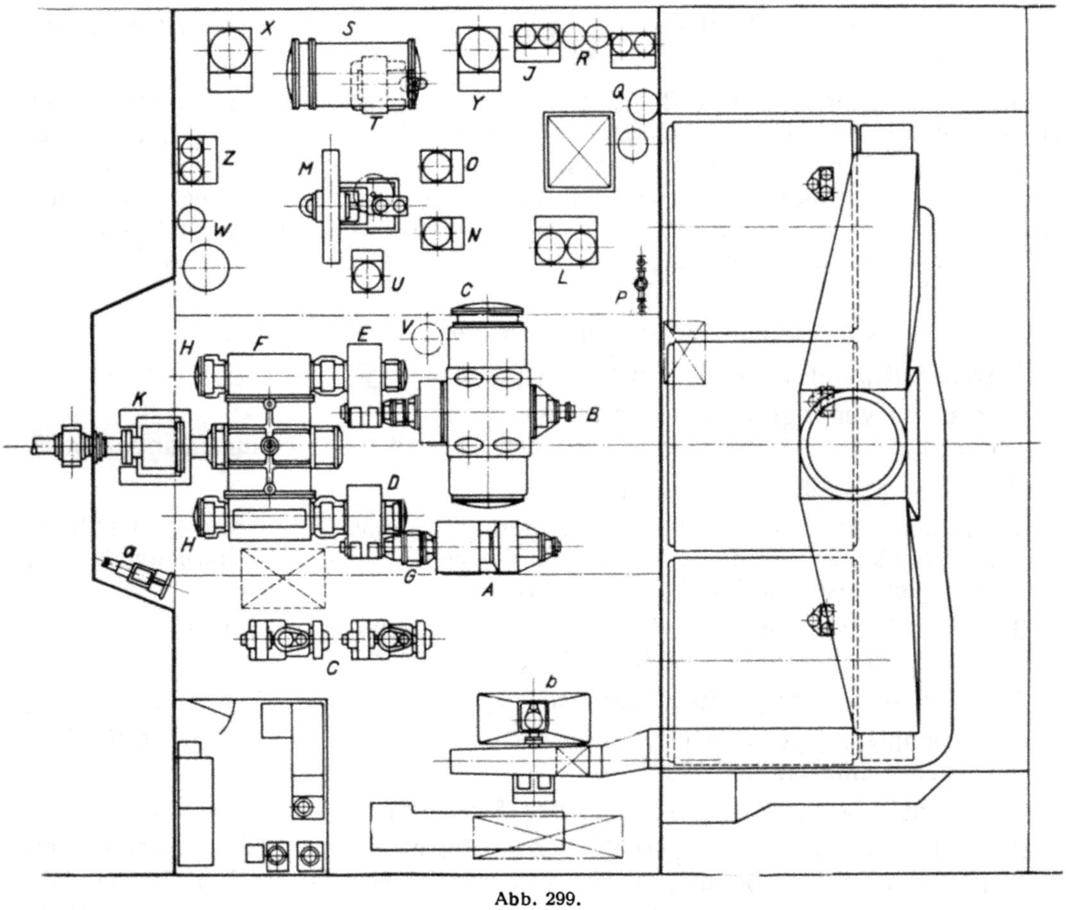

Abb. 299.

Das Zahnradgetriebe ist mittels rings um dasselbe geführter Füße mit dem Fundament starr verschraubt. Die Befestigung der Turbinenfüße auf dem Fundament gestattet dagegen eine freie Ausdehnung der Turbinen in axialer Richtung.

Die Verbindung der Turbinenwellen mit den Ritzeln des ersten Vorgeleges erfolgt durch Klauenkupplungen *G*; diejenige der Radwellen des ersten Vorgeleges mit den Ritzeln der zweiten Vorgelegewellen wird durch eine dünne Welle gebildet, welche durch das hohlgebohrte Ritzel hindurchführt und mit letzterem durch eine axial verschiebbare Bolzenkupplung *H* verbunden ist.

Auf der *HD*-Turbine sind die für das Manövrieren erforderlichen Ventile angeordnet, und zwar ein Vorwärts- und ein Rückwärts-Hauptmanövrierventil in getrennten Gehäusen und mit je einem besonderen Handrad, ferner ein kleines Vorwärts- und ein kleines Rückwärtsventil, um Frischdampf direkt in die *ND*-Turbine leiten zu können für den Fall, daß die *HD*-Turbine beschädigt sein sollte. Die Überströmleitungen können in diesem Falle durch Blindflanschen abgesperrt werden.

Zur Schmierung der Turbinen- und Getriebelager sowie der Zahneingriffsstellen sind Duplexdampfpumpen *J* vorgesehen, welche das Öl aus dem Sammelbehälter saugen und durch Filter und Kühler direkt in die Verteilungsleitung drücken. Durch einen in Höhe des Brückendecks aufgestellten Hochbehälter kann die Schmierung etwa 5 Minuten bei stillstehenden Pumpen aufrechterhalten werden.

Zur Aufnahme des Propellerschubes ist ein Einscheiben-Segmentdrucklager *K* hinter dem Getriebe auf besonderem Fundament vorgesehen.

An Hilfsmaschinen und Apparaten sind insgesamt vorhanden:

L 1 Dual-Expreßluftpumpe. Durchmesser des Dampfzylinders 250 mm, Hub 300 mm, Durchmesser des Naßluftpumpenzylinders 420 mm, Hub 300 mm, Durchmesser des Trockenluftpumpenzylinders 500 mm, Hub 400 mm.

M 1 Hauptkühlwasserpumpe, ausgeführt als Kreiselpumpe von 1200 mm Raddurchmesser mit Einzylinderdampfmaschine von 220 mm Durchmesser und 220 mm Hub.

C 1 Hauptkondensator von 230 qm Kühlfläche.

N 1 Hauptspeisepumpe, Simplexpumpe } Durchmesser des Dampfzylinders 220 mm,
O 1 Hilfsspeisepumpe, Simplexpumpe } der Pumpenzyl. 160 mm, Hub 450 mm.

P 1 Injektor.

J 2 Schmierölpumpen, Duplexpumpen, Durchmesser des Dampfzylinders 180 mm, des Pumpenzylinders 180 mm, Hub 300 mm.

Q 2 Schmierölkühler.

R 2 Schmierölfilter.

S 1 Hilfskondensator von 90 qm Kühlfläche.

T 1 Hilfskühlwasserpumpe, als Kreiselpumpe mit Einzylinderdampfmaschine ausgeführt.

U 1 Hilfsluftpumpe, Simplexpumpe.

V 1 Oberflächenvorwärmer.

W 1 Vakuumverdampfer.

X 1 Ballastpumpe, Simplexpumpe.

Y 1 Deckwasch- und Feuerlöschpumpe, Symplexpumpe.

Z 1 Lenzpumpe, Simplexpumpe.

a 1 Frischwasserpumpe.

b 1 Gebläsemaschine mit einzylindriger Dampfmaschine von 180 mm Durchmesser und 180 mm Hub.

c 2 Dynamos mit Einzylinderdampfmaschine.

§ 191. **Torpedobootszerstörer von etwa 1400 t Verdrängung** (Abb. 300 und 301). Die Maschinenanlage besteht aus zwei vollkommen selbständigen Maschinensätzen, welche je auf eine Propellerwelle arbeiten.

Die Leistung beträgt für jeden Maschinensatz ca. 17000 WPS, also zusammen ca. 43000 WPS bei einer Propellerwellen-Drehzahl von ca. 350/Min. Die *BB*-Maschinenanlage ist im hinteren, die *StB*-Maschinenanlage im vorderen Maschinenraum angeordnet.

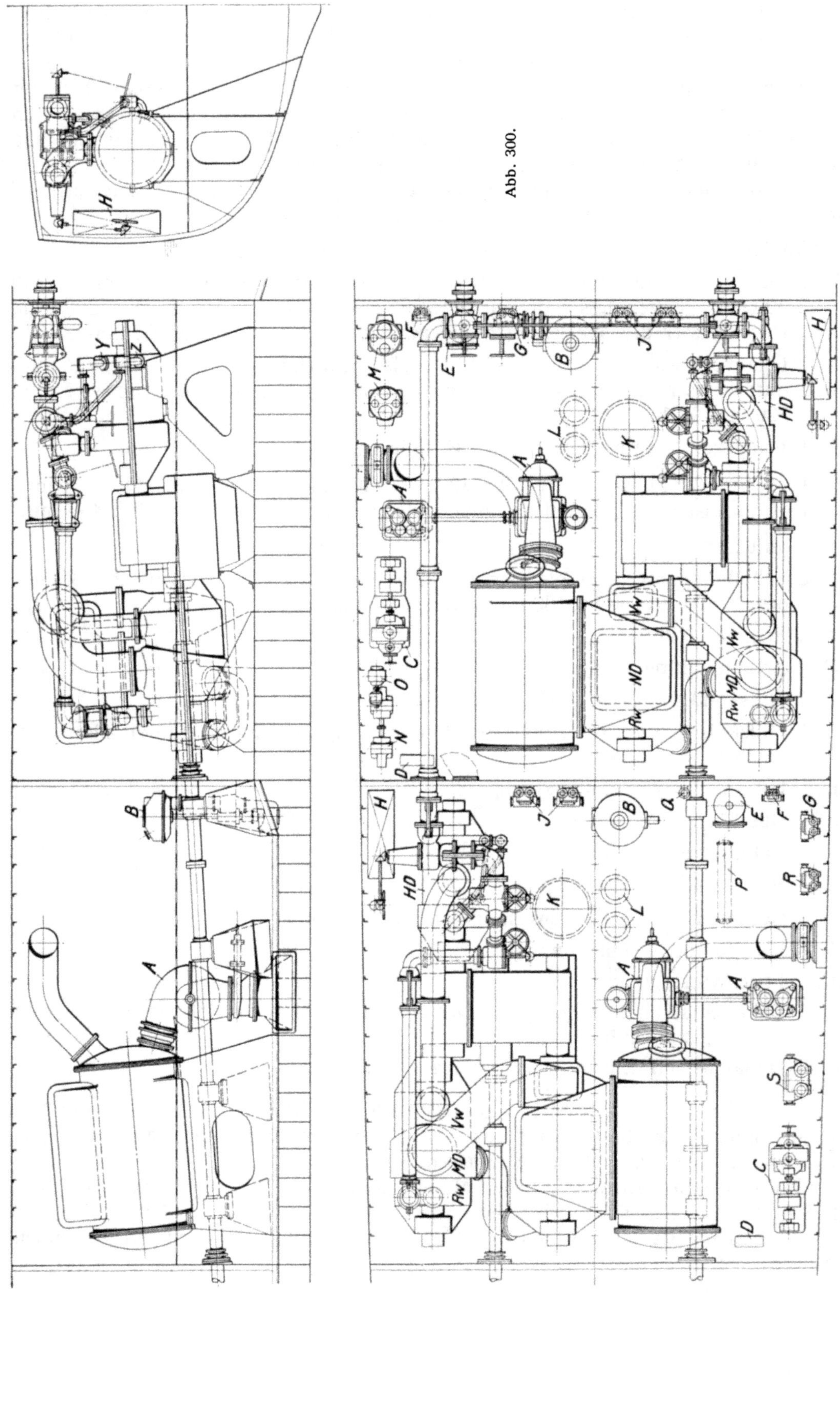

Abb. 300.

Jeder Maschinensatz besteht aus:

1 Hochdruckturbine; $Ne = 5300$ PSe bei $n = 4000$/Min.
1 Mitteldruckturbine; $Ne = 6000$ PSe bei $n = 2500$/Min.
1 Niederdruckturbine; $Ne = 6000$ PSe bei $n = 2500$/Min.,

welche gemeinsam durch einfache Übersetzung ein großes Zahnrad antreiben. Im Gehäuse der *HD*-Turbinen befinden sich im vorderen Teil die Marschturbinen, im hinteren Teil sind die Hauptturbinen untergebracht. Die Rückwärtsturbinen sind am hinteren Ende der Gehäuse der Mitteldruck- und Niederdruckturbinen angeordnet.

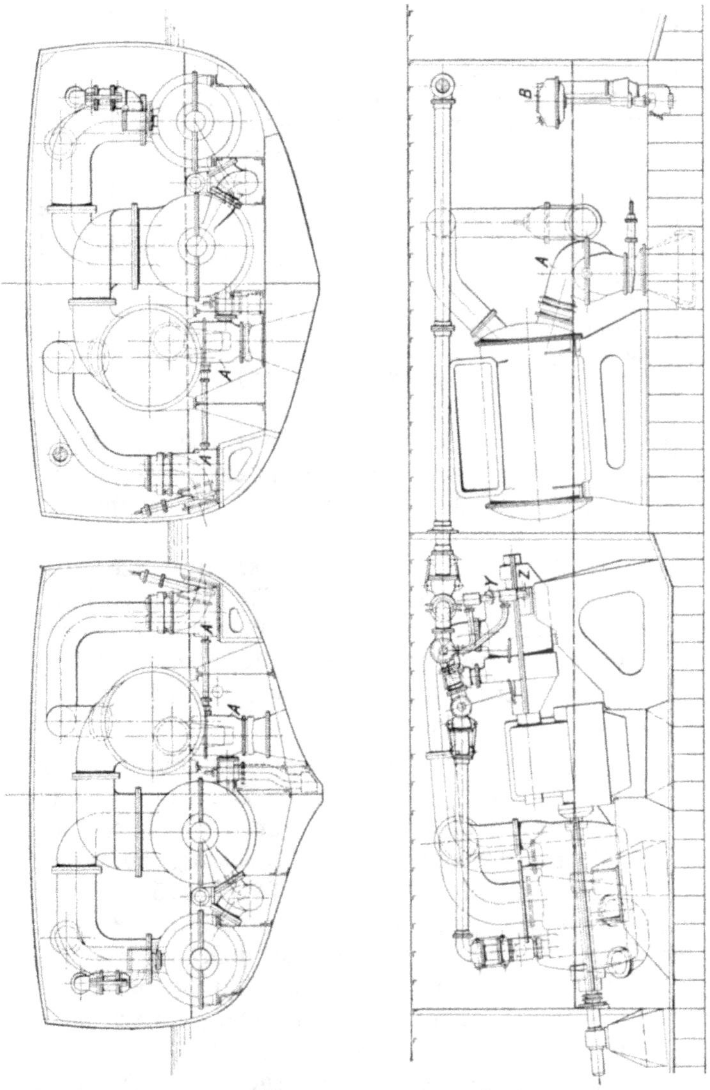

Abb. 301.

Der Kondensator jedes Maschinensatzes hat eine Kühlfläche von 650 qm.

Jedes Zahnradgetriebe besteht aus einem großen Rad, welches auf der Propellerwelle sitzt, den drei von den Turbinen angetriebenen Ritzeln und dem Getriebegehäuse, in welchem die erforderlichen Trag- und Drucklager vorgesehen sind. Der Radkörper ist aus Stahlguß. Auf diesen sind Bandagen aus Sonderstahl aufgezogen, in welche die Zähne eingefräst sind. Die Ritzel sind massiv aus Spezialstahl angefertigt. Das Propellerdrucklager ist im hinteren Teil des Getriebes fest eingebaut.

Die in den beiden Maschinenräumen angeordneten Hilfsmaschinen und Apparate gehen aus nachstehender Liste hervor:

Bezeichnung	Gesamt-Stückzahl	Art der Hilfsmaschinen und Apparate	davon sind angeordnet im vorderen Maschinenraum: Stückzahl	davon sind angeordnet im hinteren Maschinenraum: Stückzahl
A	2	Hauptkühlwasserpumpen	1	1
B	2	Turbo-Kondensat- und Strahlluftpumpen	1	1
C	2	Turbo-Dynamos	1	1
D	2	Schalttafeln	1	1
E	2	Verdampfer	1	1
F	2	Verdampferpumpen	1	1
G	2	Kühlwasserpumpen für Ölkühler	1	1
H	2	Warmwasserkasten mit Speisewasserreiniger	1	1
I	4	Schmierölpumpen	2	2
K	2	Schmierölkühler	1	1
L	4	Schmierölfilter	2	2
M	2	Torpedoluftpumpen	2	—
N	1	Motorgenerator	1	—
O	1	F.-T.-Umformer	1	—
P	1	Trinkwasser-Kondensator	—	1
Q	1	Trinkwasser-Filter	—	1
R	1	Heizöl-Umförderpumpe	—	1
S	1	Lenzpumpe	—	1
	2	Maschinenraumlüfter (nicht gezeichnet)	1	1

Hauptdampfleitung und Manövriereinrichtung. Die von den Kesselräumen in zwei Hauptsträngen nach den Maschinenräumen geführte Hauptdampfleitung ist am vorderen Schott des vorderen Maschinenraumes durch eine Querleitung verbunden.

Der Dampf (17,5 atü, 310° C) für die beiden Maschinensätze wird über Sicherheits-Schnellschlußventile nach den Manövrierventilen für Vorwärts- bzw. Rückwärtsfahrt geleitet, welche über den Hochdruckturbinen angeordnet sind. Von hier strömt der Dampf durch an den Turbinen angeordnete Dampfsiebe in die entsprechenden Düsenkästen ein.

Die Vorwärts-Manövrierventile geben je nach Öffnung zwei Dampfwege frei, und zwar führen sie den Dampf wie folgt:

1. Für die Marschfahrt mit 20 Knoten (Dampfquantum 2 · 9000 kg/Std.) nach den in den vorderen Gehäuseteilen der *HD*-Turbinen eingebauten Marschturbinen. Der Dampf tritt bei dieser Fahrt nur durch die oberen Düsenkästen in die Marschturbinen ein. Die Leistung beträgt bei dieser Fahrt 3850 WPS, die Drehzahl der Propellerwelle ca. 175.
2. Für die Hauptfahrt mit 36 Knoten (Dampfquantum 2 · 62000 kg/Std.) nach den in den hinteren Teilen der *HD*-Turbinengehäuse eingebauten Hauptturbinen und gleichzeitig (2 · 15000 kg Zusatzdampf) nach den in den vorderen Teilen der *HD*-Turbinengehäuse angeordneten Marschturbinen. In diesem Falle werden nur die unteren Düsenkästen der Marschturbinen mit Dampf beschickt. Die Leistung beträgt dann insgesamt 34000 WPS.

Der Dampf für die Rückwärtsfahrt geht bei geschlossenem Vorwärts-Manövrierventil über den Kegel dieses Ventiles nach dem Rückwärts-Manövrierventil.

Die Rückwärtsleistung beträgt 65% der Vorwärtsleistung.

Die Maschinistenstände liegen seitlich von den *HD*-Turbinen. Die Bedienungshandräder der Manövrierventile sind durch Gestänge in handliche Höhe geführt.

Sechster Teil.

Landturbinen.

Abschnitt I.

Allgemeine Bemerkungen.

§ 192. **Beziehungen zwischen Schiffs- und Landturbinen.** Häufig werden beide Arten von Turbinen in den gleichen Fabriken hergestellt und von denselben Konstrukteuren entworfen, auch bedienen sich die Leiter der Landzentralen gern der im Schiffsturbinenbau und -betrieb gewonnenen Erfahrungen und umgekehrt. Es erschien daher zweckmäßig, in diesem Buche auch die Landturbinen in Kürze zu erwähnen, um so mehr als deren große Ähnlichkeit mit den Schiffsturbinen eine gemeinsame Behandlung sehr erleichtert.

Nachdem sich im Schiffsmaschinenbau die Übersetzungsgetriebe eingebürgert hatten, fiel bei der Konstruktion der Turbinen die Beschränkung in der Drehzahl fort und man war frei, in der Wahl derselben — genau wie bei den Landturbinen — so hoch zu greifen, als die Festigkeitseigenschaften der besten Materialien dies zulassen. Prinzipiell ist damit eine volle Übereinstimmung zwischen Schiffs- und Landturbinen gegeben, welche sich heute eigentlich nur noch äußerlich voneinander unterscheiden, und zwar etwa durch folgende Merkmale:

Fast immer ist man im Landturbinenbau bestrebt, eine möglichst große Leistung in einem Gehäuse bzw. wenigstens an einer Welle zu konzentrieren, während man bei den Triebturbinen der Schiffe in Rücksicht auf die räumlichen Verhältnisse und die Belastung der Verzahnungen die Leistung auf mehrere Ritzel zu verteilen genötigt ist. Es ergibt sich hieraus eine imponierende Größe der Landturbinenaggregate für hohe Leistungen.

Stets ist man bei Landturbinen bestrebt, das Vakuum so weit wie irgend denkbar auszunutzen; daher ist eine besonders sorgfältige Konstruktion des Niederdruckendes mit günstigsten Austrittsverhältnissen hier die Regel, während Gewicht- und Raumverhältnisse bei Schiffsturbinenanlagen in dieser Hinsicht gewisse Beschränkungen auferlegen.

Der Wegfall der Gewichtsbeschränkungen gestattet bei den Landturbinen schwerste Gehäusekonstruktionen in Gußeisen.

Die Regulierung der Landturbinen, welche möglichst konstante Drehzahlen einhalten müssen, ist zu größter Vollkommenheit ausgebildet, was bei Schiffsturbinen ganz entfällt.

Anderseits fallen bei den Landturbinen Rücksichten auf Fahrt mit verminderter Leistung bei gleichzeitig verminderter Drehzahl, auf Rückwärtsfahrt und Manövrierfähigkeit weg.

Auf Vollständigkeit machen die nachstehenden Ausführungen über Landturbinen keinerlei Anspruch; um den eingangs erwähnten Zwecken zu genügen, soll nur über einige Punkte gesprochen werden, welche den Landturbinen besonders eigentümlich sind, worauf dann kurze Beschreibungen einiger ausgeführter Anlagen folgen sollen, die wohl am besten geeignet sind, die für dieses Gebiet wichtigsten Gesichtspunkte zu kennzeichnen.

§ 193. **Die Drehzahl der Landturbinen.** In der überwiegenden Mehrzahl der Fälle werden die Landturbinen zum Antrieb elektrischer Generatoren benutzt, und zwar handelt es sich vorwiegend um Generatoren, welche Drehstrom mit stets gleichbleibender Periodenzahl zu erzeugen haben. Die Periodenzahl ist gleich dem Produkt aus der halben Polzahl und der sekundlichen Drehzahl des Generators. Die Drehzahl der den Generator antreibenden Turbine ist also von der Polzahl und der Periodenzahl des zu erzeugenden Stromes abhängig. In Europa beträgt die Periodenzahl in den weitaus meisten Fällen 50 in der Sekunde. In Spezialfällen findet man z. B. $16^2/_3$ Perioden für Bahnmotoren und 41,6 und 20,8 Perioden für langsamlaufende Motoren. In Amerika sind 25, 40 und 60 Perioden normal, während 30 und 50 Perioden dort selten ausgeführt werden. Der nachstehenden Tabelle ist die minutl. Drehzahl bei gegebener Polzahl und sek. Periodenzahl zu entnehmen.

Polzahl	Periodenzahl							
	15	$16^2/_3$	20,8	25	30	41,6	50	60
2	900	1000	1248	1500	1800	2500	3000	3600
4	450	500	624	750	900	1250	1500	1800
6	300	333,3	416	500	600	833	1000	1200
8	225	250	312	375	450	625	750	900
10	180	200	249,6	300	360	500	600	720
12	150	166,6	208	250	300	417	500	600
16	112,5	125	156	187,5	225	312,5	375	450
20	90	100	124,8	150	180	250	300	360
24	75	83,3	104	125	150	208	250	300
28	64,3	71,4	89,14	107	128,6	178,5	214	247,2
32		62,5	78	94	112,5	156	188	225
36			69,33	83,3	100	139	166,6	200
40			62,4	75	90	125	150	180
48					75	104	125	150
56					64,3	89,3	107	128,6
64						78,2	94	112,5
72						69,5	83,3	100
80						62,5	75	90

§ 194. **Kesseldruck und Überhitzung.** Bis vor kurzem hielt sich der Dampfdruck bei Landturbinen in fast genau denselben Grenzen wie bei den Schiffsturbinen. Heute haben die Bestrebungen zur Einführung höherer Kesseldrücke bei Landanlagen viel weitergehende Fortschritte gemacht als bei Schiffsanlagen, wo in Rücksicht auf die unbedingt zu fordernde Betriebssicherheit und die Schwierigkeit von Überwachung und Instandhaltung größte Vorsicht geboten ist. Man findet jetzt schon viele Landanlagen, welche mit Kesseldrücken von 25 bis 35 atü arbeiten, ja man kann sagen, daß solche Drücke bei großen Zentralen bald das Übliche sein werden.

Auch die Überhitzung wird bei Landanlagen heute in größerem Umfang ausgenutzt, als auf Schiffen mit Turbinen. Es arbeiten nicht nur alle Zentralen von einiger Bedeutung mit Überhitzung, sondern es wird auch letztere in der Regel ziemlich hoch — meist bis auf 350° C — getrieben.

§ 195. **Einteilung der Landturbinen nach der Art ihrer Verwendung.** 1. Frischdampfturbinen. Turbinen dieser Art werden mit Frischdampf betrieben, welcher vom Kesseldruck bis zu dem des Kondensators herab ausgenutzt wird. Die Verwendung dieser Turbinen erfolgt in den Betrieben, in welchen nur die Erzeugung von elektrischer Energie verlangt wird, was in den weitaus meisten Fällen zutrifft.

2. Gegendruckturbinen. Diese Turbinen finden Anwendung, sobald außer elektrischer Energie auch noch Heizdampf benötigt wird. Derartige Betriebe machen sich die Tatsache zunutze, daß in dem Turbinenabdampf noch der größte Teil der Wärme enthalten ist, welcher für die Dampferzeugung aufgewendet worden ist, und es ist leicht zu übersehen, daß die Ausnutzung der Abdampfwärme die Wirtschaftlichkeit einer Anlage sehr vorteilhaft beeinflußt. Sehr häufig stehen Kraftbedarf und Heizdampfbedarf auch bei verschiedenen Belastungen der Turbine in dem gleichen Verhältnis zueinander, so daß der gesamte Abdampf stets als Heizdampf verbraucht wird.

Die Turbinen dieser Art nennt man Gegendruckturbinen, da sie den Dampf nur bis zu dem gewünschten Gegendruck des Heizdampfes ausnützen.

3. Anzapf-(Entnahme-)Turbinen. Diese Turbinen sind für Betriebe angebracht, in welchen der Bedarf an Heizdampf unabhängig von der Turbinenbelastung zwischen Null und einem Maximum schwankt. Die Ausnützung des gesamten Dampfes in der Turbine erfolgt hier nur im Hochdruckteil derselben bis zum Druck des Heizdampfes, worauf dann durch die Heizdampfleitung das gewünschte Dampfquantum aus der Turbine abgeleitet wird. Soll der gesamte Dampf für Heizzwecke verbraucht werden, so wird der Niederdruckteil der Turbine durch das demselben vorgeschaltete Überströmventil geschlossen gehalten. Bei geringerem Heizdampfbedarf wird das Überströmventil durch einen vom Druck in der Heizdampfleitung beeinflußten Druckregler geöffnet, so daß einerseits der überschüssige Dampf in dem Niederdruckteil der Turbine weiter ausgenützt werden kann, anderseits der Druck am Austritt des Hochdruckteiles auf konstanter Höhe gehalten wird. Zwischen der Turbine und der Heizdampfleitung befindet sich noch ein automatisches Ventil, welches von dem Druck in der Heizdampfleitung verstellt wird und immer nur soweit öffnet, wie es der Heizdampfentnahme entspricht. Der Niederdruckteil der Turbine kann den Bedürfnissen entsprechend ebenfalls als Gegendruckturbine oder auch als Kondensationsturbine ausgebildet werden.

4. Abdampfturbinen. Turbinen dieser Art verwendet man, wenn größere Mengen von Abdampf zur Verfügung stehen. In vielen Fällen empfiehlt es sich, den Abdampf in einem Wärmespeicher zu sammeln und von dort aus der Abdampfturbine zuzuführen. Der Aufbau einer Abdampfturbine gleicht demjenigen der normalen Frischdampfturbine.

5. Zweidruckturbinen oder Mischturbinen. Die Anwendung dieser Turbinenart ist gegeben, sobald Abdampf zum Betrieb einer Turbine in nicht genügender Menge vorhanden ist. Der fehlende Abdampf wird durch Frischdampf ersetzt, welcher zuerst durch Hochdruckstufen geleitet wird, um dann gemeinsam mit dem Abdampf durch den Niederdruckteil der Turbine zu strömen. Hochdruck- und Niederdruckteil besitzen einen gemeinsamen Läufer. Frischdampf und Abdampf werden von einem gemeinsamen Regler reguliert; der Frischdampf wird zu- oder abgeschaltet, je nachdem die Abdampfmenge nachläßt oder genügend vorhanden ist.

6. Speicherturbinen. Die Beschaffung von mit Wärmespeicher verbundenen Turbinen empfiehlt sich für Betriebe, welche starken Belastungsschwankungen unterworfen sind. Derartige Turbinen gestatten auch bei Laständerungen eine ziemlich gleichmäßige Dampferzeugung der Kesselanlage, da bei geringer Belastung der überschüssige Dampf in den Wärmespeicher geleitet wird, welcher denselben in Zeiten höchster Belastung, in welchen die Kesselanlage allein den Dampf nicht zu liefern

vermag, in eine Stufe niederen Druckes der Turbine abgibt. Die Bauart dieser Turbinen gleicht derjenigen der Zweidruckturbinen.

Bei Verwendung von Dampf, dessen Spannung die bisher üblichen Kesseldrücke wesentlich übersteigt, müßte der Wärmespeicher mit verhältnismäßig starken Wänden ausgeführt werden, wenn man den Hochdruckdampf direkt in den Speicher leiten würde. Hier empfiehlt es sich, den Dampf vor Einführung in den Wärmespeicher zuerst in einigen Stufen der Turbine arbeiten zu lassen und dadurch zu entspannen.

§ 196. **Die Einteilung der Landturbinen nach ihrer Bauart.** Abgesehen vom Verwendungszweck kann man die Landturbinen nach der Art ihrer Beschaufelung einteilen in Aktionsturbinen und Reaktionsturbinen, was meist, wenigstens zum großen Teil, zusammenfällt mit der Einteilung in Räderturbinen und Trommelturbinen, da die Aktionsturbinen meistenteils als Räderturbinen aufgebaut sind.

Nach dem über die Schiffsturbinen Gesagten erübrigt es sich, hierzu umfangreichere Ausführungen zu machen, ebenso wie auch die Frage, ob hinsichtlich der Wirtschaftlichkeit Aktions- oder Reaktionsturbinen vorzuziehen sind, in ähnlicher Weise beantwortet werden kann, wie dies in § 55 für die Schiffsturbinen geschehen.

Jedenfalls werden von den größten und renommiertesten Landturbinenfabriken sowohl Aktions- als auch Reaktionsturbinen bzw. Räder- und Trommelturbinen mit dem gleichen Erfolg ausgeführt bzw. gleich gute Dampfgarantien für beide Systeme eingegangen und erreicht.

Man unterscheidet ferner noch Eingehäuse- und Mehrgehäuseturbinen, je nachdem die ganze Turbine in einem Gehäuse untergebracht ist oder eine Teilung in mehrere Gehäuse (ähnlich wie bei den Schiffsturbinen) erfolgt.

Bis vor wenigen Jahren wurden die Landturbinen nur als Eingehäuseturbinen ausgeführt. Die Bestrebungen, die Ökonomie immer mehr zu steigern, hat indessen dazu geführt, eine größere Anzahl von Stufen zu verwenden, welche sich namentlich auch im Hinblick auf die kritische Drehzahl auf einem Rotor bzw. in einem Gehäuse nicht unterbringen lassen. Hierzu kommt noch, daß die Erhöhung des Dampfdruckes über die bisher üblichen Grenzen, auf welche heute bei größeren Anlagen kaum mehr verzichtet wird, eine Abtrennung der Hochdruckturbine zweckmäßig erscheinen läßt und eine weitere Erhöhung der Stufenzahl mit sich bringt.

Abschnitt II.

Einige allgemeine Bemerkungen zur Konstruktion der Landturbinen.

§ 197. **Aufbau der Rotoren.** Auch was den Aufbau der Rotoren betrifft, gelten dieselben Gesichtspunkte, wie in den §§ 97 ff. für die Schiffsturbinen angeführt, namentlich auch das in Anhang VI über die Berechnung der Turbinenscheiben Gesagte.

Da bei Landturbinen sehr häufig noch höhere Umfangsgeschwindigkeiten vorkommen, als bei Schiffsturbinen, ist besondere Vorsicht hinsichtlich Berechnung der Rotoren auf Zentrifugalkraft geboten.

Ausführungsbeispiele aus der Praxis finden sich in den §§ 209 bis 215, in welchen eine Anzahl von ausgeführten Turbinen verschiedener Art beschrieben sind.

Allgemein dürfte noch folgendes hinzuzufügen sein:

Die Aktionsturbinen besitzen meist eine durchgehende Welle, auf welche die Laufräder aufgeschrumpft werden (vgl. hierzu Abb. 321). Diese Bauart ermöglicht, daß sowohl die Welle als auch die Radscheiben gut durchgeschmiedet und das Material auf Fehler zuverlässig untersucht werden kann. Das Schrumpfmaß der Räder richtet sich nach der jeweiligen Beanspruchung derselben durch die Fliehkräfte und nach der Temperatur des Dampfes, in welcher das betreffende Rad läuft. Ergibt die Rechnung unzulässig hohe Beanspruchungen durch den erforderlichen Schrumpf, so sind Räder und Welle aus einem Stück herzustellen (vgl. hierzu Abb. 349). Diese Bauweise ist jedoch nur bis zu einem bestimmten Laufraddurchmesser möglich, da das zuverlässige Durchschmieden großer Blöcke schwierig ist (vgl. hierzu die Bemerkungen am Ende dieses Paragraphen).

Ein weiterer Vorteil dieser Bauart, d. h. einteiliger Rotoren, besteht in dem kleineren Durchmesser der auf der Welle dichtenden Zwischenstopfbüchsen der Leiträder und den damit verbundenen kleineren Stopfbüchsenverlusten gegenüber den Zwischenstopfbuchsen, welche auf den im Durchmesser größeren Laufradnaben dichten müssen.

Die Läufer reiner Reaktionsturbinen bestehen aus einer Trommel als dem Schaufelträger und den beiden Wellenzapfen. Die Verbindung der beiden Wellenzapfen mit der Trommel ist bereits in § 84 näher beschrieben. Erhält die Trommel ein vorgeschaltetes Aktionsrad, so kann dasselbe vorteilhaft mit dem vorderen Wellenzapfen aus einem Stück hergestellt werden. Die Verbindung mit der Trommel kann entweder durch Gegenflanschen erfolgen oder durch Einschrum-

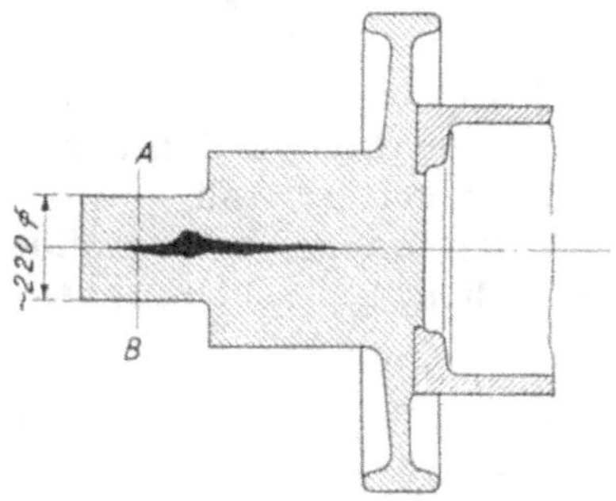

Abb. 302.

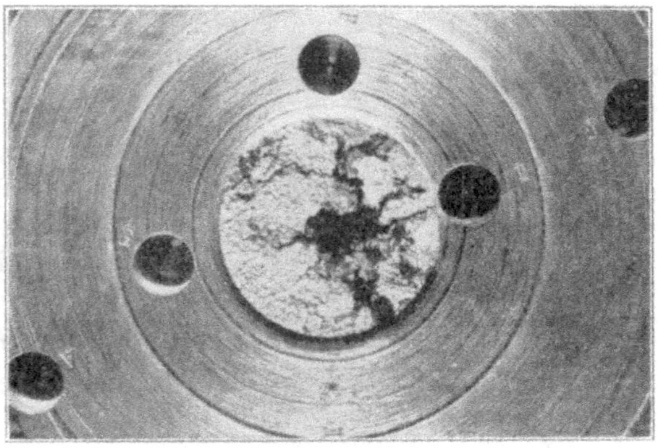

Abb. 303.

pfen eines an der Radscheibe befindlichen zylindrischen Ansatzes in die Trommel. Will man ganz sicher gehen, so vereinigt man beide Verbindungsarten, indem man die fest verschrumpften Teile noch durch eine Schraubenverbindung sichert.

Der als Trommel ausgebildete Läuferteil kann aus Festigkeitsgründen nur bis zu einer bestimmten Umfangsgeschwindigkeit ausgeführt werden. Soll über diese Umfangsgeschwindigkeit hinausgegangen werden, was bei den letzten Turbinenstufen oft der Fall ist, so ist man gezwungen, die Trommel in diesem Bereich durch aneinander gereihte Radscheiben zu ersetzen, welche auf das hintere Wellenende geschrumpft werden. Müssen die Radscheiben aus Festigkeitsgründen ohne Mittelbohrung ausgeführt werden, so kann die Verbindung derselben mit der Trommel und dem Wellenstumpf durch Stiftschrauben erfolgen, welche in den Trommelmantel eingeschraubt sind und durch die Radscheiben und den Flansch des Wellenstumpfes gehen. Ein einfacherer Aufbau ergibt sich, wenn man das letzte Rad mit dem hinteren Wellenstumpf aus einem Stück herstellt.

Es ist selbstverständlich, daß bei der Abnahme der sämtlichen für die Rotoren sehr schnellaufender Turbinen bestimmten Teile die größte Vorsicht obwalten muß.

Es kommt vor, daß in denselben Lunker eingeschlossen sind, welche je nach der Stelle, an welcher sie sitzen, zum Explodieren des Rotors führen können.

Die Skizze Abb. 302 zeigt einen Rotor, in dessen Wellenzapfen ein derartiger Lunker eingeschlossen war (in der Abbildung schwarz markiert). Haarrisse am Umfang machten auf diesen Lunker aufmerksam, worauf der Wellenzapfen abgestochen und das Vorhandensein des Lunkers (vgl. Abb. 303) festgestellt wurde.

Da die Methoden, welche bisher zur Untersuchung derartiger Schmiedestücke auf versteckte Fehler ersonnen wurden, wie z. B. Abklingen, Anwärmen (um dabei auffällige Verdehnungen festzustellen), sowie Untersuchungen durch Röntgenstrahlen usw. noch nicht hinreichend entwickelt sind, bleibt nichts übrig, als die Anwendung äußerster Vorsicht beim Herstellen des Blockes und möglichst Verwendung von mit zentraler Bohrung versehenen Stücken, deren Inneres hierdurch der Beobachtung zugänglich wird. Bei der Bearbeitung ist schärfste Untersuchung auf Haarrisse, Abbrechen der Späne, auffallende Färbung und Aderung des Materials geboten.

Was die Qualitäten der verwendeten Stahlsorten betrifft, ist zu bemerken, daß meist Kohlenstoffstahl zur Verwendung kommt, wie folgt:

Wellenzapfen ohne angeschmiedete Scheiben, volle oder ausgebohrte Trommeln	60 kg/qmm Festigkeit, 20 % Dehnung auf 200 mm Länge des Probestabes
Wellenzapfen mit angeschmiedeten Scheiben und Radscheiben	65 bis 70 kg/qmm Festigkeit, 16, womöglich 18 % Dehnung wie oben

§ 198. **Die Berechnung der Landturbinen** erfolgt nach denselben Gesichtspunkten, wie die der schnellaufenden Schiffsturbinen, so daß die hierfür gemachten Ausführungen auch ohne weiteres für die Berechnung der Landturbinen verwertbar sind.

Trotzdem sind in den § 209, 210 u. 213 Beispiele für die Berechnung großer stationärer Turbinen ziemlich ausführlich behandelt, um den hierfür in Betracht kommenden Gang der Berechnung noch weiter zu veranschaulichen.

§ 199. **Die Konstruktion der Gehäuse.** Der Konstruktion der Gehäuse ist bei den vielfach sehr großen Ausführungen größte Sorgfalt zuzuwenden.

Bei Turbinen mit mehreren Gehäusen werden, namentlich wenn Hochdruckdampf zur Verwendung kommt, die Gehäuse der *HD*-Turbine aus Stahlguß angefertigt. Im übrigen aber wird, wie auch aus den Beispielen ausgeführter Turbinen, § 209 bis 215, hervorgeht, fast immer Gußeisen, vielfach von sehr großer Wandstärke, verwendet.

Häufig sind in diesen Gehäusen in den letzten Jahren Risse aufgetreten, welche zur Vorsicht mahnen. Diese Risse haben sich besonders gezeigt

a) an denjenigen Stellen, an welchen Rohre, die relativ heißen Dampf führen, in die Gehäuse einmündeten, wie z. B. die Entwässerungsleitung des Hochdruckteiles in den Abdampfstutzen der Turbine und die Durchführung der Stopfbüchsenverbindungsleitung durch die Wand des Abdampfstutzens,

b) ferner dann, wenn den eingesetzten Zwischenböden radial nicht hinreichend Luft gegeben war, so daß sie starke Radialspannungen auf das Gehäuse ausüben mußten, wenn sie sich ausdehnten. Dies trat hauptsächlich bei Turbinen ein, welche mit überhitztem Dampf arbeiteten und gußeiserne Zwischenböden besaßen. Das Gußeisen wächst bekanntlich unter dem Einfluß hoher Temperaturen[1]) nach und nach ganz beträchtlich, so daß

[1]) Bemerkung: Neuere Bestrebungen laufen dahin, ein Gußeisen zu schaffen, welches einerseits hohe Festigkeit und Dehnung aufweist, anderseits die Eigenschaft des „Wachsens" in möglichst geringem Maße zeigt. Näheres hierüber auszuführen würde den Rahmen dieses Buches überschreiten.

also radial den Zwischenböden nennenswerte Spielräume gegeben werden müssen;

c) wenn die Wandstärken — namentlich bei flachen, nicht sorgfältig durch Anker versteiften Wänden — zu schwach bemessen waren.

Hinsichtlich der Wahl der Wandstärken sei auf Tabelle 40 § 115 hingewiesen und bemerkt, daß sich bei Landturbinen im allgemeinen ganz ähnliche Stärken als zweckmäßig erwiesen haben.

§ 200. **Schaufelmaterial.** Über die Anforderungen, welche an das Schaufelmaterial zu stellen sind, sowie über die Zusammensetzung und Eigenschaften der hauptsächlich verwendeten Legierungen sind bereits in § 92 für Schiffsturbinen nähere Angaben gemacht.

Dieselben gelten auch für Landturbinen, wobei indessen noch das Folgende hinzuzufügen ist:

Die Umfangsgeschwindigkeiten, welche bei Landturbinen auftreten, sind im allgemeinen höher als diejenigen, welche im Schiffsturbinenbau vorkommen, so daß an die Festigkeit der Schaufeln bei ersteren noch größere Anforderungen gestellt werden, als bei letzteren. Man war daher genötigt, ein Material zu suchen, welches neben Rostbeständigkeit, Widerstandsfähigkeit gegen chemische Einflüsse überhaupt und selbst bei hoher Überhitzung, unverminderten Festigkeits- und Dehnungseigenschaften eine sehr große Festigkeit besitzt, in der Fabrikation stets zuverlässig ausfällt und sich hinreichend leicht bearbeiten läßt. Letztere Eigenschaft ist deswegen erforderlich, weil es sich bei stationären Turbinen vielfach um Schaufeln handelt, welche einerseits gegen das Ende hin verjüngtes Profil, anderseits verdickten Fuß besitzen.

Neben dem bereits an vorgenannter Stelle erwähnten Monel-Metall und niedrigprozentigem Nickelstahl sind daher in der letzten Zeit sog. „rostsichere" Chromstähle und „rostfreie" Stähle in Aufnahme gekommen.

Die rostsicheren Stähle enthalten bis zu 17% Chrom, 1,5% Silizium und weniger als 0,1% Kohlenstoff. Schaufeln aus dieser Legierung bleiben praktisch rostfrei und sind erheblich leichter herzustellen, als die eigentlichen rostfreien Stähle.

Die rostsicheren Stähle mit geringem Chromgehalt erhalten im Betrieb eine sehr dünne, porenfreie und festhaftende Schutzschicht, welche weiteren Rostangriff verhindert.

Das von der Firma „Isolation" angebotene rostsichere Eisen hat nach Angabe dieser Firma eine Festigkeit von 50 bis 60 kg/qmm, eine Streckgrenze von 38 bis 45 kg/qmm und eine Dehnung von 18 bis 15%.

Die wirklich rostfreien Stähle enthalten bei einem Chromgehalt von 7 bis 25% und einem Nickelgehalt von 0,5 bis 20% bis zu 1% Kohlenstoff. Wegen der Schwierigkeit, die aus diesen Spezialstählen gefertigten Schaufeln ohne Rißbildung zu härten, und zu vergüten, wird vielfach das Rohmaterial bereits entsprechend vorbehandelt; die Herstellung der Schaufeln wird dann ziemlich schwierig.

Der von der Firma Krupp für Turbinenschaufeln vielfach verwendete rostfreie Stahl V5M hat bei Zimmertemperatur eine Bruchfestigkeit von 65 kg/qmm, eine Streckgrenze von 45 kg/qmm und eine Dehnung von 25,3%; bei 400° C betragen die ebengenannten Werte noch 52 bzw. 34 bzw. 15,5.

Ob der ziemlich teure rostfreie Stahl sich für Turbinenschaufeln dauernd bewährt, muß noch abgewartet werden. Nach bekannt gewordenen Angaben sollen sich die Schaufeln aus diesem Material auch gegen die Auswaschungen wasserhaltigen Dampfes sehr gut gehalten haben.

Bei einigen Legierungen ist Bedingung, daß die Turbinenschaufeln mit Hochglanzpolitur eingesetzt werden, damit jeder Rostansatz ausgeschlossen bleibt, was natürlich die Herstellung noch mehr verteuert.

Sinngemäß gilt vorstehendes auch für die besonders hergestellten, gefrästen Düsen, ob dieselben nun mit dem Füllstück aus einem Stück hergestellt oder aus Düsenzungen und Füllstücken zusammengesetzt werden.

Auf Grund dieser Darlegungen dürfte also das zurzeit empfehlenswerteste Schaufelmaterial das nachfolgende sein:

1. Für den *HD*-Teil einer Turbine bei Dampftemperaturen in der Beschaufelung über 200°:

Düsen und Schaufeln, soweit der vielfach ausgeführte und bewährte 3—5% Nickelstahl nicht genügt, aus Monelmetall oder aus rostfreiem verhältnismäßig weichem Stahl mit einem Chromgehalt nicht unter 10 bis 15%, Zwischenstücke aus Elektroeisen oder aus rostfreiem Eisen mit etwa 4 bis 5% Chrom; Deckbänder aus Elektroeisen oder aus rostfreiem Stahl mit dem gleichen Chromgehalt wie die Schaufeln. Die Dehnung der Deckbänder muß im Anlieferungszustand mindestens 15 bis 20% betragen. Die Nietlöcher dürfen bei besonders hohen Beanspruchungen nicht gestanzt, sondern müssen gebohrt und mit Raumnadeln nachgezogen werden.

2. Für *HD*- bei Dampftemperaturen unter 200° und *MD*-Teil:

Schaufeln aus Messing; Füllstücke zur Verringerung der Wärmedehnung im Umfang der Schaufelnut aus weichem Eisen; Deckbänder ebenfalls Messing. Düsen aus Messing oder in Gußeisen eingegossene Flußeisenbleche (wie zu 3).

3. Für den *ND*-Teil:

Soweit es die Schaufelbeanspruchungen zulassen, ebenfalls Messing für die Schaufeln und Deckbänder, Eisen für die Füllstücke. Als Material für die Düsenbleche, welche in die gußeisernen Leitradböden eingegossen werden, kreuz und quer gewalztes Stahlblech ohne besondere Zusätze. Es ist nicht einwandfrei erwiesen, ob rostsicheres Material zum Eingießen in Gußeisen brauchbar ist. Gegebenenfalls kann auch Blechmaterial aus 3- bis 5proz. Nickelstahl verwendet werden. Doch haben sich bei den bisherigen Turbinen, welche mit kreuz und quer gewalztem Stahlblech versehen waren, keine Anstände gezeigt.

Für die höher beanspruchten Schaufeln kommt neben 3—5%igem Nickelstahl nur Monel-Metall oder rostfreier Stahl in Frage.

Das Deckband muß auch hier zur Vermeidung elektrolytischer Anfressungen bei Monel-Schaufeln aus Monel, bei rostfreiem Stahl aus rostfreiem Eisen hergestellt werden.

Es ist notwendig, darauf hinzuweisen, daß lange Betriebserfahrungen mit den neuen hochwertigen Materialien noch nicht vorliegen, ferner daß die Frage, inwieweit verschiedene Fabrikationsmethoden mit hinreichender Sicherheit vorgenommen werden können (Schmieden im Gesenk, Herausfräsen aus vollem Profil, Vermeidung von Haarrissen usw.), wohl noch nicht hinreichend geklärt sein dürfte.

§ 201. **Konstruktion der Schaufeln, Düsen und Schaufelbefestigung.** Hierfür gilt im allgemeinen das für die schnellaufenden Schiffsturbinen Gesagte. Einige typische Beispiele sind im übrigen in den § 209 bis 215 bei der Besprechung ausgeführter Turbinen behandelt.

Abschnitt III.

Die Drehzahlregulierung der Turbinen.

§ 202. **Einleitung.** Die Betriebsverhältnisse der Dampfturbinen sind fortlaufenden Änderungen unterworfen, und zwar hinsichtlich

1. des Zustandes des einströmenden Dampfes,
2. des Gegendruckes,
3. der Belastung.

Alle drei Fälle geben zu Drehzahlschwankungen der Turbine Veranlassung, welche jedoch den jeweiligen Verhältnissen entsprechend mehr oder weniger vermieden werden müssen. Die gleichmäßige Drehzahl der Turbine erreicht man durch Querschnittsänderung in der Zudampfleitung, durch welche die zugeführte Dampfmenge und meistens gleichzeitig das ausnutzbare Wärmegefälle des Dampfes beeinflußt wird. Die Querschnittsänderung wird fast ausschließlich durch ein oder mehrere Drosselventile hervorgerufen, welche den jeweiligen Betriebsverhältnissen entsprechend mehr oder weniger geöffnet werden.

Die Verringerung des ausnutzbaren Wärmegefälles, welche bei der Drosselung der Zudampfleitung eintritt, hat eine Vergrößerung des spezifischen Dampfverbrauches der Turbine zur Folge. Um diesen Nachteil möglichst klein zu halten, unterteilt man die Düsen in einzelne Gruppen, welche nacheinander jede durch ein besonderes Drosselventil gedrosselt werden. Die Folge dieser Anordnung ist eine bedeutende Herabminderung der Drosselverluste, da diese immer nur in derjenigen Düsengruppe auftreten, welche augenblicklich gedrosselt wird. Abb. 304 zeigt die Anordnung mehrerer Drosselventile A, welche lose

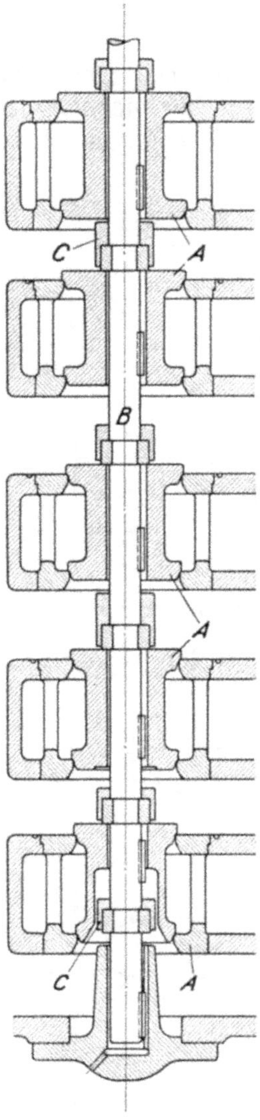

Abb. 304.

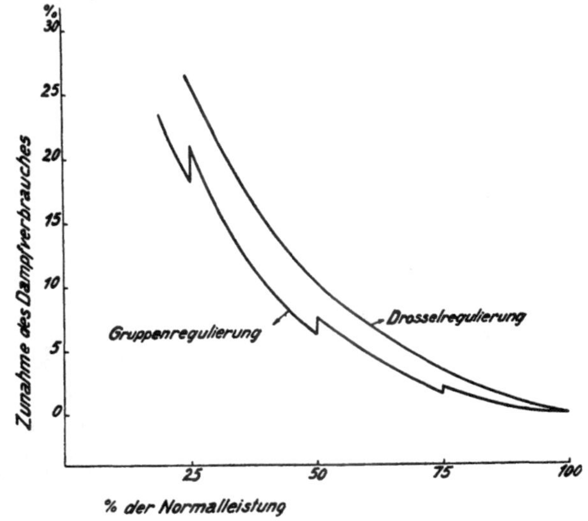

Abb. 305.

auf einer Spindel B sitzen und durch Anschläge C nacheinander angehoben werden. Das nächstfolgende Ventil wird immer erst dann angehoben, wenn die Dampfgeschwindigkeit in dem zuletzt geöffneten Ventil nur noch etwa 130 bis 150 m/sek beträgt.

Zu bemerken ist noch, daß die Düsenregulierung nur bei Aktionsturbinen und Reaktionsturbinen mit vorgeschaltetem Aktionsrad zu verwenden ist. Reine Reaktionsturbinen sind stets voll beaufschlagt und können nur durch Drosselung des gesamten Dampfes reguliert werden.

Aus Abb. 305 ist zu ersehen, wie sich der Dampfverbrauch einer Turbine bei verschiedenen Belastungen ändert, einmal mit Drosselregulierung und einmal mit Düsenregulierung.

Während man bei Schiffsturbinen die Drosselventile von Hand verstellt, da die Belastungsschwankungen nur gering sind, und eine genaue Einhaltung der Drehzahl nicht erforderlich ist, wird im Gegensatz hierzu bei ortsfesten Turbinen, besonders solchen zum Antrieb von Drehstromgeneratoren, genaue Einhaltung der Drehzahl verlangt. Deshalb wird bei Landturbinen die Einstellung der Drosselventile fast ausschließlich durch Fliehkraftregler vorgenommen.

§ 203. **Das Prinzip der Regulierung.** Die Einleitung eines Reguliervorganges ist erforderlich, sobald sich eine Drehzahländerung der Turbine bemerkbar macht. Bei Änderung der Turbinendrehzahl ändert sich auch die des von der Turbine angetrie-

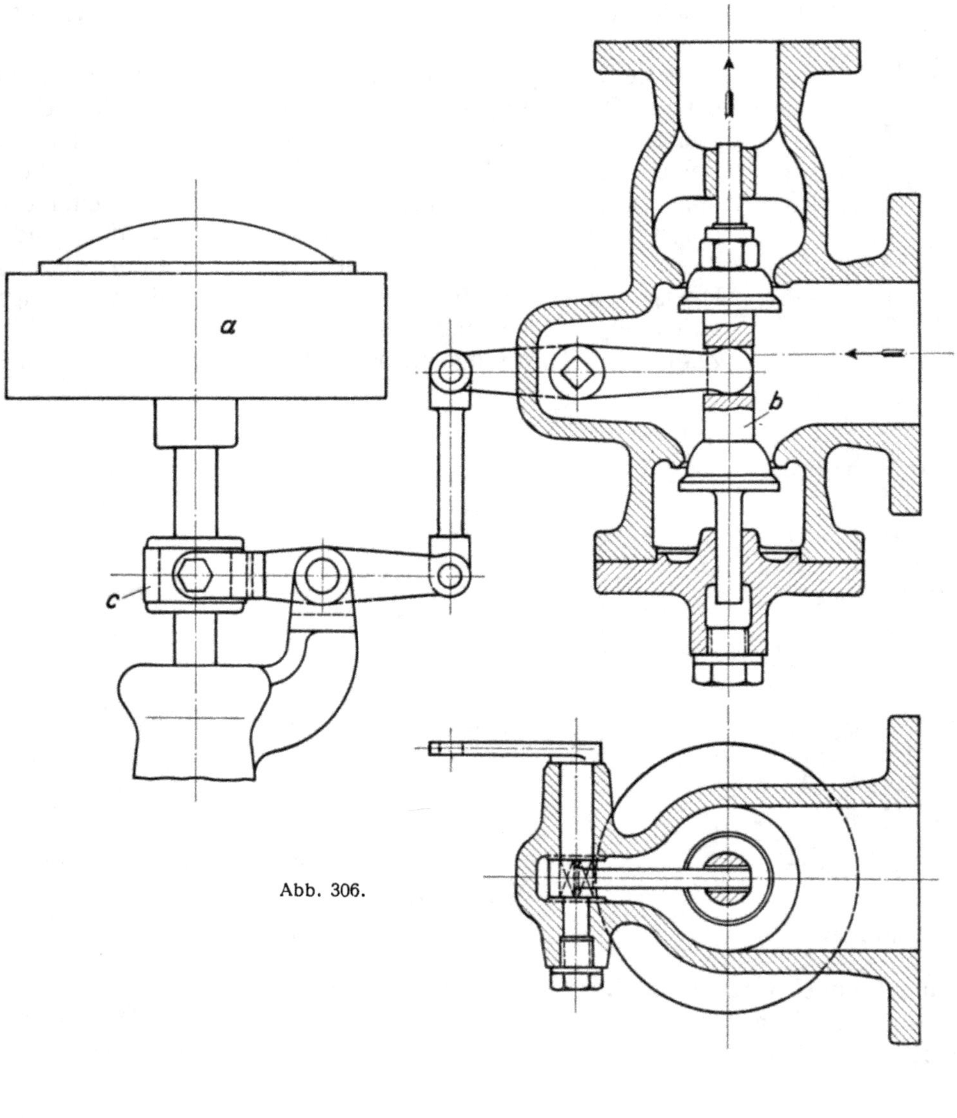

Abb. 306.

benen Reglers, welcher durch Verstellung der Drosselventile den Zustrom des Dampfes ändert.

Es gibt direkt- und indirektwirkende Regulatoren. Bei direktwirkenden Regulatoren verstellt der Regler die Drosselventile direkt durch die Verstellkraft seiner Muffe, wie aus Abb. 306 zu ersehen ist. Da diese Verstellkraft aber nur gering ist, kann der direktwirkende Regler auch nur zur Verstellung kleiner Ventile verwandt werden. Bei größeren Turbinen mit größeren Ventilen genügt diese Ausführung nicht mehr und muß durch den indirektwirkenden Regler ersetzt werden. Wie aus dem Schema der indirektwirkenden Regulierung nach Abb. 307 zu ersehen ist, führt von

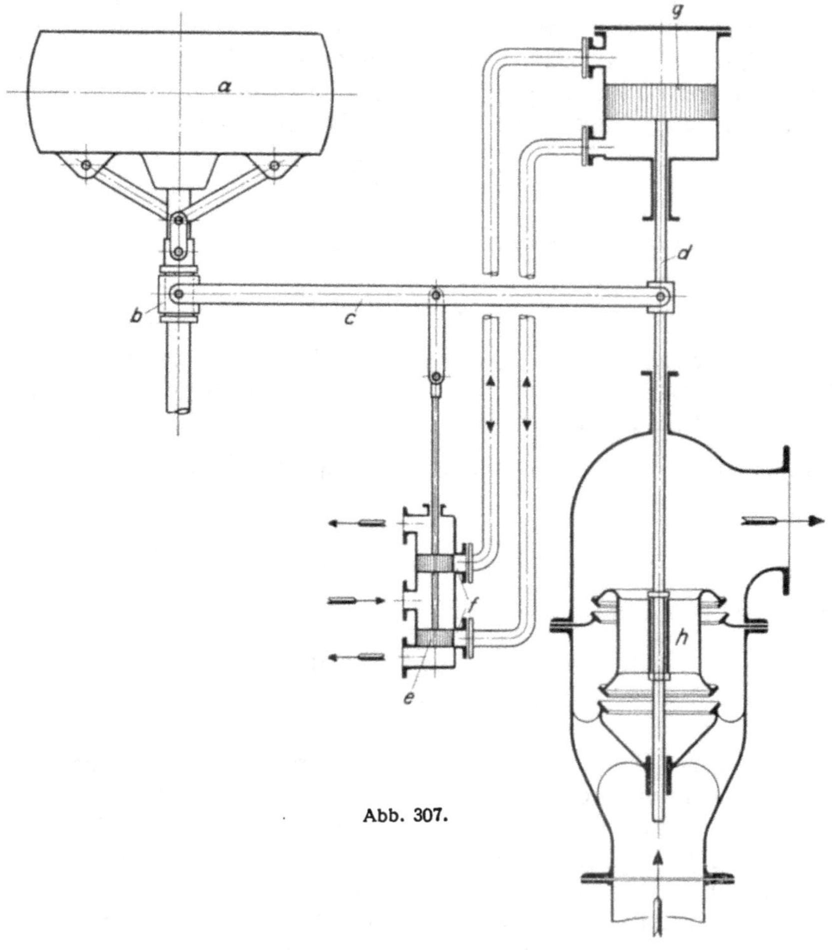

Abb. 307.

der Muffe *b* des Reglers *a* ein Hebel *c* nach der Drosselventilspindel *d*. Dieser Hebel wird bei der Drehzahländerung der Turbine auf dem einen Ende durch den Regler gehoben oder gesenkt und verstellt dadurch einen Ölverteilungsschieber *e*, welcher durch Freigabe von Kanälen *f* Drucköl über oder unter den am oberen Ende der Drosselventilspindel *d* befindlichen Kraftkolben *g* leitet. Hierdurch wird der Kraftkolben und dadurch auch das Regulierventil solange gesenkt oder gehoben, bis der Ölverteilungsschieber wieder in der ursprünglichen Lage ist und das Drosselventil *h* die Durchflußöffnung den Betriebsverhältnissen entsprechend eingestellt hat.

§ 204. **Grundgesetz der Regulierung.** Bei einer mit gleicher Drehzahl laufenden Turbine halten sich die treibenden Kräfte (Kraftmomente) einerseits und die nützlichen und schädlichen Widerstände (Lastmomente) anderseits, d. h. also Dampfzufuhr und Energieabgabe, das Gleichgewicht. Die Turbine befindet sich dann im Beharrungszustand und die Massen bewegen sich mit gleichbleibender Winkelgeschwindigkeit weiter. Ist das Gleichgewicht zwischen dem Kraftmoment und dem Lastmoment gestört, so ändert sich die Drehzahl der Turbine. Da sich hierdurch auch die Drehzahl des Reglers ändert, so ist derselbe in der Lage mit Hilfe des Ölverteilungsschiebers und des Kraftkolbens die Drosselventile so einzustellen, daß wieder Beharrungszustand eintritt. Die Zeit, in welcher der Regulierungsvorgang die Dampfmenge richtig einzustellen hat, ist von der Turbinenleistung, der lebendigen Kraft des sich drehenden Läufers und der Drehzahldifferenz abhängig, welche zugelassen werden soll. Diese Drehzahldifferenz zwischen Vollast und Leerlauf pflegt zurzeit bei Turbinen für den Antrieb von elektrischen Generatoren auf 4% bemessen zu werden.

Bezeichnet J das polare Trägheitsmoment des Läufers, ω_1 die Winkelgeschwindigkeit des unbelasteten Läufers und ω_2 diejenige des belasteten Läufers, dann ist

$$L = \frac{J}{2} \cdot \omega_1^2$$

die lebendige Kraft des unbelasteten Läufers, und

$$\Delta L = \frac{J}{2} (\omega_1^2 - \omega_2^2)$$

diejenige Größe, um welche sich die lebendige Kraft des Läufers verringert, wenn die leerlaufende Maschine bei gleichbleibender Dampfmenge voll belastet wird. Bezeichnet weiter N die Leistung der vollbelasteten Turbine in mkg/sek und t die erforderliche Zeit, um bei der vollen Maschinenleistung die Drehzahl des Läufers von $n_1 = \frac{30}{\pi}$ auf $n_2 = \omega_1 \frac{30}{\pi} \omega_2$ zu verringern, dann ist

$$\frac{J}{2} (\omega_1^2 - \omega_2^2) = N \cdot t$$

und hieraus

$$t = \frac{\frac{J}{2} (\omega_1^2 - \omega_2^2)}{N}$$

die Zeit, in der die Verringerung der Drehzahl von n_1 auf n_2 stattfindet. Nach dieser Zeit müßte sich auch die Reguliervorrichtung so eingestellt haben, daß das Kraftmoment und das Lastmoment wieder gleich sind, wenn die Einstellung der Ventile plötzlich und ohne jeden Zeitaufwand geschehen würde. Da jedoch die Bewegung der Ventile nicht plötzlich vor sich geht, sondern erst kurze Zeit nach Beginn der Drehzahlverminderung, d. h. nach Überwindung der Unempfindlichkeit der Regulierung einsetzend mit derselben etwa linear verläuft, so ist auch die tatsächliche Öffnungszeit der Ventile etwa doppelt so groß, als sich aus der oben angegebenen Gleichung errechnen läßt. Es wird dann angenähert

$$t \sim \frac{J (\omega_1^2 - \omega_2^2)}{N}$$

Unter Zugrundelegung dieser Zeitdauer und des Hubvolumens des Kraftkolbens kann die Ölmenge bestimmt werden, welche für den Reguliervorgang zur Verfügung zu stellen ist.

B e i s p i e l. Bei einem Turboaggregat für eine Leistung von 22500 kW, mit einer minutlichen Drehzahl von 1500 und einem Schwungmoment ($G \cdot D^2$) des Läufers von

81 000 kg m² ist die erforderliche Schließzeit zu ermitteln unter der Voraussetzung, daß die Drehzahlveränderung nur 4% beträgt, wenn die vollbelastete Turbine plötzlich entlastet bzw. die unbelastete Turbine plötzlich ganz belastet wird.

Das Trägheitsmoment des Läufers errechnet sich aus dem $G \cdot D^2$ zu

$$J = \frac{81\,000}{4 \cdot g} = 2065 \text{ kg m sek}^2.$$

Die Winkelgeschwindigkeiten ergeben sich zu

$$\omega_1 = \frac{\pi \cdot n}{30} = \frac{\pi \cdot 1500}{30} = 157; \quad \omega_1^2 = 24649$$

$$\omega_2 = \frac{\pi \cdot 1440}{30} = 150{,}7; \quad \omega_2^2 = 22801$$

$$\omega_1^2 - \omega_2^2 = 1848$$

und

$$N = 22500 \cdot 1{,}36 \cdot \frac{1}{0{,}95} \cdot 75 = 2400000 \cdot \text{m} \cdot \text{kg/sek}.$$

Unter Berücksichtigung vorstehender Werte ergibt sich die Zeit, in der die Unempfindlichkeit der Regulierung überwunden und die Ventile soweit geschlossen werden müssen, daß noch genügend Dampf zur Überwindung der Leerlaufarbeit durchströmen kann, zu

$$t = \frac{2065 \cdot 1848}{2400000} = 1{,}59 \text{ Sekunden.}$$

Das bei der Ausführung vorgesehene Hubvolumen des Kraftkolbens beträgt 3,6 dm³ und die sek. Ölmenge 2,5 l. Die Zeit, in der die Ventile tatsächlich durch das zur Verfügung stehende Regulieröl ganz geöffnet bzw. ganz geschlossen werden, ergibt sich aus der Division des Hubvolumens des Kraftkolbens mit der sekundlichen Ölmenge zu $\frac{3{,}6}{2{,}5} = 1{,}44$ sek.

§ 205. **Die Drosselventile.** Die Drosselventile werden stets als Doppelsitzventile ausgeführt und soweit als tunlich entlastet, damit der von dem Kraftkolben zu überwindende Widerstand möglichst gleichmäßig und klein ist. Wenn angängig, empfiehlt es sich, die Ventilkegel vollständig zu entlasten, Abb. 308 bis 310 zeigen Ausführungsbeispiele von Drosselventilen.

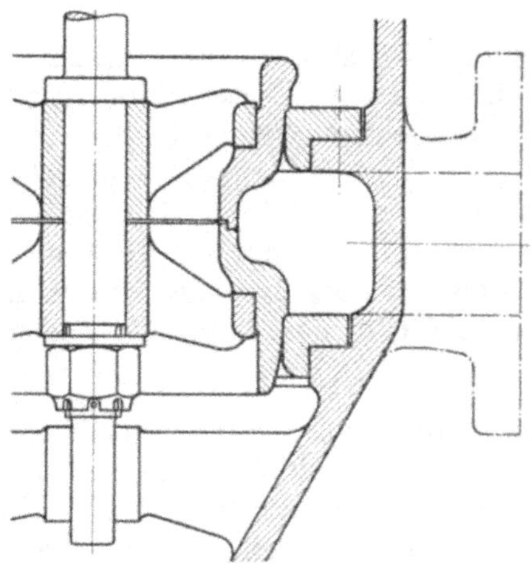

Abb. 308.

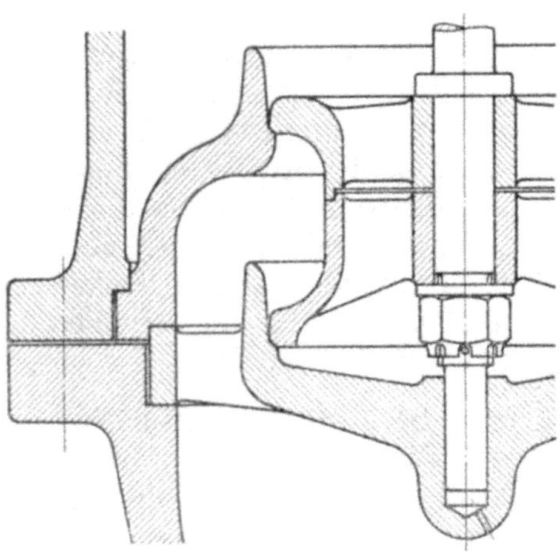

Abb. 309.

Die Hauptdimensionen ergeben sich aus den Rohrquerschnitten, welche etwa für eine Dampfgeschwindigkeit von 40 bis 60 m/sek bemessen werden. Es empfiehlt sich, die Querschnitte größer als in der Rohrleitung zu halten, damit die Drosselverluste, welche durch die starken Richtungsänderungen des Dampfes entstehen, möglichst klein gehalten werden.

Besondere Aufmerksamkeit ist den Drosselkragen zuzuwenden, da von diesen in hohem Maße eine einwandfreie Regulierung abhängig ist. Die Drosselkragen haben den Zweck, den Drosselquerschnitt des einen Ventiles oder aller Einzelventile bei nicht zu kleinem Hub so zunehmen zu lassen, daß die durchströmende Dampfmenge etwa linear mit dem Hub der Ventilspindel wächst. Wird diese Bedingung nicht erfüllt und ändert sich die durchströmende Dampfmenge mit der sich hebenden oder senkenden Ventilspindel anders als linear, so neigt die Turbine zum Pendeln und läßt sich beim Antrieb von Drehstromgeneratoren mit anderen Aggregaten schwer parallel schalten. Die Form des Drosselkragens ist daher sorgfältig zu ermitteln.

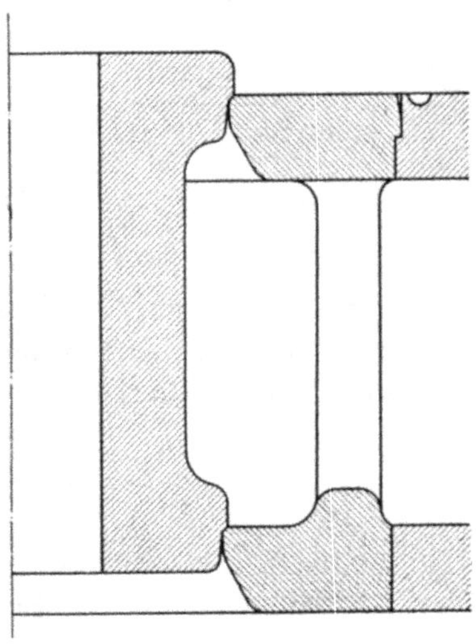

Abb. 310.

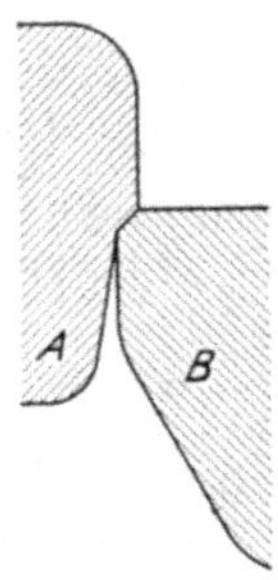

Abb. 311.

Hat die Dampfgeschwindigkeit mit fortschreitender Ventilöffnung auf etwa 130 bis 150 m/sek abgenommen, so soll bei weiterem Anheben des betreffenden Ventiles der Querschnitt von dieser Stellung ab möglichst schnell zunehmen, damit unnötiger Drosselverlust vermieden wird. Abb. 311 zeigt die Ausbildung des Drosselkragens A und des Ventilsitzes B für eine Turbine von 22500 kW Leistung.

§ 206. **Der Kraftkolben.** Der Kraftkolben hat die Drosselventile einzustellen und dabei den Widerstand der Regulierung zu überwinden. Dieser Widerstand ist sorgfältig zu bestimmen und danach unter Zugrundelegung eines Öldruckes von etwa 3 bis 6 at der Kolbendurchmesser zu ermitteln. Es empfiehlt sich jedoch, die Fläche des Kolbens etwa doppelt so groß als berechnet auszuführen, damit die Reibungswiderstände mit Sicherheit überwunden werden. Einer unnötigen Vergrößerung des Kraftkolbens steht das Bedenken entgegen, daß mit derselben das Hubvolumen und damit auch die für die Regulierung erforderliche Ölmenge zunimmt, was möglichst zu vermeiden ist.

§ 207. **Der Ölverteilungsschieber.** Der Ölverteilungsschieber leitet das Öl über oder unter den Kraftkolben. Seine Verstellung erfolgt durch den Regler. Da die Verstellkraft desselben nur wenige Kilogramm beträgt, wird der Schieber als vollständig entlasteter Kolbenschieber ausgebildet, welcher so einzuschleifen ist, daß die Reibungswiderstände sehr klein sind. Die Durchflußkanäle sind so zu gestalten, daß bei kleinem Schieberhub bereits ein möglichst großer Durchflußquerschnitt frei wird, da sonst eine unzulässige Verzögerung in der Bewegung des Kraftkolbens eintritt. Aus diesem Grunde ist auch die Überdeckung des Schiebers bei der Einregulierung der Turbine genau auszuprobieren.

Die Größe des Ölverteilungsschiebers ist von der Größe des Hubvolumens des Kraftkolbens abhängig. Ergibt sich hieraus ein verhältnismäßig großer Schieber, so ist auch ein Regler mit großer Verstellkraft vorzusehen. Reicht auch dies nicht aus bzw. werden die Abmessungen des Reglers unbequem groß, so wird der Ölver-

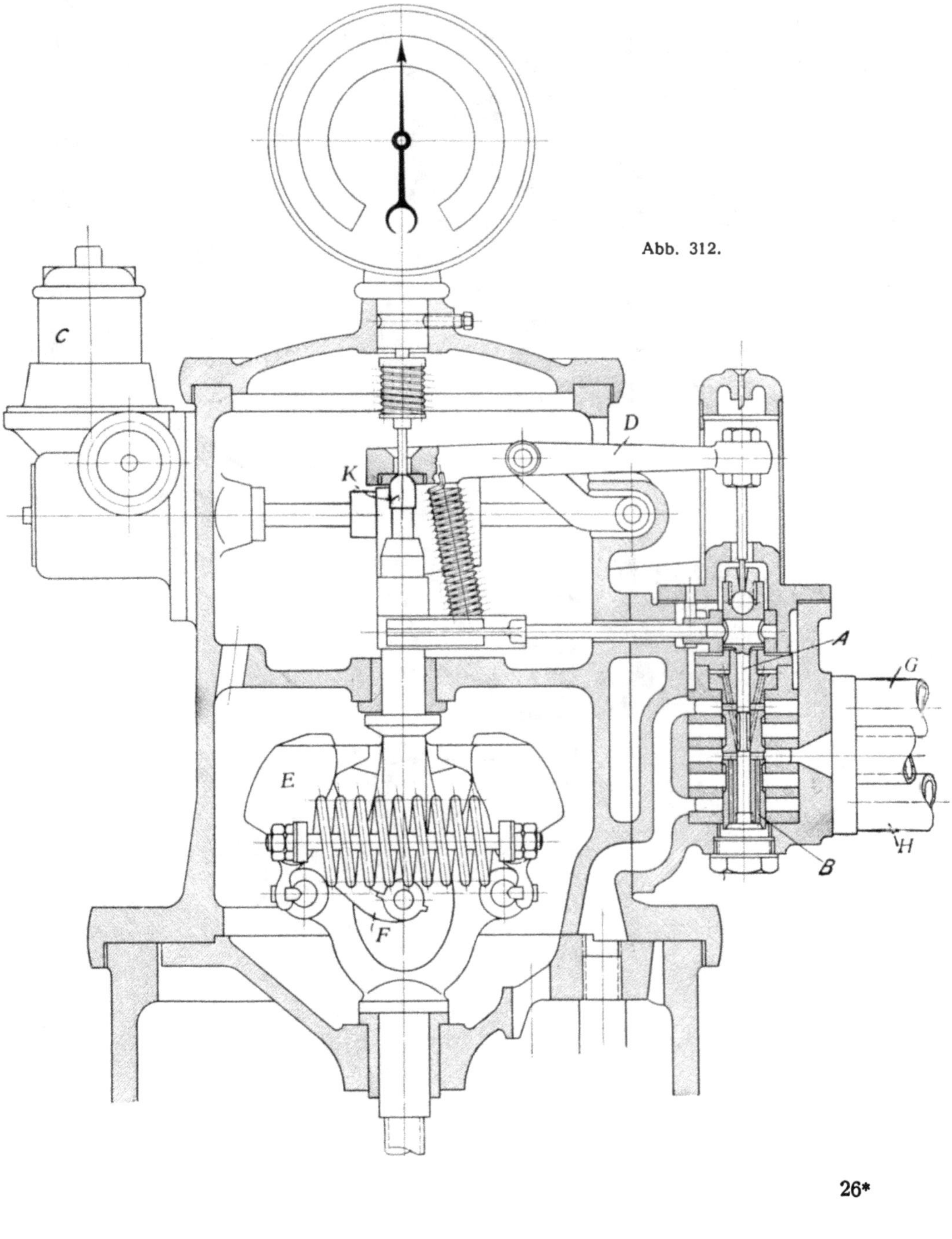

Abb. 312.

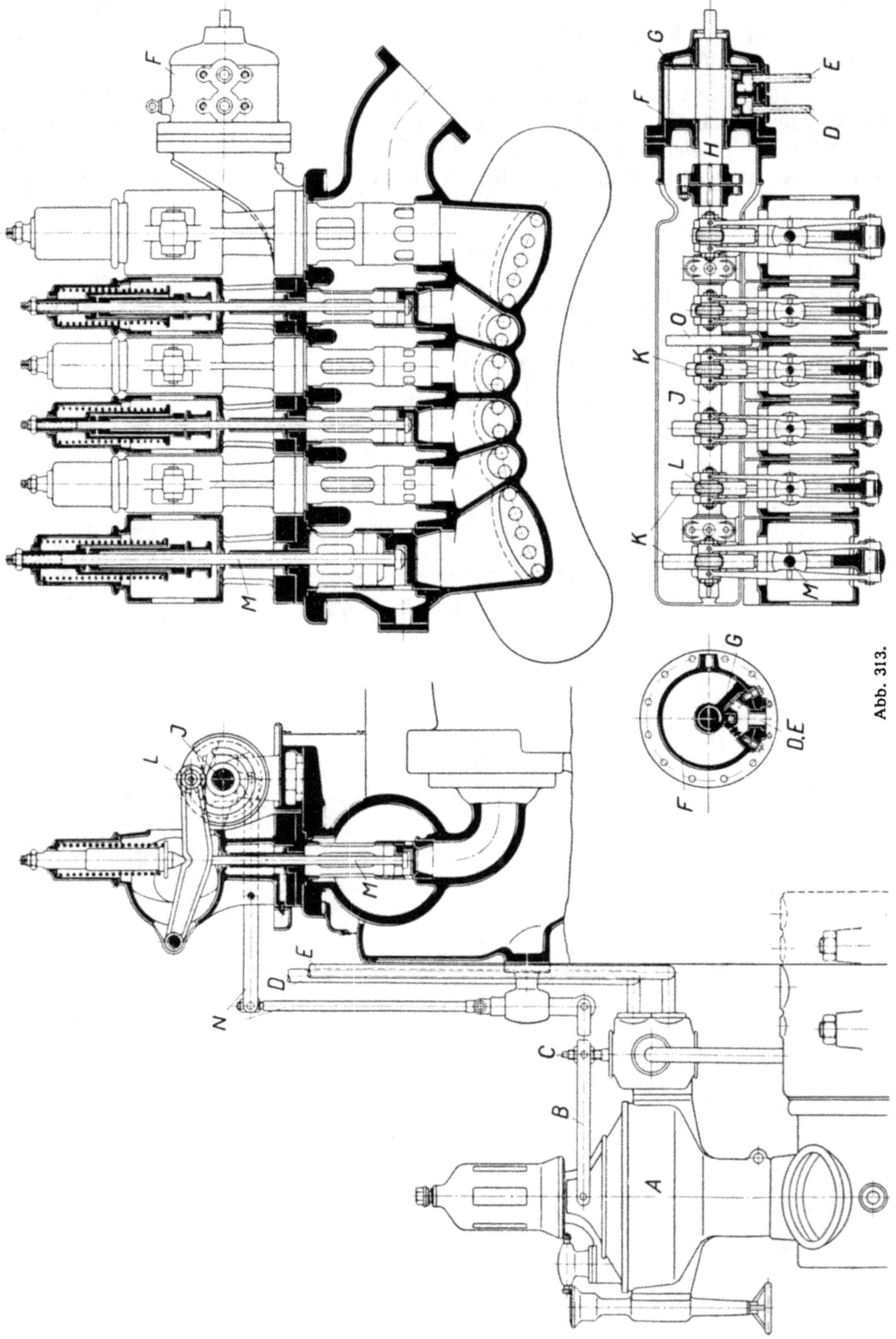

Abb. 313.

teilungsschieber mit einer Vorsteuerung nach Abb. 312 ausgeführt. Der Regler kann dann klein gewählt werden, da seine Arbeit nur in der Verstellung des kleinen Vorsteuerschiebers besteht. Die Bewegung des Hauptverteilungsschiebers erfolgt durch das Drucköl. Bei Anwendung der Vorsteuerung tritt gegenüber dem Ölverteilungsschieber ohne Vorsteuerung zwischen dem Anspringen des Reglers und der Bewegung des Ölverteilungsschiebers eine kleine Verzögerung ein.

§ 208. **Einige häufig ausgeführte Systeme von Regulierungen.** 1. Die Regulierung der Turbine der Allgemeinen Elektrizitäts-Gesellschaft. Die Regulierung dieser Turbine ist aus den Abb. 313 zu ersehen. Der Regler *A* verstellt bei Drehzahländerungen durch den Hebel *B* den Ölverteilungsschieber *C*, welcher durch die Rohrleitungen *D* oder *E* Drucköl in den Zylinder *F* eines sich um seine Achse drehenden Kraftkolbens *G* leitet. Mit der Verlängerung der sich drehenden Kolbenstange *H* ist eine Nockenwelle *J* gekuppelt. Auf jeder Nocke *K* ruht das eine Ende eines Hebels *L*, welcher mit dem anderen Ende in einem Drehpunkt gelagert ist und in der Mitte die Spindel *M* eines Ventilkegels zur Absperrung einer Düsengruppe trägt. Tritt eine Drehzahländerung ein, so werden die Hebel *L* durch die sich drehenden Nocken *K* der Drehzahländerung entsprechend gehoben oder gesenkt und dadurch die Dampfmenge der Turbinenbelastung entsprechend eingestellt. Die Rückführung des Ölverteilungsschiebers in seine Mittellage erfolgt durch das Gestänge *N*, welches seine Bewegung durch eine ebenfalls auf der Nockenwelle sitzende unrunde Scheibe erhält.

2. Die Regulierung der Vulcan-Turbine. Abb. 314 zeigt den Schnitt durch die Regulierung der in § 209 beschriebenen 22500-kW-Turbine und Abb. 312 den Schnitt durch den zugehörigen Regler mit dem Ölverteilungsschieber. Die Gewichte *E* des Reglers verstellen durch Hebel *F* einen Stift *K* in axialer Richtung, welcher den Hebel *D* und dadurch auch den Vorsteuerschieber *A* in Bewegung setzt. Verändert der Vorsteuerschieber seine Lage, so wird auch der Ölverteilungsschieber *B* durch Öldruck so lange verstellt, bis er seine ursprüngliche Lage zum Vorsteuerschieber wieder eingenommen hat. Abb. 312 zeigt den Ölverteilungsschieber in der Mittellage, in welcher alle Ölkanäle geschlossen sind. Wird der Ölverteilungsschieber durch Veränderung der Reglerstellung aus der Mittellage gebracht, so werden die Ölkanäle geöffnet, welche durch die Rohre *G* und *H* mit dem Kraftkolben verbunden sind. Der Stellung des Ölverteilungsschiebers entsprechend leitet ein Rohr Drucköl über oder unter den Kraftkolben, während das andere Rohr als Ölabflußleitung dient. Hierdurch wird der Kraftkolben gesenkt oder gehoben und dadurch auch die Ventilkegel B_1 — B_5 nacheinander geschlossen oder geöffnet. Die Verstellung der Ventile erfolgt durch den Kraftkolben so lange, bis der Ölverteilungsschieber durch das Gestänge *L* (Abb. 314) in seine Mittellage zurückgeführt ist und dadurch die Ölkanäle wieder abgeschlossen hat.

3. Die Regulierung der Turbine von Brown, Boveri & Co. Die Regulierung dieser Turbine ist aus Abb. 315 zu ersehen.

Die drei in der Abbildung dargestellten Einlaßventile *A* sind als Doppelsitzventile ausgeführt und werden durch Federspannung geschlossen gehalten. Das Öffnen derselben geschieht durch Öldruck, welcher unter die auf den Ventilspindeln befestigten Kolben *B* geleitet wird. Der Öldruck wird durch eine Zahnradpumpe *C* erzeugt, welche von der Reglerspindel aus angetrieben wird und durch die Leitung *D* das Drucköl dem Raum unter den Kolben *B* zuführt. Der Regler *E* verstellt mittels Winkelhebel den Ölschieber *F*, welcher, im Falle die Belastung sinkt, durch das Zweigrohr *G* aus der Ölzuflußleitung *D* Öl nach dem Sammeltank abströmen läßt. Hierdurch sinkt der Druck unter den Kolben *B*, und die Ventile werden durch die

Federkraft gesenkt. Damit dies nicht gleichzeitig bei allen Ventilen eintritt, sondern das Schließen der Ventile nacheinander erfolgt, sind die Federn verschieden stark ausgeführt.

Die Regulierungsvorrichtung ist auch mit dem Schnellschluß kombiniert (bei *H* ist das Schnellschlußventil, bei *J* sind die zugehörigen Schwunggewichte zu sehen).

4. Die Regulierung der British Thomson-Houston Company, Limited, Engineers, Rugby, für eine 30000-kW-Turbine (vgl. § 210).

Diese Regulierung zeigt Abb. 316 in Ansicht. Aus Rücksicht auf die große Dampfmenge von 160000 kg in der Stunde, welche durch die Regulierventile strömt, sind zwei Absperrventile *A* vorgesehen, damit die Ventilabmessungen nicht zu groß ausfallen.

Der Dampf, welcher die untere Hälfte des ersten Turbinenrades beaufschlagt und bis zu einer Turbinenbelastung von 50% genügt, strömt von dem links auf der Abbildung vorgesehenen Absperrventil durch ein Drosselventil, welches hinter dem

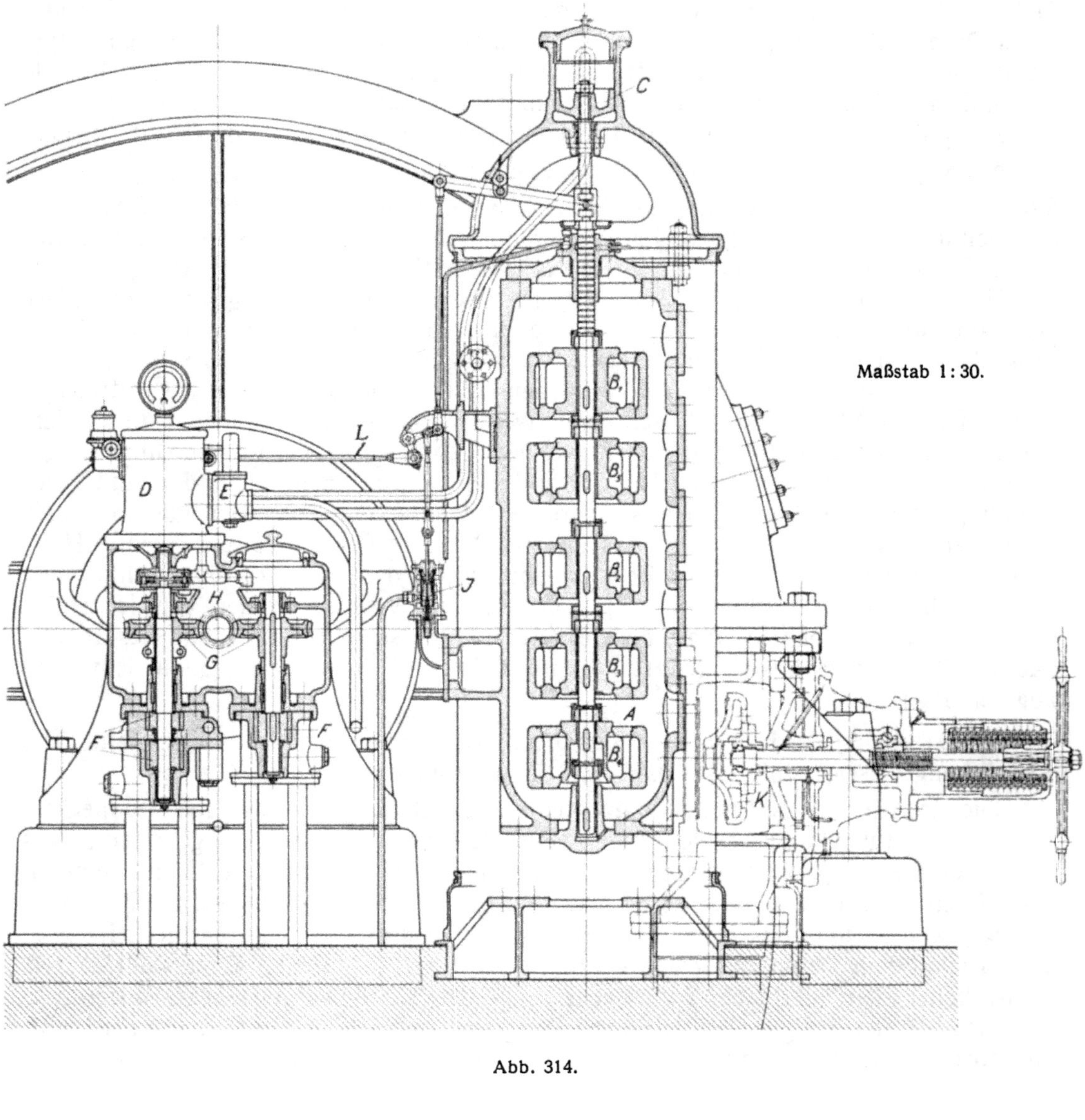

Abb. 314.

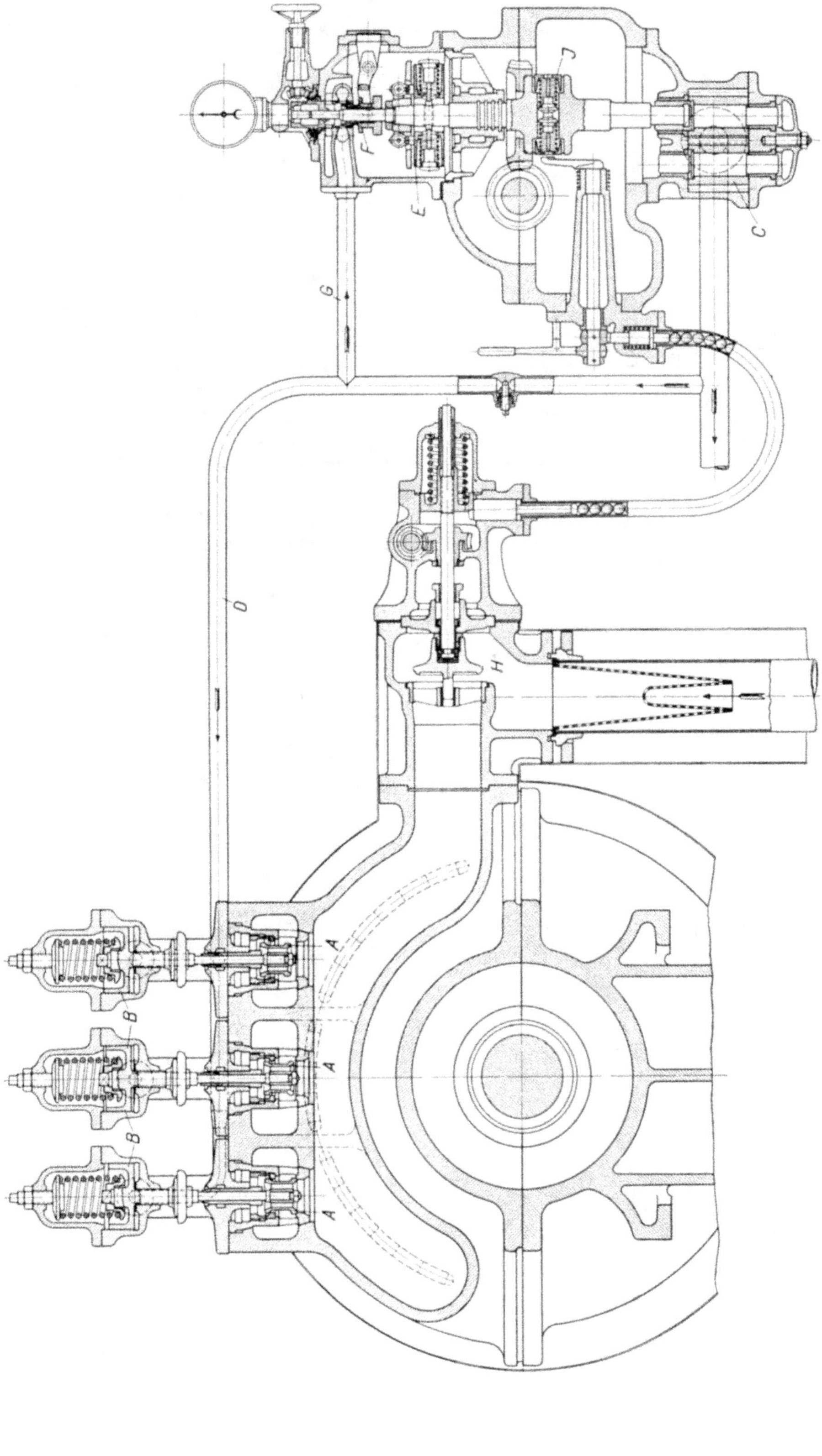

Abb. 315.

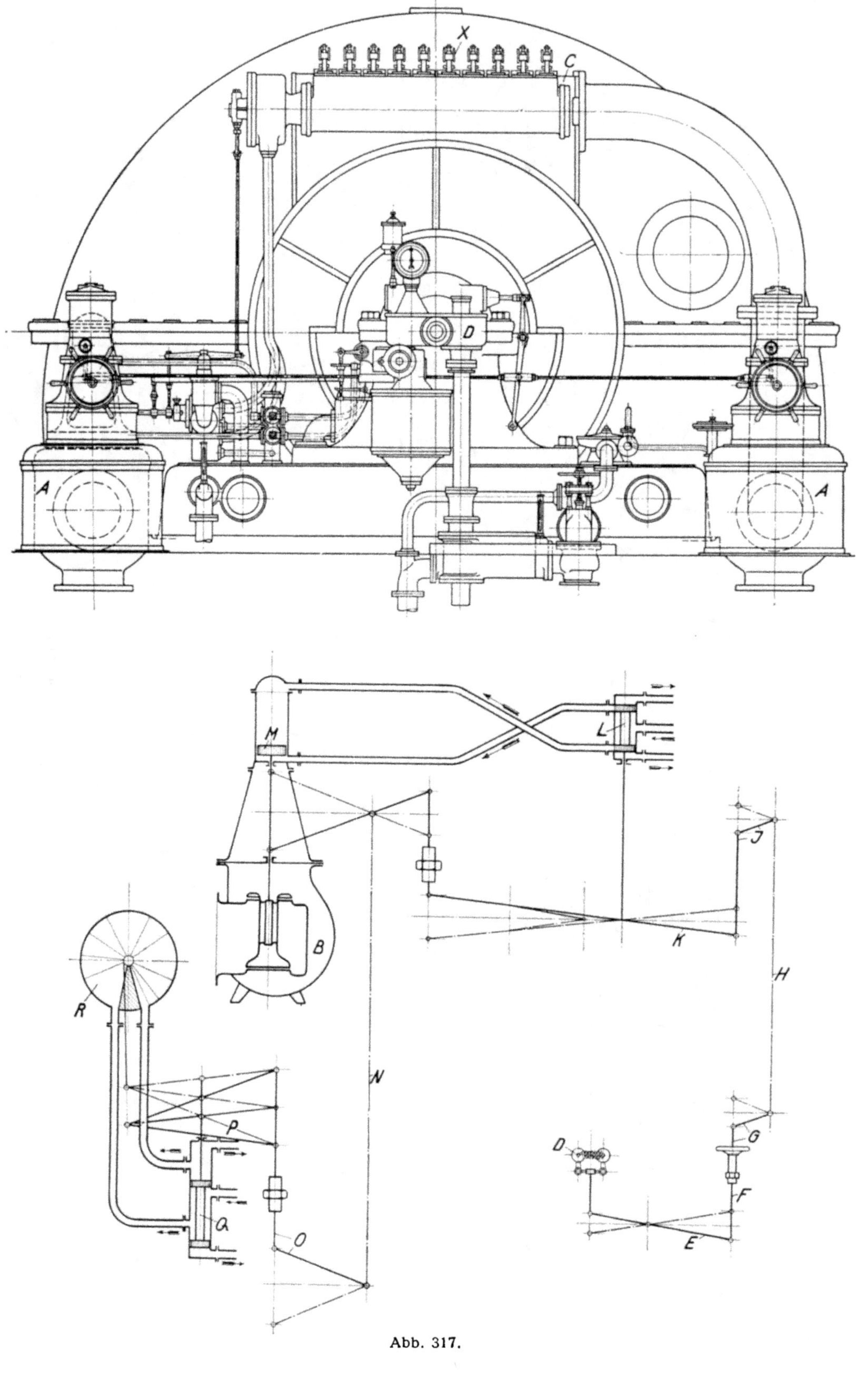

Abb. 317.

Absperrventil liegt und in dem Regulierschema Abb. 317 mit B bezeichnet ist. Bei höherer Belastung der Turbine strömt Dampf durch das auf der rechten Seite der Turbine angegebene Absperrventil in das Ventilgehäuse C (Abb. 316), welches quer über der Turbine angeordnet ist und 10 Regulierventile enthält.

Verändert der Regler D bei Belastungsschwankungen der Turbine seine Lage, so wird mit Hilfe des Gestänges E, F, G, H, I, K, des Ölverteilungsschiebers L und des Kraftkolbens M das Drosselventil B der Turbinenbelastung entsprechend durch Drucköl eingestellt. Überschreitet die Turbinenbelastung 50% der Turbinenleistung bei Volllast, so wird mit Hilfe des Gestänges N, O, P, des Ölverteilungsschiebers Q der um seine

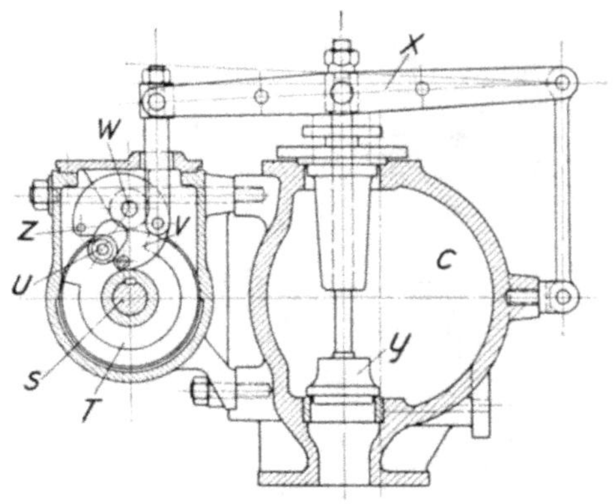

Abb. 318.

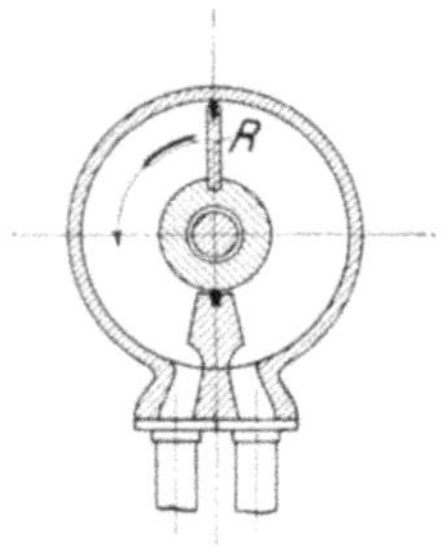

Abb. 319.

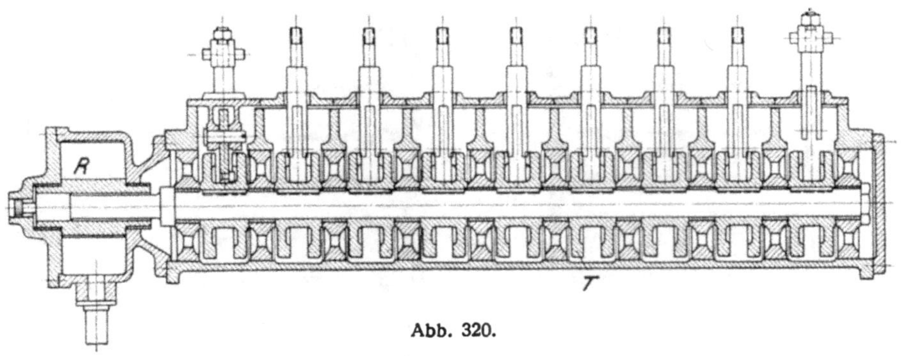

Abb. 320.

Achse S drehende Kraftkolben R (Abb. 317—320) verstellt und damit auch die Nockenwelle gedreht, welche die Verlängerung der Achse des Kraftkolbens bildet. Die einzelnen Nockenscheiben T tragen Rollen U, welche bei Rechtsdrehung der Nockenscheiben die hufeisenförmig gebogenen Hebel V um ihre Achse W drehen und dadurch mit Hilfe der Hebel X die Ventile Y verstellen.

Hat man ein Ventil vollständig geöffnet, so wird es bei weiterer Drehung der Nockenwelle in seiner Lage gehalten, indem die an dem Hebel V befindliche Rolle Z durch seitliche Vorsprünge an den Nockenscheiben an einer weiteren Bewegung gehindert wird. Die Rückführung der Ölverteilungsschieber in die Mittellage erfolgt durch die Bewegung der Kraftkolben, welche den Ölverteilungsschiebern eine rückläufige Bewegung geben.

Maßstab 1 : 36.

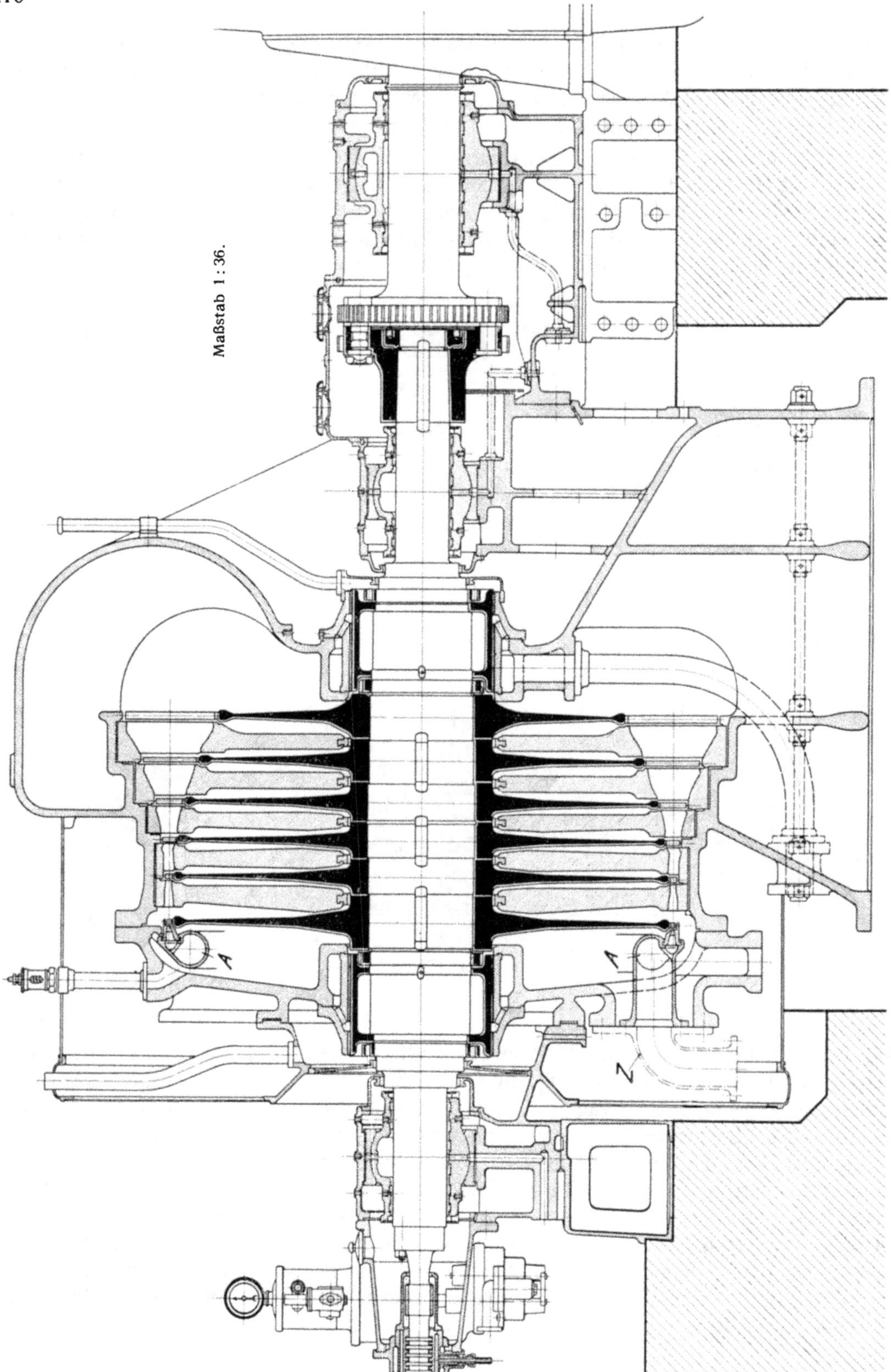

Abb. 321.

Abschnitt IV.

Beschreibung einiger ausgeführter Landturbinen.

§ 209. **Turbine von 22500 kW und 1500 Umdrehungen.** Das typische Beispiel einer Räderturbine hoher Leistung für Generatorantrieb mit 1500 Umdr./Min. eingerichtet für normale Kesselspannung (15 at) und Überhitzung auf 325° C zeigt Abb. 321. Diese Turbine wurde im Jahre 1923 von den Vulcan-Werken, Hamburg und Stettin, A.-G., für die Hamburgischen Elektrizitätswerke, Kraftwerk Tiefstack, geliefert; ihre Aufstellung im Maschinenhaus veranschaulicht Abb. 322 u. 323. Die Normalleistung der Turbine beträgt 22500 kW; sie kann durch Überlastung auf 30000 kW gesteigert werden. Nähere Angaben über die Beschaufelung usw. finden sich weiter unten, wo die Berechnung dieser Turbine wiedergegeben ist.

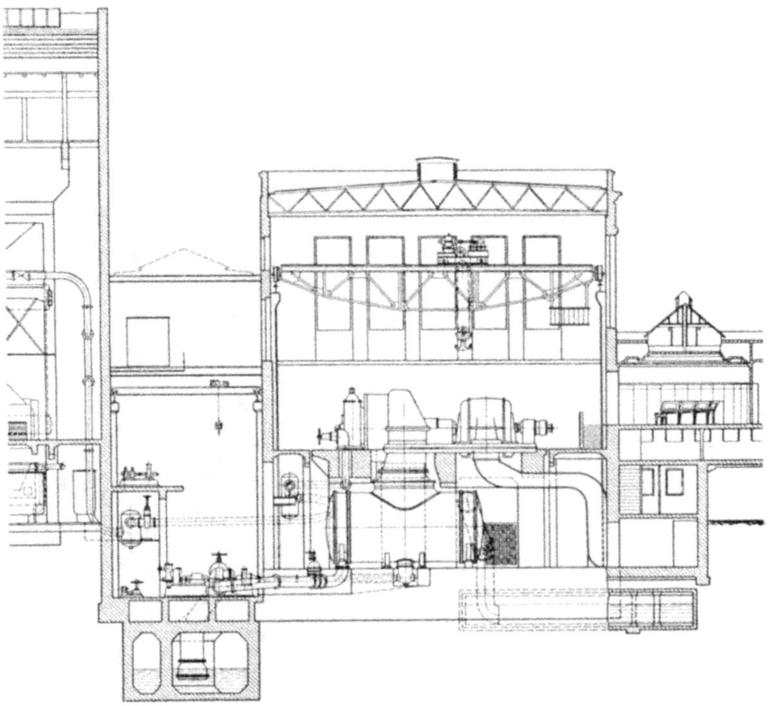

Abb. 322.

Die Dampfzuführung zu den Düsen erfolgt durch 5 hohle Stahlgußkammern *A*, Abb. 321, welche zusammen die Form eines in das Gehäuse eingebetteten Ringes, siehe auch Abb. 324, besitzen und welchen der Frischdampf durch 5 gebogene Stahlrohre von den 5 Regulierventilen der Turbine (s. Beschreibung der Regulierung) zugeführt wird. In diese Ringkammern sind die Düsensegmente *B* (s. auch Abb. 325) eingeschoben, welche aus heißdampfbeständigem Gußeisen mit eingegossenen Nickelstahlschaufeln *C* bestehen.

Die Beaufschlagung des ersten, einkränzigen Rades ist partiell und beträgt etwa 70% des Umfanges, während die folgenden 5 Räder, ebenfalls sämtlich einkränzig, voll beaufschlagt sind.

Die Radscheiben sind aus Siemens-Martinstahl von 65 bis 70 kg/qmm hergestellt, unter Erwärmung im Ölbad auf die Welle stramm aufgezogen und mit Federn ge-

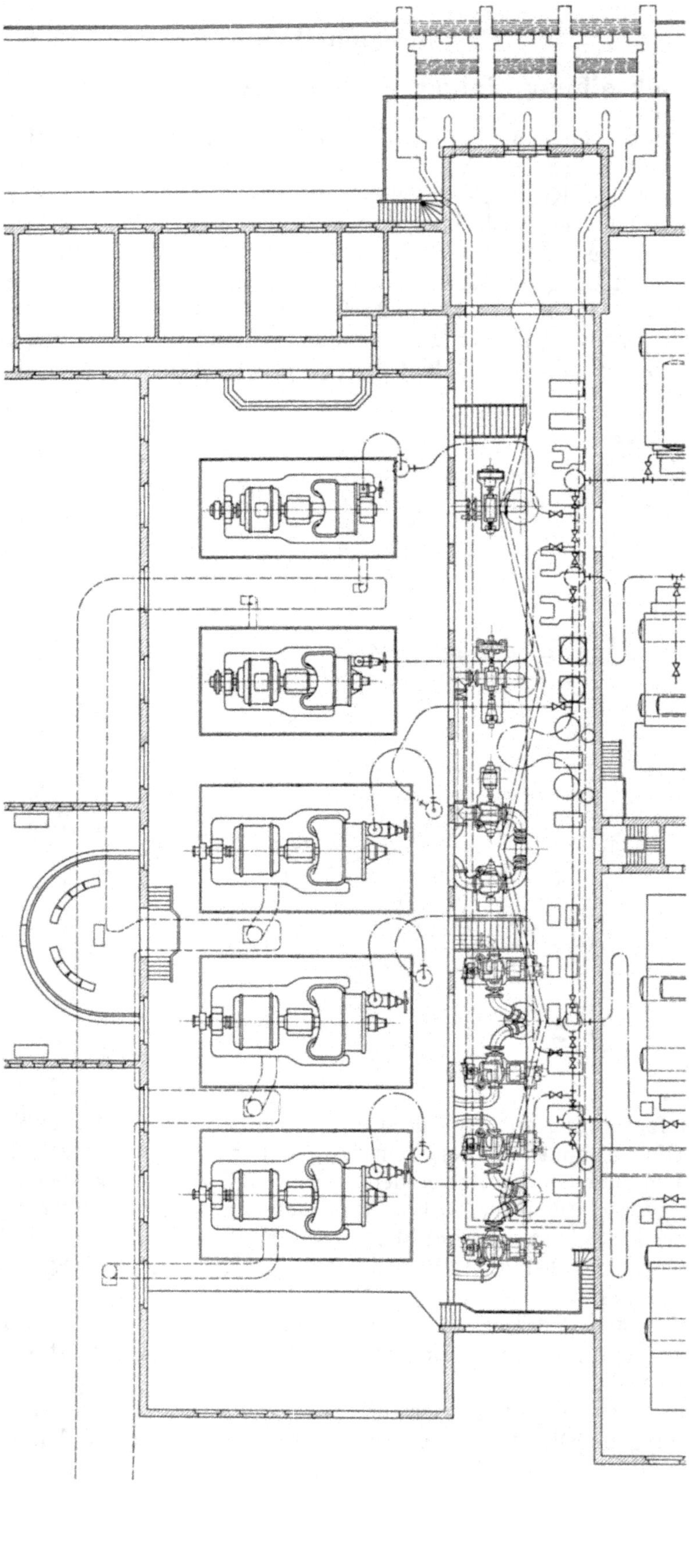

Abb. 323.

sichert; eine Mutter vor dem ersten und hinter dem letzten Rad dient zur Fixierung in axialer Richtung.

Die Konstruktion und Befestigung der Schaufeln zeigt Abb. 326 u. 327 für das erste und das letzte Rad; das Material derselben ist

Rad I: 5proz. Nickelstahl, 50 bis 60 kg/qmm Festigkeit, 20% Dehnung.
Rad II: Messing mit 72% Kupfer, 28% Zink, 36 kg/qmm Festigkeit, 20% Dehnung.
Rad III: dto.
Rad IV: dto.
Rad V: dto.
Rad VI: 5proz. Nickelstahl, 50 bis 60 kg/qmm Festigkeit, 20% Dehnung.

Die Deckbänder, deren Dimensionen und Befestigung ebenfalls Abb. 326 u. 327 zeigt, sind bei Rad I und VI aus 5proz. Nickelstahl, bei Rad II bis V aus Messing angefertigt.

Die Zwischenböden bestehen aus Gußeisen mit eingegossenen Düsenblechen aus Nickelstahl, welche zwecks Schaffung genügender Düsenerweiterung großenteils stark zugeschärft sind,

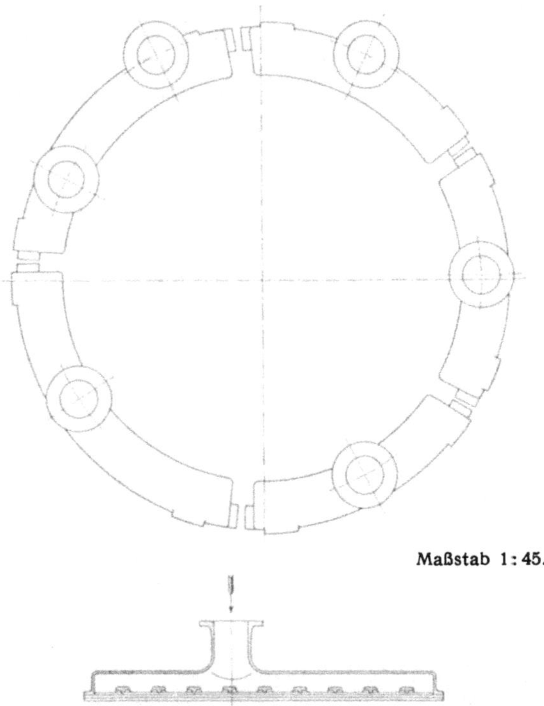

Abb. 324.

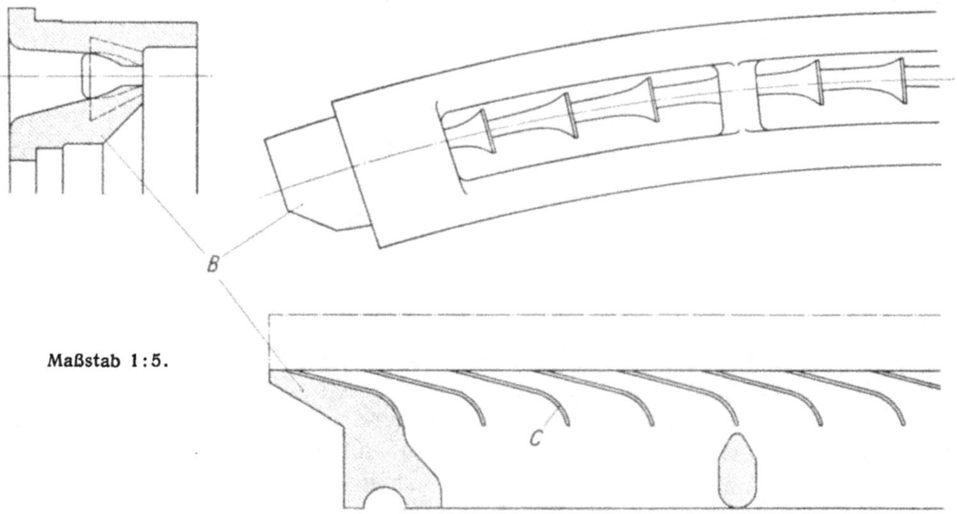

Abb. 325.

die Innenstopfbuchsen aus Flußeisen mit eingestemmten Messingstreifen. Die aus Siemens-Martinstahl von 55 bis 60 kg/qmm Festigkeit und 20 bis 18% Dehnung hergestellte Welle ist so dimensioniert, daß ihre kritische Drehzahl bei 2100 Umdr./Min. liegt. Am vorderen Wellenende befindet sich ein kleines Drucklager zur Fixierung des

Rotors in axialer Richtung, sowie der Antrieb der Ölpumpen und des Regulators, am hinteren Ende die mit Konus, Feder und Mutter befestigte Bolzenkupplung für den Generator, deren Flanschen Verzahnungen für das Schaltwerk tragen.

Die Stopfbuchsen sind Labyrinthstopfbuchsen mit radialer Spitzendichtung der üblichen Form, sie dichten gegen besondere aus Siemens-Martinstahl angefertigte Laufbuchsen, welche auf die Welle aufgeschoben sind. Die Hochdruckstopfbuchse ist mit Absaugung nach der Niederdruckstopfbüchse und dem Kondensator und beide Stopfbuchsen mit Sperrdampfzuführung aus der Frischdampfleitung versehen.

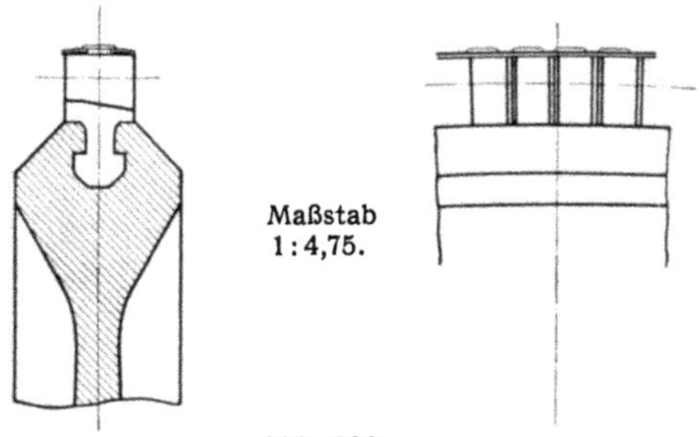

Abb. 326.

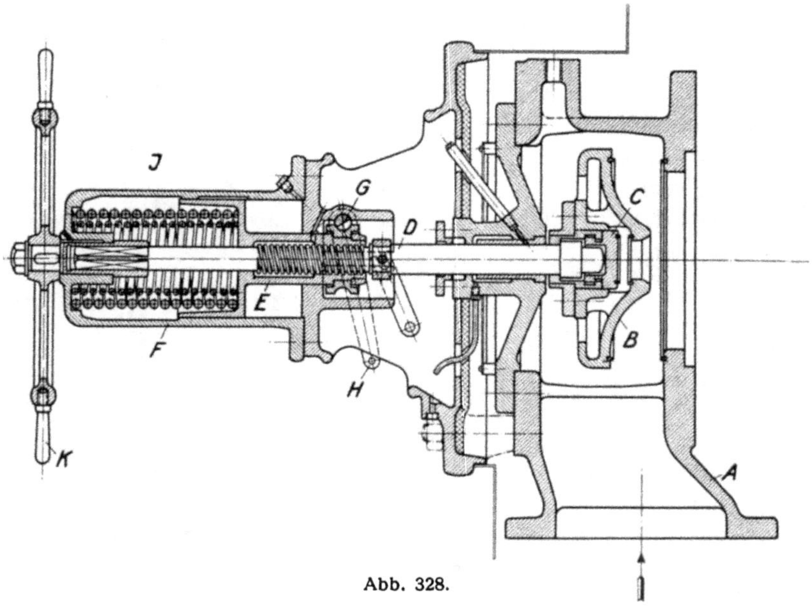

Abb. 328.

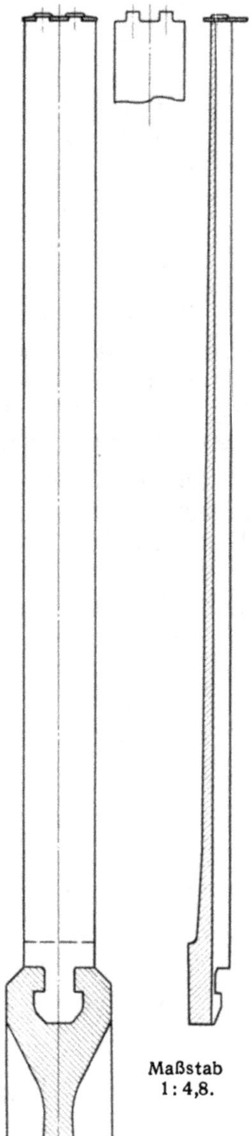

Abb. 327.

Die Lagerschalen, aus Gußeisen mit Weißmetall hergestellt, ruhen auf kugeligen Unterlagen.

Das in der horizontalen Mittellängsebene geteilte Gehäuse ist durchweg aus Gußeisen hergestellt und am Hochdruckende mit einem starken Gußeisenboden versehen.

Abb. 314 zeigt den Schnitt durch die Regulierung dieser Turbine (vgl. hierzu § 208). Der Frischdampf wird durch ein Hauptabsperrventil K (strichpunktiert gezeichnet) einem vertikalen, aus Stahlguß hergestellten Steuergehäuse A zugeführt.

Das Hauptabsperrventil ist gleichzeitig als Schnellschlußventil ausgebildet und in den Abb. 328 und 329 noch einmal gesondert dargestellt. Der Dampf tritt durch den unteren Rohranschluß in das Ventilgehäuse *A* und strömt aus der durch den Ventilteller *B* absperrbaren Öffnung ab. Bei geschlossenem Ventil lastet also der Dampf mit Kesselspannung auf dem Ventilteller. Um diese Druckdifferenz aufzuheben, ist in dem Ventilteller ein Entlastungsventil *C* angeordnet, welches gleichzeitig beim Anfahren der Turbine eine langsamere Steigerung der Turbinendrehzahl ermöglicht als der große Ventilteller. Bei Inbetriebsetzung der Turbine wird deshalb mit Hilfe des Handrades *K* und der Spindel *D* zuerst der Ventilkegel *C* so langsam geöffnet, daß die Turbine in der gewünschten Zeit auf Touren ist. Hat die Turbine die Betriebsdrehzahl erreicht, so werden die dem Hauptabsperrventil nachgeschalteten Regulierventile durch den Regler der Leerlaufarbeit entsprechend eingestellt. Da das Entlastungsventil so bemessen ist, daß durch dasselbe mehr Dampf strömen kann, als für den Leerlauf der Turbine bei Betriebsdrehzahl erforderlich ist, so wird, wenn diese erreicht, vor und hinter dem Ventilteller *B* ein fast vollständiger Druckausgleich stattfinden und das große Ventil leicht zu öffnen sein.

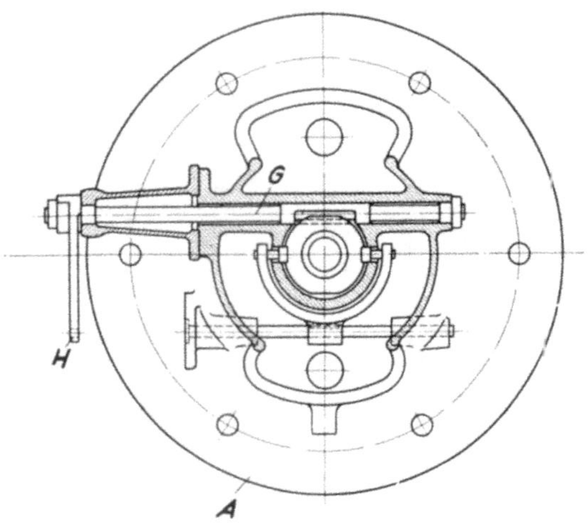

Abb. 329.

Soll das Ventil durch die Schnellschlußvorrichtung geschlossen werden, so wird der Hebel *H* durch das Schnellschlußgestänge nach links gezogen, dadurch die Drehklinke *G* mit der Spindelmutter außer Eingriff gebracht und das Ventil durch die Federn *J* geschlossen. Damit die Ventilsitze nicht durch zu hartes Aufsetzen zerstört werden, ist mit der Spindelmutter ein Kolben *E* verbunden, welcher in den Zylinder *F* eingeschliffen ist und durch Luftkompression die Schließgeschwindigkeit des Ventils verringert.

In dem Steuergehäuse *A* sind übereinander 5 Regulierventile B_1 bis B_5 untergebracht, deren Kegel auf Einsätzen aus Spezialgußeisen dichten. Diese Ventile vermitteln den Zufluß des Dampfes aus dem Steuergehäuse zu den einzelnen Düsengruppen der Turbine durch die 5 bei *Z* (Abb. 321) anschließenden Rohrleitungen. Die Kegel, welche alle auf einer vertikalen Stange aufgereiht sind, werden durch Bunde von derselben gehoben, und zwar ist der Spielraum zwischen Bund und Kegel bei den einzelnen Ventilen verschieden, so daß zuerst der Kegel B_1, wenn dieser voll geöffnet hat B_2, dann nacheinander B_3, B_4 und B_5 aufgehoben werden.

Die Bewegung der vertikalen Regulierstange erfolgt durch einen Kraftkolben *C*, welcher durch Preßöl bedient wird. Dieses wird in üblicher Weise von einem durch das Fliehkraftpendel *D* betätigten Steuerschieber *E* geliefert.

Bei *J* befindet sich noch ein von dem Regulatorgestänge betätigter Regulierschieber, welcher dazu bestimmt ist, durch Einwirkung auf einen besonderen Kraftkolben den Abdampf der Hilfsturbine, welcher in eine der Niederdruckstufen eingelassen wird, abzuschließen und auf den Kondensator zu schalten, wenn die Leistung der Turbine ein bestimmtes Maß unterschreitet.

Das mit 500 Umdr./Min. umlaufende Pendel *D* erhält seine Bewegung von einer der beiden Vertikalwellen, welche die Zahnrad-Schmierölpumpen *F* antreiben, die ihrerseits durch Schnecke und Schneckenrad *G* von der Turbinenwelle *H* gedreht werden.

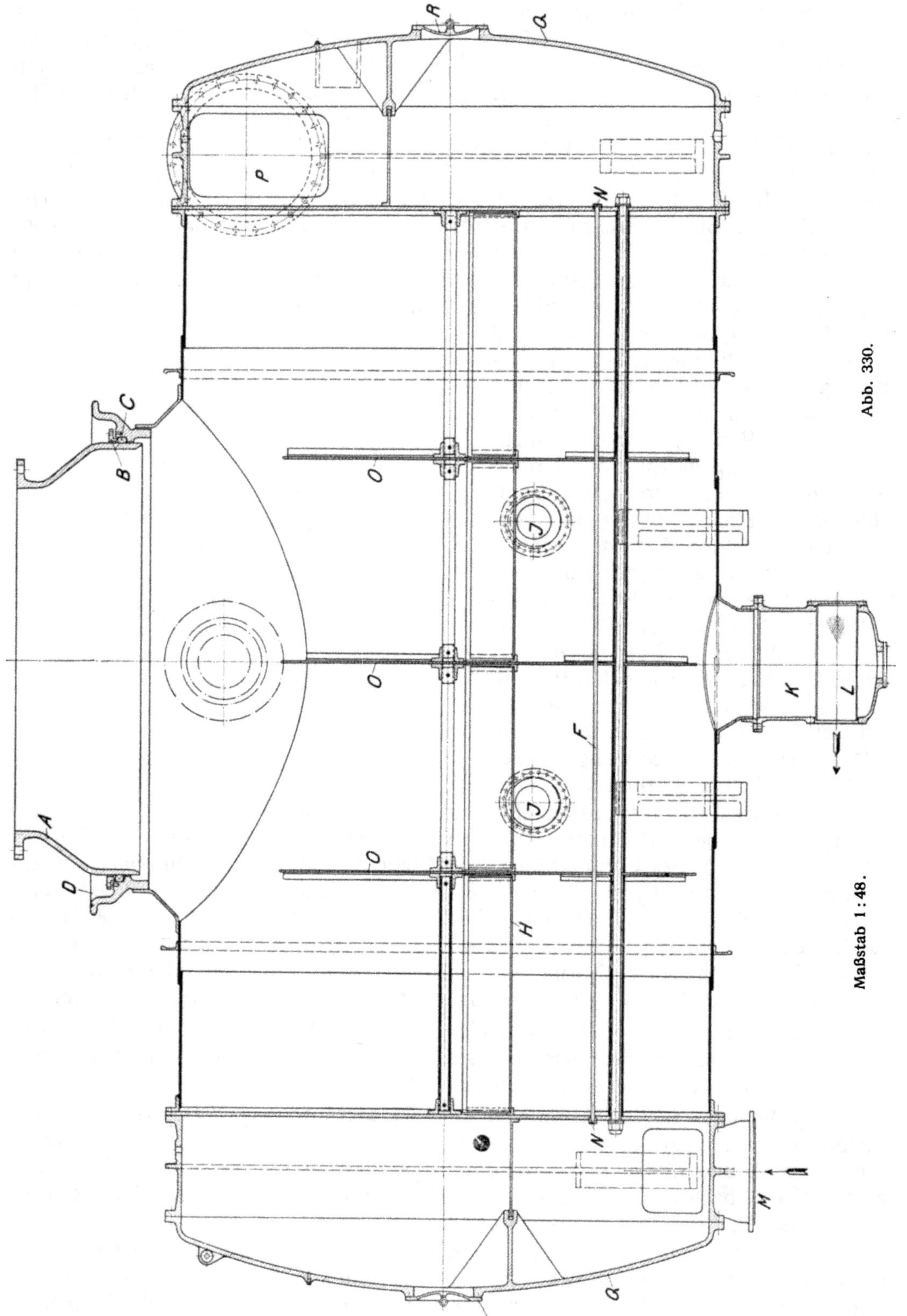

Maßstab 1:48.

Abb. 330.

Die Gewichte dieser Turbine stellen sich wie folgt:

Gehäuse	47000 kg;	Welle . . .	7000 kg;
Leiträder	23000 kg;	Laufräder .	13000 kg.

Das Gesamtgewicht der Turbine beträgt 150000 kg.

Die Kondensationsanlage für die vorstehend beschriebene Turbine ist für eine stündlich niederzuschlagende Dampfmenge von 117000 kg konstruiert. Das

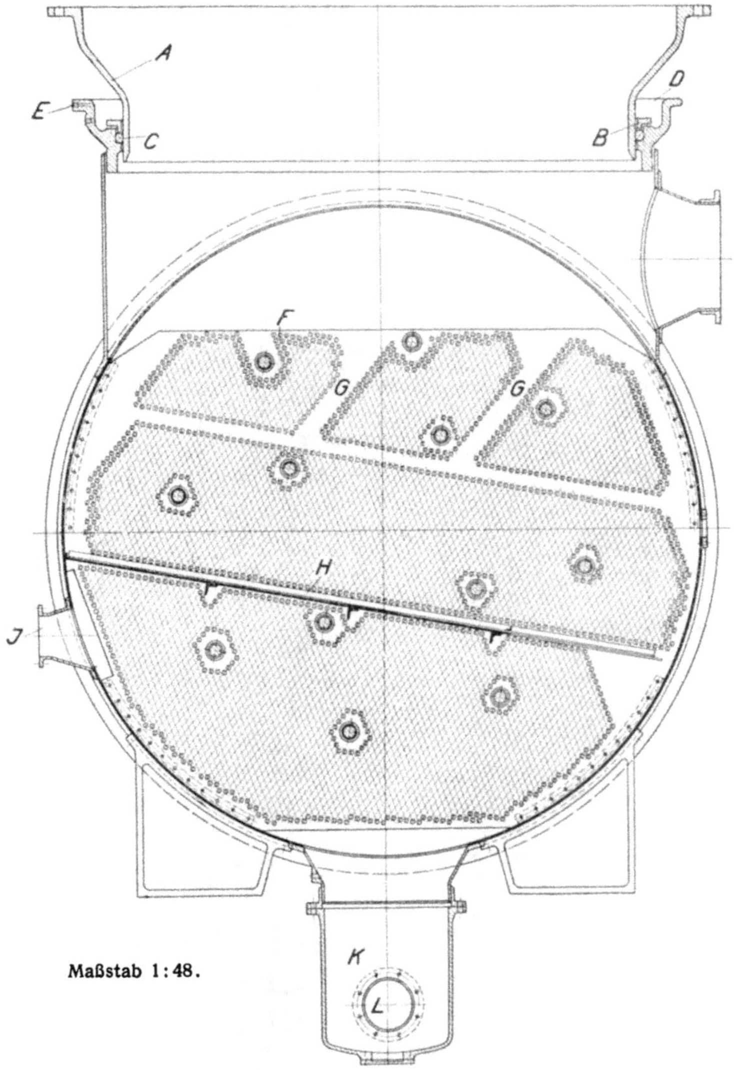

Abb. 331.

Vakuum von 96% wird mit einer Kühlwassermenge gleich dem 67fachen des niederzuschlagenden Dampfquantums bei einer Kühlwassereintrittstemperatur von 15° C erreicht.

Die Einführung des niederzuschlagenden Dampfes in den Kondensator (Abb. 330 u. 331) erfolgt durch ein Degenrohr, welches mit dem oberen Ende mit dem Abdampfgehäuse der Turbine fest verschraubt ist und sich mit dem unteren Ende bei Wärmeausdehnungen in einer Stopfbuchse verschieben kann. Die Stopfbuchse wird mit

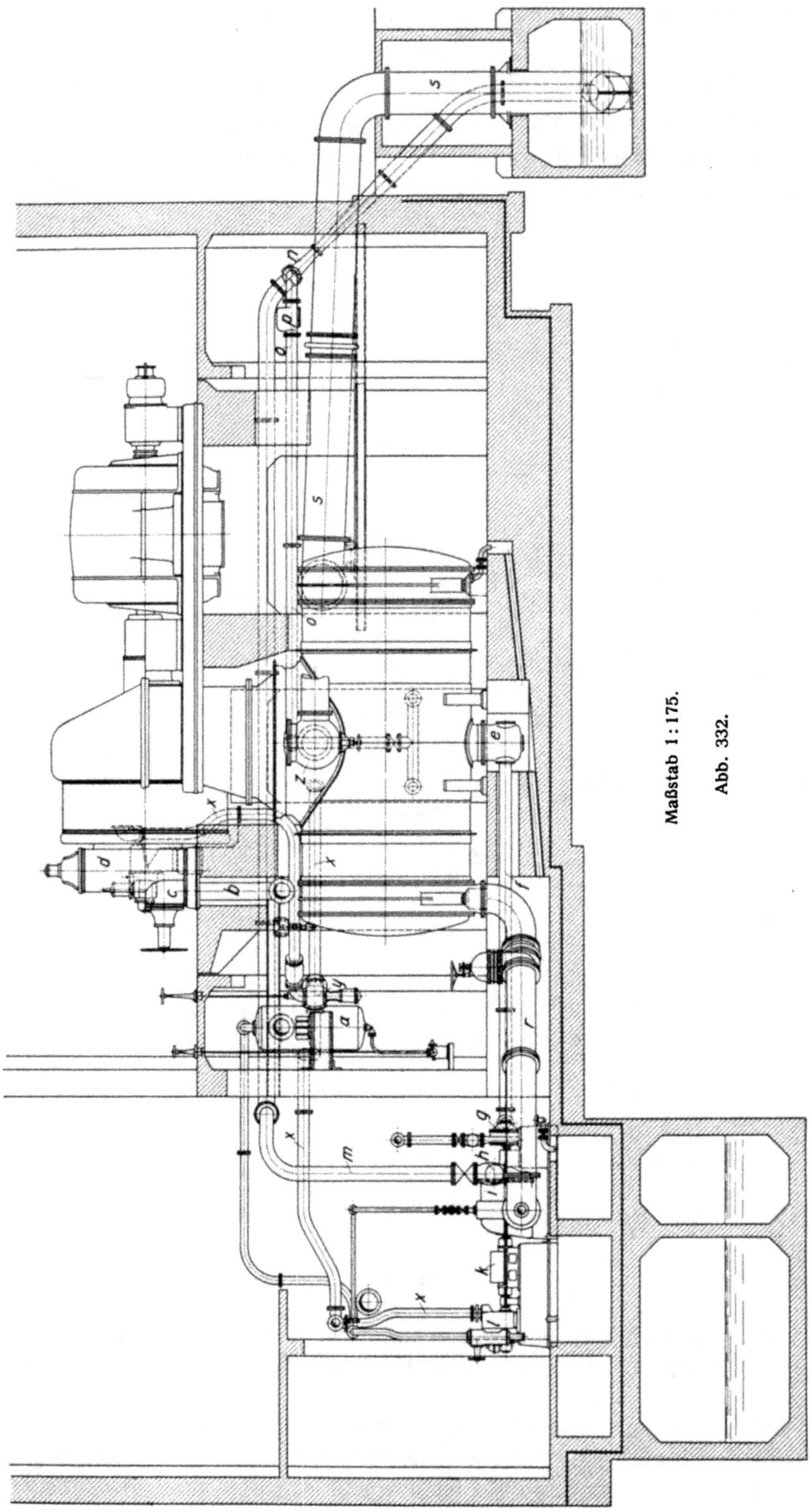

Maßstab 1 : 175.

Abb. 332.

Weichpackung gedichtet. Zur weiteren Abdichtung wird die über der Stopfbuchse befindliche Ringrinne mit Wasser gefüllt gehalten. Zuviel zufließendes Wasser wird durch ein Überlaufrohr abgeleitet, welches zur Kontrolle der Stopfbuchsendichtigkeit beobachtet wird.

Der Oberflächenkondensator besitzt eine Kühlfläche von 3500 qm. Die Kühlfläche wird von Messingrohren gebildet, welche von Dampf umspült und vom Kühlwasser durchflossen werden. Um dem Dampf das Eindringen in die von den Kühlrohren gebildeten Zwischenräume zu erleichtern und eine bessere Verteilung des Dampfes über sämtliche Rohre zu ermöglichen, sind erweiterte Gassen im Rohrbündel vorgesehen.

In der unteren Hälfte des Dampfraumes ist eine zur wagerechten Ebene etwas geneigte Scheidewand angebracht, um die unteren Kühlrohre von dem herabfallenden

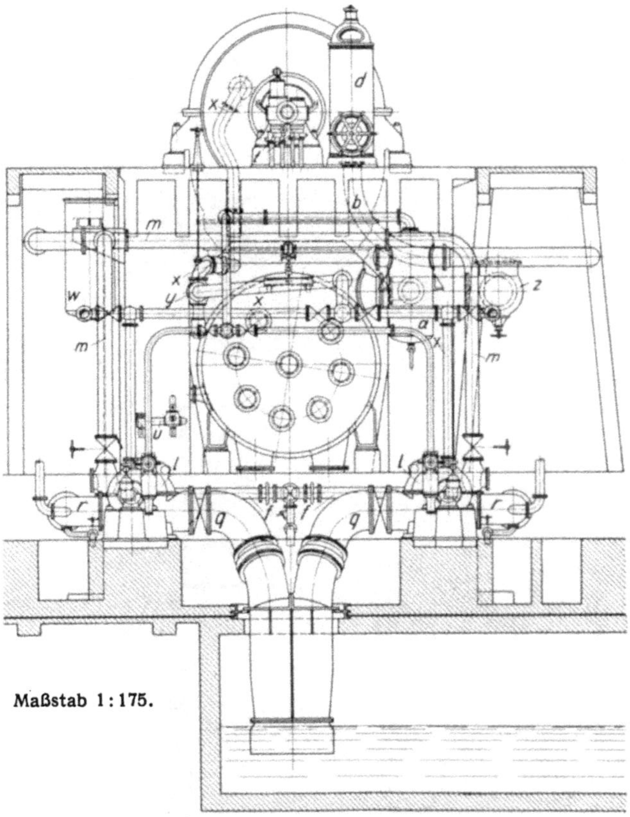

Maßstab 1 : 175.

Abb. 333.

Kondensat freizuhalten. Hierdurch wird einerseits die Unterkühlung des letzteren beschränkt, anderseits aber wird durch diese Anordnung die im Kondensator befindliche Luft genötigt, einen langen Weg bis zu dem Luftsaugestutzen zurückzulegen, wodurch die gewünsche Unterkühlung der Luft eintritt.

Das Kondensat wird in dem unter dem Kondensator angeordneten Kondensatsammeltopf aufgefangen, aus welchem es nach Durchströmen eines Siebes durch die Kondensatsaugleitung der Kondensatpumpe zufließt.

Die Absaugung der Luft erfolgt durch einen Wasserstrahler, welcher das Strahlwasser von einer besonderen Strahlwasserpumpe erhält.

Für das Kühlwasser ist dreifacher Durchfluß durch den Kondensator vorgesehen. Der Wassereintritt erfolgt unten. Die Unterteilung der Kühlrohre für den

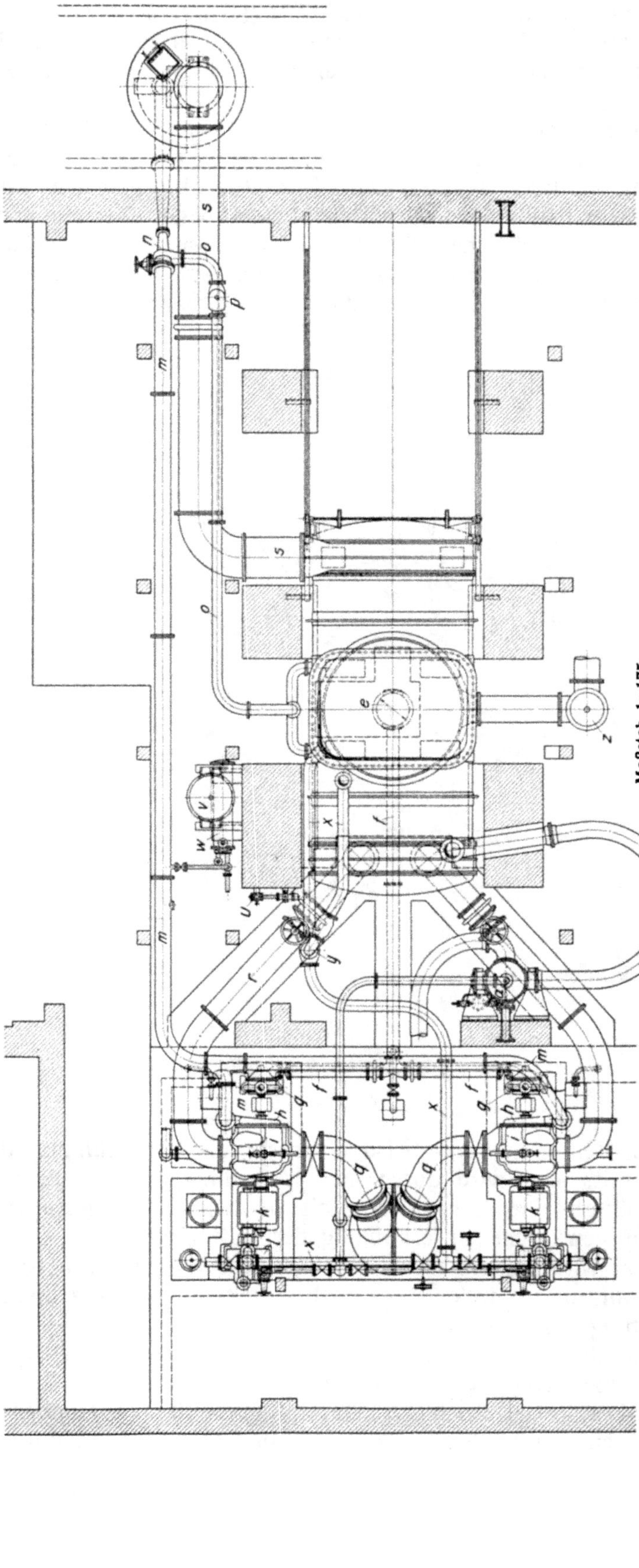

Maßstab 1 : 175.

Abb. 334.

Wasserdurchfluß ist so durchgeführt, daß die Wassergeschwindigkeiten in dem unteren, mittleren und oberen Wasserweg 1,72 m/sek bzw. 2,2 m/sek bzw. 2,55 m/sek betragen.

Die Kühlrohre besitzen einen äußeren Durchmesser von 28 mm und eine Wandstärke von 1 mm; ihre nutzbare Länge beträgt 6800 mm. Das Material derselben ist Messing von 60% Kupfer und 40% Zink. Die Abdichtung in den Rohrwänden erfolgt durch Stopfbuchsen.

Außerdem werden die Kühlrohre noch durch 3 Stützwände unterstützt, welche verschieden weit voneinander entfernt sind, um das Auftreten von Rohrschwingungen zu verhindern.

Das Material des Kondensatormantels, der Rohrwände, der Scheidewand und der Unterstützungswände ist Flußeisen in handelsüblicher Beschaffenheit.

Auf beiden Enden des Kondensators sind besondere gußeiserne Wasserkammern mit den Anschlüssen für die Kühlwasserleitungen vorgesehen, um die Entfernung der beiden Kondensatorendeckel ohne Abbau dieser Rohre zu ermöglichen. Für die Demontage der Deckel sind Abhebevorrichtungen vorgesehen, mit welchen diese Deckel soweit abgefahren werden können, daß ein Herausziehen der Kühlrohre aus dem Kondensator leicht möglich ist. In beiden Kondensatordeckeln befinden sich mehrere Mannlöcher, durch welche eine Besichtigung der Wasserkammern im Innern ohne Entfernung der großen Deckel vorgenommen werden kann.

Die weiteren Einzelheiten der Kondensationseinrichtung gehen aus dem in Abb. 332 bis 334 wiedergegebenen Rohrplan der gesamten Anlage hervor.

Buchstabenerklärung zu den Abbildungen 332, 333 und 334.

a Wasserabscheider
b Frischdampfrohr
c Absperr- und Schnellschlußventil
d Regulierventilgehäuse
e Kondensatsammeltopf
f Kondensatsaugleitung
g Kondensatpumpe
h Strahlwasserpumpe
i Kühlwasserpumpe
k Zahnradgetriebe
l Hilfsturbine
m Strahlwasserdruckleitung
n Wasserstrahler
o Luftsaugeleitung
p Schwimmerventil
q Kühlwassersaugleitung
r Kühlwasserdruckleitung
s Kühlwasserabflußleitung
t Ölpumpen
u Hilfsölpumpe
v Ölbehälter
w Ölkühler
x Hilfsturbinen-Abdampfleitung
y Umschaltventil
z Notauspuffventil

Für die Beschaffung des Kühlwassers, des Strahlwassers und für die Förderung des Kondensats sind 2 Pumpengruppen vorgesehen, deren jede je eine obigen Zwecken dienende Pumpe enthält und durch eine Hilfsturbine mit Zahnradgetriebe angetrieben wird. Sämtliche Pumpen sind als Kreiselpumpen ausgeführt, deren Laufräder bei jeder Pumpengruppe auf einer Welle sitzen. Jede Gruppe ist mit der Hilfsturbine und dem Zahnradgetriebe auf einer gemeinsamen Grundplatte montiert.

Die Hilfsturbine ist als Gegendruckturbine mit einem zweikränzigen Laufrad von 800 mm Durchmesser ausgeführt. Die minutliche Drehzahl beträgt 3000. Die Zuführung des Frischdampfes erfolgt vom Wasserabscheider der Hauptturbine aus, von welchem ein Rohr nach dem den Regulierventilen vorgeschalteten Absperrventil führt. Die Regulierung gleicht im Prinzip derjenigen der Hauptturbine. Da der Abdampf dieser Turbine bei normalem Betrieb zur weiteren Ausnutzung in eine Zwischenstufe der Hauptturbine geleitet wird, beträgt der Überdruck in dem Hilfsturbinengehäuse etwa 3,5 at. Das Gehäuse ist daher aus Stahlguß hergestellt; die Düsenkästen sind in dasselbe eingegossen. Ist die Hauptturbine mit weniger als 3000 kW belastet, so ist es erforderlich, daß der Abdampf der Hilfsturbine von der Hauptturbine abgeschaltet wird, damit derselbe die Regulierung der Hauptturbine nicht stört. Der Abdampf wird in diesem Falle in den Kondensator geleitet. Zu diesem Zweck ist das bereits oben bei Beschreibung der Regulierung dieser Turbine erwähnte

Wechselventil vorgesehen. Ein zweiter Regulierschieber schaltet den Abdampf auf den Kondensator, sobald die Hauptturbine durch die Schnellschlußvorrichtung abgestellt wird.

Das Zahnradgetriebe setzt die Drehzahl der Hilfsturbine von 3000 auf diejenige der Pumpen von 700 in der Minute herab. Rad und Ritzel werden von einem geschlossenen Gehäuse umgeben und sind mit Pfeilverzahnung versehen. Die Normalteilung beträgt 4π. Der Durchmesser des Ritzels beträgt 128,8 mm, der jenige des Rades 552,3 mm. Das Ritzel ist mit dem Turbinenläufer durch eine Klauenkupplung verbunden und das Rad mit der Pumpenwelle starr gekuppelt.

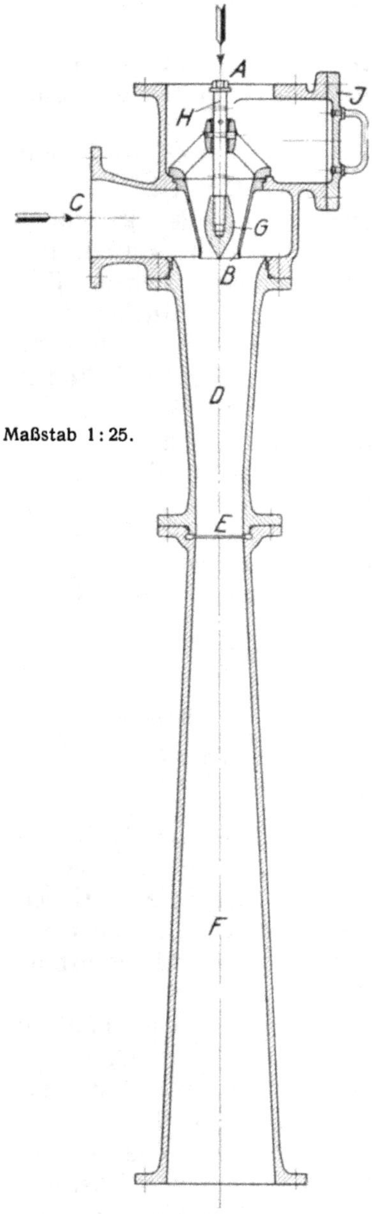

Maßstab 1 : 25.

Abb. 335.

Jede Kühlwasserpumpe liefert bei Betrieb beider Pumpengruppen die Hälfte der für die Kondensation vorgesehenen Kühlwassermenge; die Strahlwasser- und die Kondensatpumpen jeder Pumpengruppe sind für volle Leistung bemessen. Infolge dieser Dimensionierung der Pumpen kann die Hauptturbine bei Betrieb mit nur einer Pumpengruppe (wegen der verminderten Widerstände) bis zu etwa 60% belastet werden, ohne daß das Vakuum sich verschlechtert. Die Unterteilung in zwei Pumpengruppen bietet außerdem noch den Vorteil, daß die Gesamtanlage auch dann noch betriebsfähig ist, wenn eine Pumpengruppe versagt.

Die Kühlwasserpumpen besitzen je ein Laufrad mit doppelseitigem Wassereintritt und räumlich gekrümmten Schaufeln. Der Berechnung der Pumpen wurde eine gesamte, manometrische Förderhöhe von ca. 13 m zugrunde gelegt. Die Pumpen arbeiten im Kraftschluß, d. h. die Kühlwasserdruckleitungen einschl. Kondensator und Warmwasserabflußleitung bilden eine geschlossene Rohrleitung. Die Förderhöhe von 13 m besteht indessen nur beim Anfahren, da die Warmwasserabflußleitung unter dem Wasserspiegel ausmündet. Die Saugleitungen beider Pumpen gehen von einem gemeinsamen Doppelrohr aus, welches am unteren Ende bei Stillstand der Pumpen durch Fußventile geschlossen gehalten wird. Um bei Hochwasser und stehender Pumpe für den Fall einer Überholung das Eindringen des Wassers in das Pumpenhaus zu verhindern, sind in den Saugleitungen vor den Pumpen Absperrschieber vorgesehen.

Jede Strahlwasserpumpe hat nur ein Laufrad, welches das Wasser aus dem Druckraum der Kühlwasserpumpe entnimmt und durch eine Druckleitung dem Wasserstrahler zuführt. Der Druck vor dem Strahler beträgt etwa 2,6 at. Derselbe wird in einer Düse, welche sich in dem Strahlergehäuse befindet, in Geschwindigkeit umgesetzt, um die in dem Kondensator vorhandene Luft mit fortzureißen und nach außen zu fördern. In der zwischen dem Kondensator und dem Strahlapparat befindlichen Luftsaugeleitung befindet sich ein Schwimmerventil, welches die Luftsaugeleitung absperrt, sobald der Druck des Strahlwassers ganz oder unzulässig nachläßt und dadurch Gefahr vorhanden ist, daß das Vakuum im Kondensator das Strahlwasser oder Wasser aus dem Abflußrohr des Strahlers rückwärts ansaugt.

Die Kondensatpumpe ist zweistufig und fördert das Kondensat in die Speisewasserbehälter, welche etwa 19,5 m höher aufgestellt sind. Die gesamte manometrische Förderhöhe beträgt 30 m.

Hinsichtlich der verwendeten Materialien für die Pumpengruppe ist folgendes zu bemerken: Sämtliche Pumpenräder sind aus einer Spezialbronze hergestellt. Das Material der Ritzel ist SM-Spezialstahl mit 1% Nickelgehalt von 70 bis 78 kg/qmm Festigkeit und 15% Dehnung. Der Zahnkranz des Rades ist aus SM-Stahl von 52 bis 60 kg/qmm Festigkeit bei 15% Dehnung hergestellt.

Der Strahler selbst ist in Abb. 335 dargestellt. Das Strahlwasser, von der Strahlwasserpumpe kommend, tritt bei *A* in das Strahlergehäuse mit 2,6 atü ein und mit großer Geschwindigkeit aus der Düse bei *B* aus. Der lichte Durchmesser dieser Düse beträgt 130 mm. Die anzusaugende Luft tritt durch den Anschluß *C* von 250 mm lichtem Durchmesser rechtwinklig zur Strahlerachse ein, und wird von dem Strahler zunächst in die Auffangdüse *D* hineingerissen, am Ende derselben bei *E*, wo der engste Querschnitt von 170 mm l. W. erreicht wird, auf atmosphärischen Druck komprimiert und dann durch das erweiterte Rohr *F* und eine anschließende Rohrleitung von 325 mm lichtem Durchmesser in den Warmwasserabflußkanal geleitet.

Der Querschnitt der Düse kann durch einen zugespitzten birnenförmigen Körper *G* mittels einer Spindel *H* nach Bedarf vergrößert oder verkleinert werden, wodurch man in der Lage ist, die günstigste Wassermenge einzuregulieren. Um an die Spindel *H* zu gelangen, ist ein Handlochdeckel *J* vorgesehen.

Das Material des Strahlergehäuses ist Gußeisen, das der Düse *D* und der Birne *G* Bronze.

Der Kraftbedarf der beiden Pumpengruppen zusammen beträgt 710 PS.

Das Fundament der Turbinenanlage. Wie aus Abb. 332—334 zu ersehen, ist das Fundament bei einfachster Formgebung dem natürlichen Aufbau der Turbinenanlage angepaßt; dabei sind Anordnungen gewählt, welche die Zugänglichkeit aller Maschinenteile gut ermöglichen. Die äußeren Abmessungen des Fundamentes lassen einen kräftigen Bau erkennen, welcher sowohl der ruhenden Belastung als auch den Erschütterungen, welche durch den Gang der Turbine und des Generators hervorgerufen werden, hinreichenden Widerstand zu bieten vermag.

Wegen des wenig widerstandsfähigen Baugrundes war es erforderlich dem Fundament durch einen Pfahlrost eine genügend sichere Unterstützung zu geben. Dieser Rost ist aus 176 Holzpfählen mit einer Länge von 8 m und einem mittleren Durchmesser von 0,3 m gebildet worden, welche mit einer Dampframme in den Baugrund getrieben sind. Das Gewicht der Turbinenanlage und das Eigengewicht des Fundamentes beträgt zusammen 1350000 kg, so daß jeder Pfahl mit etwa 7700 kg belastet wird. Das obere Ende der Pfähle ist durch eine 0,5 m starke Betondecke verbunden. Auf dieser Platte liegt eine dünne Isolierschicht, welche sich durch die ganze Zentrale zieht, um diese von unten gegen eindringendes Wasser zu schützen. Auf dieser Isolierschicht ruht die untere Platte des Maschinenfundamentes, deren obere Kante mit der Kellersohle auf gleicher Höhe liegt. Diese Platte dient zur Unterstützung des Kondensators und der Säulen, welche mit ihrem oberen Ende in zusammenhängende Längs- und Querträger übergehend einen Tisch bilden, dessen Oberfläche mit dem Maschinenhausflur auf gleicher Höhe liegt. Die über die Säulen hinausragenden Tischenden sind, soweit solche zugelassen werden mußten, kurz und kräftig gehalten, um freischwingende Teile möglichst zu vermeiden.

Auf diesem Tisch ist die gemeinsame Grundplatte für die Turbine und den Generator aufgestellt und fest mit Zement vergossen. Das gesamte Maschinenfundament bildet ein fest zusammenhängendes Bauwerk, dessen Festigkeit durch Eiseneinlagen soweit erhöht worden ist, daß Lockerungen durch den nie ganz erschütterungsfreien Lauf des Turboaggregates vermieden werden. Um letzteren Umstande besonders Rechnung zu tragen, ist als Belastung des Fundamentes das fünffache Maschinengewicht angenommen und außerdem noch mit der bei Eisenbeton üblichen Sicherheit gerechnet worden.

Berechnung der Turbine. Nach den heutigen Erfahrungen hätte auch eine Ausführung mit 3000 Touren gewählt werden können, doch haben im Jahre 1922, zur Zeit der Projektierung dieser Maschine, mangels ausreichender Erfahrungen mit sehr hochwertigen Landturbinen solcher Leistung noch sehr berechtigte Bedenken bestanden, sich für diese hohe Drehzahl zu entscheiden. Die in Frage kommende

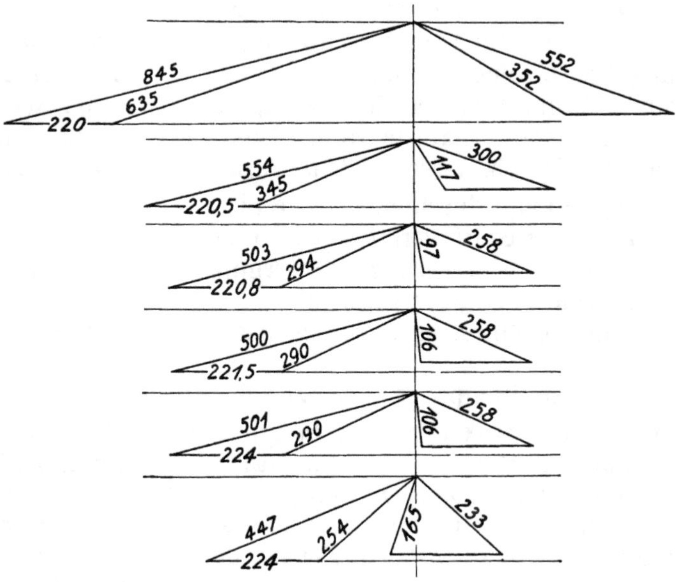

Abb. 336.

Anlage war zu entwerfen für einen Dampfdruck vor dem Ventil von 14 ata bei einer Dampftemperatur von 300° C, sowie einem Gegendruck von 0,04 ata. Unter Berücksichtigung der Drosselungsverluste im Regulierventil wurde vor den Düsen mit einem Druck von 13,3 ata gerechnet.

Da die Anlage auch bis zu Dampftemperaturen von 350° C hinreichend betriebssicher sein mußte, wurde eine Aktionsturbine gewählt, welches System große Axial- und Radialspiele zuläßt. Der allgemeine Aufbau der Turbine ist bereits eingehend geschildert und aus Abb. 321 zu ersehen; die Turbine besteht aus 6 einkränzigen Aktionsrädern von einem Durchmesser von 2800 bis 2850 mm.

Das bei den oben genannten Druckgrenzen verfügbare adiabatische Wärmegefälle H beträgt etwa 226 WE. Unter Berücksichtigung der durch die Verluste in den einzelnen Stufen bedingten Entropievermehrung erhöht sich dieses Gefälle auf etwa 234,8 WE. Bei der mittleren Umfangsgeschwindigkeit von ca. 222 m/sek ergibt sich das Verhältnis $\frac{\Sigma u^2 \cdot z}{H_{tot}}$, die sog. Parsonsche Kennzahl, zu 1260, welcher Wert nach den zur Zeit der Erbauung herrschenden Ansichten als ausreichend angesehen werden mußte.

In gleicher Weise, wie dies bereits früher in dem Beispiel § 75 beschrieben, wird der ersten Stufe zur Verringerung der Ventilationsverluste und zur Erzielung eines leichteren Gehäuses etwas mehr Gefälle als den übrigen Stufen zugeteilt. Wir wählen als Druck in der ersten Stufe 4 ata. Da bei Landturbinen die Drehzahl konstant bleibt, ist die Zunahme des $\frac{c_0}{u}$-Wertes für verringerte Leistung bei weitem nicht so bedeutend wie bei Schiffsturbinen. Es genügt hier daher, insbesondere da kleinere Belastungen als Halblast selten vorkommen, die Verwendung eines einkränzigen Rades. Der Rest des Gefälles wird auf die übrigen Stufen fast gleichmäßig verteilt mit Ausnahme der letzten Stufe, welcher mit Rücksicht auf Vermeidung einer zu großen Schaufellänge etwas mehr zugeteilt wird.

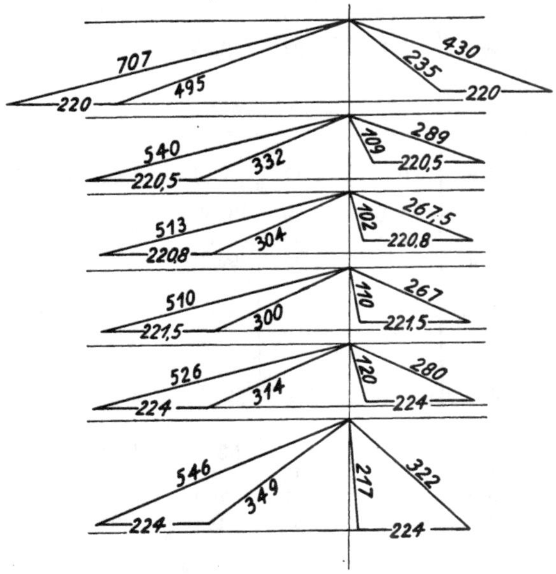

Abb. 337.

Für die weitere Berechnung ist es nun erforderlich, eine möglichst zutreffende Annahme über den Dampfverbrauch zu machen. Hierbei ist zu berücksichtigen, daß der für die Kondensationsturbinen benötigte Dampf vor der zweiten Stufe eingeführt werden soll. Diese Dampfmenge beträgt etwa 10 t/Std. Unter Berücksichtigung des Einflusses dieses zusätzlichen Dampfverbrauches ergibt ein Überschlag, daß ein Dampfverbrauch pro Kilowatt an den Klemmen der Anlage von etwa 5,2 kg/Std. zu erwarten ist, welcher der Berechnung der Turbine zugrunde gelegt wurde.

Die Einzelheiten des Rechnungsganges sind in der Tabelle Nr. 48 zusammengestellt. Dazu ist noch folgendes zu bemerken:

Die in Abb. 336 u. 337 beigefügten Geschwindigkeitsdreiecke zeigen, daß die absolute Austrittsgeschwindigkeit aus den Laufkränzen sowohl bei Vollast als bei Halblast, mit Ausnahme derjenigen bei Rad 1, fast axial gerichtet ist. Es kann deshalb mit Rücksicht auf die geringen Zwischenräume zwischen Austritt aus dem Laufrad und Eintritt in das Leitrad damit gerechnet werden, daß diese Austrittsgeschwindigkeiten voll in der nächsten Stufe verwertet werden können.

Tabelle Nr. 48.

Berechnung für Vollast.

Stufe		1	2	3	4	5	6	
Mittl. Schaufelkreis-Durchmesser	mm	2800	2806	2810	2820	2850	2850	
Zugesetztes Wärmegefälle . h_{ad}	WE	64,9	33,4	32,6	32,5	34,4	37,0	
Austrittsverlust d. vorhergehend. Stufe	WE	—	4,4	1,42	1,24	1,44	1,72	
Gesamtgefälle . . . . . . h_{total}	WE	64,9	37,8	34,02	33,74	35,84	38,72	
Theor. Dampfgeschwindigkeit c_0	m/sek	736	562	535	531	548	569	
Tats. Dampfgeschwindigkeit c_1	m/sek	707	540	513	510	526	546	
Umfangsgeschwindigkeit . . . u	m/sek	220	220,5	220,8	221,5	224,0	224,0	
Rel. Dampfgeschw. aus Düse w_1	m/sek	495	332	304	300	314	349	
Düsen bzw. Schaufelaustritt $\operatorname{tg}\alpha/\operatorname{tg}\beta$	%	24/35	24/35	25/40	25/45	25/45	40/90	
Relat. Dampfgeschw. aus Laufrad w_2	m/sek	(ψ=0,87) 430	(0,87) 289	(0,88) 267,5	(0,89) 267	(0,89) 280	(0,92) 322	
Abs. Dampfgeschw. aus Laufrad c_2	m/sek	235	109	102	110	120	217	
Verlust in d. Düse $(1-\varphi^2)\frac{A}{2g}\cdot c_0^2$	WE	5,1	2,97	2,69	2,65	2,82	3,05	
Verlust in der Schaufel $(1-\psi^2)\frac{A}{2g}\cdot w_1^2$	WE	7,1	3,2	2,49	2,23	2,45	2,24	
Austrittsverlust . . . . $\frac{A}{2g}\cdot c_2^2$	WE	6,6	1,42	1,24	1,44	1,72	5,61	
Gesamtverlust	WE	18,8	7,59	6,42	6,32	6,99	10,9	
Ind. Wärmegefälle . . . . h_i	WE	46,1	30,21	27,60	27,42	28,85	27,82	
Druck hinter der Stufe . . p_2	ata	4	1,95	0,875	0,36	0,135	0,04	
Mittlere Überhitzung bzw. mittl. Dampffeuchtigkeit	°C bzw. %	32	—	3	6	8,6	11,5	
Zuschlag für Überhitzung . . .	%	1,5	—	—	—	—	—	
Abzüge für Dampffeuchtigkeit	%	—	—	3	5,7	7,3	8,6	
Indiz. Wärmegefälle für den tatsächl. Zustand . . . . . h_i'	WE	46,8	30,2	26,8	25,9	26,8	25,5	
Stopfbuchsverlust: Dampfgeschw. im Spalt $c_s = 91{,}5\sqrt{h_{ad}}$ rd.	m/sek	—	528	522,5	520	536	556	
Spaltvolumen	m³/kg	—	0,917	1,872	4,2	10,18	30,9	
Spalt-Durchmesser	mm	—	790	790	790	790	790	
Radialspalt . . . . s	mm	—	0,5	0,5	0,5	0,75	1,0	
Anzahl der Labyrinthe . . .	Stück	36	—	—	—	—	—	
Spaltquerschnitt	m²	—	0,00124	0,00124	0,00124	0,00186	0,00248	
Spaltdampfmenge durch Zw.-Stopfbuchsverlust	kg/Std.	—	2570	1245	554	353	161	
Außenstopfbuchsverlust . . .	kg/Std.	—	610	610	610	610	610	
Gesamt-Spaltdampfmenge . .	kg/Std.	—	3180	1855	1164	963	771	
Dampfmenge abz. Spaltverlust .	kg/Std.	107000	113820	115145	115836	116037	116229	
Indiz. Leistung aus h_i' . . . N_i	PS	7930	5440	4910	4750	4930	4700	32660
Ventilationsverlust, Radreibung .	PS	310	150	78	38	18	6	600
Lagerreibung etc.	PS							60
Effektive Leistung	PS							32000
Generatorwirkungsgrad	%							95,7
Leistung a. d. Klemmen	kW							22500
Dampfverbrauch für 1 kW/Kl .								5,2

Die Beaufschlagung für Rad 1 ist, soweit es die Zwischenräume zwischen den 5 Düsengruppen zulassen, bei Überlast eine vollständige, bei Vollast sind 70% des Umfanges beaufschlagt. Es wurde deshalb angenommen, daß die Austrittsenergie aus Rad 1 etwa zu $^2/_3$ in Rad 2 ausgenützt wird. Als Düsenwinkel wurde für Stufe 1 bis 2 ein Wert $\operatorname{tg}\alpha = 24\%$, für Stufe 3 bis 5 ein solcher $\operatorname{tg}\alpha = 25\%$, für die sechste Stufe $\operatorname{tg}\alpha = 40\%$, ferner als Neigung $\operatorname{tg}\beta$ am Schaufelaustritt für das erste und zweite Rad 35%, für das dritte 40%, für das vierte und fünfte 45% und für das sechste 90% gewählt.

Mit Rücksicht auf die sehr gute Ausführung der Düsen wurde mit einem Düsenkoeffizienten von $\varphi = 96\%$ gerechnet, während die Schaufelkoeffizienten, entsprechend der größeren Umlenkung bei kleineren Austrittswinkeln vom zweiten bis zum sechsten Rad von 87% bis 92% anwachsen.

In die oben erwähnte Tabelle sind auch die Strömungsverluste eingetragen.

Unter Berücksichtigung der Zuschläge bzw. Abzüge für Überhitzung oder Dampffeuchtigkeit entsprechend der in Abb. 66 dargestellten Kurve ergeben sich dann die indizierten Gefälle.

Tabelle Nr. 49.

Berechnung für Halblast.

Stufe		1	2	3	4	5	6	
Mittl. Schaufelkreis-Durchmesser	mm	2800	2806	2810	2820	2850	2850	
Zugesetztes Wärmegefälle . h_{ad}	WE	92,5	30	31,3	31,3	31,3	24,6	
Austrittsverlust d. vorhergehend. Stufe	WE	—	9,9	1,64	1,12	1,34	1,34	
Gesamtgefälle . . . . . . h_{total}	WE	92,5	39,9	32,94	32,42	32,64	25,94	
Theor. Dampfgeschwindigkeit c_0	m/sek	880	577	525	520	523	466	
Tats. Dampfgeschwindigkeit c_1	m/sek	845	554	503	500	501	447	
Umfangsgeschwindigkeit . . . u	m/sek	220	220,5	220,8	221,5	224	224	
Rel. Dampfgeschw. aus Düse w_1	m/sek	635	345	294	290	290	254	
Düsen- bezw. Schaufelaustritt $\mathrm{tg}\,\alpha/\mathrm{tg}\,\beta$	%	24/35	24/35	25/40	25/45	25/45	40/90	
Relat. Dampfgeschw. aus Laufrad W_2	m/sek	(ψ=0,87) 552	(0,87) 300	(0,88) 258	(0,89) 258	(0,89) 258	(0,92) 233	
Aus. Dampfgeschw. aus Laufrad c_2	m/sek	352	117	97	106	106	165	
Verlust in d. Düse $(1-\varphi^2)\frac{A}{2g}\cdot c_0^2$	WE	7,3	3,15	2,6	2,55	2,58	1,88	
Verlust in der Schaufel $(1-\psi^2)\frac{A}{2g}\cdot w_1^2$	WE	11,7	3,45	2,33	2,09	2,09	1,19	
Austrittsverlust . . . . $\frac{A}{2g}\cdot c_2^2$	WE	14,8	1,64	1,12	1,34	1,34	3,25	
Gesamtverlust	WE	33,8	8,24	6,05	5,98	6,01	6,32	
Ind. Wärmegefälle . . . . . h_i	WE	58,7	31,66	26,89	26,44	26,63	19,62	
Druck hinter d. Stufe . . . p_2	ata	2,15	1,05	0,47	0,195	0,073	0,032	
Mittlere Dampffeuchtigkeit . . .	%	0,5	1,5	4,5	7,5	10,5	12,5	
Abzüge für Dampffeuchtigkeit .	%	0,5	1,5	4,5	6,7	8,2	9	
Indiz. Wärmegefälle für den tatsächl. Zustand . . . . . h_i'	WE	58,5	31,2	25,7	24,65	24,45	17,85	
Stopfbuchsverlust: Dampfgeschw. im Spalt $c_s = 91{,}5\sqrt{h_{ad}}$ rd.	m/sek	—	501	511	511	511	454	
Spaltvolumen	m³/kg	—	1,60	3,31	7,35	17,9	38	
Spalt-Durchmesser	mm	—	190	190	190	190	190	
Radialspalt . . . . s	mm	—	0,5	0,5	0,5	0,15	1,0	
Anzahl der Labyrinthe . . .	Stück	36	—	—	—	—	—	
Spaltquerschnitt	m²	—	0,00124	0,00124	0,00124	0,00186	0,00248	
Spaltdampfmenge durch Zw.-Stopfbuchsverlust	kg/Std.	—	1390	690	310	190	110	
Außenstopfbuchsverlust . . .	kg/Std.	—	310	310	310	310	310	
Gesamt-Spaltdampfmenge .	kg/Std.	—	1700	1000	620	500	420	
Dampfmenge abz. Spaltverlust .	kg/Std.	57500	60300	61000	61380	61500	61580	
Indiz. Leistung aus h_i'	PS	5320	2965	2478	2385	2380	1742	17270
Ventilationsverlust	PS	253	94	48,5	24	11,5	4,3	435
Lagerreibung etc.	PS							60
Effektive Leistung	PS							16775
Generatorwirkungsgrad	%							92,5
Leistung a. d. Klemmen . . .	kW							11400
Dampfverbrauch für 1 kW/Kl .								5,44

Die Berechnung der Undichtigkeitsverluste ist ebenfalls der Tabelle 48 zu entnehmen. Der Verlust in der Außenstopfbuchse ergibt sich bei einem Durchmesser von 790 mm, 36 Labyrinthen und einem Radialspiel von 0,5 mm bei den gegebenen Druckgrenzen von 4 und 1 ata nach der mehrfach erwähnten Formel § 25 zu 610 kg/Std. Bei Berechnung der Zwischenstopfbuchsverluste ist zur Sicherheit die Labyrinthwirkung nicht berücksichtigt worden. Bei einem Dichtungsdurchmesser von 790 mm nehmen die Spiele von 0,5 mm bei Stufe 2 auf 1 mm bei Stufe 6 zu.

Nach Anzug dieser Verluste ergibt sich eine Leistung am Radumfang von 32660 PS.

Die Ventilations- und Radreibungsverluste werden in gleicher Weise, wie dies bei den Schiffsturbinenanlagen mehrfach beschrieben wurde, berechnet und bemessen sich auf etwa 600 PS.

Abzüglich 60 PS Reibungsverlust in den Lagern und in dem Regulatorantrieb sowie des Kraftbedarfs der Ölpumpen ergibt sich eine effektive Leistung von 32000 PS. Dies entspricht bei einem Generatorwirkungsgrad von 95,7 % einem Dampfverbrauch pro kWStd. an den Klemmen von 5,2 kg/kWStd., welcher Wert dem auf Grund des anfänglich gemachten Überschlages angenommenen Dampfverbrauch genau entspricht.

Die Berechnung für Halblast ist laut Tabelle 49 in gleicher Weise wie für Vollast durchgeführt worden. Hierbei ist zu berücksichtigen, daß entsprechend der geringen Kondensatorbelastung der Gegendruck bei gleicher Kühlwassermenge wie bei Vollast auf 0,030 ata sinken würde. Aus betriebstechnischen Gründen wird es sich aber empfehlen, bei Halblast eine der Kondensationsturbinen abzusetzen; das Vakuum im Generator wird hierdurch zwar etwas verschlechtert und nur etwa 0,032 ata betragen, doch wird in der Regel dieser Energieverlust geringer sein als der Wärmeverbrauch der zweiten Kondensationsturbine. Betriebserfahrungen haben gezeigt, daß fast bis zu Dreiviertellast der Betrieb mit einer Kondensationsturbine der wirtschaftlichere ist. Der Dampfverbrauch bei Halblast wird erfahrungsgemäß etwa 5 bis 6% höher sein als derjenige bei Vollast. Wir nehmen an, daß der Dampfverbrauch einschließlich desjenigen der Kondensationsturbine (4,5 t) etwa 62 t/Std. beträgt und können nun leicht die Drücke in den einzelnen Stufen, etwa proportional der geringeren Dampfmenge, berechnen. Die weitere Rechnung für diese Belastung ist in gleicher Weise wie die Vollastrechnung durchgeführt. Nach Abzug der Spaltverluste und der Leerlaufverluste ergibt sich eine Leistung von 17720 PS und unter Berücksichtigung des Generatorwirkungsgrades von 92,5% ein Dampfverbrauch pro kW an den Klemmen von 5,44 kg/kWStd.

Auf Grund der in Tabelle 49 enthaltenen Angaben über die Geschwindigkeiten und mit Zuhilfenahme des I-S-Diagramms lassen sich leicht nach der bekannten Ausflußformel oder der Kontinuitätsgleichung die erforderlichen Querschnitte für die einzelnen Stufen ermitteln. Eine Zusammenstellung der Querschnittsberechnung findet sich in Tabelle 50. Entsprechend den gewählten Schaufelwinkeln, ergeben sich die in dieser Tabelle ebenfalls angegebenen Werte für das Öffnungsverhältnis b_2/t. Von den für die gesamte Dampfmenge bestimmten Schaufellängen sind Abzüge entsprechend dem prozentualen Anteil der Undichtigkeitsverluste zu machen. Die berechneten Düsenhöhen variieren von 14 bis 549 mm, die Schaufellängen von 20,5 bis 578 mm. Die Profilbreiten betragen für die Stufen 1 bis 4 30 mm, für Stufe 5 35 mm, für Stufe 6 45 mm; davon sind die Schaufeln der Stufen 1 bis 3 aus gezogenem Material, diejenigen der übrigen Stufen als sog. Füllstückschaufeln ausgeführt. (Über das Schaufelmaterial siehe oben.) Die ungünstigsten

Beanspruchungen der Schaufeln bleiben für die Messingschaufeln unter 1100 kg/qcm für die Stahlschaufeln der letzten Stufe unter 1400 kg/qcm².

Tabelle Nr. 50.

Berechnung der Durchflußquerschnitte.

Stufe		1		2		3		4		5		6	
		Leitrad	Laufrad	Leitrad	Laufrad	Leitrad	Laufrad	Leitrad	Laufrad	Leitrad	Laufrad	Leitrad	Laufrad
Druck vor Düse u. Laufsch.	ata	13,3	—	4,0	—	1,95	—	0,875	—	0,36	—	0,135	0,04
Temp. bzw. spez. Dampfmenge	°C	299	—	192,5	—	129	—	$x = 0{,}976$	—	0,948	—	0,919	0,894
Spez. Vol. vor der Düse v	m³/kg	0,196	—	0,535	—	0,945	—	1,90	—	4,26	—	10,37	31,7
Druckverhältnis $\frac{p_1}{p_2}$	—	3,33	—	2,05	—	2,23	—	2,43	—	2,67	—	3,38	—
$G/F = 75 \cdot \sqrt{p_1/v_1}$	kg/cm²	621	—	206	—	—	—	—	—	—	—	—	—
$G/F = 72{,}5 \cdot \sqrt{p_1/v_1}$	kg/cm²	—	—	—	—	104,2	—	—	—	—	—	—	—
$G/F = 71{,}5 \cdot \sqrt{p_1/v_1}$	kg/cm²	—	—	—	—	—	—	48,5	—	20,8	—	8,16	—
Gesamt-Dampfmenge/St. G_{st}	kg	107 000		117 000		117 000		117 000		117 000		117 000	
Gesamt-Dampfmenge/Sek. G_{sek}	kg	29,75		32,5		32,5		32,5		32,5		32,5	
Relativgeschw. in der Laufschaufel w_2	m/sek	—	430	—	289	—	267,5	—	267	—	280	—	322
Kleinster Düsenquerschnitt $F_D = \frac{G_{st}}{G/F}$	cm²	172,2	—	568	—	1123	—	2425	—	5625	—	14330	—
Schaufelquerschnitt $F_s = \frac{Q_{st} \cdot v}{w_z}$	cm²	—	370	—	1062	—	2308	—	5185	—	12030	—	32000
Düsen bzw. Schaufelwinkel $\operatorname{tg}\alpha/\operatorname{tg}\beta$	%	24	35	24	35	25	40	25	45	25	45	40	90
Mittl. Düsenkreisdurchmesser	mm	2800		2806		2810		2820		2850		2850	
Beaufschlagung	%	72		100		100		100		100		100	
Öffnungsverhältnis $\frac{b_2}{t}$	—	0,20	0,293	0,20	0,293	0,205	0,33	0,20	0,39	0,195	0,36	0,29	0,615
Düsen bzw. Schaufellänge (theor.) $\frac{F}{D \cdot \pi \frac{b_2}{t} \cdot B}$	mm	14	20,5	32,2	41,15	62,6	79,3	136,9	150	322,3	344,5	552	581
Gesamt-Spaltdampfmenge	kg/Std.	—	—	3180	610	1855	610	1164	610	963	610	771	610
Verlust in % der Gesamtdampfmenge	%	—	—	2,72	0,52	1,58	0,52	1,0	0,52	0,82	0,52	0,66	0,52
Düsen bzw. Schaufellänge	mm	14	20,5	31,3	40,8	61,1	78,9	133,5	149,2	319,8	342,5	549	578

§ 210. **Turbine von 30000 kW bei 1500 Umdrehungen.** Im Folgenden soll eine große Turbine besprochen werden, welche seitens des Kraftwerkes von Rotherham im Jahre 1918 der British Thomson-Houston Company in Rugby in Auftrag gegeben wurde. Die nachstehenden Einzelheiten sind der Zeitschrift „Engineering" vom 18. Januar 1924 u. f. entnommen. Vgl. hierzu Abb. 338 und 316, ferner Abb. 317 bis 320.

Die Turbine dient zum Antrieb eines Generators von 30000 kW bei 1500 Umdr./Min., welcher für 6600 Volt Drehstrom und 50 Perioden bei $\cos\varphi = 0{,}75$ eingerichtet ist und bei Vollast einen Wirkungsgrad von 97% besitzen soll.

Zum Betrieb der Turbine steht Dampf von 15 ata und 310° C zur Verfügung. Das Vakuum beträgt normal 95%.

Der Aufbau dieser Eingehäuseturbine ist sehr einfach. Das Wärmegefälle wird in einem zweikränzigen Curtisrad von 1690 mm Durchmesser und 13 darauf folgenden Aktionsstufen ausgenutzt. Der mittlere Schaufelkreisdurchmesser der

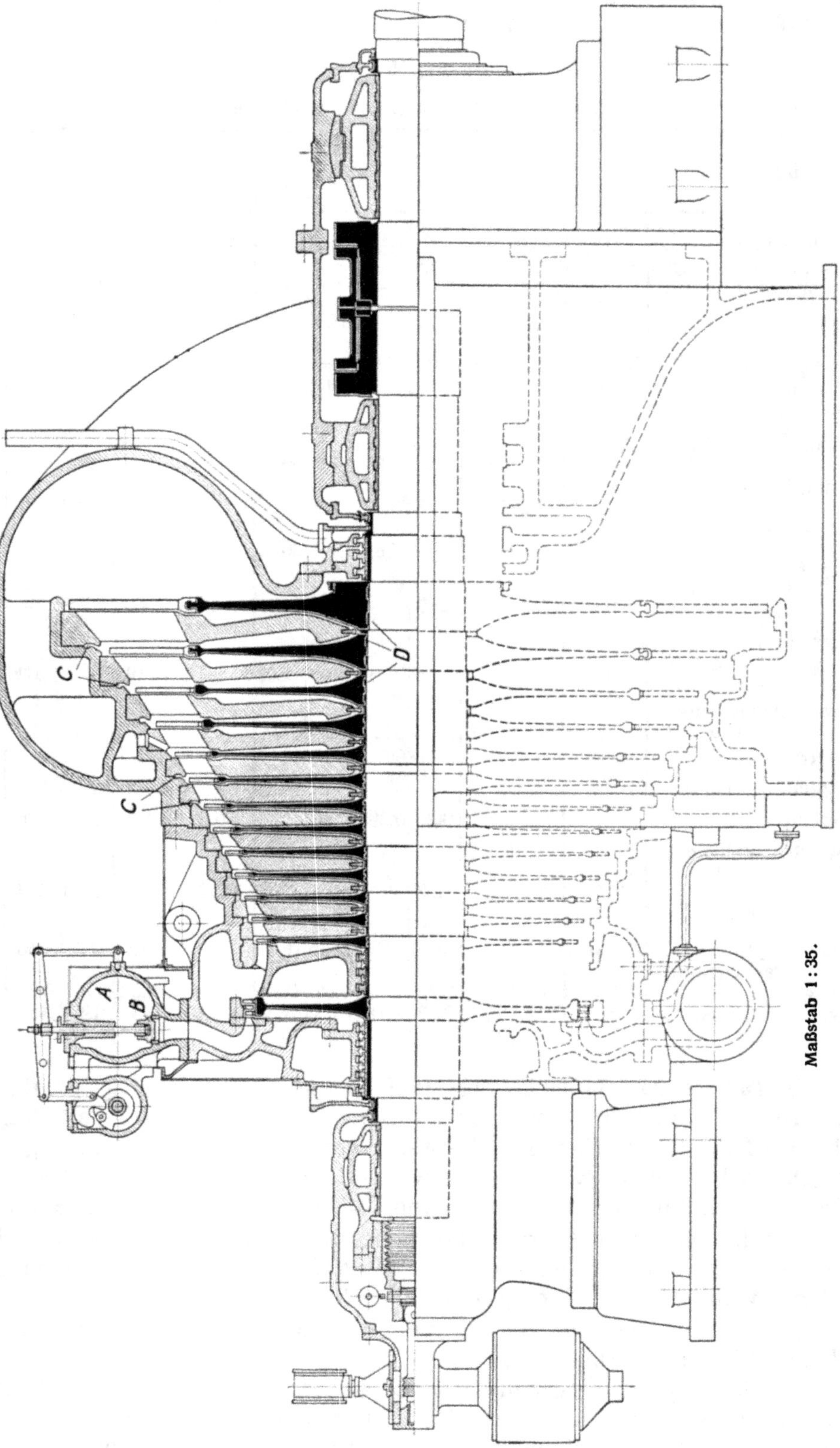

Abb. 338.

Maßstab 1:35.

letzteren nimmt allmählich von 1575 mm bis 3000 mm zu. Diesem Durchmesser entspricht eine mittlere Umfangsgeschwindigkeit im Schaufelkreis von 124 m/sek für das Curtisrad und 236 m/sek für die letzte Aktionsstufe.

Die kleine Bemessung des Durchmessers bei den ersten Scheiben hat den Vorteil, die Ventilationsverluste möglichst niedrig zu halten; anderseits aber mußte der Durchmesser der letzten Stufen hinreichend groß gewählt werden, um den sog. Fächerungsgrad der Schaufeln (definiert durch das Verhältnis von Schaufellänge zu mittlerem Schaufelkreisdurchmesser) nicht zu ungünstig zu halten.

Die Verwendung der kleinen Scheiben bedingt eine größere Anzahl derselben; die Unterbringung wurde dadurch ermöglicht, daß die Dicke der Nabe bei den Hochdruckstufen verhältnismäßig geringe und erst bei den letzten Rädern entsprechend den dort auftretenden größeren Zentrifugalbeanspruchungen beträchtliche Werte annimmt.

Die Turbine ist reichlich dimensioniert; das zweikränzige Curtisrad arbeitet bei Vollast bei einem Gegendruck von etwa 10,7 ata auf dem Scheitel der Wirkungsgradkurve bei einem Werte $\frac{c_0}{u} = \text{ca. } 3{,}3$. Der mittlere Durchmesser der 13 Aktionsräder ist etwa 2,21 m und die entsprechende mittlere Umfangsgeschwindigkeit 173,5 m/sek. Auch diese Räder arbeiten auf dem Scheitel der Wirkungsgradkurve mit einem $\frac{c_0}{u} = \text{ca. } 2{,}1$. Die entsprechende Parsonssche Kennzahl (vgl. § 52) ist $K = \frac{\Sigma u^2 z}{h_{\text{tot}}} = 1700$, während sie bei der in § 209 beschriebenen Turbine $K = 1260$ und bei der Turbine § 214 $K = 1660$ beträgt.

Die Turbine ist also derartig gebaut, daß ein guter Dampfverbrauch erwartet werden muß.

Garantiert wurden folgende Zahlen:

Leistung kW	30000	25000	20000	15000
Dampfverbrauch kg/kW .	5,17	5,03	5,17	5,43

Der beste Dampfverbrauch liegt bei 25000 kW. Für das adiabatische Wärmegefälle von 225 WE beträgt der theoretische Dampfverbrauch 3,83 kg/kW; bei 25000 kW ist somit der thermodynamische Wirkungsgrad einschließlich Generator $\frac{3{,}83}{5{,}03} = 0{,}76$. Mit einem Generatorwirkungsgrad von 0,97 ist der thermodynamische Wirkungsgrad für die Turbine allein $\frac{0{,}76}{0{,}97} = 0{,}785$. Werden für Ventilations- und Stopfbüchsverluste ca. 2% in die Rechnung eingesetzt, so bleibt ein indizierter Wirkungsgrad von $\frac{0{,}785}{0{,}98} = 0{,}801$, ein Garantiewert, der bei der reichlichen Dimensionierung der Turbine erreichbar erscheint. Der Austrittsverlust ist bei Vollast mit 1¾%, bezogen auf das adiabatische Wärmegefälle, angegeben, was etwa 4 WE entspricht.

Bei einer mit großer Sorgfalt durchgeführten Erprobung sollen die Zahlen erreicht worden sein, welche aus folgender Tabelle hervorgehen:

Leistung in kW	16071	21235	25965	31287
Dampfverbrauch, kg/kW	5,415	4,98	5,04	5,1
Dampfdruck vor der Turbine, ata . .	15,3	15,9	15,1	14,8
Dampftemperatur °C	306	337	338	342
Vakuum im Kondensator, %	94,8	94,8	93,5	92,1
Adiabatisches Wärmegefälle, WE . . .	224	232	224	220
Thermodynamischer Wirkungsgrad einschließlich Generator	71	74,4	76,2	76,8

Während der gesamte Aufbau der Turbine, wie aus vorstehendem hervorgeht, keine besonderen Eigenheiten aufweist, sind eine Anzahl von Details bemerkenswert.

Hierzu gehört vor allem die Regulierung dieser Turbine, welche bereits in § 208 eingehend erläutert ist. Sie erfolgt in zwei Teilen, von denen der eine den Bereich von 0 bis Halblast und der andere den Bereich von Halblast bis Vollast umfaßt.

Dementsprechend sind auch zwei mit Schnellschlußeinrichtung versehene Hauptabsperrventile vorgesehen, von denen das eine den Dampf für den ersten Bereich liefert, während das andere erst für den zweiten Bereich zugeschaltet wird.

Das von vorn gesehen links gelegene Absperrventil (vgl. Abb. 316) liefert den Dampf für das mit Kraftkolben gesteuerte Drosselregulierventil, das denselben den im Unterteil des Turbinengehäuses angebrachten Düsen zuführt. Das zweite Absperrventil ist mit einem über der Turbine befindlichen Ventilkasten *A* verbunden, welcher 10 von einem zweiten Kraftkolben durch Öldruck gesteuerte Ventile *B* enthält, die nacheinander geöffnet werden können. Vgl. hierzu § 208.

Durch diese Art der Regulierung wird der Drosselverlust in den Düsen bei Betrieb über Halblast auf ein Mindestmaß herabgedrückt und die Wirtschaftlichkeit der Turbine in dem am meisten benutzten Belastungsbereich zwischen Halblast und Vollast eine sehr gute.

Der beim Bau dieser Turbine verfolgten Tendenz, größte Wirtschaftlichkeit zu erreichen, dient auch die Maßnahme, daß hinter dem Curtisrad genügend Platz gelassen ist, um den Dampf gut verteilt zu den Aktionsstufen zu führen; ferner daß der nicht beaufschlagte, ungefähr ein Drittel des Umfanges betragende Teil des Curtisrades zum Zwecke der Verringerung der Ventilationswirkung eingekapselt ist und daß die Laufräder im Hochdruckteil ein geringes Axialspiel besitzen.

Eigentümlich ist die Entwässerung der Stufen, die im Naßdampfgebiet arbeiten. Sie basiert auf der Annahme, daß das in Turbinen befindliche Wasser an jedem Schaufelkranz nach außen geschleudert wird. Um dieses Wasser zu sammeln und abzuführen, ist im Gehäuse in der Ebene jedes Schaufelkranzes ein ringförmiger Kanal *C* vorgesehen, in dessen unterem Teil Entwässerungslöcher vorgesehen sind. Aus diesen wird das Wasser nach außen abgeführt und zwar in den Stufen 8 bis 10 in einen Speisewasservorwärmer und in den darauffolgenden Stufen direkt nach dem Abdampfbogen. Durch diese Maßnahme werden die letzten Schaufeln den Stoßwirkungen des mitgerissenen Wassers wenigstens zum Teil entzogen und hierdurch die von denselben herrührenden Verluste verringert.

Über die Herstellung der Schaufeln ist zu bemerken, daß das Material derselben teils Stahl, teils Phosphorbronze ist, und zwar bestehen die letzten Schaufeln, welche den höchsten Beanspruchungen ausgesetzt sind, aus Stahl.

Die Befestigung der Schaufeln in der Scheibe ist bei den ersten Rädern wie üblich mittels eines sog. Hammerfußes ausgeführt. Für die beiden letzten Räder dagegen hat man die in England und Amerika häufig angewendete Form der sog. Reiterschaufeln gewählt (vgl. Abb. 339). Die Schaufel umfaßt den T-förmig gestalteten Radkopf gabelförmig; das untere Ende der Gabel greift auf jeder Seite in eine in den Radkranz eingedrehte Nut. Diese Konstruktion verhindert, daß der gegabelte Schaufelfuß bei hoher Beanspruchung sich auseinanderbiegt und ist daher als sehr zweckmäßig zu betrachten. Die Schaufeln sind in verschiedenen Arbeitsgängen aus dem Vollen aus rechteckigen Stangen herausgearbeitet. Der erste Arbeitsgang besteht darin, daß die Grundform durch paarweises Abdrehen zweier solcher Stangen *A* und *B* hergestellt wird (vgl. Skizze Abb. 339), während im übrigen nur Fräsarbeiten in Betracht kommen.

Die Befestigung der Radscheiben auf der Welle ist bei dieser Turbine auf eigenartige Weise ausgeführt. Während meistens die Radscheiben mit der ganzen Nabenlänge fest auf die Welle aufgeschrumpft sind, was allerdings ein späteres Abziehen derselben so gut wie unmöglich macht, scheint bei dieser Turbine Wert auf die Möglichkeit gelegt worden zu sein, im Bedarfsfalle die Scheiben von der Welle los zunehmen.

Zu diesem Zwecke sind die Scheiben nicht direkt auf die Welle, sondern auf zwei Bronzeringe *D* Abb. 338 gesetzt, welche allein die Verbindung zwischen Welle und Scheibe herstellen, während zwischen der stählernen Scheibe selbst und der Welle ein kleiner Spielraum erhalten bleibt, der ein Festrosten der Scheibe unmöglich macht. Die Ringe sind in die Nabe etwas eingelassen und füllen in kaltem Zustand den Zwischenraum zwischen Nabe und Welle gerade aus. Wird die Turbine angewärmt, dann dehnen sich die Bronzeringe mehr als das sie umgebende Eisen (der Ausdehnungskoeffizient der Bronze ist ungefähr 70% größer als derjenige des Eisens) und stellen so eine Verbindung zwischen Welle und Scheibe her, welche in der Lage ist, die auftretenden Drehmomente zu übertragen.

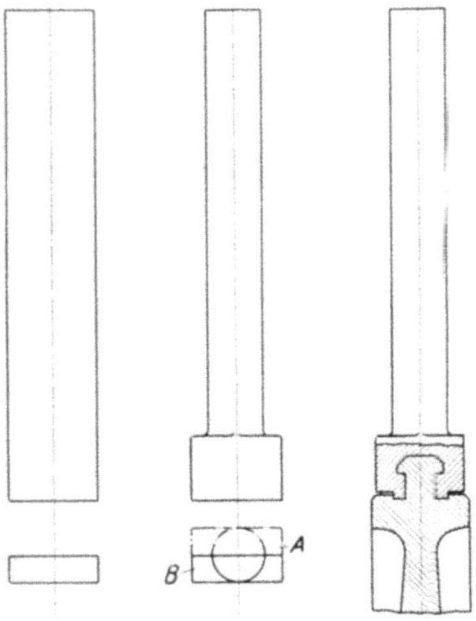

Abb. 339.

Bedenklich erscheint, daß zum leichteren Abziehen der Scheiben Abziehlöcher in denselben oberhalb der Nabe vorgesehen sind (vgl. hierzu das in Anhang VI Gesagte).

Außer der Befestigung durch die Bronzeringe sind noch Federkeile vorgesehen und zwar deren drei bei jedem der ersten sechs um bei etwaiger Ablösung die Zentrierung der Scheiben zu sichern und je einer bei den übrigen Rädern.

Bemerkt soll noch werden, daß zur Kondensation zwei Oberflächenkondensatoren von je 2100 qm Kühlfläche vorgesehen sind.

§ 211. **Turbine von 12800 kW bei 3000 Umdrehungen.** Eine Turbine ganz ähnlicher Bauart wie in § 209 beschrieben, jedoch für eine Drehzahl von 3000 pro Min. konstruiert, ist in Abb. 340 dargestellt. Diese Turbine wurde in zweifacher Ausführung im Jahre 1922 von den Vulcan-Werken Hamburg und Stettin, A.-G., an das Großkraftwerk Stettin abgeliefert.

Jede dieser Turbinen dient zum Antrieb eines Drehstromgenerators für eine normale Leistung von 12800 kW.

Der zum Betrieb der Turbinen dienende Dampf hat einen Überdruck von 13 at und eine Temperatur von 300° C; das Vakuum beträgt 95,5%.

Wenn auch, wie bemerkt, der Aufbau dieser Turbine demjenigen der in § 209 behandelten Turbine sehr ähnlich ist, so sind doch verschiedene Änderungen durch die größere Drehzahl bedingt.

Zunächst sind selbstverständlich die Raddurchmesser erheblich kleiner, während anderseits der Wellendurchmesser (die kritische Drehzahl ist etwa 35% über die normale Betriebsdrehzahl gelegt) verhältnismäßig groß ist. Wegen der starken Zentrifugalbeanspruchung mußten die Radnaben sowie die Radscheiben in der Nähe der Naben sehr stark dimensioniert werden, während anderseits der Rand der Räder so leicht wie möglich gehalten ist.

Die Turbine besitzt 5 einkränzige Laufräder, deren erstes einen mittleren Schaufelkreisdurchmesser von 1500 mm aufweist, welcher in den folgenden Laufrädern bis zu 1600 mm ansteigt.

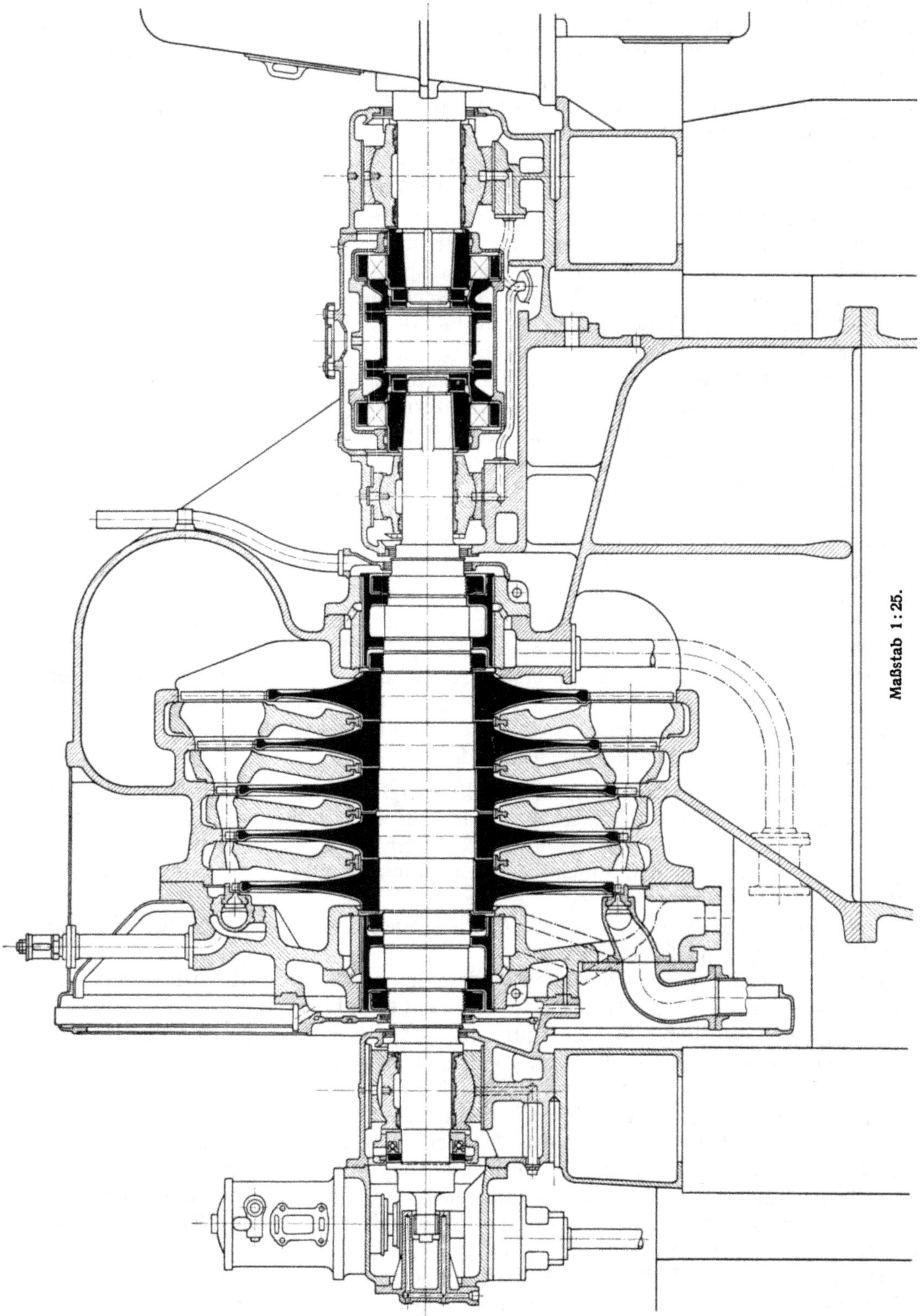

Maßstab 1 : 25.

Abb. 340.

Das Material der Radscheiben ist Siemens-Martin-Spezialstahl von 65 bis 70 kg/qmm Festigkeit bei einer Mindestdehnung von 16% auf 200 mm Länge des Probestabes.

Die Schaufeln des ersten und des letzten Laufrades bestehen aus Nickelstahl mit Bandagen aus schwedischem Bandeisen, die der übrigen Räder aus Messing mit Bandagen aus Messing.

Die Hauptdaten der Beschaufelung sind aus der nachstehenden Tabelle 51 zu ersehen.

Tabelle Nr. 51.

Düsen- und Schaufelabmessungen einer 12800 kW/3000 Umdr.-Turbine.

Rad	1	2	3	4	5
Mittl. Schaufelkreisdurchmesser . . . . mm	1500	1540	1570	1580	1600
Düsen-Austrittswinkel . . . . %	25	25	25	30	55
Düsenhöhe . . . . mm	16	28	64	200	310
Schaufelaustrittswinkel . . . . %	40	40	50	60	120
Schaufellänge . . . . mm	23	38	76	220	330
Schaufelbreite . . . . mm	30	30	30	30	35
Art der Schaufel.	Gezogene Profil m. sep. Füllst.		Mit Füllstück aus einem Stück gefräst		

§ 212. **Turbine von 12500 kW bei 3000 Umdrehungen.** Eine Turbine von 12500 kW, erbaut für das Elektrizitätswerk in Liverpool durch die Metropolitan Vickers Electrical Company, welche in ihrem Aufbau verschiedene bemerkenswerte Einzelheiten zeigt, ist in Abb. 341 im Längsschnitt dargestellt.

Die nach dem Aktionsprinzip beschaufelte Turbine besitzt 14 Räder, von welchen das erste ein zweikränziges Curtisrad ist, während alle übrigen Räder nur einen Kranz Aktionsschaufeln besitzen.

Die Eintrittsspannung beträgt 14 ata, das Vakuum 92%.

Der Konstrukteur hat sich hier die Aufgabe gestellt, den Austrittsverlust der Turbine trotz Verwendung verhältnismäßig kurzer Schaufeln zu einem Minimum zu machen, was durch die im nachstehenden beschriebene, originelle Ausbildung des *ND*-Endes der Turbine (System Baumann) bewerkstelligt wird.

Hinter dem elften Rad ist kein Zwischenboden mehr angeordnet, sondern es folgt nach demselben nur ein Leitring L_1, welcher sich vom Gehäuse auf etwa $^1/_3$ der Schaufellänge nach innen erstreckt. Der aus Rad *11* austretende Dampf teilt sich somit in zwei Ströme: einen, den äußeren, welcher in dem Leitring L_1 auf Kondensatorspannung expandiert und vom äußeren Teil der Schaufel des Rades *12* nach Abgabe seiner kinetischen Energie in den Kondensator austritt und einen zweiten, welcher ohne jede Expansion zum inneren Teil der Schaufel *12* geführt wird.

Die Beschaufelung dieses Rades wird durch einen etwa in der Mitte der Schaufellänge ringsum laufenden Ring in zwei Hälften geteilt; der äußere Teil derselben ist als Aktionsschaufel eingerichtet, der innere als Reaktionsschaufel mit minimalem Druckgefälle.

Der aus diesem inneren Teil der Schaufeln *12* austretende Dampf trifft nun den Leitring L_2 und teilt sich hier wieder in zwei Ströme. Der äußere derselben wird dem äußeren Teil des Rades *13* zugeführt, nachdem er auf Kondensatorspannung expandiert ist, gibt dort seine Geschwindigkeitsenergie ab und tritt in den Kondensator ein; der andere Teil wird durch Leitrad L_2 und Schaufel *13* ohne nennenswerten Druckabfall hindurchgeführt und erreicht den Leitring L_3, wo er auf das Vakuum des Kondensators expandiert und sodann die Beschaufelung des Rades *14* in ganzer Länge beaufschlagt.

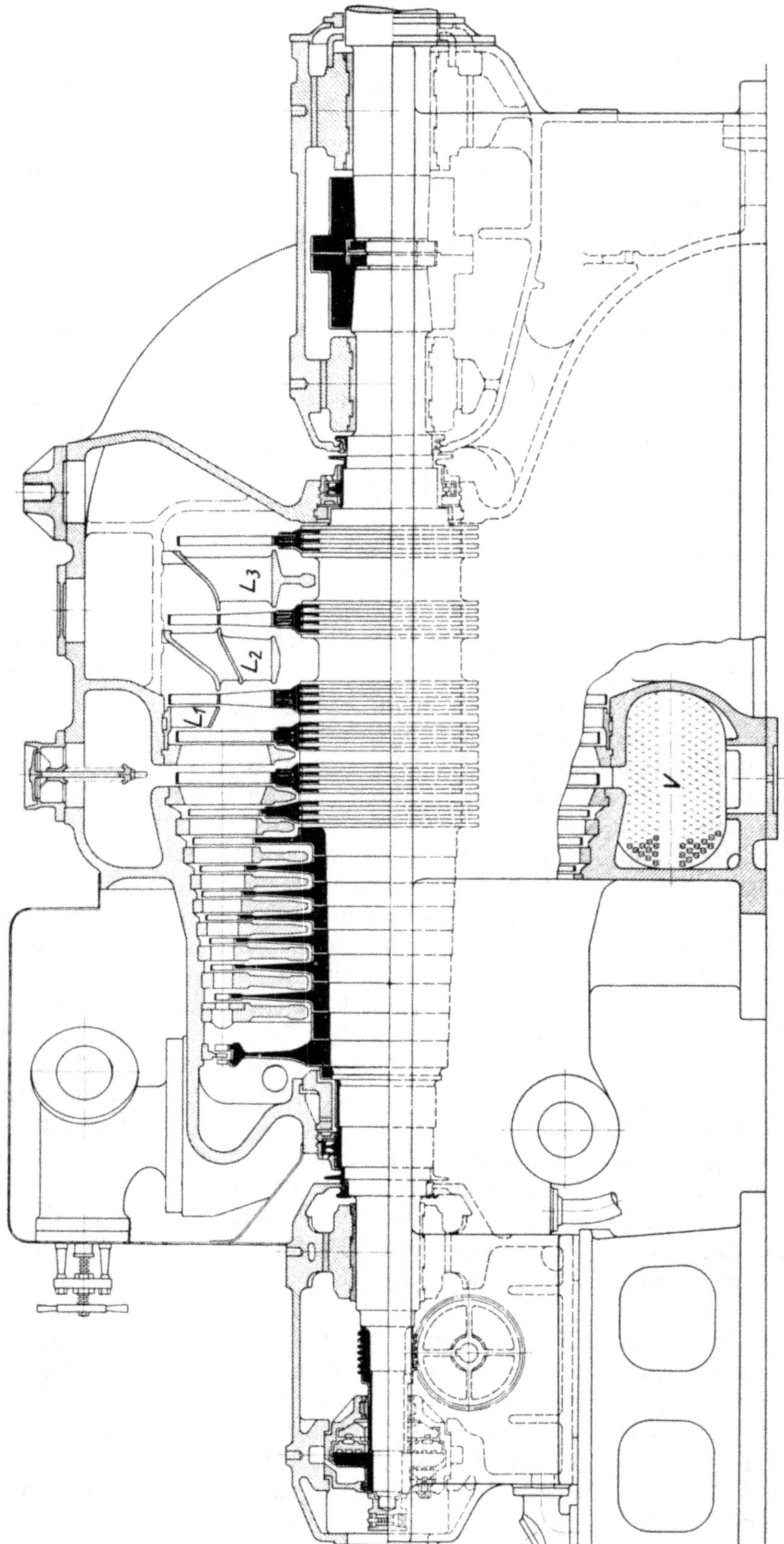

Abb. 341.

Ungewöhnlich ist auch die Art der Befestigung der letzten 6 Räder auf der Welle. Auf letzterer sind für jedes Rad eine Anzahl Ringe (ähnlich wie Druckringe) angedreht. In diese sind zweiteilige Kragen, welche die Räder ersetzen, eingelegt, die ebenfalls mit Ringen versehen sind; in die Ringnuten sind nach demselben Prinzip die Schaufelsegmente eingelegt. Das Ganze wird sorgfältig zusammengenietet, wobei allerdings zum genauen Bohren der Nietlöcher Spezial-Bohrvorrichtungen erforderlich sind.

Das ganze Turbinengehäuse ist als sehr einfaches Stahlgußstück ausgeführt, wobei Rippen fast ganz vermieden sind, um Risse zu vermeiden; der Kondensator ist unten an den Abdampfstutzen ohne elastisches Zwischenglied direkt angeschraubt.

Bemerkenswert ist auch das System der Vorwärmung des Speisewassers, welches bei dieser Anlage zur Anwendung gebracht ist. Eine gewisse Dampfmenge wird beim Rad *10* der Turbine abgezapft und durch einen kleinen Vorwärmer, in Abb. 341 mit V bezeichnet, geleitet. Sie dient dort zur Vorwärmung des Kondensates der Hauptkondensatoren. Das so vorgewärmte Speisewasser passiert einen zweiten Vorwärmer, welcher durch den heißen Leckdampf der Stopfbüchsen geheizt wird. Dann erst strömt das Kondensat den Speisepumpen zu. Das Kondenswasser aus den Vorwärmern sammelt sich im unteren Teil des zweiten Vorwärmers und wärmt dort das Hauptkondensat auf seinem Weg zum Hauptvorwärmer vor; erst nachdem es so abgekühlt, wird es dem Hauptkondensator zugeführt.

Dieses sehr vorteilhafte System der Vorwärmung — welchem hier eine Ersparnis von ca. 4% zugeschrieben wird — basiert auf dem in Band I, Anhang IV näher beschriebenen System der Wärmeregeneration.

§ 213. **Dreigehäuseturbine von 50000 kW.** Eine Turbine von außergewöhnlichen Abmessungen und neuzeitlicher Ausführung ist die 50000-kW-Turbine, welche von der Firma C. A. Parsons & Co., Ltd. in New-Castle-on-Tyne für die Commonwealth Edison Company in Chicago (Crawford Avenue Station) gebaut worden ist. Die Turbine wurde im Frühjahr 1925 in Betrieb gesetzt und ist in der Zeitschrift „Engineering" vom 5. März 1926 eingehend beschrieben. Vgl. die Abb. 342 bis 344.

Es handelt sich hier um ein aus drei einzelnen Turbinen aufgebautes Aggregat Die *HD*-Turbine *A* treibt mit 1800 Umdr./Min. einen Drehstromgenerator *B* von 16000 kW an. Die *MD*-, *C* und *ND*-Turbinen *E* sind parallel zur *HD*-Turbine aufgestellt. Die Wellen derselben liegen zwar in einer Linie, sind aber nicht miteinander verbunden; die *MD*-Turbine treibt mit 1800 Umdr./Min. einen Drehstromgenerator *D* von 29000 kW, die *ND*-Turbine mit 720 Umdr./Min. einen Drehstromgenerator *F* von 6000 kW an; zusammen 51000 kW Nennleistung. Die Wahl verschiedener Drehzahlen für die *MD*- und die *ND*-Turbinen ist wie später weiter ausgeführt werden wird, in dem Bestreben begründet, bei großen Querschnitten und kleinen Austrittsverlusten am Ende der *ND*-Turbine noch innerhalb erträglicher Grenzen für die Schaufelbeanspruchungen zu bleiben.

Der Dampfdruck im Kessel beträgt ca. 43 kg/qcm abs., am Hauptabsperrventil der Turbine ca. 40 kg/qcm abs., die Dampftemperatur beläuft sich auf ca. 400° C.

Die Turbine ist für ein Vakuum von 97,5% gebaut. Um möglichst hohe Ökonomie zu erreichen, ist das in Band I, Anhang IV beschriebene System der Wärmeregeneration in weitgehendstem Maße ausgenützt. Gleichzeitig wurde beim Bau der Anlage Zwischenüberhitzung ins Auge gefaßt, indem Dampf von 8 ata Spannung und 218° C aus der Turbine entnommen, einem Zwischenüberhitzer zugeführt und mit 370° C wieder in die Turbine zurückgeschickt werden sollte; diese Einrichtung ist aber vorläufig noch nicht zur Ausführung gebracht worden. Die Wärmeregeneration wird in der Form vorgenommen, daß das Speisewasser, welches etwa 18,3° C besitzt, durch

Abzapfdampf, welcher der Turbine an drei verschiedenen Stellen entnommen wird, auf 157,2° C Endtemperatur vorgewärmt wird. Während die gesamte in die *HD*-Turbine eintretende Dampfmenge 190 t/Std. beträgt, werden 20 t Dampf zur Vorwärmung des Speisewassers benutzt, so daß also nur 170 t Dampf wieder in die *MD*-Turbine eintreten. Von letzterer Dampfmenge werden wieder 11 t/Std. bei einer Spannung von 1,4 ata zum Zwecke der Speisewasservorwärmung abgezweigt und weitere 10,8 t bei einer Spannung von 0,35 ata. Es ergibt sich so die Anordnung von drei hintereinander geschalteten Speisewasservorwärmern, von denen der erste das

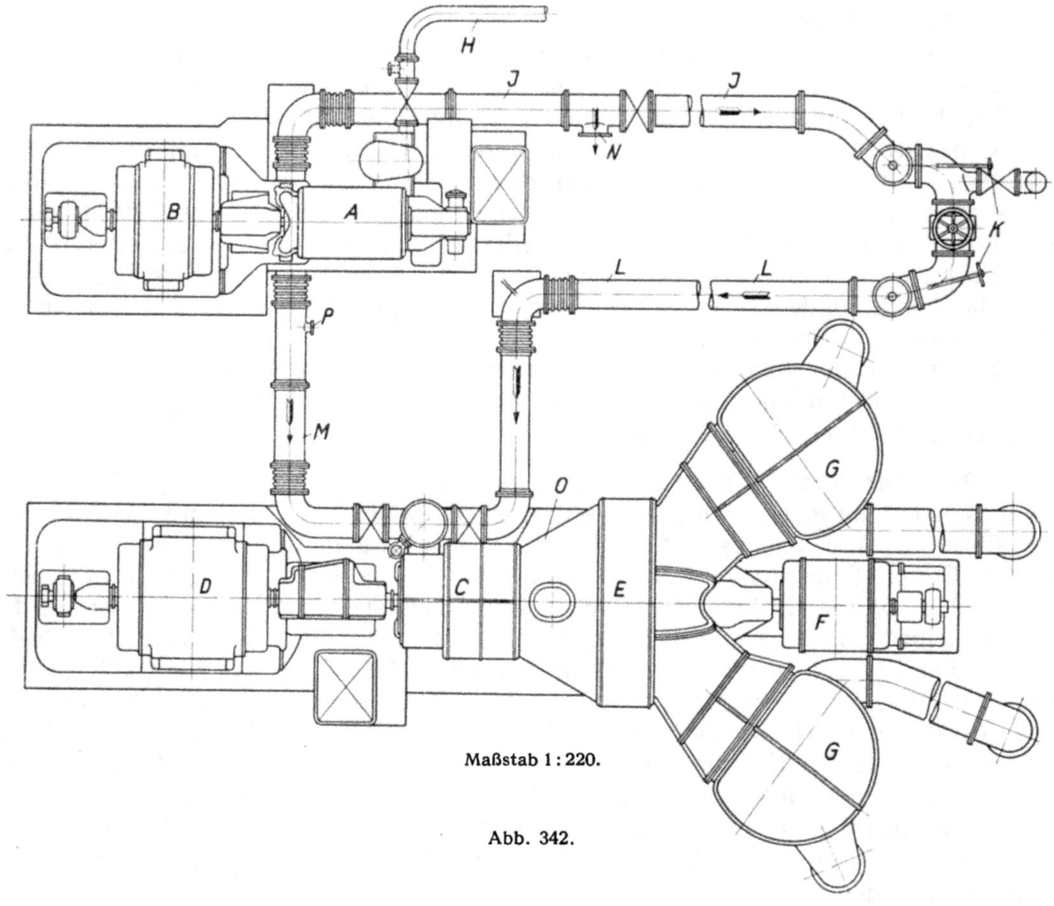

Abb. 342.

Speisewasser auf 65,5° C, der zweite auf etwa 101,7° C und der letzte auf 157,2° C vorwärmt, bevor das Speisewasser den Speisepumpen zuströmt.

Der rechnerische Dampfverbrauch der Turbine beträgt 3,8 kg/kWStd., woraus sich, wie oben angegeben, für die gesamte Leistung von 50000 kW ein Gesamtdampfquantum von 190 t/Std. ergibt. Bei der Beurteilung des Dampfverbrauches darf nicht vergessen werden, daß bei einer so weitgehenden Anwendung des Systems der Wärmegeneration die Höhe des Dampfverbrauches keinen Maßstab für die Ökonomie der Turbine bietet; die Wärmeregeneration zielt auf Ersparnis an Brennstoff ab, ohne auf die Menge des in die Turbine eingelassenen Dampfes Rücksicht zu nehmen.

Eine schematische Skizze der gesamten Anlage zeigt Abb. 342. Wir sehen bei *A* die *HD*-Turbine, bei *B* den zugehörigen Generator, bei *C* die *MD*-Turbine, bei *D* den Generator derselben, bei *E* die *ND*-Turbine, bei *F* ihren Generator, bei *G* die beiden Kondensatoren. Der Dampf strömt aus den Überhitzern der Kesselanlage durch die Leitung *H* der *HD*-Turbine zu. Aus derselben kann er entweder durch die Leitung *I* zu den Zwischenüberhitzern *K* geführt werden, von wo aus er durch die Leitung *L* der *MD*-Turbine zuströmt. Er kann aber auch von der *HD*-Turbine durch die Leitung *M* direkt in die *MD*-Turbine eingelassen werden, oder im Notfall auch bei *N* ins Freie geleitet werden. Der konische Überströmstutzen von der *MD*- zur *ND*-Turbine ist mit *O* bezeichnet. Bei *P* ist der Anschluß für Abzapfdampf zur 3. Vorwärmestufe zu sehen, während die Abzapfung für die erste und zweite Stufe der Vorwärmung von der *MD*-Turbine erfolgt. Aus der *ND*-Turbine strömt der Dampf in die beiden stehend angeordneten Kondensatoren *G* ab.

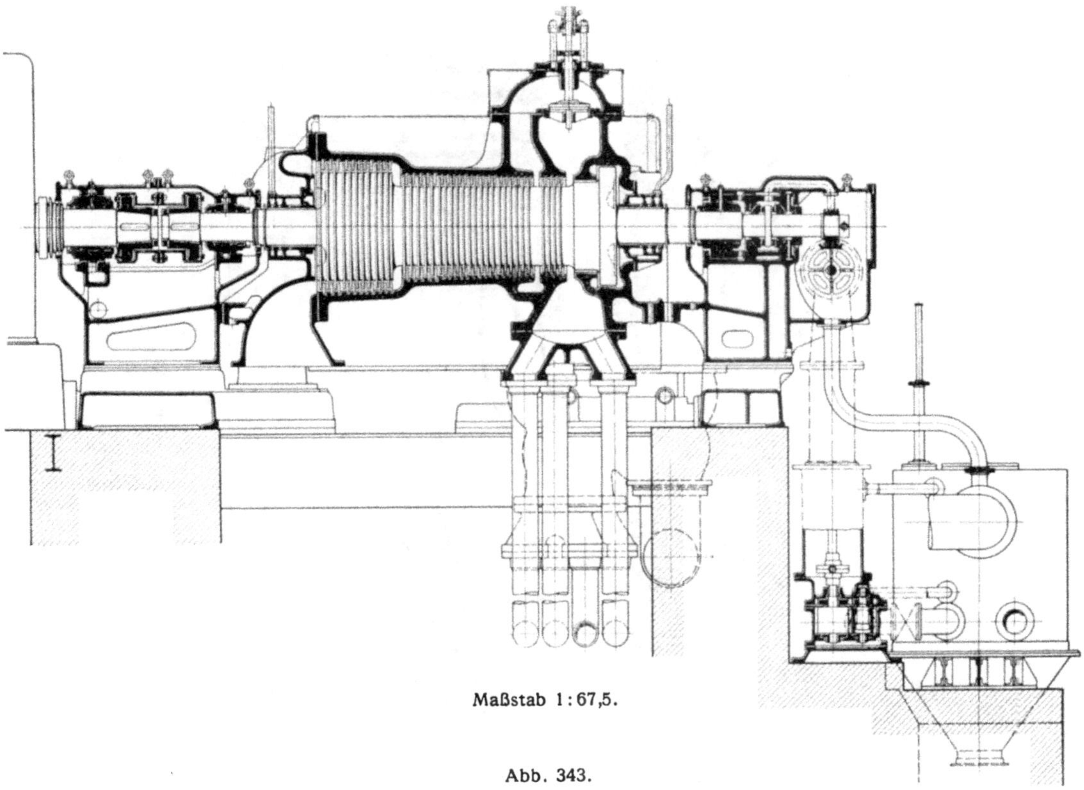

Maßstab 1:67,5.

Abb. 343.

Abb. 343 zeigt den Längsschnitt durch die *HD*-Turbine. Der aus einem massiven Stahlblock geschmiedete Rotor, welcher zwecks Kontrolle des Materials der Länge nach durchbohrt ist, trägt insgesamt 36 Laufschaufelreihen, deren Länge von 54 auf 80 mm zunimmt. Die ersten 4 Schaufelreihen können durch ein Überlastungsventil überbrückt werden, für den Fall, daß trotz geringen Vakuums doch die Vollastleistung erzielt werden soll. Die Zuführung des Frischdampfes in den Ringkanal vor der ersten Leitschaufelreihe erfolgt durch 4 U-förmig gebogene Dampfrohre von ca. 204 mm lichtem Durchmesser, wodurch eine ausreichende Beweglichkeit zwischen der Turbine und dem auf dem Fundament festgelagerten Absperrventilkomplex geschaffen wird. Auf die am *HD*-Ende des Rotors angebrachte Vorrichtung zur axialen Einstellung des Rotors ist weiter unten verwiesen. Die am äußersten Ende des *HD*-Rotors angebrachte Schnecke betätigt durch ein Schneckenrad die

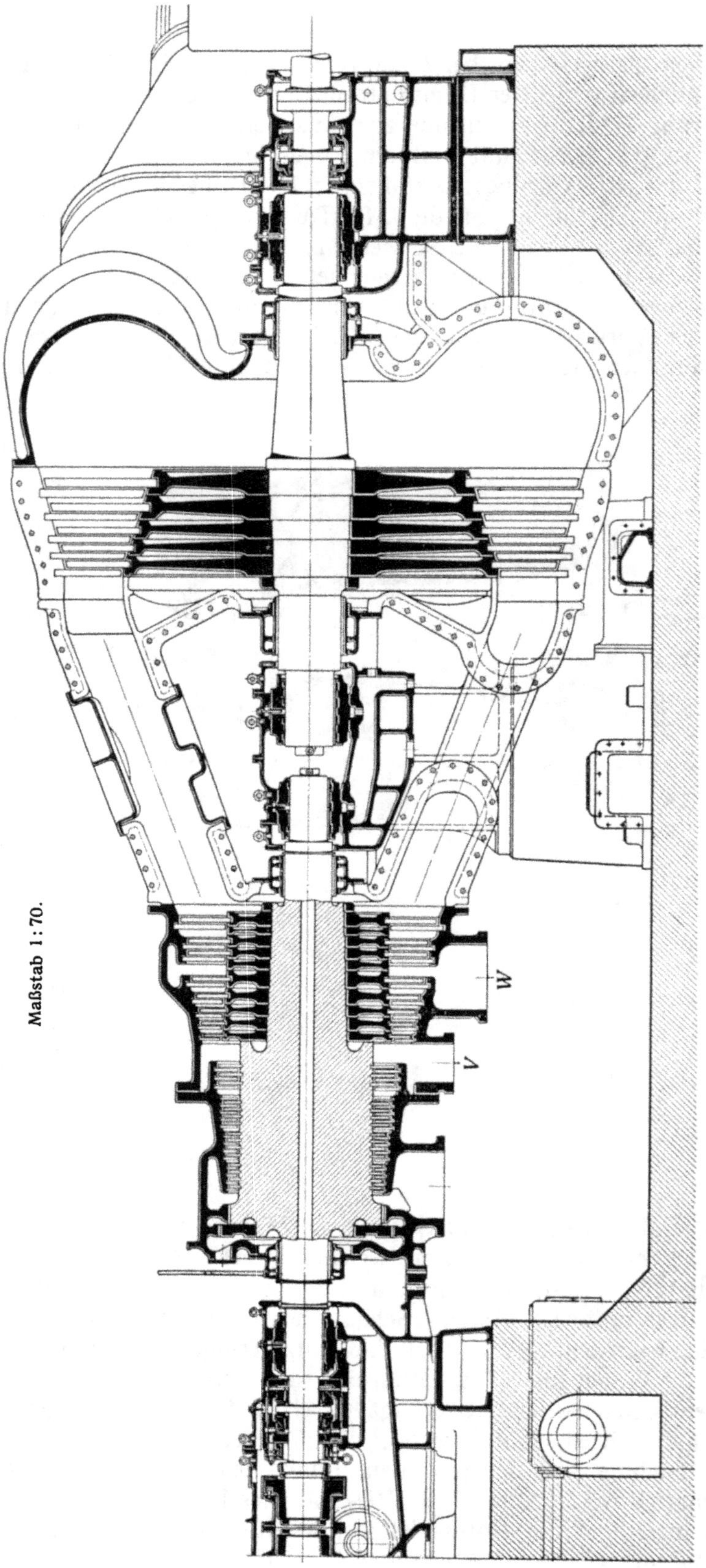

Maßstab 1 : 70.

Abb. 344.

horizontale Regulatorwelle sowie eine vertikale Welle, welche die Ölpumpen antreibt, wie aus Abb. 343 hervorgeht.

Das Gehäuse der *HD*-Turbine besteht aus zwei in der Horizontalfuge zusammengeschraubten Stahlgußstücken, welche mit besonderer Vorsicht hergestellt sind.

Bemerkenswert ist, daß die *HD*-Turbine nach dem von Parsons vielfach verwendeten System der axialen Abdichtung zwischen Laufrad- und Leitradkränzen gebaut ist. Dies bedingt, daß die Schaufeln mit Bandagen versehen sind, welche — vgl. hierzu Abb. 155 — auf einer Seite mit einem fein ausgezogenen vorstehenden Rand versehen sind, der mit geringem Spiel sich den Zwischenstücken des darauffolgenden Kranzes nähert. Die Abschärfung der Bandagen soll Beschädigungen für den Fall, daß doch einmal eine Berührung zwischen Laufrad und Leitrad eintritt, ausschließen. Dieses System der Abdichtung des Dampfweges fordert die Möglichkeit einer axialen Einstellung des Rotors.

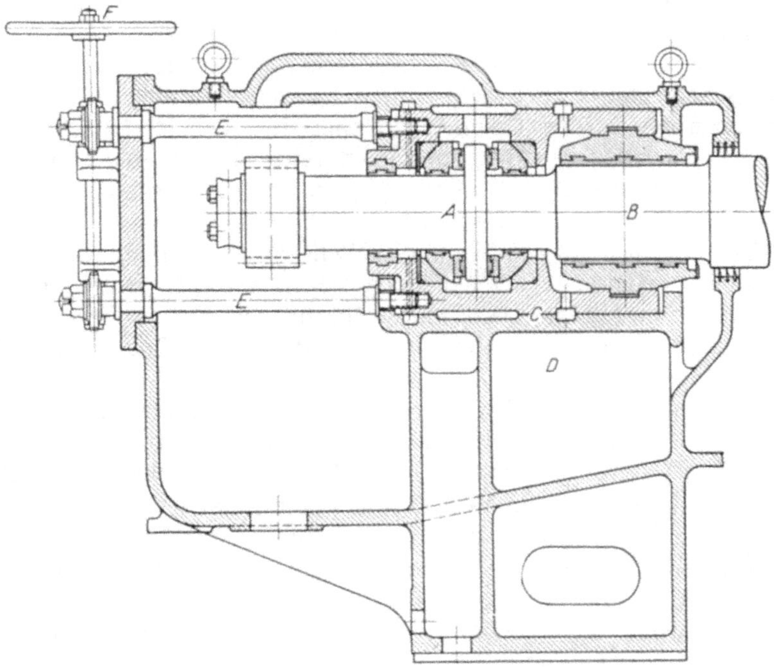

Abb. 345.

In Abb. 345 ist die hierfür bei der *HD*-Turbine vorgesehene Einrichtung skizzenhaft dargestellt. Drucklager *A* und Traglager *B* sind in einer Buchse untergebracht, welche in einer zylindrischen Führung *C* gleitet, die ihrerseits in dem Traggestell *D* gelagert ist. Durch Zugspindeln *E*, welche von einem Handrad *F* bedient werden, kann der Rotor axial verstellt werden, wobei angestrebt wird, die axialen Schaufelspielräume im Betrieb auf ein Minimum zu reduzieren.

Da die Dichtung parallel zur Achse erfolgt, können die Radialspiele verhältnismäßig groß gehalten werden, und zwar betragen bei der *HD*-Turbine die kleinsten Radialspiele etwa 6 mm.

Den Schnitt durch die *MD*- und *ND*-Turbine zeigt Abb. 344. Der Rotor der *MD*-Turbine besteht wie der der *HD*-Turbine aus einem massiven Stahl-Schmiedestück, welches die ersten Schaufelreihen trägt. Die letzten 8 Schaufelreihen sind in Radscheiben befestigt, welche dicht an dicht auf den Rotor aufgeschrumpft sind und so eine Trommel größeren Durchmessers bilden.

Die *MD*-Turbine besitzt insgesamt 23 Stufen mit Schaufellängen von 82,5 bis ca. 457 mm.

Bei *V* und *W* sind die Anzapföffnungen für die erste und zweite Stufe der Vorwärmung zu sehen, von welchen, wie bereits bemerkt, die erste Dampf von 1,4 ata, die letztere Dampf von 0,35 ata abführt.

Auch bei dieser Turbine ist das System der axialen Abdichtung angewendet, allerdings nur für die Schaufelreihen, welche nicht auf den vorerwähnten Radscheiben untergebracht sind.

Bei den letzten 8 Schaufeln dieser Turbine ist das System der axialen Abdichtung nicht angewendet. Der radiale Spielraum ist infolgedessen kleiner gehalten.

Die Vorrichtung zur axialen Verstellung des Rotors dieser Turbine ist am Einströmungsende untergebracht; die Konstruktion derselben ist ähnlich wie die bei der *HD*-Turbine, wobei hier das Anziehen, der die Buchse verstellende Schrauben ähnlich wie bei einer Wellenrohrstopfbuchse durch gleichzeitiges Anziehen verzahnter in einen Zahnkranz eingreifender Muttern erfolgt.

Die Überströmung von der *MD*- zur *ND*-Turbine erfolgt durch einen doppelwandigen konischen Hohlkörper aus Gußeisen, wodurch eine nahezu verlustloser Übergang zwischen den beiden Turbinen gesichert ist. Um zu den beiden Endlagern der *MD*- und *ND*-Turbinen gelangen zu können, ist an der unteren Seite dieses Kegels eine große Öffnung ausgespart. Außerdem sind Deckel vorgesehen, durch welche der ringförmige Raum befahren werden kann.

Die *ND*-Turbine besteht aus 5 auf die Welle aufgezogenen, eng aneinander gefügten Stahlscheiben, deren jede einen Schaufelkranz trägt. Die Länge der letzten Schaufeln beläuft sich auf ca. 1000 mm, während die Breite dieser Schaufeln ca. 85 mm beträgt. Eine axiale Einstellungsvorrichtung des Rotors ist bei der *ND*-Turbine nicht vorgesehen.

Das Abdampfende der *ND*-Turbine ist durch einen mächtigen, gabelförmigen Überströmstutzen aus Gußeisen mit den beiden Kondensatoren verbunden. Dieser Überströmstutzen ist durch ein System von Rippen und Ankern versteift.

Inwieweit es gelungen ist, ein Verziehen der durch das feste Zusammenschrauben von *MD*-Gehäuse, Überströmkonus, *ND*-Turbinengehäuse, Überströmstutzen und Kondensator geschaffenen Eisenmasse hintanzuhalten, entzieht sich der Beurteilung des Verfassers.

Die stehende Anordnung der Kondensatoren, welche zur halben Höhe unter Flurboden versenkt sind, weicht von der üblichen Praxis ab. Jeder der beiden Kondensatoren besitzt eine Kühlfläche von 2600 qm. Das Wasser wird in die obere Vorlage durch ein Rohr von 1220 mm Durchmesser eingeführt, tritt dann durch die eine Hälfte des Rohrbündels nach unten, kehrt in der unteren Vorlage um und tritt aus der anderen Abteilung der Vorlage wieder aus. Die Trennungswand in der oberen Vorlage kann durch große Klappen geöffnet werden, so daß das Wasser direkt vom Einlaß wieder in den Auslaß übertritt. Der Zweck dieser Einrichtung ist die Kühlwasserleitung im Bedarfsfall durchspülen zu können.

Der äußere Durchmesser der Rohre beträgt 25,4 mm. Die obere Vorlage ist mit 8 großen Reinigungsklappen versehen. Bemerkenswert ist, daß auf jeder Seite des Kondensators der ganzen Höhe nach durch Prallbleche ein Raum abgeschottet ist, aus welchem die Luft abgezogen werden kann. Auch dieser Raum ist mit Kühlrohren erfüllt, wodurch eine wirksame Kühlung der Luft stattfindet.

Berechnung der Turbine. Um einen weiteren Einblick in die Berechnung der Landturbinen zu geben, soll im nachstehenden eine überschlägige Nachrechnung dieser Turbine Platz finden.

Tabelle Nr. 52.

Berechnung einer dreigehäusigen 50000-kW-Turbine.

Betrieb mit Zwischenüberhitzung auf 370° bei Dampfentnahme an 3 Stellen.
Kesseldruck $p_k = 43$ ata; Dampftemperatur a. Überhitzer $t = 420°$ C.
Druck am Hpt.-Absperrvent. $p_v = 40$ ata; „ a. Hpt.-Absperrvent. $t = 400°$ C.
Druck an der Turbine $p_0 = 39$ ata; „ a. d. Turbine $t_0 = 398°$ C.
Vakuum im Abdampfbogen 97,5% = 0,026 ata.

Art der Turbine		*HD*		*MD*			*ND*
Drehzahl der Turbine	i.d.Min.	1800			1800		720
Art der Stufen		R	R	R	R	R	R
Stufenzahl		25	11	15	5	3	5
Trommel φ	mm	699	947	1250	1525—1600	1525	3060—3510
Schaufellängen	mm	54—76	60—80	82,5—200	160—330	410—457	570—1000
Mittlere Schaufellänge	mm	65	70	141	245	433,5	785
Axial- bzw. Radialspalt	mm	axial 0,4	axial 0,5	axial 0,7	radial 1,8	radial 1,9	radial 6,1
Mittlerer Schaufelkreis φ	mm	764	1017	1391	1807	1936	4066
Mittlere Umfangsgeschwindigkeit im Schaufelkreis	m/sek	72	96	131,2	170,5	182,5	153
Druck vor der Gruppe	ata	39	17,5	7,4	1,4	0,35	0,19
Temperatur vor der Gruppe	°C	398	307	370	195	88	$x = 0,981$
Druck hinter der Gruppe	ata	17,5	8,0	1,4	0,35	0,14	0,026
Angezapfte Dampfmenge	kg/Std.	—	—	20 000	11 000	10 800	—
Stdl. Dampfmenge in der Gruppe	kg/Std.	190 000	190 000	170 000	159 000	148 200	148 200
Gefälle aus *I-S*-Diagramm	WE	52	43,4	96,8	60,2	34,1	55,5
Zuschlag für Wiederverdampfung	%	1	1,5	3,5	2,8	1	1
Der Rechnung zugrunde gelegtes Gefälle	WE	52,5	44,1	100,2	61,8	34,5	56
Mittleres Gefälle pro Stufe	WE	2,1	4,0	6,68	12,35	11,5	11,2
Auf $u = 50$ m/sek reduz. mittl. Gefälle pro Stufe	WE	1,01	1,10	0,97	1,06	0,868	1,195
Tang. d. Austritts ∢	%	45	45	45	45	45	60
c_0/u		1,43	1,51	1,41	1,48	1,32	1,64
Wirkungsgrad bei ($\varphi = 0,93$)	%	82,8	82,7	82,9	82,7	83,1	81,3
Indiziertes Gefälle h_i	WE	43,5	36,4	83,1	51,0	28,7	45,5
h_i abzüglich Spaltverlust	%/WE	$^{3,2}/_{42,1}$	$^{4,0}/_{35}$	$^{2,8}/_{80,7}$	$^{4,0}/_{49}$	$^{2,4}/_{28}$	$^{3,5}/_{43,9}$
h_i abzüglich Stopfbuchsenverlust	%/WE	$^{2,5}/_{41}$	$^{2,5}/_{34}$	$^{1,4}/_{79,6}$	$^{1,5}/_{48,2}$	$^{1,6}/_{27.5}$	$^{0,5}/_{43,7}$
h_i einschließlich Wirkungsgradverbesserung durch Überhitzung bzw. Verschlechterung durch Dampfnässe	%/WE	$+^{2.3}/_{41,9}$	$+^{2}/_{34,7}$	$+^{2,3}/_{81,5}$	$+^{2}/_{49,2}$	$-^{0,25}/_{27,4}$	$-^{2,1}/_{42,7}$
Austrittsverlust	WE	0,2	0,3	0,6	1,1	0,9	3,1
Indiz. Gefälle abzügl. aller Verluste	WE	41,7	34,4	80,9	48,1	26,5	39,6
Indizierte Leistung	PS	22 900			40 070		9300
Leerlauf	PS	60			180		150
Effektive Leistung an der Turbinenkuppelung	PS	22 840			39 890		9150
Wirkungsgrad des Generators	%	96			96		96
Elektrische Leistung des Generators	kW	16 100			28 000		6460
Summe der Leistung der Generatoren	kW				50 560		
Errechneter Dampfverbrauch	kg/kW				3,76		
Kraftbedarf der Kondensation	%				1,0		
Errechneter Dampfverbrauch einschl. Kondensation	kg/kW				3,80		

Hierbei ist zu bemerken, daß dieselbe von vornherein offenbar unter der Voraussetzung ausgelegt ist, daß Zwischenüberhitzung zur Verwendung kommt. Wenn man auch, wie vorher erwähnt, zunächst von der Benutzung dieser Einrichtung Abstand genommen hat, so soll doch im nachstehenden die Berechnung für den Fall der Zwischenüberhitzung durchgeführt werden. Dies um so mehr, als die in der eingangs erwähnten Veröffentlichung angegebenen Zahlen für die Dampfmengen, -drücke, -temperaturen usw. unter Voraussetzung eines späteren Betriebes mit Zwischenüberhitzung gelten.

Über die Verteilung der Leistung und die Drehzahlen ist eingangs bereits Näheres mitgeteilt, ebenso auch über Anfangszustand des Dampfes und Vakuum. Die Beschaufelung ist, wie bereits erwähnt, reine Reaktionsbeschaufelung. Die Stufenzahlen, Durchmesser und Schaufellängen gehen aus der Berechnungstabelle Nr. 52 hervor.

Über das System der stufenweisen Vorwärmung durch Anzapfdampf und über die Lage der Anzapfstellen sind bei der Beschreibung der Turbine bereits die nötigen Angaben gemacht. Anzapfdrücke und Anzapfmengen sind in der Veröffentlichung angegeben und sind ebenfalls aus vorgenannter Tabelle zu ersehen.

Da nicht bekannt ist, in welcher Weise die Vorwärmer hintereinander geschaltet sind, ist bei der Berechnung angenommen, daß das Kondensat aus dem Vorwärmer höheren Druckes sich mit dem Dampf, der den Vorwärmer des niedrigeren Druckes speist, mischt. Bei dieser Annahme war es erforderlich, kleine Veränderungen in den Anzapfmengen gegenüber den angegebenen zu machen, damit die gleichfalls angegebenen Temperaturen mit der Rechnung in Übereinstimmung kommen. Dies vorausgeschickt, wurde angenommen, daß an der ersten Anzapfstelle etwa 20 t, an der zweiten etwa 11 t, an der dritten etwa 10,8 t Dampf aus der Turbine entnommen werden.

Mit Rücksicht auf die in der Turbine notwendigen ungewöhnlich großen Dampfmengen wurde statt mit dem Schaufelkoeffizienten $\varphi = 0{,}92$ mit $\varphi = 0{,}93$ gerechnet, was als zulässig betrachtet werden kann, da Turbinen derartiger Abmessungen mit besonders sorgfältig hergestellten Spezialprofilen ausgerüstet zu werden pflegen. Da *HD*- und teilweise die *MD*-Turbine, wie in der Beschreibung erwähnt, mit einstellbarer Axialdichtung versehen sind, wurde der Spalt nur mit der Hälfte des sonst üblichen Wertes in der Rechnung eingesetzt; bei den übrigen Schaufeln ohne radiale Einstellung ist mit einem radialen Schaufelspiel von $\sim 1{,}5^0/_{00}$ des Durchmessers gerechnet worden.

Im übrigen sind da, wo spezielle Angaben, welche für die Berechnung erforderlich sind, nicht vorlagen, Annahmen gemacht worden, welche mit möglichster Wahrscheinlichkeit die obwaltenden Verhältnisse treffen dürften.

Die in Tabelle 52 enthaltene Rechnung ist nach allen früher zur Turbinenberechnung gemachten Erläuterungen wohl ohne weiteres verständlich; sie schließt mit dem in der Veröffentlichung angegebenen Dampfverbrauch von 3,8 kg/kWStd. an den Klemmen einschließlich Kondensationskraftbedarf gemessen ab.

Ein kurzer Nachweis, ob die angenommenen Anzapfmengen die verlangten Temperaturen hinter den Vorwärmern von 65,5 bzw. 101,7 bzw. 157,2° C ergeben, ist in Tabelle 53 erbracht.

Bemerkt soll noch werden, daß in Vorwärmer I etwa 3°, in Vorwärmer II etwa 4° und in Vorwärmer III etwa 7,5° C Temperaturverlust des Speisewassers in die Rechnung eingesetzt worden sind.

Bei dem Betrieb ohne Zwischenüberhitzung, wie er gegenwärtig durchgeführt wird, ist erfahrungsgemäß mit einer Erhöhung des Wärmeverbrauchs von etwa 6% gegenüber dem Betrieb mit Zwischenüberhitzung zu rechnen.

Eine diesbezügliche Nachrechnung der Turbine, welche leicht anzustellen ist, zeigt auch tatsächlich, daß eine Erhöhung des Wärmebedarfs in diesem Umfange zu erwarten ist. Der Wärmebedarf nämlich, welcher nach der ersten Berechnungstabelle sich für Betrieb mit Zwischenüberhitzer auf 2560 WE/kW stellte, ergibt sich für den Betrieb ohne Zwischenüberhitzung um 6,06% größer, also zu 2715 WE/kW.

Der Berechnungsgang für diese Art des Betriebes ist in Tabelle 54 zusammengestellt.

Bemerkt soll zu derselben das Folgende werden:

Um überhaupt die Berechnung durchführen zu können, wurde zunächst die Erhöhung des Wärmeverbrauchs um 6% als zutreffend angenommen. Es ergibt sich dann das Folgende:

Bei dem Betrieb mit Zwischenüberhitzung waren zur Erzeugung von 190 t Dampf von 40 ata und 400° C bei einer Speisewassertemperatur von 157,2° C erforderlich

$$190000 \cdot (768 - 158{,}5) = 115{,}8 \text{ Millionen WE},$$

ferner zur Zwischenüberhitzung von 170 t Dampf von 228° auf 370°

$$170000 \cdot 72 = 12{,}2 \text{ Millionen WE},$$

insgesamt somit 128,0 Millionen WE.

Es ist also zur Erzeugung von 1 kW eine Wärmemenge von 2560 WE erforderlich.

Für den Betrieb ohne Zwischenüberhitzung werden nach obiger Annahme benötigt

$$2560 \cdot 1{,}06 = 2714 \text{ WE/kW},$$

zur Erzeugung von 50000 kW also

$$2714 \cdot 50000 = 135{,}7 \text{ Millionen.}$$

Tabelle Nr. 53.

Vorwärmer-Dampfmengen.

		Vorwärmung bei Betrieb mit Zwischenüberhitzung; Kondensat-Temp. 18,3°; Austritt aus „Warmwasserkasten" 26,7°			Vorwärmung bei Betrieb ohne Zwischenüberhitzung; Kondensat-Temp. 21,3°; Austritt aus „Warmwasserkasten" 29,7°		
		Vorwärmer 1	2	3	1	2	3
Dampfmenge/Std. . . . . . . G	kg	148 200	159 000	170 000	172 500	185 500	198 100
Eintrittstemperatur . . . . . t_e	°C	26,7	65,5	101,7	29,7	66,5	98,5
Austrittstemperatur . . . . . t_a	„	65,5	101,7	157,2	66,5	98,5	150
Temperaturverlust . . . . . . t_v	„	2,8	4,1	7,6	2,8	4,1	7,6
Temperaturerhöhung einschl. Verlust . . . . t_m	„	41,6	40,3	63,1	39,6	36,1	59,1
Aufzuwend. Wärmemenge $G \cdot t_m$**	WE	6 170 000	6 400 000	10 710 000	6 830 000	6 600 000	11 700 000
Druck des Vorwärmedampfes p	ata	0,35	1,4	8	0,365	1,26	6,8
Temperatur bzw. spez. Dampfmenge . . . . t bzw. x	°C —	88	195	228	$x = 0{,}932$	0,974	210
Wärmeinhalt . . . . J	WE/kg	636	684	692,5	592	627,5	685
Von 1 kg Heizdampf abgegebene Wärmemenge . . $J' = J - t_a$	WE	570,5*	582,3*	535,3*	525,5*	528,5*	535*
Heizdampfmenge . . . . $\frac{G \cdot t_m}{J'}$	kg	10 800	11 000	20 000	13 000	12 600	21 900
Sattdampftemp. vom Druck p t_s	°C	72,3	108,7	169,6	73,3	105,6	163
Temp. Unterschied . . . . $t_s - t_a$	„	6,8	7,0	12,4	6,8	7,1	13

* Es ist angenommen, daß das Kondensat des Heizdampfes nur bis zur Austrittstemperatur des Speisewassers abgekühlt wurde.

** Flüssigkeitswärme in WE gleich Temperatur in °C gesetzt.

Tabelle Nr. 54.

Berechnung einer dreigehäusigen 50000-kW-Turbine.[1])

Betrieb ohne Zwischenüberhitzung bei Dampfentnahme an 3 Stellen.
Kesseldruck $p_k = 43$ ata; Dampftemperatur a. Überhitzer $t = 420^{\circ}$ C.
Druck am Hpt.-Absperrvent. $p_v = 40$ ata; „ a. Hpt.-Absperrvent. $t = 400^{\circ}$ C.
Druck an der Turbine $p_0 = 39$ ata; „ a. d. Turbine $t_0 = 398^{\circ}$ C.
Vakuum im Abdampfbogen 97,5 % = 0,026 ata.

Art der Turbine		*HD*			*MD*			*ND*
Drehzahl der Turbine	i. d. Min.		1800			1 800		720
Art der Stufen		R	R	R	R	R	R	R
Stufenzahl		4	21	11	15	5	3	5
Trommel ϕ	mm	699	699	947	1 250	1 525 bis 1 600	1 525	3 600 bis 3 510
Schaufellängen	mm		56 76	60 80	82,5 200	160 330	410 457	570 1 000
Mittlere Schaufellänge	mm		66	70	141	245	433,5	785
Axial- bzw. Radialspalt	mm	0,4	axial 0,4	0,4	axial 0,7	radial 1,8	radial 1,9	radial 6,1
Mittlerer Schaufelkreis ϕ	mm	764	765	1017	1 391	1 807	1 936	4 066
Mittlere Umfangsgeschwindigkeit im Schaufelkreis	m/sek	72	72	76	131,2	170,5	182,5	153
Druck vor der Gruppe	ata	39	39	20,9	6,4	1,26	0,365	0,152
Temperatur v. d. Gruppe	° C	398	398	325	210	$x = 0,974$	0,932	0,909
Druck hinter der Gruppe	ata	39	20,9	6,8	1,26	0,365	0,152	0,031
Angezapfte Dampfmenge	kg/Std.				21 900	12 600	13 000	—
Stdl. Dampfmenge i. d. Gruppe	kg/Std.		220 000		198 100	185 500	172 500	172 500
Gefälle aus *I-S*-Diagramm	WE	—	41	63,2	71,1	45,9	29,4	48,5
Zuschlag für Wiederverdampfung	%		1	2	2	1,5	0,8	1
Der Rechnung zugrunde gelegtes Gefälle	WE		41,4	64,5	72,5	46,6	29,6	49,0
Mittleres Gefälle pro Stufe	WE		1,97	5,86	4,83	9,33	9,86	9,8
Auf $u = 50$ m/sek reduziertes mittleres Gefälle pro Stufe	WE		0,94	1,59	0,70	0,80	0,74	1,04
Tang. des Austritts ∢	%		45	45	45	45	45	60
c_0/u			1,38	1,91	1,17	1,26	1,21	1,46
Wirkungsgrad bei ($\varphi = 0,93$)	%		82,9	81,5	83,2	83,1	83,2	81,8
Indiziertes Gefälle h_i	WE		34,3	52,5	60,3	38,7	24,6	40,1
h_i abzüglich Spaltverlust	%/WE		${}^{3}/_{33,3}$	${}^{4}/_{50,4}$	${}^{2,8}/_{58,6}$	${}^{4,0}/_{37,1}$	${}^{2,4}/_{24}$	${}^{3,5}/_{38,7}$
h_i abzüglich Stopfbuchsenverlust	%/WE		${}^{2,5}/_{32,4}$	${}^{2,5}/_{49,1}$	${}^{1,4}/_{57,7}$	${}^{1,5}/_{36,6}$	${}^{1,6}/_{23,6}$	${}^{0,5}/_{38,5}$
h_i einschließlich Wirkungsgradverbesserung der Überhitzung bzw. Verschlechterung der Dampfnässe	%/WE		$+{}^{2,3}/_{33,2}$	$+{}^{2,2}/_{50,2}$	${}^{0}/_{57,7}$	$-{}^{2,5}/_{35,7}$	$-{}^{4}/_{22,7}$	$-{}^{5,5}/_{36,4}$
Austrittsverlust	WE		0,2	0,9	0,4	0,6	0,7	— 3,1
Indizierte Gefälle abzüglich aller Verluste	WE		33,0	49,3	57,3	35,1	22,0	33,3
Indizierte Leistung	PS		28 730			34 350		9 110
Leerlauf	PS		70			180		150
Effektive Leistung an der Turbinenkupplung	PS		28 700			34 170		8 960
Wirkungsgrad des Generators	%		96			96		96
Elektrische Leistung des Generators	kW		20 200			24 000		6 300
Summe der Leistung der Generatoren	kW					50 500		
Errechneter Dampfverbrauch	kg/kW					4,36		
Kraftbedarf der Kondensation	%					1		
Errechneter Dampfverbrauch einschließlich Kondensation	kg/kW					4,40		

[1]) Es ist angenommen, daß die gesamte Dampfmenge (220 t/Std.) in die Überlaststufe eingeführt wird, und daß die Querschnitte des 1. Leitkranzes dieser Stufe so bemessen sind, daß keine Drosselung eintritt.

Die Vorwärmung des Speisewassers wird in diesem Falle etwa 150° erreichen, weil, wie sich später zeigt, der Druck in der Anzapfstufe niedriger wird als bei dem Betrieb mit Zwischenüberhitzung. Es sind also für 1 kg Dampf 768 — 151,2 = 616,8 WE zuzuführen.

Es ist deshalb für die Erzeugung obiger Wärmemenge eine Dampfmenge von $\frac{135{,}7\ \text{Mill.}}{616{,}8}$ = ca. 220 t/Std. erforderlich.

Nachdem durch ein kleines Probierverfahren festgestellt wurde, welche Anzapfmengen in den einzelnen Stufen entnommen werden können, ergibt sich die in Tabelle 54 zusammengestellte Berechnung der Turbine.

Besonders erwähnt werden muß die Berechnung des Druckes vor der *MD*-Turbine. Eine einfache proportionale Umrechnung entsprechend der Dampfmenge muß nämlich hier vollständig versagen, da der Dampf nicht mehr eine Temperatur von 370° wie im ersteren Falle, sondern nur eine solche von etwa 210° besitzt. Da sich die c_0/u-Werte und damit die Strömungsverhältnisse in der Turbine beim Betrieb ohne Zwischenüberhitzung wenig ändern, kann der neue Druck dadurch berechnet werden, daß man denselben proportional dem Gesamtvolumen des Dampfes umrechnet. Es ergibt sich in unserem Falle vor der *MD*-Turbine ein Druck von 6,4 ata.

Der Druckabfall zwischen *HD*- und *MD*-Turbine kann selbstverständlich bei dieser Art Betrieb geringer angesetzt werden.

Der etwas größeren Dampfmenge entsprechend wurde angenommen, daß sich das Vakuum von 97,5 auf 97% verschlechtert. Ferner zeigt es sich, daß die Dampfmenge von 220 t nicht vollständig vor der ersten Gruppe der *HD*-Turbine eingeführt werden kann. Es ist deshalb bei der Berechnung angenommen worden, daß der gesamte Dampf erst hinter den ersten 4 Stufen eingeführt wird.

Eine Zusammenstellung der für die Vorwärmer benötigten Dampfmengen ist aus Tabelle 53 zu ersehen.

Tabelle Nr. 55.

Wirtschaftlichkeitskeits-Vergleich.

		Mit Zwischenüberhitzung	Ohne Zwischenüberhitzung
Erzeugungswärme für 40 ata 400°	WE	768	768
„ „ für Zwischenüberhitzung $\frac{8\ \text{ata}}{228^0}$ auf $\frac{7{,}4\ \text{ata}}{370^0}$	„	72	—
Vorwärmertemperatur	°C	157,2	150
Flüssigkeitswärme durch Vorwärmung	WE	158,5	151,2
Frischdampfgewicht bei N = 50000 kW	kg	190 000	220 000
Dampfgewicht im Zwischenüberhitzer	„	170 000	
Gesamtwärme des Frischdampfes	WE	(768 — 158,5) · 190000 = 115,8 Mill. WE	(768 — 151,2) · 220000 = 135,7 Mill. WE
„ für Zwischenüberhitzung	„	72 · 170000 = 12,2 „ „ 128,0 Mill. WE	
Wärmeverbrauch für 1 kW a. d. Klemmen einschl. Kond.	WE	2 560	2 714
Thermischer Wirkungsgrad	%	$\frac{860}{2\,560} = 33{,}6$	31,7
Ersparnis durch die Zwischenüberhitzung	%	5,7	—

Der Dampfverbrauch für 1 kW an der Kupplung findet sich beim Betrieb ohne Zwischenüberhitzung zu 4,40 kg/kW an den Klemmen einschließlich Kondensations-Kraftbedarf.

Der Wärmebedarf für 1 kW beträgt daher 4,40 · 616,8 = 2714 WE, entspricht also genau der von uns eingangs gemachten Annahme. Es tritt bei diesem Betrieb eine erhebliche Verschiebung in den von den Generatoren aufgenommenen Leistungen gegenüber dem Betrieb mit Zwischenüberhitzung ein. Um dauernd Vollast fahren zu können, müßte der *HD*-Generator eine Normalleistung besitzen von 20000 kW statt der angegebenen 16000 kW.

Eine Übersicht über die einzelnen Verhältnisse der beiden Betriebszustände ermöglicht Tabelle 55.

§ 214. **Turbine mit zwei Gehäusen von 25600 kW bei 1500 Umdrehungen.** Eine große zweigehäusige Turbine modernster Bauart, welche von dem Großkraftwerk Stettin im Jahre 1925 den Vulcan-Werken, Hamburg und Stettin Actiengesellschaft, in Auftrag gegeben wurde, zeigt Abb. 346.

Dieselbe ist zum Antrieb eines Drehstrom-Generators bestimmt, dessen Leistung bei 1500 Umdrehungen pro Minute 25600 kW beträgt. Der Betrieb der Turbine erfolgt durch Dampf von 35 atü und 375° C. Die Kondensationsanlage ist für ein Vakuum von 97% eingerichtet.

Die Turbine ist für einen Dampfverbrauch von 3,95 kg pro kW und Stunde, gemessen an der Turbinenwelle und ausschließlich Dampf- und Kraftbedarfs der Kondensation, konstruiert, was einem thermodynamischen Wirkungsgrade, bezogen auf das zur Verfügung stehende Wärmegefälle, von 78% entspricht.

In Rücksicht auf das große Wärmegefälle und den hohen Dampfdruck ist eine verhältnismäßig große Anzahl von Laufrädern vorgesehen, welche in zwei hintereinander angeordneten Gehäusen untergebracht sind. Beide Turbinenläufer werden starr miteinander gekuppelt; die Kupplung des Läufers der *ND*-Turbine mit dem des Generators erfolgt durch eine Klauenkupplung.

Die Einführung des hochgespannten Dampfes in die Hochdruckturbine geschieht wie bei der in § 209 geschilderten Turbine durch 5 hinter das Absperrventil geschaltete Düsenventile, welche von dem Regler nacheinander, der jeweiligen Belastung entsprechend mehr oder weniger geöffnet oder geschlossen werden.

Der Läufer der *HD*-Turbine ist mit einem Curtisrad von 1600 mm mittlerem Schaufelkreisdurchmesser und 9 einstufigen Laufrädern von 1333 bis 1367 mm mittlerem Schaufelkreisdurchmesser ausgerüstet.

Die Laufschaufeln sind sämtlich aus rostsicherem Stahl hergestellt und mit T-förmigem (sog. Hammer-) Fuß in den Radscheiben befestigt.

Die Laufräder sind auf die Welle über die ganze Nabenlänge aufgeschrumpft, durch Federkeile gesichert und in axialer Richtung durch vor und hinter denselben auf die Welle aufgesetzte Muttern gehalten.

Die Fixierung des Turbinenläufers in axialer Richtung erfolgt durch ein Segmentdrucklager, welches in dem zweiten Turbinenlager untergebracht ist. Da die Turbine nach dem Aktionsprinzip ausgeführt ist und sämtliche Stopfbuchsen jeder Turbine annähernd gleichen Durchmesser haben, ist der Axialschub nur gering.

Das Gehäuse der *HD*-Turbine ist aus Stahl gegossen und nur in der Horizontalebene geteilt. Die Düsenkästen und das Regulierventil sind mit dem Oberteil bzw. Unterteil aus einem Stück hergestellt, um Abdichtungen gegen hochgespannten Dampf möglichst zu vermeiden.

Die Unterstützung des Gehäuses erfolgt in der Horizontalteilfuge. Die Höhenlage des Gehäuses ändert sich daher bei schwankender Temperatur nicht, wodurch

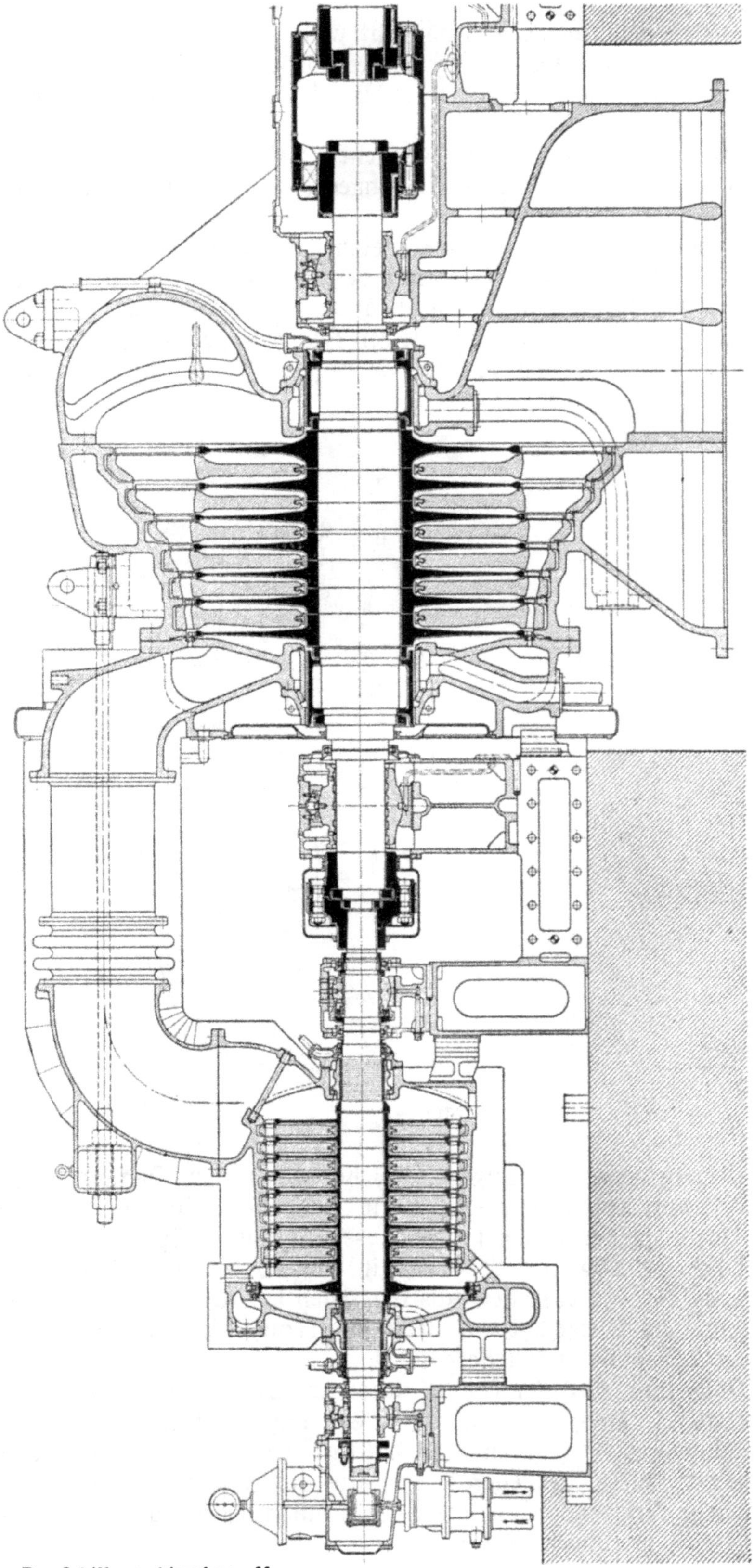

Maßstab 1:53.

Abb. 346.

kleinstes Spiel in den Stopfbuchsen ermöglicht wird. Die hinteren Füße halten das Gehäuse in axialer Richtung fest, während die vorderen gleiten können. Dadurch wird eine beinahe völlig übereinstimmende Ausdehnung des *HD*-Gehäuses und des *HD*-Rotors nach vorn hin erreicht.

Zur Fixierung des Gehäuses in der Querrichtung sind an beiden Enden desselben in der senkrechten Mittelebene Federkeile angeordnet, welche in der Grundplatte geführt werden.

Die Leitradböden sind aus geschmiedetem Flußeisen hergestellt, vergl. die Detailabbildung 347, und erhalten ringförmig verlaufende Öffnungen für den Dampfdurchtritt, welche durch schmale Stege *A* unterbrochen werden. Zur Aufnahme der Leitschaufeln *B*, welche unter sorgfältiger Bearbeitung aus 5proz. Nickelstahl hergestellt sind, dienen ringförmig verlaufende Nuten. Diese Konstruktion hat den

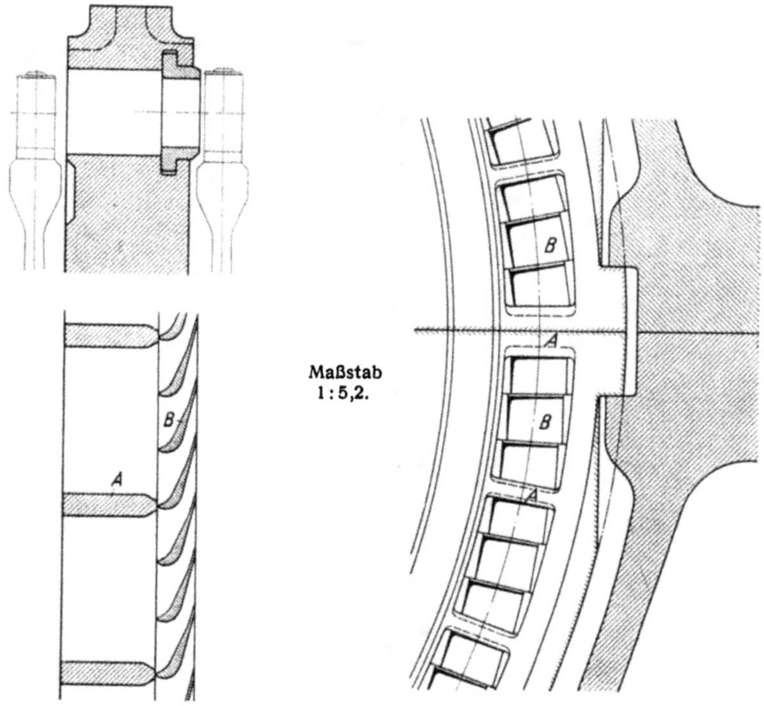

Maßstab 1:5,2.

Abb. 347.

Vorteil, daß Biegungsbeanspruchungen, welche durch den Dampfdruck in den Zwischenböden hervorgerufen werden, nicht auf die Leitschaufeln übertragen werden. Sämtliche Leiträder haben im Gehäuse ringsherum Spiel und können sich frei ausdehnen; ihre Befestigung erfolgt nur in der Horizontalteilebene.

Die Abdichtung der Welle an den Austrittstellen aus dem Gehäuse erfolgt durch Spitzendichtungen. Mit Rücksicht auf die hohe Temperatur des Dampfes werden sämtliche Spitzen aus Monelmetall hergestellt.

Von der *HD*-Turbine wird der Dampf durch ein Überströmrohr in die Niederdruckturbine geleitet. Dieses Rohr ist durch ein eingeschaltetes Wellrohr in axialer Richtung nachgiebig und wird durch zwei kräftige Anker, welche zu beiden Seiten parallel zu demselben laufen, bei jeder Temperatur auf gleicher Länge gehalten. Die Einwirkung von Schubkräften, welche die Überströmleitung auf das Turbinengehäuse ausüben könnte, wird hierdurch ausgeschaltet.

Die *ND*-Turbine enthält 7 einkränzige Aktionsräder, deren mittlerer Schaufelkreisdurchmesser gegen das *ND*-Ende hin von 2500 auf 3000 mm zunimmt.

Die Kopfdurchmesser der Radscheiben sind dementsprechend bei zunehmenden Schaufellängen annähernd gleich groß gehalten.

Die Befestigung der Laufräder auf der Welle erfolgt wie für die *HD*-Turbine angegeben.

Die Schaufeln der ersten 4 Laufräder sind aus Messing gefertigt, die der letzten 3 Räder aus rostsicherem Stahl. Schaufeln und Füllstücke der letzten 4 Räder sind aus Festigkeitsgründen aus einem Stück hergestellt. Bemerkenswert ist, daß der Eintrittswinkel der Schaufeln für die beiden letzten Laufräder vom Schaufelfuß bis zum Schaufelende etwa mit der jeweiligen Umfangsgeschwindigkeit zunehmend ausgeführt ist. Die Form der letzten Schaufeln ist aus Abb. 348 zu ersehen.

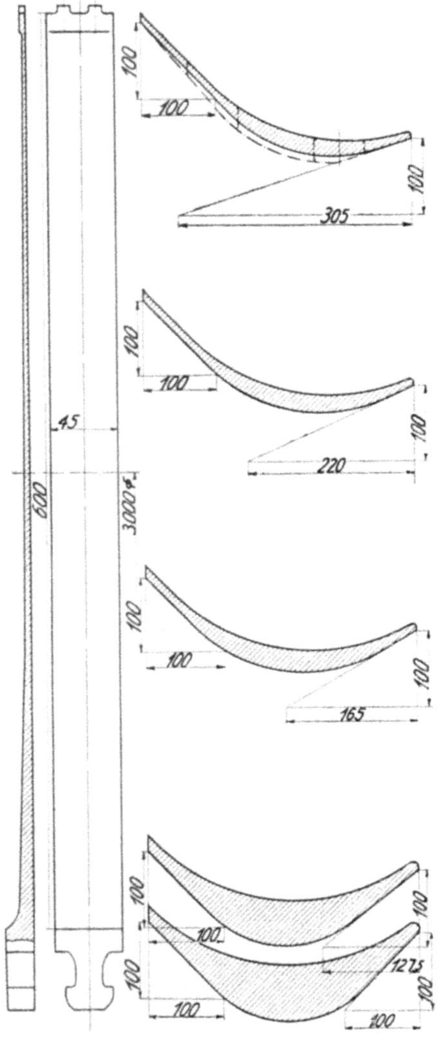

Abb. 348.

Das Gehäuse der *ND*-Turbine ist aus Gußeisen hergestellt. Der vordere Gehäuseboden, welcher gleichzeitig als Düsenkasten ausgebildet ist, besteht aus Stahlguß.

Das Material der Leiträder ist Gußeisen mit eingegossenen Schaufeln aus 5proz. Nickelstahl. Die Abdichtung der Welle an den Austrittstellen aus dem Gehäuse erfolgt auch hier durch Spitzendichtungen.

§ 215. **Turbine von 1825 kW bei 6000 Umdrehungen.** Als Beispiel für eine Turbine extremer Tourenzahl soll ein von den Vulcan-Werken, Hamburg und Stettin, im Jahre 1925 abgeliefertes Aggregat dienen. (Vgl. hierzu die Abb. 349 bis 351.)

Dasselbe besteht aus einer Turbine von 6000 Umdr./Min., welche unter Zwischenschaltung eines Zahnradgetriebes einen Generator von 1825 kW Leistung bei 3000 Touren antreibt.

Die Turbine arbeitet nach dem Aktionsprinzip und ist mit einer Anzapfvorrichtung versehen, welche die Entnahme von Heizdampf hinter dem ersten Laufrad ermöglicht.

Der zum Betrieb der Turbine dienende Dampf hat einen Überdruck von 14 at und eine Temperatur von 325° C, das Vakuum im Kondensator beträgt 94%.

Die Einführung des Dampfes in die Turbine erfolgt durch 5 hinter das Absperrventil geschaltete Düsenventile *F*, welche vom Regler nacheinander der jeweiligen Turbinenleistung entsprechend mehr oder weniger geöffnet oder geschlossen werden.

Jedes Ventil bedient eine bestimmte Anzahl von Düsen *G*. Regulierungsventile und Düsen sind in der vorderen Gehäusehälfte eingebaut. welche aus Stahlguß hergestellt ist, während der hintere Teil des Gehäuses aus Gußeisen besteht.

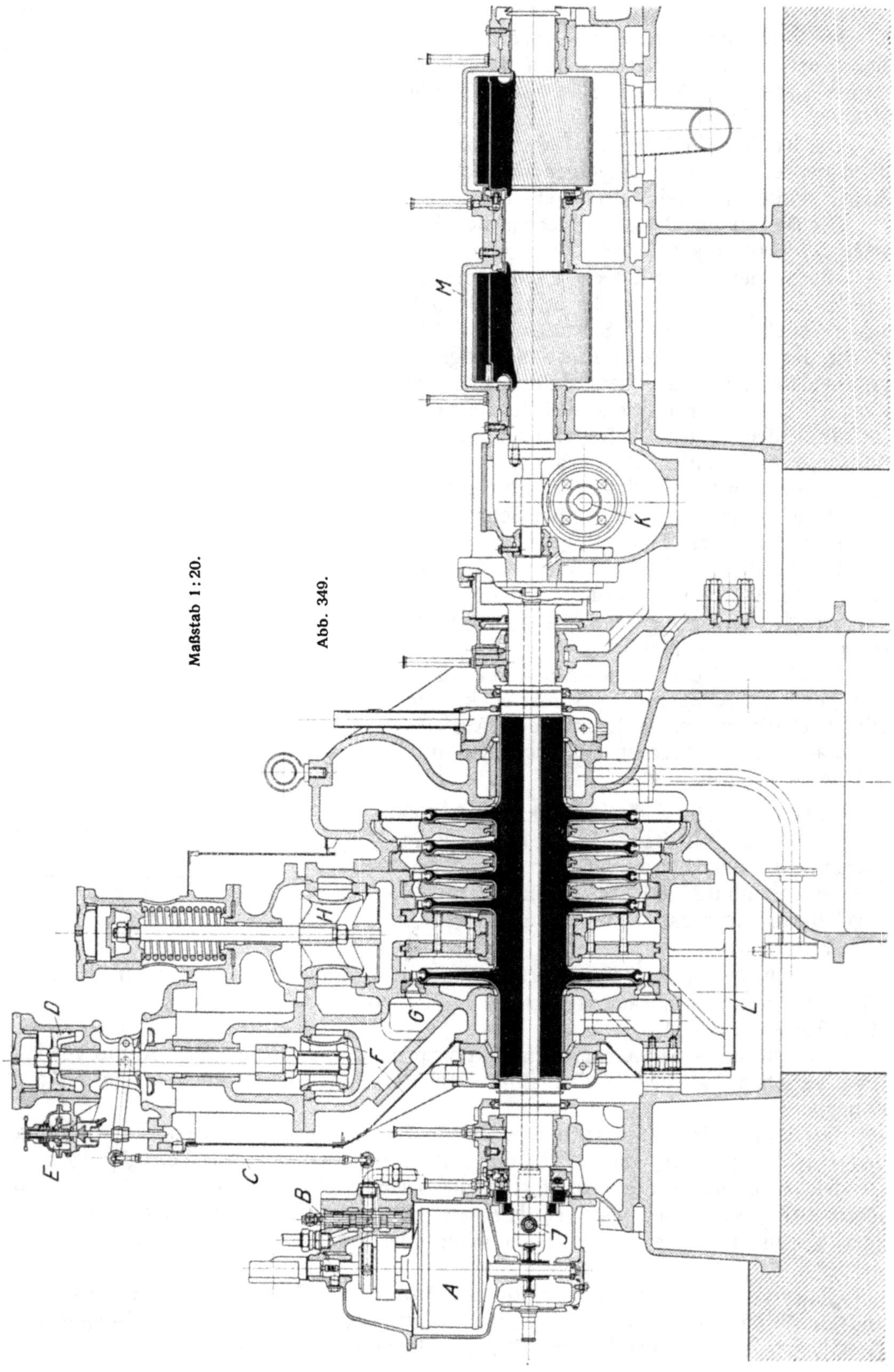

Maßstab 1 : 20.

Abb. 349.

Der Turbinenläufer ist mit 5 Laufrädern ausgerüstet, welche mit der Welle aus einem Stück hergestellt sind. Das Material desselben ist Siemens-Martin-Spezialstahl von 65 bis 75 kg/qmm Festigkeit bei 18 bis 16% Dehnung auf zehnfache Meßlänge des Probestabes. Die Schaufeln des ersten Laufrades sind aus 5proz. Nickelstahl, die der Laufräder 2—4 aus Messing und die des letzten Laufrades aus Elektrostahl hergestellt.

Die Leiträder bestehen aus Gußeisen mit eingegossenen Schaufeln aus 5proz. Nickelstahl.

Die Drehzahl der Turbine wird durch einen Fliehkraftregler *A* Abb. 349 in den vorgeschriebenen Grenzen gehalten.

Die Einwirkung des Reglers auf die Regulierungsventile *F* erfolgt durch Drucköl, welches durch einen vom Regler betätigten Ölverteilungsschieber *B* über oder unter

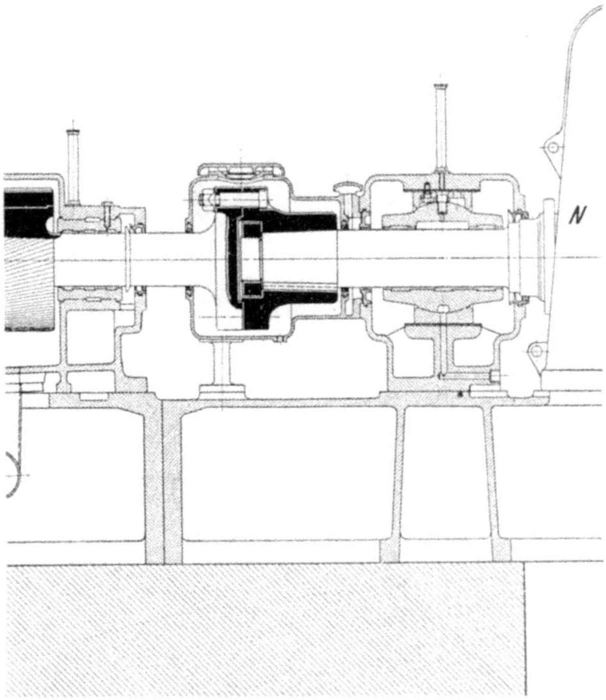

Abb. 349a.

den Kraftkolben *D* geleitet wird. Hierdurch wird ein am unteren Ende der Kraftkolbenstange befestigtes Querhaupt Abb. 350 nach oben oder unten verstellt. Die Spindeln der eingangs erwähnten 5 Ventilkegel *F* sind beweglich durch das Querhaupt geführt und tragen Anschläge mit verschiedenem Spielraum, so daß das Querhaupt die Regulierungsventile nacheinander öffnet oder schließt. Die Rückführung des Ölverteilungsschiebers erfolgt durch das Gestänge *C*.

Eine am Kraftkolben angebrachte Tourenverstellung *E* (Abb. 349) ermöglicht die Regulierung der Drehzahl um ±5% von Hand bzw. vom Schaltbrett aus.

Zur Vermeidung des Durchgehens der Turbine bei Versagen des Tourenreglers wird das Absperrventil, welches gleichzeitig als Schnellschlußventil ausgebildet ist, durch einen Schnellschlußregler *J* geschlossen, sobald die normale Drehzahl um mehr als 10% überschritten ist.

Wie bereits oben erwähnt, wird hinter dem ersten Laufrad durch die Öffnung *L* Dampf zu Heizzwecken entnommen. Um bei einer verringerten Entnahme von Heiz-

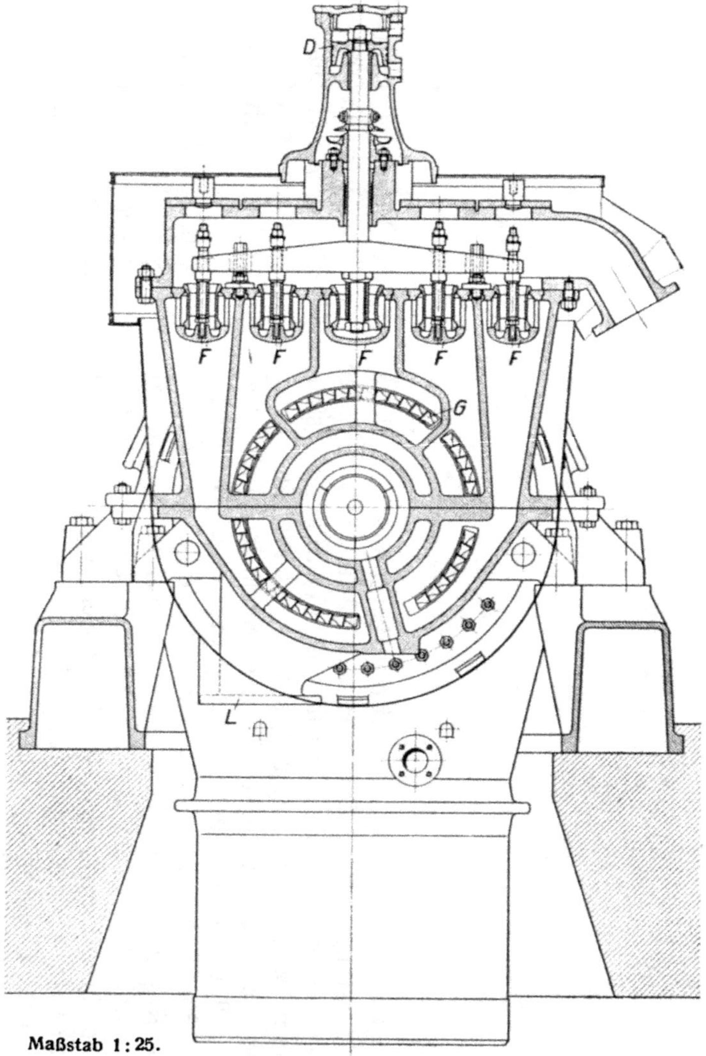

Maßstab 1:25.

Abb. 350.

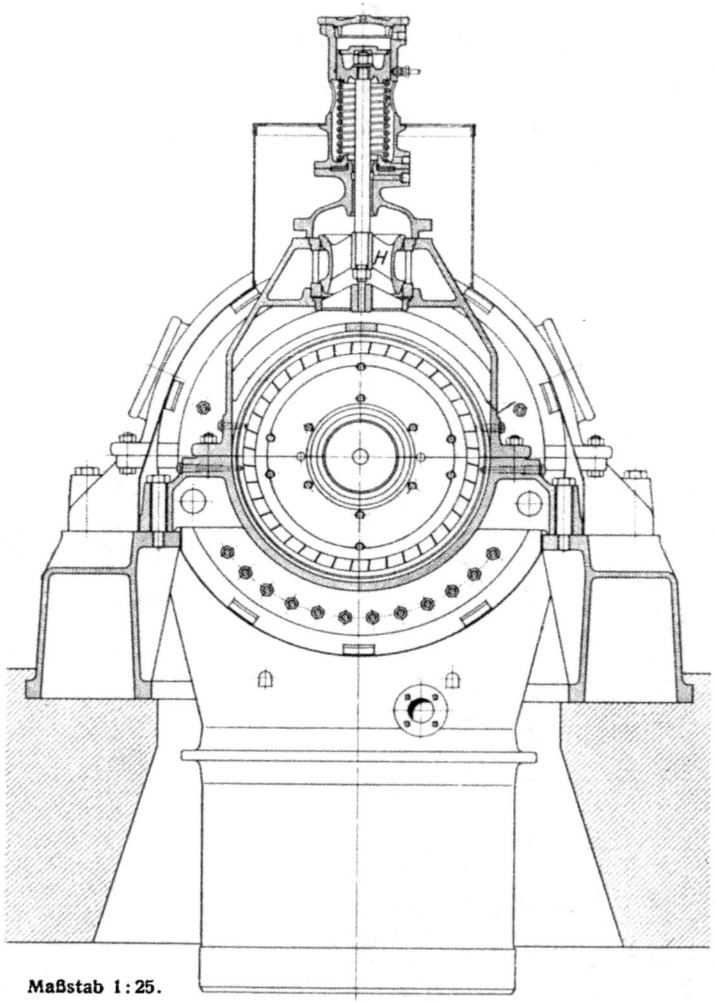

Maßstab 1:25.

Abb. 351.

dampf oder bei ganz abgesperrter Heizdampfleitung eine Steigerung des Dampfdrucks hinter dem ersten Laufrad über das gewünschte Maß hinaus zu vermeiden, ist auf dem Turbinengehäuse ein automatisches Ventil *H* angeordnet, welches den von der Heizdampfleitung nicht aufgenommenen Dampf zur weiteren Ausnutzung nach dem Niederdruckteil der Turbine abströmen läßt.

Die Schmierung sämtlicher Lager und des Zahnradgetriebes erfolgt durch Drucköl, welches von einer durch die Radwelle des Getriebes mittels Schnecke und Schneckenrad *K* angetriebenen Zahnrad-Ölpumpe geliefert wird.

Das Öl wird von der Ölpumpe aus einem Ölbehälter entnommen, durch einen Ölfilter und Ölkühler gedrückt und dann sämtlichen Schmierstellen zugeführt, aus welchen es wieder dem Ölbehälter zufließt.

Das Ritzel des Zahnradgetriebes ist mit dem Turbinenläufer starr gekuppelt und dreifach gelagert. Der Teilkreisdurchmesser des Ritzels beträgt 192 mm, seine Umfangsgeschwindigkeit daher 60 m/sek.

Beide Ritzelhälften zusammen haben eine Zahnbreite von 680 mm und sind bei normaler Belastung des Generators einem Liniendruck von 64 kg auf 1 cm Zahnbreite unterworfen. Die Normalteilung der Zähne ist 3π. Der Durchmesser des großen Rades beträgt 384 mm.

Die Verzahnung ist einseitig, schräg ausgeführt. Der dadurch entstehende Axialschub des Ritzels und des Rades wird durch Segmentdrucklager aufgefangen.

Die Zahnkränze des Rades sind nahtlos geschmiedet und aus Siemens-Martin-Spezialstahl mit einer Festigkeit von 52 bis 60 kg/qmm und 18% Dehnung bei zehnfacher Meßlänge des Probestabes hergestellt. Das Material des Ritzels ist Chrom-Nickelstahl mit einer Festigkeit von 80 bis 90 kg/qmm und 13% Dehnung.

Anhang I.

Das I-S-Diagramm.

Im ersten Band unter Anhang 1 „Grundlegende Kapitel aus der Wärmelehre“ sind die verschiedenen Methoden, thermodynamische Vorgänge graphisch darzustellen, ausführlich behandelt. Auch im ersten Band wurde hauptsächlich von dem sog. Wärmediagramm, dessen Abszisse die Entropiewerte und dessen Ordinaten die Temperaturen darstellen, vielfach Gebrauch gemacht. Dasselbe eignet sich für die Darstellung des Arbeitsvorganges in einer Dampfmaschine sehr gut, hat jedoch den Nachteil, daß die zur Verfügung stehenden Wärmemengen als Flächen erscheinen. Infolgedessen ist

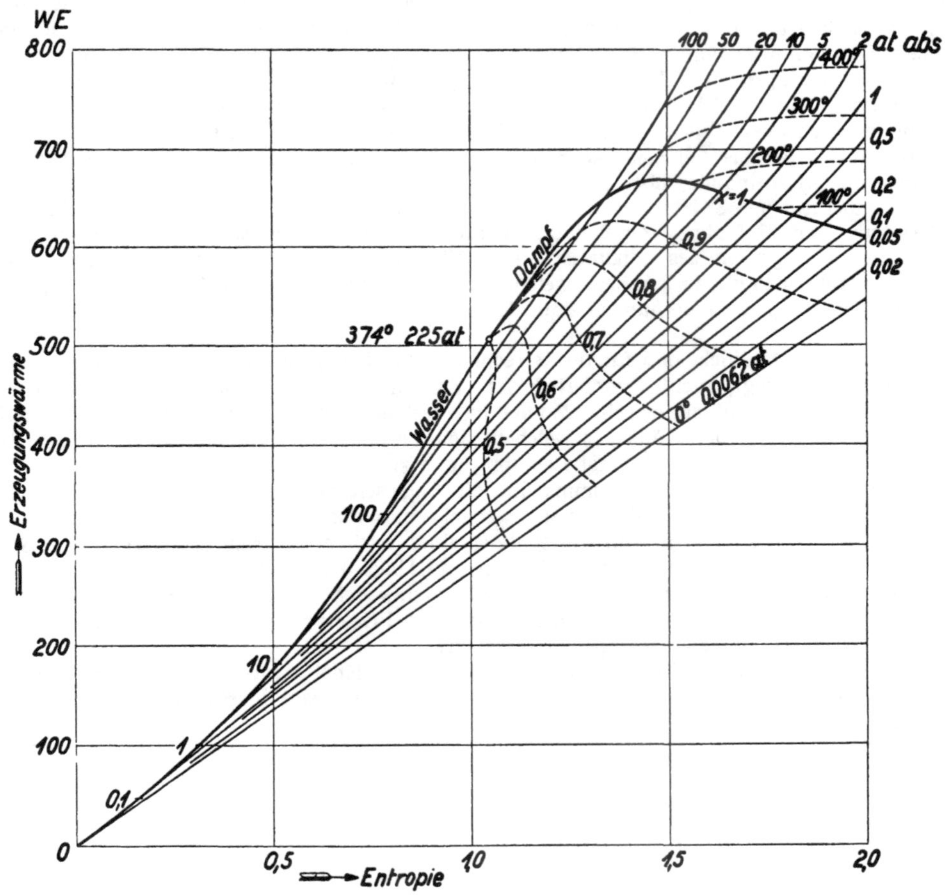

Abb. 1.

mit der Benutzung eines solchen Diagramms stets ein zeitraubendes Planimetrieren der Arbeits- und Verlustflächen verbunden.

Bei der Berechnung von Dampfturbinen handelt es sich meistens darum, die Differenz der Erzeugungswärmen zweier Zustände, welche die gleichen Entropiewerte aufweisen, schnell zu ermitteln, da diese Differenz die ausnutzbare Wärmemenge angibt. Die Berechnung der Dampfturbinen baut sich auf der Ermittlung dieser Differenz der Erzeugungswärmen auf, und es war ein besonderes Verdienst Molliers, ein Diagramm geschaffen zu haben, welches ein schnelles Abgreifen dieser Differenzen ermöglicht. Dieses Diagramm wird heute allgemein als *I-S*-Diagramm bezeichnet.

Im *I-S*-Diagramm sind die Entropiewerte als Abszissen, die Erzeugungswärmen als Ordinaten für verschiedene Dampfzustände aufgetragen. In das Diagramm sind Linien konstanten Druckes, Linien gleicher Temperatur bei Überhitzung und gleicher spezifischer Dampfmenge eingetragen.

Für die Berechnung von Turbinen ist der Ausgangspunkt immer die Bestimmung des adiabatischen Wärmegefälles zwischen dem Anfangs- und Endzustand. Unter adiabatischen Arbeitsprozessen versteht man bekanntlich einen Arbeitsprozeß, bei welchem die Entropie des betreffenden Körpers sich nicht verändert. Eine Adiabate ist also eine Linie konstanter Entropie und erscheint deshalb in diesem Diagramm, welches die Entropiewerte als Abszisse hat, als vertikale Gerade. Das adiabatische Gefälle ist gegeben durch die Differenz der Erzeugungswärmen von Anfangs- und Endpunkt.

Die Horizontallinien bedeuten in dem *I-S*-Diagramm Linien konstanter Erzeugungswärme (oft auch Linien konstanten Wärmeinhalts genannt). Diese Linien stellen die Drosselungslinien dar. Sie sind dadurch von praktischer Bedeutung, als dieselben ermöglichen, schnell denjenigen Dampfzustand festzustellen, welcher sich bei einem Drosselungsvorgang — d. h. also bei einem Prozeß, in welchem der Dampf von höherer Spannung auf niedrigere Spannung expandiert, ohne irgendwelche Arbeit zu leisten, aber auch ohne dabei Wärme an die Umgebung zu verlieren — einstellt.

Abb. 1 zeigt ein umfangreiches *I-S*-Diagramm, welches das gesamte Gebiet von Wasser und Dampf, von der Entropie 0 bis zum Wert 2,0 und von der Erzeugungswärme 0 bis zu 800 Kal. umfaßt. Aus diesem Diagramm ist ohne weiteres zu erkennen, daß die ausnutzbaren Wärmegefälle nur einen verhältnismäßig geringen Teil der gesamten Erzeugungswärme ausmachen und daß infolgedessen auch bei äußerst ökonomischer Ausnutzung des zwischen dem Anfangs- und Endzustand des Dampfes zur Verfügung stehenden Wärmegefälles nur eine recht beschränkte Ausnutzung des Brennstoffes möglich ist. Wir sehen aus dem Diagramm ferner, daß es einen Punkt gibt, bei welchem Wasser und Dampf unvermittelt ineinander übergehen. Dieser Punkt wird erreicht bei einem Druck von 225 at und einer Temperatur von 374°. Es ist also möglich, Wasser, das unter einem Druck von 225 at steht, durch Erhitzung auf 374° ohne Volumenvergrößerung in Dampf umzuwandeln. Weiter ist aus dem Diagramm durch Abgreifen des adiabatischen Gefälles, d. h. des senkrechten Abstandes zwischen Anfangs- und Endzustand, zu ersehen, welche wärmewirtschaftlichen Vorteile mit Erhöhung des Druckes und der Temperatur verbunden sind. Ebenso ist auch zu ersehen, welchen Vorteil ein hohes Vakuum bietet.

Es ist selbstverständlich, daß für die Berechnung von Dampfturbinen ein so umfassendes Diagramm, wie Abb. 1 zeigt, nicht erforderlich ist. Es würde in dieser Form den Nachteil besitzen, zu ungenau und zu unhandlich zu sein. Mollier hat deshalb sein ursprüngliches Diagramm auf das wesentlich kleinere Gebiet beschränkt, in welchem sich die praktisch vorkommenden Dampfturbinenprozesse abspielen und dafür die Maßstäbe entsprechend größer gehalten.

Seit der Aufstellung dieses Diagramms sind die Eigenschaften des Wasserdampfes vielfach und mit den modernsten Hilfsmitteln der Versuchstechnik durchforscht worden, um einwandfreie und absolut verläßliche Unterlagen für die Aufstellung eines solchen Diagramms zu erhalten. So sind insbesondere die Versuche von Knoblauch, Raisch und Hausen mit allergrößter Sorgfalt ausgeführt worden, und es sind *I-S*-Diagramme zustande gekommen, welche sowohl das Gebiet hohen Druckes wie auch das Vakuumgebiet, soweit dieselben technisch in Frage kommen, umfassen und die Dampfzustände auf das genaueste zu bestimmen ermöglichen.

Diesem Band ist als Tafel ein *I-S*-Diagramm nach Knoblauch-Raisch-Hausen beigeheftet, welches die Dampfzustände von 0,005 at bis 60 at bei einer Dampfnässe von 0,70 bis zu einer Dampftemperatur von 450° umfaßt.

Anhang II.

Die Darstellung des Dampfturbinen-Kreisprozesses im Wärmediagramm[1].

Die ideale Dampfturbine ergibt genau dasselbe Wärmediagramm wie die ideale Kolbenmaschine (Abb. 2). Von e bis a Erwärmung des Wassers, von a bis b Verdampfung; b bezeichnet den Zustand, mit dem der Dampf in die Turbine eintritt. Denkt man sich eine ideale, verlustlose einstufige Aktionsturbine (Laval), so ist die Adiabate $b\,c$ die Zustandsänderung des Dampfes beim Durchströmen der Düse; beim Austritt aus der Düse hat der Dampf den Zustand c (Kondensatorspannung), er befindet sich aber nicht in Ruhe, sondern hat die ganze, dem adiabatischen Gefälle $abce$ entsprechende Geschwindigkeit, sein Wärmeinhalt ist zum Teil in kinetische Energie umgewandelt. Beim Durchgang durch das Turbinenrad gibt der Dampf diese Energie an das Rad ab, wobei sein Zustand sich nicht ändert; hinter dem Rad hat er die Geschwindigkeit Null und den Zustand des Punktes c, sein Inhalt an kinetischer Energie ist aufgezehrt. Im Kondensator wird dann der Dampf niedergeschlagen, Linie ce.

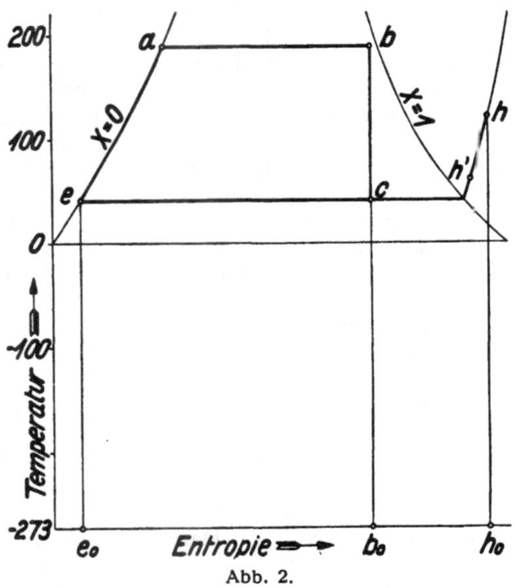

Abb. 2.

Die gesamte dem Dampf zugeführte Wärmemenge ist gleich der Fläche $e_0 e\,a\,b\,b_0$, die im Kondensator abgeführte Wärmemenge ist gleich der Fläche $e_0 e\,c\,b_0$. Die Differenz, das ist die Fläche $e\,a\,b\,c$, ist als äußere Arbeit an das Turbinenrad abgegeben worden.

Sobald man jedoch eine wirkliche Turbine mit Verlusten durch Dampfreibung, Wirbelung und Austrittsverlust betrachtet, ist die nutzbar gewonnene äußere Arbeit nicht mehr gleich der Fläche, die durch die Kurve der Zustandsänderung des Dampfes in der Turbine begrenzt wird. Dies erkennt man besonders deutlich, wenn man den Grenzfall einer Turbine mit dem Wirkungsgrad Null betrachtet, bei der die ganze kinetische Energie des Dampfes durch Reibung in Wärme verwandelt wird (Abb. 2). (Dieser Fall liegt in Wirklichkeit vorübergehend vor, wenn eine einstufige Schiffsturbine umgesteuert wird und im Moment der Umkehr der Bewegungsrichtung die Umlaufszahl Null hat; ferner, wenn in einer Turbine der Rotor festgebremst oder ganz entfernt wird und dabei die Düsen unter vollen Dampfdruck gesetzt werden, um sie in bezug auf die durchgehende Dampfmenge zu eichen.) In diesem Fall ist die Kurve der Zustandsänderung des Dampfes bis zum Punkt b dieselbe, wie vorher bei der idealen Turbine, und wenn wir der Einfachheit halber die Düse noch als verlustlos annehmen, auch bis zum Punkte c. Nun aber strömt der Dampf durch das stillstehende Turbinenrad, also ohne Energie abzugeben, und durch den Abdampfbogen nach dem Kondensator und verliert dabei seine Geschwindigkeit durch Reibung und Wirbelung. Die ganze durch die adiabatische Expansion $b\,c$ erzeugte kinetische Energie wird in Wärme zurückverwandelt, der Dampf im Punkt c erfährt also eine neue Wärmezufuhr, aber nicht von außen, sondern „von innen". Der Wärmeinhalt des Dampfes nimmt also bei konstantem Druck (Kondensatordruck) zu, der Dampf wird trockener und, wenn die Nässe in Punkt c nicht zu groß war, überhitzt. Der Zustand des Dampfes nach dem Verlust seiner Geschwindigkeit, aber vor der Abkühlung im Kondensator, ist demnach durch den Punkt h dargestellt (Abb. 2).

[1]) Vgl. Bd. I, Hauptt., S. 10f., und Anhang I sowie Jahrbuch d. Schiffbautechn. Ges. 1917, Vortrag des Verfassers „Wärmetechnische Betrachtungen über die Wirtschaftlichkeit der Schiffsantriebe".

Während der ganzen Zustandsänderung $b\,c\,h$ ist der Energieinhalt des Dampfes konstant, nur seine Verteilung auf Wärmeinhalt und kinetische Energie ändert sich. Im Kondensator wird der Dampf hierauf niedergeschlagen, seine Zustandsänderung folgt dabei dem Linienzug $h\,c\,e$.

Die durch den Linienzug der Zustandsänderung des Dampfes eingeschlossene Fläche ist dieselbe wie bei der idealen Turbine; trotzdem ist die äußere Arbeit Null, und am Ende eines vollen Kreislaufes ist keine Wärmemenge in äußere Arbeit verwandelt. Die gesamte von außen zugeführte Wärmemenge ist $e_0\,e\,a\,b\,b_0$, die gesamte im Kondensator abgeführte Wärmemenge ist $h_0\,h\,c\,e\,e_0$; da die äußere Arbeit Null ist, müssen beide gleich sein. Es ist also $e\,a\,b\,c$ gleich $c\,h\,h_0\,b_0$, und daraus ergibt sich die Lage des Punktes h auf der Linie des Kondensatordruckes. Die gesamte Wärmemenge $e\,a\,b\,c$, die im Punkt c infolge der adiabatischen Expansion $b\,c$ in kinetische Energie verwandelt war, wird von c bis e dem Dampf während desselben Kreislaufes zum zweiten Male als Wärme zugeführt. Man darf daher die Fläche $c\,h\,h_0 b_0$ nur dann als „zugeführte Wärmemenge" einsetzen, wenn man gleichzeitig an der Fläche $eabc$, aus der diese Wärmemenge herrührt, eine gleich große Fläche in Abzug bringt.

Der durch den Punkt h gekennzeichnete Zustand wird aber von dem Dampf nur dann wirklich erreicht, wenn die Wärmeentziehung im Kondensator nicht eher beginnt, als die Vernichtung der Bewegungsenergie des Dampfes durch Reibung und Wirbelung vollkommen beendigt ist. In Wirklichkeit wird dies aber nie ganz zutreffen, da der Dampf zwischen den vorderen Kondensatorrohren, wo ihm bereits ein Bruchteil seiner Wärme entzogen wird, noch ein beträchtliches Volumen und eine entsprechend große Geschwindigkeit hat. Die Erwärmung „von innen" durch Drosselung und die Abkühlung durch die Kondensatorrohre gehen also zum Teil gleichzeitig vor sich, und der Zustand h im Wärmediagramm wird nicht mehr ganz erreicht. Vielmehr geht die wirkliche Zustandsänderung des Dampfes nur noch etwa bis zum Punkt h' (Abb. 2), obwohl an den im ganzen zu- und abgeführten Wärmemengen nichts geändert ist. Man kann sich sogar als Grenzfall vorstellen, daß die innere Wärmeentwicklung durch die Drosselung und die Wärmeabfuhr nach außen (etwa durch Einspritzung von Kühlwasser in die stillstehende Turbine) von Anfang an derart gleichzeitig vor sich gehen, daß die Wärmezufuhr und die Abkühlung in jedem Moment sich gegenseitig gerade aufheben. Dann verharrt der Dampf während der ganzen Zeit, in der ihm seine Geschwindigkeit entzogen wird, unverändert in dem durch den Punkt c dargestellten Zustand, ganz ebenso, wie bei der idealen Turbine (Abb. 2), worauf er durch die weiter fortdauernde Abkühlung in den Zustand e überführt wird. Das die Zustandsänderung des Dampfes während des ganzen Kreislaufes darstellende Wärmediagramm besteht dann also nur noch aus dem Linienzug $e\,a\,b\,c$ und ist somit vollständig identisch mit dem Diagramm der idealen Maschine, obwohl die äußere Arbeit in dem einen Falle Null und in dem anderen gleich der ganzen Fläche des Diagramms ist. Die Fläche des Wärmediagramms stellt zwar immer eine Wärmemenge dar, die in äußere Arbeit verwandelt ist; diese äußere Arbeit kann jedoch im weiteren Verlauf des Kreisprozesses ganz oder teilweise wieder in Wärme zurückverwandelt werden. Die während des ganzen Kreisprozesses gewonnene äußere Arbeit ist gleich der überhaupt erzeugten äußeren Arbeit, vermindert um die wieder in Wärme zurückverwandelte; diese letztere läßt sich aber aus dem Wärmediagramm des Dampfes nur so weit bestimmen, als während der Rückverwandlung nicht gleichzeitig Wärmezu- oder -abfuhr von außen stattfindet. Wenn diese letzte Bedingung nicht erfüllt ist, kann die gewonnene äußere Arbeit aus dem Wärmediagramm des Dampfes allein überhaupt nicht ermittelt werden.

Die Zustandsänderung des Dampfes in der wirklichen Turbine in normalem Betriebszustand liegt zwischen der der idealen Turbine und der festgebremsten. Abb. 3 ist das Wärmediagramm für eine einstufige Turbine; b ist der Dampfzustand beim Eintritt in die Turbine, c der Zustand am Ende der Düse (wenn die Verluste in der Düse vernachlässigt werden können) und f ist der Zustand beim Eintritt in den Kondensator. Die Fläche $c\,f\,f_0\,b_0$ ist die infolge der Dampfreibung und Wirbelung in Turbine und Abdampfbogen aus Bewegungsenergie zurückverwandelte Wärmemenge; die Fläche $e\,a\,b\,c$, vermindert um die Fläche $c\,f\,f_0\,b_0$, ist demnach gleich der Summe der gewonnenen äußeren Arbeit und derjenigen Energie, die der Dampf beim Eintritt in den Kondensator noch in Form von Bewegungsenergie besitzt. Wie groß diese Bewegungsenergie ist, läßt sich aus dem Wärmediagramm nicht erkennen, da ihre Rückverwandlung in Wärme gleichzeitig mit Wärmeabfuhr durch das Kühlwasser des Kondensators vor sich geht. Wenn die Verluste in der Düse nicht vernachlässigbar klein sind, hat der Dampf am Ende der Düse nicht den Zustand c, sondern etwa den Zustand f', und die Zustandsänderung in der Turbine verläuft nach $b\,k\,f'f$. Bei einer Reaktionsturbine, bei der der Dampfdruck am Ende der Düse noch höher ist als der Enddruck der Stufe, wird der Dampfzustand am Ende der Düse etwa dem Punkt r entsprechen, und die Zustandsänderung in der Turbine folgt der Kurve $b\,r\,f$.

Bei einer mehrstufigen Turbine ergibt sich ein Diagramm nach Abb. 4. Die äußere Arbeit der ersten Stufe, vermehrt um die Austrittsenergie dieser Stufe, ist gleich der Fläche $a\,b\,c'a'$, vermindert um die Fläche $c'b'b_0'b_0$, die der zweiten Stufe ist $a'b'c''a''$, vermindert um $c''b''b_0''b_0'$, die der dritten Stufe ist $a''b''c'''a'''$, vermindert um $c'''b'''b_0'''b_0''$ usw. bis zur letzten Stufe. Die innerhalb des Dreiecks bcf liegenden kleinen Rechtecke kommen sämtlich sowohl als positive äußere Arbeit wie als in Wärme zurückverwandelte abzuziehende Arbeit vor; sie brauchen also nicht weiter berücksichtigt zu werden. Die in der ganzen Turbine gewonnene äußere Arbeit, vermehrt um die kinetische Energie des Dampfes beim Eintritt in den Kondensator, ist somit gleich Fläche $e\,a\,b\,c$ minus Fläche $c\,f\,f_0\,b_0$. Die Form der Kurve $b\,b'b'' \ldots f$, die den Verlauf der Zustandsänderung des Dampfes innerhalb der Turbine darstellt, ist somit gleichgültig; es kommt nur auf den Endzustand f an. Dies ergibt sich auch unmittelbar aus dem ersten Hauptsatz. Denn die im Kondensator abgeführte Wärmemenge ist um den Betrag $c\,f\,f_0\,b_0$ größer als die bei der idealen Maschine abgeführte Wärmemenge; um ebensoviel muß also die äußere Arbeit kleiner sein als bei dieser. Der Verlust ist also allein durch die Lage des Punktes f auf der Linie des Kondensatordrucks gegeben.

Im allgemeinen wird es bei praktischen Messungen nicht möglich sein, den Zustand des Dampfes beim Eintritt in den Kondensator oder die im Kondensator abgeführte Wärmemenge mit genügender Genauigkeit zu bestimmen, dagegen kann die gewonnene äußere Arbeit, z. B. durch einen Torsions-Indikator, gemessen werden. Man addiert die schätzungsweise berechnete Lagerreibungsarbeit der Turbine zu der gemessenen Wellenleistung und bestimmt so die vom Dampf an den Turbinenrotor abgegebene „indizierte“ Arbeit; man legt dann im Wärmediagramm den Punkt f auf der Linie des Kondensatordrucks so, daß Fläche $e\,a\,b\,c$, vermindert um $c\,f\,f_0\,b_0$, diese „indizierte“ äußere Arbeit ergibt. Punkt f bezeichnet also keinen gemessenen und eigentlich auch keinen wirklich vorkommenden Zustand des Dampfes.

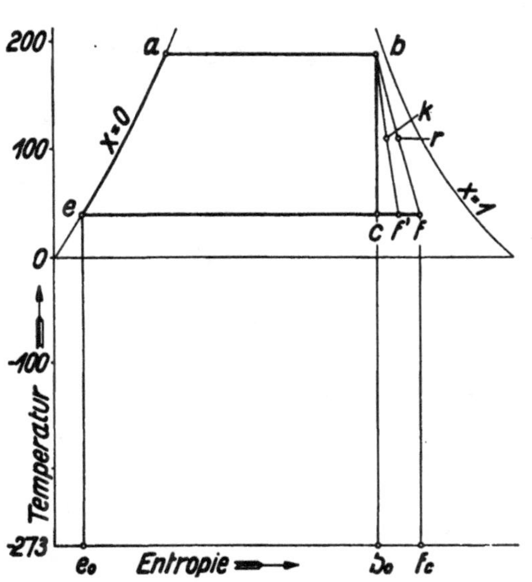

Abb. 3.

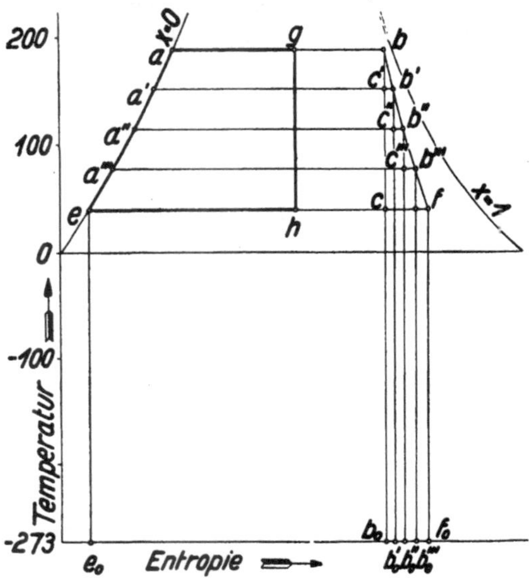

Abb. 4.

den Zustand des Dampfes. Er stellt vielmehr denjenigen Zustand dar, den der Dampf erreicht haben würde, wenn er vor dem Eintritt in den Kondensator seine Geschwindigkeit vollkommen verloren gehabt hätte; der wirkliche Endzustand des Dampfes muß ein wenig links von f liegen. Durch die Kurve $b\,f$ kann man noch schätzungsweise oder mit Hilfe von Messungen in den verschiedenen Stufen der Turbine den Verlauf der Zustandsänderung innerhalb der Turbine darstellen, um eine möglischst anschauliche und vollständige Abbildung des wirklichen Vorganges zu erhalten. Für die Darstellung der gewonnenen Arbeit ist diese Kurve aber ohne Bedeutung. Ferner ist es zweckmäßig, die Subtraktion der Fläche $c\,f\,f_0\,b_0$ von der Fläche $e\,a\,b\,c$ graphisch auszuführen, indem man z. B. die Senkrechte $g\,h$ so zieht, daß die Fläche $g\,h\,c\,b$ gleich der Fläche $c\,f\,f_0\,b_0$ ist. Dann ist $e\,a\,g\,h$ die vom Dampf an den Turbinenrotor abgegebene äußere Arbeit, und das Verhältnis von $e\,a\,g\,h$ zu $e\,a\,b\,c$ ist der sog. indizierte Wirkungsgrad der Turbine. Man darf aber nicht vergessen, daß die Linie $g\,h$ nicht eine Zustandsänderung des Dampfes darstellt.

Im vorstehenden ist die Darstellung des Arbeitsprozesses der Dampfturbinen im Wärmediagramm prinzipiell erläutert worden. Für die praktische Übertragung müssen wir uns noch klar werden über die auftretenden Verluste. Dieselben lassen sich im allgemeinen in die nachstehenden Gruppen zusammenfassen:

1. Spannungsverlust zwischen dem Raum vor dem Ventil und vor den Düsen, welcher der Turbine eigentlich nicht zur Last gelegt werden kann. Derselbe bewirkt eine Drosselung des Dampfes von der Spannung p_1 auf die Spannung p_1' herab (Abb. 5), wodurch die obere Begrenzung des theoretischen Diagramms von $a\,b$ auf $a'\,b'$ herabgedrückt wird. Da mit der Drosselung eine Verringerung des Wärmeinhalts nicht verbunden ist, muß die Verlustwärme $a'a\,b\,\beta'$ in dem Dampfquantum von der verringerten Spannung p_1' wieder erscheinen, und zwar bewirkt sie in unserem Falle eine Erhöhung der spez.

Dampfmenge im Verhältnis $a' b'$ zu $a' \beta'$, was sich aus der Gleichheit der Wärmeflächen $a\, b\, \beta'\, a'$ und $b_0\, \beta'\, b'\, b'_0$ ergibt.

2. Infolge der unvermeidlichen Widerstände in den Ausströmungsleitungen wird das Vakuum des Kondensators in der Turbine nicht erreicht. Die Expansion erstreckt sich also nur bis zum Punkt c' statt zum Punkt c, wodurch ein Verlust gleich der Wärmefläche $e\, e'\, c'\, c$ eintritt.

Von der für die Verwandlung in mechanische Arbeit nunmehr noch zur Verfügung stehenden Fläche $a'\, b'\, c'\, e'$ kommen nun weitere Verluste in Abzug, und zwar

3. Spaltverluste und Stopfbüchsenverluste. Dieselben verringern das in dem betreffenden Schaufelkranz arbeitende Dampfquantum. Der Wärmeinhalt der entweichenden Mengen wird aber in den späteren Stufen, falls solche vorhanden, teilweise wieder ausgenutzt.

4. Reibungsverluste in den Düsen, Leitschaufeln und Laufschaufeln, wozu auch Ventilationsverluste zu rechnen sind. Das Äquivalent der Reibungsarbeit bleibt im Dampf enthalten und verringert dessen Dampfnässe bzw. erhöht dessen Temperatur (letzteres bei trockenem oder überhitztem Dampf.

5. Austrittsverluste. Wie bereits früher gezeigt, ist die Geschwindigkeitsenergie, mit welcher der Dampfstrahl das Schaufelrad verläßt, nur dann als solche ganz verloren, wenn sie nicht in der nächsten Stufe wieder ausgenutzt werden kann, namentlich also in Stufen, hinter welchen der Dampf

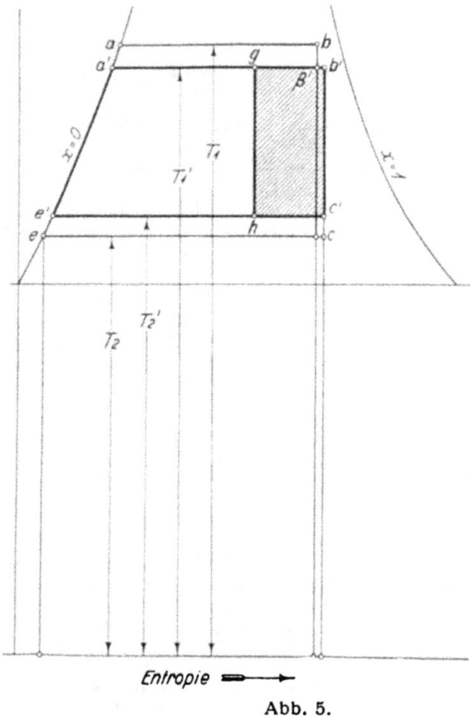

Abb. 5.

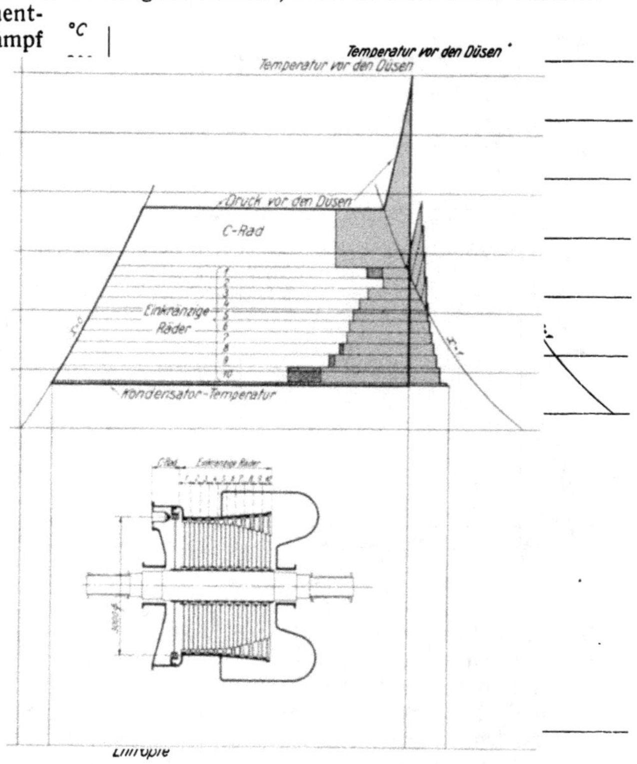

Abb. 6.

zur Ruhe kommt, und in der letzten Stufe. Was als Geschwindigkeitsenergie verlorengeht, wandelt sich, wie wir gesehen haben, wie die Reibungsarbeit in Wärme um und leistet in dieser Form noch eine gewisse Arbeit (außer bei der letzten Schaufelreihe).

Die Verluste zu 3, 4 und 5 sind von der zur Verfügung stehenden Arbeitsfläche $a'\, b'\, c'\, e'$ abzusetzen. Dies wird im Wärmediagramm mangels der Möglichkeit einer präzisen Darstellung am einfachsten in der Weise bewerkstelligt, daß man die Größe dieser Verluste feststellt und durch einen vertikalen Strich — hier $g\, h$ — von dem Rest des theoretischen Diagramms abtrennt, so daß eine Verlustfläche — hier $g\, b'\, c'\, h$ — gebildet wird. Es bleibt also als Äquivalent der in der Turbine geleisteten Arbeit die Fläche $e'\, a'\, g\, h$ übrig, von welcher, um die effektive Leistung zu erhalten, noch die mechanischen Verluste abzuziehen wären.

Dieses vorausgeschickt, sei nun der Vorgang in einer Räderturbine mit 1 C-Rad und 10 Aktionsrädern betrachtet, welche in schematischer Form gleichzeitig mit dem sich ergebenden Wärmediagramm in Abb. 6 dargestellt ist.

Die Verlustflächen sind im Wärmediagramm durch Schraffur gekennzeichnet und die Austrittsverluste noch besonders durch gekreuzte Schraffur hervorgehoben. Der große Austrittsverlust bei

Rad 1 ist begründet durch partielle Beaufschlagung des ersten Rades, während die Austrittsverluste im 8. und 9. Rad durch die große Differenz zwischen den Längen des Laufrades und der nachfolgenden Düse begründet sind.

Zur Charakterisierung der Verhältnisse in einer Reaktionsturbinenanlage bei der Darstellung im Wärmediagramm ist in Abb. 7 für den Dampfer „Imperator" das Wärmediagramm mit einer schematischen Skizze der Anlage dargestellt. Auch hier sind wieder die Austrittsverluste aus den einzelnen Schaufelgruppen durch gekreuzte Schraffur besonders kenntlich gemacht. Bemerkenswert sind die erheblichen Verluste zwischen den einzelnen Turbinen, besonders aber der große Verlust zwischen Niederdruckturbine und Kondensator.

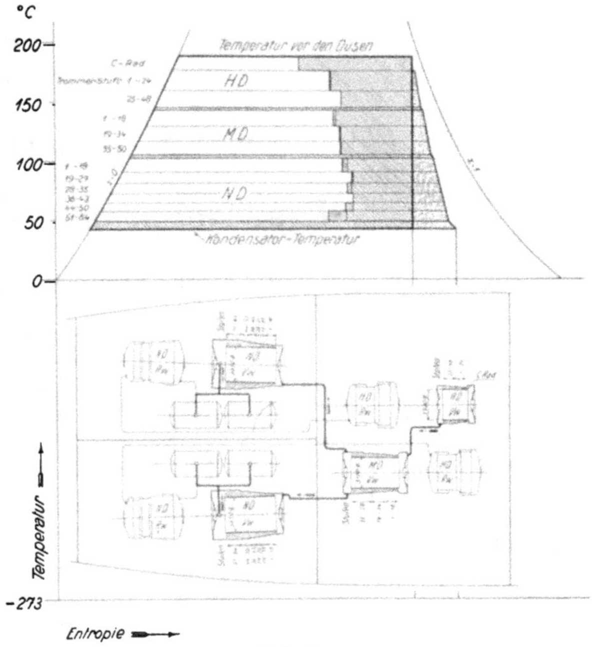

Abb. 7.

Ein Fall, wo die Benutzung des Wärmediagramms von besonderem Vorteil ist, ergibt sich bei der Berechnung von Abdampfturbinenanlagen. Abb. 8 und 9 zeigen die Diagramme für die Maschinenanlage des Dampfers „Cap Trafalgar", welche aus zwei Kolbenmaschinen an den beiden Seitenwellen und einer Abdampfturbine auf der Mittelwelle besteht. Bezüglich der Übertragung des Indikatordiagramms der Kolbenmaschine in das Wärmediagramm sei auf Band I, § 6 f. verwiesen. Die Dimensionen und Betriebsverhältnisse, welche den Diagrammen der Abb. 8 und 9 zugrunde liegen, sind die folgenden:

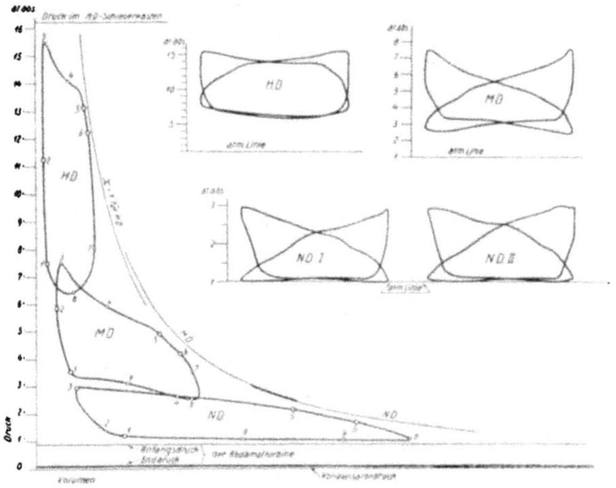

Abb. 8.

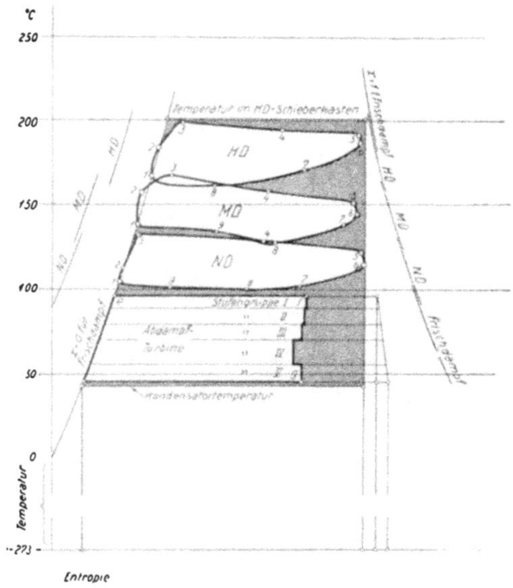

Abb. 9.

Kolbenmaschinen.

Zylinder-Durchmesser:	800/1330/2 × 1440 mm
Hub	1500 mm
Umlaufzahl	78,5 Umdr./Min.
Leistung für eine Maschine	5500 PS_i
Dampfmenge für eine Maschine	39950 kg/Std.

Abdampfturbine.

Trommel-Durchm.	2700 mm
Stufenzahl	56
Umlaufzahl	192 Umdr./Min.
Leistung	6300 PS
Dampfmenge	79900 kg/Std.

Aus Diagramm Abb. 9 ist ohne weiteres zu erkennen, welche großen Vorteile für die Ökonomie einer Anlage die Kombination der Kolbenmaschinen mit einer Abdampfturbine bringt.

Anhang III.

Das Nehlssche Verfahren.

Im allgemeinen nimmt man bei der Bestimmung des Trägheitsmomentes von Trägerquerschnitten, die auf Biegung beansprucht werden, eine Teilung des Querschnitts vor in einzelne Rechtecke, deren Trägheitsmomente leicht analytisch ermittelt werden können und summiert das gesuchte Gesamtträgheitsmoment ergeben. Bei Trägerquerschnitten, die nicht von geraden oder annähernd geraden Linien begrenzt werden, wie wir sie bei stromformenden Profilen von Tragflügeln, Turbinenschaufeln und Propellerflügeln finden, ist die einfache Berechnung vielfach nicht genau genug. Man wendet hier graphische Integrationsverfahren an, von denen das von Nehls wohl das bekannteste und einfachste ist.

Dasselbe beruht auf einer Umformung der allgemeinen Formel

$$J_a = \int a^2 \cdot dF \text{ in } J_a = \alpha^2 \cdot \int d\,\Phi,$$

d. h. auf einer Reduktion der Flächenelemente $d\,F$ mit verschiedenen Abständen a auf solche $d\,\Phi$ mit konstantem Abstande α. Diese Reduktion wird in einem einfachen graphischen Verfahren durchgeführt — vgl. Abb. 10 —.

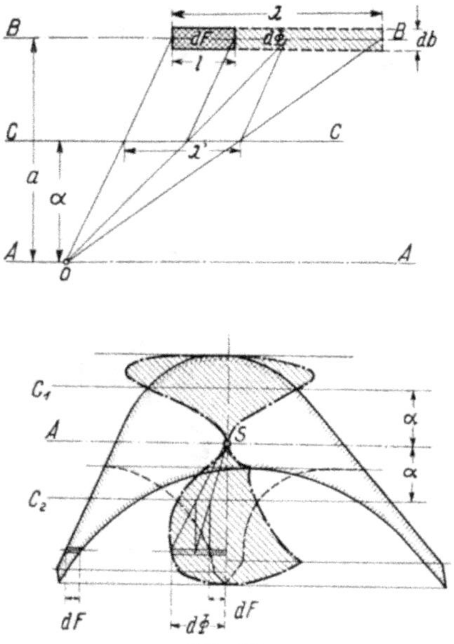

Abb. 10.

Man zerteilt die gegebene Fläche F parallel zur Bezugsachse AA in Streifen von der Breite db und wählt einen willkürlichen Reduktionsabstand α und einen beliebigen Anfangspunkt 0. Man verschiebt nun ein gegebenes Flächenelement mit der Länge l von der Parallelen BB auf CC und projiziert es von 0 aus wieder auf BB. Mit der so erhaltenen Länge λ' wiederholt man dies Verfahren nochmals und erhält die Strecke λ. Dies ist die Länge des gesuchten reduzierten Flächenelements $d\,\Phi$ von der Breite $d\,b$, denn aus Proportionalitätsgründen folgt unmittelbar:

$$\frac{\lambda'}{l} = \frac{\alpha}{a} \qquad \lambda' = \frac{l \cdot \alpha}{a}$$

$$\frac{\lambda}{\lambda'} = \frac{\alpha}{a} \qquad \lambda = \frac{\lambda' \cdot \alpha}{a} = \frac{l \cdot \alpha^2}{a^2}$$

$$d\,\Phi = d\,b \cdot \lambda = d\,b \cdot \frac{l \cdot \alpha^2}{a^2}$$

da nun aus der ersten Gleichung folgt, daß

$$d\,J_a = \alpha^2 \cdot d\,\Phi,$$

so ist nach letzterem

$$d\,J_a = \alpha^2 \frac{l \cdot a^2}{\alpha^2} \cdot d\,b = a^2 \cdot l \cdot d\,b = a^2 \cdot d\,F,$$

womit das Verfahren als richtig erwiesen ist. Den Gesamtwert J_a erhalten wir durch graphische Integration der λ-Werte über db und Multiplikation des Flächeninhaltes Φ mit α^2.

Für die Praxis benutzt man zweckmäßig die Beziehung, daß der Wert des Trägheitsmomentes sich nicht ändert, wenn man Teile der Fläche parallel zur Achse verschiebt und legt die einzelnen Längen l zu einer einheitlichen Fläche zusammen an eine senkrecht zu AA in 0 gezogene Achse. Man erhält dann auch für die reduzierte Fläche eine zum Planimetrieren einfachere Form. Als Beispiel ist die Bestimmung des Trägheitsmoments einer Turbinenschaufel, bezogen auf die Schwerachse parallel zur Verbindung der Ein- und Austrittskante, durchgeführt.

Anhang IV.

Ausbalancieren und Auswuchten von Rotoren.

§ 1. **Einleitung.** Es ist eine bekannte Erfahrung, daß auch sorgfältig gedrehte Maschinenteile häufig nach dem Zusammenbau eine von der Achse abweichende Schwerpunktslage aufweisen. Diese Abweichung verursacht bei der Rotation das Entstehen einer Zentrifugalkraft, deren Richtung mit dem Rotor umläuft.

Im nachstehenden soll nur der horizontal gelagerte Rotor, und zwar ohne Berücksichtigung der Durchbiegung behandelt werden.

In Abb. 11 sei e der Abstand des Schwerpunktes S vom Drehungsmittelpunkt M des Systems, ferner G das Gewicht und ω die Winkelgeschwindigkeit. Es ergibt sich die Fliehkraft

$$F = \frac{G}{g} \cdot e \cdot \omega^2$$

und es ist ohne weiteres zu ersehen, daß F auch bei kleinem e sehr groß werden kann, wenn ω groß ist. Beispielsweise würde eine Scheibe von 100 kg Gewicht mit einer Schwerpunkts-Exzentrizität von 0,1 mm bei 5000 Umdr./Min. eine Fliehkraft von 280 kg aufweisen, also fast das Dreifache des Eigengewichts.

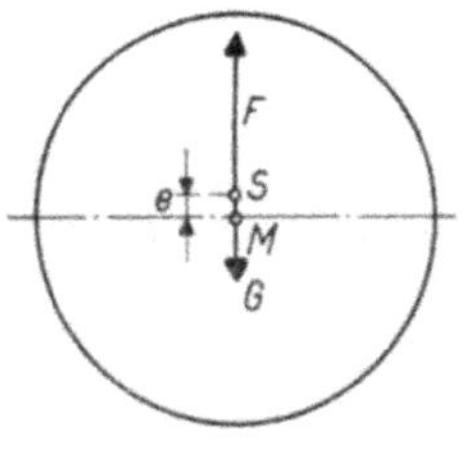

Abb. 11.

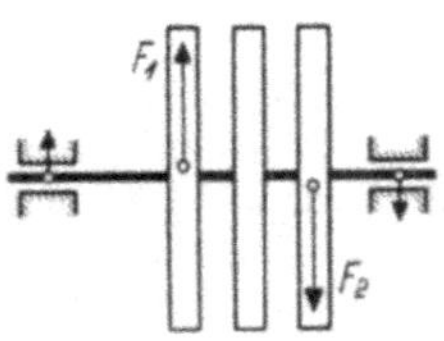

Abb. 12.

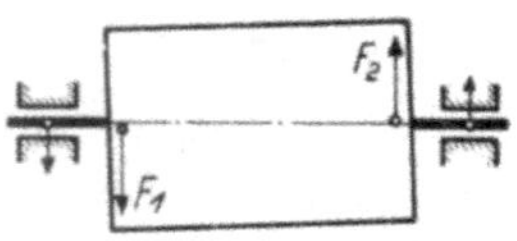

Abb. 13.

Die Fliehkraft setzt sich mit dem Eigengewicht zusammen und dies hat zur Folge, daß sowohl die Welle wie auch die Lager Belastungsschwankungen während jeder Umdrehung unterworfen sind. Durch die Belastungsschwankungen der Welle werden in ihr Transversalschwingungen angeregt, welche beim Zusammenfallen mit der Eigenschwingungszahl (kritische Drehzahl) zum Bruch führen müssen (vgl. hierzu Hptt., § 104). In den Lagern wird ein schneller Verschleiß eintreten. Der Rotor wird unruhig laufen.

Die Unruhe im Gang des Rotors kann noch verstärkt werden, wenn die Lagerböcke in seitlicher Richtung nicht genügend steif sind oder wenn das Fundament so elastisch ist, daß sich starke Fundamentschwingungen ausbilden können. In diesen beiden Fällen können Eigenschwingungszahlen von Fundamentteilen, die mit den Betriebsdrehzahlen zusammenfallen, die Ursache von Brüchen sein.

Befinden sich auf einer Welle mehrere Scheiben (Abb. 12) oder hat der Rotor große Längenausdehnung (Trommel, Abb. 13), so kann zwar der Fall eintreten, daß die vorhandenen Schwerpunktsfehler der einzelnen Teile sich ausgleichen und der Gesamtschwerpunkt in die Wellenachse fällt; wird aber ein solcher Rotor in Drehung versetzt, so ergeben sich die Zentrifugalkräfte F_1 und F_2, welche ein Kräftepaar bilden und also bestrebt sind, den Rotor um seinen Schwerpunkt zu kippen. Auch jetzt treten wieder bei jeder Umdrehung durch Zusammensetzung von Fliehkraft und Eigengewicht Belastungsschwankungen der Welle auf, welche eine Schwingung etwa mit einem Knoten zwischen beiden Lagern anregen können, die wieder, wenn die betreffende Drehzahl mit der Eigenschwingungszahl zusammenfällt, gefährlich zu werden vermag. Ebenso werden auch wieder Belastungsschwankungen in den Lagern eintreten, welche verstärkte Lagerabnutzung sowie Schwingungen der Lagerböcke oder Fundamentsschwingungen hervorrufen können. Auch in diesem Falle wird die Maschine unruhig laufen.

Im allgemeinen werden sich bei Turbinenrotoren Abweichungen des Schwerpunkts von der Mittellinie („Unbalance“) sowohl als Einzelkraft, wie auch als Kräftepaar gleichzeitig bemerkbar machen. Um dieselben wegzuschaffen, bedient man sich besonderer Verfahren und Maschinen.

§ 2. **Ausbalancieren und Auswuchten.** Unter Ausbalancieren versteht man die Beseitigung der Exzentrizität des Gesamtschwerpunktes, indem man das einseitige Übergewicht des Rotors durch Pendelnlassen auf Schneiden feststellt und durch Anbringen eines entsprechenden Gegengewichtes an der entgegengesetzten Seite ein vollständiges statisches Gleichgewicht herstellt.

Wenn wir diese Arbeit an einem bei der Rotation mit Einzelkraft und Kräftepaar behafteten Rotor ausgeführt haben, so ist damit wohl die Einzelkraft zum Verschwinden gebracht worden, nicht aber das Kräftepaar. Die Feststellung des letzteren kann nur durch Rotierenlassen des Rotors erfolgen, da das Kräftepaar erst bei der Rotation entsteht. Die Bestimmung der Größe erfolgt auf eigens für diesen Zweck konstruierten Auswuchtmaschinen (vgl. § 5). Durch Anbringen von Ausgleichgewichten in zwei verschiedenen Rotationsebenen kann ein Kräftepaar erzeugt werden, welches dem Fehlerkräftepaar gleich und entgegengesetzt ist und dieses also aufhebt.

Wir sehen, daß statisch, d. h. durch Ausbalancieren nur die schädliche Einzelkraft aufgehoben werden kann, während die Aufhebung des schädlichen Kräftepaares nur dynamisch, d. h. durch Auswuchten möglich ist, wobei natürlich beim Auswuchten auch gleichzeitig die Einzelkraft beseitigt werden kann. Je nach der Art der Maschine und Anlage wird man sich also manchmal, namentlich bei kurzen Rotoren, mit einer Ausbalancierung zufrieden geben können und manchmal, insbesondere bei langen Rotoren, ein Auswuchten verlangen müssen.

Abb. 14.

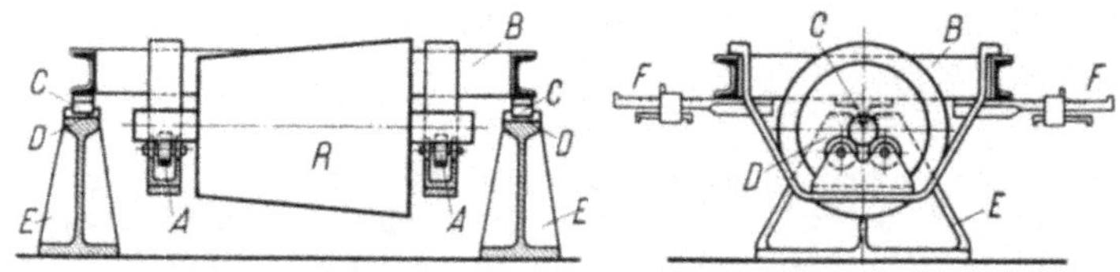

Abb. 15.

§ 3. **Vorrichtungen und Maschinen zum Ausbalancieren.** Die einfachste Vorrichtung zum Ausbalancieren zeigt Abb. 14; dieselbe besteht aus zwei genau horizontal liegenden parallelen Schneiden, auf welche der Rotor mit seiner Welle aufgelegt wird. Der Gesamtschwerpunkt sucht immer seine tiefste Lage einzunehmen und es tritt daher nach einem kurzen Rollweg ein Pendeln um die Mittellage ein, wenn der Schwerpunkt nicht genau zentrisch liegt. Auf diese Weise kann die Richtung der Schwerpunkts-Exzentrizität bestimmt werden. Durch probeweises Anbringen verschiedener Ausgleichmassen an einem gegenüberliegenden Radius oder Abnehmen in der Verlängerung des Schwerpunktradius ist es schließlich möglich, die Schwerpunkts-Exzentrizität nahezu aufzuheben. Je vollständiger die Korrektur gelingt, desto langsamer werden die Pendelschwingungen, und schließlich wird ein gleichmäßiges Rollen möglich sein. Zu beachten ist, daß zur Erzielung guter Resultate die Wellenzapfen genau rund und glatt sein müssen. Es ist selbstverständlich, daß diese Anordnung nur für leichte Rotoren von bescheidenen Dimensionen Anwendung finden kann. Die Genauigkeit wird beeinträchtigt durch die rollende Reibung der Wellenzapfen auf den Schneiden und die Schwierigkeit der genau geraden, parallelen und horizontalen Einstellung der Schneiden.

In den letzten Jahren sind von Krupp die sog. Schwerpunktswagen konstruiert worden, die es ermöglichen, das Ausbalancieren von Rotoren schneller und wesentlich genauer durchzuführen, als dies mit Hilfe der vorhin beschriebenen Einrichtung möglich ist. Das Prinzip einer solchen Wage ist aus Abb. 15 ersichtlich. Der Rotor R liegt auf Rollen A im Pendelrahmen B. Der Pendelrahmen liegt auf den Schneiden C in den Pfannen D, welche in den Lagerböcken E angeordnet sind. Das Rotormittel liegt etwas unter dem Schneidendrehpunkt. Ein mit dem Pendelrahmen verbundener Gewichtsbalken F ermöglicht nun die genaue Bestimmung der Schwerpunktsexzentrizität in der Weise, daß durch Drehen des Rotors auf den Rollen A bei gleichzeitigem Aufsetzen von Gewichten bei F für jede Stellung des Rotors das Moment des Schwerpunkts in bezug auf die Schneiden bestimmt werden kann. Die jeweilige horizontale Entfernung des Schwerpunkts von der Schneidenkante ist durch das Verhältnis von Rotorgewicht und Wagebalkenbelastung gegeben. Wiegt man so den Rotor in zwei zueinander senkrechten Richtungen aus, so ergibt sich durch Rechnung Richtung und Größe der Schwerpunkts-Exzentrizität.

Zur Beseitigung des Übergewichtes wird an einer geeigneten Stelle des Rotors in einem der Richtung der Schwerpunkts-Exzentrizität genau entgegengesetztem Radius ein Gegengewicht angebracht. Am besten geschieht dies in der Nähe der axialen Lage des Schwerpunktes, um die Entstehung eines zusätzlichen Kräftepaares zu vermeiden.

Das Verfahren, welches sich durch Einfachheit und Schnelligkeit auszeichnet, dürfte sich insbesondere für kurze, leichte Rotoren für verhältnismäßig niedrige Drehzahlen gut eignen. Der Nachteil, daß nur die schädlichen Einzelkräfte und nicht auch die schädlichen Kräftepaare beseitigt werden können, tritt in den vorgenannten Fällen nicht so stark in Erscheinung. Zu beachten ist, daß zur einwandfreien Durchführung die auf den Rollen aufliegenden Stellen der Wellenzapfen ganz genau zylindrisch geschliffen sein müssen, ferner daß nicht durch unzweckmäßige Anbringung der Ausgleichmasse ein Fliehkraft-Kräftepaar verursacht wird, welches die genaue Ausbalancierung wertlos machen würde.

§ 4. **Allgemeines über das Auswuchten.** Bevor die zum Auswuchten ersonnenen Apparate besprochen werden, wollen wir uns ein Bild über die auftretenden Fliehkraftfehler und die zu ihrer Beseitigung notwendigen Maßnahmen machen.

Wir denken uns einen starren Rotor, dessen Teile z. B. aufgesetzte Räder, mit ihren Massen m_1, m_2 bis m_n die Exzentrizitäten e_1, e_2 bis e_n aufweisen. Die bei der Rotation auftretenden Fliehkräfte sind dann

$$F_i = m_i \cdot e_i \cdot \omega^2.$$

Die Mechanik lehrt, daß eine beliebige Anzahl beliebig an einem starren Körper angreifender Kräfte ersetzt werden kann durch eine Einzelkraft und ein Kräftepaar in einer Ebene senkrecht hierzu — eine sog. Dyname — oder auch durch ein Kraftkreuz, d. h. zwei windschief zueinander angreifende Kräfte. In unserem Falle, der ja insofern speziell ist, als alle angreifenden Kräfte in parallelen Ebenen liegen und durch eine Achse gehen, muß auch das Kraftkreuz einen Sonderfall darstellen, und zwar müssen, wie leicht einzusehen ist, die beiden Ersatzkräfte ebenfalls in zwei parallelen Ebenen liegen und durch die gleiche Achse gehen. Die Bedingung für den vollständigen Massenausgleich ist, daß die Summe aller Kräfte und aller Momente zu Null wird, d. h. in unserem Falle, daß die beiden Ersatzkräfte durch gleich große, entgegengesetzt gerichtete Kräfte auszugleichen sind. Damit ist also gesagt, daß wir das Auswuchten zum vollständigen Massenausgleich durch das Anbringen je einer Kraft in zwei verschiedenen Ebenen senkrecht zur Achse des Rotors vornehmen ikönnen. Das Anbringen einer Kraft ist für unseren Fall dentisch mit dem Anbringen einer Masse.

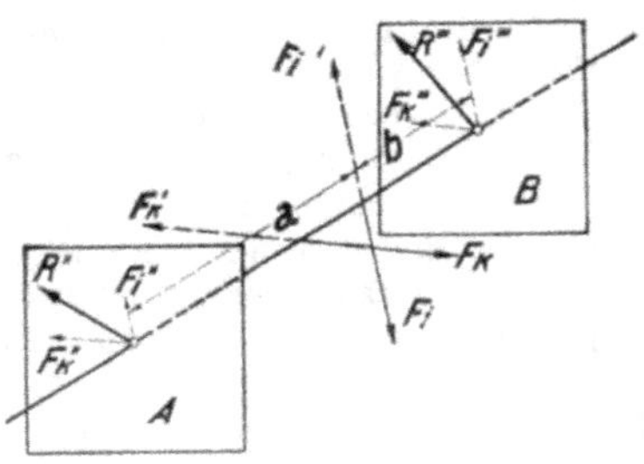

Abb. 16.

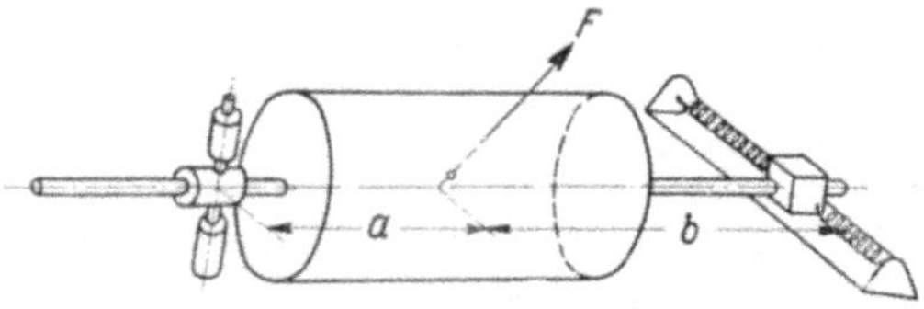

Abb. 17.

Um den soeben allgemein skizzierten Gedankengang zu veranschaulichen, wählen wir folgende Betrachtung:

Der nächstliegende Ausgleich einer auftretenden Fliehkraft F_i wäre die Anbringung einer entgegengesetzt gleichen Kraft F_i' in der gleichen Ebene. Ist diese Ausgleichskraft nicht in derselben Ebene anzubringen, so muß man sie auf zwei Ebenen verteilen, damit das Moment nicht verändert wird, und zwar bestehen für die beiden Teilausgleichskrafte F_i'' und F_i''' die Beziehungen (vgl. Abb. 16)

$$F_i'' + F_i''' = F_i' \qquad F_i'' \cdot a = F_i''' \cdot b.$$

Mit der Festlegung der beiden Ausgleichsebenen A und B sind die Abstände a und b bekannt und damit auch F_i'' und F_i'''. Da außerdem ω^2 nur ein Proportionalitätsfaktor ist und das e_i ganz allgemein durch die Anordnung von Ringnuten in den beiden Ebenen festgelegt ist, lassen sich die Größen der einzelnen Ausgleichsmassen m_i'' und m_i''' bestimmen. Wir erhalten also für jede einzelne Kraft F_1 bis F_n am starren Rotor in jeder der beiden Ebenen A und B eine Masse zum Ausgleich. Durch diese Massen sind Kraftvektoren dargestellt, die sich zu einer Resultierenden R'' bzw. R''' zusammensetzen und diese ist in unserem Falle wiederum durch eine Masse m_R'' bzw. m_R''' darzustellen. Wir haben somit zum Schluß nur zwei Massen notwendig, um den vollständigen Massenausgleich zu erzielen.

Da jedoch bei dem auszuwuchtenden Rotor die Schwerpunktsfehler der einzelnen Teile im allgemeinen nicht bekannt sind, so besteht keine Möglichkeit, die Größe und Lage der Ausgleichsmassen rechnerisch zu bestimmen. Es ist daher notwendig, Apparate zu verwenden, welche gestatten, diese Bestimmung durch Versuch vorzunehmen.

§ 5. **Das Prinzip der Auswuchtmaschinen.** Wir denken uns einen mit Balancefehlern behafteten Rotor so gelagert, daß derselbe sich in seinen Lagern leicht drehen kann, daß ferner ein Lager in horizontaler Richtung in Führungen beweglich, aber durch Federn elastisch festgehalten, während das andere

Lager um eine vertikale Achse drehbar ist. —Abb. 17. Nehmen wir mit Bezug auf Abb. 16 an, daß das festgeklemmte Lager in der Ebene *A*, das verschiebbare Lager in der Ebene *B* liege, so wird die mit dem Rotor umlaufende Resultante R''' zur Folge haben, daß bei der Rotation eine periodische Be- und Entlastung der Federn des Lagers *B* eintritt. Da das Lager *A* festgehalten ist, ergeben sich horizontale Schwingungen des Lagers *B*, welche am größten werden, wenn Resonanz zwischen Impulszahl (Drehzahl) und Eigenschwingungszahl der Federn eintritt.

Zu beachten ist, daß diese Eigenschwingungszahl abhängig ist von dem auf die vertikale Drehachse des Lagers *A* bezogenen Trägheitsmoments des Rotors und von der Federkraft. Bei schwerem Rotor und weichen Federn wird dieselbe niedrig liegen und umgekehrt. Bei niedrigen Drehzahlen sind die auftretenden Fliehkräfte klein, so daß die Reibung stark dämpfend wirkt; es wird deshalb empfehlenswert sein, die Federn für jeden Rotor so auszuwählen, daß die Eigenschwingungen in der Nähe der höchsten im betreffenden Falle auf der Auswuchtmaschine erreichbaren Drehzahl auftreten.

Der Rotor führt nun Schwingungen um das Lager *A* aus. Durch Anbringen von Gegengewichten in der Ebene, zunächst *B*, ist es möglich, diese Schwingungen aufzuheben. Damit ist der Rotor aber noch nicht von den Wirkungen der Fliehkräfte und deren Momenten befreit. Es handelt sich noch darum, auch die Resultate der Fliehkräfte in der Ebene *A* auszugleichen. Dies geschieht am einfachsten, indem die Lager *A* und *B* in ihrer Wirkung miteinander vertauscht werden.

Um möglichst schnell und bequem Massen in Parallelebenen zu Ebene *A* und *B* anbringen und auf beliebigen Vektoren fixieren zu können, werden heute in der Regel Ringnuten am Umfang des Rotors in der Nähe seiner Stirnfläche angebracht (vgl. z. B. Hptt. Abb. 110 bei *Q* und 120 bei *K*) in welchen eine Masse verschoben und an der sich durch das Auswuchtverfahren ergebenden Stelle festgemacht werden kann.

Nach dem vorstehend angegebenen Prinzip arbeitet die Auswuchtmaschine von Lawaczek-Heymann. Gewöhnlich sind bei dieser beide Lager abgefedert und wird abwechselnd eines festgeklemmt. So ergibt sich die Möglichkeit, die beiden Versuche schnell hintereinander durchzuführen.

Um festzustellen, in welchen Radius die Richtung der resultierenden Fliehkraft fällt, bringt man einen festen Schreibstift an, welcher während des Auswuchtens auf die Stirnseite der Welle am gefederten Lager eine Kurve schreibt. Die Resultante der Fliehkraft müßte, wenn keine Reibung vorhanden wäre, etwa in dem Radius liegen, welcher nach der Stelle der größten Abweichung dieser Kurve vom Mittelpunkt der Welle hinzeigt; infolge der durch die Reibung verursachten Phasenverschiebung zwischen Ausschlag und erregender Kraft, welche bei der kritischen Drehzahl sich auf 90° einstellt, wird indessen der größte mit der Schreibmaschine aufgeschriebene Ausschlag der Resultierenden der Fliehkräfte in der Drehrichtung nacheilen. Es ist daher erforderlich, dieses Diagramm einmal beim Laufen des Rotors in der einen, das zweite Mal in der entgegengesetzten Drehrichtung aufzunehmen; die sich aus dem Diagramm für Vorwärts- und Rückwärtslauf ergebende mittlere Richtung des größten Ausschlages ist alsdann mit großer Annäherung die Richtung der resultierenden Fliehkraft, und dieser entgegengesetzt muß in der vorgesehenen Ringnut die Ausgleichsmasse untergebracht werden. Aus der Größe der Ausschläge und der Federkraft kann auch die Größe der erforderlichen Ausgleichsmassen geschätzt werden. Das Verfahren ist verläßlich, erfordert jedoch einige Übung.

Das genannte System ist nur ein typisches Beispiel solcher Konstruktionen; es existiert noch eine ganze Reihe anderer Auswuchtmaschinen, deren Wirkungsweise jedoch stets auf den erläuterten Prinzipien beruht und nach dem vorstehenden leicht verständlich sein wird.

Anhang V.

Über die Berechnung von Schrumpfspannungen[1]).

Die Verbindung zweier Körper durch Aufschrumpfen ist seit langer Zeit bekannt und gebräuchlich. Das Prinzip der Schrumpfverbindung ist dadurch charakterisiert, daß ein auf ein bestimmtes Maß gedrehter Körper durch Dehnung — im allgemeinen durch Wärmedehnung — soweit im Durchmesser vergrößert wird, daß derselbe auf einen zweiten Körper von größerem Durchmesser, den er fest umschließen soll, aufgeschoben werden kann. Beim Erkalten treten in ersterem Körper elastische Dehnungen auf, welche Spannungen hervorrufen, die ein festes Anpressen an den umschlossenen Körper sicherstellen. Diese Verbindung ist nicht ohne weiteres wieder lösbar, da entweder einer der beiden Körper zerstört werden muß, oder der beim Aufschrumpfen durchgemachte Prozeß in entgegengesetztem Sinne wiederholt werden muß, was meist nur unter großen Schwierigkeiten möglich ist.

Schrumpfverbindungen werden häufig bei hochbeanspruchten Konstruktionsteilen, wie z. B. den Trommeln und Radscheiben von schnellaufenden Turbinen, Radkränzen von Zahnradgetrieben, Kurbeln von Dampf- und Ölmaschinen usw. verwendet. Mit der ständigen Erhöhung der zulässigen Spannungen bei hochbeanspruchten Konstruktionsteilen wird es immer notwendiger, sich über die im Betrieb zu erwartenden Spannungsverhältnisse einer Schrumpfverbindung durch Rechnung Klarheit zu verschaffen. Insbesondere ist dies dann erforderlich, wenn auch Temperaturdifferenzen an den beiden aufeinander geschrumpften Teilen auftreten, da solche unter Umständen eine weitgehende Veränderung des erwarteten Spannungszustandes verursachen können.

Die Durchführung einer solchen Vorausberechnung ist besonders dort zu empfehlen, wo Material mit niedrig gelegener Streckgrenze zur Anwendung kommt, da bei solchem Material oft das übliche Schrumpfmaß schon genügt, um Bruch oder beträchtliche bleibende Formänderungen und damit ein Losewerden des betreffenden Teils hervorzurufen. Auf jeden Fall ist auch bei Material mit großer Bruchdehnung eine Schrumpfung, bei welcher die maximale Tangentialspannung die Streckgrenze überschreitet[2]) zwecklos.

Tabelle 1.

	Zug-festigkeit kg/qcm	Elastizitäts-modul E kg/qcm	Ungefähre Streck-grenze[3]) kg/qcm	Ungefährer linearer Wärmeaus-dehnungs-koeffizient
Gußeisen	1200—3200	$0{,}75$—$1{,}05 \cdot 10^6$	sehr gering	$0{,}011 \cdot 10^{-3}$
Stahlguß	3500—7000	ca. $2{,}1 \cdot 10^6$	2100	„
Weiches Flußeisen .	3400—4100	$2{,}0$—$2{,}1 \cdot 10^6$	1800	„
Flußeisen I	4000—4700	$2{,}1$—$2{,}2 \cdot 10^6$	2000	„
Flußeisen II	4500—5200	ca. $2{,}2 \cdot 10^6$	2200—3000	„
Sonderstahl	5200—6000	ca. $2{,}2 \cdot 10^6$	2800—3500	„
Nickelstahl	6000—7000	ca. $2{,}1 \cdot 10^6$	3300—5000	„
Gute Bronze . . .	3500—6000	$0{,}95$—$1{,}2 \cdot 10^6$	2000—4000	$0{,}018 \cdot 10^{-3}$
Rotguß	ca. 2000	ca. $0{,}9 \cdot 10^6$	300	$0{,}018 \cdot 10^{-3}$
Messing (gewalzt) .	4000—5000	ca. $0{,}8 \cdot 10^6$	2400	$0{,}019 \cdot 10^{-3}$
Kupfer	2000—2300	ca. $1{,}15 \cdot 10^6$	0—600	$0{,}017 \cdot 10^{-3}$

[1]) Vgl. hierzu den gleichnamigen Aufsatz von H. Böhm und H. Kreczy in „Werft, Reederei, Hafen" vom 22. März 1925.

[2]) Vgl. Stodola, Dampf- und Gasturbinen, 5. Aufl., S. 314.

[3]) Streckgrenze lt. Int. Mat.-Prüf.-Kongr. diejenige Spannung, wo die bleibende Dehnung 0,2 bis 0,5% (gewöhnlich 0,3%) erreicht.

In der vorstehenden Tabelle 1 sind Elastizitätsmodul, Streckgrenze und Wärmedehnungskoeffizient für die im Schiffsmaschinenbau meistens gebräuchlichen Konstruktionsmaterialien aufgeführt, so daß es ohne weiteres möglich ist, die nachstehend für Stahl mit $E = 2{,}2\ 10^6$ kg/qcm durchgeführten Rechnungen auch für andere Materialien sinngemäß anzuwenden.

Bei allen Rechnungen ist es wichtig, sich vor Augen zu halten, daß die Schrumpfspannung immer Vorspannung ist, und daß bei gleicher Temperatur die sonst auftretenden Spannungen erst dann wirksam werden, wenn sie die Schrumpfspannung übersteigen.

1. Näherungsrechnung für das Aufschrumpfen eines dünnen Ringes auf einen massiven, unnachgiebigen Zapfen.

Wir nehmen zunächst an, daß der Zapfen vollständig unnachgiebig ist, der Durchmesser desselben durch das Aufschrumpfen also nicht verändert wird; ferner, daß der Ring relativ dünn ist im Verhältnis zum Durchmesser.

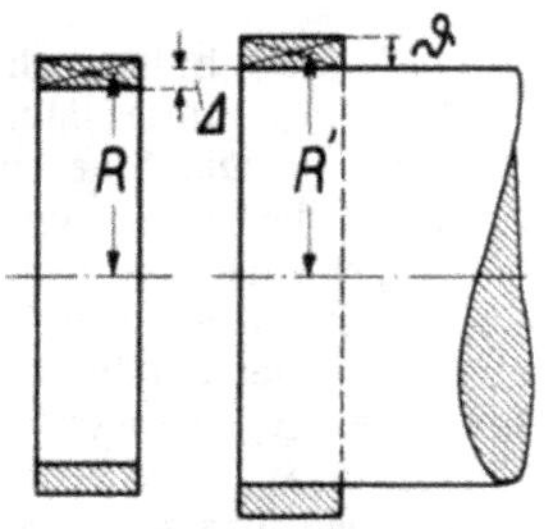

Abb. 18.

Wird der Ring vom mittleren Radius R (vgl. Abb. 18) erwärmt und auf den Zapfen aufgebracht, so ergibt sich nach dem Erkalten eine Vergrößerung des mittleren Radius auf R'. Die durch diese Dehnung im Ringquerschnitt erzeugte Tangentialspannung ist

$$\sigma = \frac{(R' - R)\, E}{R},$$

oder, wenn die Zunahme $R' - R$ mit Δ bezeichnet wird, ist

$$\sigma = \frac{\Delta\, E}{R},$$

wobei Δ und R im gleichen Längenmaßstab einzusetzen sind und E der Elastizitätsmodul ist.

Der durch das Aufschrumpfen hervorgerufene radiale Druck pro Flächeneinheit ist (nach der sogenannten Kesselformel)

$$p = \frac{\vartheta\, \sigma}{R} \text{ kg/cm}^2,$$

wobei ϑ (die Wandstärke) und R in cm, σ in kg/cm² einzusetzen ist.

Für einen gewünschten Wert von σ oder p ergibt sich ohne weiteres das Schrumpfmaß:

$$\Delta = \frac{\sigma\, R}{E} = \frac{p\, R^2}{\vartheta\, E} \text{ in cm.}$$

Die für das Aufschrumpfen erforderliche Temperaturdifferenz zwischen Ring (T^0) und Zapfen (t^0) ergibt sich in °C zu

$$T - t > \frac{\Delta}{\beta\, R},$$

oder, wenn man das Schrumpfmaß $\frac{\Delta}{R} = \varrho$ setzt, zu

$$T - t > \frac{\varrho}{\beta},$$

wobei β der lineare Wärmedehnungskoeffizient ist. Für Eisen und Stahl ist $\beta = 1{,}1 : 10^5$; es ergibt sich dann:

$$T - t > \frac{10^5\, R}{1{,}1\, R} \cong 90\,000\, \varrho.$$

Bei dem häufig verwendeten Schrumpfmaß von $0{,}5\,^0/_{00}$ ergibt sich nach vorstehendem:

$$\sigma = \frac{0{,}5}{1000} \cdot 2{,}2 \cdot 10^6 = 1100 \text{ kg/cm}^2$$

und

$$T - t > 90\,000 \cdot \frac{0{,}5}{1000} = 45^0.$$

2. Genaue Rechnung für das Aufschrumpfen eines dicken Ringes auf einen unnachgiebigen, massiven Zapfen (vgl. Abb. 19).

Auf diesen Fall können die für ein dickwandiges Rohr mit innerem Überdruck angestellten Überlegungen (vgl. z. B. Föppl, III. Bd., § 58) sinngemäß übertragen werden, da der durch das Aufschrumpfen hervorgerufene Anpressungsdruck des Ringes die gleiche Wirkung hervorruft wie der Flüssigkeitsdruck im dickwandigen Rohr.

Bezeichnen wir die elastische Vergrößerung irgendeines Radius x mit u, so können wir auf Grund der vorerwähnten Untersuchungen die Beziehung aufstellen:

$$u = B x + \frac{C}{x},$$

wobei B und C Integrationskonstanten sind.

Die Tangential- bzw. Radialspannung ergibt sich zu

$$\sigma_t = \frac{m E}{m-1} B + \frac{m E}{m+1} \cdot \frac{C}{x^2}$$

und

$$\sigma_r = \frac{m E}{m-1} B - \frac{m E}{m+1} \cdot \frac{C}{x^2},$$

wobei m die Poissonsche Konstante bedeutet. Für den inneren Radius $x = R_1$ des Ringes (Abb. 2) ist die Dehnung $u = \Delta$ und für den äußeren Radius $x = R_2$ ist $\sigma_r = 0$. Aus diesen Randbedingungen können die Integrationskonstanten B und C bestimmt werden.

Es ist nach vorstehendem

$$\Delta = B R_1 + \frac{C}{R_1}$$

und

$$\sigma_{R_2} = \frac{m E}{m-1} B - \frac{m E}{m+1} \cdot \frac{C}{R_2^2} = 0.$$

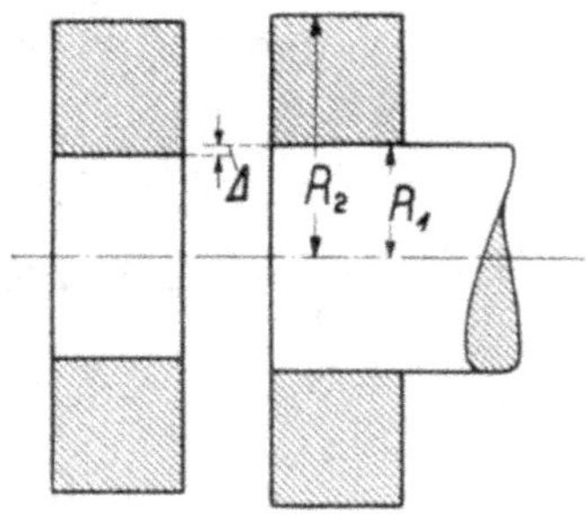

Abb. 19.

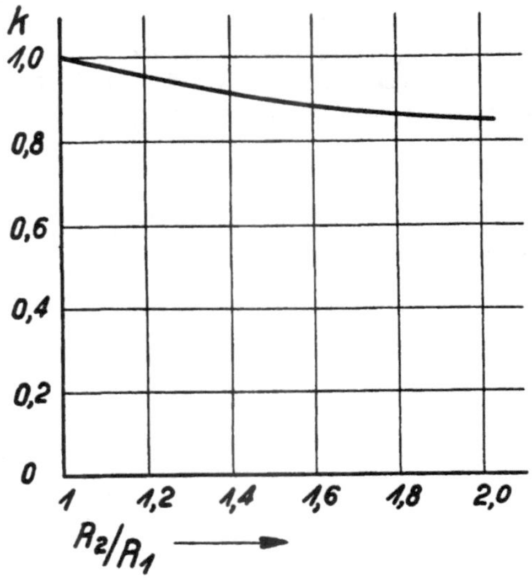

Abb. 20.

Daraus ergibt sich:

$$C = \frac{(m+1)\,\Delta\, R_2^2 R_1}{(m-1) R_1^2 + (m+1) R_2^2}$$

und

$$B = \frac{(m+1)\,\Delta\, R_1}{(m-1) R_1^2 + (m+1) R_2^2}.$$

Setzt man, wie üblich, für Eisen $m = {}^{10}/_{3}$ und $E = 2{,}2 \cdot 10^6$, so ist

$$\sigma_t = \frac{22\,\Delta\, R_1 \cdot 10^6}{7 R_1^2 + 13 R_2^2}\left(1 + \frac{R_2^2}{x^2}\right),$$

$$\sigma_r = \frac{22\,\Delta\, R_1 \cdot 10^6}{7 R_1^2 + 13 R_2^2}\left(1 - \frac{R_2^2}{x^2}\right).$$

Daraus kann für jeden Radius σ_t und σ_r berechnet werden.

Man erkennt nun, daß beide Spannungen ihre größten Werte für $x = R_1$, also für den inneren Radius erreichen, ferner, daß σ_r immer kleiner ist als σ_t.

Bei dem oben verwendeten Schrumpfmaß $\sigma = \frac{\Delta}{R_1} = 0{,}5\,^0/_{00}$ ergibt sich für ein Verhältnis $\frac{R_2}{R_1} = 1{,}2$;

$$\sigma_t = \frac{22 \cdot 0{,}0005\, R_1^2 \cdot 10^6}{7 R_1^2 + 13 R_2^2}\left(1 + \frac{R_2^2}{R_1^2}\right) = \frac{11000}{7 + 13\left(\frac{R_2}{R_1}\right)^2}\left(1 + \frac{R_2^2}{R_1^2}\right),$$

$$\sigma_t = \frac{11000}{7+18,7}(1+1,44) = 1045\ \text{kg/cm}^2,$$

also um 5% kleiner als nach der im vorhergehenden Abschnitt durchgeführten vereinfachten Rechnung. Für den unendlich dünnen Ring, also $\frac{R_2}{R_1} = 1$ werden die Tangentialspannungen nach beiden Rechnungsarten gleich. Für die Tangentialspannung am äußeren Rand ergeben sich nach Abschnitt 2 wesentlich niedrigere Werte als die mittlere Spannung nach Abschnitt 1.

Vergleicht man die Endformeln für σ_t der Näherungsrechnung und der genauen Rechnung, so ist leicht zu erkennen, daß die nach dem genauen Verfahren errechnete ungünstigste Tangentialspannung sich nur durch einen von dem Verhältnis R_2/R_1 abhängigen Faktor von der nach dem Näherungsverfahren errechneten mittleren Spannung unterscheidet. In Abb. 20 ist der Verlauf des Faktors k dargestellt, welcher es ermöglicht, aus der nach Abschnitt 1 errechneten Spannung die ungünstigste Tangentialspannung zu finden.

3. Aufschrumpfen zweier dünner Ringe auf einander (vereinfachte Rechnung).

Voraussetzung ist, daß die beiden Ringe dünn sind im Verhältnis zum Durchmesser (vgl. Abb. 21) und gleiche Breite haben. Es ist dann, da im aufgeschrumpften Zustand der Anpressungsdruck zwischen den beiden Ringen gleich groß sein muß, der Anpressungsdruck p bei Ring I als äußerer und bei Ring II als innerer Überdruck beim dünnwandigen Rohr anzusehen.

Bezeichnen wir die Zusammendrückung von Ring I mit Δ_1 und die Dehnung von Ring II mit Δ_2, so muß

$$\Delta = \Delta_1 + \Delta_2$$

sein. Nach Abschnitt I ist

$$p = \frac{\Delta_1 \vartheta_1 E}{R_1^2} = \frac{\Delta_2 \vartheta_2 E}{R_2^2},$$

daraus

$$\frac{\Delta_1}{\Delta_2} = \frac{R_1^2 \vartheta_2}{R_2^2 \vartheta_1}.$$

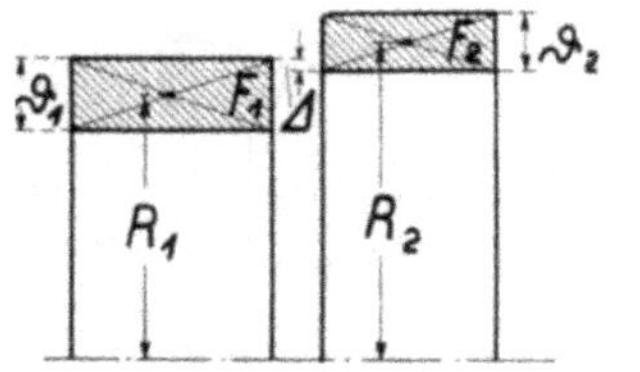

Abb. 21.

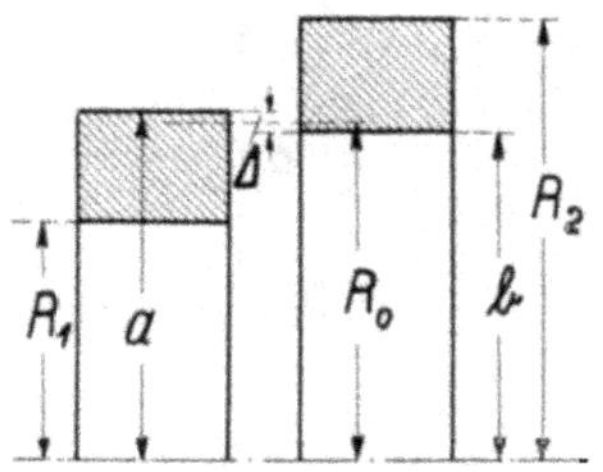

Abb. 22.

Aus der ersten und letzten Gleichung ist

$$\Delta_1 = \frac{\Delta R_1^2 \vartheta_2}{R_2^2 \vartheta_2 + R_1^2 \vartheta_1}$$

$$\Delta_2 = \frac{\Delta R_2^2 \vartheta_1}{R_2^2 \vartheta_2 + R_1^2 \vartheta_1}.$$

σ ergibt sich nach Abschnitt I:

$$\sigma_1 = \frac{\Delta_1 E}{R_1} = \frac{\Delta R_1 \vartheta_2 E}{R_2^2 \vartheta_2 + R_1^2 \vartheta_1}$$

$$\sigma_2 = \frac{\Delta_2 E}{R_2} = \frac{\Delta R_2 \vartheta_1 E}{R_2^2 \vartheta_2 + R_1^2 \vartheta_1}.$$

Setzen wir näherungsweise $R_1 = R_2 = R$ und das Schrumpfmaß $\frac{\Delta}{R} = \varrho$, so wird

$$\sigma_1 = \frac{\varrho \vartheta_2 E}{\vartheta_1 + \vartheta_2} \quad \text{und} \quad \sigma_2 = \frac{\varrho \vartheta_1 E}{\vartheta_1 + \vartheta_2}.$$

Für nicht sehr verschieden breite Ringe gilt dann angenähert:

$$\sigma_1 = \frac{\varrho F_2 E}{F_1 + F_2} \quad \text{und} \quad \sigma_2 = \frac{\varrho F_1 E}{F_1 + F_2},$$

wobei F_1 bzw. F_2 die entsprechenden Ringquerschnitte sind.

4. Aufschrumpfen zweier dicker Ringe von gleicher Breite aufeinander (Abb. 22).

Hier gelten, ebenso wie bei Abschnitt 2, die Überlegungen für dickwandige Rohre.
Die Randbedingungen sind folgende:

1. An der innersten Faser des kleinen Ringes und an der äußersten Faser des großen Ringes ist die Radialspannung gleich Null.
2. In der Berührungsfläche sind die Flächenpressungen gleich groß und entgegengesetzt gerichtet.
3. Die Summe von Zusammendrückung Δ_1 und Dehnung Δ_2 muß gleich sein dem Schrumpfmaß Δ.

Es sei, wie in Abschnitt 2, die elastische Veränderung eines beliebigen Radius x mit u bezeichnet. Dann besteht wieder die Beziehung:

$$u = B x + \frac{C}{x}.$$

Aus den obigen Randbedingungen können die Integrationskonstanten B und C bestimmt werden.

1. $$\sigma_r = 0 \text{ für } x = R_1 \text{ und } x = R_2$$

$$\frac{m E}{m-1} B_1 - \frac{m E}{m+1} \cdot \frac{C_1}{R_1^2} = 0; \quad \frac{m E}{m-1} B_2 - \frac{m E}{m+1} \cdot \frac{C_2}{R_2^2} = 0$$

oder

$$B_1 = \frac{m-1}{m+1} \cdot \frac{C_1}{R_1^2};$$

$$B_2 = \frac{m-1}{m+1} \cdot \frac{C_2}{R_2^2}.$$

2. $$\sigma_r \text{ für Radius } a = \frac{m E}{m-1} B_1 - \frac{m E}{m+1} \cdot \frac{C_1}{a^2}$$

$$\sigma_r \text{ für Radius } b = \frac{m E}{m-1} \cdot B_2 - \frac{m E}{m+1} \cdot \frac{C_2}{b^2}$$

oder

$$\frac{m E}{m-1} (B_1 - B_2) = \frac{m E}{m+1} \left(\frac{C_1}{a^2} - \frac{C_2}{b^2} \right).$$

Da a von b nur um das verschwindend kleine Maß Δ verschieden ist (vgl. Abb. 22), kann ohne weiteres gesetzt werden:

$$a = b = R_0,$$

und obige Gleichung lautet dann:

$$B_1 - B_2 = \frac{m-1}{m+1} \cdot \frac{C_1 - C_2}{R_0^2}.$$

3. $$\Delta = \Delta_1 + \Delta_2 \text{ oder } \Delta = - B_1 a - \frac{C_1}{a} + B_2 b + \frac{C_2}{b}.$$

Setzen wir wieder $a = b = R_0$, so ist

$$\Delta = - B_1 R_0 - \frac{C_1}{R_0} + B_2 R_0 + \frac{C_2}{R_0}$$

oder

$$\Delta = R_0 (B_2 - B_1) + \frac{1}{R_0} (C_2 - C_1).$$

Es bestehen also die folgenden vier Gleichungen mit den Unbekannten B_1, B_2, C_1, C_2:

1. $$B_1 = \frac{m-1}{m+1} \cdot \frac{C_1}{R_1^2};$$

2. $$B_2 = \frac{m-1}{m+1} \cdot \frac{C_2}{R_2^2};$$

3. $$B_1 - B_2 = \frac{m-1}{m+1} \left(\frac{C_1}{R_0^2} - \frac{C_2}{R_0^2} \right);$$

4. $$\Delta = R_0 (B_2 - B_1) + \frac{1}{R_0} (C_2 - C_1).$$

Aus diesen ergeben sich als Lösung die folgenden Werte, wenn für das Schrumpfmaß $\frac{\Delta}{R_0} = \varrho$, und für $\frac{m-1}{m} = k_1$ und $\frac{m+1}{m} = k_2$ gesetzt wird:

$$B_1 = - \frac{k_1 \varrho}{2} \cdot \frac{R_2^2 - R_0^2}{R_2^2 - R_1^2}, \quad C_1 = - \frac{k_2 \varrho}{2} \cdot \frac{R_2^2 - R_0^2}{R_2^2 - R_1^2} R_1^2;$$

$$B_2 = \frac{k_1 \varrho}{2} \cdot \frac{R_0^2 - R_1^2}{R_2^2 - R_1^2}, \quad C_2 = \frac{k_2 \varrho}{2} \cdot \frac{R_0^2 - R_1^2}{R_2^2 - R_1^2} R_2^2.$$

Für Eisen und Stahl ist

$$k_1 = 0{,}7 \text{ und } k_2 = 1{,}3$$

zu setzen. Man erhält die Spannungen aus den Formeln:

$$\sigma_r = \frac{E}{k_1} B - \frac{E}{k_2} \cdot \frac{C}{x^2} \quad \text{und} \quad = \frac{E}{k_1} B + \frac{E}{k_2} \cdot \frac{C}{x^2}.$$

Es ergibt sich der Druck in der Berührungsfläche, welcher gleich ist der Radialspannung für R_0:

$$\sigma_r = \frac{E\varrho}{2} \cdot \frac{(R_0^2 - R_1^2)(R_2^2 - R_0^2)}{R_0^2(R_2^2 - R_1^2)}$$

und die Tangentialspannung an der inneren Faser des äußeren Ringes mit

$$\sigma_t \text{ für } R_0 \text{ auf Ring II} = \frac{E\varrho}{2} \cdot \frac{(R_0^2 - R_1^2)(R_0^2 + R_2^2)}{R_0^2(R_2^2 - R_1^2)}.$$

Die größten Spannungen ergeben sich an den Innenseiten der beiden Ringe.

Es ist leicht nachzuweisen, daß die Formel für die Spannungen in Abschnitt 3 aus den Endformeln in Abschnitt 4 abgeleitet werden kann.

5. Beispiel für das Aufschrumpfen zweier Ringe.

In Abb. 23 betragen

$R_1 = 40$ cm $\vartheta_1 = 10$ cm

$R_0 = 50$ cm $\Delta = 0{,}025$ cm $\sigma = 0{,}5^0/_{00}$

$R_2 = 55$ cm $\vartheta_2 = 5$ cm.

Die Breite beider Ringe soll gleich sein.

Nach der vereinfachten Formel in Abschnitt 3 ist

$$\sigma_1 = E\varrho \frac{\vartheta_2}{\vartheta_1 + \vartheta_2} \text{ und } \sigma_2 = E\varrho \frac{\vartheta_1}{\vartheta_1 + \vartheta_2}$$

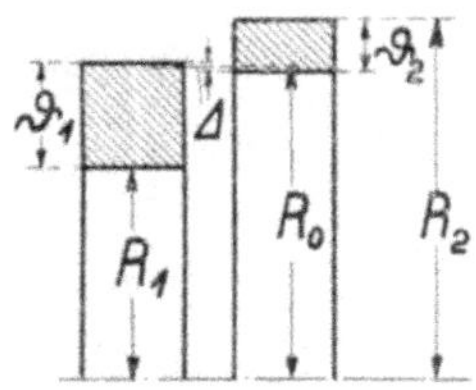

Abb. 23.

für $\varrho = 0{,}5^0/_{00}$ und $E = 2{,}2 \cdot 10^6$ kg/cm²

$$\sigma_1 = 1100 \cdot \frac{5}{15} = 367 \text{ kg/cm}^2$$

$$\sigma_2 = 1100 \cdot \frac{10}{15} = 734 \text{ kg/cm}^2.$$

Nach der genaueren Rechnung entsprechend Abschnitt 4 ist

$$\sigma_t \text{ für } R_1 = E\varrho \frac{R_0^2 - R_2^2}{R_2^2 - R_1^2} = 1100 \cdot \frac{-525}{1425} = -405 \text{ kg/cm}^2$$

und

$$\sigma_t \text{ für } R_0 \text{ auf Ring II} = \frac{1100}{2} \cdot \frac{900 \cdot 5525}{2500 \cdot 1425} = 767 \text{ kg/cm}^2.$$

Diese maximalen Spannungen ergeben sich also, nach Abschnitt 4 gerechnet, ca. 5 bis 10% größer als nach Abschnitt 3.

6. Aufschrumpfen eines Ringes auf einen elastischen Zapfen.

Die Gleichungen für zwei dicke elastische Ringe gelten auch dann, wenn $R_1 = 0$ wird, d. h. also für das Aufschrumpfen eines Ringes auf einen massiven elastischen Zapfen.

Als Beispiel mag ein im Schiffsmaschinenbau häufig vorkommender Fall betrachtet werden, nämlich das Aufschrumpfen einer Kurbelwange auf Kurbel- und Lagerzapfen.

Zuerst sollen nun die Spannungen berechnet werden, die sich ergeben, wenn ein Ring von der Dicke $R_2 - R_0$ auf einen Zapfen aufgeschrumpft wird.

Es wird dann

$$B_1 = -\frac{k_1}{2} \cdot \varrho \cdot \frac{R_2^2 - R_0^2}{R_2^2}; \quad C_1 = 0;$$

$$B_2 = \frac{k_1 \varrho}{2} \cdot \frac{R_0^2}{R_2^2}; \quad C_2 = \frac{k_2}{2} \cdot \varrho \cdot R_0^2.$$

Für den Zapfen wird

$$\sigma_r = \sigma_t = -\frac{E\varrho}{2} \cdot \frac{R_2^2 - R_0^2}{R_2^2},$$

für den Ring

$$\sigma_r = \frac{E}{k_1} \cdot B_2 - \frac{E}{k_2} \cdot \frac{C_2}{x^2}; \quad \sigma_t = \frac{E}{k_1} \cdot B_2 + \frac{E}{k_2} \cdot \frac{C_2}{x^2},$$

an der Berührungsfläche

$$\sigma_r = \frac{E\varrho}{2} \cdot \frac{R_2^2 - R_0^2}{R_2^2}.$$

Es sei beispielsweise $R_0 = 20$ cm; $R_2 = 40$ cm; $\varrho = 1{,}5\,^0/_{00} = 1{,}5 \cdot 10^3$ (vgl. Abb. 24, 25 u. 26). Dann wird

$$B_1 = -\frac{0{,}7 \cdot 1{,}5 \cdot 10^{-3}}{2} \cdot \frac{1600 - 400}{1600} = 3{,}94 \cdot 10^{-4}$$

$$B_2 = \frac{0{,}7 \cdot 1{,}5 \cdot 10^{-3}}{3} \cdot \frac{400}{1600} = 1{,}312 \cdot 10^{-4}$$

$$C_2 = \frac{1{,}3 \cdot 1{,}5 \cdot 10^{-3}}{2} \cdot 400 = 0{,}390.$$

Es wird also an der Berührungsfläche und für den ganzen Zapfen

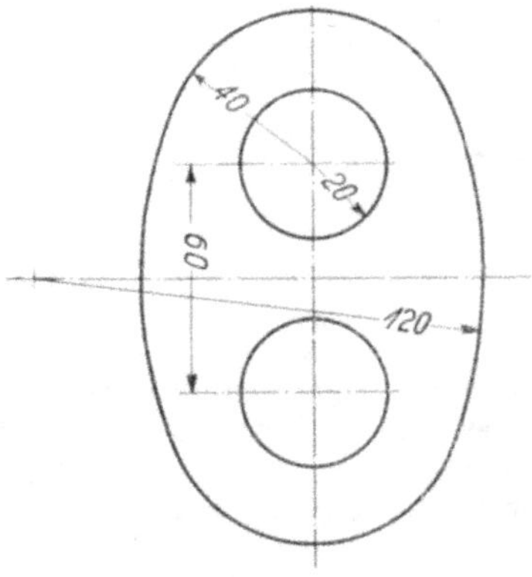

Abb. 24.

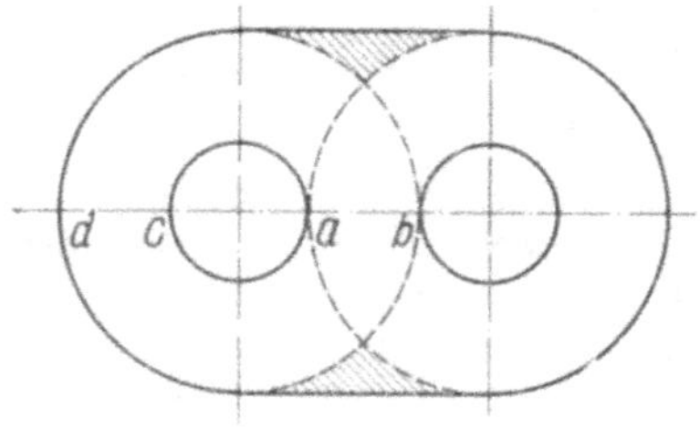

Abb. 25.

$$\sigma_{R_0} = -\frac{2{,}2 \cdot 10^6}{0{,}7} \cdot 3{,}94 \cdot 10^{-4} = -1238 \text{ kg/cm}^2$$

$$\sigma_t = -1238 \text{ kg/cm}^2.$$

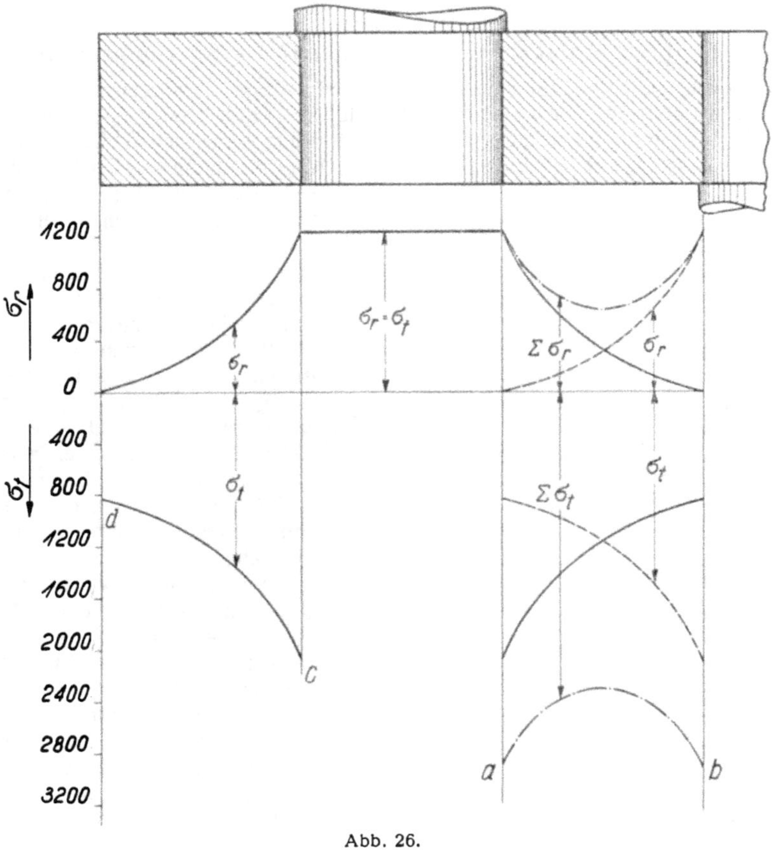

Abb. 26.

Für den Ring:

für $x = 20: \sigma_r = \frac{2{,}2 \cdot 10^6}{0{,}7} \cdot 1{,}312 \cdot 10^{-4} - \frac{2{,}2 \cdot 10^6}{1{,}3} \cdot \frac{0{,}390}{400} = 412 - 1650 = -1238 \text{ kg/cm}^2;$

$\sigma_t = 2062 \text{ kg/cm}^2$

$x = 25: \sigma_r = 412 - 6{,}6 \cdot 10^5 \cdot \frac{1}{625} = 412 - 1056 = -644 \text{ kg/cm}^2;$

$\sigma_t = 1468 \text{ kg/cm}^2$

$x = 30: \sigma_r = 412 - 6{,}6 \cdot 10^5 \cdot \frac{1}{900} = 412 - 733 = -321 \text{ kg/cm}^2;$

$\sigma_t = 1145 \text{ kg/cm}^2$

$x = 35: \sigma_r = 412 - 6{,}6 \cdot 10^5 \cdot \frac{1}{1225} = 412 - 538 = -126 \text{ kg/cm}^2;$

$\sigma_t = 950 \text{ kg/cm}^2$

$x = 40: \sigma_r = 412 - 6{,}6 \cdot 10^5 \cdot \frac{1}{1600} = 412 - 412 = 0;$

$\sigma_t = 824 \text{ kg/cm}^2.$

Um nun die Beanspruchungen durch die Schrumpfwirkung bei einer Kurbelwange zu berechnen, kann man näherungsweise annehmen, daß in dem Teile, in dem sich die Ringe überdecken, die Summe der Tangential bzw. Radialspannungen maßgebend ist (vgl. σ_t- und σ_r-Kurven *a—b*, Abb. 26). Diese Annahme ist jedoch nur dann einigermaßen zutreffend, wenn der mittlere Querschnitt *a—b* (Abb. 25) nicht kleiner als *c d* ist. Solange *a b* nicht etwa gleich 2 × *c d* ist, werden in dem Mittelteil die Spannungen erheblich größer werden als im Querschnitt *c d*. Bei der Berechnung der Übertragung des Torsionsmomentes durch die Reibung darf also nicht der oben angenommene Wert von ϱ, sondern je nach der Dicke von *a b* ein etwas geringerer Wert in Ansatz gebracht werden. Hierbei muß natürlich die Kurbelwangenbreite, welche eine Entlastung des Mittelquerschnittes und eine Belastung der Außenquerschnitte hervorruft, mit berücksichtigt werden. Bei verhältnismäßig schmalen Kurbelwangen ist es notwendig, das Schrumpfmaß so zu bemessen, daß die nach obiger Methode berechneten Beanspruchungen im Mittelstück die Streckgrenze nicht überschreiten.

7. Einfluß der Fliehkraftbeanspruchungen auf die Schrumpfverbindungen.

Bei der Berücksichtigung des Einflusses der durch die Fliehkraft hervorgerufenen Beanspruchungen ist zu beachten, daß durch die Schrumpfung in dem äußeren Ring bereits eine Vorspannung erzeugt ist, d. h. die Fliehkraftspannung kommt erst dann zur Wirkung, wenn dieselbe die Schrumpfspannung übersteigt. Dies ist allerdings nicht genau richtig, da auch die Dehnung des Zapfens oder des inneren Ringes durch die eigene Fliehkraft über den ursprünglichen Durchmesser berücksichtigt werden muß, d. h. ein Loslösen des äußeren Ringes tritt erst bei einer die Schrumpfspannung etwas übersteigenden Beanspruchung auf. Wenn wir jedoch zunächst wieder den Zapfen als unelastisch ansehen, so tritt beim Überschreiten der Schrumpfspannung ein Ablösen des aufgeschrumpften Ringes ein, und es ist daher erforderlich, die zulässige Fliehkraftspannung bei der maximalen Drehzahl kleiner als die Schrumpfspannung zu halten. Hierbei soll vom Einfluß der durch eventuelle Temperaturdifferenzen hervorgerufenen Dehnungen vorerst abgesehen werden.

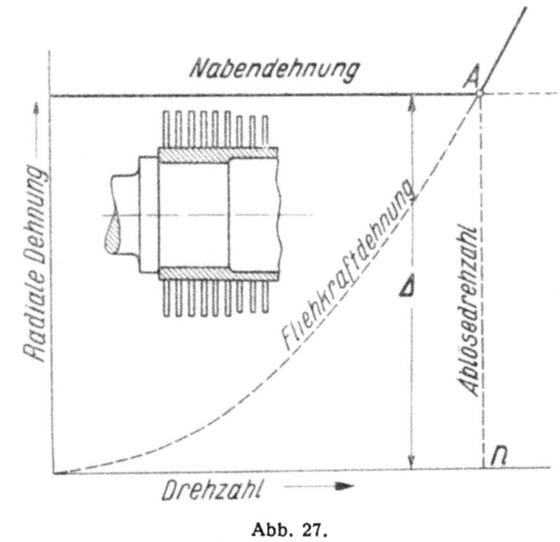

Abb. 27.

Die Verhältnisse werden an Hand einer graphischen Darstellung der auftretenden Dehnungen in Abhängigkeit von der Drehzahl (Abb. 27) sofort klar. Man sieht, daß die durch die Beschaufelung belastete Trommel erst die Schrumpfdehnung bei *n* überschreiten muß, um frei zu werden. Man könnte sich auch vorstellen, daß die Trommel beim Aufschrumpfen anstatt erwärmt zu werden, in Rotation versetzt würde, bis sie sich um das Schrumpfmaß dehnt. Bei der Drehzahl *n* wäre es dann möglich, die rotierende Trommel auf den Zapfen aufzuschieben.

Denken wir uns jetzt den Zapfen ebenfalls elastisch, so tritt das Loslösen erst dann auf, wenn die gesamte Trommeldehnung = Schrumpfdehnung + Zapfendehnung ist. Das gleiche gilt sinngemäß auch für den Fall, daß die durch die Beschaufelung belastete Trommel auf einem Ring aufgeschrumpft ist (Abb. 28). Im letzteren Fall wird die Dehnung des inneren Teiles den Erfolg haben, daß das Ablösen erst bei erheblich höherer Drehzahl eintreten wird. Es wird dabei die Schrumpfspannung der Ruhe wesentlich überschritten werden, bevor das Ablösen eintritt.

Hierbei ist natürlich zu beachten, daß für den inneren Ring oder elastischen Zapfen die durch die Schrumpfung hervorgerufene Zusammendrückung ξ_1 negativ einzusetzen ist. Man kann deshalb bei weichen Ringen das Schrumpfmaß klein wählen, wenn der äußere Ring nicht durch zusätzliche Beanspruchungen durch die Schaufeln stark gedehnt wird.

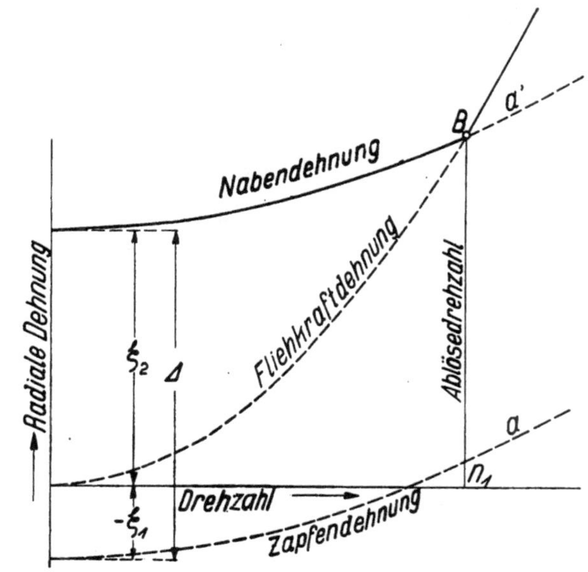

Abb. 28.

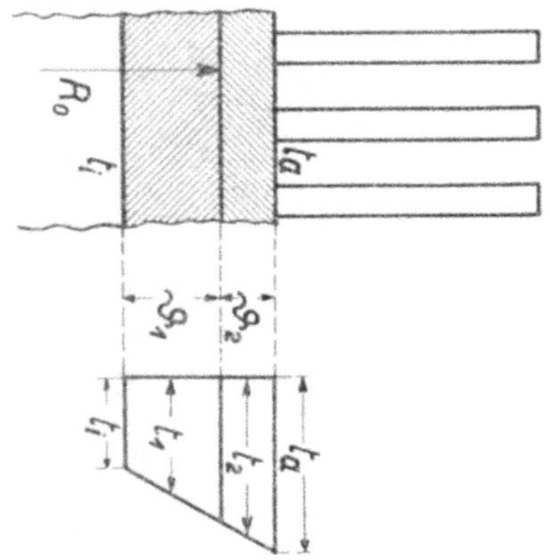

Abb. 29.

8. Einfluß von Temperaturdifferenzen auf Schrumpfverbindungen (vgl. Abb. 29).

Beim Aufschrumpfen von Turbinentrommelteilen ist zu beachten, daß im Innern der Trommel bei Verwendung eines Ausgleichskolbens stets eine niedrigere Temperatur als außen vorhanden ist. Hierdurch wird die Wirkung der Schrumpfung bedeutend verringert.

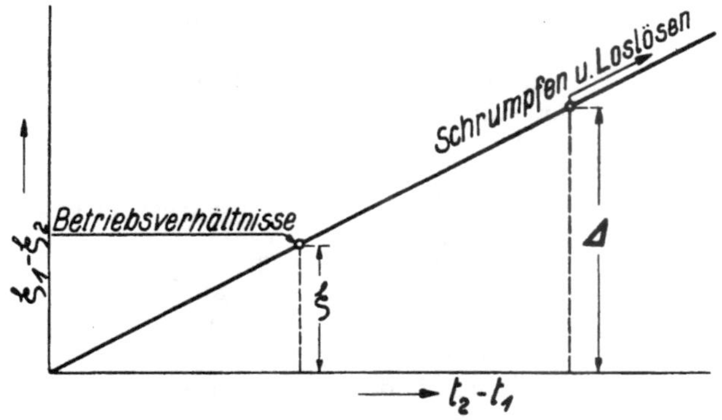

Abb. 30.

Es sei die Temperatur der Trommel an der Außenseite der Schrumpfverbindung t_a, im Innern dagegen t_i; ferner ist als einfachster Fall (bei dünnen Wandstärken sicher hinreichend genau) linear abnehmender Temperaturverlauf angenommen.

Für die Wärmedehnung des inneren Ringes und der Trommel kommen dann annähernd die mittleren Temperaturen t_1 und t_2 in Frage. Dieselben sind bestimmt durch die Beziehung:

$$t_1 = t_i + \frac{t_a - t_i}{\vartheta_1 + \vartheta_2} \cdot \frac{\vartheta_1}{2} \quad \text{und} \quad t_2 = t_a - \frac{t_a - t_i}{\vartheta_1 + \vartheta_2} \cdot \frac{\vartheta_2}{2}.$$

Ähnlich wie in Abschnitt 1 für das Aufschrumpfen gezeigt, muß hier für das Lösen der Schrumpfverbindung bei Stillstand angenähert die Bedingung erfüllt sein:

$$t_2 - t_1 > \frac{\Delta}{\beta R}.$$

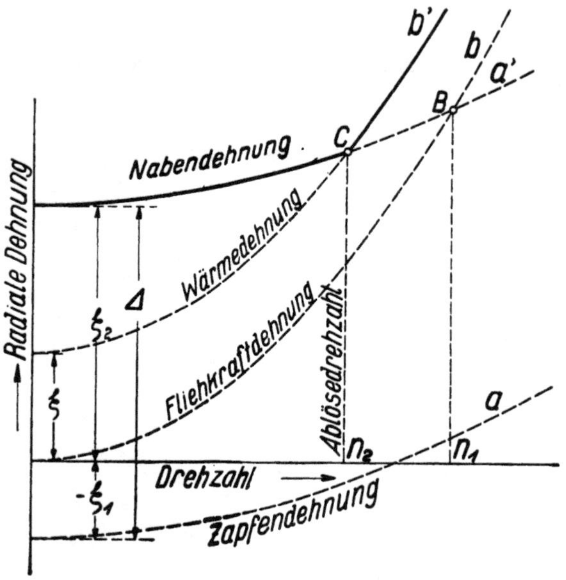

Abb. 31.

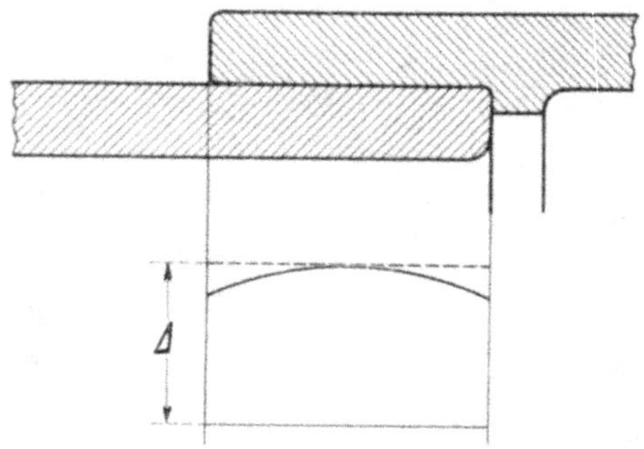

Abb. 32.

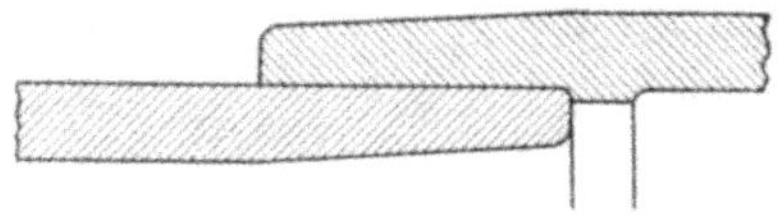

Abb. 33.

Wenn wieder $\frac{\Delta}{R} = \varrho$ und für Eisen und Stahl $\beta = 1{,}1 \cdot 10^{-5}$ gesetzt wird, ferner

$$t_2 - t_1 = \frac{t_a - t_i}{2},$$

wie auch aus Abb. 29 unschwer zu erkennen, so muß

$$t_a - t_i > 180\,000\,\varrho$$

sein.

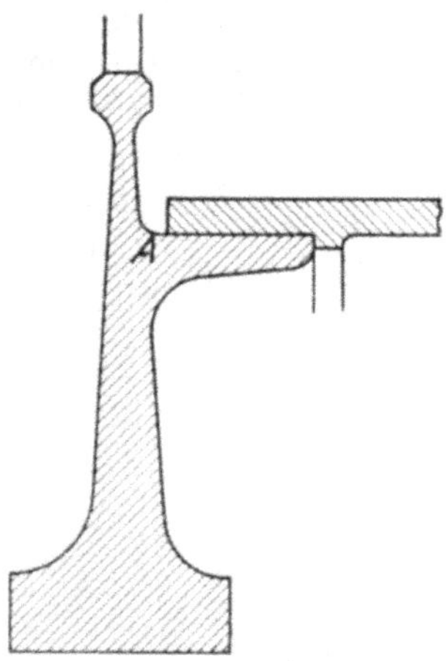

Abb. 34.

Befindet sich die Schrumpfverbindung in Rotation, so überlagern sich die durch Temperaturdifferenzen verursachten Wärmedehnungen mit den durch die Fliehkraftbeanspruchungen hervorgerufenen Dehnungen. Um die Verhältnisse besser übersehen zu können, betrachten wir zunächst Abb. 30, wo über den Temperaturdifferenzen die durch dieselben verursachten Differenzen der Wärmedehnungen $\xi_1 - \xi_2$ des äußeren und inneren Ringes aufgetragen sind.

Wird der Rotor in Drehung versetzt, so ergeben sich wieder die gleichen Kurven wie in Abb. 28, jedoch müssen wir die Kurve der Trommeldehnung b äquidistant um die Wärmedehnungsdifferenz ξ nach b' verschieben (vgl. Abb. 31), um die richtige Ablösedrehzahl zu finden. Im Schnittpunkt von b' mit a' ergibt sich wieder die Ablösedrehzahl n_2 bei C, welche wesentlich niedriger liegt als die früher festgestellte Ablösedrehzahl bei B.

Es besteht auch manchmal, beim schnellen Anwärmen von stillstehenden Turbinen, die Gefahr, daß sich Schrumpfverbindungen nur unter dem Einfluß von Temperaturdifferenzen lösen. Um diese Gefahr zu vermeiden, wird vielfach außer der Aufschrumpfung noch eine mehrreihige Verschraubung und Vernietung verwendet. Bei Rückwärtstrommeln, die nicht angewärmt werden können, ist es vorteilhaft, insbesondere bei Verwendung von Heißdampf, von der Aufschrumpfung ganz abzusehen und Trommel und Radscheibe oder Wellenzapfen zusammenzuflanschen.

Es sollen nun noch einige Worte über die Schwierigkeiten hinzugefügt werden, welche sich der genauen Berechnung von Schrumpfverbindungen in der Praxis entgegenstellen. Der einfache Fall des Aufeinanderschrumpfes zweier gleichbreiter Stücke kommt in Wirklichkeit kaum vor. Es werden sich durch die aus der Schrumpfverbindung herausstehenden Teile, da dieselben meist günstigere Spannungsverhältnisse aufweisen, im allgemeinen größere Beanspruchungen in der Schrumpfstelle ergeben. Bei Stoffen größerer Dehnung kann diese Mehrbelastung der Enden in der Regel zugelassen werden. Andernfalls müßte das Schrumpfmaß gegen die Enden zu abnehmend angenommen werden (vgl. Abb. 32). Ausgleichende Wirkung wird auch erzielt durch Abnahme der Ringstärke (Abb. 33).

Bei Radscheiben (vgl. Abb. 34), auf welche Trommeln oder Ausgleichkolben aufgeschrumpft werden, können die auftretenden Spannungen wie folgt bestimmt werden. Es werden zuerst die Beanspruchungen in der Radscheibe durch Fliehkraft und Temperatur nach Donath und Kasparek[1]) berechnet. Hierbei kann der aus der Trommelwandstärke vorerst angenähert berechnete Schrumpfdruck als äußere Kraft in die Festigkeitsrechnung eingeführt werden. Nach überschlägiger Berechnung der Dehnung im Punkt *A* kann dann das Schrumpfmaß entsprechend berichtigt werden. Die Scheibe ist selbstverständlich so stark zu machen, daß eine nennenswerte seitliche Biegung (Schirmbildung) derselben nicht eintreten kann.

[1]) Vgl. Zeitschr. f. d. ges. Turbinenwesen 1917.

Anhang VI.

Über die Festigkeit von Turbinenscheiben.

§ 1. **Allgemeine Bemerkungen.** Während bei den direkt den Propeller antreibenden Schiffsturbinen die Bemessung der Radscheiben nach „Gefühl" die nötige Sicherheit bot, ist bei den unter Vermittlung eines Übersetzungsgetriebes wirkenden Turbinen wegen der dort vorhandenen größeren Umfangsgeschwindigkeit im Schaufelkranz die genauere Untersuchung der Turbinenscheiben hinsichtlich ihrer Beanspruchung unbedingt erforderlich.

Die verhältnismäßig schwachen Radscheiben der direkt wirkenden Turbinen waren, um sog. „Hutkrempenbildung" zu vermeiden, wie sie z. B. bei ungleicher Erwärmung des Radkranzes oder von Radkranz und Nabe auftreten kann, in der Regel kegelförmig ausgeführt. Diese kegelförmige Ausführung hatte außerdem den Vorteil, daß hierdurch für die verhältnismäßig schwachen einteiligen Zwischenböden mehr Bauhöhe zur Verfügung gestellt wurde. Zum Druckausgleich zwischen beiden Seiten des Rades und zur Gewichtsverminderung waren die Radscheiben mit großen Löchern versehen. Die Räder mußten infolge der bei direkten Schiffsturbinen üblichen Bauart mit einteiligen Zwischenböden auch ev. von der Welle abgezogen werden können; sie wurden daher zwar stramm auf die Welle gesetzt, eine besondere Schrumpfung wurde indessen vermieden.

Räder dieser Art laufen bis etwa 70 m/sek Umfangsgeschwindigkeit einwandfrei. Die verhältnismäßig langen Naben lösen sich infolge der Beanspruchungen durch die Zentrifugalkraft nur an der Ansatzstelle der Scheibe an die Nabe etwas von der Welle ab, während der übrige Teil der Nabe noch genügend fest mit der Welle verbunden bleibt. Auch die Neigung des Scheibenquerschnittes wurde durch die Fliehkraft des Radkranzes kaum beeinflußt, so daß keine Bedenken für den Betrieb vorlagen, zudem Axial- und Radialspiel bei solchen Geschwindigkeitsrädern recht reichlich bemessen werden konnten.

Als Regel kann gelten, daß eine genaue Berechnung von Radscheiben nicht erforderlich ist, wenn die Belastung des von der Radscheibe abgetrennt gedachten Radkranzes infolge der Einwirkung der Zentrifugalkräfte der eigenen Masse und der Schaufeln die Streckgrenze des Materials nicht überschreitet.

Mit der Einführung der Übersetzungsgetriebe konnte die Umfangsgeschwindigkeit der Räder erheblich gesteigert werden, da die Rücksicht auf die günstigste Propellerdrehzahl in Wegfall kam. Gleichzeitig mußte aber auch die Form der Radscheiben eine ganz andere werden.

Das vierkränzige und, von Ausnahmen abgesehen, auch das dreikränzige Curtisrad mit ihren breiten Radkränzen verschwanden. Das zweikränzige und das einkränzige Rad wurden die Regel. Dadurch wurde es auch möglich, breite, zur Dampfführung bestgeeignete Profile zu verwenden. Diese breiten Profile verlangen einen ziemlich kräftigen Radkranz, der gegen Hutkrempenbildung genügend widerstandsfähig ist.

Es wurde deshalb die kegelige Form der Radscheiben verlassen, was an sich erforderlich ist, da die ungleiche Beanspruchung der einzelnen Zylinderschnitte bei schrägem Radprofil eine gute Ausnutzung des Materials nicht zuläßt. Radkranz und Nabe werden aus den gleichen Gründen möglichst symmetrisch zum Profilmittel angeordnet, die großen Entlastungslöcher werden nicht mehr ausgeführt. Bei mittleren Umfangsgeschwindigkeiten und mäßigen Radbeanspruchungen hat zwar die Anordnung von zahlreichen Entlastungslöchern kleineren Durchmessers unterhalb des Radkranzes nicht zu Brüchen geführt; doch sollten, ebenso wie solche Löcher, die Bohrungen für das Abziehen der Scheiben usw., bei größeren Umfangsgeschwindigkeiten stets vermieden werden, da hierdurch die örtlichen Beanspruchungen bis auf das Dreifache derjenigen steigen können, welche ohne Bohrungen vorhanden wären.

Bei verschiedenen bekannt gewordenen Explosionen von Radscheiben sind solche Entlastungslöcher oder auch die vielfach in den Naben vorgesehenen Gewindelöcher für die Abziehschrauben die Ursache des Bruches gewesen (vgl. hierzu den Haupttext § 101 Abb. 159).

Um den ruhigen Lauf der Radscheiben zu gewährleisten, ist es erforderlich, dem durch deren Dehnung hervorgerufenen Ablösen der Nabe von der Welle entgegenzuarbeiten. Dies geschieht dadurch, daß die Räder mit Schrumpf auf die Welle gesetzt werden. Dieser Schrumpf ist derart zu bemessen, daß erst bei einer Drehzahl, welche etwa 10% über der höchsten Betriebsdrehzahl liegt, ein Ablösen der Radnabe eintreten kann. Durch das Aufschrumpfen werden zusätzliche Beanspruchungen in die Radscheiben und insbesondere in die Naben gebracht, die bei Erreichung der Loslösungsdrehzahl verschwinden. Man kann das Aufschrumpfen über die ganze Nabenbreite erfolgen lassen, manchmal wird das Rad auch nur auf Ringe geschrumpft, die gegebenenfalls ausgedreht werden können.

Radscheiben für hohe Umfangsgeschwindigkeiten werden in der Nabe sehr dick. Außerdem sitzen bei mehrräderigen Turbinen die Naben aufeinanderfolgender Scheiben dicht aneinander. Es dauert daher verhältnismäßig lange, bis Radnabe und Kranz auf gleiche Temperatur gebracht sind, Um die Zeit des Anwärmens der Turbine bei Inbetriebsetzung nicht zu lange ausdehnen zu müssen, ist es deshalb erforderlich, insbesondere bei Heißdampfbetrieb, das erste Rad, welches im heißesten Dampf arbeitet, so fest aufzuschrumpfen, daß auch bei höchster Betriebsdrehzahl ein Lösen der Nabe von der Welle nicht eintritt, selbst wenn kein vollständiger Temperaturausgleich vorhanden, d. h. die Welle noch kälter als der Radkranz ist. Um bei Betrieb mit Heißdampf bei einkränzigen Rädern infolge dieser unausgeglichenen Temperaturen und der dadurch bedingten Vergrößerung des Radumfanges ein Auskrempen dessselben zu vermeiden, empfiehlt es sich, den Radkranz solcher Stufen etwas breiter auszuführen, als es die Schaufelbefestigung verlangt. Die dadurch erhöhte Beanspruchung der Nabe ist durch entsprechende Verstärkung derselben auszugleichen.

In besonders ungünstigen Fällen, z. B. bei dem ersten Rückwärtsrad von Turbinen, welche mit sehr hoher Überhitzung arbeiten, kann natürlich ein Temperaturausgleich nicht abgewartet werden, sondern es muß momentan umgesteuert werden können. Man hilft sich in solchen Fällen dadurch, daß man eine Scheibe ohne Bohrung verwendet, welche mit dem übrigen Rotor aus einem Stück besteht oder durch Anflanschen mit demselben verbunden ist; man kann auch den Rest des Rotors in diesem Fall auf einen Rand dieser ungebohrten Scheibe aufschrumpfen.

Sämtliche Räder mit der Welle aus einem Stück anzufertigen, ist nur bei verhältnismäßig kleinen Raddurchmessern zweckmäßig. Bei solcher Bauart darf indessen nicht vergessen werden, daß das Scheibenmaterial im Kern infolge der geringen Durcharbeitung des Materials nicht die hohe Streckgrenze aufweisen kann, wie bei den einzelnen durchgeschmiedeten Scheiben. Anderseits wird aber bei Scheiben ohne Bohrung die Nabenbeanspruchung bei gleichen Abmessungen der Radscheiben ganz erheblich günstiger.

§ 2. **Die Berechnung der Radscheiben auf Festigkeit. Allgemeines.** Kompliziertere Festigkeitsrechnungen gehen eigentlich über den Rahmen dieses Buches hinaus, und es soll daher im nachstehenden nur das Allernotwendigste über dieses besonders wichtige Kapitel angedeutet und die Ableitung der meisten Formeln übergangen werden.

Diese Art der Behandlung ist um so eher zulässig, als bereits eine recht umfassende Literatur einschlägiger Art vorliegt; namentlich sei auf das Werk Stodolas „Die Dampfturbinen“, 5. Auflage, verwiesen.

Der Leser wird also im folgenden zunächst die Ableitung der Formeln für die Spannungen in einer durch die Zentrifugalkraft beanspruchten Scheibe konstanter Dicke finden, wobei die Querkontraktion vernachlässigt ist. Es folgen sodann für die Praxis wichtige Näherungsverfahren für die Ermittlung der Spannungen und damit der Dimensionen von Scheiben variabler Dicke, wobei aber auf die Ableitung der Grundgleichungen (Berücksichtigung der Querkontraktion) nicht näher eingegangen ist. Den Schluß bilden einige Angaben über den Einfluß von Temperaturunterschieden in den Scheiben.

§ 3. **Die Berechnung der Beanspruchung einer Scheibe gleicher Dicke durch die Zentrifugalkraft unter Vernachlässigung der Querkontraktion.** Um uns die inneren Zusammenhänge der Spannungen in rotierenden Scheiben rechnerisch anschaulich zu machen, wollen wir im folgenden zunächst den ein-

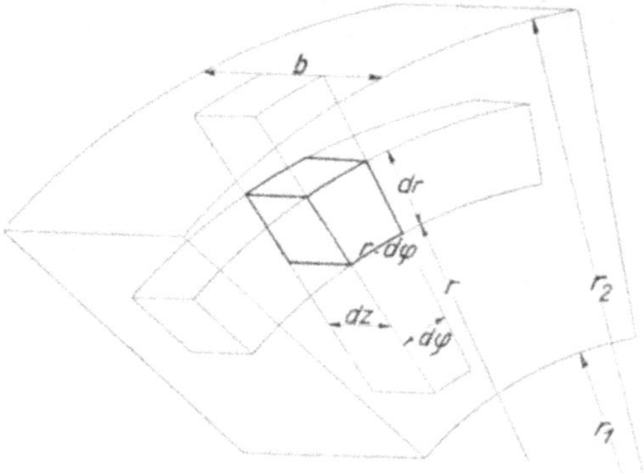

Abb. 35.

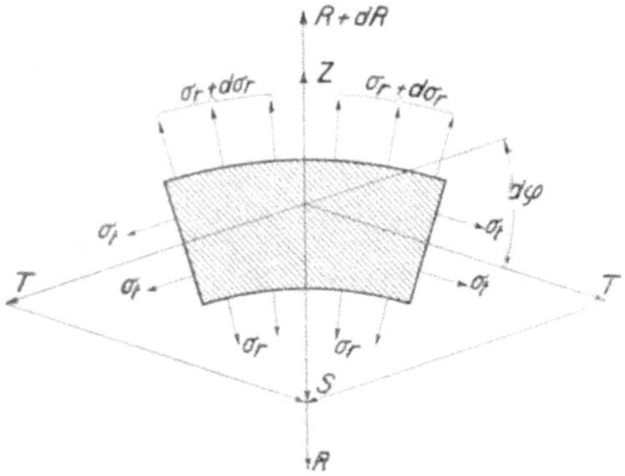

Abb. 36.

fachsten möglichen Fall, nämlich den der Scheibe gleicher Dicke untersuchen. Wir wollen ferner der Einfachheit wegen annehmen, daß die Querkontraktion zu vernachlässigen sei.

Zur Aufstellung der Beziehungen zwischen den Kräften im Innern der Scheibe greifen wir ein Körperelement derselben heraus und setzen dieses ins freie Gleichgewicht. Die bequemste Darstellung für unseren Gedankengang geschieht in Zylinderkoordinaten r, φ, z. Ein Raumelement (s. Abb. 35) wird aus der Scheibe vom Durchmesser $2r_2$ und der Dicke b herausgeschnitten durch zwei Ebenen senkrecht zur Rotationsachse mit dem gegenseitigen Abstand dz, zwei konzentrische Kreiszylinder mit dem Zwischenraum dr und durch zwei Meridianebenen, die den Winkel $d\varphi$ einschließen. Rotiert die Scheibe nun mit der Winkelgeschwindigkeit ω, so wirkt auf dieses Raumelement, das die Masse $dm = \mu \cdot dz \cdot dr \cdot r \cdot d\varphi$ $\left(\text{wobei } \mu = \frac{\gamma}{g}\right)$ enthält, eine Zentrifugalkraft vom Werte

$$Z = r \cdot \omega^2 \cdot dm$$

in radialer Richtung nach außen (vgl. Abb. 36).

Zu dieser inneren Kraft treten die von außen angreifenden Spannungen hinzu. Bezeichnen wir die an der Einheit der Meridianebenen angreifend gedachte Spannung mit σ_t, so wirkt an jeder der beiden Seitenflächen $drdz$ die tangentiale Kraft

$$T = \sigma_t \cdot dr \cdot dz.$$

Die in radialer Richtung auf die innere Zylinderflächeneinheit wirkende Spannung sei σ_r, so daß die gesamte, radial nach innen gerichtete Kraft

$$R = \sigma_r \cdot r \cdot d\varphi \cdot dz$$

ist; in analoger Weise ist die nach außen gerichtete Kraft

$$R + dR = (\sigma_r + d\sigma_r)(r + dr) \cdot d\varphi \cdot dz.$$

Da auch die vektorielle Summe S der beiden unter $180^0 - d\varphi$ stehenden Tangentialkräfte T von der Größe

$$S = 2 \cdot T \cdot \sin\frac{d\varphi}{2} = T \cdot d\varphi = \sigma_t \cdot dr\, d\varphi\, dz$$

radial gerichtet ist, können wir die Gleichgewichtsbedingung des Massenelementes der Scheibe als algebraische Gleichung der absoluten Größen der Einzelkräfte schreiben, und zwar:

$$Z + R + dR = S + R.$$

Setzen wir für die Kräfte die obigen Ausdrücke ein, so erhalten wir als Endprodukt der Umformung

$$\mu \cdot r \cdot \omega^2 + \frac{d\sigma_r}{dr} + \frac{1}{r} \cdot (\sigma_r - \sigma_t) = 0.$$

Um die gesuchten Spannungen σ_r und σ_t zu finden, müssen wir eine zweite unabhängige Beziehung zwischen beiden aufstellen. Hierzu betrachten wir die Dehnungen, die das angenommene Scheibenelement unter dem Einfluß der Fliehkraft erleidet und die in direkten Beziehungen zu den Spannungen im Material stehen.

Die Verlängerung, die der Radius r erfährt, bezeichnen wir mit ϱ, so daß also die Dehnung für den gesamten Ringquerschnitt, also das Verhältnis der Umfangsvergrößerung zum ursprünglichen Umfang, im Abstande r von der Achse $\frac{\varrho}{r}$ beträgt. Dieser Ausdehnung muß die von uns angebracht gedachte Tangentialspannung σ_t das Gleichgewicht halten, also muß

$$\sigma_t = \frac{\varrho}{r} \cdot E$$

sein, wo E wie üblich den Elastizitätsmodul darstellt, wobei natürlich vorausgesetzt ist, daß wir uns innerhalb der Proportionalitätsgrenze bewegen, so daß eine lineare Abhängigkeit von Dehnung und Spannung vorhanden ist. Die Verlängerung der radialen Ausdehnung dr unseres Massenteilchens beträgt sinngemäß $d\varrho$ und die analoge Beziehung zur Radialspannung lautet

$$\sigma_r = \frac{d\varrho}{dr} \cdot E.$$

Aus diesen letzten beiden Gleichungen kann eine Gleichung für die Unbekannte ϱ aufgestellt werden, indem wir diese neugewonnenen Beziehungen in unsere Gleichgewichtsbedingung einführen. Wir erhalten so für die Dehnung ϱ eine lineare Differentialgleichung 2. Ordnung

$$\frac{d^2\varrho}{dr^2} + \frac{1}{r} \cdot \frac{d\varrho}{dr} - \frac{\varrho}{r^2} + \frac{\mu\,\omega^2 \cdot r}{E} = 0.$$

Die Integration liefert uns für ϱ den Ausdruck

$$\varrho = -\frac{\mu\,\omega^2\, r^3}{8E} + C_1 \cdot r + \frac{C_2}{r}.$$

Hierin sind C_1 und C_2 die üblichen, von den Grenzwerten abhängigen Integrationskonstanten. Durch einmaliges Differenzieren erhalten wir $\frac{d\varrho}{dr}$, was wir in die Gleichung für die Radialspannung einsetzen und so

$$\sigma_r = -\frac{3\,\mu\,\omega^2 \cdot r^2}{8} + E \cdot \left(C_1 - \frac{C_2}{r^2}\right)$$

erhalten. Durch Einführen des Integrals in die Gleichung für σ_t wird diese zu

$$\sigma_t = -\frac{\mu\,\omega^2 \cdot r^2}{8} + E\left(C_1 + \frac{C_2}{r^2}\right).$$

Damit haben wir die gewünschte allgemeine Endform der Gleichungen für den Spannungszustand einer Scheibe gleicher Dicke, in der nur die Größen C_1 und C_2 noch unbekannt sind. Kennen wir für einen Radius die beiden Größen σ_r und σ_t, oder aber sind uns für zwei Ringschnitte entweder die dort herrschenden Radial- oder aber die Tangentialspannungen bekannt, so kann man die Integrationskonstanten ermitteln und aus lauter bekannten Größen den Spannungszustand errechnen.

In der Regel sind für den äußeren und den inneren Grenzzylinder mit den Radien r_1 und r_2 die radialen Spannungen σ_{r1} und σ_{r2} gegeben. Für diesen Fall wollen wir noch die Gleichungen umformen. Nach Elimination von C_1 und C_2 lauten sie

$$\sigma_r = \frac{3 \cdot \mu\,\omega^2}{8} \cdot \left\{r_1^2 + r_2^2 - r^2 - \frac{r_1^2 \cdot r_2^2}{r^2}\right\} + \frac{\sigma_{r1} \cdot r_1^2 \cdot (r_2^2 - r^2) + \sigma_{r2} \cdot r_2^2\,(r^2 - r_1^2)}{r^2\,(r_2^2 - r_1^2)}$$

$$\sigma_t = \frac{\mu\,\omega^2}{8} \cdot \left\{3\left(r_1^2 + r_2^2 + \frac{r_1^2 r_2^2}{r^2}\right) - r^2\right\} - \frac{\sigma_{r1} \cdot r_1^2\,(r^2 + r_2^2) - \sigma_{r2} \cdot r_2^2\,(r^2 + r_1^2)}{r^2 \cdot (r_2^2 - r_1^2)}.$$

Es bietet nunmehr keine Schwierigkeit, einzelne spezielle Fälle einer rotierenden Scheibe hinsichtlich ihrer Spannungsverteilung zu untersuchen, was wir im folgenden für ein willkürlich gewähltes

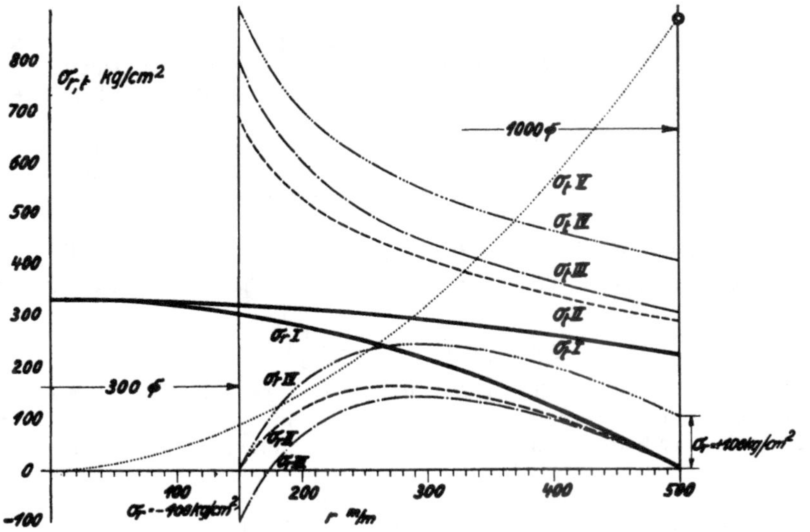

Abb. 37.

Beispiel (Abb. 37) durchführen wollen, und zwar soll der Scheibendurchmesser 1 m, die Drehzahl 2000 pro Minute betragen.

Für den einfachen Fall, daß keine Randspannungen σ_{r1} und σ_{r2} vorhanden sind, fallen in den beiden Spannungsgleichungen die zweiten Glieder fort. Die restlichen Größen auf der rechten Seite geben also die Spannung in einer freien Scheibe mit dem äußeren Durchmesser $2r_2$ und einer Bohrung von $2r_1$ Durchmesser wieder. In unserem Beispiel ist eine Bohrung mit $r_1 = 150$ mm angenommen, und der Verlauf der Spannungen über dem jeweiligen Radius ist durch die mit dem Index II gekennzeichneten Kurven wiedergegeben. Während die Tangentialspannung in der Bohrung ein Maximum hat, liegt der Größtwert der radialen Spannung auf einem Radius r, dessen Wert sich ermittelt zu $r = \sqrt{r_1 \cdot r_2}$. Eine weitere Abschätzung der Maxima beider Spannungen zeitigt das Ergebnis, daß das Maximum der tangentialen mehr als doppelt so groß ist als dasjenige der radialen Spannung. Was hier für die zentrale Bohrung gilt, muß mehr oder minder auch für jede andere Bohrung in der Scheibe zutreffen, so daß wegen der dort auftretenden örtlichen Größtwerte der Tangentialspannung weitgehendste Vorsicht geboten ist. Sämtliche in Scheiben infolge Überschreitung der zulässigen Zugspannung aufgetretenen Risse verlaufen in radialer Richtung und gehen von Scheibenlöchern aus.

Der soeben besprochene Fall der Scheiben mit Bohrung schließt zwei Grenzfälle ein; erstens den Fall einer Bohrung mit dem Radius 0 und zweitens den freitragenden Ring. Für den letzteren setzen wir als erste Annäherung $r_1 = r_2 = r$ und finden aus unseren Gleichungen

$$\sigma_r = 0; \quad \sigma_t = \mu\,\omega^2 \cdot r^2 = \mu \cdot u^2$$

die bekannte Gleichung für den freitragenden Ring. In Abb. 37 ist durch eine Kurve σ_{tV} die tangentiale Spannung in einem freitragenden Ring über einem variablen Radius bei einer Tourenzahl von $n = 2000$ pro Min. aufgetragen.

Der zweite Fall der Scheibe ohne Bohrung ist in Abb. 37 durch den Index I gekennzeichnet und ist aus unseren Gleichungen zu berechnen, indem wir $r_1 = 0$ setzen, so daß sie dann lauten

$$\sigma_r = \frac{3}{8} \cdot \mu\,\omega^2 \cdot (r_2^2 - r^2); \quad \sigma_t = \frac{1}{8} \cdot \mu\,\omega^2 \cdot (3\,r_2^2 - r^2).$$

Wir entnehmen hieraus ohne weiteres, daß für $r = 0$ beide Spannungswerte einander gleich werden, während am Außenumfang $\sigma_r = 0$ wird und σ_t den Wert $\frac{1}{4}\,\mu\,\omega^2 \cdot r_2^2 = \frac{1}{4}\,\mu \cdot u^2$, also ein Viertel der Spannung des freitragenden Ringes erreicht. Der Vergleich der Maximalwerte der Tangentialspannung mit der Scheibe mit Bohrung zeigt für die bohrungslose Scheibe weit günstigere Verhältnisse. In der Abb. 37 sind noch zwei weitere Fälle als Beispiele für die Spannungsverteilung gerechnet und durch die Indizes III und IV hervorgehoben. Die erste Kurve ist ermittelt unter der Annahme, daß die Scheibe in der Bohrung eine Schrumpfspannung von $\sigma_{r1} = -100$ kg/qcm erfährt, im zweiten Falle ist eine äußere Zugspannung $\sigma_{r2} = +100$ kg/qcm als Grenzbedingung gewählt. In beiden Fällen muß das zweite Glied in den Hauptgleichungen für die Spannungen berücksichtigt werden.

Mit der Anführung dieser Beispiele für eine Scheibe gleicher Dicke ist das Gebiet genügend erschöpft und die Kurven der Spannungsverteilung geben uns einen guten Überblick für kompliziertere Fälle, die im folgenden behandelt seien.

§ 4. **Das Donathsche Näherungsverfahren zur Berechnung von Turbinenradscheiben.** Die nächste Erweiterung unserer Formeln und Rechnungen ist nun die Einführung des Querkontraktionskoeffizienten ν. Die Spannungsgleichungen behalten fast den gleichen Aufbau und lauten jetzt

$$\sigma_r = \frac{E}{1-\nu^2}\left[-(3+\nu)\cdot A \cdot r^2 + (1+\nu)\cdot C_1 - (1-\nu)\cdot \frac{C_2}{r^2}\right]$$

$$\sigma_t = \frac{E}{1-\nu^2}\left[-(1+3\,\nu)\cdot A\,r^2 + (1+\nu)\cdot C_1 + (1-\nu)\cdot \frac{C_2}{r^2}\right]^{1)}$$

worin A als Abkürzung gesetzt ist für $(1-\nu^2)\cdot\frac{\mu\,\omega^2}{8\cdot E}$. Die übrigen Größen sind uns bereits bekannt. Für Stahl und Eisen kann man ν mit 0,3 einsetzen. Für die radiale Dehnung erhalten wir hier den Ausdruck

$$\varrho = -A\cdot r^3 + C_1 \cdot r + \frac{C_2}{r}.$$

Nimmt man diese den tatsächlichen Verhältnissen sehr genau entsprechenden Gleichungen als Grundlage, so kann man ein allgemein brauchbares Berechnungsverfahren dadurch erhalten, daß man die Scheibe beliebiger Form in Ringzonen gleicher Dicke aufteilt; dies ist das bekannte Verfahren von Donath[2]).

---

[1]) Der Einfluß dieser erweiterten Formeln sei an dem Beispiele des vorigen Paragraphen, der Scheibe gleicher Dicke, dargestellt. Nehmen wir wieder an, daß für den inneren und den äußeren Begrenzungsradius die radialen Spannungen σ_{r1} und σ_{r2} bekannt seien, so können wir die obigen Formeln in analoger Weise wie in § 3 umformen und erhalten

$$\sigma_r = \frac{(3+\nu)\cdot\mu\cdot\omega^2}{8}\cdot\left(r_1^2 + r_2^2 - r^2 - \frac{r_1^2\cdot r_2^2}{r^2}\right) + \frac{\sigma_{r_2}\cdot r_2^2\,(r^2 - r_1^2) + \sigma_{r_1}\cdot r_1^2\,(r_2^2 - r^2)}{r^2\cdot(r_2^2 - r_1^2)}$$

$$\sigma_t = \frac{(1+3\,\nu)\cdot\mu\cdot\omega^2}{8}\cdot\left[\frac{3+\nu}{1+3\,\nu}\cdot\left(r_1^2 + r_2^2 + \frac{r_1^2\cdot r_2^2}{r^2}\right) - r^2\right] + \frac{\sigma_{r_2}\cdot r_2^2\,(r^2 + r_1^2) - \sigma_{r_1}\cdot r_1^2\,(r_2^2 + r^2)}{r^2\,(r_2^2 - r_1^2)}$$

Mit Hilfe dieser Formeln sind in gleicher Weise wie im vorhergehenden Paragraphen die Kurven der Abb. 37 für die verschiedenen gewählten Fälle berechnet worden und in Abb. 38 zusammengestellt. Wie zu erwarten, ist eine wesentliche Änderung des Spannungsverlaufes nicht aufgetreten. Die Berücksichtigung des Querkontraktionskoeffizienten hat eine Vergrößerung der Maximalwerte der Radialspannung und der Tangentialspannung am Rande der Bohrung, dagegen eine Verminderung der letzteren am äußeren Rande zur Folge.

[2]) Donath, Die Berechnung rotierender Scheiben und Ringe. Berlin 1912, Verlag Julius Springer.

Derselbe wendet außer dieser Näherungsrechnung noch einen kleinen Kunstgriff an, wie folgt: Es ergibt sich nämlich für die Durchführung der Rechnung eine wesentliche Vereinfachung, wenn man statt mit den Spannungen σ_r und σ_t mit deren Summen und Differenzen: $S = \sigma_t + \sigma_r$, $D = \sigma_t - \sigma_r$ rechnet; aus denselben ergeben sich rückwärts wieder die Beanspruchungen zu $\sigma_t = \frac{S+D}{2}$ und $\sigma_r = \frac{S-D}{2}$. Mit Hilfe dieser neuen Veränderlichen ergibt sich aus den obigen Grundgleichungen für die Dehnung ϱ die Beziehung

$$2\,E \cdot \frac{\varrho}{r} = S \cdot (1 - \nu) + D\,(1 + \nu).$$

Wenn man nun mit Donath das zu untersuchende Profil durch ein Näherungsprofil ersetzt, welches aus einer möglichst großen Anzahl von Ringen gleicher Dicke besteht, so muß für die Über-

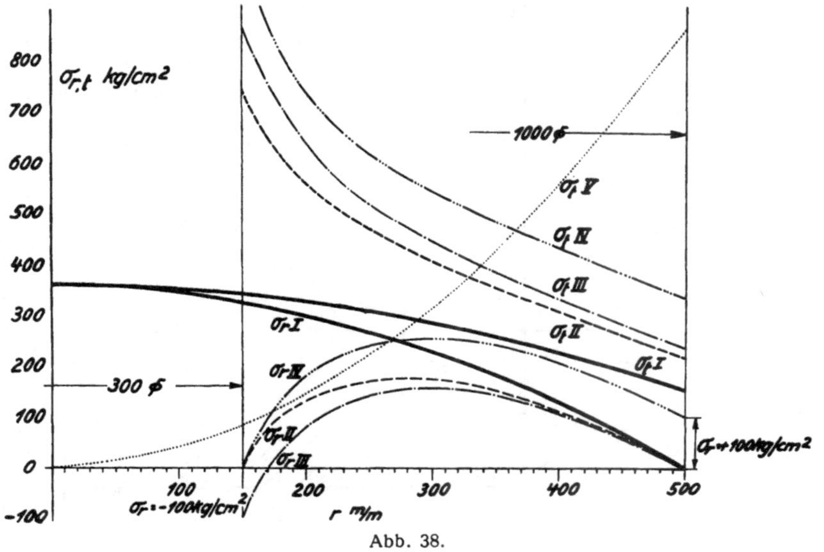

Abb. 38.

gangsstellen zwischen diesen die radiale Dehnung ϱ und damit auch der obige Ausdruck gleiche Grenzwerte besitzen:

$$S\,(1 - \nu) + D \cdot (1 + \nu) = S' \cdot (1 - \nu) + D'\,(1 + \nu)$$

oder

$$\nu\,(\sigma_r - \sigma_r') = (\sigma_t - \sigma_t').$$

Außerdem muß, da der Unterschied in der Scheibendicke von b' auf b sehr klein angenommen ist, auch noch

$$\sigma_r' \cdot b' = \sigma_r \cdot b$$

sein. Ist eine zusätzliche Fliehkraft fest mit der Scheibe verbundener Massen — wie etwa Schaufeln, Bindedrähte und Deckbänder — vorhanden, so ist diese Zentrifugalkraft Z der rechten Seite dieser Gleichung in entsprechender Größeneinheit hinzuzufügen.

Schreiben wir nun die letzte Gleichung

$$\Delta\,\sigma_r = \sigma_r - \sigma_r' = \sigma_r \left(1 - \frac{b}{b'}\right)$$

so ergibt sich unter Benutzung obiger Beziehung für die Spannungsdifferenz

$$\Delta\,\sigma_t = \sigma_t - \sigma_t' = \nu \cdot \sigma_r \left(1 - \frac{b}{b'}\right) = \nu \cdot \Delta\,\sigma_r.$$

Addiert bzw. subtrahiert man nun wieder diese beiden Gleichungen, so erhält man

$$\Delta\,S = S - S' = (1 + \nu) \cdot \sigma_r \left(1 - \frac{b}{b'}\right) = (1 + \nu) \cdot \Delta\,\sigma_r$$

$$\Delta\,D = D - D' = (\nu - 1) \cdot \sigma_r \left(1 - \frac{b}{b'}\right) = (\nu - 1) \cdot \Delta\,\sigma_r,$$

so daß also

$$\Delta\,D = -\frac{1 - \nu}{1 + \nu} \cdot \Delta\,S$$

oder für Flußeisen und Stahl ($\nu = 0,3$)

$$\Delta S = 1,3 \cdot \Delta \sigma_r, \quad \Delta D = -0,7 \cdot \Delta \sigma_r$$

und

$$\Delta D = -0,538 \cdot \Delta S.$$

Auf Grund dieser einfachen Beziehungen wird eine für die Praxis bequeme Berechnung von Scheiben beliebiger Formen ermöglicht. Man bedient sich dabei eines von Donath entworfenen Kurven-

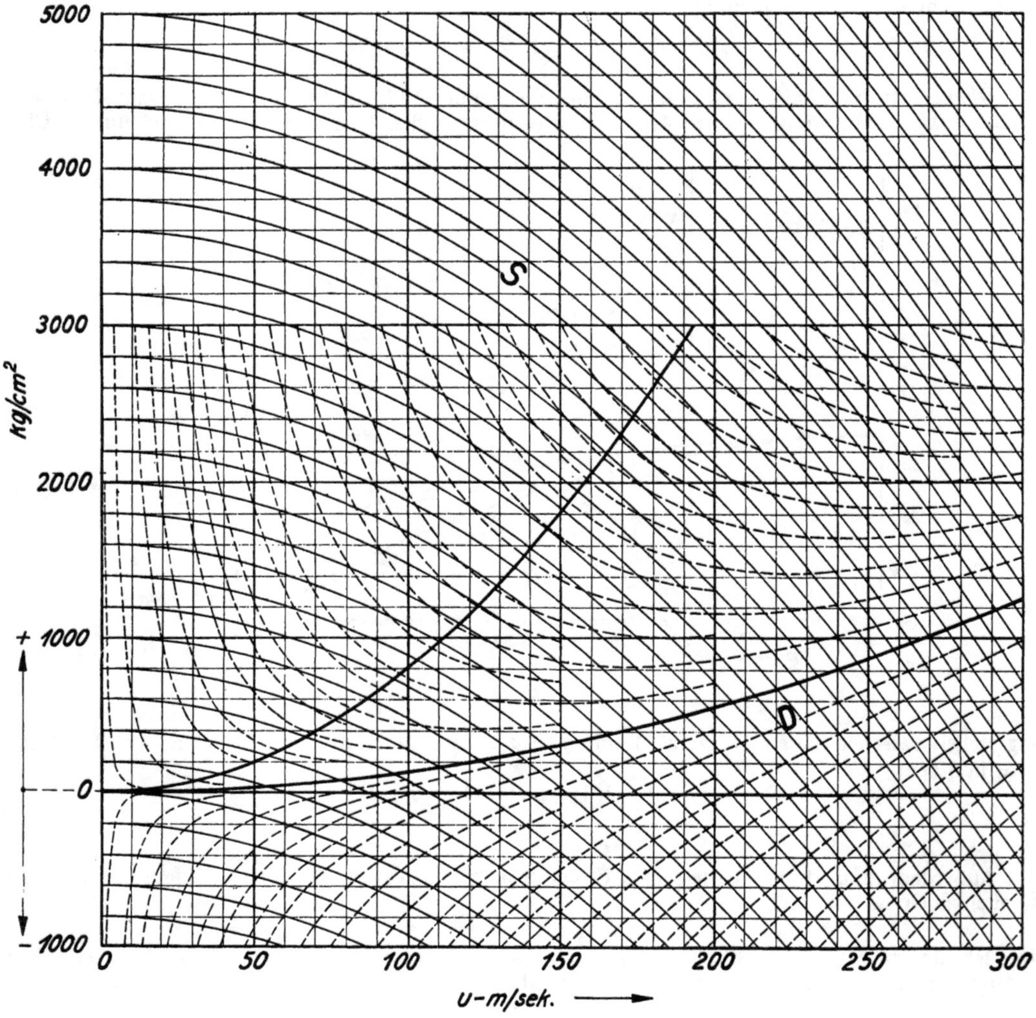

Abb. 39.

blattes für die S- und D-Werte von Scheiben gleicher Dicke. Der Entwurf dieses Blattes beruht auf folgender Überlegung:

Faßt man in den Ausdrücken für S und D die Konstanten zusammen, so wird unter Einführung der Umfangsgeschwindigkeit u

$$S = \frac{1+\nu}{2} \cdot \mu \cdot \left[-u^2 + \frac{C_1 \cdot 4E}{(1-\nu^2) \cdot \mu} \right]$$

$$D = \frac{1-\nu}{4} \cdot \mu \cdot \left[+u^2 + \frac{1}{u^2} \cdot \frac{C_2 \cdot \omega^2 \cdot 8E}{(1-\nu^2) \cdot \mu} \right].$$

In diesen Gleichungen sind die Größen ν, $\mu = \frac{\gamma}{g}$, E, C_1 und C_2 für ein vorliegendes Rechnungsbeispiel konstant; auch die Größe ω^2 können wir für eine bestimmte Drehzahl der Scheibe, die ja für jede Rechnung angenommen wird, als konstant ansehen; wir setzen daher

$$\frac{C_1 \cdot 4E}{(1-\nu^2)\cdot\mu} = K_1 \text{ und } \frac{C_2 \cdot \omega^2 \cdot 8E}{(1-\nu^2)\cdot\mu} = K_2,$$

so daß nun die Gleichungen lauten:

$$S = \frac{(1+\nu)\mu}{2} \cdot (-u^2 + K_1)$$

$$D = \frac{(1-\nu)\cdot\mu}{4} \cdot \left(+u^2 + \frac{K_2}{u^2}\right).$$

Für beliebige Werte K_1 und K_2 lassen sich also Kurvenscharen auftragen, welche für jedes u die Werte der Spannungssummen S und der Differenzen D entnehmen lassen.

— Würden wir die Rechnung für einen gegebenen Radius, jedoch für wechselnde Umfangsgeschwindigkeiten durchzuführen haben, so können wir nicht wie oben ω^2 als Konstante ansehen. Eine Zusammenfassung der Konstanten, wozu nunmehr die Größe r, die ja auch in u vorkommt, gehört, wird vielmehr jetzt die allgemeine Form ergeben:

$$S = -k_1 \cdot \omega^2 + k_2 \quad D = k_3 \cdot \omega^2 + k_4.$$

Wir sehen also, was für spätere Rechnungen wichtig sein wird, daß die S- und D-Werte und damit natürlich auch die Radial- und Tangentialspannungen von dem Quadrate der Winkelgeschwindigkeit und damit der Drehzahl abhängen. —

In Abb. 39 sind über der Umfangsgeschwindigkeit u als Abszissenachse die Spannungssummen S (voll) und die Spannungsdifferenzen D (gestrichelt) eingetragen, und zwar ausgehend von der Annahme, daß im Mittelpunkte der Scheiben gleicher Dicke verschiedene Spannungen σ_r und σ_t vorhanden sind, welche verschiedene S- und D-Werte zur Folge haben. Für irgendeine Scheibe gleicher Dicke ergibt sich nur je eine Kurve für S- und D-Werte, während bei einem aus einer Anzahl von Ringen rechteckigen Querschnitts zusammengesetzten Näherungsprofil bei jedem Absatz auch ein Wechsel der Kurven erforderlich wird, wobei zu beachten ist, daß die oben abgeleiteten Gleichungen für ΔS und ΔD erfüllt sein müssen.

Die Rechnung kann entweder vom Mittelpunkt bzw. von der Bohrung nach außen oder vom äußeren Umfang nach innen fortschreiten. Maßgebend für den einzuschlagenden Weg sind die zu beachtenden Randbedingungen der fraglichen Scheiben. Wie wir schon in § 3 sahen, sind durch dieselben grundlegende Beziehungen für σ_r und σ_t gegeben, durch welche auch der Zusammenhang der zu benutzenden S- und D-Kurven festgelegt ist. Wir können im Anschluß an unser Beispiel im § 3 sechs Randbedingungen feststellen:

1. Für jede Scheibe ohne zentrale Bohrung sind im Mittelpunkt — also für $u = 0$ — die beiden Spannungen σ_r und σ_t einander gleich. Die D-Kurve beginnt daher im Nullpunkt des Koordinatensystems, die S-Kurve auf der Abszissenachse um $2\sigma_r = 2\sigma_t$ höher als D.

2. Bei einer frei rotierenden oder mit Schiebesitz auf die Welle gesetzten Scheibe mit Bohrung ist am Rand der letzteren die radiale Spannung $\sigma_r = 0$. Es fallen hier bei einem entsprechenden u-Wert die Anfangspunkte der S- und D-Kurve zusammen, da $\sigma_t + \sigma_r = \sigma_t - \sigma_r = \sigma_t$.

3. Bei einer mit Schrumpf auf der Welle sitzenden Scheibe ist die radiale Spannung σ_r am Rand der Bohrung kleiner als 0 (Druckspannung). Da infolgedessen $\sigma_t + \sigma_r < \sigma_t - \sigma_r$ ist, so liegt der Anfangspunkt der S-Kurve um den Betrag von $2\sigma_r$ unter der D-Kurve.

4. Die am Umfang unbelastete Scheibe hat dort keine Radialspannungen, σ_r ist hier also $= 0$, und die S- und D-Kurve schneiden sich über dem entsprechenden u-Wert.

5. Wenn die Scheibe am äußeren Umfang durch die Fliehkräfte von Schaufeln, Füllstücken, Bandagen usw. belastet ist, so erzeugen dieselben eine radiale Zugspannung σ_r am äußeren Umfang der Scheibe. Die S-Kurve muß daher an dieser Stelle um den Betrag $2\sigma_r$ über der D-Kurve liegen.

6. Trägt die Scheibe mittels ringförmiger Ansatzstücke Ringkörper wie Trommeln oder Ausgleichkolben, so wird an diesen Stellen die radiale Dehnung vergrößert oder verkleinert, je nachdem an der Ansatzstelle die Dehnung des Radkörpers oder diejenige der eingefügten Teile größer ist. An Radscheiben angehängte beschaufelte Trommeln (vgl. Abb. 34 des vorigen Anhangs) werden im allgemeinen größere Dehnung aufweisen als ungebohrte Radscheiben. In diesem häufig vorkommenden Falle tritt an der Ansatzstelle eine zusätzliche Radialspannung auf; d. h. die Spannungen des Rades werden durch die angehängte Trommel vergrößert. Es muß also der innerhalb des Ansatzes liegende Teil des Rades verstärkt werden. Bei nicht zu großer Radbreite an dieser Stelle kann diese zusätzliche Radialspannung σ_r' als gleichmäßig verteilt in die Rechnung eingeführt werden. Die in der Trommel auftretenden Spannungen werden bei der Aufhängung am Rad geringer.

Die Differenz zwischen den S- und D-Werten im Radius R wird also in diesem Falle um den Betrag $2\sigma_r'$ vergrößert.

An Hand des in Abb. 39 auszugsweise wiedergegebenen Donathschen Kurvenblattes ist es nun ein leichtes, die Beanspruchungen irgendwelcher gegebener Profile nachzurechnen oder durch wiederholte Annahmen und Nachrechnung ein Profil mit den gewünschten Beanspruchungen aufzufinden.

Der Gang der Rechnung für einen bestimmten Fall ist etwa folgender:

Nachdem eine Tangentialspannung σ_t — am besten am Umfange des Rades — angenommen worden ist, kann, da σ_r' durch die Fliehkraft der Beschaufelung gegeben ist, der dortige Anfangspunkt für die entsprechende Umfangsgeschwindigkeit aus der Summe $\sigma_r + \sigma_t = S$ und der Differenz $\sigma_t - \sigma_r = D$ in dem Kurvenblatt ermittelt werden. Verfolgt man nun die S- und D-Kurven bis zu der Umfangsgeschwindigkeit der nächsten (gewählten) Unterteilungsstelle, so erhält man wiederum S- und D-Werte, aus denen sich ein neues $\sigma_r = \frac{S - D}{2}$ und ein neues $\sigma_t = \frac{S + D}{2}$ ergeben. Aus den oben beschriebenen Gleichungen kann nun ΔS und ΔD ermittelt werden. Werden diese ΔS- und ΔD-Werte zu den entsprechenden S- und D-Werten addiert bzw. von denselben subtrahiert, je nachdem die Scheibendicke ab- oder zunimmt, so hat man wieder neue Anfangspunkte, von welchen das Verfahren in gleicher Weise fortgesetzt wird, bis man zur Nabenbohrung gelangt.

Im allgemeinen wird sich bei dem am Radumfange angenommenen σ_t in der Nabe nicht die gewünschte Grenzbedingung ergeben. Bei Scheiben ohne Schrumpf ist dort $\sigma_r = 0$, bei Scheiben ohne zentrale Bohrung, wie oben festgestellt, $\sigma_r = \sigma_t$. Bei Scheiben, welche aufgeschrumpft sind, muß die Summe der Dehnungen von Nabe und Welle gleich dem verlangten Schrumpf sein. Wie in Anhang V dargelegt ist, entspricht dem Schrumpf eine Dehnung $\varrho = \varrho_N + \varrho_W = (\sigma_{tN} + \sigma_{tW}) \cdot \frac{r}{E}$, wenn r der Bohrungsradius der Nabe ist.

Um die richtige Spannungsverteilung zu erhalten, ist es erforderlich, unter neuer Annahme von σ_t am Kranz das Verfahren so lange durchzuführen, bis die Grenzbedingung erfüllt ist. Nunmehr können für die ganze Scheibe die σ_r- und σ_t-Werte aus der Kurventafel abgegriffen werden. Die Spannungen sind an den Stellen zu entnehmen, an welchen ursprüngliches und Ersatzprofil übereinstimmen.

§ 5. **Schrumpfspannungen.** Mit Hilfe des geschilderten Annäherungsverfahrens für die Berechnung rotierender Scheiben lassen sich auch Schrumpfverbindungen ruhender Scheiben rasch und sicher berechnen. Gehen wir zurück auf die in § 4 genannten Formeln für σ_r und σ_t und setzen wir hierin $u = 0$, so verschwindet ω und damit der Koeffizient A, und wir erhalten

$$\sigma_r = \frac{E}{1 - \nu^2} \cdot \left[(1 + \nu) \cdot C_1 - (1 - \nu) \cdot \frac{C_2}{r^2}\right]$$

$$\sigma_t = \frac{E}{1 - \nu^2} \cdot \left[(1 + \nu) \cdot C_1 + (1 - \nu) \cdot \frac{C_2}{r^2}\right].$$

Wenden wir hierauf wieder das Donathsche Rechnungsverfahren an und bilden

$$S = \sigma_t + \sigma_r = \frac{2E}{1 - \nu} \cdot C_1; \quad D = \sigma_t - \sigma_r = \frac{2E}{1 + \nu} \cdot \frac{C_2}{r^2}$$

so zeigt sich, daß S bei jeder gegebenen Scheibe für alle r-Werte konstant ist. In der neu zu bildenden Kurventafel würden die S-Kurven also durch Parallele zur Abszissenachse dargestellt. Die Werte D dagegen verhalten sich umgekehrt proportional dem Quadrate der Radien, so daß die D-Kurvenschar aus Hyperbeln besteht. Infolge der Einfachheit der Gleichungen wird man jedoch in den meisten Fällen mit einer Rechnung schneller als unter Verwendung eines graphischen Verfahrens zum Ziele kommen. Vgl. hierzu das Beispiel in § 7 dieses Anhangs, Tab. 2.

§ 6. **Lösdrehzahl.** Zur Erzielung eines betriebssicheren Laufes der Turbinen ist es unbedingt erforderlich, daß die Radscheiben wenigstens bis zur Schnellschlußdrehzahl fest auf der Welle sitzen bleiben. Es müssen daher die Radscheiben mit einem Schrumpfmaß aufgesetzt werden, welches frühestens bei dieser Drehzahl ein Sichloslösen der Nabe von der Welle erwarten läßt.

Um indessen der insbesondere bei Inbetriebsetzung vorhandenen ungleichmäßigen Temperaturverteilung zwischen dem schnell erwärmten Radkranz und der langsamer sich erwärmenden Radnabe Rechnung zu tragen, wird sogar in der Regel verlangt, daß die für gleichmäßige Temperaturverteilung geltende Lösdrehzahl noch höher liegt, als der Schnellschlußdrehzahl entspricht. (Vgl. hierzu § 1.)

In der Regel wird es am bequemsten sein, die Berechnung des Schrumpfes zuerst für eine Lösdrehzahl gleich der Betriebsdrehzahl durchzuführen, — weil hierfür an sich schon zwecks Dimensionierung des Rades alle Spannungen berechnet werden müssen, — und von den sich so ergebenden Verhältnissen auf den Schrumpf für die höhere Lösdrehzahl zu schließen.

Bezeichnen wir mit n die Betriebsdrehzahl, mit n' die Lösdrehzahl, mit σ_{t_N} die Spannung in der Radbohrung vom Radius r, wenn das Rad nicht aufgeschrumpft ist, mit σ_{t_W} die Tangentialspannung in der Welle, so ergeben sich die Dehnungen von Welle und Bohrung

$$\varrho_W = \frac{\sigma_{t_W}}{E} \cdot r; \quad \varrho_N = \frac{\sigma_{t_N}}{E} \cdot r.$$

Wenn wir keinen Schrumpf anwenden, so tritt ein Klaffen zwischen Rad und Welle ein, welches gegeben ist durch

$$\varrho = \varrho_N - \varrho_W = \frac{\sigma_{t_N} - \sigma_{t_W}}{E} \cdot r.$$

Bei der Drehzahl n müßte demnach das Schrumpfmaß $\frac{\varrho}{r}$ sein, wenn bis dahin das Klaffen vermieden werden sollte. Soll das Ablösen aber erst bei der Drehzahl n' eintreten und charakterisieren wir die entsprechenden Größen durch Striche, so ist

$$\frac{\varrho}{\varrho'} = \frac{n^2}{n'^2} = \frac{\sigma_{t_N}}{\sigma_{t_N}'} = \frac{\sigma_{t_W}}{\sigma_{t_W}'}$$

und

$$\sigma_{t_N}' = \sigma_{t_N} \cdot \left(\frac{n'}{n}\right)^2.$$

Wenn sich die Nabe bei der Betriebsdrehzahl eben ablöst, so ist zwischen Nabe und Welle kein radialer Druck wirksam, σ_{r_N} also gleich Null, und die Scheibenberechnung ergibt die Spannung σ_{t_N}. Die Spannung σ_{t_W} finden wir aus dem Diagramm Abb. 39 in einfacher Weise, indem wir die Welle als Scheibe gleicher Dicke ansehen. Für eine solche ist σ_t im Mittelpunkt gleich σ_r, während am Umfang σ_r gleich Null ist. Es ist also im Mittelpunkt $S = 2\sigma_r$, $D = 0$ und am Umfang $D = S = \sigma_t$. Wir haben somit nur die durch den Nullpunkt des Koordinatensystems gehende D-Kurve bis zu der Umfangsgeschwindigkeit der Wellenoberfläche zu verfolgen und erhalten direkt σ_{t_W}. Aus der obenerwähnten Kurve für σ_{t_W} kann auch die für die gewünschte Lösdrehzahl gültige Spannung σ_{t_W}' entnommen werden. σ_{t_N}' ergibt sich auf Grund der obengenannten Formel zu $\sigma_{t_N}' = \left(\frac{n'}{n}\right)^2 \cdot \sigma_{t_N}$. Aus σ_{t_W}' und σ_{t_N}' ergibt sich der erforderliche Schrumpf $\frac{\varrho'}{r}$. Über die Durchführung des einschlägigen Rechnungsverfahrens gibt das nachstehende Beispiel Aufschluß.

Tabelle 1.

Radscheiben-Berechnung nach Donath für n = 3000 Umdr./Min. ohne Schrumpf.

Nr.	Abstand von der Scheibenmitte r	Umfangsgeschw. U m/sek.	Scheibendicken $b \div b'$ cm	$1 - \frac{b}{b'}$	$\sigma_r = \frac{S-D}{2}$	$\Delta\sigma_r = \left(1-\frac{b}{b'}\right)\sigma_r$	$\Delta S = +1{,}3\,\Delta\sigma_r$	$\Delta D = -0{,}7\cdot\Delta\sigma_r$	$\sigma_t = \frac{S+D}{2}$	S $S' = S - \Delta S$	D $D' = D - \Delta D$	$S-D$	$S+D$
1	73,25	230	0/2,5	0	250	—	—	—	840	1090	590	500	1680
										1310	520	790	1830
2	70,5	221	2,5/2,8	0,107	395	42	55	− 29	915	1255	549		
										1430	500	930	1930
3	68	214	2,8/1,2	−1,34	465	− 623	− 810	+ 436	965	2240	+ 64		
										2530	− 100	2630	2430
4	63,8	200	1,2/1,3	0,077	1315	101	132	− 71	1215	2398	− 29		
										2705	− 215	2920	2490
5	59	185	1,3/1,55	0,162	1460	237	308	− 165	1245	2397	− 50		
										2685	− 220	2905	2465
6	54,2	170	1,55/2,0	0,225	1453	327	425	− 229	1233	2260	+ 9		
										2510	− 140	2650	2370
7	49,4	155	2,0/2,68	0,253	1325	336	436	− 235	1185	2074	+ 95		
										2310	− 25	2335	2285
8	44,6	140	2,68/3,65	0,267	1163	310	404	− 217	1143	1906	+ 192		
										2105	+ 110	1995	2215
9	39,8	125	3,65/5,1	0,285	998	284	370	− 199	1108	1735	309		
										1915	280	1635	2195
10	35	110	5,1/6,84	0,254	818	208	270	− 145	1098	1645	425		
										1800	470	1330	2270
11	30,2	95	6,84/9,34	0,268	665	178	232	− 124	1135	1568	594		
										1720	715	1005	2435
12	26	81,8	9,34/21	0,555	503	279	353	− 195	1218	1367	910		
										1530	1550	− 20	3080
13	19	59,7	21/0	—	− 10	—	—	—	1540				
13	19	59,7	—	—	− 10	Welle		—	+ 40	30	50	—	—

§ 7. **Beispiel.** Es soll nun die Berechnung der Spannungen im ersten Laufrad einer Turbine von 12800 kW Leistung und einer Drehzahl von $n = 3000$ Umdr./Min. nach dem Donathschen Verfahren durchgeführt werden.

Die Dimensionen des Laufrades gehen aus Abb. 40 hervor. Bei dem vorgesehenen mittleren Schaufelkreisdurchmesser von 1500 mm ist die Umfangsgeschwindigkeit in demselben 235,8 m/sek.

Die am Radumfang vorhandene Randbedingung ist dadurch gegeben, daß die Radialspannung σ_r gleich ist der durch die Fliehkraft von Deckband, Schaufel und Füllstück verursachten radialen Belastung. Diese Fliehkraft ist pro 1 cm Radumfang auf einem Radius $r_2 = 73{,}25$ cm mit 600 kg errechnet, was bei einer Radbreite von 2,4 cm eine Belastung von $\sigma_{r2} = 250$ kg/cm² ergibt.

Als weitere Randbedingung besteht in unserem Falle die Forderung, daß die Lösdrehzahl 3500 Umdr./Min. betragen soll; bei der Wahl dieser Drehzahl möge der Einfluß der Temperatur vorerst unberücksichtigt bleiben (vgl. hierzu § 9). Die Rechnung für den Fall, daß bei der Betriebsdrehzahl von 3000 Umdr./Min. ein Loslösen der Scheibe von der Welle stattfindet, ist in der Tabelle 1

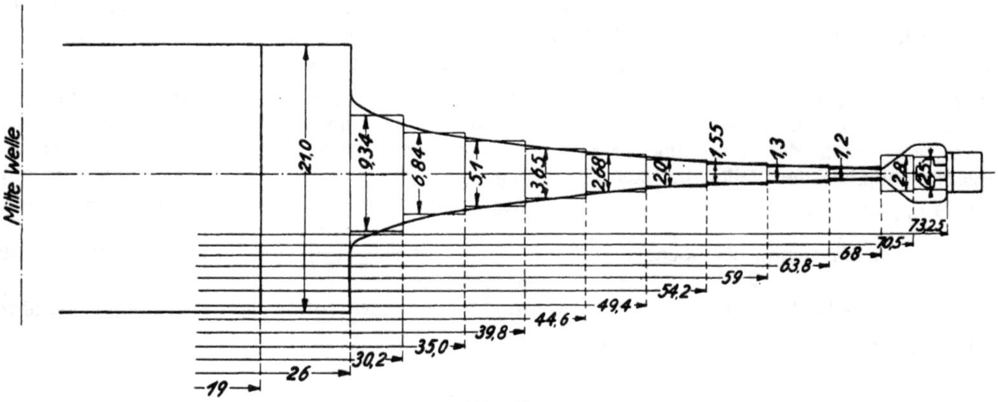

Abb. 40.

durchgeführt. Die graphische Ergänzung hierzu bilden die ausgezogenen Kurven der Abb. 41; die mit S und D bezeichneten Kurven sind Bruchstücke der im Donathschen Kurvenblatt Abb. 39 dargestellten Kurvenscharen. Der Gang der Rechnung ist bereits oben geschildert und aus Tabelle und Kurvenblatt ohne weiteres ersichtlich. Auf Grund von Berechnungen ähnlicher Radscheiben wird zunächst neben der bekannten Radialspannung am Umfang des Rades eine Tangentialspannung dortselbst von 840 kg/qcm angenommen. Nach Durchführung der Berechnung (vgl. Tab. 1) ergibt sich in der Bohrung der Nabe eine Radialspannung von — 10 kg/qcm und eine Tangentialspannung von 1540 kg/qcm. Einer Radialspannung 0 entspricht eine tangentiale Nabenspannung von etwa 1520 kg/qcm, was sich mit Hilfe einer zweiten Rechnung durch Interpolation ergibt. Für den Zustand der Loslösung bei 3000 Umdr./Min. müssen also folgende Spannungen in Nabe und Welle vorhanden sein: $\sigma_{r_N} = \sigma_{r_W} = 0$; $\sigma_{t_N} = 1520$; $\sigma_{t_W} = 50$. Die letztere Größe findet sich, wie schon oben erklärt, als Ordinate der Donathschen D-Kurve, die vom 0-Punkt ausgeht, im Punkte $u = 59{,}7$ m/sek. Der zur Erreichung dieses Zustandes erforderliche Schrumpf ermittelt sich zu

$$\frac{\varrho}{r} = \frac{\sigma_{t_N} - \sigma_{t_W}}{E} = \frac{1520 - 50}{2{,}2 \cdot 10^6} = 0{,}668\,‰.$$

Da wir die Welle hinsichtlich der Spannungsverteilung als Scheibe gleicher Dicke betrachten, können wir die von 50 kg/qcm ausgehenden S- und D-Kurven bis zur Achse ziehen und erhalten im Mittelpunkt der Welle $\sigma_r = \sigma_t = 117{,}5$ kg/qcm.

Wenn die Radscheibe also mit dem obengenannten Schrumpf auf die Welle gesetzt wird, so löst sie sich bei Erreichung der Betriebsdrehzahl ab. Da wir nach den allgemeinen Ausführungen in § 4 wissen, daß bei der einem Schrumpf nicht unterworfenen Scheibe die Spannungen dem Quadrat der Drehzahlen proportional sind, können wir nun auf einfache Weise den Schrumpf bei der Drehzahl $n' = 3500$ errechnen.

Wir finden $\sigma_{t_N}' = 1520 \cdot \left(\frac{3500}{3000}\right)^2 = 2070$ kg/qcm und ebenso $\sigma_{t_W}' = 68$ kg/qcm.

Aus diesen beiden Werten ergibt sich als erforderliches Schrumpfmaß für die Loslösung bei 3500 Touren das Verhältnis

$$\frac{\varrho'}{r} = \frac{2070 - 68}{2{,}2 \cdot 10^6} = 0{,}91\,‰.$$

Hiermit haben wir das eigentliche Ziel unserer Rechnung erreicht. Es können nun aber Fälle vorkommen, in welchen das sich für eine bestimmte Loslösdrehzahl ergebende Schrumpfmaß als praktisch unzweckmäßig erweist und man daher die gemachte Annahme für die Lösdrehzahl zu revidieren genötigt ist. Um in solchen Fällen sich rasch ein Bild über die bei verschiedenen Drehzahlen in der Nabenbohrung bzw. am Wellenumfang auftretenden Spannungen für den Fall der schrumpffreien Scheibe (wie diese dem Zustand bei der Loslösung entspricht) machen zu können, kann man diese Spannungen in einem Kurvenblatt besonders auftragen, wie dies in Abb. 42 geschehen ist. Die Tangentialspannungen σ_{t_N} und σ_{t_W} (die Radialspannungen sind der Übersicht halber ausgelassen) verlaufen nach Parabeln, welche ihren Scheitel im Punkte $n = 0$ auf der Abszissenachse haben. Aus diesen beiden, für ein bestimmtes Beispiel geltenden Kurven kann man für jede Lösdrehzahl die Spannungen in der Nabenbohrung und am Wellenumfang entnehmen und damit den erforderlichen Schrumpf errechnen. Für jede Drehzahl ergibt die zugehörige Ordinatendifferenz beider Kurven direkt ein Maß der Schrumpfspannung, für welche in diesem Punkte ein Loslösen erfolgt.

Tabelle 2.

Radscheiben-Berechnung für $n = 0$ (Schrumpf).

Nr.	Abstand von der Scheibenmitte r	Scheibendicken $b \div b'$ cm	$1 - \frac{b}{b'}$	$\sigma_r = \frac{S - D}{2}$	$\Delta\sigma_r = \left(1 - \frac{b}{b'}\right)\sigma_r$	$\Delta S = +1,3\,\Delta\sigma_r$	$\Delta D = -0,7\cdot\Delta\sigma_r$	$\sigma_t = \frac{S+D}{2}$	S $S' = S - \Delta S$	D $D' = D - \Delta D$	$S - D$	$S + D$
1	73,25	$^{0}/_{2,5}$	—	0	0	0	0	400	400	400	0	800
2	70,5	$^{2,5}/_{2,8}$	0,107	− 16	− 1,7	− 2,2	1,2	416	400 402	432 431	− 32	832
3	68	$^{2,8}/_{1,2}$	− 1,34	− 30	− 40	− 52	28	432	402 350	463 491	− 61	865
4	63,8	$^{1,2}/_{1,3}$	0,077	− 104	− 8	− 10,4	5,6	454	350 360	558 552	− 208	908
5	59	$^{1,3}/_{1,55}$	0,162	− 144	− 23,3	− 30	16,3	504	360 390	648 632	− 288	1008
6	54,2	$^{1,55}/_{2,00}$	0,225	− 179	− 40,3	− 52,5	28,2	569	390 442	748 720	− 358	1138
7	49,4	$^{2,0}/_{2,68}$	0,253	− 214	− 54,2	− 70,5	38	656	442 512	870 832	− 428	1312
8	44,6	$^{2,68}/_{3,65}$	0,267	− 254	− 67,7	− 88	47,4	766	512 600	1020 973	− 508	1532
9	39,8	$^{3,65}/_{5,1}$	0,285	− 310	− 88	− 115	62	910	600 715	1220 1158	− 620	1820
10	35	$^{5,1}/_{6,84}$	0,254	− 387	− 98	− 127	68,5	1102	715 842	1490 1421	− 775	2205
11	30,2	$^{6,84}/_{9,34}$	0,268	− 534	− 143	− 186	100	1376	842 1028	1910 1810	− 1068	2752
12	26	$^{9,34}/_{21}$	0,555	− 706	− 392	− 510	274	1734	1028 1538	2440 2166	− 1412	3468
13	19	$^{21}/_{0}$	—	− 1255	—	—	—	2795	1538	4050	− 2510	5590
13	19	—	—	− 1255	Welle		—	− 1255	− 2510	—	− 2510	− 2510

Es kann nunmehr noch interessieren, zu wissen, wie die Spannungsverteilung bei beliebigen Drehzahlen unterhalb der Lösdrehzahl durch den Schrumpf beeinflußt wird. Man geht in diesem Falle am einfachsten so vor, daß man zunächst die Spannung für die Drehzahl $n = 0$ ermittelt; außer dieser ist nach dem eben Erwähnten auch die Spannungsverteilung für die Lösdrehzahl bekannt und damit der Verlauf dieser Spannungen über alle Drehzahlen. Derselbe erfolgt auch hier nach einer Parabel, deren Scheitel in der Abszisse $n = 0$ liegt, aber um die zu errechnende Schrumpfspannung nach oben oder unten verschoben ist. Die entsprechende Rechnung ist für unser Beispiel in der Tabelle 2 wiedergegeben. Wir haben am äußeren Umfang, da keine Zentrifugalkraft wirkt, die Spannung $\sigma_{r2} = 0$ und nehmen zunächst eine tangentiale Umfangsspannung $\sigma_{t2} = 400$ kg/qcm an. Wie in § 5 gezeigt, sind für den Fall $u = 0$ die S-Kurven Parallele zur Abszissenachse und die D-Kurven Hyperbeln, so daß die Rechnung der Tabelle sehr einfach vor sich geht, indem die S-Werte von einer Unterteilung der Radscheiben bis zur nächsten den gleichen Wert behalten und die D-Werte nur mit dem Quadrate der Radien umgerechnet zu werden brauchen. Die Rechnung ergibt mit $\sigma_{t2} = 400$ kg/qcm eine tangentiale Nabenspannung $\sigma_{t_N} = 2795$, eine radiale Spannung in der Welle von $\sigma_{r_W} = -1255$ kg/qcm. Da in ruhenden Scheiben gleicher Dicke in allen Punkten die tangentiale Spannung

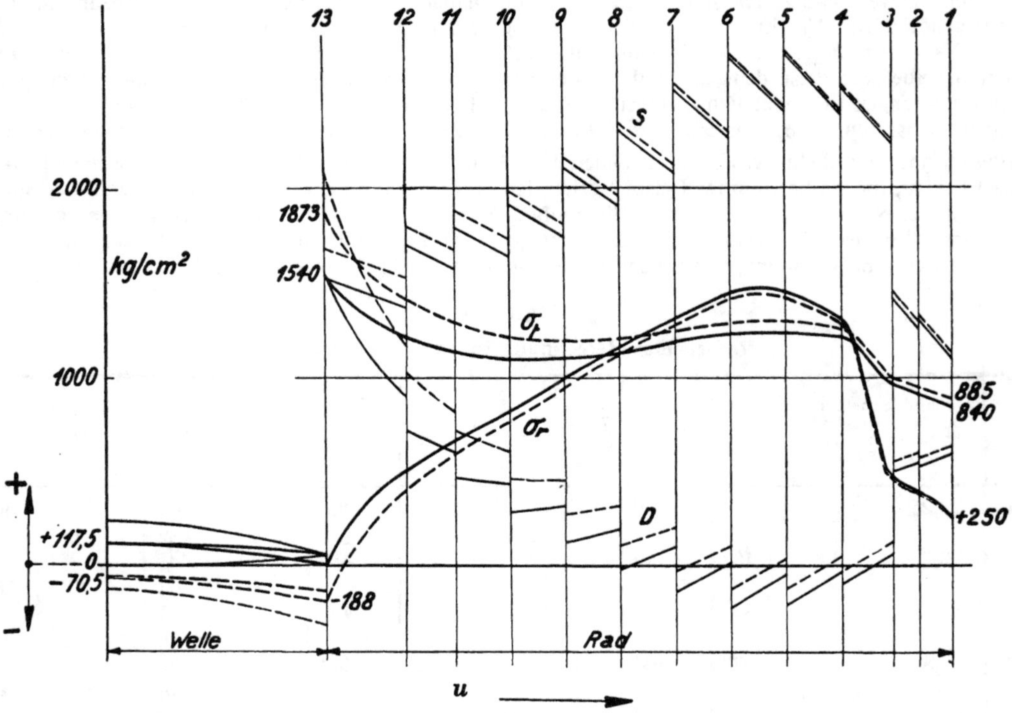

Abb. 41.

gleich der radialen ist, gilt für die Welle durchgehend $\sigma_{r_W} = \sigma_{t_W} = -1255$ kg/qcm. Der Schrumpf errechnet sich zu

$$\frac{\varrho}{r} = \frac{2795 + 1255}{2{,}2 \cdot 10^6} = 1{,}84\,‰.$$

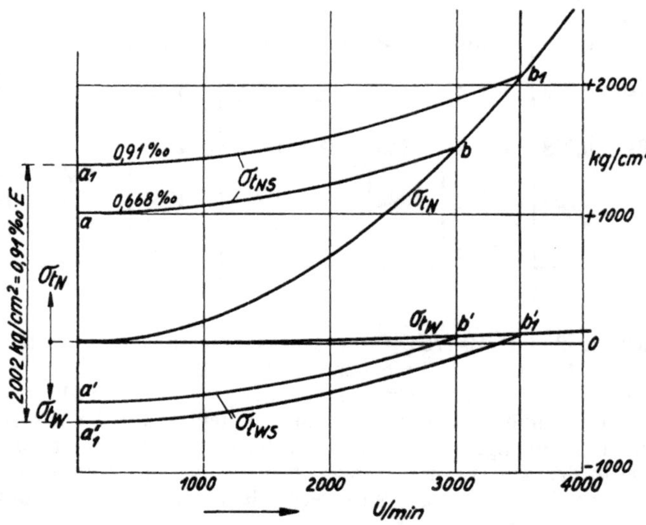

Abb. 42.

Diese Rechnung des Schrumpfes für die Drehzahl 0 dient uns zur Umrechnung der Spannungen für beliebige Schrumpfwerte ohne Einwirkung der Fliehkraft; hierfür ist nämlich die Abhängigkeit zwischen Schrumpf und Spannung rein linear. Wir erhalten somit als tangentiale Nabenspannung für den der Lösdrehzahl 3000 entsprechenden Schrumpf von 0,668‰ $\sigma_{t_N} = 1013$ kg/qcm und für einen solchen von 0,91‰ für die Lösdrehzahl 3500 $\sigma_{t_N} = 1382$ kg/qcm; für die Welle ermitteln sich die zugehörigen σ_{t_W}-Werte zu — 465 bzw. — 621 kg/qcm.

Wir sind nun in der Lage, die verschiedenen erwähnten Verläufe der Schrumpfspannungen durch 4 Parabeln darzustellen; die beiden Parabeln a, b und $a' — b'$ beziehen sich auf den Schrumpf, der einer Lösdrehzahl von 3000 Umdr./Min. entspricht; die Parabeln $a_1 — b_1$ und $a_1' — b_1'$ auf den Schrumpf, der für eine Lösdrehzahl von 3500 Umdr./Min. vorgesehen war. Für die Drehzahl $n = 0$ kennen wir die Größe $0a = 1013$, $0a' = -465$, $0a_1 = 1382$, $0a_1' = -621$ kg/qcm. Die Punkte b und b' über der Abszisse $n = 3000$ Umdr./Min. und b_1, b_1' über der Abszisse $n = 3500$ ergeben sich aus der Tatsache, daß bei diesen Lösdrehzahlen die Schrumpfspannung gerade gleich ist der tangentialen Spannung durch die Fliehkraft. Nachdem nun diese Parabeln bekannt sind, können wir bei jeder beliebigen Drehzahl mit der entsprechenden Abszisse einschneiden und daraus die tangentiale Spannung in der Nabenbohrung bzw. am Wellenumfang ermitteln. Da die Differenz dieser beiden Spannungen für ein bestimmtes Schrumpfmaß immer konstant sein muß, verlaufen die Parabeln $a—b$ und $a'—b'$ bzw. $a_1—b_1$ und $a_1'—b_1'$ mit festem Ordinatenabstand.

Es interessieren uns nun noch die tatsächlich im Betriebe bei 3000 Umdr./Min. bei dem sich aus der gewählten Lösdrehzahl ergebenden Schrumpf von 0,91‰ über die ganze Scheibe auftretenden Spannungen.

Tabelle 3.

Radscheiben-Berechnung nach Donath für $n = 3000$ Umdr./Min. mit Schrumpf.

Nr.	Abstand von der Scheibenmitte r	Umfangsgeschw. U m/sek	Scheibendicken $b \div b'$ cm	$1 - \frac{b}{b'}$	$\sigma_r = \frac{S-D}{2}$	$\Delta\sigma_r = \left(1-\frac{b}{b'}\right)\sigma_r$	$\Delta S = +1{,}3\,\Delta\sigma_r$	$\Delta D = -0{,}7\cdot\Delta\sigma_r$	$\sigma_t = \frac{S+D}{2}$	S / $S' = S - \Delta S$	D / $D' = D - \Delta D$	$S-D$	$S+D$
1	73,25	230	0/2,5	0	250	—	—	—	885	1135	635	—	—
										1335	570	765	1905
2	70,5	221	2,5/2,8	0,107	383	41	53	— 29	953	1282	599		
										1455	550	905	2005
3	68	214	2,8/1,2	—1,34	453	— 606	— 789	424	1003	2244	126		
										2540	— 30	2600	2510
4	63,8	200	1,2/1,3	0,077	1300	100	130	— 70	1265	2410	+ 40		
										2720	— 125	2845	2595
5	59	185	1,3/1,55	0,162	1423	230	300	— 161	1298	2420	+ 36		
										2700	— 125	2825	2575
6	54,2	170	1,55/2,0	0,225	1413	318	413	— 222	1288	2287	+ 97		
										2540	— 30	2570	2510
7	49,4	155	2,0/2,68	0,253	1285	325	423	— 228	1255	2117	+ 198		
										2345	+ 105	2240	2450
8	44,6	140	2,68/3,65	0,267	1120	299	389	— 209	1225	1956	314		
										2155	265	1890	2420
9	39,8	125	3,65/5,1	0,285	945	269	350	— 188	1210	1805	453		
										1985	460	1525	2445
10	35,0	110	5,1/6,84	0,254	763	194	252	— 136	1223	1733	596		
										1885	715	1170	2600
11	30,2	95	6,84/9,34	0,268	585	157	204	— 110	1300	1681	825		
										1800	1030	770	2830
12	26	81,8	9,34/21	0,555	385	214	278	— 149	1415	1522	1179		
										1685	2060	— 375	3745
13	19	59,7	21/0	—	— 188	—	—	—	1873				
13	19	59,7	—	—	— 188	Welle		—	—138	—326	+ 50	—	—

Verfolgen wir in dem gezeichneten Kurvenblatt die für diese Schrumpfspannung geltende Parabel bis zum Punkte über der Abszisse $n = 3000$ Umdr./Min., so ergibt sich als Ordinate der genaue Wert der tangentialen Nabenspannung σ_{t_N} mit 1877 kg/qcm. In der Tabelle 3 ist mit einem geschätzten Wert der tangentialen Randspannung $\sigma_{t2} = 885$ kg/qcm die Berechnung der Beanspruchungen analog zu Tabelle 1 durchgeführt. Es ergibt sich hier ein σ_{t_N}-Wert von 1873 kg/qcm und ein σ_{t_W}-Wert von — 138 kg/qcm, damit also ein Schrumpf von 0,914%. Innerhalb der Fehlergrenzen des Donathschen Kurvenblattes stimmt der gerechnete Fall mit dem Betriebsfall überein. Die errechneten Kurven der

Spannungen σ_r und σ_t sind zusammen mit den zugehörigen S- und D-Kurven in der Abb. 41 über der ganzen Scheibe gestrichelt eingetragen.

§ 8. **Das Näherungsverfahren von Stodola.** Die Tatsache, daß für hyperbolische Profile die allgemeinen Spannungsgleichungen gelöst werden können, wurde von Stodola zu einem Annäherungsverfahren benutzt. Stodola teilt die Profilform des Rades so auf, daß dieselbe mit jeder gewünschten Genauigkeit in eine mehr oder weniger große Anzahl von Hyperbelstücken zerfällt. Dieses Verfahren gibt insbesondere bei stark zunehmenden Dicken an der Nabe die Möglichkeit, genauere Spannungswerte zu erhalten. Die Rechnung muß jedoch recht genau, mindestens mit 7stelliger Logarithmentafel durchgeführt werden, da die einzelnen Größen der Gleichungen stark verschiedene Werte aufweisen. Dadurch wird die Rechnung ziemlich zeitraubend. Ferner ist es vielfach schwierig, die Begrenzung des Radkopfes in Hyperbelstücke aufzulösen; man hilft sich dann ev. dadurch, daß man das Gewicht dieses Teiles und dasjenige der Beschaufelung zusammenfaßt und hieraus die Radialspannung am Umfang berechnet. Allerdings werden dadurch die Tangentialspannungen im Radkopf vernachlässigt, d. h. man bleibt mit der Rechnung auf der sicheren Seite.

Bei dem in Rede stehenden Verfahren ist die Dicke der Scheibe mit dem Radius durch die Gleichung

$$b = \text{konst} \cdot r^{-\alpha}$$

verbunden. In dieser allgemeinen Formel ist die Scheibe gleicher Dicke als Grenzfall, nämlich für $\alpha = 0$ enthalten. Ebenso wie für diesen Grenzfall, vgl. § 3, ist die Differentialgleichung der radialen Dehnung ϱ auch bei dieser Verallgemeinerung noch integrierbar, und zwar ergibt sich

$$\varrho = \frac{-(1-\nu^2)\cdot\mu\cdot\omega^2}{E\,[8-(3+\nu)\cdot\alpha]}\cdot r^3 + C_1\cdot r^{\psi_1} + C_2\cdot r^{\psi_2}.$$

Die Größen ψ_1 und ψ_2 bestimmen sich aus den Exponenten α, und zwar ist

$$\psi_1 = \frac{\alpha}{2} + \sqrt{\frac{\alpha^2}{4} + \alpha\cdot\nu + 1}\,; \quad \psi_2 = \frac{\alpha}{2} - \sqrt{\frac{\alpha^2}{4} + \alpha\cdot\nu + 1}.$$

Da α und ν positive Werte sind, muß stets $\psi_1 > 0$ sein und $\psi_2 < 0$. Die für unsere Rechnungen grundlegenden Spannungsgleichungen erhalten wir in der Form

$$\sigma_r = \frac{E}{1-\nu^2}\left[-(3+\nu)\cdot A'\cdot r^2 + (\psi_1+\nu)\cdot C_1\cdot r^{\psi_1-1} + (\psi_2+\nu)\cdot C_2\cdot r^{\psi_2-1}\right]$$

$$\sigma_t = \frac{E}{1-\nu^2}\left[-(1+3\nu)\cdot A'\cdot r^2 + (1+\psi_1\cdot\nu)\cdot C_1\cdot r^{\psi_1-1} + (1+\psi_2\cdot\nu)\cdot C_2\cdot r^{\psi_2-1}\right].$$

Hierin ist $A' = \frac{(1-\nu^2)\cdot\mu\cdot\omega^2}{E\,[8-(3+\nu)\cdot\alpha]} = A\cdot\frac{8}{8-(3+\nu)\,\alpha}$. Zur Bestimmung der Spannungen in einer gegebenen Scheibe gilt es also nur noch, den Wert α zu ermitteln. Haben wir die Scheibe in einzelne Stücke unterteilt, deren Begrenzungen durch Hyperbeln gebildet werden, so kennen wir für je zwei Grenzradien r_i und r_{i+1} die Scheibendicken b_i und b_{i+1}; aus der gewählten Profilgleichung ergibt sich der Wert

$$\alpha_i = \frac{\log\frac{b_{i+1}}{2} - \log\frac{b_i}{2}}{\log r_{i+1} - \log r_i}.$$

Es muß natürlich geprüft werden, ob auch die dazwischen liegenden Punkte genügend genau dieser Gleichung entsprechen. Sollte dies nicht der Fall sein, so ist eine andere Unterteilung erforderlich. Man kann auch die Scheibe aus hyperbolischen Stücken und solchen gleicher Dicke (Nabe und Radkranz) zusammengesetzt denken, und auf diese Weise ist es möglich, den allgemeinsten praktischen Fall einer rotierenden Scheibe in beliebiger Annäherung hinsichtlich der Spannungen durchzurechnen.

An den Übergangsstellen der einzelnen durch Hyperbeln begrenzten Stücke müssen natürlich die Spannungen und Dehnungen übereinstimmen. Diese Bedingung liefert im Zusammenhang mit den Grenzbedingungen die zur Radscheibenberechnung erforderlichen Gleichungen. Es würde zu weit führen, das Verfahren hier noch eingehender zu erläutern, und sei hier auf das wohlbekannte Werk Stodolas über die Dampfturbinen verwiesen.

§ 9. **Einfluß eines Temperaturunterschiedes zwischen Kranz und Nabe.** Wie in § 1 dargelegt, läßt sich bei vielen Turbinen ein vollständiger Temperaturausgleich nicht abwarten, so daß beim Anfahren derselben Temperaturunterschiede in den Scheiben zu erwarten sind; auch können sich während des Betriebes beim schnellen Zu- und Abschalten von Last Temperaturspannungen herausbilden, beides dadurch begründet, daß der Kranz sich erheblich schneller anwärmt, als die schwere Radnabe. Diese Temperaturunterschiede treffen hauptsächlich das erste Rad einer Turbine und werden besonders groß, wenn mit großen Überhitzungstemperaturen gearbeitet wird.

Es soll deshalb kurz gezeigt werden, welchen Einfluß eine Temperaturungleichheit von Radkranz und Nabe auf die Radbeanspruchungen ausübt; man verfährt dabei so, daß die durch eine ungleichmäßige Temperaturverteilung hervorgerufenen Spannungen für die ruhende Scheibe ermittelt und zu den auf vorbeschriebene Weise für die Scheibe mit gleichmäßiger Temperatur errechneten Spannungen addiert werden.

Wir wollen uns bei der nachfolgenden Betrachtung auf eine einfache Lösung beschränken, und hier eignet sich für diese Berechnung sehr gut ein von Kasparek[1]) angegebenes Verfahren.

Kasparek hat seine Berechnungen in ähnlicher Weise wie Donath entwickelt. Da innerhalb der Proportionalitätsgrenze die aus verschiedenen Ursachen sich ergebenden Spannungen addiert werden können, wird der Einfluß der Temperaturunterschiede auf die Spannungsverteilung gesondert berechnet. Nach Stodola sind die Beanspruchungen einer ruhenden Scheibe gleicher Dicke bei Temperaturungleichheit wie folgt:

$$\sigma_r = \frac{E}{1-\nu^2} \cdot \left[-\frac{(1-\nu^2)\cdot\varepsilon}{r^2} \cdot \int_{r_1}^{r} t \cdot r \cdot dr + (1+\nu)\cdot C_1 - (1-\nu)\cdot\frac{C_2}{r^2} \right]$$

$$\sigma_t = \frac{E}{1-\nu^2} \cdot \left[\frac{(1-\nu^2)\cdot\varepsilon}{r^2} \cdot \int_{r_1}^{r} t \cdot r \cdot dr + (1+\nu)\cdot C_1 + (1-\nu)\frac{C_2}{r^2} - (1-\nu^2)\cdot\varepsilon t \right]$$

In dieser Formel ist ε der Wärmeausdehnungskoeffizient (für Stahl ist $\varepsilon = 0{,}011 \cdot 10^{-3}$); setzt man diesen oder auch die Temperatur $t = 0$, so erhält man natürlich wieder die Formeln des § 4.

Wenn wir aus diesen Spannungsgleichungen nun die Integrationskonstanten in gleicher Weise wie im § 3 eliminieren, indem wir für zwei Radien r_1 und r_2 die Radialspannungen σ_{r1} und σ_{r2} als bekannt voraussetzen, so erhalten wir folgende Gleichungen:

$$\sigma_r = \sigma_{r1} - \frac{E\cdot\varepsilon}{r^2}\int_{r_1}^{r} t\cdot r\,dr + \frac{r^2 - r_1^2}{r^2(r_2^2 - r_1^2)}\cdot\left[r_2^2(\sigma_{r2} - \sigma_{r1}) + \varepsilon\cdot E\cdot\int_{r_1}^{r_2} t\cdot r\,dr\right]$$

$$\sigma_t = \sigma_{r1} + \frac{E\cdot\varepsilon}{r^2}\int_{r_1}^{r} t\cdot r\,dr + \frac{r^2 + r_1^2}{r^2(r_2^2 - r_1^2)}\cdot\left[r_2^2(\sigma_{r2} - \sigma_{r1}) + \varepsilon\cdot E\cdot\int_{r_1}^{r_2} t\cdot r\,dr\right] - \varepsilon\cdot E\cdot t.$$

Wie sich die Temperaturverteilung in praktischen Fällen zwischen Radkranz und Nabe einstellen wird, welchen Wert also das Integral in den obigen Formeln annimmt, ist kaum geklärt und auch zu sehr von den jeweiligen Verhältnissen, Scheibendurchmesser und Form, Zustand des Dampfes, von der Ventilationswärme usw. abhängig. Es wird deshalb in den meisten Fällen genügen, anzunehmen, daß zwischen der Temperatur und dem Radius ein einfacher funktionaler Zusammenhang besteht. Als ein solcher ist der lineare Abfall der Temperatur vom Kranz bis zur Nabe als den tatsächlichen Verhältnissen sehr nahekommend anzusprechen.

Betrachten wir einmal das früher angezogene Beispiel einer Scheibe gleicher Dicke und nehmen an, daß eine am äußeren Durchmesser von $2r = 100$ cm vorhandene Temperatur von 200° C bis zur Rotationsachse auf 100° herabgesunken sei, und zwar proportional dem Radius; in diesem Falle lautet die Gleichung des Temperaturverlaufs

$$t = 100 + 2r$$

und das Integral nimmt den Wert $50\,r^2 + {}^2/_3\,r^3$ an. Bei einer Scheibe ohne Bohrung erhält man dann unter der weiteren Annahme, daß am Außenumfange keine radialen Spannungen auftreten, also $\sigma_{r2} = 0$ ist, für die Spannungsgleichungen folgende Form, die in Abb. 43 durch die ausgezogenen Linien kenntlich gemacht wird:

$$\sigma_r = \frac{2}{3}\,\varepsilon\cdot E\,(r_2 - r);\quad \sigma_t = \frac{2}{3}\,\varepsilon\cdot E\,(r_2 - 2\,r).$$

Die Spannungen haben also im Mittelpunkte gleiche Werte und über die Scheibe geradlinigen Verlauf. Während die Radialspannung unserer Voraussetzung gemäß am Außenrand den Wert 0 erreicht, besitzt die Tangentialspannung an dieser Stelle ein negatives Maximum, also eine größte Druckspannung von gleichem absoluten Werte, wie die Zugspannung im Zentrum. Auf halbem Durchmesser ist also die Tangentialspannung 0.

Als zweiten Fall unseres Beispiels betrachten wir bei dem Temperaturverlauf $t = 100 + 2r$ die gleiche Scheibe mit der Bohrung von 30 cm Durchmesser. Wie am Außenrand, so möge auch in der Bohrung keine durch die Temperatur bedingte Radialspannung vorhanden sein, so daß außer σ_{r2} auch σ_{r1} zu Null wird. Die unter dieser Voraussetzung entwickelten Spannungsgleichungen lauten dann

$$\sigma_r = \frac{2}{3}\,\varepsilon\cdot E\left\{\frac{r_2^3 - r_1^3}{r_2^2 - r_1^2} - r - \frac{r_1^2\cdot r_2^2}{r^2(r_1 + r_2)}\right\}$$

$$\sigma_t = \frac{2}{3}\,\varepsilon\cdot E\left\{\frac{r_2^3 - r_1^3}{r_2^2 - r_1^2} - 2\,r + \frac{r_1^2\cdot r_2^2}{r^2(r_1 + r_2)}\right\}.$$

Die Auswertung dieser Formel für eine Bohrung von 15 cm Radius, wie bereits in § 3 angenommen, ergibt als Spannungsverlauf die in Abb. 43 gestrichelt gezeichneten Kurven. Die Bohrung

[1]) Vgl. Zeitschrift für das gesamte Turbinenwesen 1917, S. 33 ff.

hat hier nur eine mäßige Erhöhung des positiven Maximums der tangentialen Spannung zur Folge, während der negative Größtwert am Außenrande sogar eine Verminderung erfährt.

Nachdem wir somit wieder am Beispiel der Scheibe gleicher Dicke uns die allgemeine Wirkung eines Temperaturunterschiedes zwischen äußerem und innerem Rande anschaulich gemacht haben, wollen wir noch kurz auf die Scheibe veränderlicher Dicke eingehen, auf die wir mit Kasparek ein erweitertes Donathsches Verfahren anwenden. Wenn wir aus den ersten beiden Gleichungen dieses

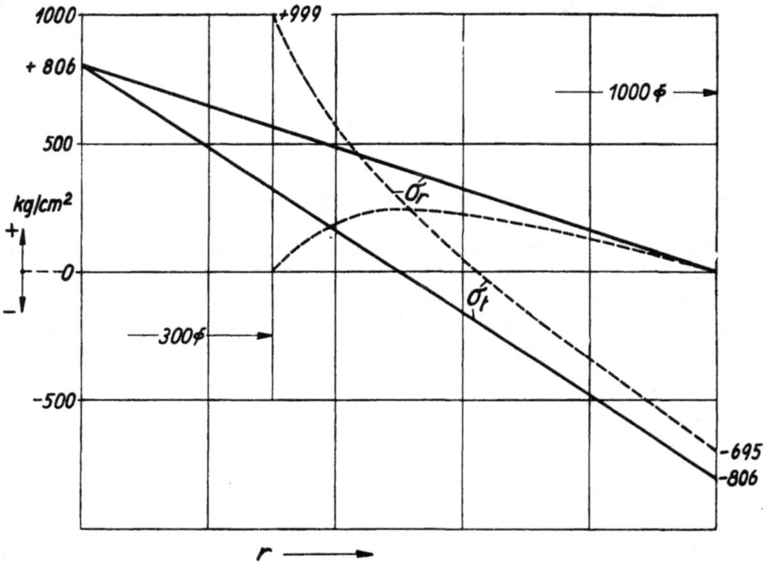

Abb. 43.

Paragraphen die Summe und Differenz der Spannungen bilden und sie wieder mit S und D bezeichnen, so erhalten wir unter Zusammenfassung der Konstanten

$$S = C_1' - 24{,}2\,t$$

$$D = \frac{48{,}4}{r^2} \cdot \int_{r_1}^{r} t \cdot r \cdot d\,r + \frac{C_2'}{r^2} - 24{,}2\ t,$$

worin $E = 2200000$, $C_1' = \frac{2\,E}{1-\nu} \cdot C_1$ und $C_2' = \frac{2\,E}{1+\nu} \cdot C_2$ gesetzt sind. Es lassen sich jetzt auch genau wie bei Donath Kurvenscharen für die S- und D-Werte über r auftragen. Wie ersichtlich, sind die S-Kurven sämtlich Parallelen zu der Kurve, die den Temperaturverlauf über die Scheibe angibt. Wenn man also an der Grenze zweier angenäherter Scheiben gleicher Dicke die Umrechnung des S-Wertes entsprechend der Dickenänderung vollzogen hat, braucht man nur bis zum nächsten Sprung eine Parallele zu ziehen zu dem jeweiligen Kurvenstück, das durch die Temperaturverteilung in dem gleichen Radienbereich gegeben ist. Die D-Kurven setzen sich zusammen aus einem von der Temperatur unabhängigen Teil $\frac{C_2'}{r^2}$, der also bei graphischer Rechnung durch eine Schar von Hyperbeln darzustellen ist, und dem Gliede $Z' = \frac{48{,}4}{r^2} \int_{r_1}^{r} t \cdot r\,d\,r - 24{,}2\,t$, das den Einfluß der Temperatur enthält. Um nun für verschiedene Funktionen Z', also verschiedene Temperatureinflüsse, ein einfaches graphisches Verfahren an der Hand zu haben, zeichnet man die erwähnte Hyperbelschar, durch die die Funktion $\frac{C_2'}{r^2}$ dargestellt wird, symmetrisch zur Abszissenachse auf, mißt aber die Ordinaten der D-Werte nicht von dieser aus, sondern von einer Kurve $Z = -Z'$, also von der negativ aufgetragenen ursprünglichen Z'-Funktion.

Zur graphischen Rechnung brauchen wir also ein Blatt mit einer Schar Hyperbeln nach der Funktion $\frac{C_2'}{r^2}$ als D-Linien, in das wir einemal die S-Kurvenschar aus lauter Parallelen bestehend eintragen und zweitens die Z-Kurve einzeichnen. Der Gang der Rechnung ist dann das oben schon ausführlich behandelte Verfahren nach Donath, in dem man von Annahmen ausgehend die gewünschten Randbedingungen zu erreichen strebt.

Ein Beispiel hierzu sei nachstehend beschrieben.

Tabelle 4

zur Berechnung der Wärmespannungen in einer Radscheibe nach dem Verfahren von Kasparek.

$t = 125 + 1{,}3 \cdot r$ $\qquad S = \text{konst} - 31{,}5\,r$ $\qquad D = \frac{\text{konst}}{r^2} - Z$ $\qquad Z = 10{,}487\,r$

	r	b/b'	$1 - b/b'$	$\Delta\sigma_r = (1-b/b')\cdot\sigma_r$	$\Delta S = 1{,}3\cdot\Delta\sigma_r$	$-\Delta D = 0{,}7\cdot\Delta\sigma_r$	S / S'	D / D'	$S-D$	σ_r	$S+D$	σ_t'
1	73,25	$^{0}/_{2,5}$	—	—	—	—	— 52	— 52	0	0	— 104	— 52
							+ 34,6	— 57,2	91,8	45,9	— 22,6	— 11,3
2	70,5	$^{2,5}/_{2,8}$	0,107	4,9	6,4	3,4	+ 28,2	— 53,8				
							107,0	— 57,8	164,8	82,4	+ 49,2	+ 24,6
3	68	$^{2,8}/_{1,2}$	— 1,340	— 110,4	— 143,6	— 77,4	250,6	— 135,2				
							382,8	— 153,6	536,4	268,2	229,2	114,6
4	63,8	$^{1,2}/_{1,3}$	0,077	20,6	27,8	14,4	355,0	— 139,2				
							506,0	— 162,4	668,4	334,2	343,6	171,8
5	59	$^{1,3}/_{1,55}$	0,162	54,1	70,4	37,8	435,6	— 124,6				
							586,6	— 147,6	734,2	367,1	439,0	219,5
6	54,2	$^{1,55}/_{2,0}$	0,225	82,6	107,2	57,8	479,4	— 89,8				
							630,4	— 104,0	734,4	367,2	526,4	263,2
7	49,4	$^{2,0}/_{2,68}$	0,253	92,9	120,8	65,0	509,6	— 39,0				
							660,6	— 47,8	708,4	354,2	612,8	306,4
8	44,6	$^{2,68}/_{3,65}$	0,267	94,6	123,0	66,2	537,6	+ 18,4				
							688,6	23,0	665,6	332,8	711,6	355,8
9	39,8	$^{3,65}/_{5,1}$	0,285	94,8	123,2	66,4	565,4	89,4				
							716,4	116,4	600,0	300	832,8	416,4
10	35	$^{5,1}/_{6,84}$	0,254	76,2	99,0	53,4	617,4	169,8				
							768,4	228,4	540,0	270	996,8	498,4
11	30,2	$^{6,84}/_{9,34}$	0,268	72,4	94,0	50,6	674,4	279,0				
							806,6	376,0	430,6	215,3	1182,6	591,3
12	26	$^{9,34}/_{21}$	0,555	119,4	155,2	83,6	651,4	459,0				
							871,9	860,0	11,9	6,0	1731,9	865,9
13	19	$^{21}/_{—}$	—	—	—	—	—	—				

Die den Temperaturspannungen ausgesetzte Scheibe sei die gleiche, wie in dem weiter oben durchgeführten Beispiel für die Fliehkraft- und Schrumpfspannungen; die Temperatur des Dampfes in den Schaufeln betrage 220° C, diejenige in der Achse 125° C, so daß wir angenähert als Gleichung der Temperatur annehmen können:

$$t = 125 + 1{,}3 \cdot r.$$

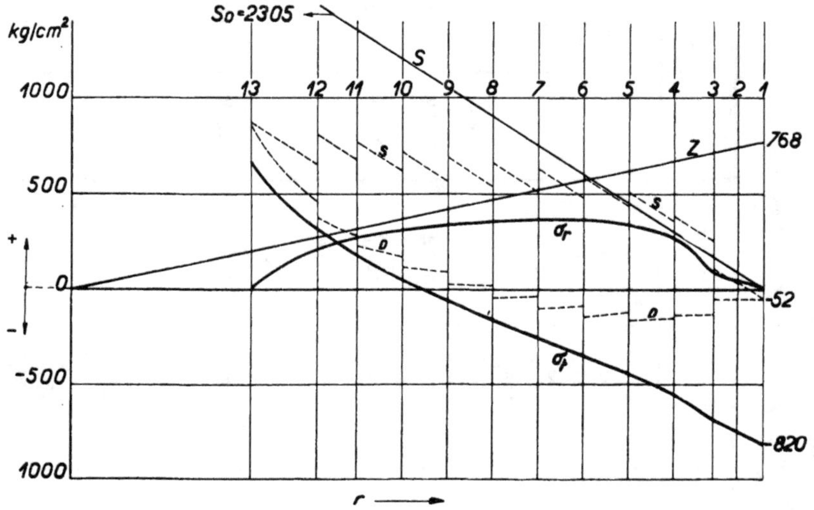

Abb. 44.

Nach Durchführung der Integration erhalten wir dann als Grundlage für unsere Rechnungen:

$$S = \text{konst} - 31{,}5 \cdot r$$

$$D = \frac{\text{konst}}{r^2} - Z, \text{ wobei } Z = 10{,}487 \cdot r.$$

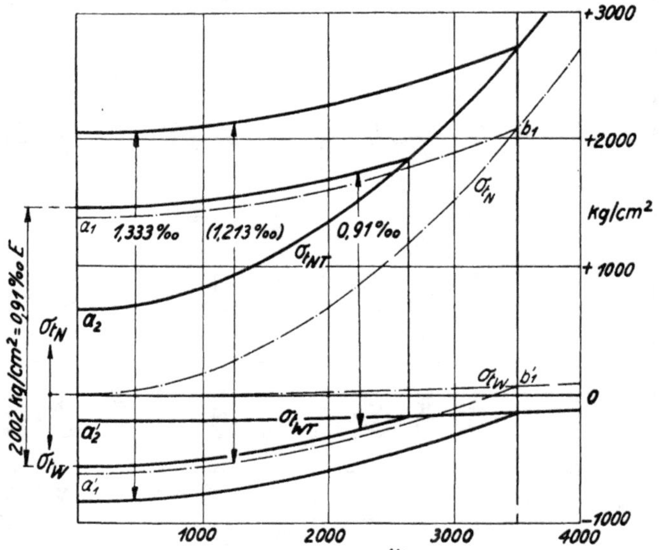

Abb. 45.

Die beiden für den Rechnungsgang wichtigen Funktionen S und Z sind in der Abb. 44 durch die ebenso gekennzeichneten Geraden eingetragen, und zwar die S-Kurve von der Abszissenachse im Punkte $r = 73{,}25$ cm ausgehend, so daß sie die Ordinatenachse im Punkte 2305 schneidet. Als Randbedingungen sind nach dem oben Ausgeführten die Angaben $\sigma_{r1} = \sigma_{r2} = 0$ gewählt, und die für diesen Fall notwendige Tangentialbeanspruchung am Umfang ist mit $\sigma_{t2} = -820$ kg/qcm zu nehmen. Damit ist für den Beginn unserer Rechnung am Umfang $S = D = -820$ kg/qcm. Da nun der Z-

Wert für diesen Punkt, von dem aus die Spannung zu rechnen ist, 768 kg/qcm beträgt, müssen wir mit $S = D = \sigma_{t2} = -52$ kg/qcm unsere Rechnung durchführen und nachträglich wieder alle errechneten Werte der Tangentialspannung auf die Z-Gerade als Abszissenachse beziehen. Für die Durchführung der Rechnung sind weiter keine besonderen Kniffe erforderlich; sie ist ohne Benützung des Kurvenblattes möglich, ähnlich wie die Berechnung der Schrumpfspannung in der ruhenden Scheibe nach Tabelle 2. Das Ergebnis unserer Rechnung ist $\sigma_{r1} = 6{,}0$ kg/qcm — was also innerhalb der für die Praxis nötigen Grenzen unserer Forderung entspricht — und $\sigma_{t1}' = +865{,}9$. Um die wahren Spannungswerte zu erhalten, müssen wir nun beachten, daß wir nicht von der Abszissenachse, sondern von der Z-Linie aus zu rechnen haben, so daß wir in der Bohrung ein σ_{t2} von $+667$ kg/qcm erhalten, da der Z-Wert hier $+199$ kg/qcm beträgt. Der Spannungsverlauf ist in der Abb. 44 ausgezogen dargestellt, die S- und D-Werte sind gestrichelt gezeichnet.

Wie schon zu Beginn erwähnt, addieren sich die Temperaturspannungen zu den übrigen Beanspruchungen. Die Einfügung der tangentialen Temperaturspannung $\sigma_{t_{NT}}$ in das Kurvenblatt muß natürlich auch als Parabel geschehen, die — vgl. Abb. 45 — im Punkte a_2 $n = 0$, $\sigma_{t_N} = 667$ ihren Scheitelpunkt hat und die gleiche Form besitzt wie die Kurve der Fliehkraftspannungen σ_{t_N} für die Nabe.

Die Frage, wie sich infolge der Temperaturspannungen die Lösdrehzahl verschiebt, welche ohne Berücksichtigung des Temperatureinflusses bei einem Schrumpf von $0{,}91\,^0/_{00}$ $n = 3500$ betrug, können wir beantworten, indem wir mit der erwähnten Parabel der $\sigma_{t_{NT}}$-Spannungen, welche, um 667 kg/qcm nach oben verschoben, parallel zur Fliehkraftparabel σ_{t_N} verläuft, in die mit $a_1 b_1$ (Abb. 42) bezeichnete Schrumpf-Spannungsparabel einschneiden. Die Abszisse dieses Schnittpunktes ergibt die neue Lösdrehzahl, nämlich $n = 2520$ Umdr./Min.

Stellen wir die Forderung, daß die Lösdrehzahl $n = 3500$ auch für die von uns angenommene Temperaturverteilung erhalten bleibt, so muß der Schrumpf entsprechend erhöht werden. Der neue Wert desselben ergibt sich zu $1{,}213\,^0/_{00}$.

Bei dieser Rechnungsweise ist der Einfluß der ungleichmäßigen Temperaturverteilung in der Welle nicht berücksichtigt; da die Welle sich mitdehnt, bleibt das Rad länger fest als oben errechnet, doch ist die Differenz in der Regel so gering, daß sie in der Praxis durch Schätzung in Rechnung gestellt werden kann. Die Berechnung der tangentialen Spannung am Wellenumfang ergibt nach der Methode für die Scheibe gleicher Dicke ein $\sigma_{t_{WT}}$ von -199 kg/qcm. Von diesem Punkte, in Abb. 45 mit a_2' bezeichnet, beginnt also die neue Fliehkraftparabel $\sigma_{t_{WT}}$ für die Welle. Aus der Parallelität der Spannungskurven mit Berücksichtigung der Temperatur zu denjenigen in Abb. 42 ist auf einfachem Wege für die neue Lösdrehzahl unter Einfluß der Temperaturspannungen die Formel abzuleiten

$$n_T = n \cdot \sqrt{1 - \frac{\sigma_{t_{NT}} - \sigma_{t_{WT}}}{\sigma_{t_N} - \sigma_{t_W}}}.$$

In unserem Falle erhalten wir eine Lösdrehzahl von 2640 Umdr./Min., was gegenüber der obigen Berechnung also nur eine geringe Besserung der Verhältnisse ergibt; vgl. hierzu Abb. 45, aus welcher im Zusammenhang mit den früheren Ausführungen in § 7 die Zusammenhänge deutlich werden.

Am Radumfang macht sich der Einfluß von Temperaturspannungen in folgender Weise geltend: Beim ruhenden Rad wird die höhere Temperatur des Kranzes — wie solche bei Anwärmen in ruhendem Zustand zu erwarten — dortselbst Druckspannungen erzeugen, welche bei schwachen Scheiben leicht eine Faltenbildung — Werfen — des Radkranzes bedingen. Wird das Rad in Drehung versetzt, so wirken die auftretenden Fliehkraftspannungen den Temperaturspannungen entgegen und gleichen letztere aus bzw. überwiegen sie bei sich steigernder Drehzahl, so daß die Faltenbildung wieder verschwindet.

Um der Gefahr des Werfens vorzubeugen, führt man daher das erste einkränzige Rad (wenn ein mehrkränziges Rad vorgeschaltet ist, hat man wegen des starken Kranzes solcher Räder für dieses kaum ein Werfen zu befürchten) mit verbreitertem Kranz aus, indem man die gesteigerte Fliehkraftbeanspruchung in Kauf nimmt.

Es dürfte an dieser Stelle interessieren, zu wissen, welche Temperaturunterschiede bei normalen Turbinen erwartet werden können. Es hat sich als genügend herausgestellt, wenn die erste Radscheibe von Heißdampfturbinen so gerechnet wird, daß ein Loslösen der Nabe bei Betriebsdrehzahl nicht auftritt, wenn ein Temperaturunterschied zwischen Kranz und Nabenbohrung von 50° bis 100° angenommen wird. Dabei muß bei größeren Rädern und dickeren Naben der höhere Wert gewählt werden. Sollten in besonders ungünstigen Fällen die Temperaturunterschiede noch größer werden, so können Radscheiben für hohe Umfangsgeschwindigkeiten nur verwendet werden, wenn dieselben ohne Bohrung ausgeführt und in passender Weise mit dem übrigen Rotor verbunden werden. Dieser Fall kann auftreten bei Rückwärtsturbinen, welche mit höherer Überhitzung betrieben werden müssen, da ja hier ein Anwärmen ausgeschlossen ist. Kasparek hat an obengenannter Stelle auch noch Lösungen für andere beliebige Temperaturverteilung gegeben. Solche abweichenden Temperaturverteilungen können z. B. auftreten, wenn eine Radscheibe Ausgleichkolben und Trommel trägt.

Anhang VII.

Methoden zur Untersuchung von Turbinen hinsichtlich der in denselben auftretenden Druck- und Gefällsverteilung.

§ 1. **Einleitung.** Bei der Berechnung von Turbinen kommen häufig Fälle vor, in welchen die üblichen, im Haupttext erläuterten Methoden nicht ausreichen, um die Beschaufelung sachgemäß festzulegen. Namentlich trifft dies zu für Curtisräder von Turbinen, welche sowohl mit Vollast, als auch mit kleinen Teillasten betrieben werden sollen, ferner für die letzten Trommelstufen von Vorwärtsturbinen, sowie für die Beschaufelung von Rückwärtsturbinen überhaupt.

Die Verfahren, welche hier zum Ziele führen, sind Probierverfahren, d. h. es werden zuerst auf Grund der Erfahrungen die Dimensionen der Schaufeln angenommen und dann die Druck- und Gefällsverteilung ermittelt. Ergeben sich hierbei unbefriedigende Resultate, so wird die Rechnung unter Zugrundelegung neuer Schaufelabmessungen wiederholt, bis passende Verhältnisse erreicht sind.

Nach einer kurzen Ausführung über die Ermittlung von Dampfzuständen wird im zweiten Paragraphen ein derartiges Probierverfahren zunächst an den drei letzten Stufen einer Rückwärtsturbine gezeigt und der Leser wird hieraus entnehmen können, wie umständlich und zeitraubend derartige Verfahren sind und wie naheliegend es war, besondere Methoden zu ersinnen, um diese Verfahren abzukürzen.

Ein diesem Zwecke dienendes graphisches Verfahren, die sog. v^2-Methode, ist im übernächsten Paragraphen behandelt und daran schließen sich Anwendungsbeispiele für diese Methoden. Von diesen Beispielen ist das erste wieder die Nachrechnung der drei letzten Stufen einer Rückwärtsturbine, worauf dann Untersuchungen von Curtisrädern folgen.

§ 2. **Allgemeine Bemerkungen über die Feststellung des Dampfzustandes an einer bestimmten Stelle der Beschaufelung.** Bei den nachstehend behandelten Untersuchungen ist es erforderlich, sich darüber Rechenschaft zu geben, welcher Dampfzustand an jeder Stelle der zu untersuchenden Beschaufelung herrscht.

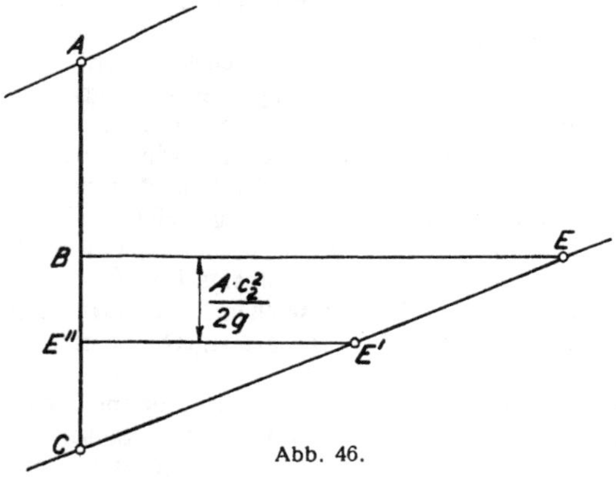

Abb. 46.

Es ist daher notwendig, vorher auf einen Punkt aufmerksam zu machen, welcher in diesem Zusammenhang besondere Beachtung verdient.

Betrachten wir zuerst den Fall, daß die Bestimmung des Wirkungsgrades des zu untersuchenden Teiles der Beschaufelung aus den Geschwindigkeitsdreiecken erfolgt. Im *I-S*-Diagramm Abb. 46 sei mit *AC* das in der betrachteten Stufe zu verarbeitende Gefälle bezeichnet; auf Grund der Geschwindigkeitsdreiecke ergibt sich ein indiziertes Gefälle *AB* und ein Verlustgefälle *BC*. In diesem Verlustgefälle ist nun außer den Geschwindigkeitsverlusten auch noch der Austrittsverlust enthalten. Konstruieren wir also in der üblichen Weise durch Einschneiden in die Gegendrucklinie durch *C* mit der Linie konstanter Erzeugungswärme, d. h. also der Horizontalen durch *B* den Endzustand *E*, so ist dabei angenommen, daß auch die gesamte Austrittsgeschwindigkeit bei konstantem Druck in Wärme zurückverwandelt ist.

Wenn nun aber die betrachtete Schaufel einer Trommelbeschaufelung angehört, so wird die Austrittsenergie nicht in Wärme zurückverwandelt, sondern in der nächsten Stufe voll (wir wollen dies wenigstens zunächst als zutreffend annehmen) ausgenutzt. Unter diesen Umständen wird also der Zustand, welcher *E* entspricht, gar nicht erreicht, sondern ein Zustand, welcher einem um die

Austrittsenergie verkleinerten Verlustgefälle entspricht. Wir haben also von E (oder von B) eine dem Energiewerte $\frac{A \cdot c_2^2}{2g}$ entsprechende Erzeugungswärme BE'' abzusetzen und mit der Horizontalen durch E'' wieder in die Gegendrucklinie einzuschneiden, wodurch sich der für diesen Fall zutreffende Endzustand E' ergibt.

Meist wird jedoch das indizierte Gefälle nicht durch Detailrechnung mittels Geschwindigkeitsdreiecken, sondern durch gruppenweise Durchrechnung mittels der A- oder R-Kurven vorläufig errechnet. Hierbei ist folgendes zu berücksichtigen.

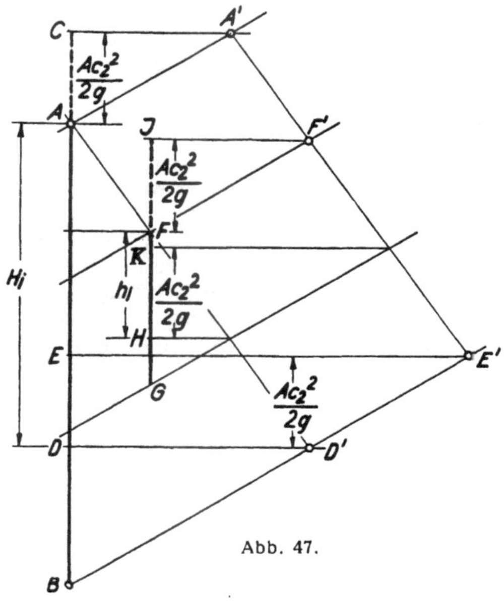

Abb. 47.

Fall a)

Bei der Verwendung der R-Kurven mit Wiederausnutzung des Austrittsverlustes wird die Annahme gemacht, daß der Dampf jeder Stufe mit der gleichen Geschwindigkeit in den ersten Leitkranz einströmt, mit welcher er den letzten Laufkranz verläßt. Für diese Annahme ist in der Abb. 47 ein I-S-Diagramm gezeichnet, in das die Wärmegefälle einer 3stufigen Trommelbeschaufelung eingetragen sind. Die Drucklinien laufen einander parallel, so daß der Einfluß der Wiederverdampfung ausgeschaltet ist. Da die Stufengefälle gleich groß angenommen sind, werden auch die Dampfgeschwindigkeiten in den 3 Stufen gleich: außerdem die c_0/u Werte und die Wirkungsgrade der Einzelstufen gleich denjenigen, welche aus den R-Kurven für die Gesamtheit der Stufen entnommen werden.

Die Energie des mit der Geschwindigkeit c_2 in die Turbine strömenden Dampfes wird in der ersten Schaufelreihe voll ausgenutzt (AC). Der Dampfzustand vor der Trommel ist durch den Punkt A gekennzeichnet. Das in der Turbine zugesetzte Wärmegefälle ist AB und das in Arbeit umgesetzte indizierte Wärmegefälle der Turbine ist durch $\eta \cdot AB = H_i = AD$ bestimmt. Von H_i wird $DE = A \cdot c_2^2/_{2g}$ nach oben abgetragen. Der Punkt E' auf der Linie des Gegendruckes entspricht dem Zustand der Ruhe. Da die zugeführte Energie $A\, c_2{}^2/_{2g}$ vor der Trommel gleich dem Austrittsverlust ist, braucht also kein Abzug für letzteren gemacht zu werden, da $(A\, c_2{}^2/_{2g} - A\, c_2^2/_{2g}) = 0$ ist.

Für eine beliebige Stufe aus der Mitte der Turbine ist z. B. FG das adiabatische zugesetzte Wärmegefälle und FH das aus den Wirkungsgradkurven berechnete indizierte Wärmegefälle h_i dieser Stufe. Die Energie der Eintrittsgeschwindigkeit ist $FJ = A \cdot c^2_2/_{2g}$ und die Austrittsgeschwindigkeit $HK = FJ = A\, c_2^2/_{2g}$.

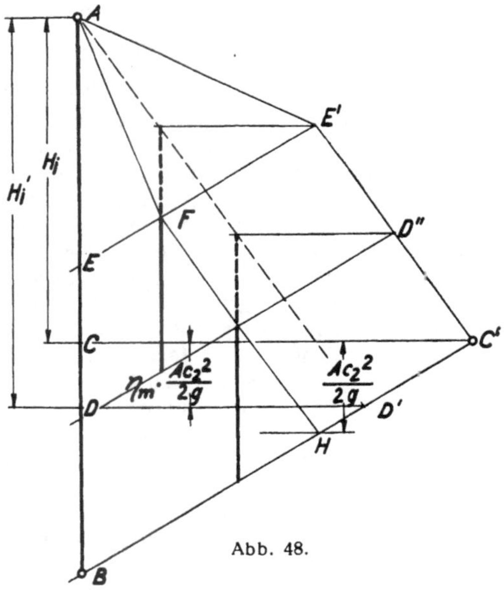

Abb. 48.

Fall b) (Abb. 48)

Wenn nun aber die Eintrittsgeschwindigkeit in die Turbine gleich Null ist, dann stimmt die Berechnung nicht mit den Voraussetzungen der R-Kurven überein, da die fehlende Geschwindigkeit in der ersten Stufe erzeugt werden muß. Der Einfachheit halber sollen die Austrittsgeschwindigkeiten bei allen Stufen gleich groß angenommen werden und dieselbe Größe wie im Fall a haben. Die Austrittsenergie $A \cdot c_2^2/_{2g}$ ist daher in allen Stufen die gleiche. Ebenso muß daher das Verlustgefälle der Einzelstufen gleich groß sein. Damit diese Voraussetzung erfüllt werden kann, wurde angenommen, daß das Wärmegefälle AB um $A\, c_2^2/_{2g}$ größer ist als in Fall a.

Aus den R-Kurven ergibt sich ein indiziertes Gefälle $H_i' = AD$. Da indessen dieser Wert von H_i' aus einem um $A\,c_2^2/_{2g}$ vergrößerten Gefälle entstanden ist, welches zu H_i' den Beitrag $\eta_m \cdot A \frac{c_2^2}{2g}$ geliefert hat, muß nun, um den Endzustand zu ermitteln, von H_i' der Wert $\eta_m \cdot A\,c_2^2/_{2g}$ abgesetzt werden, wodurch wir den Punkt C erhalten. Die Linie AD' ist die aus den R-Kurven sich ergebende Zustandslinie.

Durch Eintragen der adiabatischen und Verlustgefälle kann man sich leicht überzeugen, daß der obige Abzug von H_i' berechtigt ist. Dabei erhalten wir F, G, H, also Punkte, welche für die Berechnung der Querschnitte maßgebend sind. Punkt E', D'', C' würde sich ergeben, wenn der Dampf hinter der betreffenden Stufe zur Ruhe gekommen wäre.

§ 3. **Nachrechnung der Leistung und Gefällsverteilung der drei letzten Stufen der Rückwärtsturbine für einen Frachtdampfer mit Rädergetriebe.** Die Gesamtanlage, zu welcher diese Rückwärtsturbine gehört, ist in Abb. 120 § 84 schematisch dargestellt. Ein Schnitt durch die Rückwärtsturbine ist hier in Abb. 121 veranschaulicht, während die genauen Abmessungen der im nachstehenden zu behandelnden Stufen aus Tabelle 1 hervorgehen. Die Tourenzahl der Rückwärtsturbine bei Höchstleistung soll $n = 2860$ pro Min. betragen; die Dampfmenge, die zur Verfügung steht, ist gleich derjenigen für volle Fahrt vorwärts, d. h. also $G = 7100$ kg/Std. Das Vakuum im Kondensator beträgt 0,05 ata, der Druck im Abdampfraum der Turbine 0,06 ata entsprechend einem geschätzten Drosselungsverlust von 0,01 at.

Wir errechnen zunächst die Austrittsquerschnitte, wie aus der nachstehenden Tabelle 1 ersichtlich.

Tabelle 1.

	Schaufellänge ohne Spalt	$\frac{b_2}{t}$ Wert[1])	Tang. des Austrittswinkels	Querschnitt ohne Spalt F_1 qm	Spaltquerschnitt F qm	Gesamtquerschnitt $F = F_1 + F_2$ qm
Leitrad I	68	0,316	45%	0,04100	0,00138	0,0424
Laufrad I	75	0,316	45%	0,0457	0,00176	0,0474
Leitrad II	75	0,41	60%	0,0603	0,00155	0,0615
Laufrad II	75	0,41	60%	0,0603	0,00198	0,062
Leitrad III	75	0,51	110%	0,075	0,00155	0,0765
Laufrad III	75	0,63	110%	0,0928	0,00198	0,0947

Der Querschnitt F_1 ohne Spalt wird gewonnen als Produkt aus der Schaufellänge, dem Umfang des mittleren Schaufelkreises und dem Verhältnis $\frac{b_2}{t}$. Dieses ist von dem Verhältnis $\frac{c_0}{u}$ abhängig, und seine Wahl erfolgt nach den in § 42 gegebenen Gesichtspunkten.

Zu dem arbeitenden Dampfgewicht ist noch zu bemerken, daß von der zur Verfügung gestellten stündlichen Dampfmenge der Stopfbuchsverlust in Höhe von 180 kg/Std. abzuziehen ist, so daß für die Nachrechnung eine Dampfmenge von $G = 6920$ kg/Std. bzw. $G_{sek} = 1{,}925$ kg/sek verbleibt.

Die Druck- und Gefällsverteilung in dem von uns nachzurechnenden Teil der Turbine ist durch die arbeitende Dampfmenge, den Gegendruck im Abdampfbogen und die ausgeführten Schaufel- und Spaltquerschnitte bestimmt; außerdem hängt der Anfangszustand, welcher sich vor den nachzurechnenden Stufen einstellt, auch von dem Zustand des Frischdampfes vor den Eintrittsdüsen der Turbine und dem Wirkungsgrad ab, mit welchem der vorhergehende Teil der Turbine arbeitet.

Um nun die Nachrechnung nicht auf die ganze Turbine ausdehnen zu müssen, was hier zu weit führen würde, sei hier der Anfangsdruck vor den drei behandelten Stufen (etwa auf Grund überschläglicher Projektberechnung) zu 0,350 ata geschätzt und (ebenfalls auf Grund einer Überschlagsrechnung) als bekannt vorausgesetzt, daß die Dampftemperatur an dieser Stelle 103° C[2]) beträgt.

Sollte diese Annahme, insbesondere bezüglich des Anfangsdruckes nicht zutreffen, so würde das bei der im folgenden durchgeführten genauen Nachrechnung dadurch zum Ausdruck kommen, daß sich am Austritt aus dem letzten Laufrad ein Dampfzustand ergibt, der mit den tatsächlich dort vorhandenen und oben angegebenen Verhältnissen nicht übereinstimmt; es müßte dann eine Wiederholung der Rechnung unter Variation des geschätzten Anfangsdruckes stattfinden, solange bis die erwähnten Bedingungen genügend genau erfüllt sind. Wir nehmen ferner an, um die Durchführung der Rechnung auf die betrachteten drei Stufen beschränken zu können, daß die Dampfgeschwindigkeit

[1]) Umgerechnet auf mittleren Schaufelkreis.

[2]) Diese verhältnismäßig hohe Temperatur erklärt sich aus dem geringen Wirkungsgrad der vorhergehenden Stufen.

Tabelle 2.

Turbinen-Berechnung für die Rückwärts-Trommel-Stufen.

p 0,35 ata	$G = 7100$ kg/Std.		
t 103° C	$-$ 180 „ „	Stopfbuchsverlust	$n = 2860$ i. d. Min.
p_2 0,06 ata	$=$ 6920 „ „		

Art der Stufen		R
Zahl der Kränze oder Stufen		3
Umdrehungen der Turbine	i. d. Min.	2860
Mittlerer Schaufelkreis ϕ	mm	626
Trommel ϕ	„	550
Schaufellänge	„	68—75
Schaufelaustrittswinkel	tang α	45—110%
Radialspalt	mm	0,8—0,9
Umfangsgeschwindigkeit . . . u	m/sek	93,7
Stopfbuchs- und Kolbenverlust	kg/Std.	180
Anfangsdruck p_1	ata	0,35
Temperatur	°C	103
Gegendruck p_2	ata	0,06
Adiabatisches Wärmegefälle . h'	WE	61,9
Zuschlag für Wiederverdampfung	%	3,6
Gesamtgefälle h	WE	64,1
Mittleres Einzelgefälle $\triangle h$	„	21,4
Reduz. Gefälle ($u = 50$ m/sek)	„	6,1
Tang. des Austrittswinkels tg α	%	mittel ~ 60
c_0/u		4,87
R-Kurven $\varphi = 0{,}92$ . . . η_i	%	65,2
Indiziertes Gefälle h_i'	WE	41,8
h_i' mit 5,7% Spaltverlust	„	39,5
Austrittsverlust	„	15,9
h_i der R-Stufen	„	23,6
η_i	%	38,1

Relative Austrittsgeschwindigkeit:

$$w_2 = \frac{1{,}925 \cdot 25{,}4}{0{,}0947} = 517 \text{ m/sek}$$

Absolute Austrittsgeschwindigkeit:

$$c_2 = 457 \text{ m/sek}$$

Austrittsverlust $\frac{A \cdot c_2^2}{2g} = 24{,}9$ WE

In Rechnung zu setzender Austrittsverlust

$$\eta \cdot \frac{A \cdot c_2^2}{2g} = 0{,}638 \cdot 24{,}9 = 15{,}9 \text{ WE}$$

vor der ersten Stufe gleich Null ist, vernachlässigen also zunächst die dort tatsächlich vorhandene absolute Austrittsgeschwindigkeit aus dem vorhergehenden Laufkranz.

Zunächst interessiert uns der Endzustand des Dampfes beim Austritt aus der letzten Stufe. Wir schätzen (vgl. I-S-Diagramm Abb. 49) diesen Endpunkt der Zustandslinie, indem wir auf Grund über-

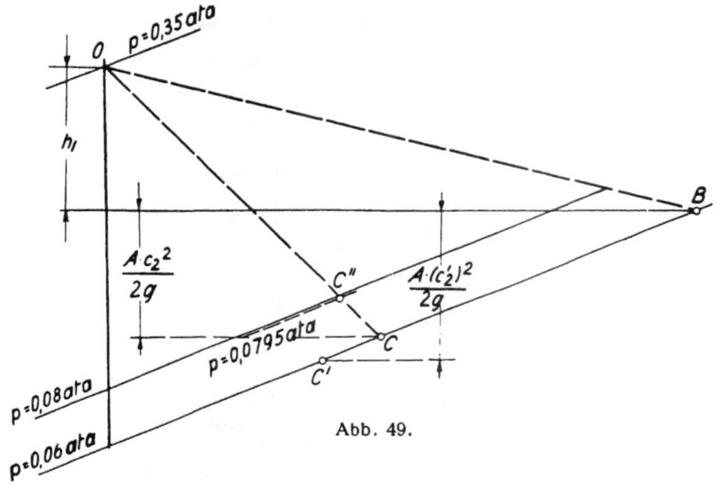

Abb. 49.

schläglicher Rechnung (vgl. die beigefügte Berechnungstabelle 2, in welcher die R-Kurven § 18 des Hauptteils benutzt sind) einen indizierten Gesamtwirkungsgrad der drei Stufen von 38% einschließlich Austrittsverlust annehmen. Wir erhalten so als Endpunkt der adiabatischen Expansion den Punkt A und als Endzustand den Punkt B.

Für die Berechnung der Dampfgeschwindigkeit beim Austritt aus dem letzten Laufrad ist in dessen Punkt *B* nicht maßgebend, da der demselben entsprechende Zustand nur erreicht würde, wenn sich die Austrittsgeschwindigkeit vollständig totgewirbelt hätte. Da wir die Größe derselben zunächst noch nicht kennen, rechnen wir in erster Annäherung die Austrittsgeschwindigkeit für den Zustand entsprechend Punkt *B*. Für diesen ergibt sich aus $p = 0{,}06$ ata $t = 52^0$ C ein spezifisches Volumen von $v = 25{,}5$ cbm/kg. Die Kontinuitätsgleichung liefert dann die relative Austrittsgeschwindigkeit

$$w_2' = \frac{G_{\text{sec}} \cdot v}{F} = \frac{1{,}925 \cdot 25{,}5}{0{,}0947} = \underline{517 \text{ m/sek.}}$$

Das Austrittsdreieck ergibt unter der Voraussetzung, daß diese Geschwindigkeit tatsächlich erreicht werden könnte (vgl. weiter unten die Bemerkung betr. Schallgeschwindigkeit), $c_2' = 457$ m/sek, Punkt *C'* ergibt sich in der aus Abb. 49 ersichtlichen Weise durch Absetzen von $\frac{A\,(c_2')^2}{2\,g} = 25$ WE, und zwar findet man für den entsprechenden Zustand ein verändertes Volumen $v = 0{,}97 \cdot 24{,}3 = 23{,}5$ cbm; aus demselben ergibt sich ein berichtigter Wert für $w_2 = 477$ m/sek und aus den Geschwindigkeitsdreiecken ein ebenfalls berichtigter Wert für $c_2 = 418$ m/sek; der entsprechende Austrittsverlust wird $\frac{A\,c_2^2}{2\,g} = 20{,}9$ WE und entspricht dem Punkt *C*, was nunmehr für den angenommenen Gegendruck als genügend richtig angesehen werden kann.

Der im vorstehenden gefundene Wert der Austrittsgeschwindigkeit w_2 aus dem letzten Laufrad übersteigt die dem Zustandspunkt *C* entsprechende Schallgeschwindigkeit $w_s = \sqrt{k\,g \cdot p\,v}$ (vgl. § 10, Anh. VIII); mit $k \sim 1{,}13$, $p = 600$ kg/qm, $v = 23{,}5$ cbm/kg, $g = 9{,}81$ m/sek ist nämlich $w_s = 397$ m/sek, während $w_2 = 477$ m/sek gefunden war.

Aus den in Anhang VIII wiedergegebenen Ausführungen über die Expansion des Dampfes in nicht erweiterten Mündungen geht nun hervor, daß innerhalb des parallelen Teiles des Austrittsquerschnittes der Laufschaufelkanäle im letzten Radkranz die Expansion nicht weitergetrieben werden kann, bis am Austritt die Schallgeschwindigkeit w_s, verringert um die Verlustgeschwindigkeit, etwa erreicht wird. Die Annahme, daß der im Abdampfraum vorausgesetzte Gegendruck von 0,06 ata auch im Austrittsquerschnitt des letzten Laufkranzes vorhanden ist, trifft also nicht zu; der Druck an dieser Stelle muß sich vielmehr höher als 0,06 ata einstellen.

Um den richtigen Druck im Austrittsquerschnitt zu finden, verfahren wir wie folgt:

Wir nehmen näherungsweise an, daß die Zustandslinie *OC* eine Gerade von *O* nach *C* sei und können nun für verschiedene, auf dieser Linie probeweise angenommene Drücke die zugehörige Ausflußgeschwindigkeit aus dem letzten Laufkranz w_2 berechnen. An der Stelle, wo die Schallgeschwindigkeit erreicht wird, erhalten wir den richtigen Druck im Austrittsquerschnitt.

Die Schallgeschwindigkeit ergibt sich bei der Expansion im Sattdampfgebiete in der Nähe der Sättigungslinie entsprechend $k = 1{,}13$ zu $w_s = 334\sqrt{p \cdot v}$. Die tatsächliche Austrittsgeschwindigkeit wird daher $\varphi \cdot w_s$.

Die Kontinuitätsgleichung verlangt $G \cdot v = F\varphi\,w_s$, hieraus folgt $v = \varphi^2\,p\left(\frac{334\,F}{G}\right)^2 = \varphi^2\,k \cdot p$, wobei im vorliegenden Falle k den Wert $\left(\frac{334 \cdot 0{,}0947}{1{,}925}\right)^2 = 270$ annimmt, so daß $v = 270\,p$. φ ist nach unserer Annahme 0,92. Es wird daher $v = 0{,}92^2 \cdot 270 \cdot p = 228{,}5\,p$. Für die angenommenen Gegendrücke von 0,06, 0,07 und 0,08 ata ergibt sich dann:

p ata	x %	v cbm/kg	$228{,}5\,p$
0,06	97,7	23,6	13,7
0,07	98,1	20,6	16,0
0,08	98,5	18,2	18,30

Man sieht daraus, daß zwischen 0,07 und 0,08 ata die Schallgeschwindigkeit erreicht wird. Durch graphische Interpolation ergibt sich der gesuchte Druck im Austrittsquerschnitt zu 0,0795 ata und das zugehörige spezifische Volumen zu 18,1 cbm/kg. (Punkt *C''*).

Wir gehen jetzt dazu über, durch eine überschlägliche Berechnung nachzuprüfen, ob die betrachteten Stufen die gewünschte Leistung ergeben. Dieselbe soll im vorliegenden Fall 300 PS betragen.

Wir schätzen zunächst den Mittelwert der Schaufelneigung am Austritt der Leit- und Laufschaufeln zu $\operatorname{tg} \alpha = 60\%$. Das gesamte adiabatische Wärmegefälle für die betrachteten drei Stufen beträgt laut *I-S*-Diagramm (Abb. 50) 53,8 WE; dasselbe erhöht sich durch teilweisen Wiedergewinn der

Verlustwärmen (Wiederverdampfung, vgl. Hptt. § 32) um schätzungsweise 3,6%, so daß wir pro Stufe mit einem mittleren Gefälle von $\frac{55,9}{3} = 18,6$ WE zu rechnen haben.

Sodann benutzen wir die *R*-Kurven (vgl. § 18 d. Hptts.). Wir haben dabei zunächst das Gefälle auf 50 m/sek Umfangsgeschwindigkeit umzurechnen. Für den mittleren Schaufelkreisdurchmesser $D = 626$ mm ergibt sich $u = 93,7$ m/sek, somit wird das auf $u = 50$ m/sek umgerechnete Gefälle $18,6 \cdot \left(\frac{50}{93,7}\right)^2 = 5,30$ WE. Für 5,30 WE und $\operatorname{tg} \alpha = 60\%$ erhalten wir dann aus den Gefällskurven $\frac{c_0}{u} = 4,41$ und hierzu aus den Wirkungsgradkurven $\eta = 67,2\%$. Hiernach ergibt sich insgesamt ein indiziertes Gefälle von $55,9 \cdot 0,672 = 37$ WE. Hiervon ist der Spaltverlust von 5,7% (mittleres Verhältnis des gesamten Spaltquerschnittes von Leit- und Laufkranz zum Gesamtquerschnitt) abzuziehen, so daß ein indiziertes Gefälle von 34,9 WE, entsprechend einem Wirkungsgrad von $\eta' = 64,8\%$, verbleibt.

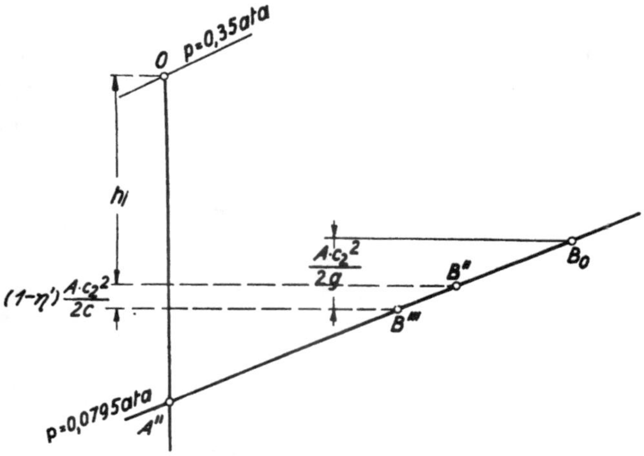

Abb. 50.

Dieses Gefälle muß nun noch hinsichtlich des Austrittsverlustes berichtigt werden. Um diesen zu ermitteln, tragen wir zunächst im *I-S*-Diagramm das Gefälle von 34,9 WE auf der Adiabate durch den Anfangspunkt ab und finden in bekannter Weise auf der Linie des Gegendruckes 0,0795 ata den Punkt *B''*. Entsprechend den oben gemachten Ausführungen über die Ermittlung des tatsächlichen Endzustandes bei Benutzung der *A*- und *R*-Kurven haben wir weiterhin, um den tatsächlichen Endzustand im Austrittsquerschnitt des letzten Laufkranzes zu finden, von *B''* vertikal nach abwärts die Strecke $(1 - \eta') \frac{A \cdot c_2^2}{2g}$ abzusetzen. c_2 ist nun zwar noch nicht genau bekannt, da wir aber nach den eingangs angestellten Überlegungen bereits wissen, daß die relative Austrittsgeschwindigkeit w_2 gleich der Schallgeschwindigkeit $w_s = 334 \sqrt{0,0795 \cdot 18,1} = 400$ m/sek sein muß, läßt sich $w_2 = 400 \cdot 0,92$

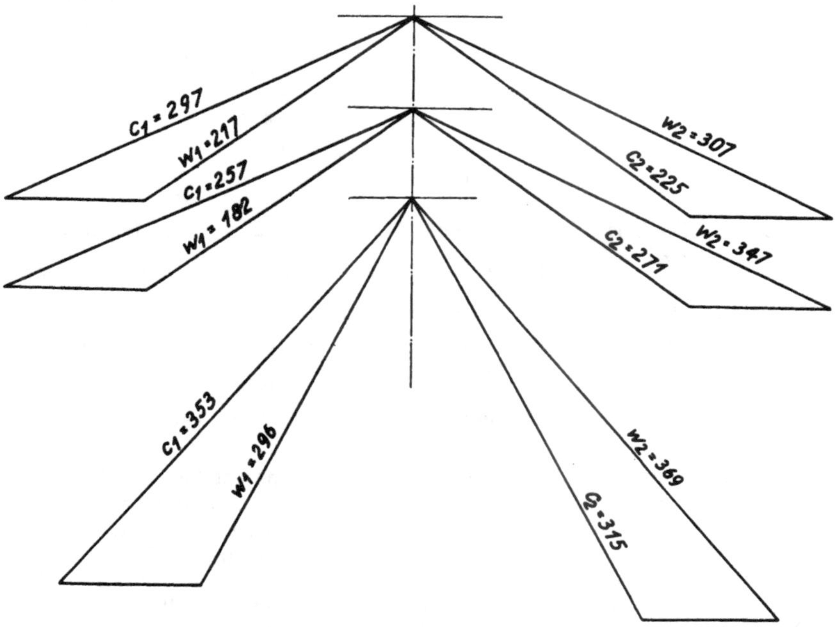

Abb. 51.

$= 368$ m/sek und c_2 aus dem Geschwindigkeitsdreieck Abb. 51 angenähert ermitteln, und zwar erhalten wir $c_2 = 312$ m/sek. Es ist somit

$$(1 - \eta')\frac{A \cdot c_2^2}{2g} = (1 - 0{,}648) \cdot \frac{312^2}{427 \cdot 2 \cdot 9{,}81} = 4{,}1 \text{ WE}.$$

Durch Absetzen dieses Betrages von B'' aus vertikal nach unten erhalten wir auf der Isobare durch B'' den Punkt B''', entsprechend einem Zustand $x = 0{,}9820$, $p = 0{,}0795$ ata, v (nach Tabelle) $= 18{,}5 \cdot 0{,}9820 = 18{,}1$ cbm/kg.

Zur Kontrolle ergibt sich hiermit die relative Austrittsgeschwindigkeit im letzten Laufkranz aus der Kontinuitätsgleichung zu

$$w_2 = \frac{G \cdot v}{F} \cdot \frac{1{,}925 \cdot 18{,}1}{0{,}0947} = 368 \text{ m/sek},$$

woraus hervorgeht, daß unsere Annahme $w_2 = 0{,}92 \cdot 400 = 368$ m/sek zutreffend war. Dem neuen Wert von w_2 entspricht $c_2 = 312$ m/sek und $\frac{A\,c_2^2}{2g} = 11{,}6$ WE; der für die Leistungsberechnung von dem indizierten Gefälle von 34,9 WE in Abzug zu bringende Betrag $\eta' \cdot \frac{A\,c_2^2}{2g}$ wird somit $= 0{,}648 \cdot 11{,}6$

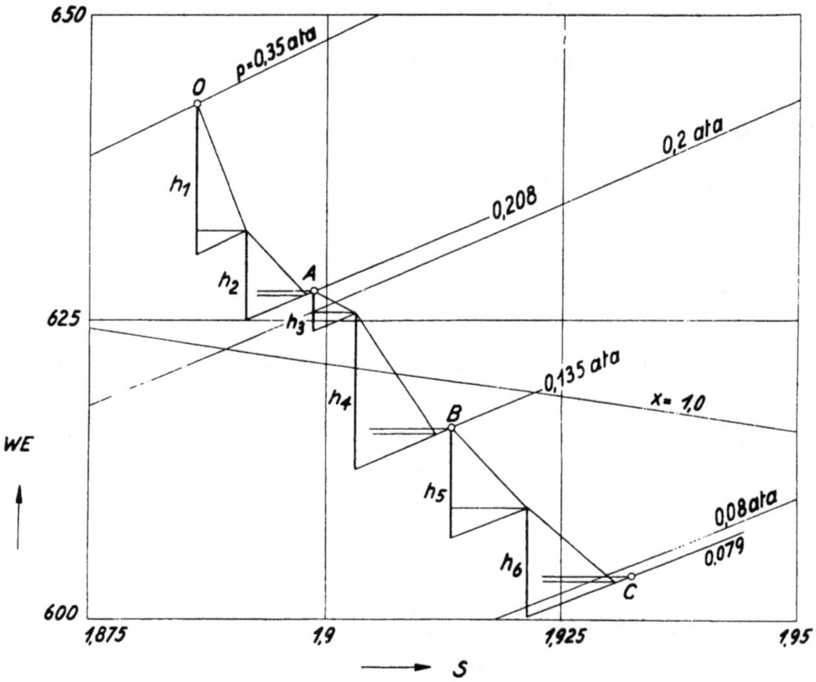

Abb. 52.

$= 7{,}5$ WE und das tatsächliche indizierte Gefälle $34{,}9 - 7{,}5 = 27{,}4$ WE. Hieraus errechnet sich eine Leistung von $\frac{27{,}4 \cdot 6920}{632{,}2} = 300$ PS, was dem beabsichtigten Wert von 300 PS genau entspricht.

Im I-S-Diagramm erhalten wir den Endzustand, welcher sich bei vollständiger Umsetzung des Austrittsverlustes in Wärme ergeben würde, indem wir auf der Linie des Gegendruckes von B'' aus die Erzeugungswärme um den Betrag $\eta \cdot \frac{A\,c_2^2}{2g} = 7{,}5$ WE vermehren.

Wir gehen nunmehr über zur Nachrechnung der Gefällsverteilung auf die einzelnen Stufen, vgl. Abb. 52.

Zur Durchführung dieser Nachrechnung wenden wir ein im nachstehenden in seinen Einzelheiten näher erläutertes Probierverfahren an, welches im wesentlichen darauf beruht, daß, beginnend mit dem ersten Leitrad (Punkt O im I-S-Diagramm), für jeden einzelnen Leit- bzw. Laufkranz das in demselben umgesetzte Gefälle zunächst geschätzt und dann so lange berichtigt wird, bis die aus der Energiegleichung ermittelten Geschwindigkeiten mit den Werten übereinstimmen, welche sich für die entsprechenden Geschwindigkeiten aus der Kontinuitätsgleichung ergeben; selbstverständlich sind dabei auch die durch die Geschwindigkeitsdreiecke gegebenen Zusammenhänge zu berücksichtigen.

Einen gewissen Anhalt für die erste Schätzung der Einzelgefälle gibt das im Mittel auf jeden Lauf- und Leitkranz treffende Gefälle, welches $\frac{55,9}{6} = 9,3$ WE beträgt. Als Verlustkoeffizient legen wir an Hand von Erfahrungen $\varphi = 0,92$ zugrunde.

L e i t k r a n z I. Da bei diesem die Ausnutzung der Austrittsgeschwindigkeit der vorhergehenden Stufe nach unserer obigen Annahme nicht in Frage kommen soll, nehmen wir ein etwas größeres Gefälle an, als dem oben berechneten Mittelwert entspricht, und zwar schätzen wir $h_1 = 11$ WE. Wir erhalten, unter Berücksichtigung des Gefällsverlustes $h_1 (1 - \varphi^2)$, aus dem *I-S*-Diagramm den Endzustand $p = 0,265$; $t = 83^0$, $v = 6,32$ cbm/kg; ferner ist $G_{sek} = 1,925$ kg, $F = 0,0424$ qm. Die Austrittsgeschwindigkeit, berechnet aus dem Gefälle, beträgt

$$c_1 = \varphi \cdot 91,5 \cdot \sqrt{h_1} = 0,92 \cdot 91,5 \sqrt{11} = 279 \text{ m/sek},$$

während die Kontinuitätsgleichung verlangen würde

$$c_1' = \frac{G_{sec} \cdot v}{F} = \frac{1,925 \cdot 6,32}{0,0424} = 286,5 \text{ m/sek}.$$

Da die beiden Werte für c_1 nicht zusammenstimmen, ist offenbar der angenommene Wert von 11 WE für das zuzusetzende Gefälle nicht ganz richtig. Wir probieren nunmehr mit $h_1 = 14$ WE und erhalten wieder aus dem *I-S*-Diagramm unter Berücksichtigung des Gefällsverlustes den Zustand

$$p = 0,244 \text{ ata}, \quad t = 77^0 \text{ C}, \quad v = 6,75 \text{ cbm/kg}.$$

Die Austrittsgeschwindigkeit, aus dem Gefälle berechnet, ergibt sich zu

$$c = 0,92 \cdot 91,5 \sqrt{14} = 315 \text{ m/sek},$$

während die Kontinuitätsgleichung

$$c_1' = \frac{1,925 \cdot 6,75}{0,0424} = 307 \text{ m/sek}$$

verlangen würde. Auch hier ist also die Übereinstimmung noch mangelhaft.

Für ein Gefälle von 11 WE hatten wir

$$\frac{c_1}{c_1'} = \frac{279}{286,5} = 0,974$$

und für 14 WE $\frac{c_1}{c_1'} = \frac{315}{307} = 1,025$.

Wir tragen diese Quotienten (Abb. 53) über den angenommenen Gefällen auf und finden durch geradlinige Interpolation für den Wert $\frac{c_1}{c_1'} = 1$ den richtigen Wert des zuzusetzenden Gefälles zu $\underline{h_1 = 12,5 \text{ WE}}$.

Zur Kontrolle tragen wir dieses Gefälle in das *I-S*-Diagramm ein und erhalten unter Berücksichtigung des Gefällsverlustes $h_1 (1 - \varphi^2) = 12,5 \cdot 0,154 = 1,92$ WE den richtigen Endzustand beim Austritt aus Leitkranz I mit

$$p = 0,255 \text{ ata}, \quad t = 81^0 \text{ C}, \quad v = 6,53 \text{ cbm/kg}.$$

Die richtige Geschwindigkeit c_1 ergibt sich aus dem Wärmegefälle zu $c_1 = 0,92 \cdot 91,5 \sqrt{12,5}$ 297 m/sek und in Übereinstimmung hiermit aus der Kontinuitätsgleichung

$$c_1 = \frac{1,925 \cdot 6,53}{0,0424} = 297 \text{ m/sek}.$$

L a u f k r a n z I. Wir sind nun in der Lage, das Geschwindigkeitsdreieck für den Eintritt in den ersten Laufkranz aufzuzeichnen; wir erhalten $w_1 = 217$ m/sek und für die relative Austrittsgeschwindigkeit aus demselben

$$w_2 = \varphi \cdot 91,5 \cdot \sqrt{\frac{A\, w_1^2}{2\, g} + h_2}.$$

In dieser Gleichung ist wieder h_2 unbekannt und muß durch Probieren ermittelt werden.

Wir nehmen nun das im ersten Laufrad zuzusetzende Gefälle zu $\underline{h_2 = 7,67 \text{ WE}}$ an. (Da das Probierverfahren bereits oben erläutert, soll hier gleich der richtige Wert angenommen werden.) Das gesamte zur Erzeugung der Austrittsgeschwindigkeit w_1 aufgewendete Gefälle (einschließlich der der relativen Eintrittsgeschwindigkeit entsprechenden Energie $\frac{A\, w_1^2}{2\, g}$ wird somit $\frac{A\, w_1^2}{2\, g} + h_2 = 5,63 + 7,67 = 13,30$ WE.

Durch Eintragung von h_2 in das I-S-Diagramm und Berücksichtigung der Verlustwärme $(1 - \varphi^2) \cdot \left(\frac{A\, w_1^2}{2\, g} + h_2\right) = 2{,}04$ WE finden wir den Endzustand im Austrittsquerschnitt mit $p = 0{,}208$ ata, $t = 69{,}5\,^0$C, $c = 7{,}58$ cbm/kg. Wir erhalten ferner aus dem Gefälle $w_2 = 0{,}92 \cdot 91{,}5 \sqrt{13{,}3} = 307$ m/sek, während die Kontinuitätsgleichung mit $G = 1{,}925$ kg/sek und $F = 0{,}0474$ qm ergibt

$$w_2 = \frac{1{,}925 \cdot 7{,}58}{0{,}0474} = 307 \text{ m/sek.}$$

Da die beiden Werte für w_2 übereinstimmen, haben wir durch die obige Wahl von h_2 die Verhältnisse richtig getroffen und erhalten durch Zeichnen des Geschwindigkeitsdreiecks auch die absolute Austrittsgeschwindigkeit c_2 aus Laufrad I zu $c_2 = 225$ m/sek.

Das in Laufkranz I in Arbeit umgesetzte sog. indizierte Wärmegefälle h_i erhalten wir in bekannter Weise aus den Geschwindigkeitsdreiecken (vgl. § 2) zu

$$h_i = \frac{A\, u}{g} \cdot f = \frac{1}{427 \cdot 9{,}81} \cdot 93{,}7 \cdot 45{,}7 = 10{,}37 \text{ WE.}$$

(Zur Kontrolle muß dieser Wert gleich sein der Summe der zugesetzten Wärmegefälle h_1 und h_2 abzüglich der Wärmeverluste im Leit- und Laufkranz und abzüglich der Austrittsenergie $\frac{A\, c_2^2}{2\, g}$; $h_i = 12{,}5 + 7{,}67 - 1{,}92 - 2{,}04 - 6{,}05 = 20{,}17 - 10{,}01 = 10{,}16$ WE, was mit dem oben gefundenen Wert nahe übereinstimmt.) Von diesem Gefälle ist noch der Spaltverlust im Gesamtbetrag von $100 \left(\frac{0{,}00138}{0{,}0424} + \frac{0{,}00176}{0{,}0474}\right) = 6{,}98\%$ abzuziehen, wodurch sich h_i auf $h_i' = 9{,}63$ WE reduziert. Die diesem Spaltverlust entsprechende Wärme $0{,}0698 \cdot 10{,}16$ ist im I-S-Diagramm dem Reibungsverlust hinzuzufügen, — Punkt A.

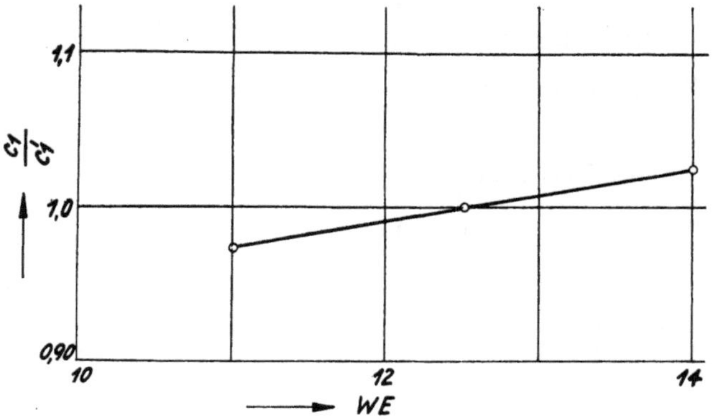

Abb. 53.

Leitkranz II. Die Austrittsgeschwindigkeit aus dem zweiten Leitrad ergibt sich aus der Einlaufgeschwindigkeit c_2 und dem zugesetzten Gefälle h_3 zu

$$c_1 = \varphi \cdot 91{,}5 \cdot \sqrt{\frac{A\, c_2^2}{2\, g} + h_3}.$$

Wie oben setzen wir auch hier gleich den durch mehrfaches Probieren gefundenen richtigen Wert $\underline{h_3 = 3{,}24 \text{ WE}}$ ein. Es wird dann $\frac{A\, c_2^2}{2\, g} + h_3 = 6{,}05 + 3{,}24 = 9{,}29$ WE der entsprechende Wärmeverlust $(1 - \varphi^2) \cdot 9{,}29 = 1{,}43$ WE. Durch Eintragung des Gefälles h_3 in das I-S-Diagramm in der Berücksichtigung dieses Verlustes ergibt sich für den Endzustand $p = 0{,}190$, $t = 66^0$ C, $v = 8{,}23$ cbm/kg.

Wir finden ferner aus dem Gefälle

$$c_1 = 0{,}92 \cdot 91{,}5 \cdot \sqrt{9{,}29} = 257 \text{ m/sek,}$$

während die Kontinuitätsgleichung mit $G = 1{,}925$ kg/sek, $F = 0{,}0615$ qm ergibt, $c_1 = \frac{1{,}925 \cdot 8{,}23}{0{,}0615} = 257$ m/sek. Die beiden Werte von c_1 stimmen überein, die obige Annahme für h_3 erweist sich als zutreffend.

Es befremdet zunächst, daß sich das zugesetzte Gefälle für Leitkranz II verhältnismäßig niedrig ergibt; der Grund hierfür liegt darin, daß der Austrittswinkel des Leitkranzes erheblich größer ist als in dem vorhergehenden Leit- und Laufkranz. Dadurch wird der Austrittsquerschnitt gegenüber letzterem sehr stark vergrößert und die Austrittsgeschwindigkeit c_1 wesentlich kleiner. Die zur Erzeugung derselben erforderliche Energie kann daher zum großen Teil durch die verhältnismäßig große Austrittsgeschwindigkeit c_2 aus Laufkranz I bestritten werden, so daß also nur noch wenig Gefälle zugesetzt werden braucht.

Laufkranz II. Aus der absoluten Austrittsgeschwindigkeit aus dem vorhergehenden Leitkranz von $c_1 = 257$ m/sek wird durch Zeichnen des Geschwindigkeitsdreiecks die relative Eintrittsgeschwindigkeit w_1 zu 182 m/sek gefunden. Das durch Probieren ermittelte, im Laufkranz zuzusetzende Wärmegefälle beträgt $\underline{h_4 = 13{,}00 \text{ WE}}$.

Es wird dann $\frac{A w_1^2}{2g} + h_4 = 4{,}00 + 13{,}0 = 17$ WE, der Wärmeverlust $(1 - \varphi^2) \cdot 17 = 2{,}61$ WE und der Endzustand ergibt sich aus dem *I-S*-Diagramm mit $p = 0{,}135$ ata, $x = 0{,}993$, $v = 11{,}18$ cbm/kg.

Wir finden ferner aus dem Gefälle

$$w_2 = 0{,}92 \cdot 91{,}5 \sqrt{17} = 347 \text{ m/sek}$$

und in Übereinstimmung hiermit aus der Kontinuitätsbedingung mit $G = 1{,}925$ kg/sek, $F = 0{,}062$ qm

$$w_2 = \frac{1{,}925 \cdot 11{,}18}{0{,}062} = 347 \text{ m/sek.}$$

Aus den Geschwindigkeitsdreiecken folgt dann

$$c_2 = 271 \text{ m/sek und } h_i = \frac{A u}{g} f = \frac{1}{427 \cdot 9{,}81} \cdot 93{,}7 \cdot 424 = 9{,}5 \text{ WE.}$$

Der Spaltverlust beträgt $100 \left(\frac{0{,}00155}{0{,}0615} + \frac{0{,}00198}{0{,}062}\right) = 5{,}85\%$, der entsprechende Wärmeverlust $0{,}0585 \cdot 9{,}51 = 0{,}555$ WE, wodurch sich h_i auf $h_i' = 8{,}945$ WE verringert.

Durch Berücksichtigung dieses Spaltverlustes im *I-S*-Diagramm ergibt sich als Anfangszustand für den folgenden Leitkranz Punkt *B* mit $p = 0{,}135$ ata, $x = 0{,}995$.

Leitkranz III. Durch Probieren ist das in diesem Kranz zuzusetzende Wärmegefälle $\underline{h_5}$ zu $\underline{8{,}77 \text{ WE}}$ gefunden; die Austrittsenergie aus dem vorhergehenden Laufkranz II beträgt

$$\frac{A c_2^2}{2g} = \frac{A}{2g} \cdot 271^2 = 8{,}83 \text{ WE.}$$

Es wird somit

$$\frac{A c_2^2}{2g} + h_5 = 8{,}83 + 8{,}77 = 17{,}60 \text{ WE,}$$

der Wärmeverlust $(1 - \varphi^2) \cdot 17{,}6 = 2{,}7$ WE, und der Endzustand ergibt sich aus dem *I-S*-Diagramm mit $p = 0{,}105$ ata, $x = 0{,}987$, $v = 14{,}05$ cbm/kg.

Wir finden aus dem Gefälle

$$c_1 = 0{,}92 \cdot 91{,}5 \sqrt{17{,}6} = 353 \text{ m/sek}$$

und in praktischer Übereinstimmung hiermit aus der Kontinuitätsbedingung mit $G = 1{,}925$ kg/sek, $F = 0{,}0765$ qm

$$c_1 = \frac{1{,}925 \cdot 14{,}05}{0{,}0765} = 353 \text{ m/sek.}$$

Laufkranz III. Aus dem Geschwindigkeitsdreieck für den Eintritt erhalten wir mit $c_1 = 353$ m/sek $w_1 = 296$ m/sek und durch Probieren für das in Laufkranz III zuzusetzende Gefälle $\underline{h_6 = 8{,}75 \text{ WE}}$.

Es wird dann $\frac{A w_1^2}{2g} + h_6 = 10{,}45 + 8{,}75 = 19{,}2$ WE, der Wärmeverlust $(1 - \varphi^2) \cdot 19{,}2 = 2{,}96$ WE; für den Endzustand im Austrittsquerschnitt ergibt sich aus dem Wärmediagramm $p = 0{,}079$ ata, $x = 0{,}98$, $v = 18{,}15$.

Wir finden ferner aus dem Gefälle

$$w_2 = 0{,}92 \cdot 91{,}5 \sqrt{19{,}2} = 369 \text{ m/sek}$$

und übereinstimmend aus der Kontinuitätsgleichung mit $G = 1{,}925$, $F = 0{,}0947$, $w_2 = \frac{1{,}925 \cdot 18{,}15}{0{,}0947} = 369$ m/sek. Aus den Geschwindigkeitsdreiecken folgt schließlich $c_2 = 315$ m/sek und

$$h_i = \frac{A u}{g} \cdot f = \frac{93{,}7 \cdot 3{,}86}{427 \cdot 9{,}81} = 8{,}62 \text{ WE.}$$

Der Spaltverlust beträgt $100 \left(\frac{0{,}00155}{0{,}0765} + \frac{0{,}00198}{0{,}0947}\right) = 4{,}12\%$, der entsprechende Wärmeverlust $0{,}0412 \cdot 8{,}62 = 0{,}36$ WE und $h_i' = 8{,}62 - 0{,}36 = 8{,}95$ WE. (Endpunkt *C*).

Der im vorstehenden gefundene Enddruck $p = 0{,}079$ ata stimmt fast genau mit dem Druck überein, welcher weiter oben unter der Annahme ermittelt worden ist, daß im Austrittsquerschnitt höchstens die Schallgeschwindigkeit herrschen kann ($p = 0{,}0795$ ata). Wir müssen hieraus schließen, daß der für die Rechnung zugrunde gelegte Anfangsdruck vor Leitkranz I ($p = 0{,}350$ ata) zutreffend gewählt war. Sollte eine größere Abweichung sich ergeben, so müßte, um hierfür den richtigen Wert zu finden, wie bereits eingangs erwähnt, die Rechnung mit anderen Anfangsdrücken solange wiederholt werden, bis im letzten Austrittsquerschnitt der richtige Enddruck $p = 0{,}0795$ ata erreicht ist.

Im vorliegenden Fall soll jedoch wegen der Geringfügigkeit des Fehlers von dieser Wiederholung Abstand genommen und die in unserer Rechnung gefundene Druck- und Gefällsverteilung als richtig angesehen werden.

Bei der ausgeführten Turbine wird sich allerdings der Druck vor dem ersten Leitkranz niedriger als 0,35 ata einstellen, da in Wirklichkeit auch in diesem Kranz die absolute Austrittsgeschwindigkeit c_2 aus dem unmittelbar vorhergehenden Laufkranz ausgenutzt wird. Es ist also tatsächlich im Leitkranz I ein um den Betrag $\frac{A \cdot c_2^2}{2 \cdot g}$ kleineres Wärmegefälle als in der Rechnung angegeben zuzusetzen; den richtigen Anfangsdruck erhalten wir leicht aus dem I-S-Diagramm, indem wir den Betrag $\frac{A \cdot c_2^2}{2 \cdot g}$ von O aus nach unten abtragen. Im übrigen ändern sich hierdurch die Druckverteilung und damit die ermittelten Dampfgeschwindigkeiten in den drei betrachteten Stufen nicht, da diese Verteilung im wesentlichen durch den Gegendruck im letzten Laufkranz, die Schaufelquerschnitte und die arbeitende Dampfmenge bestimmt wird.

Die Summe der indizierten Gefälle h_i' der einzelnen Stufen einschließlich Spaltverlust ergibt $\Sigma h_i' = 9{,}63 + 8{,}96 + 8{,}26 = 26{,}85$ WE, die indizierte Leistung also bei $G = 6920$ kg/Std. zu $N_i' = \frac{6920}{632{,}3} \cdot 26{,}85 = 294$ PS.

§ 4. **Bestimmung der Druck- und Gefällsverteilung mittels der „v^2-Methode".** Die Methode, wie sie im nachstehenden beschrieben ist, weicht etwas von der ursprünglich von Stodola angegebenen ab, doch erscheint diese abgeänderte Methode für den praktischen Gebrauch geeigneter und soll deshalb im folgenden allein behandelt werden.

Die Grundlage der Methode ist folgender Zusammenhang: Aus der Kontinuitätsgleichung ergibt sich:

$$G \cdot v = F \cdot c_1$$

$$c_1 = \varphi \cdot c_0 = \varphi \cdot \sqrt{\frac{2g}{A} \cdot h_0}.$$

Hieraus

$$G^2 \cdot v^2 = F^2 \cdot \varphi^2 \cdot \frac{2g}{A} \cdot h_0$$

oder

$$\frac{v^2}{h_0} = \operatorname{tg} \varepsilon = \frac{\varphi^2 \cdot 2g}{A} \cdot \left(\frac{F}{G}\right)^2.$$

Denken wir uns die Quadrate der spez. Volumina v über dem adiabatischen Summengefälle h_0 aufgetragen, so ist ε der Winkel, welchen die Verbindungslinie zwischen dem Anfangspunkt des Gefälles auf der Abszissenachse und dem Wert von v^2 für den Endpunkt des Gefälles, mit der Abszissenachse bildet.

Je mehr man sich der Schallgeschwindigkeit nähert, desto mehr nähert sich die genannte Verbindungslinie der Tangente an die v^2-Kurve. Ist die Geschwindigkeit gleich der Schallgeschwindigkeit, verringert um den obigem Koeffizienten φ entsprechenden Geschwindigkeitsverlust geworden, so wird die Berührung erreicht[1]).

[1]) Für die nachfolgenden Ausführungen, welche zum Beweis dieser Aussage dienen sollen, soll vorerst angenommen werden, daß der Ausfluß mit einem Geschwindigkeitskoeffizienten $\varphi = 1$ erfolgt. In gleicher Weise wie oben ist dann $G \cdot v = F \cdot c_0$ und $c_0 = \frac{2g}{A} \cdot h_0$, woraus

$$G \cdot v = F \cdot \frac{2g}{A} \cdot h_0.$$

Der Ausdruck für $\operatorname{tg} \varepsilon$ läßt sich dann schreiben

$$\operatorname{tg} \varepsilon = \frac{v^2}{h} = \frac{\left(\frac{F}{G}\right)^2 \cdot \frac{2g}{A} \cdot h}{h} = \left(\frac{F}{G}\right)^2 \cdot \frac{2g}{A}.$$

Die Tangente an die v^2-Linie ist diejenige Gerade, welche den kleinsten Winkel mit der Abszissenachse bildet. Es muß also in obigem Ausdruck der Wert $\frac{F}{G}$ zu einem Minimum bzw. $\frac{G}{F}$ zu einem Maximum werden.

Bei parallelwandigem Austrittsquerschnitt ergibt sich nach der in Anh. VIII § 3 angeführten Formel der Größtwert von $\frac{G}{F}$ bei Erreichung der Schallgeschwindigkeit.

Es ergibt somit die Tangente an die v^2-Kurve das größte in solchen Düsen zu verarbeitende Gefälle.

Durch diese Kurve ist das spez. Volumen zunächst mit dem adiabatischen Gefälle in Zusammenhang gebracht, was den praktischen Vorteil bietet, daß man für jedes bestimmte Gefälle den zugehörigen Wert von v^2 abgreifen kann, ohne das I-S- und das I-V-Diagramm besonders zur Hand zu nehmen.

Sodann aber hat diese Beziehung auch für Nachrechnung ausgeführter Turbinen den Vorteil, daß bei Annahme von φ für die bekannten Werte F und G die Größe $\operatorname{tg} \varepsilon$ ermittelt werden und durch Einschneiden mit der unter dem Winkel ε zur Abszissenachse geneigten Geraden, welche durch den zum Gefällsanfangspunkt gehörigen Wert von v^2 gelegt ist, das Gefälle ohne Mühe gefunden werden kann, welches die Kontinuitätsgleichung befriedigt.

Die erste Aufgabe, welche bei Verwendung dieser Methode zu lösen ist, besteht in der Aufzeichnung der v^2-Kurve, wozu wieder die Kenntnis der Zustandslinie erforderlich ist. Über die Ermittlung derselben ist in § 2 Näheres ausgeführt.

Von der Zustandslinie ausgehend, mißt man die adiabatischen Gefälle in einer genügenden Anzahl von Einzelteilen ab. Man nimmt zum leichteren Aufsuchen der v-Werte und zum schnellen

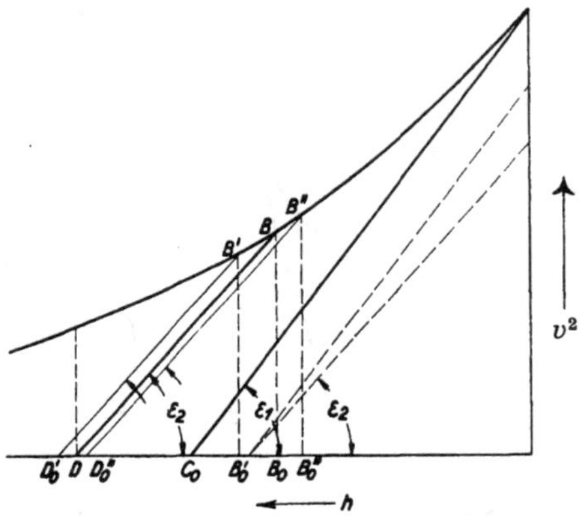

Abb. 54.

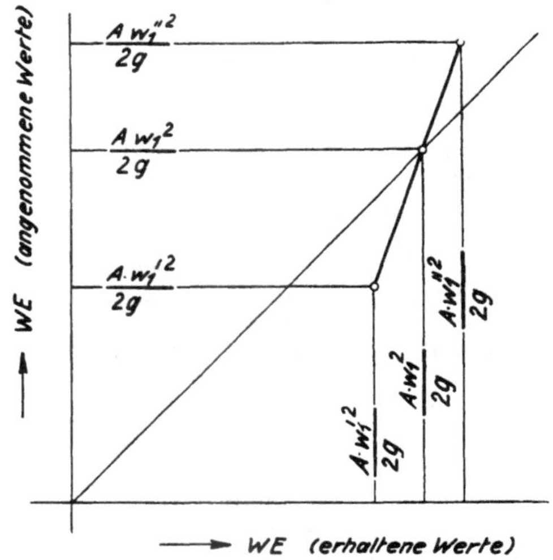

Abb. 55.

Aufmessen der Gefälle vorteilhaft die im I-S-Diagramm bereits eingezeichneten Drucklinien; um jedoch kein zu großes Gefälle infolge Wiederverdampfung zu erhalten, darf man nicht mehr Einzelteile nehmen, als der Summe von Leit- und Laufschaufelreihen entspricht.

Nachdem ferner durch Überschlagsrechnung der ungefähre Verlauf der Schaufellängen bekannt ist, zeichnet man die Trommelstufen auf, vermittelt noch zeichnerisch die Übergänge und kann dann unter Berücksichtigung der Spaltquerschnitte und der Stopfbuchsverluste mit dem Schaufelkoeffizienten φ, der ebenfalls aus früheren Versuchen bekannt ist, die Werte von $\operatorname{tg} \varepsilon$ bestimmen.

Der Endpunkt des Prozesses auf der v^2-Linie ist durch den Enddruck und die angenommene Zustandslinie festgelegt. Zeichnet man durch diesen Punkt eine Gerade mit der Neigung entsprechend $\operatorname{tg} \varepsilon_1$, so ergibt sich auf der Abszisse das in der letzten Schaufelreihe umgesetzte Wärmegefälle. Aus demselben ergibt sich w_0, mit dem Schaufelkoeffizienten φ multipliziert w_2 und aus dem Geschwindigkeitsdreieck c_2.

Um weiter rückwärts gehen zu können, müßte man die Austrittsgeschwindigkeit der vorhergehenden Leitschaufelreihe kennen. Da dies nicht der Fall ist, muß dieser Wert durch Probieren bestimmt werden. Meist genügt die Annahme von zwei Werten von w_1' und w_1'' (vgl. Abb. 54). Es wird nun

$$C_0 B_0' = \frac{A w_1'^2}{2g} \quad \text{und}$$

$$C_0 B_0'' = \frac{A w_1''^2}{2g}.$$

Durch Ziehen der Linien $B' D_0'$ und $B'' D_0''$ unter der Neigung $\operatorname{tg} \varepsilon_2$ ergeben sich in $D_0' B_0'$ bzw. $D_0'' B_0''$ Wärmegefälle, aus denen c_0' bzw. c_0'' errechnet werden.

Durch Auftragen der angenommenen und der erhaltenen $\frac{A \cdot w_1^2}{2g}$-Werte (vgl. Abb. 55) ergibt sich durch Interpolation der richtige Wert von $\frac{A w_1^2}{2g}$. Man macht nun $C_0 B_0 = \frac{A w_1^2}{2g}$, zieht durch B die Linie BD unter der Neigung $\operatorname{tg} \varepsilon_2$ und überzeugt sich durch nochmaliges Aufzeichnen der Geschwindigkeitsdreiecke, ob die Interpolation stimmt.

Durch Eintragen der indizierten Wärmegefälle nach Abzug der Spaltverluste kann nun die angenommene Zustandslinie nachgeprüft werden. Wenn auch die Gefällsverteilung, insbesondere an Stellen mit starker Änderung der Austrittsquerschnitte (z. B. bei Gruppenübergängen und Winkeländerungen), recht verschieden ausfällt, macht dies auf den Dampfzustand in der Regel wenig aus, so daß bei einiger Vorsicht in der Annahme der Zustandslinie die Fehler der v-Werte kleiner sind, als die bei der werkstattmäßigen Herstellung der Beschaufelung sich ergebenden Querschnittsfehler und also vernachlässigt werden können.

§ 5. **Nachrechnung der Leistung und Gefällsverteilung in den drei letzten Stufen der Rückwärtsturbine für einen Frachtdampfer mit Rädergetriebe mittels der v^2-Methode.** Die in § 3 dieses Anhanges rechnerisch ermittelte Druck- und Gefällsverteilung kann schneller und bequemer durch das in § 4 beschriebene graphische v^2-Verfahren gefunden werden. Die Durchführung desselben ist nachstehend kurz erläutert.

Wir legen zunächst im *I-S*-Diagramm (Abb. 50) die wahrscheinliche Zustandslinie fest; als Ausgangspunkt ist wieder $p = 0{,}350$ ata, $t = 103^0$ C, als Endzustand der Punkt B''' anzunehmen, welch letzterer, wie oben näher erläutert, durch Benutzung der R-Kurven und Berücksichtigung des Spaltverlustes und Austrittsverlustes gefunden wird. Als erste Annäherung für die Zustandslinie im *I-S*-Diagramm könnte dann die Punkt O mit Punkt B''' verbindende Gerade $O\,B'''$ betrachtet werden, welche dann, falls erforderlich, auf Grund der genauen Durchrechnung zu berichtigen wäre. Da in unserem Fall aber die richtige Zustandslinie durch das im vorstehenden beschriebene Verfahren bereits bekannt ist, soll diese, d. h. die Linie $O\,A\,B\,C$ (Abb. 52) anstatt der Linie $O\,B'''$ benutzt werden. Für eine Anzahl von Zwischenpunkten ermitteln wir v und tragen in Abb. 56 über den aus dem *I-S*-Diagramm zu entnehmenden adiabatischen Gesamtwärmegefällen (gemessen von Punkt O an zuzüglich der durch Wiederverdampfung sich ergebenden Gefällsvermehrung um 3%) die zugehörigen Werte von v^2 ab.

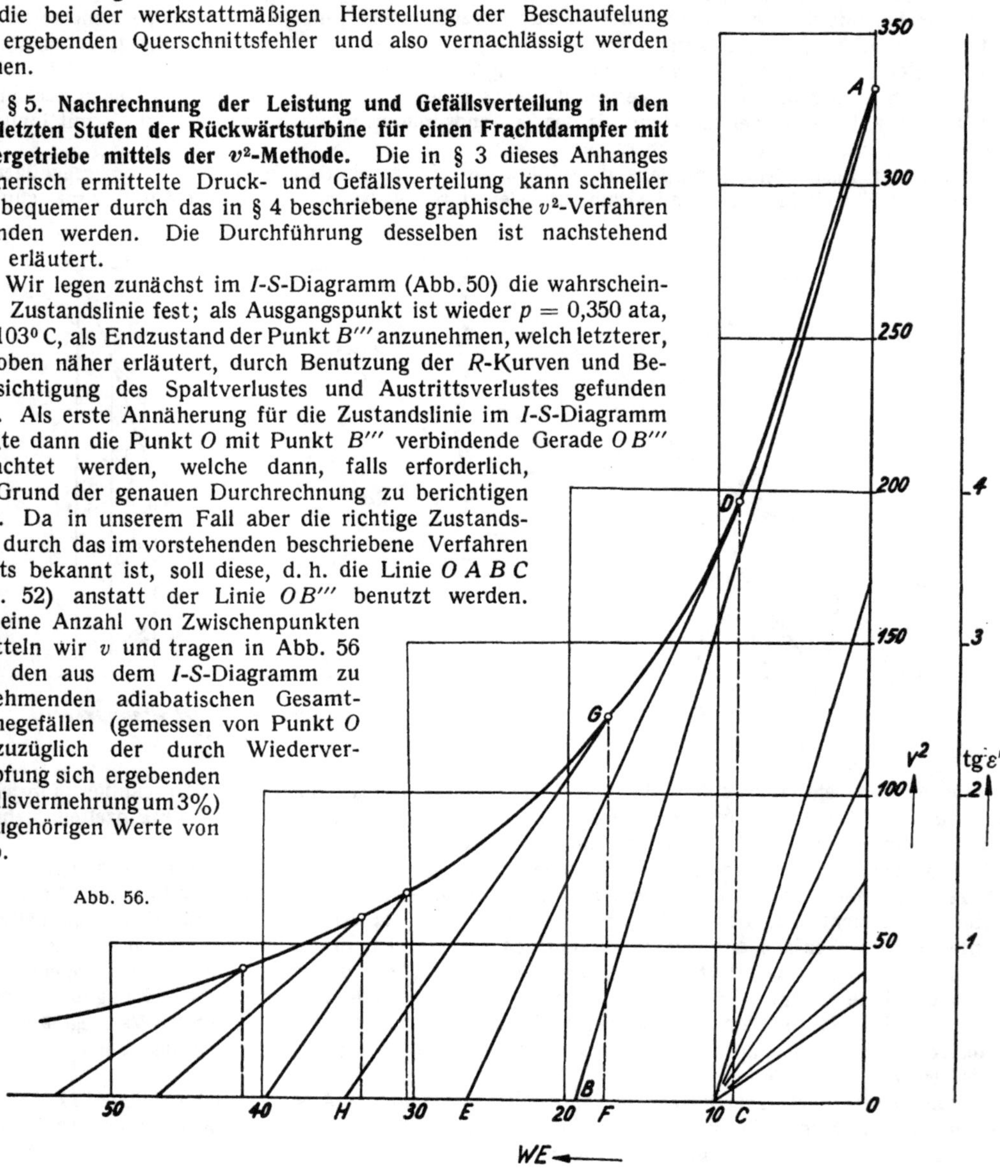

Abb. 56.

Aus der Beziehung (vgl. § 4) $\operatorname{tg} \varepsilon = \varphi^2 \cdot \frac{2g}{A} \cdot \left(\frac{F}{G_{\text{sek}}}\right)^2$, welche mit $\varphi = 0{,}92$ und $G = 1{,}925$ kg/sek übergeht in $\operatorname{tg} \varepsilon = 1910\,F^2$, finden wir weiter durch Einsetzen der in Tabelle 1, § 3 angegebenen Querschnitte F

	tg ε	tg ε' (in Abb. 56)
Leitkranz I	3,44	0,688
Laufkranz I	4,30	0,860
Leitkranz II	7,22	1,444
Laufkranz II	7,35	1,470
Leitkranz III	11,20	2,240
Laufkranz III	17,20	3,440

Die diesen Werten von $\operatorname{tg} \varepsilon$ entsprechenden Neigungen sind auf der rechten Seite der Abb. 56 dargestellt; bei Aufzeichnung derselben ist der für das Wärmegefälle und die Werte von v^2 gewählte Maßstab zu beachten; in unserem Beispiel ist 1 WE $= a$ mm, $1 \left(\frac{\text{m}^3}{\text{kg}}\right)^2 = b$ mm gewählt; für die zeichnerische Darstellung sind daher die errechneten Werte von $\operatorname{tg} \varepsilon$ mit dem Verhältnis $\frac{b}{a} = {}^1/_5$ zu multiplizieren. Die entsprechenden Werte $\operatorname{tg} \varepsilon'$ sind in der 3. Spalte vorstehender Tabelle aufgenommen.

Laufkranz III. Durch den Punkt A (Abb. 56), ziehen wir mit der Neigung $\operatorname{tg} \varepsilon' = 3{,}44$ (vgl. vorstehende Tabelle) die Gerade AB, wodurch das in dem letzten Laufkranz verarbeitete Gesamtgefälle $h_2 + \frac{A \cdot w_1^2}{2\,g} = 19{,}15$ WE als Strecke OB auf der Abszisse abgeschnitten wird. Die aus dem vorhergehenden Leitkranz wiedergewonnene Austrittsenergie $\frac{A \cdot w_1^2}{2\,g}$ wird durch das vorstehend beschriebene Probier- und Interpolationsverfahren zu 10,45 WE bestimmt, so daß das in der letzten Stufe zugesetzte Gefälle $19{,}15 - 10{,}45 = 8{,}7$ WE beträgt.

Leitkranz III. Von dem Punkt B wird nach rechts die Austrittsenergie $= 10{,}45$ WE abgesetzt; dieser neue Punkt C bildet den Anfangspunkt des v^2-h-Dreiecks des Leitkranzes III. Zu dem Punkt C gehört senkrecht darüber ein v^2-Wert (Punkt D). Durch diesen Punkt D wird in gleicher Weise wie oben beschrieben eine Parallele zu $\operatorname{tg} \varepsilon' = 2{,}24$ gezogen, die die Abszissenachse in Punkt E schneidet. Die Strecke EC entspricht dem in diesem Leitkranz verarbeiteten Gesamtgefälle $= 17{,}6$ WE. Die Auslaßenergie ist $\frac{A \cdot 296^2}{2\,g} = 10{,}45$ WE, was mit dem vorher durch Interpolation gefundenen Wert übereinstimmt.

Laufkranz II. In gleicher Weise wird durch Interpolationsverfahren der Punkt F gefunden. Durch den dazugehörigen v^2-Wert im Punkt G wird nunmehr die Parallele zu $\operatorname{tg} \varepsilon' = 1{,}47$ gezogen.

Ebenso verfährt man bei den übrigen Kränzen. In der folgenden Tabelle sind die diesbezüglichen Geschwindigkeits- und Wärmegefällswerte zusammengestellt.

Stufe		1		2		3	
Leitkranz	Laufkranz	Leitkranz	Laufkranz	Leitkranz	Laufkranz	Leitkranz	Laufkranz
$A \cdot c_2^2/2\,g$	$A \cdot w_1^2/2\,g$	—	5,63	6,05	4,0	8,83	10,45
h_1	h_2	12,5	7,67	3,24	13	8,77	8,7
$A \cdot c_2^2/2\,g + h_1$	$A \cdot w_1^2/2\,g + h_2$	12,5	13,3	9,29	17,0	17,6	19,15
c_1	w_2	297	307	257	347	353	368
w_1	c_2	217	225	182	271	296	315

Diese Gefälle stimmen durchweg mit den nach dem ersten Verfahren berechneten überein. Die Übertragung derselben in das I-S-Diagramm und die Bestimmung der Druckverteilung bzw. der tatsächlichen Zustandslinie ergibt demgemäß ebenfalls Übereinstimmung mit der früheren Rechnung. Als Anfangsdruck erhalten wir wie in § 3 einen Druck von 0,35 ata und eine Temperatur von 103° C.

§ 6. **Eingehendere Betrachtungen über die Wirkungsweise von Curtisrädern, Wirkungsgrad bei verschiedenen Belastungen, Gefälls- und Druckverteilung.** Bei überschläglichen Projektrechnungen pflegt man den Wirkungsgrad von Curtisrädern aus Normalkurven zu entnehmen, wie sie in Hptt. § 22—24 beschrieben sind. Diese Kurven sind meist im Anhalt an Versuchsresultate auf rechnerischem Wege ermittelt und im allgemeinen so entworfen, daß sie denjenigen Wert des Wirkungsgrades angeben, welcher bei einem Curtisrade von mittleren Verhältnissen zu erwarten ist, das für den betreffenden Wert des Verhältnisses Dampfgeschwindigkeit zu Umfangsgeschwindigkeit bemessen ist. Es gehört also gewissermaßen zu jedem Wert von $\frac{c_0}{u}$ eine ganz bestimmte Beschaufelung, deren Bemessung naturgemäß eine Reihe von Annahmen hinsichtlich der Profilbreite, der Schaufelteilung, der Düsen- und Schaufelaustrittswinkel des Beaufschlagungsgrades (meist volle Beaufschlagung) und der Qualität des arbeitenden Dampfes (meist Sattdampf) zugrunde gelegt werden müssen.

Bei Schiffsturbinen, insbesondere bei Kriegsschiffsanlagen ist es jedoch häufig erforderlich, das Verhalten eines bestimmten Curtisrades nicht nur bei einem bestimmten, der Konstruktionsleistung entsprechenden Wert des Verhältnisses $\frac{c_0}{u}$, sondern auch bei Fahrten mit kleineren Geschwindigkeiten (Marschfahrt) zu kennen. Hierfür kommen wegen der mit kleiner Leistung abnehmenden Umdrehungszahl kleinere Werte der Umfangsgeschwindigkeit u und bei der allgemein üblichen Leistungsregulierung durch Abschalten eines Teiles der bei voller Fahrt in Betrieb befindlichen Düsen oder der Verwendung besonderer Marschdüsen auch größere Werte des zu verarbeitenden Gefälles und damit der Dampfgeschwindigkeit c_0, mithin also erheblich größere Werte von $\frac{c_0}{u}$ in Frage als bei Vollast.

Angesichts dieser Verhältnisse erscheint es von Wichtigkeit, auf das Verhalten der Curtisräder bei verschiedenen Gangarten der Turbine etwas näher einzugehen, was im folgenden geschehen soll.

Zeichnet man die Geschwindigkeitsdreiecke z. B. für das der forcierten Fahrt (nach welcher in der Regel die Bemessung der ganzen Anlage erfolgt) entsprechende c_0 und u, so zeigt sich, daß besonders in den letzten Leit- und Laufkränzen von drei- und vierkränzigen Rädern die für stoßfreien Eintritt erforderlichen Eintrittswinkel ganz erheblich von denjenigen abweichen, welche bei den nach den Erfordernissen der Erfahrung festgelegten normalen Profilen vorgesehen sind, so daß also mit nicht unerheblichen Stoßverlusten (Rückenstöße) zu rechnen ist. Infolge dieser Stoßverluste werden, wenn reine Aktionswirkung vorausgesetzt wird, die Dampfgeschwindigkeiten reduziert und die theoretisch erforderlichen Schaufellängen größer, als stoßfreiem Eintritt entspricht; aus praktischen Gründen können aber, insbesondere in den letzten Lauf- und Leitkränzen, die Schaufeln an sich schon bei weitem nicht so lang ausgeführt werden, als es zur Vermeidung von Druckstauungen nötig wäre.

Zeichnet man anderseits auch für das bei Marschfahrt sich ergebende c_0 und u die Geschwindigkeitsdreiecke, so zeigt sich, daß für diesen Fall die tatsächlich ausgeführten Eintrittswinkel der letzten Leit- und Laufschaufelprofile größer sind, als bei stoßfreiem Eintritt zulässig war, so daß also Bauchstoß zu erwarten ist. Die theoretisch notwendigen Schaufellängen werden dabei nur ein Bruchteil (bis zu $^1/_5$) der bei Hauptfahrt notwendigen.

In der Praxis werden nun die Schaufellängen weder für den ersten, noch für den zweiten Fall theoretisch richtig ausgeführt, sondern man nimmt einen Mittelwert, welcher sich aus praktischen Rücksichten ergibt.

Die Hinzufügung einer 3. oder 4. Geschwindigkeitsstufe geschieht bei den C-Rädern direkt wirkender Schiffsturbinen meist nur, um den Erfordernissen der Marschfahrt Rechnung zu tragen. Denn es werden, wie aus den Geschwindigkeitsdreiecken ersichtlich, die Dampfgeschwindigkeiten und damit die Leistungen in der letzten Geschwindigkeitsstufe bei Vollast oft so klein, daß unter Berücksichtigung der Verlustquellen bei der Hauptfahrt von einem Gewinn aus diesen letzten Stufen kaum mehr gesprochen werden kann. Wie später erläutert werden soll, verschiebt allerdings der sich infolge ungenügender Bemessung der letzten Schaufellängen einstellende Druckstau dieses Verhältnis etwas im günstigen Sinne.

Für die Ausnutzung der meist sehr großen Geschwindigkeiten, welche bei der Marschfahrt von dem hierbei außerdem noch mit niedriger Umfangsgeschwindigkeit laufenden Curtisrad zu verarbeiten sind, wird dagegen die Anwendung einer 3. bzw. 4. Geschwindigkeitsstufe unumgänglich.

Da es nach Vorstehendem nicht tunlich ist, in den letzten Kränzen die für Vollast theoretisch erforderlichen Querschnitte auszuführen, tritt hierbei, wie bereits bemerkt, eine Druckstauung in der Beschaufelung auf, d. h. der Dampf arbeitet in diesen Kränzen nicht mehr mit reiner Aktions-, sondern mit einer gewissen Reaktionswirkung, indem sowohl in den letzten Lauf- als auch Leitkränzen ein Wärmegefälle zugesetzt wird, um welches sich also das in der Düse umzusetzende Gefälle verringert. Während durch diese Reaktionswirkung der Wirkungsgrad der letzten Kränze der C-Radbeschaufelung an sich im allgemeinen eher verbessert als verschlechtert wird, tritt dabei anderseits ein mehr oder weniger erheblicher Spaltverlust ein, welcher ungünstig auf die Ökonomie einwirkt.

Bei der Marschfahrt ist eine Reaktionswirkung meist nicht zu erwarten, da bei dieser geringen Belastung die für reine Aktionswirkung erforderlichen Schaufellängen im allgemeinen in allen Schaufelkränzen vorhanden sind; man hat also hier nicht mit Spaltverlusten zu rechnen und außerdem auch den Vorteil, daß hier nicht Rückenstöße, sondern Bauchstöße eintreten, welche an sich der Ökonomie weniger abträglich sind.

§ 7. **Untersuchung eines dreikränzigen *C*-Rades hinsichtlich der Gefällsverteilung auf die einzelnen Stufen bei Fahrt mit Vollast.** Die Untersuchung hat den Zweck festzustellen, ob und inwieweit die Kränze dieses Rades mit Reaktion arbeiten, bzw. welche Druckstauungen innerhalb der Beschaufelung auftreten. Diese Feststellung ist deswegen wichtig, weil derartige Stauungen bei den partiell beaufschlagten Rädern ein seitliches Abströmen des Dampfes und damit Störungen der Hauptströmung, verbunden mit Dampf- und Leistungsverlust in den nachfolgenden Kränzen, bedingen. Die Untersuchung bietet daher ein Mittel, um sich darüber Klarheit zu verschaffen, ob die meist erforderliche Verkürzung der letzten Schaufeln innerhalb der zulässigen Grenzen bleibt.

Es handelt sich in unserem Beispiel um das erste C-Rad eines Torpedobootes von hoher Geschwindigkeit (der Aufbau der Turbine entspricht etwa Hptt. Abb. 50 § 37).

Gegeben sind:

die Konstruktion der Beschaufelung, siehe Abb. 57,
der Anfangszustand vor der Düse $p_a = 15$ ata, $x = 0{,}97$,
der Endzustand hinter dem C-Rade $p_e = 12$ ata, $n = 515$ Umdr./Min.

Die Dampfmenge, welche diesen Dampfzuständen und dem vorhandenen Düsenaustrittsquerschnitt von 299 qcm entsprechen würde, wenn im Laufrad keine Druckstauung eintreten würde, beträgt 37,1 kg/sek.

Wie nach vorstehendem für derartige C-Räder üblich, sind die Schaufellängen in den letzten Kränzen kleiner ausgeführt; als für die Vollast bei reiner Aktionswirkung theoretisch erforderlich wäre. Nach vorhandenen Erfahrungen wird zunächst in das I-S-Diagramm (Abb. 58) eine mutmaßliche Zustandslinie (in der Abbildung strichpunktiert) eingetragen. Dieselbe verläuft zunächst nach der Zustandskurve des in der Düse expandierenden Strahles (Anh. VIII) bis B, wo der Zustand hinter der Düse erreicht ist. Da in den ersten Radkränzen keine und in den folgenden nur verhältnismäßig kleine von den Druckstauungen herrührende Wärmegefälle zuzusetzen sind, bestimmen im wesentlichen die in den einzelnen Kränzen auftretenden Verluste den Verlauf der Zustandslinie derart, daß dieselbe sich mehr und mehr der Linie des Gegendruckes nähert und diese im Endpunkt E erreicht. Letzterer wird aus dem auf Grund der Normalkurven angenähert angenommenen Wirkungsgrad des Rades, hier $\eta_i = 50\%$, durch Eintragung des indizierten Gesamtgefälles erhalten.

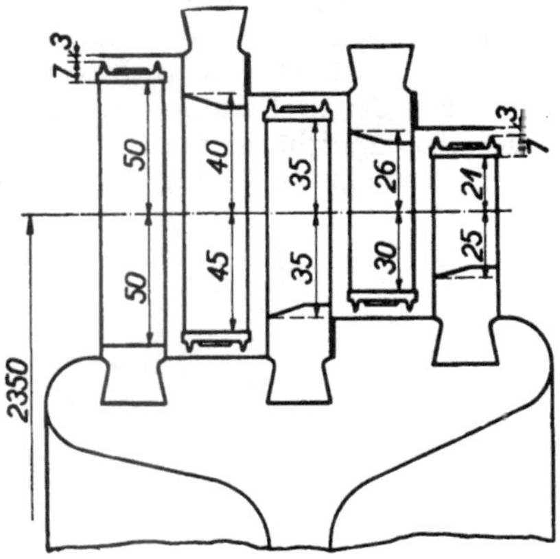

Abb. 57.

Auf der so gewonnenen Zustandskurve sind 12 Punkte markiert; für dieselben werden die spezifischen Volumina ermittelt, welche der Konstruktion der v^2-Kurve zugrunde gelegt wurden. (Die v-Werte wurden den Tabellen Anh. XVIII entnommen.)

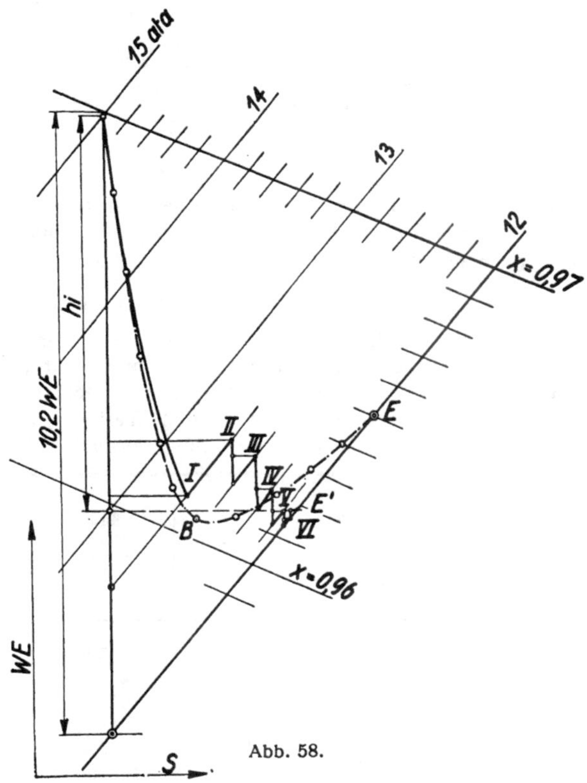

Abb. 58.

In der bei der Durchführung des v^2-Verfahrens benutzten Beziehung (vgl. § 4)

$$\operatorname{tg} \varepsilon = \frac{v^2}{h_0} = \varphi^2 \cdot \frac{2\,g}{A} \cdot \left(\frac{F}{G_{\text{sek}}}\right)^2$$

ist außer den Schaufelquerschnitten F das sekundliche Dampfquantum G_{sek} enthalten, welches zunächst noch nicht genau bekannt ist. Infolge der Druckstauung stellt sich nämlich hinter der Düse ein höherer Druck als der Gegendruck in der Radkammer ein. Im vorliegenden Falle ist letzterer Druck bereits ohne Berücksichtigung dieses Druckstaues höher, als dem kritischen Druckverhältnis entspricht; es ergibt sich also dem durch den Druckstau verringerten Wärmegefälle entsprechend eine etwas kleinere Durchflußmenge als die oben zu 37,1 kg/sek berechnete; letztere Ziffer bietet jedoch einen Anhaltspunkt für die weitere Berechnung.

Des ferneren ist noch zu berücksichtigen, daß in unserem Beispiel die Beaufschlagung eine partielle ist, und zwar beträgt der Düsenquerschnitt insgesamt 229 qcm, während sich der Gesamtquerschnitt bei voller Beaufschlagung zu 800 qcm ergeben würde. Um die Unsicherheit auszuschalten, welche hinsichtlich der in Rechnung zu setzenden Querschnitte wegen der Ausbreitung des Dampfbandes in der Umfangsrichtung beim Passieren der Räder entsteht, soll die weitere Untersuchung mit einer fiktiven Dampfmenge durchgeführt werden, wie sie sich bei voller Beaufschlagung des Rades ergeben

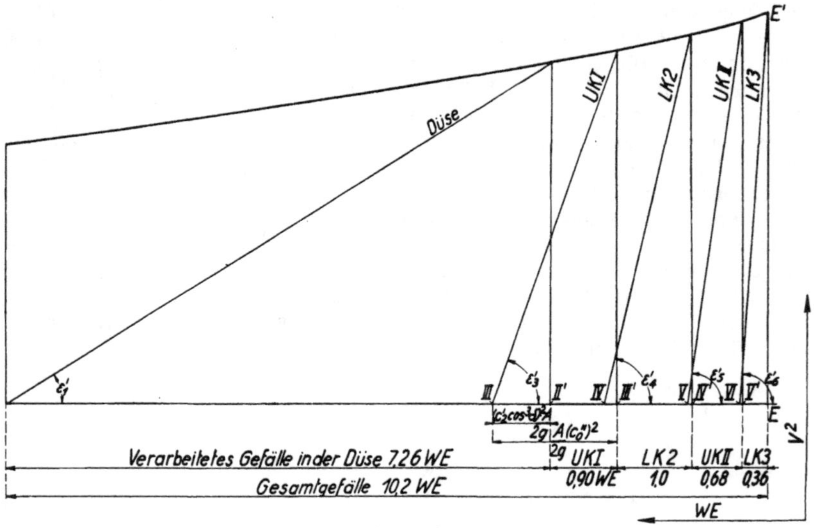

Abb. 59.

würde. Dementsprechend sind natürlich auch die Schaufelquerschnitte der einzelnen Kränze mit dem fiktiven Betrag in die Rechnung einzuführen, welcher voller Beaufschlagung entsprechen würde.

Wegen des zu erwartenden Druckstaues hinter der Düse wird auf eine sekundliche Dampfmenge (für volle Beaufschlagung gedacht) zu rechnen sein, welche etwas kleiner ist als der Wert $\frac{37,1 \cdot 800}{229}$ $= 129$ kg/sek. Die Ermittlung der richtigen Dampfmenge G_{sek} erfordert nun im allgemeinen eine wiederholte Anwendung des im folgenden beschriebenen Verfahrens mit probeweise angenommenen Werten von G_{sek}. Um nicht zu ausführlich zu werden, sei hier die Rechnung von vornherein mit dem durch solches Probieren gefundenen, annähernd zutreffenden Wert $G_{\text{sek}} = 120$ kg/sek durchgeführt. Für die Austrittsquerschnitte ergeben sich aus der Zeichnung folgende Werte:

	Mittlerer Schaufelkreis-durchmesser D mm	Verhältnis Kanalbreite im Austritts-querschnitt zu Schaufelteilung $\frac{b_2}{t}$	Schaufellänge am Austritt l mm	Schaufel-austritts-querschnitt F_1 qm	Spalt-querschnitt F_2 qm	Quadrat des Gesamt-querschnitts $F^2 = (F_1 + F_2)^2$ m⁴
Düse I.		0,339	32	0,0800	—	0,0064
Laufkranz I . . .		0,355	46	0,1205	0,0227	0,0206
Umkehrkranz I .	2350	0,355	60	0,1573	0,0214	0,0318
Laufkranz II. . .		0,355	75	0,1966	0,0229	0,0482
Umkehrkranz II .	$u = 63,5$	0,393	90	0,2612	0,0212	0,0800
Laufkranz III . .	m/sek	0,512	100	0,3780	0,0233	0,1610

Unter Zugrundelegung dieser Querschnitte und der sekundlichen Dampfmenge von 120 kg sind Abb. 59 (v^2-Diagramm), Abb. 60 (Geschwindigkeitsdreiecke) und Abb. 58 (tatsächliche Zustandskurve) gezeichnet.

Die Werte tg ε sind unter Annahme eines Geschwindigkeitskoeffizienten für die Düse von $\varphi = 0,9$ und eines mittleren Schaufelkoeffizienten $\psi = 0,86$ für die Leit- und Laufkränze ermittelt. (Im Interesse der Einfachheit ist hier davon abgesehen worden, die Werte von ψ für die einzelnen Kränze abzustufen, was im übrigen für den Gang der Berechnung belanglos ist.) Wir erhalten

für die Düse	$\operatorname{tg} \varepsilon_1 = 0{,}003015$	$\operatorname{tg} \varepsilon_1' = 0{,}603$ (in Abb. 59)
„ den Laufkranz I	$\operatorname{tg} \varepsilon_2 = 0{,}00886$	$\operatorname{tg} \varepsilon_2' = 1{,}77$
„ „ Umkehrkranz I . . .	$\operatorname{tg} \varepsilon_3 = 0{,}01372$	$\operatorname{tg} \varepsilon_3' = 2{,}74$
„ „ Laufkranz II	$\operatorname{tg} \varepsilon_4 = 0{,}02072$	$\operatorname{tg} \varepsilon_4' = 4{,}14$
„ „ Umkehrkranz II . . .	$\operatorname{tg} \varepsilon_5 = 0{,}03435$	$\operatorname{tg} \varepsilon_5' = 6{,}37$
„ „ Laufkranz III	$\operatorname{tg} \varepsilon_6 = 0{,}06920$	$\operatorname{tg} \varepsilon_6' = 13{,}84$

wobei die Werte $\operatorname{tg} \varepsilon'$ diejenigen Neigungen angeben, welche sich für die Zeichnung unter Berücksichtigung der gewählten Maßstäbe $\left[1 \text{ WE } 10 \text{ mm}, \; 1 \left(\frac{\text{m}^3}{\text{kg}}\right)^2 = 2000 \text{ mm}\right]$ ergeben.

Mit Hilfe dieser $\operatorname{tg} \varepsilon'$-Werte kann nunmehr zur Ermittelung der Gefällsverteilung an Hand des v^2-Diagrammes geschritten werden, und zwar soll mit dem Endzustande E' begonnen werden.

Wir ziehen durch E' eine Gerade, deren Neigung gegen die Horizontale dem für Laufkranz III gefundenen Wert von $\operatorname{tg} \varepsilon_6'$ entspricht. Diese schneidet (vgl. § 4) auf der Abszissenachse im Punkt VI

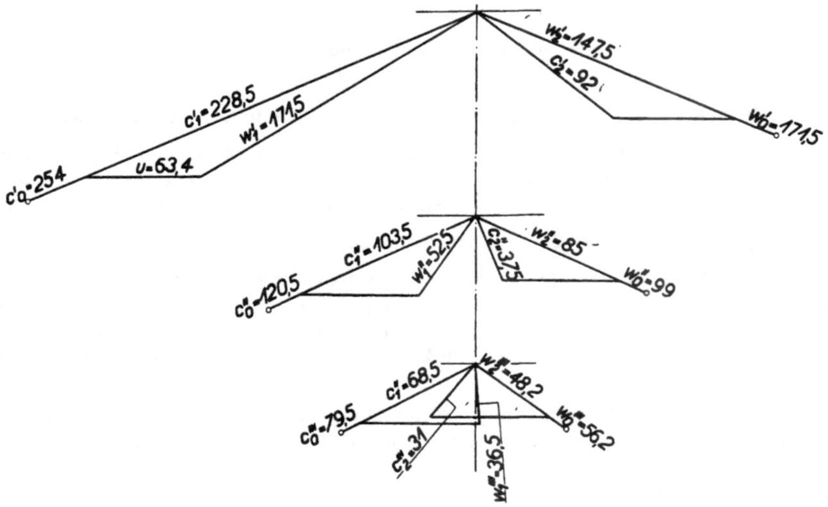

Abb. 60.

das Wärmegefälle VI $E = 0{,}377$ WE ab, welches dem für die Erzeugung der Austrittsgeschwindigkeit aus Laufrad III aufzuwendenden Gesamtgefälle $\frac{A\,(w_0''')^2}{2\,g}$ entspricht. Dieses Wärmegefälle schließt also auch die Strömungsenergie $\frac{A \cdot (w_1''')^2}{2\,g}$ aus Umkehrkranz II ein. Um das im dritten Laufkranz tatsächlich zugesetzte Gefälle h_{III} zu finden, haben wir also den Wert $\frac{A\,(w_1''')^2}{2\,g}$ von obigem Gefälle in Abzug zu bringen, wobei w_1''' die relative Eintrittsgeschwindigkeit in den dritten Laufkranz bezeichnet. Den Wert von w_1''' finden wir durch das mehrfach geschilderte Probierverfahren.

Wir sind nun in der Lage, die Einströmenergie $\frac{A\,(w_1''')^2}{2\,g}$ für den dritten Laufkranz als Strecke VI V' von VI aus abzutragen. Durch Errichten der Senkrechten in V' bis zum Schnittpunkte 5 mit der v^2-Kurve und Ziehen einer schrägen Geraden durch diesen Punkt mit der Neigung $\operatorname{tg} \varepsilon_5'$ zur Abszissenachse erhalten wir auf letzterer den Punkt V und haben so das gesamte der Austrittsgeschwindigkeit aus Leitkranz III entsprechende Gefälle V V' gefunden.

In genau der gleichen Weise, wie vorstehend erläutert, bestimmen wir nunmehr die absolute Austrittsgeschwindigkeit c_2'' aus Laufrad II, welche zugleich die Eintrittsgeschwindigkeit für Leitkranz III darstellt, und hieraus die Energie beim Eintritt in diesen Kranz $\frac{A\,(c_2'')^2}{2\,g} =$ Strecke V IV'; wir errichten dann wiederum in Punkt IV die Senkrechte auf die Abszissenachse bis zum Schnittpunkt mit der v^2-Kurve und ziehen durch letzteren eine unter dem Winkel ε_4' geneigte Gerade; letztere schneidet die Abszissenachse im Punkt IV, durch welchen das zur Erzeugung der Austrittsgeschwindigkeit aus Laufrad II erforderliche Gefälle IV IV′ bestimmt ist. Indem wir dieses Verfahren in analoger Weise fortsetzen, erhalten wir die Punkte III′, III für den Leitkranz II.

Etwas abweichend gestaltet sich die weitere Rechnung für Laufkranz I. Wenn wir zunächst wie bisher verfahren, finden wir nämlich, daß sich ein Punkt II′ ergeben würde, welcher rechts von Punkt III′ liegt; dies würde bedeuten, daß in diesem Kranz kein Gefälle zugesetzt wird, sondern daß der vorhandene Querschnitt von Laufkranz I mehr als genügend groß ist, um reine Aktionswirkung zu ermöglichen. In diesem Fall ist also für den Druck vor Leitkranz II nicht der Querschnitt von Laufkranz I, sondern derjenige der Düsen und die unter Annahme reiner Aktionswirkung beim Austritt aus Laufrad I verbleibende absolute Geschwindigkeit c_2' maßgebend. Um diesen Anfangsdruck vor der Düse zu finden, verfahren wir ähnlich wie oben, indem wir 2 Werte von c_2' zunächst beliebig annehmen, die Beträge von $\frac{A\,(c_2')^2}{2\,g}$ von III nach rechts hin abtragen (Punkte L_1 und L_2) und vom Schnitt der Senkrechten in diesen Punkten mit der v^2-Kurve unter dem Winkel ε_1' geneigte Gerade ziehen, welche auf der Abszissenachse das in den Düsen zugesetzte Gefälle $M_1 L_1$ bzw. $M_2 L_2$ abschneiden. Für die diesen Gefällen entsprechenden Werte von c_1' werden dann Eintritts- und Austrittsdreiecke für Laufkranz I entworfen und aus diesen zwei Werte c_2' entnommen, von welchen im allgemeinen keiner mit dem angenommenen übereinstimmt. Durch graphische Interpolation wird, wie oben näher erläutert, der richtige Wert von c_2' erhalten. Wir tragen dann die Strecke III II′ $= \frac{A\,(c_2'^2)}{2\,g}$ ab, errichten in II′ die Senkrechte bis zum Schnittpunkt mit der v^2-Kurve und von diesem aus eine Gerade mit der Neigung $\operatorname{tg} \varepsilon_1'$, welche die Abszissenachse im Punkt I trifft. Das in den Düsen zugesetzte Gefälle $\frac{A\,(c_0')^2}{2\,g}$ ist dann durch Strecke I II′ = 7,70 WE gegeben. Wir ermitteln hieraus die Geschwindigkeit $c_1' = 228{,}5$ m/sek und zeichnen das Eintritts- und Austrittsdreieck für Laufkranz I. Wir können nun auch leicht erkennen, daß die Annahme reiner Aktionswirkung im Laufkranz I zutreffend ist. Wir finden nämlich für die relative Eintrittsgeschwindigkeit einen Wert von $w_1' = 171{,}5$ m/sek, entsprechend einer Eintrittsenergie $\frac{A(w_1')^2}{2\,g} = 3{,}51$ WE, während das zur Erzeugung der Austrittsgeschwindigkeit w_2' erforderliche Gefälle II II′, welches man erhält, indem man durch den Punkt 2 eine Gerade mit der Neigung $\operatorname{tg} \varepsilon_2'$ zieht, nur 2,57 WE beträgt. Im Laufkranz I braucht also tatsächlich kein Gefälle zugesetzt zu werden, vielmehr ist von der in der Düse erzeugten Geschwindigkeitsenergie noch soviel übrig geblieben, daß die relative Austrittsgeschwindigkeit w_2 größer ist als nach der Kontinuitätsbedingung erforderlich wäre.

Die im vorstehenden durchgeführte Rechnung hat somit ergeben, daß alle Leit- und Laufkränze außer Laufkranz I mit Reaktion arbeiten; im einzelnen betragen die verarbeiteten Wärmegefälle

für	Laufkranz III	0,26 WE
„	Leitkranz III	0,58 „
„	Laufkranz II	0,85 „
„	Leitkranz II	0,72 „
„	Laufkranz I	0 „
„	Düsenkranz I.	7,70 „
	zusammen	10,11 WE.

Es ergibt sich also mit der angenommenen Dampfmenge von 120 kg/sek eine weitgehende Annäherung an das wirkliche Gefälle von 10,2 WE.

Auf Grund der so ermittelten Gefällsverteilung kann mit Hilfe der Geschwindigkeitsdreiecke, die unter Benutzung der angenommenen Verlustkoeffizienten entworfen sind und nach Ermittlung des Wirkungsgrades durch Berechnung der Einzelverluste die Zustandslinie in das I-S-Diagramm eingetragen werden, wie in Abb. 58 geschehen. (Es ergibt sich ein η_i von 63,5 %.)

Man sieht, daß dieselbe gegen die ursprünglich angenommene noch scheinbar beträchtliche Abweichungen davon aufweist.

Diese Abweichungen bedingen indessen nur geringe Änderungen der Volumwerte und damit der Gefällsverteilung; will man aber trotzdem noch genauer in die tatsächlichen Verhältnisse eindringen, so bleibt es unbenommen, nunmehr unter Zugrundelegung der ermittelten Zustandslinie das Verfahren zu wiederholen.

Man darf allerdings auch dann die Genauigkeit des gewonnenen Resultates, d. h. also der ermittelten Gefällsverteilung und Zustandslinie nicht überschätzen, denn es sind in den angestellten Betrachtungen viele sehr unsichere Faktoren enthalten, wie z. B. die Geschwindigkeitskoeffizienten, Berücksichtigung der Spaltquerschnitte, Strahlausbreitung usw., besonders aber die Stoßverluste, auf welche im nächsten Paragraphen näher eingegangen werden soll.

§ 8. **Untersuchung der Gefällsverteilung in dem vorstehend betrachteten dreikränzigen Curtisrad unter Berücksichtigung der Stoßverluste.** Die Wirkung, welche die Stoßverluste auf die Gefällsverteilung ausüben, besteht darin, daß beim Auftreffen auf die Schaufeln die relativen Eintrittsgeschwindigkeiten für die Laufkränze und die absoluten Eintrittsgeschwindigkeiten für die Leitkränze vermindert werden; es sind also in den Kränzen, in welchen sich bereits ohne Berücksichtigung der Stöße eine Druckstauung ergibt, größere Wärmegefälle zuzusetzen bzw. können je nach den Umständen in Kränzen, für welche ohne Stoßverluste reine Aktionswirkung ermittelt wird, solche Druckstauungen auftreten. In unserem Beispiel, bei welchem die Düsen mit größerem Gegendruck als dem kritischen arbeiten, tritt dabei auch infolge des sich einstellenden höheren Gegendruckes hinter den Düsen eine Verringerung der Durchflußmenge ein. Bei dem von uns betrachteten C-Rad, das, wie bereits erwähnt, hinsichtlich der Schaufellänge und der Eintrittswinkel der verwendeten Profile für geringere Leistung und Umdrehungszahl dimensioniert ist, sind in allen Kränzen Rückenstöße zu erwarten. Es soll angenommen werden, daß durch den Rückenstoß die Geschwindigkeiten w_1 bzw. c_2 auf $w_1 \cos^3\delta$ bzw. $c_2 \cos^3\delta$ vermindert werden, wenn man mit δ den Winkel bezeichnet, welcher die Richtung dieser Geschwindigkeiten mit dem mittleren Eintrittswinkel des betreffenden Lauf- bzw. Leitschaufelprofiles bildet.

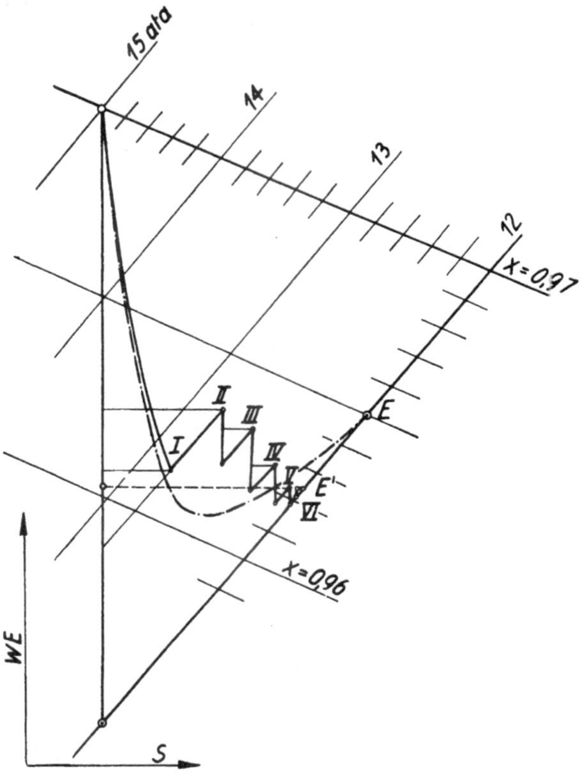

Abb. 58a.

Probeweise angestellte Rechnungen nach dem weiter unten erläuterten Verfahren, auf deren Einzelheiten hier jedoch im Interesse der Kürze nicht eingegangen werden soll, ergeben, daß bei Voraussetzung voller Beaufschlagung analog wie in § 7 die Dampfmenge $G = 118{,}5$ kg/sek den zu erfüllenden Bedingungen genügt; unter Zugrundelegung dieses Wertes für G ergeben sich dann die Tangenten der Winkel ε aus den Beziehungen

$$\operatorname{tg} \varepsilon = \frac{\varphi^2 \cdot 2g}{A} \cdot \frac{F^2}{G^2} = 0{,}4830\, F^2 \text{ für die Düsen mit } \varphi = 0{,}9$$

$$\text{bzw. } \operatorname{tg} \varepsilon = \frac{\psi^2 \cdot 2g}{A} \cdot \frac{F^2}{G^2} = 0{,}4415\, F^2 \text{ für die Schaufeln mit } \psi = 0{,}86.$$

Der Koeffizient ψ soll hierbei wie im vorigen Paragraphen nur die Reibungs- und Ablenkungsverluste in den Schaufelkränzen, nicht aber auch die Stoßverluste berücksichtigen; es wird also bei reiner Aktionswirkung die Austrittsgeschwindigkeit c_1 bzw. w_2 aus der durch den Rückenstoß verminderten Eintrittsgeschwindigkeit $c_2 \cos^3\delta$ bzw. $w_1 \cos^3\delta$ durch Multiplikation mit ψ erhalten. Wir erhalten

für die Düsen I	$\operatorname{tg} \varepsilon_1 = 0{,}00311$	$\operatorname{tg} \varepsilon_1' = 0{,}622$
,, den Laufkranz I	$\operatorname{tg} \varepsilon_2 = 0{,}00910$	$\operatorname{tg} \varepsilon_2' = 1{,}82$
,, ,, Leitkranz II	$\operatorname{tg} \varepsilon_3 = 0{,}01408$	$\operatorname{tg} \varepsilon_3' = 2{,}82$
,, ,, Laufkranz II	$\operatorname{tg} \varepsilon_4 = 0{,}02128$	$\operatorname{tg} \varepsilon_4' = 4{,}26$
,, ,, Leitkranz III . . .	$\operatorname{tg} \varepsilon_5 = 0{,}03530$	$\operatorname{tg} \varepsilon_5' = 7{,}06$
,, ,, Laufkranz III . . .	$\operatorname{tg} \varepsilon_6 = 0{,}07110$	$\operatorname{tg} \varepsilon_6' = 14{,}22$

Die Werte $\operatorname{tg} \varepsilon_1$ usw. ergeben sich aus den entsprechenden Werten $\operatorname{tg} \varepsilon$ durch Berücksichtigung der in Abb. 59a gewählten Maßstäbe.

Das weitere Vorgehen unterscheidet sich von nun ab von demjenigen ohne Berücksichtigung der Stoßverluste lediglich durch die Reduktion der Eintrittsgeschwindigkeiten durch die Stöße.

Zur Erläuterung sei hier beispielsweise der Gang der Rechnung für den Austritt aus Laufkranz II etwas ausführlicher wiedergegeben, wobei für diejenigen Größen, welche eigentlich zunächst geschätzt und dann kontrolliert und evtl. berichtigt werden müßten, sogleich die durch vorheriges wiederholtes Probieren gefundenen richtigen Werte eingesetzt sind.

Wie in § 7 sei die Rechnung am Austritt aus dem letzten Laufkranz begonnen, und es seien die Punkte V und V′ für Leitkranz III bereits gefunden. Wir schätzen nun zunächst die absolute

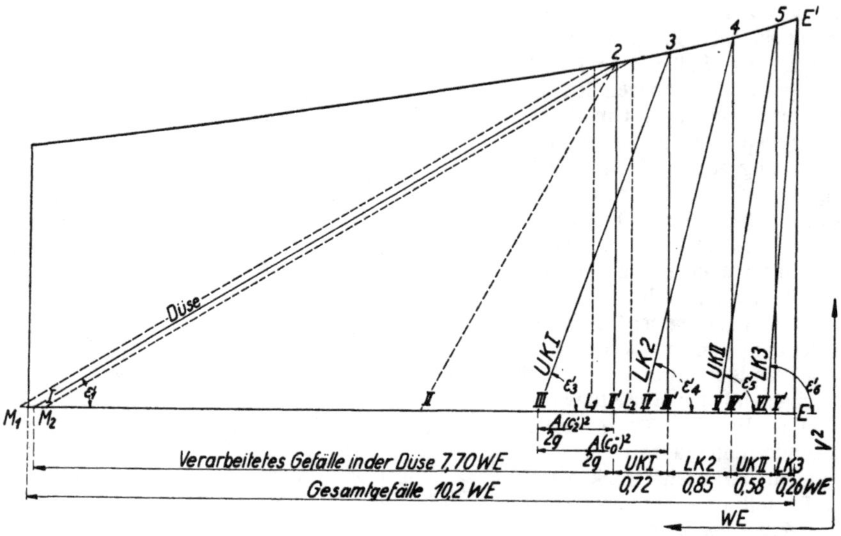

Abb. 59a.

Austrittsgeschwindigkeit c_2 aus Laufkranz II zu $c_2 = 37$ m/sek und erhalten daraus nach Aufzeichnen der Geschwindigkeitsdreiecke den zugehörigen Stoßwinkel für den Eintritt in Leitkranz II zu $\delta'''' = 38^0$, entsprechend einem Wert von $\cos \delta'''' = 0{,}79$ oder $\cos^3 \delta'''' = 0{,}494$. Durch den Stoß ver-

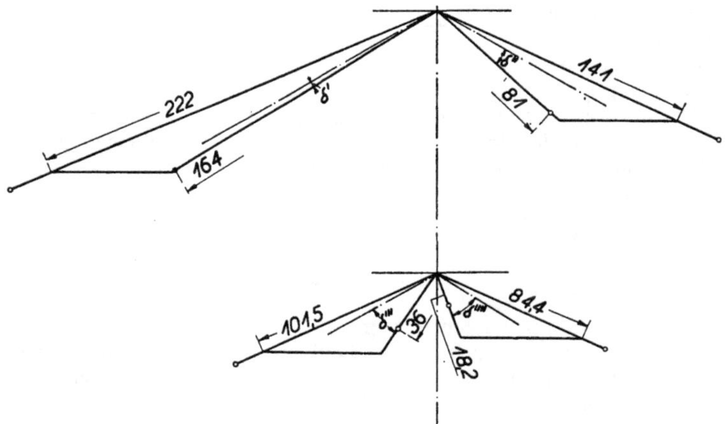

Abb. 60a.

ringert sich also die absolute Geschwindigkeit beim Eintritt in letzteren Kranz auf $c_2^s = 37 \cdot 0{,}494 = 18{,}2$ m/sek. Das diesem Wert entsprechende Wärmegefälle $\dfrac{A\,(c_2^s)^2}{2\,g} = 0{,}04$ WE wird von V aus nach rechts abgetragen; in dem so erhaltenen Punkt IV′ wird die Senkrechte bis zum Schnittpunkt

		Ohne Stoßverluste							Mit Stoßverlusten						
		Düse	Laufrad 1	Leitrad II	Laufrad 2	Leitrad III	Laufrad 3	Für das ganze C-Rad	Düse	Laufrad 1	Leitrad II	Laufrad 2	Leitrad III	Laufrad 3	Für das ganze C-Rad
Spaltquerschnitt F_2	qm	—	0,0227	0,0214	0,0229	0,0212	0,0233		—	0,0227	0,0214	0,0229	0,0212	0,0233	
Gesamt-Austrittsquerschnitt $F = F_1 + F_2$	qm	0,0800	0,1432	0,1786	0,2195	0,2824	0,4013		0,0800	0,1432	0,1786	0,2195	0,2824	0,4013	
Spaltverlust $\frac{F_2}{F_1}$	%	—	—	12,0	10,4	7,5	5,8		—	—	12,0	10,4	7,5	5,8	
Spaltverlust pro Stufe	%	—		22,4		13,3			—		22,4		13,3		
Zugesetztes Gefälle pro Kranz .	WE	—	—	0,72	0,85	0,58	0,26		—	—	0,90	1,00	0,68	0,36	
Gefälle pro Stufe	WE	7,70		1,57		0,84		$\Sigma =$ 10,11	7,26		1,90		1,04		$\Sigma =$ 10,20
Tangentialkomponenten $f = f_1 + f_2$	m/sek	284,5		108		37,5		$\Sigma =$ 430	270,5		105,5		36		$\Sigma =$ 413,0
Nutzbares Gefälle ohne Spaltverlust $h_i = \frac{A \cdot u}{g} \cdot f$	WE	4,32		1,64		0,57		$\Sigma =$ 6,53	4,10		1,60		0,55		$\Sigma =$ 6,25
η_i ohne Spaltverlust	%							63,5							61,5
Nutzbares Gefälle mit Spaltverlust	WE	4,32		1,27		0,49		$\Sigma =$ 6,08	4,10		1,24		0,47		$\Sigma =$ 5,81
η_i mit Spaltverlust	%							60,1							57,5
Dampfgewicht pro sek G	kg			120							118,5				
Leistung ohne Spaltverlust $N = \frac{h_i \cdot G}{75 \cdot A}$ (Ideelle Leistung) .	PS	2955		1120		390		$\Sigma =$ 4465	2770		1080		371		$\Sigma =$ 4221
Spaltverlust.	PS	—		252		55		$\Sigma =$ 307	—		242		54		$\Sigma =$ 296
Tatsächliche Leistung	PS	2955		868		335		$\Sigma =$ 4158	2770		838		317		$\Sigma =$ 3925

mit der v^2-Kurve und durch letzteren eine Gerade mit der Neigung $\operatorname{tg} \varepsilon_4'$ gezogen, welche auf der Achse der Wärmegefälle den Punkt IV ausschneidet. Die relative Austrittsgeschwindigkeit w_2 aus Laufkranz II errechnet sich dann aus der Strecke IV IV' = 1,15 WE zu

$$w_2 = 0{,}86 \cdot 91{,}5 \sqrt{1{,}15} = 84{,}4 \text{ m/sek.}$$

Durch Aufzeichnen des Geschwindigkeitsdreieckes finden wir dann $c_2 = 37$ m/sek in Übereinstimmung mit der obigen Annahme; desgleichen ersehen wir, daß der Winkel δ, welchen die Richtung von c_2 mit der Eintrittsrichtung des Schaufelprofiles für Leitkranz III bildet, wie eingangs angenommen, 38^0 beträgt. Vergl. Abb. 60a.

In gleicher Weise wird unter stetem Probieren die gesamte Gefällsverteilung ermittelt. Wie bei dem Beispiel ohne Stoß finden wir dabei, daß allein Laufkranz I ohne Reaktion arbeitet.

Im einzelnen betragen die zugesetzten Wärmegefälle

für	Laufkranz III	0,36 WE,
,,	Leitkranz III	0,68 ,,
,,	Laufkranz II	1,00 ,,
,,	Leitkranz II	0,90 ,,
,,	Laufkranz I	0 ,,
,,	Düsenkranz I	7,26 ,,
	zusammen	10,20 WE.

Es folgt dann analog wie im vorigen Beispiel die Eintragung der Gefälle und Verluste in das *IS*-Diagramm, zwecks Ermittlung der tatsächlichen Zustandslinie Abb. 58a.

Bei der Eintragung der Verluste ist zu beachten, daß sich dieselben bei den einzelnen Schaufelkränzen aus dem Stoßverlust beim Eintritt sowie dem Umlenkungs- und Reibungsverlust zusammensetzen; der erstere Verlust ist gegeben durch

$$\frac{A}{2g}\left(c_2^2 - (c_2^s)^2\right) = \frac{A}{2g} c_2^2 (1 - \cos^6 \delta) \text{ für Leitkränze,}$$

$$\text{bzw. } \frac{A}{2g}\left(w_1^2 - (w_1^s)^2\right) = \frac{A}{2g} w_1^2 (1 - \cos^6 \delta) \text{ für Laufkränze,}$$

der letztere Verlust dagegen durch

$$(1 - \psi^2)\left(\frac{A}{2g} (c_2^s)^2 + h\right) = (1 - \psi^2)\left(\frac{A}{2g} c_2^2 \cos^6 \delta + h\right) \text{ für Leitkränze}$$

$$\text{bzw. } (1 - \psi^2)\left(\frac{A}{2g} (w_1^s)^2 + h\right) = (1 - \psi^2)\left(\frac{A}{2g} w_1^2 \cos^6 \delta + h\right) \text{ für Laufkränze,}$$

wenn h das in dem betreffenden Kranz zugesetzte Gefälle bedeutet.

Für die einzelnen Kränze erhalten wir im einzelnen:

Gesamtverlust in	den Düsen I . . .	1,380 WE	Endzustand	I'	$p = 12{,}80$	ata
,,	,, Laufkranz I . . .	0,845 ,,	,,	II'	$p \doteq 12{,}80$	,,
,,	,, Leitkranz II . . .	0,560 ,,	,,	III'	$p = 12{,}53$	,,
,,	,, Laufkranz II . . .	0,455 ,,	,,	IV'	$p = 12{,}25$	,,
,,	,, Leitkranz III . . .	0,310 ,,	,,	V'	$p = 12{,}08$	,,
,,	,, Laufkranz III. . .	0,210 ,,	,,	*E*	$p = 12$	,,
hierzu Austr.-Verl.	,, Laufkranz III. . .	0,160 ,,				
	zusammen	3,92 WE.				

Das ausgenutzte oder indizierte Gefälle beträgt somit 10,20 — 3,92 = 6,28 WE und der indizierte Wirkungsgrad ohne Berücksichtigung der Spaltverluste $\eta_i = \frac{6{,}28}{10{,}2} = 61{,}5\,\%$.

Bezüglich der Übereinstimmung zwischen der angenommenen und der errechneten Zustandslinie gelten die gleichen Bemerkungen wie am Schluß des vorigen Paragraphen.

Es bleibt nun noch übrig, den oben gefundenen Wirkungsgrad mit dem Wert zu vergleichen, welcher sich aus der Normalkurve für dreikränzige Räder Hptt. Abb. 23 für das in unserem Fall in Frage kommende $\frac{u}{c_0}$ ergibt. Dem gesamten adiabatischen Gefälle von 10,2 WE zwischen $p_1 = 15$ ata, $x_1 = 0{,}97$ und $p_2 = 12$ ata entspricht

$$c_0 = 91{,}5 \sqrt{10{,}2} = 292 \text{ m/sek}$$

und bei $u = 63{,}4$ m/sek $\frac{u}{c_0} = 0{,}217$; hierfür entnehmen wir der genannten Kurve einen Wirkungsgrad $\eta = 50{,}0\%$. Der errechnete Wert erscheint also noch zu günstig; dies liegt daran, daß der gewählte mittlere Schaufelkoeffizient $\psi = 0{,}86$, namentlich im Hinblick auf die scharfe Umlenkung in den ersten beiden Schaufelkränzen, etwas zu hoch eingeschätzt ist, daß die Spaltverluste vernachlässigt werden und daß schließlich auch die Stoßverluste in Wirklichkeit noch nachteiliger sind, als unserer diesbezüglichen Annahme entspricht. — Man ersieht hieraus also, daß die tatsächlichen Verhältnisse, welche den Wirkungsgrad solcher Geschwindigkeitsräder beeinflussen, im Detail nicht klar liegen und noch Stoff für eingehendere Studien geben.

Der Einfluß der Spaltverluste geht aus der Tabelle auf Seite 65 deutlich hervor, welche im übrigen dazu bestimmt ist, auch den Einfluß der Stoßverluste auf die vom *C*-Rad abgegebene Leistung zu veranschaulichen.

Anhang VIII.

Die Dampfströmung in den Düsen und Schaufelkanälen.

§ 1. **Allgemeines.** Die Vorgänge in den Ausströmungsdüsen der Dampfturbinen, wozu nicht nur die eigentlichen Eintrittsdüsen, sondern auch die Leitschaufelkanäle sowie, wenn Reaktionswirkung vorhanden, auch die Laufschaufelkanäle rechnen, sind natürlich für die Berechnung und Konstruktion der Turbinen von größter Bedeutung.

Abgesehen von den auf theoretischer Basis beruhenden Grundprinzipien und einzelnen, der experimentellen Untersuchung zugänglichen, von der reinen Theorie abweichenden Erscheinungen ist das in Rede stehende Gebiet trotz zahlloser angestellter Versuche noch nicht lückenlos durchforscht.

Im nachstehenden sollen zuerst die bereits in Band I (Anhang I, S. 38 ff.) gegebenen Grundgesetze für die Strömung von Gas und Dampf wiederholt werden, worauf dann einige spezielle Bemerkungen über die Wirkungsweise und Berechnung der Ausströmungskanäle von Dampfturbinen folgen sollen.

§ 2. **Grundgleichung der Strömungsvorgänge von Gasen und Dämpfen.** Für wirbelfreie stationäre Strömungen eines Gases oder Dampfes besteht die Grundgleichung

$$d\,\frac{w^2}{2g} = -v\,dp \qquad \text{(Gl. 1)}$$

wobei mit w die Strömungsgeschwindigkeit des gasförmigen Körpers, mit g die Beschleunigung der Schwere bezeichnet ist.

Diese Gleichung ist aus den mechanischen Gleichgewichtsbedingungen abgeleitet und sagt demgemäß nichts aus über die während der betrachteten Ortsveränderung von der strömenden Flüssigkeit von außen aufgenommenen oder nach außen abgegebenen Wärmemengen sowie über die dabei in der Flüssigkeit auftretenden Änderungen der inneren Energie. Die Beziehungen zwischen diesen Größen regeln sich nach dem ersten Hauptsatz der mechanischen Wärmetheorie. Bezogen auf die Gewichtseinheit der Flüssigkeitsmenge, welche die betreffende Verschiebung in dem Stromfaden durchgemacht hat, wird derselbe wiedergegeben durch die Gleichung

$$dq = du + A\,p\,dv = di - A\,v\,dp \qquad \text{(Gl. 2)}$$

(vgl. Bd. I, Anhang I, § 23). Hierbei bezeichnen die Differentiale von u, v, p und i die Änderungen, welche diese Zustandsgrößen erfahren, wenn man auf der Strombahn um das Wegstück $ds = w\,dt$ fortschreitet, und dq die während des Durchlaufens dieses Wegelements zugeführte Wärmemenge, bezogen auf die Gewichtseinheit der den Stromfaden durchfließenden Flüssigkeit.

Durch Zusammenfassung der beiden Grundgleichungen (1) und (2) erhält man

$$\frac{d\,w^2}{2g} = \frac{1}{A}\,dq - \frac{1}{A}\,di$$

oder durch Integration zwischen den Zuständen 1 und 2 auf der Strombahn

$$\frac{w_2^2}{2g} - \frac{w_1^2}{2g} = \frac{1}{A}\,q_{1,2} - \frac{1}{A}\,(i_2 - i_1).$$

Hierin ist $q_{1,2}$ die auf dem Wege von 1 bis 2 der Gewichtseinheit von außen zugeführte Wärmemenge. Für adiabatische Strömung wird $q_{1,2} = 0$, und es ergibt sich

$$\frac{w_2^2}{2g} - \frac{w_1^2}{2g} = \frac{1}{A}\,(i_1 - i_2) \qquad \text{(Gl. 3)}$$

Für den Fall, daß die Anfangsgeschwindigkeit $w_1 = 0$ ist (Ausströmen aus einem Gefäß), erhält man aus Gleichung (3)

$$\frac{w_2^2}{2g} = \frac{1}{A}\,(i_1 - i_2)$$

oder

$$w_2 = \sqrt{\frac{2g}{A}\,(i_1 - i_2)} \qquad \text{(Gl. 4)}$$

§ 3. **Der Ausfluß von idealen Gasen aus nicht erweiterten Mündungen.** Unter einer gewöhnlichen, nicht erweiterten Mündung ist eine solche verstanden, welche sich vom Innern des Gefäßes aus allmählich bis zu dem beabsichtigten Ausströmungsquerschnitt verjüngt, so daß die aus dem Gefäß austretende Flüssigkeit ohne Kontraktion zu dieser Öffnung hingeleitet wird.

Die Ausflußgeschwindigkeit bei verlustloser adiabatischer Strömung ergibt sich aus Gl. (4) zu

$$w = \sqrt{\frac{2g}{A}(i_1 - i_2)}$$

und unter Benützung der Beziehungen

$$i_1 - i_2 = c_p (T_1 - T_2)$$

$$\frac{T_2}{T_1} = \left(\frac{p_2}{p_1}\right)^{\frac{\varkappa - 1}{\varkappa}},$$

$$c_p - c_v = \frac{\varkappa - 1}{\varkappa} c_p = A R$$

und

$$p_1 v_1 = R T_1$$

mittels einfacher Umformung zu

$$w = \sqrt{2g \frac{\varkappa}{\varkappa - 1} p_1 v_1 \left\{1 - \left(\frac{p_2}{p_1}\right)^{\frac{\varkappa - 1}{\varkappa}}\right\}} \quad \text{(Gl. 5)}$$

Diese Gleichung ermöglicht die Berechnung der Ausflußgeschwindigkeit, sobald der Anfangszustand im Gefäß $p_1 v_1$ und der Gegendruck p_2 des Raumes, in welchen das Ausströmen erfolgt, bekannt sind.

Ist der Ausströmungsquerschnitt F gegeben und das Gewicht G des in der Zeiteinheit ausströmenden Gases gesucht, so ist mit vorstehender Gleichung die Kontinuitätsgleichung

$$F w = G v_2$$

zu verbinden. Berücksichtigt man hierbei, daß für die adiabatische Expansion

$$v_2 = v_1 \left(\frac{p_1}{p_2}\right)^{\frac{1}{\varkappa}},$$

so ergibt sich das für die Querschnittseinheit in der Zeiteinheit ausströmende Gasgewicht zu

$$\frac{G}{F} = \sqrt{2g \frac{\varkappa}{\varkappa - 1} \frac{p_1}{v_1} \cdot \left[\left(\frac{p_2}{p_1}\right)^{\frac{2}{\varkappa}} - \left(\frac{p_2}{p_1}\right)^{\frac{\varkappa + 1}{\varkappa}}\right]} \quad \text{(Gl. 6)}$$

Dieser Wert wird ein Maximum bei dem Druckverhältnis

$$\frac{p_k}{p_1} = \left(\frac{2}{\varkappa + 1}\right)^{\frac{\varkappa}{\varkappa - 1}} \quad \text{(Gl. 7)}$$

was sich ohne weiteres nach dem üblichen Verfahren ergibt; wie man sieht, ist derselbe, da nur von $\varkappa$ abhängig, ein konstanter Wert für alle Gase, für welche

$$\frac{c_p}{c_v} = \varkappa$$

denselben Wert besitzt. Der Maximalbetrag für das ausströmende Gasgewicht ergibt sich durch Einsetzen des vorstehenden Wertes von $\frac{p_2}{p_1}$ zu

$$\left(\frac{G}{F}\right)_{\max} = \left(\frac{2}{\varkappa + 1}\right)^{\frac{1}{\varkappa - 1}} \sqrt{2g \frac{\varkappa}{\varkappa + 1} \cdot \frac{p_1}{v_1}} \quad \text{(Gl. 8)}$$

Trägt man das durch einen bestimmten Querschnitt (z. B. 1 qcm) in der Zeiteinheit ausströmende Gasgewicht $\frac{G}{F}$ nach Gl. (6) über dem Druckverhältnis $\frac{p_2}{p_1}$ als Kurve auf (vgl. Abb. 61), so erhält man eine parabelartige Linie, deren Maximum bei dem durch Gl. (7) gekennzeichneten Wert von $\frac{p_2}{p_1}$ liegt.

Wird $p_2 = p_1$, so wird die durch den Querschnitt F ausströmende Gasmenge zu Null, ebenso auch, wenn der Wert des Gegendruckes p_2 zu Null wird. Ersteres ist ohne weiteres verständlich, denn es ist klar, daß, falls der Druck im Gefäß und der Gegendruck einander gleich sind, keine Ausströmung zustande kommen kann, daß jedoch beim Gegendruck Null die ausströmende Menge ebenfalls zu Null werden soll, läßt sich mit der Erfahrung nicht in Einklang bringen. Versuche, welche über die Ausströmung von Gasen angestellt worden sind (de St. Venant und Wantzel) haben nun ergeben, daß trotz beliebiger Verkleinerung des Druckverhältnisses $\left(\frac{p_2}{p_1}\right)$ unter den durch Gl. (7) bestimmten, dem maximalen Ausströmungsgewicht entsprechenden Wert eine Verringerung dieser Ausflußmenge nicht eintritt. Dies hängt mit der weiteren Erfahrungstatsache zusammen, daß bei den betrachteten einfachen Ausströmungsöffnungen der Druck in der Ausströmungsebene nicht weiter herabsinkt als auf den aus dem Druckverhältnis Gl. (7) sich ergebenden Gegendruck

$$p_k = p_1 \left(\frac{2}{\varkappa + 1}\right)^{\frac{\varkappa}{\varkappa - 1}},$$

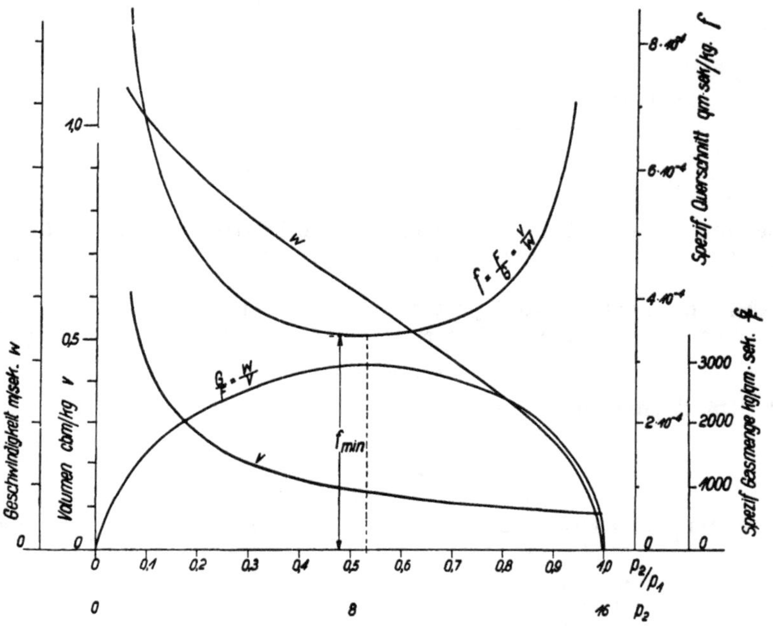

Abb. 61.

welcher daher der **kritische** Druck für den betreffenden Anfangsdruck genannt wird. Durch Einsetzen des kritischen Druckverhältnisses $\frac{p_k}{p_1}$ statt $\frac{p_2}{p_1}$ in (Gl. 5) für w ergibt sich demnach eine Ausströmungsgeschwindigkeit, welche für den gegebenen Anfangszustand nicht überschritten werden kann. Diese größte mögliche Geschwindigkeit

$$w_k = \sqrt{2g \frac{\varkappa}{\varkappa + 1} \cdot p_1 v_1} \quad \text{. . . . . (Gl. 9)}$$

wird die **kritische Geschwindigkeit** genannt. Dieselbe ist identisch mit der Schallgeschwindigkeit des betreffenden Gases bei dem Zustand, den das Gas in der Mündung besitzt, wie sich aus dem Vergleich von Gl. (9) mit derjenigen für die Fortpflanzungsgeschwindigkeit des Schalles ergibt[1]). Die dem in der Düse nicht ausgenützten Druckgefälle entsprechende Energie des ausströmenden Gases geht somit zunächst für die Verwertung in der Turbinenschaufel verloren; beim Ausströmen ins Freie setzt sich diese Energie der Hauptsache nach in Schallschwingungen um.

Eine klare Vorstellung für den Zusammenhang zwischen der Ausflußmenge G aus einem gegebenen Querschnitt F und dem Verhältnis $\frac{p_2}{p_1}$ gewinnt man durch die graphische oder rechnerische

[1]) Vgl. hierzu Band I, Anhang I, S. 41 Anmerkung.

Ermittlung der Querschnitte, welche der Reihe nach erforderlich sind, wenn das Gasgewicht G unter Wahrung der Kontinuitätsbedingung bei allmählicher Abnahme des Druckes in einer Ausströmungsdüse vom Druck im Gefäß p_1 bis zum Gegendruck $p_2 = 0$ ausströmen soll. Diese Folge von Querschnitten ergibt sich, indem für jeden Gegendruck p_2 die Ausströmungsgeschwindigkeit w sowie das Volumen $V = Gv$ ermittelt und aus der Beziehung $F = \frac{G \cdot v}{w}$ der Querschnitt bestimmt wird. Da die Geschwindigkeit mit der Entspannung immer mehr zunimmt, gleichzeitig aber auch das Volumen des Gases wächst, ist es ohne weiteres einleuchtend, daß bei einem bestimmten Druckverhältnis $\frac{p_2}{p_1}$ ein Minimum des Querschnitts für den Durchgang einer bestimmten Gasmenge sich ergeben kann, wodurch sich auf einfachste Weise das scheinbar paradoxe Zustandekommen eines kritischen Druckes und einer kritischen Geschwindigkeit erklärt. Eine solche graphische Darstellung des Querschnittverlaufs von $f = \frac{F}{G}$ zeigt Abb. 61. Der Verlauf der Kurve der f bildet zusammen mit der Abszissenachse das Profil einer der Kontinuitätsbedingung entsprechenden Ausströmungsdüse von konstanter Breite; dazu ist zu bemerken, daß — da ja die Druckabnahme nicht proportional der Düsenlänge, sondern nur stetig zu erfolgen hat — jedes Profil, welches eine stetige Verengerung vom unendlich großen Querschnitt auf $F_{\min}$ mit nachfolgender stetiger Erweiterung auf unendlich großen Querschnitt aufweist, der geforderten, oben gestellten Bedingung genügt. Es ergibt sich hieraus, daß eine Düse, welche eine Expansion auf niedrigeren als den kritischen Druck p_k bewirken soll, eine sog. erweiterte Düse sein muß. In einer nicht erweiterten Düse kann die Expansion unter Einhaltung der Kontinuitätsbedingung danach höchstens bis zum kritischen Druck erfolgen (vgl. hierzu § 15). Hierdurch erklärt sich auch das oben besprochene, von St. Venant und Wantzel entdeckte Phänomen. Wird im Außenraum, in welchen das Gas aus der erweiterten Düse ausströmt, der Druck unter den kritischen Druck p_k erniedrigt, so wird hierdurch der Ausströmungsdruck am Ende der Düse nicht beeinflußt, und es bleibt trotz immer weiterer Erniedrigung des Gegendruckes das ausströmende Quantum genau das gleiche, wie wenn im Außenraum der kritische Druck p_k herrschte.

§ 4. **Beispiel. Berechnung einer erweiterten Düse für die Ausströmung von Druckluft.** Es sei adiabatische verlustlose Strömung vorausgesetzt; ferner sei:

$$p_1 = 4 \text{ ata} \qquad v_1 = 0{,}214 \text{ cbm/kg}$$
$$t_1 = 20^0 \text{ C} \qquad p_2 = 1 \text{ ata}$$
$$T_1 = 293^0 \qquad G = 10000 \text{ kg/Std.}$$

Das Verhältnis des Enddruckes zum Anfangsdruck ist in diesem Fall noch nicht so groß, daß während der Expansion eine so starke Temperaturänderung eintritt, daß die Veränderlichkeit der spezifischen Wärme mit der Temperatur berücksichtigt werden müßte. Man kann also $\varkappa$ = konst = 1,41 setzen und erhält dann für den engsten Querschnitt aus Gl. (8)

$$\frac{G}{F_{\min}} = \left(\frac{2}{\varkappa+1}\right)^{\frac{1}{\varkappa-1}} \cdot \sqrt{2g\frac{\varkappa}{\varkappa+1}\frac{p_1}{v_1}} = 928 \text{ kg pro qm und Sekunde}$$

und

$$F_{\min} = \frac{10000}{3600 \cdot 928} = 0{,}00299 \text{ qm}$$

entsprechend einem kreisförmigen Querschnitt von 6,2 cm Durchmesser. Ferner ergibt sich für den Austrittsquerschnitt aus Gl. (6)

$$\frac{G}{F_2} = \sqrt{2g\frac{\varkappa}{\varkappa-1}\frac{p_1}{v_1}\left[\left(\frac{p_2}{p_1}\right)^{\frac{2}{\varkappa}} - \left(\frac{p_2}{p_1}\right)^{\frac{\varkappa+1}{\varkappa}}\right]} = 768 \text{ kg pro qm und Sekunde}$$

und

$$F_2 = \frac{10000}{3600 \cdot 768} = 0{,}00362 \text{ qm}$$

entsprechend einem kreisförmigen Querschnitt von 6,85 cm Durchmesser. Den errechneten Querschnitten würde also z. B. die in Abb. 62 skizzierte Form entsprechen.

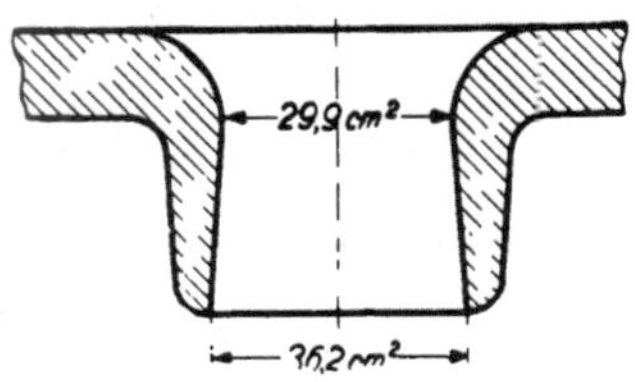

Abb. 62.

Die Geschwindigkeit am Austritt wird nach Gl. (5)

$$w = \sqrt{2g\frac{\varkappa}{\varkappa-1}p_1 v_1\left[1 - \left(\frac{p_2}{p_1}\right)^{\frac{\varkappa-1}{\varkappa}}\right]} = 438 \text{ m/sek.}$$

Die Temperatur der Luft an der Ausströmungsmündung ergibt sich wie folgt (vgl. Bd. I, Anhang I, § 11). Es ist

$$T_2 = T_1 \left(\frac{p_2}{p_1}\right)^{\frac{\varkappa - 1}{\varkappa}}$$

$$= 293 \cdot \left(\frac{1}{4}\right)^{\frac{0.41}{1,41}} = 196^0.$$

§ 5. **Ausströmung von heißen Verbrennungsgasen aus einer Düse.** In diesem Falle handelt es sich um ein Gasgemisch von hoher Temperatur, welches bei seiner Expansion in der Düse große Temperaturbereiche durchläuft, so daß (vgl. Bd. I, Anhang I, § 30) die spezifische Wärme sehr merklichen Veränderungen unterworfen ist. Es ist somit nicht möglich, Gl. (5) für die Berechnung der Geschwindigkeit zu benützen, weil dieselbe konstantes $\varkappa$ voraussetzt, und wir müssen hier auf Gl. (4) zurückgreifen, wonach

$$w = \sqrt{\frac{2g}{A}(i_1 - i_2)} = 91{,}5 \sqrt{i_1 - i_2}.$$

Für die Ermittlung der Erzeugungswärmen i_1 und i_2 benützt man zweckmäßigerweise das von Stodola angegebene Diagramm (vgl. Bd. I, Anhang I, § 33). Ein diesbezügliches Beispiel befindet sich in Bd. I, Anhang I, S. 43.

§ 6. **Die Ausströmung unter Berücksichtigung von Verlusten.** Die bei der Ausströmung auftretenden Verluste setzen sich im wesentlichen zusammen aus Reibungsverlusten in der Düse, Wirbelbildung, welche von mangelhafter Formgebung der Düse herrührt, und innerer Reibung. In der Hauptgleichung für die Strömung der Flüssigkeiten (Gl. 1) werden die Verluste dadurch berücksichtigt, daß auf der linken Seite noch ein Summand dR hinzutritt (R = Reibungsarbeit für die Gewichtseinheit), welcher von den auf der rechten Seite stehenden Druckhöhen bestritten werden muß. Die Gl. (1) geht hierdurch über in

$$d\,\frac{w^2}{2g} + d\,R = -v\,d\,p \quad \ldots\ldots\ldots\ldots \quad \text{(Gl. 10)}$$

Das Resultat des Vorganges ist eine Temperaturerhöhung des Gases infolge der Umsetzung der Strömungsverluste in Wärme bei gleichzeitig verringerter Arbeitsabgabe nach außen bzw. verringerter Geschwindigkeitsenergie. Was den Endzustand des Gases selbst betrifft, hat diese Temperaturerhöhung die gleiche Wirkung, wie eine Wärmezufuhr von außen. Wendet man hierauf den ersten Hauptsatz in der Form

$$d\,q = d\,i - A\,v\,d\,p \text{ bzw. } -v\,d\,p = \frac{1}{A}(d\,q - d\,i) \quad \ldots\ldots\ldots \quad \text{(Gl. 11)}$$

an, so muß gegenüber der verlustlosen Strömung dq durch $dq + dR$ und gleichzeitig v durch v' sowie di durch di' ersetzt werden, weil sowohl die Volumina als auch die Erzeugungswärmen, die zu den durchlaufenen Zuständen gehören, von den bei der verlustlosen Strömung durchlaufenen Zuständen abweichen. Aus Gl. (10) und (11) ergibt sich

$$\frac{1}{A}(d\,q - d\,i') = d\,\frac{w^2}{2g}\,^{1)} \quad \ldots\ldots\ldots\ldots \quad \text{(Gl. 12)}$$

Mit $dq = 0$ wird somit

$$d\,\frac{w^2}{2g} = -\frac{1}{A}\,d\,i' \text{ oder } \frac{w_2^2}{2g} - \frac{w_1^2}{2g} = \frac{1}{A}(i_1 - i_2'),$$

d. h. also, auch bei nicht verlustfreier adiabatischer Expansion ist der Zuwachs an kinetischer Energie der Strömung gleich dem mechanischen Äquivalent der Differenz der Erzeugungswärmen zwischen Anfangszustand und t a t s ä c h l i c h erreichtem Endzustand.

Für die Berechnung der Ausflußgeschwindigkeit aus Düsen ist es üblich, die Strömungsverluste durch einen Koeffizienten φ, welcher < 1 ist, zu berücksichtigen, so daß also die tatsächlich erreichte

---

[1]) Man sieht durch Vergleich von Gl. (12) mit Gl. (11) u. (10), daß $di' = di + A\,dR$ und somit $i_2' - i_1 = i_2 - i_1 + A\,R_{1,2}$ oder $i_1 - i_2' = i_1 - i_2 - A\,R_{1,2}$, woraus $i_2' = i_2 + A\,R_{1,2}$. Gegenüber reibungsfreier Strömung ist also die Erzeugungswärme am Ende der Expansion um das Wärmeäquivalent der Reibungsarbeit größer geworden, um den gleichen Betrag hat sich dabei das für die Ermittlung der Endgeschwindigkeit w_2 maßgebende Wärmegefälle gegenüber reibungsfreier Expansion verringert.

Geschwindigkeit anstatt der bei verlustloser Strömung erreichten Geschwindigkeit w_{th} nur $w = \varphi \cdot w_{th}$ beträgt. Bezogen auf die Strömungsenergie (pro Gewichtseinheit) $\frac{\omega_{th}^2}{2g}$ wird somit der Verlust in der Düse

$$R = (1 - \varphi^2) \frac{w_{th}^2}{2g}.$$

Manchmal bezieht man auch den entstehenden Verlust auf die wirklich erreichte Geschwindigkeitsenergie und erhält somit

$$\xi \frac{w^2}{2g} = (1 - \varphi^2) \frac{w_{th}^2}{2g},$$

$$\xi \cdot \varphi^2 \frac{w_{th}^2}{2g} = (1 - \varphi^2) \frac{w_{th}^2}{2g}$$

$$\xi = \frac{1 - \varphi^2}{\varphi^2}$$

oder

$$\varphi = \sqrt{\frac{1}{1 + \xi}}.$$

Bei Strömungsprozessen, welche nicht verlustlos verlaufen, werden die entstehenden Verluste in Wärme umgesetzt; dies kommt, soweit es den Endzustand des Arbeitskörpers betrifft, einer Wärmezufuhr von außen bei verlustfreier Strömung gleich. Es liegt nahe, eine derartige mit Verlusten verbundene Zustandsänderung als Polytrope (vgl. Bd. I, Anhang I, § 12) aufzufassen und bei der Aufstellung der für die Austrittsgeschwindigkeit usw. geltenden Formeln statt des Exponenten $\varkappa$ den Exponenten n (vgl. Bd. I, Anhang I, § 12) einzuführen. Es wurde dort für die bei der Polytrope zugeführte Wärmemenge gefunden (nur für ideale Gase gültig!):

$$Q = c_v \frac{n - \varkappa}{n - 1} (T_2' - T_1) = c_v \frac{\varkappa - n}{n - 1} (T_1 - T_2');$$

diese Wärmemenge ist in unserem Falle gleich der den Verlusten äquivalenten Wärme, d. h.

$$A \xi \frac{w^2}{2g} = \xi \cdot (i_1 - i_2') = \xi c_p (T_1 - T_2').$$

Durch Gleichsetzen der beiden rechten Seiten ergibt sich unter einfacher Umformung

$$n = \varkappa \frac{1 + \xi}{1 + \varkappa \xi}.$$

Die Durchführung der Rechnung unter Zugrundelegung der Zustandskurve pv^n = konst ergibt dann analog wie in § 3

$$w = \sqrt{\frac{2g}{A} (i_1 - i_2')} = \sqrt{\frac{2g}{A} \cdot c_p \cdot (T_1 - T_2')},$$

wobei

$$\frac{T_2'}{T_1} = \left(\frac{p_2}{p_1}\right)^{\frac{n-1}{n}},$$

hieraus

$$w = \sqrt{\frac{2g}{A} c_p T_1 \left[1 - \left(\frac{p_2}{p_1}\right)^{\frac{n-1}{n}}\right]} = \sqrt{2g \cdot \frac{\varkappa}{\varkappa - 1} p_1 v_1 \left[1 - \left(\frac{p_2}{p_1}\right)^{\frac{n-1}{n}}\right]}.$$

Mit $v_2' = v_1 \left(\frac{p_1}{p_2}\right)^{\frac{1}{n}}$ folgt weiter

$$\frac{G}{F} = \frac{w}{v_2'} = \sqrt{2g \cdot \frac{\varkappa}{\varkappa - 1} \cdot \frac{p_1}{v_1} \cdot \left[\left(\frac{p_2}{p_1}\right)^{\frac{2}{n}} - \left(\frac{p_2}{p_1}\right)^{\frac{n+1}{n}}\right]};$$

das kritische Druckverhältnis ergibt sich zu

$$\frac{p_k}{p_1} = \left(\frac{2}{n + 1}\right)^{\frac{n}{n-1}}$$

und die zugehörigen Werte für $\frac{G}{F}$ bzw. für w zu

$$\left(\frac{G}{F}\right)_{\max} = \left(\frac{2}{n + 1}\right)^{\frac{1}{n-1}} \sqrt{2g \cdot \frac{\varkappa}{\varkappa - 1} \cdot \frac{n - 1}{n + 1} \cdot \frac{p_1}{v_1}}$$

und

$$w_k = \sqrt{2g \cdot \frac{\varkappa}{\varkappa - 1} \cdot \frac{n - 1}{n + 1} \cdot p_1 v_1}.$$

§ 7. **Verlustfreie Ausströmung von Wasserdampf.** Da die adiabatische Expansion von Wasserdampf infolge der Veränderlichkeit der spezifischen Wärme das Gesetz

$$pv^{\varkappa} = \text{konst}$$

nicht befolgt, ist es ebenso wie bei starker Entspannung von Gasen notwendig, zwecks Berechnung der Ausflußgeschwindigkeiten bzw. der Düsenquerschnitte auf die Grundgleichung

$$w = \sqrt{\frac{2g}{A}(i_1 - i_2)}$$

zurückzugehen. Erleichtert wird dieses Verfahren durch die Benutzung des Mollier-Diagrammes (vgl. Anhang I). Für verlustlose Strömung ergibt sich aus demselben durch Abgreifen der senkrechten Erstreckung zwischen dem gegebenen Anfangszustand und dem gegebenen Enddruck ohne weiteres

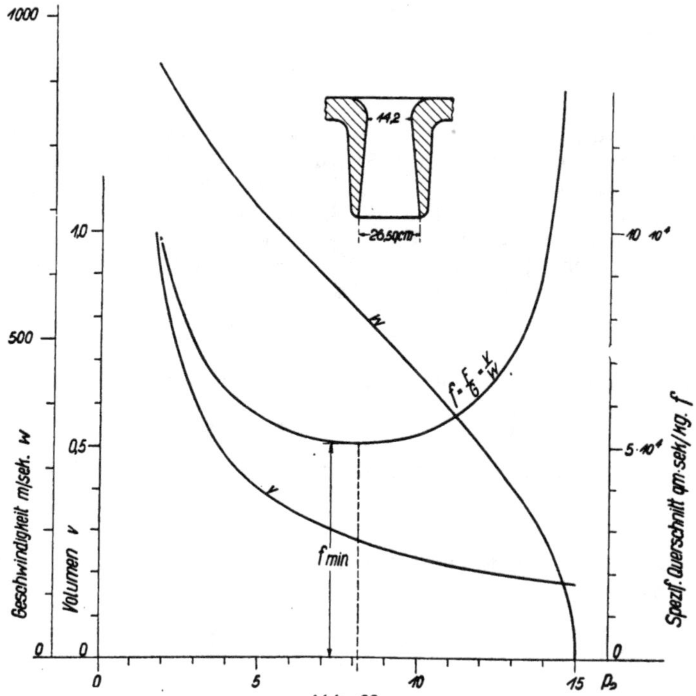

Abb. 63.

die Differenz der Erzeugungswärmen $i_1 - i_2$; die spezifischen Volumina für den Endzustand finden sich gleichzeitig in den zugehörigen Dampftabellen unter Berücksichtigung der ebenfalls aus dem Diagramm hervorgehenden spezifischen Dampfmenge bzw. der Dampftemperatur bei überhitztem Dampf.

Beispiel. Ausströmung von überhitztem Dampf:

$$p_1 = 15 \text{ ata}$$
$$t_1 = 300^0$$
$$p_2 = 2{,}0 \text{ ata}$$
$$G = 10000 \text{ kg/Std.}$$

adiabatisches Wärmegefälle aus Mollier-Diagramm:

$$i_1 - i_2 = 99 \text{ WE.}$$

Ausströmungsgeschwindigkeit:

$$w = \sqrt{\frac{2g}{A}(i_1 - i_2)} = 91{,}5\sqrt{i_1 - i_2} = 912 \text{ m/sek}$$

Spezifische Dampfmenge am Ende der Expansion aus dem Diagramm:

$$x = 96{,}6\%$$

Spezifisches Volumen:

$$v_2 = x(v - \sigma) + \sigma = 0{,}870 \text{ cbm/kg.}$$

Austrittsquerschnitt (größter Querschnitt) der erweiterten Düse

$$F = \frac{G \cdot v_2}{w} = \frac{10000 \cdot 0{,}870}{3600 \cdot 912} = 0{,}00265 \text{ m}^2.$$

Es ergibt sich in Abb. 63 der Verlauf der Querschnitte f für verschiedene Zwischenstufen der adiabatischen Expansion, sowie ein diesen Querschnitten entsprechendes Profil einer Düse mit überall kreisrunden Querschnitten. Zu bemerken ist, daß selbstverständlich jedes Profil, in welchem sich stetig die für die verschiedenen Gegendrücke errechneten Querschnitte folgen, den gestellten Bedingungen genügt. Es müssen nur Krümmungen vermieden werden, welche so scharf sind, daß eine Ablösung des Strahles befürchtet werden muß.

§ 8. **Annäherungsformel für die Ermittlung des engsten Düsenquerschnitts.** Um nicht auf vorstehendes Interpolationsverfahren angewiesen zu sein, hat man Annäherungsformeln aufgestellt, welche die Berechnung des engsten Querschnitts der Düse aus dem Anfangszustand gestatten; diese Formeln sind unter der Annahme eines Exponenten $\varkappa$, welcher für gesättigten bzw. überhitzten Dampf verschieden zu wählen ist, aus Gl. (8) errechnet.

Für gesättigten (und wenig feuchten) Dampf wird $\varkappa = 1{,}135$,
für überhitzten Dampf . . . . $\varkappa = 1{,}3$

angenommen, so daß sich im ersten Falle

$$\frac{G}{F} = 1{,}99 \sqrt{\frac{p_1}{v_1}},$$

im zweiten Falle

$$\frac{G}{F} = 2{,}09 \sqrt{\frac{p_1}{v_1}}$$

ergibt.

Durch Versuche ist indessen festgestellt, daß bei gesättigtem bzw. nassem Dampf sich durchweg etwas größere Ausflußmengen ergeben als nach obiger Formel berechnet[1]). Bei der praktischen Berechnung wird diesem Umstand dadurch Rechnung getragen, daß für Naßdampf mit einem größeren Wert von $\frac{G}{F}$ gerechnet wird, und zwar ergibt im allgemeinen der Wert

$$\frac{G}{F} = 2{,}0 \sqrt{\frac{p_1}{v_1}}$$

gute Übereinstimmung mit der Wirklichkeit. Wenn p_1 statt in kg/qm in kg/qcm eingesetzt wird, beträgt die pro Stunde durch 1 qmm strömende Dampfmenge $G = 0{,}72 \cdot \sqrt{\frac{p_1}{v_1}}$.

§ 9. **Ausströmung von Dampf unter Berücksichtigung von Verlusten.** Treten Verluste in der Düse ein, so daß sich eine tatsächliche Ausströmungsgeschwindigkeit

$$w = \varphi \cdot w_{th}$$

ergibt, so ist das für die Erreichung der Geschwindigkeit w ausgenützte Wärmegefälle $i_1 - i_2'$ im Verhältnis von 1 zu φ^2 kleiner als bei der verlustlosen Strömung. Im Mollier-Diagramm wird also die dem Endzustand entsprechende Erzeugungswärme i_2' gefunden, indem man von dem Punkt des Anfangszustandes die Länge $\varphi^2 (i_1 - i_2)$ senkrecht nach unten abträgt. Der tatsächliche Endzustand ergibt sich, indem man auf der Linie des Gegendrucks p_2 = konst denjenigen Punkt aufsucht, welcher dieser Erzeugungswärme i_2' entspricht. Dieses ist also der Schnittpunkt der Linie gleichen Druckes p_2 mit der Linie gleicher Erzeugungswärme i_2'. Für den so gefundenen Punkt ergibt sich aus dem Diagramm die spezifische Dampfmenge bzw. die Temperatur des Dampfes, woraus unter Benutzung der Tabellen das spezifische Volumen gefunden wird. Es stehen dann sämtliche für die Berechnung des Düsenquerschnitts F aus der Kontinuitätsbedingung $Fw = Gv$ erforderlichen Größen zur Verfügung.

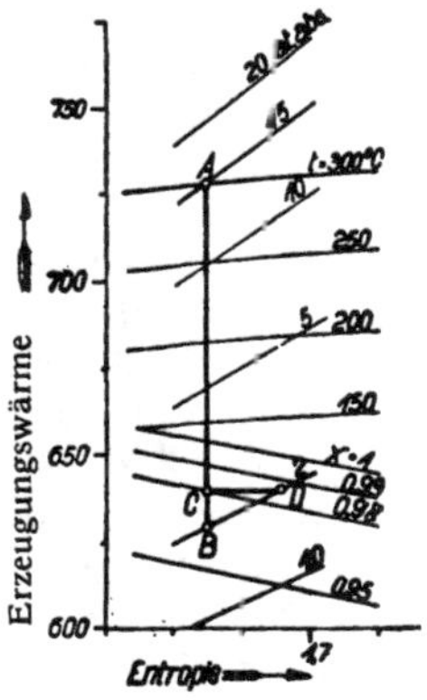

Abb. 64.

Beispiel. Setzt man in dem Beispiel § 7 den Wert $\varphi = 0{,}95$, so ergibt sich das Gefälle $i_1 - i_2'$ zu

$$(i_1 - i_2) \cdot 0{,}95^2 = 99 \cdot 0{,}9025 = 89{,}4;$$

[1]) Über die wahrscheinlichen Ursachen dieser Abweichung vgl. Stodola, Dampf- und Gasturbinen, 5. Aufl.

ferner aus Abb. 64 als Endzustand der Punkt D, für den sich die spezifische Dampfmenge

$$x = 98{,}6\%$$

und aus den Dampftabellen das spezifische Volumen

$$v = 0{,}887 \text{ cbm/kg}$$

ergibt. Die tatsächliche Ausströmungsgeschwindigkeit wird

$$w = 0{,}95 \cdot 91{,}5 \sqrt{i_1 - i_2} = 0{,}95 \cdot 910 = 864 \text{ m/sec},$$

der Endquerschnitt der erweiterten Düse $F = 0{,}00286$ qm. Der engste Querschnitt läßt sich aus einzelnen Zwischenpunkten nach dem gleichen Verfahren, wie soeben für den Endquerschnitt angewandt, ermitteln oder bequemer nach § 8.

§ 10. **Berechnung der Schallgeschwindigkeit.** Wie in § 3 bereits ausgeführt, läßt sich die Schallgeschwindigkeit — welche, wie erläutert, mit der kritischen Geschwindigkeit identisch ist — bei idealen Gasen aus der Formel berechnen

$$w_k = \sqrt{2g \frac{\varkappa}{\varkappa + 1} \cdot p_1 \cdot v_1} \quad \text{. . . . . (Gl. 9}$$

Für die Ausströmung von Dämpfen, von denen uns hier nur der Wasserdampf interessiert, kann diese Formel ebenfalls verwendet werden, wenn nur $\varkappa$ während des Expansionsbereiches hinreichend konstant bleibt, was bei den im Turbinenbau auftretenden Druckbereichen als gegeben betrachtet werden kann.

Auf Grund von Versuchen haben sich als praktisch hinreichend genau folgende Werte von $\varkappa$ ergeben:

a) bei trocken gesättigtem Dampf $\varkappa = 1{,}135$,
b) bei Naßdampf von der spezifischen Dampfmenge x $\varkappa = 1{,}035 + 0{,}1\,x$,
c) bei Heißdampf $\varkappa = 1{,}3$.

Mit diesen Werten für $\varkappa$ ergibt sich

zu a) $\quad w_k = 323 \sqrt{p_1 v_1}$

zu c) $\quad w_k = 333 \sqrt{p_1 v_1}$

wobei p_1 in kg pro qcm und v in cbm pro kg einzusetzen ist.

Ist der Gegendruck p_k sowie das Endvolumen v_k bekannt, so ergibt sich die Schallgeschwindigkeit mit für die Praxis genügender Genauigkeit zu

$$w_k = \sqrt{g \cdot \varkappa \cdot p_k \cdot v_k}\,^{1)}$$

Hieraus folgt

a) bei trockengesättigtem Dampf $\quad w_k = 334 \sqrt{p_k \cdot v_k}$

b) bei Heißdampf . . . . $w_k = 357 \sqrt{p_k \cdot v_k}$

wobei p_k und v_k in kg pro qcm bzw. cbm pro kg einzusetzen sind.

§ 11. **Abweichungen von der idealen Strömung** treten ein durch

1. Reibung des Dampfes an den Kanalwänden.
2. Umlenkungserscheinungen (da die praktisch verwendeten Düsen bzw. Schaufelkanäle gekrümmt sind).
3. Wirbelbewegungen.
4. Eintrittsstöße.
5. Druckstöße im Dampfstrahl erweiterter Düsen.
6. Strahlablenkung beim Austritt aus schräg abgeschnittenen Düsen.
7. Schwingungsbewegungen.

Während die Erscheinungen zu 1, 2 und 3 unvermeidlich, d. h. bei jeder Düse zu erwarten sind, liegt bei den übrigen die Entstehungsursache in der Abweichung von Form oder Betriebsbedingungen der Düse bzw. des Schaufelkanals von den der Theorie zugrunde liegenden Verhältnissen.

Über die Ermittlung der aus diesen Abweichungen von der idealen Strömung entstehenden Verluste soll später in § 18 gesprochen werden; zunächst sollen einige Bemerkungen über das Wesen dieser Erscheinungen selbst folgen.

---

[1]) Vgl. hierzu Band I, Anhang S. 41 Anmerkung.

§ 12. **Die Reibung des Dampfes an den Kanalwänden** ist abhängig von der Rauhigkeit sowie von der Oberflächenerstreckung des Kanals, von der Dichte des Dampfes und schließlich von der Relativgeschwindigkeit desselben zur Kanalwand.

Eine Feststellung der Größe der Reibung für gegebene Verhältnisse ist für die praktisch vorkommenden Fälle nicht durchführbar und auch deswegen nicht von Wichtigkeit, weil wegen der Undurchsichtigkeit der anderen verlustbringenden Erscheinungen doch, wie in § 18 näher erläutert, eine zusammenfassende Ermittlung der Verluste erforderlich ist.

Selbst bei gradlinigen Düsen, bei welchen die Reibung den überwiegenden Teil der Verluste ausmacht, ist heute die Abhängigkeit derselben von den eingangs erwähnten Größen noch nicht einwandfrei ermittelt[1]).

§ 13. Die **Umlenkungserscheinungen** sind prinzipiell auf die Wirkung der Zentrifugalkraft zurückzuführen, welche auf die gekrümmte Kanäle durchströmenden Dampfteilchen wirkt. Am Umfang des gekrümmten Dampfbandes, d. h. also an der konkaven Kanalwand, werden sich die Teilchen zusammendrängen, d. h. es wird dort Druckerhöhung stattfinden, wogegen an der konvexen Kanalwand eine Druckverminderung gegenüber dem bei gerader Düse zu erwartenden Druck auftreten wird.

Die Größe dieser Druckverschiebungen muß daher abhängig sein von der Winkelgeschwindigkeit der Dampfteilchen, von der Dichte des Dampfes und der Höhe des Dampfbandes.

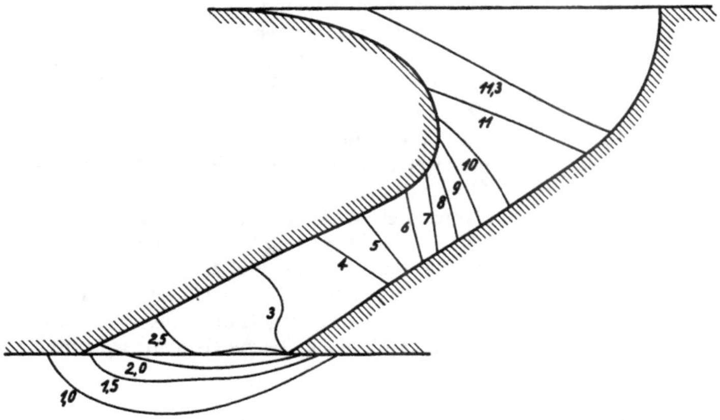

Abb. 65.

Genaue Messungen über den Druck an verschiedenen Stellen des Schaufelkanals sind wiederholt angestellt worden und haben stets qualitativ die Richtigkeit obiger Annahme bestätigt[2]). Abb. 65 veranschaulicht die Resultate derartiger Messungen (vgl. das vorstehend zitierte Werk Stodolas).

Die durch die Umlenkung entstehenden Ungleichmäßigkeiten der Druckverteilung bedingen Verluste dadurch, daß Dampfschichten verschiedener Geschwindigkeiten aneinander vorbeiströmen, wodurch die innere Dampfreibung vermehrt wird. Über den Einfluß des Krümmungsradius auf diese Verluste sind Versuche[3]) angestellt worden, welche, wie zu erwarten, ergeben haben, daß bei gleichbleibender Eintrittsgeschwindigkeit der Verlust mit der Verkleinerung des Krümmungsradius zunimmt. Es sind demnach Schaufelkanäle mit zu kleinen Krümmungsradien zu vermeiden, was entgegen den auf Verringerung der Dampfreibung hinzielenden Forderungen kürzesten Dampfweges auf eine Verbreiterung der Profile hinweist. Man wird also bei großen Umlenkungswinkeln hinsichtlich der Profilbreite einen Mittelweg einschlagen müssen. Einen ungefähren Anhalt, wie groß der Einfluß der Umlenkung sein kann, geben die im Haupttext Abb. 25 aufgezeichneten Kurven.

§ 14. **Wirbelbewegungen** werden durch die Ablösung der Grenzschicht an den Kanalwandungen und an den Begrenzungen von mit verschiedener Geschwindigkeit aneinander vorbeistreichenden Dampfschichten entstehen und ebenso wie die Eintrittsstöße — welche bei den verschiedenen Betriebszuständen wechseln — Abweichungen von der Dampfströmung in der idealen Düse bedingen, welche der Rechnung nicht zugänglich sind. Auch dies weist auf die zusammenfassende Behandlung der Verluste, vgl. § 18, hin.

---

[1]) Vgl. hierzu Christlein, Zeitschr. für das gesamte Turbinenwesen 1912; ferner: Untersuchungen des Steam-Nozzles Committee Engg. 1923—1925; sowie: Neuere amerikanische Düsenversuche, Zeitschr. des Vereins deutscher Ingenieure 1926, S. 895.

[2]) Stodola V, S. 127 ff., ferner Löliger, Doktor-Dissertation, Zürich 1913.

[3]) Vgl. hierzu Briling, Forschungsarbeiten, Heft 68.

§ 15. **Druckstöße im Dampfstrahl erweiterter Düsen.** Bei zu stark erweiterten Düsen hat man die Beobachtung gemacht, daß der Dampf zuerst auf einen viel niedrigeren Druck als den Gegendruck expandiert, dann einen plötzlichen Druckanstieg erfährt und schließlich sich entsprechend der Düsenform nach und nach auf den Gegendruck einstellt. Man bezeichnet diese Erscheinung mit „Druckstoß". Abb. 66 zeigt den experimentell festgestellten Druckverlauf in einer solchen Düse bei konstantem Anfangsdruck für verschiedene Gegendrücke[1]).

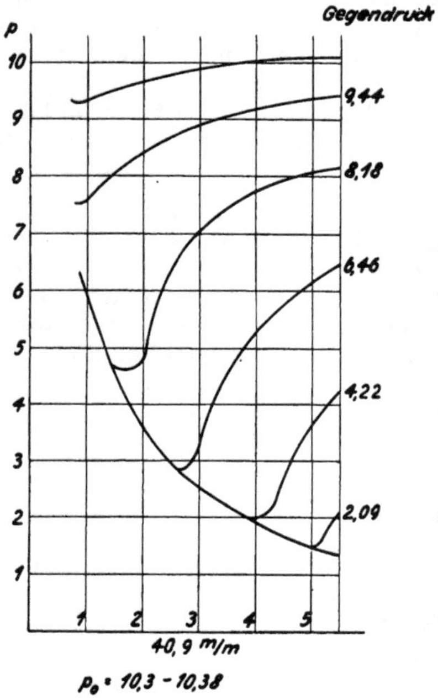

Abb. 66.

Auch auf theoretischem Wege läßt sich die Notwendigkeit des Auftretens dieser Druckstöße nachweisen[2]). Tatsächlich treten meistens dabei Druckschwingungen[3]) auf, d. h. der Druck des Dampfes nimmt nach der Überexpansion nicht in stetigem Verlauf den Gegendruck hinter der Düse an, sondern er nähert sich demselben unter Ausführung mehr oder weniger ausgeprägter gedämpfter Schwingungen. Den Verlauf des Druckes in diesem Fall zeigt Abb. 67.

Die durch eine solche Düse strömende Dampfmenge entspricht etwa der Geschwindigkeit, welche infolge der Überexpansion im engsten Querschnitt obwaltet, so daß also viel größere Dampfmengen durch solche Düsen strömen können, als die Kontinuitätsgleichung ergeben würde, vgl. Abb. 68, in welcher über dem Gegendruck die Dampfmenge in Prozenten der maximal durchströmenden aufgetragen ist[4]).

Fälle dieser Art treten in der Praxis z. B. ein, wenn stark erweiterte, ursprünglich für Marschfahrt bestimmte Düsen als Überlastungsdüsen benützt werden; in diesem Falle lassen sie, namentlich wenn der Gegendruck erheblich höher ist als der kritische, ein viel größeres Dampfquantum durch als dem verfügbaren Wärmegefälle entspricht.

Theoretische Untersuchungen haben zur Ableitung von Formeln für die Wellenlänge dieser Druckschwingungen geführt, aus welchen hervorgeht, daß dieselben nur auftreten können, wenn beim Druckstoß der kritische Gegendruck unterschritten und damit die kritische Geschwindigkeit mindestens erreicht wird.

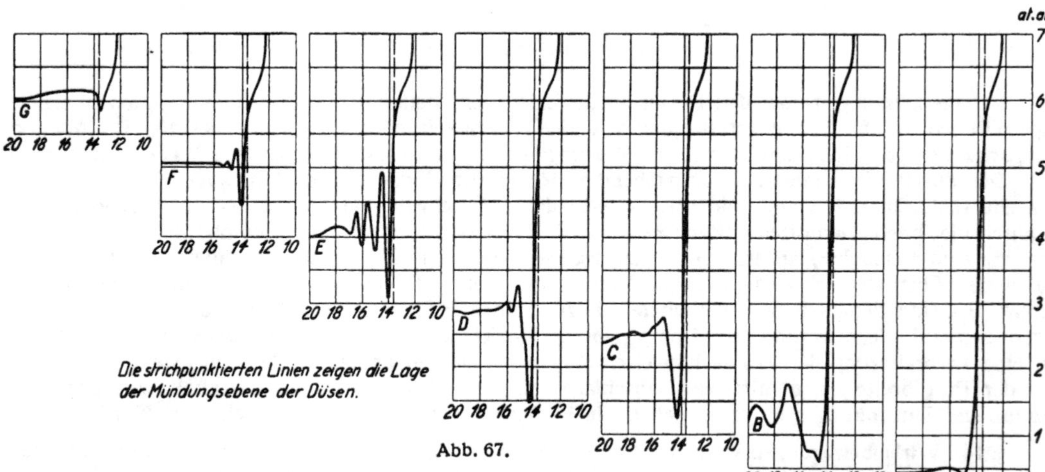

Abb. 67.

[1]) Vgl. hierzu z. B. Büchner, Zeitschrift des Vereins deutscher Ingenieure 1904, S. 1029; ferner Christlein, Zeitschrift für das gesamte Turbinenwesen 1912.

[2]) Vgl. hierzu Prandtl, Neue Untersuchungen über die strömende Bewegung von Gasen und Dämpfen, Physikalische Zeitschrift 1907.

[3]) Vgl. hierzu Prandtl, Zeitschrift des Vereins deutscher Ingenieure 1904, S. 348; ferner Lorenz, Zeitschrift des Vereins deutscher Ingenieure 1903, S. 1600; sowie Nusselt, Zeitschrift für das gesamte Turbinenwesen 1919.

[4]) Vgl. hierzu Büchner, wie oben zitiert.

Die Erscheinung des Druckstoßes bzw. der damit verbundenen, vorhergehenden Überexpansion bildet eine weitere Verlustquelle in der Düse bzw. im Schaufelkanal, da, abgesehen von der durch die Schwingungen verzehrten Energie Strahlablösung und Wirbelbewegungen eintreten. Rechnerisch läßt sich die Höhe dieser Verluste nicht ermitteln, dieselben finden in der Wahl des Düsen- bzw. schaufelkoeffizienten φ bzw. ψ, vgl. § 18, ihre Berücksichtigung.

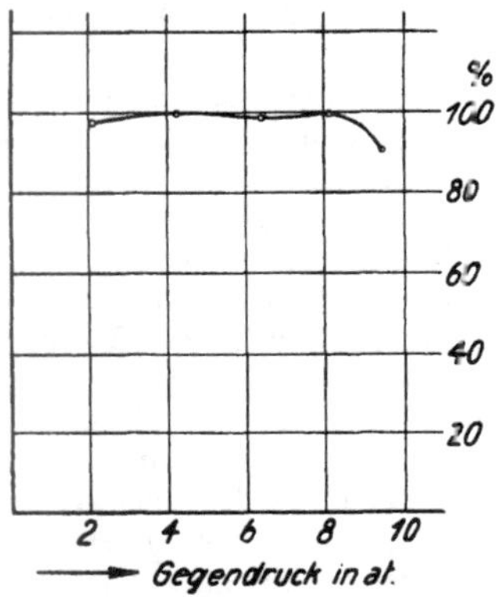

Abb. 68.

§ 16. **Schallschwingungen im Dampfstrahl.** Bei mit Überschallgeschwindigkeit durch die Luft fliegenden Geschossen wurde beobachtet, daß die Verdrängung der Luft Verdichtungswellen erzeugt, welche sich nur mit der Schallgeschwindigkeit[1]) vorwärts bewegen können. Diese Wellen bleiben immer mehr hinter dem Geschoß zurück, je mehr dessen Geschwindigkeit die Schallgeschwindigkeit übertrifft, und es müssen dieselben daher mit der Flugbahn einen gewissen Winkel α (vgl. Abb. 69) einschließen. Zwischen letzterem, der Geschoßgeschwindigkeit w und der Schallgeschwindigkeit w_k wird also die Beziehung bestehen müssen

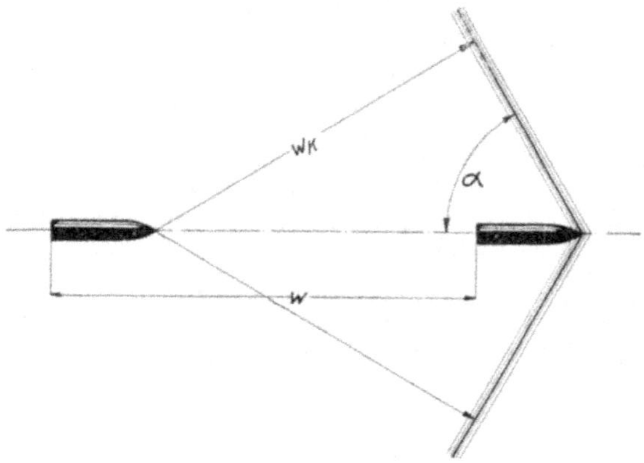

Abb. 69.

$$\sin \alpha = \frac{w_k}{w},$$

so daß man also aus dem Winkel α die Geschoßgeschwindigkeit berechnen kann. Man nennt diesen Winkel nach dem ersten Beobachter dieses Phänomens den Machschen Winkel.

Ganz ähnliche Erscheinungen werden auch in Umkehrung obigen Vorganges unter gewissen Bedingungen innerhalb von erweiterten Düsen sowie auch beim aus einer Düse austretenden Strahl

Abb. 70.

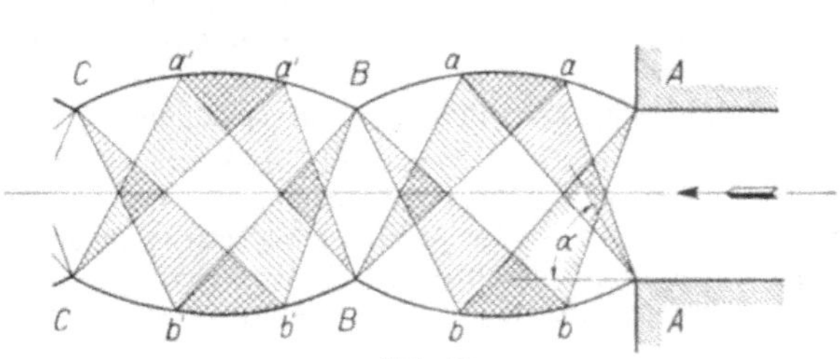

Abb. 71.

beobachtet. Bei Dampfströmungen in Düsen werden solche Verdichtungsstöße durch ein feststehendes Hindernis, wie z. B. Rauhigkeiten der Düsenwände, welche kleine Druckunterschiede bedingen, eingeleitet. Die von den gegenüberliegenden Düsenseitenwänden (wenn der Vorgang, wie bei flachen Düsen zulässig, als in der Ebene sich vollziehend angesehen wird) ausgehenden Wellenzüge durchkreuzen sich, wobei der Winkel, welchen beide Züge miteinander einschließen, mit zunehmender Dampf-

[1]) Vgl. Prandtl, wie oben zitiert.

geschwindigkeit, also gegen das Ende der erweiterten Düse hin, immer spitzer wird (vgl. Abb. 70[1]). Aus solchen Lichtbildern lassen sich auf die Strömungsvorgänge in den Düsen wichtige Schlüsse ziehen, z. B. gibt die Winkelhalbierende sich kreuzender Strahlen die Richtung der Strömung an.

Bei der Ausströmung des Dampfes aus nicht oder zu wenig erweiterten Düsen kann, sofern am Austritt noch genügend Drucküberschuß vorhanden, hinter der Mündung die Schallgeschwindigkeit sogar erheblich überschritten werden.

Es stellen sich dann Erscheinungen ein wie eine schematische Skizze nach Prandtl (Abb. 71) veranschaulicht.

Bei dem plötzlichen Freiwerden des großen Querschnitts hinter der Mündung expandiert der Strahl sogar noch unter den hinter der Austrittsöffnung herrschenden Druck. Diese Überexpansion leitet dann Druckschwingungen und damit verbunden periodische Einschnürungen des Strahles, bei *B* und *C*, ein, wobei die Energie der Schwingung durch Reibung allmählich in Wärme verwandelt wird.

Die infolge Expansion bei *A* eintretende Ablenkung des Strahles läßt nun die Kanten *A* der Düse als der Dampfströmung entgegenstehende Hindernisse wirken, so daß auch hier das Machsche Phänomen auftritt. Von den Kanten *A* ausgehend, bilden sich Verdichtungswellen aus, deren Berge und Täler längs der Fahrstrahlen *Aa* bzw. *Ab* (statt eines Strahles sind wegen der stets vorhandenen Streuung zwei etwas divergierende Strahlen gezeichnet) verlaufen; diese Wellen werden an der Begrenzung des Strahles total reflektiert und sammeln sich im Knoten *B*, von wo aus sie wieder als Strahlen *Ba'* bzw. *Bb'* erscheinen usw., bis schließlich die Auflösung des Strahles eintritt.

Die schematische Abb. 71 gilt nur für den Ausschnitt aus einer unendlich breiten Düse; bei den tatsächlich ausführbaren Düsen wird die Erscheinung in räumlicher Form auftreten, da alle Begrenzungen der Düsenöffnung die geschilderte Erscheinung verursachen.

§ 17. **Die Strahlablenkung.** Bei schräg abgeschnittenen, zu wenig erweiterten Düsen hat man beobachtet, daß, wenn die Schallgeschwindigkeit überschritten wird, namentlich an der Ecke der kürzeren Düsenwand („innere" Ecke bei *a*; vgl. Abb. 72) eine Ablenkung des Strahles eintritt und

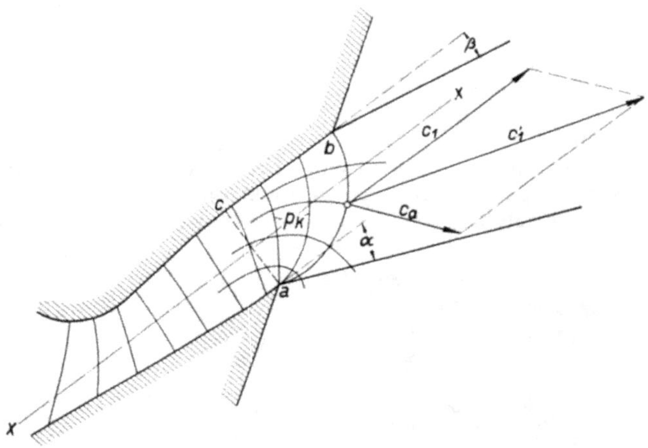

Abb. 72.

derselbe dort um einen gewissen Winkel α nach innen von der Richtung der Düsenachse xx abweicht. Auch an der äußeren Ecke bei *b* tritt eine, wenn auch kleine Ablenkung, um den Winkel β, von der Richtung der Düsenachse auf.

Die Ursache für diese Erscheinung wird in folgendem Zusammenhang erblickt[2]):

Bei der zu wenig erweiterten Düse ist im Querschnitt *ac* senkrecht zur Düsenachse der Gegendruck p_2 noch nicht überall erreicht; bei der weiteren Expansion wird zunächst bei der Ecke *a* der Druck plötzlich auf p_2 sinken, während auf der gegenüberliegenden längeren Begrenzungswand der Düse erst allmählich bei *b* der Gegendruck erreicht wird. Es wird sich also ein Druckverlauf einstellen, wie etwa durch die Isobaren p_k dargestellt. Dieser Druckverlauf steht auch in Einklang mit experimentellen Untersuchungen, vgl. Abb. 65.

[1]) Entnommen aus Stodola, 5. Auflage, S. 110.

[2]) Josse, Zeitschrift für das gesamte Turbinenwesen 1911; Jahrb. d. Schiffsbaut. Ges. 1911. Christlein, Zeitschr. für das gesamte Turbinenwesen 1912, S. 183. Zerkowitz, Zeitschr. des Vereins deutscher Ingenieure 1917, S. 869. Wewerka, Zeitschr. für das gesamte Turbinenwesen 1920, S. 277. Nusselt, Zeitschr. für das gesamte Turbinenwesen 1916, S. 137 ff. Stodola, Die Dampfturbinen, 5. Auflage.

Aus diesem Druckverlauf ergeben sich Geschwindigkeitskomponenten c_a in Richtung der Orthogonaltrajektorien zu diesen Isobaren, welche mit der Geschwindigkeit c_1 parallel zur Düsenachse zusammengesetzt, die Strahlablenkung ergeben, vgl. Abb. 72.

Ähnliche Vorgänge treten naturgemäß auch in Schaufelkanälen auf, wenn die gleichen Vorbedingungen gegeben sind; die Krümmung dieser Kanäle kann wegen der durch die Zentrifugalwirkung auftretenden Druckverzerrung hier auch bei Gleichdruckschaufeln ähnliche Strahlablenkungen hervorrufen.

Folgen mehrere Düsen, welche der Strahlablenkung unterworfen sind, aufeinander, so stellt sich, wenn die Stegdicke nicht zu groß ist, außer bei den Grenzdüsen, ein mittlerer Ablenkungswinkel ein, da sich die Ablenkungen in der inneren und äußeren Ecke der Düse teilweise ausgleichen.

Auch diese Erscheinung macht sich im praktischen Turbinenbau in Form von Verlusten geltend, indem die wirksame tangentiale Komponente des Strahles verringert wird; allerdings werden diese Verluste infolge der geringen Länge zu wenig oder nicht erweiterter Düsen und der hierdurch verringerten Reibung oft ganz oder mehr als ausgeglichen. Hierzu kommt noch insbesondere bei nicht erweiterten Düsen der Vorteil, daß dieselben über einen viel größeren Belastungsbereich mit besserem Wirkungsgrad arbeiten.

Bei der Konstruktion der Turbinen trägt man der Strahlablenkung, welche unter Umständen (wenn z. B. Marschdüsen als Überlastdüsen verwandt werden) 15 bis 20° betragen kann, dadurch Rechnung, daß man entweder den Düsenwinkel entsprechend kleiner wählt oder aber, um Stoßverluste zu vermeiden, die Eintrittswinkel des nachfolgenden Laufkranzes entsprechend bemißt.

Auch in radialer Richtung findet beim Austritt des Dampfes aus Düsen und Schaufelkanälen eine Ausbreitung des Strahles, d. h. also eine Ablenkung der äußeren Strahlschichten statt. Man trägt derselben Rechnung, indem man die Höhe der beaufschlagten Schaufeln etwas vergrößert, d. h. sowohl an der inneren wie an der äußeren Begrenzung des Strahles je nach der Größe des Schaufelkreisdurchmessers eine um 1 bis 3 mm vergrößerte Eintrittslänge zur Verfügung stellt.

§ 18. **Der Einfluß der vorstehend geschilderten Vorgänge in den Düsen und Schaufelkanälen auf die Höhe der Gesamtverluste** in denselben ist, wie bereits bemerkt, im einzelnen schwer festzustellen. Man wird daher den Düsenkoeffizienten höher oder niedriger ansetzen, je nachdem die einzelnen Verhältnisse sich in ihrer Mehrzahl günstiger oder ungünstiger gestalten. Der Düsenkoeffizient schwankt daher je nach Konstruktion und Betriebsbedingungen etwa zwischen $\varphi = 90$ und 97%, während der Schaufelkoeffizient wegen der schärferen Umlenkung zwischen $\psi = 0{,}8$ und 0,94 schwankt. Bei guten Aktions-Turbinen kann für Düsen mit $\varphi = 0{,}95$ — 0,97, bei Reaktionsturbinen mit 0,92 bis 0,96, bei Aktionsstufen mit 0,82 — 0,92 gerechnet werden.

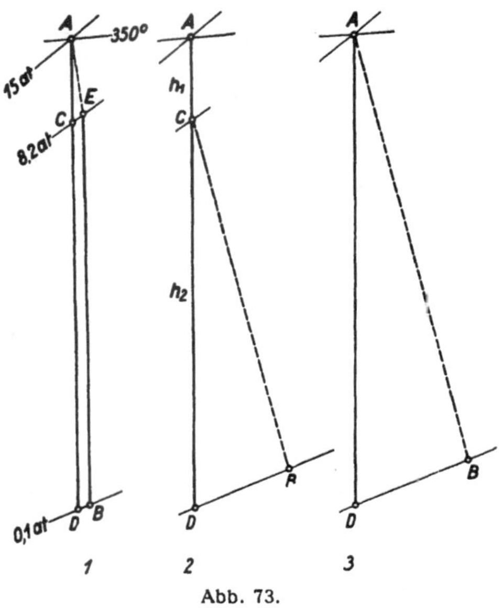

Abb. 73.

Der Berechnung der Querschnitte sind höhere Werte für diese Koeffizienten zugrunde zu legen, da, wie nachstehend ausgeführt, anzunehmen ist, daß ein Teil der Verluste erst hinter dem engsten Querschnitt bzw. erst beim Austritt aus der Schaufel auftritt.

Diese Frage, an welcher Stelle der Düse oder des Kanals die Verluste sich einstellen, ist natürlich von Einfluß auf den Zustand im engsten Querschnitt und hinter der Düse. Vgl. Abb. 73. In derselben ist die Zustandsänderung eines aus einer Düse mit 15 ata und 350° Dampftemperatur ausströmenden und auf einen Gegendruck von 0,1 ata expandierenden Strahles unter Berücksichtigung des Düsenkoeffizienten $\varphi = 0{,}95$ im *I-S*-Diagramm dargestellt.

Der Linienzug 1 gibt die Zustandsänderung wieder unter der sicher zu günstigen Annahme, daß Verluste überhaupt nur auf dem Wege des Dampfes bis zum engsten Querschnitt, also während des Wärmegefälles h_1 = Strecke AC, eintreten, so daß also bei dem angegebenen Düsenkoeffizienten von $\varphi = 0{,}95$ bei Eintritt eines Verlustes von $h_1 (1 - \varphi^2)$ an der engsten Stelle der Zustand E erreicht wird, worauf dann verlustlose adiabatische Expansion bis zum Zustand B folgt.

Der mittlere Linienzug 2 gibt die Zustandsänderung an unter der Annahme, daß Verluste nur hinter dem engsten Querschnitt auftreten. Es verläuft also die Expansion von A bis C verlustlos; nur auf das Wärmegefälle C—D ist entsprechend einem Düsenkoeffizienten $\varphi = 0{,}95$ ein Energieverlust $h_2\,(1 - \varphi^2)$ zu rechnen, so daß der Endzustand bei B weiter in das Gebiet höherer spezifischer Dampfmenge gerückt wird.

Der Linienzug 3 gibt die Zustandsänderung für den Fall wieder, daß vom Anfangszustand A bis zur Erreichung des Gegendruckes bei D der Verlust gleichmäßig entsteht, so daß bei einem Verlust gleich $h\,(1 - \varphi^2)$ ein noch etwas weiter in das Gebiet der höheren spezifischen Dampfmenge gerückter Endzustand B erreicht wird.

Näheres hierüber geht aus der nachfolgenden kleinen Tabelle hervor; es zeigt sich, daß im ersten Falle die spezifische Dampfmenge des Endzustandes 0,866, im zweiten Falle 0,892 und im dritten Falle 0,8995 beträgt. Bei Beurteilung der praktischen Bedeutung dieser Verschiedenheit muß berücksichtigt werden, daß derartige extreme Druckgefälle in einer einzigen Düse so gut wie nie zu bewältigen sind, so daß also in der Praxis mit viel kleineren Verschiedenheiten des Endzustandes für die verschiedenen Annahmen hinsichtlich der Stelle, wo die Verluste auftreten, zu rechnen ist. Es wird sich wohl im allgemeinen empfehlen, so wie im dritten Falle angenommen, mit konstanten Geschwindigkeitskoeffizienten für das ganze durchlaufene Gefälle zu rechnen.

Tabelle zu Abb. 73.

Bezeichnung		Fall 1	Fall 2	Fall 3
Düsenkoeffizient φ_1 für das Gefälle oberhalb des kritischen Gegendrucks	—	0,95	—	0,95
Düsenkoeffizient φ_2 für das Gefälle unterhalb des kritischen Gegendrucks	—	—	0,95	
Adiabatisches Gefälle h_1 oberhalb des kritischen Gegendrucks	WE	38	—	215
Adiabatisches Gefälle h_2 unterhalb des kritischen Gegendrucks	WE	—	177	
Verlust $h_1\,(1-\varphi)^2$ für das Gefälle oberhalb des kritischen Gegendrucks	WE	3,7	—	21
Verlust $h_2\,(1-\varphi)^2$ für das Gefälle unterhalb des kritischen Gegendrucks	WE	—	17,3	
Spezifische Dampfmenge des Endzustandes bei $\varphi = 0{,}1$ ata (Adiabatischer Endzustand: $x = 0{,}861$)	—	0,866	0,892	0,8995
Mehr an spezifischer Dampfmenge gegenüber Fall 1 (Adiabatischer Zustand: $-0{,}57\,\%$)	%	0	3,0	3,9

Zur Ermittlung der Verluste in Düsen und Schaufelkanälen sind im Laufe der Zeit bei der Wichtigkeit dieser Frage natürlich sehr viele und umfassende Versuche vorgenommen worden. Dieselben erstrecken sich indessen stets nur auf die Untersuchung der feststehenden Kanäle allein ohne das zugehörige, sich drehende Laufrad und müssen daher als nicht erschöpfend bezeichnet werden.

Einen Anhaltspunkt, daß sich die heute allgemein angenommenen Werte der Konstanten φ und ψ mit den Tatsachen so ziemlich decken, gibt die Übereinstimmung der unzähligen Dampfverbrauchsrechnungen mit den Meßresultaten an den ausgeführten Turbinen.

Anhang IX.

Die Grundlagen der Theorie der Schmierung.[1)]

§ 1. **Um die Grundgleichung für die Bewegung einer zähen Flüssigkeit zu ermitteln,** stellen wir folgende Betrachtungen an:

Wir greifen aus dem Flüssigkeitsstrom (etwa zwischen zwei horizontalen Platten) eine vertikale Schicht von der Breite $dz = 1$ heraus und betrachten die Vorgänge in einem Flüssigkeitselement von rechteckiger Form, welches dieser Schicht angehört. Wir nehmen ferner an, daß die Strömung in der Richtung der x-Achse erfolgen soll. Die Längenausdehnung dieses Elements in der x-Achse sei dx, seine Höhe dy, seine Breite ist gleich der Schichtstärke also gleich 1. (Abb. 74)

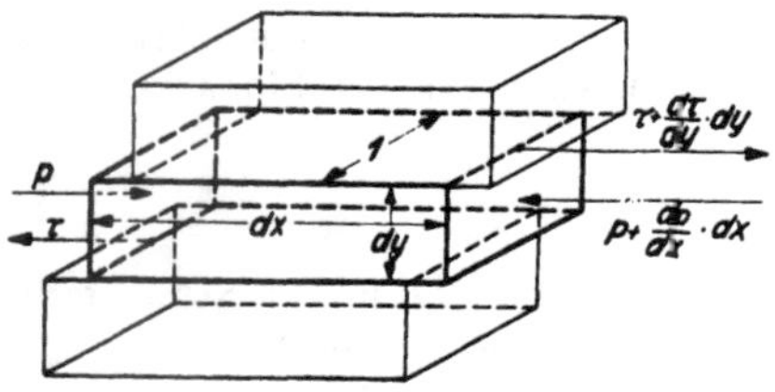

Abb. 74.

Setzen wir dieses Element unter der Wirkung der angreifenden Kräfte in das freie Gleichgewicht, so ergibt sich das Folgende:

Auf das Element wirkt zunächst in der Richtung der x-Achse der Flüssigkeitsdruck, welcher die Bewegung verursacht. Bezeichnen wir den Druck auf die Flächeneinheit mit p, so ist dieser Flüssigkeitsdruck auf die eine Stirnseite $p \cdot dy \cdot 1$, auf die andere Stirnseite $\left(p + \frac{dp}{dx} \cdot dx\right) \cdot dy \cdot 1$, so daß also der auf das Element wirkende Überdruck sich ergibt zu

$$P = \frac{dp}{dx} \cdot dx \cdot dy \cdot 1.$$

Für den in Abb. 74 dargestellten Fall würde der Differentialquotient negativ sein.

Ferner wirken auf das Element die Schubspannungen, welche durch die Zähigkeit der Flüssigkeit entstehen. Nehmen wir an, daß die Schubspannung für die Einheit des derselben ausgesetzten Querschnitts τ ist, dann wird das Element auf der unteren Seite zurückgehalten durch die Schubspannung $\tau \cdot dx \cdot 1$ und auf der oberen Seite von dem nächsten Element mitgenommen durch die Spannung $\left(\tau + \frac{d\tau}{dy} \cdot dy\right) \cdot dx \cdot 1$. Die Differenz dieser beiden Schubspannungen ist also

$$S = \frac{d\tau}{dy} \cdot dy \cdot dx \cdot 1.$$

Außer diesen beiden Kräften wirken nun auf das Element noch die Massenkraft. Bezeichnen wir mit v die Geschwindigkeit des Elements in der x-Richtung, dann ist diese Massenkraft (Beschleunigungsdruck) gleichzusetzen der Masse des Elements $dy \cdot dx \cdot 1 \cdot \frac{\gamma}{g}$, multipliziert mit der Beschleunigung $\frac{dv}{dt}$.

Wir können also als Bewegungsgleichung für das Element anschreiben:

$$\frac{\gamma}{g} \frac{dv}{dt} \cdot dy \cdot dx = P - S = \frac{dp}{dx} \cdot dx \cdot dy - \frac{d\tau}{dy} \cdot dy \cdot dx$$

und nach Wegheben des gemeinsamen Faktors $dx \cdot dy$

$$\frac{dp}{dx} = \frac{d\tau}{dy} + \frac{\gamma}{g} \cdot \frac{dv}{dt} \quad \ldots \ldots \ldots \ldots \quad (1)$$

[1)] Entnommen aus Gümbel, »Einfluß der Schmierung auf die Konstruktion«, Jahrbuch der Schiffbautechn. Gesellschaft 1917.

Zu bemerken ist noch, daß wir in obigem Ansatz die Schubkraft mit negativem Vorzeichen eingesetzt haben, weil dieselbe, je weiter wir uns von der Platte entfernen, um so kleiner wird, wie aus dem Nachstehenden hervorgeht.

Eingehendere Betrachtungen zeigen, daß bei dem hier in Frage kommenden Problem die Massenkraft gegenüber der Schub- und Druckkraft in ihrem Wert meist sehr stark zurückbleibt, so daß eine Vernachlässigung derselben im allgemeinen unbedenklich ist.

Ferner berücksichtigen wir, daß die Schubspannung nach Newton durch die Beziehung

$$\tau = \eta \cdot \frac{dv}{dy}$$

definiert wird, wobei mit η die Zähigkeit der Flüssigkeit (Schubmodul) bezeichnet ist. (Dieser Schubmodul hat die Dimension $\frac{\text{kg} \cdot \text{sek}}{\text{m}^2}$.)

Unsere Bewegungsgleichung (1) geht also über in

$$\eta \cdot \frac{d^2 v}{dy^2} = \frac{dp}{dx} \quad \ldots\ldots\ldots\ldots \quad (2)$$

Zweimalige Integration dieser Gleichung ergibt die Geschwindigkeit an der durch x und y bezeichneten Stelle der Flüssigkeit zu

$$v = \frac{dp}{dx} \cdot \frac{y^2}{\eta \cdot 2} + C_1 y + C_2 \quad \ldots\ldots\ldots\ldots \quad (3)$$

Die Bewegung in der Schmierschicht setzt sich also zusammen aus:
1. einer gleichmäßigen Strömung $v_2 = C_2$,
2. einer mit y linear zunehmenden Strömung $v_1 = C_1 \cdot y$,
3. einer Strömung, die mit y^2 zunimmt und zugleich vom Druckgefälle $\frac{dp}{dx}$ abhängig ist.

Die Flüssigkeitsmenge, welche in der Zeiteinheit durch den Querschnitt von der Breite 1 und der Höhe $y = h$ (= Stärke der Schmierschicht) strömt, ist

$$q = \int_0^h v \cdot dy = \frac{dp}{dx} \cdot \frac{h^3}{\eta \cdot 6} + C_1 \cdot \frac{h^2}{2} + C_2 \cdot h + C_3 \quad \ldots\ldots\ldots \quad (4)$$

Die Konstanten C_1, C_2, C_3 in Gleichung (3) und (4) ergeben sich jeweils aus den Grenzbedingungen der einzelnen Aufgabe.

Hierbei ist stets zu beachten, daß unter Annahme unendlich großer Adhäsion die Geschwindigkeit eines Flüssigkeitselements, welches einer festen Fläche benachbart ist, immer gleich der Geschwindigkeit der festen Fläche zu setzen ist.

Die Schubkraft S, welche von der an einer festen Fläche von der Breite B und in der x-Richtung entlangströmenden Flüssigkeit ausgeübt wird, ist

$$S = B \cdot \int dx \cdot \eta \cdot \left(\frac{dv}{dy}\right), \quad \ldots\ldots\ldots\ldots \quad (5)$$

worin $\frac{dv}{dy}$ für $y = 0$ zu nehmen ist.

§ 2. **Allgemeine Gesetze der keilförmigen Schmierschicht.** (Segmentdrucklager.)

Die praktisch am häufigsten auftretenden Fälle der Schmierung lassen sich auf folgendem Vorgang zurückführen:

Eine Ebene von unendlicher Ausdehnung bewegt sich mit der Geschwindigkeit V gegenüber einer unter dem Winkel α zu ihr geneigten Ebene von der Länge L und der sehr großen Breite B.

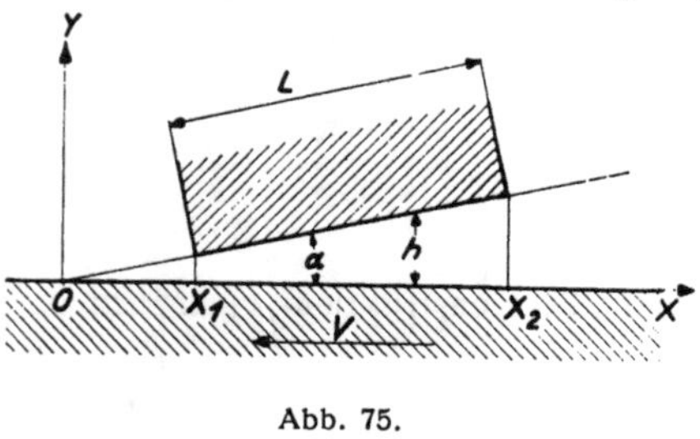

Abb. 75.

Der Differentialquotient $\frac{dp}{dx}$ wird negativ. Die Lage des Koordinatensystems geht aus Abb. 75 hervor.

Wir suchen die Druckverteilung, den Gesamtdruck auf die geneigte Fläche und den Angriffspunkt dieses Druckes.

Die Grenzbedingungen für die Schmierschicht sind die folgenden:

Für $y = 0$ ist $v = V$ und $q = 0$; analog ist für

$y = h$ $v = 0$. Es ergeben sich somit folgende Werte der Konstanten in den Gleichungen (3) und (4):

Da für $y = 0$ $q = 0$, muß C_3 gleich Null sein.
da für $y = 0$ $v = V$ sein muß, wird C_2 gleich V,
da für $y = h$ $v = 0$ wird, so ist

$$C_1 = + \frac{dp}{dx} \cdot \frac{h}{2\eta} - \frac{V}{h} \quad \text{(6)}$$

Setzen wir diesen Wert der Konstanten in unsere Gleichung für q ein, so erhalten wir nach einfacher Umformung

$$q = \frac{V \cdot h}{2} + \frac{1}{12} \cdot \frac{dp}{dx} \cdot \frac{h^3}{\eta} \quad \text{(7)}$$

Der Druck p muß in x_1 und x_2 gleich Null sein und wird ein Maximum bei einem Wert x_m zwischen x_1 und x_2 erreichen.

Für x_m ist also $\frac{dp}{dx} = 0$ und damit

$$q = \frac{V \cdot h_m}{2} = \frac{V \cdot x_m \cdot \operatorname{tg} \alpha}{2}$$

Da der Winkel α sehr klein ist, kann $\operatorname{tg}\alpha = \alpha$ und $h = \alpha \cdot x$ gesetzt werden, und wir haben zunächst allgemein

$$q = \frac{V \cdot \alpha \cdot x}{2} + \frac{1}{12} \frac{dp \cdot \alpha^3 \cdot x^3}{dx \cdot \eta} \quad \text{(7a)}$$

Wir haben vorher angenommen, daß die Breite der Platte B sehr groß ist. Es kann also kein seitlicher Ölabfluß erfolgen und infolgedessen ist q für jeden Wert von x gleich groß. Wir haben deshalb

$$\frac{V \cdot \alpha \cdot x}{2} + \frac{1}{12} \cdot \frac{dp \cdot \alpha^3 \cdot x^3}{dx \cdot \eta} = \frac{V \cdot \alpha \cdot x_m}{2}$$

Hieraus finden wir durch einfache Rechnung

$$p = \int_{x_1}^{x_2} dp = \frac{6 \cdot V \cdot \eta}{\alpha^2} \cdot \left[\frac{1}{x} - \frac{1}{x_1} - \frac{x_m}{2}\left(\frac{1}{x^2} - \frac{1}{x_1^2}\right)\right]$$

und finden unter Benutzung der Bedingung, daß für $x = x_1$ und $x = x_2$ der Druck p gleich Null ist,

$$x_m = \frac{2 \cdot x_1 \cdot x_2}{x_1 + x_2}, \quad \text{(8)}$$

woraus

$$p = \frac{6 \cdot V \cdot \eta}{\alpha^2} \cdot \frac{(x_1 - x)}{x^2} \frac{(x - x_2)}{(x_1 + x_2)} \quad \text{(9)}$$

Setzen wir in diese Gleichung ein

$$x = x_m = \frac{2\, x_1\, x_2}{x_1 + x_2},$$

so ergibt sich

$$p_{\max} = \frac{6 \cdot V \cdot \eta}{\alpha^2} \cdot \frac{(x_1 - x_2)^2}{4\, x_1\, x_2\, (x_1 + x_2)} \quad \text{(10)}$$

und der Gesamtdruck

$$P = B \cdot \int_{x_1}^{x_2} p\, dx = \frac{6 \cdot B \cdot \eta \cdot V}{\alpha^2} \cdot \left[\ln \frac{x_2}{x_1} - \frac{2\,(x_2 - x_1)}{x_1 + x_2}\right] \quad \text{(11)}$$

Der Angriffspunkt von P liegt im Abstand

$$x_P = \frac{\frac{x_2 - x_1}{2} - \frac{x_1 \cdot x_2}{x_1 + x_2} \cdot \ln \frac{x_2}{x_1}}{\ln \frac{x_2}{x_1} - 2 \cdot \frac{x_2 - x_1}{x_1 + x_2}} \quad \text{(12)}$$

und ist abhängig von der Neigung α der Fläche. Die Schubkraft wird erhalten nach Gleichung (5) unter Einsetzung des Wertes für $\frac{dv}{dy}$, der sich durch einmalige Integration aus Gl. (2) zu

$$\frac{dv}{dy} = \frac{dp}{dx} \cdot \frac{y}{\eta} + C_1$$

ergibt. Für die bewegte Fläche $y = 0$ und mit der oben berechneten Konstanten C_1 wird dann

$$S = B \int_{x_1}^{x_2} dx \cdot \eta \cdot \left(\frac{V}{h} - \frac{h}{2\eta} \cdot \frac{dp}{dx} \right)$$

oder nach Einsetzen der schon oben errechneten Werte

$$S = \frac{2 \cdot B \cdot \eta \cdot V}{a} \cdot \left[2 \cdot \ln \frac{x_2}{x_1} - \frac{3(x_2 - x_1)}{x_1 + x_2} \right] \qquad (13)$$

Der Reibungskoeffizient

$$\mu = \frac{S}{P} = a \cdot \frac{2 \ln \frac{x_2}{x_1} - 3 \frac{x_2 - x_1}{x_1 + x_2}}{3 \ln \frac{x_2}{x_1} - 6 \frac{x_2 - x_1}{x_1 + x_2}} \qquad (14)$$

ist nur abhängig von der Größe und Lage der geschmierten Flächen. Dagegen hat die Geschwindigkeit der Verschiebung und die Art des Schmiermittels keinen Einfluß auf μ (wohl aber auf P und S).

Die Keilform der Schmierschicht läßt sich praktisch auf zwei Wegen erreichen:

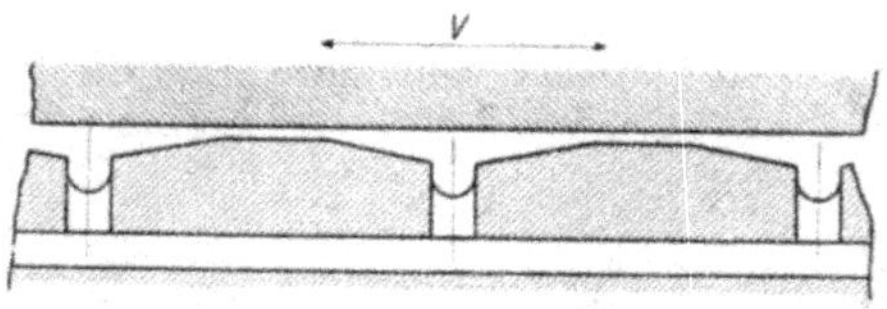

Abb. 76.

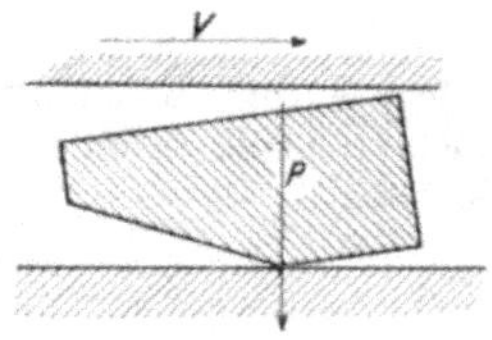

Abb. 77.

1. Es wird die eine der Flächen in der entsprechenden Neigung bearbeitet. Wechselt die Bewegungsrichtung, so müssen für jede Richtung die entsprechenden Keilspalten angeordnet werden (siehe Abb. 76). Die Schmiermittelzuführung hat an der Stelle zu erfolgen, wo der Keil seine größte Dicke hat. Dort sind evtl. querlaufende Schmiernuten zur besseren Verteilung der Flüssigkeit anzubringen. Im übrigen sollen Nuten vermieden werden, da sie nur den Abfluß des Schmiermittels aus dem Gebiet hohen Druckes fördern und so die Wirkung der Schmierung verschlechtern. Aus dem gleichen Grunde sind die Keilräume seitlich möglichst gut abzuschließen. — Da bei geringen Geschwindigkeiten (Anlaufen) unmittelbare Berührung der Flächen nicht zu vermeiden ist, so sind zwischen den Keilflächen auch pararelle Flächen einzuschalten, die den Flächendruck bei »halbtrockener« Reibung aufnehmen können. Die Keilflächen sind möglichst so zu bemessen, daß die gleitende Fläche stets mindestens 2 Keilflächen überdeckt. (Würde z. B. eine kleine Fläche auf einer großen bewegt, die Keilflächen besitzt, so erhielte die kleine Fläche beim Gleiten über die einzelnen Keile Stöße infolge der verschiedenen Druckverteilung, und es würden Schwingungen auftreten.)

2. Einen anderen Weg zur Herstellung keilförmiger Schmierschichten verfolgte Michell. Er zerlegte (vgl. Abb. 77) die eine der aufeinander gleitenden Flächen in einzelne kleine Platten, von denen jede exzentrisch auf einer Schneide (quer zur Verschiebungsrichtung) gelagert ist und sich dadurch selbsttätig in der richtigen Neigung einstellt. (Näheres über die konstruktive Durchbildung der Michell-Lager siehe Hptt. § 132.) Hier sind die Keilräume nur für eine Bewegungsrichtung geeignet. Für entgegengesetzte Bewegung ist eine zweite Plattenserie oder, wie heute bei solchen Lagern allgemein vorgesehen, ein selbsttätiger Wechsel der Neigung nötig.

§ 3. **Zapfenlager.** Beim Zapfenlager handelt es sich um eine keilförmige Schmierschicht, die sich, wie später zu zeigen sein wird, selbsttätig ausbildet.

Der Radius R des Lagers (vgl. Abb. 78) muß größer sein als der Zapfenradius r. Der Zwischenraum soll vom Schmiermittel erfüllt sein.

Die Zapfenlänge B sei gegenüber r sehr groß, sodaß nur mit Ölbewegung in der Normalebene der Lagerachse zu rechnen ist. Die Exzentrizität des Zapfenmittels sei a. Der Winkel φ werde von der Stelle größter Schichtdicke aus rechtsdrehend gemessen.

Die Schichtstärke ist $h = R - r + a \cdot \cos\varphi$. Die zu $p_{\max}$ gehörige Schichtstärke sei h_m. An dieser Stelle ist

$$\frac{dp}{r\,d\varphi} = 0 \quad \text{und} \quad q = \frac{V \cdot h_m}{2}.$$

Es wird analog der oben gegebenen Entwicklung für die keilförmige Schmierschicht

$$q = \frac{V \cdot h_m}{2} = \frac{V \cdot h}{2} + \frac{1}{12} \cdot \frac{dp}{dx} \cdot \frac{h^3}{\eta} \quad \text{(7b)}$$

Setzt man $h_m = \alpha \cdot h_{\min} = \alpha\,(R - r - a)$

$$\frac{R-r}{r} = \psi$$

$$\frac{a}{R-r} = \chi,$$

so wird

$$dp = \frac{6\,\omega \cdot \eta}{\psi^2} \cdot \frac{[(1 + \chi \cdot \cos\varphi) - \alpha\,(1 - \chi)]}{(1 + \chi \cdot \cos\varphi)^3} \cdot d\varphi \quad (15)$$

Die Schubkraft an der bewegten Fläche pro Einheit der Lagerbreite war für den keilförmigen Querschnitt

$$\frac{dS}{B} = \frac{\eta \cdot V \cdot dx}{h} + dp \cdot \frac{h}{2}.$$

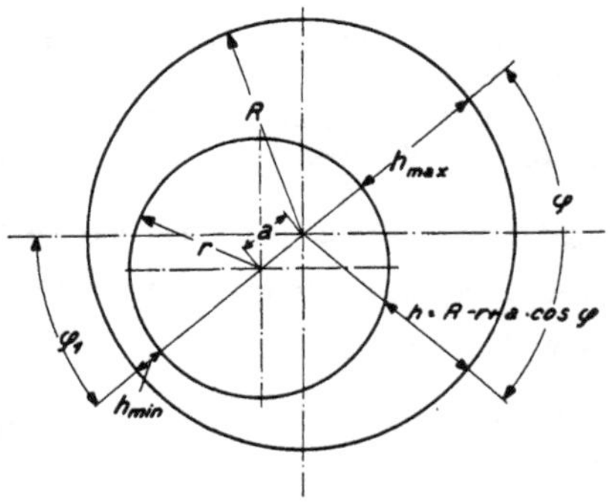

Abb. 78.

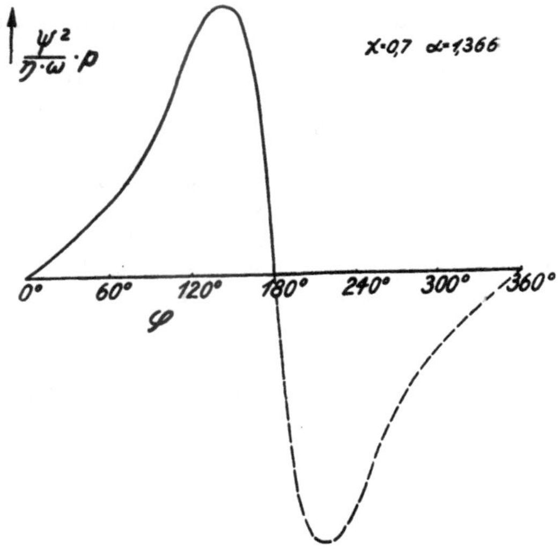

Abb. 79.

Um den entsprechenden Wert an der Welle pro Einheit der Zapfenlänge zu erhalten, müssen wir die analogen Größen einsetzen:

$$x = r \cdot \varphi, \; dx = r \cdot d\varphi, \; V = r \cdot \omega, \; h = R - r + a \cdot \cos\varphi.$$

Mit dem oben gefundenen Ausdruck für dp erhalten wir

$$\frac{dS}{B} = \frac{\eta \cdot \omega \cdot r^2}{R - r + a \cdot \cos\varphi}\,d\varphi + \frac{3 \cdot \omega \cdot \eta}{\psi^2} \cdot \frac{[1 + \chi \cdot \cos\varphi - \alpha\,(1 - \chi)] \cdot (R - r + a \cdot \cos\varphi)}{(1 + \chi \cdot \cos\varphi)^3}\,d\varphi$$

und nach Ersetzen der Größen R, r und a durch ψ und χ reduziert sich der Ausdruck auf

$$\frac{dS}{B} = \frac{\eta \cdot \omega \cdot r}{\psi} \cdot \frac{[1 + \chi \cdot \cos\varphi + 3 \cdot (1 + \chi \cdot \cos\varphi - \alpha\,(1 - \chi))]}{(1 + \chi \cdot \cos\varphi)^2} \cdot d\varphi \quad (16)$$

Die beiden Differentialgleichungen 15 und 16 ergeben integriert die Druckverteilung in der Schmierschicht und die zugehörige Schubkraft an der Wellenoberfläche. Um die Integration durchzuführen, betrachten wir zunächst die Grenzbedingungen der Gleichungen, die sich aus den praktischen Verhältnissen der Schmierung und der Lagerkonstruktion ergeben. Der Druck in der Schmierschicht hat zwei Nullstellen, wie sich aus dem Vergleich der allgemeinen Gleichung (9) mit unserem Fall ergibt; den Punkten x_1 und x_2, wo der Druck zu 0 wird, entsprechen auch hier die Stellen der geringsten und der größten Schmierschichtdicke. Zur Ableitung der Gl. (9) war angenommen, daß V entgegengesetzt zur positiven x-Richtung verlaufe, was für den Differentialquotienten $\frac{dp}{dx}$ in Gl. (3) einen negativen und für den Druck einen positiven Wert ergab. Nehmen wir nun eine sich erweiternde Schmierschicht an, so läuft nach unserem Ansatz V in Richtung der wachsenden x, $\frac{dp}{dx}$ wird positiv und der Druck negativ; seine Größe bestimmt sich jedoch nach der gleichen Formel. Für unseren Fall einer ringförmigen Schmierschicht, für die der Druck eine geschlossene stetige Funktion sein muß, ergibt sich also eine symmetrische Druckverteilung zu beiden Seiten einer Nullstelle mit entgegengesetztem Vorzeichen.

Auf Grund dieser Bedingung können wir nunmehr die Differentialgleichung für den Schmierschichtdruck integrieren; wir wählen zweckmäßig als Anfangsrichtung der φ-Werte eine Nullstelle des Druckes, etwa diejenige der stärksten Schmierschicht, und rechnen nun für kleine Winkelabschnitte $d\varphi$ die Werte dp aus, indem wir für einen gegebenen Exzentrizitätswert χ verschiedene α-Werte annehmen. Die Summierung der einzelnen Differenzenwerte dp ergibt dann die Kurven des Druckes p. Von dieser Kurvenschar mit dem Parameter α erfüllt nun eine Kurve unsere Grenzbedingungen, nämlich diejenige, welche im Punkte geringster Schmierschichtstärke $\varphi = 180^0$ durch O geht. Diese Druckverteilungskurve ist die gesuchte.

Für jede Exzentrizität der Wellenachse, d. h. für jeden Betriebszustand erhält man so eine Druckverteilungskurve, und zwar wird mit steigender Drehzahl, also abnehmender Exzentrizität χ der Druckverlauf flacher, also gleichmäßiger. Der Punkt des höchsten Schmierdruckes wandert allmählich von der Stelle des engsten Spaltquerschnitts bis zum Punkte $\varphi = 90^0$. Bei der Drehzahl $n = \infty$ wäre keine Exzentrizität vorhanden, der Druck wäre rundherum im Spalt gleichmäßig 0. Im Falle $n = 0$ wäre der Druck auch überall 0 bis auf den engsten Querschnitt, der ja theoretisch $= 0$ sein müßte, wo der Druck dann von 0 auf ∞ anstiege, um über $-\infty$ auf 0 zurückzukehren. Aus der Kurve der Druckverteilung geht auch der Ort des engsten Querschnitts hervor, denn die geometrische Resultierende der Druckwerte auf die einzelnen Lagerflächenelemente muß naturgemäß in die Richtung des Zapfendrucks fallen.

Hieraus und aus dem soeben geschilderten Druckverlauf geht hervor, daß für $n = 0$ die geringste Schmieröldicke sich an der tiefsten Stelle des Lagers befindet, was sich ohne weiteres mit der allgemeinen Ansicht deckt. Mit steigender Drehzahl wandert das Druckmaximum von dieser Stelle fort, der engste Querschnitt selbst steigt also am Zapfenumfang nach oben, um bei $n = \infty$ die horizontale Lage zu erreichen.

Um diese weitläufigen Überlegungen anschaulicher zu gestalten, sei im folgenden ein kurzes Beispiel durchgerechnet. In der Differentialgleichung des Druckes nehmen wir die Konstante $\frac{\psi^2}{6\,\omega\,\eta}$ auf die linke Seite der Gleichung hinüber und werten nun die Beziehung

$$\frac{\psi^2}{6 \cdot \omega \cdot \eta} \cdot dp = \frac{1 + \chi \cdot \cos\varphi - \alpha \cdot (1 - \chi)}{(1 + \chi \cdot \cos\varphi)^3} \cdot d\varphi \qquad (15\,\mathrm{a})$$

für die einzelnen φ-Werte aus. Gewählt sei der Fall $\chi = 0{,}7$ für den sich das für die Druckverteilung richtige α durch Probieren zu 1,366 ermittelt. Die Berechnung der Druckverteilung sei dann in Tabelle 1 ausgeführt und in Abb. 79 dargestellt, wo die Verhältniswerte des Druckes über dem abgewickelten Umfang aufgetragen sind. Der Winkel φ_1, den der engste Ölringquerschnitt mit der Horizontalen bildet, beträgt in unserem Falle 35,5°, so daß das richtige Polardiagramm des Schmiermitteldruckes wie in Abb. 80 aussieht.

Tabelle 1
zur Berechnung der Druckverteilung in einem Traglager

	$\chi = 0{,}7$	$\alpha = 1{,}366$	$\alpha(1-\chi) = 0{,}410$		
φ	$1 + \chi \cdot \cos\varphi - \alpha \cdot (1-\chi)$	$(1 + \chi \cdot \cos\varphi)^3$	$\frac{1 + \chi \cdot \cos\varphi - \alpha(1-\chi)}{(1 + \chi \cdot \cos\varphi)^3}$	φ	$\Sigma \frac{1 + \chi \cdot \cos\varphi - \alpha(1-\chi)}{(1 + \chi \cdot \cos\varphi)^3}$
10°	1,279	4,823	0,265	0°	0
30°	1,196	4,138	0,289	20°	0,265
50°	1,040	3,049	0,341	40°	0,554
70°	0,829	1,901	0,436	60°	0,895
90°	0,590	1,000	0,590	80°	1,331
110°	0,351	0,441	0,796	100°	1,921
130°	0,140	0,166	0,843	120°	2,717
150°	—0,016	0,061	—0,262	140°	3,560
170°	—0,099	0,030	—3,300	160°	3,298
				180°	—0,002

Wir müssen nun diese Überlegungen noch in Rücksicht auf Ausführungsmöglichkeit korrigieren. Um die errechnete theoretische Druckverteilung in dem Lagerspalt herzustellen, muß der Ölzulauf in einen Punkt des Umfanges gelegt werden, dessen Druck $= 0$ ist, denn in einem anderen Punkte würde ein Zulauf die Druckverteilung insofern stören, als der Druck hier auf 0 absinken würde. Dies ist nun aber allgemein der Fall, da der Zulauf wegen des Ausbaues des Lagers in die Lagerfuge gelegt wird, und daher nach dem oben Gesagten nur für $n = \infty$ unsere Rechnung den tatsächlichen Verhältnissen entsprechen würde. Wir müssen also zur Auswertung der Differentialgleichung des Druckes andere Integrationsgrenzbedingungen einführen, indem wir verlangen, daß der Druck außer in dem engsten Querschnitte, nicht an der gegenüberliegenden Stelle größter Spaltbreite, sondern an der Teilfuge des Lagers zu 0 wird. Die Integration ergibt dann als Druckkurve keine symmetrische Funktion mehr, der Umschließungswinkel des positiven Druckes ist kleiner als 180°. Wird der Öleinlauf auf eine andere Stelle des Lagerumfanges verlegt, so ändern sich die Druckverhältnisse in der Schmierschicht entsprechend.

Sodann müssen wir die Theorie insofern an die Praxis angleichen, als in dem mit der Atmosphäre doch mehr oder minder in Verbindung stehenden Spaltraum kein Unterdruck entstehen kann. Auch im allseitig geschlossenen Lager wäre der Unterdruck in der oberen Lagerhälfte durch den Dampfdruck des Öles begrenzt, so daß man praktisch jeden Unterdruck mit atmosphärischem Druck gleichsetzt. Man gelangt auf diese Weise zu dem Ergebnis, daß bei der Ölzufuhr durch die Lagerfuge die obere Lagerschale ohne Bedeutung für die Schmierung ist und eine halbumschließende Lagerschale für unsere Betrachtungen genügt. Eine Durchrechnung des obigen Beispiels für diese Annahme würde auch keine wesentliche Änderung in der Druckverteilung zeitigen.

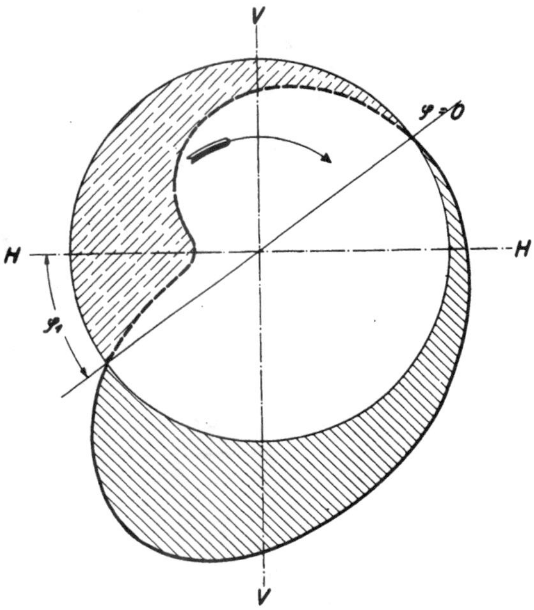

Abb. 80.

Nachdem im voraufgehenden eingehend über die Integration der Druckgleichung gesprochen ist, kann die Differentialgleichung für den Schub, die ja fast die gleiche Struktur hat, mit dem Bemerken übergangen werden, daß man die Werte der rechten Gleichungsseite in gleicher Weise über dem Winkel φ aufträgt, und planimetriert. Das Ergebnis stellt dann den Widerstand der Welle dar.

Während die vorstehenden Betrachtungen sich lediglich auf die funktionalen Zusammenhänge bezogen und Verhältniswerte ergaben, soll nunmehr noch kurz darauf eingegangen werden, welche Schlüsse auf Konstruktion und Betrieb der Lager sich aus denselben ziehen lassen.

Als Betriebsverhältnisse eines Lagers sind außer seinen Abmessungen B und r als gegeben anzusehen: die Lagerbelastung P, die Drehzahl n und damit ω, das Lagerspiel $R - r$ und damit ψ und die Zähigkeit des Schmiermittels η. Auf Grund dieser Größen gelingt es uns mit Hilfe der oben erläuterten Integration der beiden Differentialgleichungen den Druck $\frac{P}{B}$ und die Schubkraft $\frac{S}{B}$ an der Welle zu ermitteln, indem wir verschiedene χ-Werte annehmen und die Erfüllung der Randbedingungen beachten. Durch Multiplikation der schon oben berechneten p-Werte mit der Konstanten $\frac{6 \cdot \omega \cdot \eta}{\psi^2}$ erhalten wir die wahren Druckwerte, und in gleicher Weise ergeben sich die Schubwerte aus der planimetrierten Fläche unter Umrechnung mit dem Faktor $\frac{\eta \cdot r \cdot \omega}{\psi}$. Die Kurve der dimensionslosen Werte $\frac{p \cdot \psi^2}{\omega \cdot \eta}$, über den χ-Werten aufgetragen, gibt uns die Möglichkeit, bei der gegebenen Lagerbelastung p für die Breite $B = 1$ die zugehörige Exzentrizität der Wellenachse zu ermitteln. Damit ist uns dann auch S gegeben, und da nach Definition

$$S = \mu \cdot P,$$

ist uns auch die Größe des Reibungskoeffizienten bekannt. Bilden wir den Quotienten

$$\frac{\dfrac{S \cdot \psi}{B \cdot \eta \cdot \omega \cdot r}}{\dfrac{P \cdot \psi^2}{B \cdot \eta \cdot \omega \cdot r}} = \frac{\mu}{\psi}, \qquad (17)$$

so haben wir wiederum eine dimensionslose Größe, die unabhängig von den Lagerdimensionen über χ aufgetragen werden kann. In Abb. 81 ist in der Abhängigkeit von χ die Auftragung der angeführten dimensionslosen Werte erfolgt. Außer den oben genannten Zahlenwerten sind noch die

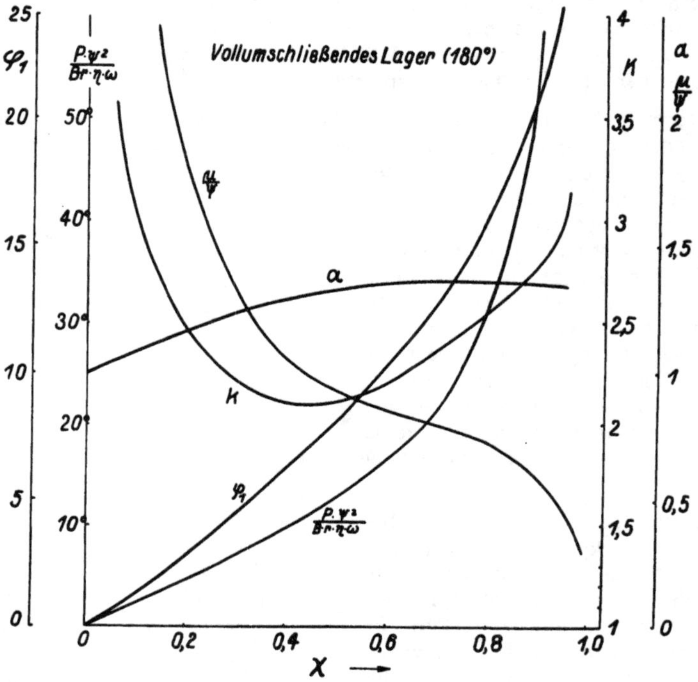

Abb. 81.

Winkel φ_1 verzeichnet, die die engste Stelle der Schmierschicht mit der Horizontalen bildet. Außerdem ist dort noch ein Wert

$$k = \frac{\dfrac{S \cdot \psi}{B \cdot \eta \cdot \omega \cdot r}}{\sqrt{\dfrac{P \cdot \psi^2}{B \cdot \eta \cdot \omega \cdot r}}} \qquad (18)$$

aufgetragen, der nach Einsetzen der Werte $\frac{P}{B} = 2 \cdot r \cdot p_{\text{mittel}}$ und $S = \mu \cdot P$ identisch ist mit

$$k = \mu \cdot \sqrt{\frac{2 \cdot p_{\text{mittel}}}{\eta \cdot \omega}}, \qquad (18\,a)$$

sodaß die k-Kurve den relativen Verlauf der Reibungskoeffizienten angibt. Für die Endwerte $n = 0$ und $n = \infty$ hat die Reibungszahl also einen Höchstwert, während ein Minimum etwa für $\chi = 0{,}45$ eintritt. Außer dem in Abb. 81 dargestellten Kurvenblatt für ein vollumschließendes Lager mit 180° tragender Ölschicht ist in Abb. 82 der Verlauf der gleichen Funktionen für ein halbumschließendes Traglager dargestellt; man sieht, daß ein wesentlicher Unterschied zwischen beiden Fällen, wie schon oben gesagt, nicht besteht.

Wir sind damit in der Lage, für ein Traglager die Zustände und Zusammenhänge in der Schmierschicht für jeden Fall festzustellen und können nun auch Rückschlüsse auf die Konstruktion der Lager ziehen. Die Reibungsarbeit in einem Lager bewirkt eine Erhöhung der Temperatur im Schmiermittel und in den Lagerschalen. Indem wir die letztere Wirkung vernachlässigen, erhalten wir als Gleichung zwischen abgegebener Arbeit und aufgenommener Wärme

$$S \cdot \omega \cdot r = 427 \cdot \Delta t \cdot c \cdot \gamma \cdot Q, \qquad (19)$$

worin Q die Ölmenge pro Zeiteinheit, c die spezifische Wärme und Δt die Temperaturerhöhung bedeuten. Durch eine Umformung nach der obigen Gleichung erhalten wir

$$\Delta t = \frac{4}{427} \cdot \frac{\mu \cdot p_{\text{mittel}}}{a(1-\chi) \cdot \psi \cdot \gamma \cdot c} \quad \ldots\ldots\ldots\ldots \quad (19a)$$

Dieser Temperaturerhöhung wird entgegengewirkt, indem man unter Druck Öl dem Lager zuführt, welches sich über die Stellen theoretischen Unterdruckes verteilt und als Kühlmittel wirkt. Um die Abgabe der Wärme durch die Lagerschalen nach außen zu unterstützen, führt man die Außenfläche von Lagern mit möglichst großer Oberfläche in Form von Rippen aus.

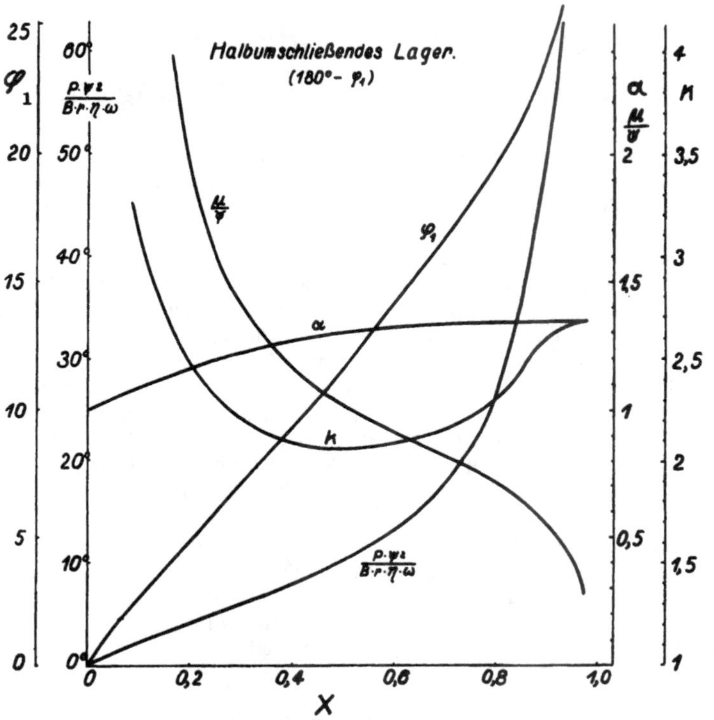

Abb. 82.

Die im Lager umlaufende Schmiermittelmenge errechnet sich nach der schon oben angegebenen Formel $q = \frac{h_m \cdot V}{2}$ und da $h_m = a \cdot (1-\chi) \cdot (R-r)$ erhalten wir

$$q = \frac{1}{2} \cdot (1-\chi) \cdot r^2 \cdot \psi \cdot a \cdot \omega \quad \ldots\ldots\ldots\ldots \quad (20)$$

Ist die umlaufende Ölmenge geringer, so erhöht sich die Reibung. Sinkt die geringste Schmierschichtdicke unter das Maß der Unebenheiten der Lagerschale (0,1 — 0,01 mm), so tritt Berührung zwischen Welle und Lagerschale ein, die man als halbflüssige Reibung bezeichnet. Es ist also die Reibungsarbeit und überhaupt die Bemessung eines Lagers in hohem Grade abhängig von der Bearbeitung.

Schon oben ist einmal erwähnt, daß der Druck in der Schmierschicht an der Stelle des Zulaufes auf 0 absinkt; dies tritt ebenfalls ein, wenn an einer Stelle des Lagers eine Verbindung mit der Außenluft, etwa durch eine über die ganze Lagerbreite laufende Schmiernute vorhanden ist. Sind im Lager schräglaufende Nuten angebracht, so bilden diese eine Verbindung zwischen Teilen der Schmierschicht, die verschiedenen Druck aufweisen, so daß sich der höhere Druck auf diesem Wege ausgleichen wird. Es ist für das einwandfreie Wirken der Lagerschmierung also schädlich, wenn Nuten in den Lagerflächen angebracht werden, mit Ausnahme einer Verteilungsnut quer zur Bewegungsrichtung an der Einlaufstelle, welche dafür sorgt, daß das Öl sich über die ganze Breite des Lagers bzw. der Gleitfläche verteilt.

Anhang X.

Allgemeine Bemerkungen über die im Schiffsmaschinenbau verwendeten Verzahnungen.

§ 1. **Begriffe und Bezeichnungen.** Von einigen Sonderkonstruktionen ohne größere Verbreitung abgesehen, haben Schiffsgetriebe immer Außenverzahnungen, d. h. die Zähne sitzen immer am äußeren Umfange des Radkörpers. Es sollen daher im nachstehenden ausschließlich diese Verzahnungen besprochen werden.

Mit Teilkreis bezeichnet man bei zwei zusammenarbeitenden Zahnrädern die Kreise, auf welchen man sich die beiden Räder gegenseitig aufeinander abrollend denken kann. Spricht man vom Durchmesser eines Zahnrades, so meint man damit zunächst immer den Durchmesser des Teilkreises. Zahnteilung, Umfangsgeschwindigkeit und Zahndrücke werden immer auf die Teilkreise bezogen.

Da zwei im Eingriff befindliche Zahnräder mit ihren Teilkreisen aufeinander rollen (wenn man deren momentane Relativbewegung betrachtet), ohne zu gleiten, so ist die Umfangsgeschwindigkeit u der beiden Räder im Teilkreis gleich groß. Aus dem gleichen Grunde müssen sich die Zähnezahlen z_1 und z_2 wie die Durchmesser D_1 und D_2 verhalten. Die Winkelgeschwindigkeiten und die Drehzahlen beider Räder verhalten sich umgekehrt wie deren Durchmesser oder Zähnezahlen.

Unter Übersetzungsverhältnis versteht man das Verhältnis der Umdrehungszahlen von getriebener und treibender Welle. Bezeichnen wir

mit i das Übersetzungsverhältnis,
,, n die Drehzahl, u die Umfangsgeschwindigkeit,
,, ω die Winkelgeschwindigkeiten, ferner
,, dem Index $_1$ die Werte für das treibende Rad und
,, dem Index $_2$ die Werte für das getriebene Rad,

so besteht die Beziehung:

$$i = \frac{n_2}{n_1} = \frac{\omega_2}{\omega_1} = \frac{D_1}{D_2} = \frac{z_1}{z_2}$$

ferner ist $u_1 = u_2$.

Bezeichnen wir mit a den Achsenabstand der beiden im Eingriff befindlichen Räder, so ist $a = R_1 + R_2 = R_2(1 + i)$. Zahn und Zahnlücke bilden eine Zahnteilung. Die Teilung wird im allgemeinen auf dem Teilkreis gemessen und in Vielfachen von π angegeben; man schreibt: Teilung $t = m\pi$. Den Wert m bezeichnet man als Modul; die Zähnezahl ist dann $z = \frac{D}{m}$ Die Zahnstärke s und die Lückenweite w werden im Teilkreis gemessen und sind meist verschieden groß.

Als Zahnfuß wird der vom Teilkreis nach innen liegende Teil des Zahnes bezeichnet, während der vom Teilkreis nach außen liegende Teil des Zahnes Zahnkopf genannt wird. Die Summe der Höhen von Zahnkopf und Zahnfuß wird Zahnhöhe genannt und sei mit h bezeichnet.

Der geometrische Ort der Berührungspunkte der Zahnflanken zweier im richtigen Eingriff zusammenarbeitender Zahnräder heißt Eingriffslinie (vgl. § 4).

§ 2. **Die wichtigsten für den Entwurf von Verzahnungen maßgebenden Gesetze.** 1. Von jeder Verzahnung muß verlangt werden, daß, wenn das antreibende Rad mit konstanter Geschwindigkeit läuft, auch das getriebene Rad konstante Geschwindigkeit besitzt. Dies bedingt, daß die Übersetzung konstant bleiben und letzteres wieder, daß die momentanen Teilkreise der Räder während des Arbeitens der beiden Räder die gleichen bleiben müssen; was eben besagt, daß die Kurve, auf welcher die Zahnteilung abgesetzt wird, keine andere als ein Kreis sein darf. Dies ist zunächst nicht ohne weiteres selbstverständlich, denn es kämmen z. B. auch elliptische Räder sehr wohl zusammen, nur daß sich dabei, wie leicht ersichtlich, die momentanen Teilkreise und das momentane Übersetzungsverhältnis andauernd ändern; läuft das treibende Rad völlig gleichförmig, so dreht sich in diesem Falle trotzdem das getriebene Rad mit periodisch wechselnder Winkelgeschwindigkeit.

2. Ein wichtiger, allgemein gültiger Satz, welcher für das Verständnis der Wirkungsweise von Verzahnungen grundlegend ist, lautet:

Die Normale im Berührungspunkte zweier Zahnprofile geht stets durch den Berührungspunkt der beiden Teilkreise hindurch.

Anders ausgedrückt bedeutet obiger Satz: Der Berührungspunkt der Teilkreise ist das Momentanzentrum für die Gleitbewegung der Zahnflanken.

Dieses Gesetz ist lediglich eine geometrische Beziehung, die für alle Arten von Verzahnungen gilt und nur den Zusammenhang zwischen Zahnflanke und Teilkreisberührungspunkt angibt. Im allgemeinen Fall gilt das Gesetz nur von Augenblick zu Augenblick; die Teilkreise wechseln und damit jeweils die Winkelgeschwindigkeiten und die Übersetzung. Das Verzahnungsgesetz kann hier dazu benutzt werden, um für eine solche unrunde Zahnscheibe die zugehörige Verzahnung punktweise zu konstruieren. Die Bedeutung solcher allgemeinen Verzahnungen tritt aber weit zurück gegenüber derjenigen der gebräuchlichen Verzahnungen mit einem festen Übersetzungsverhältnis, für die im folgenden das Verzahnungsgesetz bewiesen werden soll. (Der Beweis ist allgemein gültig, wenn man die geometrischen Größen sämtlich als momentane auffaßt.)

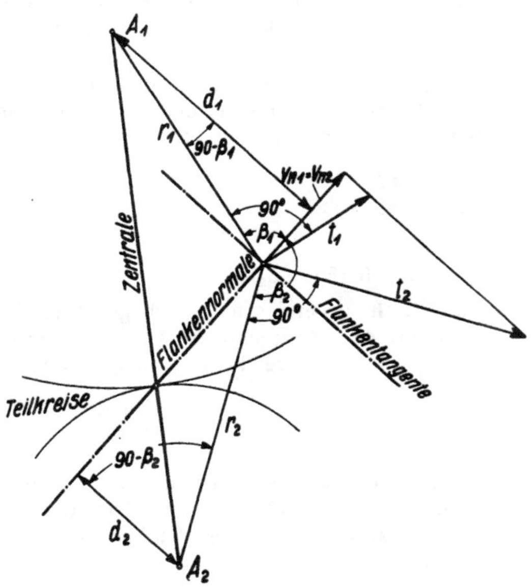

Abb. 83.

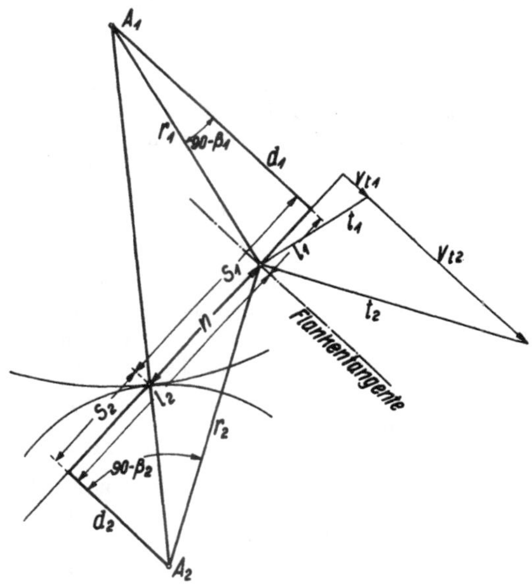

Abb. 84.

Für die normalen Zahnradübersetzungen gilt die Bedingung, daß die Winkelgeschwindigkeiten beider Räder in einem festen Verhältnis stehen

$$\frac{\omega_2}{\omega_1} = i.$$

Zwei sich berührende Flankenpunkte mit den Abständen r_1 und r_2 von den zugehörigen Radachsen haben dann die momentanen Umfangsgeschwindigkeiten

$$t_1 = r_1 \cdot \omega_1 \text{ und } t_2 = r_2 \cdot \omega_2.$$

Damit nun kein Abheben der Zähne auftritt, muß die Geschwindigkeitskomponente in Richtung des Zahndruckes — d. h. senkrecht zur gemeinsamen Tangente beider Zahnflanken im Berührungspunkt — bei beiden Zähnen gleich sein vgl. Abb. 83:

$$v_{n1} = v_{n2}.$$

Diese Projektion beider Geschwindigkeiten t_1 und t_2 auf die Flankennormale erhalten wir als

$$v_{n1} = t_1 \cdot \cos(90 - \beta_1) \text{ und } v_{n2} = t_2 \cdot \cos(90 - \beta_2).$$

wenn mit β_1 und β_2 die Winkel, welche die Normale mit den Verbindungsgeraden zwischen den Radmittelpunkten und dem Berührungspunkte einschließt, bezeichnet werden. Wir haben also die Gleichung

$$\omega_1 \cdot r_1 \cdot \cos(90 - \beta_1) = \omega_2 \cdot r_2 \cdot \cos(90 - \beta_2).$$

Die Faktoren der Winkelgeschwindigkeiten sind in dieser Gleichung die jeweiligen Lote d_1 bzw. d_2 von den Achsen auf die Flankennormale, so daß die Beziehung lautet:

$$\omega_1 \cdot d_1 = \omega_2 \cdot d_2$$

$$\frac{\omega_1}{\omega_2} = \frac{d_2}{d_1} = i.$$

Nach einem Satze der projektiven Geometrie bilden sämtliche Geraden mit konstantem Abstandsverhältnis von zwei Punkten — hier A_1 und A_2 — ein Strahlenbüschel durch den Punkt, der die Verbindungsgerade der gegebenen Punkte im gegebenen Verhältnis teilt. Letzterer Punkt ist der Berührungspunkt der beiden Teilkreise, durch den somit alle Normalen zur Flankenkurve in den jeweiligen Berührungspunkten hindurchgehen.

3. Wichtig für die Reibungs- und Abnutzungsverhältnisse, welche in Verzahnungen auftreten, ist es, die an den Zahnflanken auftretenden Gleitgeschwindigkeiten zu kennen. Hierzu ist zu bemerken, daß im Berührungspunkte der Teilkreise allein kein Gleiten der Zähne stattfindet. Demnach ist eine Abnutzung der Zähne durch Gleiten nicht vorhanden an denjenigen Stellen der Zähne, welche in der Verbindungslinie der beiden Mittelpunkte der Zahnräder sich berühren. Von hier aus sowohl gegen den Kopf, als auch gegen den Fuß des Zahnes hin findet ein vom erstgenannten Punkte aus zunehmendes Gleiten statt. Über die Größe der Gleitgeschwindigkeit geben folgende Überlegungen Aufschluß — vgl. Abb. 84 —:

Die momentane Gleitgeschwindigkeit v_g zwischen zwei sich berührenden Flankenpunkten ist die Differenz der Geschwindigkeitskomponenten, die in die Richtung der Flankentangente fallen. Die beiden Komponenten ergeben sich aus den Umfangsgeschwindigkeiten t_1 und t_2 als

$$v_{t1} = t_1 \cdot \sin(90 - \beta_1) = \omega_1 r_1 \cdot \sin(90 - \beta_1)$$

$$v_{t2} = t_2 \cdot \sin(90 - \beta_2) = \omega_2 r_2 \cdot \sin(90 - \beta_2),$$

so daß die Gleitgeschwindigkeit sich ergibt zu

$$v_g = v_{t1} - v_{t2} = \omega_1 r_1 \sin(90 - \beta_1) - \omega_2 r_2 \sin(90 - \beta_2).$$

Die Faktoren der Winkelgeschwindigkeiten in dieser Gleichung sind geometrisch gedeutet die Abschnitte der Flankennormale zwischen dem Berührungspunkte der Zähne und den Loten d_1 und d_2 von den Radmittelpunkten auf die Normale, welche wir mit l_1 und l_2 bezeichnen wollen, so daß

$$v_g = \omega_1 l_1 - \omega_2 l_2.$$

Wir schreiben nun

$$l_1 = s_1 - n \qquad l_2 = s_2 + n,$$

worin s_1 und s_2 die dritten Seiten der aus den Loten d_1 und d_2 und den Zentralabschnitten z_1 und z_2 (Teilkreisradius) gebildeten ähnlichen Dreiecke sind, und n die Strecke auf der Normalen zwischen Berührungspunkt der Flanken und dem der Teilkreise. Dann ist auf Grund der Ähnlichkeit

$$\frac{s_1}{s_2} = \frac{d_1}{d_2} = \frac{\omega_2}{\omega_1}$$

und wir erhalten aus

$$v_g = \omega_1 (s_1 - n) - \omega_2 \left(s_1 \frac{\omega_1}{\omega_2} + n\right)$$

schließlich

$$v_g = - n(\omega_1 + \omega_2).$$

Dies entspricht einer Drehbewegung des Berührungspunktes der Flanken um den der Teilkreise mit einer Winkelgeschwindigkeit, die gleich der Summe derjenigen beider Räder ist, was man sich auch unmittelbar aus der relativen Bewegung beider Zahnräder anschaulich klar machen kann. Für eine bestimmte Zahnradübersetzung ist v_g also proportional dem Abstand vom Berührungspunkte der Teilkreise.

§ 3. **Die übliche Zahnflankenform.** An sich kann man eine unendliche Anzahl von Kurven ersinnen, welche ein richtiges Kämmen zweier Zahnräder gewährleisten, bei welchen also sowohl die Forderung der Konstanz der Teilkreise, als auch das Normalengesetz erfüllt ist. In der Praxis haben sich jedoch aus gewissen Gründen nur zwei Formen von Verzahnungen eingebürgert, und zwar wegen verschiedener Eigenschaften, welche sie für Herstellung und Gebrauch besonders geeignet machen. Es sind dies die Zykloidenverzahnung und die Evolventenverzahnung.

Im Schiffsmaschinenbau werden lediglich Evolventenverzahnungen verwendet, und es soll daher im nachstehenden auch nur von den Eigenschaften der Evolventenverzahnung gesprochen werden. Diese sind namentlich die folgenden:

a) Die Zahnflanken sind Stücke von sog. Kreisevolventen. Die Kreisevolvente entsteht, indem man sich einen am Umfange eines Kreises aufgewickelten Faden, an dessen Ende ein Schreibstift befestigt ist, in der Kreisebene abgewickelt denkt. Der Stift beschreibt dabei eine Evolvente. Ist der Kreis unendlich groß, so wird die so entstehende Evolvente die Form einer Geraden annehmen.

b) Die Eingriffslinie ist bei der Evolventenverzahnung eine Gerade, d. h. der geometrische Ort der Berührungsstellen der Zahnflanken aller in Eingriff befindlichen Zähne ist eine Gerade, welche selbstverständlich durch den Teilkreis geht. Die Eingriffslinie ist gleichzeitig die Tangente an die beiden Grundkreise — d. h. die Kreise, von welchen man sich den Faden abgewickelt denkt, dessen Endpunkt nach a) die Zahnflanke erzeugt[1]).

c) Die Evolventenverzahnung hat die Eigenschaft, daß Räder gleicher Zahnteilung und gleicher Neigung der Eingriffsgeraden, aber von ganz beliebigen Zähnezahlen, d. h. also Teilkreisdurchmessern, ohne weiteres richtig ineinander kämmen. Dies bedeutet zugleich, daß sie bei Verwendung des Abwälzverfahrens mit ein und demselben Fräser geschnitten werden können, wie man sich aus Anhang XI, § 1 leicht klarmachen kann. Eine durch die Achse des Fräsers und den Berührungspunkt von dessen Teilzylinder mit dem Teilzylinder des zu fräsenden Rades gelegte Ebene schneidet aus dem Fräser das Profil einer Zahnstange aus, welche sich bei der Drehung des Fräsers am Teilkreis des Rades entlang schiebt. Diese Zahnstange arbeitet mit Evolventenzähnen von Rädern jeden Durchmessers richtig zusammen. Letztere Eigenschaft der Evolventenverzahnung ist für die Verwendung in der Praxis von ausschlaggebender Bedeutung.

d) Ein weiterer Vorteil der Evolventenverzahnung ist die Tatsache, daß es bei der Verwendung derselben zulässig ist, die Mittelpunkte der Teilkreise um kleine Beträge auseinanderzurücken. Die Richtigkeit des Eingriffs leidet dadurch nicht, wie folgende Überlegung zeigt: Die Evolventenform ist nur vom Grundkreis abhängig, der bei Veränderung des Achsenabstandes erhalten bleibt, während die Teilkreise sich ändern. Die Verschiebung der Achsen bedeutet nach vorigen Ausführungen nur eine Veränderung in der Neigung und damit auch der Länge der Eingriffslinie als Tangente an die verschobenen Grundkreise. Es ändert sich außerdem natürlich das Flanken- und Kopfspiel der Zähne

e) Bei der Evolventenverzahnung kommen auch bei kleinen Raddurchmessern und Zähnezahlen Unterschneidungen der Profile nicht vor, was für die Festigkeit der Zähne sehr günstig ist.

f) Da die Eingriffslinie zweier Evolventenräder eine Gerade ist, welche senkrecht zur Tangente am jeweiligen Berührungspunkte steht, so ergibt sich weiter als Vorteil, daß die Richtung des Zahndruckes unverändert bleibt, während dieselbe z. B. bei einer Zykloidenverzahnung ständig zwischen zwei Grenzwerten schwankt. Es ist anzunehmen, daß die gleichbleibende Richtung des Zahndruckes für den ruhigen Gang der Räder von Vorteil ist.

g) Gegenüber den vorerwähnten Vorteilen der Evolventenverzahnung kann auch nicht in Betracht kommen, daß die Evolventenzähne sich stets mit konvexen Flächen berühren. Dies ist bei der Zykloidenverzahnung nicht durchweg der Fall; es berühren sich bei derselben größtenteils eine konvexe und eine konkave Zahnflankenstelle, welcher Umstand eine bessere Anschmiegung der Zähne aneinander mit sich bringt.

---

[1]) Um zu zeigen, daß die Eingriffslinie zweier Kreisevolventen als Zahnflanken eine Gerade ist, ziehen wir das Grundgesetz der Verzahnung heran, welches verlangt, daß die Normale zur Berührungsfläche der beiden Zahnflanken durch einen festen Punkt, den Berührungspunkt der Teilkreise, geht. Die Normale eines beliebigen Evolventenpunktes tangiert stets einen festen Kreis, den Grundkreis, wie es nach der Entstehung der Evolvente ohne weiteres klar ist; dieser Grundkreis kann naturgemäß nur konzentrisch zum Teilkreis des Zahnrades sein. Da nun die Normale notwendig für beide Zahnflanken die gleiche Richtung haben muß, sind mit der Kenntnis der Evolventen auch die beiden Grundkreise bekannt. Die Evolventen sind damit durch Abwicklung von diesen beiden Grundkreisen entstanden. Da für alle Berührungspunkte der beiden Zahnflanken immer das gleiche gelten muß, können alle Berührungspunkte nur auf der gemeinschaftlichen inneren Tangente der beiden Grundkreise liegen. Diese ist also der geometrische Ort der Berührungspunkte der Flanken, d. h. die Eingriffslinie der beiden Zahnräder. Allgemein gilt also:

Die Eingriffslinie zweier Zahnräder, deren Zahnflanken durch Evolventen gebildet werden, ist eine Gerade, und zwar die innere Tangente der Evolventengrundkreise.

Anhang XI.

Über die Herstellung der Verzahnungen für Schiffsgetriebe.

§ 1. **Allgemeines.** Die Erfahrungen, welche mit Zahnrädergetrieben für Schiffsantrieb im Laufe der letzten Jahre gemacht worden sind, haben klar erwiesen, daß das einwandfreie Arbeiten dieser Maschinenteile neben der Wahl geeigneter Materialien in erster Linie von einer peinlich sorgfältigen Herstellung abhängt. Es dürfte daher angebracht sein, das Wichtigste über diese Fabrikation hier zu erwähnen.

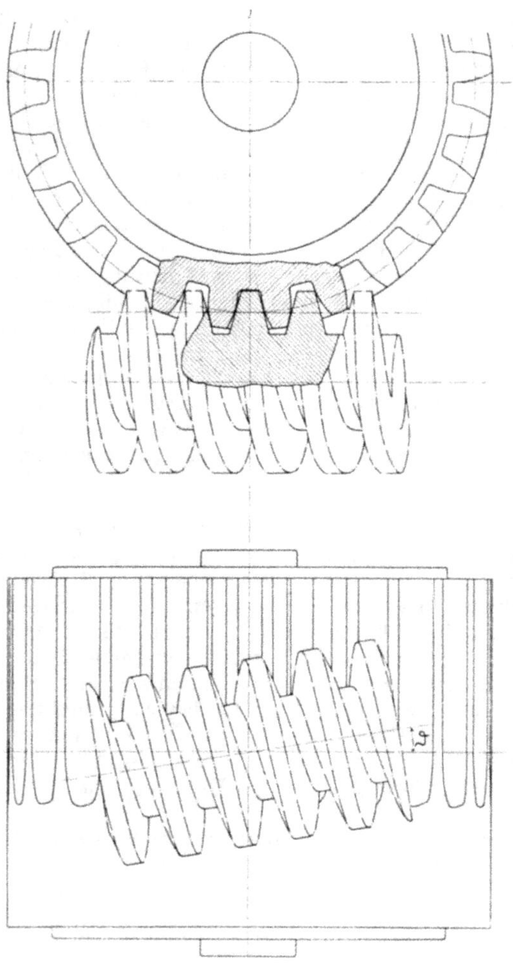

Abb. 85.

Die Herstellung der Verzahnung erfolgt heutzutage für derartige Räder fast ausschließlich nach dem Abwälzverfahren. Der hierfür verwendete Fräser besitzt die Form einer Schnecke, Abb. 85, und arbeitet in ununterbrochenem Arbeitsgang die Zahnlücken aus dem Kranz des zu fräsenden Rades heraus, indem sich Rad und Fräser gleichzeitig andauernd in Drehung befinden.

Denken wir uns zunächst, daß ein gewöhnliches Stirnrad, d. h. also ein Rad mit Zähnen, welche parallel zur Achse verlaufen, nach dem Abwälzverfahren gefräst werden soll. Wir werden dann den Schneckenfräser derartig einstellen müssen, daß der schneidende Zahn da, wo sich Fräser und Rad beim Anschneiden berühren, bei der Drehung des Fräsers eine Bewegung parallel zur Radachse besitzt. Wenn nun die Drehzahl des Fräsers im Vergleich zu derjenigen des Rades so gewählt wird, daß letzteres gerade um eine Zahnteilung fortgeschritten ist, wenn der Fräser eine Umdrehung gemacht hat, so wird dieser schneidende Zahn nach einer Umdrehung des Fräsers wieder ebenso stehen wie vorher, nur daß er die nächste Zahnlücke anschneidet. Verfolgt man diese Bewegung genauer, so wird man sehen, daß die Relativbewegung von Fräser und Rad so eingerichtet ist, daß die Zähne ganz genau die gewünschten Zahnlücken des Rades herausarbeiten. Das Profil des Fräsers muß also derartig gestaltet sein, daß, wenn Fräser und Rad durch eine Ebene senkrecht zur Radachse geschnitten werden, welche durch den Berührungspunkt vom Teilzylinder des Fräsers und Teilzylinder des Rades geht, sowohl der Fräserzahn wie die Zahnlücke die gewünschten zusammenpassenden Profile ergeben. Diese Verzahnung des Fräsers wird die einer Zahnstange sein müssen, da die durch die Drehung bedingte Fortbewegung des Fräserzahns in genannter Ebene auf einer geraden Linie sich vollzieht, wie bei einer Zahnstange (vgl. hierzu Abb. 85).

Räder mit Zähnen parallel zur Achse werden für Schiffsbetrieb, wie im Hptt. 3. Teil erläutert, jedoch nicht verwendet, sondern nur solche, deren Zähne schraubenförmig um den Radkörper verlaufen.

Wickelt man den Umfang eines derartigen Rades ab, so verlaufen die Zähne also nicht wie beim Stirnrad parallel zur Achse, sondern sie schließen mit derselben einen konstanten Winkel, welcher α genannt werden soll, ein.

Will man ein solches Rad nach dem Abwälzverfahren fräsen, so muß der Drehbewegung des Rades außer derjenigen, welche der Fortbewegung um eine Teilung bei jeder Fräserumdrehung entspricht, noch eine zusätzliche Drehbewegung gegeben werden, welche, am Teilkreis des Rades gemessen, auf jede Radumdrehung einen Betrag von der Größe w ausmacht. Würde der Fräser in seiner Lage parallel zur Radachse festgehalten werden, so würde er nunmehr sämtliche Zähne nach und nach wegfräsen. Der Fräser besitzt indessen einen Vorschub längs der Radachse, welcher für eine Radumdrehung mit v bezeichnet werden soll. Die Zähne werden also, je weiter der Fräser in Richtung der Achse fortschreitet, immer weiter in Richtung senkrecht zur Achse zurückweichen, d. h. sie werden, wenn der abgewickelte Umfang des Rades betrachtet wird, einen Winkel mit der Achse einschließen, dessen Tangente gleich dem Verhältnis der oben genannten zusätzlichen Umfangsbewegung w zum Fräservorschub bei einer Radumdrehung v ist. Wir haben also die Beziehung

$$\operatorname{tg} \alpha = \frac{w}{v}.$$

Vgl. hierzu Abb. 86, in welcher der Deutlichkeit wegen die Größen v und w um ein Vielfaches zu groß gezeichnet sind.

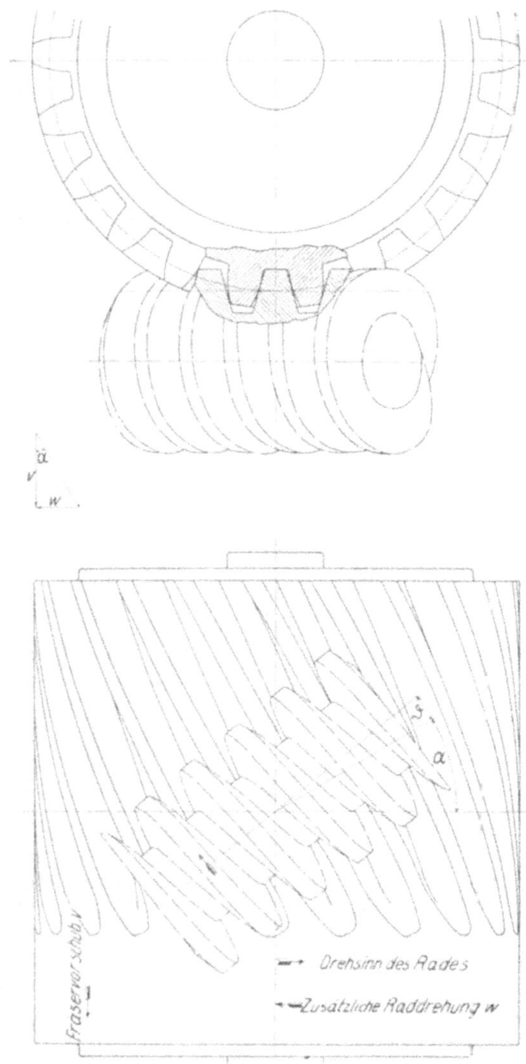

Abb. 86.

Auch hier muß die Fräserachse zur Achse des Arbeitsstückes derartig geneigt eingestellt werden, daß der arbeitende Schneckengang des Fräsers sich in der Richtung des verlangten Zahnwinkels befindet und es muß, allgemein gesprochen, das Profil des Fräsers derartig gestellt sein, daß in einer Ebene, welche durch den Berührungspunkt der Teilzylinder von Fräser und Rad derart gelegt wird, daß sie senkrecht zur Zahnschräge steht, Fräserzahn und Zahnlücke die gewünschten zusammenpassenden Profile ergeben. Von der Verzahnung gilt auch in diesem allgemeinen Fall das gleiche wie oben, d. h. der Fräser muß, wenn in vorstehend gezeichneter Weise geschnitten, die Verzahnung einer Zahnstange aufweisen[1]).

[1]) Es ist zu beachten, daß die Räder mit schrägen Zähnen bei ihrem Zusammenarbeiten, als aus unendlich dünnen Stirnradscheiben bestehend, die in der Umfangsrichtung gleichmäßig gegeneinander versetzt sind, angesehen werden müssen. Die richtige Evolventenzahnform müßte also in einer Schnittebene senkrecht zur Radachse vorhanden sein. Durch Schrägstellung des Fräsers gegenüber der Radachse weicht die Schnittkontur der Fräserzahnflanke beim Schnitt durch eine Ebene senkrecht zur Radachse wegen der Schneckenform des Fräsers vom Zahnstangenprofil ab. Diese Abweichung verursacht eine kleine Abweichung der Zahnform von der richtigen Evolventenverzahnung: Zahnkopf und Zahnfuß treten gegenüber der richtigen Evolventenform etwas zurück. Die Abweichung wird um so größer, je größer die Neigung der Fräserachse gegen die Radachse ist. Da jedoch die absolute Größe der hierdurch verursachten Fehler im allgemeinen klein ist und die Stärke der Ölschicht zwischen den Zähnen kaum übersteigen dürfte, so können diese Abweichungen von der richtigen Zahnform unbedenklich in Kauf genommen werden. — Vgl. hierzu Dr. A. Schiebel, „Zahnräder", Verlag J. Springer, 1912.

§ 2. **Fräsmaschinen.** Als typische Bauarten von Fräsmaschinen zur Ausführung dieses Arbeitsvorganges sind beispielsweise in Abb. 87 bis 89 zwei von der Firma J. E. Reinecker, A.-G., Chemnitz ausgeführte Maschinen dargestellt. Die Räderfräsmaschine Abb. 87 bis 88 dient zum Fräsen von Ritzeln und Rädern bis zu 4000 mm Durchmesser, einem Gewicht bis zu 30000 kg und einer größten in einem Zuge zu fräsenden Breite von 1850 mm. Der Antrieb der Maschine erfolgt durch einen Elektromotor, von welchem, zwangläufig miteinander gekuppelt, die Drehbewegungen des Aufspanntisches und des Fräsers sowie die vertikale Vorschubbewegung des Fräserschlittens betätigt werden. Die Teilungswechselräder bei *t* dienen zum Einstellen der für die betreffende Zähnezahl und Teilung notwendigen Drehgeschwindigkeit des Aufspanntisches bzw. des Arbeitsstückes (Weg des Radkranzes pro Fräserumdrehung = Teilung). Die Steigungswechselräder bei *s* erteilen dem Tisch mit Hilfe eines in der Antriebswelle desselben befindlichen Differentialgetriebes die für die gewünschte Neigung der Zähne erforderliche Geschwindigkeitsänderung, während die Vorschubwechselräder *v* den zugehörigen Vorschub des Fräsers in der Achsrichtung des Rades bewerkstelligen. Die verschiedenen Drehgeschwindigkeiten des Fräsers werden durch Umschalträder innerhalb des Antriebsräderkastens hergestellt. Die Einstellung des Ständers zum Tisch bzw. zum Arbeitsstück und damit der Frästiefe erfolgt mit Hilfe eines auf der Bettführung des Ständers angebrachten Maßstabes mit Nonius. Zur Herstellung der erforderlichen Neigung der Fräserachse beim Fräsen ist der Support mit Hilfe eines Schneckenradgetriebes drehbar.

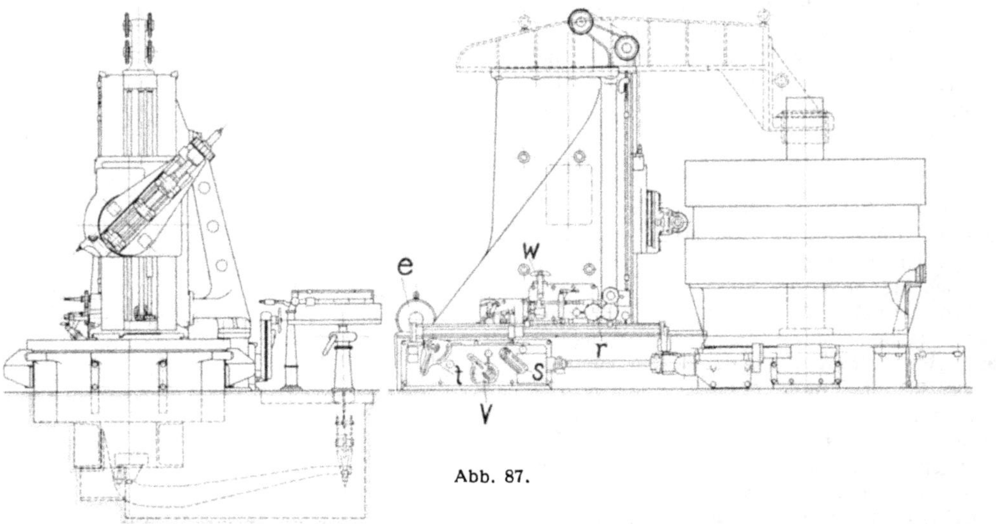

Abb. 87.

Der Antrieb des Tisches erfolgt durch ein unmittelbar unter ihm liegendes und fest mit ihm verbundenes Schneckenrad, in das zwei einander gegenüberliegende Schnecken eingreifen, welche zur Beseitigung jedes Spieles radial an das Rad herangeschoben werden können. Dies Antriebsschneckenrad muß mit ganz besonderer Genauigkeit hergestellt sein, da sich seine Teilungsfehler unmittelbar auf die zu fräsenden Räder übertragen[1]).

Der Tisch wird in der Mitte durch eine Spindel und am äußeren Umfang durch eine kegelige Gleitbahn geführt. Zur Entlastung dieser Bahn und zur Verminderung der Antriebsleistung wird der Tisch durch ein unter der Spindel angebrachtes Kugellager, das sich auf einem Hebel abstützt, nach Bedarf gehoben. Das freie Ende des Hebels ruht auf einer Dezimalwage, so daß die Größe der Entlastung genau regelbar ist. Man wählt diese am besten gleich dem Gewicht von Arbeitsstück plus Aufspannvorrichtung, so daß also die Gleitbahn stets nur durch das Tisch- und Spindelgewicht belastet wird.

Die Ritzelfräsmaschine (Abb. 89) ist eine Sondermaschine zum Fräsen von Ritzeln bis zu einem Durchmesser von etwa 900 mm und einer größten, in einem Zuge zu fräsenden Breite von etwa 2400 mm. Sie ist nach Art einer Drehbank angeordnet und gewährleistet ein besonders sicheres und genaues Auf-

[1]) Um die durch die Ungenauigkeit des Schneckenrades entstehenden Fehler herabzumindern, hat man in England den sog. „creeping table" benutzt. Bei dieser Vorrichtung liegen zwei Schneckenräder übereinander, von denen das obere mit dem Tisch verbunden ist. Der Antrieb der beiden Schnekkenräder erfolgt so, daß die Summe ihrer Drehungen die gewünschte Tischdrehzahl ergibt, daß sie dabei aber allmählich ihre gegenseitige Lage verändern. Die Auffassung, daß durch diese Relativbewegung die Übertragung der Teilfehler der Schneckenräder auf das Werkstück erheblich gemildert wird, ist irrtümlich; der „creeping table" dürfte eher schädlich als nützlich wirken, da die Tischlagerung naturgemäß unsicherer und der Antrieb komplizierter wird.

spannen des Arbeitsstückes. Sie unterscheidet sich im Prinzip ihrer Arbeitsweise und der Art ihrer Schaltungen nicht von der vorher beschriebenen Maschine, so daß sich eine nähere Erläuterung erübrigt.

Abb. 88.

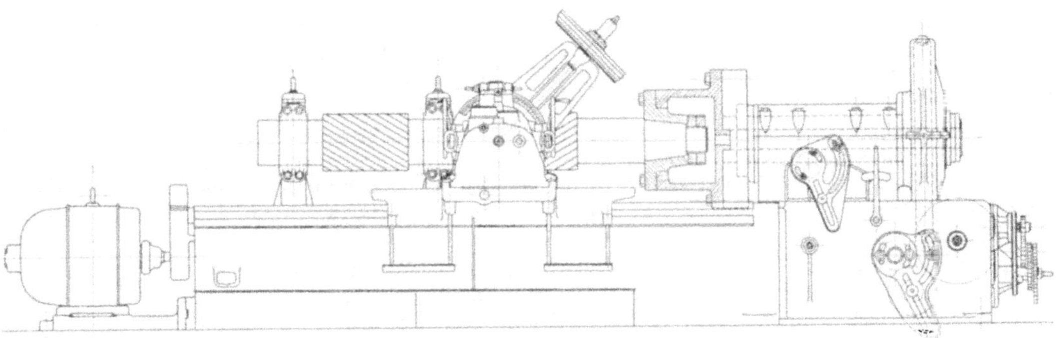

Abb. 89.

Außer der Firma J. E. Reinecker, A.-G., stellt insbesondere die Firma H. Pfauter, Chemnitz, Räderfräsmaschinen großer Abmessungen her, welche nach dem Abwälzverfahren arbeiten. Sie unterscheiden sich von denen der erstgenannten Firma unter anderem dadurch, daß bei ihnen der Ständer mit dem Bett fest verbunden ist, während sich der Tisch mit dem Arbeitsstück auf dem Bett verschieben läßt. Von englischen Firmen sind zu nennen: Wm. Muir & Co., Ltd., Manchester; Power Plant Company, West Drayton; David Brown & Co., Ltd., Huddersfield. Die Beschreibung der von diesen Firmen hergestellten erstklassigen Räderfräsmaschinen würde hier zu weit führen.

Die Aufstellung der Fräsmaschinen hat auf sehr kräftigen Fundamenten an völlig erschütterungsfreien Orten, also möglichst entfernt von schweren Werkzeugmaschinen, auf denen grobe Schrupparbeiten vorgenommen werden, von Dampfhämmern usw. zu erfolgen, da schon verhältnismäßig geringe Erschütterungen die Glätte der Zahnoberflächen nachteilig beeinflussen. Es müssen ferner Vorkehrungen zum Schutze gegen direkte Sonnenbestrahlung sowie gegen einseitige Erwärmung durch Öfen, Heizkörper usw. getroffen werden, da auch hierdurch unzulässige Ungenauigkeiten entstehen können.

§ 3. **Der Fräser.** (Abb. 90 bis 91) besitzt die Form einer eingängigen zylindrischen und kurz angespitzten Schnecke. Die Zahnflanken sind gerade, was für die leichte und genaue Herstellung von Bedeutung ist; sie sind in der Schnittebene *A—A* unter dem Winkel der Erzeugenden in der Evolvente — also im allgemeinen nur 75° — geneigt. Die Zahnform in dieser Ebene entspricht der Zahnlücke eines zu fräsenden Rades mit unendlich vielen Zähnen (Zahnstange mit geraden Zähnen). Man benötigt für jede Zahnteilung (Modul) nur je einen Rechts- und Linksfräser zur Herstellung der rechts- und linksgängigen Hälfte des Schraubenrades, unabhängig von der Zähnezahl und der verlangten Zahnneigung.

Der Durchmesser des Fräsers ist nicht zu klein zu wählen, in Rücksicht auf genügende Stärke der Fräserspindel und ausreichende Zahl von Einzelfräserzähnen. Man nehme mindestens 150 mm bis 250 mm ansteigend für den Modul von 4π bis 8π. Die notwendige Länge des Fräsers ist bedingt durch die Länge der Eingriffstrecke der betreffenden Verzahnung. Sie muß jedenfalls so groß sein, daß Anfang und Ende des Schneckengewindeganges beim Fräsen mit dem Arbeitsstück nicht mehr in Eingriff sind. Falls mit axialem Vorschub des Fräsers gearbeitet wird, muß sie demselben entsprechend größer bemessen werden. Im allgemeinen kommt man mit einer Länge von 120—220 mm aus. Der Fräser wird am besten durch Rundkeil auf der Spindel befestigt, da scharfkantige Keilnuten leicht Anlaß zu Brüchen und Härterissen geben.

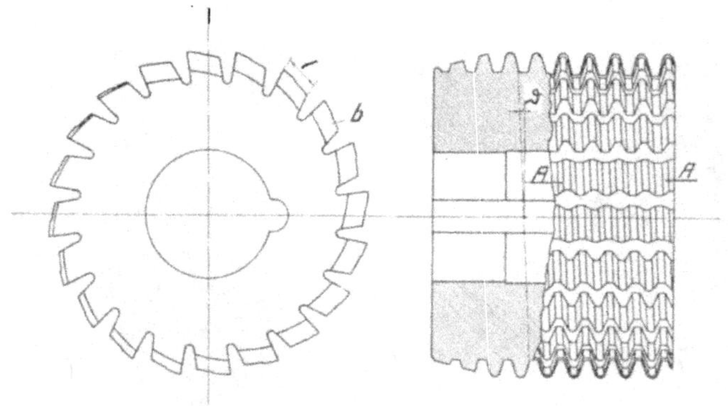

Abb. 90.

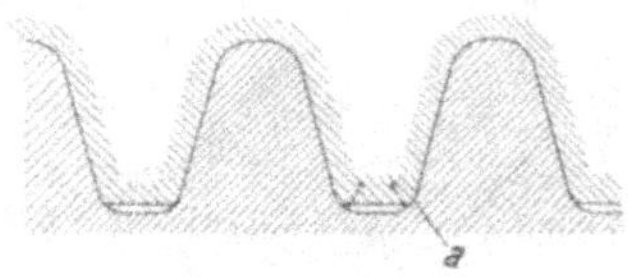

Abb. 91.

Der Fräser wird zur Ersparnis von Nacharbeit am Werkstück von Hand zweckmäßigerweise so ausgebildet, daß die Kopfkanten des Zahnes bei *a* schon beim Fräsen leicht abgerundet werden. Die Lücke zwischen den Fräserzähnen muß etwa 0,5 bis 1,5 mm tiefer sein als die Höhe des zu fräsenden Zahnes, so daß der Radkranz außen vom Fräser nicht angeschnitten wird, sondern dort Spiel zum Durchspülen des Kühlöls und zur Abführung der Späne vorhanden ist. Der Schneckengang soll in genügend viele Einzelzähne *b* unterteilt werden, damit sich die Fräsarbeit auf entsprechend viele Schneidflächen verteilt und der Fräser infolgedessen lange genug scharf bleibt, ferner damit die Zahl der Flächenelemente, aus denen beim Fräsen die Oberfläche des Zahnes entsteht, groß genug zur Erreichung einer genügenden Glätte ist. Man wählt die Länge des einzelnen Zahnes etwa 12 bis 24 mm, ansteigend für den Modul von etwa 4π bis 8π.

Die Fräserzähne sind an beiden Flanken und am Kopf zu hinterschleifen, und zwar so, daß das Zahnprofil genau erhalten bleibt, wenn der Fräser durch Nachschleifen der Brust der einzelnen Fräserzähne geschärft wird. Auf Einhaltung der richtigen Zahnform und Beseitigung aller Ungenauigkeiten, die etwa durch das Härten entstehen, ist beim Schleifen besonders zu achten. Insbesondere muß der Fräser genau rund laufen.

Als Material des Fräsers ist gehärteter hochwertiger Werkzeug- oder Schnelldrehstahl (event. Wolframstahl) von besonderem Stehvermögen zu verwenden, denn die zu fräsenden Zahnräder bestehen vielfach aus hartem Sonderstahl und der einmal angesetzte Schnitt darf nicht unterbrochen werden.

Das Aufspannen des Arbeitsstückes auf der Fräsmaschine hat mit ganz besonderer Sorgfalt zu erfolgen, aus mehreren Teilen bestehende Räder sollten soweit wie möglich in fertig zusammengebautem Zustande gefräst werden, insbesondere dürfen die Zahnkränze nicht für sich allein fertiggestellt, sondern müssen vor dem Fertigdrehen und vor dem Fräsen auf die Radkörper geschrumpft werden.

Bezüglich der Berechnung der Wechselräder sei auf die den Maschinen beigegebenen Berechnungsvorschriften und Tabellen verwiesen, da es zu weit führen würde, an dieser Stelle eine genaue Vorschrift zu geben, welche doch nicht allgemein verwendbar sein würde. Es sei nur erwähnt, daß im Konstruktionsbureau bei Wahl der Zähnezahlen, der Teilung und der Steigung beachtet werden muß, daß diese mit Hilfe der vorhandenen Wechselräder auch tatsächlich auf der betreffenden Maschine ausgeführt werden können, ferner, daß sich für Räder verschiedener Durchmesser, welche zusammen arbeiten sollen, mathematisch genau die gleiche Steigung und Teilung ergibt.

Das Fräsen sollte stets in zwei Schnitten, einem Vorschnitt und einem Fertigschnitt, erfolgen.

Als Schnittgeschwindigkeit wähle man je nach der Art des Materials etwa 160 bis 200 mm pro sek. entsprechend einer Fräserdrehzahl von 20 bis 25 in der Min. bei einem Fräserdurchmesser von 150 mm. Der Vorschub kann etwa bis 1,5 mm beim Vorschnitt und bis 0,7 mm beim Fertigschnitt gewählt werden.

Besonders beim Fertigschnitt ist darauf zu achten, daß die Maschine frei von jeden Schwingungen ist, welche z. B. infolge von Resonanz zwischen den in der Zeiteinheit zum Arbeiten kommenden Fräserzähnen und den Eigenschwingungszahlen von Teilen der Fräsmaschine oder des aufgespannten Arbeitsstückes entstehen können. Diese Schwingungen sind oft so gering, daß sie nur bei sorgfältigster Beobachtung festgestellt werden können. Trotzdem können sie einen erheblichen Einfluß auf die Glätte der Zahnoberfläche haben und müssen deshalb z. B. durch Änderung der Maschinengeschwindigkeiten oder des Vorschubes unbedingt beseitigt werden.

Jeder Radkranz muß zum mindesten beim Fertigschnitt in einem Zuge ohne Absetzen der Maschine gefräst werden, da beim Absetzen die Spannungen aus der Maschine kommen und sich an der betreffenden Stelle ein Absatz in der Verzahnung ergeben würde, wenn man die Maschine wieder in Betrieb setzt. Bleibt also beim Fertigschnitt die Fräsmaschine durch irgendeinen Zufall stehen, so beginne man sogleich den Schnitt nochmals von vorn, wobei man den Fräser um einige Zehntel Millimeter näher an das Rad heranrückt, so daß eine gewisse Materialstärke, welche für das richtige Schneiden des Fräsers notwendig ist, weggenommen wird.

Das früher vielfach empfohlene Einlaufenlassen der Verzahnung mit Hilfe von Schmirgel, welcher dem Schmieröl zugesetzt wird, ist zu verwerfen, da durch dasselbe eine Veränderung der Zahnform eintritt.

§ 4. **Über die Nachprüfung der Herstellungsgenauigkeit von Getrieberädern.** Die im Laufe der Zeit mit Schiffsgetrieben gesammelten Erfahrungen haben ergeben, daß die Betriebssicherheit und Lebensdauer solcher Getriebe — sorgfältige Wartung vorausgesetzt — in erster Linie von der Genauigkeit ihrer Herstellung abhängig ist.

Während man sich anfangs keine richtige Vorstellung von der erreichbaren und auch notwendigen Genauigkeit solcher Räder machen konnte, haben sich mit zunehmender Verwendung der Zahnradgetriebe in Verbindung mit verschiedenen Antriebsmaschinen eine Anzahl von Meßmethoden herausgebildet, welche die Möglichkeit bieten, die Genauigkeit der Zahnräder nachzuprüfen.

Die Prüfung kann sich auf verschiedene Größen erstrecken; am wichtigsten sind Flankenform, Teilung und Zahnwinkel.

Die Bedingungen für die Erzielung einer möglichst richtigen Flankenform sind durch das Verfahren selbst gegeben. Wie vorstehend erläutert, erzeugt eine als Fräser ausgebildete Schnecke mit dem leicht genau herstellbaren, trapezförmigen Profil die Zahnflanken durch Abwälzen, wodurch also die richtige Evolventenform zwangläufig entstehen muß, wenn der Fräser die richtigen Abmessungen besitzt, die Fräserachse zur Radachse senkrecht steht (vgl. Fußnote § 1) und die Fräsmaschine einwandfrei läuft. Da die durch die Schrägstellung der Fräserachse hervorgerufenen Abweichungen von der richtigen Zahnform gering sind und rechnerisch oder graphisch vorausbestimmt werden können, sind daher bei den nach dem Abwälzverfahren hergestellten Rädern Nachprüfungen auf die richtige Evolventenform nicht üblich und auch nicht notwendig. Wahrscheinlich ist die Genauigkeit der anwendbaren Meßinstrumente kleiner, als die erreichbare Genauigkeit bei der Herstellung der Zahnform.

Das Hauptinteresse konzentriert sich auf die Nachprüfung der Teilung.

Zunächst wäre festzustellen, was unter genauer Teilung zu verstehen ist. Denken wir uns zwei Räder, welche mit mathematischer Genauigkeit hergestellt sind, miteinander in Eingriff. Es wird dann in jeder Stellung die Winkelgeschwindigkeit beider Räder dem Übersetzungsverhältnis entsprechen. Wenn das erste Rad also gleichmäßig rotiert, dann wird auch das zweite Rad eine vollständig gleichmäßige Rotation zeigen. Hat eines der beiden Räder jedoch Fehler in der Teilung, so werden dieselben zur Folge haben, daß das getriebene Rad nicht mehr gleichförmig rotiert, sondern kleinere oder größere

Schwankungen in der Winkelgeschwindigkeit aufweist. Es wird auch von Wichtigkeit sein, zu wissen, ob die Abweichung von der Teilung im gleichen Sinne sich bei einer Anzahl von aufeinander folgenden Zähnen wiederholt, so daß also infolge der Addition der Teilungsfehler schließlich ein oder mehrere Zähne an merkbar anderer Stelle als bei mathematischer Teilung stehen oder aber ob die Teilfehler in dem einen Sinne bald wieder durch Teilfehler in dem anderen Sinne ausgeglichen werden, so daß kein Zahn nennenswert gegenüber der ihm bei mathematisch genauer Teilung zukommenden Stellung abweicht. Eine periodische Wiederholung derartiger Fehler über den ganzen Umfang kann Torsionsschwingungen anregen, deren Frequenz gleich ist der Zahl der Fehlerperioden, multipliziert mit der Umdrehungszahl pro Min. Je nachdem sich die Periode der Teilungsfehler ein oder mehrmal auf dem ganzen Radumfang wiederholt, wird die Frequenz der angeregten Schwingungen gleich oder ein vielfaches der Umdrehungszahl sein. Hierbei ist natürlich die Eigenschwingungszahl des rotierenden Systems zu beachten und es läßt sich daher ein allgemeines Urteil über die Gefährlichkeit oder Ungefährlichkeit von niedrigfrequenten oder hochfrequenten Teilungsfehlern nicht fällen. Demnach ist außer der Feststellung des absoluten Betrages der Teilungsfehler auch die Feststellung ihres Verlaufs auf dem Radumfang von Wichtigkeit für die Beurteilung der Genauigkeit eines Zahnrades.

Zu beachten ist bei der Beurteilung der Betriebsfähigkeit eines Zahnrades folgendes:

Die gegebenen Fehler sind nur dann in ihrer Wirkung abzuschätzen, wenn sie nicht in Längenmaßen ausgedrückt oder dargestellt werden, sondern im Bogenmaß. Man kann sich leicht vorstellen, daß ein kleines Zahnrad mit einer bestimmten Anzahl von Zähnen, verglichen mit einem mehrmals so großen Zahnrad mit der gleichen Anzahl von Zähnen, bei dem gleichen Teilungsfehler in Millimetern die größere Ungleichmäßigkeit im Gang aufweist, da der Winkel, um den der Zahn von seiner richtigen Stellung verschoben ist, beim kleinen Rad wesentlich größer ist als beim großen.

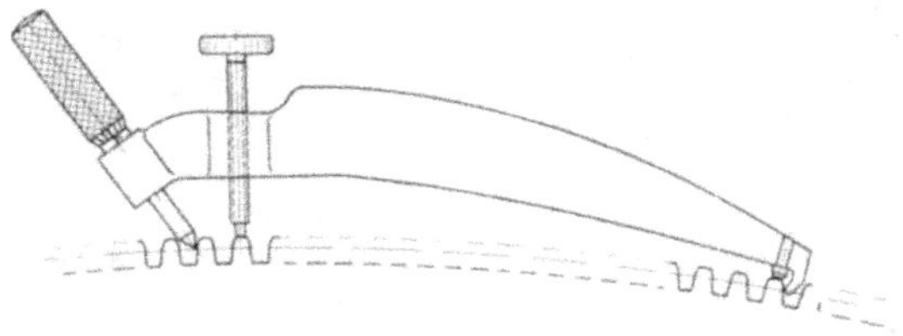

Abb. 92.

Ferner ist zu beachten, daß z. B. bei Stirnrädern, wo die Eingriffsdauer meist nicht ganz zwei Teilungen beträgt, also höchstens zwei Zähne gleichzeitig im Eingriff sind, die Teilungsfehler viel stärker zur Geltung kommen als bei Rädern mit schrägen Zähnen. Bei letzteren werden sich die Teilungsfehler, so lange dieselben die durchschnittliche Dicke der Schmierölschicht nicht übersteigen, umso mehr ausgleichen, je mehr Zähne gleichzeitig im Eingriff sind, je größer also der Zahnwinkel und je breiter das Rad ist.

Für die Nachprüfung der Teilung stehen in der Hauptsache zwei Gruppen von Verfahren zur Verfügung: die mechanischen Verfahren und die optischen Verfahren.

Die mechanischen Verfahren, welche bei der Nachprüfung von handelsüblichen, mit dem Scheibenfräser hergestellten Stirnrädern mit gutem Erfolg angewendet werden, leiden bei der Nachprüfung von Rädern für Schiffsgetriebe unter ihrer beschränkten Genauigkeit. Es ist im allgemeinen nicht möglich, ohne außerordentlich umfangreiche Vorkehrungen eine Meßgenauigkeit zu erzielen, welche $\frac{1}{100}$ mm überschreitet. Da jedoch die Teilungsfehler bei einem Schiffsgetrieberad meist unter $\frac{1}{100}$ mm betragen, so haben sich die mechanischen Verfahren trotz verschiedener Bemühungen nicht eingebürgert. Abb. 92 zeigt der Vollständigkeit wegen einen solchen Teilungsprüfer.

Dagegen sind die optischen Verfahren in ihrer Genauigkeit sozusagen unbeschränkt, da es jederzeit möglich ist, durch Steigerung der Vergrößerung und der Lichtstärke der Instrumente eine ganz außergewöhnliche Ablesegenauigkeit zu erzielen. Es sind in verschiedenen größeren Betrieben, welche sich mit der Herstellung von Schiffsgetrieben befassen, solche Meßverfahren unabhängig voneinander entwickelt worden.

Im nachstehenden soll ein derartiges Verfahren[1]) genauer beschrieben werden.

Das Prinzip der Methode ist aus Abb. 93 ohne weiteres verständlich, während aus Abb. 93a die Anordnung der ganzen Meßeinrichtung zu ersehen ist. Ein zu dem Rad passendes Meßritzel wird genau um eine Umdrehung gedreht und der zugehörige Drehwinkel des großen Rades mittels Theodoliten an einer möglichst weit entfernten Skala gemessen. Wäre die Teilung des großen Rades überall absolut richtig, so müßte sich für jede Drehung des Meßritzels der gleiche Drehwinkel des großen Rades ergeben; ist aber die Teilung des letzteren nicht genau, dann ergibt die Verschiedenheit der Raddrehungen pro Ritzelumdrehung den mittleren Teilfehler für das betreffende Gebiet des Radumfanges, woraus, wie nachstehend erläutert, ein genügend genaues Bild des Teilfehlerverlaufes über den Radumfang ermittelt werden kann.

[1]) Über dieses Verfahren der Vulcan-Werke siehe Verf., „Werft, Reederei, Hafen 1924"; ferner vgl. auch Jahrbuch der Schiffsbautechnischen Gesellschaft 1925, Vortrag Dr.-Ing. h. c. Frahm, „Zahnradgetriebe für Turbinen- und Motorschiffe der Werft Blohm & Voß".

Die Vorbedingung für eine einwandfreie Messung ist, daß die Drehung des Ritzels um genau 360° einwandfrei sichergestellt wird. Dies geschieht in der Weise, daß an dem Meßritzel ein Spiegel angebracht wird, vor welchem ein Fernrohr mit einem Fadenkreuz steht. In möglichst großer Entfernung von dem

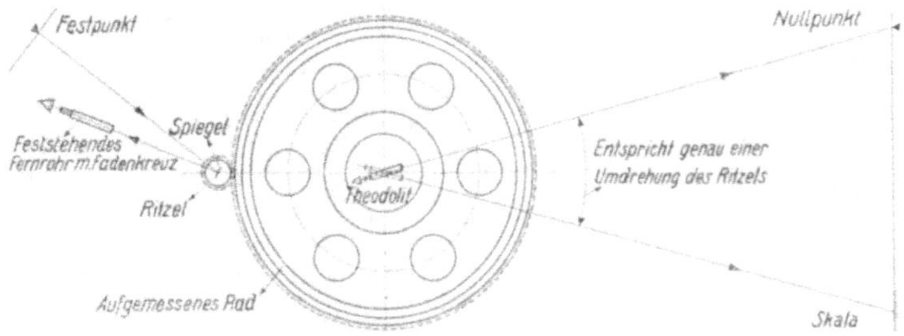

Abb. 93.

Spiegel wird auf einer grell beleuchteten weißen Tafel ein Festpunkt durch dünne Linien markiert, welcher vor und nach Drehung des Ritzels um 360° mit dem Fadenkreuz zur Deckung gebracht wird. Bei dem kleinen Durchmesser des Ritzels und der großen Entfernung des Festpunktes von dem Spiegel macht es keine Schwierigkeiten, eine Einstellungsgenauigkeit zu erzielen, welche mit mechanischen Methoden niemals erreicht werden könnte.

Selbstverständlich ist es notwendig, bei der Aufmessung für eine außerordentlich sorgfältige Lagerung des Ritzels und des zu untersuchenden Zahnrades zu sorgen. Dieses geschieht am besten, indem man das Rad in der gleichen Weise auf die Fräsmaschine aufspannt, wie dies beim Fräsen der Fall ist, oder es gleich nach der Fertigstellung aufmißt, während das Meßritzel auf die nachstellbar gelagerte Fräserspindel aufgesteckt wird.

Das Prinzip der Messung des Drehwinkels des großen Rades, welcher eine Umdrehung des Meßritzels entspricht, ist aus Abb. 93 ohne weiteres ersichtlich.

Die Durchführung der Messung geschieht folgendermaßen: Das Ritzel wird genau auf den Nullpunkt eingestellt, d. h. das Fadenkreuz im Fernrohr wird mit dem Bild des Fixpunktes im Spiegel zur Deckung gebracht. Hierauf wird der Theodolit, welcher auf der Achse des großen Zahnrades montiert ist, mit Hilfe des Fadenkreuzes genau auf den an der Skala angegebenen Nullpunkt eingestellt und in dieser Stellung fixiert. Dann wird der Tisch der Räderfräsmaschine mittels des Antriebsmechanismus so lange gedreht, bis das Meßritzel wieder genau in seine Nullstellung kommt, worauf bei unveränderter Stellung des Theodoliten an der Teilung der Skala eine genaue Ablesung gemacht wird.

Es empfiehlt sich, zur Messung ein Ritzel zu benutzen, welches möglichst

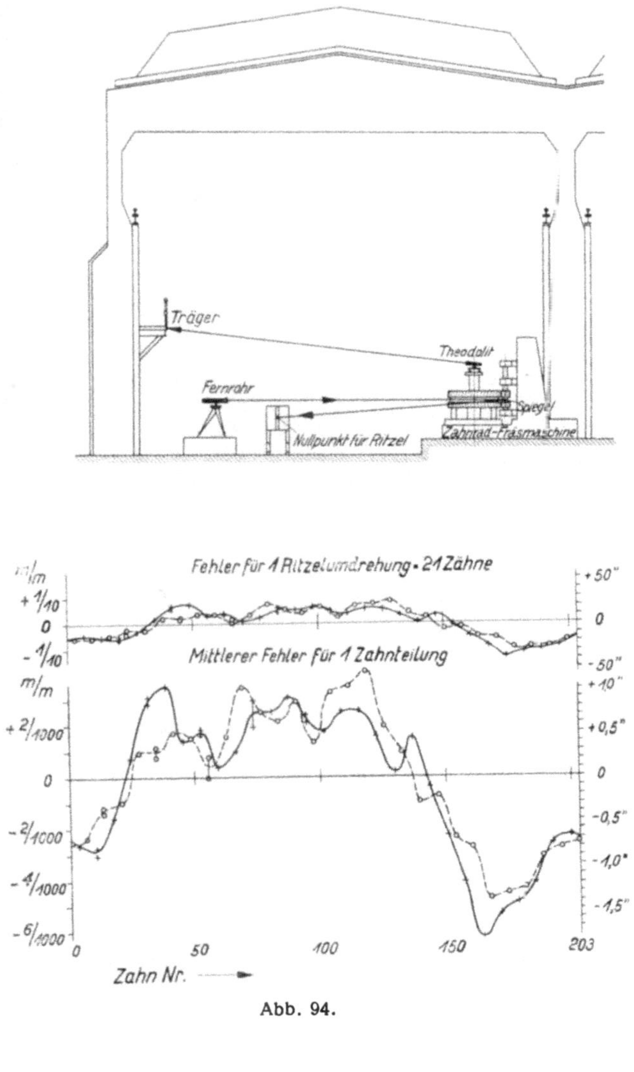

Abb. 94.

wenig Zähne hat, damit der von demselben umfaßte Bogen am großen Rad möglichst klein ist. Weiter ist es zweckmäßig, die Zähnezahl des Ritzels so zu wählen, daß sie in der des großen Rades nicht aufgeht. Dadurch bietet sich die Möglichkeit, mehrere Male um den ganzen Umfang des aufzumessenden Rades herumzumessen, ohne wieder auf den Anfangspunkt zurückzukommen. Es ergeben

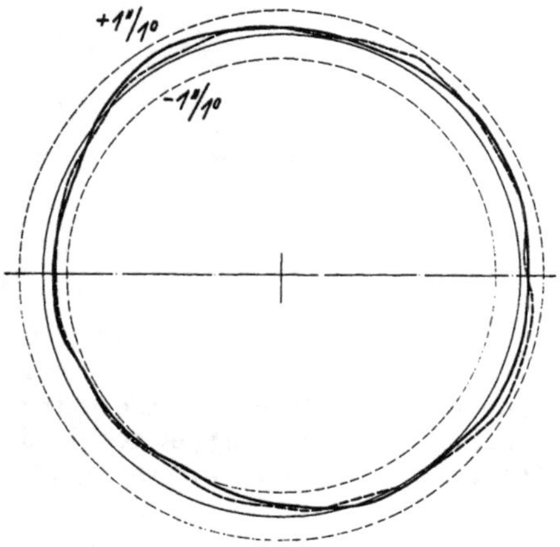

Abb. 95.

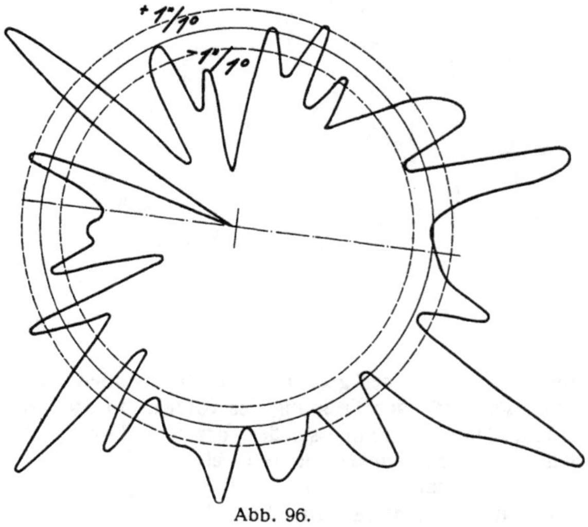

Abb. 96.

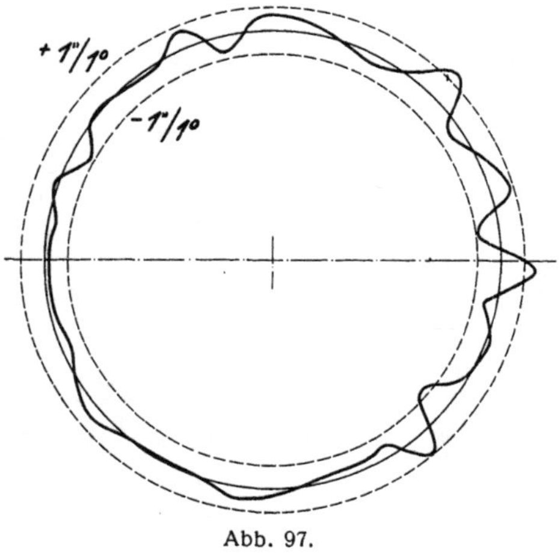

Abb. 97.

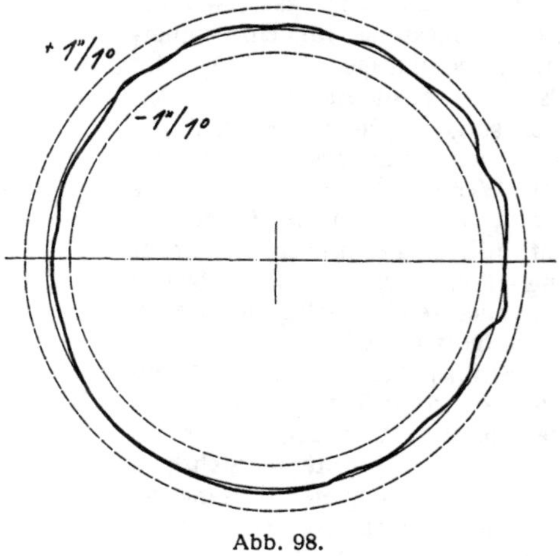

Abb. 98.

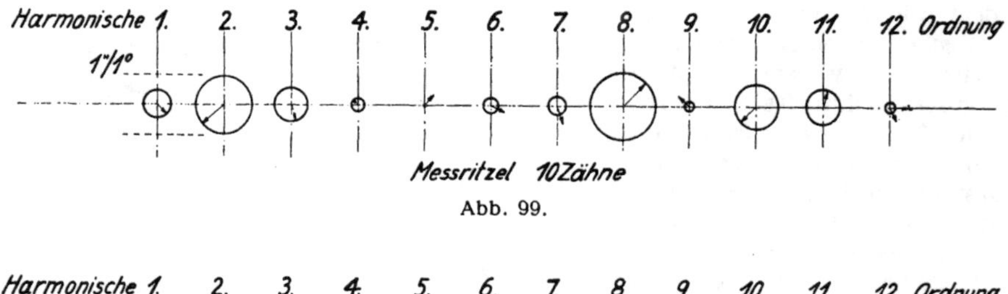

Abb. 99.

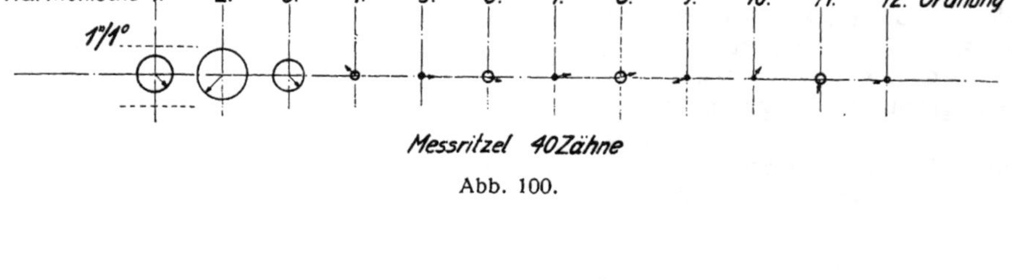

Abb. 100.

sich so für jede neue Umdrehung des Rades neue Punkte, welche sich mit den vorher gemessenen Punkten zu einer Fehlerkurve vereinigen lassen.

Abb. 94 zeigt das Resultat der Aufmessungen eines Zahnrades, welche zur Kontrolle der Meßgenauigkeit vorgenommen wurden. Die Ablesungen wurden an zwei verschiedenen Tagen und mit jedesmal neu aufgestellten Meßinstrumenten gemacht. Bei beiden Messungen wurde ein anderer Zahn zum Ausgangspunkt gewählt. Die voll gezeichneten Kurven stellen die Meßwerte vom ersten Tag dar, während die gestrichelten Kurven diejenigen des zweiten Tages wiedergeben. Die oberen Kurven zeigen den gemessenen Fehler für eine Umdrehung des Meßritzels, welches in diesem Falle 21 Zähne hatte. Die Meßwerte sind immer am Ende des betreffenden Umfangsstückes aufgetragen, wie sich dies bei der Aufmessung ergibt. Da das Rad 203 Zähne hatte, also seine Zähnezahl kein ganzzahliges Vielfaches der Ritzelzähnezahl war, so ergaben sich beim Messen über die erste Radumdrehung hinaus die aus Abb. 94 ersichtlichen Zwischenpunkte. Die unteren Kurven dieser Abbildung sind aus den oberen abgeleitet und stellen die mittleren Zahnteilungsfehler für die einer Umdrehung des Meßritzels entsprechenden Umfangsstücke dar. Bei diesen Kurven sind die Fehler in der Mitte des betreffenden Umfangsstückes aufgetragen, die untere Kurve weist also eine Verschiebung um eine halbe Ritzelumdrehung gegenüber den oberen auf.

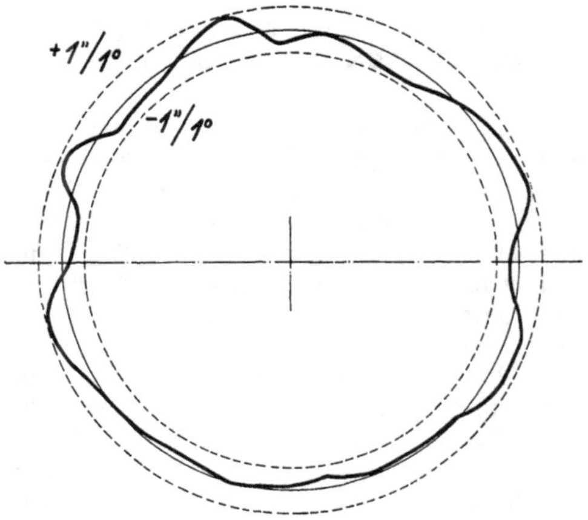

Abb. 101.

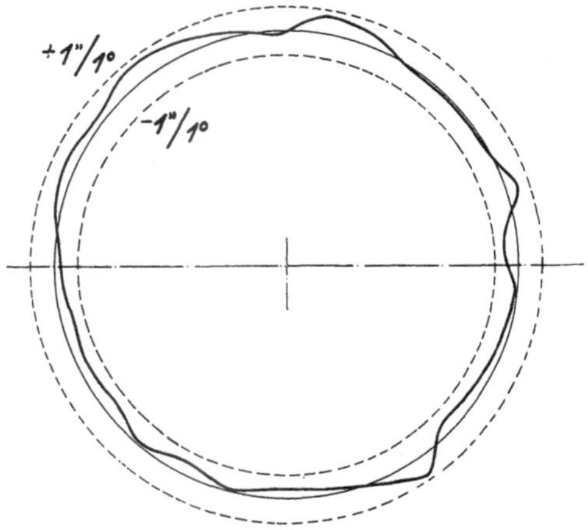

Abb. 102.

Bei diesen Messungen wurden einzelne Punkte zweimal gemessen, und zwar das erstemal bei Beginn und das zweitemal bei Schluß der Messungen an dem betreffenden Tage. Die betreffenden Punkte sind in ihrer richtigen Lage in den oberen und unteren Kurven eingetragen. Die außerordentlich große Genauigkeit der Messungen geht aus der geringen Abweichung dieser Doppelpunkte voneinander hervor.

Der Charakter der beiden Fehlerkurven ist, trotzdem dieselben verschiedene Ausgangspunkte hatten und das Rad selbst große Fehler aufwies, sehr ähnlich. Es ist also ohne weiteres anzunehmen, daß schon bei Übersetzungsverhältnissen zwischen Meßritzel und Rad von ca. 1:10 die auf diese Weise gewonnenen Fehlerkurven eine genaue Beurteilung des Getriebes ermöglichen.

In Abb. 95 sind die Fehlerkurven dieses Rades im Polardiagramm dargestellt. In demselben ist die Nullinie durch einen voll gezogenen Kreis gekennzeichnet, während die gestrichelten Kreise Fehler in der Größe von $1''/1^0$, also $\frac{1}{3600}$ oder 0,28 ‰ anzeigen. In dem vorstehenden Falle entspricht bei einer Zähnezahl von 203 die Größe $1''/1^0$ einem Fehler von 1,78″ pro Teilung.

Zum Vergleich ist in Abb. 96 die nach dem gleichen Prinzip dargestellte Fehlerkurve eines in normaler Weise mit dem Scheibenfräser hergestellten handelsüblichen Stirnrades von großer Teilung zu sehen. Dieses Rad hat einen Durchmesser von 648 mm, 54 Zähne, also eine Teilung von 12 π. Die Messung wurde von Zahn zu Zahn vorgenommen. Das Diagramm zeigt so außerordentlich viel größere Fehler bei diesem Rad als Abb. 95, daß der wesentlich unruhigere Gang eines handelsüblichen Stirnradgetriebes ohne weiteres erklärlich wird.

Bei der Beurteilung der Diagramme sind folgende Punkte zu berücksichtigen: Wie bereits eingangs erwähnt, spielt das Übersetzungsverhältnis zwischen Meßritzel und Rad eine Rolle, denn wenn Ritzel und Rad gleichen Durchmesser hätten, dann würde selbstverständlich der gemessene Zahnteilungsfehler Null werden. Um sich von dem Einfluß dieses Übersetzungsverhältnisses ein Bild zu machen, ist in Abb. 97 die Fehlerkurve bei einer Zähnezahl des Meßritzels von 10 Zähnen, und in Abb. 98 auf eine Zähnezahl des Meßritzels von 40 Zähnen reduziert dargestellt. Das aufzumessende Rad hatte in diesem Falle eine Zähnezahl von 375. Abb. 99 und 100 zeigen die harmonische Analyse der beiden vorgenannten

Fehlerkurven. Es zeigt sich, daß bis zur 6. Harmonischen ziemliche Übereinstimmung besteht und daß erst die höheren Harmonischen bei dem mit dem größeren Meßritzel aufgenommenen Diagramm kleiner werden. Weiter ist für die Beurteilung der Diagramme die Aufeinanderfolge der Meßpunkte von Wichtigkeit. Es ist jedenfalls erstrebenswert, daß die Punkte möglichst nahe nebeneinander liegen. Selbstverständlich ist auch die Genauigkeit der Messung von wesentlichem Einfluß auf das erhaltene Resultat.

Die Auftragung im Polardiagramm bietet den Vorteil, daß man direkt ein Bild über die zu erwartenden Unregelmäßigkeiten im Gang des Rades erhält. Man gewinnt eine Vorstellung von dem Einfluß der im Polardiagramm dargestellten Fehler, wenn man sich das aufgemessene Zahnrad im Eingriff mit einem gleich großen Rad mit mathematisch genauer Teilung denkt. Dreht man letzteres Rad um 1^0, so wird das aufgemessene Rad um den von der Fehlerkurve angezeigten Betrag mehr oder weniger als 1^0 gedreht. Denkt man sich das mathematisch genaue Rad mit der gleichförmigen Winkelgeschwindigkeit ω umlaufend, so wird das andere Rad durch die Fehler in der Verzahnung Ungleichmäßigkeiten in der Winkelgeschwindigkeit aufweisen. Bezeichnen wir mit f die radialen Abstände der Fehlerkurve vom Nullkreis an den verschiedenen Stellen in Sek./Grad, so sind die Ungleichmäßigkeiten gegenüber ω dann $f \cdot \frac{1}{3600} \cdot \omega$.

In Abb. 101 und 102 sind die Polar-Diagramme zweier weiterer Zahnräder wiedergegeben, von denen ersteres die Aufmessung des im Haupttext in Abb. 255 und 256 dargestellten Getrieberades zeigt.

Aus der durch Abb. 99 und Abb. 100 erläuterten harmonischen Analyse der Fehlerkurve kann ohne weiteres auf die ev. zu erwartenden erregenden Kräfte, Schwingungen und Geräusche geschlossen werden. Da die Massenkräfte linear mit der Größe des Fehlers, aber mit dem Quadrat der Frequenz steigen, werden bei gleichem Ausschlag und unter sonst gleichen Verhältnissen die höheren Harmonischen größere Störungen zur Folge haben als die niedrigen.

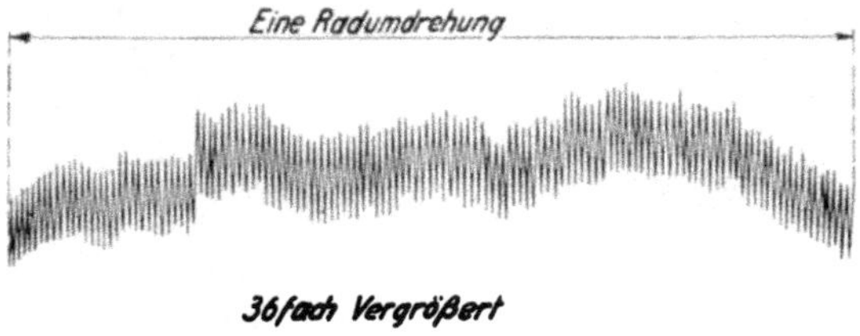

Abb. 103.

Sämtlichen Harmonischen kann als Ursache ein periodisch verlaufender Fehler im Antriebsschneckenrad sowie im übrigen Antriebsmechanismus der Fräsmaschine zugrunde liegen. Ferner können z. B. auch periodisch verlaufende Differenzen in der Beschaffenheit des Kranzmaterials dadurch zum Auftreten von periodischen Teilungsfehlern Veranlassung geben, daß der Fräser infolge der elastischen Deformation von Fräserspindel, Ständer usw. an den härteren Stellen weniger tief ins Material eindringt als an den weichen. Letztere Fehler können daher bis zu einem gewissen Grad durch Verwendung des allerbesten und sorgfältigst hergestellten Kranzmaterials verringert werden. Der wichtigste Punkt bei der Zahnradherstellung ist jedoch ein möglichst fehlerfreier Antriebsmechanismus der Fräsmaschine. Hierbei spielt die Fehlerfreiheit des großen Antriebs-Schneckenrades die Hauptrolle, doch sind auch alle übrigen Räder und Wellen sorgfältig nach dem bestmöglichen Arbeitsverfahren herzustellen und dauernd zu überprüfen.

Für das Auftreten der ersten Harmonischen in der Fehlerkurve des aufgemessenen Rades sind oft auch Gründe vorhanden, welche weder der Fräsmaschine noch dem Kranzmaterial zugeschrieben werden können. Wird das Rad z. B. nicht in dem Aufspannungszustand wie beim Fräsen aufgemessen, so werden beim neuerlichen Aufspannen Exzentrizitäten von einigen Tausendstel Millimetern unvermeidlich sein. Dieselben sind also nur durch die mangelhafte Aufstellung des Rades bei der Messung entstanden. — Eine geringe Exzentrizität des Rades vor dem Fräsen hat keinen Einfluß auf die Genauigkeit der Teilung, da der Teilkreis zum Drehungsmittelpunkt des Fräsmaschinentisches zentrisch bleibt.

Es erscheint nicht ausgeschlossen, daß ein Rad im Betrieb das Vorhandensein einer starken ersten Harmonischen erkennen läßt, ohne daß dieselbe beim Aufmessen konstatierbar war. Die Ursache hierfür ist dann in einer exzentrischen Lage der Lagerzapfen im Verhältnis zum Teilkreis zu suchen. Letzterer liegt auf der Fräsmaschine immer zentrisch zu dem Drehungsmittelpunkt des Tisches. Um die Lagerzapfen genau zentrisch zum Teilkreis zu haben, wäre es daher erforderlich, dieselben auf der Fräsmaschine selbst nachzuschleifen. Dies ist wohl bei der Ritzel-Fräsmaschine möglich, wo die Lagerstellen zugänglich sind, sowie beim oberen Lagerzapfen eines auf der Fräsmaschine aufgespannten Rades. Der untere Zapfen ist wegen der Aufspannklötze einer Bearbeitung nicht zugänglich. Man muß sich daher damit zufrieden geben, das Rad auf der fertig bearbeiteten Radwelle abzudrehen und das Aufspannen auf der Fräsmaschine möglichst genau nach den geschliffenen Lagerzapfen vorzunehmen.

Nach dem im vorstehenden geschilderten Verfahren kann eine genaue Aufmessung von Zahnrädern mit verhältnismäßig bescheidenen Mitteln durchgeführt werden.

Es sind auch verschiedentlich Verfahren in Anwendung gebracht worden, welche die Beurteilung der Güte des Zahnradgetriebes durch Nachprüfung während des Laufens desselben ermöglichen. Das Prinzip der Anordnung ist in diesem Falle immer so, daß die Ritzel von Motoren mit großem Schwungmoment und gleichförmiger Rotation durch lange elastische Wellen angetrieben werden. Das Rad wird entweder infolge seiner eigenen großen Schwungmasse oder durch Aufsetzen einer zusätzlichen Schwungmasse ebenfalls gleichmäßig rotieren. Die Ritzel werden daher infolge ihrer relativ kleinen Masse alle am Zahnrad und an den Ritzeln vorhandenen Teilungsfehler anzeigen. Sie werden gegenüber der gleichmäßigen Rotation der Antriebsmotoren voreilen oder zurückbleiben und dadurch die lange elastische Antriebswelle verdrehen. Die Verdrehung dieser Welle kann mit Hilfe der bekannten Torsiographen aufgezeichnet werden[1]). Aus den Diagrammen kann auf die Eigenschaften des Getriebes geschlossen werden.

Was die Fehler des Zahnwinkels anbelangt, so war es bisher nicht möglich, ein für den Werkstattgebrauch geeignetes Verfahren ausfindig zu machen, welches von so großer Genauigkeit ist, daß die Kontrolle des Winkels einwandfrei möglich wäre. Alle diesbezüglichen Versuche haben bisher nur erwiesen, daß die Unterschiede im Steigungswinkel der Zähne über eine Zahnbreite auch bei großen Zahnbreiten außerordentlich gering sind und daß die Einstell- und Ablesefehler der verwendbaren Meßinstrumente, wie Fernrohr und Endmasse, diese Fehler übersteigen.

Teilungsfehler und Winkelfehler haben bei Pfeilverzahnungen auch axiale Bewegungen des Ritzels zur Folge und können Veranlassung zu Schwingungen in axialer Richtung geben, welche bei Eintritt von Resonanz starke Geräuschbildung und ev. allmählich zunehmende Zerstörung der Zahnoberflächen hervorrufen kann. Diesbezügliche Untersuchungen sind mit einem besonders hierfür konstruierten photographischen Apparat von Frahm[2]) durchgeführt worden. Abb. 103 zeigt die recht erheblichen Amplituden beim Auftreten der Resonanz.

§ 5. **Pockennarben.** Auf eine häufig beobachtete Erscheinung, welche mit der genauen Herstellung der Verzahnung in engem Zusammenhang steht, soll hier noch besonders hingewiesen werden. Mit dem Namen „Pockennarben" bezeichnet man die kleinen Grübchen, welche sich gewöhnlich schon nach ganz kurzer Betriebszeit auf den Zahnflanken in der Nähe des Teilkreises zeigen. Meist nehmen diese Pockennarben in den ersten Monaten des Betriebes noch etwas zu, bleiben dann lange

Abb. 104.

Zeit hindurch unverändert und verringern sich schließlich in dem Maß, wie das Getriebe im Laufe der Jahre abgenutzt wird.

Irgendeine Beeinträchtigung der Betriebsfähigkeit des Getriebes wird durch diese Erscheinung nicht hervorgerufen, ebenso leidet auch der Wirkungsgrad nicht. In den ersten Zeiten des Getriebebaues hat diese bis heute noch nicht restlos erklärte Erscheinung durch ihr ganz unregelmäßiges Auftreten den Herstellern viel Sorge bereitet.

---

[1]) Vgl. hierzu Jahrbuch der Schiffbautechnischen Gesellschaft 1925, Vortrag Dr.-Ing. h. c. Hermann Frahm „Zahnradgetriebe für Turbinen- und Motorschiffe der Werft Blohm & Voß".

[2]) Vgl. Fußnote [1]).

Eine der plausibelsten Erklärungen, für deren Richtigkeit die Wahrscheinlichkeit sehr groß ist, ist folgende:

Das Arbeiten der Zahnräder beruht auf einem Gleiten und Abrollen der Flanken aufeinander. Bei dem Gleiten der Zahnflanken aufeinander tritt das Schmieröl als Mittel in Erscheinung, um den Zahndruck von einer Flanke auf die andere zu übertragen, ohne daß sich die beiden Flanken berühren. Bekanntlich ist diese Übertragung durch ein Schmiermittel gebunden an das Vorhandensein einer gewissen Gleitgeschwindigkeit (vgl. Anhang IX). Es wird sich also überall dort, wo die Zahnflanken aufeinander gleiten, eine Schmiermittelschicht ausbilden können. Dagegen wird an denjenigen Stellen, wo die Zahnflanken ohne zu gleiten nur aufeinander abrollen, die Ausbildung einer Schmiermittelschicht unmöglich sein und eine metallische Berührung der Zahnflanken eintreten. Dieses Rollen ohne Gleiten tritt im Teilkreis auf. In erster Linie werden hierbei alle diejenigen Stellen miteinander in metallische Berührung kommen, wo kleine Unebenheiten der Zahnoberfläche, wie sie bei der Herstellung der Zahnräder unvermeidlich sind, vorhanden waren. An allen diesen Stellen wird ein höherer

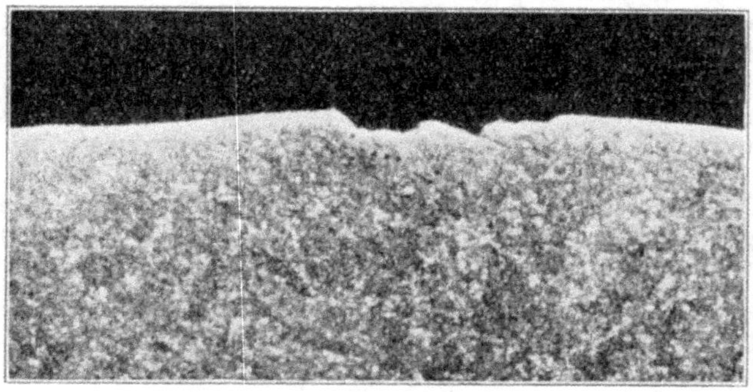

Abb. 105.

als der mittlere Zahndruck zur Wirkung kommen und eine übermäßige Druckbeanspruchung des Materials auftreten. Auch unzulässige Teilungsfehler können in gleicher Richtung wirken.

Diese erhöhte Druckbeanspruchung an bestimmten Stellen hat zur Folge, daß sich kleine Druckkegel ausbilden, in welchen das Material zerstört wird; dieselben fallen im Laufe der Zeit aus dem umgebenden Material heraus. Vgl. hierzu die Photographien Abb. Nr. 104 und Nr. 105, welche allerdings ein nicht modern zu nennendes Getriebe betreffen, bei welchem recht starke Pockennarben zu sehen sind. Die letztere Abbildung zeigt einen durch eine der Pockennarben gelegten Schliff in zwölffacher Vergrößerung. Man findet häufig in den Ölfiltern während der ersten Betriebszeit solche Stahlschüppchen, die eine Dicke von $^1/_{20}$ bis $^1/_5$ mm haben und einen Durchmesser von 0,5 bis 3 mm aufweisen. Meist hören diese Spanabsonderungen nach verhältnismäßig kurzer Zeit auf, und es treten dann keinerlei weitere Veränderungen an den Zahnflanken ein.

Von dieser Ansicht ausgehend ist man daher heute bestrebt, die Zahnflanken selbst möglichst glatt herzustellen. Man hat daher für Schraubenräder, bei denen ein Schleifverfahren wegen der Schneckenform der Zähne nicht anwendbar ist, in neuester Zeit versucht, durch Bearbeiten der Zähne mit dem Schaber die größten Unebenheiten wegzubringen und dadurch die Gefahr der Ausbildung von Pockennarben zu vermindern. Die in England mit dieser Arbeitsmethode von mehreren Firmen gemachten Erfahrungen sollen gute Resultate ergeben haben.

Anhang XII.

Torsionsschwingungen in Getriebeturbinenanlagen.

In der ersten Zeit des Baues von Schiffsturbinenanlagen mit Zahnradgetrieben, insbesondere im Falle mehrfacher Übersetzung, trat unter der Anzahl der fertiggestellten Maschinenanlagen ein hoher Prozentsatz völliger Versager auf. Die Getriebe dieser Anlagen liefen in einem oder mehreren Drehzahlgebieten mit einem lauten Rattern, dem gefürchteten sog. „Brüllen", welches Geräusch mit einer enormen Abnutzung der Zahnflanken verbunden war; nach kurzer Betriebszeit traten sodann in den Zahnrädern Brüche auf, die unzweifelhafte Ermüdungserscheinungen aufwiesen. Es schien von vornherein klar, daß diese Zerstörungen, welche das Übersetzungsgetriebe stark in Mißkredit brachten, verursacht worden waren durch Drehschwingungen, die ein Abheben und stoßweises Wiederanlegen der Zähne bewirkten; über die Ursache dieser Schwingungen bestanden jedoch ebenso viele Meinungsverschiedenheiten, als Möglichkeiten einer Schwingungserregung.

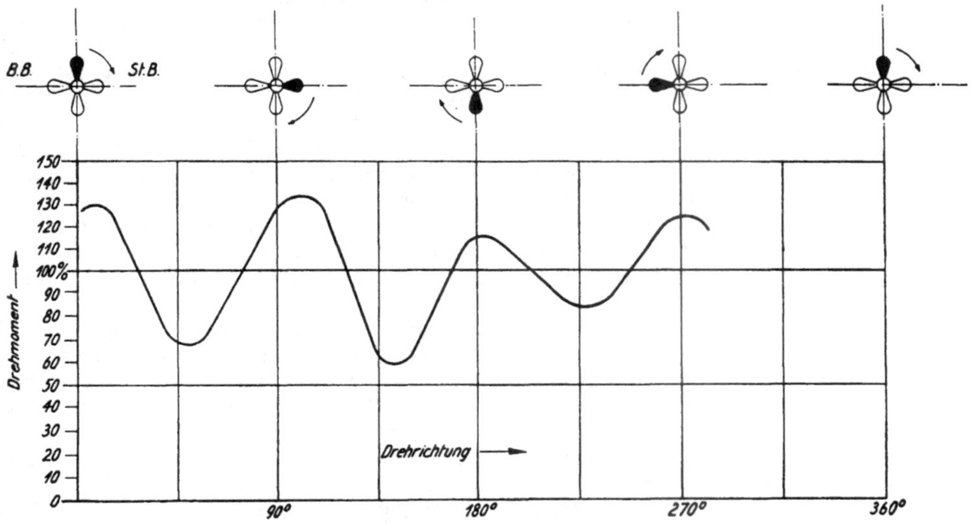

Abb. 106.

Die Antriebsmaschine konnte wegen ihres vollkommen gleichförmigen Drehmoments kein Erreger von Torsionsschwingungen sein; es kamen hierfür somit noch das Getriebe und der Propeller in Betracht.

Das Drehmoment des Propellers weist periodische Schwankungen auf, die von der ungleichmäßigen Verteilung der Wassergeschwindigkeiten im Schraubenkreis herrühren. In Abb. 106 ist ein gemessenes Diagramm des Propellerdrehmomentes dargestellt, welches auf Grund aufgetretener Schwingungserscheinungen im Getriebe an Bord des Dampfers „San Fernando" aufgenommen wurde. Das über 270° reichende Diagramm läßt als Hauptharmonische die von der Zahl der Flügel herrührende 4. Ordnung deutlich hervortreten. Die Größe der Schwankungen um das mit 100 bezeichnete mittlere

[1]) Vgl. hierzu den Vortrag von Walker & Cook, Engineering 1921, I, S. 369. Das wiedergegebene Diagramm ist mit einem Hopkinson-Thring Torsionsindikator aufgenommen, welcher die Feststellung des Moments nur über einen Winkel von ca. 300° ermöglichte.

Drehmoment beträgt +35 und −40%. Bei vollkommen symmetrischer Flügelstellung können als erregende harmonische Tangentialkräfte bei vierflügligen Propellern nur die 4. Ordnung, bei dreiflügligen Propellern nur diejenigen 3. Ordnung und deren Mehrfache auftreten. Da die Eigenschwingungszahl einer Anlage mit Laufwellen, deren Stärke für den Turbinenantrieb bemessen ist, bei einer Maschinenanlage mitschiffs in der Regel zwischen 100 und 130 Schwingungen in der Minute liegt, fallen die kritischen Drehzahlen von der Ordnung der Propellerflügelzahl nur in Fahrbereiche, die leicht zu vermeiden sind.

Anders ist es, wenn die Maschinenanlage im Hinterschiff untergebracht ist. Hierbei ist es leicht möglich, daß die kritische Drehzahl 3. oder 4. Ordnung gerade mit der Betriebsdrehzahl zusammenfällt, und die Wirkung dieser Schwingungen ist hier noch bedeutend größer, weil das Getriebe starrer mit dem Propeller verbunden ist, so daß dessen harmonische Drehkräfte ohne elastische Abfederung auf das Getriebe wirken können. Einen solchen Fall stellte auch die schon oben erwähnte Anlage auf dem „San Fernando" dar; eine Abhilfe wurde hier durch Verstellung der Schraubensteigung und Verlegung der Betriebsdrehzahl für volle Fahrt geschaffen. Andere Mittel zur Verlegung der kritischen Drehzahl in diesem Falle, die auch schon angewandt wurden, sind ein Ersatz des Propellers durch einen solchen mit anderer Flügelzahl oder eine Verstärkung der Laufwellen.

Eine kritische Drehzahl, die ihre Erregung im Propeller hat, wird sich — wegen der Wiederholung der Perioden mit einer Umdrehung der Schraubenwelle — an bestimmten Stellen im Zahnkranze des großen Rades durch erhöhte Abnutzung markieren.

Außer den Fällen, in welchen sich im Getriebe kritische Drehzahlen in bestimmten Bereichen durch Hämmern bemerkbar machten, kamen auch solche vor, bei denen das Getriebe in allen Drehzahlen unruhig lief. Da als Eigenschwingungsformen für Getriebeturbinenanlagen im wesentlichen wohl nur die niedrigsten Grade in Betracht kommen, mußte in diesen Fällen die Erregung durch harmonische Drehkräfte sämtlicher oder nahezu sämtlicher Ordnungen erfolgen. Das erregende Tangentialdruckdiagramm mußte also ein ganz unregelmäßiges sein, und als solches kommt nur dasjenige der Zahnteilungsfehler in Betracht. In Abb. 97 ff., Anhang XI, ist das Ergebnis einer Messung der Zahnteilungsfehler eines Rades und gleichzeitig die harmonische Analyse des Fehlerdiagrammes wiedergegeben, wo auch das benutzte Verfahren zur Bestimmung der Teilungsfehler von Zahnrädern beschrieben ist. Man sieht, daß die analytisch aufgelöste Kurve der abgewickelten Teilungsfehler sämtliche Harmonischen enthält, daß also laufend alle kritischen Drehzahlen angeregt werden können, wenn die Fehler genügend groß sind. Die absolute Größe der unteren Grenze der Erregungsmöglichkeit hängt von dem jeweiligen Massensystem ab; es ist jedoch ganz allgemein ein geringer Fehler genügend, um infolge der großen beschleunigten Getriebe- und Maschinenmassen ein wechselndes Moment zu erzeugen, welches das mittlere Drehmoment der Anlage übertrifft und damit ein Abheben der Zähne bewirkt. Ein geringer Teilfehler wird außerdem durch die dauernde Beanspruchung an dieser Stelle schnell eine Vergrößerung erfahren, die unter rasch wachsender Abnutzung zu einem Zahnbruch führen kann.

Das erste Erfordernis einer störungsfreien Antriebsanlage ist daher eine unbedingt genaue Ausführung der Getrieberäder, wie sie auf modernen Präzisionsfräsmaschinen in hohem Maße erreicht wird. Den Einfluß eines verbesserten Getriebeschnittes erwähnt J. H. Macalpine in seinem Vortrage in der Schiffbautechnischen Gesellschaft in Japan (Oktober 1922), wonach bei 34 Zerstörern der U.S.-Flotte die störenden Zahngeräusche verschwanden, nachdem die Zahnteilungsfehler beseitigt waren. Ferner gab der Vertreter der englischen Marine auf der Sitzung der „Institution of Naval Architects" am 6. April 1922 bekannt, daß bei mehr als 600 Getrieben alle Beanstandungen, auch die auf Schwingungen zurückzuführenden, durch Verbesserung des Zahneingriffs beseitigt werden konnten. Als eine solche Verbesserung ist auch eine Verkleinerung des Zahnspieles anzusehen, da naturgemäß die Wucht eines beim Abheben auftretenden Stoßes vom Ausschlag des hämmernden Zahnes abhängt; auch der Ausdehnungsbereich und die Stärke einer kritischen Drehzahl wird von dem Spielraum der Zahn flanken beeinflußt. Nach dem Gesagten ist offensichtlich, daß eine genaue Montage der Räder von Einfluß auf den Lauf des Getriebes ist, da durch falschen Zahneingriff einseitige Abnutzung und eine Vergrößerung etwaiger, an sich geringer Teilfehler gefördert wird. Auf ähnlichen Überlegungen basierte auch die vorübergehende Anwendung des sog. „floating-frame", einer elastischen Ritzellagerung-die es dem Ritzel ermöglichen sollte, den Montage- und Teilungsfehlern bis zu einem gewissen Grade auszuweichen. Mit der Vervollkommnung der Zahnradfräsmaschinen ist diese teuere und in anderer Beziehung wenig vorteilhafte Ritzellagerung dann in Fortfall gekommen.

Bei allen Getrieben zeigte es sich, daß das Ritzel in höherem Maße als das Rad der Abnutzung ausgesetzt war. Die ersten verbesserten Getriebeanlagen gingen demnach darauf hinaus, das Ritzel vor harten Stößen zu sichern. Außer dem oben erwähnten „floating-frame" wurde das Ritzel mit möglichst geringer Masse ausgeführt, und außerdem durch eine dünne elastische Welle von der Turbine getrennt. Die Stöße infolge der Zahnfehler und die Schwingungsbeschleunigungen wurden dadurch abgefedert und hatten durch die verringerte Massenbeschleunigungskraft eine verminderte Abnutzung zur Folge.

Im weiteren Verfolg der Änderung von Wellen und Massen im Gesamtschwingungssystem gelangte man dazu, die Eigenschwingungszahlen der einzelnen Wellenstränge und des gesamten Systems so zu legen, daß einmal möglichst wenige Fälle von Resonanzmöglichkeit, d. h. kritische Drehzahlen auftraten, und zweitens die Beanspruchung des Getriebes beim Durchfahren derselben möglichst gering gehalten wurde. Normalerweise hat jeder der im Getriebe gekoppelten Wellenstränge eine Eigendrehschwingungszahl, die sich aus konstruktiven Gründen von denen der andern unterscheidet. Die Periode dieser Schwingung wird der betreffende Strang erhalten, sobald er sich von der festen Verbindung mit den übrigen löst, d. h. sobald sich die Zähne abheben. Da diese Eigenwinkelgeschwindigkeit sich aber von der des übrigen Teiles unterscheidet, wird das Wiederanlegen mit einem Stoß erfolgen, dessen Gefährlichkeit im Dauerzustand von den aufeinanderschlagenden Massen abhängt.

Man kann also bei einer Getriebeanlage mit einfacher Übersetzung diese Gefahr herabsetzen, wenn man die Eigenschwingungszahl des getriebenen Systems abstimmt auf die Impulsperiode des antreibenden Moments, da dann das getriebene System ohne Durchleitung des schwankenden Momentes die erzwungenen Schwingungen des antreibenden Stranges mitmacht.

Erfolg bietet diese Maßnahme natürlich, wenn nur von einer Seite her schwankende Momente eingeleitet werden.

Muß die kritische Drehzahl des treibenden Stranges durchfahren werden, so wird für diese spezielle Drehzahl noch ein Vorteil erreicht, wenn das getriebene System zugleich in der gleichen Drehzahl schwingt, da dann die aneinanderliegenden Getriebeteile in gleichen Phasen schwingen und beim Abheben voneinander ohne harten Stoß wieder zum Anliegen kommen. Für diesen Fall haben dann beide Teile die gleiche Eigenschwingungszahl, die Lage des Angriffspunktes des erregenden Momentes ist also ohne Einfluß. Für das gesamte System ist die Schwingung dann eine solche zweiten oder höheren Grades.

Für die Schwingung ersten Grades des Gesamtsystems, die also nur einen Knotenpunkt besitzt, legt man diesen zweckmäßig in das Getriebe hinein. Da eine Kraft, die im Knotenpunkt der Schwingung angreift, auf diese keinen Einfluß hat, sind im genannten Falle etwaige Teilungsfehler im Getriebe als Erregungen ausgeschaltet. Dieses Knotenpunktsgetriebe (nodal drive), das ausführlich von J. Smith (Engineering 22, 7. u. 14. April) beschrieben ist, hat den weiteren Vorteil, daß ein beliebiges Getriebe dieser Art nur zwei Eigenschwingungszahlen besitzt, da jeder vom Getriebe ausgehende Strang den Knoten im Getriebe haben muß, also alle Stränge die gleiche Eigenschwingungszahl besitzen für den Fall einer Einspannung im Getriebe.

Die genannten Fälle von Abstimmung der durch das Getriebe verbundenen elastischen Systeme zielen auf eine Verbesserung im kritischen Bereich hin. Da dieser aber so viel wie möglich gemieden wird, haben sie nur einen bedingten Wert. Das beste Vorbeugungsmittel gegen eine vorzeitige Abnutzung und Störungen im Getriebe wird eine präzise Ausführung der Verzahnung bleiben.

Jedenfalls ist es Tatsache, daß heutzutage die Mehrzahl der einwandfrei laufenden Getriebe ohne Rücksicht auf kritische Drehzahl entworfen sind und man sich mit Recht auf eine erstklassige Herstellung der Getriebe allein verlassen hat.

Anhang XIII.

Der Frahmsche Schlingertank und der Schlicksche Schiffskreisel.

§ 1. **Einleitung.** Während die Schlingerkiele ein Mittel an die Hand geben, die Rollbewegung des Schiffes direkt zu dämpfen, indem sie den Widerstand der Außenhaut desselben gegen solche Bewegungen erhöhen, hat man auch die Möglichkeit, durch Vorrichtungen, welche im Innern des Schiffes angebracht sind, einen Einfluß auf diese unerwünschten Bewegungen des Schiffes auszuüben. Solche Vorrichtungen sind der Frahmsche Schlingertank und der Schlicksche Schiffskreisel.

Beide benützen das Prinzip des Doppelpendels, d. h. die Einwirkung einer an einer schwingenden Masse angebrachten zweiten kleineren ebenfalls pendelnden Masse, welche bei ihrer Bewegung Rückwirkungen auf die erstere ausübt. Die geschickte Ausnützung dieser Rückwirkung ist es, welche bei beiden Konstruktionen in vielen Fällen eine mehr oder minder vollkommene Beseitigung der Rollbewegungen des Schiffes herbeiführt.

Da beide Methoden auf dem gleichen Prinzip beruhen, ist auch, wie wir später sehen werden, der Gang der Berechnungen für beide in den Grundzügen sehr ähnlich.

§ 2. **Der Frahmsche[1]) Schlingertank.** Die Einrichtung ist schematisch dargestellt in Abb. 107. In beliebiger Höhe ist ein flacher Kanal von mäßiger Breite quer über das Schiff gelegt, welcher auf beiden Seiten in zwei aufsteigende Behälter ausläuft. Der so entstehende Tank (in Abb. 107 stark ausgezogen) ist bis zu einer gewissen Höhe mit Wasser gefüllt. Gerät das Schiff in Rollbewegungen, so beginnt auch das Wasser im Tank von einer Seite nach der anderen zu schießen, d. h. also wie die untere Masse des Doppelpendels in Schwingungen zu geraten. Es ist nicht zu vergessen, daß die beiden aufsteigenden Behälter durch eine Luftleitung K verbunden sein müssen, welche die ungestörte Bewegung des Wassers ermöglicht. In diese Luftleitung ist ferner ein Absperrorgan L eingeschaltet, durch dessen Schließung eine Dämpfung der Bewegung des Tankwassers ermöglicht wird, welche, wie wir sehen werden, für die Wirkung der ganzen Vorrichtung von großer Wichtigkeit ist.

Bei der Mannigfaltigkeit der Bewegungsformen, welche die Meereswellen zeigen, ist die Art der Wirkung dieser Einrichtung und demgemäß auch der zur Berechnung derselben einzuschlagende Weg in einzelnen Punkten verschieden. Um überhaupt in der Lage zu sein, das Problem rechnerisch zu behandeln, seien — wie dies in solchen Fällen in der Regel geschieht — zwei spezielle Fälle herausgegriffen, für welche die im folgenden rechnerisch nachgewiesene Bewegungsform der Übersichtlichkeit wegen bereits hier angegeben sei.

1. Das ursprünglich ruhende Schiff hat durch eine vorüberziehende Welle einen Anstoß erhalten. Es wird die Bewegung betrachtet, welche Schiff und Tankwasser ausführen, wenn kein weiterer Impuls erfolgt.

a) In diesem ersten Falle werden Schiff und Tankwasser, abgesehen von der geringen Reibung, welche sich der Rollbewegung des Schiffes im Wasser entgegensetzt, ebenso von den Reibungswiderständen des Wassers an den Wänden des Tanks, sich verhalten wie die beiden Massen eines Doppelpendels, d. h. beide werden im allgemeinen in unregelmäßigen periodischen Schwingungen, deren Amplituden ein gewisses Maß nicht überschreiten, dauernd weiterschwingen. Man ist in diesem Falle nicht ohne weiteres in der Lage, durch den Tank die Rollbewegung des Schiffes zu beseitigen.

b) Dies kann indessen gelingen, wenn durch ein teilweises Drosseln der oben erwähnten Luftleitung die Schwingungen des Tanks gedämpft werden. In diesem Falle führen, wie die Rechnung ergibt, Schiff und Tankwasser gedämpfte Schwingungen aus und die Schwingungsenergie des Schiffes wird nach und nach durch die Widerstände, welche dem Schwingen des Tankwassers entgegenstehen,

---

[1]) Frahm, Neuartige Schlingertanks zur Abdämpfung von Schiffsrollbewegungen und ihre erfolgreiche Anwendung in der Praxis. Jahrbuch der Schiffbautechnischen Gesellschaft 1911, S. 283f.

aufgezehrt, wobei die Schwingungsenergie in Wärme umgesetzt wird, welche an das Tankwasser bzw. an das umgebende Meereswasser und die Atmosphäre übergeht.

2. Das in beliebigem Anfangszustand befindliche Schiff wird von fortgesetzt wiederkehrenden Wellen gleicher Amplitude und gleicher Schwingungszahl getroffen. Es wird die Bewegung betrachtet, welche Schiff und Tankwasser durch den Einfluß dieser Impulse ausführen.

a) In diesem Falle wird zunächst, wenn die Schwingung des Tankwassers eine ungedämpfte ist, die Eigenschwingung von Schiff und Tankwasser sich mit der Schwingung der periodisch erregenden Wellen verbinden. Ist die Schwingungsdauer von Schiff und Welle gleich, tritt also Resonanz zwischen beiden ein, so würde, falls der Tank nicht im Betrieb ist, in diesem Falle ein theoretisch unendlich großer Schwingungsausschlag des Schiffes, also ein Kentern desselben resultieren. Falls aber der Tank im Betrieb ist, werden Schiff und Tank, wie zu 1 a) unregelmäßige Schwingungen (wie die eines Doppelpendels) ausführen, welche sich über die von den erregenden Wellen herrührenden erzwungenen Schwingungen lagern. Es ist in diesem Falle nicht möglich, durch irgendwie gewählte Abmessungen des Tanks das Schiff zur Ruhe zu bringen, während allerdings verhindert werden kann, daß bei einer bestimmten Periodenzahl der erregenden Wellen Resonanz zwischen Schiff und Welle eintritt.

b) Ist dagegen im Falle 2 der Tank abgedrosselt, die Schwingung des Tankwassers also gedämpft, so wird nach einer gewissen kurzen Zeit der unter 1 b) geschilderte Fall eintreten

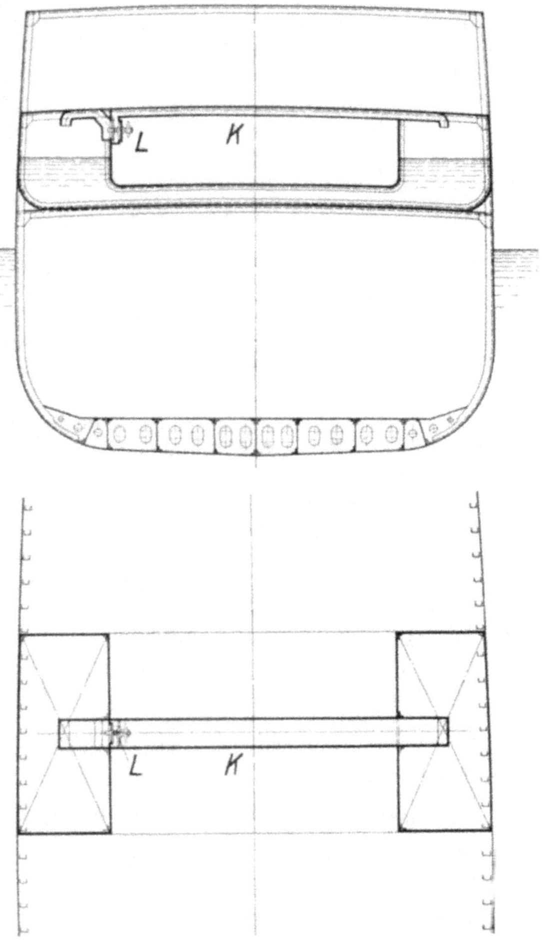

Abb. 107.

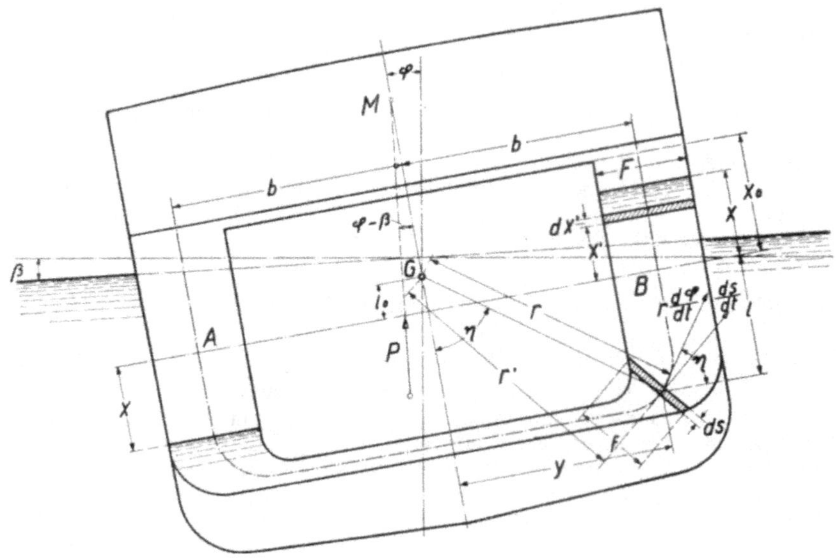

Abb. 108.

und die Schwingungen von Tank und Schiff abgedämpft sein, so daß lediglich die erzwungene Schwingung mit der Periode der erregenden Welle bestehen bleibt. In diesem Falle ist es möglich, durch eine zur Periode der erregenden Welle passende Dimensionierung des Tanks das Schiff zur Ruhe zu bringen, wobei dann Gleichgewicht zwischen den von der erregenden Welle auf das Schiff ausgeübten Kräften und den durch die Reaktion des arbeitenden Tankwassers ausgeübten Kräften besteht.

§ 3. **Aufstellung der allgemeinen Bewegungsgleichungen.** Die im vorstehenden vorweggenommenen Resultate ergeben sich nebst allen Nebenumständen aus einer unter gewissen vereinfachenden Annahmen durchgeführten Berechnung, welche im folgenden wiedergegeben werden soll. Es sei sogleich hier vorausgeschickt, daß zu den vereinfachenden Annahmen folgende gehören:

1. Die Gestalt der erregenden Welle ist als eine reine Sinuslinie angenommen.
2. Die Reibung, welche die Außenhaut des Schiffes im Wasser findet, ist der Einfachheit der Rechnung wegen vernachlässigt.
3. Das Schiff führt, wie bekannt, wenn es sich im Seegang bewegt, außer einer schwingenden Bewegung auch eine solche in vertikaler Richtung (Tauchbewegung) und in horizontaler Richtung (Gieren) aus. Der Einfluß beider Bewegungen ist vernachlässigt.
4. Als Schwingungsmittelpunkt des Schiffes ist stets der Systemschwerpunkt angenommen, was wahrscheinlich meistens nur annäherungsweise zutrifft.

Zur Ableitung der Bewegungsgesetze des Systems, bestehend aus Schiff und Tankwasser, benützen wir:

1. Den Satz von der Erhaltung der Energie, d. h. also die Tatsache, daß die Summe aus potentieller Energie und kinetischer Energie für das ganze System stets konstant bleibt.
2. Den Flächensatz, welcher besagt, daß das Moment der äußeren auf das System einwirkenden Kräfte stets gleich ist der zeitlichen Änderung des statischen Moments der Bewegungsgröße, bezogen auf den gleichen Momentenpunkt.

Es sei bezeichnet mit (siehe Abb. 108):

P das Gewicht des Schiffes einschl. Tankwasser in kg,

Θ_1 das Trägheitsmoment des Schiffes ausschl. Tankwasser um seine durch den Systemschwerpunkt G gehende Längsachse,

Θ_2 das Trägheitsmoment des Tankwassers in der Mittellage, bezogen auf die gleiche Achse,

$\overline{MG}$ die metazentrische Höhe in m,

m_1 die Masse des Schiffes einschließlich derjenigen des Tankwassers in $\frac{\text{kg}}{\text{m}}\,\text{sek}^2$,

m_2 die Masse des Tankwassers in $\frac{\text{kg}}{\text{m}}\,\text{sek}^2$,

F der konstante Querschnitt des Kanals in den aufsteigenden Schenkeln in qm,

f der Querschnitt des Kanals senkrecht zu seiner Mittellinie, gemessen an einer beliebigen Stelle des Kanals, in qm,

b die halbe Breite des Kanals, d. h. die horizontale Distanz zwischen Schiffsmitte und Mittellinie der vertikalen Seitenschenkel,

γ das spez. Gewicht des Wassers in kg pro cbm,

g die Beschleunigung der Schwere in $\frac{\text{m}}{\text{sek}^2}$,

φ der Winkel, welchen die Mittellängsebene des Schiffes bei der Rollbewegung mit der Vertikalen einschließt,

β die Wellenschräge,

s_0 die halbe abgewickelte Länge der Mittellinie des Kanals, gemessen bis zum Wasserspiegel bei Ruhelage,

G der Systemschwerpunkt des Schiffes,

M das Metazentrum,

$\frac{d\varphi}{dt}$ die Winkelgeschwindigkeit der Rollbewegung,

$\frac{ds}{dt}$ die Wassergeschwindigkeit in der Mittellinie des Kanals,

s der auf der Mittellinie des Tanks gemessene Abstand eines Wasserteilchens von der Schiffsmitte,

r der Abstand eines betrachteten Punktes der Mittellinie vom Systemschwerpunkt,

y der Abstand eines solchen von der Schiffsmitte,

l der Abstand eines solchen von der Oberfläche des Tankwassers,

l_0 der Abstand der Oberfläche des Tankwassers vom Systemschwerpunkt,

x der Abstand der Tankwasseroberfläche von der Ruhelage,

η der Winkel zwischen der Mittellinie des Schiffes und der Verbindungslinie des Schwerpunkts mit dem betrachteten Punkte.

Die lebendige Kraft des Systems setzt sich zusammen aus derjenigen des Schiffes

$$L_s = \frac{\Theta_1}{2}\left(\frac{d\varphi}{dt}\right)^2$$

und derjenigen des Tankwassers.

Die lebendige Kraft eines Elementes desselben von der Länge ds (in Abb. 108 durch Schraffur kenntlich) ist

$$\frac{dm_2}{2}\cdot v^2 = \frac{dm_2}{2}\left[\left(\frac{dy}{dt}\right)^2 + r^2\left(\frac{d\varphi}{dt}\right)^2\cos^2\eta + 2r\frac{dy}{dt}\cdot\frac{d\varphi}{dt}\cos\eta + \right.$$
$$\left. + \left(\frac{dl}{dt}\right)^2 + r^2\left(\frac{d\varphi}{dt}\right)^2\sin^2\eta + 2r\frac{dl}{dt}\frac{d\varphi}{dt}\sin\eta\right].$$

Der Ausdruck in der eckigen Klammer entsteht durch Addition der Quadrate der Summen aus den senkrecht und parallel zur Mittellinie des Schiffes gerichteten Komponenten der Wassergeschwindigkeit in der Kanalrichtung $\frac{ds}{dt}$ und der Umfangsgeschwindigkeit $r\frac{d\varphi}{dt}$ des Elementes bei seiner Rotation um G.

Unter Vereinfachung und Einsetzung von $l^2 + y^2$ für r^2 sowie $\frac{l}{r}$ und $\frac{y}{r}$ für $\cos\eta$ bzw. $\sin\eta$, ferner unter Beachtung, daß $\left(\frac{dy}{dt}\right)^2 + \left(\frac{dl}{dt}\right)^2 = \left(\frac{ds}{dt}\right)^2$, erhalten wir

$$\frac{dm_2}{2}\cdot v^2 = \frac{dm_2}{2}\left[\left(\frac{ds}{dt}\right)^2 + r^2\left(\frac{d\varphi}{dt}\right)^2 + 2l\frac{d\varphi}{dt}\cdot\frac{dy}{dt} + 2y\frac{d\varphi}{dt}\cdot\frac{dl}{dt}\right].$$

Wir berücksichtigen ferner, daß

$$\frac{ds}{dt} = \frac{F}{f}\cdot\frac{dx}{dt} \quad \text{und} \quad dm_2 = \frac{f\,ds\cdot\gamma}{g}$$

und erhalten für die lebendige Kraft des gesamten Tankwassers durch Integrieren über die Erstreckung des Kanals, soweit derselbe gefüllt ist:

$$L_t = \int f\,ds\cdot\frac{\gamma}{2g}\left[\left(\frac{dx}{dt}\right)^2\cdot\frac{F^2}{f^2} + r^2\cdot\left(\frac{d\varphi}{dt}\right)^2 + 2\frac{d\varphi}{dt}\left(l\frac{dy}{dt} + y\frac{dl}{dt}\right)\right].$$

Die einzelnen Summanden dieses Integrals lassen sich umformen wie folgt:

Es ist

$$\int f\,ds\cdot\frac{\gamma}{2g}\cdot\left(\frac{dx}{dt}\right)^2\cdot\frac{F^2}{f^2} = \left(\frac{dx}{dt}\right)^2\cdot\frac{F^2\gamma}{2g}\int_A^B\frac{ds}{f}.$$

Das verbleibende Integral $\int_A^B\frac{ds}{f}$ hat, wenn immer der aufsteigende Schenkel teilweise gefüllt bleibt, wie leicht einzusehen, den gleichen Wert, ob man von dem rechten bis zum linken momentanen Wasserspiegel oder ob man zwischen den mittleren Wasserspiegein A und B integriert, weshalb als Grenzen A und B eingeführt werden durften.

Der zweite Summand enthält das momentane Trägheitsmoment des Tankwassers um die durch den Schwingungsmittelpunkt G gelegte Längsachse des Schiffes. Der Faktor von $\frac{1}{2}\left(\frac{d\varphi}{dt}\right)^2$ kann zurückgeführt werden auf das Trägheitsmoment des Tankwassers in der Mittellage $A\,B$, abzüglich bzw. zuzüglich der Trägheitsmomente des in den Schenkeln ausgeschwungenen Wassers. Wir erhalten demnach

$$\int f\frac{ds\cdot\gamma}{2g}\cdot r^2\left(\frac{d\varphi}{dt}\right)^2 = \frac{1}{2}\left(\frac{d\varphi}{dt}\right)^2\left[\int_A^B f\frac{ds\cdot\gamma}{g}r^2 - \int_0^x F\frac{\gamma}{g}(b^2 + [l_0 + x]^2)\,dx + \int_0^x F\frac{\gamma}{g}(b^2 + [l_0 - x]^2)\,dx\right],$$

woraus, da

$$\int_A^B f\frac{ds\cdot\gamma}{g}\cdot r^2 = \Theta_2$$

$$\int f\frac{ds\cdot\gamma}{2g}r^2\left(\frac{d\varphi}{dt}\right)^2 = \frac{\Theta_2}{2}\left(\frac{d\varphi}{dt}\right)^2 - F\cdot\frac{\gamma}{g}l_0 x^2\left(\frac{d\varphi}{dt}\right)^2.$$

In dem dritten Integral ersetzen wir das Moment der Geschwindigkeitskomponenten $l\frac{dy}{dt} + y\frac{dl}{dt}$ durch das Moment der resultierenden Geschwindigkeit $\frac{ds}{dt}$, deren Abstand von G wir mit r' bezeichnen, und erhalten

$$\int f \frac{ds \cdot \gamma}{2g} \cdot 2 \frac{d\varphi}{dt}\left(l \frac{dy}{dt} + y \frac{dl}{dt}\right) = F \frac{dx}{dt} \cdot \frac{\gamma}{g} \cdot \frac{d\varphi}{dt} \int_A^B r'\, ds,$$

wobei die Grenzen A und B eingesetzt werden durften unter der Voraussetzung, daß das Wasser niemals den aufsteigenden Schenkel vom Querschnitt F ganz verläßt.

Die lebendige Kraft des Tankwassers wird somit

$$L_t = \frac{F^2 \cdot \gamma}{2g}\left(\frac{dx}{dt}\right)^2 \int_A^B \frac{ds}{f} + \frac{\Theta_2}{2}\left(\frac{d\varphi}{dt}\right)^2 - F \cdot \frac{\gamma}{g} l_0 x^2 \left(\frac{d\varphi}{dt}\right)^2 + F \frac{dx}{dt} \cdot \frac{\gamma}{g} \frac{d\varphi}{dt} \int_A^B r'\, ds.$$

Die potentielle Energie des Systems setzt sich zusammen aus derjenigen des Schiffes und des Tankwassers. Die erstere ist

$$V_s = P\, \overline{MG}\, (1 - \cos\varphi)$$

die letztere setzt sich zusammen aus der potentiellen Energie des gesamten Tankwassers in der Mittellage $A\,B$, welches Glied, da das Tankwasser zum Schiffsgewicht P gerechnet wird, bereits in V_s enthalten ist und der potentiellen Energie des in den Schenkeln ausgeschwungenen Tankwassers.

Über den Betrag derselben erhält man Aufschluß, wenn man bedenkt, daß in Abb. 108 der rechts über die Mittellage hinaus geschwungene Teil $Fx \cdot \gamma$ in die Lage des links um x zurückgewichenen Teiles gleicher Größe zurückgeführt werden muß. Die dabei frei werdende Arbeit ist

$$V_t = F\, x \cdot \gamma \cdot (x \cos\varphi + 2\, b \sin\varphi).$$

Wir sind nunmehr in der Lage, die Energiegleichung anzuschreiben, indem wir die momentane Summe der kinetischen und der potentiellen Energie gleichsetzen der von vornherein in dem System enthaltenen Gesamtenergie E_0 zuzüglich der demselben von außen durch die Wellenbewegung zugeführten und abzüglich der durch Reibungswiderstände im Tank aufgezehrten Energie.

Letztere beiden Energiemengen sind noch zu ermitteln.

Die von der Welle auf das Schiff übertragene Energie ergibt sich wie folgt: Die momentane Wellenschräge sei mit β bezeichnet, die Amplitude der Wellenschräge (d. h. deren Maximalwert) mit β_0, die Frequenz der Welle mit α, so daß also

$$\beta = \beta_0 \sin \alpha t.$$

Aus Abb. 108 ergibt sich das aufrichtende Moment der Auftriebskräfte, welche stets senkrecht zum momentanen Wasserspiegel gerichtet sind, zu

$$\overline{MG} \sin(\varphi - \beta) \cdot P$$

oder für kleine Werte von φ und β ($\cos\varphi$ und $\cos\beta = 1$ gesetzt)

$$\overline{MG} \cdot P\, (\sin\varphi - \sin\beta).$$

Die Arbeit beim Zurücklegen des Winkelweges φ ist

$$\int_0^{\varphi} \overline{MG} \cdot P \sin\varphi\, d\varphi - \int_0^{t} \overline{MG} \cdot P \sin\beta \frac{d\varphi}{dt} dt$$

oder nach Ausführung des ersten Integrals

$$P \cdot \overline{MG}\, (1 - \cos\varphi) - P \cdot \overline{MG} \int_0^{t} \beta_0 \sin \alpha t \frac{d\varphi}{dt} dt$$

wobei wegen der Kleinheit der Winkel β der Sinus von β durch den Winkel ersetzt ist.

Der erste Summand ist nichts anderes als die bereits oben angeschriebene potentielle Energie V_s des um den Winkel φ auf ebenem Wasser ausgeschwungenen Schiffes; das zweite Glied ist die gesuchte, durch die Wirkung der erregenden Welle dem Schiff zugeführte Energie.

Wir kommen nun zur Feststellung der Reibungsenergie des Tankwassers. Diese wird — wie für den Bereich der hier gestellten Aufgaben als erste Annäherung richtig — der Relativgeschwindigkeit $\frac{ds}{dt}$ desselben sowie der Länge des Tanks proportional gesetzt (Proportionalitätsfaktor μ). Für ein Element des Tankinhaltes ds erhalten wir als Reibungskraft

$$\mu \frac{ds}{dt} \cdot ds = \mu \frac{F}{f} \cdot \frac{dx}{dt} ds$$

und als Reibungsarbeit während der Zeit dt

$$\mu \frac{F}{f} \cdot \frac{dx}{dt} \cdot ds \cdot \frac{ds}{dt} dt$$

und, integriert sowohl über den ganzen Kanal als auch über die Zeit t

$$\int_A^B \int_0^t \mu \frac{F^2}{f^2} \left(\frac{dx}{dt}\right)^2 \cdot ds\, dt.$$

Die Energiegleichung lautet also

$$L_s + L_t + V_s + V_t = E_0 + P \cdot \overline{MG} \int_0^t \beta_0 \sin \alpha t \frac{d\varphi}{dt} d\,t - \int_A^B \int_0^t \mu \frac{F^2}{f^2} \left(\frac{dx}{dt}\right)^2 ds\, dt \quad . \; . \quad \text{(Gl. 1)}$$

Wir gehen nun dazu über, die zweite Hauptgleichung auf Grund des Flächensatzes abzuleiten. Das statische Moment der Bewegungsgröße (der Drall) ergibt sich wie folgt:

Drall des Schiffes $-B_s = \Theta_1 \frac{d\varphi}{dt}$, wobei das negative Vorzeichen einzuführen ist, da der Ausschlag φ entgegengesetzt der als positiv geltenden Uhrzeigerdrehrichtung angenommen ist. Der Drall des Tankwassers setzt sich zusammen aus dem der Relativgeschwindigkeit des Tankwassers gegenüber dem Schiff und dem der Drehbewegung desselben um die Drehachse durch G.

Der erste Summand ist, wie sich ohne weiteres aus der Figur ergibt,

$$-B_{t_1} = \int_A^B d\,m_2 \frac{dx}{dt} \cdot \frac{F}{f} \cdot r' = \frac{F \cdot \gamma}{g} \cdot \frac{dx}{dt} \int_A^B r'\,d\,s.$$

Der zweite Summand wird ermittelt als Drall des gesamten Tankwassers in der Ruhelage zuzüglich bzw. abzüglich des Dralles der ausgeschwungenen Wassermengen in den aufsteigenden Schenkeln; er ergibt sich zu

$$-B_{t_2} = \Theta_2 \frac{d\varphi}{dt} + \int_0^x F \cdot dx \cdot \frac{\gamma}{g} (b^2 + [l_0 - x]^2) \frac{d\varphi}{dt} - \int_0^x F\,d\,x \frac{\gamma}{g} (b^2 + [l_0 + x]^2) \frac{d\varphi}{dt},$$

was nach Ausführung der Integration sich vereinfacht zu

$$-B_{t_2} = \Theta_2 \frac{d\varphi}{dt} - 2 F x^2 l_0 \frac{\gamma}{g} \frac{d\varphi}{dt},$$

so daß also der gesamte Drall $B = B_s + B_{t_1} + B_{t_2}$ bekannt ist. Die Änderungsgeschwindigkeit des Dralles $\frac{dB}{dt}$ muß nun nach dem Flächensatz gleich sein dem Moment der äußeren Kräfte (ebenfalls bezogen auf G).

Für das Schiff kommen als solche nur die Auftriebskräfte in Betracht, deren Moment, wie wir oben gesehen, sich zu

$$P \cdot \overline{MG} (\sin \varphi - \sin \beta) = P \cdot \overline{MG} \sin \varphi - P \cdot \overline{MG}\, \beta_0 \sin \alpha\, t$$

ergibt.

Für das Tankwasser, dessen Moment in der Ruhelage in dem des Schiffes bereits enthalten ist, darf hier nur noch das Moment der in den aufsteigenden Schenkeln enthaltenen Wassermenge in Rechnung gesetzt werden. Aus Abb. 108 ergibt sich ohne weiteres, daß dieses Moment den Wert

$$F \gamma \cdot x \left[b \cos \varphi + \left(l_0 - \frac{x}{2}\right) \sin \varphi\right] - F \cdot \gamma x \left[\left(l_0 + \frac{x}{2}\right) \sin \varphi - b \cos \varphi\right] = 2 F b x \gamma \cos \varphi - F x^2 \gamma \sin \varphi$$

besitzt.

Wir sind jetzt in der Lage, die zweite Hauptgleichung für die Bewegung des Systems in Form des Flächensatzes

$$\frac{dB}{dt} = \text{Moment der äußeren Kräfte}$$

anzuschreiben.

Nach Ausführung der Differentiation von B nach t erhalten wir

$$\Theta_1 \frac{d^2\varphi}{dt^2} + \Theta_2 \frac{d^2\varphi}{dt^2} + \frac{F \cdot \gamma}{g} \frac{d^2 x}{dt^2} \int_A^B r'\,d\,s - 2 \frac{F \cdot \gamma}{g} l_0 x^2 \frac{d^2\varphi}{dt^2} - 2 \frac{F \cdot \gamma}{g} l_0\, 2 x \frac{dx}{dt} \frac{d\varphi}{dt} =$$

$$= -P \cdot \overline{MG} \sin \varphi + \beta_0 P \cdot \overline{MG} \sin \alpha\, t - 2 F b x \gamma \cos \varphi + F x^2 \gamma \sin \varphi \quad . \; . \; . \; . \quad \text{(Gl. 2)}$$

Unsere Aufgabe ist es nun, aus den beiden Hauptgleichungen (1) und (2) φ und x als Funktionen der Zeit t darzustellen.

Wir differenzieren zunächst Gl. (1) nach t und erhalten unter Ordnung der Glieder

$$\frac{d\varphi}{dt}\Big[\Theta_1\frac{d^2\varphi}{dt^2}+\Theta_2\frac{d^2\varphi}{dt^2}-2\frac{F\gamma}{g}l_0x^2\frac{d^2\varphi}{dt^2}-4\frac{F\gamma}{g}l_0x\frac{dx}{dt}\frac{d\varphi}{dt}+\frac{F\gamma}{g}\frac{d^2x}{dt^2}\int_A^B r'\,ds+P\cdot\overline{MG}\sin\varphi-$$

$$-\beta_0 P\cdot\overline{MG}\sin\alpha t+2F\gamma bx\cos\varphi-Fx^2\gamma\sin\varphi\Big]+\frac{dx}{dt}\Big[\frac{d^2x}{dt^2}\frac{F^2\gamma}{g}\int_A^B\frac{ds}{f}+\frac{F\cdot\gamma}{g}\frac{d^2\varphi}{dt^2}\int_A^B r'\,ds+$$

$$+2F\gamma b\sin\varphi+2F\gamma x\cos\varphi+2\frac{F\gamma}{g}l_0x\left(\frac{d\varphi}{dt}\right)^2+\int_A^B\mu\frac{dx}{dt}\frac{F^2}{f^2}ds\Big]=0,$$

wobei, um nachstehende Operation zu ermöglichen, der Summand $2\,\frac{F\gamma}{g}\cdot l_0\cdot x\cdot\frac{dx}{dt}\cdot\left(\frac{d\varphi}{dt}\right)^2$ dem ersten Glied negativ, dem zweiten positiv hinzugefügt ist.

Es zeigt sich, daß der erste Klammerausdruck auf Grund von Gl. (2) verschwindet, so daß die erste Hauptgleichung sich reduziert auf

$$\frac{d^2x}{dt^2}\frac{F^2\gamma}{g}\int_A^B\frac{ds}{f}+\frac{F\cdot\gamma}{g}\frac{d^2\varphi}{dt^2}\int_A^B r'\,ds+2F\gamma b\sin\varphi+2F\gamma x\cos\varphi+2\frac{F\gamma}{g}l_0x\left(\frac{d\varphi}{dt}\right)^2+\int_A^B\mu\frac{dx}{dt}\frac{F^2}{f^2}ds=0. \qquad \text{(Gl. 1 a)}$$

Um die weitere Behandlung der Hauptgleichungen zu ermöglichen, werden folgende für kleine Ausschläge des Schiffes zulässige bzw. den praktischen Verhältnissen Rechnung tragende Vereinfachungen eingeführt:

$$\sin\varphi=\varphi';\ \left(\frac{d\varphi}{dt}\right)^2=0';\quad \sin\beta=\beta=\beta_0\sin\alpha t$$
$$\cos\varphi=1 \qquad\qquad \cos\beta=1$$

$2\frac{l_0}{g}\frac{d\varphi}{dt}\cdot\frac{dx}{dt}=0$ im Vergleich zu $b\cos\varphi$ [Vergleich der Faktoren von $2Fx\gamma$ in Gl. (2)]

$2\frac{F\gamma}{g}l_0x^2=0$ im Vergleich zu $\Theta_1+\Theta_2$ [Vergleich der Faktoren von $\frac{d^2\varphi}{dt^2}$ in Gl. (2)]

$F\gamma x^2=0$ im Vergleich zu $P\overline{MG}$ [Vergleich der Faktoren von $\sin\varphi$ in Gl. (2)].

Unter Berücksichtigung dieser Vereinfachung und Ordnung der Glieder ergibt sich für Gl. (1) und (2)

$$\frac{d^2x}{dt^2}\int_A^B\frac{ds}{g}\cdot\frac{F}{f}+\mu\frac{dx}{dt}\frac{F}{\gamma}\int_A^B\frac{ds}{f^2}+\frac{d^2\varphi}{dt^2}\cdot\frac{1}{g}\int_A^B r'\,ds+2x+2b\varphi=0 \quad .\ .\ .\ .\ \text{(Gl. 1 b)}$$

$$\frac{d^2x}{dt^2}F\cdot\frac{\gamma}{g}\int_A^B r'\,ds+2Fb\gamma x+\frac{d^2\varphi}{dt^2}(\Theta_1+\Theta_2)+P\cdot\overline{MG}\cdot\varphi=P\cdot\overline{MG}\,\beta_0\sin\alpha t \quad .\ \text{(Gl. 2 b)}$$

Wir führen nunmehr folgende Abkürzungen ein:

$$\frac{2}{\int\frac{ds}{g}\frac{F}{f}}=\omega^2$$

Man überzeugt sich leicht, daß, falls das Schiff stillgehalten wird und Widerstände im Tank nicht vorhanden sind, $\omega\cdot\frac{60}{2\pi}$ die Eigenschwingungszahl des Tankwassers darstellt.

$$\frac{M}{\Theta_1+\Theta_2}=\xi^2 \text{ und } P\cdot\overline{MG}=M,$$

wobei $\xi\cdot\frac{60}{2\pi}$ die Eigenschwingungszahl des Schiffes bei völlig abgebremstem Tank darstellt.

$$\int_A^B r'\,ds=p^2,\quad \frac{F\gamma}{g}\cdot p^2=q,\quad 2Fb\cdot\gamma=P',\quad \mu\frac{F}{\gamma}\int_A^B\frac{ds}{f^2}=\varrho,$$

wobei ϱ eine Konstante[1]) ist, welche das Maß der Reibung bzw. Bremsung des Tankwassers angibt.

Durch Einsetzen erhält man

$$\frac{d^2 x}{dt^2} \cdot \frac{2}{\omega^2} + \varrho \frac{dx}{dt} + 2x + \frac{p^2}{g} \frac{d^2 \varphi}{dt^2} + 2b\varphi = 0 \quad \text{(Gl. 1c)}$$

und

$$q \cdot \frac{d^2 x}{dt^2} + P' x + \frac{d^2 \varphi}{dt^2} \cdot \frac{M}{\xi^2} + \varphi M - M \beta_0 \sin \alpha t = 0 \quad \text{(Gl. 2c)}$$

Um hieraus eine Gleichung zu gewinnen, welche außer t nur die eine der beiden abhängigen Variabeln x oder φ und deren Ableitungen enthält, differenzieren wir die beiden Gleichungen zweimal nach t, worauf es gelingt, die eine der Variabeln zu eliminieren. Wir erhalten auf diese Weise für die Variable x die Gleichung

$$\frac{d^4 x}{dt^4} + I \frac{d^3 x}{dt^3} + II \frac{d^2 x}{dt^2} + III \frac{dx}{dt} + IV x + V \sin \alpha t = 0, \quad \text{(Gl. 3a)}$$

wobei

$$I = \frac{\varrho M}{\xi^2} \cdot \frac{1}{\frac{2M}{\omega^2 \xi^2} - \frac{p^2 q}{g}}$$

$$II = \left[2M \left(\frac{\omega^2 + \xi^2}{\xi^2 \omega^2} \right) - \frac{P' p^2}{g} - 2bq \right] \frac{1}{\frac{2M}{\omega^2 \xi^2} - \frac{p^2 q}{g}}$$

$$III = \varrho M \frac{1}{\frac{2M}{\omega^2 \xi^2} - \frac{p^2 q}{g}}$$

$$IV = \frac{2M - 2P'b}{\frac{2M}{\omega^2 \xi^2} - \frac{p^2 q}{g}}$$

$$V = \frac{M \beta_0 \left(2b - \frac{p^2 \alpha^2}{g} \right)}{\frac{2M}{\omega^2 \xi^2} - \frac{p^2 q}{g}}.$$

§ 4. **Freies Ausschwingen von Schiff und Tankwasser ohne Dämpfung des Tankwassers.** Am einfachsten gestaltet sich die Lösung dieser Gleichung für den Fall der freien Schwingung von Schiff und Tank ohne Dämpfung.

In diesem Fall lautet unsere Gleichung

$$\frac{d^4 x}{dt^4} + II \frac{d^2 x}{dt^2} + IV x = 0.$$

Wir setzen, wie bei der Lösung solcher Gleichungen üblich,

$$x = Z e^{\varkappa t}.$$

Durch Ausführung der Differentiation erhält man für die Gleichung

$$\varkappa^4 + \varkappa^2 \cdot II + IV = 0,$$

woraus

$$\varkappa^2 = -\frac{1}{2} II \pm \sqrt{\frac{II^2}{4} - IV}.$$

und

$$\varkappa = \pm \sqrt{-\frac{1}{2} II \pm \sqrt{\frac{II^2}{4} - IV}}$$

Da der Wert $\sqrt{\frac{II^2}{4} - IV}$ stets kleiner ist als $\frac{II}{2}$, werden alle vier Werte von $\varkappa$ imaginär, so daß wir statt der Werte $\varkappa_1, \varkappa_2, \varkappa_3, \varkappa_4$ (von welchen sich $\varkappa_1$ und $\varkappa_2$ bzw. $\varkappa_3$ und $\varkappa_4$ nur durch das Vorzeichen

[1]) Die Konstante ϱ ist insofern keine eigentliche Verhältniszahl, als sie nicht dimensionslos ist. Die Summanden von Gl. (1b) haben die Dimension m. Demzufolge ist μ die Dimension $\frac{\text{kg sek}}{m^2}$ und ϱ die Dimension sek. Erst durch Multiplikation mit einer Winkelgeschwindigkeit oder Frequenz ω wird ϱ dimensionslos.

unterscheiden), schreiben können $i\varkappa_1'$, $-i\cdot\varkappa_1'$, $i\varkappa_2'$, $-i\varkappa_2'$ und als vollständiges Integral für x erhalten

$$x = Z_1 e^{\varkappa_1' i t} + Z_2 e^{-\varkappa_1' i t} + Z_3 e^{\varkappa_2' i t} + Z_4 e^{-\varkappa_2' i t},$$

wofür sich auch schreiben läßt

$$x = Z_1 (\cos \varkappa_1' t + i \sin \varkappa_1' t) + Z_2 (\cos \varkappa_1' t - i \sin \varkappa_1' t) + Z_3 (\cos \varkappa_2' t + i \sin \varkappa_2' t) + Z_4 (\cos \varkappa_2' t - i \sin \varkappa_2' t).$$

Faßt man die reellen und imaginären Glieder zusammen, und setzt man

$$Z_1 + Z_2 = B_1, \quad Z_3 + Z_4 = B_2, \quad (Z_1 - Z_2)\, i = A_1, \quad (Z_3 - Z_4)\, i = A_2,$$

so erhält man

$$x = A_1 \sin \varkappa_1' t + B_1 \cos \varkappa_1' t + A_2 \sin \varkappa_2' t + B_2 \cos \varkappa_2' t \quad \ldots\ldots\ldots \text{(Gl. 3)}$$

oder unter Substitution von

$$A_1 = R_1 \cos \delta_1, \quad A_2 = R_2 \cos \delta_2, \quad B_1 = R_1 \sin \delta_1, \quad B_2 = R_2 \sin \delta_2$$

$$x = R_1 \sin (\varkappa_1' t + \delta_1) + R_2 \sin (\varkappa_2' t + \delta_2), \quad \ldots\ldots\ldots \text{(Gl. 4)}$$

wobei

$$R_1 = \sqrt{A_1^2 + B_1^2} \quad \text{und} \quad R_2 = \sqrt{A_2^2 + B_2^2}$$

$$\operatorname{tg} \delta_1 = \frac{B_1}{A_1} \qquad \operatorname{tg} \delta_2 = \frac{B_2}{A_2}$$

$$\varkappa_1' = \frac{\varkappa_1}{i} = -\frac{\varkappa_2}{i} \qquad \varkappa_2' = \frac{\varkappa_3}{i} = -\frac{\varkappa_4}{i}.$$

Bei freier Schwingung von Schiff und Tank ohne Dämpfung führt also das Tankwasser eine Schwingung aus, welche zusammengesetzt ist aus zwei übereinander-

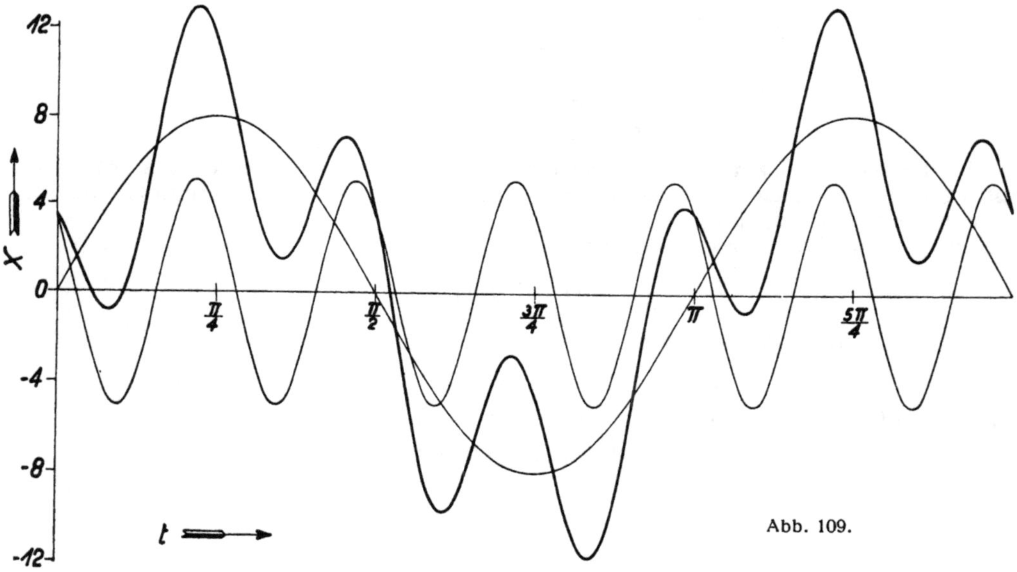

Abb. 109.

gelagerten Sinusschwingungen verschiedener Amplituden (R_1 und R_2), verschiedener Schwingungszahlen $\left(\frac{60 \cdot \varkappa_1'}{2\pi} \text{ bzw. } \frac{60\,\varkappa_2'}{2\pi}\right)$ und Phasen (δ_1 bzw. δ_2).

Im allgemeinen verlaufen solche Schwingungen unter periodisch anschwellender und abschwellender Amplitude; das Schwingungsbild wechselt fortwährend oder wiederholt sich in gewissen Perioden, deren Dauer abhängig ist von dem Verhältnis zwischen $\varkappa_1'$ und $\varkappa_2'$.

Eine Schwingung dieser Art für $R_1 = 8$, $R_2 = 5$ und $\varkappa_1' = 2$, $\varkappa_2' = 8$, $\delta_1 = 0$, $\delta_2 = 3\,\frac{\pi}{4}$ zeigt Abb. 109. Unter der vereinfachenden Annahme, daß $\int r'\,ds = p^2 = 0$, wodurch auch $\frac{F\gamma}{g} \cdot p^2 = q = 0$ wird (dies tritt ein, wenn der Querkanal horizontal und etwas über G gelegen ist, wie dies bei praktischen Ausführungen häufig vorkommt; siehe Abb. 110), erhalten wir in dem behandelten Spezialfall

$$II = \omega^2 + \xi^2 = \xi^2\left(1 + \frac{\omega^2}{\xi^2}\right)$$

$$IV = \xi^4 \frac{\omega^2}{\xi^2}\left(1 - \frac{2\gamma F b^2}{P \cdot \overline{MG}}\right),$$

wodurch

$$\varkappa_{\frac{1}{2}}' = \xi \sqrt{\frac{1}{2}\left(1 + \frac{\omega^2}{\xi^2}\right) \mp \sqrt{\frac{1}{4}\left(1 + \frac{\omega^2}{\xi^2}\right)^2 - \frac{\omega^2}{\xi^2}\left(1 - \frac{2F\gamma b^2}{P \cdot \overline{MG}}\right)}}.$$

Besteht außerdem Resonanz zwischen Schiff und Tank (Eigenschwingungszahl beider gleich), so wird

$$\varkappa_{\frac{1}{2}}' = \xi \sqrt{1 \mp \sqrt{\frac{2\gamma F b^2}{P \cdot \overline{MG}}}}.$$

Um den Ausschlag des Schiffes selbst zu erhalten müssen wir zurückgehen auf die beiden Gl. (1c) und (2c). Aus diesen ergibt sich durch Umformung

$$\varphi = \frac{1}{\frac{M p^2}{g} - \frac{2 b M}{\xi^2}}\left[\frac{d^2 x}{d t^2}\left(\frac{2M}{\omega^2 \xi^2} - \frac{p^2 q}{g}\right) + \frac{d x}{d t}\frac{M \varrho}{\xi^2} + x\left(\frac{2M}{\xi^2} - \frac{P' p^2}{g}\right) + P \cdot \overline{MG}\,\beta_0 \frac{p^2}{g}\sin \alpha t\right] \qquad \text{(Gl. 4)}$$

Für unseren Spezialfall ist $\varrho = 0$ und $\beta_0 = 0$ also

$$\varphi = \frac{1}{\frac{M p^2}{g} - \frac{2 b M}{\xi^2}}\left[\frac{d^2 x}{d t^2}\left(\frac{2M}{\omega^2 \xi^2} - \frac{p^2 q}{g}\right) + x\left(\frac{2M}{\xi^2} - \frac{P' p^2}{g}\right)\right].$$

Die Werte von $\frac{d^2 x}{d t^2}$ und x ergeben sich aus Gl. (3). Unter Einsetzen derselben in vorstehende Gleichung für φ erhält man

$$\varphi = (A_1 \sin \varkappa_1' t + B_1 \cos \varkappa_1' t)\,\frac{\varkappa_1'^2\left(\frac{1}{\omega^2} - \frac{p^2 q \xi^2}{2 M g}\right) + \frac{P' p^2 \xi^2}{2 M g} - 1}{b - \frac{p^2 \xi^2}{2 g}}$$

$$+ (A_2 \sin \varkappa_2' t + B_2 \cos \varkappa_2' t)\,\frac{\varkappa_2'^2\left(\frac{1}{\omega^2} - \frac{p^2 q \xi^2}{2 M g}\right) + \frac{P' p^2 \xi^2}{2 M g} - 1}{b - \frac{p^2 \xi^2}{2 g}} \qquad \text{(Gl. 5)}$$

Der Ausdruck für φ läßt sich also auf die Form bringen

$$\varphi = C_1 \sin \varkappa_1' t + D_1 \cos \varkappa_1' t + C_2 \sin \varkappa_2' t + D_2 \cos \varkappa_2' t, \qquad \text{(Gl. 6)}$$

wobei die Größen C_1, D_1 und C_2, D_2 sich ohne weiteres aus Gl. (5) als Faktoren der $\sin \varkappa_1' t$, $\cos \varkappa_1' t$, $\sin \varkappa_2' t$, $\cos \varkappa_2' t$ ergeben.

Durch Substitution von

$$C_1 = S_1 \cos \varepsilon_1, \quad D_1 = S_1 \sin \varepsilon_1, \quad C_2 = S_2 \cos \varepsilon_2, \quad D_2 = S_2 \sin \varepsilon_2,$$

erhalten wir

$$\varphi = S_1 \sin (\varkappa_1' t + \varepsilon_1) + S_2 \sin (\varkappa_2' t + \varepsilon_2), \qquad \text{(Gl. 7)}$$

worin

$$S_1 = \sqrt{C_1^2 + D_1^2}, \qquad S_2 = \sqrt{C_2^2 + D_2^2}$$

und

$$\operatorname{tg} \varepsilon_1 = \frac{D_1}{C_1} \qquad \operatorname{tg} \varepsilon_2 = \frac{D_2}{C_2}.$$

Nicht nur das Tankwasser, sondern auch das Schiff führt also Schwingungen aus, welche sich aus zwei übereinandergelagerten Sinusschwingungen von verschiedener Amplitude (S_1 und S_2), Schwingungszahl $\left(\frac{60 \cdot \varkappa_1'}{2\pi}\right.$ bzw. $\left.\frac{60 \cdot \varkappa_2'}{2\pi}\right)$ und Phase (ε_1 und ε_2) zusammensetzen.

Diese der Bewegung zugrunde liegenden Sinusschwingungen besitzen für Tankwasser und Schiff die gleichen Schwingungszahlen $\left(\frac{60\,\varkappa_1'}{2\pi}\right.$ und $\left.\frac{60\,\varkappa_2'}{2\pi}\right)$ und auch den gleichen Phasenwinkel.

Letzteres erkennt man aus Gl. (5). Der Quotient aus den Faktoren von $\sin \varkappa_1' t$ und $\cos \varkappa_1' t$, also der Wert $\frac{C_1}{D_1}$ ist gleich $\frac{A_1}{B_1}$ und somit $\operatorname{tg} \varepsilon_1 = \operatorname{tg} \delta_1$; ebenso ist $\frac{C_2}{D_2} = \frac{A_2}{B_2}$ und also $\operatorname{tg} \varepsilon_2 = \operatorname{tg} \delta_2$.

Diese Beziehung läßt die Möglichkeit bestehen, daß eine Phasenverschiebung um 180° vorhanden ist, indem die Größen A_1 und B_1 beide positiv, C_1 und D_1 beide negativ sind oder umgekehrt.

Machen wir wieder die vereinfachende Annahme, daß $\int r'\,ds = p^2 = 0$, also auch $q = 0$, so erhalten wir

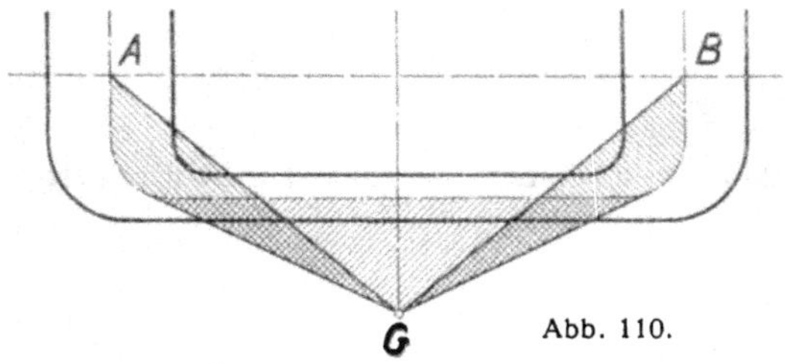

Abb. 110.

$$C_1 = A_1 \frac{1}{b}\left(\frac{\varkappa_1'^2}{\omega^2} - 1\right) \quad D_1 = B_1 \frac{1}{b}\left(\frac{\varkappa_1'^2}{\omega^2} - 1\right)$$
$$C_2 = A_2 \frac{1}{b}\left(\frac{\varkappa_2'^2}{\omega^2} - 1\right) \quad D_2 = B_2 \frac{1}{b}\left(\frac{\varkappa_2'^2}{\omega^2} - 1\right);$$

besteht außerdem Resonanz zwischen Schiffs- und Tankwasserschwingung ($\omega = \xi$), so wird

$$C_1 = - A_1 \sqrt{\frac{2\gamma F}{P \cdot \overline{MG}}} \quad D_1 = - B_1 \sqrt{\frac{2\gamma F}{P \cdot \overline{MG}}}$$
$$C_2 = \quad A_2 \sqrt{\frac{2\gamma F}{P \cdot \overline{MG}}} \quad D_2 = \quad B_2 \sqrt{\frac{2\gamma F}{P \cdot \overline{MG}}}.$$

Bemerkung über die Integrationskonstanten. Von den acht Integrationskonstanten, welche im allgemeinen bei der Berechnung der Bewegungsgleichungen unseres Systems auftreten ($A_1\ B_1\ A_2\ B_2\ C_1\ D_1\ C_2\ D_2$ oder $R_1\ R_2\ \delta_1\ \delta_2\ S_1\ S_2\ \varepsilon_1\ \varepsilon_2$), sind nur vier, also z. B. $A_1\ B_1\ A_2\ B_2$, willkürlich. Die anderen hängen mit denselben durch Beziehungen, welche aus den Gesetzen der Bewegung hervorgehen (vgl. Gl. (5) und (6)) zusammen. Die willkürlich festgelegten Konstanten gehen aus dem Anfangszustand des Systems (also für $t = 0$) hervor. Im allgemeinen wird man den Anfangszustand charakterisieren durch

Ausschlag des Schiffes, zur Zeit $t = 0$ . . . . $= \varphi_0$

Winkelgeschwindigkeit des Schiffes, zur Zeit $t = 0$ . . . . . . $= \left(\frac{d\varphi}{dt}\right)_0$

Ausschlag des Tankwassers . . . zur Zeit $t = 0$ . . . . . . $= x_0$

Geschwindigkeit des Tankwassers im aufsteigenden Schenkel zur Zeit $t = 0$ . . . . $= \left(\frac{dx}{dt}\right)_0$.

Durch Einsetzen dieser für den betrachteten Fall gegebenen Werte in die Gleichungen für x und φ (Gl. (3) und (7)) lassen sich die sämtlichen acht Konstanten berechnen.

Der von uns behandelte Spezialfall, das freie Weiterschwingen von Schiff und Tank ohne Dämpfung, hat für die Berechnung des Schlingertanks kein direktes Interesse; denn schon aus dem Ansatz Gl. (1) ist ersichtlich, daß bei Wegfall jeder Energieentziehung durch Widerstände (Dämpfung nicht vorhanden) und jeder Energiezufuhr (keine weitere Erregung nach dem ersten Anstoß) eine Verminderung der dem System innewohnenden Energie nicht stattfinden kann. Letztere — in Gl. (1) mit E_0 bezeichnet — wandert vielmehr zwischen Schiff und Tankwasser hin und her, indem sie bald bei dem einen, bald bei dem anderen die dem Charakter der Kurve (Abb. 109) entsprechende Anschwellung bzw. Abnahme der Schwingungsbewegung hervorruft.

§ 5. **Ausschwingen von Schiff und Tankwasser bei Dämpfung der Tankwasserschwingung.** Im Unterschiede zu dem im vorigen § durchgeführten einfachen Falle soll hier der Reibungskoeffizient ϱ einen endlichen Wert besitzen, die Koeffizienten I und III des kubischen und linearen Gliedes fallen nicht fort. Wir haben also die Gleichung

$$\frac{d^4 x}{dt^4} + I \frac{d^3 x}{dt^3} + II \frac{d^2 x}{dt^2} + III \frac{dx}{dt} + IV x = 0 \quad \text{(Gl. 8)}$$

zu lösen. Wir setzen wie vorher $x = Z e^{\varkappa t}$ und erhalten durch Differentiation die sog. charakteristische Gleichung

$$\varkappa^4 + I \varkappa^3 + II \varkappa^2 + III \varkappa + IV = 0 \quad \text{(Gl. 8a)}$$

Für die Lösung einer solchen Gleichung gibt es bestimmte Methoden, deren eine von Föppl in seiner Technischen Mechanik[1]) angegeben ist.

Es ergibt sich (vgl. dort), daß die Wurzeln sich im allgemeinen in der Form schreiben lassen:

$$\varkappa_1 = -\sigma_1 + \tau_1 i$$
$$\varkappa_2 = -\sigma_1 - \tau_1 i$$
$$\varkappa_3 = -\sigma_2 + \tau_2 i$$
$$\varkappa_4 = -\sigma_2 - \tau_2 i.$$

[1]) Föppl, Technische Mechanik, Bd. VI, S. 247f.

Als Lösung von Gl. (8) erhalten wir somit für den Ausschlag des Tankwassers

$$x = e^{-\sigma_1 t}\left(Z_1 e^{+\tau_1 i t} + Z_2 e^{-\tau_1 i t}\right) + e^{-\sigma_2 t}\left(Z_3 e^{+\tau_2 i t} + Z_4 e^{-\tau_2 i t}\right),$$

woraus

$$x = e^{-\sigma_1 t}\left(A_1 \sin \tau_1 t + B_1 \cos \tau_1 t\right) + e^{-\sigma_2 t}\left(A_2 \sin \tau_2 t + B_2 \cos \tau_2 t\right) \quad \text{(Gl. 9)}$$

und durch Umformung

$$x = e^{-\sigma_1 t} R_1 \sin\left(\tau_1 t + \delta_1\right) + e^{-\sigma_2 t} R_2 \sin\left(\tau_2 t + \delta_2\right), \quad \text{(Gl. 10)}$$

wobei

$$R_1 = \sqrt{A_1^2 + B_1^2}, \quad R_2 = \sqrt{A_2^2 + B_2^2}, \quad \operatorname{tg} \delta_1 = \frac{B_1}{A_1}, \quad \operatorname{tg} \delta_2 = \frac{B_2}{A_2}.$$

Durch Einsetzen in Gl. (4) und umständliche Umformung ergibt sich als Lösung für den Ausschlag des Schiffes

$$\varphi = e^{-\sigma_1 t}\left(C_1 \sin \tau_1 t + D_1 \cos \tau_1 t\right) + e^{-\sigma_2 t}\left(C_2 \sin \tau_2 t + D_2 \cos \tau_2 t\right), \quad \text{(Gl. 11)}$$

woraus

$$\varphi = e^{-\sigma_1 t} S_1 \sin\left(\tau_1 t + \varepsilon_1\right) + e^{-\sigma_2 t} S_2 \sin\left(\tau_2 t + \varepsilon_2\right), \quad \text{(Gl. 12)}$$

wobei

$$S_1 = \sqrt{C_1^2 + D_1^2}, \quad S_2 = \sqrt{C_2^2 + D_2^2}, \quad \operatorname{tg} \varepsilon_1 = \frac{D_1}{C_1}, \quad \operatorname{tg} \varepsilon_2 = \frac{D_2}{C_2}.$$

Die Integrationskonstanten $A_1\, B_1\, A_2\, B_2$ bzw. $R_1\, \delta_1\, R_2\, \delta_2$ sind mit den Konstanten $C_1\, D_1\, C_2\, D_2$ bzw. $S_1\, \varepsilon_1\, S_2\, \varepsilon_2$ wieder durch bestimmte Beziehungen verbunden; durch den Anfangszustand des Systems

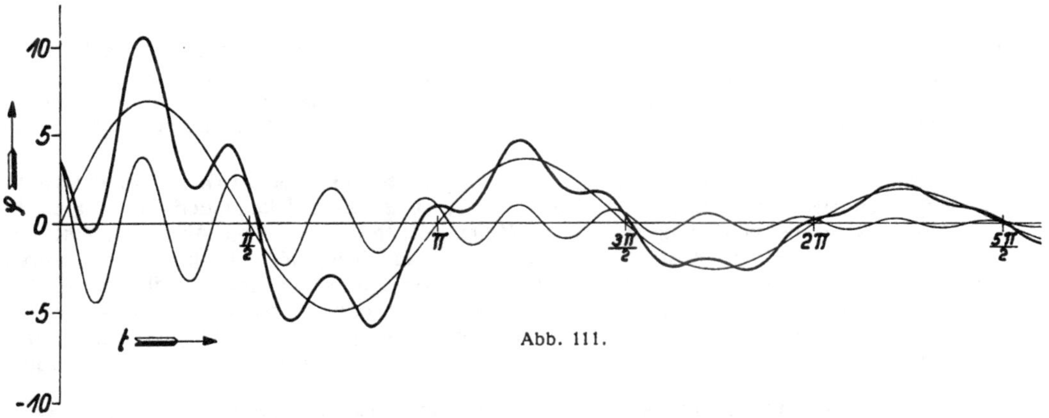

Abb. 111.

sind vier derselben festgelegt. Diese Beziehungen zwischen den $A\ B\ C\ D$ ergeben sich bei Ermittlung von Gl. (11) wie folgt:

$$C_1 = \frac{1}{\frac{p^2 \xi^2}{2g} - b} A_1 \left[\left(\frac{1}{\omega^2} - \frac{p^2 q \xi^2}{2Mg}\right)(\sigma_1^2 - \tau_1^2) - \frac{\varrho}{2}\sigma_1 - \frac{p^2 q \xi^2}{2Mg} + 1\right]$$

$$+ \frac{1}{\frac{p^2 \xi^2}{2g} - b} B_1 \left[\left(\frac{1}{\omega^2} - \frac{p^2 q \xi^2}{2Mg}\right) 2\sigma_1 \tau_1 - \frac{\varrho}{2}\tau_1\right]$$

$$D_1 = \frac{1}{\frac{p^2 \xi^2}{2g} - b} A_1 \left[-\left(\frac{1}{\omega^2} - \frac{p^2 q \xi^2}{2Mg}\right) 2\sigma_1 \tau_1 + \frac{\varrho}{2}\tau_1\right]$$

$$+ \frac{1}{\frac{p^2 \xi^2}{2g} - b} B_1 \left[\left(\frac{1}{\omega^2} - \frac{p^2 q \xi^2}{2Mg}\right)(\sigma_1^2 - \tau_1^2) - \frac{\varrho}{2}\sigma_1 - \frac{p^2 q \xi^2}{2Mg} + 1\right].$$

Dieselben Gleichungen gelten auch für C_2 und D_2, wenn man auf der rechten Seite bei $A\ B\ \sigma$ und τ den Index 1 durch 2 ersetzt.

Gl. (10) und (12) ergeben, daß in diesem Fall Schiff und Tankwasser Schwingungen ausführen, welche sich aus zwei gedämpften Sinusschwingungen von verschiedener Anfangs-Amplitude, verschieden starker Abnahme derselben, verschiedener Schwingungszahl und Phase zusammensetzt.

Den Charakter einer solchen Schwingung zeigt Abb. 111, wenn

$$S_1 = 8;\ S_2 = 5;\ \tau_1 = 2;\ \tau_2 = 8;\ \varepsilon_1 = 0;\ \varepsilon_2 = \frac{3\pi}{4};\ \sigma_1 = \frac{0{,}64}{\pi};\ \sigma_2 = \frac{1{,}28}{\pi}$$

gesetzt wird.

Aus der Bewegungsgleichung des Schiffes und des Tankwassers (Gl. (10) und (12)) ist ohne weiteres ersichtlich, daß nach Verlauf einer hinreichend großen Zeit t die anfangs bestehende Schwingung praktisch zur Ruhe gekommen sein muß; denn der Exponentialfaktor $e^{-\sigma t}$ wird, da die Werte von σ nur positiv ausfallen, bald einen so kleinen Wert annehmen, daß nennenswerte Schwingungsausschläge nicht mehr vorhanden sein können. Je nach der Größe des Faktors von t und dem Exponenten von e wird also der Tank früher oder später die im System vorhandene Energie aufzehren und dasselbe zur Ruhe bringen. Demnach muß für den Fall des Ausschwingens der Tank, da die Bewegung des Wassers in demselben nie reibungslos vor sich gehen kann, schneller oder langsamer seinen Zweck immer erreichen, wobei zu bemerken ist, daß allerdings ja auch das Schiff allein in diesem Fall durch Reibung der Außenhaut im Wasser nach genügend langer Zeit zur Ruhe kommen muß. Mit dem Tank hat man es natürlich in der Hand, diesen Zustand sehr schnell herbeizuführen, und zwar gibt es einen Grad der Drosselung desselben, in welchem die Aufzehrung der Energie durch das unter Überwindung von Widerstand hin- und herschwingende Wasser am schnellsten vor sich geht. In den beiden Grenzfällen bei ganz ungedrosseltem, reibungslosem Tank sowie bei absolut gedrosseltem, d. h. also bei ganz unbeweglichem Tankwasser wird eine Wirkung nicht vorhanden sein. Man kann rechnerisch durch Probieren den Grad der Drosselung ermitteln, bei welchem die größte Wirksamkeit des Tanks in diesem Falle eintritt; da es aber nur der Einstellung eines Ventils bedarf, um die Drosselung beliebig zu ändern, wird man leicht in der Lage sein, etwa bei der Probefahrt des Schiffes in jedem einzelnen praktischen Fall festzustellen, bei welcher Öffnung des Drosselventils der Tank in diesem speziellen Fall am besten wirkt.

Der Berechnung der Größenabmessungen des Tanks kann der in diesem Paragraphen behandelte Fall nicht mit Vorteil zugrunde gelegt werden, erstens wegen der Umständlichkeit der Rechnung, zweitens auch wohl, weil eine bestimmte Forderung für die Zeit, in welcher das Schiff bei einem gegebenen starken Anstoß zur Ruhe kommen soll, nicht formuliert werden kann. Hierauf wird später zurückgekommen werden.

Hiermit wäre dieser Spezialfall des Ausschwingens von Schiff und Tank bei Dämpfung der Tankwasserschwingungen ausreichend behandelt. Von praktischer Bedeutung kann derselbe hauptsächlich dann werden, wenn die schwingungserregenden Wellen zeitlich in sehr langen Abständen einander folgen, während in der Zwischenzeit kleinere Wellen, welche das Schiff nicht zu bewegen vermögen vorherrschen, so daß es als Vorteil angesehen werden kann, wenn in der Zwischenzeit die Schwingung des Schiffes ruht. Wenn dagegen das Schiff, wie dies auf dem Ozean bei Sturm oder Dünung meistens der Fall ist, von regelmäßig sich wiederholenden starken Wellen getroffen wird, gelten die im vorstehenden durchgeführten Betrachtungen nicht. Dieser Fall soll im folgenden betrachtet werden.

§ 6. **Schwingungsbewegung von Schiff und Tankwasser unter dem Einfluß periodisch wiederkehrender Wellen von gleicher Stärke** unter Berücksichtigung der Dämpfung der Tankwasserschwingungen.

Zur Betrachtung dieser Bewegung müssen wir auf die Gl. (1c) und (2c) bzw. (3a) zurückgehen und eine allgemeine Lösung derselben suchen.

Der Rechnungsgang unterscheidet sich von dem in § 5 durchgeführten nur sehr wenig; es ist jetzt in Gl. (3a) das letzte Glied mit $\sin \alpha t$ zu berücksichtigen, welches vorher mangels Vorhandensein einer periodisch erregenden Welle in Wegfall kam.

Es ist also die Lösung der unverkürzten Gleichung (3a)

$$\frac{d^4 x}{d t^4} + I \frac{d^3 x}{d t^3} + II \frac{d^2 x}{d t^2} + III \frac{d x}{d t} + IV x + V \sin \alpha t = 0 \quad \ldots\ldots \quad \text{(Gl. 3a)}$$

zu bewerkstelligen. Dies gelingt, indem man zunächst das letzte Glied — genau wie im vorigen Paragraphen — unberücksichtigt läßt und zu dem so gefundenen Wert für x [Gl. (10)], eine sog. partikuläre Lösung addiert, welche die Differentialgleichung auch unter Berücksichtigung des letzten Gliedes befriedigt.

Wie bekannt, ist die partikuläre Lösung bei derartigen Gleichungen von der Form

$$x = A' \sin \alpha t + B' \cos \alpha t,$$

wobei sich A' und B' durch Einsetzen in Gl. (3a) ergeben. Da die Glieder mit $\sin \alpha t$ ebenso wie diejenigen mit $\cos \alpha t$ für sich zu 0 werden müssen, erhalten wir folgende beiden Gleichungen:

$$A'\alpha^4 + B'\alpha^3 I - A'\alpha^2 II - B'\alpha III + A' IV = -V$$
$$B'\alpha^4 - A'\alpha^3 I - B'\alpha^2 II + A'\alpha III + B' IV = 0,$$

woraus

$$A' = \frac{-V(\alpha^4 - \alpha^2 II + IV)}{(\alpha^4 - \alpha^2 II + IV)^2 + (\alpha^3 I - \alpha III)^2} \quad \text{(Gl. 13a)}$$

$$B' = \frac{-V(\alpha^3 I - \alpha III)}{(\alpha^4 - \alpha^2 II + IV)^2 + (\alpha^3 I - \alpha III)^2} \quad \text{(Gl. 13b)}$$

Setzen wir

$$A' = R' \cos \delta' \qquad B' = R' \sin \delta',$$

wobei

$$R' = \sqrt{A'^2 + B'^2} = \frac{V}{\sqrt{(\alpha^4 - \alpha^2 II + IV)^2 + (\alpha^3 I - \alpha III)^2}} \quad \text{(Gl. 13c)}$$

und

$$\operatorname{tg} \delta' = \frac{B'}{A'} = \frac{(\alpha^3 I - \alpha III)}{(\alpha^4 - \alpha^2 II + IV)},$$

so erhält man für die partikuläre Lösung

$$x = R' \cdot \sin(\alpha t + \delta') \quad \text{(Gl. 14a)}$$

Diese Lösung, zu der im vorigen § 5 für die gedämpfte Schwingung ohne weitere Erregung gefundenen allgemeinen Lösung Gl. (10) addiert, ergibt als allgemeine Lösung in dem von uns jetzt betrachteten Fall für die Bewegung des Tankwassers

$$x = e^{-\sigma_1 t} R_1 \sin(\tau_1 t + \delta_1) + e^{-\sigma_2 t} R_2 \sin(\tau_2 t + \delta_2) + R' \sin(\alpha t + \delta') \quad \text{(Gl. 14)}$$

Ebenso erhalten wir für den Ausschlag des Schiffes unter Verwendung von Gl. (4)

$$\varphi = e^{-\sigma_1 t} S_1 \sin(\tau_1 t + \varepsilon_1) + e^{-\sigma_2 t} S_2 \sin(\tau_2 t + \varepsilon_2) + S' \sin(\alpha t + \varepsilon'), \quad \text{(Gl. 15)}$$

wobei S' und ε' ebenso aus zwei Konstanten C' und D' aufgebaut sind wie R' und δ'.

Zwischen den Konstanten A' B' bzw. R' δ' einerseits und den Konstanten C' D' bzw. S' ε' anderseits bestehen die folgenden Beziehungen, welche sich bei der Entwicklung von Gl. (15) aus Gl. (4) ergeben.

$$C' = \frac{1}{\frac{p^2 \xi^2}{2g} - b} \left\{ A' \left[\frac{1}{2M} \left(\frac{\alpha^2}{\omega^2} \cdot q \xi^2 - \frac{P' p^2}{g} \right) + \frac{1}{\omega^2} (\omega^2 - \alpha^2) \right] - B' \frac{\alpha \varrho}{2} + \frac{p^2 \xi^2}{2g} \beta_0 \right\} \quad \text{(Gl. 16)}$$

$$D' = \frac{1}{\frac{p^2 \xi^2}{2g} - b} \left\{ A' \frac{\alpha \varrho}{2} + B' \left[\frac{1}{2M} \left(\frac{\alpha^2}{\omega^2} q \xi^2 - \frac{P' p^2}{g} \right) + \frac{1}{\omega^2} (\omega^2 - \alpha^2) \right] \right\} \quad \text{(Gl. 17)}$$

Aus den Bewegungsgleichungen für Tankwasser und Schiff, Gl. (14) und Gl. (15), geht hervor, daß nach Ablauf einer gewissen Zeit t sich beide Bewegungen auf einfache Sinusschwingungen reduzieren, welche für das Tankwasser die Amplitude R', die Schwingungszahl $\frac{60\,\alpha}{2\pi}$ und die Phase δ, für das Schiff die Amplitude S', die gleiche Schwingungszahl wie beim Tankwasser $\frac{60\,\alpha}{2\pi}$ und die Phase ε' besitzen. Es ist nun hauptsächlich die Größe S', welche uns interessiert. Gelingt es, die Abmessungen des Tanks für ein gegebenes Schiff derartig zu wählen, daß für eine bestimmte Frequenz α der erregenden Welle S' zu 0 wird, so hat der Tank vollständig seinen Zweck erfüllt, d. h. das Schiff bleibt trotz der periodisch auf dasselbe einwirkenden Wellen in Ruhe — allerdings nur so lange, als diese Wellen ihre Schwingungszahl von $\frac{60\,\alpha}{2\pi}$ nicht ändern. Es bleibt also zu untersuchen, welche Bedingungen für die volle Wirksamkeit des Tanks, also $S' = 0$, zu erfüllen sind.

Für den Fall, daß, wie bereits in § 4 erwähnt, $\int r'\,ds = 0$, also $p = q = 0$ wird, gilt

$$C' = \frac{1}{b\,\omega^2} \left[(\alpha^2 - \omega^2) A' + \frac{\alpha \cdot \varrho}{2} \omega^2 B' \right] \quad \text{(Gl. 18)}$$

$$D' = \frac{1}{b\,\omega^2} \left[-\frac{\alpha \varrho}{2} \omega^2 A' + (\alpha^2 - \omega^2) B' \right], \quad \text{(Gl. 19)}$$

wobei

$$A' = \frac{\omega^2 \xi^2 b \beta_0 \left[(a^2-\omega^2)(a^2-\xi^2) - \frac{2F \cdot b^2 \cdot \gamma}{\Theta}\omega^2\right]}{\left[(a^2-\omega^2)(a^2-\xi^2) - \frac{2F b^2 \gamma}{\Theta}\omega^2\right]^2 + \left[\frac{a\varrho}{2}\omega^2(a^2-\xi^2)\right]^2}, \quad \ldots \quad \text{(Gl. 20)}$$

worin

$$\Theta = \Theta_1 + \Theta_2$$

und

$$B' = \frac{\omega^2 \xi^2 b \beta_0 \frac{a\varrho}{2}\omega^2(a^2-\xi^2)}{\left[(a^2-\omega^2)(a^2-\xi^2) - \frac{2F b^2 \gamma}{\Theta}\omega^2\right]^2 + \left[\frac{a\varrho}{2}\omega^2(a^2-\xi^2)\right]^2} \quad \ldots \quad \text{(Gl. 21)}$$

$$S' = \frac{R'}{b\,\omega^2}\sqrt{(a^2-\omega^2)^2 + \left(\frac{a\varrho}{2}\omega^2\right)^2}, \quad \ldots \quad \text{(Gl. 22)}$$

wobei

$$R' = \frac{\omega^2 \xi^2 b \beta_0}{\sqrt{\left[(a^2-\omega^2)(a^2-\xi^2) - \frac{2F b^2 \gamma}{\Theta}\omega^2\right]^2 + \left[\frac{a\varrho}{2}\omega^2(a^2-\xi^2)\right]^2}} \quad \ldots \quad \text{(Gl. 23)}$$

Da die beiden Summanden unter dem Wurzelzeichen nur positiv sein können, ferner — weil der Tank, um das Schiff in Ruhe zu halten, arbeiten muß — auch R' nicht zu Null werden kann, müssen die Bedingungen

$$a = \omega \text{ und } \varrho = 0$$

erfüllt sein, um $S' = 0$ zu machen; d. h. also, die Eigenschwingungszahl des Tankwassers und die Schwingungszahl der erregenden Welle müssen einander gleich und die Tankwasserschwingungen müssen ungedämpft sein. Erstere Bedingung ist, vgl. § 3, erfüllt, wenn

$$\omega^2 = \frac{2g}{\int \frac{ds\,F}{f}} = a^2 \quad \ldots \quad \text{(Gl. 24)}$$

Die Größe $\int ds \frac{F}{f}$ läßt sich bei gegebenem Tank graphisch leicht ermitteln (siehe unten).

Da, wie oben erwähnt, der Tank nur für eine einzige Schwingungszahl der erregenden Wellen passend berechnet werden kann, wird man im allgemeinen diejenige Schwingungszahl von $\frac{60\,\omega}{2\pi}$ zugrunde legen, welche mit der Eigenschwingungszahl $\frac{60\,\xi}{2\pi}$ des Schiffes übereinstimmt, denn bei dieser Schwingungszahl sind die gefährlichsten Schwingungen des Schiffes infolge Resonanz zwischen Welle und Schiff zu erwarten. Es ist dadurch auch der Wert von ω für ein gegebenes Schiff festgelegt. Der Gang der Berechnung wird daher der folgende sein.

Man bestimmt die Eigenschwingungszahl $\frac{60\,\xi}{2\pi}$ des Schiffes für den wahrscheinlichsten Zustand der Belastung. Die Konstruktionseigenheiten des Schiffes werden im allgemeinen den Verlauf der Mittellinie des Tanks bestimmen. Die Aufgabe $\frac{2g}{\int ds \frac{F}{f}} = \xi^2$ zu machen, läuft dann nur darauf hinaus, die Querschnitte so zu wählen, daß eben

$$\int ds \frac{F}{f} = \frac{2g}{\xi^2}$$

wird.

In bequemer Weise löst man diese Aufgabe, indem man über der abgewickelten Kanallänge das Verhältnis $\frac{F}{f}$ aufträgt (vgl. Abb. 112). Die entstehende Fläche ist $\int ds \frac{F}{f}$ und kann durch Probieren leicht in eine derartige Form gebracht werden, daß sowohl die Bedingungsgleichung $\frac{2g}{\xi^2} = \int ds \frac{F}{f}$ erfüllt ist, als auch die Wahl des Querschnitts im Hinblick auf die Konstruktion des Schiffes eine passende ist.

Noch nicht berücksichtigt ist bisher die Größe des Ausschlages, welchen das Tankwasser machen muß, um den Einfluß der erregenden Welle auf das Schiff aufzuheben und hiermit also der Querschnitt, welchen die aufsteigenden Schenkel des Tanks besitzen müssen. Der Tankwasserausschlag ist, vgl. Gl. (23), abhängig von Amplitude β_0 der Wellenschräge.

Für den Fall $a = \omega = \xi$ und $\varrho = 0$ ergibt sich der maximale Ausschlag des Tankwassers zu

$$R' = \frac{\xi^2 \beta_0 \Theta}{2 F b \gamma} \quad \text{(Gl. 25)}$$

und unter Beachtung, daß $\xi^2 = \frac{P \overline{MG}}{\Theta}$

$$R' = \frac{\beta_0 P \cdot \overline{MG}}{2 F b \gamma} \quad \text{(Gl. 26)}$$

Diese Gleichung besagt nichts anderes, als daß der Tank dann in der Lage ist, das Schiff unter dem Einfluß der erregenden Welle von der größten Schräge β_0 in Ruhe zu halten, wenn das Moment des Gewichtes des in dem einen Schenkel ganz ausgeschwungenen Tankwassers gleich ist dem Moment des Schiffes bei einer Neigung von der maximalen Wellenschräge.

Dabei beträgt die Phasenverschiebung der Tankwasserschwingung gegen den Verlauf der Wellenschräge 180°, wie aus den Werten von B' und A' hervorgeht. Denn die Phasenverschiebung ist

$$\operatorname{tg} \delta' = \frac{B'}{A'} = \frac{R' \sin \delta'}{R' \cos \delta'}.$$

Durch Einsetzen von $a = \omega = \xi$ und von $\varrho = 0$ in Gl. (20) und Gl. (21) erhalten wir

$$B' = R' \sin \delta' = 0$$

und

$$A' = R' \cos \delta' = -\frac{\omega^2 \xi^2 b \beta_0}{\frac{2 F b^2 \gamma}{\Theta}} = -R',$$

woraus sich ergibt, daß die Phasenverschiebung 180° beträgt.

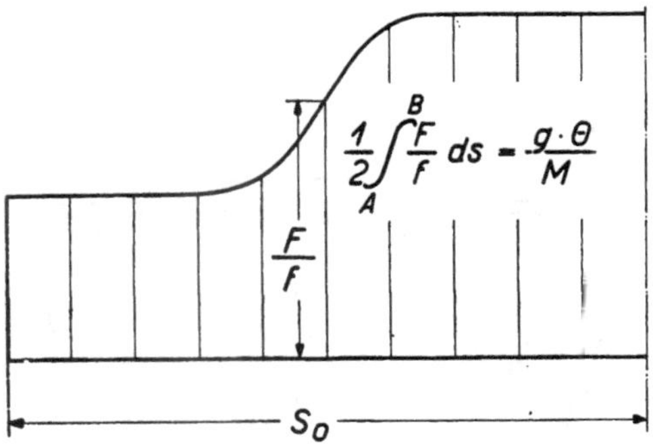

Abb. 112.

Der im vorstehenden behandelte Fall $a = \omega = \xi$ und $\varrho = 0$ ist dem Rechnungsgang, welchen Frahm[1]) für die Auswertung der Tankabmessungen angibt, zugrunde gelegt.

Um die Berechnung des Tanks auch durchführen zu können in den Fällen, in welchen $\int r' ds$ nicht $= 0$ gesetzt werden kann, sind im nachstehenden die Werte von A' B' und R' auch für den letzteren Fall angegeben. Auch hierbei ist jedoch auf die Berücksichtigung der Reibung verzichtet. Dies muß als zulässig erachtet werden, nachdem, wie wir gesehen haben, der Tank doch nur für eine ganz bestimmte Periode der erregenden Meereswelle berechnet wird, seine Dimensionierung daher für jede davon abweichende Periodenzahl höchstens als angenähert richtig bezeichnet werden kann. Inwieweit man durch absichtliche Dämpfung den Wirkungsbereich des Tanks bei periodisch erregenden Wellen erweitern kann, soll später gezeigt werden. Wir erhalten also für den nicht zu vernachlässigenden Wert von $\int r' ds$ bei $\varrho = 0$ unter einfacher Umformung aus den Gl. (13):

$$A' = 2 M \cdot \beta_0 \cdot \frac{p^2 \xi^2 - g \cdot b}{\xi^2 (p^2 q - P' p^2 - 2 b q) + 2 P' b g}$$

$$B' = 0$$

$$R' = \sqrt{A'^2 + B'^2} = A'.$$

§ 7. **Zahlenbeispiel für die Berechnung eines Schlingertanks.** Es bereitet nunmehr keine Schwierigkeiten, für ein gegebenes Schiff die Rechnung nach dem im vorigen Paragraphen angedeuteten Verfahren durchzuführen; wir denken uns folgende Größen gegeben:

$$P = 900\,000 \text{ kg}$$
$$\overline{MG} = 0{,}4 \text{ m}$$
$$\Theta = 682\,000 \text{ mkg sek}^2$$
$$\beta_0 = 0{,}05 \ (\sim 3^0)$$
$$R' = 1{,}5 \text{ m}$$
$$b = 3{,}5 \text{ m}.$$

[1]) Frahm, Jahrbuch der Schiffbautechnischen Gesellschaft 1911, S. 351 f.

Nehmen wir an, daß $p^2 = 0$ ist, so können wir sofort aus Gl. (26) den Querschnitt des aufsteigenden Schenkels ermitteln

$$F = \frac{\beta_0 \cdot P \cdot \overline{MG}}{2 \cdot R' \cdot b \cdot \gamma} = \frac{0{,}05 \cdot 900\,000 \cdot 0{,}4}{2 \cdot 1{,}5 \cdot 3{,}5 \cdot 1000} = 1{,}715 \text{ qm}$$

Ist dagegen p^2 ungleich 0, so wird die Rechnung nur um ein geringes umständlicher, man erhält aus der letzten Formel des vorigen Paragraphen durch Einsetzen der Größen und einfache Umformung

$$F = \frac{1}{R'} \cdot \frac{2 \cdot \beta_0 \cdot (p^2 \cdot g \cdot P \cdot \overline{MG} - g^2 \cdot b \cdot \Theta)}{\gamma \cdot p^4 - 2\, b\, \gamma \cdot p^2 (g+1) + \dfrac{4\, b^2 \gamma\, g^2 \cdot \Theta}{P \cdot \overline{MG}}}.$$

Nehmen wir für unseren Fall an, daß $p^2 = 5$ qm — die Ermittlung geschieht am einfachsten graphisch, wie es unmittelbar aus Abb. 110 hervorgeht —, so erhalten wir für den Schenkelquerschnitt

$$F = 1{,}650 \text{ qm}.$$

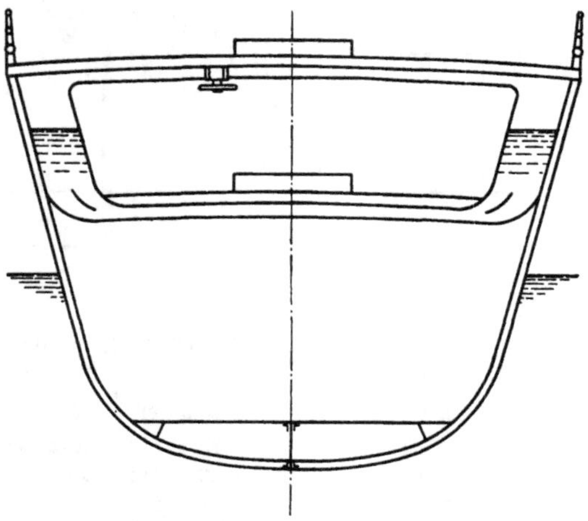

Abb. 113.

Die Abweichung vom obigen Fall ist also nur gering. Das Verhältnis F/f der einzelnen Tankquerschnit an den verschiedenen Stellen der Mittellinie ergibt sich aus der Bedingung, daß $\omega^2 = \xi^2$ sein soll

$$\omega^2 = \frac{2\,g}{\int_A^B \frac{F}{f}\, d\,s} = \xi^2 = \frac{M}{\Theta},$$

also

$$\int_A^B \frac{F}{f}\, d\,s = \frac{2\,g\,\Theta}{P \cdot \overline{MG}}.$$

Im vorliegenden Beispiel ist

$$\int_A^B \frac{F}{f} \cdot d\,s = \frac{2 \cdot 9{,}81 \cdot 682\,000}{900\,000 \cdot 0{,}4} = 37{,}169 \text{ m}.$$

Im vorigen Paragraphen ist schon erwähnt, daß man die Maßzahl der Fläche in Abb. 112 am besten durch Probieren mit der Maßzahl von $\frac{2\,g\,\Theta}{P \cdot \overline{MG}}$ in Übereinstimmung bringt, womit dann die wesentlichsten Größen des Tanks festgelegt sind.

Der oben durchgerechnete Fall entspricht dem in einem späteren Paragraphen für den Schiffskreisel angenommenen Beispiel des Seebäderdampfers „Silvana" der H.A.P.A.G. Die Abb. 113 zeigt die richtigen Größenverhältnisse von Tank und Schiff und kann daher mit der Abb. 117 im § 14 direkt verglichen werden.

§ 8. **Die Bewegungsvorgänge von Schiff und Tankwasser für den Fall, daß zwischen erregender Welle und Eigenschwingungszahl des Tankwassers nicht Resonanz besteht. Einfluß absichtlicher Dämpfung auf diese Bewegungsvorgänge.** Der Spezialfall, in welchem die Schwingungszahl der erregenden Welle mit derEigenschwingungszahl des Schiffes zusammenfällt und für welchen die übliche Berechnung des Schlingertanks, wie wir gesehen haben, durchgeführt zu werden pflegt, wird sich selbstverständlich nur zufällig und gelegentlich verwirklichen. Wenn auch in bestimmten Gewässern die Schwingungszahl der Meereswellen nur zwischen bestimmten Werten schwankt, so geschieht dies doch in so weiten Grenzen, daß auch von einer annähernden Resonanz nicht mehr die Rede sein kann. Es ist daher wichtig, zu untersuchen, welche Bewegungsvorgänge eintreten, falls diese Resonanz nicht vorhanden ist und inwieweit eine mehr oder minder starke absichtliche Dämpfung der Tankwasserschwingungen von Einfluß auf dieselben ist.

In erster Linie interessiert natürlich der Schwingungsausschlag des Schiffes, welcher in der für diese Bewegung in Frage kommenden Gleichung mit S' bezeichnet ist.

Durch einfache Umformung und Substitution von $\frac{\omega}{\xi} = m$ und $\frac{\alpha}{\xi} = n$ läßt sich der Wert von S' unter Einsetzen von $\Theta = \frac{P\overline{MG}}{\xi^2}$ und unter Einführung der dimensionslosen Dämpfungskonstante (vgl. § 3)

$$\varrho' = \varrho\,\omega = \mu\,\frac{F}{\gamma}\int\frac{d\,s}{f^2}\cdot\omega$$

anschreiben wie folgt:

$$S' = \frac{\beta_0\sqrt{(m^2-n^2)^2+m^2\,n^2\,\frac{\varrho'^2}{4}}}{\sqrt{\left[(n^2-m^2)(n^2-1)-m^2\,\frac{2\,F\,b^2\,\gamma}{P\cdot\overline{MG}}\right]^2+\left[m\,n\,\frac{\varrho'}{2}(n^2-1)\right]^2}} \quad \ldots \text{(Gl. 27)}$$

Es geht hieraus hervor, daß die Amplitude des Schiffes außer von dem Verhältnis zwischen Tankabmessungen und Trägheitsmoment des Schiffes nur abhängt von dem Verhältnis der Eigenschwingungs-

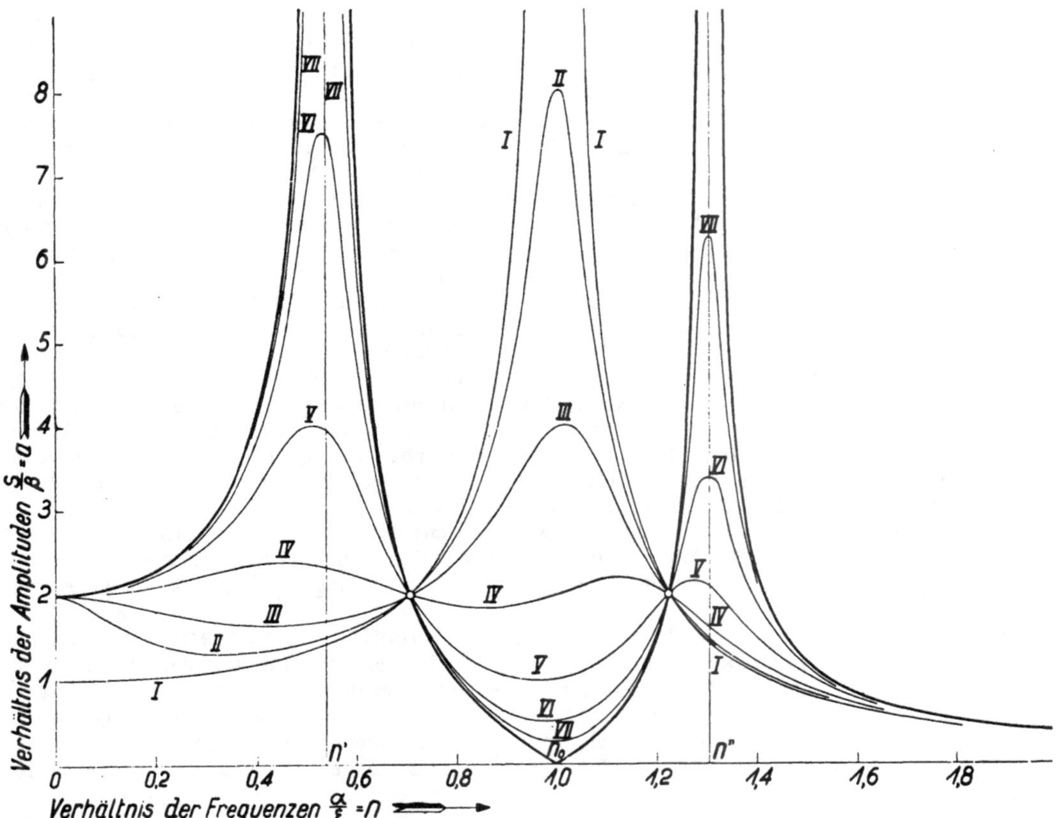

Abb. 114.

zahl $\frac{\omega}{\xi}$ von Schiff und Tankwasser und dem Verhältnis der Schwingungszahl $\frac{\alpha}{\xi}$ von erregender Welle zur Eigenschwingungszahl des Schiffes. Außerdem ist die Amplitude proportional der Amplitude β_0 der Schräge der erregenden Welle. Unter Zugrundelegung obiger Gl. (27) lassen sich diese Amplituden des Schiffes für einen bestimmten Wert von β_0 (es mag z. B. der Wert $\beta_0 = 1$ als Basis genommen werden) für verschiedene Werte von $m = \frac{\omega}{\xi}$, $n = \frac{\alpha}{\xi}$ sowie für verschiedene Grade der Dämpfung berechnen. Die so gefundenen Amplituden graphisch als Kurven aufgetragen geben ein sehr übersichtliches Bild über die resultierenden Bewegungsvorgänge. Solche Kurven sind für einen Tank von bestimmten, im praktischen Rahmen liegenden Abmessungen von Herrn Regierungs-Baumeister Fresenius anläßlich von Untersuchungen über eine von ihm erfundene neuartige Schlingerdämpfung aufgestellt und mir für den Zweck dieser Veröffentlichung in freundlicher Weise zur Verfügung gestellt worden.

Abb. 114 gilt für $m = 1$, also für den Fall, daß die Eigenschwingungszahl des Tankwassers mit der des Schiffes genau übereinstimmt. Als Abszisse ist das Verhältnis n zwischen Anzahl der Wellenimpulse pro Min. und Eigenschwingungszahl des Schiffes aufgetragen, als Ordinate ist in Abb. 114 das Verhältnis $a = \frac{S'}{\beta_0}$ von Amplitude der Rollschwingung zur Schräge der Wellen oder, mit anderen Worten, die Amplitude der Schwingungen bei der Wellenschräge 1 eingezeichnet.

Die Kurve I stellt die Rollschwingung bei einem Schiff ohne Tank oder, was dasselbe ist, bei abgesperrtem Tank (Dämpfung $\varrho' = \infty$), dar. Für $n = 1$, d. h. wenn die Frequenz der Wellenimpulse genau mit der Eigenschwingungszahl des Schiffes übereinstimmt (Resonanz zwischen Welle und Schiff), wird der Ausschlag theoretisch unendlich groß. Je mehr n von 1 verschieden ist, je größer also der Unterschied zwischen der Frequenz der Wellen und der Eigenschwingungszahl des Schiffes wird, um so kleiner wird die Amplitude.

Wenn das Schiff einenTank von der oben angegebenen Stärke hat, und wenn wir zunächst annehmen, daß die Bewegung des Wassers in dem Tank vollkommen widerstandsfrei vor sich geht (Dämpfung $\varrho' = 0$), so ergibt sich für die Amplitude a die Kurve VIII. Für $n = 1$ wird jetzt $a = 0$, es wird also der beim Schiff ohne Tank theoretisch unendlich große Ausschlag durch den dämpfungslosen Tank vollständig zum Verschwinden gebracht. Dies ist der ideale Fall des Frahmschen Tanks, welcher der von Frahm[1]) in seinem Vortrag gegebenen Theorie zugrunde liegt. Dieses Frequenzverhältnis, bei dem $a = 0$ wird, sei mit n_0 bezeichnet.

Sobald die Frequenz der Welle von der Eigenfrequenz des Schiffes und damit von der des Tankwassers nach oben oder unten abweicht, $n \gtrless 1$, wird $a > 0$; es kommt also trotz des Tanks eine Rollbewegung zustande. Für $n = 0{,}707$ und $n = 1{,}225$, wenn also die Frequenz der Wellen um 29,3% kleiner oder um 22,5% größer ist als die Eigenschwingungszahl des Schiffes, wird die Rollschwingung mit und ohne Tank gleich groß. Wenn die Wellenfrequenz noch mehr von der Eigenschwingungszahl des Schiffes nach oben oder unten abweicht, wird die Rollbewegung beim Schiff mit Tank größer als beim Schiff ohne Tank. Tür $n = n' = 0{,}5412$ und für $n = n'' = 1{,}306$ wird theoretisch die Amplitude $a = \infty$, während sie ohne Tank bei denselben Wellenfrequenzen gleich 1,414 ist. Für $n < 0{,}5412$ und für $n > 1{,}306$ nimmt a wieder ab, bleibt aber stets größer, als beim Schiff ohne Tank.

Die Wirkung der dämpfungslosen Tanks im Vergleich zum Schiff ohne Tank ist demnach:

Der unendlich große Ausschlag des Schiffes ohne Tank bei $n_0 = 1$ wird vollständig zum Verschwinden gebracht, dafür treten aber jetzt bei zwei anderen Frequenzen n' und n'', bei denen das Schiff ohne Tank nur mäßige endliche Ausschläge aufweist, hier unendlich große Ausschläge auf. Bei Werten von n in der Nähe von 1 tritt eine beträchtliche Verbesserung, bei Werten in der Nähe von n' und n'' eine beträchtliche Verschlechterung ein. Bei Werten, die wesentlich unter n' oder über n'' liegen, findet eine geringe Verschlechterung statt.

In Wirklichkeit ist die Bewegung des Tankwassers nicht widerstandslos, sondern sie wird durch die natürliche nicht vermeidbare Reibung und Wirbelung und außerdem durch künstlich hinzugefügte Drosselung gehemmt, „gedämpft". Die alsdann auftretenden Schwingungen sind durch die Kurven II—VII dargestellt.

Bei der Kurve VII ist eine verhältnismäßig schwache Dämpfung vorausgesetzt; sie ist, in einer an sich willkürlich gewählten Skala gemessen, $\varrho' = 0{,}25$. Diese geringe Dämpfung hat zur Folge, daß einerseits in dem günstigsten Fall, für $n = n_0 = 1$, die Amplitude der Rollbewegung nicht mehr ganz verschwindet; vielmehr ist hier $a = 0{,}5$. Anderseits werden die Ausschläge bei den ungünstigsten Frequenzen, für n' und n'', nicht mehr unendlich, sie bleiben aber immer noch sehr groß. Die Kurve der Amplitude für $\varrho' = 0{,}25$ hat also im ganzen denselben Charakter wie die für $\varrho' = 0$, nur sind die Spitzen etwas gemildert.

Bei etwas stärkerer Dämpfung, $\varrho' = 1$, Kurve V, sind die Spitzennoch mehr ausgeglichen. Die Amplitude bei $n_0 = 1$ geht jetzt nicht mehr unter $a = 1{,}0$ herunter, anderseits erreicht sie in der Nähe der ungünstigen Wellenfrequenzen n' und n'' nur etwa die Werte 3,96 bzw. 2,08.

Bei noch weiterer Verstärkung der Dämpfung, bei $\varrho' = 2$, ergibt sich Kurve IV. Hier geht der Ausgleich noch weiter, die größte Verschlechterung gegenüber Kurve I in der Nähe von n', bei $n = 0{,}46$, ist etwa $\frac{2{,}4 - 1{,}27}{1{,}27} = 89\%$; bei n'' ist sie nur noch unbedeutend; bei $n_0 = 1$ bleibt aber jetzt ein Ausschlag von $a = 2{,}0$ bestehen.

Wird die Dämpfung nochmals verdoppelt, $\varrho' = 4$, so erhält man Kurve III. Diese nähert sich in ihrem Charakter schon stark der Kurve I für ϱ' = unendlich, die Spitzen bei n' und n'' sind beide verschwunden, anderseits ist die Wirkung bei $n_0 = 1$ schon ganz schlecht geworden, hier ist jetzt $a = 4$.

Zusammenfassend ist demnach zu sagen: Die Wirkung des Tanks auf die Rollbewegung des Schiffes ist wesentlich abhängig von der Stärke der Dämpfung des Tankwassers. Bei schwacher Dämpfung findet bei der für das Schiff ohne Tank ungünstigsten Frequenz der Wellenimpulse

[1]) Jahrbuch der Schiffbautechn. Gesellschaft 1911, S. 283f.

($n_0 = 1$) eine wesentliche Abschwächung der Rollbewegung statt, zugleich tritt aber bei zwei anderen Frequenzen (n' und n'') eine beträchtliche Vergrößerung der Ausschläge ein. Je mehr die Dämpfung verstärkt wird, um so geringer wird die Abschwächung der Rollbewegung bei der ersteren Frequenz (die Amplitude bei $n_0 = 1$ ist der Dämpfung direkt proportional) und um so geringer wird die Vergrößerung der Ausschläge bei den beiden anderen Frequenzen.

§ 9. **Einfluß des schrägen Auftreffens der Meereswellen auf das Schiff.** Bei allen bisherigen Betrachtungen war stillschweigend angenommen, daß die Welle sich genau senkrecht zur Fahrtrichtung des Schiffes fortpflanzt, so daß die Anzahl der Wellenberge oder Wellentäler, welche in der Zeiteinheit das Schiff treffen, genau mit der tatsächlichen Schwingungszahl der Welle übereinstimmt. Sobald aber die Richtung der Fortpflanzungsgeschwindigkeit der Wellen mit der Fahrtrichtung einen anderen Winkel einschließt als einen rechten (man kann auch sagen, sobald die Erzeugende der Wellenfläche nicht mehr parallel ist zur Fahrtrichtung des Schiffes), trifft vorstehendes nicht mehr zu, und man muß mit einer scheinbaren Wellenperiode rechnen. Die Abweichung der scheinbaren Wellenperiode von der tatsächlichen ist offenbar abhängig von der Relativgeschwindigkeit zwischen Schiff und Welle, wobei nur diejenige Komponente der Schiffsgeschwindigkeit berücksichtigt werden darf, welche in die Richtung der Fortpflanzungsgeschwindigkeit der Welle fällt. Treffen z. B. die Wellen das Schiff von hinten und schließt seine Fahrtrichtung mit der Wellenerzeugenden den Winkel α ein, so ist seine Geschwindigkeit in der Richtung der Fortpflanzungsgeschwindigkeit der Welle $= c \cdot \sin \alpha$. Ist diese Komponente $c \cdot \sin \alpha$ gleich der Fortpflanzungsgeschwindigkeit v der Welle, so wird das Schiff gar nicht von der Welle getroffen, d. h. falls es von vornherein auf einem Wellenberge schwamm, wird es seine Fahrt auf dem Wellenberge fortsetzen. Kommt dagegen die Welle unter gleichem Auftreffwinkel α von vorne, so ist die Relativgeschwindigkeit von Schiff und Welle $v + c \cdot \sin \alpha$, und wenn $c \cdot \sin \alpha$ gleich v ist, wird diese Relativgeschwindigkeit gleich $2v$. Die Fortpflanzungsgeschwindigkeit der Welle hat sich also in diesem Falle verdoppelt. Es besteht nun allgemein für jede Wellenbewegung die Beziehung

$$L = v \cdot T,$$

woraus sich unter Beachtung, daß die Schwingungszahl

$$z = \frac{1}{T} \text{ ist,} \quad z = \frac{v}{L}$$

ergibt. Setzen wir nun statt v die Relativgeschwindigkeit v_1 zwischen fahrendem Schiff und Welle (gemessen in der Fortpflanzungsgeschwindigkeit derselben) ein, so erhalten wir als scheinbare Schwingungszahl

$$z_1 = \frac{v_1}{L} = \frac{v - c \cdot \sin \alpha}{L},$$

wobei zu bemerken ist, daß der Winkel α positiv zu zählen ist, wenn die Welle schräg von hinten, negativ, wenn die Welle schräg von vorn kommt (vgl. Abb. 115).

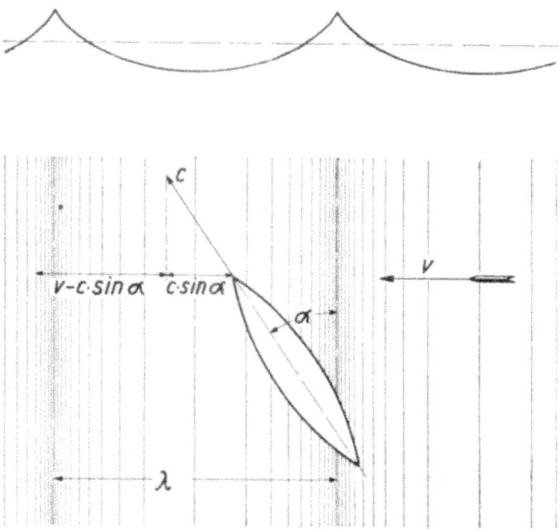

Abb. 115.

§ 10. **Der Schlicksche Schiffskreisel.** Die Konstruktion des Schiffskreisels geht aus Abb. 116 hervor. In einem drehbaren, in einer Querschiffsebene befindlichen Rahmen A ist ein Kreisel B mit vertikaler Achse angeordnet. Der Rahmen ist um zwei querschiffs angeordnete Zapfen C drehbar. Der Kreisel, ein für hohe Umdrehzahl berechnetes Schwungrad, wird durch einen Elektromotor oder durch eine Dampfturbine in schnelle Rotation gebracht.

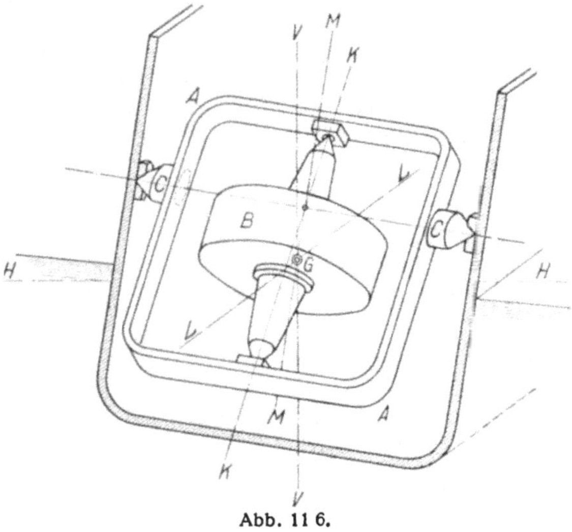

Abb. 116.

Wird das durch Rahmen und Kreisel gebildete Kreiselpendel in Schwingungen versetzt, so tritt ein periodisch an- und abschwellendes Moment in der Querschiffsebene auf, welches das Schiff ins Rollen bringt. Umgekehrt wird durch eine Rollbewegung des Schiffes das Kreiselpendel in Schwingungen versetzt.

Das aus Schiff und Kreiselpendel bestehende System verhält sich also im Seegang ähnlich wie Schiff und Schlingertank, und die bei letzterem eingehend behandelten verschiedenen Fälle, als da sind: Ausschwingen von Schiff und Tank ohne Bremsung bzw. mit Bremsung sowie Schwingen von Schiff und Tank unter dem Einfluß periodisch erregender Wellen, können auf ganz ähnliche Weise auch hier erörtert werden. Für den speziellen Fall des Ausschwingens von Schiff und Kreiselpendel mit und ohne Bremsung ist von Föppl[1]) eine erschöpfende Berechnung aufgestellt worden. Bei der großen Klarheit und Vollständigkeit derselben möchte eine Wiederholung hier überflüssig erscheinen, doch habe ich geglaubt, im Interesse der Bequemlichkeit des Lesers, welcher mit Recht von dem vorliegenden Werke eine gewisse Vollständigkeit verlangen kann, dieselbe wiederholen zu müssen. Außerdem bildet sie die Grundlage für Ergänzungen der Theorie des Schiffskreisels, welche später folgen.

§ 11. **Rechnerische Behandlung der Bewegung von Schiff und Kreisel nach Föppl für den Fall des Ausschwingens des Schiffes nach einmal erfolgtem Anstoß bei ungebremstem und gebremstem Schiffskreisel.** Nach dem Flächensatz ist die Änderungsgeschwindigkeit des Dralls des Systems gleich dem Moment der äußeren Kräfte. Wir betrachten zuerst die Drehung des Schiffes um seine Längsachse (Moment in der Querschiffsebene). Der Drall des Schiffes bei der Rollbewegung, welche um seinen Schwerpunkt erfolgen soll, ist

$$\Theta \cdot \frac{d\varphi}{dt}$$

die Änderungsgeschwindigkeit desselben $= \Theta \cdot \frac{d^2\varphi}{dt^2}$, wenn mit Θ das Trägheitsmoment des ganzen Schiffes um seine durch den Schwerpunkt gehende Längsachse, mit φ die jeweilige bei der Rollschwingung entstehende Neigung der Mittellängsebene gegenüber der Vertikalen bezeichnet ist. Der Drall des Kreisels ist, wenn mit J sein Trägheitsmoment, mit w seine Winkelgeschwindigkeit bezeichnet ist, gleich

$$J \cdot w.$$

Schlägt der Kreiselrahmen längsschiffs aus, so beschreibt der Vektor $J \cdot w$ einen Bogen $d\psi$. Das Bogenstück $J\,w \cdot d\psi$ ist die Änderung des Dralls des Kreisels und die Änderungsgeschwindigkeit ist also

$$J\,w \cdot \frac{d\psi}{dt}.$$

Als Moment der äußeren Kräfte kommt nur der Auftrieb in Frage. Dieser ist, wie bei der Berechnung des Schlingertanks bereits erörtert (vgl. § 3),

$$P \cdot \overline{MG} \cdot \sin\varphi$$

und bei kleinen Ausschlägen

$$P \cdot \overline{MG} \cdot \varphi.$$

Man kann nun den Flächensatz für die Bewegung des Schiffes anschreiben, nachdem man sich über die Vorzeichen der drei erwähnten Glieder klar geworden ist. Der Kreisel drehe sich von oben gesehen in der Bewegung des Uhrzeigers; dann ist der Drall-Vektor $J\,w$ nach oben gerichtet. Dreht sich der Drall-Vektor in der Bewegungsrichtung des Schiffes nach vorn, und wird dabei ψ positiv gezählt, so ist auch dieser nach vorn gerichtete Zuwachs positiv einzusetzen. Wird φ oben von hinten gesehen nach rechts positiv gezählt, so ist der Änderungsgeschwindigkeits-Vektor des Dralles des Schiffes

$$\Theta \cdot \frac{d^2\varphi}{dt^2}$$

nach hinten gerichtet, also negativ.

Das Stabilitätsmoment des Schiffes dreht entgegengesetzt dem Uhrzeiger. Sein Vektor ist daher nach vorn gerichtet und ist positiv einzusetzen. Wir erhalten also als Bewegungsgleichung für das Schiff

$$-\Theta \frac{d^2\varphi}{dt^2} + J\,w \frac{d\psi}{dt} = P \cdot \overline{MG} \cdot \varphi \qquad \text{(Gl. 28)}$$

Eine zweite Gleichung liefert uns der Flächensatz, angewandt auf die pendelnde Bewegung des Kreiselrahmens nebst Kreisel (Moment in der Längsschiffsebene). Bezeichnet man mit ϑ das Trägheits-

[1]) Vgl. Föppl, Zeitschr. d. V. d. I. 1904, ferner Föppl, „Vorlesungen über technische Mechanik", VI. Bd., „Die wichtigsten Lehren der höheren Dynamik", S. 221 f.

moment des gesamten Kreiselrahmens nebst Kreisel, bezogen auf seine Drehzapfen, so ist der Drall dieses Systems

$$\vartheta \cdot \frac{d\psi}{dt}$$

und die Änderungsgeschwindigkeit des Dralls, nach rechts gerichtet,

$$\vartheta \cdot \frac{d^2\psi}{dt^2} .$$

Der Drall des Kreisels selbst, bezogen auf die Kreiselachse, ist $J \cdot w$; führt diese Achse mit dem Schiff zusammen die Rollbewegung aus, so wird die Richtung des Drallvektors um den Winkel $d\varphi$ in der Querschnittsebene abgelenkt. Die Größe dieser Ablenkung, d. h. die Änderung des Dralls ist $J \cdot w \cdot d\varphi$, welche Größe gleich ist dem Drehmoment, welches vom Kreisel in der Längsschiffsebene ausgeübt wird. Der Momentenvektor ist in unserer Abbildung nach rechts gerichtet.

Das Moment des Gewichts des ganzen Kreiselpendels ist

$$p \cdot r \cdot \sin\psi,$$

wenn wir mit p das Gewicht des Kreisels mit Rahmen und mit r den Abstand des Schwerpunktes dieses Systems vom Aufhängepunkt bezeichnen. Werden die Ausschläge als klein betrachtet, so kann mit Annäherung für dieses Moment geschrieben werden

$$p \cdot r \cdot \psi.$$

Der Vektor dieses Moments ist nach links hin gerichtet. Die Reibung oder Bremsung, welche sich der Drehung des Rahmens entgegensetzt, wird als proportional der Winkelgeschwindigkeit der Drehung des Rahmens angenommen. Das Moment dieser Reibung ist $k \cdot \frac{d\psi}{dt}$. Der Vektor dieses Moments ist nach links gerichtet, da dasselbe, wenn ψ nach vorn hin positiv gezählt wird, auf die Verkleinerung von ψ hinwirkt und daher entgegengesetzt dem Sinne des Uhrzeigers dreht. Dabei ist k das Moment der Reibung für die Winkelgeschwindigkeit 1 des Kreiselpendels. Wir haben also als zweite Bewegungsgleichung den Flächensatz, angewandt auf das Kreiselpendel, in folgender Form:

$$\vartheta \frac{d^2\psi}{dt^2} + J\,w \frac{d\varphi}{dt} = -p\,r\,\psi - k\frac{d\psi}{dt} \qquad \text{(Gl. 29)}$$

Die Integration der Bewegungsgleichungen, Gl. (28) und Gl. (29), wird genau in der gleichen Weise vollzogen wie für den Schlingertank in § 3 ausführlich erläutert. Abgesehen davon ist eine vollständige Durchführung der Rechnung in den oben zitierten Veröffentlichungen von Prof. **Föppl** zu finden, so daß eine Wiedergabe des Rechnungsganges sich erübrigt. Aus den beiden Hauptgleichungen ergibt sich zunächst die Differentialgleichung vierter Ordnung

$$\frac{d^4\psi}{dt^4} + a_1 \cdot \frac{d^3\psi}{dt^3} + a_2 \cdot \frac{d^2\psi}{dt^2} + a_3 \cdot \frac{d\psi}{dt} + a_4\,\psi = 0,$$

wobei

$$a_1 = \varrho' \cdot \omega$$
$$a_2 = \omega^2 + \xi^2 + \frac{(J\,w)^2}{\vartheta \cdot \Theta}$$
$$a_3 = \varrho'\,\omega \cdot \xi^2$$
$$a_4 = \omega^2\,\xi^2.$$

Hier ist außer den schon im § 3 eingeführten Abkürzungen noch gesetzt

$$\frac{p \cdot r}{\vartheta} = \omega^2 \qquad \frac{k}{\vartheta} = \varrho' \cdot \omega.$$

Für den Fall, daß der Kreisel nicht gebremst ist, also für $k = 0$, erhält man als Wurzeln der charakteristischen Gleichung vierten Grades die Wurzeln $\alpha_1\ \alpha_2\ \alpha_3$ und α_4

$$\alpha_{12} = \pm\sqrt{-\frac{a_2}{2} + \sqrt{\frac{a_2^2}{4} - a_4}} \qquad \alpha_{34} = \pm\sqrt{-\frac{a_2}{2} - \sqrt{\frac{a_2^2}{4} - a_4}}$$

und als Lösung der Differentialgleichung vierter Ordnung für den Ausschlag des Kreiselrahmens

$$\psi = R_1 \sin(\varkappa_1' t + \delta_1) + R_2 \sin(\varkappa_2' t + \delta_2)$$

und durch Einsetzen in die Hauptgleichungen und weitere Behandlung für den Ausschlag des Schiffes

$$\varphi = S_1 \sin(\varkappa_1' t + \varepsilon_1) + S_2 \sin(\varkappa_2' t + \varepsilon_2).$$

Die Gleichungen für φ und ψ sind also in ihrer Form identisch mit Gl. (4) und Gl. (7) (§ 4), welche die Bewegung von Schiff und Tankwasser für den ungedämpften Schlingertank beim Ausschwingen ohne weitere Erregung angeben, und es sind infolgedessen auch die Rollbewegungen des Schiffes, sei es mit Schlingertank oder mit Schiffskreisel ausgerüstet, hier völlig gleichartig; ebenso gilt dies für die Pendelbewegungen von Kreiselrahmen bzw. Tankwasser.

Die Größen $\varkappa_1'$ $\varkappa_2'$ R_1 R_2 δ_1 δ_2 S_1 S_2 ε_1 ε_2 ergeben sich wie folgt.

Es ist

$$\varkappa_1' = \frac{a_1}{i}, \qquad \varkappa_2' = \frac{a_3}{i}.$$

Die übrigen acht Größen sind die Integrationskonstanten der zwei Differentialgleichungen vierter Ordnung. Von diesen sind indessen nur vier willkürlich (d. h. durch den Anfangszustand des Systems festgelegt), während die vier anderen aus folgenden Beziehungen sich ergeben:

$$R_1 = S_1 \frac{M - \varkappa_1'^2 \cdot \Theta}{\varkappa_1' \cdot J w}, \quad R_2 = S_2 \frac{M - \varkappa_2'^2 \cdot \Theta}{\varkappa_2' \cdot J w}$$

$$\delta_1 = \varepsilon_1 - \frac{\pi}{2}, \quad \delta_2 = \varepsilon_2 - \frac{\pi}{2} \quad \text{(Gl. 30)}$$

Die beiden letzten Gleichungen besagen, daß die beiden Einzelschwingungen, aus welchen sich die Schwingung des Rahmens zusammensetzt, um 90° denjenigen für das Schiff nacheilen.

Praktische Bedeutung besitzt dieser Fall nicht, denn der ungebremste Kreisel kann eine Abnahme der Rollbewegungen hier nicht herbeiführen. Schiff und Kreiselrahmen werden vielmehr in ihrer unregelmäßigen, aus zwei Sinusschwingungen zusammengesetzten Schwingung (vgl. Abb. 109) dauernd verharren. Es ist daher notwendig, den Kreiselrahmen zu bremsen, um die Energie der dem System erteilten Schwingung nach Ablauf einer gewissen Zeit aufzuzehren.

§ 12. **Ausschwingen von Schiff und Kreiselrahmen bei Dämpfung der Schwingung des Kreiselrahmens.** Die hierbei entstehenden Differentialgleichungen für φ und ψ erhalten nunmehr die Form von Gl. (8) (§ 5), deren Lösung die Ermittlung der vier Wurzeln einer charakteristischen Gleichung von der Form wie Gl. (8a) (§ 5) notwendig macht. Aus den im vorstehenden bereits angegebenen Gründen soll hier auf die Wiedergabe der Lösung verzichtet und gleich das Resultat angeschrieben werden. Es ergibt sich für den Ausschlag des Kreiselrahmens

$$\psi = e^{-\sigma_1 t} R_1 \sin(\tau_1 t + \delta_1) + e^{-\sigma_2 t} R_2 \sin(\tau_2 t + \delta_2) \quad \text{(Gl. 31)}$$

und für den Ausschlag des Schiffes

$$\varphi = e^{-\sigma_1 t} S_1 \sin(\tau_1 t + \varepsilon_1) + e^{-\sigma_2 t} S_2 \sin(\tau_2 t + \varepsilon_2), \quad \text{(Gl. 32)}$$

also Gleichungen, welche ebenfalls genau den gleichen Aufbau haben, wie die für Ausschlag des Schiffes und des Tankwassers bei der Behandlung des Schlingertanks für den gleichen Vorgang ermittelten. Es setzen sich also auch hier sowohl die Schwingungen, welche das Schiff, als auch diejenigen, welche der Kreiselrahmen ausführt, aus zwei gedämpften Sinusschwingungen von verschiedener Anfangsamplitude, verschieden starker Abnahme derselben, verschiedener Schwingungszahl und Phase zusammen, so daß Abb. 111 (§ 5) auch als Darstellung der bei dem jetzt behandelten Problem eintretenden Schwingungen von Schiff und Kreiselrahmen betrachtet werden kann. Nach einer bestimmten Zeit verringern sich die Schwingungsausschläge auf einen praktisch bedeutungslosen Betrag. Selbstverständlich haben entsprechend dem konstruktiv veränderten Problem die Größen R_1, S_1, σ_1, τ_1, δ_1, ε_1, R_2, S_2, σ_2, τ_2, δ_2 ε_2 eine andere Zusammensetzung, welche im nachstehenden angegeben werden soll.

Sind $\varkappa_1$ $\varkappa_2$ $\varkappa_3$ $\varkappa_4$ die Wurzeln der charakteristischen Gleichung (8a), so ergeben sich die Größen σ_1 τ_1 σ_2 τ_2 aus den Beziehungen

$$\varkappa_1 = -\sigma_1 + i\tau_1$$
$$\varkappa_2 = -\sigma_1 - i\tau_1$$
$$\varkappa_3 = -\sigma_2 + i\tau_2$$
$$\varkappa_4 = -\sigma_2 - i\tau_2.$$

Von den übrigen acht Größen sind vier durch die Anfangsbedingungen gegebene Integrationskonstanten; die andern vier sind nicht willkürlich, sondern hängen mit den übrigen vier durch folgende Beziehungen zusammen

$$R_1 = \frac{S_1}{J w} \sqrt{\frac{M^2}{\sigma_1^2 + \tau_1^2} + \Theta^2 (\sigma_1^2 + \tau_1^2) + \frac{2\Theta \cdot M}{\sigma_1^2 + \tau_1^2} (\sigma_1^2 - \tau_1^2)}, \quad \text{(Gl. 33)}$$

ebenso für R_2, wenn der Index 1 immer durch 2 ersetzt wird.

$$\delta_1 = \varepsilon_1 + \gamma_1,$$

wobei

$$\operatorname{tg} \gamma_1 = \frac{\tau_1 \left(M - \Theta \left(\sigma_1^2 + \tau_1^2\right)\right)}{\sigma_1 \left(M + \Theta \left(\sigma_1^2 + \tau_1^2\right)\right)},$$

ebenso für δ_2 und ε_2 durch Vertauschung des Index 1 mit dem Index 2.

Ebenso wie es beim Schlingertank einen Grad der Drosselung gibt, welcher am schnellsten die Aufzehrung der dem System innewohnenden Schwingungsenergie bewirkt, wird auch der Schiffskreisel die Dämpfung der Rollbewegung bei einem bestimmten Grad der Bremsung am schnellsten herbeiführen. Dieser günstigste Grad der Bremsung liegt zwischen den beiden möglichen Grenzfällen, nämlich einerseits der vollständigen Bremsung des Kreiselrahmens, was gleichwertig ist einer vollständigen Abstellung des Apparates und dem widerstandslosen Ausschwingen des Kreiselrahmens, in welchem Fall Energie von demselben überhaupt nicht aufgenommen werden kann. Die Bremsung muß, wie von Föppl ermittelt worden ist, um eine besonders starke Wirkung des Kreisels auf das Schiff auszuüben, „einerseits groß genug sein, um ein Schwingen des Kreiselrahmens in gleicher Phase mit dem Schiff herbeizuführen, und anderseits doch noch klein genug, um starke Ausschläge des Kreisels nicht zu verhindern." Rechnerisch ergibt sich nach Föppl diese günstigste Bremsstärke

$$K_{\max} = w \sqrt{\frac{\vartheta}{\Theta}}.$$

Es ist zu bemerken, daß bei stark bewegter See die Bremse stärker angezogen werden muß, als es vorstehender Gleichung entspricht, wodurch zwar der Einfluß der Dämpfung etwas abgeschwächt, anderseits aber die Ausschläge des Kreiselrahmens in zulässigen Grenzen gehalten werden.

Soweit gehen die Untersuchungen Föppls über den Schiffskreisel. Sie beschränken sich auf das Problem des Ausschwingens von Schiff und Kreiselrahmen und auf die Dämpfung der Rollbewegung, welche ein Schiff nach einmal erfolgtem Anstoß ausführt. Dagegen ist die Wirkungsweise des Schiffskreisels für den Fall, daß periodisch wiederkehrende Wellen auf das Schiff seitwärts auftreffen, von Föppl nicht behandelt und auch für die Praxis für nicht wichtiger erachtet worden, als diejenige des Ausschwingens nach einmaliger Erregung, ganz im Gegensatz zu Frahm, welcher seine Rechnungen nur für den Fall der periodisch auftreffenden Wellen (also der erzwungenen Schwingung) aufbaut. Im folgenden sollen auch Betrachtungen hierüber angestellt werden.

§ 13. **Schwingungsbewegung von Schiff und Kreiselrahmen unter dem Einfluß periodisch wiederkehrender Wellen von gleicher Stärke.** Dem Einfluß der periodisch erregenden Wellen wird in unserem Ansatz dadurch Rechnung getragen, daß zu dem Drehmoment des Auftriebs noch dasjenige hinzugefügt wird, welches durch die Welle von der größten Schräge β_0 und der Periode α hervorgerufen wird. Schon bei der Behandlung des Schlingertanks ergab sich für dieses von der Welle ausgeübte Drehmoment der Wert $P \cdot MG \cdot \beta_0 \sin \alpha t$, dessen Drehrichtung dem Auftrieb entgegen wirkt, so daß also Gl. (28) übergeht in

$$-\Theta \cdot \frac{d^2 \varphi}{d t^2} + J w \cdot \frac{d \psi}{d t} = P \overline{MG} (\varphi - \beta),$$

wo

$$\beta = \beta_0 \cdot \sin \alpha t,$$

während Gl. (29) in unveränderter Form bestehen bleibt. Die Auflösung dieser beiden Gleichungen ergibt sich in ganz ähnlicher Weise wie bei der Behandlung des Schlingertanks (§ 6 und vorhergehenden) erläutert. Wir erhalten eine Differentialgleichung vierter Ordnung für ψ von der Form

$$\frac{d^4 \psi}{d t^4} + a_1 \frac{d^3 \psi}{d t^3} + a_2 \frac{d^2 \psi}{d t^2} + a_3 \frac{d \psi}{d t} + a_4 \psi + a_5 \cos \alpha t = 0, \quad \text{(Gl. 34)}$$

in welcher die Koeffizienten der Ableitungen von ψ die Werte besitzen, die in § 11 aufgeführt sind, bis auf

$$a_5 = \frac{J w}{\vartheta} \cdot \xi^2 \cdot \beta_0 \cdot \alpha.$$

Um die allgemeine Lösung der Kreiselrahmenschwingung zu finden, läßt man zunächst in Gl. (34) das letzte Glied unberücksichtigt, wiederholt also buchstäblich den Rechnungsgang des vorigen Paragraphen, und addiert zum dortigen Ergebnis die partikuläre Lösung

$$\psi' = A' \cdot \sin \alpha t + B' \cdot \cos \alpha t.$$

Da uns aus der Berechnung des Schlingertanks und der Behandlung des Ausschwingens von Schiff und Kreiselrahmen bereits bekannt ist, daß die Gleichung dieser Form auf die Übereinanderlagerung von zwei gedämpften Schwingungen und einer reinen Sinusschwingung führt, wovon die beiden ersteren nach kurzer Zeit ausklingen, interessiert uns nur die partikuläre Lösung, welche auf letztere Schwingungen führt. Wir können also, wie aus diesen Vorgängen bekannt, setzen

$$\psi' = R' \sin(\alpha t - \delta'), \qquad \text{(Gl. 35)}$$

woraus sich (vgl. § 6) R', δ' wie folgt ergeben: Man erhält aus Gl. (34) durch Einsetzung der Ausdrücke für ψ und seine Ableitungen die folgende, in der die Glieder nach $\sin \alpha t$ und $\cos \alpha t$ geordnet sind:

$$\sin \alpha t \cdot \left[A'(\alpha^4 - a_2 \cdot \alpha^2 + a_4) + B'(a_1 \cdot \alpha^3 - a_3 \cdot \alpha)\right]$$

$$+ \cos \alpha t \left[B'(\alpha^4 - a_2 \cdot \alpha^2 + a_4) - A'(a_1 \cdot \alpha^3 - a_3 \cdot \alpha) + a_5\right] = 0.$$

Da sowohl die Cosinus- als auch die Sinusglieder zu Null werden müssen, so folgt

$$A' = \frac{a_5 (a_1 \cdot \alpha^3 - a_3 \cdot \alpha)}{(\alpha^4 - a_2 \alpha^2 + a_4)^2 + (a_1 \cdot \alpha^3 - a_3 \cdot \alpha)^2}$$

$$B' = -\frac{a_5 (\alpha^4 - a_2 \cdot \alpha^2 + a_4)}{(\alpha^4 - a_2 \cdot \alpha^2 + a_4)^2 + (a_1 \alpha^3 - a_3)^2}$$

und da angenommen ist, daß

$$A' = R' \cos \delta' \qquad B' = R' \sin \delta',$$

so ist

$$\psi' = R' \cdot \sin(\alpha t + \delta')$$

und hierin

$$R' = \sqrt{\frac{a_5^2}{(\alpha^4 - a_2 \alpha^2 + a_4)^2 + (a_1 \alpha^3 - a_3 \alpha)^2}}$$

$$\delta' = \operatorname{arc\,tg} \frac{\alpha^4 - a_2 \alpha^2 + a_4}{a_1 \alpha^3 - a_3 \alpha}.$$

Damit ist nun die vollständige Lösung für die Schwingung des Kreiselrahmens gegeben durch

$$\psi = \psi_1 + \psi_2 + \psi'$$

$$\psi = e^{-\sigma_1 t} \cdot R_1 \cdot \sin\left(\tau_1 t + \delta_1\right) + e^{-\sigma_2 t} \cdot R_2 \cdot \sin\left(\tau_2 t + \delta_2\right) + R' \cdot \sin\left(\alpha t + \delta'\right) \quad \text{(Gl. 36)}$$

Um die Bewegungsgleichung des Schiffes zu entwickeln, lösen wir Gl. (29) nach $\frac{d\varphi}{dt}$ auf, integrieren einmal nach t und setzen dann für ψ' und seine Ableitungen die aus der partikulären Lösung zu gewinnenden Werte ein. Wir erhalten dann für die partikuläre Lösung

$$\varphi' = R' \cdot \left[\left(\frac{1}{\alpha} \cdot \frac{\omega^2 \cdot \vartheta}{J \cdot w} - \frac{\alpha \cdot \vartheta}{J \cdot w}\right) \cdot \cos(\alpha t + \delta') - \frac{k}{J \cdot w} \cdot \sin(\alpha t + \delta')\right].$$

Wir setzen nun

$$-\frac{k}{J \cdot w} = V \cdot \cos \eta$$

$$\frac{1}{\alpha} \cdot \frac{\omega^2 \cdot \vartheta}{J \cdot w} - \frac{\alpha \cdot \vartheta}{J \cdot w} = V \cdot \sin \eta,$$

worin demnach

$$V = \frac{1}{J \cdot w} \cdot \sqrt{k^2 + \vartheta^2 \left(\frac{\omega^2 - \alpha^2}{\alpha}\right)^2}$$

$$\eta = \operatorname{arc\,tg} \frac{\vartheta}{k} \cdot \frac{(\omega^2 - \alpha^2)}{\alpha}$$

und erhalten dann

$$\varphi' = V R' \cdot \sin(\alpha t + \delta' + \eta).$$

Setzen wir nun schließlich noch

$$V \cdot R' = S' \qquad \delta' + \eta = \varepsilon',$$

so haben wir die gewünschte Form

$$\varphi' = S' \cdot \sin(\alpha t + \varepsilon')$$

und als vollständige Lösung der Schiffsschwingung

$$\varphi = \varphi_1 + \varphi_2 + \varphi'$$

$$\varphi = e^{-\sigma_1 t} \cdot S_1 \cdot \sin\left(\tau_1 t + \varepsilon_1\right) + e^{-\sigma_2 t} \cdot S_2 \sin\left(\tau_2 t + \varepsilon_2\right) + S' \cdot \sin\left(\alpha t + \varepsilon'\right) \quad \text{(Gl. 37)}$$

Aus den Bewegungsgleichungen (36) und (37) folgt genau so wie aus den Gl. (14) und (15) im Abschnitt über den Schlingertank, daß nach Ablauf einer gewissen Frist die Bewegungen von Schiff und Tankwasser sich auf einfache Sinusschwingungen φ' und ψ' reduzieren. Die auch beim Kreisel hauptsächlich interessierende Größe S' der Schiffsamplitude ist im übernächsten Paragraphen weiter behandelt.

§ 14. **Zahlenbeispiel für die Berechnung eines Schiffskreisels.** Für die Dimensionierung eines Kreisels gilt es, die beiden Größen $\frac{p \cdot r}{\vartheta}$ und $J \cdot w$ zu bestimmen. Als Beispiel nehmen wir das gleiche, wie beim Schlingertank:

$$P = 900000 \text{ kg}$$
$$\overline{MG} = 0{,}4 \text{ m}$$
$$\Theta = 682000 \text{ mkg/sek}^2$$
$$\beta_0 = 0{,}05$$
$$R' = 0{,}25\,\pi \; (= 45^0).$$

Zunächst berechnen wir die Kreiselstärke, welche erforderlich ist, damit im Falle $\xi = \omega = \alpha$ dem Momente $P \cdot \overline{MG} \cdot \beta_0$ das Gleichgewicht gehalten werden kann. Es ist

$$R' = \sqrt{\frac{a_5^2}{(\alpha^4 - a_2\,\alpha^2 + a_4)^2 + (a_1 \cdot \alpha^3 - a_3\,\alpha)^2}} =$$

$$= \sqrt{\frac{\left(\frac{J \cdot w}{\vartheta} \cdot \xi^2 \cdot \beta_0 \cdot \alpha\right)^2}{\left[(\alpha^2 - \omega^2) \cdot (\alpha^2 - \xi^2) - \frac{(J \cdot w)^2}{\vartheta \cdot M} \cdot \xi^2 \cdot \alpha^2\right]^2 + [\varrho'\,\omega\,\alpha \cdot (\alpha^2 - \xi^2)]^2}}$$

und für $\alpha = \xi = \omega$ folgt hieraus

$$R' = \frac{M \cdot \beta_0}{J \cdot w \cdot \xi} = \frac{\beta_0}{J \cdot w} \cdot \sqrt{\Theta \cdot P \cdot \overline{MG}},$$

so daß

$$J \cdot w = \frac{\beta_0}{R'} \cdot \sqrt{\Theta \cdot P \cdot \overline{MG}} = \frac{4 \cdot 0{,}05}{\pi} \cdot \sqrt{900000 \cdot 0{,}4 \cdot 682000}$$

$$J \cdot w = 31544 \,.\, \text{kgm/sek.}$$

Soll der Kreisel etwa mit 1750 Umdrehungen in der Minute laufen, was einem w von ~ 183/sek entspricht, so wird

$$J = 172{,}5 \text{ mkg/sek}^2.$$

Schätzungsweise ergibt sich dann, wenn man die Konstruktion durchführt

$$p = 15000 \text{ kg}$$
$$\vartheta = 9600 \text{ mkg/sek}^2.$$

Nun soll $\omega = \xi$ sein, d. h.

$$\frac{p \cdot r}{\vartheta} = \frac{P\,\overline{MG}}{\Theta}.$$

Hieraus ermittelt man die noch fehlende Größe r, d. h. den Abstand des Schwerpunktes des Schiffes von der Aufhängeachse des Kreisels

$$r = \frac{P\,\overline{MG}}{\Theta} \cdot \frac{\vartheta}{p} = \frac{900000 \cdot 0{,}4 \cdot 9600}{1500 \cdot 682000} = 0{,}338 \text{m}.$$

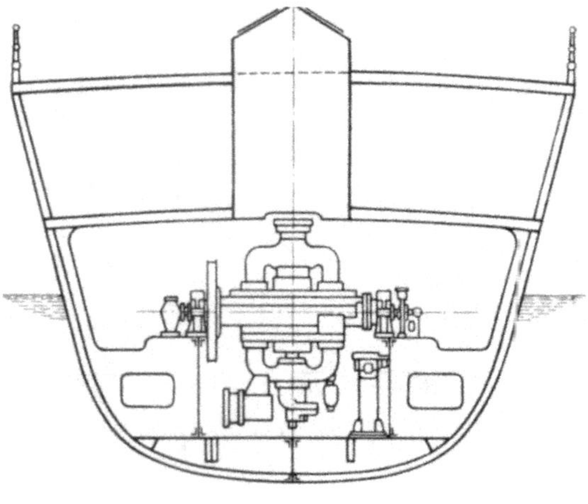

Abb. 117.

Diese Angaben genügen für die Konstruktion eines Kreisels für ein bestimmtes Schiff.

Das oben gerechnete Beispiel ist der Schiffskreisel auf dem Seebäderdampfer „Silvana" der H.A.L., dessen Einbau im Schiff aus Abb. 117 zu erkennen ist. Eine genauere Zeichnung des Kreisels allein folgt in § 17.

§ 15. **Die Bewegungsvorgänge von Schiff und Kreiselrahmen für den Fall, daß zwischen erregender Welle und Eigenschwingungszahl des Kreiselrahmens nicht Resonanz besteht; Einfluß absichtlicher Dämpfung auf diese Bewegungsvorgänge.** Analog wie in § 8 das Verhalten des Schiffes in diesem Fall an Hand von Kurven dargestellt wurde, kann dies auch hier geschehen. Die Amplitude S' läßt sich unter Einführung von

$$\frac{\alpha}{\xi} = n \text{ und } \frac{\omega}{\xi} = m$$

anschreiben wie folgt:

$$S' = \beta_0 \cdot \sqrt{\frac{(\varrho' m n)^2 + (m^2 - n^2)^2}{\left[(n^2 - m^2)\cdot(n^2 - 1) - \frac{(J \cdot w)^2}{\vartheta \cdot M} \cdot n^2\right]^2 + [\varrho' \cdot m \cdot n (n^2 - 1)]^2}} \quad \ldots \text{(Gl. 38)}$$

Auch hier hängt die Amplitude des Schiffes außer von dem Verhältnis

$$\frac{J^2 w^2}{P \cdot \overline{MG} \cdot \vartheta},$$

welches nur die Dimension des Schiffes, des Kreiselrahmens und des Kreisels sowie dessen Winkelgeschwindigkeit enthält, nur ab von den obigen Werten m, n, ϱ'; im übrigen ist die Amplitude proportional der größten Schräge β_0 der erregenden Welle.

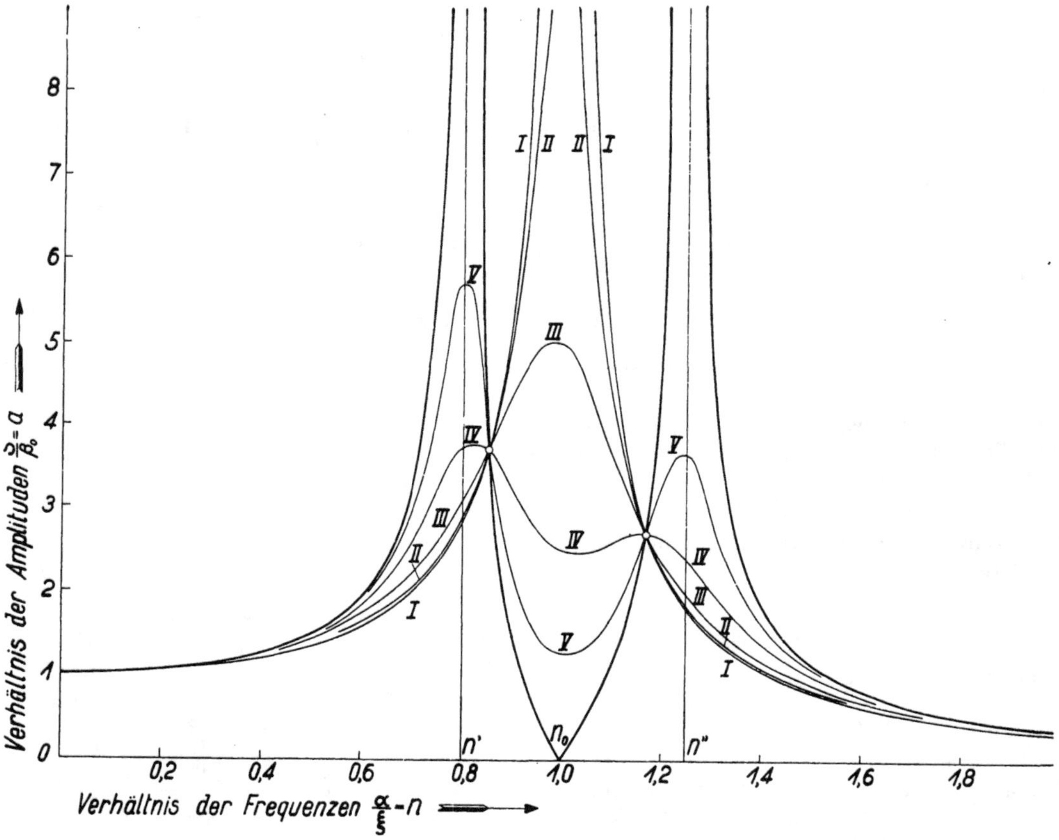

Abb. 118.

Wie beim Schlingertank ist auch hier ein Kurvenblatt, Abb. 118, beigefügt, wo unter der Annahme der Abstimmung von Kreiselrahmen und Schiff der Einfluß willkürlicher Dämpfung dargestellt ist. Die Erklärung des Blattes ist unmittelbar die gleiche wie beim Schlingertank im § 8. Bemerkenswert ist, daß hier alle Kurven für $n = 0$ bei $a = 1$ beginnen.

§ 16. **Allgemeine Bemerkungen.** Aus den gesamten bisherigen Rechnungen ist ein prinzipieller Unterschied zwischen Schlingertank und Schiffskreisel nicht hervorgetreten; dies liegt daran, daß infolge der Vernachlässigungen das Problem in beiden Fällen auf das eines idealen Doppelpendels zurückgeführt wurde. Es kommt ja auch nur darauf an, einen ungefähren Überblick über die auftretenden Bewegungsvorgänge zu gewinnen.

Außerdem ist bei der Durchführung der Rechnung keine Rücksicht genommen auf die schon in § 3 erwähnte Gierbewegung und auf die kreisförmige Translationsbewegung[1]), die jedes von der Wellenbewegung erfaßte Teilchen der Wasseroberfläche, also mit gewisser Annäherung auch der Schiffskörper ausführt.

Bei der Vernachlässigung der Reibung muß man schließlich bedenken, daß Schiffe mit sehr niedriger Eigenfrequenz ξ für den Fall der Resonanz zwischen Tankwasser und Schiff $\omega = \xi$ eines sehr engen Kanals bedürfen, wodurch die Reibung an den Wänden vermehrt wird. Man wird also zweckmäßig $\omega > \xi$ $(m > 1)$ wählen, so daß man die erhöhte Reibung wieder beseitigt, indem man den Querschnitt des Verbindungskanals erweitert[2]).

§ 17. **Beschreibung einiger Ausführungen.** Der Schiffskreisel ist die frühere der beiden Schlingerdämpfungseinrichtungen. Nachdem Schlick auf dem „Seebär", einem kleinen ausrangierten Torpedoboot, seine Erfindung erprobt hatte, ließ die Hamburg-Amerika-Linie auf ihrem Seebäderdampfer

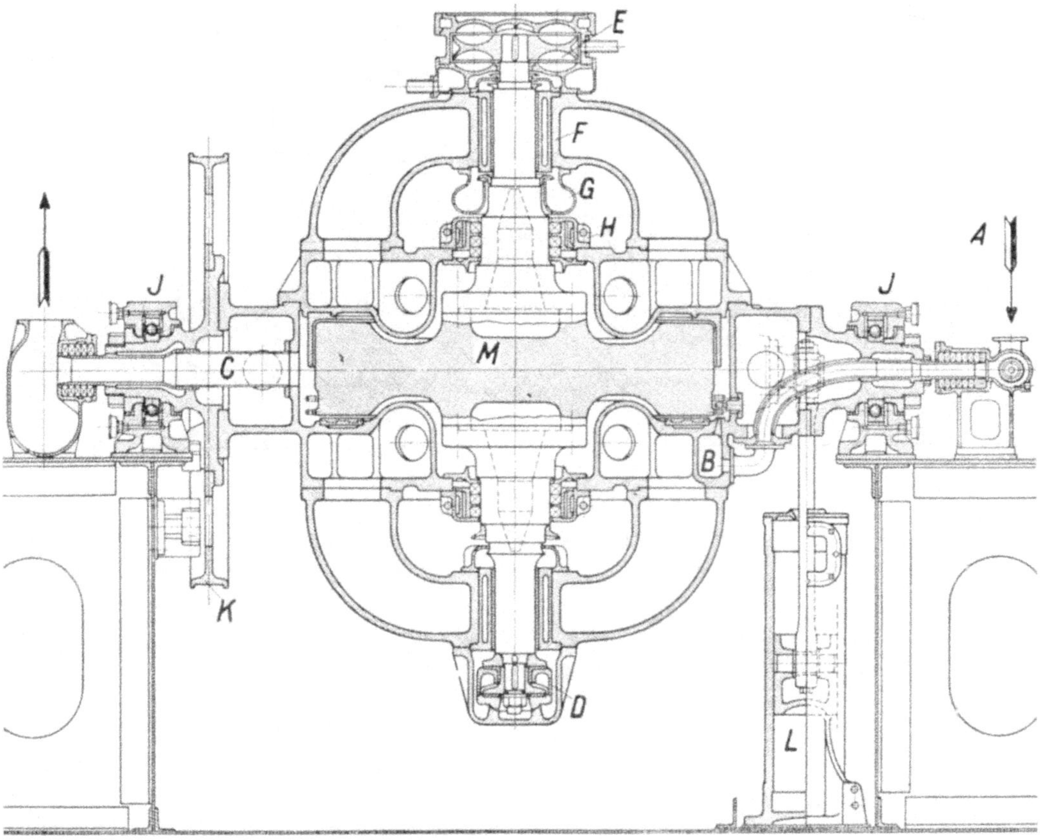

Abb. 119.

„Silvana" einen Kreisel einbauen, dessen Skizze schon in Abb. 117 gezeigt wurde. Abb. 119 zeigt einen Schnitt durch den Kreisel, der die einzelnen Teile erkennen läßt. Der Antrieb des Rotors M erfolgt mittels einer Curtisbeschaufelung durch den von A in den Düsenraum B strömenden Dampf. Durch den Anschluß des Dampfaustritts bei C an den Kondensator läuft der Rotor im Vakuum und verzehrt nur geringe Reibungsarbeit. Der Rotor wird in einem doppelten Drucklager D getragen und oben und unten in Führungslagern F gehalten, die in einer Traverse eingebaut sind. Um ein Herablecken von Öl aus dem oberen Führungslager in die Stopfbuchse H zu verhindern, ist über dieser ein Ölfang G angebracht. Damit der Kreisel den Rollschwingungen des Schiffes schnell folgen kann, ist die Rahmenachse auf Kugeln bei J gelagert. Die Bremsung der Rahmenschwingungen erfolgt hydraulisch im Bremszylinder L, die Festsetzung durch eine Backenbremse am Bremsring K. Um die Auslaufzeit des

[1]) Vgl. Dr. G. Bauer, Jahrbuch d. Schiffbautechn. Ges. 1918, S. 521.

[2]) Vgl. Frahm, Jahrbuch d. Schiffbautechn. Ges. 1911, S. 306.

Rotors herabzusetzen, wird die am oberen Ende der Achse angebrachte Froudesche Bremse *E* in Betrieb gesetzt.

Bei späteren Ausführungen erfolgte der Antrieb des Kreisels nicht mehr durch Dampf, sondern elektrisch; die Zahl der ausgeführten Schiffskreisel ist jedoch nicht sehr groß, da die Erfindung des Frahmschen Schlingertanks einen weniger kostspieligen Weg wies. Erst während und nach dem Kriege wurde der Bau von Schiffskreiseln in größerem Maßstabe wieder aufgenommen, und zwar von Sperry in Amerika. Der Einbau erfolgte dort auf einer Reihe von Dampf- und Motorjachten, auf Handelsschiffen und auch auf Kreuzern und Unterseebooten. Die Anordnung, die aus der Skizze Abb. 120 hervorgeht, weicht von der Schlickschen etwas ab; Sperry selbst nennt seinen Kreisel einen aktiven im Gegensatz zum passiven Schlickschen. Außer dem Hauptkreisel *A* ordnet Sperry noch einen kleinen

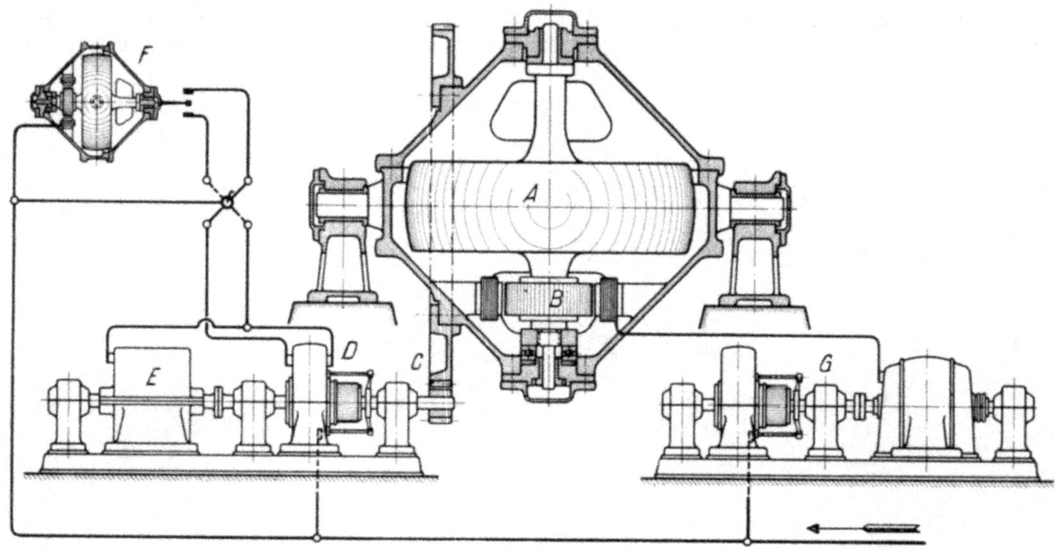

Abb. 120.

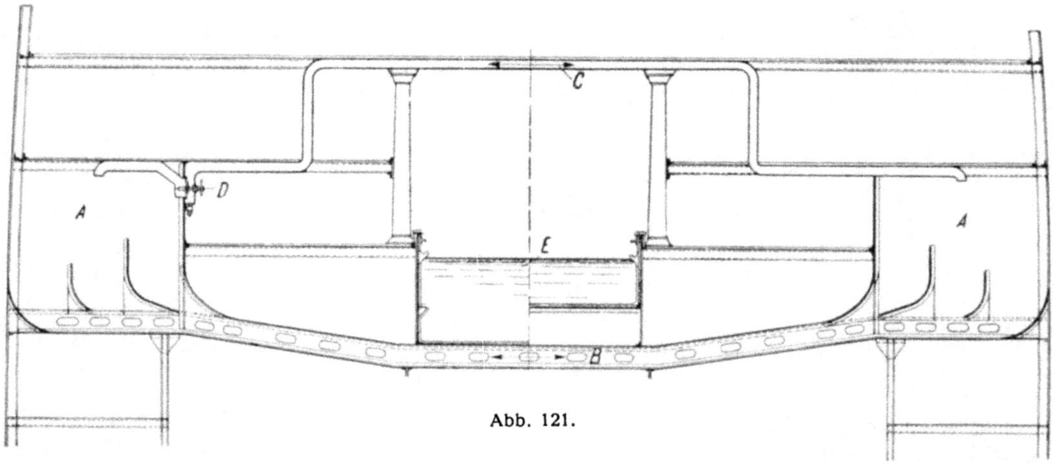

Abb. 121.

Steuerkreisel *F* an, dessen Achse und Ausschlagsebene horizontal liegen. Dieser reagiert schon auf geringe Rollbewegungen des Schiffes mit einem Ausschlag, wodurch ein Kontakt geschlossen wird, der den sog. Präzessionsmotor *D* betätigt, je nach Richtung des Ausschlages in einem oder dem entgegengesetzten Drehsinne. Hierdurch wird dem Hauptkreiselrahmen mittels des Übersetzungsgetriebes *C* ein Ausschlag erteilt, der im Schiff ein Drehmoment erzeugt, das dem Rollausschlag entgegenwirkt. Der Antriebsmotor *B* des Hauptkreisels wird durch eine Umformeranlage *G* mit Drehstrom versorgt; *E* ist eine elektrisch betätigte Bremse. Mit Hilfe des Präzissionsmotors kann das Schiff auch willkürlich in Rollschwingungen versetzt werden. Durch die Art der Sperryschen Relaisanordnung wird augenscheinlich die Empfindlichkeit der Anlage größer, was die Anwendung eines kleineren Hauptkreisels zuläßt. Im allgemeinen soll das Gewicht der vollständigen Anlage nur 1% vom Schiffsgewicht beanspruchen.

Der Schlingertank hat eine schnellere Verbreitung gefunden, da er bequemer einzubauen ist und wenig Wartung und Revision erfordert. In letzter Zeit ist durch die Verbindung des Schlingertanks mit den formstabilen Anbauten bei den T.S.S. „Albert Ballin" und „Deutschland" das Interesse wieder hervorgetreten, da bei der neuen Ausführung kein Platz im Schiffe für den Tank gebraucht wird, insbesondere weil auch der Querkanal fortfällt und durch eine besonders geartete Verbindung mit dem Außenwasser ersetzt ist.

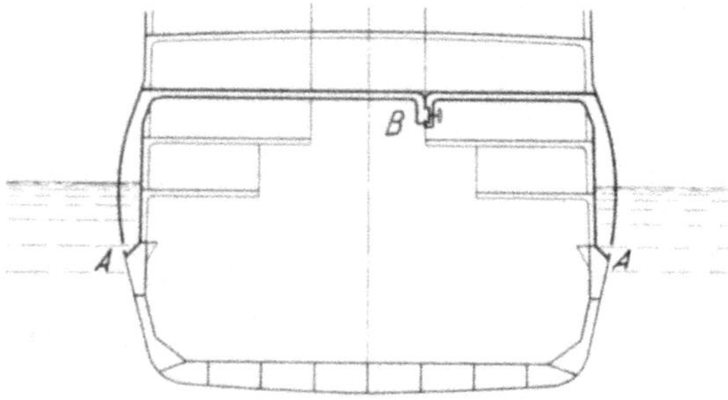

Abb. 122.

Abb. 121 zeigt die Ausführung des Schlingertanks auf dem T.S. „Berengaria" ex „Imperator". Die seitlichen Schenkel *A* sind zur besseren Stromführung und Vermeidung von Wirbeln im Tankwasser mit Leitblechen ausgeführt, die das Wasser in den Verbindungskanal *B* umlenken, der unter dem Schwimmbad *E* hindurchgeführt ist. Der Luftkanal *C* kann durch ein Ventil *D* gedrosselt werden, um die passende Rolldämpfung zu erzielen.

Im Gegensatz zu dem kurzen und breiten Tank in diesem Beispiel sind die auf Abb. 122 skizzierten Schlingertanks auf den obengenannten Schiffen der Hamburg-Amerika-Linie in Anpassung an die Schiffsanschwellungen schmal und lang gestaltet. Sie sind durch Querschotten in drei Abteilungen getrennt, die einzeln durch Luftkanäle reguliert bzw. abgestellt werden können. In der nebenstehenden Skizze ist der Tank dick umrandet; bei *A* liegen die Ein- und Austrittsöffnungen, bei *B* das Drosselventil des Luftkanals. Die bisher bekannten Resultate der neueren Anordnung sollen sehr zufriedenstellend sein.

Anhang XIV.

Der Entwurf von Schaufelplänen mit Hilfe der konformen Abbildung.[1]

§ 1. **Einführung.** Für die Berechnung und Konstruktion von Schaufeln für rotierende Pumpen, hydraulische Transformatoren usw. benutzt man im allgemeinen die Turbinen- oder Stromfadentheorie von Zeuner. Bei der hydrodynamischen Betrachtung der Strömungsvorgänge in den oben genannten Fällen greift man daher stets eine Stromröhre oder Teilturbine heraus und benutzt die hierfür geltenden Überlegungen.

Es handelt sich bei den erwähnten, den Schiffsmaschinenbau interessierenden Beispielen um Strömungen in Rotationshohlräumen. Diese kann man sich zusammengesetzt denken aus der Strömung in einer Ebene durch die Rotationsachse — der sog. Meridianströmung — und der Tangentialströmung. Um die Verhältnisse der räumlichen Strömung zu erhalten, müssen dann die Geschwindigkeiten geometrisch und die Drücke algebraisch addiert werden.

Es gilt also zunächst, die ebene Strömung im Meridianschnitt zu untersuchen. Bei der eingangs erwähnten Rechnungsmethode wird der von den beiden Seitenprofilen eingeschlossene ebene Kanal in einzelne Stromkanäle unterteilt, deren Breite mit Δb bezeichnet werde, welche Größe auf den Orthogonaltrajektorien zur Strömungsrichtung, d. h. zu den Stromlinien gemessen wird. Man wählt zur Anschaulichkeit des Strömungsbildes die Breite der einzelnen Teilkanäle des Meridianschnittes so,

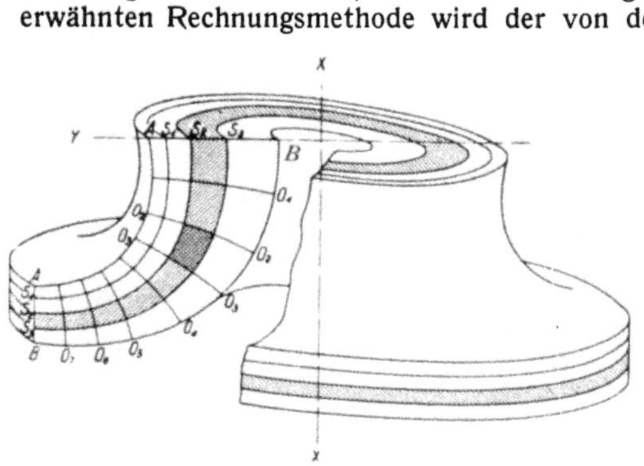

Abb. 123.

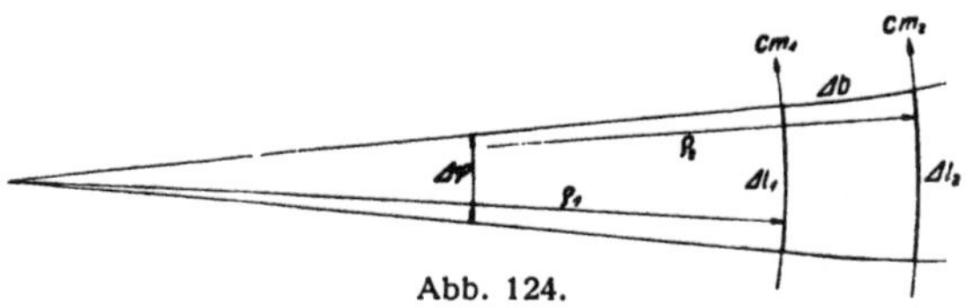
Abb. 124.

daß durch alle die gleiche Flüssigkeitsmenge strömt. In dem Falle eines rotationssymmetrischen Kanals ist nun die durch eine Stromröhre fließende Menge

$$q = 2\pi r \cdot \Delta b \cdot c_m, \qquad \text{(Gl. 1)}$$

wobei c_m die Geschwindigkeit in Richtung der Stromlinie, die Meridiankomponente, bedeutet, die durch geometrische Addition zu der außer Betracht gelassenen Umfangskomponente c_u die Absolutgeschwindigkeit c ergibt. Das Gesetz für die Strömung in den ebenen Teilkanälen lautet demnach

$$r \cdot \Delta b \cdot c_m = \text{konst.}$$

Zum Verständnis des Nachstehenden mag Abb. 123 dienen. Dieselbe zeigt den durch die Rotation der inneren und äußeren Seitenprofile AA und BB um die Achse XX entstandenen Kanal der Pumpe bzw. Turbine. In Abb. 123 ist der in der Zeichenebene liegende Meridianschnitt besonders hervorgehoben, d. h. also der Schnitt des Rotationskörpers durch die Ebene der XY. Es entsteht hierdurch der ebene Kanal $ABBA$; dieser ist durch die Strombahnen $S_1 S_1$, $S_2 S_2$ und $S_3 S_3$ in vier Teilkanäle unterteilt. Die Rotationskörper, die durch Rotation zweier benachbarter Stromlinien, z. B. also $S_2 S_2$ und $S_3 S_3$ gebildet werden, sind die vorstehend erwähnten Stromröhren. Eine derselben ist in unserer Abbildung durch Schraffur kenntlich gemacht. Wir sehen ferner in der Abbildung noch die Orthogonal-

[1]) Die Ausführungen dieses Anhangs beziehen sich in erster Linie auf das Kapitel über rotierende Pumpen, welches dem nächsten Bande vorbehalten ist. Die Benutzung der konformen Abbildung zum Entwurf von Schaufelplänen ist im allgemeinen nur bei ganz großen Schaufelrädern und abnormen Verhältnissen erforderlich.

Trajektorien $O_1 O_1, O_2 O_2$ usw. und das von den Stromlinien S_2, S_3 und den Orthogonal-Trajektorien O_2, O_3 eingeschlossene Kanalelement.

Für eine freie Strömung gilt allgemein der Flächensatz, wonach der Drall eines Flüssigkeitsteilchens — d. h. das Produkt aus momentaner Bewegungsgröße und Momentan-Krümmungsradius — konstant sein muß. In unserem Falle lautet die Gleichung

$$c_m \cdot \varrho = \text{konst.}$$

Um ϱ zu eliminieren, stellen wir folgende Betrachtung an — vgl. Abb. 124:

Gehen wir von einem Stromlinienelement Δl_1 mit ϱ_1 und c_{m1} auf der Orthogonal-Trajektorie zum benachbarten Element Δl_2 mit ϱ_2 und c_{m2} längs einer Normalen weiter, so ist

$$\varrho_1 \cdot c_{m1} = \varrho_2 \cdot c_{m2}$$

oder, wenn wir mit dem zum Stromröhrenabschnitt gehörenden Zentriwinkel $\Delta\varphi$ multiplizieren,

$$\varrho_1 \cdot \Delta\varphi \cdot c_{m1} = \varrho_2 \cdot \Delta\varphi \cdot c_{m2},$$

also

$$\Delta l_1 \cdot c_{m1} = \Delta l_2 \cdot c_{m2}.$$

Da diese Betrachtung für den Übergang von einem beliebigen Stromlinienelement zum nächsten längs der Normalen angestellt werden kann, gilt allgemein

$$\Delta l \cdot c_m = \text{konst.}$$

Aus dieser Beziehung und der oben abgeleiteten ergibt sich resultierend

$$r \cdot \frac{\Delta b}{\Delta l} = \text{konst.} \quad \text{(Gl. 2)}$$

Das Seitenverhältnis $\Delta l : \Delta b$ der aus Stromlinien und deren Orthogonal-Trajektorien gebildeten Kanalelemente des Meridianschnittes ist proportional der Entfernung von der Achse.

Damit haben wir die Möglichkeit, im Meridianschnitt den richtigen Verlauf der Stromlinien einzuzeichnen. Aus Gl. (1) errechnet sich für die einzelnen Punkte die Geschwindigkeit in Richtung der Strombahn in der Meridianebene

$$c_m = \frac{q}{2\pi r \cdot \Delta b},$$

worin q den Anteil der Flüssigkeitsmenge einer Stromröhre bedeutet, also die Gesamtflüssigkeitsmenge Q, dividiert durch die Anzahl der Stromröhren.

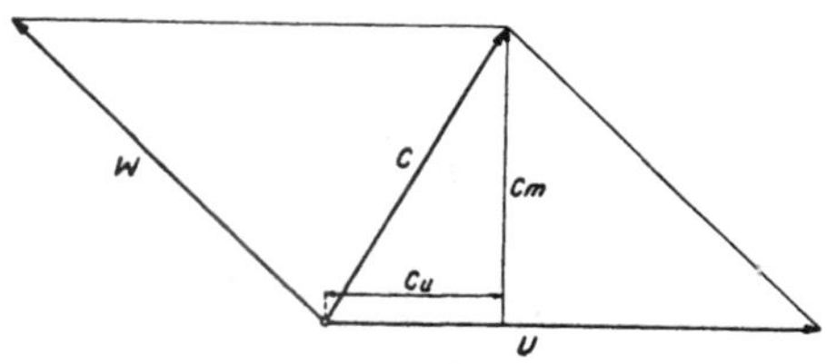

Abb. 125.

Zur Bestimmung der räumlichen Bahn eines Flüssigkeitsteilchens im Hohlraum ziehen wir nunmehr wieder die Rotation in Betracht. Die Umfangsgeschwindigkeiten der einzelnen Radpunkte sind aus der Drehzahl bekannt. Für die Umfangsgeschwindigkeit der Flüssigkeitsteilchen gilt der Satz vom Drall, (vgl. Haupttext, § 2). Hiernach ist

$$M = \frac{Q}{g} \cdot (c_{u2} r_2 - c_{u1} r_1),$$

wobei Q das sekundlich geförderte Flüssigkeitsgewicht, M das aufgewendete Drehmoment, r_1 der Radius am Eintritt der Flüssigkeit in die Schaufeln, r_2 der Radius am Austritt derselben aus den Schaufeln, c_{u1} und c_{u2} die zu r_1 und r_2 gehörenden Tangentialkomponenten der Strömung.

Im allgemeinen wird nun beim Entwurf von Pumpen die Förderhöhe angegeben, und zwar ist

$$H = \frac{M}{Q} \cdot \omega, \text{ wobei } \omega = \frac{\pi n}{30},$$

so daß nach obigem

$$H = \frac{\omega}{g} (c_{u2} r_2 - c_{u1} r_1).$$

Vor den Schaufeln strömt in den weitaus meisten Fällen die Flüssigkeit rein axial; es ist also hier

$$c_{u1} \cdot r_1 = 0$$

und

$$c_{u2} \cdot r_2 = H \cdot \frac{g}{\omega}.$$

Wir haben im vorigen die ebene Strömung in einem Meridianschnitt betrachtet; gehen wir nun zur dreidimensionalen Strömung über, so werden die Wege der Flüssigkeitsteilchen zu Raumkurven, welche in den Rotationsflächen $S_1 S_1$, $S_2 S_2$ usw. (vgl. Abb. 123) enthalten sind.

Greifen wir einen Punkt heraus (vgl. Abb. 125), der momentan von einem Flüssigkeitselement eingenommen ist. Der Punkt als Teil des Rades hat eine reine Umfangsgeschwindigkeit u in Richtung der Tangente, das Flüssigkeitsteilchen hat außer einer Umfangskomponente

$$c_u = f(r)$$

noch eine durch die Zentrifugalkraft und die Kanalführung bedingte Meridiangeschwindigkeit c_m, welche schon oben besprochen, resultierend also die Absolutgeschwindigkeit c. Die Schlußlinie im Geschwindigkeitsparallelogramm ist die Relativgeschwindigkeit w, die Bewegung des Flüssigkeitselements in bezug auf das ruhend gedachte Rad. Gehen wir längs der c-Richtung auf der Stromfläche stets zu benachbarten Punkten weiter, so erhalten wir integrierend die Absolutbahn eines Flüssigkeitsteilchens; nehmen wir die Richtung der Relativgeschwindigkeiten w, so erhalten wir die Relativstrombahn, und diese ist naturgemäß die wichtigere, denn nach dieser Strömung muß notwendig die Beschaufelung des Rades ausgestaltet werden. Steht man vor der Aufgabe, nach bestimmten Gesichtspunkten (z. B. der Erreichung des höchstmöglichen Wirkungsgrades usw.) die Beschaufelung eines Pumpen- oder Turbinenrades mit räumlich gekrümmten Schaufeln zu entwerfen, so stehen erhebliche zeichnerische Schwierigkeiten im Wege. Wollte man für jede Stelle die Geschwindigkeitsdreiecke konstruieren, so müßte dies in fortwährend wechselnden Ebenen geschehen, eine Aufgabe, welche ohne weiteres wegen ihrer Umständlichkeit so gut wie nicht lösbar wäre. Das gegebene Aushilfsmittel ist hier die konforme Abbildung auf eine andere auf den Zeichentisch abwickelbare Fläche; als solche kommen Ebene, Kegel und Zylinder in Betracht, da sie ebenfalls rotationssymmetrisch sind. Sie werden naturgemäß koaxial zur Stromfläche angeordnet gedacht.

Bekanntlich versteht man unter konformer Abbildung einer Fläche auf eine andere einen funktionalen Zusammenhang der Größen auf beiden Flächen, der die Eigenschaft hat, daß entsprechende Kurven auf beiden Flächen sich unter den gleichen Winkeln schneiden — die Abbildung ist winkeltreu. Damit ist gleichzeitig bedingt, daß die kleinsten Flächenelemente der beiden Bildflächen einander ähnlich sind.

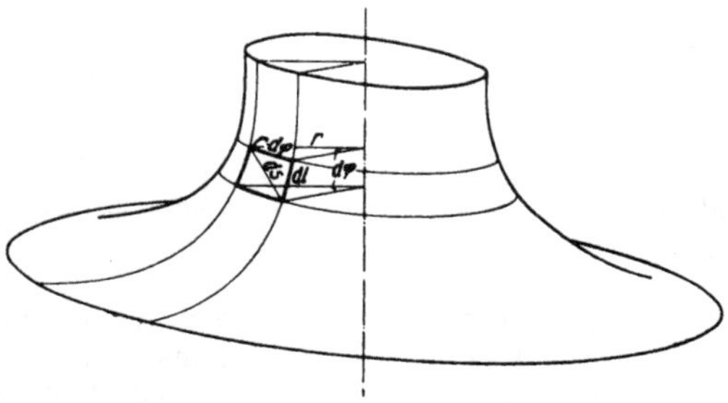

Abb. 126.

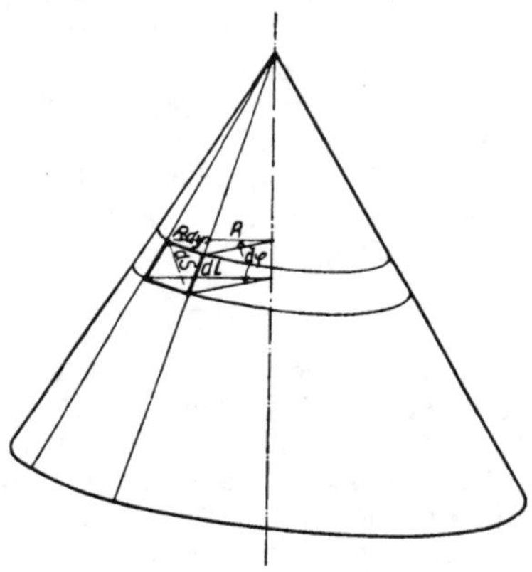

Abb. 127.

Wählen wir für die Rotationsfläche in Abb. 126, welche den Stromweg enthält, als Koordinaten:

den Abstand von der Achse r,
den in der Ebene senkrecht zur Achse gemessenen Winkel φ,
die auf der Meridianlinie zu messende Länge l,

so lautet die Formel für ein Bogenelement der Fläche

$$ds = \sqrt{dl^2 + r^2\, d\varphi^2}.$$

Nehmen wir für das konforme Abbild, Abb. 127, das ebenfalls eine Rotationsfläche sein muß, jedoch eine abwickelbare, die gleichen Bezeichnungen in großen Buchstaben, so ist das konforme Linienelement

$$dS = \sqrt{dL^2 + R^2\, d\varphi^2}.$$

Die Bedingung, daß beide Flächen konform aufeinander abgebildet sind, lautet allgemein für die einander entsprechenden Linienelemente ds und dS

$$\frac{ds}{dS} = K.$$

Die Größe K ist keine Konstante für die ganze Fläche, sondern eine Funktion des Ortes, wechselt also von Punkt zu Punkt. In dem besonderen Falle, den wir hier betrachten, gilt die Konstanz wegen der Rotationssymmetrie für alle Punkte auf einem Parallelkreis der Fläche.

Der Wert von K ist dagegen unabhängig von der Richtung des durch den Punkt gezogenen Linienelementes; die obige Gleichung gilt daher auch für die Linienelemente des von uns gewählten Koordinatensystems auf der Fläche, also für das Element der Erzeugenden der Fläche dl und dasjenige des Parallelkreises $r \cdot d\varphi$. Somit gelten die Gleichungen:

$$\frac{dl}{dL} = K; \quad \frac{r \cdot d\psi}{R \cdot d\psi} = \frac{r}{R} = K,$$

also auch

$$\frac{dl}{dL} = \frac{r}{R}$$

oder, wenn wir dies als Beziehung zwischen der ursprünglichen Fläche und ihrem konformen Abbild schreiben wollen:

$$\frac{dl}{r} = \frac{dL}{R}.$$

Die Integration dieser Gleichung liefert das Gesetz der konformen Abbildung und kann nach Wahl der Bildfläche, d. h. des funktionalen Zusammenhangs zwischen L und R ausgeführt werden. Die allgemeine Integration wird jedoch stets auf Schwierigkeiten stoßen, da die Ursprungsmeridianlinie selten als Funktion $z = F(r)$ gegeben ist und auch dann in den wenigsten Fällen die Integration gelingen würde. Man wählt daher angenäherte Integrationsmethoden auf analytischer oder graphischer Grundlage.

Zunächst sei als Beispiel die Integration für die drei obengenannten abwickelbaren Bildflächen durchgeführt.

1. Bei der konformen Abbildung auf eine Ebene fällt die Meridianlinie in die Richtung des Radius, d. h. es wird $dL = dR$ und die Integration der Gleichung

$$\frac{dR}{R} = \frac{dl}{r}$$

ergibt

$$\frac{R}{R_0} = e^{\int\limits_{r_0}^{r} \frac{dl}{r}}.$$

Hierin sind R_0 und r_0 die beiden zugeordneten Ausgangsradien. Für die Auswertung nimmt man ein endliches dl auf der vorliegenden Meridianlinie an und führt die Integration entsprechend als Summation aus.

2. Ist die Bildfläche ein Kegelmantel, den man in der Regel tangierend an die Mitte der Stromfläche legt, so bildet sich die Meridianlinie auf die Erzeugende des Kegels ab. Die zu einem Parallelkreisradius R gehörende Mantellänge F ist gleich $\frac{R}{\sin\alpha}$, wo α der halbe Scheitelwinkel des Kegels ist. Es folgt aus dieser Beziehung, daß

$$dL = \frac{1}{\sin\alpha} \cdot dR$$

und die Integration ergibt wie im vorigen

$$\frac{R}{R_0} = e^{\sin\alpha \int\limits_{r_0}^{r} \cdot \frac{dl}{r}}.$$

R_0 und r_0 sind wieder die zugeordneten Radien, wobei

$$L_0 = \frac{1}{\sin\alpha} \cdot R_0.$$

Im abgewickelten Bilde des Kegelmantels, wo die Erzeugenden als Radien auftreten, gilt ganz analog die Beziehung

$$\frac{L}{L_0} = e^{\sin\alpha \int\limits_{r_0}^{r} \frac{dl}{r}}.$$

Da nur das abgewickelte Bild von Interesse ist, benutzt man direkt diese letztere Formel zur Berechnung, welche in gleicher Weise wie im vorigen Falle durchgeführt wird.

3. Bei der Wahl eines Zylinders als Bildfläche ist $R = R_0$, und die Differentialgleichung lautet

$$\frac{d\,L}{R_0} = \frac{d\,l}{r}.$$

Sie ergibt integriert

$$L = L_0 + R_0 \cdot \int_{r_0}^{r} \frac{d\,l}{r}$$

und liefert uns damit sogleich das abgewickelte konforme Bild. Bei Ausführung der praktischen Integration setzt man vereinfachend $L_0 = 0$, hat also

$$L = R_0 \cdot \int_{r_0}^{r} \frac{d\,l}{r}.$$

Welche von den drei Bildflächen man wählt, hängt von der Form der einzelnen Stromflächen ab. Läuft eine Stromlinie auf ihrer größten Länge parallel zur Achse, so ist der Zylinder die zweckmäßigste Bildfläche; haben wir eine reine Zentrifugalpumpe, so ist die Ebene senkrecht zur Achse das gegebene und in Zwischenfällen der Kegel.

§ 2. **Schilderung der Methode.** Im nachstehenden soll nun zunächst allgemein der Weg geschildert werden, welcher zwecks Entwurfes von Schaufelplänen mit Hilfe der konformen Abbildung einzuschlagen ist; später soll zur völligen Klarstellung ein Zahlenbeispiel folgen.

Gegeben seien z. B. Drehzahl und Leistung (wie dies z. B. beim Entwurf eines Rades für einen hydraulischen Transformator der Fall ist) sowie Profilverlauf und Flüssigkeitsmenge Q. Wir kennen also oder können für unsere Durchführung die Maßzahlen, wie Umfangsgeschwindigkeiten, Radien usw. berechnen.

Unsere erste Aufgabe besteht darin, den Merdianschnitt in Stromröhren aufzuteilen, zunächst nach Gefühl, dann genauer unter Kontrolle nach Gl. (2), § 1. Je nach Erfordernis der Genauigkeit wählen wir das Stromlinienbild enger oder weitmaschiger.

Es gilt nunmehr die Bahn der Flüssigkeitsteilchen statt auf den jetzt bekannten Stromflächen, welche Aufgabe nicht durchführbar, in deren konforme Abbilder einzuzeichnen. Wir haben also für jede gewählte Fläche die Rechnung bzw. Konstruktion des § 1 durchzuführen und erhalten damit eine Reihe von Bildflächen. Auf Grund der Profilform wählen wir die Bildfläche so, daß die Parallelkreise wieder in eine Schar konzentrischer Kreise transformiert werden. Die Abhängigkeit der natürlichen und konformen Radien $r = F\,(R)$ für die einzelnen Stromflächen stellen wir der Bequemlichkeit wegen in Kurven dar und führen für jede Stromfläche die Konstruktion der Geschwindigkeitsdreiecke für aufeinanderfolgende Parallelkreise durch. Die gefundenen Richtungen der Relativgeschwindigkeiten w tragen wir in das abgewickelte konforme Abbild ein, indem wir von einem Parallelkreis, der das Schaufelende kennzeichnet, beginnen und mit der w-Richtung bis zur Mitte zwischen zwei Parallelkreisen einschneiden, hier die w-Richtung des folgenden Kreises ansetzen, wieder bis zur nächsten Mitte gehen usw. Der so entstehende Streckenzug ist das Tangentenpolygon des konformen Schaufelschnittes, der nunmehr eingezeichnet werden kann.

Nachdem wir für alle Stromflächen die konformen Schaufelschnitte konstruiert haben, gehen wir wieder auf die natürlichen Kurven zurück. Zur Rückübertragung benutzen wir am besten die Radialschnitte; wir legen die einzelnen konformen Bildebenen mit den eingezeichneten Schaufelkurven übereinander, und zwar je nach Konstruktionserfordernissen. Nehmen wir z. B. an, daß die Austrittskante der Schaufel durch den Schnitt der Schaufelfläche mit einer Ebene durch die Achse (und einen Radius) erzeugt sei, also durch einen Radialschnitt, so legen wir die Endpunkte der konformen Schaufellinien auf einen Meridianschnitt. In gleichen Winkelabständen von diesem ziehen wir nun beliebig viele solcher Schnitte. Die Schnittpunkte mit den konformen Schaufellinien der einzelnen Bildflächen ergeben die konformen Radien der Radialschnitte, die wir unter Benutzung der Kurve $r = F\,(R)$ in die natürlichen Verhältnisse übertragen. Die Verbindungen der Endpunkte der wahren Radien eines jeden dieser Schnitte ergibt die Schnittlinien der wahren Schaufelfläche mit den einzelnen Meridianschnitten, die man sich zweckmäßig sämtlich in eine Ebene geklappt denkt.

Ein weiteres Liniensystem tritt nun noch hinzu, wenn man von den Schaufelflächen ein Modell herstellen will; dies sind die sog. Schreinerschnitte. Um ein aus Brettern zusammengeleimtes Modell zu erhalten, kommt eine Serie paralleler Schnittebenen in Frage und als solche bei Rotationskörpern nur die Schnitte senkrecht zur Achse. Man sucht also die Schnittpunkte der eingezeichneten Radialschnitte mit den Ebenen senkrecht zur Achse auf und konstruiert aus den Schnittkreisen und den Schnittstrahlen die Schaufelschnitte in diesen Ebenen. Alles dieses wird durch das Zahlenbeispiel in § 4 an Hand von Abbildungen eingehend erläutert.

§ 3. **Verschiedene Einzelfragen.**

1. Verlauf des Dralls und Einfluß der endlichen Schaufelteilung. Wir haben schon im vorhergehenden gesehen, daß die konforme Abbildung der Stromflächen auf abwickelbare Flächen den großen Vorteil mit sich bringt, die Geschwindigkeits-Dreiecke an jedem Punkte der Strombahn so zu wählen, wie es für das rationelle Arbeiten der zu entwerfenden Pumpe oder Turbine erforderlich ist. Eine der Forderungen, welche in der Regel gestellt wird, ist (vgl. § 4) die, daß die Änderung des Dralles direkt proportional dem zurückgelegten Wege ist. Entwerfen wir also ein Diagramm des Dralles über der ausgestreckten Strombahn innerhalb der Schaufel, so ist derselbe eine gerade Linie, welche zur Abszissenachse geneigt ist. Dabei läßt man Anfang und Ende des Schaufelkanals in der Regel keine Leistung aufnehmen bzw. abgeben, so daß der Verlauf des Dralles zunächst auf ein kurzes Stück durch eine Parallele zur Abszissenachse (Drall konstant), sodann eine schräg ansteigende Gerade (Drall linear zunehmend) und dann wieder eine Strecke parallel zur Abszissenachse (Drall konstant) gekennzeichnet ist. Um Verzögerungen innerhalb der Schaufeln zu vermeiden, läßt man zweckmäßig einen gewissen Eintrittsstoß zu, was sich ebenso auswirkt, wie wenn ein Eintrittsdrall vorhanden wäre. Ferner ergibt sich aus der endlichen Schaufelteilung, daß die Leistungsaufnahme bzw. -abgabe nicht erst am äußersten Radumfang beendet ist, sondern schon vorher, entsprechend Abb. 128. Denkt man sich einen Kreis in den dort meistens ebenen Schaufelkanal so gelegt, daß sein

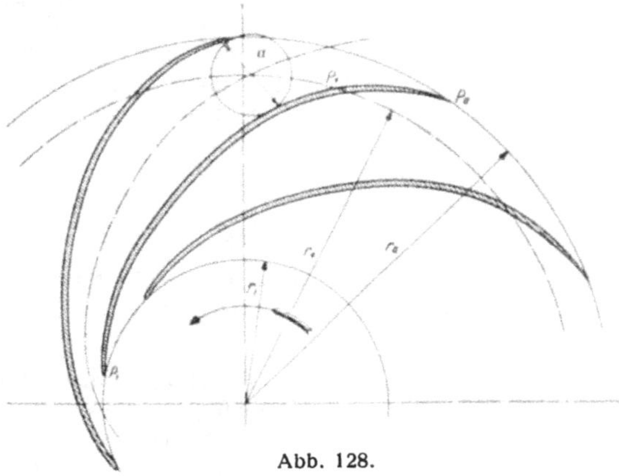

Abb. 128.

Durchmesser gleich dem Abstand des Schaufelendes von der den Schaufelkanal auf der anderen Seite begrenzenden Schaufel ist, und legt man durch seinen Mittelpunkt den Parallelkreis P_1, so kann das Stück des Schaufelkanals jenseits P_1 als nicht arbeitsaufnehmend bzw. abgebend angesehen werden, d. h. der Drall jenseits P_1 bleibt konstant, muß also seinen Höchstwert schon in P_1 erreicht haben.

Strecken wir die Schaufel $P_i\, P_1\, P_a$ aus und zeichnen hierüber den Verlauf des Dralles, so haben wir bei den geschilderten Verhältnissen folgendes Bild: Vor P_i konstanter Drall von der Größe der entsprechenden Eintrittsstoßgeschwindigkeit; zwischen P_i und P_1 linear sich ändernder Drall, entsprechend der Momentaufnahme oder -abnahme; zwischen P_1 und P_a konstanter Drall, da dieser Teil der Schaufel nicht mehr arbeitet.

2. Einfluß der endlichen Dicke der Schaufel. Die einströmende Flüssigkeit wird im Eintrittskreis auf einen geringeren Querschnitt zusammengedrängt und nimmt daher eine höhere Geschwindigkeit an, als wenn die Schaufeln unendlich dünn wären. Bei der Konstruktion der Geschwindigkeitsdiagramme sind also die errechneten Stromliniengeschwindigkeiten c_m zu gering eingesetzt; sie müssen daher noch durch einen Faktor $\xi < 1$, dem sog. Verengungsfaktor, dividiert werden, der sich einfach aus dem Verhältnis der Schaufeldicke s zur Teilung t ergibt, wobei jedoch die Schaufeldicke ebenso wie die Teilung auf einem Parallelkreis zu messen ist.

Bemerkt soll hierzu werden, daß als theoretische Schaufelfläche, deren Festlegung der Zweck des in diesem Anhang geschilderten Verfahrens ist, immer die mittlere Schaufelfläche angesehen wird, d. h. also, man denkt sich auf jeder Seite der Schaufelfläche die halbe Schaufelwandstärke aufgetragen[1]). Um einen brauchbaren, nicht zu komplizierten Verlauf der Funktion ξ zu erhalten, nimmt man für

[1]) Dies geschieht am besten ganz zum Schluß nach Festlegung des Schaufelkanals mittels der später erwähnten Schreinerschnitte, wie es auch in der Praxis durch Aufnageln von Bleiplatten auf den Schaufelklotz geschieht.

jede Orthogonaltrajektorie das algebraische Mittel aus beiden Randwerten. Ist die Teilung t, die auf dem Kreise gemessene Schaufelstärke s, so ist der Verengungsfaktor

$$\xi = \frac{t - s}{t} .$$

Richtige Werte von c_m ergeben sich dann durch Division mit ξ, und mit den so erhaltenen Werten müssen die Geschwindigkeitsdreiecke neu konstruiert werden, um die w-Richtungen für die endgültige Schaufelfläche zu erhalten.

Da die Schaufel auch zwischen den beiden Radböden schräge steht, müßte die Schaufelstärke s, die wir im Schaufelplan zur Bestimmung des Verengungsfaktors benutzten, noch durch den Cosinus des Neigungswinkels dividiert, d. h. noch größer werden als die wahre Schaufeldicke. Da aber die Abweichung der beiden Werte sehr gering ist, hat eine Berücksichtigung dieses Fehlers keinen Zweck.

Hier sei noch erwähnt, daß man, um Kantenstoß- und Wirbelverluste zu verringern, dem Schaufelquerschnitt eine Tragflügelform gibt insofern, als man die Eintrittskante gut abrundet und die Austrittsseite schmal auslaufen läßt.

3. Kontrolle des Austrittsdralles. Es empfiehlt sich, die letzte endgültige Zeichnung der Schaufeln noch einmal daraufhin zu prüfen, ob das zur Erzielung der Leistung nach § 1 notwendige $c_{u2} \cdot r_2$ am Austritt in dem Entwurf auch erreicht ist. Insbesondere bei flach gegen die Umfangsrichtung verlaufenden Schaufeln sowie bei dicken Leitschaufeln ist eine Kontrolle nötig. Zu dem Zwecke nehmen wir eine Stromröhre heraus mit der Austrittsbreite Δb_2 und der Wassermenge q. Greifen wir einen Kanal zwischen zwei Schaufeln heraus, so ist die hindurchfließende Menge q/z, wenn z die Schaufelzahl angibt. Die Öffnungsweite a des Austritts entnehmen wir dem Entwurf. Dann berechnet sich die relative Austrittsgeschwindigkeit, wie leicht einzusehen ist, zu

$$w_2 = \frac{q}{z} \cdot \frac{1}{a \cdot \Delta b_2} .$$

Die Richtung von w_2 und den Radius r_2 des Austrittsquerschnitts entnehmen wir unserer Zeichnung. Aus u_2 und w_2 finden wir mit Hilfe des Austrittsdreiecks c_2 und als dessen tangentiale Komponente c_{u2}.

§ 4. **Beispiel: Entwurf des Schaufelplanes für eine Zentrifugalpumpe.** Im folgenden soll an einem Beispiel die Berechnung und Konstruktion der Beschaufelung einer Pumpe mit räumlich gekrümmten Schaufeln nach den vorausgegangenen allgemeinen Auseinandersetzungen erläutert werden, und zwar soll hierfür die Manövrierölpumpe eines hydromechanischen Getriebes gewählt werden. Gegeben sind folgende Konstruktionsdaten:

Förderhöhe: $H_i = 44{,}5$ m	Drehzahl: $n = 1280$ Umdr./Min.
zu fördernde Ölmenge: $Q_i = 210$ l/sek.	$\omega = 134$ sek^{-1}[1].

Weitere Größen können wir aus der Profilzeichnung Abb. 129 entnehmen. Der mittlere Eintrittsradius beträgt 117,5 mm, die Eintrittsöffnung $b_1 = 0{,}108$ m; auf einem Austrittsradius von 240 mm beträgt die Austrittsöffnung 0,046 m. Nun ist jedoch, wie im § 3 ausgeführt, die Schaufel nicht bis zum Austrittsradius arbeitsleistend, sondern hier von 205 mm Radius an arbeitsfrei ausgeführt; es ist also nötig, den der Leistung entsprechenden Drall schon auf diesem Radius zu erreichen. Aus der Hauptgleichung der Pumpentheorie erhalten wir für den Austrittsdrall — unter Voraussetzung eines stoßfreien Öleintritts —

$$c_{u2} \cdot r_2 = H_i \cdot \frac{g}{\omega} = 3{,}26 \text{ m}^2/\text{sek}$$

und damit für $r = 0{,}205$ m $c_{u2} = 15{,}9$ m/sek.

Die Umfangsgeschwindigkeit für $r = 205$ mm ergibt sich zu

$$u = 27{,}5 \text{ m/sek}$$

und ferner können wir nach der Formel

$$c_m = \frac{Q}{2 \pi r \cdot b \cdot \xi}$$

bei einer Kanalbreite $b_2 = 0{,}046$ m und einem allgemein angenommenen Verengungsfaktor $\xi = 0{,}9$ die Austrittsmeridiangeschwindigkeit berechnen zu

$$c_{m2} = 3{,}63 \text{ m/sek.}$$

Damit haben wir nun alle Größen zusammengetragen, deren wir bedürfen, um das Geschwindigkeitsdreieck für den „wahren" Austritt zu konstruieren (siehe Abb. 130a). Wir entnehmen hieraus eine relative Geschwindigkeit

$$w_2 = 12{,}2 \text{ m/sek.}$$

Betrachten wir nun die Verhältnisse am Eintritt, so haben wir hier eine mittlere Umfangsgeschwindigkeit

$$u_1 = 15{,}75 \text{ m/sek}$$

und aus einer Kanalbreite von 0,108 m ergibt sich wie oben die Meridiangeschwindigkeit

$$c_{m1} = 2{,}64 \text{ m/sek.}$$

Da c_{u1} als 0 angenommen wird, ergibt sich das in Abb. 130b gestrichelt gezeichnete Eintrittsdreieck mit einer Relativgeschwindigkeit

$$w_1 = 15{,}97 \text{ m/sek.}$$

Der Vergleich der beiden Größen w zeigt nun aber, daß während des Durchfließens der Schaufeln eine Verzögerung des Öles erfolgt; eine solche Pumpe würde wegen Wirbelbildungen und unstetigen Strömungsverlaufes nicht den gestellten Anforderungen entsprechen. Man umgeht dies, indem man den Eintrittswinkel der Schaufeln derartig vergrößert, daß eine Querschnittserweiterung des Kanals eintritt, welche eine kleinere Eintrittsrelativgeschwindigkeit mit sich bringt. Diese Maßnahme bedingt natürlich ein Abweichen von der Forderung der Stoßfreiheit und läuft auf das gleiche hinaus, wie wenn man eine ideelle Stoßgeschwindigkeit in Rechnung stellen würde. Wir wählen in unserem Beispiele diese ideelle Stoßgeschwindigkeit zu

$$c_s = 5 \text{ m/sek}$$

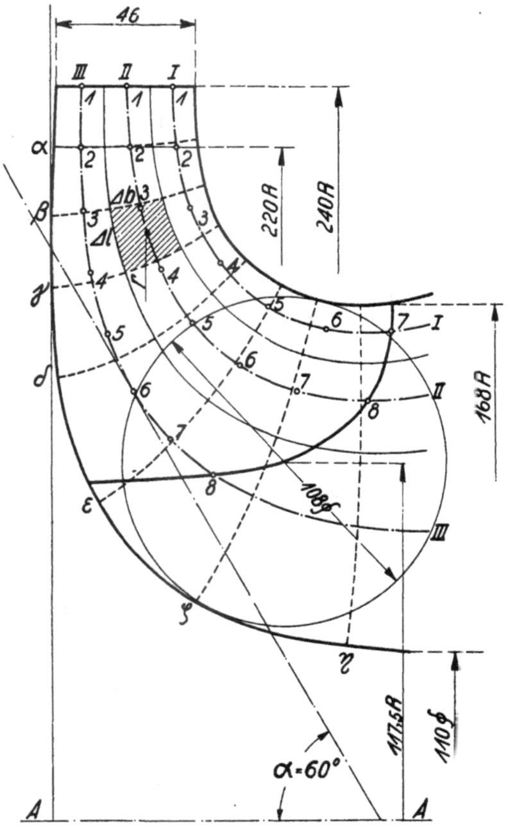

Abb. 129.

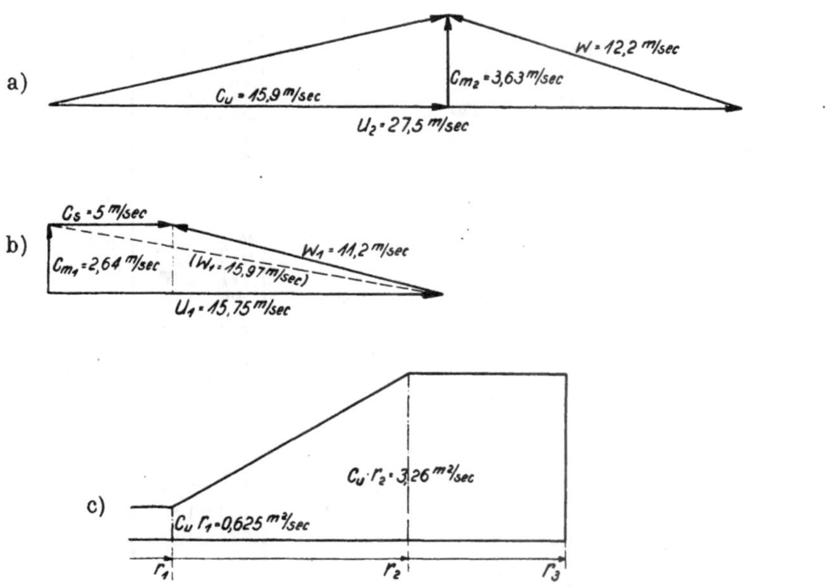

Abb. 130.

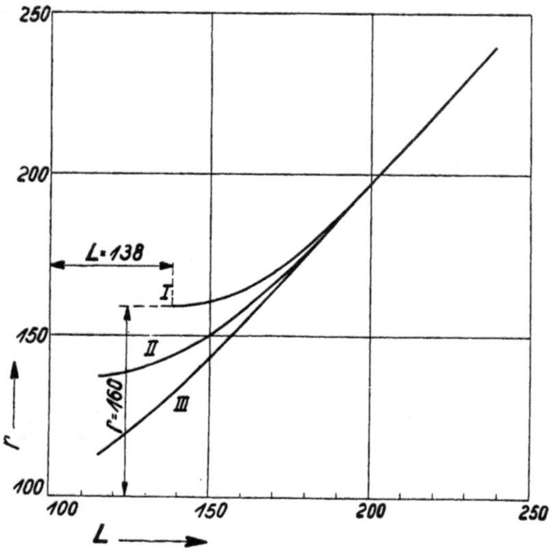

Abb. 131.

und erhalten das in Abb. 130b ausgezogene Diagramm, d. h. eine Relativgeschwindigkeit

$$w_1 = 11{,}2 \text{ m/sek},$$

womit also eine Verzögerung innerhalb des Schaufelkanals vermieden wird. Wie aus dem Diagramm hervorgeht, ist durch den Stoß ein Eintrittsdrall vorhanden, denn die Stoßgeschwindigkeit entspricht einer Umfangsgeschwindigkeit c_u. Indem wir für die ganze Schaufeleintrittslinie einen Mittelwert einsetzen, finden wir

$$c_{u1} \cdot r_1 = 0{,}625 \text{ m}^2/\text{sek}.$$

Den Verlauf des Dralles nehmen wir — vgl. § 3 — auch hier längs der Schaufel linear von 0,625 am Eintritt bis 3,26 m²/sek am wahren Austritt und von dort konstant bis zum Schaufelende verlaufend, an (Abb. 130c).

Wir können nunmehr zum Entwurf des Schaufelplanes schreiten. Zunächst teilen wir das gesamte Kanalprofil, durch das die Ölmenge strömt, in drei Teilkanäle, durch deren jeden die gleiche Ölmenge fließen soll. In Abb. 129 ist das Profil mit den drei Teilprofilen und deren Mittenstromlinien gezeichnet (*I-I*, *II-II*, *III-III*). Hierzu dient in erster Annäherung das Gefühl und als Kontrolle die Beziehung, daß längs einer Orthogonaltrajektorie, die leicht einzuzeichnen ist, die Beziehung gilt

$$r \cdot \frac{\Delta b}{\Delta l} = \text{konst.}$$

Die in der Abbildung eingezeichneten Orthogonaltrajektorien sind lediglich der genannten Kontrolle wegen gezogen.

Tabelle 1.

Berechnung der konformen Radien

auf einem abgewickelten Kegelmantel mit dem Scheitelwinkel $2\alpha = 120^0$

$$L = L_0\, e^{\sin\alpha \cdot \int_{r_0}^{r} \frac{dl}{r}} = L_0 \cdot e^{\sin\alpha \cdot \Sigma \frac{\Delta l}{r}}$$

	Punkt	r dm	$1/r$ dm⁻¹	$1/r_{\text{mittel}}$	$\Sigma\, 1/r$	$\lg e^{\sin\alpha \cdot \Sigma \frac{\Delta l}{r}}$	L/L_0	L dm
Strombahn I	1	2,4	0,417		0	0	1,0	2,4
				0,436				
	2	2,2	0,455		0,436	0,0328	1,079	2,22
				0,478				
	3	2,0	0,5		0,914	0,0686	1,171	2,05
				0,525				
	4	1,82	0,55		1,439	0,1081	1,282	1,87
				0,573				
	5	1,68	0,595		2,012	0,1511	1,416	1,695
				0,610				
	6	1,60	0,625		2,622	0,1934	1,561	1,536
				0,625				
	7	1,60	0,625		3,247	0,2405	1,74	1,38
Strombahn II	1	2,4	0,417		0	0	1,0	2,4
				0,436				
	2	2,2	0,455		0,436	0,0328	1,079	2,22
				0,478				
	3	2,0	0,5		0,914	0,0686	1,171	2,05
				0,527				
	4	1,805	0,553		1,441	0,1083	1,283	1,87
				0,584				
	5	1,625	0,615		2,025	0,1521	1,419	1,69
				0,643				
	6	1,49	0,67		2,668	0,2005	1,587	1,512
				0,692				
	7	1,40	0,714		3,360	0,2525	1,789	1,34
				0,722				
	8	1,37	0,73		4,082	0,3068	2,027	1,183
Strombahn III	1	2,4	0,417		0	0	1,0	2,4
				0,436				
	2	2,2	0,455		0,436	0,0328	1,079	2,22
				0,478				
	3	2,0	0,5		0,914	0,0686	1,171	2,05
				0,528				
	4	1,8	0,556		1,442	0,1083	1,283	1,87
				0,591				
	5	1,6	0,625		2,033	0,1528	1,422	1,685
				0,669				
	6	1,405	0,712		2,792	0,2030	1,596	1,503
				0,759				
	7	1,24	0,806		3,551	0,2600	1,820	1,318
				0,839				
	8	1,13	0,884		4,390	0,3233	2,105	1,140

Bemerkung: Es ist für alle Stromlinienelemente $\Delta l = 0{,}2$ dm angenommen. Bei der Berechnung in nebenstehender Tabelle kann diese Größe also aus der Summe hervorgezogen werden; wir rechnen also

$$\lg e^{\sin\alpha \cdot \int \frac{dl}{r}} = \lg e \cdot \sin\alpha \cdot \Delta l \cdot \Sigma \frac{1}{r}$$

$\alpha = 60^0 \sin\alpha = 0{,}866$

$dl = 0{,}2$ dm

$\lg e = 0{,}4343$

$$\lg e^{\sin\alpha \int \frac{dl}{r}} = 0{,}0752\, \Sigma \frac{1}{r}$$

Tabelle 2.

Berechnung der Geschwindigkeiten c_m und c_u

für die einzelnen Stromlinienpunkte.

$$c_m' = \frac{Q}{z \cdot 2\pi r \cdot \Delta b \cdot \xi} = \frac{0{,}21}{3 \cdot 6{,}28 \cdot r \cdot \Delta b \cdot \xi} = \frac{0{,}01115}{r \cdot \Delta b \cdot \xi}$$

	Punkt	r m	Δb m	c_m m/sek	ξ	c_m' m/sek	R_{konf}	$c_u \cdot r$ m²/sek	c_u m/sek
Strombahn I	1	0,24	0,015	3,1	—	3,1	0,24	3,26	13,55
	2	0,22	0,015	3,37	0,9	3,75	0,222	3,26	14,8
	3	0,20	0,0145	3,85	0,9	4,27	0,205	3,26	16,3
	4	0,182	0,0155	3,95	0,9	4,38	0,187	2,6	14,3
	5	0,168	0,0175	3,79	0,9	4,2	0,1695	1,9	11,3
	6	0,16	0,0185	3,78	0,9	4,2	0,1536	1,25	7,8
	7	0,16	0,019	3,66	—	3,66	0,138	0,625	3,9
Strombahn II	1	0,24	0,015	3,1	—	3,1	0,24	3,26	13,55
	2	0,22	0,016	3,16	0,9	3,51	0,222	3,26	14,8
	3	0,20	0,018	3,09	0,9	3,43	0,205	3,26	16,3
	4	0,1805	0,020	3,1	0,9	3,44	0,187	2,75	15,3
	5	0,1625	0,024	2,84	0,9	3,16	0,169	2,15	13,2
	6	0,149	0,0275	2,73	0,9	3,04	0,1512	1,7	11,4
	7	0,140	0,0285	2,8	0,9	3,11	0,134	1,1	7,85
	8	0,137	0,030	2,71	—	2,71	0,1183	0,625	4,55
Strombahn III	1	0,24	0,015	3,1	—	3,1	0,24	3,26	13,55
	2	0,22	0,017	2,98	0,9	3,32	0,222	3,26	14,8
	3	0,20	0,019	2,93	0,9	3,26	0,205	3,26	16,3
	4	0,18	0,024	2,58	0,9	2,86	0,187	2,75	15,3
	5	0,16	0,030	2,32	0,9	2,58	0,1685	2,15	13,4
	6	0,1405	0,040	1,975	0,9	2,2	0,1503	1,7	12,1
	7	0,124	0,050	1,79	—	1,79	0,1318	1,1	8,8
	8	0,113	0,056	1,77	—	1,77	0,1140	0,625	5,55

Wenn nun die Stromlinien festliegen, gehen wir zur nächsten Aufgabe über, der konformen Abblidung der einzelnen Stromflächen auf eine in die Ebene abwickelbare Fläche. Als solche ist hier am geeignetsten ein Kegel. Wir wählen also für die drei Stromflächen die Abbildung auf einen Kegelmantel mit dem Öffnungswinkel $120^0 = 2\alpha$ und mit einer Mantellänge, die gleich dem äußersten Radius 240 mm ist. Dazu greifen wir auf allen drei Stromlinien gleiche Längenelemente $\widehat{12}$, $\widehat{23}$, 34 usw. ab und führen die Transformation nach Tabelle 1 aus. Damit haben wir dann den Zusammenhang zwischen den wahren und den konformen Radien gefunden, wie er in Abb. 131 graphisch dargestellt ist.

Um nun in den konformen Abbildungen die Stromlinien winkeltreu eintragen zu können, gilt es, die Winkel der Relativstrombahn zu konstruieren. Tabelle 2 zeigt die Berechnung der Komponenten c_m und c_u der Absolutgeschwindigkeit c; durch Konstruktion der Geschwindigkeitsdreiecke (Abb. 125) ergibt sich die jeweilige Relativgeschwindigkeit w. Bei der Berechnung von c_m ist der endlichen Dicke der Schaufeln dadurch Rechnung getragen, daß

$$c_m = \frac{Q}{3 \cdot 2\pi r \cdot \Delta b \cdot \xi}$$

gesetzt ist, wobei durchweg ein Verengungsfaktor $\xi = 0{,}9$ innerhalb des ganzen Schaufelkanals angenommen ist. Die erste Spalte der Berechnungstabelle 2 gibt die aus Abb. 129 entnommenen natürlichen Radien der auf den Strombahnen mit 1, 2, 3 ... numerierten Punkte wieder. Ebenfalls aus der Zeichnung entnommen sind die $\Delta\, b$-Werte. Spalte 5 gibt dann die für die Konstruktion verwendeten c_m-Werte nach der bekannten Formel. Die $c_u \cdot r$-Werte sind aus dem Dralldiagramm Abb. 130c zu entnehmen, und zwar so, daß man auf der Strecke zwischen wahren Austritt und Eintritt, die ja für die verschiedenen Stromlinien verschieden ist, die gewählten Punkte aufsucht; durch die zugehörigen r-Werte dividiert, ergeben sich die c_u-Werte. In der Tabelle ist außerdem noch der konforme Radius L angegeben.

Mit den so erhaltenen c_u- und c_m-Werten wird nun die Konstruktion der einzelnen Geschwindigkeitsdreiecke längs der Stromlinien durchgeführt (Abb. 132). Man trägt auf einem Radius O-R die Abstände der einzelnen Punkte einer Stromlinie von der Achse auf und über den Endpunkten die jeweiligen

Umfangsgeschwindigkeiten des Rades ab. In der Richtung des Rotationssinnes — in unserem Falle Uhrzeigersinn — trägt man nun auf dieser u-Strecke den c_u-Wert ab, der dem Punkte zugeordnet, und errichtet im Endpunkte das Lot von der Länge des entsprechenden c_m-Wertes. Verbindet man dann die Endpunkte der u-Strecke mit dem Endpunkte des Lotes, so ergeben diese Strecken einmal über c_u die

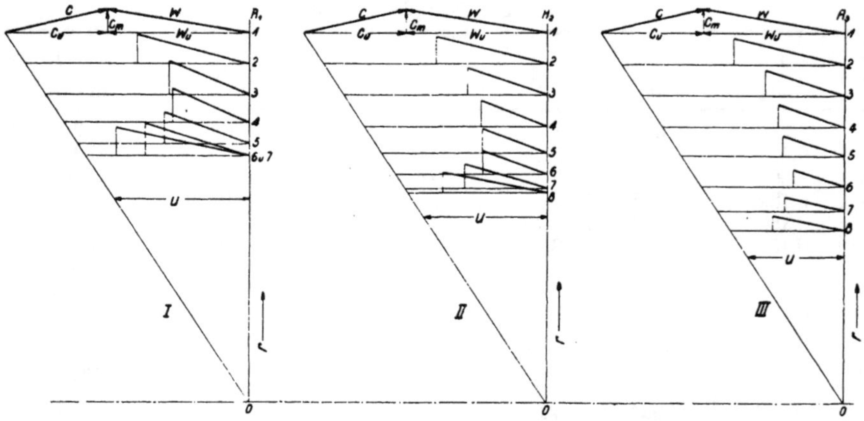

Abb. 132.

Absolutgeschwindigkeit c und auf der anderen Seite w, die Relativgeschwindigkeit. Haben wir die Geschwindigkeitsdreiecke für alle gewählten Punkte gezeichnet, so ist uns die Konstruktion der konformen Stromlinien möglich. Dazu nehmen wir ein durchsichtiges Blatt, in welchem die konformen Kreise eines Stromfadens eingetragen sind, legen dies auf das Geschwindigkeitsbild der Strombahnen aus Abb. 132 und beginnen nun fortlaufend die w-Richtungen durchzuzeichnen, indem wir sie vom zu-

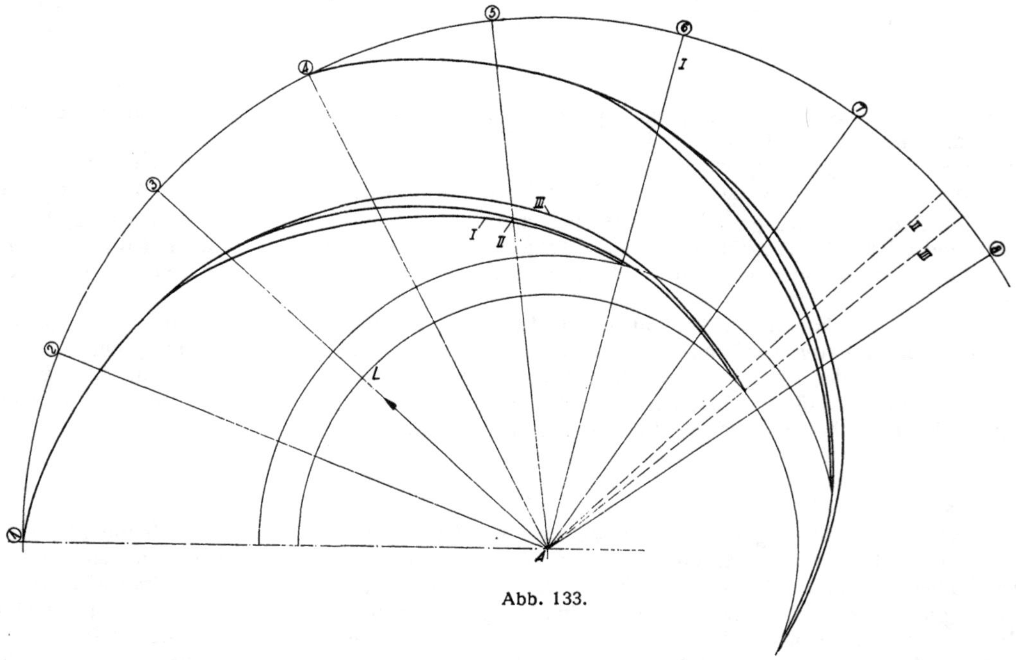

Abb. 133.

gehörigen Kreis nach beiden Seiten bis zum Schnitt mit der benachbarten Richtung verlängert denken. Wir beginnen also an einem Schaufelende, ziehen die Gerade halb bis zum nächsten Kreis, schließen hier dessen w-Richtung an, wieder bis zur nächsten Mitte usw. bis zum anderen Schaufelende. So erhalten wir für jede Strombahn einen Streckenzug, dessen Einhüllende die konforme Stromlinie ist. Diese drei konformen Abbilder sind auf Abb. 133 zu sehen und mit I, II und III bezeichnet. Die Zusammenlegung dieser drei Einzelkurven erfolgt so, daß die drei Punkte am äußeren Schaufelende zur

Deckung gebracht wurden; nun ziehen wir die Radialschnitte (Meridianebenen), die wir zur Rückübertragung benützen wollen, in der Figur mit ①-①, ②-②, ③-③ usw. bezeichnet. Zu jedem Radialschnitt gehören drei Punkte der drei Stromlinien — die zum Teil zusammenfallen — und diese Punkte markieren wir nach Rücktransformation der Radien in dem Meridianstromlinienbild auf den drei Stromlinien und verbinden je drei zu einem Radialschnitt gehörende Punkte durch eine Kurve, wie sie auf Abb. 134 mit ①-①, ②-② usw. bezeichnet sind. Aus dieser Figur sehen wir nunmehr, daß eine stärkere Verwindung der Schaufel nur am Eintritt in den äußeren Teilen auftritt. Um dies gut hervortreten zu lassen, wählen wir die Schreinerschritte in diesem Teile näher bei einander; sie sind in Abb. 134 durch die Bezeichnungen *a-a*, *b-b* *c-c* usw. angedeutet. Die Konstruktion der durch diese Schnitte mit den Schaufeln entstandenen Kurven ist nun nicht mehr schwierig. Wir müssen nur bei der Übertragung der in Abb. 133 gewählten Radialschnitte ① - ①, ② - ②, ③ - ③ . . . auf den Grundriß der Pumpe beachten, daß diese auf einen Kegelmantel bei der Abwicklung eingezeichnet waren, die also keine 360° umfaßt, wie der jetzige Grundriß. Um die richtigen Radialausschnitte zu erhalten, müssen wir auf den nicht abgewickelten Kegel zurückgehen und die auf den Grundkreis desselben projizierten Radialschnitte nehmen. Die Umrechnung der gewählten Winkel von dem abgewickelten Kegelmantel des konformen Bildes auf die entsprechenden Winkel im Grundriß der Pumpe erfolgt durch Division mit sin α. Auf dem so zu erhaltenden Strahlenbüschel können wir durch Übertragung der Radialschnitte aus Abb. 134 auf die entsprechenden Strahlen den Verlauf der Schnittlinien der Schaufelfläche mit den Ebenen *a—a* bis *g—g* einzeichnen. Wir erhalten in Abb. 135 die Grundrisse der Schreinerschritte. Zur Herstellung des Modells werden nach diesen Kurven Bretter ausgesägt mit der aus Abb. 134 zu entnehmenden Dicke und aufeinander geleimt. Nimmt man dann die überstehenden Ecken der Bretter weg, so ist die entstehende Fläche das Modell der Schaufelschnittfläche.

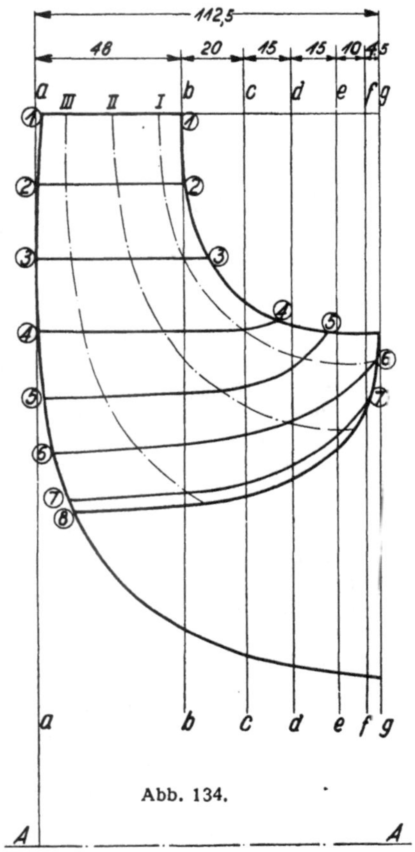

Abb. 134.

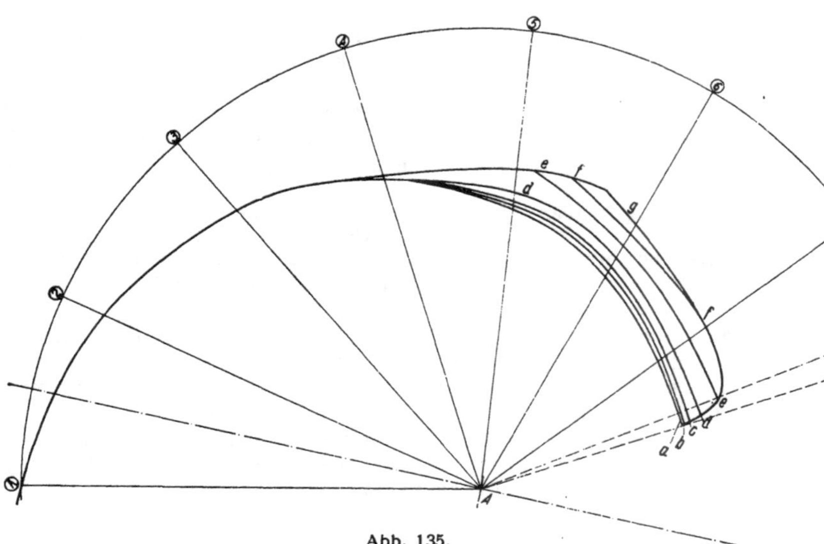

Abb. 135.

Anhang XV.

Beispiel für die Berechnung der einem Dieselmotor nachgeschalteten Abgasturbine.

§ 1. **Allgemeines.** Die Entwicklung der Gasturbine ist nicht so weit vorgeschritten, daß es angängig wäre, das einschlägige Gebiet in einem dem praktischen Gebrauch gewidmeten Buche zu behandeln. Indessen gibt es Fälle, in denen auch heute schon gewisse Formen der Gasturbine Eingang in die Praxis gefunden haben. Zu diesen zählt auch der Betrieb von Vorverdichtungs-(Auflade-)Gebläsen, dazu bestimmt, die Leistung von Dieselmotoren über diejenige hinaus zu erhöhen, welche sich bei dem normalen Lufteinsaugeverfahren ergibt[1]).

Um weitläufige Ausführungen zu vermeiden, sei der Rechnungsvorgang an einem Zahlenbeispiel erläutert.

§ 2. **Beispiel für die Berechnung einer Abgasturbine für eine Schiffsmotorenanlage von 3200 PSe.** Die in Frage kommende Maschine ist ein einfachwirkender 10-Zylinder-Viertaktmotor, welcher bei 240 Umdr./Min. eine Normalleistung von 1700 PS besitzt, unter Vorverdichtung der Einsaugluft, jedoch bei 320 Umdrehungen 3200 PS leistet. Der Zylinderdurchmesser beträgt 53 cm, der Hub 60 cm. Hieraus errechnet sich ein eff. Druck von 6,69 kg/qcm und eine mittlere Kolbengeschwindigkeit von 6,4 m/sek. Als Brennstoffverbrauch seien 208 g/PSe angenommen. Es ergibt sich also ein stündlicher Verbrauch von $3200 \cdot 0{,}208 = 665$ kg.

Der theoretische Luftbedarf für den in Frage kommenden Brennstoff, nämlich Gasöl der üblichen Zusammensetzung, beträgt 14 kg für ein kg Brennstoff.

Nehmen wir an, daß mit einem Luftüberschuß von 83% gerechnet werden kann, so brauchen wir ein Luftquantum von $665 \cdot 14 \cdot 1{,}83 = 17000$ kg/Std. Von diesem Quantum werden entsprechend den üblichen Verhältnissen 8% mit der Einblaseluft in den Zylinder gebracht, so daß noch 15750 kg/Std. durch das Aufladegebläse gefördert werden müssen.

Das von den Zylindern der Maschine in der Stunde geleistete Ansauge-Volumen findet sich aus

$$10 \cdot \frac{D^2 \pi}{4} \cdot \frac{n}{2} \cdot 60 = 12605 \text{ cbm/Std.}$$

Um die obengenannte Luftmenge von 15750 kg/Std. in die Zylinder zu bringen, ist es erforderlich beim Schluß der Einsaugeperiode Luft mit einer Spannung zur Verfügung zu stellen, welche einem spezifischen Gewicht von $15750:12650 = 1{,}24$ entspricht.

Nimmt man, um diese Spannung zu ermitteln, an, daß die Aufladepumpe die Luft mit einer Temperatur $T_1 = 273 + 15^0$ ansaugt und auf $p_2 = 1{,}5$ at unter Berücksichtigung zu später zu berechnenden Druckverluste ohne besondere Kühlvorrichtung adiabatisch verdichtet, so erhält man aus der für die adiabatische Kompression geltenden Formel $\frac{T_1}{T_2} = \left(\frac{p_1}{p_2}\right)^{\frac{\varkappa - 1}{\varkappa}}$ (vgl. Band I, Anhang S. 7) eine Temperatur hinter dem Gebläse von etwa $T_2 = 273 + 50^0$, welche durch die unvermeidlichen Verluste in dem Gebläse, die zum Teil auf die Luft übertragen werden, auf etwa 55° C gebracht wird. Beim Auffüllen des Zylinders wird durch Kolben- und Zylinderwandungen und die im schädlichen Raum enthaltenen Restgase weitere Wärme an die Luft abgegeben, so daß mit einer Lufttemperatur von etwa 70° C beim Schluß der Einsaugeperiode gerechnet werden muß. Aus dem oben ermittelten spezifischen Gewicht von 1,24 ergibt sich nunmehr bei dieser Temperatur auf Grund des Gay-Lussac-Mariotteschen Gesetzes ein notwendiger Luftdruck im Zylinder von 1,25 ata.

Bei den vorgenommenen Versuchen zeigte sich, daß das Einsaugen einen Druckverlust von etwa 0,15 at bedingt, dazu kommt 0,1 at für die Druckverluste in der Leitung bis zu den Zylindern, so daß also der oben angenommene Luftdruck von 1,5 ata hinter dem Gebläse richtig ist.

---

[1]) Vgl. Büchi, The Engineer vom 14. August 1925.

Somit ist die von dem Gebläseaggregat zu fördernde Luftmenge und der Druck bekannt, und wir wollen jetzt zur Ermittlung der von der Abgasturbine lieferbaren Leistung übergehen, um festzustellen, ob dieselbe für die Schaffung des von uns geforderten Druckes der Verbrennungsluft ausreicht.

Die für die Abgasturbine verfügbare Abgasmenge setzt sich zusammen aus der Luftmenge, welche durch das Aufladegebläse und mit der Einblaseluft in den Zylinder gelangt, sowie aus dem Gewicht des verbrannten Brennstoffes, so daß sich im ganzen eine Abgasmenge von $17000 + 665 = 17665$ kg/Std. errechnet.

Über den Zustand derselben beim Eintritt in die Turbine ist folgendes zu bemerken:

Die Temperatur der Abgase findet sich angenähert aus folgender Überlegung: Da das Kompressionsverhältnis gegenüber den Ausführungen ohne Vorkompression kaum geändert ist, werden sich die theoretischen Temperaturen im Diagramm in unserem Falle nicht wesentlich ändern. Nach den von verschiedenen Seiten vorgenommenen Versuchen scheint jedoch die zunehmende Wärmeübertragung an Kolben und Zylinder infolge des dichteren Mediums nicht auszureichen, um bei den im Verhältnis zum Brennstoffverbrauch kleinen abkühlenden Oberflächen prozentual ebenso viel Wärme abzuführen, wie bei Betrieb ohne Aufladung, so daß als Abgastemperatur am Sammelrohr hinter dem Zylinder mit etwa 550^0 C gerechnet werden muß. Infolge der Abkühlung der Gase an dem wassergekühlten Sammelstück am Ölmotor dürfte die Temperatur an der Gasturbine etwa 500^0 betragen.

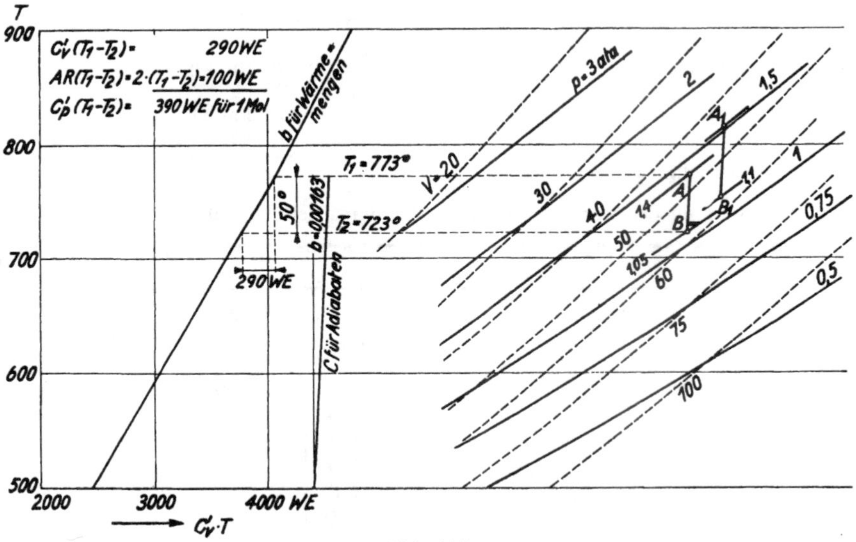

Abb. 136.

Was den Druck vor der Abgasturbine betrifft, ist zu bemerken, daß selbstverständlich der Ölmaschinen-Prozeß beliebig frühzeitig unterbrochen werden könnte, um für die Abgasturbine ein Druckgefälle zu schaffen, welches für die Erzielung der erforderlichen Gebläseleistung ausreicht. In unserem Fall wurde auf Grund vorhandener Erfahrung angenommen, daß sich vor den Düsen der Abgasturbine ein Druck von 1,4 ata einstellt. Dem würde unter Berücksichtigung eines Druckverlustes von 0,1 at in den Rohrleitungen und 0,15 at Ausschubwiderstand in den Auslaßventilen ein Gegendruck im Diagramm von 1,65 ata entsprechen.

Der Endzustand der Gase beim Austritt aus der Turbine ist gegeben durch den Druck der Atmosphäre, wobei mit Rücksicht auf die Ausschubwiderstände noch ein kleiner Zuschlag zu machen ist; wir können also mit einem Gegendruck von 1,05 ata rechnen.

Nachdem Anfangs- und Endzustand bekannt, erfolgt die Berechnung der Turbine in ganz ähnlicher Weise wie die einer Dampfturbine dadurch, daß mit Hilfe eines besonderen T-S-Diagramms das Wärmegefälle ermittelt und aus demselben unter Zugrundelegung eines Wirkungsgradskoeffizienten die indizierte Leistung ermittelt wird. Nach denselben Gesichtspunkten, wie bei der Berechnung der Dampfmaschine erläutert, werden sodann die Geschwindigkeitsdreiecke entworfen und dadurch die Schaufelwinkel festgelegt, während sich aus den Gaszuständen die Düsenabmessungen und Schaufellängen ergeben (vergl. Abb. 136).

Das erwähnte T-S-Diagramm für Gase ist von Stodola entworfen worden und im Anhang zu Band I, S. 43 ff. ausführlich beschrieben. Die Benützung desselben setzt die Ermittlung der Konstanten für die spezifische Wärme voraus (vgl. hierzu ebenfalls den obengenannten Anhang, Band I, S. 6 ff.), welche auf Grund der chemischen Zusammensetzung des Brennstoffes und unter Berücksichtigung des Luftüberschusses durchgeführt wird.

In 1 kg Gasöl sind etwa enthalten:

Bestandteile	Gewichtsanteil auf 1 kg	Molekular-Gewicht
C	0,83	12
H	0,125	2
S	0,08	32
O	0,01	32
N	0,01	28
H_2O	0,017	18

Die zur Verbrennung notwendige theoretische Sauerstoffmenge errechnet sich dann wie folgt: Für die Verbrennung von

Kohlenstoff	$8/3 \cdot 0{,}83$	$= 2{,}210$ kg
Wasserstoff	$8 \cdot 0{,}125$	$= 1{,}000$,,
Schwefel	$1 \cdot 0{,}008$	$= 0{,}008$,,
abzügl. Sauerstoff im Brennstoff	$- 1 \cdot 0{,}010$	$= 0{,}010$,,

insgesamt 3,210 kg O für 1 kg Brennstoff.

Der Gewichtsanteil des Stickstoffs in der Luft $N = \frac{77}{23} \cdot 3{,}21$ 10,750 kg

Theoretische Luftmenge	13,960 kg
Luftüberschuß 83%	11,600 ,,
somit Gesamtluftmenge	**25,560 kg.**

Die Zusammensetzung der Verbrennungsprodukte wird demnach die folgende:

	kg	m	n
$CO_2 = C\,(1 + 8/3) = 11/3 \cdot 0{,}83$	3,04	44	0,0693
$H_2O = H\,(1 + 8) = 9 \cdot 0{,}125 = 1{,}125$; H_2O = im Öl = 0,017	1,142	18	0,0633
$SO_2 = S\,(1 + 1) = 2 \cdot 0{,}008$	0,016	64	—
Stickstoff im Öl 0,01; ,, in der theoretischen Luftmenge 10,75; ,, der überschüssigen Luftmenge 8,90	19,66	28	0,7020
Sauerstoff im Öl 0,01; ,, in der überschüssigen Luftmenge 2,66	2,67	32	0,0835
	26,528		**0,9181**

Hieraus ergibt sich ein mittleres Molekulargewicht der Mischung von $\frac{26{,}528}{0{,}9181} = 28{,}9$.

Zur Darstellung der Expansion der Verbrennungsgase in dem *T-S*-Diagramm von Stodola ist es erforderlich, die Konstante b in der Formel für die spezifische Wärme [1]) für ein Mol der Verbrennungsgase zu berechnen. Die Konstante für die zweiatom. Gase (H, N, O) ist . . . . $b_1 = 0{,}00106$
diejenige für CO_2 und SO_2 . . . . $b_2 = 0{,}00568$
diejenige für überhitzten Wasserdampf . . . . $b_3 = 0{,}00421$.

Die Anzahl der Moleküle für das Gasgemisch findet sich aus der Beziehung $n = \frac{G}{m}$ und ist bereits in obiger Tabelle angegeben. Wir erhalten somit die Konstante der spezifischen Wärme für die Gasmischung zu

$$b = \frac{b_1 n_1 + b_2 n_2 + b_2 n_3}{n_1 + n_2 + n_3} = \frac{b_1 \cdot 0{,}7855 + b_2 \cdot 0{,}0693 + b_3 \cdot 0{,}0633}{0{,}9181}$$

$$b = \frac{0{,}001494}{0{,}9181} = 0{,}00163$$

[1]) Die spezifische Wärme bei konstantem Volumen bezogen auf das Kilogrammolekül (Mol) wird durch die empirische Formel dargestellt

$$c'_v = m c_v = a + bT,$$

wobei a bei allen Gasen annähernd gleich ist und den Wert $a = 4{,}67$ besitzt.

Anfangszustand und Enddruck der adiabatischen Expansion sind im vorstehenden bereits gekennzeichnet; zieht man die Adiabate A-B durch den Anfangspunkt parallel zur Linie $b = 0{,}00163$, so erhält man als Endtemperatur $T_2 = 723^0$. Mit Hilfe der Linie b für die Wärmemenge ergibt sich dann als Differenz zwischen Anfangs- und Endzustand eine Wärmemenge für ein Mol von $Q = c'_p\,(T_1 - T_2) = (c_v' + 2)\,(T_1 - T_2) = 390$ WE. Das mittlere Molekulargewicht der Verbrennungsgase kann aus den einzelnen Gewichtsbestandteilen und den entsprechenden Molekulargewichten errechnet werden und ergibt sich zu 28,9 kg. Es ist somit für ein kg der Verbrennungsgase ein adiabatisches Wärmegefälle von $\frac{390}{28{,}9} = 13{,}5$ WE verfügbar.

Wir gehen nunmehr zur eigentlichen Berechnung der als Aktionsturbine arbeitenden Gasturbine über.

Die theoretische Ausflußgeschwindigkeit c_0 errechnet sich zu $91{,}5\sqrt{h} = 91{,}5\sqrt{13{,}5} = 336$ m/sek. Um die Gasturbine bei bestem Wirkungsgrad so klein wie irgend möglich zu erhalten, soll die Drehzahl so hoch wie möglich gesteigert werden. Die Grenze wird in Rücksicht auf die Fächerung dann erreicht, wenn die Düsen- und Schaufelhöhen etwa $^1/_5$ des mittleren Schaufelkreis-Durchmessers betragen. Aus einer Vorberechnung hat sich ergeben, daß dies etwa bei einer Drehzahl von 6000 Min. eintritt. Wählen wir den Düsen-Koeffizienten $\varphi = 0{,}94$ und den Schaufel-Koeffizient $\psi = 0{,}88$, so ergibt sich bei einem Austrittswinkel aus der Düse, dessen Tangente $= 25\%$ ist, wovon man sich durch Aufzeichnen von Geschwindigkeitsdreiecken für verschiedene Werte c_0/u überzeugen kann, das Maximum des indizierten Wirkungsgrades zu $78{,}2\%$ bei einem c_0/u von 2,1 und einem Austrittswinkel aus der Laufschaufel, dessen Tangente 55% beträgt (welcher Wert im Hinblick auf die Wahl eines passenden Austrittsquerschnittes zweckmäßig ist). Es kommt demnach eine Umfangsgeschwindigkeit von etwa $\frac{336}{2{,}1} = 160$ m/sek in Frage. Wir wählen einen mittleren Schaufelkreisdurchmesser von 500 mm; daraus findet sich die Umfangsgeschwindigkeit zu 157 m/sek. Nach den früheren Darlegungen beträgt die Abgasmenge 17665 kg/Std. Die tatsächliche Gasgeschwindigkeit beim Austritt aus der Düse ergibt sich zu $0{,}94 \cdot 336 = 316$ m/sek. Aus dem Stodola-Diagramm kann das Volumen für ein Mol beim Endzustand entnommen werden; dasselbe beträgt 57,5 cbm, somit für 1 kg $\frac{57{,}5}{28{,}9} = 1{,}99$ cbm.

Aus der Kontinuitätsgleichung findet man nunmehr den Düsenaustrittsquerschnitt jeder Turbine zu

$$\frac{17665 \cdot 1{,}99}{3600 \cdot 316} = 0{,}0309 \text{ qm}$$

Nimmt man nun volle Beaufschlagung an und rechnet mit dem Verhältnis $b_2/t = 0{,}22$, so ergibt sich die Düsenhöhe zu

$$h = \frac{0{,}0309}{0{,}5 \cdot \pi \cdot 0{,}22} = 0{,}0894 \text{ m.}$$

Die dahinter folgende Schaufel muß wegen der notwendigen Überdeckung dann etwa 95 mm lang werden. Das Verhältnis von Schaufellänge zum Durchmesser wird damit $\frac{95}{500} = \frac{1}{5{,}25}$, ist also brauchbar.

Aus den Geschwindigkeitsdreiecken ergibt sich, wie nach unseren Annahmen zu erwarten war, für das Laufrad ein Wert $w_2 = 149$ m/sek. Das indizierte Wärmegefälle findet sich aus denselben (vgl. § 6 des Haupttextes) zu $\frac{A}{g}\,u \cdot f = 10{,}56$ WE, der Wirkungsgrad zu $\frac{10{,}56}{13{,}5} = 78{,}2\%$.

Das Volumen beim Austritt aus der Laufschaufel kann aus dem T-S-Diagramm nach Abtragen des Düsen- und Schaufelverlustes bestimmt werden.

Der Verlust beträgt in der Düse . . . . $(1 - 0{,}94^2) \cdot \frac{336^2}{427 \cdot 2 \cdot 9{,}81} = 1{,}58$ WE,

derjenige in der Laufschaufel ($w_1 = 169$ m/sek) . . . . . $(1 - 0{,}88^2) \cdot \frac{169^2}{427 \cdot 2 \cdot 9{,}81} = 0{,}77$ „

zusammen: 2,35 WE.

Für 1 Mol wird unter Berücksichtigung dieser Verluste das Volumen beim Laufschaufelaustritt 58,3 cbm, für 1 kg $\frac{58{,}3}{28{,}9} = 2{,}02$ (vgl. Abb. 136).

Der erforderliche Schaufelaustrittsquerschnitt wird daher

$$\frac{17665 \cdot 2{,}02}{3600 \cdot 149} = 0{,}0665 \text{ qm.}$$

Der b_2/t-Wert der Schaufel beträgt 0,44. Daraus wird die theoretische Schaufellänge zu $\frac{0{,}0665}{0{,}5 \cdot \pi \cdot 0{,}44} = 0{,}0962$ m berechnet, stimmt also mit der oben angenommenen gut überein.

Da die Turbine voll beaufschlagt ist, kommt von der indizierten Leistung nur noch die Radreibungsarbeit und die Lagerreibung in Abzug. Die Radreibung R ergibt sich bekanntermaßen vgl. § 26 zu $R = \left(\frac{u}{100}\right)^3 \cdot \frac{1}{v} \cdot 1{,}8\, D^2 = \frac{1{,}57^3}{2{,}03} \cdot 1{,}8 \cdot 0{,}25 = 0{,}86$ PS $= 0{,}9$ PS.

Die Lagerreibung von Trag- und Drucklager und die Stopfbuchsreibung schätzen wir für den gesamten Läufer zu . . . . 1,6 PS;
somit betragen die gesamten Leerlaufsverluste . . . . 2,5 PS
Das adiabatische Wärmegefälle beträgt . . . . 13,50 WE
das indizierte Wärmegefälle . . . . 10,56 WE
die indizierte Leistung hieraus . . . . 294,5 PS
und somit nach Abzug der Leerlaufsverluste die verfügbare Leistung an der Turbinenkupplung . . . . 292,0 PSe.

Es soll nun noch ganz kurz überschlagen werden, ob es möglich ist, die erforderliche Gebläseleistung hiermit zu erzielen. Aus dem I-S-Diagramm von Ostertag für Luft[1]) ergibt sich bei adiabatischer Verdichtung von 1,0 ata auf 1,5 ata bei einer Anfangstemperatur von 15° C für 1 kg eine notwendige Wärmemenge von 8,3 WE. Für 15750 kg Luft werden somit für die adiabatische Verdichtung $\frac{15750 \cdot 8{,}3}{632{,}2}$ $= 206{,}5$ PS benötigt. Es ist deshalb erforderlich, daß das Gebläse einen effektiven Wirkungsgrad von $\frac{206{,}5}{292} = 70{,}7\%$ besitzt. Dieser Wert dürfte nach vorliegenden Erfahrungen auch ohne Schwierigkeit erreicht werden können.

§ 3. **Die Konstruktion der ausgeführten Gebläseanlage** geht aus Abb. 137 hervor. Wir sehen das einkränzige Laufrad, dessen mittlerer Schaufelkreisdurchmesser, wie unserer obigen Rechnung zugrundegelegt, 500 mm beträgt. Das Rad ist auf dem überstehenden Ende der Welle des Kreiselverdichters mittels Konus, Federkeil und Muttern befestigt. Bei der hohen Drehzahl, welche rechnungsmäßig 6000 pro Min. beträgt, und der hohen Temperatur der Gase von mindestens 500°C mußte das Rad selbstverständlich mit einem sehr starken Schrumpf auf den Konus gesetzt werden. Die Laufschaufeln und Füllstücke sind aus einem Stück hergestellt und mittels eines T-förmigen Fußes in einer Ringnut der Radscheibe befestigt. In ähnlicher Weise ist auch die Befestigung der Leitschaufeln und Füllstücke im Innern des Gehäuses durchgeführt, wobei der Befestigungsfuß einseitig ausgebildet ist, um das Gehäuse an der betreffenden Stelle nicht unnötig zu schwächen. Die Abdichtung der Welle mit dem Gehäuse erfolgt durch eine Spitzendichtung. Die Gase, welche noch durch diese Dichtung dringen, werden in ein nach oben führendes Rohr durch den Ventilator befördert, welcher auf der Welle des Aufladegebläses befestigt ist und in erster Linie die Aufgabe hat, das der Turbine zunächst sitzende Lager durch Luftzirkulation gegen die von der Turbine durch Leitung und Strahlung zugeführte Wärme zu schützen.

Das Laufrad ist aus S.-M.-Stahl, die Lauf- und Leitschaufeln aus fünfprozentigem Nickelstahl hergestellt. In Rücksicht auf die hohe Gastemperatur ist das Gehäuse aus Stahlguß ausgeführt und mit einer starken Isolationsschicht umgeben.

§ 4. **Nachprüfung der vorgenannten Berechnungen durch einen Versuch.** Es dürfte nicht uninteressant sein, zu erfahren, inwieweit die im vorstehenden gemachten Annahmen mit der Wirklichkeit übereinstimmen. Ein in letzter Zeit vorgenommener Versuch mit dieser Anlage bei Aufladung hat nachstehende Verhältnisse ergeben:

Bei einer Leistungssteigerung auf 3075 PS bei einer Propellerdrehzahl von 306 pro Min. ergab sich vor der Abgasturbine ein Druck von 1,51 ata bei einer Temperatur von 540° C; der Druck hinter der Abgasturbine war dabei 1,1 ata.

Das Gebläse erzielte bei 7000 Umdrehungen einen Aufladedruck von 1,53 ata bei einer Lufttemperatur von 70° C; der Einsaugedruck betrug 1,02 ata.

Die aus der Kohlensäuremessung der Abgase bestimmte Luftlieferung des Gebläses betrug etwa 15800 kg/Std.

In das zur Berechnung der Turbine herangezogene T-S-Diagramm, Abb 136, ist der oben aus den Versuchen entnommene Anfangszustand (der Punkt A_1) und die hierzu gehörige Adiabate eingetragen, welche dem gemessenen End-Gegendruck entspricht, so daß der Endpunkt der Expansion durch einen Punkt B_1 gegeben ist. Die Adiabate $A_1 B_1$ entspricht einem Wäımegefälle von 15,6 WE, umgerechnet auf 1 kg. Wir finden hieraus mit einem Düsenkoeffizienten von 94% eine Gasgeschwindigkeit $c_1 = 340$ m/sek. Unter Zugrundelegung des aufgemessenen Düsenquerschnittes $F = 288$ qcm und des spezifischen Volumens im Endpunkte der Expansion B_1, welches ebenfalls dem T-S-Diagramm entnommen werden kann, ergibt sich nach der Kontinuitätsgleichung eine Abgasmenge $G = \frac{F \cdot c_1}{V} = \frac{0{,}0288 \cdot 340}{19{,}6} = 5$ kg pro sek, entsprechend einer Abgasmenge von 18000 kg/Std. Wir sehen also, daß die Resultate der Erprobung mit unserer Vorausberechnung soweit in Übereinstimmung stehen, als praktisch erwartet werden kann.

---

[1]) Siehe Ostertag, Entropietafel für Luft. 2. Aufl.

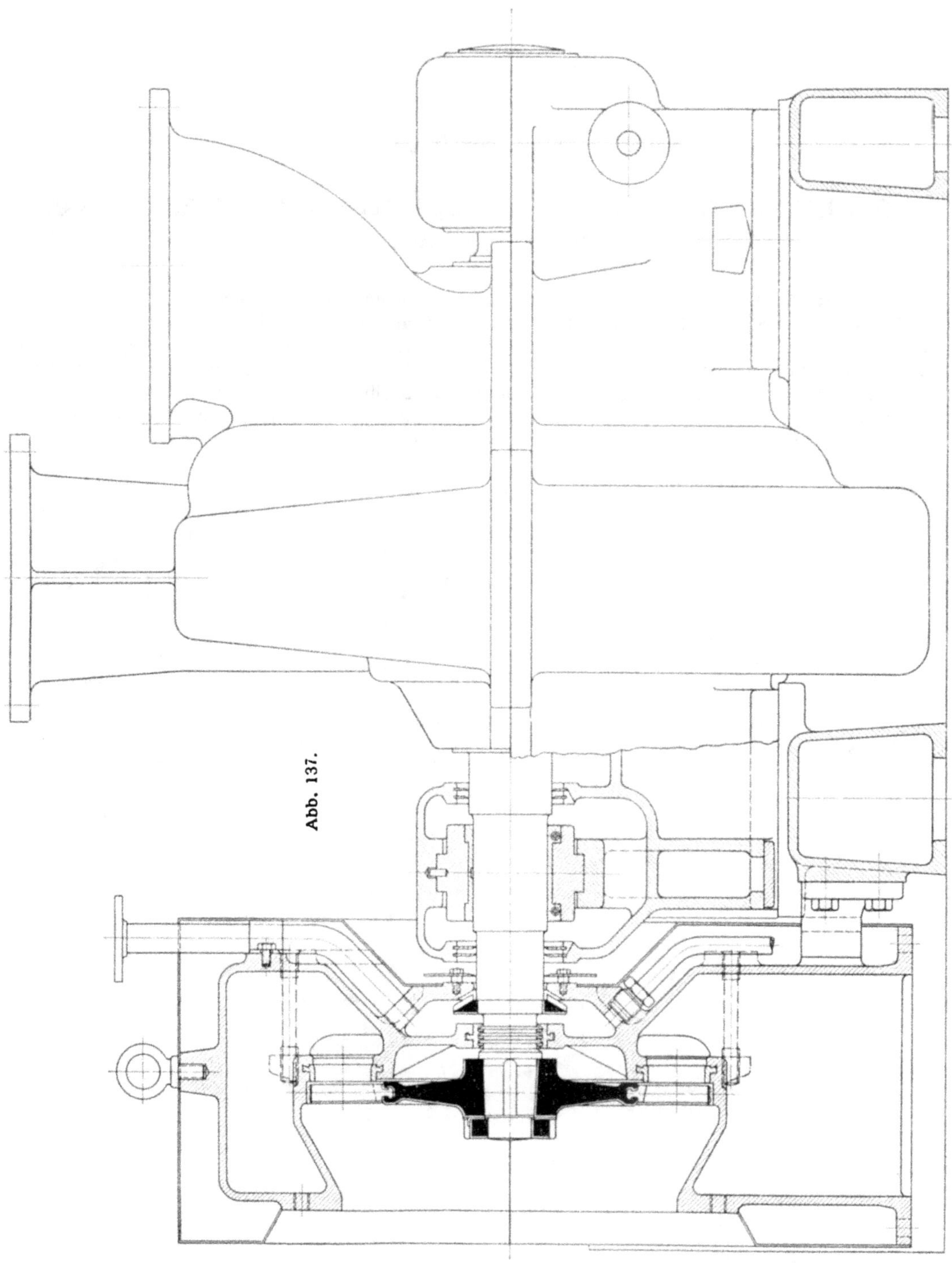

Abb. 137.

Anhang XVI.

Kolbenmaschinen und Abdampfturbinen auf einer Welle.

(System Bauer-Wach.)

In den §§ 37, 49, 78, 84 und 185 sind die Abdampfturbinenanlagen für Schiffe bereits besprochen worden, namentlich wurde in § 84 das bisher typische System an einem Beispiel („Cap Trafalgar") erläutert. Solche Anlagen sind für eine größere Anzahl wertvoller Schiffe ausgeführt worden, doch pflegte man dabei stets wie bei dem eben genannten Dampfer entweder Dreischraubenschiffe zu verwenden, bei welchen die Abdampfturbine die Mittelwelle antrieb, während die Kolbenmaschinen auf den Seitenwellen angeordnet wurden, oder Vierschraubenschiffe, wobei man ebenfalls die beiden Seitenwellen durch Kolbenmaschinen, die beiden Mittelwellen durch Abdampfturbinen betrieb.

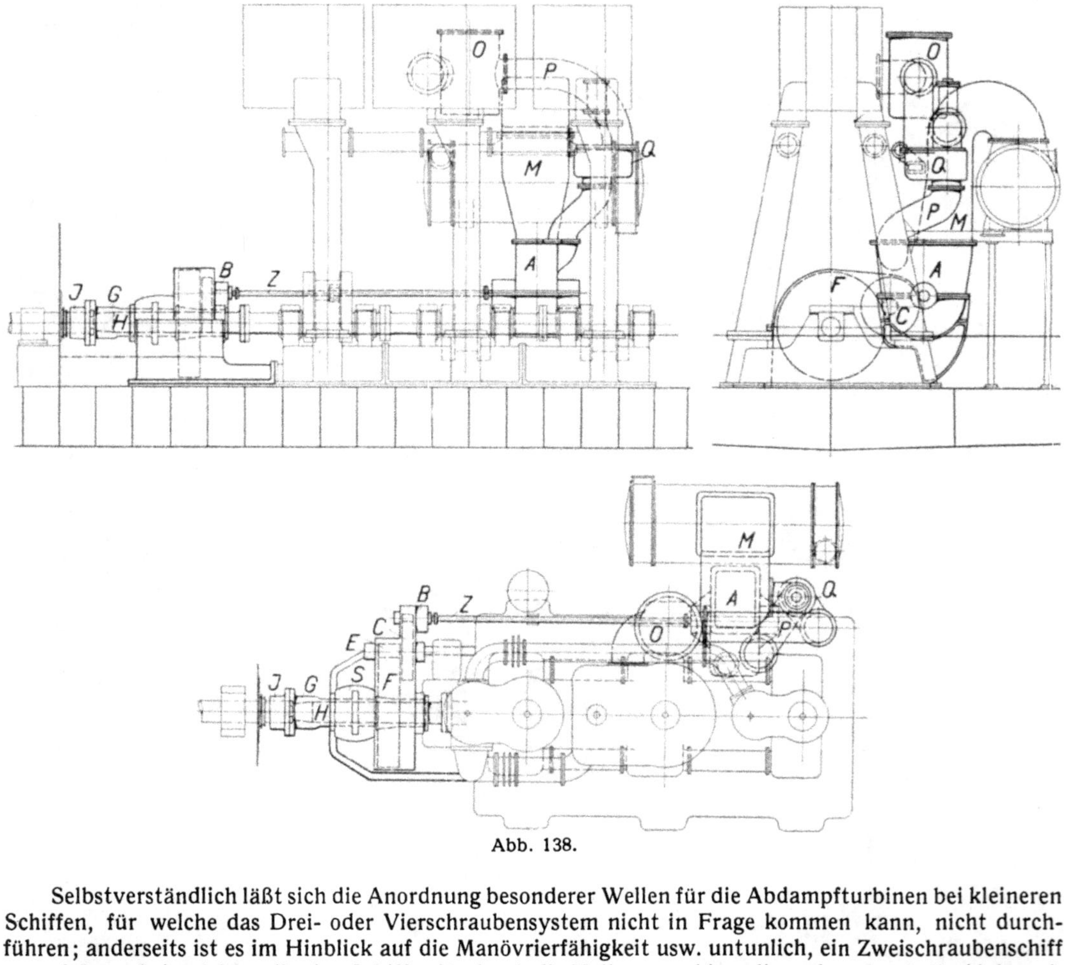

Abb. 138.

Selbstverständlich läßt sich die Anordnung besonderer Wellen für die Abdampfturbinen bei kleineren Schiffen, für welche das Drei- oder Vierschraubensystem nicht in Frage kommen kann, nicht durchführen; anderseits ist es im Hinblick auf die Manövrierfähigkeit usw. untunlich, ein Zweischraubenschiff auszuführen, bei welchem die eine Schiffsseite durch die Kolbenmaschine, die andere durch die Abdampfturbine angetrieben wird.

Die Vorteile des kombinierten Systems lassen sich nun auch Ein- und Zweischraubenschiffen dadurch nutzbar machen, daß Kolbenmaschine und Abdampfturbine auf ein und derselben Welle angeordnet sind, wodurch die Anwendung derartiger Abdampfturbinen auch für Schiffe kleinerer und mittlerer Abmessungen, sowie bei größeren Schiffen auch für Zweiwellenanlagen ermöglicht wird; und zwar läßt sich dieses Abdampfturbinensystem ebensowohl für den Umbau vorhandener Kolbenmaschinenanlagen, als auch für den Neubau verwenden.

Abb. 138 veranschaulicht eine der konstruktiven Lösungen für einen Umbau.

Die Abdampfturbine *A* ist auf der Grundplatte zwischen den beiden vorderen Ständern montiert und treibt durch eine lange Welle *Z* die hydraulische Kupplung *B* an, welche die Leistung der Turbine dem ersten Vorgelege *C* und dann über das Ritzel *E* dem Hauptzahnrad *F* zuführt.

Die Einschaltung der hydraulischen Kupplung zwischen Turbine und Hauptzahnrad ist erforderlich, um ein einwandfreies Zusammenarbeiten der mit völlig gleichförmigem Drehmoment laufenden Abdampfturbine und der mit stark wechselndem Drehmoment arbeitenden Kolbenmaschine zu sichern.

Das Hauptzahnrad *F* ist auf einer Hohlwelle *G* befestigt, welche ihrerseits durch die Kupplung *J* mit der Laufwelle verbunden ist. Der Anschluß der Hohlwelle an die Kurbelwelle wird durch die Welle *H* geschaffen, welche durch die Bohrung der Hohlwelle hindurchgesteckt ist. Die letztere ist mit einem Druckring *S* versehen, welcher den Schraubenschub auf ein Segmentdrucklager überträgt, welches an Stelle des alten zwecks Einbaues des Getriebes entfernten Drucklagers montiert ist.

Die Anbringung des Hauptzahnrades auf einer Hohlwelle ist begründet in der Notwendigkeit, die transversalen Bewegungen der Kurbelwelle, welche ja stets mit etwas losen Lagern arbeitet und von den Kolbenkräften periodisch gehoben und gesenkt wird, vom Hauptzahnrad fernzuhalten, welches in der Lagerung der Hohlwelle vollständig ruhig liegt, während das in letztere eingesteckte Wellenende hinreichend elastisch ist, um die kleinen Querbewegungen der Kurbelwelle auszugleichen.

Der Abdampf aus dem *ND*-Zylinder durchströmt zunächst einen Entöler *O* und tritt dann durch die Rohrleitung *P* in die Abdampfturbine ein. In letztere Leitung ist ein automatisches Ventil *Q* eingeschaltet, welches beim Umsteuern den Abdampf direkt dem Kondensator zuführt, so daß also die Turbine an dem Manövriervorgang nicht teilnimmt. Die Verbindung zwischen Turbine und Kondensator wird durch das Abdampfrohr *M* hergestellt.

Um ein vorteilhaftes Arbeiten der Abdampfturbine zu sichern, wird der Gegendruck im *ND*-Zylinder etwa auf 0,4 bis 0,5 ata erhöht.

Eine andere Methode, die Abdampfturbine der Dampfanlage hinzuzufügen, besteht darin, die ganze Turbine nebst Getriebe hinter der bestehenden Dampfmaschine anzuordnen. Diesen Weg hat die Firma Joh. C. Tecklenborg, Wesermünde, beim Umbau des Fischdampfers „Sirius" (600 PS) und bei demjenigen des Frachtdampfers „Elberfeld" für den Norddeutschen Lloyd (ca. 3800 PS) eingeschlagen.

Bei letzterer Anordnung wird der Dampf vom *ND*-Zylinder der Turbine durch eine verlängerte Abdampfleitung zugeführt und strömt von der Turbine durch einen längeren Abdampfkanal nach dem Kondensator ab. Es ist erforderlich, diesen Abdampfkanal so auszugestalten, daß in demselben keine merkbaren Verluste auftreten.

In ähnlicher Weise wie vorher beschrieben, lassen sich Anlagen dieses kombinierten Systems auch für Neubauten durchführen, nur daß bei solchen selbstverständlich auf den organischen Zusammenbau von Kolbenmaschine und Abdampfturbine von vornherein hingearbeitet werden kann.

Abdampfturbinenanlagen dieser Art ergeben einen Gewinn an Ökonomie gegenüber normalen Kolbenmaschinen, welcher sich etwa in den Grenzen von 15 bis 25% bewegt, je nachdem die zum Vergleich herangezogene reine Kolbenmaschine mehr oder wenig wirtschaftlich arbeitet, je nachdem bei der kombinierten Anlage auf Erzielung eines sehr hohen Vakuums hingearbeitet ist und je nachdem die Temperatur des zur Verfügung stehenden Kühlwassers höher oder niedriger liegt.

Anhang XVII.

Die Hochdruckturbinenanlage des Dampfers „King George V".

(Vgl. § 83.)

Im nachstehenden möge eine Anlage kurz besprochen werden, welche den ersten Versuch darstellt, eine wesentlich höhere Dampfspannung als bisher üblich dem Schiffsantrieb nutzbar zu machen. Es ist dies die Turbinenanlage des Dampfers „King George V", welcher im Sommer 1926 von der Parsons Marine Turbine Company und der Firma Yarrow & Co. fertiggestellt worden ist und bei hoher Überhitzung mit einer Dampfspannung im Kessel von 40,5 atü betrieben werden soll. (Vgl. hierzu „Engineering vom 10. September 1926.) Die Disposition der Maschinenanlage geht aus der Skizze Abb. 139 hervor.

Der Dampf tritt zuerst in die *HD*-Turbine *A*, welche ganz hinten auf der *BB*-Welle angeordnet ist, ein; sodann verteilt sich der Dampfstrom auf zwei Leitungen, von denen die eine die auf der *StB*-Seite, die andere die auf der *BB*-Seite der *HD*-Turbine nachgeschalteten Turbinen versorgt, und zwar sind dies auf jeder Schiffsseite eine erste Mitteldruckturbine *B* mit eingebauter Hochdruck-Rückwärtsturbine, eine zweite Mitteldruckturbine *C* und eine Niederdruckturbine *D* mit Rückwärtsturbine.

Jede der beiden Wellen wird durch ein großes Zahnrad *E* angetrieben, in welches die Turbinen in folgender Anordnung eingreifen:

Backbordwelle:
- inneres Ritzel:
  - *HD*-Turbine und 1. *MD*-Turbine;
- äußeres Ritzel:
  - 2. *MD*-Turbine;
- oberes Ritzel:
  - *ND*-Turbine.

Steuerbordwelle:
- inneres Ritzel:
  - 1. *MD*-Turbine;
- äußeres Ritzel:
  - 2. *MD*-Turbine;
- oberes Ritzel:
  - *ND*-Turbine.

Der Grund für die Anordnung der *HD*-Turbine am hinteren statt am vorderen Ende der Maschinenanlage liegt darin, daß hierdurch die Möglichkeit gegeben wurde, den Antrieb des im Scheitel angeordneten Ritzels der *ND*-Turbine zu überlassen und derselben dadurch eine für die Entwässerung möglichst günstige Lage zu geben. Der Nachteil der langen Hauptdampfleitung *F* der *HD*-Turbine konnte bei der hohen Dampfspannung und dem kleinen Durchmesser der *HD*-Rohrleitung (nur 102 mm im Lichten) in Kauf genommen werden.

Die Drehzahl der Turbinen beträgt etwa 6000 pro Min. für die *HD*- und *MD*-Turbinen, während diejenige der Niederdruckturbinen ca. 3000 pro Min. beträgt. Die Getriebe arbeiten mit einfacher Übersetzung. Die Drehzahl der Propellerwellen beträgt etwa 570 pro Min. Als Gesamtleistung der Turbinenanlage werden etwa 3500 PS, als Maximalleistung bei vollem Dampfdruck etwa 4000 PS angegeben.

Um eine gleichmäßige Leistungsverteilung auf die beiden Wellen zu erzielen, trotzdem die *BB*-Wellenleitung durch die *HD*-Turbine — welche bei 3500 PS Gesamtleistung allein 550 PS leisten soll — bevorzugt ist, sind die nachgeschalteten Turbinen der *BB*-Welle so konstruiert, daß ihre Gesamtleistung entsprechend kleiner ist, als diejenige der Turbinen auf der *StB*-Welle.

Der normale Dampfdruck in den Kesseln beträgt, wie bemerkt, 40,5 atü; der Dampf wird überhitzt, und beträgt seine Temperatur am Überhitzer ca. 400° C. Es wird auf ein Vakuum von 95% im Kondensator gerechnet. In der *HD*-Turbine findet bereits eine weitgehende Entspannung, und zwar bis auf ca. 14 atü statt.

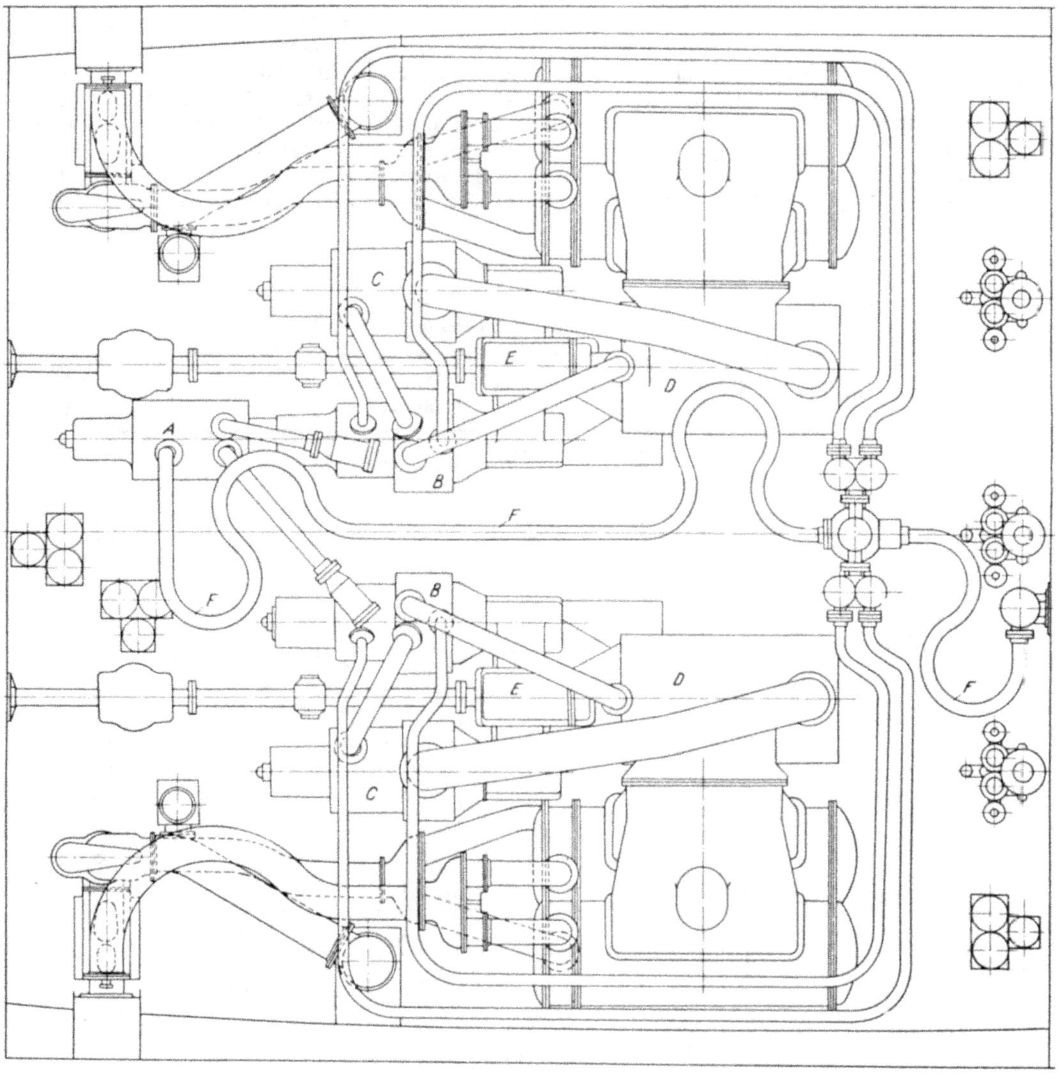

Abb. 139.

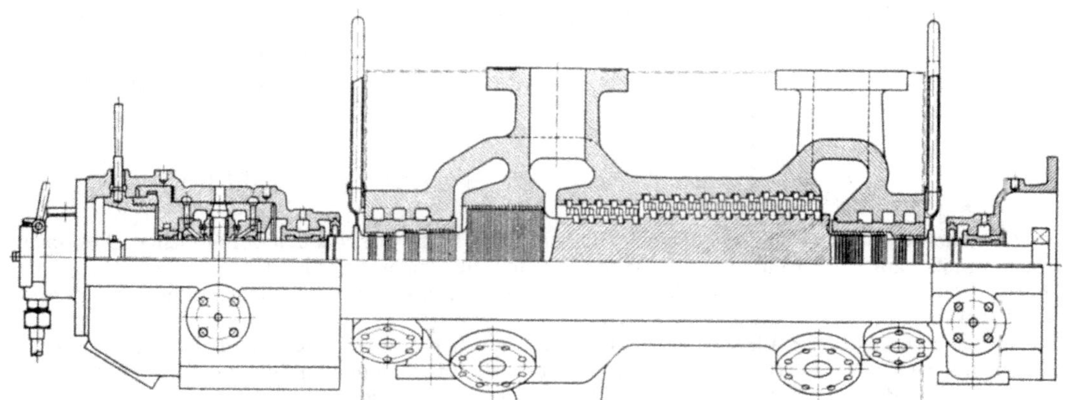

Abb. 140.

Die Konstruktion der Turbinen ist sehr einfach. Die Beschaufelung ist fast durchweg nach dem Reaktionsprinzip erfolgt, auch der *HD*-Turbine ist kein Curtisrad vorgeschaltet. Die Schaufeln aus Monel-Metall sind direkt in die verdickte Turbinenwelle eingesetzt. Eine Skizze der *HD*-Turbine zeigt Abb. 140. Nur die *HD*-Rückwärtsturbine, welche in dem Gehäuse der ersten Mitteldruckturbine angeordnet ist, besteht aus einem zweikränzigen Curtisrad, und die *ND*-Rückwärtsturbine, im Gehäuse der *ND*-Vorwärtsturbine angeordnet, ist als Reaktionstrommel mit vorgeschaltetem zweikränzigen *C*-Rad ausgeführt. Über die Durchmesser der Beschaufelung, Stufenzahl usw. gibt nachstehende Tabelle Aufschluß, welche indessen, da die Dimensionen aus den veröffentlichten Zeichnungen abgegriffen sind, keinen Anspruch auf Genauigkeit machen kann.

Tabelle Nr. 1.

Hauptmaße der Turbinenbeschaufelung der *BB*-Seite.

Art der Turbine	Stufenzahl		Trommel ϕ ca.	Ausgleichkolben ϕ	Profilbreite	Schaufellänge mm
HDVw	17	5	175	200	7	13
		4	200		9	15
		4	200		9	17
		4	200		9	20
MD I	18	5	190	200	7	8
		5	190		7	10
		4	210		7	12
		4	210		9	14
MD II	24	6	280	330	9	12
		6	280		9	16
		3	360		9	15
		3	360		9	20
		3	360		9	28
		3	360		9	38
ND	19	5	480	—	12	51
		5	480		12	70
		2	700		12	45
		2	700		13	60
		2	700		15	80
		3	700		16	105
HDRw	2kr. *C*-Rad		Mittl. ϕ 500		12	13—28
NDRw	2kr. *C*-Rad		Mittl. ϕ 800		12	20—55
		2	450		7	20
		2	450		9	30
		6	450		14	50

Zu bemerken ist noch zu dieser Tabelle, daß sie, soweit sich dies aus den vorhandenen Unterlagen feststellen läßt, auf die Turbinen der *BB*-Seite bezieht; die in den Abbildungen nicht veröffentlichten Turbinen der *StB*-Seite müssen — wie bereits oben erwähnt — etwas reichlicher dimensioniert sein, da auf dieser Schiffsseite die *HD*-Turbine fehlt.

An Hand vorstehender Angaben wollen wir nun versuchen, uns ein Bild über den Wirkungsgrad zu machen, mit welchem die *HD*-Turbine arbeitet, wenn sie mit Dampf von 36,2 ata Eintrittsspannung und 375° C beaufschlagt wird, und wenn der Gegendruck, wie sich aus der Veröffentlichung ergibt, 15,06 ata beträgt.

Um zunächst ein Bild über den Dampfverbrauch zu gewinnen, nehmen wir schätzungsweise an, daß die Turbinenanlage bei einer Gesamtleistung von 4000 WPS einen thermodynamischen Wirkungsgrad von 72% besitzt. Das adiabatische Gefälle zwischen den oben gegebenen Anfangszuständen und einem Vakuum von 95% beträgt 266 WE. Hieraus ergibt sich ein theoretischer Dampfverbrauch von 2,38 kg/PSStd. und hieraus mit 72% thermodynamischem Wirkungsgrad ein Dampfverbrauch von 3,3 kg/PSeStd. Bei einem Verlust von 2,5% im Zahnradgetriebe wird der Dampfverbrauch für 1 WPS 3,38 kg/Std. Somit können wir also mit einem Gesamtdampfverbrauch von 4000 · 3,38 = 13500 kg/Std. rechnen.

Die überschlägige Berechnung geht aus der nachstehenden Tabelle Nr. 2 hervor.

Tabelle Nr. 2.

Überschlägige Berechnung der *HD*-Turbine.

Drehzahl der Turbine	pro Min.	6000
Dampfdruck vor der Turbine	ata	36,2
Dampftemperatur vor der Turbine	° C	375
Gegendruck der Turbine	ata	15,06
Adiabatisches Wärmegefälle	WE	52,2
Wärmegefälle einschließlich Zuschlag für Wiederverdampfung	WE	53
Stufenzahl	Stck.	17
Mittl. Schaufelkreisdurchmesser	mm	208
Mittl. Umfangsgeschwindigkeit	m/sek	65,2
Mittl. Einzelgefälle	WE	3,12
Mittl. Einzelgefälle red. auf $u = 50$ m/sek	WE	1,84
Tangente des Austrittswinkels	%	45
c_0/u		2,05
Wirkungsgrad am Radumfang gemäß *R*-Kurven	%	79,0
Indiziertes Gefälle h_i'	WE	41,8
h_i' mit 6,7% Abzug für Spaltverlust	WE	39
h_i' nach weiterem Abzug von 4,2% Verlust im Ausgleichkolben	WE	37,4
h_i' einschließlich 1,5% Zuschlag für Überhitzung	WE	38
Austrittsverlust	WE	0,5
Indiziertes Gefälle h_i	WE	37,5
Stündliche Dampfmenge	kg/Std.	13500
Indizierte Leistung	PSe	803
Leerlauf usw.	PS	20
Leistung a. d. Turbinenkupplung	PS	783
Wirkungsgrad des Zahnradgetriebes	%	97,5
Leistung an der Propellerwelle	WPS	763
Dampfverbrauch für 1 WPS	kg/Std.	17,7
Theoretischer Dampfverbrauch	kg/PSStd.	12,1
Thermodynamischer Wirkungsgrad einschließlich Getriebeverlust	%	68,5

Dieselbe schließt mit einem thermodynamischen Wirkungsgrad für die Turbine allein von 70,3% und mit einem Wirkungsgrad einschließlich Getriebe von 68,5% ab. Zu der Tabelle selbst ist noch zu bemerken, daß der Spaltverlust von im Mittel 6,7% aus einer kleinen Überschlagsrechnung ermittelt ist, bei welcher für die erste und letzte Stufe etwas verschieden hohe Werte (entsprechend den üblichen Verhältnissen) zugrunde gelegt sind. Die Überschlagsrechnung geht aus der nachstehenden Tabelle hervor und stimmen die bei derselben sich ergebenden Schaufellängen von 12,9 bzw. 19,6 mm für die erste und letzte Schaufelreihe der *HD*-Turbine sehr gut mit der Ausführung, d. h. also 13 bzw. 20 mm überein.

Nachstehende Rechnung ergibt, daß der Wirkungsgrad der *HD*-Turbine, trotz der Verwendung der axialen Spaltabdichtung und der Einstellung dieser Dichtung auf nur 0,2 mm Spielraum, nicht sehr günstig ist. Dazu kommt, daß wahrscheinlich im Dauerbetrieb ein etwa doppelt so großer Spielraum zugelassen werden muß, wodurch sich der Spaltverlust verdoppelt und der Wirkungsgrad auf etwa 64—65% sinkt.

Unbequem ist ferner die Aufgabe der Symmetrie beider Schiffsseiten, welche allerdings bei der in Frage kommenden Leistung nicht zu umgehen war; denn eine Teilung der *HD*-Turbine würde unausführbar kleine Schaufelabmessungen ergeben haben.

Es ergibt sich hieraus der Schluß, daß bei Verwendung von *HD*-Dampf bei derartigen Leistungen der Ersatz der *HD*-Turbine durch je eine kleine schnellaufende Kolbenmaschine auf jeder Schiffsseite sehr empfehlenswert sein dürfte (vgl. hierzu das Beispiel in § 49 des Haupttextes). Der effektive Wirkungsgrad solcher Kolbenmaschinen kann auf ca. 0,92 · 0,90 = 82,8% (thermodynamischer Wirkungsgrad 92%, mechanischer 90%) im Dauerbetrieb geschätzt werden, also ca. 25% höher als bei der vorgesehenen *HD*-Turbine. Dazu kommt noch der Vorteil der größeren Betriebssicherheit, da die Kolbenmaschine auch bei Rückwärtsfahrt mit dem hohen Dampfdruck betrieben werden kann; es fällt also bei einer solchen Anordnung die Einrichtung zur Druckreduzierung beim Manövrieren fort, welche von Parsons bei der geschilderten *HD*-Anlage für notwendig gehalten wurde. Auch kann, wenn nicht besonderer Wert auf ausnahmsweise große Rückwärtsleistung gelegt wird, der bisher in der Mitteldruckturbine I vorgesehene Teil der Rückwärtsturbine in Wegfall kommen.

Allerdings würde es bei Anordnung einer Kolbenmaschine für den *HD*-Teil empfehlenswert sein, dieser ein noch größeres Wärmegefälle zuzuteilen als das jetzt in der *HD*-Turbine verarbeitete.

Tabelle Nr. 3.

Berechnung der Undichtigkeitsverluste.

		Erster Leitkranz	Letzter Laufkranz
Dampfmenge abzüglich Verlust im Ausgleichkolben G . . .	kg/sek	3,6	3,6
Druck im Austrittsquerschnitt	ata	35	15,06
Temperatur im Austrittsquerschnitt	°C	372	285
Spez. Volumen im Austrittsquerschnitt v	cbm/kg	0,080	0,17
Mittl. Schaufelkreisdurchmesser	mm	188	220
Mittl. Umfangsgeschwindigkeit	m/sek	59,1	69,1
c_0/u	—	1,8	1,87
$c_1 = \varphi \,.\, (c_0/u) \,.\, u$	m/sek	98	119
Totaler Austrittsquerschnitt $\frac{G \,.\, v}{c_1}$	qmm	2940	5140
Spaltquerschnitt ($S = 0{,}2$ mm)	qmm	118	138
Schaufelquerschnitt	qmm	2822	5002
Öffnungsverhältnis b_2/t	—	0,37	0,37
Schaufellänge	mm	12,9	19,6
Spaltverlust	%	4	2,70
Mittl. Leistungsverlust durch Spaltdampf	%	6,70	
Durchmesser des Ausgleichkolbens	mm	200	
Axialspiel des Ausgleichkolbens	mm	0,2	
Zahl der Dichtungsstellen desselben	Stck	24	
Undichtigkeitsverlust desselben	kg/Std.	565	
,, ,, ...	%	4,2	

Durch die überschlägige Berechnung der Hochdruckturbine haben wir nämlich festgestellt, daß bei einer Gesamtleistung von 4000 WPS 763 WPS = 19% von der *HD*-Turbine erzeugt werden. Zur Erzielung gleicher Leistungsverteilung auf beide Wellen muß daher die Dampfmenge ungefähr im Verhältnis 31:50 auf die beiden Schiffsseiten verteilt werden. Wie sich aus der oben genannten Tabelle der Hauptmasse der Turbinenbeschaufelung an der *BB*-Seite ergibt, sind die in dieser *MD I*-Turbine ausgeführten Schaufellängen unbefriedigend klein, so daß auch bei dieser Turbine mit relativ hohem Spalt- und Ausgleichkolbenverlust gerechnet werden muß. Es kann daher eine weitere Verbesserung des Dampfverbrauchs dadurch erzielt werden, daß auch die *MD I*-Turbine durch die Kolbenmaschine, evtl. mit zweifacher Expansion, ersetzt wird. Dies ist um so eher zulässig, da bis zu einem Gegendruck von 5 ata die Kolbenmaschine noch im Überhitzungsgebiet arbeitet.

Um einen Vergleich zu erhalten, welche Ersparnis durch die Verwendung des Hochdruckdampfes gegenüber dem normalen Druck (von z. B. 14 ata) eintritt, sei folgendes bemerkt:

Der Dampfverbrauch bei 14 ata, $t = 375^{\circ}$ C und 95% Vakuum ermittelt sich aus einem adiabatischen Gefälle von 241 WE und einem thermodynamischen Wirkungsgrad von ca. 73,5% zu 3,57 kg/PSeStd. an der Turbinenkupplung bzw. zu 3,66 kg/WPS/Std. bei 2,5% Verlust im Getriebe. Derselbe ist somit 8,3% größer als bei 36,2 ata vor der Turbine.

Die Erzeugungswärme bei dem Druck von 36,2 ata beträgt bei 375 °C 754,5 WE; bei 14 ata, $t = 375$ °C steigt dieselbe auf 764 WE an. Nimmt man nun eine Speisewassertemperatur von 100° an, so ist zur Erzeugung von 1 kg Dampf in ersterem Falle eine Wärmemenge von 654,5, im zweiten Falle von 664 WE, das sind 1,4% mehr, erforderlich. Zur Erzeugung von 1 WPS sind also bei 14 ata 9,7% mehr Wärme erforderlich, als bei 36,2 ata, was bei gleichem Kesselwirkungsgrad in beiden Fällen eine Ersparnis von 8½% bei Verwendung des *HD*-Dampfes gegenüber der mit normalem Druck arbeitenden Turbinenanlage bedeuten würde. Würde das Wärmegefälle der Hochdruckanlage bis herab auf 5 ata in kleinen Vorschalt-Kolbenmaschinen ausgenützt worden sein, so hätte diese Brennstoffersparnis auf etwa 14% gesteigert werden können.

Anhang XVIII.

Dampftabellen.

Tabelle Nr. I.

Eigenschaften gesättigter Wasserdämpfe.

Druck kg/qcm p	Temperatur t	Volumen von 1 kg Dampf cbm v	Gewicht von 1 cbm Dampf kg γ	Flüssigkeitswärme WE q	Innere Verdampfungswärme WE ϱ	Äußere Verdampfungswärme WE $A\,p\,(v-\sigma)$	Gesamtwärme WE i
0,02	17,3	68,126	0,01468	17,3	553,6	31,91	602,9
0,04	28,8	35,387	0,02826	28,8	546,3	33,15	608,3
0,06	36,0	24,140	0,04142	36,0	541,7	33,92	611,6
0,08	41,3	18,408	0,05432	41,4	538,2	34,49	614,1
0,10	45,6	14,920	0,06703	45,7	535,4	34,94	616,0
0,12	49,2	12,568	0,07956	49,3	533,1	35,32	617,7
0,15	53,7	10,190	0,09814	53,8	530,1	35,79	619,7
0,20	59,8	7,777	0,12858	59,9	526,1	36,42	622,4
0,25	64,6	6,307	0,1586	64,8	522,9	36,92	624,6
0,30	68,7	5,316	0,1881	68,9	520,2	37,34	626,4
0,35	72,3	4,600	0,2174	72,5	517,8	37,70	628,0
0,40	75,5	4,060	0,2463	75,7	515,6	38,02	629,4
0,50	80,9	3,2940	0,3036	81,2	512,0	38,56	631,7
0,60	85,5	2,7770	0,3601	85,8	508,8	39,01	633,7
0,70	89,5	2,4040	0,4160	89,9	506,1	39,39	635,3
0,80	93,0	2,1216	0,4713	93,5	503,6	39,73	636,8
0,90	96,2	1,9003	0,5262	96,7	501,4	40,03	638,1
1,0	99,1	1,7220	0,5807	99,6	499,4	40,30	639,3
1,1	101,8	1,5751	0,6349	102,3	497,5	40,55	640,7
1,2	104,2	1,4521	0,6887	104,8	495,7	40,78	641,3
1,4	108,7	1,2571	0,7955	109,4	492,6	41,18	643,1
1,6	112,7	1,1096	0,9013	113,4	489,7	41,54	644,7
1,8	116,3	0,9939	1,0062	117,1	487,1	41,85	646,0
2,0	119,6	0,9006	1,1104	120,4	484,7	42,14	647,2
2,5	126,7	0,7310	1,3680	127,7	479,4	42,74	649,9
3,0	132,8	0,6163	1,6224	133,9	474,9	43,23	652,0
3,5	138,1	0,5335	1,8743	139,4	470,8	43,65	653,8
4,0	142,8	0,4708	2,1239	144,2	467,2	44,01	655,4
4,5	147,1	0,4217	2,3716	148,6	463,9	44,33	656,3
5,0	151,0	0,3820	2,6177	152,6	460,8	44,61	658,1
5,5	154,6	0,3494	2,8624	156,3	458,0	44,87	659,2
6,0	157,9	0,3220	3,1058	159,8	455,3	45,10	660,2
6,5	161,1	0,2987	3,3481	163,0	452,8	45,32	661,1
7,0	164,0	0,2786	3,5891	166,1	450,4	45,51	662 0

Tabelle Nr. I (Fortsetzung).

Druck kg/qcm p	Temperatur t	Volumen von 1 kg Dampf cbm v	Gewicht von 1 cbm Dampf kg γ	Flüssigkeitswärme WE q	Innere Verdampfungswärme WE ϱ	Äußere Verdampfungswärme WE $Ap(v-\sigma)$	Gesamtwärme WE i
7,5	166,8	0,2611	3,8294	168,9	448,2	45,67	662,8
8,0	169,5	0,2458	4,0683	171,7	446,0	45,86	663,5
8,5	172,0	0,2322	4,3072	174,3	443,9	46,02	664,2
9,0	174,4	0,2200	4,5448	176,8	441,9	46,17	664,9
9,5	176,7	0,2091	4,7819	179,2	440,0	46,30	665,5
10,0	178,9	0,1993	5,018	181,5	438,2	46,43	666,1
11,0	183,1	0,1822	5,489	185,8	434,6	46,67	667,1
12,0	186,9	0,1678	5,960	189,9	431,3	46,88	668,1
13,0	190,6	0,15565	6,425	193,7	428,2	47,08	668,9
14,0	194,0	0,14515	6,889	197,3	425,2	47,26	669,7
15,0	197,2	0,13601	7,352	200,7	422,4	47,43	670,5
16,0	200,3	0,12797	7,814	203,9	419,7	47,58	671,2
18,0	206,1	0,11450	8,734	210,0	414,9	47,85	672,4
20,0	211,3	0,10395	9,648	215,5	409,8	48,08	673,4

Tabelle Nr. II.

Hilfswerte zur Berechnung der Erzeugungswärme etc. von überhitztem Wasserdampf.

t	$\mathfrak{W}$	$\mathfrak{J}$	$\mathfrak{S}$	t	$\mathfrak{W}$	$\mathfrak{J}$	$\mathfrak{S}$	t	$\mathfrak{W}$	$\mathfrak{J}$	$\mathfrak{S}$
25	0,056	6	0,015	150	0,0174	1,75	0,00321	275	0,0074	0,72	0,00105
30	0,053	5	0,014	155	0,0168	1,68	0,00306	280	0,0071	0,70	0,00101
35	0,050	5	0,013	160	0,0161	1,61	0,00291	285	0,0069	0,68	0,00097
40	0,048	5	0,012	165	0,0155	1,55	0,00277	290	0,0067	0,66	0,00093
45	0,045	5	0,011	170	0,0149	1,49	0,00263	295	0,0065	0,64	0,00090
50	0,043	4,3	0,0103	175	0,0144	1,44	0,00251	300	0,0063	0,62	0,00086
55	0,041	4,1	0,0097	180	0,0139	1,38	0,00239	305	0,0062	0,60	0,00083
60	0,039	3,9	0,0091	185	0,0134	1,33	0,00228	310	0,0060	0,58	0,00080
65	0,037	3,7	0,0085	190	0,0129	1,29	0,00217	315	0,0058	0,57	0,00077
70	0,035	3,5	0,0080	195	0,0124	1,24	0,00208	320	0,0057	0,55	0,00074
75	0,033	3,4	0,0075	200	0,0120	1,20	0,00198	325	0,0055	0,53	0,00072
80	0,032	3,2	0,0070	205	0,0116	1,15	0,00189	330	0,0053	0,52	0,00069
85	0,030	3,1	0,0066	210	0,0112	1,11	0,00181	335	0,0052	0,50	0,00067
90	0,029	2,9	0,0062	215	0,0108	1,08	0,00173	340	0,0051	0,49	0,00064
95	0,028	2,8	0,0059	220	0,0105	1,04	0,00166	345	0,0049	0,48	0,00062
100	0,0265	2,66	0,00554	225	0,0101	1,00	0,00159	350	0,0048	0,46	0,00060
105	0,0255	2,55	0,00524	230	0,0098	0,97	0,00152	355	0,0047	0,45	0,00058
110	0,0243	2,44	0,00494	235	0,0095	0,94	0,00146	360	0,0046	0,44	0,00056
115	0,0232	2,35	0,00468	240	0,0092	0,91	0,00139	365	0,0044	0,43	0,00054
120	0,0223	2,24	0,00442	245	0,0089	0,88	0,00134	370	0,0043	0,41	0,00052
125	0,0214	2,14	0,00418	250	0,0086	0,85	0,00128				
130	0,0205	2,06	0,00397	255	0,0083	0,82	0,00123				
135	0,0197	1,97	0,00376	260	0,0081	0,79	0,00118				
140	0,0189	1,89	0,00357	265	0,0078	0,77	0,00113				
145	0,0181	1,82	0,00339	270	0,0076	0,75	0,00109				

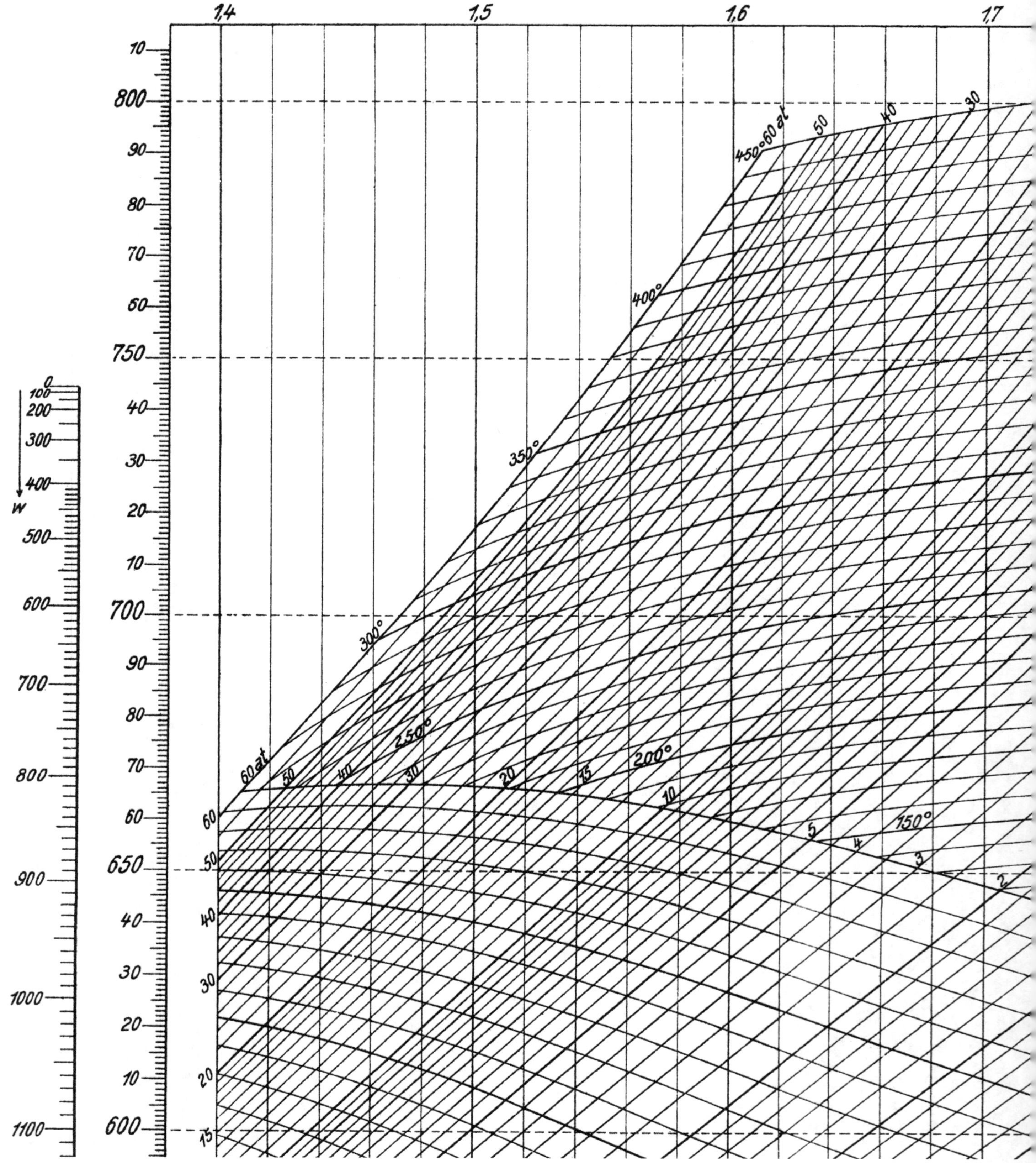

1,4
1,5
1,6
1,7
800
750
700
650
600
w
450° 60 at
400°
350°
300°
250°
200°
150°
60 at

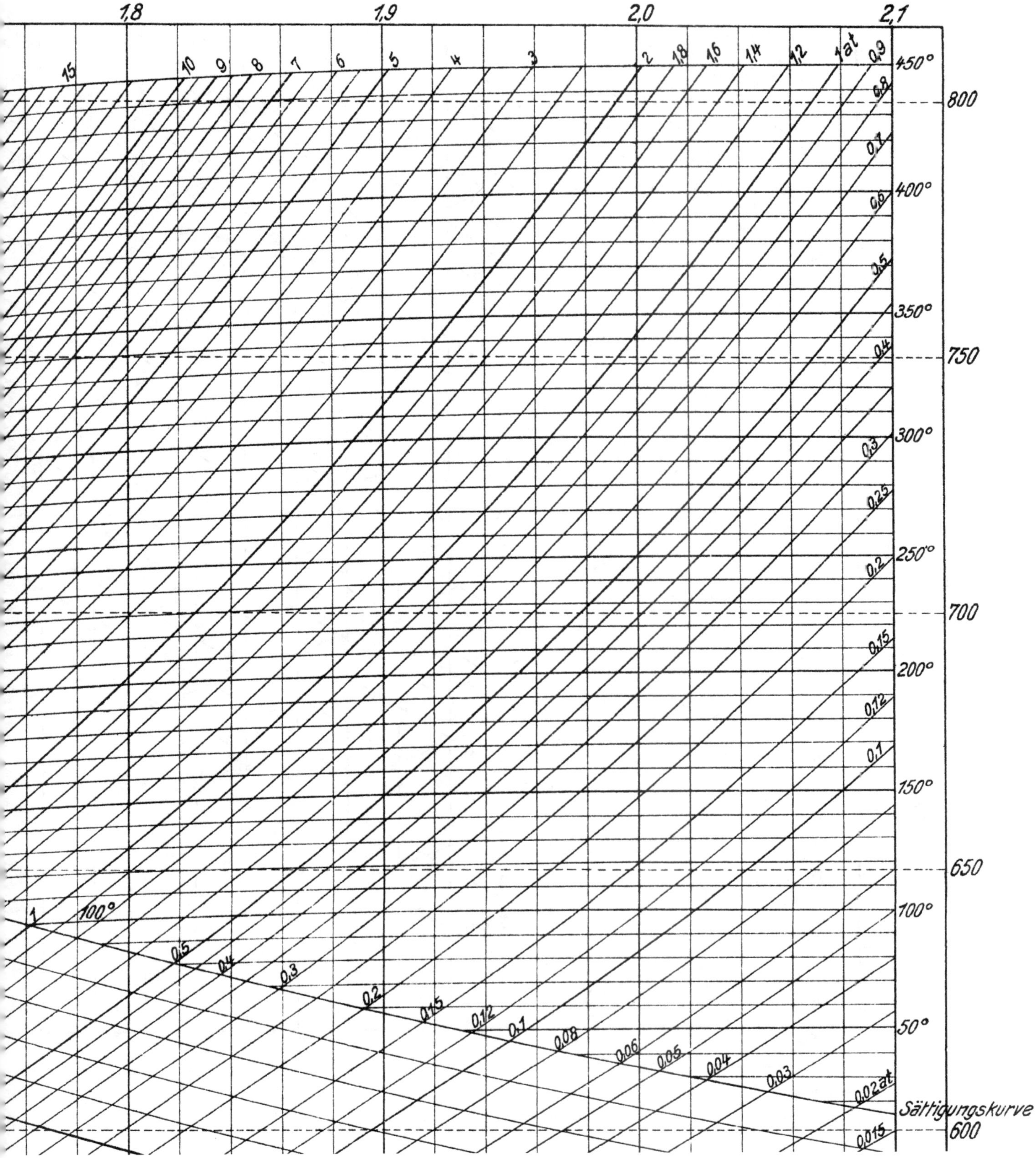
1,8
1,9
2,0
2,1
15
10
9
8
7
6
5
4
3
2
1,8
1,6
1,4
1,2
1at
0,9
450°
0,8
800
0,7
400°
0,6
0,5
350°
0,4
750
300°
0,3
0,25
250°
0,2
700
0,15
200°
0,12
0,1
150°
650
1
100°
100°
0,5
0,4
0,3
0,2
0,15
0,12
0,1
0,08
0,06
0,05
0,04
0,03
0,02at
50°
Sättigungskurve
600
0,015

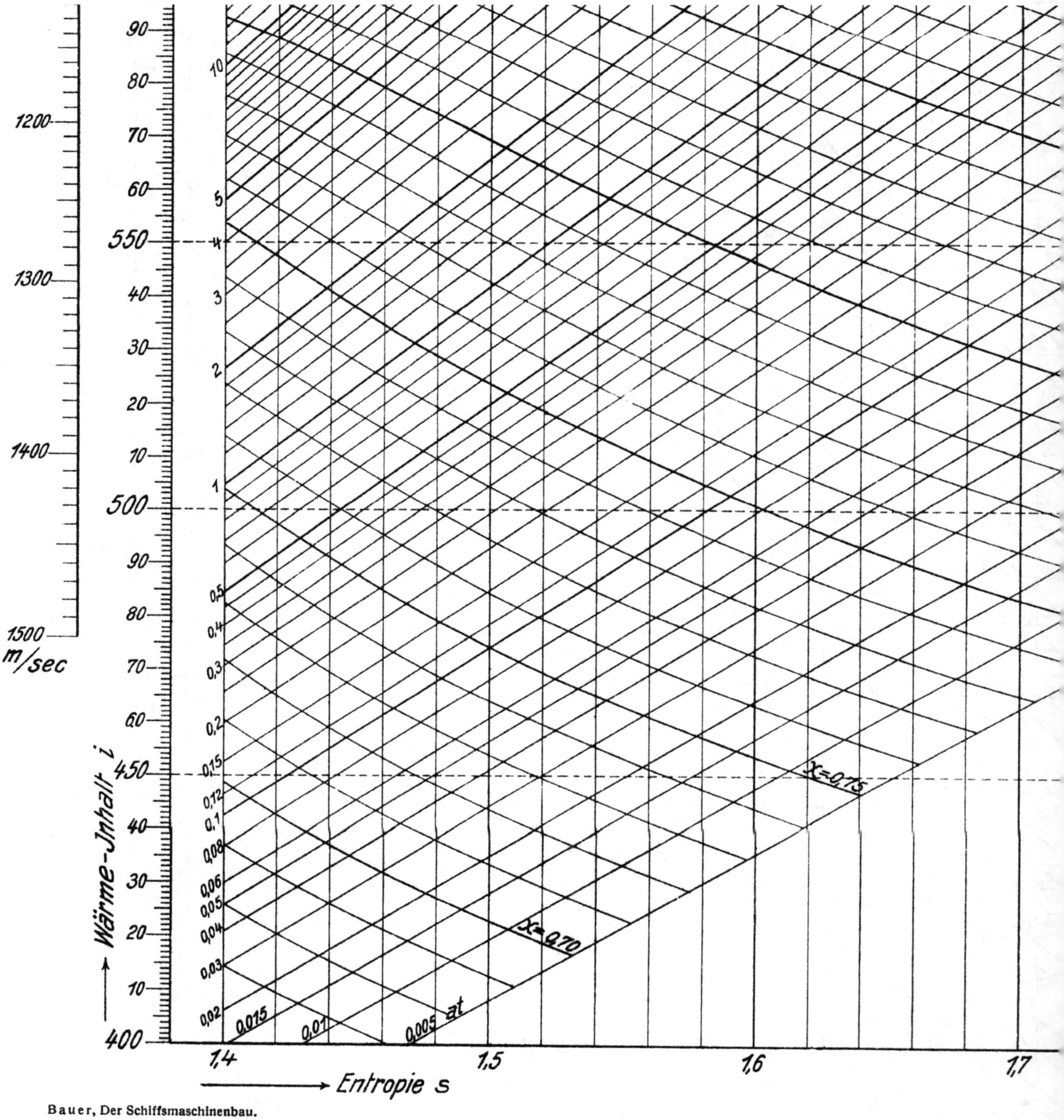

Bauer, Der Schiffsmaschinenbau.

Aus „Knoblauch-Raisch-Hausen, Tabellen und Diagramme für Wasserdampf“.

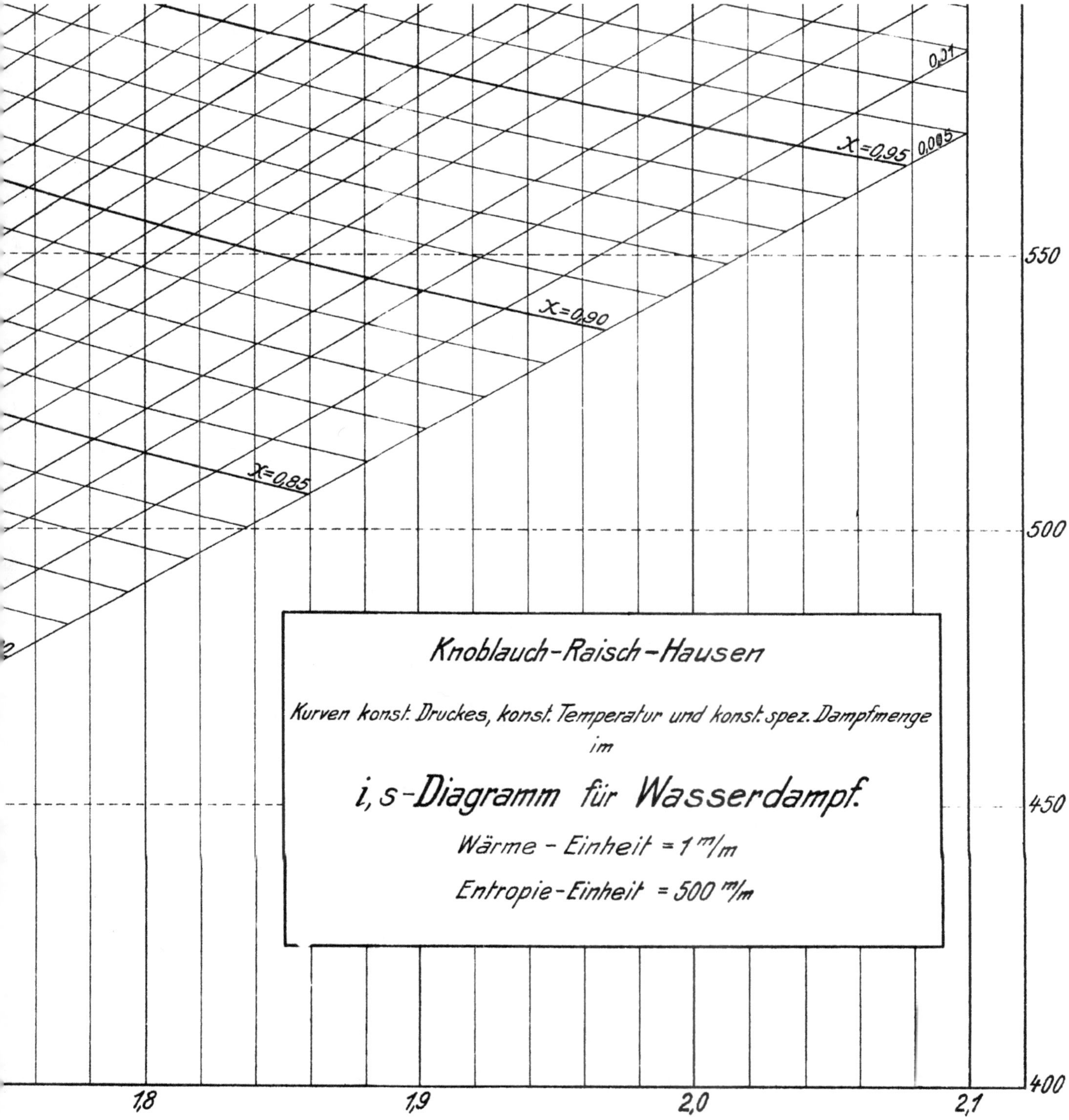

Verlag von R. Oldenbourg, München und Berlin.

Alphabetisches Namenverzeichnis.

Alphabetisches Sachverzeichnis.

www.ingramcontent.com/pod-product-compliance
Lightning Source LLC
LaVergne TN
LVHW081345011026
849161LV00013BB/3008